U0223989

# 数字信号处理

## 理论、算法与实现

（第四版）

胡广书 编著

清華大學出版社
北 京

## 内 容 简 介

本书系统地介绍了数字信号处理的理论、相关算法及这些算法的软件与硬件实现。全书共16章，分为上、下两篇。上篇是经典数字信号处理的内容，包括离散时间信号的时域分析、离散时间系统的时域分析、$Z$变换、离散时间信号的频域分析、离散时间系统的频域分析、快速傅里叶变换、滤波器设计（IIR、FIR及特殊形式的滤波器）、信号的正交变换（定义与性质、K-L变换、DCT及其在图像压缩中的应用）、信号处理中若干典型算法（抽取与插值、子带分解、调制与解调、反卷积、SVD、独立分量分析及同态滤波）、数字信号处理中的有限字长问题及数字信号处理的硬件实现等。下篇是统计数字信号处理的内容，包括平稳随机信号的基本概念、经典功率谱估计、现代功率谱估计、维纳滤波器及自适应滤波器等。

本书介绍了数字信号处理中涉及的绝大部分MATLAB文件，并给出了具体实例。所附资源包括100多个用MATLAB编写的信号处理程序，可用于求解书中的绝大部分例题并绘制其插图。

本书阐述了数字信号处理的基础理论与概念，同时尽量反映该学科的新进展；书中章节安排合理，说理详细，论证清楚，便于自学。本书可作为理工科研究生的教材及参考书，也可供工程技术人员自学参考。



**图书在版编目（CIP）数据**

数字信号处理：理论、算法与实现/胡广书编著. —4版. —北京：清华大学出版社，2023.10（2025.2重印）
ISBN 978-7-302-64844-4

Ⅰ. ①数… Ⅱ. ①胡… Ⅲ. ①数字信号处理 Ⅳ. ①TN911.72

中国国家版本馆CIP数据核字(2023)第203038号

**责任编辑**：王一玲　曾　珊
**封面设计**：傅瑞学
**责任校对**：李建庄
**责任印制**：曹婉颖

**出版发行**：清华大学出版社
　　**网　　址**：https://www.tup.com.cn，https://www.wqxuetang.com
　　**地　　址**：北京清华大学学研大厦A座　　**邮　　编**：100084
　　**社 总 机**：010-83470000　　**邮　　购**：010-62786544
　　**投稿与读者服务**：010-62776969，c-service@tup.tsinghua.edu.cn
　　**质量反馈**：010-62772015，zhiliang@tup.tsinghua.edu.cn
**印 装 者**：三河市龙大印装有限公司
**经　　销**：全国新华书店
**开　　本**：185mm×230mm　　**印　　张**：42　　**字　　数**：867千字
**版　　次**：1997年8月第1版　　2023年12月第4版　　**印　　次**：2025年2月第2次印刷
**印　　数**：1501～2300
**定　　价**：99.00元

产品编号：097907-01

# 前　言

在数字化的信息社会，作为其基础理论之一的“数字信号处理”的重要性是不言而喻的，其显著标志是国内外高校中开设该课程的专业越来越多。

本书是笔者在清华大学为研究生开设“数字信号处理”课程所使用的教材。本书第一版出版于1997年，尔后不断修改，直至如今奉献给读者的第四版。修改的原因主要有两点：一是数字信号处理的理论在不断发展；二是使用本书的老师和同学在过去的25年里不断给笔者反馈意见和建议。我深深地感谢这些老师和同学们，他们的意见和建议是我不断完成新版的最大动力。

再版后的本书力求在详尽论述数字信号处理基础理论的同时，更多地反映该学科的新进展，同时，在内容的安排上也更多地考虑如何有利于教学和读者的自学。为此，相对于第三版，本书在章节安排和内容选取乃至一些论述的细节上都做了较大的改动。

数字信号处理的理论非常丰富。笔者认为，其理论总体上可以分为三大部分，即经典数字信号处理(classical digital signal processing)、统计(statistical)数字信号处理和现代(modern或advanced)数字信号处理。经典数字信号处理包括离散时间信号和离散时间系统分析、Z变换、DFT、FFT、IIR和FIR及一些特殊形式的滤波器设计、有限字长问题及数字信号处理的实现等。经典的内容自然是重要的和相对成熟的。本书把这一部分内容列为“上篇”，即第1～11章。统计数字信号处理研究的对象是随机信号。我们在自然界所遇到的物理信号都是随机的，所以研究随机信号的分析和处理是非常重要的。对这一类信号研究的方法主要是统计的方法，或“估计”的方法，其内容包括随机信号的描述、平稳随机信号、自相关函数的估计、经典功率谱估计和现代功率谱估计、维纳滤波和自适应滤波等。本书将这些内容列为“下篇”，即第12～16章。

现代数字信号处理的“现代”一词比较模糊，理论上说应该是新内容，但不同的教科书赋予其不同的内容。例如，基于参数模型的功率谱估计都称为“现代功率谱估计”，维纳滤波器和自适应滤波器也称为“现代滤波器”。此处所说的“现代信号处理”指的是非平稳信号分析和处理，主要内容包括时-频联合分析、滤波器组、小波变换及压缩感知等。笔者已将这一部分内容放在了拙著《现代信号处理教程》(清华大学出版社，第二版，2015年)中。

尽管数字信号处理的理论异常丰富，但它有两个核心的内容，即“信号”和“系统”，它们各自又包含“时域”和“频域”两方面。因此,再版后本书的前 4 章紧紧围绕着“信号的时域”“系统的时域”“信号的频域”及“系统的频域”四大板块展开了详细和深入的讨论。这 4 章共包括 48 小节,近 100 道例题,110 多道习题和 30 多个 MATLAB 文件。笔者所有的这些努力都是希望读者能更快、更好地掌握数字信号处理中最重要也是最基础的内容。

第 1 章介绍离散时间信号的基本概念,包括典型离散信号及其运算、信号分类、噪声、相关函数的定义及应用、信号时域分析、信号频域分析的基本概念及信号空间等。

第 2 章介绍离散时间系统的基本概念,包括系统的描述、输入输出关系、系统的属性及差分方程的求解。$Z$ 变换是离散时间系统分析与综合的重要工具,本章给出了 $Z$ 变换的定义、收敛域、性质、应用及系统的信号流图。

第 3 章讨论离散时间信号的频域分析,核心内容是离散时间信号傅里叶变换(DTFT)和离散傅里叶变换(DFT),并就其中的基本问题(如信号截短、周期卷积、分辨率、时宽-带宽积及 DFT 对 FT 的近似等问题)进行了详细的论述。本章最后介绍了信号处理中的另一个基本变换,即希尔伯特变换。

第 4 章是离散时间系统的频域分析,包括系统频率响应、转移函数、极-零分析、线性相位、全通系统、最小相位系统、谱分解及离散系统的 Lattice 结构等。

第 5 章详细介绍了快速傅里叶变换(FFT)的各种算法,包括基 2FFT 算法、分裂基算法及频域细化的 CZT 算法。最后介绍了 Goertzel 算法,该算法在双音多频(DTMF)信号的快速准确检测中获得了广泛应用。

第 6、7 两章集中讨论数字滤波器的设计问题。前者讨论 IIR 滤波器的设计,后者讨论 FIR 滤波器的设计,并简要介绍了一些特殊形式滤波器的设计问题。

正交变换的概念在数字信号处理中具有重要作用,因此第 8 章对其进行了详细的讨论,其重点是在语音和图像中广泛应用的离散余弦变换(DCT)。为使读者了解这些正交变换的应用,还增加了图像压缩的内容。

前 8 章系统地讨论了有关信号处理理论,在此基础上,选择了信号处理中的 7 个典型算法在第 9 章给予介绍,目的是让读者了解和掌握更多的信号处理的内容以及它们应用的背景。这些算法是:信号的抽取与插值、信号的子带分解、调制与解调、反卷积、奇异值分解、独立分量分析及同态滤波等。它们有的是经典内容,有的是近 20 年来新发展的内容。

第 10 章是关于数字信号处理中有限字长问题。尽管使用高精度的 A/D 转换器可以大大减轻有限字长所带来的误差及其影响,但是,有限字长问题毕竟是数字信号处理中的基本问题,特别是当用硬件来具体实现一个数字系统时,掌握这些误差的行为、了解它们对系统的影响是每一位设计者所必须考虑的。

第 11 章以美国 TI 公司的 TMS320 系列 DSP 为例介绍了 DSP 芯片的特点及应用,同时还介绍了 FPGA 在信号处理中的优势。

下篇的第12～16章讨论随机信号的统计处理。第12章主要讨论了平稳随机信号的定义、性质、描述及通过线性系统的行为。第13章主要讨论经典功率谱估计问题，包括自相关函数的估计、功率谱估计的周期图法与自相关法、估计的性能及改进方法，并介绍了短时傅里叶变换。现代功率谱估计是近40年来信号处理学科中最为活跃的内容之一，因此第14章讨论了这一领域的主要内容，即参数模型法，包括AR、MA及ARMA模型，还简要介绍了非参数模型法，如最小方差方法、基于特征值分解的谱估计方法。第15章讨论维纳滤波器。维纳滤波器已经有60多年的历史了，但它是所有现代滤波器(自适应滤波器、卡尔曼滤波器)的基础，并在持续应用。第16章重点讨论了LMS和RLS两种自适应滤波器，并介绍了它们的应用。

MATLAB是学习和应用数字信号处理的一个极好的工具。因此，本书1.11节简要介绍了MATLAB的功能，在各章(第10、11章除外)的最后一节都对该章所涉及的MATLAB文件给予了说明，并给出了使用的具体实例。通过MATLAB的应用，读者可以掌握应用MATLAB实现信号处理的方法，同时更深入地理解数字信号处理的理论。

本书在清华大学出版社云平台“文泉云盘”上附配了一些资源，包括100多个用MATLAB程序编写的m文件、一些数据文件和做习题时所需的文献。获取方法见本书附录。

本书内容丰富，既包含了经典数字信号处理和统计数字信号处理中的主要内容，也包含了部分前沿内容；作者在编写过程中注重理论和应用相结合，特别注重应用MATLAB来解决理论和算法的实现问题。通过本书的学习，读者可以掌握数字信号处理的主要内容。

本书定位于理工科的研究生教材，也可供从事数字信号处理研究与应用的广大科技人员学习与参考。

笔者在授课时，讲完第1～14章共需48学时，因此，第15、16两章只是给以简要的介绍，更详细的讲授放在了“随机信号的统计处理”(现在的课程名称是“现代数字信号处理”)课程中。建议老师们在使用本书作为教材时，根据自己的学时、专业需要及选课学生情况等因素，选取要讲授的内容。

根据清华大学出版社的建议，本书第一篇的第1～8章及第11章即将单独成书——《数字信号处理》，定位于本科生教材。

作者在编写本书和承担清华大学研究生公共课“数字信号处理”的过程中得到了清华大学研究生院、生物医学工程系的关心与支持，在此表示衷心的感谢！

清华大学张旭东教授审阅了本书的第15、16章，并提出了很多非常有益的建议。在此对张旭东教授表示衷心的感谢！

黄悦、梁文轩、肖宪波三位博士编写了3.11节，他们从自己的学术角度举例介绍了信号频域分析的应用。张辉博士编写了11.4节。在此向这4位博士表示衷心的感谢！

在本书第一～四版的编著过程中,许燕、耿新玲、朱莉、汪梦蝶、张戈亮、王俊峰、劳长安、李晓娟、肖智魁、洪波、梁作清、丁辉、丁海艳、柳银、刘少颖、黄惠芳、赵龙莲、郭晓莲、朱常芳、彭美然、董晓霞和王新增等在协助本书习题和计算机程序的编写、绘图以及资料搜集等方面都做了大量的工作,在此一并表示感谢!

在编著本书及前3版的过程中,重点参考了[Pro14]、[Opp10]及[Mit01]这三部经典的数字信号处理教材。在此向这3部教材的第一作者 Prof. John G. Proakis、Prof. Alan V. Oppenheim 及 Prof. Sanjit K. Mitra 致以最衷心的感谢!

感谢夫人郭庆华50多年的陪伴、关心及鼎力支持!

限于作者的水平,不妥及错误之处在所难免,恳切希望读者给予批评指正。

作　者

2023年6月

于清华大学

# 常用符号一览表

## 1. 运算符号

| 符号 | 意义 |
| --- | --- |
| $\sum$ | 连加 |
| $\prod$ | 连乘 |
| $^*$（上标） | 取复数共轭，如 $x^*$ |
| $*$ | 信号的卷积，如 $x(n)*h(n)$ |
| $\circledast$ | 信号的循环卷积，如 $x(n)\circledast h(n)$ |
| T | 向量或矩阵的转置，如 $\boldsymbol{A}^{\mathrm{T}}$ |
| H | 向量或矩阵的共轭转置，如 $\boldsymbol{A}^{\mathrm{H}}$ |
| $\odot$ | 向量或矩阵对应元素相乘，如 $\boldsymbol{A}\odot\boldsymbol{B}$ |
| $\det(\cdot)$ | 矩阵行列式的值 |
| $\mathrm{rank}(\cdot)$ | 矩阵的秩 |
| $\langle\cdot,\cdot\rangle$ | 两个向量（或信号）的内积，如 $\langle\boldsymbol{x},\boldsymbol{y}\rangle$ |
| $\Vert\cdot\Vert$ | 向量的范数，如 $\Vert\boldsymbol{x}\Vert$ |
| $\vert\cdot\vert$ | 向量或复数的绝对值（模），如 $\vert x(n)\vert$ |
| $\mathrm{Re}[\cdot]$ | 复数的实部 |
| $\mathrm{Im}[\cdot]$ | 复数的虚部 |
| $\langle\cdot\rangle_{.}$ | 求余，如 $\langle a\rangle_b$ 表示 $a$ 对模 $b$ 求余数 |
| mod | 求余，如 $a=b \bmod c$ 表示 $a$ 和 $b$ 对模 $c$ 同余 |
| $(\cdot,\cdot)$ | 求最大公约数，如 $(a,b)=c$ 表示 $a$ 和 $b$ 的最大公约数为 $c$ |
| $\lfloor\cdot\rfloor$ | 求最大整数，如 $N=\lfloor p\rfloor$ 表示 $N$ 为小于或等于 $p$ 的最大整数 |
| $\mathrm{T}[\cdot]$ | 表示取变换，如 $\mathrm{T}[x]$ 表示对 $x$ 作某种变换 |
| $E\{\cdot\}$ | 均值运算，如 $\mu=E\{x\}$ 表示 $x$ 的均值为 $\mu$ |
| $\mathscr{L}[\cdot]$ | 拉普拉斯正变换 |
| $\mathscr{L}^{-1}[\cdot]$ | 拉普拉斯反变换 |

$\mathscr{F}[\cdot]$　傅里叶正变换

$\mathscr{F}^{-1}[\cdot]$　傅里叶反变换

$\mathscr{Z}[\cdot]$　$Z$ 变换

$\mathscr{Z}^{-1}[\cdot]$　$Z$ 反变换

$\mathrm{DFT}[\cdot]$　离散傅里叶变换

$\mathrm{IDFT}[\cdot]$　离散傅里叶反变换

## 2. 常用函数(或信号)专用字母

$\delta(t)$, $\delta(n)$　单位冲激信号,单位抽样信号

$u(t)$, $u(n)$　单位阶跃信号,单位阶跃序列(有时作为噪声信号)

$x(t)$, $x(n)$　一般时域信号,或系统的输入;随机信号的一次实现

$y(t)$, $y(n)$　一般时域信号,或系统的输出;随机信号的一次实现

$h(n)$, $H(z)$, $H(e^{j\omega})$　离散系统的单位抽样响应,转移函数及频率响应

$h(t)$, $H(s)$, $H(j\Omega)$　连续系统的单位冲激响应,转移函数及频率响应

$d(t)$, $d(n)$　矩形函数

$w(n)$　一般窗函数

$p(n)$　脉冲串序列

$p(t)$　冲激串序列

$r(m)$, $r(\tau)$　相关函数,$m$ 和 $\tau$ 分别为离散时间及连续时间的时延

$P(e^{j\omega})$, $P(j\Omega)$　功率谱

$\hat{r}(m)$,$\hat{P}(e^{j\omega})$　$r(m)$ 和 $P(e^{j\omega})$ 的估计值

$X(s)$,$X(j\Omega)$,$X(e^{j\omega})$,$X(z)$,$X(k)$ 等　频域信号

$X$,$Y$ 等　随机变量

$X(t)$,$X(n)$ 等　随机信号

$\boldsymbol{x}$ 等　时域向量

$\boldsymbol{X}$ 等　频域向量

$\boldsymbol{R}$,$\boldsymbol{W}$ 等　矩阵或向量

## 3. 频率变量

$f$　实际频率,单位为 Hz

$\Omega$　相对连续信号的角频率,$\Omega=2\pi f$,单位为 rad/s

$\omega$　相对离散信号的圆频率(或圆周频率),单位为 rad

$f'$　归一化频率,$f'=\omega/2\pi$,无量纲

# 目 录

## 下篇 统计数字信号处理

# 绪　论

随着计算机、微电子和信息学科的飞速发展，数字信号处理(digital signal processing，DSP)在20世纪60年代应运而生并迅速发展，现已形成一门独立的学科体系。简单地说，数字信号处理是利用计算机或专用处理设备对信号进行采集、变换、综合、估值与识别等加工处理，借以达到提取信息和便于应用的目的。数字信号处理系统具有灵活、精确、抗干扰强、设备尺寸小、造价低、速度快等突出优点，这些都是模拟信号处理系统所无法比拟的。

几乎所有的工程技术领域都涉及了信号问题。这些信号包括电的、磁的、机械的、热的、声的、光的及生物医学的等各方面。如何在较强的背景噪声下提取出真正的信号或信号的特征，并将它们应用于工程实际，是信号处理理论要完成的任务。因此可以说，信号处理几乎涉及所有的工程技术领域。

目前国内外绝大部分重点工科院校都已把“数字信号处理”列为专业基础课，作为部分专业研究生和本科生的必修课或选修课。很多重点院校都建有数字信号处理中心(或实验室)，把教学、科研、人才培养紧密结合起来，不但在理论上而且在实践中都取得了丰硕的成果。

长期以来，数字信号处理是紧紧围绕着理论、实现及应用三方面迅速发展起来的，它以众多学科为理论基础，其成果又渗透到多个学科，成为理论与实践并重、在高新技术领域中占有重要地位的新兴学科。

## 0.1　数字信号处理的理论

数字信号处理在理论上所涉及的范围极其广泛。数学领域中的微积分、概率统计、随机过程、高等代数、数值分析、近世代数(抽象代数)、复变函数等都是它的基本工具，网络理论、信号与系统等均是它的理论基础。在学科发展方面，数字信号处理和最优控制、通信理论、故障诊断等紧紧相连，近年来又成为人工智能、模式识别、大数据、神经网络等新兴学科的理论基础之一，其算法的实现(无论是硬件和软件)又和计算机学科及微电子技术密不可分。因此可以说，数字信号处理是把经典的理论体系(如数学、系统)作为自己的理论基础,同时又使自己成为一系列新兴学科的理论基础。

国际上一般把1965年快速傅里叶变换(FFT)的问世,作为数字信号处理这一新学科的开端。在之后50余年的发展中,数字信号处理自身已基本上形成一套较为完整的理论体系。我们在前言中已指出,数字信号处理的理论总体上可以分为三大部分,即经典数字信号处理、统计数字信号处理和现代数字信号处理。这三大部分的理论主要包括:

(1) 信号的采集(A/D技术、抽样定理、量化噪声分析等);

(2) 离散信号的分析(时域及频域分析、各种变换技术、信号特征的描述等);

(3) 离散系统分析(系统的描述、系统的单位抽样响应、转移函数及频率特性等);

(4) 信号处理中的快速算法(快速傅里叶变换、快速卷积与相关等);

(5) 滤波技术(各种数字滤波器的设计与实现);

(6) 平稳随机信号的描述;

(7) 随机信号的估值(各种估值理论、相关函数与功率谱估计等);

(8) 平稳随机信号的建模(最常用的有AR、MA、ARMA、PRONY等各种模型);

(9) 现代滤波理论(维纳滤波及自适应滤波);

(10) 非平稳随机信号的时频联合分析;

(11) 多抽样率信号处理(滤波器组);

(12) 小波变换;

(13) 压缩感知(compressed sensing,CS);

(14) 数字信号处理中的特殊算法(如抽取、插值、奇异值分解、反卷积、信号重建等);

(15) 数字信号处理的实现(软件实现与硬件实现);

(16) 数字信号处理的应用。

由上述16方面可以看出,信号处理的理论和算法是密不可分的。把一种好的信号处理理论用于工程实际,需要辅以相应的算法以达到高速、高效及简单易行的目的。例如,FFT算法的提出使DFT理论得以广泛应用,Goertzel算法使得DTMF(dual-tone multi-frequency,双音多频)信号可以准确、快速地被识别,Levinson算法的提出使Toeplitz矩阵的求解变得很容易,从而使参数模型谱估计技术得到广泛应用。这样的例子在信号处理中还可以举出很多。

数字信号处理中所涉及的信号包括确定性信号、平稳随机信号、非平稳随机信号、一维及多维信号、单通道及多通道信号,所涉及的系统也包括单通道系统和多通道系统。对于每一类特定的信号与系统,上述理论的各个方面又有不同的内容。

伴随着通信技术、电子技术及计算机的飞速发展,数字信号处理的理论也在不断地丰富和完善,各种新算法、新理论正在不断地推出。例如,在过去的40多年中,平稳信号的高阶统计量分析、非平稳信号的联合时频分析、多抽样率信号处理、小波变换及独立分量分析等新的信号处理理论都取得了长足的进展,压缩感知(compressive sensing)理论正

在发展中。可以预计，在今后的十年中，数字信号处理的理论将会更快地发展。

## 0.2　数字信号处理的实现

"数字信号处理的实现"是指将信号处理的理论应用于某一项具体任务中。随着任务的不同，数字信号处理实现的途径也不相同。总的来说，可分为软件实现和硬件实现两大类。

软件实现是指在通用的计算机上用软件来实现信号处理的某一方面的理论。这种实现方式多是用于教学及科学研究，如产品开发前期的算法研究与仿真。这种实现方式的速度较慢，一般无法实时实现。

信号处理的各种软件可由使用者自己编写，也可使用现成的。自 IEEE DSP Comm. 于 1979 年推出第一个信号处理软件包以来，国外的研究机构、大学及有关信号处理著作的作者也推出了形形色色的信号处理软件包，它们都为信号处理的学习和应用提供了方便。目前，有关信号处理的最强大的软件工具是 MATLAB 语言及相应的信号处理工具箱(tool box)。

数字信号处理各种快速算法及 DSP 器件的飞速发展为信号处理的实时实现提供了可能。所谓实时实现，直观地说是指在人的听觉、视觉允许的时间范围内实现对输入信号(图像)的高速处理，严格地说，是在下一个数据样本到来之前(在一个抽样周期内)完成所需要的计算。例如，在数字移动电话、数字电视、可视电话、会议电视、军事、高性能的变频调速控制及智能化医学仪器等领域，均需要实时实现。实时实现需要算法和器件两方面的支持。本书中所讨论的快速傅里叶变换、卷积和相关的快速算法等都是为了实现这一目标。器件是指以 DSP 为代表的一类专门为实现数字信号处理任务而设计的高性能的单片 CPU。

硬件实现是指用通用或专用的 DSP 芯片以及其他 IC 构成满足数字信号处理任务要求的目标系统。DSP 芯片较之大家所熟悉的单片机有着更为突出的优点，如内部带有硬件乘法器、累加器，采用流水线工作方式及并行结构，多总线，速度快，配有适于信号处理的指令等。

FPGA(Field Programmable Gate Array，现场可编程逻辑门阵列)是一类"可定制"、可编程的"芯片"，近几年来又集成了 DSP 的核心模块，因此 FPGA 逐渐成为实现数字信号处理的主要产品。

## 0.3 数字信号处理的应用

数字信号处理一经问世便吸引了很多学科的研究者，并把它应用于自己的研究领域。可以说，数字信号处理是应用最快、成效最为显著的新学科之一。在通信、语音、雷达、声呐、地震、图像、系统控制、人工智能、生物医学工程、先进制造、遥感遥测、地质勘探、航空航天、电力系统、故障检测、仪器仪表等众多领域都获得了极其广泛的应用，它有效地推动了众多工程技术领域的技术改造和学科发展。毫不夸张地说，只要你使用计算机(通用机、专用机、单板机、单片机或一个简单的 CPU)和数据打交道，就必然要应用数字信号处理技术。

消费类电子是数字信号处理应用的重要领域，如手机、数码相机、高清数字电视和 MP3 等。它们内部既有专用的芯片，又包含丰富的数字信号处理内容。

在现代化的医院里，各种各样的医疗仪器不胜枚举，心电图机、脑电图机、X 光机、超声成像、CT(计算机断层成像)、MRI(磁共振成像)、PET(正电子发射成像)、各种生化分析仪器、各种监护仪器等，都是计算机或专用芯片和数字信号处理理论的完美结合。数字助听器和人工耳蜗更是将数字信号处理和医疗相结合的范例，前者可置于耳道内帮助听力下降者听到声音，后者是目前帮助耳聋者听到声音的唯一方法。健康是所有人的期盼，相信越来越多的新型医疗仪器将会不断涌现，以提高人们防病、治病的能力。

## 0.4 关于数字信号处理的学习

数字信号处理的特点是理论复杂。翻开有关的教科书，几乎满篇都是数学公式和数学符号，这往往使初学者有望而生畏的感觉。下面就笔者的体会，谈谈如何学好数字信号处理。

作为一门课程，学好数字信号处理和学好其他课程有着共同的要求，此处不再赘述。下面是几点特殊的要求。

(1) 特别要注意加深概念的理解，不要只停留在死记数学公式上。例如卷积和相关有着类似的数学公式，但二者的物理概念完全不同。卷积反映了线性移不变系统输入和输出的关系，而相关只是反映了两个信号之间的相似性，和系统无关。

要切实理解离散信号的频谱变为周期的原因。这可以从 $s$ 平面到 $z$ 平面的映射关系

来理解，也可以从抽样定理的导出来理解；频域的周期化将涉及循环移位和循环卷积等一系列问题。

要切实理解在数字信号处理中必然存在的信号的截短问题，该截短问题又和窗函数的应用、分辨率等问题密切相关。

诸如此类的概念性的问题还很多。总之，对它们不要只从数学公式上来理解，而要从它们的来龙去脉和内在含意来理解。

(2) 通过应用来加深理解和记忆。

笔者特别希望读者在学习数字信号处理的过程中一定要重视利用 MATLAB 来完成实际的信号处理任务。例如，自己可以利用 MATLAB 的有关 m 文件生成各种类型的信号；实际完成一个信号的频谱分析，并了解其横坐标和纵坐标的含意；实际去分析一个系统，求出并画出它的幅频和相频特性；实际去设计一个系统，并用它实现对一个含有噪声信号的滤波，等等。另外，对于不理解的理论问题，建议可以看一下 MATLAB 中对应的源文件，看一下别人是如何编程实现的，这样往往会豁然开朗。建议读者自己动手编写线性卷积、相关和 FFT 的程序，以加深对理论的理解和培养动手能力。

(3) 打好基础，循序渐进。

笔者认为，本书前 4 章是数字信号处理中的基础内容，是至关重要的，读者一定要努力掌握。此外，第 12 章关于随机信号的描述也是重要的基础内容。

在熟练掌握上述内容的基础上，读者对于进一步的学习应该没有太大的困难。

# 上篇 经典数字信号处理

# 第1章

# 离散时间信号

## 1.1 关于信号

本书的主书名是“数字信号处理”，那么，**什么是信号？什么是数字信号？信号为什么要处理？如何处理？**

信号(Signal)是信息(information)的载体。也就是说，信息隐含在信号之中。目前，我们处于一个高度信息化的社会，各种各样的信息每时每刻都会扑面而来。我们如何来获取这样的信息？当然，靠我们的视觉和听觉。现代化的电子设备(如手机)把图像和声音以极其方便的方式传递给我们，于是，我们的眼睛看到了图像信号，耳朵听到了声音信号，同时，我们的大脑提取了这些图像和声音中所包含的信息。

很容易理解，例如，要想把一个用语音表达的信息传递出去，那么首先要把语音通过麦克风变成电信号(电压或电流)，再通过有线或无线的方式将该电信号传递出去。在接收端，通过扬声器将该电信号转变成声音信号，并被我们感知和理解。因此，信道传递的并不是“信息”，而是载有信息的“信号”。

图1.1.1是语音信号“我正在学习数字信号处理”的波形图。单纯从此波形图上我们无法知道其内含的信息。当然，用MP3播放出来后就立刻知道了。

图1.1.1 语音信号“我正在学习数字信号处理”的波形图

图1.1.2(a)是人体心电图(electrocardiogram，ECG)的模式图。一个心拍中包含P、Q、R、S和T波等波形。P波反映了左右心房的去极化(或“激动”)，是心电周期中的第一个波；Q、R、S波又称为QRS波群，它反映了左右心室的去极化(或“激动”)，R波通常

是心电图中幅度最大且变化最为陡峭的正向波形；其后的 T 波反映了心室的复极化，是一个幅度较大、持续时间较长的波；T 波后是一段间隙期，然后重复下一个心拍。

心电图蕴含着心脏功能的丰富信息，是通常体验时必检的项目，更是内科门诊首要关注的对象。简单地说，两个连续心拍的 RR 间隔代表了这两个心拍出现的时间，若 RR 以 s 为单位，则通过计算 60/RR 可求出心率（heart rate，HR），进一步可通过 HR 来判断是否有心律失常及何种失常；P 波到 R 波的时间称为 PR 间期，代表了房室传导时间，其长短反映了有无传导阻滞；QRS 波群的宽度一般小于 0.11s。如果心脏左右束枝出现传导阻滞或心室肥厚等情况时，QRS 波群将增宽；T 波代表了心室的复极化，与 QRS 主波方向相同，心肌缺血时可表现为 T 波低平或倒置。

图 1.1.2(b)是选取自美国麻省理工学院所建立的心电数据库（MIT-BIH）[Moo01]中的一段实际心电信号，记录号是 203。显然，它是一位心脏病人的心电图，且包含了较强的噪声。

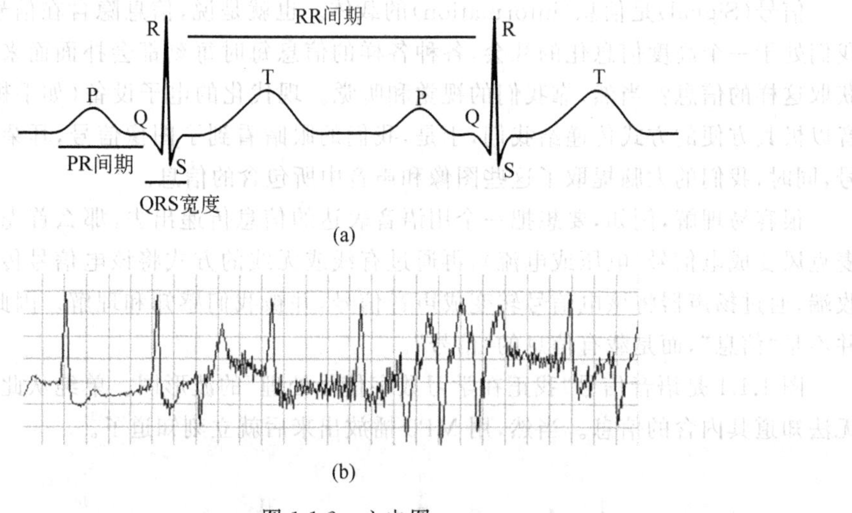


图 1.1.2　心电图

(a) 心电模式图；(b) 选自 MIT-BIH 心电数据库中的一段实际心电信号

人体心肌细胞的电活动产生了电流，通过体表的电极检测到这些电流，从而得到了心电信号，再通过心电图机描记下来，形成心电图。心电图的发明已有一百多年的历史，并在 1924 年获得诺贝尔医学生物学奖。心电图应用极其广泛，如临床检查、病房和 ICU 的床旁监护、动态心电图（Holter 监测）、心电图运动试验（ECG exercise test）、远程医疗及心电工作站等。在这些应用中，无一例外地包含了对心电图的自动分析。自动分析的内容主要是：去除噪声，P、Q、R、S 和 T 波的检测（位置、幅度及形态），R-R 间期、P-R 间期、QRS 宽度等的测量，根据测得的参数进行病类判别（即辅助诊断）。当然，内科医生现在仍然会用人工的方法在心电图纸上用尺子和圆规测量出这些参数并给出诊断结论。

信号可定义为随时间，或随空间，或随其他变量而变化的物理量。在数学上，它可表示为一个函数。如

$$\left.\begin{aligned} x_1(t) &= 5t \\ x_2(t) &= A\sin(2\pi ft) \\ s(x,y) &= 2x + 7xy + 4y^2 \end{aligned}\right\} \tag{1.1.1}$$

式中，$t$ 如果是时间，则 $x_1(t)$ 是时间的线性函数，当然，它也是随时间线性变化的信号；$x_2(t)$ 既是正弦函数，也是正弦信号；$s(x,y)$ 是二维信号，式中的 $x$ 和 $y$ 是水平方向和垂直方向的坐标，显然，它是一个空域信号，常用来表示一幅图像。$s(x,y;t)$ 则是一个视频信号。因此，在信号处理中，信号与函数往往是通用的，后文将讨论的随机信号与数学上的随机过程也是通用的。

式中，$x(t)$（$x_1(t)$，$x_2(t)$）所表示的可以是不同的物理信号，如温度、压力、流量、磁通、机械振动、人体生理信号、经济与股市指数等。但在实际应用中都要把它们转变成电信号，这一转变可通过使用不同的传感器来实现，因此，我们可以简单地把 $x(t)$ 看作一个电压信号，或是电流信号。自变量 $t$ 除了表示时间外，也可以表示其他变量，例如山的高度或海洋的深度，这时 $x(t)$ 可表示随高度变化的大气压或随深度变化的海水压力。$x(t)$ 本身可以是实信号，也可以是复信号，自然界的物理信号都是实信号，建立在数学模型基础上的信号有可能是复信号。

若 $t$ 是定义在时间轴上的连续变量，那么，我们称 $x(t)$ 为连续时间信号，又称模拟(analog)信号。若 $t$ 仅在时间轴的离散点上取值，那么称 $x(t)$ 为离散时间信号(discrete time signal)，这时应将 $x(t)$ 改记为 $x(nT_s)$，其中 $T_s$ 表示相邻两个点之间的时间间隔，又称抽样周期(sampling period)，即 $x(nT_s)=x(t)\big|_{t=nT_s}$，$n$ 取整数。一般来说，我们可以把 $T_s$ 归一化为 1，这样，$x(nT_s)$ 可简记为 $x(n)$。这样表示的 $x(n)$ 仅是整数 $n$ 的函数，所以又称 $x(n)$ 为离散时间序列(discrete time series)。

$x(n)$ 在时间上是离散的，其幅度可以在某一个范围内（如 0～5V）连续取值。但目前的信号处理装置多是以计算机或专用信号处理芯片来实现的，它们都是以有限的位数来表示其幅度，因此，其幅度也必须“量化”，即取离散值。在时间和幅度上都取离散值的信号称为数字信号(digital signal)。目前，在信号处理的文献与教科书中，“离散信号”和“数字信号”这两个词是通用的，都是指数字信号，本书也是如此。

一个离散信号 $x(n)$，可能在其由信号源产生时就是离散的，例如，若 $x(n)$ 表示的是一年 365 天中每天的平均气温，那么 $x(n)$ 本身就是离散信号。但物理世界中的绝大多数信号都是模拟信号，需要将它们转变为数字信号。

**为什么要将模拟信号转变为数字信号?**

20世纪最伟大的发明之一是计算机。计算机强大的计算能力和人类的大脑相结合，已经并正在深入地改变着我们的世界及我们的生活。但是,计算机不认识模拟信号,也无法存储模拟信号,它能识别和存储的只是以0,1表达的二进制数,因此,物理世界的模拟信号必须转变为数字信号才能送入计算机中。

我们非常幸运地赶上了现在的数字化信息社会。听音乐不再用唱片和磁带,一个小小的MP3能将你喜欢的歌曲尽收其中;照相不再用胶卷,一个袖珍的卡片机可拍摄并存储几百、上千张照片;录像也不再用录像机和录像带。这里所说的音乐、照片、视频都是以数字的方式存储于电子设备的存储器中。

进入21世纪,智能手机的推出把听音乐、看电影、拍照、录像、电话、视频等都集中在巴掌大的一个电子设备中。这一切都归功于微电子、计算机和数字信号处理学科的飞速发展。智能手机极大地促进了互联网的普及,使得每一个使用智能手机的人都成了“网民”,而互联网的基础更是数字化。目前,互联网、大数据、云计算、人工智能等新兴学科的相互融合及快速发展也极大地促进了我国“数字经济”的快速发展。总之,“数字化”是我们时代的一个重要特征,支持它的理论基础之一就是“数字信号处理”。

图像处理是信号处理的又一应用领域,也可以看作一维信号处理向二维的扩展。图像处理的领域极其广泛,例如,胶片电影的数字化已于2021年有了先例,其步骤包括:将原胶片进行超声波水洗,扫描后存储于硬盘,然后去噪、去划痕、颜色校正、色彩增强、声音扫描以及一帧一帧的修复,最后进行声画合成等。

敦煌莫高窟是世界上现存规模最大、内容最丰富的佛教艺术圣地,壁画总面积4万多平方米,现在,有关部门正在对这些壁画进行数字化处理,以实现高精度的永久保存及在线游览。被焚烧150余年的我国“万园之园”的圆明园的数字化修复也已基本完成,可以在屏幕上重现其当年的风采。敦煌壁画及圆明园的数字化说明,数字化应用正全面地进入社会的各个领域。

为什么要对信号进行处理?一是信号中一般都会混有噪声,需要去除;二是我们所需要的信息隐含在信号中,我们必须从信号中提取出这些信息,或是能反映这些信息的特征,才能达到认识信号及利用信号的目的。简单地说,信号处理的任务可用12个字概括:**去除噪声、提取特征、用于实际**。

有关数字信号处理的理论、实现及应用的概述已在本书的绪论中给出,此处不再赘述。至于信号如何处理,则是本书后续章节要讨论的内容。

与信号的数字处理相对应的是信号的模拟处理。信号模拟处理需要模拟系统,一个模拟系统由电阻、电感、电容(R-L-C)和运算放大器组成,读者在学习电路和电子学课程时已熟知它们。其特点是精度不高(特别是电感和电容)、体积大、调整不方便、可重复性差等。由于数字信号处理是依靠计算机(系统机、单片机、DSP、FPGA,或一片CPU)来实

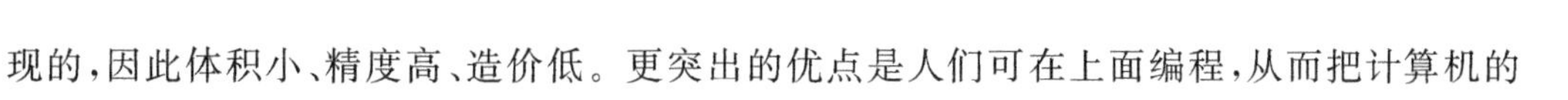


现的，因此体积小、精度高、造价低。更突出的优点是人们可在上面编程，从而把计算机的计算能力和人的智慧完美地结合起来，这也为我们带来众多的消费类电子产品。

数字信号处理系统也有自己的不足。一是首先要通过 A/D 实现模拟信号到数字信号的转换，转换时受到信号频率的限制，同时增加了系统的复杂性；二是系统的精度受芯片字长的制约，理论上可实现无限高的精度，但这要求芯片的字长"无限"长，其结果是增加了成本；三是数字系统需要电源供电，而无源的模拟系统则不需要。

模拟系统也有自己独特的应用。例如，模拟信号在进入 A/D 之前需要放大到 TTL 电平，并且要做抗混叠滤波，信号放大器和抗混叠滤波器都要靠模拟电路来实现。所以，现在的一个完整的信号处理系统多是模拟系统和数字系统的混合，当然，其中 CPU 的存在使数字系统占据主导地位。

最后介绍模拟信号数字化的过程。

将连续信号转换成离散信号是通过模数转换器(analog to digital converter, A/D converter)来实现的。由于大规模集成电路的发展，A/D 芯片已高度集成化，将这些芯片配以一些必要的外围电路可做成不同的 A/D 板(又称数据采集板)。将 A/D 板插入普通计算机(如 PC)的扩展槽中，配以相应的软件即可实现信号的抽样。A/D 芯片有两个主要的参数，一是字长，二是转换速度。现在市售的 A/D 芯片的字长有 8bit、10bit、12bit 及 14bit，字长越长，转换的精度越高。例如，对于 5V 的 TTL 电平，若字长为 8bit，那么，每一位的最大分辨率是 $5V/2^8 \approx 20mV$；若字长是 12bit，那么分辨率是 $5V/2^{12} \approx 1.2mV$，精度提高了 16 倍。转换速度决定了其 A/D 芯片的最大抽样速度，目前市售的 A/D 芯片的抽样速度可由几十千赫至几百兆赫。当然，字长越长，速度越高，其售价也越贵，使用者应视实际需要选用。图 1.1.3 给出了用数字方法处理模拟信号的示意图。传感器可以将非电信号转换成电信号，经模拟放大后使信号 $x(t)$ 达到 A/D 转换器的满量程动态范围(0～5V，或－5～＋5V)，经 A/D 转换后得到数字信号 $x(nT_s)$。数字信号处理器可以是一个数字装置，或一个计算机，输出后的数字信号 $y(nT_s)$ 经 D/A 转换后又可变成模拟信号，当然，也可直接输出数字信号。

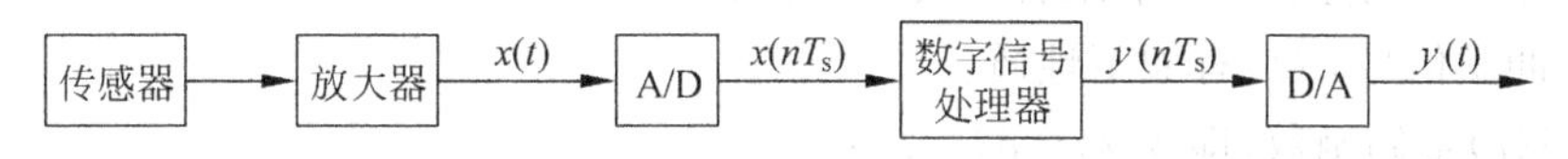


图 1.1.3　用数字方法处理模拟信号的过程

目前，尽管 A/D 转换器已可做到很高的精度和速度，但其字长毕竟是有限的。用有限位的数字信号来表示无限精度的模拟信号，必然带来误差，这一误差称为量化误差。有关量化误差的统计分析将在第 10 章讨论。

## 1.2 典型连续时间信号

物理世界中的绝大多数信号都是连续的,且无法用数学公式来准确地描述。下面所给出的典型信号都是抽象化的数学模型,但它们各自都可以代表一大批信号,因此在信号处理和其他学科领域都有着广泛的应用。将这些典型信号离散化,可得到1.3节的典型离散时间信号。

**1. 单位冲激(unit impulse)信号**

单位冲激信号又称冲激函数,或Dirac函数,定义为

$$\delta(t)=\begin{cases}\int_{-\infty}^{\infty}\delta(t)\mathrm{d}t=1\\ \delta(t)=0, & t\neq 0\end{cases} \tag{1.2.1}$$

该定义的含义是:$\delta(t)$在$t\neq 0$的所有时刻皆为零,在$t=0$附近的一个极短的时间内产生了一个巨大的"冲激",但保持面积为1。由于$\delta(t)$在$t=0$处没有定义,因此严格地说,$\delta(t)$不是一个函数,因此又称其为广义函数(generalized function),文献上也称其为"奇异信号"(singular signal)。显然,$\delta(t)$可以代表在短时间内出现极大冲激能量的一类信号,如爆破、气锤冲激等。尽管$\delta(t)$在物理上是不可实现的,也无法用电子电路产生,但是,它作为信号的数学模型已获得了广泛的应用,特别是用来作为系统的输入以获得系统的响应。我们在后续的讨论中会经常遇到它。

将$\delta(t)$在时间轴上以$T_s$为间隔左右均匀移位,可得到冲激串信号

$$p(t)=\sum_{k=-\infty}^{\infty}\delta(t-kT_s) \tag{1.2.2}$$

$\delta(t)$和$p(t)$的波形如图1.2.1(a)、(b)所示。

单位冲激信号$\delta(t)$有如下性质:

(1) $\delta(t)$是偶函数,即$\delta(t)=\delta(-t)$; (1.2.3a)

(2) $x(t)\delta(t)=x(0)\delta(t)$; (1.2.3b)

(3) $\int_{-\infty}^{\infty}x(t)\delta(t)\mathrm{d}t=x(0)$; (1.2.3c)

(4) $\int_{-\infty}^{\infty}x(\tau)\delta(t-\tau)\mathrm{d}\tau=x(t)$。 (1.2.3d)

现对性质(2)、(3)和(4)解释如下。

因为$\delta(t)$在$t\neq 0$处皆为零,所以必有$x(t)\delta(t)=x(0)\delta(t)$,进一步可得性质(3):

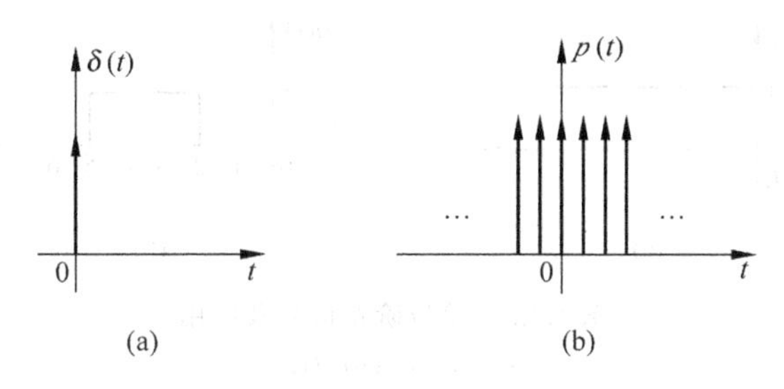


图 1.2.1 $\delta(t)$和 $p(t)$的波形

(a) $\delta(t)$；(b) $p(t)$

$$\int_{-\infty}^{\infty} x(t)\delta(t)\mathrm{d}t=\int_{-\infty}^{\infty} x(0)\delta(t)\mathrm{d}t=x(0)\int_{-\infty}^{\infty}\delta(t)\mathrm{d}t=x(0)$$

该性质又称为$\delta(t)$的“筛选”性质，即此积分筛去了 $x(t)$在 $t\neq 0$ 处的所有值，只留下了$\delta(t)$不为零时的值 $x(0)$。

性质(4)是性质(3)的推广，即 $\delta(t)$做了移位。式(1.2.3d)又称为信号的“通式”表示[Cha16]。

**例 1.2.1** 求下述积分的值。

(a) $\int_{-3}^{3}(3t^2+1)(\delta(t)+2\delta(t-1))\mathrm{d}t$；(b) $\int_{-3}^{3}(\mathrm{e}^{-3t}+\cos 2t)(\delta(t)+2\delta(t+1))\mathrm{d}t$

**解**：分别令

$$x_1(t)=3t^2+1;\quad x_2(t)=\mathrm{e}^{-3t}+\cos 2t$$

再利用上述性质(3)、(4)，则

(a) 式$=x_1(t)\big|_{t=0}+2x_1(t)\big|_{t=1}=3\times 0^2+1+2(3\times 1^2+1)=9$

(b) 式$=x_2(t)\big|_{t=0}+2x_2(t)\big|_{t=-1}=\mathrm{e}^0+\cos 0+2\mathrm{e}^3+2\cos(-2)=2+2\mathrm{e}^3+2\cos(-2)$

**2. 单位阶跃(unit step)信号**

单位阶跃信号 $u(t)$定义为

$$u(t)=\begin{cases}1, & t\geqslant 0\\ 0, & t<0\end{cases}\tag{1.2.4}$$

它又称为 Oliver Heaviside's 阶跃函数。其物理意义是在 $t=0$ 时将电路的开关合上并永远保持下去。显然，任一信号乘上 $u(t)$后，该信号在 $t<0$ 时恒为零，这样的信号又称为因果信号(causal signal)。$u(t)$的波形如图 1.2.2(a)所示。

利用 $u(t)$可表示不同的方波信号。例如，令 $d(t)=u(t-2)-u(t-5)$，见图 1.2.2(b)。其物理含义是在 $t=2$ 时将电路开关闭合，在 $t=5$ 时将开关断开。当然，它也是持续时间在 $t=2$ 至 $t=5$、幅度为 1 的方波信号。

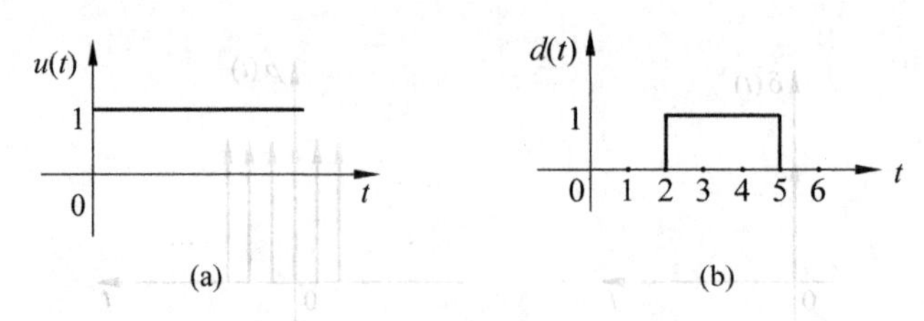


图 1.2.2　单位阶跃信号及应用

(a) $u(t)$；(b) $d(t)$

显然，$u(t)$和$\delta(t)$有如下关系：

$$\delta(t)=\frac{\mathrm{d}u(t)}{\mathrm{d}t},\quad u(t)=\int_{-\infty}^{t}\delta(\tau)\mathrm{d}\tau \tag{1.2.5}$$

**3. 符号(signum)函数**

符号函数定义为

$$\operatorname{sgn}(t)=\begin{cases}1, & t>0\\ 0, & t=0\\ -1, & t<0\end{cases} \tag{1.2.6}$$

很容易看出，$u(t)$和$\operatorname{sgn}(t)$有如下关系：

$$u(t)=\frac{1}{2}+\frac{1}{2}\operatorname{sgn}(t) \tag{1.2.7}$$

$\operatorname{sgn}(t)$的波形如图1.2.3(a)所示。

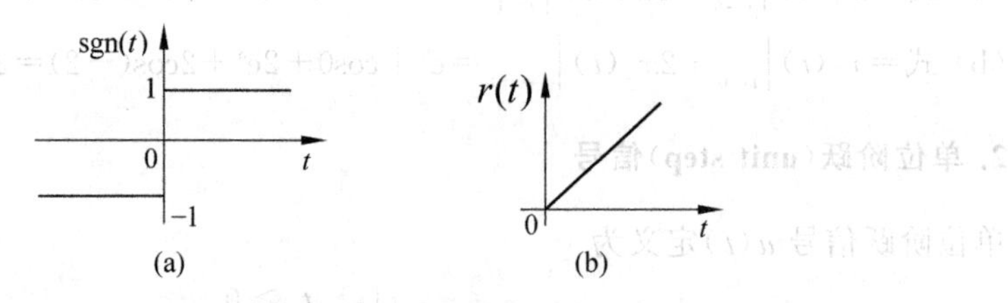


图 1.2.3　符号函数和斜坡函数

(a) 符号函数；(b) 斜坡函数

**4. 斜坡(ramp)函数**

斜坡函数定义为

$$r(t)=\begin{cases}t, & t\geqslant 0\\ 0, & t<0\end{cases} \tag{1.2.8}$$

它是一个随时间线性增长的函数，和 $u(t)$ 有如下关系：

$$u(t)=\frac{\mathrm{d}r(t)}{\mathrm{d}t},\quad r(t)=\int_{-\infty}^{t}u(\tau)\mathrm{d}\tau \tag{1.2.9}$$

波形如图 1.2.3(b)所示。

**例 1.2.2**　试画出

$$x(t)=r(t)-r(t-3)-2u(t-3)-u(t-6)$$

的波形。

**解**：$r(t)-r(t-3)$ 由两部分组成：$t=0\sim3$ 是斜坡函数 $r(t)$，$t>3$ 后是 $3u(t-3)$，减去 $2u(t-3)$ 后是 $u(t-3)$。$u(t-3)$ 减去 $u(t-6)$ 后得到的是 3～6 幅度为 1 的方波，最后的结果如图 1.2.4 所示。

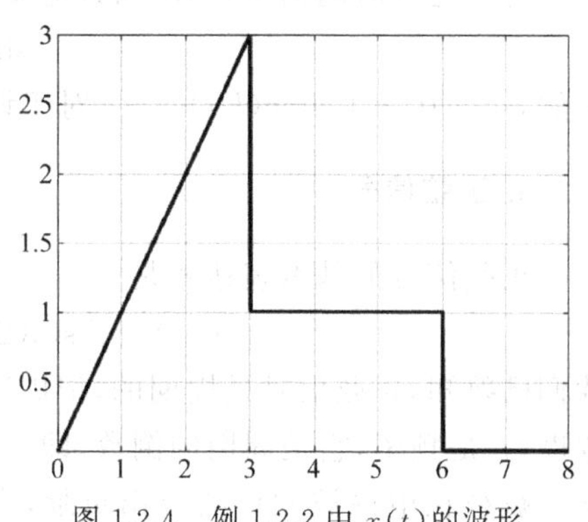


图 1.2.4　例 1.2.2 中 $x(t)$ 的波形

**5. 指数(exponential)函数**

指数函数定义为

$$x(t)=\mathrm{e}^{-\alpha t} \tag{1.2.10}$$

式中，$\alpha$ 为常数。如果 $\alpha>0$，$x(t)$ 是随时间衰减的，反之，$x(t)$ 是随时间增加的。指数函数代表了自然界一大类现象，如电容的充放电、声音遇到障碍物后声压的衰减等。图 1.2.5(a)给出了指数函数的波形。

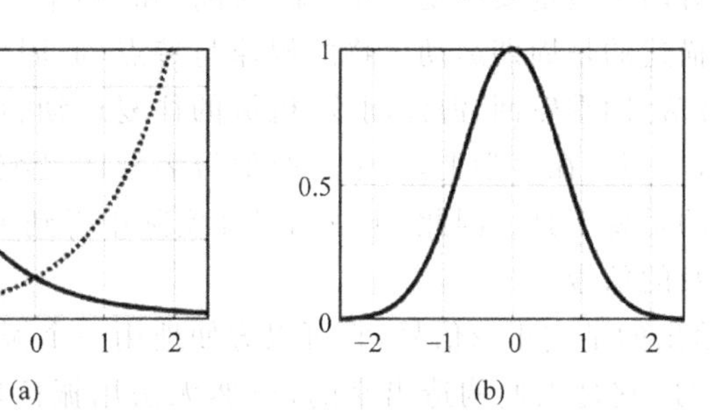
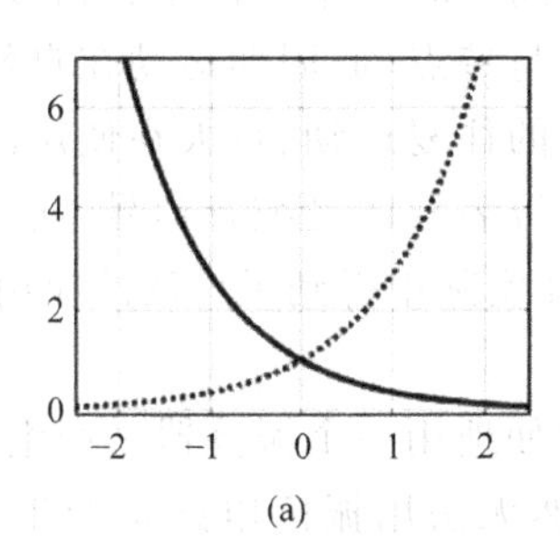


图 1.2.5　指数函数与高斯函数
(a) 指数函数；(b) 高斯函数

**6. 高斯函数(Gaussian function)**

高斯函数的基本形式是 $g(t)=\mathrm{e}^{-at^2}$，式中，$a$ 是常数且 $a>0$，它常用来描述高斯分布的概率密度。高斯分布又称正态分布(normal distribution)。一个均值为 $\mu_x$、方差为

$\sigma_x^2$ 的高斯随机变量 $X$ 的概率密度是

$$f(x)=\frac{1}{\sqrt{2\pi\sigma_x^2}}\mathrm{e}^{-\frac{(x-\mu_x)^2}{2\sigma_x^2}}=N(\mu_x,\sigma_x^2) \tag{1.2.11}$$

图 1.2.5(b)给出了高斯函数 $\mathrm{e}^{-at^2}$ 的波形。

**7. sinc 函数**

对于连续时间信号，sinc 函数定义为

$$\mathrm{sinc}(t)=\sin t/t \tag{1.2.12}$$

显然，$\mathrm{sinc}(0)=1$，$\mathrm{sinc}(k\pi)=0$。对于该信号，后面遇到时再详细讨论。

**8. 正弦信号**

正弦信号的基本表达式是

$$x(t)=A\sin(2\pi ft+\varphi)=A\sin(\Omega t+\varphi) \tag{1.2.13}$$

我们已熟知，正弦信号是周期的，记周期为 $T$，则 $x(t)=x(t+T)$。式(1.2.13)中的 $A$ 是幅度，$f$ 是频率，它是周期的倒数，即 $f=1/T$，因此频率的单位是 1/秒，为纪念德国物理学家赫兹在电磁波领域的突出贡献，人们把频率的单位又命名为赫兹(Hz)；$\Omega=2\pi f$ 是相对连续时间信号的角频率，单位为弧度/秒(rad/s)，当 $f$ 由 $-\infty$ 增至 $+\infty$ 时，$\Omega$ 也由 $-\infty$ 增至 $+\infty$。$\varphi$ 是相位，单位为弧度(rad)。幅度、频率和相位又称为正弦信号的"三要素"，即由它们就完全可以确定一个正弦信号。

现实世界中有两个最重要的物理量，即"时间"和"频率"，而正弦信号中既含有时间，也含有频率。它描述的是周期运动事物的规律与特点，而周期运动在自然界中又是广泛存在的，如日出日落、四季轮回、海洋潮汐、机械的往复运动、每天在使用的交流电以及电路中的自然振荡，等等。在声学上，单个正弦信号表示的是纯音信号，而纯音信号是临床上进行听力测试的重要工具。因此，正弦信号在实际中得到了广泛的应用，也是信号处理学科中反复要提及的信号。

式(1.2.13)给出的是实正弦信号，它可以方便地用一个振荡器来产生。而 $x(t)=\mathrm{e}^{\mathrm{j}\Omega t}$ 是一个复正弦信号，它是人们构造出来的，虽然无法用振荡电路来产生，但在科学技术领域却有着重要的应用。著名的欧拉公式(Euler's formula)将复正弦和实正弦联系起来：

$$\mathrm{e}^{\mathrm{j}\Omega t}=\cos(\Omega t)+\mathrm{j}\sin(\Omega t) \tag{1.2.14a}$$

由该式又可得到如下关系：

$$\mathrm{Re}\{\mathrm{e}^{\mathrm{j}\Omega t}\}=\cos(\Omega t),\quad \mathrm{Im}\{\mathrm{e}^{\mathrm{j}\Omega t}\}=\sin(\Omega t) \tag{1.2.14b}$$

它们分别称为 $x(t)=\mathrm{e}^{\mathrm{j}\Omega t}$ 的实部和虚部。

机械或电路中的自然振荡总会受到阻尼的影响，从而使振荡衰减。这种现象可以用

如下的衰减正弦

$$x(t)=\mathrm{e}^{-\alpha t}A\sin(2\pi ft+\varphi) \tag{1.2.15}$$

来描述。式中的衰减指数函数 $\mathrm{e}^{-\alpha t}$ 称为正弦信号的包络。

以上 8 个典型的连续时间信号在信号的分析与处理中应用广泛，它们对应的典型离散时间信号在数字信号处理中自然也会被广泛应用。

## 1.3 典型离散时间信号

前已述及，离散时间信号 $x(nT_s)$ 常简记为 $x(n)$。现对自变量 $n$ 的取值给予说明：

(1) $n$ 为整数。$x(n)$ 在 $n-1$ 和 $n$ 之间的值没有定义，但不是零。

(2) 记 $x(n), n=-N_1,\cdots,-1,0,1,\cdots,N_2,(-N_1,N_2)$ 是 $n$ 的取值范围。

若 $N_1$ 或 $N_2\to\infty$，则 $x(n)$ 是无限长信号；否则为有限长信号；

若 $N_1$ 取有限值，则 $x(n)$ 是右边序列；若 $N_1=0$，则 $x(n)$ 是因果序列；

若 $N_2$ 取有限值，则 $x(n)$ 是左边序列，且是非因果序列。

离散信号 $x(n)$ 有多种表示方法：

(1) 利用函数表达式。因为 $x(nT_s)=x(t)\Big|_{t=nT_s}$，如果 $x(t)$ 有函数表达式，那么 $x(n)$ 自然也有相应的函数表达式。

(2) 用表格列出 $x(n)$ 的所有值，当然，$x(n)$ 要很短才能做到。

(3) 用图形表示，这时 $x(n)$ 可以很长，但每一点的值在图上不好表示。

(4) 文献中常给出如下表示方法，称为“序列表示”。例如，令

$$x(n)=\{\cdots,0.3,\underset{\uparrow}{2.1},2.5,1.8,-1.6,\cdots\} \tag{1.3.1}$$

式中，箭头所指的位置表示 $n=0$，该式给出的序列是

$$x(-1)=0.3, x(0)=2.1, x(1)=2.5, x(2)=1.8, x(3)=-1.6$$

当然，最常用的还是信号的函数表达式。下面给出几个典型的离散时间信号。

**1. 单位脉冲(unit pulse)信号**

$$\delta(n)=\begin{cases}1, & n=0\\ 0, & n\neq 0\end{cases} \tag{1.3.2}$$

又称单位抽样信号，或 Kronecker 函数。该式的含义是：$\delta(n)$ 在 $n=0$ 的值为 1，而在 $n\neq 0$ 时处处为零。对比式(1.2.1)定义的单位冲激信号，发现二者尽管名称都是 $\delta$，但却有着本

质的差别。一是名字不同(单位冲激,单位抽样);二是横坐标不同$(t,n)$;三是$\delta(t)$在$t=0$无定义,而$\delta(n)$在$n=0$的值为1;四是$\delta(t)$是用积分来定义的,而$\delta(n)$是直接给出其取值。$\delta(n)$的图形如图1.3.1(a)所示,将它和图1.2.1(a)的$\delta(t)$相比较,会发现它们图形上的区别,除了横坐标$(t,n)$外,$\delta(t)$图上有一个箭头,而$\delta(n)$是一个圆点。

如将$\delta(n)$在时间轴上延迟$k$个抽样周期,得$\delta(n-k)$,则

$$\delta(n-k)=\begin{cases}1, & n=k\\ 0, & n\neq k\end{cases} \tag{1.3.3}$$

在上式中,若$k$从$-\infty$变到$+\infty$,那么,$\delta(n)$的所有移位可形成一个无限长的脉冲串序列$p(n)$,即

$$p(n)=\sum_{k=-\infty}^{\infty}\delta(n-k) \tag{1.3.4}$$

$\delta(n-k)$和$p(n)$分别如图1.3.1(b)、(c)所示。

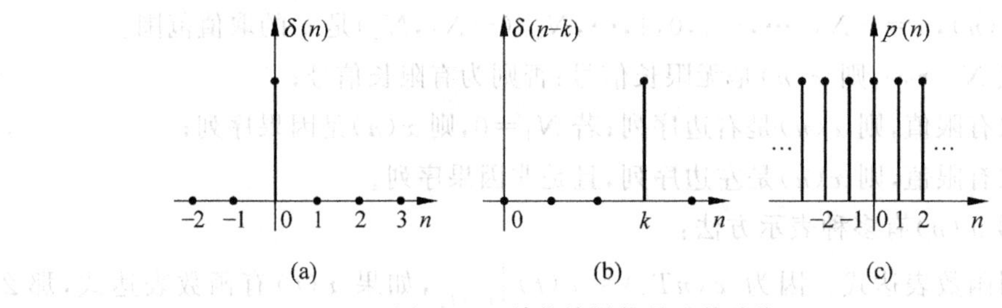


图1.3.1 单位抽样信号及其移位

注意,图1.3.1中$p(n)$每次移位的间隔仍然是一个抽样周期,即$T_s$,此处已将其归一化为1。

若将连续信号$x(t)$和式(1.2.2)的$p(t)$相乘,可得到离散信号$x(nT_s)$或$x(n)$,即

$$x(nT_s)=x(n)=x(t)p(t)=x(t)\sum_{n=-\infty}^{\infty}\delta(t-nT_s) \tag{1.3.5}$$

$x(t)$及其抽样$x(n)$如图1.3.2(a)、(b)所示。式(1.3.5)又称为连续信号抽样的数学模型。

估计读者会问:在式(1.3.5)的抽样模型中,为什么将$x(t)$乘以$p(t)$而不是乘以$p(n)$?$\delta(t)$在$t=0$的时候不是没有定义,而$\delta(n)$在$n=0$的时刻恰好等于1吗?该问题可以解释如下:

(1) $x(t)$和$p(t)$的自变量都是$t$,而$p(n)$的自变量是$n$,两个函数相乘时自变量必须相同。

(2) 实际的A/D转换器大都基于积分型、逐次比较型、Σ-Δ调制型等芯片,其基本思路都是将$x(t)$在$t=nT_s$时刻的值积分为$x(nT_s)$,而$\delta(t)$正是在积分意义上定

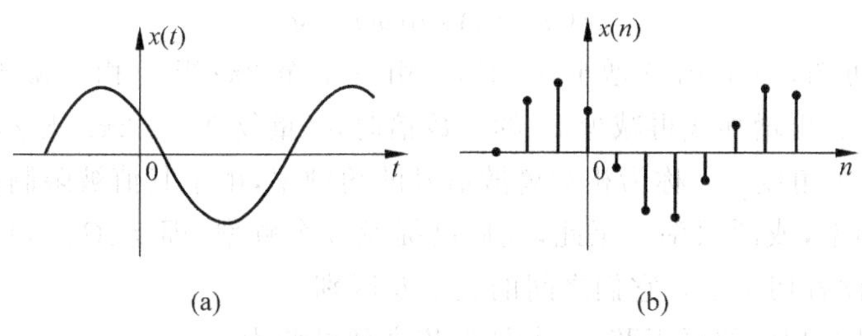


图 1.3.2 $x(t)$及其抽样 $x(n)$

义的。

(3) 由于$\delta(t)$是在积分意义上定义的，因此式(1.3.5)的定义有利于对 $x(n)$做进一步的数学推导，如频谱分析。

**2. 单位阶跃序列**

$$u(n)=\begin{cases}1, & n\geqslant 0\\ 0, & n<0\end{cases} \tag{1.3.6}$$

若序列 $y(n)=x(n)u(n)$，那么 $y(n)$的自变量 $n$ 的取值就限定在$n\geqslant 0$ 的右半轴上。

请读者证明单位阶跃信号和单位抽样信号之间有如下关系：

$$u(n)=\sum_{k=-\infty}^{n}\delta(k), \quad \delta(n)=u(n)-u(n-1) \tag{1.3.7}$$

式中，$u(n-1)$是 $u(n)$的单位延迟。

**3. 指数序列**

$$x(n)=a^{|n|} \tag{1.3.8}$$

式中，$a$ 为常数，且$|a|<1$。

**4. 斜坡序列**

$$r(n)=\begin{cases}n, & n\geqslant 0\\ 0, & n<0\end{cases} \tag{1.3.9}$$

**5. 正弦序列**

对式(1.2.13)给出的连续时间正弦信号，令 $t=nT_s$，可得到离散的正弦信号

$$x(n)=x(t)\big|_{t=nT_s}=A\sin(2\pi fnT_s+\varphi)=A\sin(2\pi fn/f_s+\varphi) \tag{1.3.10}$$

式中，$f_s=1/T_s$ 是信号的抽样频率。若令 $\omega=2\pi f/f_s$，则式(1.3.10)的正弦序列可表示为

$$x(n)=A\sin(\omega n+\varphi) \tag{1.3.11}$$

由 $\omega=2\pi f/f_s$ 可知，当 $f$ 由 0 增至 $f_s$ 时，$\omega$ 由 0 增至 $2\pi$；当 $f$ 由 0 减至 $-f_s$ 时，$\omega$ 由 0 变为 $-2\pi$。当 $f$ 再增加或再减少 $f_s$ 的整数倍时，$\omega$ 重复 $0\sim\pm2\pi$。显然，$\omega$ 的单位为弧度(rad)，它是一个角度。$\omega$ 称为相对离散信号的角频率，由于其值被限制在 $-\pi\sim\pi$，因此又称其为圆周频率，或圆频率。至此，我们已提及 3 个频率，即 $f$、$\Omega$、$\omega$，后续各章节将不断遇到它们，请读者切实了解它们之间的关系及区别。

类似于式(1.2.14a)的复正弦，一个复正弦序列可变为

$$e^{j\omega n}=\cos(\omega n)+j\sin(\omega n) \tag{1.3.12}$$

单位阶跃序列、指数序列斜坡序列及正弦序列的图形如图 1.3.3 所示。

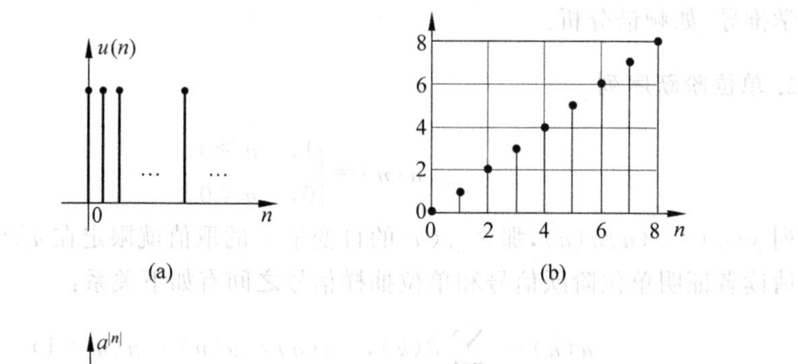


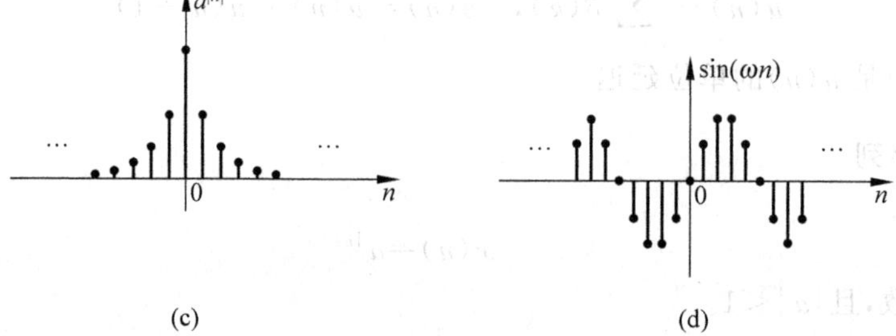


图 1.3.3　几个典型的离散序列

(a) 单位阶跃序列；(b) 斜坡序列；(c) 指数序列；(d) 正弦序列

其他典型连续信号，如符号函数、sinc 函数及高斯函数等，其离散形式不再一一给出，请读者自己给出其表达式和波形。

本节最后讨论离散正弦信号的周期问题。

我们知道，信号 $x(t)=\sin(2\pi ft)$ 的周期 $T=1/f$，$T$ 可以是小数，也就是说，连续时间正弦信号总是周期的。但将 $x(t)$ 抽样得到离散序列 $x(n)=\sin(\omega n)$ 后，其周期 $N$ 应该是一个整数。如果不存在一个整数 $N$，使得

$$x(n)=A\sin(\omega n+\varphi)=A\sin(\omega(n+N)+\varphi) \tag{1.3.13}$$

成立，则 $x(n)$ 将不再是周期的。判断正弦类序列 $x(n)$ 是否是周期的方法如下：

如果存在整数 $r$ 和 $N$，使得 $\omega=2\pi r/N$ 成立，则 $x(n)$ 是周期的，否则就是非周期的。使这一关系成立的最小整数 $N$ 即 $x(n)$ 的周期。

例如，若 $x(n)=\sin(0.01\pi n)$，显然，由 $\omega=2\pi/N=0.01\pi$，可得 $x(n)$ 的周期 $N=200$，这时的 $r=1$；若 $x(n)=\sin(\pi n/4)$，这时 $\omega=\pi/4$，由 $\pi/4=2\pi r/N$，取 $r=1$，则 $N=8$；若 $x(n)=\sin(0.9\pi n)$，这时 $\omega=0.9\pi$，由 $0.9\pi=2\pi r/N$，取 $r=9$，则 $N=20$。这时，$x(n)=\sin(18\pi n/20)$，读者可自行画出其波形，可知其波形是周期的，且周期 $N=20$。若再令 $x(n)=\sin(5n)$，或 $x(n)=\sin(\sqrt{2}n)$，由于找不到整数 $r$ 和 $N$，使得 $\omega=2\pi r/N$ 成立，因此这两个 $x(n)$ 都不是周期信号。这一结果告诉我们，在产生离散正弦类信号时，应始终保证其周期为整数。

# 1.4 离散时间信号的运算

在数字信号处理中，对信号所作的基本运算是移位、翻转、相加、相乘、分解及变换等，现分别给以简要的介绍。

**1. 信号的移位**

给定离散信号 $x(n)$，若信号 $y_1(n)$、$y_2(n)$ 分别定义为

$$y_1(n)=x(n-k)$$

$$y_2(n)=x(n+k)$$

那么，$y_1(n)$ 是整个 $x(n)$ 在时间轴上右移 $k$ 个抽样周期所得到的新序列，而 $y_2(n)$ 是将整个 $x(n)$ 在时间轴上左移 $k$ 个抽样周期所得到的结果，如图 1.4.1 所示，图中 $k=3$。显然，有

$$y_1(3)=x(0),y_1(4)=x(1),\cdots,y_2(-3)=x(0),y_2(-2)=x(1),\cdots$$

$x(n)$ 一方面表示一个离散信号，另一方面又指代信号在 $n$ 时刻的值。$x(n)$ 和在 $n-1$ 时刻的值 $x(n-1)$ 相比，$x(n-1)$ 出现在前，$x(n)$ 出现在后，相差一个抽样间隔。同理，和 $x(n)$ 相比，$x(n+1)$ 出现在 $x(n)$ 之后。因此，对当前时刻 $n$，$x(n-k)$ 是已经出现的值，我们称其为信号的“延迟”。而 $x(n+k)$ 是还没有出现的值，我们称其为“超前”的值，如图 1.4.2 所示。

在信号的实时处理时，参与系统运算的只能是当前时刻的值及已经产生了的值，不可能利用将来时刻的值，这样的系统称为物理可实现系统。反之，能利用将来时刻值的系统，一定是物理上不可实现的系统。

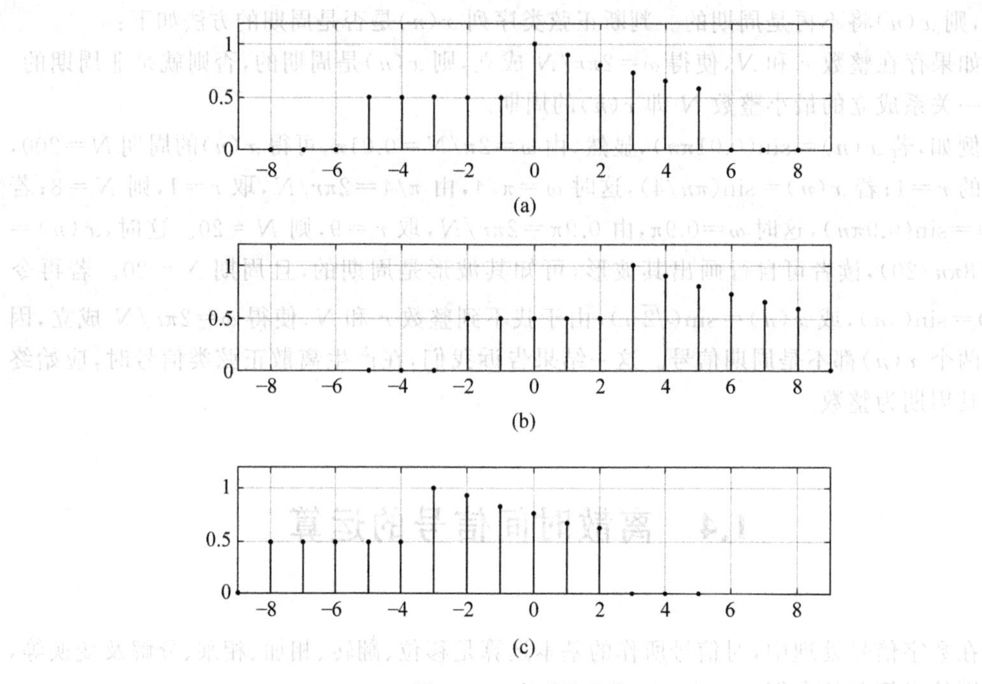


图 1.4.1　序列的移位

(a) $x(n)$；(b) $y_1(n)=x(n-k)$；(c) $y_2(n)=x(n+k)$

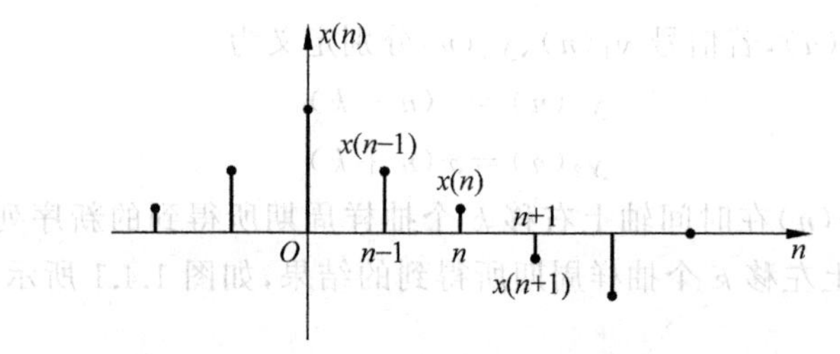


图 1.4.2　$x(n)$中各时间值的含义

序列 $x(n)$在某一时刻 $k$ 时的值可用$\delta(n)$的延迟来表示，即

$$x(k)=x(n)\delta(n-k)$$

这是$\delta(n)$的“筛选”性质，类似于$\delta(t)$的“筛选”性质。显然，$x(n)$在 $n$ 的所有时刻的值可表示为

$$x(n)=\sum_{k=-\infty}^{\infty}x(k)\delta(n-k) \tag{1.4.1}$$

这是离散信号一个很有用的表示方法，它又称为离散时间信号的“通式”表示[Cha16]。由

此，式(1.3.1)的 $x(n)$可表示为

$$x(n)=\cdots+0.3\delta(n+1)+2.1\delta(n)+2.5\delta(n-1)+1.8\delta(n-2)-1.6\delta(n-3)+\cdots$$

**2. 信号的翻转**

给定 $x(n)$，用$-n$ 代替$n$，得 $x(-n)$。$x(-n)$的含义是将 $x(n)$以 $n=0$ 为轴作 180°翻转得到的新序列，这一操作称为信号的翻转(folding)，如图 1.4.3(a)、(b)所示。

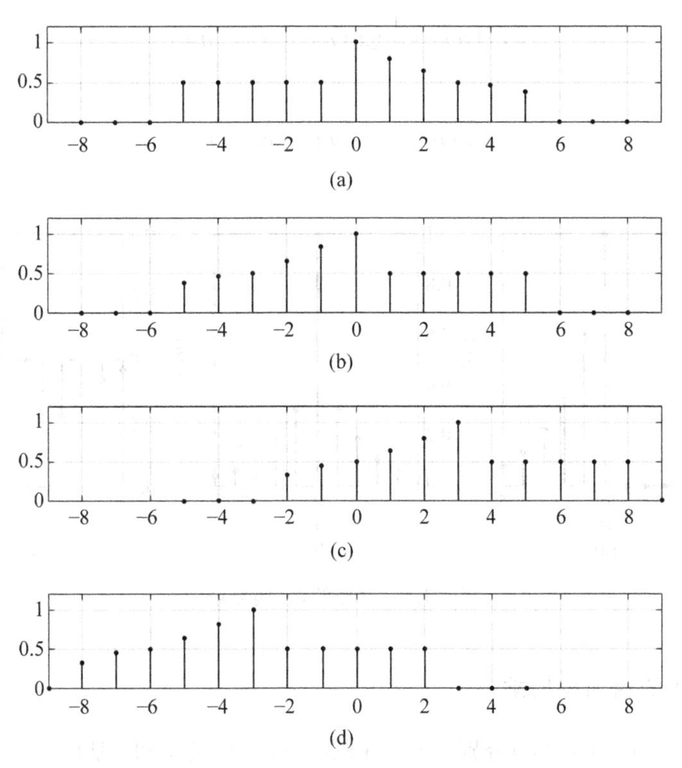


图 1.4.3 信号的翻转及移位

(a) $x(n)$；(b) $x(-n)$；(c) $x(-n+k)$；(d) $x(-n-k)$

需要说明的是，如果对一个序列既要翻转又要移位，那么翻转和移位的顺序是不可交换的。记信号的移位为 TD，信号的翻转为 FD，即[Pro14]

$$\mathrm{TD}_k[x(n)]=x(n-k), \quad \mathrm{FD}[x(n)]=x(-n) \tag{1.4.2a}$$

那么

$$\mathrm{TD}_k\{\mathrm{FD}[x(n)]\}=\mathrm{TD}_k\{x(-n)\}=x(-n+k) \tag{1.4.2b}$$

$$\mathrm{FD}\{\mathrm{TD}_k[x(n)]\}=\mathrm{FD}\{x(n-k)\}=x(-n-k) \tag{1.4.2c}$$

$x(-n+k)$及 $x(-n-k)$如图 1.4.3(c)、(d)所示，图中 $k=3$。注意：$x(-n+k)$表

示 $x(-n)$ 的延迟，$x(-n-k)$ 表示 $x(-n)$ 的超前。

如果 $x(n)=x(-n)$，称 $x(n)$ 是偶信号；如果 $x(n)=-x(-n)$，则 $x(n)$ 是奇信号。显然，余弦信号是偶信号，而正弦信号是奇信号。不论 $x(n)$ 是偶信号还是奇信号，都可以通过信号翻转的方法实现一个信号的奇偶分解，即

$$x_e(n)=\frac{1}{2}[x(n)+x(-n)] \tag{1.4.3a}$$

$$x_o(n)=\frac{1}{2}[x(n)-x(-n)] \tag{1.4.3b}$$

显然

$$x(n)=x_e(n)+x_o(n) \tag{1.4.3c}$$

如图 1.4.4 所示。

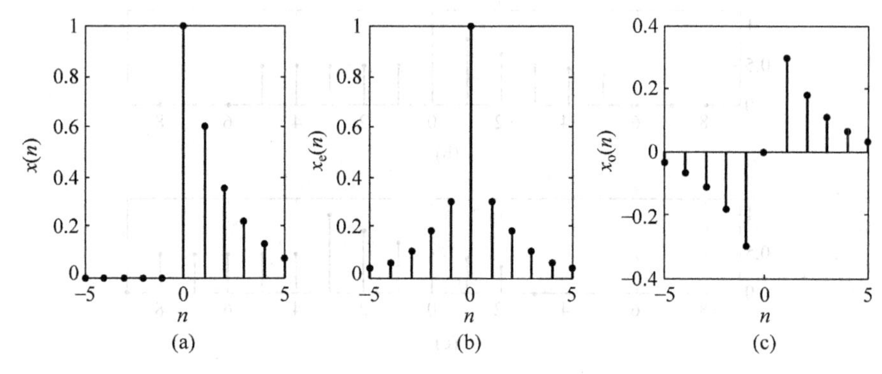


图 1.4.4　信号的奇、偶分解

**3. 两个信号的相加与相乘**

两个信号 $x_1(n)$ 和 $x_2(n)$ 分别相加与相乘可得到新的信号，即有

$$x(n)=x_1(n)+x_2(n)$$

$$y(n)=x_1(n)x_2(n)$$

上述的相加、相乘表示将 $x_1(n)$、$x_2(n)$ 在相同时刻 $n$ 时的值对应相加或相乘。信号的标量乘

$$y(n)=cx(n)$$

表示将 $x(n)$ 在所有 $n$ 时刻的值都乘以常数 $c$。

两个信号在做相加和相乘运算时，要求两个序列不但要有相同的长度，而且要有相同的时间范围。例如，若序列

$$x_1(n)=\{2.2,5.5,8.8,-6.6,7.7\},\quad n=0,1,2,3,4$$

$$x_2(n)=\{0.2,0.5,0.8,-0.6,0.7,0.5\},\quad n=0,1,2,3,4,5$$

那么，$x_1(n)$和$x_2(n)$是不可能相加或相乘的。但是，如果确实需要实现这两个序列的相加或相乘，那么可以在较短的一个序列后边补零，从而使二者有相同的长度：

$$x_1(n)+x_2(n)=\{2.4,6.0,9.6,-7.2,8.4,0.5\},\quad n=0,1,2,3,4,5$$

$$x_1(n)\times x_2(n)=\{0.44,2.75,7.04,3.96,5.39,0\},\quad n=0,1,2,3,4,5$$

**4. 信号时间尺度的变化**

给定连续时间信号$x(t)$，令$y(t)=x(t/a)$（式中，$a>0$），称$y(t)$是由$x(t)$作时间尺度变化所产生的。若$a>1$，则$y(t)$是由$x(t)$在时间轴上扩展$a$倍的结果；反之，若$a<1$，则$y(t)$是由$x(t)$在时间轴上压缩为原来$1/a$的结果，如图1.4.5所示。

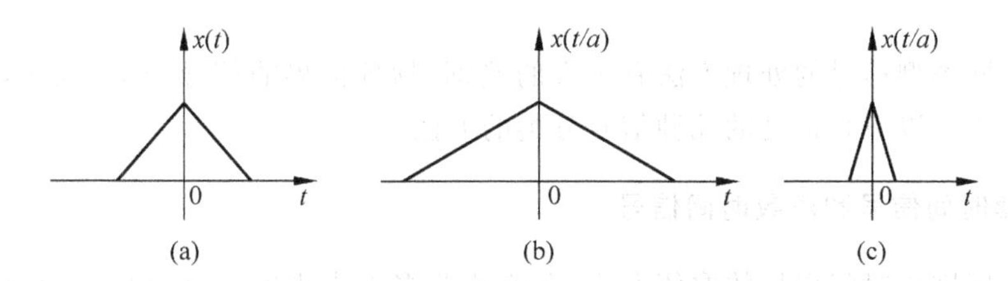


图 1.4.5 信号时间尺度的变化

(a) $x(t)$; (b) $x(t/a)$, $a=2$; (c) $x(t/a)$, $a=1/2$

给定离散时间信号$x(n)$，令$y(n)=x(Mn)$，$M$为正整数，称$y(n)$是由$x(n)$作$M$倍的抽取所产生的。若$x(n)$的抽样频率为$f_s$，$y(n)$的抽样频率将为$f_s/M$，即降低为原来的$1/M$。若令$y(n)=x(n/L)$，$L$为正整数，我们称$y(n)$是由$x(n)$作$L$倍的插值所产生的。这时，$y(n)$的抽样频率为$Lf_s$，提高了$L$倍。抽取和插值是信号处理中的常用算法，这将在第9章详细讨论。在以上两种情况下，$x(n)$和$y(n)$的图形分别见图9.1.1和图9.1.3。

**5. 信号的分解**

设$\varphi_1,\varphi_2,\cdots,\varphi_N$是一组基向量，对于给定的信号$x$，我们可将其按这样一组向量作分解，即

$$x=\sum_{n=1}^{N}\alpha_n\varphi_n \tag{1.4.4}$$

式中，$\alpha_1,\alpha_2,\cdots,\alpha_N$是分解系数，它们是一组离散值。因此，式(1.4.4)又称为信号的离散表示(discrete representation)。$\varphi_1,\varphi_2,\cdots,\varphi_N$各自可能是离散的，也可能是连续的，视$x$而定。如果$\varphi_1,\varphi_2,\cdots,\varphi_N$是一组两两互相正交的向量，则式(1.4.4)称为$x$的正交展开或正交分解。分解系数$\alpha_1,\alpha_2,\cdots,\alpha_N$是$x$在各个基向量上的投影。将一个实际的物理信号分解为有限或无限个小的信号“细胞”是信号分析和处理中常用的方法。

**6. 信号的变换**

信号的变换一般可视为信号分解的逆过程，即在给定 $x$ 和 $\varphi_1,\varphi_2,\cdots,\varphi_N$ 的情况下求出 $\alpha_1,\alpha_2,\cdots,\alpha_N$ 的运算。更一般的解释是，变换是将信号由一个域（如时域）映射到另一个域（如频域）的运算。信号变换是信号处理中常用的技术，我们将在后续各章中详细讨论。

## 1.5　信号的分类

对于不同类型信号的处理方法有很大的差别，物理世界的信号繁多，因此，有必要对它们进行分类。以下是常见的几种信号分类的方法。

**1. 连续时间信号和离散时间信号**

它们的区别是时间变量的取值方式，在前几节多次出现的 $x(t)$ 和 $x(n)$ 就是这两类信号的代表。取值方式的不同当然带来了运算上的不同，典型的是：连续信号可以做积分运算和微分运算；对于离散信号，积分变成了求和，微分用差分近似。

**2. 周期信号和非周期信号**

对信号 $x(n)$，若存在正整数的 $k$ 和 $N$ 使得 $x(n)=x(n\pm kN)$，则称 $x(n)$ 为周期信号，周期为 $N$；否则，称 $x(n)$ 为非周期信号。当然，一个非周期信号也可视为周期信号，这时其周期 $N$ 趋于无穷。

**3. 一维、多维及多通道信号**

若信号 $x(n)$ 仅仅是时间 $n$ 这一个变量的函数，那么 $x(n)$ 为一维时间信号。信号 $x(m,n)$ 是变量 $m$ 和 $n$ 的函数，我们称之为二维信号。对一幅数字化了的图像，$m$ 和 $n$ 是在 $x$ 方向和 $y$ 方向的离散值，它们代表距离，$x(m,n)$ 表示坐标 $(m,n)$ 处图像的灰度。

视频信号（如黑白电视）可表示为 $I(x,y,t)$，它是 $x$ 方向和 $y$ 方向及时间 $t$ 的函数，所以它是一个三维信号。

若有向量

$$\boldsymbol{X}=[x_1(n),x_2(n),\cdots,x_m(n)]^{\mathrm{T}}$$

式中，T 代表转置，$n$ 是时间变量，$m$ 是通道数，那么 $\boldsymbol{X}$ 是一个多通道信号。$\boldsymbol{X}$ 的每一个分量 $x_i(n)$，$i=1,2,\cdots,m$ 都代表了一个信号源。例如，在医院做常规心电图检查时，

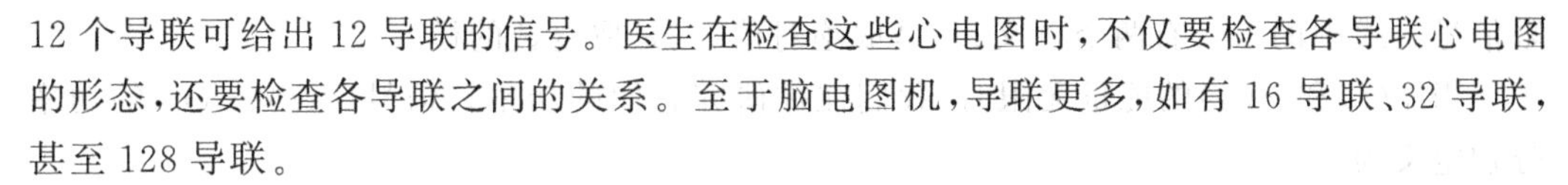

12 个导联可给出 12 导联的信号。医生在检查这些心电图时，不仅要检查各导联心电图的形态，还要检查各导联之间的关系。至于脑电图机，导联更多，如有 16 导联、32 导联，甚至 128 导联。

彩色电视的图像信号可表示为

$$I(x,y,t)=[I_r(x,y,t),I_g(x,y,t),I_b(x,y,t)]^{\mathrm{T}}$$

式中 $I_r$、$I_g$、$I_b$ 是红、绿、蓝颜色分量，它们都是三维信号，因此，$I(x,y,t)$既是多维信号，又是多通道信号。

本书要讨论的主要是单通道的一维信号。

**4. 确定性信号和随机信号**

若信号 $x(n)$在任意时刻 $n$（过去，现在及将来）的值都能被精确地确定（或是被预测），那么，我们说 $x(n)$是一个确定性的信号（deterministic）。其含义是：$x(n)$可以用一个明确的数学公式来描述，或用一个图表列出其所有数据。1.2 节和 1.3 节给出的典型信号都是确定性信号。

顾名思义，随机（random）信号 $x(n)$在时刻 $n$ 的取值是随机的，不能精确地预测。有关随机信号的概念将在第 12 章详细讨论，现举一个简单的例子以增加感性认识。设 $\Phi$ 是在$(-\pi,\pi)$内服从均匀分布的随机变量，那么，信号

$$X(n)=\sin(2\pi fn+\Phi) \tag{1.5.1}$$

即是一个随机信号，称为随机相位正弦波。因为 $\Phi$ 的取值是随机的，所以对 $X(n)$每一次观察（或实现）时，它的相位都不会相同，因此，可得到无穷多不同的正弦波，每一个这样的正弦波都称为 $X(n)$的一个样本。所有这些不同相位的正弦信号样本的集合构成了随机信号 $X(n)$。由此可以看出随机信号的一个基本特点，即样本无穷多，每一个样本的时间无限长。研究随机信号的基本理论是概率论和随机过程。

确定性信号是用人为构造出的数学模型产生的，它的数据是已知，或可以预测的，当然，这样的信号没有包含新的信息，因此，确定性信号没有传输的必要。只有随机信号才包含新的信息，值得传输。众所周知，自然界中的信号基本上都是随机的。

**5. 能量信号和功率信号**

信号 $x(t)$和 $x(n)$的能量分别定义为

$$E=\int_{-\infty}^{\infty}|x(t)|^2\mathrm{d}t \tag{1.5.2a}$$

$$E=\sum_{n=-\infty}^{\infty}|x(n)|^2 \tag{1.5.2b}$$

如果 $E<\infty$，称 $x(t)$和 $x(n)$为能量有限信号，简称能量信号。若 $E\to\infty$，则称为能量无

限信号。式中的|*|有两个含义,一是取绝对值,二是取复数的模。

当 $x(t)$ 和 $x(n)$ 的能量无限时,我们往往研究它们的功率。信号 $x(t)$、$x(n)$ 的功率分别定义为

$$P=\lim_{T\to\infty}\frac{1}{2T}\int_{-T}^{T}|x(t)|^2\mathrm{d}t \tag{1.5.3a}$$

$$P=\lim_{N\to\infty}\frac{1}{2N+1}\sum_{n=-N}^{N}|x(n)|^2 \tag{1.5.3b}$$

如果 $P<\infty$,则称 $x(t)$ 和 $x(n)$ 为功率有限信号,简称功率信号。请读者自己证明,能量有限信号的功率一定为零。

一个周期信号 $x(t)$ 和 $x(n)$,其周期分别为 $T$ 和 $N$,那么,它们的功率分别定义为

$$P=\frac{1}{T}\int_{0}^{T}|x(t)|^2\mathrm{d}t \tag{1.5.4a}$$

$$P=\frac{1}{N}\sum_{n=0}^{N-1}|x(n)|^2 \tag{1.5.4b}$$

**例 1.5.1**　求单位阶跃信号 $u(t)$ 和 $u(n)$ 的功率。

**解**:单位阶跃信号无限长,幅度都是 1,因此是能量无限信号。其功率为

$$P=\lim_{T\to\infty}\frac{1}{2T}\int_{-T}^{T}|u(t)|^2\mathrm{d}t=\lim_{T\to\infty}\frac{1}{2T}\int_{-T}^{T}1^2\mathrm{d}t=\frac{T}{2T}=0.5$$

$$\begin{aligned}P&=\lim_{N\to\infty}\frac{1}{2N+1}\sum_{n=-N}^{N}|u(n)|^2=\lim_{N\to\infty}\frac{1}{2N+1}\sum_{n=0}^{N}1^2\\&=\lim_{N\to\infty}\frac{N+1}{2N+1}=\lim_{N\to\infty}\frac{1+1/N}{2+1/N}=\frac{1}{2}\end{aligned}$$

**例 1.5.2**　令

$$x_1(n)=\begin{cases}1/n, & n\geqslant 1\\0, & n\leqslant 0\end{cases},\quad x_2(n)=\begin{cases}1/\sqrt{n}, & n\geqslant 1\\0, & n\leqslant 0\end{cases}$$

试判断它们是否是能量信号。

**解**:可求出 $E_{x_1}=\sum_{n=1}^{\infty}(1/n)^2=\pi/6$,因此 $x_1(n)$ 是能量信号,而 $E_{x_2}=\sum_{n=1}^{\infty}1/n$ 不收敛,所以 $x_2(n)$ 不是能量信号。

读者可自己判断,斜坡函数 $r(t)$ 和 $r(n)$ 既不是能量信号,也不是功率信号。

总之,周期信号和随机信号都不是能量信号,它们大部分可以认为是功率信号。单个样本的有限长信号,一般都是能量信号。

# 1.6 噪　　声

在信号处理中，噪声(noise)一般被认为是有害的，即它“污染”了信号。因此，人们总是希望在所采集到的信号中尽可能地不含有噪声。当然，这在实际上是不可能的。例如，由于动力电所引起的50Hz工频干扰是噪声的一个最大来源。电磁辐射、电子装置中电子器件的热噪声，对模拟信号抽样时所产生的量化噪声，有限位运算(+，−，×，÷)时所产生的舍入误差噪声等都是噪声的来源。正因为有这些噪声的存在，才产生了一系列的信号处理算法，并形成了内容丰富的信号处理的理论。

对一个观察到的信号 $x(n)$，设其中含有真正的信号 $s(n)$，并含有噪声 $u(n)$（此处 $u(n)$不表示单位阶跃序列)，若 $x(n)$可表示为

$$x(n)=s(n)+u(n) \tag{1.6.1}$$

那么，我们说 $x(n)$中含有加法性噪声。若 $x(n)=s(n)u(n)$，则 $x(n)$中含有乘法性噪声。大部分情况下，噪声都是加法性的。乘法性噪声处理起来比较困难，要用到倒谱和同态滤波的概念，有关这方面的内容我们将在9.7节进一步讨论。

应当指出，信号和噪声是相对而言的，取决于研究的对象及要达到的目的。例如，在对孕妇做临产期监护时，医生往往把电极放在孕妇的腹部以检测胎儿的心电信号(FECG)，但这时采集到的信号中同时含有孕妇自身的心电信号(MECG)，而且MECG要远大于FECG。从对胎儿监护的目的看，MECG是噪声，FECG是真正的信号 $s(n)$。反之，若是对孕妇做心电监护，那么FECG即变成了噪声，而MECG是真正的信号。一个典型的胎儿心电图如图1.6.1所示。

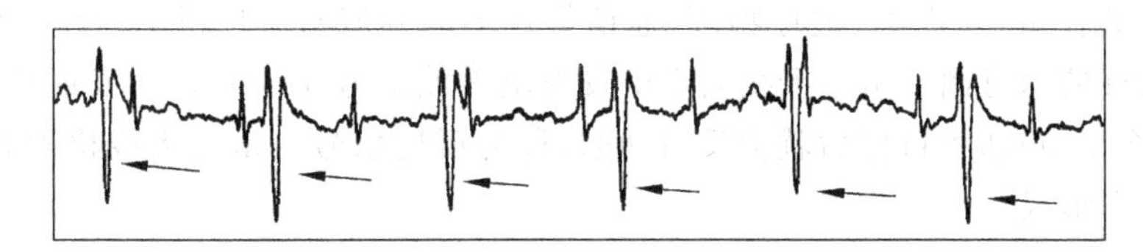

图1.6.1　胎儿心电信号(图中箭头所指为MECG)

在信号处理中，为了模拟所研究的客观对象，常常需要人为地产生不同类型的噪声，最常用的一种噪声模型是所谓的“白噪声”(white noise)，白噪声的名称来源于白色光的性质，意即在白噪声 $u(n)$中含有所有频率的成分。显然，这是一种理想化的噪声模型，其定义和性质将在第12章详细讨论。

除了白噪声和前面提到的50Hz工频噪声外，工程实际中常见的噪声还有有色噪声

和脉冲噪声。有色噪声(colored noise)的频谱不是直线,亦即不会包含所有的频率成分,而脉冲噪声指的是在短的时间间隔内出现的尖脉冲。

噪声都是随机信号,白噪声可以在计算机上近似产生。MATLAB 中的 rand.m 和 randn.m 文件可分别用来产生均匀分布和高斯分布的白噪声信号,高斯分布的概率密度函数如式(1.2.11)所示。在$[a,b]$上服从均匀分布的随机变量 $X$ 的概率密度函数是

$$f(x)=\begin{cases}\dfrac{1}{b-a}, & a\leqslant|x|\leqslant b\\ 0, & \text{其他}\end{cases} \tag{1.6.2}$$

白噪声的功率 $P_u$ 用其方差来定义。假定信号 $s(n)$ 的功率为 $P_s$,那么,我们定义式(1.6.1)中信号 $x(n)$ 的信噪比(signal noise rate, SNR)

$$\mathrm{SNR}=10\lg(P_s/P_u)(\mathrm{dB}) \tag{1.6.3}$$

例如,若 $s(n)=A\sin(2\pi fnT_s+\varphi)$,那么 $P_s=A^2/2$,若假定 $A=3$,并令产生的 $u(n)$ 的方差 $P_u=0.01$,则

$$\mathrm{SNR}=10\lg(4.5/0.01)=26.5\mathrm{dB}$$

# 1.7 确定性信号的相关函数

在信号处理中经常要研究两个信号的相似性,或一个信号经过一段延迟后自身的相似性,以实现信号的检测、识别与提取等。由后面的讨论可知,相关函数是描述随机信号的重要统计量。本节先简要讨论确定性信号相关函数的定义、性质与应用,随机信号及其相关函数留待第12章讨论。

相关函数在雷达、声呐、地球物理、通信等众多的领域有着广泛的应用。图1.7.1是雷达检测目标的示意图。雷达天线向空中发射电磁波信号 $x(n)$,称为发射信号;若空中有目标,那么 $x(n)$ 遇到目标后就会反射回来,称为反射信号。雷达天线检测到的反射信号应具有如下形式

$$y(n)=\alpha x(n-D)+u(n)$$

式中,$\alpha$ 是衰减常数,$D$ 表示信号从天线到目标之间的往返时间,并假定它是抽样间隔 $T_s$ 的整数倍,$u(n)$是噪声。我们需要检查 $y(n)$ 是否和 $x(n)$ 相似。如果相似,表明空中有目标存在;如果不相似,自然就是无目标存在。检测到目标存在后,再求出信号往返时间 $D$,因为电磁波的速度就是光速,而光速是已知的,因此可计算出由天线到目标的距离。这就是雷达工作的基本原理。雷达(radar)是 radio detection and ranging 的缩写,即"无线电探测和测距",因此,雷达又称为"无线电定位"。

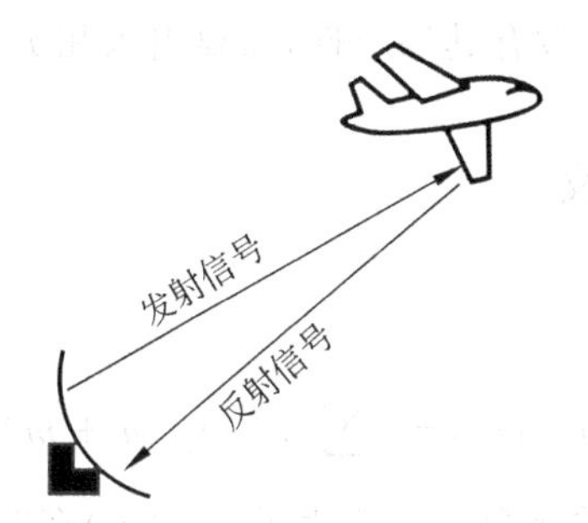


图 1.7.1 雷达检测目标的示意图

由于 $u(n)$的存在，我们往往无法直接从 $y(n)$看出是否有 $x(n)$的存在，这就需要计算 $y(n)$和 $x(n)$的相关函数。这也是本节要讨论的内容。

声呐(Sound Navigation and Ranging，声音导航与测距)的原理和雷达类似，只不过声呐检测的是水下目标，发射的信号不是电磁波而是声波。这是因为电磁波在水中衰减太快，而声波在水中衰减很小。

设 $x(n)$、$y(n)$是两个能量有限的确定性信号，并假定它们是因果相关的，定义

$$\rho_{xy}=\frac{\sum_{n=0}^{\infty}x(n)y(n)}{\left[\sum_{n=0}^{\infty}x^2(n)\sum_{n=0}^{\infty}y^2(n)\right]^{1/2}} \tag{1.7.1}$$

为 $x(n)$和 $y(n)$的相关系数。式中，分母等于 $x(n)$、$y(n)$各自能量乘积的开方，即 $\sqrt{E_x E_y}$，它是一个常数，因此 $\rho_{xy}$的大小由该式的分子

$$r_{xy}=\sum_{n=0}^{\infty}x(n)y(n) \tag{1.7.2}$$

来决定，$r_{xy}$也称为 $x(n)$和 $y(n)$的相关系数。由许瓦兹(Schwartz)不等式，有

$$|\rho_{xy}|\leqslant 1 \tag{1.7.3}$$

分析式(1.7.1)可知，当 $x(n)=y(n)$时，$\rho_{xy}=1$，两个信号完全相关(相等)，这时 $r_{xy}$取最大值；当 $x(n)$和 $y(n)$完全无关时，$r_{xy}=0$，$\rho_{xy}=0$；当 $x(n)$和 $y(n)$在某种程度上相似时，$r_{xy}\neq 0$，$|\rho_{xy}|$在 0 和 1 之间取值。因此，$r_{xy}$和 $\rho_{xy}$可用来描述 $x(n)$和 $y(n)$之间的相似程度，$\rho_{xy}$又称归一化的相关系数。

$r_{xy}$反映了两个固定波形 $x(n)$和 $y(n)$的相似程度，在实际工作中，更需要研究两个波形在经历一段时移以后的相似程度。例如，由同一地震源产生的地震信号在不同观察点上记录到的结果是不相同的，但是把其中一个记录延迟了相应的时间后，会发现它们有很大的相似性。再例如，正、余弦信号是正交的，即$\langle\sin(\omega n),\cos(\omega n)\rangle=0$，所以其相关系数 $\rho_{xy}=r_{xy}=0$。但实际上这两个信号属于同一信号，将其中一个移动 $\pi/2$，其相关系

数$|\rho|$便等于1。因此，相关系数有其局限性，需要引入相关函数的概念。

## 1.7.1 相关函数的定义

定义

$$r_{xy}(m)=\sum_{n=-\infty}^{\infty}x(n)y(n+m) \tag{1.7.4}$$

为信号$x(n)$和$y(n)$的互相关函数。该式表示，$r_{xy}(m)$在时刻$m$时的值，等于将$x(n)$保持不动而$y(n)$左移$m$个抽样周期后两个序列对应相乘再相加的结果。

式(1.7.4)中的$r_{xy}(m)$不能写成$r_{yx}(m)$，这是因为

$$r_{yx}(m)=\sum_{n=-\infty}^{\infty}y(n)x(n+m)=\sum_{n=-\infty}^{\infty}x(n)y(n-m)=r_{xy}(-m) \tag{1.7.5}$$

$r_{yx}(m)$表示$y(n)$不动，将$x(n)$左移$m$个单位然后对应相乘再相加的结果，当然它和$r_{xy}(m)$不同。在上面的定义中，$r_{xy}(m)$的延迟量$m$等于$y(n)$的时间变量减去$x(n)$的时间变量，即

$$r_{xy}(m)=\sum_{n=-\infty}^{\infty}x(n+i)y(n+j)=r_{xy}[(n+j)-(n+i)]=r_{xy}(j-i)$$

式中，$m=j-i$。由此不难得出互相关函数的另外一种定义，即

$$r_{xy}(m)=\sum_{n=-\infty}^{\infty}x(n-m)y(n) \tag{1.7.6}$$

如果$y(n)=x(n)$，则上面定义的互相关函数变成自相关函数$r_{xx}(m)$，即

$$r_{xx}(m)=\sum_{n=-\infty}^{\infty}x(n)x(n+m) \tag{1.7.7}$$

自相关函数$r_{xx}(m)$反映了信号$x(n)$和其自身延迟一段之后的$x(n+m)$的相似程度。在下面的讨论中，将$r_{xx}(m)$简记为$r_x(m)$。

由式(1.7.7)，$r_x(0)=\sum_{n=-\infty}^{\infty}x^2(n)=E_x$，即$r_x(0)$等于信号$x(n)$自身的能量。如果$x(n)$不是能量信号，那么$r_x(0)$将趋于无穷大。因此，对于功率信号，其相关函数应定义为

$$r_{xy}(m)=\lim_{N\to\infty}\frac{1}{2N+1}\sum_{n=-N}^{N}x(n)y(n+m) \tag{1.7.8}$$

$$r_x(m)=\lim_{N\to\infty}\frac{1}{2N+1}\sum_{n=-N}^{N}x(n)x(n+m) \tag{1.7.9}$$

如果$x(n)$是周期信号，且周期为$N$，由式(1.7.9)知，其自相关函数

$$r_x(m)=\lim_{N\to\infty}\frac{1}{N}\sum_{n=0}^{N-1}x(n)x(n+m)$$

$$=\lim_{N\to\infty}\frac{1}{N}\sum_{n=0}^{N-1}x(n)x(n+N+m)$$

$$=r_x(m+N) \tag{1.7.10}$$

即周期信号的自相关函数也是周期的，且和原信号同周期。这样，在式(1.7.10)中，无限多个周期的求和平均可以用一个周期的求和平均来代替，即

$$r_x(m)=\frac{1}{N}\sum_{n=0}^{N-1}x(n)x(n+m) \tag{1.7.11}$$

**例 1.7.1** 设 $x(nT_s)=e^{-nT_s}u(nT_s)$ 为一个指数信号，$T_s$ 为抽样周期，$u(nT_s)$ 为阶跃序列，其自相关函数

$$r_x(m)=\sum_{n=0}^{\infty}e^{-nT_s}e^{-(n+m)T_s}=e^{-mT_s}\sum_{n=0}^{\infty}e^{-2nT_s}$$

即

$$r_x(m)=\frac{e^{-mT_s}}{1-e^{-2T_s}}$$

它也是指数序列。式中，$m\geqslant 0$，并有 $r_x(-m)=r_x(m)$。

**例 1.7.2** 令 $x(n)=\sin(\omega n)$，其周期为 $N$，即 $\omega=\frac{2\pi}{N}$，求 $x(n)$ 的自相关函数。

由式(1.7.11)得

$$r_x(m)=\frac{1}{N}\sum_{n=0}^{N-1}\sin(\omega n)\sin(\omega n+\omega m)$$

$$=\cos(\omega m)\frac{1}{N}\sum_{n=0}^{N-1}\sin^2(\omega n)+\sin(\omega m)\frac{1}{N}\sum_{n=0}^{N-1}\sin(\omega n)\cos(\omega n)$$

由于在一个周期内 $\langle\sin(\omega n),\cos(\omega n)\rangle=0$，所以上式右边第二项为零。第一项中，

$$\sum_{n=0}^{N-1}\sin^2(\omega n)=\frac{1}{2}\sum_{n=0}^{N-1}[1-\cos(2\omega n)]=N/2$$

所以

$$r_x(m)=\frac{1}{2}\cos(\omega m)$$

即正弦信号的自相关函数为同频率的余弦函数。

上述对相关函数的定义都是针对实信号的。如果 $x(n)$ 和 $y(n)$ 是复值信号，那么，其自相关函数也是复值信号。式(1.7.4)和式(1.7.7)的定义应改为

$$r_{xy}(m)=\sum_{n=-\infty}^{\infty}x^*(n)y(n+m) \tag{1.7.12}$$

$$r_x(m)=\sum_{n=-\infty}^{\infty}x^*(n)x(n+m) \tag{1.7.13}$$

式中的上标"*"代表取共轭。在后面的讨论中，如果不作特殊说明，$x(n)$ 和 $y(n)$ 一律视为实信号。

### 1.7.2 相关函数的性质

自相关函数有如下性质。

**性质1** 若 $x(n)$是实信号,则 $r_x(m)$为实偶函数,即 $r_x(m)=r_x(-m)$;

若 $x(n)$是复信号,则 $r_x(m)$满足 $r_x(m)=r_x^*(-m)$。

**性质2** $r_x(m)$在 $m=0$ 时取得最大值,即

$$r_x(0)\geqslant r_x(m)$$

**性质3** 若 $x(n)$是能量信号,则当 $m$ 趋于无穷时,有

$$\lim_{m\to\infty} r_x(m)=0$$

此式说明,将 $x(n)$相对自身移至无穷远处,二者已无相关性,这从能量信号的定义不难理解。

互相关函数有如下性质。

**性质1** $r_{xy}(m)$不是偶函数,但由式(1.7.5),有 $r_{xy}(m)=r_{yx}(-m)$。

**性质2** $r_{xy}(m)$满足

$$|r_{xy}(m)|\leqslant\sqrt{r_x(0)r_y(0)}=\sqrt{E_xE_y} \tag{1.7.14}$$

**证明** 由许瓦兹不等式,有

$$|r_{xy}(m)|=\left|\sum_{n=-\infty}^{\infty}x(n)y(n+m)\right|\leqslant\sqrt{\sum_{n=-\infty}^{\infty}x^2(n)\sum_{n=-\infty}^{\infty}y^2(n)}$$

即

$$|r_{xy}(m)|\leqslant\sqrt{r_x(0)r_y(0)}$$

**性质3** 若 $x(n)$、$y(n)$都是能量信号,则

$$\lim_{m\to\infty} r_{xy}(m)=0$$

### 1.7.3 相关函数的应用

相关函数的应用很广,例如噪声中信号的检测,信号中隐含周期性的检测,信号相关性的检验,信号时延长度的测量等。相关函数还是描述随机信号的重要统计量,因此,有关相关函数的性质与应用留待第12章及后续章节的随机信号部分讨论,现仅举例说明利用自相关函数检测信号序列中隐含的周期性的方法。

设观察到的信号 $x(n)$由真正的信号 $s(n)$和白噪声 $u(n)$组成,即 $x(n)=s(n)+u(n)$。假定 $s(n)$是周期的,周期为 $M$,$x(n)$的长度为 $N$,且 $N\gg M$,那么 $x(n)$的自相关

$$r_x(m)=\frac{1}{N}\sum_{n=0}^{N-1}[s(n)+u(n)][s(n+m)+u(n+m)]$$

$$=r_s(m)+r_{us}(m)+r_{su}(m)+r_u(m)$$

式中，$r_{us}(m)$和$r_{su}(m)$是$s(n)$和$u(n)$的互相关，一般噪声是随机的，和信号$s(n)$应无相关性，这两项应该很小。式中，$r_u(m)$是噪声$u(n)$的自相关函数，由后面的讨论可知，$r_u(m)$主要集中在$m=0$处有值，当$|m|>0$时，应衰减得很快。因此，若$s(n)$是以$M$为周期的，那么$r_s(m)$也应是周期的，且周期为$M$。这样，$r_x(m)$也将呈现周期变化，且在$m=0, M, 2M, \cdots$处呈现峰值，从而揭示出隐含在$x(n)$中的周期性。由于$x(n)$总为有限长，所以这些峰值将是逐渐衰减的，且$r_x(m)$的最大延迟应远小于数据长度$N$。

**例 1.7.3** 设信号$x(n)$由正弦信号加均值为零的白噪声组成，正弦信号的幅度是1，白噪声的方差为1，由式(1.6.3)，其信噪比为$-3$dB(噪声的功率大于信号的功率)。图1.7.2(a)给出了$x(n)$的时域波形，根据该图很难分辨$x(n)$中是否有正弦信号。

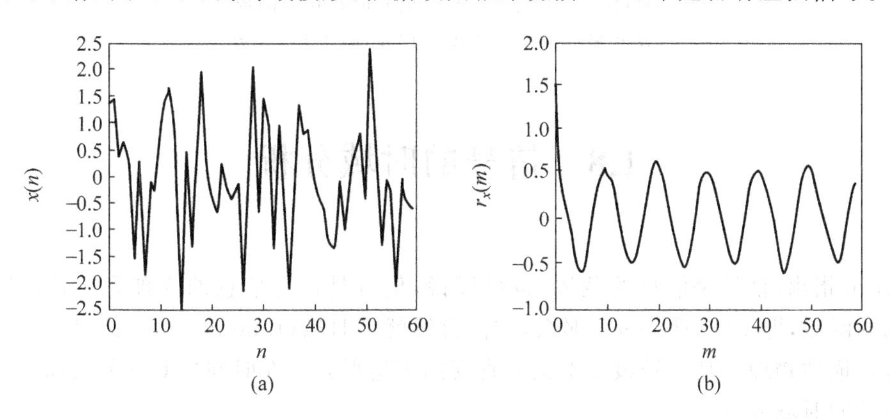


图 1.7.2 正弦加白噪声信号的自相关函数

(a) 正弦加白噪声(SNR=$-3$dB)；(b) 自相关函数

对$x(n)$求自相关，其自相关函数的前60点如图1.7.2(b)所示(求自相关时$x(n)$的长度实际为500点，为了方便绘图，图1.7.2(a)仅给出了前60点)。从该图可明显地看出，$x(n)$中应含有正弦信号，并可判断出其幅度为1，每个周期内应有10个点。在$m=0$处，自相关函数的值$r(0)=1.626$①，这正是白噪声的自相关函数集中于原点处的一个很好的说明(在$r=0$处由白噪声产生的自相关函数$r_u(0)$实际应为$1.626-0.5\approx1$)。

若令白噪声的方差$P=0.1$，即信噪比为7dB，这时$x(n)$及$r(m)$的波形分别如图1.7.3(a)、(b)所示。由图1.7.3(a)同样也很难判断$x(n)$是有正弦信号还是有周期性的方波，但由图1.7.3(b)的自相关函数却很好地证明了正弦信号的存在。这时$r(0)=0.63$，由白噪声所产生的$r_u(0)$约等于0.1。

① 由于白噪声是随机信号，因此每次调用产生白噪声的子程序所得到的结果都不会相同。这样，按每次产生的信号得到的图1.7.2也不完全相同，$r(0)$的数值也有少许差异，其值为1.5～1.65。

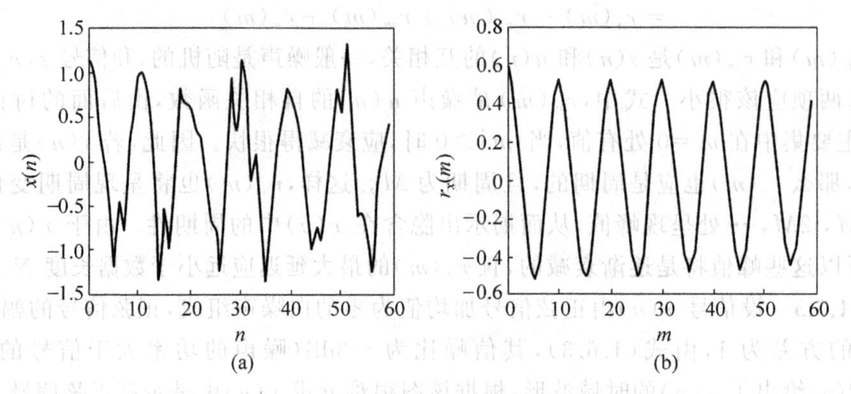


图 1.7.3　正弦加白噪声信号的自相关函数

(a) 正弦加白噪声(SNR＝7dB)；(b) 自相关函数

# 1.8　信号的时域分析

1.1 节指出，信号是信息的载体，也可以说，信号是包含信息的物理量。若该物理量是时间的函数，即 $x(t)$ 或 $x(n)$，那么，它们自然就是时域(time domain)信号。以时间为自变量来描述物理量是信号最基本也最直观的表达形式。在时间域对它们所做的分析就称为信号的时域分析。

由后面的讨论可知，我们可将一个信号的时域表达形式转变为其他独立变量的函数，其中最重要的是频率和复频率。在频率域对它们所做的分析就称为信号的频域分析。

信号的时域分析是信号分析和处理的基础性工作，或称为“第一步”工作。信号分析的目的是找出信号的特征。那么在时域，信号有哪些值得关注的特征？

**1. 最直观也是最简单的事情是考察信号变化的快慢**

显然，变化越慢的信号包含的信息量越少。例如，直流信号除了告诉我们其幅度外，再无别的信息。一般情况下，变化越快的信号包含的信息量越多。当然，杂乱无章的信号也可能信息贫乏，如噪声。可用如下方法来判断信号变化的快慢。

(1) 首先观察信号是不是周期的？若是，周期大致是多少？周期越小，信号变化越快。

(2) 对信号进行过零检测。信号的过零次数是信号穿过时间轴的次数。显然，一段时间内过零点越多，信号变化越快。将过零次数除以信号的长度可得到这一段信号的过零率(zero crossing rate)cz 为

$$\mathrm{cz}=\frac{1}{2}\left[\sum_{n=0}^{N-1}\mid \operatorname{sgn}(x(n))-\operatorname{sgn}(x(n-1))\mid\right]\frac{f_{\mathrm{s}}}{N} \tag{1.8.1}$$

式中，sgn 是符号函数，$f_s$ 是信号 $x(n)$ 的抽样频率，除以长度 $N$ 是将过零点数归一化。cz 是语音信号处理中常用的物理量，它可用来区分语音信号和音乐信号，在语音信号中，又可用来区分清音和浊音。

(3) 利用下一小节的频域分析。信号含有的高频分量越多，则信号时域变化越快。

**2. 对变化的信号，关注其变化的特征，如突变点的位置及突变的形态**

信号中的突变点大致有拐点、阶跃点和峰值点三种类型。在图 1.8.1 中，信号 $x(t)$ 在 $t_1$、$t_2$ 处有拐点，在 $t_3$ 处有阶跃点，它如同在该处叠加了一个阶跃信号，在 $t_4$ 处有峰值点，又如同在该处叠加了一个冲激信号。时域分析的任务是检测出这些拐点、阶跃点及峰值点的精确位置、峰值的幅度、拐点处的变化率等。

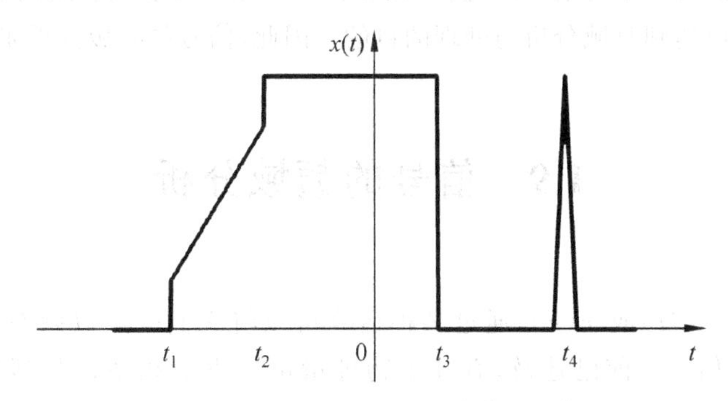


图 1.8.1 有拐点、阶跃点及峰值点的信号

图 1.1.2 给出的心电信号是准周期信号，且是时域特征非常明显的生理信号。因此，对心电的分析基本上是在时域进行的，至今仍是如此。前已述及，心电分析的主要任务是对 P、Q、R、S 和 T 波的位置、幅度及形态的检测，再是对 R-R 间期、QRS 宽度等的测量，然后是病类判别。完成这些任务的第一步工作是 R 波检测，有兴趣的读者可以搜索 R 波自动检测的相关论文。文献[Elg14]是一篇综述，介绍了过去 50 年来提出的各种典型 R 波检测算法，文献[Mal20]是较新的一篇。过去，这些测量是由医生在心电图纸上手工完成的，而现在计算机不但可以完成，而且测量的参数更多、更准确，这就是数字信号处理的突出优势。

**3. 对信号进行统计分析**

对给定的一段信号，除了过零率外，我们还可以求其能量或功率，也可以求其均值和方差。而 1.7 节的相关函数更是需要求出的重要参数。

**4. 常规的信号处理**

对一个信号进行预处理和滤波是常规的处理算法。预处理的内容很多，随需要而定，如去除均值，它等同于去除信号中的直流分量；去除趋势性，它相当于去除信号中的基线漂移；对于信号滤波，其目的是去除信号中的噪声。对模拟信号抽样前也要对其进行抗混叠滤波。

将一个信号通过一个系统，必然有输出，分析输入、输出及系统三者之间的关系即系统的时域分析，当然也是信号的时域分析，这些内容将在第 2 章详细讨论。

在本小节的最后需要强调指出：信号的时域分析多需要实时实现，如监护仪中生理信号的检测与诊断，飞行器中各个姿态及飞行参数的测量与控制，等等。这时我们面对的信号就不像如图 1.1.2 和图 1.8.1 那样一目了然，而它们是以 0,1 方式存在于计算机(或 CPU)中的数据，且是源源不断到来的数据流。显然，我们对这样的信号是看不见、摸不着的。对它们的分析与处理，需要根据对信号的先验知识的了解，然后开发出合适的信号处理算法，或建立合适的模型，以达到时域分析与处理的目的。因此，信号的时域分析非常具有挑战性。

# 1.9 信号的频域分析

对于时域信号 $x(t)$或 $x(n)$，通过某种运算可以将它们变成以频率为独立变量的信号，我们称为频域信号。前已述及，有 3 个物理量可以表示频率，即实际频率 $f$，单位是 Hz；角频率 $\Omega=2\pi f$，单位是 rad/s，圆频率 $\omega=2\pi f/f_s$，单位是 rad。前两个对应于模拟信号，后者对应于离散信号。这样 $x(t)$的频域函数是 $X(\mathrm{j}f)$或 $X(\mathrm{j}\Omega)$，$x(n)$的频域函数是 $X(\mathrm{e}^{\mathrm{j}\omega})$，式中，j 是虚数，j 的存在表明 $X$ 是复函数。基于 $X(\mathrm{j}\Omega)$和 $X(\mathrm{e}^{\mathrm{j}\omega})$对信号的分析就称为信号的频域分析。现在的问题是：有了时域分析，为什么还要频域分析？频域分析如何实现？频域分析的内容是什么？

**1. 对信号进行频域分析的原因**

(1) 相当多的信号时域特征不明显。图 1.1.1 的语音信号是如此，图 1.9.1 的脑电(electroencephalogram，EEG)信号更是如此。受生理和心理的影响，脑电是随机性非常强的信号，无法像心电图那样得出有明确生理意义的时域特征。因此，临床上对脑电的分析基本上是以频域为主。

人们通过研究发现，脑电的频率范围为 1～30Hz，并可以分成有生理意义的 4 个节律，即 $\delta$、$\theta$、$\alpha$ 和 $\beta$，如图 1.9.2 所示。这些节律划分的依据就是频率。

① $\delta$ 节律：频率为 1～3Hz，初生儿的脑电以 $\delta$ 节律为主。智力发育不成熟，或极度

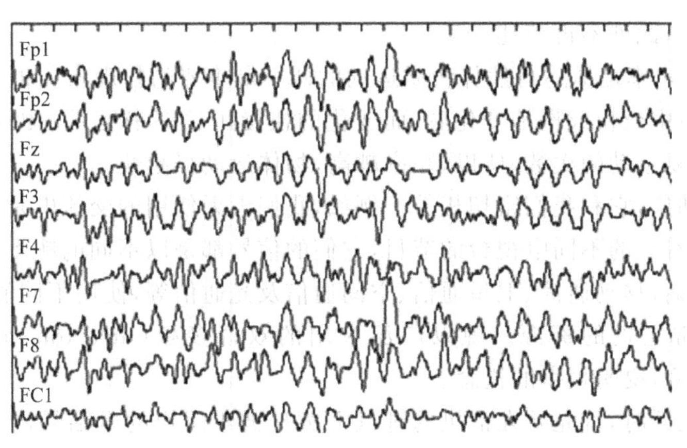

图 1.9.1 临床记录的脑电图(图上左边的字符是导联的名称)

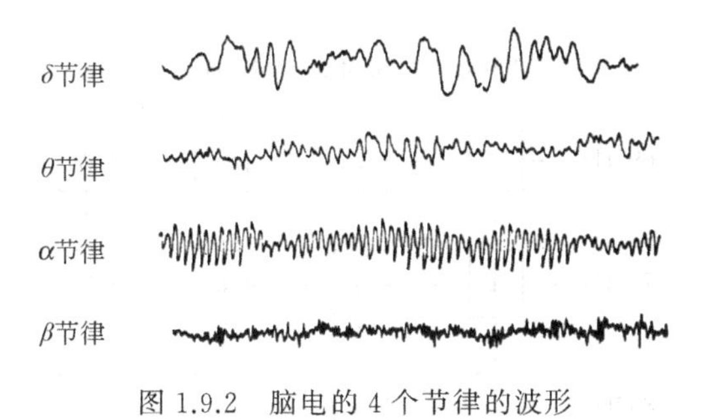

图 1.9.2 脑电的 4 个节律的波形

疲劳和麻醉状态下的成年人,也会有 $\delta$ 节律出现;当脑电的 50%以上为 $\delta$ 节律时,人往往处于深睡状态。

② $\theta$ 节律:频率为 4~7Hz,4 岁左右的儿童脑电已出现 $\theta$ 节律,正常人在困倦,或安静闭目时会出现此节律。

③ $\alpha$ 节律:频率为 8~13Hz,健康成年人在清醒状态时,该节律最为明显。

④ $\beta$ 节律:频率为 14~30Hz,当精神紧张和情绪激动时会出现此节律。

EEG 在临床上对于癫痫、脑肿瘤及昏迷等诸多神经性疾病的诊断有着重要的应用,上述 4 个节律也是睡眠分期、睡眠质量评价的重要依据。脑电包含了人们思维活动的丰富信息,可以说,人们的一切想法都会在脑电信号中有所反映。近二十年来,脑机接口(brain computer interface,BCI)这一新的学科方向引起了人们极大的兴趣,并取得了令人惊喜的成果。BCI 的基本目的是在人或动物的大脑与外部设备之间创建直接连接,以实现脑与设备的信息交换。这样,残障人士可以利用脑电来帮助他们开灯或打电话等。实现 BCI 的关键是快速地提取出脑电中反映人的想法的特征,并以此去实现对外部设备的控制。当然,这些特征的提取基本上都是在频域实现的。读者可在网络上搜索到脑机接口的各种例子,此处不再赘述。

(2) 时间和频率是描述自然界物质运动的两个最重要的物理量。世界上万事万物都在时间的嘀嗒声中或快或慢地变化着,而变化的快慢用频率来度量。因为频率是周期的倒数,即每秒往复运动的次数,所以,频率越高,物体运动得越快。

频率并不抽象,它和我们密切相关。例如,我们天天使用的交流电是50Hz,听到的不同电台的广播、看到的不同电视台的节目,它们的信号都是以不同的频率发出的。不同的通信方式,如电话、移动通信、卫星通信、空间通信及光通信等,使用不同的频带。因此,频率(频带)是非常宝贵的资源。现以广泛应用的双音多频(dual-tone multi-frequency, DTMF)信号为例,说明频率的概念。

我们呼叫电话时,首先要在话机的键盘上拨打被叫用户的电话号码。一个话机的键盘如图1.9.3所示。上面有10个数字键(0~9)和6个功能键(*、#、A、B、C、D)。话机是如何实现呼叫的呢?

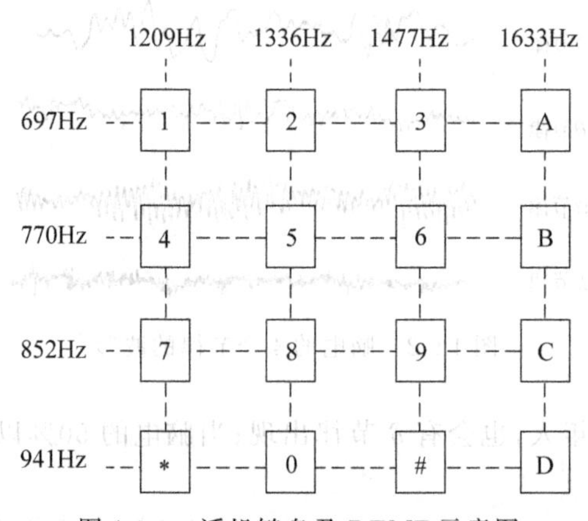

图1.9.3 话机键盘及DTMF示意图

DTMF是贝尔实验室发明的一种用户信令,用于电话系统中电话机与交换机之间的通信,以实现发送被叫号码。DTMF由高频率群和低频率群组成,高、低频率群各包含4个频率。低频率群的频率分别是697Hz、770Hz、852Hz和941Hz,对应了键盘的每一行;高频率群的频率分别是1209Hz、1336Hz、1477Hz和1633Hz,对应了键盘的每一列。这8个频率构成了一个4×4的矩阵,正好对应于话机键盘。

例如,按下键"6",这就意味着要产生两个频率分别是770Hz和1477Hz的正弦信号,然后将它们叠加。正弦信号可以由模拟电路产生,也可由数字电路产生。假定产生的是数字信号,则代表键"6"的信号是

$$x_6(n)=A\sin(2\pi\times 770n/f_s)+A\sin(2\pi\times 1477n/f_s) \tag{1.9.1}$$

式中,$A$是信号的幅度,$f_s$是抽样频率。

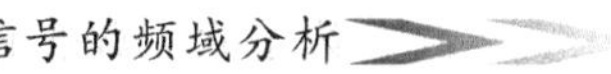

该信号产生后,通过D/A转换器将其变成模拟信号 $x_6(t)$,然后通过承载语音的模拟电话线将其传送到程控交换机中的DTMF接收电路,交换机识别出被叫电话号码后,即接通主叫和被叫用户,从而实现双方通话。

选择DTMF中的8个频率是国际电报电话咨询委员会(CCITT)的建议,其好处是:

① 虽然这8个频率都在音频范围,但是,任何人都无法同时发出含有两个截然不同频率的信号,并将两个信号叠加;

② 8个频率中没有一个是其他任意一个频率的倍数,因此各频率之间不存在谐波关系;

③ 任意两个频率的组合、相加或相减都不等于其他任意一个频率,或任一频率的倍数。这样就大大减少了虚假信号的干扰,因此DTMF信号具有非常强的抗干扰能力。

(3) 观察信号如同观察其他事物一样,要从多方面考察才能得到全面和准确的结果。因此,对信号不但要做时域分析,也要做频域分析,只不过对于不同类型的信号,有的是时域分析为主,有的则是频率分析为主。

在信号处理中,单有时域分析或频域分析还不能满足需要,这时需要将二者结合起来进行分析,即,对于给定的信号 $x(n)$,希望能找到一个二维函数 $X(n,\omega)$,它既是时间的函数,也是频率的函数,以揭示 $x(n)$ 是如何既随时间变化又随频率变化的。$X(n,\omega)$ 又称信号的联合时频分析,或时频分布。实现信号时频分析的一个最简单的方法是短时傅里叶变换(STFT),其思路是将一个长的信号分成若干段,对每一段进行傅里叶变换,然后将这些变换结果排列起来,从而构成二维信号。有关STFT的简单介绍见13.6节。

时频分析是非平稳信号分析与处理的重要内容,超出了本书的范围。有兴趣的读者可参看拙著《现代信号处理教程》(第2版)(书号为978730289347)。

**2. 实现信号频域分析的根本方法是傅里叶变换**

实现信号的频域分析就是将 $x(t)$ 或 $x(n)$ 转变成频域函数 $X(\mathrm{j}\Omega)$ 或 $X(\mathrm{e}^{\mathrm{j}\omega})$。傅里叶变换实现了这一转换。

对于周期信号 $x(t)$,法国科学家傅里叶(1768—1830)首先证明了它可以分解为无穷多个不同频率正弦信号的和,即傅里叶级数

$$x(t)=\sum_{k=-\infty}^{\infty}X(k\Omega_0)\mathrm{e}^{\mathrm{j}k\Omega_0 t} \tag{1.9.2a}$$

$$X(k\Omega_0)=\frac{1}{T}\int_{t}^{t+T}x(t)\mathrm{e}^{-\mathrm{j}k\Omega_0 t}\mathrm{d}t \tag{1.9.2b}$$

式中,$\Omega_0=2\pi/T$ 是 $x(t)$ 的基波频率,$X(k\Omega_0)$ 是傅里叶系数,显然,它是离散频率 $k\Omega_0$ 的函数。$X(k\Omega_0)$ 由式(1.9.2b)求出。若 $x(t)$ 是非周期的,那么,傅里叶级数将演变为傅里叶变换

$$X(\mathrm{j}\Omega)=\int_{-\infty}^{\infty}x(t)\mathrm{e}^{-\mathrm{j}\Omega t}\mathrm{d}t \tag{1.9.3a}$$

$$x(t)=\frac{1}{2\pi}\int_{-\infty}^{\infty} X(\mathrm{j}\Omega)\mathrm{e}^{\mathrm{j}\Omega t}\mathrm{d}\Omega \tag{1.9.3b}$$

式中，$X(k\Omega_0)$和$X(\mathrm{j}\Omega)$都称为信号的频谱，它反映了信号$x(t)$中的频率内容是如何随频率变化的。由它们进一步可得到幅度谱和相位谱。

傅里叶变换是信号处理中的核心内容，将在第3章详细讨论，并在后续的章节中反复遇到。约在傅里叶变换提出的前150年，英国科学家牛顿(1643—1727)在1666年利用三棱镜完成了对白光(太阳光)的分解。他让白光通过一个三棱镜，然后白光被分解成红橙黄绿蓝靛紫七色；他首次提出了"谱(spectrum)"的概念，用以描述分解后的有色连续"光谱"。白光分解如图1.9.4(a)所示。

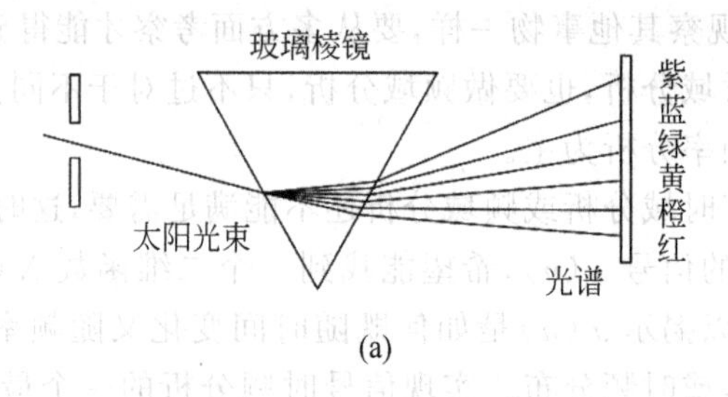


(a)

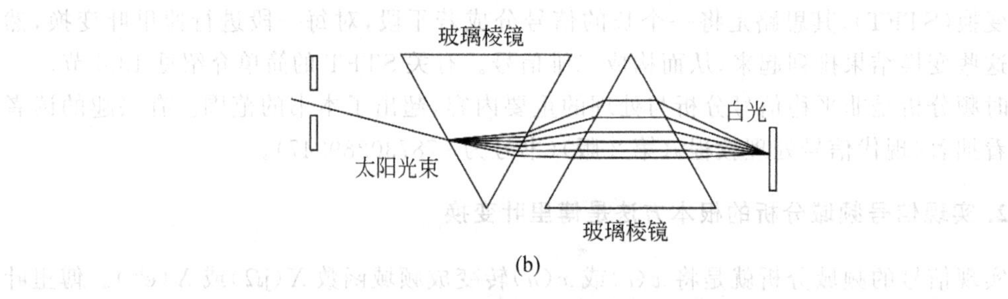


(b)

图1.9.4 白光的分解与综合[Pro14]

(a) 白光的分解；(b) 七色光合成为白光

白光本质上是一种电磁波。电磁波按频率由低到高可分为无线电波、微波、红外线、可见光、紫外线、X射线和伽马射线等。人眼可接收到的电磁波称为可见光，即红橙黄绿蓝靛紫这七色，频率范围为$3.8\times10^{14}\sim7.5\times10^{14}$ Hz。由此可以看出，光谱实际上即"频谱"。

牛顿用另一个三棱镜倒立在第一个三棱镜的后面，分解出的七色光又合成为白光，如图1.9.4(b)所示。

式(1.9.3)的傅里叶变换就等同于牛顿的白光分解，将白光分解为七色光是式(1.9.3a)的正变换，将七色光合成为白光是式(1.9.3b)的反变换。

**3. 信号频域分析的内容**

傅里叶变换的本质是将时域信号分解为无穷多正弦信号的叠加，离散频率对应周期信号，连续频率对应非周期信号。通过分解可以知道：该信号包含哪些频率分量，这些频率分量的幅度或能量如何。了解这些频域内容，对于信号的滤波、传输、识别等进一步的处理是非常重要的。前述的 DTMF 就是靠识别出按键所发出信号的两个频率来判断它在话机键盘上的位置。

频域分析在系统的分析与综合(设计)上同样是不可缺少的内容。一是系统的频率响应，$H(\mathrm{j}\Omega)$或 $H(\mathrm{e}^{\mathrm{j}\omega})$，它们分别用来描述连续时间系统和离散时间系统的频率特性；二是系统的转移函数 $H(s)$或 $H(z)$，其中 $s$ 是拉普拉斯变量，$z$ 是 $Z$ 变换中的变量，二者都是复变量，又称复频率。系统的复频域分析构成了频域分析的丰富内容。

频域和复频域分析可以将微分方程、差分方程转变为代数方程，从而方便了求解；同时，它们还可以将时域广泛应用的卷积运算化作相乘运算，这同样方便了运算的实现。

对于随机信号，频域分析更是重要的分析工具，不过这时用的不是频谱而是功率谱。

# 1.10 信号空间的基本概念

1.5 节在讨论信号分类时给出了能量信号和功率信号的概念。本节将把线性代数和泛函分析中有关空间及空间中元素度量的概念引入信号分析与处理的理论中。这样，一方面可得到新的信号分类方法，另一方面也便于把更多的数学工具引入信号处理。本节所给出的概念及术语对于读者阅读有关信号处理的文献是非常有帮助的。

**1. 赋范线性空间(normed linear space)**

把信号 $x(t)$或 $x(n)$设想为空间 $X$ 中的一个元素，即 $x\in X$。此处 $X$ 为线性空间(在线性代数中，线性空间即向量空间)。记

$$\|\boldsymbol{x}\|_{\infty}=\max\{|x(t)|:\quad -\infty<t<\infty\}\tag{1.10.1a}$$

或

$$\|\boldsymbol{x}\|_{\infty}=\max\{|x(n)|:\quad -\infty<n<\infty\}\tag{1.10.1b}$$

又记

$$\|\boldsymbol{x}\|_{1}=\int_{-\infty}^{\infty}|x(t)|\,\mathrm{d}t\tag{1.10.2a}$$

或

$$\|\boldsymbol{x}\|_{1}=\sum_{n=-\infty}^{\infty}|x(n)|\tag{1.10.2b}$$

还记

$$\|\boldsymbol{x}\|_2=\left[\int_{-\infty}^{\infty}|x(t)|^2\,\mathrm{d}t\right]^{1/2} \tag{1.10.3a}$$

或
$$\|\boldsymbol{x}\|_2=\left[\sum_{n=-\infty}^{\infty}|x(n)|^2\right]^{1/2} \tag{1.10.3b}$$

$\|\boldsymbol{x}\|_\infty$，$\|\boldsymbol{x}\|_1$，$\|\boldsymbol{x}\|_2$ 都称为信号 $x(t)$ 和 $x(n)$ 的范数(norm)，它们从不同的角度测量了信号的某个特征量。显然 $\|\boldsymbol{x}\|_\infty$ 表示了信号的最大幅度，$\|\boldsymbol{x}\|_1$ 表示了信号的绝对和，$\|\boldsymbol{x}\|_2^2$ 表示了信号的能量。对每一类范数，可以定义一个信号空间，即

$$L_\infty=\{\boldsymbol{x}:\|\boldsymbol{x}\|_\infty<\infty\} \tag{1.10.4}$$

$$L_1=\{\boldsymbol{x}:\|\boldsymbol{x}\|_1<\infty\} \tag{1.10.5}$$

$$L_2=\{\boldsymbol{x}:\|\boldsymbol{x}\|_2<\infty\} \tag{1.10.6}$$

以上三式中，$\boldsymbol{x}$ 对应连续时间信号 $x(t)$。对于离散时间信号 $x(n)$，上述三个空间分别记为 $l_\infty,l_1,l_2$。

显然，$L_\infty(l_\infty)$表示所有最大幅度都有界的信号的集合，$L_2(l_2)$表示所有能量都有限的信号的集合。若一个信号 $\boldsymbol{x}\in L_2$(或 $\boldsymbol{x}\in l_2$)，则称 $\boldsymbol{x}$ 为绝对平方可积(可和)的。因此，以后若称信号 $x(t)$(或 $x(n)$)是有限能量信号，则说 $\boldsymbol{x}\in L_2$(或 $\boldsymbol{x}\in l_2$)。

由线性代数及泛函理论可知，$L_\infty$、$L_1$、$L_2$ 以及 $l_\infty$、$l_1$、$l_2$ 都是线性空间。在上述 3 个线性空间中，分别定义了 $\|\boldsymbol{x}\|_\infty$、$\|\boldsymbol{x}\|_1$、$\|\boldsymbol{x}\|_2$ 三类范数，定义了范数的线性空间又称赋范线性空间。在式(1.10.1)～式(1.10.3)中，若积分(求和)的上、下限分别是$(a,b)$(或$(N_1,N_2)$)，则 $L_\infty,L_1,L_2$ 或 $l_\infty,l_1,l_2$ 可分别记为 $L_\infty(a,b),L_1(a,b),L_2(a,b)$或 $l_\infty(N_1,N_2),l_1(N_1,N_2),l_2(N_1,N_2)$。信号 $x(t)$或 $x(n)$的范数 $\|\boldsymbol{x}\|$ 有如下性质：

(1) $\|\boldsymbol{x}\|\geqslant 0$，若 $\|\boldsymbol{x}\|=0$，则 $\boldsymbol{x}$ 为全零信号；

(2) $\|\lambda\boldsymbol{x}\|=|\lambda|\,\|\boldsymbol{x}\|$，$\lambda$ 为实数；

(3) $\|\boldsymbol{x}+\boldsymbol{y}\|\leqslant\|\boldsymbol{x}\|+\|\boldsymbol{y}\|$。

第(3)式称为三角不等式，以上 $\|\boldsymbol{x}\|$ 对应上述三类范数。

**2. 度量空间(metric space)**

对任意两个信号 $x(t)$、$y(t)\in L_2(a,b)$，定义 $x(t)$、$y(t)$之间的距离为

$$d(\boldsymbol{x},\boldsymbol{y})=\|\boldsymbol{x}-\boldsymbol{y}\|_2=\left[\int_a^b|x(t)-y(t)|^2\,\mathrm{d}t\right]^{1/2} \tag{1.10.7}$$

$d(\boldsymbol{x},\boldsymbol{y})$有如下性质：

(1) $0\leqslant d(\boldsymbol{x},\boldsymbol{y})<\infty$，若 $d(\boldsymbol{x},\boldsymbol{y})=0$，则 $x(t)$，$y(t)$处处相等，或说信号 $y(t)$在均方意义上收敛于信号 $x(t)$；

(2) $d(\boldsymbol{x},\boldsymbol{y})=d(\boldsymbol{y},\boldsymbol{x})$；

(3) $d(\boldsymbol{x},\boldsymbol{y})\leqslant d(\boldsymbol{x},\boldsymbol{z})+d(\boldsymbol{z},\boldsymbol{y})$。

定义了距离的空间称作度量空间，赋范线性空间也是度量空间。

信号的“距离”这一概念在模式识别中有着广泛的应用。如有两类信号，一类为“正常类”，均值向量为 $\boldsymbol{u}_1$，另一类为“不正常”类，均值向量为 $\boldsymbol{u}_2$。对一个未知类别的信号 $\boldsymbol{x}$，通过比较 $d(\boldsymbol{x},\boldsymbol{u}_1)$ 和 $d(\boldsymbol{x},\boldsymbol{u}_2)$ 来判别。若 $d(\boldsymbol{x},\boldsymbol{u}_1)<d(\boldsymbol{x},\boldsymbol{u}_2)$，则认为 $\boldsymbol{x}$ 属于正常类；反之，为异常类。

**3. 内积空间(inner product space)**

设 $\boldsymbol{x},\boldsymbol{y}$ 是线性空间 $X$ 中的元素，如果对任意的 $\boldsymbol{x},\boldsymbol{y}\in X$ 都有一个数值 $\langle\boldsymbol{x},\boldsymbol{y}\rangle$ 与之对应，并满足如下性质：

(1) $\langle\boldsymbol{x},\boldsymbol{y}\rangle=\langle\boldsymbol{y},\boldsymbol{x}\rangle^*$；

(2) $\langle\alpha\boldsymbol{x}+\beta\boldsymbol{y},\boldsymbol{z}\rangle=\alpha\langle\boldsymbol{x},\boldsymbol{z}\rangle+\beta\langle\boldsymbol{y},\boldsymbol{z}\rangle$，式中，$\alpha$、$\beta$ 是标量；

(3) $\langle\boldsymbol{x},\boldsymbol{x}\rangle\geqslant 0$，当且仅当 $\boldsymbol{x}=\boldsymbol{0}$，$\langle\boldsymbol{x},\boldsymbol{x}\rangle=0$，式中 $\boldsymbol{0}$ 是零向量。

则称 $X$ 是内积空间，$\langle\boldsymbol{x},\boldsymbol{y}\rangle$ 称为元素 $\boldsymbol{x}$ 和 $\boldsymbol{y}$ 的内积。若 $\boldsymbol{x}$ 和 $\boldsymbol{y}$ 分别代表的是 $L_2$ 和 $l_2$ 空间中的信号，则它们的内积定义为

$$\langle\boldsymbol{x},\boldsymbol{y}\rangle=\sum_{n=-\infty}^{\infty}x(n)y^*(n) \tag{1.10.8}$$

或

$$\langle\boldsymbol{x},\boldsymbol{y}\rangle=\int_{-\infty}^{\infty}x(t)y^*(t)\mathrm{d}t \tag{1.10.9}$$

若 $\langle\boldsymbol{x},\boldsymbol{y}\rangle=0$，我们称信号 $\boldsymbol{x}$ 和 $\boldsymbol{y}$ 是正交的。

一个赋范线性空间，再引入内积的定义后即变为内积空间。完备(complete)的内积空间又称为希尔伯特(Hilbert)空间。内积空间完备性的定义见文献[Lck86]或一般的泛函分析的教科书，此处不再讨论。由式(1.10.8)和式(1.10.9)可知，$L_2$ 和 $l_2$ 空间都是希尔伯特空间。显然，在希尔伯特空间中定义了范数，定义了内积，它们分别是欧氏(Euclidean)空间中向量长度及向量点积的推广，因此，希尔伯特空间也可看作欧氏空间的推广。若所研究的希尔伯特空间中的元素是信号，则可把该空间视为一个“信号空间”。这样，希尔伯特空间的各种定义、性质都可方便地引入信号分析与处理的领域。

由式(1.10.7)及式(1.10.8)可得到两个信号距离及范数的关系，即

$$\begin{aligned}d^2(\boldsymbol{x},\boldsymbol{y})&=\int_a^b[x(t)-y(t)][x(t)-y(t)]^*\mathrm{d}t\\&=\|\boldsymbol{x}\|_2^2+\|\boldsymbol{y}\|_2^2-2\mathrm{Re}\langle\boldsymbol{x},\boldsymbol{y}\rangle\end{aligned} \tag{1.10.10}$$

式中，$\mathrm{Re}(\cdot)$ 表示取实部。由 $d(\boldsymbol{x},\boldsymbol{y})$ 的性质推广上式，有

$$d^2(\boldsymbol{x},k\boldsymbol{y})=\langle\boldsymbol{x},\boldsymbol{x}\rangle+|k|^2\langle\boldsymbol{y},\boldsymbol{y}\rangle-k^*\langle\boldsymbol{x},\boldsymbol{y}\rangle-k\langle\boldsymbol{x},\boldsymbol{y}\rangle^*\geqslant 0 \tag{1.10.11}$$

式中，$k$ 为任意的实常数或复常数。若令 $k=\langle\boldsymbol{x},\boldsymbol{y}\rangle/\langle\boldsymbol{y},\boldsymbol{y}\rangle$，则 $k$ 必定满足式(1.10.11)，由此得到

$$\langle\boldsymbol{x},\boldsymbol{x}\rangle-\frac{|\langle\boldsymbol{x},\boldsymbol{y}\rangle|^2}{\langle\boldsymbol{y},\boldsymbol{y}\rangle}\geqslant 0 \tag{1.10.12}$$

这样,可得到许瓦兹不等式

$$|\langle \boldsymbol{x},\boldsymbol{y}\rangle|^2 \leqslant \langle \boldsymbol{x},\boldsymbol{x}\rangle \cdot \langle \boldsymbol{y},\boldsymbol{y}\rangle \tag{1.10.13}$$

若 $\boldsymbol{x},\boldsymbol{y}$ 为连续信号,上式为

$$\left|\int_{-\infty}^{\infty} x(t)y^*(t)\mathrm{d}t\right|^2 \leqslant \int_{-\infty}^{\infty} |x(t)|^2\mathrm{d}t \int_{-\infty}^{\infty} |y(t)|^2\mathrm{d}t \tag{1.10.14}$$

若 $\boldsymbol{x},\boldsymbol{y}$ 为离散信号,上式为

$$\left|\sum_{n=-\infty}^{\infty} x(n)y^*(n)\right|^2 \leqslant \sum_{n=-\infty}^{\infty} |x(n)|^2 \sum_{n=-\infty}^{\infty} |y(n)|^2 \tag{1.10.15}$$

在信号处理中,许瓦兹不等式有着不同的表现形式,遇到时再分别介绍。

## 1.11　关于 MATLAB

MATLAB 是美国 MathWorks 公司开发的一种功能极其强大的高技术计算语言,以及内容极其丰富的软件库。它以矩阵和向量的运算以及运算结果的可视化为基础,把广泛应用于各个学科领域的数值分析、矩阵计算、函数生成、信号处理、图形及图像处理、建模与仿真等诸多强大功能集成在一个便于用户使用的交互式环境之中,为使用者提供了一个高效的编程工具及丰富的算法资源,其软件的开放性也为广大理工科的研究生、本科生进行理论学习、习题演算、算法推导提供了强有力的工具。因此,自 1984 年 MATLAB 推向市场以来,历经近 40 年的发展,现已成为国际公认的最优秀的科技应用软件。在理工科类的高等院校,MATLAB 已经成为学习数值分析、线性代数、自动控制理论、数理统计、数字信号处理、系统仿真、自动控制、人工智能、现代通信原理等课程的基本教学工具,并成为大学生、研究生必须掌握的基本技能。

MATLAB 一词来源于 MATrix -LABoratory,意即“矩阵实验室”。MATLAB 由 20 世纪 80 年代的 3.x 版本不断更新,到 2022 年推出了 R2022a 的 9.12 版本。每一次版本的升级都完善并增加了许多功能。

MATLAB 功能非常强大,所包含的内容非常丰富,其主要功能可概括为如下几方面。

① 提供了一个接近于人们常用的数学表达方式的高级编程语言;

② 提供了几乎覆盖所有科学计算领域所需算法的大量子程序,这些子程序以 m 文件的方式给出;

③ 具有多种多样的图形、图像显示功能及编辑功能;

④ 具有强大的符号运算功能,这对于微分、积分、级数展开等运算特别方便;

⑤ 具有可视化建模与仿真(Simulink)功能;

⑥ 具有和用其他语言(如 C、C++、FORTARN、Java)编写的外部子程序相接口的能力,也可把 MATLAB 程序转换成上述高级语言的子程序;

⑦ 具有从外部文件及外部硬件设备读入数据的能力。

和以上主要功能相对应,MATLAB 有如下突出的特点。

MATLAB 语言的表达方式与数学、工程中常用的习惯十分相似。例如,线性方程组 $b=Ax$,在 MATLAB 中被写成 $b=A*x$。若要通过 $A$、$b$ 求 $x$,只要写为 $x=A\backslash b$ 即可,完全不需要对矩阵的乘法和求逆进行编程。再例如,常数 $\pi$ 在 FORTRAN 等其他高级语言中要使用反正切函数求出,而在 MATLAB 中简单地用“pi”来表示。因此,用 MATLAB 解算问题要比用 C、FORTRAN 等语言简捷得多。

MATLAB 中提供了大量的“库函数”(即内部函数),如常用函数(sin、cos、log 等)和矩阵运算(如矩阵加、减、转置、求逆运算,又如求矩阵特征值、范数求解等),因此,MATLAB 语言又称为“函数”语言。

MathWorks 公司聘请各个领域的专家将众多学科领域中常用的算法编写为一个个子程序,即 m 文件,供使用者调用,从而加速了科研和开发的过程。例如,在数字信号处理中常用的算法,如 FFT、卷积、相关、滤波器设计、参数模型等,几乎都只用一条语句即可调用。在 MATLAB 中,这些 m 文件包含在一个个“工具箱(toolbox)”中。这些工具箱可分为两大类,即功能性工具箱和学科性工具箱。功能性工具箱主要用来扩充 MATLAB 的符号计算功能、图形可视化功能、建模仿真功能、文字处理功能以及与硬件实时交互功能;学科性工具箱是按学科领域来分类的,如控制工具箱、信号处理工具箱、通信工具箱、神经网络工具箱等这样的工具箱有 30 多个。MathWorks 公司的第三方(third-party)还在自己的业务范围内,用 MATLAB 语言开发出了众多的工具箱。

MATLAB 中的信号处理工具箱(signal processing toolbox)是一个内容丰富的信号处理软件库,本书所讨论的绝大部分理论与算法都可在该工具箱中找到对应的 m 文件,是我们学习、应用数字信号处理的极好的工具。在 MATLAB R2022a 版本中,除信号处理工具箱外,和信号处理直接有关的工具箱还有:

- DSP System Toolbox;
- DSP HDL Toolbox;
- wavelet toolbox;
- image processing toolbox;
- signal Integrity Toolbox;
- deep Learning Toolbox。

和信号处理间接有关的工具箱有:

- control system toolbox;
- communication toolbox;

- system identification toolbox；
- statistics and Machine Learning Toolbox。

工具箱中的绝大部分 m 文件的原文件都是对使用者开放的，有助于学习有关理论和算法，而且可以向工具箱中增加自己编写的新程序，或根据自己的需要改写程序中某些内容。

用于 2D 及 3D 绘图的函数库可给出符合正式出版质量的多种多样的绘图功能，这些高级绘图功能对于理工科的学生及科学技术工作者来说都是非常必要的。

MATLAB 的工作界面友好，设计的演示(demo)软件可快捷、形象地演示出不同工具箱中的主要内容，多种形式的“帮助”(help)功能可以使初学者尽快入门，程序编写及运行中的调试(debug)功能也远远优于其他高级语言。

总之，MATLAB 已成为当今科学界、工程技术界及本科生、研究生必不可少的一个极其优秀的软件，希望使用本书的读者在学习数字信号处理理论的同时，也能熟练地掌握 MATLAB 的使用。

本书不详细讨论 MATLAB 的语言及其众多的功能，只结合本书各章内容，在每一章的最后一节介绍该章所涉及的 MATLAB 文件，并给出应用举例。在第 1、2 章及第 3 章的最后一节，还给出了所举例子的部分程序清单，目的是让初学 MATLAB 者能尽快了解 MATLAB 的一些基本语句。目前，与信号处理有关的 MATLAB 相关图书很多，如文献[Pou18]、[Zdf10]等。有关 MATLAB 的更多内容及最新信息可访问 MathWorks 公司官网。

## 1.12 与本章内容有关的 MATLAB 文件

首先需要说明的是，在本书的正文中，公式及各种符号中的大写与小写、上标与下标、正体与斜体、黑体与白体等具有不同的含义，需加以区分，但是在 MATLAB 的编程环境下，不易体现这些差异。因此，在第 1～16 章的最后一节讨论 MATLAB 文件的应用时，这些区分一般不再考虑。

与本章内容有关的 MATLAB 文件主要是信号的产生和相关的计算，现选择其主要内容加以介绍。

MATLAB 中有许多内部函数可用来产生我们所需要的试验信号，这些函数如 sin(正弦)、cos(余弦)、tan(正切)、cot(余切)及其他三角函数 sinh(双曲正弦)、cosh(双曲余弦)，以及 exp(指数)等。此外，还有多个 m 文件可用来产生各种各样的信号。

### 1. rand

本文件可用来产生均值为 0.5、幅度在 0～1 均匀分布的伪随机数，在数字信号处理

中，用它近似于均匀分布的白噪声信号 $u(n)$。白噪声信号属于随机信号，是信号处理、通信及自动控制等领域常用的噪声模型。简单地说，理想的白噪声信号的频谱在整个频率范围内都有值，而且频谱的幅度都一样。等效地说，$u(n)$的自相关函数 $r_u(m)$仅在 $m=0$ 时有值，在其他时刻皆为零，并且其 $r_u(0)=\sigma_u^2$，$\sigma_u^2$ 是 $u(n)$的方差，即 $u(n)$的功率。$\sigma_u^2$ 定义为

$$\sigma_u^2=\frac{1}{N}\sum_{n=0}^{N-1}[u(n)-\mu_u]^2 \tag{1.12.1}$$

式中，$\mu_u$ 是 $u(n)$的均值。文件 rand 给出的 $u(n)$的功率为 1/12，其调用格式是

u = rand(N)　　或　　u = rand(M,N)

前者表示 $\boldsymbol{u}$ 为 $N$ 维向量，后者表示 $\boldsymbol{u}$ 为 $M*N$ 的矩阵。

**例 1.12.1**　产生一均匀分布的白噪声信号 $u(n)$，画出其波形，并检验其分布情况。

下面的 MATLAB 程序可实现本例提出的要求。

```
%---------------------------------------------------------------
%exa011201_rand.m:
clear                     %清除内存中可能保留的 MATLAB 的变量;
N=50000;                  %u(n) 的长度;
u=rand(1,N);              %调用 rand,得到均匀分布的伪随机数 u(n);
u_mean=mean(u)            %求 u(n)的均值,mean 是 MATLAB 的 m 文件;
power_u=var(u)            %求 u(n)的方差,var 也是 MATLAB 的 m 文件;
subplot(211)              %在一个图面上分成上、下两个子图;
plot(u(1:100));grid on;
                          %plot 是内部函数,用来画连续曲线,本例只采用 u(1)～
                          %u(100)这 100 个点;grid on 是给图形加网格;
ylabel('u(n)')            %给 y 轴加标记;
subplot(212)
hist(u,50);grid on;
                          %对 u(n)作直方图,检验其分布。50 是对 u(n)的取值
                          %范围(0～1) 所分解的细胞数。hist 也是 m 文件。
ylabel('histogram of u(n)');
```

程序中已给出了一些注释，现对该程序中所采用的一些一般性的语句、符号等再作简要的说明。在以后的例子中，不再给出这些说明。

本书所给 MATLAB 的例子的名称由“exa”开头，接下来是所在章、节及例子的序号，下画线后是所介绍的 MATLAB 文件的名称。以“fig”开头的是绘图的程序。

在 MATLAB 中，字母是区分大、小写的，6.0 以前的版本不识别中文。符号“%”后面的内容表示注释，并不执行。为方便读者使用，本书注释用中文给出。为节省篇幅，在以下两章所列出的程序中，一些常用的语句，如 clear、xlabel、ylabel 等不再列出。

在每一条程序后面，若有分号“;”，则表示该语句求出的内容不显示在屏幕上；若没有

该分号，则所求的内容会显示出来。

MATLAB程序是一种边编译、边执行的程序，后面的错误不影响前面程序的执行；执行出错时，程序停止执行并自动显示错误的类型及错误所在的行的序号。

在本程序中，所求白噪声 $u(n)$ 的长度特别大（$N=50\ 000$），在实际应用中不需要这么大。之所以取这么大，是希望 $u(n)$ 能更接近于白噪声且接近于均匀分布，使用者只需截取其中的一段即可。

运行本程序，给出 $u(n)$ 的均值约为0.5，其功率（方差）约为0.083，显示的图形①如图1.12.1(a)、(b)所示。

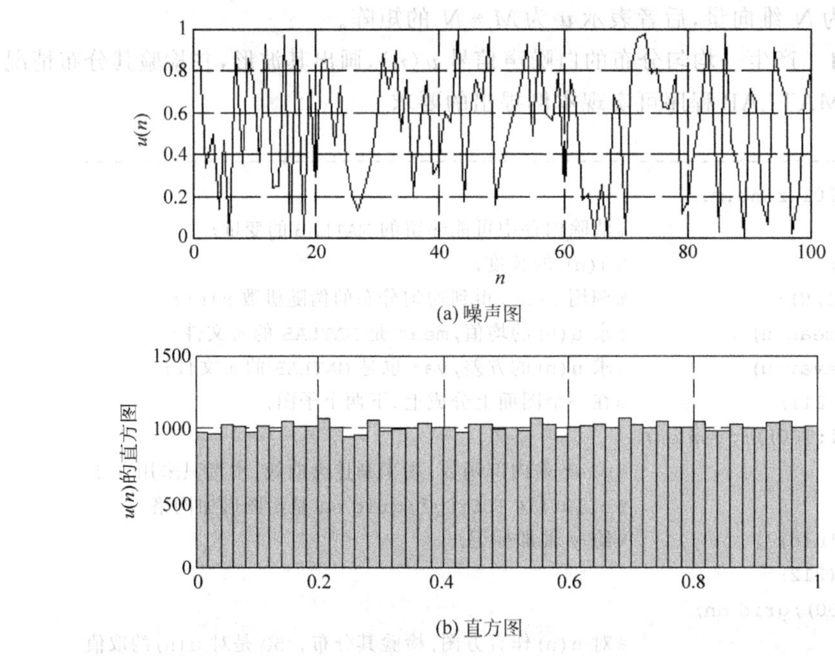


图1.12.1 均匀分布的白噪声及其直方图

**例1.12.2** 产生一个均匀分布、均值为零、功率为0.01的白噪声信号 $u(n)$。

上例已指出，rand(N)给出的 $u(n)$ 的均值约为0.5，功率约为1/12，现希望将均值变为零、将功率变为0.01。前者实现比较容易，只需将 $u(n)$ 减去均值即可，而实现后者则要调整 $u(n)$ 的幅度。令 $P=0.01$ 是所希望的功率，只需按式

$$a=\sqrt{P/\sigma_u^2}=\sqrt{12P} \tag{1.12.2}$$

求出常数 $a$，并用 $a$ 乘以 $u(n)$ 即可（请读者自己证明）。下面的程序可实现本例的要求。

① 本书用MATLAB绘图文件画出的图形，已在图形编辑界面下进行了编辑，图中标目是由绘图人员另加的。

```
%-----------------------------------------------------------------
%exa011202_rand.m:
p=0.01;N=50000;
u=rand(1,N);u=u-mean(u);
a=sqrt(12*p); u1=u*a;        %sqrt是MATLAB内部函数,实现开方;
power_u1=dot(u1,u1)/N
%试验u1(n)的功率是否满足要求;dot也是MATLAB的m文件,
%用来实现两个向量的内积。该句等效于var(u1);
plot(u1(1:100));grid on;
```

运行该程序,$a$ 约为0.3464,power_u1约为0.01,满足要求。$u1(n)$ 如图1.12.2所示,显然,其均值为0,幅度为−0.1732～0.1732。

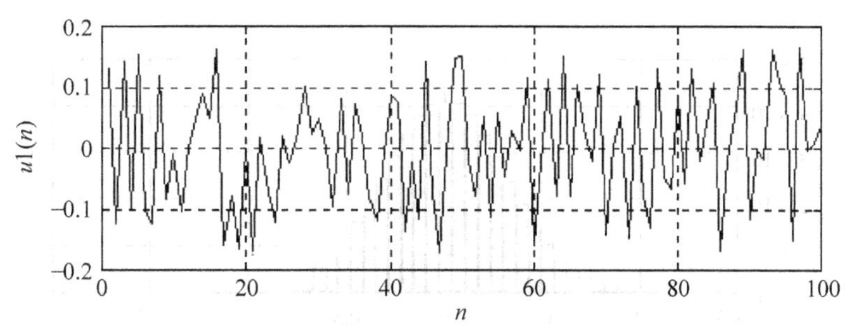


图1.12.2 功率为0.01、均值为零的白噪声信号

**2. randn**

本文件可用来产生均值为0、方差为1、服从高斯(正态)分布的白噪声信号 $u(n)$。其调用格式和rand相同,改变其功率的方法也相同,只不过将式(1.12.2)中的 $P$ 改为1。下例给出了该文件使用的方法及结果。

**例1.12.3** 产生零均值、功率为0.1且服从高斯分布的白噪声信号 $u(n)$。

实现该例的程序如下。

```
%-----------------------------------------------------
%exa011203_randn, to test randn
p=0.1;N=500000;
u=randn(1,N);a=sqrt(p);
u=u*a; power_u=var(u);
subplot(211)
plot(u(1:100));
subplot(212)
```

```
hist(u,50);
```

运行该程序，给出 $a=0.3162$，power_u$=0.1$，图 1.12.3 给出了 $u(n)$的波形及其直方图。

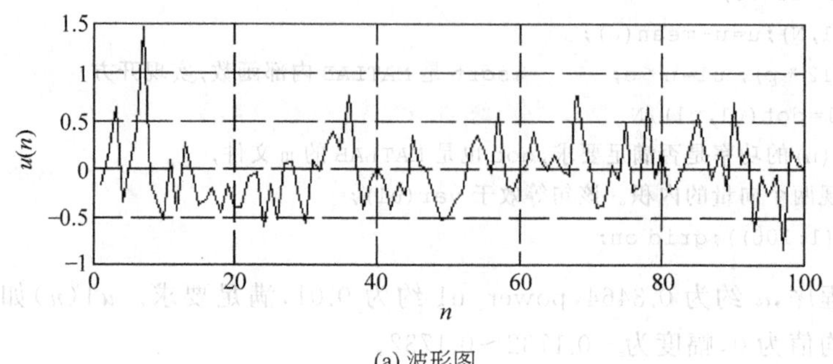

(a) 波形图

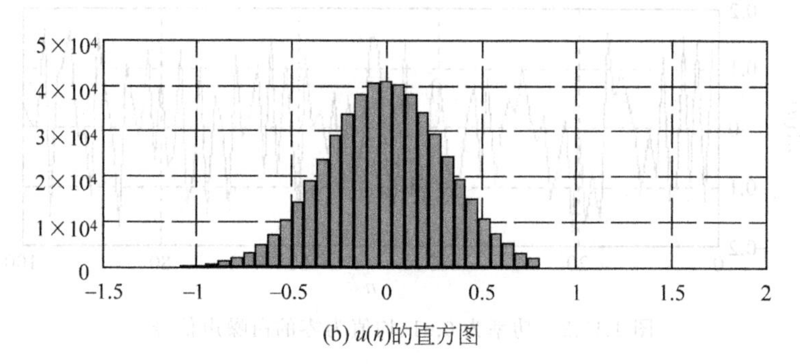

(b) $u(n)$的直方图

图 1.12.3 高斯分布的白噪声及其直方图

除了上述两个有关白噪声信号产生的文件，在 MATLAB 中还有其他此类文件，如

- sinc.m　　产生式(1.2.12)的 sinc 信号；
- diric.m　　产生周期的 sinc 信号；
- gauspuls.m　　产生高斯信号；
- pulstran.m　　产生脉冲串信号；
- tripuls.m　　产生三角波脉冲信号；
- chirp.m　　产生 chirp 信号 $\exp(\mathrm{j}\alpha t^2)$的实部。

此处不再一一讨论。至于产生各种窗函数的 m 文件，将在第 7 章详细讨论。

**3. xcorr**

本文件用来求两个信号的互相关或一个信号的自相关，调用格式是：

```
(1) rxy=xcorr(x,y);
(2) rx=xcorr(x,Mlag,'flag')
```

格式(1)是求序列 $x$，$y$ 的互相关，若 $x$，$y$ 的长度都是 $N$，则 rxy 的长度为 $2N-1$；若 $x$，$y$ 的长度不相等，则将短的一个补零。格式(2)是求序列 $x$ 的自相关，Mlag 表示 rx 的单边长度，总的长度为 2Mlag+1；flag 是定标标志，若 flag = biased，则表示是有偏估计，需将 rx($m$)都除以 $N$；若 flag = unbiased，则表示是无偏估计，需将 rx($m$)都除以($N$−abs($m$))。有关有偏估计和无偏估计的概念见第 12 章。若 flag 缺省，则 rx 不定标。Mlag 和 flag 同样适用于求互相关。

**例 1.12.4**　用 MATLAB 程序求解例 1.7.3，并画出图 1.7.2。

实现该例的程序如下。

```
%-------------------------------------------------------
%exa011204_xcorr, to test xcorr.m
N=500;p1=1;p2=0.1;f=1/8;Mlag=60;
u=randn(1,N);u2=u*sqrt(p2);n=[0:N-1];
s=sin(2*pi*f*n);
x1=u(1:N)+s;rx1=xcorr(x1,Mlag,'biased');
u2=u*sqrt(p2);x2=u2(1:N)+s;
rx2=xcorr(x2,Mlag,'biased');
```

因为 randn 给出的信号均值为零、方差为 1，所以 x1($n$)的信噪比是−3dB，程序中省去了 plot 语句。

**4. fliplr**

该文件用来将一个信号翻转，调用格式是：y = fliplr(x)。

**例 1.12.5**　试用 MATLAB 文件画出图 1.4.3 中的 4 个子图。

画出该图的 MATLAB 文件如下，需要注释的地方已在程序中标出，此处不再解释。但程序中实现序列翻转及移位的方法，值得很好掌握。

```
%---------------------------------------------------------------
%fig010403_fliplr.m: for example 1.12.5 and for Fig1.4.3 a,b,c
clear;
n=0:5;
x1=[0,0,0,0.5,0.5,0.5,0.5,0.5]; x2=0.8.^n; x3=[0,0,0];
x=[x1,x2,x3];            %构造离散序列 x, 它由三部分组成
n1=-8:8;
subplot(411)
stem(n1,x,'.k','LineWidth',1.2);grid on;
xlim([-9,9])
ylim([0,1.2])
y=fliplr(x);             %将 x 翻转,得到 y=x(-n);
```

```
subplot(412)
stem(n1,y,'.k','LineWidth',1.2);grid on;
xlim([-9,9])
ylim([0,1.2])
n2=-5:11;                %得到 x(-n+3);
subplot(413)
stem(n2,y,'.k','LineWidth',1.2);grid on;
xlim([-9,9])
ylim([0,1.2])
n3=-11:5;                %得到 x(-n-3);
subplot(414)
stem(n3,y,'.k','LineWidth',1.2);grid on;
xlim([-9,9])
ylim([0,1.2])
```

**5. sound**

该 m 文件可用来听到自己产生的信号。由于现在的计算机上都带有扬声器,读者不妨试听一下,以体验频率高低对声音的影响。

```
%------------------------------------------------------------
%exa011206_sound.m: for example 1.12.6
clear;
f=500;                   %给定正弦信号的频率;
w=2*pi*f;                %正弦信号的角频率; rad/s
fs=3000;                 %抽样频率; Hz
ts=1/fs;                 %抽样间隔;
t=0:ts:(3-ts);           %确定信号时长为 3s;
x=sin(w*t);              %得到正弦信号;
sound(x,fs);             %听到正弦信号;
                         %如果改为 sound(x),则该 m 文件以默认抽样频率 8192Hz
                         %向扬声器发送音频信号
```

# 小 结

本章集中介绍离散时间信号的基本概念,包括信号的含义、典型连续与离散时间信号、信号的分类与运算、相关函数的定义及应用、信号时域分析和频域分析的概念及其要涉及的主要内容、信号空间的概念和 MATLAB 介绍等。

# 习题与上机练习

1.1　给定信号

$$x(n)=\begin{cases}2n+10, & -4\leqslant n\leqslant -1\\ 6, & 0\leqslant n\leqslant 4\\ 0, & \text{其他}\end{cases}$$

(1) 画出 $x(n)$的图形,并标上各点的值。

(2) 试用 $\delta(n)$及其相应的延迟表示 $x(n)$。

(3) 令 $y_1(n)=2x(n-1)$,试画出 $y_1(n)$的图形。

(4) 令 $y_2(n)=3x(n+2)$,试画出 $y_2(n)$的图形。

(5) 将 $x(n)$延迟 4 个抽样点再以 $y$ 轴翻转,得 $y_3(n)$,试画出 $y_3(n)$的图形。

(6) 先将 $x(n)$翻转,再延迟 4 个抽样点得 $y_4(n)$,试画出 $y_4(n)$的图形。

1.2　对 1.1 题给出的 $x(n)$:

(1) 画出 $x(-n)$的图形。

(2) 计算 $x_e(n)=\frac{1}{2}[x(n)+x(-n)]$,并画出 $x_e(n)$的图形。

(3) 计算 $x_o(n)=\frac{1}{2}[x(n)-x(-n)]$,并画出 $x_o(n)$的图形。

(4) 试用 $x_e(n)$、$x_o(n)$表示 $x(n)$,并总结将一个序列分解为一个偶对称序列与奇对称序列的方法。

1.3　试确定下述信号是不是周期的,如是,给出其周期。

(1) $x(t)=A\sin(5t-\pi/3)$;

(2) $x(n)=A\sin(5n-\pi/3)$;

(3) $x(n)=B\exp[\mathrm{j}(n/7-\pi)]$。

1.4　已知 $x_1(n)=\cos(0.01\pi n)$,$x_2(n)=\cos(30\pi n/105)$,$x_3(n)=\sin(3n)$,$x_4(n)=\cos(3\pi n)$,试确定哪一个信号是周期的,其基本周期是多少?

1.5　令 $x_1(n)=\sin(n\pi/4)+\sin(n\pi/6)$,$x_2(n)=\sin(n\pi/4)\sin(n\pi/6)$,分别求它们的周期。请思考:两个周期信号相加或相乘后形成的信号是否还是周期的?如是,周期是多少?

1.6　已知序列 $x(n)=1$,$n=-\infty\sim\infty$,试用单位阶跃序列 $u(n)$表示 $x(n)$。

1.7　试证明一个实序列 $x(n)$ 的偶部 $x_e(n)$ 是偶对称序列，而奇部 $x_o(n)$ 是奇对称序列。

1.8　令 $x_1(n)=u(n)$，$x_2(n)=a^n u(n)$，分别求它们的偶部和奇部。

1.9　已知 $x(n)$ 是能量信号，令 $x_e(n)$ 和 $x_o(n)$ 分别是其偶部和奇部，试证明

$$\sum_{n=-\infty}^{\infty} x^2(n)=\sum_{n=-\infty}^{\infty} x_e^2(n)+\sum_{n=-\infty}^{\infty} x_o^2(n)$$

1.10　已知序列 $x_1(n)=u(n)$，$x_2(n)=nu(n)$，$x_3(n)=A\mathrm{e}^{\mathrm{j}\omega_0 n}$，分别求它们的平均功率。

1.11　已知序列 $x_1(n)=a^n u(n)$，$x_2(n)=u(n)-u(n-N)$，分别求它们的自相关函数，并证明它们都是偶对称的实序列。

1.12　设 $x(nT_s)=\mathrm{e}^{-nT_s}$ 为一指数函数，$n=0,1,\cdots,\infty$，而 $T_s$ 为抽样间隔，求 $x(n)$ 的自相关函数 $r_x(mT_s)$。

1.13　证明自相关函数的性质1和性质2。

1.14　令 $x(n)=A_1\sin(2\pi f_1 nT_s)+A_2\sin(2\pi f_2 nT_s)$，其中 $A_1$、$A_2$、$f_1$、$f_2$ 为常数，求 $x(n)$ 的自相关函数 $r_x(m)$。

1.15　令 $h(n)=\{h(0),h(1),h(2)\}=\{3,2,1\}$，$x(n)=\{x(0),x(1),x(2),x(3)\}=\{1,2,3,4\}$。

(1) 求 $h(n)$ 的自相关函数 $r_h(m)$。

(2) 求 $h(n)$ 和 $x(n)$ 的互相关函数 $r_{hx}(m)$，并画出 $r_h(m)$，$r_{hx}(m)$ 的图形。

1.16　证明：

(1) 对于任意实值或者复数的常量 $a$，以及任意的整数 $M$ 和 $N$，都有

$$\sum_{n=M}^{N} a^n=\begin{cases}\dfrac{a^M-a^{N+1}}{1-a}, & a\neq 1\\[2mm] N-M+1, & a=1\end{cases}$$

(2) 当 $|a|<1$ 时，有 $\sum_{n=0}^{\infty} a^n=\dfrac{1}{1-a}$。

*1.17[①]　把下述5个连续时间信号 $x(t)$ 转换成离散时间信号 $x(nT_s)$，并绘出 $x(nT_s)$ 的图形。$f_s=1/T_s$ 为抽样频率。$f_s$ 可自己选择，以体会对给定信号采用多大的抽样频率较为合适。

(1) 工频信号：$x_1(t)=A\sin(2\pi f_0 t)$，其中 $A=220$，$f_0=50\mathrm{Hz}$。

(2) 衰减正弦信号：$x_2(t)=A\mathrm{e}^{-at}\sin(2\pi f_0 t)$，其中 $A=2$，$a=0.5$，$f_0=50\mathrm{Hz}$。

① 本书题号前加*者为上机练习题。

(3) 谐波信号：$x_3(t)=\sum_{i=1}^{3}A_i\sin(2\pi f_0 it)$，其中 $A_1=1,A_2=0.5,A_3=0.2$，$f_0=5\text{Hz}$。

(4) Hamming(哈明)窗：$x_4(t)=0.54-0.46\cos(2\pi f_0 t)$，$f_0$ 由读者自行给定。

(5) sinc 函数：$x_5(t)=\sin(\Omega t)/\Omega t$，其中 $\Omega=2\pi f$，$f=10\text{Hz}$。

*1.18 调用 MATLAB 中有关相关函数的 m 文件，求习题 1.12 中 $x(n)$ 的自相关函数 $r_x(m)$，输出其图形。

*1.19 令 $x(n)=A\sin(\omega n)+u(n)$，其中 $\omega=\pi/16$，$u(n)$ 是白噪声。

(1) 用 MATLAB 中的有关文件，产生均值为 0，功率 $P=0.1$ 的均匀分布的白噪声 $u(n)$，画出其图形，并求 $u(n)$ 的自相关函数 $r_u(m)$，画出 $r_u(m)$ 的波形。

(2) 欲使 $x(n)$ 的信噪比为 10dB，试决定 $A$ 的数值，并画出 $x(n)$ 的图形及其自相关函数 $r_x(m)$ 的图形。

*1.20 表题 1.20 给出的是从 1770—1869 年这 100 年间每年 12 个月所记录到的太阳黑子出现次数的平均值(请将此数据输入计算机中并以数据文件的形式保存，第 11、12 章中还要用到)。

(1) 输出该数据的图形。

(2) 对该数据做自相关函数，输出其自相关函数的图形，观察太阳黑子活动的周期(取$M=32$)。

(3) 将该数据除去均值，再重复(2)的内容，比较除去均值前、后对做自相关函数的影响。信号 $x(n)$，$n=0,1,\cdots,N-1$ 的均值是 $\mu_x=\frac{1}{N}\sum_{n=0}^{N-1}x(n)$。

**表题 1.20 太阳黑子的年平均出现次数**[Pro14]

| 年份 | 次数 | 年份 | 次数 | 年份 | 次数 | 年份 | 次数 |
|---|---|---|---|---|---|---|---|
| 1770 | 101 | 1779 | 125 | 1788 | 131 | 1797 | 6 |
| 1771 | 82 | 1780 | 85 | 1789 | 118 | 1798 | 4 |
| 1772 | 66 | 1781 | 68 | 1790 | 90 | 1799 | 7 |
| 1773 | 35 | 1782 | 38 | 1791 | 67 | 1800 | 14 |
| 1774 | 31 | 1783 | 23 | 1792 | 60 | 1801 | 34 |
| 1775 | 7 | 1784 | 10 | 1793 | 47 | 1802 | 45 |
| 1776 | 20 | 1785 | 24 | 1794 | 41 | 1803 | 43 |
| 1777 | 92 | 1786 | 83 | 1795 | 21 | 1804 | 48 |
| 1778 | 154 | 1787 | 132 | 1796 | 16 | 1805 | 42 |

续表

| 年 份 | 次 数 | 年 份 | 次 数 | 年 份 | 次 数 | 年 份 | 次 数 |
|---|---|---|---|---|---|---|---|
| 1806 | 28 | 1822 | 4 | 1838 | 103 | 1854 | 21 |
| 1807 | 10 | 1823 | 2 | 1839 | 86 | 1855 | 7 |
| 1808 | 8 | 1824 | 8 | 1840 | 63 | 1856 | 4 |
| 1809 | 2 | 1825 | 17 | 1841 | 37 | 1857 | 23 |
| 1810 | 0 | 1826 | 36 | 1842 | 24 | 1858 | 55 |
| 1811 | 1 | 1827 | 50 | 1843 | 11 | 1859 | 94 |
| 1812 | 5 | 1828 | 62 | 1844 | 15 | 1860 | 96 |
| 1813 | 12 | 1829 | 67 | 1845 | 40 | 1861 | 77 |
| 1814 | 14 | 1830 | 71 | 1846 | 62 | 1862 | 59 |
| 1815 | 35 | 1831 | 48 | 1847 | 98 | 1863 | 44 |
| 1816 | 46 | 1832 | 28 | 1848 | 124 | 1864 | 47 |
| 1817 | 41 | 1833 | 8 | 1849 | 96 | 1865 | 30 |
| 1818 | 30 | 1834 | 13 | 1850 | 66 | 1866 | 16 |
| 1819 | 24 | 1835 | 57 | 1851 | 64 | 1867 | 7 |
| 1820 | 16 | 1836 | 122 | 1852 | 54 | 1868 | 37 |
| 1821 | 7 | 1837 | 138 | 1853 | 39 | 1869 | 74 |

*1.21 很久以来，数学家们对圆周率 $\pi$ 的计算一直抱有极大的兴趣。1671 年，苏格兰数学家 James Gregory 提出用如下数列的和来近似 $\pi$：

$$\pi \approx 4 \times \left[1-\frac{1}{3}+\frac{1}{5}-\frac{1}{7}+\frac{1}{9}-\frac{1}{11}+\cdots\right]$$

(1) 写出上式的闭合表达式。

(2) 利用 MATLAB 编程计算 $\pi$ 的近似值，数列的长度由自己给定，建议取 100 以上。

*1.22 锯齿(Sawtooth)波可以看作式(1.2.8)的斜坡函数截短后的周期扩展。锯齿波在工程上有着广泛的应用，如电视机、示波器等设备中的扫描信号。调用 MATLAB 中的 sawtooth.m 文件，产生如下 4 种锯齿波，如图题 1.22 所示。

*1.23 听到并看到一个随机信号。产生一个零均值、方差为 1 的高斯白噪声，长度及幅度由读者决定，但要改变白噪声的频率。改变的方法如下：

```
fs=2000;     %给定抽样频率,单位为 Hz;Ts=1/fs; 同时也给定了抽样间隔;
t=0:Ts:3;    %给定信号的长度(3s),同时也给定了信号的样本数和样本间隔。
N=length(t); y=randn(N,1)
```

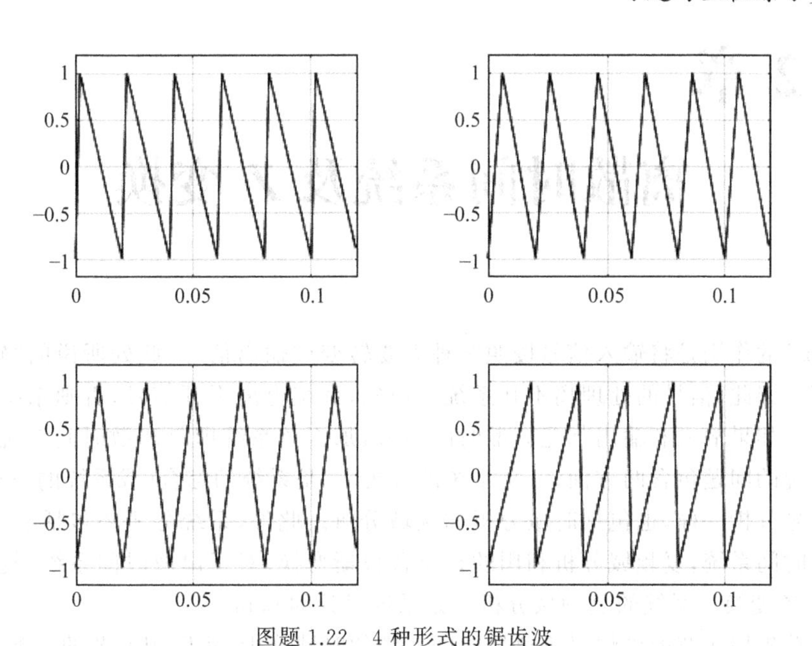


图题 1.22　4 种形式的锯齿波

然后用 plot(t,y)可画出 y 的波形,用 sound(y,fs)听到其声音,再用 hist(y)画出直方图。读者可改变频率,以体会频率对声音的影响。

# 第 2 章

# 离散时间系统及 Z 变换

“系统”的作用是将输入信号按照某种需要转变成输出信号，此处所说的“转变”即信号的处理。因此，信号的处理离不开系统。当然，系统也离不开信号，否则系统的存在就没有意义。如果输入和输出都是离散时间信号，那么该系统即是离散时间系统。有关离散时间系统的问题包含两方面，一是系统的分析，二是系统的综合(或系统的设计)。系统分析和信号分析一样，也包括时域分析和频域分析。此外，系统分析还包括复频域分析。对于连续时间系统，复频域分析利用的是拉普拉斯变换；对于离散时间系统，复频域分析利用的是 $Z$ 变换。系统的复频域分析又是系统设计的基础。

本章首先用 4 节的篇幅讨论离散时间系统的时域分析，然后用 6 节的篇幅讨论 $Z$ 变换。$Z$ 变换和第 3 章要讨论的傅里叶变换有着密切的联系。有关离散时间系统的频域和复频域分析将在第 4 章讨论。

## 2.1 离散时间系统的基本概念

一个离散时间系统也可以抽象为一种变换，或一种映射，即把输入序列 $x(n)$ 变换为输出序列 $y(n)$

$$y(n)=\mathrm{T}[x(n)] \tag{2.1.1}$$

式中，T 代表变换。这样，一个离散时间系统既可以是一个硬件装置，也可以是一个数学表达式。总之，一个离散时间系统的输入、输出关系可以用图 2.1.1 表示。

**例 2.1.1** 一个离散时间系统的输入、输出关系是

$$y(n)=ay(n-1)+x(n) \tag{2.1.2}$$

式中，$a$ 为常数。该系统表示，现在时刻的输出 $y(n)$ 等于上一次的输出 $y(n-1)$ 乘以常数 $a$ 再加上现在的输入 $x(n)$，这是一个一阶的自回归差分方程，可以用图 2.1.2 的信号流图来实现。

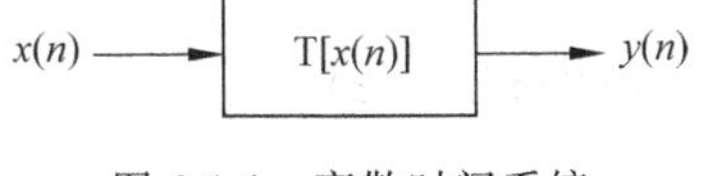


图 2.1.1 离散时间系统

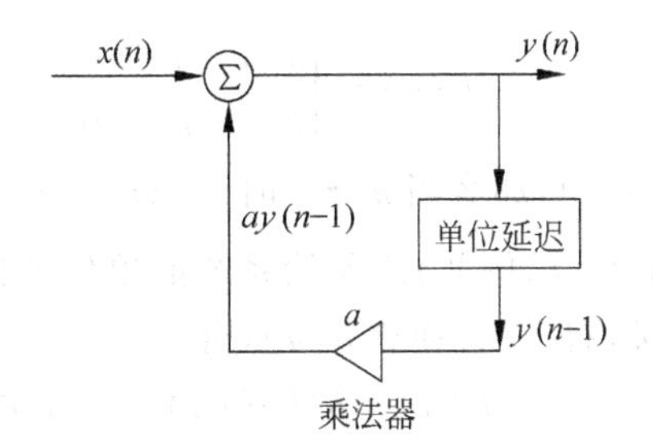


图 2.1.2 一阶自回归差分方程的信号流图

**例 2.1.2** 系统

$$y(n)=\sum_{k=0}^{2} b(k)x(n-k) \tag{2.1.3}$$

式中,$b(0)$、$b(1)$、$b(2)$为常数。这是一个三点加权平均器,若 $b(0)=b(1)=b(2)=1/3$,那么该系统是一个三点平均器,其相应的信号流图如图 2.1.3 所示。

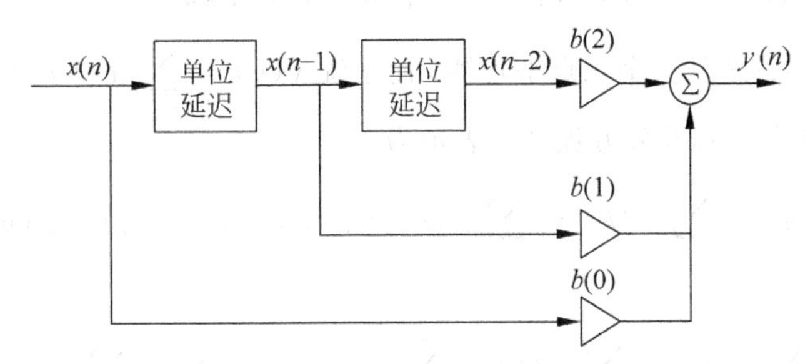


图 2.1.3 三点加权平均器信号流图

在图 2.1.1 中,若令输入信号 $x(n)=\delta(n)$,那么,这时的输出 $y(n)$是由单位抽样信号 $\delta(n)$激励该系统所产生的响应,因此,称这时的 $y(n)$为系统的单位抽样响应,并记为 $h(n)$。$h(n)$反映了系统的固有特征,它是离散系统的一个重要参数。

**例 2.1.3** 求例 2.1.1 所给系统的单位抽样响应。

由定义

$$h(n)=y(n)=ah(n-1)+\delta(n)$$

及给定的初始条件 $h(-1)=0$,有

$$h(0)=0+\delta(0)=1$$
$$h(1)=ah(0)=a$$
$$h(2)=ah(1)=a^2$$
$$\vdots$$
$$h(n)=a^n$$

即

$$h(n)=\begin{cases}a^n, & n\geqslant 0\\ 0, & n<0\end{cases} \quad 或 \quad h(n)=a^n u(n) \tag{2.1.4}$$

显然,若$|a|>1$,那么当$n\to\infty$时,$|h(n)|\to\infty$;若$|a|<1$,则有$\lim\limits_{n\to\infty}h(n)=0$。

**例 2.1.4** 求例 2.1.2 所给系统的单位抽样响应。

由定义,将$x(n)$换成$\delta(n)$,有

$$h(n)=b(0)\delta(n)+b(1)\delta(n-1)+b(2)\delta(n-2)$$

所以

$$h(0)=b(0),\quad h(1)=b(1),\quad h(2)=b(2)$$

且当$n<0$和$n>2$时,$h(n)\equiv 0$。

由以上两例可以看出,三点平均器的单位抽样响应仅在$n=0$、1、2 时有值,即有限长。这一类系统称为“有限冲激响应”(finite impulse response,FIR)系统。一阶自回归模型中由于包含了由输出到输入的反馈(见图 2.1.2),因此其抽样响应为无限长,称这一类系统为“无限冲激响应”(infinite impulse response,IIR)系统。

**例 2.1.5** 例 2.1.2 是一个三点平均器,而系统$y(n)=\sum\limits_{k=-\infty}^{n}x(k)$可实现无限多点的累加,故称为累加器。其差分方程又可表示为

$$y(n)=\sum_{k=-\infty}^{n}x(k)=\sum_{k=-\infty}^{n-1}x(k)+x(n)=y(n-1)+x(n) \tag{2.1.5a}$$

或

$$y(n)=\sum_{k=-\infty}^{n}x(k)=\sum_{k=-\infty}^{-1}x(k)+\sum_{k=0}^{n}x(k)=y(-1)+\sum_{k=0}^{n}x(k)\quad n\geqslant 0 \tag{2.1.5b}$$

式(2.1.5a)的含义是:现在时刻的输出$y(n)$等于上一时刻的输出$y(n-1)$和现在时刻的输入值$x(n)$的和,而$y(n-1)$是$x(n)$在$n$以前所有时刻的值的和;式(2.1.5b)可用于因果序列的输入,式中的$y(-1)$称为系统的初始条件。

由单位抽样响应的定义,累加器的单位抽样响应为

$$h(n)=\sum_{k=-\infty}^{n}\delta(k) \tag{2.1.5c}$$

可知,累加器的$h(n)=u(n)$。

下面是有关离散系统的几个重要定义。

### 1. 线性

设一个离散系统对$x_1(n)$的响应是$y_1(n)$,对$x_2(n)$的响应是$y_2(n)$,即

$$y_1(n)=T[x_1(n)]$$

$$y_2(n)=T[x_2(n)]$$

若该系统对 $\alpha x_1(n)+\beta x_2(n)$ 的响应是 $\alpha y_1(n)+\beta y_2(n)$，即

$$\begin{aligned}y(n)&=T[\alpha x_1(n)+\beta x_2(n)]=\alpha T[x_1(n)]+\beta T[x_2(n)]\\&=\alpha y_1(n)+\beta y_2(n)\end{aligned} \tag{2.1.6}$$

那么，该系统是线性的。式中，$\alpha$、$\beta$ 是任意常数。显然，线性的含义是指该系统的输入、输出之间满足叠加原理，如图 2.1.4 所示。图(a)中的 $\xrightarrow{\alpha}$ 表示信号 $x_1(n)$ 和 $\alpha$ 相乘，以此类推。

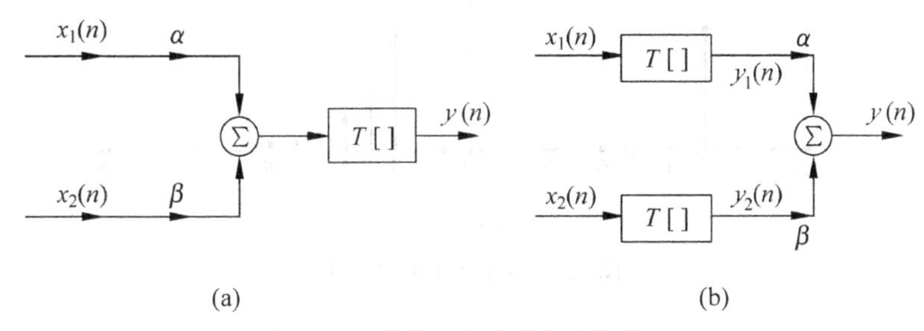


图 2.1.4 线性系统定义的图解说明

**2. 移不变性**

设一个离散时间系统对 $x(n)$ 的响应是 $y(n)$，如果将 $x(n)$ 延迟 $k$ 个抽样周期，输出 $y(n)$ 也相应地延迟了 $k$ 个抽样周期，那么，我们说该系统具有移不变性，即

$$\left.\begin{aligned}T[x(n)]&=y(n)\\T[x(n-k)]&=y(n-k)\end{aligned}\right\} \tag{2.1.7}$$

该性质的含义还可直观地解释为：对给定的输入，系统的输出和输入施加的时间无关。即不论何时加上输入，只要输入信号一样，输出信号的形态就保持不变。

由前述单位抽样响应的定义，$h(n)=T[\delta(n)]$，对移不变系统，则必有 $h(n-k)=T[\delta(n-k)]$。因此，从 $h(n)$ 的行为即可判断所研究的系统是否具有移不变性，如图 2.1.5 所示。

同时具有线性和移不变性的离散时间系统称为线性移不变(linear shift invariant, LSI)离散时间系统，简称 LSI 系统。除非特别说明，本书研究的对象都认为是 LSI 系统。

**例 2.1.6** 给定系统

(1) $$y(n)=nx(n)$$

(2) $$y(n)-ay(n-1)=x(n),\quad y(-1)=0,n\geqslant 0$$

试判断它们是否是线性、移不变性。

**解** (1) 给定输入 $x_1(n)$ 和 $x_2(n)$，由定义

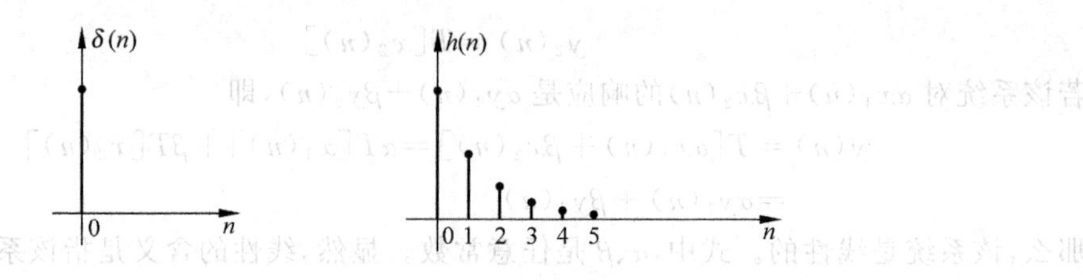

(a)

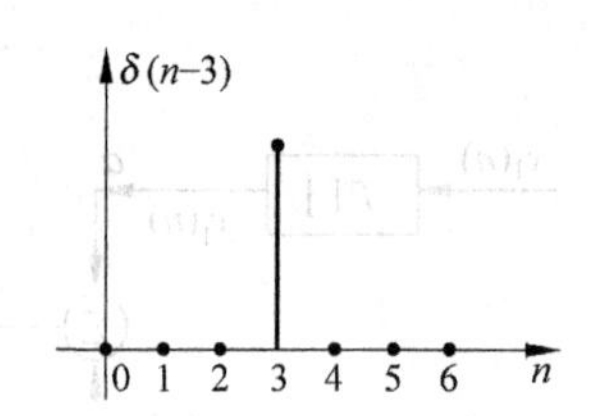


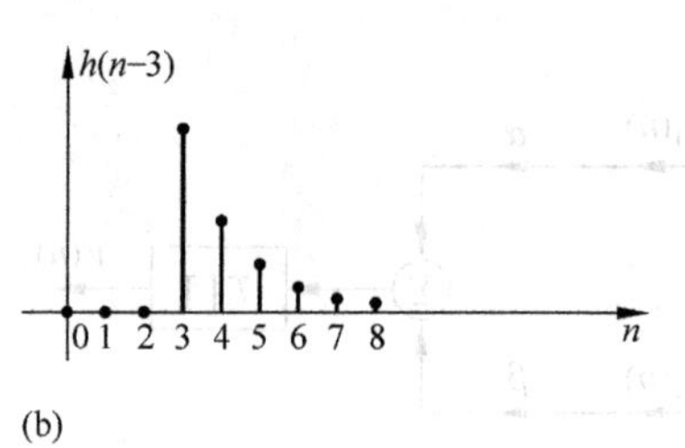

(b)

图 2.1.5　系统的移不变性

$$y_1(n)=T[x_1(n)]=nx_1(n),\qquad y_2(n)=T[x_2(n)]=nx_2(n)$$

令

$$x(n)=\alpha x_1(n)+\beta x_2(n)$$

那么系统对 $x(n)$的响应

$$\begin{aligned}y(n)=T[x(n)]&=n[\alpha x_1(n)+\beta x_2(n)]\\&=\alpha nx_1(n)+\beta nx_2(n)=\alpha y_1(n)+\beta y_2(n)\end{aligned}$$

该式的右边正是 $y_1(n)$和 $y_2(n)$的叠加,故系统(1)是线性的。由于

$$y(n)=T[x(n)]=nx(n)\tag{2.1.8}$$

那么系统对 $x(n-k)$的响应 $y_k(n)$是

$$y_k(n)=T[x(n-k)]=nx(n-k)\tag{2.1.9}$$

由式(2.1.8),有

$$y(n-k)=(n-k)x(n-k)$$

显然

$$y(n-k)\neq T[x(n-k)]=y_k(n)$$

所以系统(1)不具备移不变性。

(2) 令 $x_1(n)=\delta(n)$,由例 2.1.1 有 $y_1(n)=T[x_1(n)]=a^n u(n)$,式中,$u(n)$是单位阶跃序列。

令 $x_2(n)=\delta(n-1)$,仿照例 2.1.1,得 $y_2(n)=T[x_2(n)]=a^{n-1}u(n-1)$,再令 $x(n)=\alpha x_1(n)+\beta x_2(n)$,代入原方程,有

$$y(n)=ay(n-1)+\alpha\delta(n)+\beta\delta(n-1)$$

递推此方程，有

$$\begin{aligned}y(n)=T[x(n)]&=\alpha a^n u(n)+\beta a^{n-1}u(n-1)\\&=\alpha y_1(n)+\beta y_2(n)\end{aligned}\tag{2.1.10}$$

所以系统(2)是线性的。不难发现，该系统也是移不变的。

**例 2.1.7** 试确定系统(a)$y(n)=x(n^2)$，(b)$y(n)=x^2(n)$，(c)$y(n)=Ax(n)+B$ 是否为线性系统。

**解**：对系统(a)，由定义，有

$$y_1(n)=x_1(n^2),\quad y_2(n)=x_2(n^2),\quad 令\ x(n)=\alpha x_1(n)+\beta x_2(n)$$

则

$$y(n)=T[x(n)]=\alpha x_1(n^2)+\beta x_2(n^2)=\alpha y_1(n)+\beta y_2(n)$$

系统是线性的。

对系统(b)，由定义，有

$$y_1(n)=x_1^2(n),\quad y_2(n)=x_2^2(n),\quad 令\ x(n)=\alpha x_1(n)+\beta x_2(n)$$

则

$$y(n)=T[x(n)]=\alpha^2 x_1^2(n)+\beta^2 x_2^2(n)+2\alpha\beta x_1(n)x_2(n)$$

所以系统是非线性的。

对系统(c)，由定义，有

$$y_1(n)=Ax_1(n)+B,\quad y_2(n)=Ax_2(n)+B$$

令

$$x(n)=\alpha x_1(n)+\beta x_2(n)$$

则

$$y(n)=T[x(n)]=A\alpha x_1(n)+A\beta x_2(n)+B$$

而

$$\alpha y_1(n)+\beta y_2(n)=A\alpha x_1(n)+A\beta x_2(n)+\alpha B+\beta B$$

因此系统(c)是非线性的。

**例 2.1.8** 试确定系统(a)$y(n)=x(-n)$，(b)$y(n)=x(n)\sin(\omega_0 n)$，(c)$y(n)=Ax(2n)$是否为移不变系统。

**解**：系统(a)实现的是信号的翻转。记系统对 $x(n-k)$的响应是 $y_k(n)$，则

$$y_k(n)=x(-n-k)$$

而直接由 $y(n)=x(-n)$，有 $y(n-k)=x(-(n-k))=x(-n+k)$，显然 $y(n-k)\neq y_k(n)$，所以系统(a)是移变的。

系统(b)实现的是对信号的调制。显然，$y_k(n)=x(n-k)\sin(\omega_0 n)$，而

$$y(n-k)=x(n-k)\sin(\omega_0(n-k))$$

由于 $y(n-k)\neq y_k(n)$，所以系统(b)是移变的。

对系统(c)，它对 $x(n-k)$ 的响应 $y_k(n)=Ax(2n-k)$，而 $y(n-k)=Ax(2(n-k))$，所以，系统(c)也不是移不变的。

**3. 因果性**

如果一个 LSI 系统在任意时刻(例如 $n$)的输出只决定于现在时刻和过去的输入 $x(n)$，$x(n-1)$，…，而和将来的输入无关，那么，我们说该系统是因果(causal)系统，否则为非因果系统。2.2 节将证明，若系统的单位抽样响应 $h(n)$ 在 $n<0$ 时恒为零，那么该系统是因果系统。

在实时处理信号时，输入信号的抽样值是一个接一个地进入系统的，因此，系统的输出不能早于输入，否则不是物理可实现系统，这样的数据输入方式称为序贯数据(sequential data)方式。对于非实时情况，输入数据的全体是已知的，这时非因果系统是可以实现的。我们称已记录的数据为块数据(block data)。

例如，例 2.1.1 及例 2.1.2 的两个系统都是因果系统，$y(n)=nx(n)$ 也是因果系统，而 $y(n)=x(n+1)$，$y(n)=x(n^2)$ 是非因果系统，$y(n)=x(-n)$ 也是非因果系统，这是因为，$n<0$ 时的输出决定于 $n>0$ 时的输入(即将来的输入)。

**4. 稳定性**

如果对于一个信号 $x(n)$ 存在一个实数 $R$，使得对所有的 $n$ 都满足 $|x(n)|\leqslant R$，那么，我们称 $x(n)$ 是有界的。对于一个 LSI 系统，若输入 $x(n)$ 是有界的，输出 $y(n)$ 也有界，那么该系统是稳定(stable)的。稳定系统又称为 BIBO(bounded input-bounded output)系统。一个系统能否正常工作，稳定性是先决条件。例如，式(2.1.3)的三点平均器是稳定的，式(2.1.2)的一阶自回归系统中，如果 $|a|<1$，则系统是稳定的，否则，系统是不稳定的。

## 2.2　离散时间系统的输入输出关系

一个连续的线性时不变系统，其输入 $x(t)$ 和输出 $y(t)$ 之间的关系可以用一个常系数线性微分方程来描述，它反映了该系统的动态特性。与之类似，一个线性移不变离散时间系统可用一个常系数差分方程来描述，即

$$y(n)=-\sum_{k=1}^{N}a(k)y(n-k)+\sum_{r=0}^{M}b(r)x(n-r) \tag{2.2.1}$$

式中，$a(k)$、$b(r)$是方程的系数，其中 $k=1,\cdots,N$，而 $r=0,\cdots,M$。$N$ 是系统的阶次，一般 $N>M$。为保证式(2.2.1)是 LSI 系统，由 2.1 节的几个例子可得出如下结论：

(a) 系数 $a(k)$、$b(r)$应全部为常数；

(b) 时间变量 $n$ 为一次幂，且系数为 1；

(c) 方程不含常数项；

(d) $x(n)$、$y(n)$都为一次幂。

分析式(2.2.1)，可以看出

$$y(n)=\mathrm{F}[y(n-1),\cdots,y(n-N),x(n),x(n-1),\cdots,x(n-M)]$$

式中，F[ * ]表示 $y(n)$是括号内的函数。式中 $y(n-1),\cdots,y(n-N)$是系统的初始条件，给定这些初始条件及 $x(n)$和 $x(n)$的 $M$ 个 $n$ 时刻以前的值，则可求出系统的输出 $y(n)$，这就是差分方程的求解问题。现在利用 2.1 节的结果导出 LSI 系统输入、输出之间的一个重要关系，即线性卷积(linear convolution)。

由式(1.4.1)，输入信号 $x(n)$可表示为 $\delta(n)$及其移位的线性组合，即

$$\begin{aligned}x(n)&=\sum_{k=-\infty}^{\infty}x(k)\delta(n-k)\\&=\cdots+x(-1)\delta(n+1)+x(0)\delta(n)+x(1)\delta(n-1)+\cdots\end{aligned}$$

当输入是 $\delta(n)$时，输出 $y(n)=h(n)$，由系统的 LSI 性质可得如下输入、输出关系：

| 输入 | 输出 |
| --- | --- |
| $x(0)\delta(n)$ | $x(0)h(n)$ |
| $x(1)\delta(n-1)$ | $x(1)h(n-1)$ |
| $x(-1)\delta(n+1)$ | $x(-1)h(n+1)$ |
| ⋮ | ⋮ |
| $x(k)\delta(n-k)$ | $x(k)h(n-k)$ |

这样，系统对 $x(n)$的响应 $y(n)$是上面右边一列的相加，即

$$y(n)=\sum_{k=-\infty}^{\infty}x(k)h(n-k) \tag{2.2.2}$$

此式称为 LSI 系统的线性卷积，可简记为 $y(n)=x(n)*h(n)$。很容易证明，上式也可表示为

$$y(n)=\sum_{k=-\infty}^{\infty}h(k)x(n-k) \tag{2.2.3}$$

并有如下运算性质：

$$y(n)=[x_1(n)+x_2(n)]*h(n)=x_1(n)*h(n)+x_2(n)*h(n) \tag{2.2.4}$$

若 $h(n)$ 对应的是因果系统，即 $n<0$ 时 $h(n)\equiv 0$，那么式(2.2.2)可改为

$$y(n)=\sum_{k=0}^{\infty}h(k)x(n-k) \tag{2.2.5}$$

其输出 $y(n)$ 也是因果信号。若 $x(n)$ 是一个 $N$ 点的序列，$h(n)$ 是一个 $M$ 点的序列，那么卷积的结果 $y(n)$ 将是 $L=N+M-1$ 点的序列。这时，式(2.2.5)可写成如下矩阵形式：

$$\begin{bmatrix} y(0) \\ y(1) \\ \vdots \\ y(M-1) \\ \vdots \\ y(N-1) \\ \vdots \\ y(L-1) \end{bmatrix} = \begin{bmatrix} x(0) & & \\ x(1) & x(0) & \mathbf{0} \\ \vdots & & \ddots \\ x(M-1) & \cdots & x(0) \\ \vdots & \ddots & \vdots \\ x(N-1) & \cdots & x(N-M) \\ & \ddots & \vdots \\ & \mathbf{0} & \\ & & x(N-1) \end{bmatrix} \begin{bmatrix} h(0) \\ h(1) \\ \vdots \\ h(M-1) \end{bmatrix} \tag{2.2.6a}$$

或

$$\boldsymbol{y}=\boldsymbol{X}\boldsymbol{h} \tag{2.2.6b}$$

这一矩阵形式有利于我们理解卷积公式的数学含义。

**例 2.2.1**　令 $h(n)=\{h(0),h(1)\}=\{1,1\}$，　$x(n)=\{x(0),\cdots,x(3)\}=\{1,2,3,4\}$，试求 $x(n)$ 和 $h(n)$ 的线性卷积。

**步骤 1**　将 $x(n)$，$h(n)$ 的时间 $n$ 都换成 $k$，如图 2.2.1(a)、(b)所示。

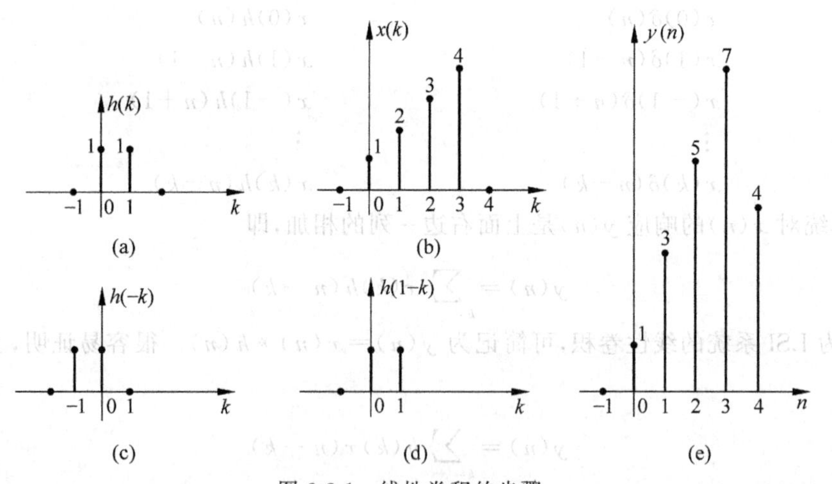


图 2.2.1　线性卷积的步骤

**步骤 2**　将 $h(k)$ 翻转得 $h(-k)$(当然也可将 $x(k)$ 翻转),如图 2.2.1(c)所示。

**步骤 3**　$n=0$ 时,将 $x(k)$ 和 $h(-k)$ 对应相乘,$k=-\infty\sim+\infty$,但实际上只有 $k=0$ 时二者才有重合部分,因此 $y(0)=x(0)h(0)=1\times1=1$。

**步骤 4**　将 $h(-k)$ 右移一个抽样点,即令 $n=1$,得 $h(1-k)$,如图 2.2.1(d)所示。将 $x(k)$ 和 $h(1-k)$ 的对应相乘,得

$$y(1)=x(0)h(1)+x(1)h(0)=3$$

**步骤 5**　不断移动 $h(-k)$,可得到不同的 $h(n-k)$,重复上述对应相乘再相加的过程,得

$$y(2)=x(1)h(1)+x(2)h(0)=5$$
$$y(3)=x(2)h(1)+x(3)h(0)=7$$
$$y(4)=x(3)h(1)=4$$

当 $n>5$ 时,$y(n)\equiv0$。由于 $h(n)$ 是 2 点序列,$x(n)$ 是 4 点序列,所以 $y(n)$ 是 5 点序列,如图 2.2.1(e)所示。

**例 2.2.2**　令 $x(n)=b^n u(n)$,$h(n)=a^n u(n)$,求系统的输出 $y(n)$。

直接由定义得

$$y(n)=\sum_{k=-\infty}^{\infty}x(k)h(n-k)=\sum_{k=0}^{n}b^k a^{n-k}=a^n\sum_{k=0}^{n}(ba^{-1})^k$$

式中第一个求和号 $k$ 的取值范围是泛值,而后面的取值范围是具体值。由几何级数的求和公式,有

$$y(n)=a^n\frac{1-(ba^{-1})^{n+1}}{1-(ba^{-1})}=\begin{cases}(a^{n+1}-b^{n+1})/(a-b), & n\geqslant0,a\neq b\\(n+1)a^n, & n\geqslant0,a=b\\0, & n<0\end{cases}$$

线性卷积是数字信号处理中最重要的运算之一,MATLAB 的 conv.m 文件可用来实现两个序列的线性卷积,conv.m 的使用方法见 2.12 节。利用上述卷积关系,可以导出判断系统是否稳定的法则。

**系统稳定性判据 1**　一个 LSI 系统是稳定的充要条件是

$$S=\sum_{n=-\infty}^{\infty}|h(n)|<\infty \tag{2.2.7}$$

**证明**　先证充分性。

对式(2.2.2)两边取绝对值,并由“和的绝对值小于或等于绝对值的和”的数学原理,有

$$|y(n)|\leqslant\sum_{k=-\infty}^{\infty}|x(k)h(n-k)|$$

设 $x(n)$ 是有界的,即对所有的 $n$,存在一非无穷大数 $R$,使 $|x(n)|\leqslant R$,那么,上式必为

$$|y(n)|\leqslant R\sum_{n=-\infty}^{\infty}|h(n)|$$

因为式(2.2.7)成立,所以$|y(n)|\leqslant RS$,即$y(n)$是有界的,故充分性得证。

再证必要性。此时假定系统是稳定的,为了证明必要性,可令$x(n)$为如下有界序列:

$$x(n)=\begin{cases}h(-n)/|h(-n)|, & \text{对 } |h(-n)|\neq 0 \text{ 的所有的 } n\\0, & n \text{ 为其他值}\end{cases}$$

于是

$$y(0)=\sum_{k=-\infty}^{\infty}h(k)x(-k)=\sum_{k=-\infty}^{\infty}h^2(k)/|h(k)|=\sum_{k=-\infty}^{\infty}|h(k)|$$

为使$y(0)$有界,则必须有

$$S=\sum_{n=-\infty}^{\infty}|h(n)|<\infty$$

于是必要性得证。

由于FIR系统的单位抽样响应$h(n)$为有限长,所以这一类系统是稳定的。IIR系统的$h(n)$为无限长,可能是稳定的,也可能是不稳定的。对于例2.1.1的一阶自回归系统,其$h(n)=a^n u(n)$,若$|a|<1$,由于$\sum_{n=0}^{\infty}a^n=(1-a)^{-1}<\infty$,所以该系统是稳定的。当$|a|\geqslant 1$时,系统是不稳定的。

现在,利用线性卷积关系证明:一个LSI系统是因果系统的充要条件是

$$h(n)\equiv 0,\quad n<0 \tag{2.2.8}$$

**证明**:由式(2.2.3),考虑当前时刻为$n_0$,那么,在该时刻的输出

$$\begin{aligned}y(n_0)&=\sum_{k=-\infty}^{\infty}h(k)x(n_0-k)=\sum_{k=-\infty}^{-1}h(k)x(n_0-k)+\sum_{k=0}^{\infty}h(k)x(n_0-k)\\&=[h(-1)x(n_0+1)+h(-2)x(n_0+2)+\cdots]+\\&\quad[h(0)x(n_0)+h(1)x(n_0-1)+h(2)x(n_0-2)+\cdots]\end{aligned}$$

上式第二个中括号内用到的是$x(n)$在当前时刻$(n_0)$及过去时刻的值,而第一个中括号内使用的是$x(n)$在$n_0$以后的值,即将来的值。显然,为保证系统是因果的,$h(-1),h(-2),\cdots,h(-\infty)$必须全为零。

在本节的最后,讨论线性卷积和相关函数的关系。

比较式(1.7.4)关于互相关函数的定义和式(2.2.2)关于线性卷积的定义,发现它们有某些相似之处。令$g(n)$是$x(n)$和$y(n)$的线性卷积,即

$$g(n)=\sum_{m=-\infty}^{\infty}x(n-m)y(m)$$

为了与式(1.7.4)的互相关函数相比较,现将上式中的$m$和$n$相对换,得

$$g(m)=\sum_{n=-\infty}^{\infty}x(m-n)y(n)=x(m)*y(m)$$

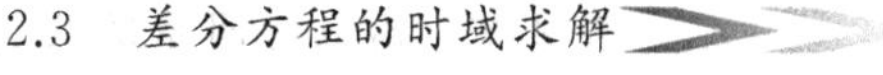

而 $x(n)$ 和 $y(n)$ 的互相关

$$r_{xy}(m)=\sum_{n=-\infty}^{\infty}x(n)y(n+m)=\sum_{n=-\infty}^{\infty}x(n-m)y(n)$$

$$=\sum_{n=-\infty}^{\infty}x[-(m-n)]y(n)$$

比较上面两式,可得相关和卷积的时域关系为

$$r_{xy}(m)=x(-m)*y(m) \tag{2.2.9a}$$

同理,对自相关函数,有

$$r_{x}(m)=x(-m)*x(m) \tag{2.2.9b}$$

前面已提到,计算 $x(n)$ 和 $y(n)$ 的互相关时,两个序列都不翻转,只是将 $y(n)$ 在时间轴上移动后与 $x(n)$ 对应相乘再相加。计算二者的卷积时,需要先将一个序列翻转后再移动,为了要用卷积表示相关,那么就需要将其中一个序列预先翻转一次,做卷积时再翻转一次。两次翻转等于没有翻转,这就是式(2.2.9)中 $x(n)$ 为 $x(-n)$ 的原因。

尽管相关和卷积在计算形式上有相似之处,但二者所表示的物理意义是截然不同的。线性卷积表示了 LSI 系统输入、输出和单位抽样响应之间的基本关系,而相关只是反映了两个信号之间的相关性,与系统无关。

在实际工作中,信号 $x(n)$ 总是有限长,如 $0\sim N-1$,用式(1.7.7)计算 $x(n)$ 的自相关时,对于不同的 $m$ 值,对应相乘与求和的数据长度是不相同的,即

$$r_{x}(m)=\frac{1}{N}\sum_{n=0}^{N-1-m}x_{N}(n)x_{N}(n+m) \tag{2.2.10}$$

$m$ 的范围是 $-(N-1)\sim(N-1)$,上式仅计算从 $0\sim(N-1)$ 部分,显然 $m$ 越大,使用的信号的有效长度越短,计算出的 $r_{x}(m)$ 的性能越差,因此,一般取 $m\ll N$。不管 $x(n)$ 是能量信号还是功率信号,一般都要除以数据的长度 $N$。

## 2.3 差分方程的时域求解

对式(2.2.1)所描述的离散时间系统,求解差分方程的任务是:在给定系统的输入 $x(n)$ 和一组初始条件后,求系统的输出 $y(n)$,当然,我们希望的是 $y(n)$ 的闭合表达式,并且限定 $x(n)$ 和 $y(n)$ 都是因果序列。求解差分方程的方法有两种,一是直接法,二是间接法。直接法是在时域求解,间接法是利用 $Z$ 变换求解。本节先用一个简单的例子说明直接法的基本概念,然后用较多的例子介绍直接法。用 $Z$ 变换求解的间接法留待 2.9 节讨论。

式(2.1.1)的一阶自回归差分方程又称递归方程，假定在 $n=0$ 时施加输入，并假定 $y(-1)\neq 0$，显然

$$\begin{cases} y(0)=ay(-1)+x(0) \\ y(1)=ay(0)+x(1)=a^2y(-1)+ax(0)+x(1) \\ y(2)=ay(1)+x(2)=a^3y(-1)+a^2x(0)+ax(1)+x(2) \\ \vdots \\ y(n)=ay(n-1)+x(n)=a^{n+1}y(-1)+a^nx(0)+a^{n-1}x(1)+\cdots+ax(n-1)+x(n) \end{cases} \tag{2.3.1a}$$

即

$$y(n)=a^{n+1}y(-1)+\sum_{k=0}^{n}a^kx(n-k),\quad n\geqslant 0 \tag{2.3.1b}$$

这样，系统的响应包含两部分，一部分是由初始条件 $y(-1)$产生的，另一部分是由输入信号 $x(n)$产生的。如果初始条件 $y(-1)=0$，那么，我们说系统处于"零状态(zero-state)"，这时的响应仅由输入产生，称其为零状态响应，记为 $y_{zs}(n)$。初始条件为零的系统又称为"松弛(relaxed)"系统。这时，式(2.3.1b)变成

$$y(n)=y_{zs}(n)=\sum_{k=0}^{n}a^kx(n-k),\quad n\geqslant 0 \tag{2.3.1c}$$

如果 $x(n)=\delta(n)$，则 $h(n)=a^nu(n)$，这就是例 2.1.3 的结果。

如果初始条件不为零而输入为零，那么，这时系统的响应仅由初始条件产生，我们称其为零输入响应，记为 $y_{zi}(n)$。这时，式(2.3.1b)变成

$$y(n)=y_{zi}(n)=a^{n+1}y(-1),\quad n\geqslant 0 \tag{2.3.1d}$$

若初始条件和输入都不为零，系统的响应当然就是零输入和零状态响应的叠加，即

$$y(n)=y_{zs}(n)+y_{zi}(n),\quad n\geqslant 0 \tag{2.3.2}$$

由式(2.3.1d)可以看出，零输入响应取决于系统本身的特点及系统的初始条件，所以 $y_{zi}(n)$又称为"自由响应"或"自然响应"；由式(2.3.1c)可以看出，零状态响应既取决于系统本身的特点，又取决于系统的输入，因此 $y_{zs}(n)$又称为"强迫响应(forced response)"。

式(2.1.1)是最简单的一阶递归系统，更一般的递归系统是

$$y(n)=-\sum_{k=1}^{N}a(k)y(n-k)+\sum_{r=0}^{M}b(r)x(n-r) \tag{2.3.3}$$

即式(2.2.1)。如果输入 $x(n)=0$，则式(2.3.3)变成

$$y(n)+\sum_{k=1}^{N}a(k)y(n-k)=0 \tag{2.3.4}$$

这是式(2.3.3)的齐次(homogeneous)式，它的解完全由系统的初始条件 $y(n-1),\cdots,y(n-N)$及系统自身的特点所决定，称为齐次解，记为 $y_h(n)$。

在初始条件为零的情况下，由输入和系统自身特点所决定的解称为特解(particular solution)，记为 $y_p(n)$。这样，

$$y(n)=y_h(n)+y_p(n),\quad n\geqslant 0 \tag{2.3.5}$$

比较式(2.3.5)和式(2.3.2)，读者可能会想到，$y_h(n)$是不是就是 $y_{zi}(n)$？$y_p(n)$是不是就是 $y_{zs}(n)$？应该说，它们有着密切的联系，但并不完全相同。后面，我们将通过例子加以说明。

对式(2.3.4)，假定满足该齐次式的解具有如下指数的形式：

$$y_h(n)=\lambda^n \tag{2.3.6}$$

将其代入式(2.3.4)，有

$$\sum_{k=0}^{N}a(k)\lambda^{n-k}=0,\quad a(0)=1 \tag{2.3.7}$$

将其展开，有

$$\lambda^{n-N}[\lambda^N+a(1)\lambda^{N-1}+a(2)\lambda^{N-2}+\cdots+a(N-1)\lambda+a(N)]=0$$

式中，中括号中的内容称为特征多项式，它有 $N$ 个根，记为 $\lambda_1,\lambda_2,\cdots,\lambda_N$。这 $N$ 个根一般都是实根，如有复根，它应是共轭出现。现假定这 $N$ 个根互不相同，那么，齐次解

$$y_h(n)=\alpha_1\lambda_1^n+\alpha_2\lambda_2^n+\cdots+\alpha_N\lambda_N^n \tag{2.3.8}$$

式中，$\alpha_1,\alpha_2,\cdots,\alpha_N$ 是待求系数，一旦它们被求出，则 $y_h(n)$可求。

如果特征多项式有重根，例如，若 $\lambda_1$ 有 $L$ 阶重根，那么，式(2.3.8)变成

$$y_h(n)=\alpha_1\lambda_1^n+\alpha_2 n\lambda_1^n+\alpha_3 n^2\lambda_1^n+\cdots+\alpha_L n^{L-1}\lambda_1^n+\alpha_{L+1}\lambda_2^n+\cdots+\alpha_N\lambda_{N-L}^n \tag{2.3.9}$$

特解可选取和 $x(n)$具有相同的形式，即 $y_p(n)=\beta x(n)$，此处 $\beta$ 是待求常数。在 $x(n)$取不同形式的情况下，特解的选择如表 2.3.1 所示。

**表 2.3.1　特解的选择**

| $x(n)$ | $y_p(n)$ |
|---|---|
| $Au(n)$ | $Bu(n)$ |
| $Ac^n,c\neq\alpha_i(i=1,2,\cdots)$ | $Bc^n$ |
| $Ac^n,c=\alpha_i$ | $[B_0+B_1n]c^n$ |
| $A\cos(\omega_0 n+\varphi)$ | $B\cos(\omega_0 n+\varphi)$ |

下面用例子说明上述求解思路。

**例 2.3.1**　给定系统

$$y(n)+ay(n-1)=x(n) \tag{1A}$$

已知 $x(n)=u(n)$及初始条件 $y(-1)$，分别求系统的齐次解、特解、零输入解、零状态解及总的解。

**解**：首先求系统的齐次解 $y_h(n)$。令 $x(n)=0$ 及 $y(n)=\lambda^n$，并代入式(1A)，有

$$\lambda^n+a\lambda^{n-1}=0,\quad \lambda^{n-1}(\lambda+a)=0,\quad \lambda=-a$$

所以,齐次解

$$y_h(n)=\alpha\,(-a)^n \tag{1B}$$

式中,$\alpha$是待定系数。

式(1A)的特解$y_p(n)$应和$x(n)$具有相同的形式,取$y_p(n)=\beta u(n)$,代入式(1A),有

$$\beta u(n)+a\beta u(n)=u(n)$$

所以,$\beta=\dfrac{1}{1+a}$,于是,$y_p(n)=\beta u(n)=\dfrac{1}{1+a}u(n)$,这样,系统总的响应为

$$y(n)=y_h(n)+y_p(n)=\alpha(-a)^n+\frac{1}{1+a},\quad n\geqslant 0 \tag{1C}$$

现在的任务是求出系数$\alpha$。注意式(1A)既包含了由初始条件产生的解,也包含了由输入产生的解,因此,在求系数$\alpha$时,应把二者都考虑进去。由式(1A),有

$$y(0)+ay(-1)=1,\quad y(0)=1-ay(-1)$$

由式(1C),$y(0)=\alpha+\dfrac{1}{1+a}$,于是,$1-ay(-1)=\alpha+\dfrac{1}{1+a}$,求出

$$\alpha=-ay(-1)+\frac{a}{1+a} \tag{1D}$$

代入式(1B),有

$$y_h(n)=\alpha\,(-a)^n=(-a)^{n+1}y(-1)+\frac{-(-a)^{n+1}}{1+a} \tag{1E}$$

最后

$$y(n)=y_h(n)+y_p(n)=(-a)^{n+1}y(-1)+\frac{1-(-a)^{n+1}}{1+a},\quad n\geqslant 0 \tag{1F}$$

现在讨论如何得到零输入解和零状态解。式(1B)的$y_h(n)=\alpha\,(-a)^n$是在输入为零的情况下得出的,它也应该是零输入解$y_{zi}(n)$,即

$$y_{zi}(n)=y_h(n)=\alpha\,(-a)^n \tag{1G}$$

注意,式中的$y_h(n)$不是式(1E)中的$y_h(n)$。为得到$y_{zi}(n)$,需求出系数$\alpha$。

由式(1A),考虑到这时输入为零,因此,$y(0)+ay(-1)=0$,$y(0)=-ay(-1)$,再由$y_h(n)=\alpha\,(-a)^n$,有$y_h(0)=\alpha=y(0)$,所以,$\alpha=-ay(-1)$,将其代入式(1G),有

$$y_{zi}(n)=(-a)^{n+1}y(-1) \tag{1H}$$

至此,我们发现,在求$y_{zi}(n)$和式(1E)的齐次解$y_h(n)$时都用到了式(1B)的齐次解形式,差别就在于求式(1B)系数$\alpha$的不同。求$y_{zi}(n)$时,令输入为零;而求式(1E)的$y_h(n)$时,输入不为零。

为求零状态解，由式(1A)，$y(0)=1$，由式(1C)，$\alpha+\frac{1}{1+a}=y(0)=1,n\geqslant 0$，于是求出

$$\alpha=\frac{a}{1+a}$$

代入式(1C)，得零状态解

$$y_{zs}(n)=\frac{-(-a)}{1+a}(-a)^n+\frac{1}{1+a}=\frac{1-(-a)^{n+1}}{1+a},\quad n\geqslant 0 \tag{1I}$$

将式(1H)和式(1I)相加，得到系统总的解，即 $y(n)$，它就是式(1F)。显然，式(1F)的第一项是零输入解，第二项是零状态解。注意到系统的零状态解并不等于特解 $y_p(n)$，但

$$\lim_{n\to\infty}y_{zs}(n)=\frac{1}{1+a}=y_p(n),\quad n\geqslant 0 \tag{2.3.10}$$

显然，在 $n\to\infty$ 时，系统的解并不消失，只要输入存在，解就存在。因此，这时的解又称为系统的稳态解。

**例 2.3.2** 给定系统

$$y(n)-0.7y(n-1)+0.1y(n-2)=x(n) \tag{2A}$$

具有初始条件 $y(-1)=1,y(-2)=-1$，令输入 $x(n)=2u(n)$，求 $n\geqslant 0$ 时系统的输出。

**解**：首先，求系统的齐次解 $y_h(n)$。令 $x(n)=0$ 及 $y(n)=\lambda^n$，并代入式(2A)，有

$$\lambda^n-0.7\lambda^{n-1}+0.1\lambda^{n-2}=\lambda^{n-2}(\lambda^2-0.7\lambda+0.1)=0$$

求解括号中的特征多项式得两个根，即 $\lambda_1=0.2,\lambda_2=0.5$，这样式(2A)的齐次解有如下形式：

$$y_h(n)=\alpha_1\lambda_1^n+\alpha_2\lambda_2^n=\alpha_1(0.2)^n+\alpha_2(0.5)^n \tag{2B}$$

式中，$\alpha_1$、$\alpha_2$ 是待定的系数。

式(2A)的特解 $y_p(n)$ 应和 $x(n)$ 具有相同的形式，取 $y_p(n)=\beta u(n)$，代入式(2A)，有

$$\beta-0.7\beta+0.1\beta=2u(n),\quad 即\quad 0.4\beta=2u(n)$$

对 $n\geqslant 0$，有 $\beta=5$，于是 $y_p(n)=5u(n)$。再由式(2B)，可得到系统的总的解

$$y(n)=y_h(n)+y_p(n)=\alpha_1(0.2)^n+\alpha_2(0.5)^n+5,\quad n\geqslant 0 \tag{2C}$$

现在的任务是利用初始条件求出系数 $\alpha_1,\alpha_2$。由式(2C)，有

$$y(-2)=\alpha_1(0.2)^{-2}+\alpha_2(0.5)^{-2}+5=-1$$

$$y(-1)=\alpha_1(0.2)^{-1}+\alpha_2(0.5)^{-1}+5=1$$

可求出 $\alpha_1=2/15,\alpha_2=-7/3$。当然，两种方法求出的 $\alpha_1$、$\alpha_2$ 的值相同。这样，

$$y_h(n)=\frac{2}{15}\times(0.2)^n-\frac{7}{3}\times(0.5)^n,\quad n\geqslant 0$$

系统总的响应

$$y(n)=\frac{2}{15}\times(0.2)^n-\frac{7}{3}\times(0.5)^n+5,\quad n\geqslant 0 \tag{2D}$$

为求零输入解 $y_{zi}(n)$，将初始条件代入式(2A)，注意到输入为零，有

$$y(0)-0.7y(-1)+0.1y(-2)=y(0)-0.7-0.1=0,\quad y(0)=0.8$$

$$y(1)-0.7y(0)+0.1y(-1)=y(1)-0.7\times 0.8+0.1=0,\quad y(1)=0.46$$

将上述结果代入式(2B)，有

$$y(0)=\alpha_1+\alpha_2=0.8,\quad y(1)=0.2\alpha_1+0.5\alpha_2=0.46$$

解得 $\alpha_1=-0.2,\alpha_2=1$，所以

$$y_{zi}(n)=-0.2\times 0.2^n+0.5^n \tag{2E}$$

为求零状态解 $y_{zs}(n)$，将输入和零状态代入式(2A)，有

$$y(0)=x(0)=2,\quad y(1)-0.7y(0)=2,\quad y(1)=3.4$$

再将这一结果代入式(2C)，

$$y(0)=\alpha_1+\alpha_2+5=2,\quad y(1)=0.2\alpha_1+0.5\alpha_2+5=3.4$$

求出 $\alpha_1=1/3,\alpha_2=-10/3$，再代入式(2C)，有

$$y_{zs}(n)=\frac{1}{3}\times 0.2^n-\frac{10}{3}\times 0.5^n+5,\quad n\geqslant 0 \tag{2F}$$

系统总的响应 $y(n)=y_{zi}(n)+y_{zs}(n)$ 和式(2D)的结果是一样的。再一次看到，在求齐次解和特解时得到的 $\alpha_1$ 和 $\alpha_2$ 分别等于求 $y_{zi}(n)$ 和 $y_{zs}(n)$ 时 $\alpha_1$ 与 $\alpha_2$ 的和。

**例 2.3.3**　系统

$$y(n)-y(n-1)-12y(n-2)=x(n)+2x(n-1) \tag{3A}$$

有初始条件 $y(-1)=7,y(-2)=0$，输入 $x(n)=4^n u(n)$，求系统的解。

**解**：首先求齐次解 $y_h(n)$。令 $y(n)=\lambda^n$，代入式(3A)，特征多项式 $\lambda^2-\lambda-12=0$ 有两个根，即 $\lambda_1=-3,\lambda_2=4$，这样，再令 $x(n)=0$，则式(3A)的齐次解有如下形式：

$$y_h(n)=\alpha_1\lambda_1^n+\alpha_2\lambda_2^n=\alpha_1(-3)^n+\alpha_2 4^n \tag{3B}$$

由式(3A)，在输入为零的情况下，有

$$y(0)=y(-1)+12y(-2)=7$$

$$y(1)=y(0)+12y(-1)=7+84=91$$

由式(3B)，有 $y_h(0)=\alpha_1+\alpha_2=y(0)=7,y_h(1)=\alpha_1(-3)^1+\alpha_2 4^1=y(1)=91$，解得

$$\alpha_1=-\frac{63}{7},\quad \alpha_2=\frac{112}{7}$$

于是系统的齐次解是

$$y_h(n)=-\frac{63}{7}\times(-3)^n+\frac{112}{7}\times 4^n,\quad n\geqslant 0 \tag{3C}$$

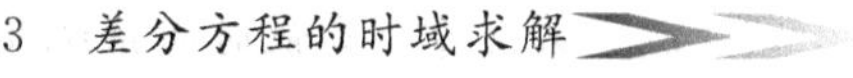

注意，这时求出的齐次解没有考虑输入的存在，因此，它也是零输入解 $y_{zi}(n)$。

现在求系统的特解。前面说到特解应和输入有相同的形式，即取 $y_p(n)=\beta 4^n u(n)$，但是在齐次解中已包含了一个 $4^n$ 的项，因此 $y_p(n)=\beta 4^n u(n)$是冗余的解。应该如式(2.3.9)对待 $\lambda_i$ 有重根的情况下来重新定义特解，因此，取 $y_p(n)=n\beta 4^n u(n)$，并将其代入式(3A)，有

$$n\beta 4^n u(n)-(n-1)\beta 4^{n-1}u(n-1)-12(n-2)\beta 4^{n-2}u(n-2)$$
$$=4^n u(n)+2\times 4^{n-1}u(n-1) \tag{3D}$$

选择 $n\geqslant 2$ 时，式中的阶跃函数都有效，由于式中只有一个待定系数 $\beta$，所以取 $n=2$，有

$$32\beta-4\beta=16+8=24,\quad \beta=6/7$$

所以，特解

$$y_p(n)=\frac{6}{7}\times n\times 4^n u(n) \tag{3E}$$

注意，将式(3C)的 $y_h(n)$和式(3E)的 $y_p(n)$相加并不等于系统总的解，这是因为式(3C)是在没有考虑输入的情况下得到 $y_h(n)$的。为此，我们需要求出系统的零状态解。将该特解和式(3B)相加，有

$$y(n)=\alpha_1\lambda_1^n+\alpha_2\lambda_2^n+\frac{6}{7}\times n\times 4^n u(n)$$
$$=\alpha_1(-3)^n+\alpha_2 4^n+\frac{6}{7}\times n\times 4^n,\quad n\geqslant 0 \tag{3F}$$

在初始条件为零的情况下，由式(3A)，有

$$y(0)=y(-1)+12y(-2)+x(0)+2x(-1)=x(0)+2x(-1)=1$$
$$y(1)=y(0)+12y(-1)+x(1)+2x(0)=y(0)+x(1)+2x(0)=1+4+2=7$$

由式(3F)，有

$$y(0)=\alpha_1+\alpha_2=1,\quad y(1)=-3\alpha_1+4\alpha_2+24/7=7$$

解得 $\alpha_1=3/49$，$\alpha_2=46/49$，代入式(3F)，求出的 $y(n)$是系统的零状态解

$$y_{zs}(n)=\frac{3}{49}(-3)^n+\frac{46}{49}\times 4^n+\frac{6}{7}\times n\times 4^n,\quad n\geqslant 0 \tag{3G}$$

将式(3D)的零输入解和式(3G)相加，得系统总的解

$$y(n)=y_{zi}(n)+y_{zs}(n)=-\frac{438}{49}(-3)^n+\frac{830}{49}\times 4^n+\frac{6}{7}\times n\times 4^n,\quad n\geqslant 0$$

因为该式的第 3 项是特解，所以该式的前两项应是系统的齐次解，即

$$y_h(n)=-\frac{438}{49}(-3)^n+\frac{830}{49}\times 4^n,\quad n\geqslant 0 \tag{3H}$$

它是在输入和状态都考虑的情况下求出的，即由式(3A)，有

$$y(0)=y(-1)+12y(-2)+x(0)+2x(-1)=8$$

$$y(1)=y(0)+12y(-1)+x(1)+2x(0)=8+84+4+2=98$$

由式(3F),有

$$y(0)=\alpha_1+\alpha_2=8,\quad y(1)=-3\alpha_1+4\alpha_2+24/7=98$$

解得 $\alpha_1=-438/49$,$\alpha_2=830/49$,代入式(3B)即得式(3H)。当然

$$y(n)=y_{zi}(n)+y_{zs}(n)=y_h(n)+y_p(n)$$

现结合本例总结差分方程时域求解的步骤。

在本例及前面两个例子中,我们都求了零输入解、零状态解、齐次解和特解,当然,在实际工作中无须如此,只要求出一组即可,即要么求零输入解和零状态解,要么求齐次解和特解。但是,不管求哪一组,都有步骤(1)。

(1) 令 $y(n)=\lambda^n$ 并代入原差分方程,得到特征多项式,求出根 $\lambda_i$,得到类似式(3B)的 $y_h(n)$表达式,内有待定系数 $\alpha_i$;

如果是求零输入解+零状态解,则

(2) 令输入为零,由原差分方程和式(3B),第 1 次求出 $\alpha_i$,得到齐次解,但它实际上是零输入解 $y_{zi}(n)$;

(3) 根据输入信号的类型,选定特解的形式,并求出特解 $y_p(n)$;

(4) 求零状态解。将内有待定系数 $\alpha_i$ 的式(3B)和 $y_p(n)$相加,得式(3F)。在状态为零的情况下,由原差分方程和式(3F),第 2 次得到系数 $\alpha_i$,从而求出 $y_{zs}(n)$;

(5) 由 $y(n)=y_{zi}(n)+y_{zs}(n)$得到系统总的解。

如果是求齐次解+特解,则

(4′) 得到式(3F)后,在输入、状态都不为零的情况下,第 3 次得到系数 $\alpha_i$,从而求出 $y_h(n)$;

(5′) 由 $y(n)=y_h(n)+y_p(n)$得到系统总的解。

可以看到,为求两组解,先后求出了三次系数 $\alpha_i$,显然,前两次求出的相加等于第 3 次,即

$$-\frac{63}{7}+\frac{3}{49}=-\frac{438}{49},\quad \frac{112}{7}+\frac{46}{49}=\frac{830}{49}$$

在本节的最后,我们说明初始条件对系统线性的影响。

式(2.2.1)所描述的离散时间系统 $y(n)=ay(n-1)+x(n)$,如果初始条件 $y(-1)\neq 0$,其解的表达式已由式(2.3.1b)给出,即

$$y(n)=a^{n+1}y(-1)+\sum_{k=0}^{n}a^k x(n-k),\quad n\geqslant 0$$

解的第一项是由初始条件产生的,第二项是由输入产生的,因此

$$y_1(n)=T[\alpha x_1(n)]=a^{n+1}y(-1)+\alpha\sum_{k=0}^{n}a^k x_1(n-k)$$

$$y_2(n)=T[\beta x_2(n)]=a^{n+1}y(-1)+\beta\sum_{k=0}^{n}a^k x_2(n-k)$$

$$T[\alpha x_1(n)+\beta x_2(n)]=2a^{n+1}y(-1)+\alpha\sum_{k=0}^{n}a^k x_1(n-k)+\beta\sum_{k=0}^{n}a^k x_2(n-k)$$

而

$$\alpha y_1(n)+\beta y_2(n)=(\alpha+\beta)a^{n+1}y(-1)+\alpha\sum_{k=0}^{n}a^k x_1(n-k)+\beta\sum_{k=0}^{n}a^k x_2(n-k)$$

因此

$$\alpha y_1(n)+\beta y_2(n)\neq T[\alpha x_1(n)+\beta x_2(n)]$$

这一结果说明,本来是线性的系统,由于初始条件的存在而变成了非线性。这样,为保证式(2.2.1)是 LSI 系统,还应加一个条件,即系统的初始条件应为零。

## 2.4 单位抽样响应的时域求解

单位抽样响应定义为系统在零状态下对输入为 $\delta(n)$时的响应,即 $h(n)=y(n)$。由式(2.3.3),若 $a(1),a(2),\cdots,a(N)$全为零。则系统 $y(n)=\sum_{r=0}^{M}b(r)x(n-r)$ 是一个 FIR 系统,其单位抽样响应的求出非常容易,即

$$h(n)=\{b(0),b(1),\cdots,b(M)\}$$

若 $a(1),a(2),\cdots,a(N)$中有一个不为零,那么系统就是 IIR 系统,又称为递归系统。这时 $h(n)$的时域求解和 2.3 节零状态解的求解非常类似。下面用例子予以说明。

**例 2.4.1** 求例 2.3.2 所给系统 $y(n)-0.7y(n-1)+0.1y(n-2)=x(n)$的单位抽样响应。

**解**:在例 2.3.2 中已求出系统的齐次解

$$y_h(n)=\alpha_1\lambda_1^n+\alpha_2\lambda_2^n=\alpha_1(0.2)^n+\alpha_2(0.5)^n \tag{2.4.1}$$

为求 $h(n)$,要求 $x(n)=\delta(n)$,因为在 $n>0$ 时,$x(n)\equiv 0$,所以特解 $y_p(n)=0$。又因为要求初始条件全为零,所以,由式(2A),有 $y(0)=1,y(1)=0.7$。再由式(2.4.1),有

$$\alpha_1+\alpha_2=1,\quad 0.2\alpha_1+0.5\alpha_2=0.7$$

解得 $\alpha_1=-\frac{2}{3},\alpha_2=\frac{5}{3}$,所以,系统的单位抽样响应

$$h(n)=-\frac{2}{3}(0.2)^n+\frac{5}{3}(0.5)^n,\quad n\geqslant 0 \tag{2.4.2}$$

**例 2.4.2** 求例 2.3.2 所给系统 $y(n)-y(n-1)-12y(n-2)=x(n)+2x(n-1)$的

$h(n)$。

**解**：式(3B)已给出了该系统的齐次解

$$y_h(n)=\alpha_1\lambda_1^n+\alpha_2\lambda_2^n=\alpha_1(-3)^n+\alpha_2 4^n \tag{2.4.3}$$

同样，初始条件和特解都等于零，由式(3A)，$y(0)=1$，$y(1)=3$，再由式(2.4.3)，可求出 $\alpha_1=\dfrac{1}{7}$，$\alpha_2=\dfrac{6}{7}$，所以，系统的单位抽样响应为

$$h(n)=\frac{1}{7}(-3)^n+\frac{6}{7}\times 4^n \tag{2.4.4}$$

## 2.5　Z 变换的定义

在信号处理领域，"变换"是一个重要的工具，它不但给我们新的眼光来观察、认识信号和系统，而且给我们提供了更为强大的工具对信号进行分析和处理，对系统进行分析和综合。对连续时间信号与系统，主要的变换技术是傅里叶变换和拉普拉斯变换；对于离散时间信号与系统，主要的变换技术是离散傅里叶变换和 Z 变换。从本节开始，我们用 4 节的篇幅来讨论 Z 变换的基本概念。至于它在离散时间系统分析方面的应用留待第 4 章讨论，在系统综合(滤波器设计)方面的应用留待第 6、7 章讨论。

从本章开始至全书，时域信号都用小写表示，如 $x(t)$、$x(n)$、$y(n)$、$h(n)$等，变换域信号都用大写表示，如 $X(\mathrm{j}\Omega)$、$X(\mathrm{e}^{\mathrm{j}\omega})$、$H(s)$、$H(z)$等。

Z 变换的定义可以从两方面引出，一是直接对离散信号给出定义，二是由抽样信号的拉普拉斯变换过渡到 Z 变换。

给定一个离散信号 $x(n)$，$n=-\infty\sim+\infty$，可直接给出 $x(n)$的 Z 变换的定义

$$X(z)=\sum_{n=-\infty}^{\infty}x(n)z^{-n} \tag{2.5.1}$$

式中，$z$ 为一复变量。由于 $x(n)$的存在范围是 $-\infty\sim+\infty$，所以上式定义的 Z 变换称为双边 Z 变换。如果 $x(n)$的存在范围是 $0\sim+\infty$，那么上式应变成单边 Z 变换，即

$$X(z)=\sum_{n=0}^{\infty}x(n)z^{-n} \tag{2.5.2}$$

2.2 节已指出，因果性信号及因果系统的抽样响应 $h(n)$在 $n<0$ 时恒为零，因此实际的物理信号对应的都是单边 Z 变换。

现在，我们再由拉普拉斯变换过渡到 Z 变换。

由式(1.3.5)，令 $x_s(nT_s)$是由连续信号 $x(t)$经抽样得到的，即

$$x_s(nT_s)=x(t)\sum_{n=-\infty}^{\infty}\delta(t-nT_s)=\sum_{n}x(nT_s)\delta(t-nT_s) \tag{2.5.3}$$

现对 $x_s(nT_s)$取拉普拉斯变换,得

$$\begin{aligned}X(s)&=\int_{-\infty}^{\infty}x_s(nT_s)\mathrm{e}^{-st}\mathrm{d}t\\&=\int_{-\infty}^{\infty}\left[\sum_{n}x(nT_s)\delta(t-nT_s)\right]\mathrm{e}^{-st}\mathrm{d}t\\&=\sum_{n}x(nT_s)\int_{-\infty}^{\infty}\delta(t-nT_s)\mathrm{e}^{-st}\mathrm{d}t=\sum_{n=-\infty}^{\infty}x(nT_s)\mathrm{e}^{-snT_s}\\&=X(\mathrm{e}^{sT_s})\end{aligned} \tag{2.5.4}$$

令

$$z=\mathrm{e}^{sT_s} \tag{2.5.5}$$

这样,$x_s(nT_s)$的拉普拉斯变换式就可以变成另一复变量 $z$ 的变换式,再次将 $T_s$ 归一化为1,即将 $x(nT_s)$简记为 $x(n)$,那么,式(2.5.4)变为

$$X(z)=\sum_{n=-\infty}^{\infty}x(n)z^{-n}$$

这和式(2.5.1)的直接定义是一样的。

拉普拉斯复变量 $s=\sigma+\mathrm{j}\Omega$,式中 $\Omega=2\pi f$,是相对连续系统及连续信号的角频率,单位为 rad/s。由式(2.5.5)得

$$z=\mathrm{e}^{sT_s}=\mathrm{e}^{(\sigma+\mathrm{j}\Omega)T_s}=\mathrm{e}^{\sigma T_s}\mathrm{e}^{\mathrm{j}\Omega T_s} \tag{2.5.6}$$

令

$$\begin{cases}r=\mathrm{e}^{\sigma T_s}\\\omega=\Omega T_s\end{cases} \tag{2.5.7}$$

则

$$z=r\mathrm{e}^{\mathrm{j}\omega} \tag{2.5.8}$$

第1章已指出,$\omega$ 是相对离散系统和离散信号的圆周频率,单位为 rad。将上式代入式(2.5.1),得

$$X(z)=\sum_{n=-\infty}^{\infty}x(n)(r\mathrm{e}^{\mathrm{j}\omega})^{-n}=\sum_{n=-\infty}^{\infty}[x(n)r^{-n}]\mathrm{e}^{-\mathrm{j}\omega n} \tag{2.5.9}$$

这一结果说明,只要 $x(n)r^{-n}$ 符合绝对可和的收敛条件,即 $\sum_{n=-\infty}^{\infty}|x(n)r^{-n}|<\infty$,则 $x(n)$ 的 $Z$ 变换存在。这样,一个序列 $x(n)$ 的 $Z$ 变换,又可看成该序列乘以一实加权序列 $r^{-n}$ 后的傅里叶变换,即

$$X(z)=\mathscr{F}[x(n)r^{-n}] \tag{2.5.10}$$

如果 $r=1$,则

$$X(z)\big|_{z=e^{j\omega}}=X(e^{j\omega})=\sum_{n=-\infty}^{\infty}x(n)e^{-j\omega n} \tag{2.5.11}$$

这时 Z 变换就演变为离散序列的傅里叶变换(DTFT)。

式(2.5.6)及式(2.5.7)反映了复变量 $s$ 及复变量 $z$ 之间的对应关系,也给出了 $s$ 平面到 $z$ 平面的映射规律(如图 2.5.1 所示),其映射规律可总结如下。

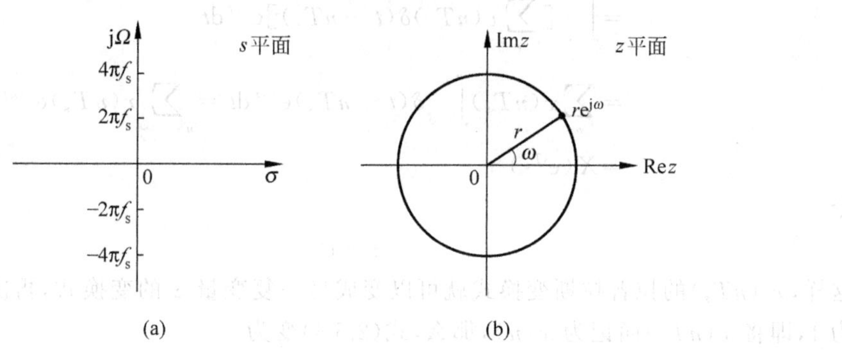


图 2.5.1 $s$ 平面和 $z$ 平面

① $s$ 平面上的复变量 $s$ 是直角坐标,而 $z$ 平面上的复变量 $z$ 一般取极坐标形式。

② 由式(2.5.7),当 $\sigma=0$ 时,$r=1$,$\sigma=0$ 对应 $s$ 平面的 $j\Omega$ 轴,而 $|z|=1$ 对应 $z$ 平面上半径 $r$ 为 1 的圆(该圆称为单位圆),这样 $s$ 平面的 $j\Omega$ 轴映射为 $z$ 平面上的单位圆。

我们知道,当 $s$ 仅在 $j\Omega$ 轴上取值时,拉普拉斯变换演变为傅里叶变换,即

$$X(s)\big|_{s=j\Omega}=X(j\Omega)=\int_{-\infty}^{\infty}x(t)e^{-j\Omega t}dt \tag{2.5.12}$$

对应地,若 $z$ 仅在单位圆上取值,那么 Z 变换也演变为傅里叶变换,即式(2.5.11)。

③ $\sigma<0$ 对应 $s$ 平面的左半平面,对应的 $r=e^{\sigma T_s}<1$,这样,$s$ 平面的左半平面映射到 $z$ 平面上的单位圆内。同理,$s$ 平面的右半平面映射为 $z$ 平面的单位圆外。

④ $T_s$ 是抽样周期(或抽样间隔),$f_s=1/T_s$ 是抽样频率,由式(2.5.7)得

$$\omega=\Omega T_s=2\pi f/f_s \tag{2.5.13}$$

因此,$f$ 在 $j\Omega$ 轴上从 $-\infty$ 增至 $+\infty$ 的过程中,每间隔 $f_s$,对应的 $\omega$ 从 0 变到 $2\pi$,即在单位圆上绕了一周。所以,由 $s$ 平面到 $z$ 平面的映射不是单一的,这就是离散信号的傅里叶变换是周期的根本原因。由式(2.5.13)也可看出,$\omega$ 的单位是 rad。

⑤ 由式(2.5.13),令

$$f'=f/f_s \tag{2.5.14}$$

则

$$\omega=2\pi f' \tag{2.5.15}$$

$f'$ 称为归一化频率,或相对频率。当 $f$ 由 0 变到 $\pm f_s/2$ 时,$f'$ 由 0 变到 $\pm 0.5$。这样,可

得到对离散序列作 DTFT 时频率轴定标的物理解释，如图 2.5.2 所示。

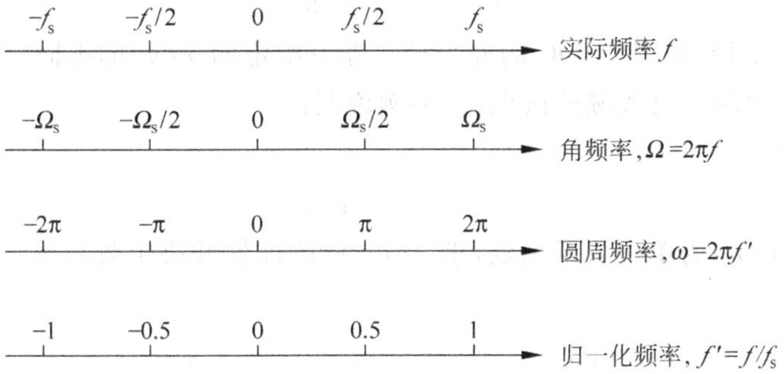

$-f_s$　$-f_s/2$　0　$f_s/2$　$f_s$　实际频率 $f$

$-\Omega_s$　$-\Omega_s/2$　0　$\Omega_s/2$　$\Omega_s$　角频率，$\Omega=2\pi f$

$-2\pi$　$-\pi$　0　$\pi$　$2\pi$　圆周频率，$\omega=2\pi f'$

$-1$　$-0.5$　0　0.5　1　归一化频率，$f'=f/f_s$

图 2.5.2　频率轴定标

读者在学习信号处理时，一定要了解上述 4 个频率的关系，特别要搞清楚，$\omega$ 轴上的 $2\pi$ 所对应的信号的实际频率为 $f_s$ 或 $\Omega_s$，将 $\omega$ 除以 $2\pi$，即归一化频率 $f'$ 的值。

## 2.6　Z 变换的收敛域

式(2.5.1)所表示的 $Z$ 变换是 $z^{-1}$ 的幂级数，亦即复变函数中的罗朗(Laurent)级数，该级数的系数就是 $x(n)$本身。对于级数，总有一个收敛问题，即，只有满足

$$|X(z)|=\left|\sum_{n=-\infty}^{\infty}x(n)z^{-n}\right|<\infty \tag{2.6.1}$$

这样的 $Z$ 变换才有意义。式(2.6.1)又可等效为

$$|X(z)|=\left|\sum_{n=-\infty}^{\infty}x(n)z^{-n}\right|\leqslant\sum_{n=-\infty}^{\infty}|x(n)z^{-n}|<\infty \tag{2.6.2}$$

此式指出，$X(z)$收敛的必要条件是 $x(n)z^{-n}$ 是绝对可和的。由后面的讨论可知，如果 $x(n)$不是绝对可和的，那么其傅里叶变换不存在，将 $x(n)$乘上一个合适的 $z$ 的负幂，那么其 $Z$ 变换就有可能存在。因此，我们有必要讨论，对于给定的序列 $x(n)$，$z$ 取何值时，其 $Z$ 变换收敛，取何值时发散。使 $Z$ 变换收敛的 $z$ 的取值的集合称为 $X(z)$的收敛域(region of convergence，ROC)。

由式(2.5.9)可知，$X(z)$是序列 $x(n)$被一个非负的实序列 $r^{-n}$ 加权后的傅里叶变换。当 $r>1$ 时，$r^{-n}$ 是衰减的；$r<1$ 时，$r^{-n}$ 是增长的。因此，对给定的序列 $x(n)$，将会存在某一个 $r$ 值，使 $X(z)$收敛或发散，即使得

$$\sum_{n=-\infty}^{\infty}|x(n)r^{-n}|<\infty \tag{2.6.3}$$

又因为 $r$ 是 $z$ 的模，因此可以想象，$X(z)$的收敛域将是 $z$ 平面上一个圆的内部或外部，即

$$R_- < |z| < R_+ \tag{2.6.4}$$

$R_-$ 是 ROC 的内半径，$R_+$ 是 ROC 的外半径。随着给定的 $x(n)$的不同，$R_-$ 和 $R_+$ 将会取不同的值。为了加深对收敛域的认识，现举例说明。

**例 2.6.1**　令

$$x(n) = a^n u(n)$$

式中，$a$ 为常数，$u(n)$为单位阶跃函数，求 $x(n)$的 $Z$ 变换并决定收敛域。

**解**

$$X(z) = \sum_{n=-\infty}^{\infty} a^n u(n) z^{-n} = \sum_{n=0}^{\infty} a^n z^{-n} = \sum_{n=0}^{\infty} (az^{-1})^n$$

上式是一幂级数。显然，如果$|az^{-1}|<1$，即$|z|>|a|$，该级数收敛，于是

$$X(z) = \frac{1}{1-az^{-1}} = \frac{z}{z-a} \tag{2.6.5}$$

其 ROC 如图 2.6.1 所示，图中$|a|<1$。这时的 $R_+=\infty$，$R_-=a$，相应的收敛域是 $a<|z|<\infty$，即图中的阴影部分。由式(2.6.5)可以看出，如果 $z=a$，$X(z)$的分母为零，因此 $X(z)$变成无穷大。使 $Z$ 变换的分母多项式为零的 $z$ 的取值，称为 $X(z)$的极点。显然，该极点位于收敛和不收敛区域的边界上。因此，如果 $z$ 在图中不收敛的区域内取值，$X(z)$必然变成无穷大，也即式(2.5.2)的级数发散。

在该例中，如果$|a|>1$，则收敛域在单位圆外。由于收敛域没有包括单位圆，因此序列 $a^n u(n)$的傅里叶变换不存在。

**例 2.6.2**　令

$$x(n) = -a^n u(-n-1)$$

式中

$$u(-n-1) = \begin{cases} 1, & n \leqslant -1 \\ 0, & n \geqslant 0 \end{cases} \tag{2.6.6}$$

求其 $Z$ 变换并决定收敛域。

**解**

$$X(z) = -\sum_{n=-\infty}^{\infty} a^n u(-n-1) z^{-n} = -\sum_{n=-\infty}^{-1} a^n z^{-n} = 1 - \sum_{n=0}^{\infty} (a^{-1}z)^n$$

显然，只有当$|a^{-1}z|<1$，即$|z|<|a|$时，上式才收敛。此时

$$X(z) = 1 - \frac{1}{1-a^{-1}z} = \frac{z}{z-a} \tag{2.6.7}$$

其结果和例 2.6.1 相同。由此可以看出，对不同的 $x(n)$，其 $Z$ 变换有可能具有相同的形

式，区别在于各自的 ROC。因此，为了保证由逆 $Z$ 变换求出的序列是唯一的，则必须指明其收敛域。例 2.6.2 的 ROC 如图 2.6.2 所示。

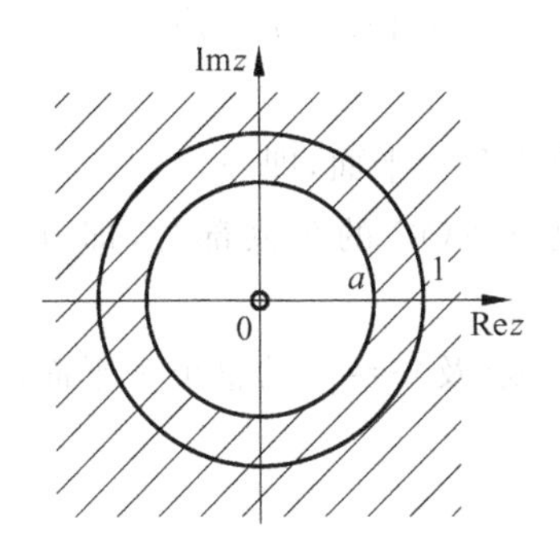


图 2.6.1　例 2.6.1 的收敛域 $|z|>|a|$

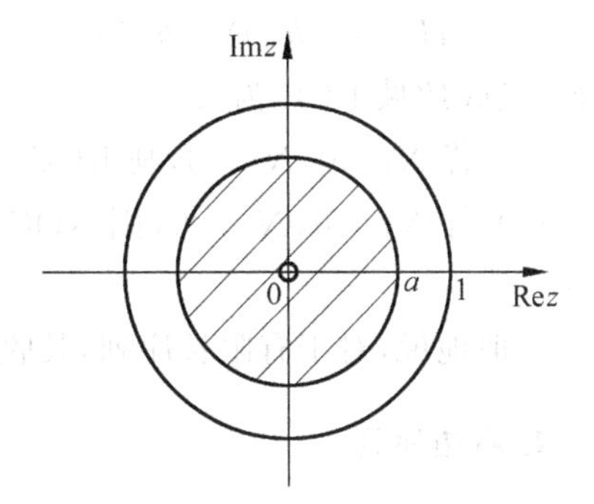


图 2.6.2　例 2.6.2 的收敛域 $|z|<|a|$

**例 2.6.3**　令 $x(n)=u(n)$，试求其 $Z$ 变换并决定其收敛域。

**解**

$$X(z)=\sum_{n=0}^{\infty}1^{n}z^{-n}=\frac{1}{1-z^{-1}}=\frac{z}{z-1} \tag{2.6.8}$$

其 ROC 为 $|z|>1$。这就是说，单位阶跃序列的 $Z$ 变换的收敛域不包括单位圆，因此其傅里叶变换不存在。实际上，由于 $u(n)$ 不是绝对可和的，所以有

$$\left|\sum_{n=0}^{\infty}u(n)z^{-n}\right|_{z=\mathrm{e}^{\mathrm{j}\omega}}=\left|\sum_{n=0}^{\infty}u(n)\mathrm{e}^{-\mathrm{j}\omega n}\right|\to\infty$$

由此例我们可以再一次看到离散序列的傅里叶变换和其 $Z$ 变换之间的区别与联系。$Z$ 变换中的 $z$ 可以在其 ROC 内取值，而对应离散序列的傅里叶变换，$z$ 只能在单位圆上取值，因此离散序列的傅里叶变换可看作 $Z$ 变换的特殊情况。

现在我们来具体考查离散序列 $Z$ 变换收敛的一般情况。

设 $x(n)$ 在区间 $N_1\sim N_2$ 内有值，$N_1<N_2$，即

$$X(z)=\sum_{n=N_1}^{N_2}x(n)z^{-n}$$

当 $N_1$、$N_2$ 取不同值时，$x(n)$ 可以是有限长序列、右边序列、左边序列及双边序列。显然，在不同的情况下其 $Z$ 变换的 ROC 也不相同。

**1. 有限长序列**

(1) 若 $N_1\geqslant 0$，$N_2>0$，则只有当 $z=0$ 时 $X(z)$ 才趋于无穷，所以这时的 ROC 是除去原点的整个 $z$ 平面，即 $|z|>0$。

**例 2.6.4**　求例 2.1.2 中三点平均器的单位抽样响应的 $Z$ 变换并决定其 ROC。

**解**　在例 2.1.2 中已求出 $h(0)=b(0)$，$h(1)=b(1)$，$h(2)=b(2)$，当 $n$ 为其他值时 $h(n)\equiv 0$，所以

$$H(z)=b(0)+b(1)z^{-1}+b(2)z^{-2}=[b(0)z^2+b(1)z+b(2)]/z^2$$

显然，其收敛域 ROC 为 $|z|>0$。

(2) 若 $N_1<0, N_2\leqslant 0$，则 ROC 是除去无穷远点的整个 $z$ 平面，即 $|z|<\infty$。

(3) 若 $N_1<0, N_2>0$，则 ROC 是上述两种情况下 ROC 的公共部分，即 $0<|z|<\infty$。

一般地说，对于有限长序列，其收敛域是除去 $z=0$ 或(及) $z=\infty$ 的整个 $z$ 平面。

**2. 右边序列**

(1) 因果序列。这时 $N_1\geqslant 0, N_2=\infty$，此即式(2.5.2)所示的单边 $Z$ 变换。观察式(2.6.3)，若选择 $|x(n)|\leqslant MR_x^n$（$n=0,\cdots,\infty$，而 $M, R_x$ 都为正数），再选择 $(R_x/r)<1$，那么，式(2.6.3)成立，即 $X(z)$ 收敛。这时的收敛域是 $|z|>R$，即 $R_-=R_x, R_+=\infty$。所以，因果序列的 $Z$ 变换的收敛域是以某一半径($R_x$)为圆的圆外部分。

(2) 非因果序列。这时 $N_1<0, N_2=\infty$，ROC 是 $R_x<|z|<\infty$。

**3. 左边序列**

这时 $x(n)$ 的时间范围应是 $-\infty,\cdots,N_2$，即

$$X(z)=\sum_{n=-\infty}^{N_2} x(n)z^{-n}$$

此为非因果序列。作一变量置换，得

$$X(z)=\sum_{n=-N_2}^{\infty} x(-n)z^{n}$$

和右边序列正好相反，左边序列的 ROC 应是以某一半径($R_x$)为圆的圆内部分，这时的 $R_-=0, R_+=R_x$。

若 $N_2>0$，则 ROC 不包括原点，即 $0<|z|<R_x$；若 $N_2\leqslant 0$，则 ROC 包括原点，即 $|z|<R_x$。

不论是右边序列还是左边序列，半径 $R_x$ 的大小都取决于信号本身。

**4. 双边序列**

这时，$x(n)$ 的时间范围是 $-\infty,\cdots,\infty$，由式(2.5.1)得

$$X(z)=\sum_{n=-\infty}^{\infty} x(n)z^{-n}$$

$$= \sum_{n=-\infty}^{-1} x(n)z^{-n} + \sum_{n=0}^{\infty} x(n)z^{-n}$$

综合上面所讨论的左边及右边序列，显然，双边序列的收敛域是使上式中两个级数都收敛的公共部分。如果该公共部分存在，则它一定是一个环域，即

$$R_{x1} < |z| < R_{x2}$$

如果公共部分不存在，那么 $X(z)$ 就不收敛。

**例 2.6.5** 求双边序列

$$x(n) = a^{|n|} = a^n u(n) + a^{-n} u(-n-1)$$

的 $Z$ 变换，并确定其收敛域，式中，$a>0$。

**解** 由例 2.6.1 及例 2.6.2 可知，对级数 $a^n u(n)$，其 $Z$ 变换是 $\frac{1}{1-az^{-1}}$，ROC 是 $|z|>a$；对级数 $a^{-n}u(-n-1)$，其 $Z$ 变换是 $\frac{1}{1-az}-1$，ROC 是 $|z|<\frac{1}{a}$。这样，

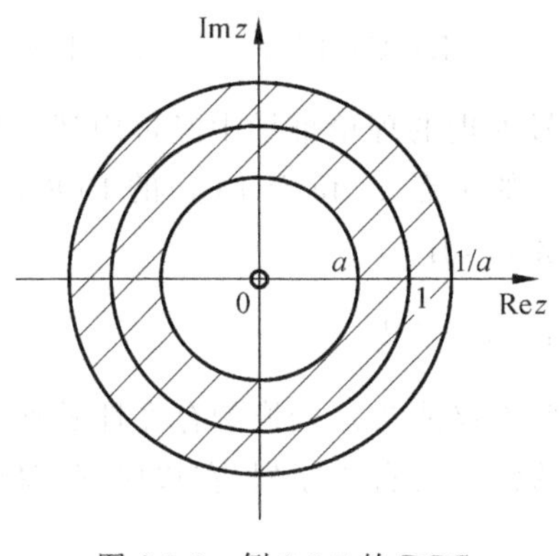

图 2.6.3 例 2.6.5 的 ROC

$$X(z) = \frac{1}{1-az^{-1}} + \frac{1}{1-az} - 1$$

$$\text{ROC: } a < |z| < \frac{1}{a}$$

显然，如果 $a>1$，则 $X(z)$ 不收敛。只有当 $a<1$ 时，例如 $a=\frac{1}{2}$，则在 $\frac{1}{2}<|z|<2$ 的范围内 $X(z)$ 才收敛，如图 2.6.3 所示。

可以看出，$Z$ 变换的收敛域是 $z$ 平面上的一个圆环。在某种情况下，该圆环可向内扩展到原点，形成一个圆盘。在其他情况下，也可扩展到无穷大。只有当 $x(n)$ 是单位抽样函数 $\delta(n)$ 时，其收敛域才是整个 $z$ 平面，表 2.6.1 给出了 $N_1$、$N_2$ 取不同值时的收敛域。

**表 2.6.1 $N_1$、$N_2$ 取不同值时 $X(z)$ 的收敛域**

| 序列名称 | $N_1$ | $N_2$ | ROC |
|---|---|---|---|
| 有限长序列 | $N_1 \geqslant 0$ | $N_2 > 0$ | $\|z\|>0$ |
| | $N_1 < 0$ | $N_2 \leqslant 0$ | $\|z\|<\infty$ |
| | $N_1 < 0$ | $N_2 > 0$ | $0<\|z\|<\infty$ |

续表

| 序 列 名 称 | $N_1$ | $N_2$ | ROC |
|---|---|---|---|
| 右边序列 | $N_1<0$ | $N_2=\infty$ | $R_{x1}<\|z\|<\infty$ |
| | $N_1\geqslant 0$ | $N_2=\infty$ | $\|z\|>R_{x1}$ |
| 左边序列 | $N_1=-\infty$ | $N_2>0$ | $0<\|z\|<R_{x2}$ |
| | $N_1=-\infty$ | $N_2\leqslant 0$ | $\|z\|<R_{x2}$ |
| 双边序列 | $N_1=-\infty$ | $N_2=\infty$ | $R_{x1}<\|z\|<R_{x2}$ |

**例 2.6.6** 已知 $x(n)$的 $Z$ 变换是 $X(z)$，ROC：$r_1<|z|<r_2$，令 $y(n)=x(-n)$，求 $Y(z)$。

**解**：显然，$y(n)$是 $x(n)$的翻转，其 $Z$ 变换是

$$Y(z)=\sum_{n=-\infty}^{\infty}x(-n)z^{-n}=\sum_{l=-\infty}^{\infty}x(l)z^{(-1)(-l)}=X(z^{-1}),\quad \text{ROC}：1/r_2<|z|<1/r_1$$

式中做了变量代换，即令 $l=-n$。变量代换在数字信号处理的理论推导中经常用到。从本例可以看到，$x(-n)$的 ROC 是 $x(n)$的 ROC 的逆。如果点 $z_0$ 位于 $x(n)$的 ROC，那么，点 $1/z_0$ 将位于 $x(-n)$的 ROC。作为这一例子的推广，有

$$\mathscr{Z}[u(-n)]=\frac{1}{1-z},\quad \text{ROC}：|z|<1$$

由上面的讨论也可看出，讨论 $Z$ 变换的收敛域问题不仅涉及 $Z$ 变换的存在性及唯一性问题，而且由 ROC 的形态，也可大致推断其所对应的信号是右边序列、左边序列、双边序列、因果序列或有限长序列。

## 2.7 Z 变换的性质

### 1. 线性

若

$$\mathscr{Z}[x_1(n)]=X_1(z),\quad \text{ROC}：R_1$$
$$\mathscr{Z}[x_2(n)]=X_2(z),\quad \text{ROC}：R_2$$

则

$$\mathscr{Z}[ax_1(n)+bx_2(n)]=aX_1(z)+bX_2(z)$$
$$\text{ROC}：R_1 \text{ 和 } R_2 \text{ 的公共部分} \tag{2.7.1}$$

**例 2.7.1** 求余弦信号 $x(n)=\cos(\omega n)u(n)$的 $Z$ 变换。

由欧拉公式及 $Z$ 变换的线性性质得

$$X(z)=\sum_{n=0}^{\infty}\cos(\omega n)z^{-n}=\frac{1}{2}\sum_{n=0}^{\infty}(\mathrm{e}^{\mathrm{j}\omega n}+\mathrm{e}^{-\mathrm{j}\omega n})z^{-n}$$

$$=\frac{1}{2}\sum_{n=0}^{\infty}\left(\frac{\mathrm{e}^{\mathrm{j}\omega}}{z}\right)^{n}+\frac{1}{2}\sum_{n=0}^{\infty}\left(\frac{\mathrm{e}^{-\mathrm{j}\omega}}{z}\right)^{n}$$

$$=\frac{1}{2}\left[\frac{1}{1-\mathrm{e}^{\mathrm{j}\omega}z^{-1}}+\frac{1}{1-\mathrm{e}^{-\mathrm{j}\omega}z^{-1}}\right]$$

即

$$X(z)=\frac{1-z^{-1}\cos\omega}{1-2z^{-1}\cos\omega+z^{-2}},\quad \mathrm{ROC}: |z|>1$$

同理可求 $x(n)=\sin(\omega n)u(n)$ 的 $Z$ 变换是

$$X(z)=\frac{z^{-1}\sin\omega}{1-2z^{-1}\cos\omega+z^{-2}},\quad \mathrm{ROC}: |z|>1$$

**例 2.7.2** 令 $x(n)=[3\times a^{n}-2\times b^{n}]u(n)$，求其 $Z$ 变换。

**解**：令 $x_1(n)=a^{n}u(n)$，$x_2(n)=b^{n}u(n)$，则 $x(n)=[3x_1(n)-2x_2(n)]u(n)$。例 2.6.1 已求出

$$X_1(z)=\frac{1}{1-az^{-1}},\quad \mathrm{ROC}: |z|>|a|,\quad X_2(z)=\frac{1}{1-bz^{-1}},\quad \mathrm{ROC}: |z|>|b|$$

于是

$$X(z)=X_1(z)+X_2(z)=\frac{3}{1-az^{-1}}-\frac{2}{1-bz^{-1}},\quad \mathrm{ROC}: |z|>\max\{|a|,|b|\}$$

**2. 时移性质**

记 $x(n)$ 的双边 $Z$ 变换为 $X(z)$，将 $x(n)$ 右移 $k$ 个抽样点后所得序列 $x(n-k)$ 的 $Z$ 变换是

$$\mathscr{Z}[x(n-k)]=\sum_{n=-\infty}^{\infty}x(n-k)z^{-n}$$

$$= \sum_{m=-\infty}^{\infty} x(m) z^{-m} z^{-k} = z^{-k} X(z) \tag{2.7.2a}$$

同理，将 $x(n)$左移 $k$ 个抽样点后所得序列 $x(n+k)$的 $Z$ 变换是

$$\mathscr{Z}[x(n+k)] = \sum_{n=-\infty}^{\infty} x(n+k) z^{-n} = z^{k} X(z) \tag{2.7.2b}$$

若记 $X^{+}(z)$为序列 $x(n)$的单边 $Z$ 变换（单边 $Z$ 变换的定义见式(2.5.2)），则对 $x(n)$右移和左移后的新序列的 $Z$ 变换分别是

$$\mathscr{Z}[x(n-k)] = \sum_{n=0}^{\infty} x(n-k) z^{-n} = \sum_{m=-k}^{\infty} x(m) z^{-k} z^{-m}$$

$$= z^{-k} \left[ X^{+}(z) + \sum_{n=-k}^{-1} x(n) z^{-n} \right] \tag{2.7.3a}$$

$$\mathscr{Z}[x(n+k)] = \sum_{n=0}^{\infty} x(n+k) z^{-n} = \sum_{m=k}^{\infty} x(m) z^{k} z^{-m}$$

$$= z^{k} \left[ X^{+}(z) - \sum_{n=0}^{k-1} x(n) z^{-n} \right] \tag{2.7.3b}$$

若 $x(n)$是因果序列，那么式(2.7.3a)中的 $x(-k) \sim x(-1)$全为零，又由于因果序列的单边 $Z$ 变换和双边 $Z$ 变换是一样的，即 $X^{+}(z) = X(z)$，因此，因果序列右移后的单边 $Z$ 变换是

$$\mathscr{Z}[x(n-k)] = z^{-k} X^{+}(z) = z^{-k} X(z) \tag{2.7.4a}$$

这和式(2.7.2a)所给出的双边 $Z$ 变换的结果是一样的。但是，因果序列向左移位后的新序列的单边 $Z$ 变换仍如式(2.7.3b)所示，即

$$\mathscr{Z}[x(n+k)] = z^{k} \left[ X^{+}(z) - \sum_{n=0}^{k-1} x(n) z^{-n} \right]$$

$$= z^{k} \left[ X(z) - \sum_{n=0}^{k-1} x(n) z^{-n} \right] \tag{2.7.4b}$$

这和式(2.7.2b)所给出的双边 $Z$ 变换是不一样的。

由于在实际工作中所遇到的信号大部分是因果的，因此，式(2.7.4)所给出的移位性质是最常用的。

除了序列移位性质以外，双边 $Z$ 变换的绝大部分性质都适用于单边 $Z$ 变换。因此，本书后续各章节并不需要严格区分双边 $Z$ 变换和单边 $Z$ 变换。

第 1 章已指出，时间延迟是信号处理中的一个基本运算，时间上作单位延迟，对应的 $Z$ 变换就多一个 $z^{-1}$，因此，我们在绘制系统的信号流图时总是用 $z^{-1}$ 代表单位延迟。

**3. 序列的指数加权性质**

若
$$\mathscr{Z}[x(n)]=X(z),\quad \mathrm{ROC}: R_1<|z|<R_2$$
则
$$\mathscr{Z}[a^n x(n)]=X(z/a),\quad \mathrm{ROC}: |a|R_1<|z|<|a|R_2 \tag{2.7.5}$$

例如，由例 2.7.1 很容易求出 $y(n)=0.5^n\cos(\omega n)u(n)$ 的 $Z$ 变换是
$$\mathscr{Z}[0.5^n\cos(\omega n)]=\frac{1-0.5z^{-1}\cos\omega}{1-z^{-1}\cos\omega+0.25z^{-2}} \tag{2.7.6}$$

**4. 序列的线性加权性质**

$$\mathscr{Z}[nx(n)]=-z\frac{\mathrm{d}}{\mathrm{d}z}X(z),\quad \mathrm{ROC}: R_1<|z|<R_2 \tag{2.7.7}$$

**证明**

$$\frac{\mathrm{d}}{\mathrm{d}z}X(z)=\frac{\mathrm{d}}{\mathrm{d}z}\left[\sum_{n=-\infty}^{\infty}x(n)z^{-n}\right]=-z^{-1}\sum_{n=-\infty}^{\infty}nx(n)z^{-n}$$
即
$$-z\frac{\mathrm{d}}{\mathrm{d}z}X(z)=\sum_{n=-\infty}^{\infty}nx(n)z^{-n}=\mathscr{Z}[nx(n)]$$

**例 2.7.3** 求 $x(n)=na^nu(n)$的 Z 变换。

**解**：令 $x_1(n)=a^nu(n)$，则 $x(n)=nx_1(n)$。例 2.6.1 已求出 $X_1(z)=\dfrac{1}{1-az^{-1}}$，由式(2.7.7)，有

$$X(z)=-z\frac{\mathrm{d}X_1(z)}{\mathrm{d}z}=\frac{az^{-1}}{(1-az^{-1})^2},\quad \text{ROC}: |z|>|a| \tag{2.7.8}$$

在该例中，如果令 $a=1$，那么 $x(n)=na^nu(n)=nu(n)$，是一个斜坡函数。于是，斜坡函数的 Z 变换是

$$\mathscr{Z}[nu(n)]=\frac{z^{-1}}{(1-z^{-1})^2},\quad \text{ROC}: |z|>1 \tag{2.7.9}$$

**5. 时域卷积性质**

记 $x(n)$、$y(n)$的 Z 变换分别是 $X(z)$和 $Y(z)$，则

$$\mathscr{Z}[x(n)*y(n)]=X(z)Y(z) \tag{2.7.10}$$

**证明** 利用双边 Z 变换的定义，有

$$\begin{aligned}\sum_{n=-\infty}^{\infty}[x(n)*y(n)]z^{-n}&=\sum_{n=-\infty}^{\infty}\left[\sum_{k=-\infty}^{\infty}x(k)y(n-k)\right]z^{-n}\\&=\sum_{k=-\infty}^{\infty}x(k)\sum_{n=-\infty}^{\infty}y(n-k)z^{-(n-k)}z^{-k}\\&=\sum_{k=-\infty}^{\infty}x(k)z^{-k}\sum_{m=-\infty}^{\infty}y(m)z^{-m}=X(z)Y(z)\end{aligned}$$

Z 变换的这一性质同拉普拉斯变换、傅里叶变换的性质一样，可表述为两个信号时域的卷积等于它们各自相应的变换在频域相乘。反之，两个信号在时域相乘，对应于上述三类变换在频域的卷积(见例 2.8.5)。

**6. 初值定理**

若 $x(n)$ 是因果序列，且

$$X(z)=\mathscr{Z}[x(n)]=\sum_{n=0}^{\infty}x(n)z^{-n}$$

则

$$x(0)=\lim_{z\to\infty}X(z) \tag{2.7.11}$$

**证明**：因为

$$X(z)=x(0)+x(1)z^{-1}+x(2)z^{-2}+\cdots$$

当 $z\to\infty$ 时，上式右边除第一项外其他各项全趋于零，因此，式(2.7.11)得证。

**7. 终值定理**

若 $x(n)$ 是因果序列，且

$$X(z)=\mathscr{Z}[x(n)]=\sum_{n=0}^{\infty}x(n)z^{-n}$$

则

$$\lim_{n\to\infty}x(n)=x(\infty)=\lim_{z\to 1}[(z-1)X(z)] \tag{2.7.12}$$

**证明**：令

$$X_1(z)=x(0)+x(1)z^{-1}+x(2)z^{-2}+\cdots+x(N)z^{-N} \tag{2A}$$

$$X_2(z)=x(0)+x(1)z^{-1}+x(2)z^{-2}+\cdots+x(N)z^{-N}+x(N+1)z^{-(N+1)} \tag{2B}$$

将式(2B)两边同乘以 $z$，有

$$zX_2(z)=zx(0)+x(1)z^{0}+x(2)z^{-1}+\cdots+x(N)z^{-N+1}+x(N+1)z^{-N} \tag{2C}$$

用式(2C)减去式(2A)，有

$$zX_2(z)-X_1(z)=x(0)(z-1)+x(1)(z-1)/z+\cdots+x(N)(z-1)/z^{N}+$$

$$x(N+1)z^{-N} \tag{2D}$$

当 $N\to\infty$ 时，$X_1(z)=X_2(z)=X(z)$，式(2D)左边变成 $(z-1)X(z)$。在 $N\to\infty$ 的情况下再令 $z\to 1$，式(2D)右边趋于 $x(\infty)$。因此式(2.7.12)得证。

利用 Z 变换的初值定理和终值定理可以帮助我们在不求出逆 Z 变换的情况下方便地得到序列的初值 $x(0)$ 和终值 $x(\infty)$。

利用 Z 变换的定义及性质，可求出一些典型信号的 Z 变换，如表 2.7.1 所示，表中的变换关系也有利于求出所给 $X(z)$ 的反变换。

**表 2.7.1 一些典型信号的 Z 变换**

| $x(n)$ | $X(z)$ | 收敛域 ROC |
|---|---|---|
| $\delta(n)$ | 1 | 所有的 $z$ |
| $u(n)$ | $\dfrac{1}{1-z^{-1}}$ | $\lvert z\rvert>1$ |
| $nu(n)$ | $\dfrac{z^{-1}}{(1-z^{-1})^2}$ | $\lvert z\rvert>1$ |
| $a^n u(n)$ | $\dfrac{1}{1-az^{-1}}$ | $\lvert z\rvert>\lvert a\rvert$ |
| $a^{\lvert n\rvert}$ | $\dfrac{1-a^2}{(1-az)(1-az^{-1})}$ | $\lvert a\rvert<z<\dfrac{1}{\lvert a\rvert}$ |
| $na^n u(n)$ | $\dfrac{az^{-1}}{(1-az^{-1})^2}$ | $\lvert z\rvert>\lvert a\rvert$ |
| $-a^n u(-n-1)$ | $\dfrac{1}{1-az^{-1}}$ | $\lvert z\rvert<\lvert a\rvert$ |
| $-na^n u(-n-1)$ | $\dfrac{az^{-1}}{(1-az^{-1})^2}$ | $\lvert z\rvert<\lvert a\rvert$ |
| $(n+1)a^n u(n)$ | $\dfrac{z^2}{(z-a)^2}$ | $\lvert z\rvert>\lvert a\rvert$ |

续表

| $x(n)$ | $X(z)$ | 收敛域 ROC |
| --- | --- | --- |
| $\frac{1}{(m-1)!}(n+1)\cdots(n+m-1)a^n u(n)$ | $\frac{z^m}{(z-a)^m}$ | $\|z\|>\|a\|$ |
| $\cos(\omega_0 n)u(n)$ | $\frac{1-z^{-1}\cos\omega_0}{1-2z^{-1}\cos\omega_0+z^{-2}}$ | $\|z\|>1$ |
| $\sin(\omega_0 n)u(n)$ | $\frac{z^{-1}\sin\omega_0}{1-2z^{-1}\cos\omega_0+z^{-2}}$ | $\|z\|>1$ |
| $a^n\cos(\omega_0 n)u(n)$ | $\frac{1-az^{-1}\cos\omega_0}{1-2az^{-1}\cos\omega_0+a^2z^{-2}}$ | $\|z\|>\|a\|$ |
| $a^n\sin(\omega_0 n)u(n)$ | $\frac{az^{-1}\sin\omega_0}{1-2az^{-1}\cos\omega_0+a^2z^{-2}}$ | $\|z\|>\|a\|$ |

## 2.8 逆Z变换

由已知的 $X(z)$ 及所给的 ROC 反求序列 $x(n)$ 的过程称为逆 Z 变换，实现逆 Z 变换的方法通常有 3 种，即幂级数法、部分分式法和留数法。

### 1. 幂级数法

此法又称长除法，如果能把 $X(z)$ 表成一个幂级数的形式

$$X(z)=a_0+a_1z^{-1}+a_2z^{-2}+\cdots$$

那么显然，该级数的系数 $a_0,a_1,\cdots,a_n$ 即要求的序列 $x(n)$。实现上述幂级数的方法通常是长除法。

**例 2.8.1** 已知

$$X(z)=\frac{z^2+z}{z^3-3z^2+3z-1},\quad \text{ROC: } |z|>1$$

求 $x(n)$。

**解** 因为收敛域为 $|z|>1$，所以这是一个右边序列。利用长除法

$$
\begin{array}{r}
z^{-1}+4z^{-2}+9z^{-3}+16z^{-4}+\cdots \\
z^3-3z^2+3z-1\overline{\big)\, z^2+z \qquad\qquad\qquad\qquad\qquad} \\
\underline{z^2-3z+3-z^{-1}} \\
4z-3+z^{-1} \\
\underline{4z-12+12z^{-1}-4z^{-2}} \\
9-11z^{-1}+4z^{-2} \\
\underline{9-27z^{-1}+27z^{-2}-9z^{-3}} \\
16z^{-1}-23z^{-2}+9z^{-3} \\
\underline{16z^{-1}-48z^{-2}+48z^{-3}-16z^{-4}} \\
\vdots
\end{array}
$$

即得

$$X(z)=z^{-1}+4z^{-2}+9z^{-3}+16z^{-4}+\cdots$$

所以

$$x(n)=n^2u(n)$$

**2. 部分分式法**

部分分式法是读者熟悉的一种方法，在求拉普拉斯逆变换时已使用过，此处不再具体介绍其算法，仅举一例说明。应该强调的是，由前面的讨论可知，$Z$ 变换的基本形式是 1、$z/(z-a)$、$z/(z-\mathrm{e}^{-a})$等，它们分别对应于$\delta(n)$、$a^n$ 和 $\mathrm{e}^{-an}$，因此，在利用部分分式法求 $X(z)$的逆变换时，通常是先对 $X(z)/z$ 求部分分式，然后将每个分式乘以 $z$，这样，对于一阶极点，可得到 $z/(z-p_i)$的形式，以便直接利用表 2.7.1 给出的结果。

**例 2.8.2** 已知

$$X(z)=\frac{2z^2}{(z+1)(z+2)^2},\quad \mathrm{ROC}: |z|>2$$

求 $x(n)$。

**解** 利用部分分式法得

$$\frac{X(z)}{z}=\frac{2z}{(z+1)(z+2)^2}=\frac{A}{z+1}+\frac{B}{z+2}+\frac{C}{(z+2)^2}$$

显然

$$A=(z+1)\left.\frac{X(z)}{z}\right|_{z=-1}=-2$$

$$B=\frac{\mathrm{d}}{\mathrm{d}z}\left[(z+2)^2\frac{X(z)}{z}\right]\bigg|_{z=-2}=2$$

$$C=(z+2)^2\left.\frac{X(z)}{z}\right|_{z=-2}=4$$

所以

$$X(z)=\frac{-2z}{z+1}+\frac{2z}{(z+2)}+\frac{4z}{(z+2)^2}$$

由表 2.7.1 所对应的变换关系，最后可得

$$x(n)=[-2(-1)^n+2(-2)^n+n(-2)^{n+1}]u(n)$$

**例 2.8.3** 已知

$$X(z)=\frac{1}{1-1.6z^{-1}+0.6z^{-2}}$$

其 ROC 有 3 种情况：(a)$|z|>1$；(b)$|z|<0.6$；(c)$0.6<|z|<1$，求 $x(n)$。

**解**：由部分分式法可得

$$X(z)=\frac{1}{1-1.6z^{-1}+0.6z^{-2}}=\frac{2.5z}{z-1}-\frac{1.5z}{z-0.6}=\frac{2.5}{1-z^{-1}}-\frac{1.5}{1-0.6z^{-1}}$$

(a) 因为 ROC：$|z|>1$，所以，$x(n)$是右边序列，有

$$x(n)=2.5u(n)-1.5\times0.6^n u(n)=(2.5-1.5\times0.6^n)u(n)$$

(b) 因为 ROC：$|z|<0.6$，所以，$x(n)$是非因果的左边序列，由例 2.6.2，有

$$x(n)=(-2.5+1.5\times0.6^n)u(-n-1)$$

(c) 因为 ROC：$0.6<|z|<1$ 是一个圆环，所以，$x(n)$是一双边序列，即

$$x(n)=-2.5u(-n-1)-1.5\times0.6^n u(n)$$

**3. 留数法**

由 $Z$ 变换的定义，有

$$X(z)=\sum_{n=0}^{\infty}x(n)z^{-n}$$

对上式两边分别乘以 $z^{m-1}$，然后沿一闭合路径 $C$ 作积分，即得

$$\oint_C X(z)z^{m-1}\mathrm{d}z=\oint_C\left[\sum_{n=0}^{\infty}x(n)z^{-n}\right]z^{m-1}\mathrm{d}z$$

根据复变函数的理论，积分路径 $C$ 应这样选择：由某一点 $z_0$ 开始，沿逆时针方向绕原点一周，又回到 $z_0$ 点，在整个过程中，$X(z)$的全部极点都应保持在积分路线的左边。我们知道，对一个因果性序列，若 ROC 是$|z|>R_x$，则所有极点都应位于$|z|\leqslant R_x$ 的圆内，因此，积分路径 $C$ 可选取 $R>R_x$ 的圆，如图 2.8.1 所示。如果保证$\sum_{n=0}^{\infty}|x(n)|<\infty$，即序列 $x(n)$ 是绝对可和的，则上式中的求和与积分可交换次序，即

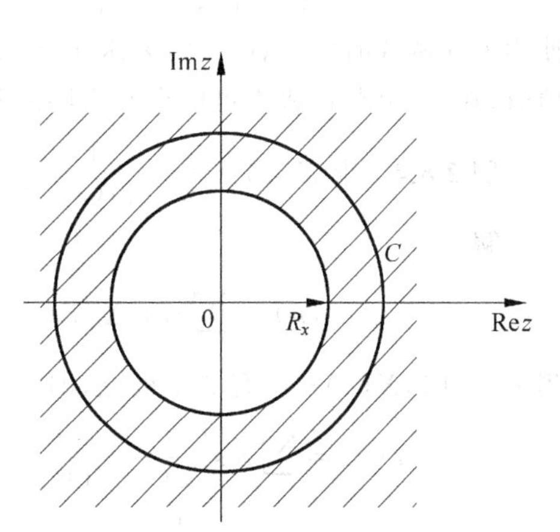

图 2.8.1 积分路径 $C$

$$\oint_C X(z)z^{m-1}\mathrm{d}z=\sum_{n=0}^{\infty}x(n)\oint_C z^{m-n-1}\mathrm{d}z$$

令积分路径上的 $z=R\mathrm{e}^{\mathrm{j}\theta}$，则上式右边

$$\begin{aligned}\sum_{n=0}^{\infty}x(n)\oint_C z^{m-n-1}\mathrm{d}z&=\sum_{n=0}^{\infty}x(n)\int_{-\pi}^{\pi}R^{m-n-1}\mathrm{e}^{\mathrm{j}(m-n-1)\theta}\mathrm{j}R\mathrm{e}^{\mathrm{j}\theta}\mathrm{d}\theta\\&=\sum_{n=0}^{\infty}x(n)\mathrm{j}R^{m-n}\int_{-\pi}^{\pi}\mathrm{e}^{\mathrm{j}(m-n)\theta}\mathrm{d}\theta\\&=\begin{cases}\mathrm{j}2\pi x(m), & n=m\\0, & n\neq m\end{cases}\end{aligned}$$

所以

$$x(n)=\frac{1}{2\pi\mathrm{j}}\oint_C X(z)z^{n-1}\mathrm{d}z \tag{2.8.1}$$

由于积分路径 $C$ 包围了 $X(z)$ 的所有极点，所以式(2.8.1)的积分可用复变函数中的留数法来求出，即

$$x(n)=\sum_m\left[X(z)z^{n-1}\text{ 在路径 }C\text{ 内部极点的留数}\right]$$

式中，$m$ 为在路径 $C$ 内部的极点数。上式可简记为

$$x(n)=\sum_m\operatorname{res}\left[X(z)z^{n-1}\right]\Big|_{z=z_m} \tag{2.8.2}$$

如果 $X(z)z^{n-1}$ 在 $z=z_m$ 处有 $k$ 阶重极点，则其留数为

$$\operatorname{res}\left[X(z)z^{n-1}\right]\big|_{z=z_m}=\frac{1}{(k-1)!}\left\{\frac{\mathrm{d}^{k-1}}{\mathrm{d}z^{k-1}}\left[(z-z_m)^k X(z)z^{n-1}\right]\right\}_{z=z_m} \tag{2.8.3}$$

若 $k=1$，即一阶极点，上式可简化为

$$\operatorname{res}\left[X(z)z^{n-1}\right]\big|_{z=z_m}=\left[(z-z_m)X(z)z^{n-1}\right]\big|_{z=z_m} \tag{2.8.4}$$

使用上述两式时要注意，一定要求出 $X(z)z^{n-1}$ 所有可能的极点处的留数。当 $n$ 取不同值时，在 $z=0$ 处的极点可能会有不同的阶次。

**例 2.8.4**　求 $X(z)=\dfrac{1}{(z-1)(z-0.6)}$ 的逆变换，ROC: $|z|>1$。

**解**

$$x(n)=\sum\operatorname{res}\left[X(z)z^{n-1}\right]=\sum\operatorname{res}\left[\frac{z^{n-1}}{(z-1)(z-0.6)}\right]$$

当 $n=0$ 时，$X(z)z^{n-1}$ 有 3 个极点，即 $z=0$、$z=1$、$z=0.6$，所以

$$\begin{aligned}x(0)&=\sum\operatorname{res}\left[\frac{1}{z(z-1)(z-0.6)}\right]\\&=\frac{1}{(z-1)(z-0.6)}\bigg|_{z=0}+\frac{1}{z(z-0.6)}\bigg|_{z=1}+\frac{1}{z(z-1)}\bigg|_{z=0.6}\end{aligned}$$

$$=0$$

当 $n \geqslant 1$ 时

$$x(n)=\sum \operatorname{res}\left[\frac{z^{n-1}}{(z-1)(z-0.6)}\right]=\left.\frac{z^{n-1}}{z-0.6}\right|_{z=1}+\left.\frac{z^{n-1}}{z-1}\right|_{z=0.6}$$

$$=2.5(1-0.6^{n-1})$$

即

$$x(n)=\begin{cases}0, & n=0 \\ 2.5(1-0.6^{n-1}), & n \geqslant 1\end{cases}$$

**例 2.8.5** 若 $x_3(n)=x_1(n)x_2(n)$，它们各自的 $Z$ 变换分别是 $X_3(z)$、$X_1(z)$ 及 $X_2(z)$，试证明

$$X_3(z)=\frac{1}{2\pi \mathrm{j}}\oint_C X_1(v)X_2\left(\frac{z}{v}\right)v^{-1}\mathrm{d}v \tag{2.8.5}$$

**证明** 由式(2.8.1)得

$$X_3(z)=\sum_{n=-\infty}^{\infty}x_1(n)x_2(n)z^{-n}=\sum_{n=-\infty}^{\infty}\left[\frac{1}{2\pi \mathrm{j}}\oint_C X_1(v)v^{n-1}\mathrm{d}v\right]x_2(n)z^{-n}$$

$$=\frac{1}{2\pi \mathrm{j}}\oint_C X_1(v)\left[\sum_{n=-\infty}^{\infty}x_2(n)\left(\frac{z}{v}\right)^{-n}v^{-1}\right]\mathrm{d}v$$

$$=\frac{1}{2\pi \mathrm{j}}\oint_C X_1(v)X_2\left(\frac{z}{v}\right)v^{-1}\mathrm{d}v$$

此式是 $Z$ 变换的又一性质，即时域相乘对应复频域的卷积。

若 $X_1(z)$ 的收敛域是 $R_{11}<|z|<R_{12}$，$X_2(z)$ 的收敛域是 $R_{21}<|z|<R_{22}$，则 $X_2(z/v)$ 的收敛域是 $R_{21}<|z/v|<R_{22}$，这样，$X_3(z)$ 的收敛域是

$$R_{11}R_{21}<|z|<R_{12}R_{22} \tag{2.8.6}$$

# 2.9 离散时间系统的转移函数

对于图 2.1.1 的离散时间系统，已定义了它的单位抽样响应 $h(n)$，它是系统在零初始条件情况下由输入 $x(n)=\delta(n)$ 所产生的输出，因此，$h(n)$ 体现了系统的固有特征。由 $h(n)$ 导出了线性移不变系统输入输出的一个重要关系，即线性卷积

$$y(n)=\sum_{k=-\infty}^{+\infty}x(k)h(n-k)=\sum_{k=-\infty}^{+\infty}h(k)x(n-k)=x(n)*h(n) \tag{2.9.1}$$

对式(2.9.1)两边取 $Z$ 变换，由 2.7 节 $Z$ 变换的性质 5，有 $Y(z)=X(z)H(z)$，式中

$$H(z)=\sum_{n=0}^{\infty}h(n)z^{-n} \tag{2.9.2}$$

是 $h(n)$ 的 $Z$ 变换。显然

$$H(z)=Y(z)/X(z) \tag{2.9.3}$$

它是系统输出与输入 $Z$ 变换之比，因此 $H(z)$ 称为 LSI 系统的转移函数（transfer function），又称传递函数或系统函数，它是对系统进行分析与综合的重要工具。

描述离散时间系统的另一个重要关系是差分方程，即

$$y(n)=-\sum_{k=1}^{N}a(k)y(n-k)+\sum_{r=0}^{M}b(r)x(n-r) \tag{2.9.4}$$

对该式两边取 $Z$ 变换，有

$$Y(z)=-Y(z)\sum_{k=1}^{N}a(k)z^{-k}+X(z)\sum_{r=0}^{M}b(r)z^{-r}$$

即

$$Y(z)\left[1+\sum_{k=1}^{N}a(k)z^{-k}\right]=X(z)\left[\sum_{r=0}^{M}b(r)z^{-r}\right]$$

由式(2.9.3)，有

$$H(z)=\frac{Y(z)}{X(z)}=\frac{\sum_{r=0}^{M}b_r z^{-r}}{1+\sum_{k=1}^{N}a_k z^{-k}} \tag{2.9.5}$$

$H(z)$ 的这一表达式把系统的参数 $a_k$、$b_r$ 联系了起来。如果令 $z$ 在单位圆上取值，即 $z=e^{j\omega}$，那么，式(2.9.2)变为

$$H(e^{j\omega})=\sum_{n=0}^{\infty}h(n)e^{-j\omega n}=H(z)\big|_{z=e^{j\omega}} \tag{2.9.6}$$

式中，$H(e^{j\omega})$ 称为系统的频率响应。

式(2.9.1)～式(2.9.6)给出了离散时间系统的 6 个基本关系，它们从不同角度描述了系统的性质，且彼此之间可以互相转换。差分方程和单位抽样响应是系统的时域表示，而转移函数和频率响应是系统的频域表示。转移函数和频率响应的详细讨论将在第 4 章给出。

## 2.10　用 Z 变换求解差分方程

有关差分方程的时域求解已在 2.3 节给出，本节讨论差分方程的复频域求解，即利用 $Z$ 变换求解。

在式(2.9.4)中,若 $x(n)=0$,那么

$$y(n)+\sum_{k=1}^{N}a(k)y(n-k)=0 \tag{2.10.1}$$

即式(2.3.4)的齐次方程。若该方程有解,则解是由 $y(n)$ 的初始条件产生的,称为系统的零输入解。对式(2.10.1)取 Z 变换,并令 $a(0)=1$,由 Z 变换的时移性质,有

$$Y(z)+\sum_{k=1}^{N}a(k)z^{-k}\left[Y(z)+\sum_{m=-k}^{-1}y(m)z^{-m}\right]=0$$

进行变量代换,令 $n=-m$,则上式变为

$$Y(z)+\sum_{k=1}^{N}a(k)z^{-k}\left[Y(z)+\sum_{n=1}^{k}y(-n)z^{n}\right]=0$$

式中,$Y(z)$ 对应的是零输入解,所以

$$Y_{zi}(z)=-\frac{\sum_{k=1}^{N}a(k)z^{-k}\left[\sum_{n=1}^{k}y(-n)z^{n}\right]}{\sum_{k=0}^{N}a(k)z^{-k}} \tag{2.10.2}$$

取逆 Z 变换,即得系统的零输入解

$$y_{zi}(n)=\mathscr{Z}^{-1}[Y_{zi}(z)]$$

若 $N=2$,式(2.10.2)的分子等于(没有包含负号)

$$a(1)z^{-1}[y(-1)z]+a(2)z^{-2}[y(-1)z+y(-2)z^{2}] \tag{2.10.3}$$

在式(2.9.4)中,令其初始条件为零,然后两边取 Z 变换,可得零状态解

$$Y(z)=\frac{\sum_{r=0}^{M}b(r)z^{-r}}{1+\sum_{k=1}^{N}a(k)z^{-k}}X(z)=Y_{zs}(z) \tag{2.10.4}$$

其逆 Z 变换即是 $y_{zs}(n)$,于是系统总的解 $y(n)=y_{zs}(n)+y_{zi}(z)$。

**例 2.10.1** 利用 Z 变换求例 2.3.1 所给系统的解,已知 $y(-1)$ 和 $x(n)=u(n)$。

**解**:所给系统是 $y(n)+ay(n-1)=x(n)$,由式(2.10.2)和式(2.10.3),有

$$Y_{zi}(z)=-\frac{az^{-1}[y(-1)z^{1}]}{1+az^{-1}}=\frac{-a}{1+az^{-1}}y(-1)$$

及

$$y_{zi}(n)=(-a)^{n+1}y(-1)u(n)$$

由式(2.10.4),有

$$Y_{zs}(z)=\frac{\sum_{r=0}^{M}b(r)z^{-r}}{1+\sum_{k=1}^{N}a(k)z^{-k}}X(z)=\frac{1}{1+az^{-1}}\frac{1}{1-z^{-1}}=\frac{z}{z+a}\frac{z}{z-1}$$

利用部分分式法，有

$$\frac{Y_{zs}(z)}{z}=\frac{A}{z+a}+\frac{B}{z-1}$$

求得 $A=\frac{a}{1+a}$，$B=\frac{1}{1+a}$，于是

$$y_{zs}(n)=\frac{-(-a)}{1+a}(-a)^n+\frac{1}{1+a}=\frac{1-(-a)^{n+1}}{1+a}u(n)$$

这和例(2.3.1)的结果是一样的，$y(n)=y_{zs}(n)+y_{zi}(n)$已在式(1F)中给出，此处不再列写。

**例 2.10.2**　利用 $Z$ 变换求例 2.3.2 所给系统 $y(n)-0.7y(n-1)+0.1y(n-2)=x(n)$的解，已知 $y(-1)=1$，$y(-2)=-1$ 及 $x(n)=2u(n)$。

**解**：由式(2.10.2)和式(2.10.3)，有

$$Y_{zi}(z)=-\frac{-0.7z^{-1}[z^1]+0.1z^{-2}[z-z^2]}{1-0.7z^{-1}+0.1z^{-2}}=\frac{0.8-0.1z^{-1}}{1-0.7z^{-1}+0.1z^{-2}}$$

利用部分分式法，有

$$\frac{Y_{zs}(z)}{z}=\frac{A}{z-0.2}+\frac{B}{z-0.5}$$

求得 $A=-0.2$，$B=1$，于是 $y_{zi}(n)=-0.2\times0.2^n+0.5^n$。

由式(2.10.4)，有

$$Y_{zs}(z)=\frac{1}{1-0.7z^{-1}+0.1z^{-2}}\,\frac{2}{1-z^{-1}}$$

(请读者自己完成部分分式分解。)可求出

$$y_{zs}(n)=\frac{1}{3}\times0.2^n-\frac{10}{3}\times0.5^n+5,\quad n\geqslant0$$

其结果当然和例 2.3.2 是一样的。

由上述两个例子可以看出，利用 $Z$ 变换求解差分方程确实比时域求解要方便得多，其关键步骤，一是正确计算出式(2.10.3)的分子多项式，二是正确完成部分分式分解。

## 2.11　LSI 系统的信号流图与结构

对于线性移不变系统

$$y(n)+\sum_{k=1}^{N}a(k)y(n-k)=\sum_{r=0}^{M}b(r)x(n-r),\quad b(0)=1\qquad(2.11.1)$$

可用图 2.11.1 描述其输入、输出关系。图中 $\longrightarrow\boxed{z^{-1}}\longrightarrow$ 表示单位延迟，$\xrightarrow{b(i)}$ 表示乘法器，流过此处的信号与 $b(i)$ 相乘，Ⓢ表示加法器。图 2.11.1 称为离散时间系统的信号流图，其基本单元是加法器、乘法器及延迟单元。在该图中，使用了 $(N+M)$ 个延迟单元及 $(N+M)$ 个乘法器。在实际应用中，常把 $\longrightarrow\boxed{z^{-1}}\longrightarrow$ 简单地写成 $\xrightarrow{z^{-1}}$，并将 Ⓢ 省去。

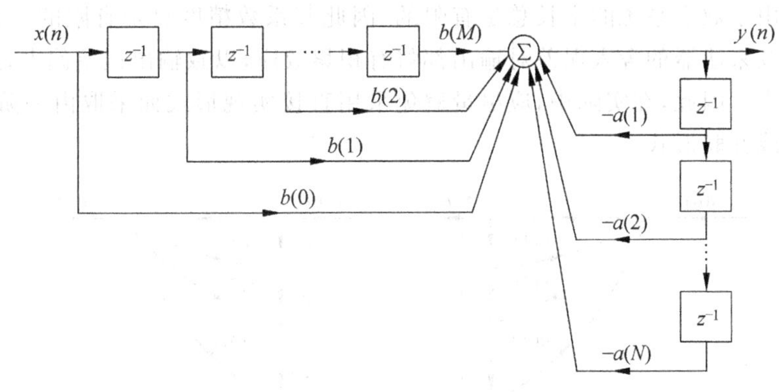


图 2.11.1　LSI 系统的信号流图

2.1 节已述及，在式(2.11.1)中，若 $a(1),a(2),\cdots,a(N)$ 全为零，则系统称为有限冲激响应(FIR)系统，若 $a(1),a(2),\cdots,a(N)$ 有一个不为零，则系统称为无限冲击响应(IIR)系统。这两类系统在性能上有着较大差别，当然，其结构也很不相同。

**1. IIR 系统的直接实现**

式(2.11.1)所对应的 $Z$ 变换可写成

$$Y(z)=X(z)\frac{\sum_{r=0}^{M}b(r)z^{-r}}{1+\sum_{k=1}^{N}a(k)z^{-k}}=\left[\frac{X(z)}{1+\sum_{k=1}^{N}a(k)z^{-k}}\right]\sum_{r=0}^{M}b(r)z^{-r}$$

$$=W(z)\sum_{r=0}^{M}b(r)z^{-r} \tag{2.11.2a}$$

式中

$$W(z)=\frac{X(z)}{1+\sum_{k=1}^{N}a(k)z^{-k}}$$

$W(z)$、$Y(z)$ 对应的差分方程分别是

$$w(n)=-\sum_{k=1}^{N}a(k)w(n-k)+x(n) \tag{2.11.2b}$$

$$y(n)=\sum_{r=0}^{M}b(r)w(n-r) \tag{2.11.2c}$$

它们所对应的信号流图分别如图 2.11.2(a)、(b)所示。图 2.11.2(a)输出的 $w(n)$与图 2.11.2(b)输入的$\omega(n)$是同一个信号，所以可以合并起来，如图 2.11.3 所示。该图使用了 $N$ 个延迟单元、$(N+M)$个乘法器及两个加法器，这种实现方式称为 IIR 系统的直接实现形式。由于数字系统的字长总是有限的，因此其系数精度总是有限的。每一个系数的量化误差及乘法器的舍入误差对输出都将有积累效应，以致输出误差偏大，这是直接实现形式的缺点。因此，在实际中，应尽量避免采用直接实现形式而采取由一阶、二阶系统构成的级联或并联形式。

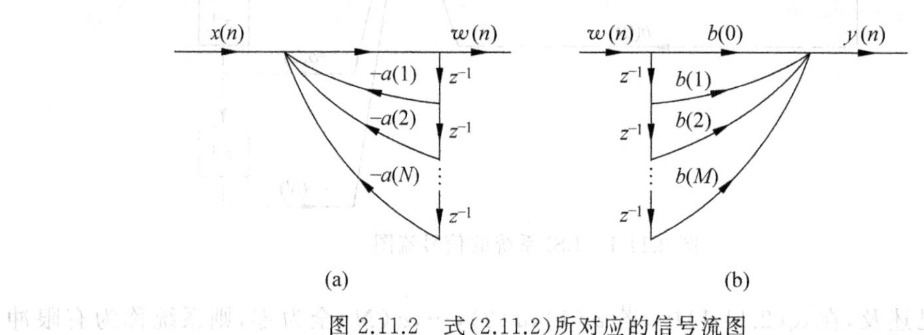


图 2.11.2　式(2.11.2)所对应的信号流图

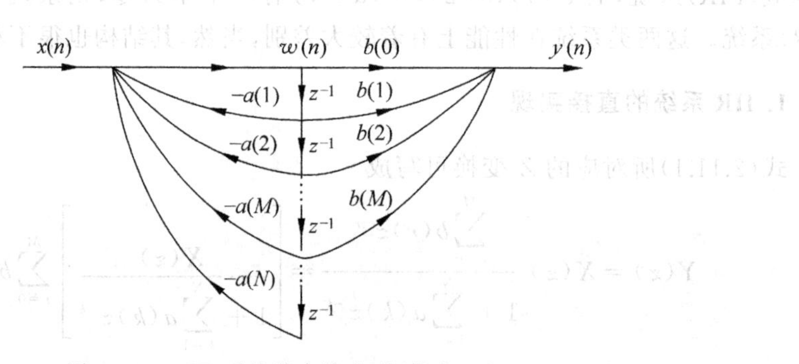


图 2.11.3　IIR 系统的直接实现(假定 $N>M$)

**2. IIR 系统的级联实现**

可以将 $H(z)$的分子分母多项式分成一阶多项式的连乘。考虑到 $H(z)$若有复数极、零点，那么，它们必然是共轭成对出现的。进行物理实现时，其系数应为实数，因此，将它们分解成二阶形式更为合理。若 $N\geqslant M$，$N$ 为偶数，则可将 $H(z)$分成 $N/2$ 个二阶 $z$ 多项式

$$H_i(z)=\frac{1+\beta_{i1}z^{-1}+\beta_{i2}z^{-2}}{1+\alpha_{i1}z^{-1}+\alpha_{i2}z^{-2}},\quad i=1,2,\cdots,N/2 \tag{2.11.3}$$

的连乘,即有

$$H(z)=H_1(z)H_2(z)\cdots H_{N/2}(z) \tag{2.11.4}$$

如图 2.11.4 所示。

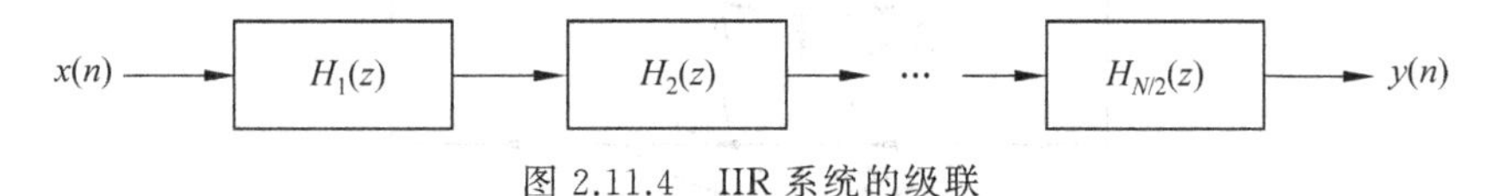


图 2.11.4 IIR 系统的级联

$H_i(z)$的信号流图如图 2.11.5 所示。总的输出为

$$y(n)=((((x(n)*h_1(n))*h_2(n))\cdots)*h_{N/2}(n)) \tag{2.11.5}$$

式中,$h_i(n)$是子系统 $H_i(z)$对应的单位抽样响应。

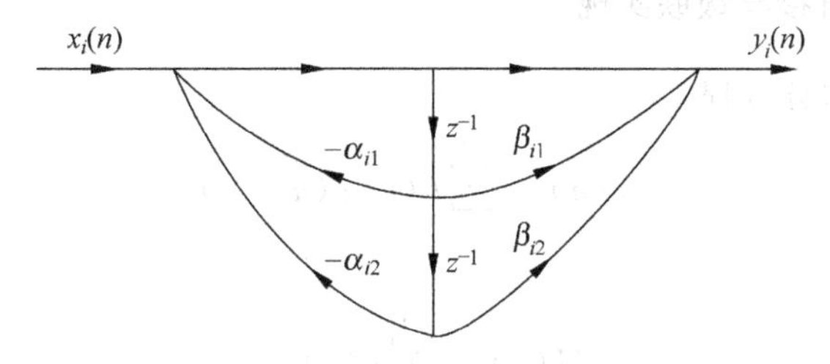


图 2.11.5 二阶子系统信号流图

若 $N$ 为奇数,那么子系统的数目应为$(N+1)/2$,其中包含一个一阶子系统。

**3. IIR 系统的并联实现**

式(2.9.5)给出的 $H(z)$也可分解为各因式之和,如

$$H(z)=\sum_{i=1}^{L_1}\frac{A_i}{1+\lambda_i z^{-1}}+\sum_{i=1}^{L_2}\frac{\beta_{i0}+\beta_{i1}z^{-1}}{1+\alpha_{i1}z^{-1}+\alpha_{i2}z^{-2}} \tag{2.11.6}$$

这样总共分成了$(L_1+L_2)$个子系统,每个子系统有着共同的输入 $x(n)$,而其输出 $y_i(n)$之和便是系统的总输出 $y(n)$,所以有

$$y(n)=\sum_{i=1}^{L_1+L_2}[h_i(n)*x(n)] \tag{2.11.7}$$

其信号流图如图 2.11.6 所示。

由于并联结构的每一个子系统都是独立的,不受其他子系统系数量化误差及乘法舍入误差的影响,因此,它是所述三种结构中对误差最不敏感的结构形式。

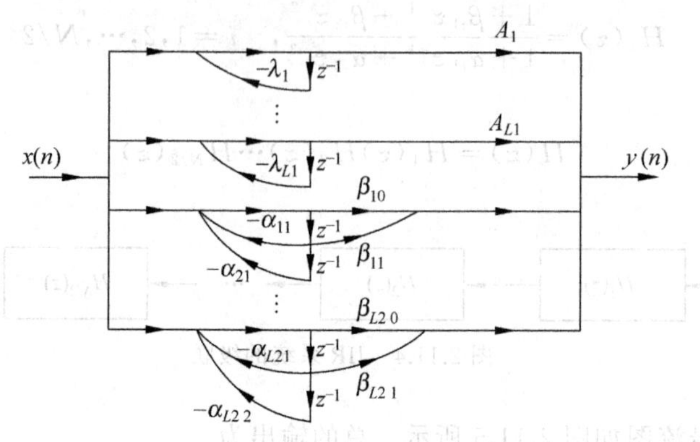


图 2.11.6　IIR 系统并联结构实现

**4. FIR 系统的直接与级联实现**

FIR 系统可由差分方程

$$y(n)=\sum_{r=0}^{M}b(r)x(n-r) \tag{2.11.8a}$$

或转移函数

$$H(z)=\sum_{r=0}^{M}b(r)z^{-r} \tag{2.11.8b}$$

来描述，显然，$b(r),r=0,1,\cdots,M$ 即该系统的单位抽样响应 $h(r),r=0,1,\cdots,M$。FIR 系统也有着不同的结构形式。此处先介绍它的直接实现和级联实现形式，其他实现形式留待第 4 章介绍。

式(2.11.8b)可用图 2.11.7 来直接实现，也可分成二阶 FIR 系统的级联形式，即

$$H(z)=\prod_{k=1}^{L}(\beta_{0k}+\beta_{1k}z^{-1}+\beta_{2k}z^{-2}) \tag{2.11.9}$$

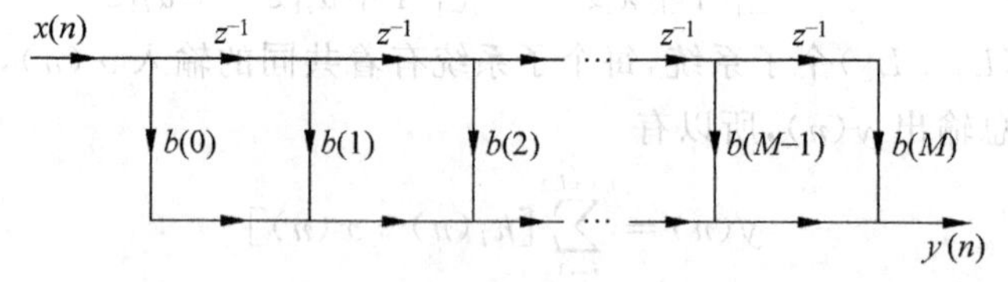


图 2.11.7　FIR 系统的直接实现

如果 $M$ 是偶数，则 $L=M/2$；如果 $M$ 是奇数，除有 $L=(M-1)/2$ 个二阶系统外，还有一个一阶系统。式(2.11.9)的网络结构如图 2.11.8 所示。

由于 FIR 系统的 $H(z)$不是有理分式，无法分解为子系统的和，所以较少通过并联实现。

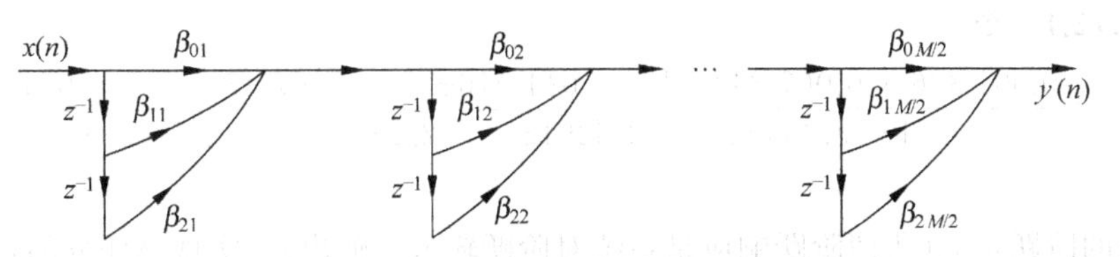


图 2.11.8 FIR 系统的级联实现($M$ 为偶数)

## 2.12 与本章内容有关的 MATLAB 文件

对于一个给定的 LSI 系统,其转移函数 $H(z)$的定义和表示形式如式(2.9.5)。习惯上,令 $H(z)=B(z)/A(z)$。在 MATLAB 中,因为数组的下标不能为零(当然也不能为负值),因此式(2.9.5)可重新表示为

$$H(z)=\frac{B(z)}{A(z)}=\frac{b(1)+b(2)z^{-1}+b(3)z^{-2}+\cdots+b(n_b+1)z^{-n_b}}{1+a(2)z^{-1}+a(3)z^{-2}+\cdots+a(n_a+1)z^{-n_a}} \tag{2.12.1}$$

式中,$n_a$ 和 $n_b$ 分别是 $H(z)$分母与分子多项式的阶次。在有关 MATLAB 的系统分析的文件中,分子和分母的系数被定义为向量,即

$$\left.\begin{aligned}\boldsymbol{b}&=[b(1),b(2),\cdots,b(n_b+1)]\\ \boldsymbol{a}&=[a(1),a(2),\cdots,a(n_a+1)]\end{aligned}\right\} \tag{2.12.2}$$

并要求 $a(1)=1$。如果 $a(1)\neq 1$,则程序将自动地将其归一化为 1。

有关离散系统的分析与 $Z$ 变换及逆 $Z$ 变换的 m 文件很多,现择其主要的几个加以介绍。

### 1. filter.m

本文件可用来求一个离散系统的输出。我们知道,若已知系统的 $h(n)$,由于 $y(n)=x(n)*h(n)$,因此,利用下面将要介绍的 conv.m 文件可方便地求出 $y(n)$。文件 filter 是在已知 $B(z)$、$A(z)$,但不知道 $h(n)$的情况下求 $y(n)$的。显然

$$\begin{aligned}y(n)=&b(1)x(n)+b(2)x(n-1)+\cdots+b(n_b+1)x(n-n_b)-\\&a(2)y(n-1)-\cdots-a(n_a+1)y(n-n_a)\end{aligned} \tag{2.12.3}$$

本文件的调用格式是

```
y=filter(b,a,x)
```

其中,x、y、a 和 b 都是向量。

**例 2.12.1**　令

$$H(z)=\frac{0.001\,836+0.007\,344z^{-1}+0.011\,016z^{-2}+0.007\,374z^{-3}+0.001\,836z^{-4}}{1-3.0544z^{-1}+3.8291z^{-2}-2.2925z^{-3}+0.550\,75z^{-4}} \tag{2.12.4}$$

求该系统的阶跃响应(所谓阶跃响应是系统对阶跃输入的输出)。实现该任务的程序如下。

```
%exa021201_filter.m, to test filter.m
x=ones(100);t=1:100;                    %x(n)=1,对 n=1~100,t 用于后面的绘图;
b=[.001836,.007344,.011016,.007374,.001836];   %形成向量 b;
a=[1,-3.0544,3.8291,-2.2925,.55075];%形成向量 a;
y=filter(b,a,x);                        %实现式(2.12.3);
plot(t,x,'g.',t,y,'k-');                %将 x(n)(绿色)和 y(n)(黑色)画在同一个图上;
```

运行该程序,结果显示在图 4.12.1(b)中。

**2. impz.m**

本文件可用来在已知 $B(z)$、$A(z)$的情况下求出系统的单位抽样响应 $h(n)$,调用格式是

```
h=impz(b,a,N)   或   [h,t]=impz(b,a,N)
```

其中 N 是所需的 $h(n)$的长度。前者绘图时 $n$ 从 1 开始,而后者从 0 开始。

**例 2.12.2**　求式(2.12.4)所给系统的单位抽样响应 $h(n)$。

如下程序可实现这一任务。

```
%exa021202_impz.m, to test impz.m
[h,t]=impz(b,a,40);          %注: b 和 a 的定义见程序 exa021201_filter.m;
stem(t,h,'.');grid on;       %令 h(n)的长度 N=40,绘出离散的 h(n);
```

$h(n)$的图形见图 4.12.1(a)。

**3. conv**

conv.m 用来实现两个离散序列的线性卷积。其调用格式是

```
y=conv(x,h)
```

若 x 的长度为 N,h 的长度为 M,则 y 的长度 L=N+M−1。下例中的程序说明该文件的使用。

**例 2.12.3**　令 $x(n)=\{1,2,3,4,5\}$,$h(n)=\{6,2,3,6,4,2\}$,$y(n)=x(n)*h(n)$,求 $y(n)$。

实现该例的程序如下。

```
%exa021203_conv.m ,to test conv.m
N=5;M=6;L=N+M-1;
x=[1,2,3,4,5];nx=0:N-1;
h=[6,2,3,6,4,2];nh=0:M-1;
y=conv(x,h);ny=0:L-1;
subplot(231);stem(nx,x,'.');xlabel('n');ylabel('x(n)');grid on;
subplot(232);stem(nh,h,'.');xlabel('n');ylabel('h(n)');grid on;
subplot(233);stem(ny,y,'.');xlabel('n');ylabel('y(n)');grid on;
```

程序中 stem 也是 m 文件，用来绘制离散序列的图形。给出 nx、nh、ny 是为了 x(n)、h(n)、y(n)中的 n 从零开始。该程序运行结果如图 2.12.1 所示。

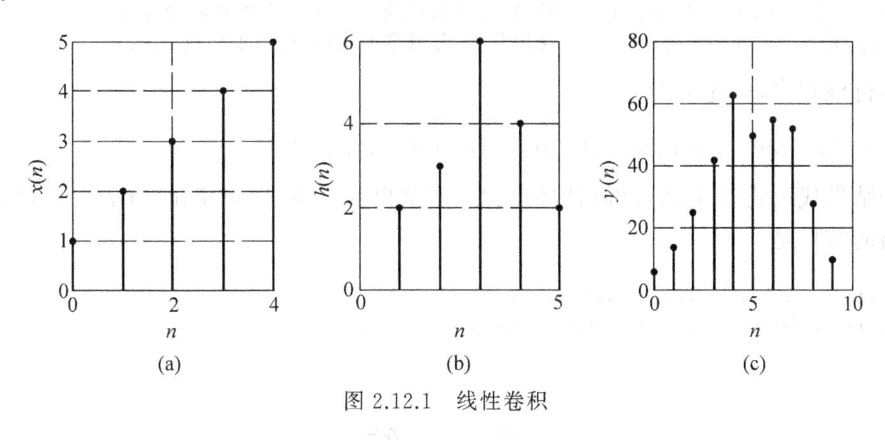


图 2.12.1 线性卷积

**4. residuez.m**

本文件可将 $z$ 的有理分式分解成简单有理分式的和，因此可用来求逆 $Z$ 变换，即

$$X(z)=\frac{B(z)}{A(z)}=\frac{r(1)}{1-p(1)z^{-1}}+\cdots+\frac{r(n)}{1-p(n)z^{-1}}+k(1)+k(2)z^{-1}+\cdots \tag{2.12.5}$$

式中，$p(1),p(2),\cdots,p(n)$的集合 $\boldsymbol{p}$ 是列向量，它的每一个元素都是 $X(z)$的极点。类似地，$\boldsymbol{r}$ 也是列向量，它的每一个元素都是 $X(z)$在相应极点处的留数；$\boldsymbol{k}$ 是行向量，它代表了分解后的直接项。$X(z)$的极点数 $n=n_a$，并等于 $\boldsymbol{r}$ 和 $\boldsymbol{p}$ 的维数。若 $n_b<n_a$，则分解后没有直接项，否则，$\boldsymbol{k}$ 的长度等于 $n_b-n_a+1$。$n_b$、$n_a$ 的定义见式(2.12.1)。

若 $X(z)$在 $p(j)$处有一 $m$ 阶重极点，则 $X(z)$分解后将为 $m$ 项之和，即

$$\frac{r(j)}{1-p(j)z^{-1}}+\frac{r(j+1)}{[1-p(j)z^{-1}]^2}+\cdots+\frac{r(j+m-1)}{[1-p(j)z^{-1}]^m} \tag{2.12.6}$$

本文件的调用格式是

```
[r,p,k]=residuez(b,a)
```

假如知道向量 $\boldsymbol{p}$、$\boldsymbol{r}$ 和 $\boldsymbol{k}$，利用 residuez.m 还可反过来求出多项式 $B(z)$、$A(z)$，格式是

```
[b,a]=residuez(r,p,k)
```

下面的例子说明了该文件的应用。

**例 2.12.4**　residuez.m 文件的应用。

```
%exa021204_residuez.m, to test residuez.m
b=[1.7,-1.69,.39];          %形成分子多项式向量;
a=[1 -1.7,0.8,-.1];         %形成分母多项式向量;
[r,p,k]=residuez(b,a)       %作逆 Z 变换,求出向量 r,p,k;
[b1,a1]=residuez(r,p,k)     %反过来,由求出的 r,p,k 求多项式向量 b,a;
[r,p,k]=residuez(a,b)       %交换分子、分母多项式向量,再求向量 r,p,k;
```

运行该程序，首先给出

```
r(1)=1, r(2)=0.2, r(3)=0.5, p(1)=1, p(2)=0.5, p(3)=0.2, k=0
```

将这些结果代入式(2.12.6)，再利用例 2.6.1 所给出的关系，即可求出 $x(n)$。程序最后一句给出的结果是

```
r(1)=-0.1153,  r(2)=-0.2366,  p(1)=0.6299,
p(2)=0.3462,   k(1)=0.9402,   k(2)=-0.2564
```

# 小　　结

本章给出了离散时间系统的基本概念，包括系统的描述、系统的基本属性(线性、移不变性、因果性及稳定性)、系统的输入输出关系以及差分方程的时域求解等。$Z$ 变换是离散时间系统分析与综合的重要工具，本章详细讨论了 $Z$ 变换的定义及性质，特别强调了 $s$ 平面到 $z$ 平面的映射关系，以及由此引出的离散时间傅里叶变换的周期性问题。

# 习题与上机练习

2.1　求下列序列的 Z 变换，并确定其收敛域。

(1) $x(n)=\{x(-2),x(-1),x(0),x(1),x(2)\}=\left\{-\frac{1}{4},-\frac{1}{2},1,\frac{1}{2},\frac{1}{4}\right\}$

(2) $x(n)=a^n[\cos(\omega_0 n)+\sin(\omega_0 n)]u(n)$

(3) $x(n)=\begin{cases}\left(\dfrac{1}{4}\right)^n, & n\geqslant 0\\ \left(\dfrac{1}{2}\right)^{-n}, & n<0\end{cases}$

2.2 已知

(1) $x(n)=(n+1)u(n)$

(2) $x(n)=n^2u(n)$

(3) $x(n)=nr^n\cos(\omega_0 n)u(n)$

试利用 $Z$ 变换的性质求 $X(z)$。

2.3 对如下三个系统[Opp10],试判别它们是否稳定?线性?因果?移不变?

(1) $y(n)=x(n-n_0)$;

(2) $y(n)=\mathrm{e}^{x(n)}$

(3) $y(n)=\sum\limits_{k=n-n_0}^{n+n_0}x(k)$

2.4 对如下两个系统:

(1) $y(n)=\sum\limits_{k=0}^{N-1}\alpha_k x(n-k)$,其中 $\alpha_0,\alpha_1,\cdots,\alpha_{N-1}$ 为常数。

(2) $y(n)=2a\cos\omega_0 y(n-1)-a^2y(n-2)+x(n)-a\cos\omega_0 x(n-1)$,其中 $\alpha,\omega_0$ 为常数。

试求其单位抽样响应 $h(n)$,并判断系统是否是稳定的。稳定的条件是什么?

2.5 令 $h(n)=\{h(0),h(1),h(2)\}=\{3,2,1\}$。

(1) 求 $y_1(n)=h(n)*h(n)$。

(2) 求 $y_2(n)=h(n)*h(n)*h(n)$。

2.6 系统

$$y(n)=\frac{1}{M}\sum_{k=0}^{M-1}x(n-k)$$

是一个 $M$ 点移动平均器。已知 $x(n)$是有界的,且界为 $B_x$,试证明 $y(n)$也是有界的,并确定其界为何值。

2.7 已知一 FIR 系统的单位抽样响应 $h(n)=a^n,n=0,1,\cdots,10$,其余为零。令系统的输入 $x(n)=1,n=0,1,2,3,4,5$,其余为零。求系统的输出 $y(n)$。

2.8 已知

$$y(n)=\sum_{m=-\infty}^{n}x(m)$$

试用 $X(z)$表示 $Y(z)$(请用两种不同方法来完成)。

2.9 已知 $x(n)=(0.5)^{n-6}u(n-6)$,求 $X(z)$。

2.10 已知 (1) $x_1(n)=5\sin(0.3\pi n)u(n)$；(2) $x_2(n)=5\times 0.6^n\sin(0.3\pi n)u(n)$；

(3) $x_3(n)=10\times \mathrm{e}^{-0.1n}\cos(0.3\pi n)u(n)$；

求其各自的 $Z$ 变换。

2.11 已知 $x(n)=1,n=0,1,\cdots,N-1$,其他为零,试用两种方法求 $X(z)$。

2.12 给定序列 $x(n)$的 $Z$ 变换,试求 $x(n)$。

(1) $X(z)=z^2(1+z)(1-z^{-1})(1+z^2)(1-z^{-2})$；

(2) $X(z)=\dfrac{0.3z}{z^2-0.7z+0.1}$，$x(n)$为因果信号；

(3) $X(z)=\dfrac{1}{(1-2z^{-1})(1-z^{-1})^2}$，$x(n)$为因果信号；

(4) $X(z)=\dfrac{1}{z^3-1.25z^2+0.5z-0.0625}$，$|z|>1/2$。

2.13 已知 $X(z)=\log(1+az^{-1}),|z|>|a|$,求 $x(n)$。

2.14 一线性移不变离散时间系统的单位抽样响应为

$$h(n)=(1+0.3^n+0.6^n)u(n)$$

(1) 求该系统的转移函数 $H(z)$；

(2) 写出该系统的差分方程；

(3) 画出该系统直接实现、并联实现和级联实现的信号流图。

2.15 给定一个离散时间系统的信号流图如图题 2.15(a),如果保持图形的拓扑结构不变,仅将图中的信号流向(即箭头)反向,输入、输出位置易位,那么所得系统(如图题 2.15(b))称为原系统的易位系统。再给定系统(c)、(d),试画出(c)和(d)的易位系统,并证明图 2.15(a)、(c)、(d)所示的3个系统和其易位系统有着相同的转移函数。

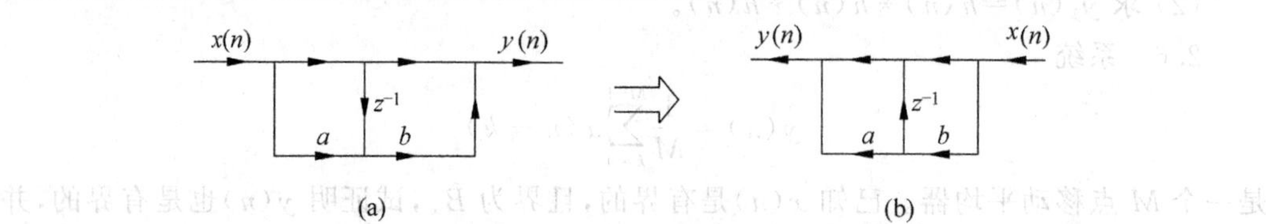


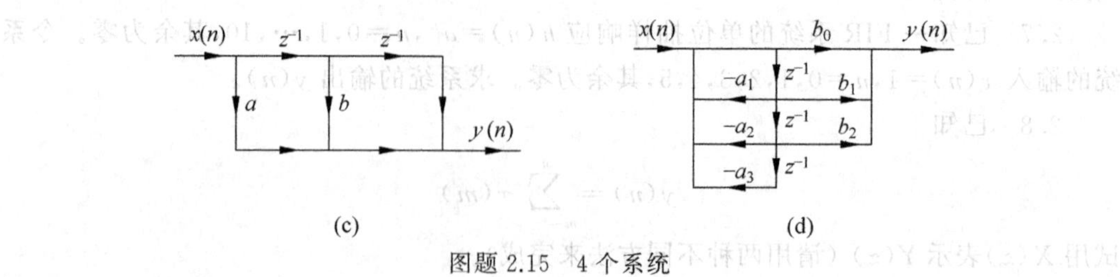


图题 2.15 4个系统

2.16 如图题 2.16 所示为一个三阶 FIR 系统，试写出该系统的差分方程及转移函数。

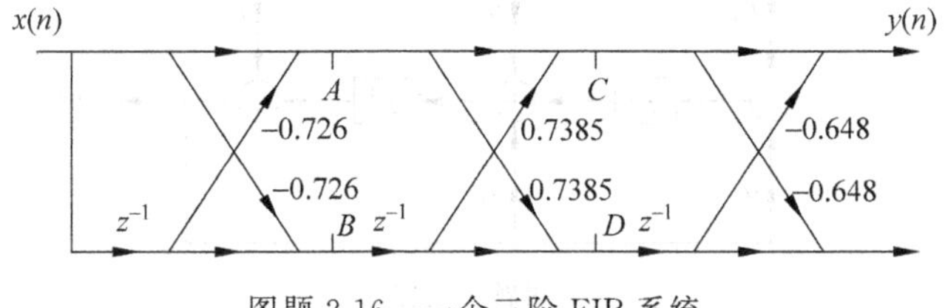

图题 2.16 一个三阶 FIR 系统

2.17 对图题 2.17 的 4 个系统，试用各子系统的抽样响应来表示总的系统的抽样响应，并给出其转移函数表示式。

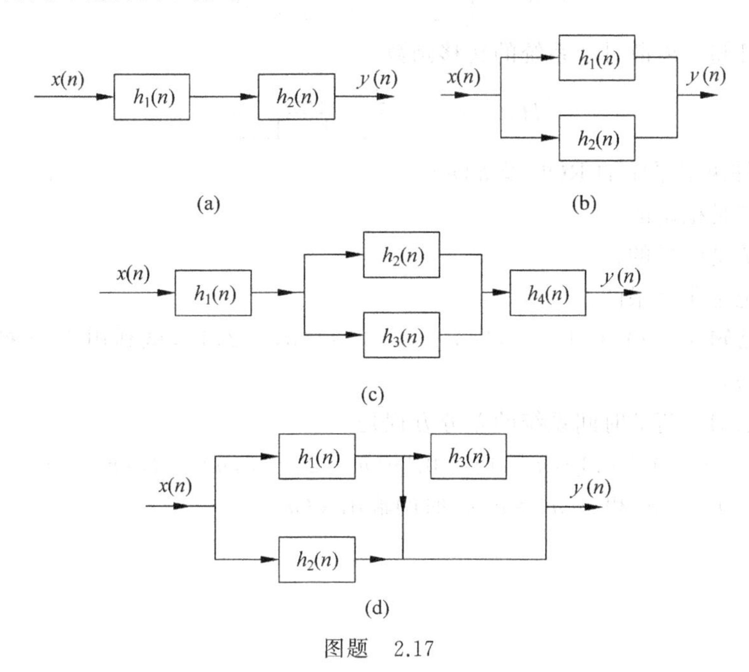

图题 2.17

2.18 一个 LSI 系统的信号流图如题图 2.18 所示

(1) 求系统的转移函数 $H(z)$；

(2) 令 $b_0=b_2=1, b_1=2, a_1=-1, a_2=2$，试判断系统是否稳定；

(3) 令 $b_0=1, b_1=b_2=0, a_1=1, a_2=-0.99$ 时，求 $x(n)=\cos(\pi n/3)$ 的输出。

2.19 一个 LSI 系统的差分方程是

$$y(n)=\frac{1}{4}y(n-2)+x(n)$$

(1) 求该系统的单位抽样响应 $h(n)$。

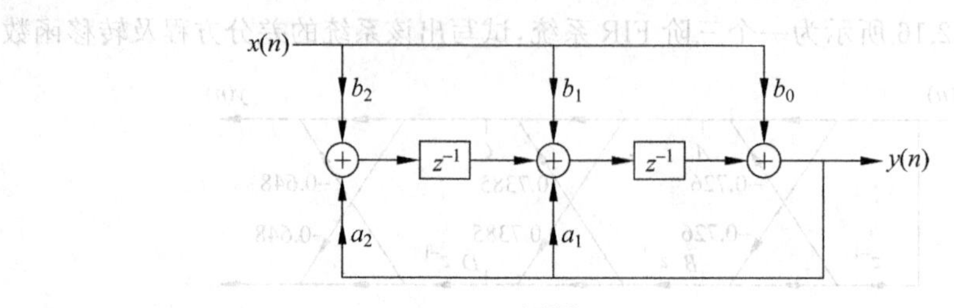


图题　2.18

（2）求该系统对于如下输入信号的输出。

$$x(n)=\left[\left(\frac{1}{2}\right)^n+\left(-\frac{1}{2}\right)^n\right]u(n)$$

2.20　已知一离散时间系统的转移函数

$$H(z)=\frac{2-3.1z^{-1}}{1-3.1z^{-1}+1.5z^{-2}}$$

根据下列条件决定系统的 ROC 及 $h(n)$：

（1）系统是稳定的；

（2）系统是因果的；

（3）系统是非因果的。

2.21　已知 $x_1(n)=\{1,-2,3\}$，　$x_2(n)=\{3,-2,1\}$，试利用 $Z$ 变换求 $x(n)=x_1(n)*x_2(n)$。

2.22　已知一离散时间系统的差分方程是

$$y(n)+0.3y(n-1)-0.1y(n-2)=x(n)-2x(n-1)$$

求系统对 $x(n)=\delta(n)$ 和 $x(n)=u(n)$ 时的输出 $y(n)$。

# 第 3 章

# 离散时间信号的频域分析

图 1.9.4 介绍了牛顿在 1666 年利用三棱镜完成的对白光分解与合成的实验。这一实验表明，一束白光通过玻璃三棱镜后可以分解成不同颜色的光，它们具有不同的波长，对应于不同的频率。不同颜色光的频率形成了一个频带，牛顿称之为"光谱"，这是最早提出的"谱"的概念。

1822 年，法国工程师傅里叶(Fourier)指出，一个"任意"的周期函数 $x(t)$ 可以分解为无穷多个不同频率正弦信号的和，即傅里叶级数。求解傅里叶系数的过程就是傅里叶变换。傅里叶级数和傅里叶变换又统称为傅里叶分析或谐波分析。傅里叶分析方法相当于光谱分析中的三棱镜，而信号 $x(t)$ 相当于一束白光，将 $x(t)$"通过"傅里叶分析后可得到信号的频谱，频谱作傅里叶反变换后又可得到原信号 $x(t)$。由 3.1 节的讨论可知，傅里叶变换实际上是将信号 $x(t)$ 和一组不同频率的复正弦作内积，这一组复正弦即变换的基向量，而傅里叶系数或傅里叶变换是 $x(t)$ 在这一组基向量上的投影。

我们知道，正弦信号是最规则的信号，由幅度、相位及频率这 3 个参数即可完全确定。另外，正弦信号有着广泛的工程背景，如交流电、简谐运动等。而且，正弦信号有许多好的性质，例如正交性，即

$$\int_{t}^{t+T} \sin(n\Omega_0 t)\sin(m\Omega_0 t)\mathrm{d}t = \begin{cases} T/2, & m = n \\ 0, & m \neq n \end{cases}$$

式中，$T = 2\pi/\Omega_0$，$m$、$n$ 为整数。由于以上这些原因，傅里叶分析技术已广泛应用于电学、声学、光学、机械学、生物医学工程等众多领域，为广大工程技术人员及科学工作者所熟悉。

傅里叶分析分别包含了连续信号和离散信号的傅里叶变换和傅里叶级数，内容相当丰富。本章先简要介绍连续时间信号的傅里叶变换和傅里叶级数的基本概念，再着重讨论离散时间信号的傅里叶变换(discrete time Fourier transform，DTFT)及联系连续信号和离散信号的抽样定理，然后引导出在时域和频域都取离散值的离散傅里叶变换，即 DFT。DFT 是数字信号处理中最基本，也是最重要的运算，除谱分析外，卷积、相关等都可以通过 DFT 在计算机上实现。

希尔伯特(Hilbert)变换是信号处理理论中的一个重要变换，它在信号分析与处理方

面以及窄带信号的描述方面都有着重要的应用，通过希尔伯特变换还可以加深对傅里叶变换的理解，3.10节将对希尔伯特变换给以简要的介绍。在3.11节，我们将用几个例子说明信号频域分析的应用。

# 3.1　连续时间信号的傅里叶变换

## 3.1.1　连续周期信号的傅里叶级数

设$x(t)$是一个复正弦信号，记作$x(t)=X\mathrm{e}^{\mathrm{j}\Omega_0 t}$，式中，$X$是幅度，$\Omega_0$是频率，其周期$T=2\pi/\Omega_0$。若$x(t)$由无穷多个复正弦所组成，且其第$k$个复正弦的频率是$\Omega_0$的$k$倍，其幅度记为$X(k\Omega_0)$，则$x(t)$可表示为

$$x(t)=\sum_{k=-\infty}^{\infty}X(k\Omega_0)\mathrm{e}^{\mathrm{j}k\Omega_0 t} \tag{3.1.1}$$

显然，$x(t)$也是周期的，周期仍为$T$。反过来，也可将式(3.1.1)理解为周期信号$x(t)$的分解，用于分解的基函数都是幅度为1的复正弦。其中，对应频率为$k\Omega_0$的复正弦的幅度是$X(k\Omega_0)$。将此结果推广到一般的周期信号，即大家所熟知的傅里叶级数。

设$x(t)$是一个周期信号，其周期为$T$，若$x(t)$在一个周期内的能量是有限的，即

$$\int_{-T/2}^{T/2}|x(t)|^2\mathrm{d}t<\infty \tag{3.1.2}$$

那么，可将$x(t)$展开成傅里叶级数，即式(3.1.1)。式中，$X(k\Omega_0)$是傅里叶系数，其值应是有限的，且有

$$X(k\Omega_0)=\frac{1}{T}\int_{-T/2}^{T/2}x(t)\mathrm{e}^{-\mathrm{j}k\Omega_0 t}\mathrm{d}t \tag{3.1.3}$$

它代表了$x(t)$中第$k$次谐波的幅度。需要说明的是，$X(k\Omega_0)$是离散的，即$k=-\infty\sim\infty$，两点之间的间隔是$\Omega_0$。式(3.1.1)称为指数形式的傅里叶级数，此外还有三角形式的傅里叶级数，见文献[Opp83]，此处不再讨论。

应该指出，并非任一周期信号都可展成傅里叶级数。将周期信号$x(t)$展成傅里叶级数，除式(3.1.2)所示的条件外，$x(t)$还需满足如下Dirichlet条件：

(1) 在任一周期内有间断点存在，则间断点的数目应是有限的；

(2) 在任一周期内极大值和极小值的数目应是有限的；

(3) 在一个周期内应是绝对可积的，即

$$\int_{-T/2}^{T/2}|x(t)|\mathrm{d}t<\infty \tag{3.1.4}$$

文献[Opp83]给出了一些不满足 Dirichlet 条件的"病态"信号的例子。我们在实际工作中所遇到的信号一般都能满足 Dirichlet 条件,在展开成傅里叶级数时一般不会遇到问题。

**例 3.1.1** 图 3.1.1(a)是一个周期矩形信号,显然,它满足式(3.1.2)及 Dirichlet 条件。由式(3.1.3)可知,其傅里叶系数为

$$X(k\Omega_0)=\frac{1}{T}\int_{-\tau/2}^{\tau/2}A\mathrm{e}^{-\mathrm{j}k\Omega_0 t}\mathrm{d}t=\frac{A\tau}{T}\frac{\sin(k\Omega_0\tau/2)}{k\Omega_0\tau/2}=\frac{A\tau}{T}\frac{\sin(k\pi f_0\tau)}{k\pi f_0\tau} \tag{3.1.5}$$

$X(k\Omega_0)$是一个离散的 sinc 函数,如图 3.1.1(b)所示,图中 $\tau=0.2T$,$T=1$,$A=5$。

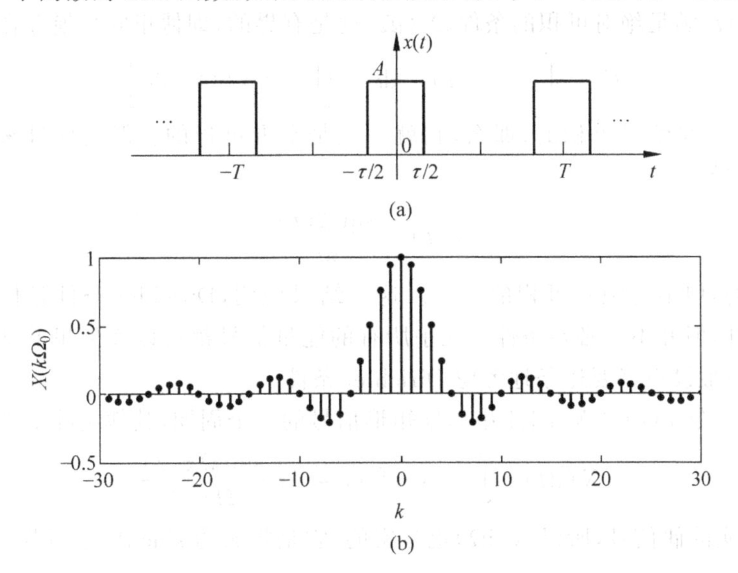


图 3.1.1 周期矩形信号及其傅里叶系数

## 3.1.2 连续非周期信号的傅里叶变换

设 $x(t)$是一个连续时间信号,若 $x(t)$属于 $L_2$ 空间,即

$$\int_{-\infty}^{\infty}|x(t)|^2\mathrm{d}t<\infty \tag{3.1.6}$$

那么,$x(t)$的傅里叶变换存在,并定义为

$$X(\mathrm{j}\Omega)=\int_{-\infty}^{\infty}x(t)\mathrm{e}^{-\mathrm{j}\Omega t}\mathrm{d}t \tag{3.1.7}$$

其反变换是

$$x(t)=\frac{1}{2\pi}\int_{-\infty}^{\infty}X(\mathrm{j}\Omega)\mathrm{e}^{\mathrm{j}\Omega t}\mathrm{d}\Omega \tag{3.1.8}$$

式中，$\Omega=2\pi f$ 为角频率，单位是 rad/s。$X(\mathrm{j}\Omega)$是 $\Omega$ 的连续函数，称为信号 $x(t)$的频谱密度函数，或简称为频谱。

实现傅里叶变换，除了要满足式(3.1.6)所给出的条件外，与 $x(t)$展开成傅里叶级数一样也需要满足 Dirichlet 条件。除了将考虑的区间由一个周期扩展到$-\infty\sim+\infty$外，傅里叶变换时的 Dirichlet 条件的表述方法和傅里叶级数的是一样的，此处不再重复。其中第(3)条的要求来自傅里叶变换的定义，即

$$|X(\mathrm{j}\Omega)|=\left|\int_{-\infty}^{\infty}x(t)\mathrm{e}^{-\mathrm{j}\Omega t}\mathrm{d}t\right|\leqslant\int_{-\infty}^{\infty}|x(t)|\mathrm{d}t<\infty \tag{3.1.9}$$

因此，只要 $x(t)$满足绝对可积的条件，$X(\mathrm{j}\Omega)$便是有界的，即傅里叶变换存在。由于

$$E_x=\int_{-\infty}^{\infty}|x(t)|^2\mathrm{d}t\leqslant\left[\int_{-\infty}^{\infty}|x(t)|\mathrm{d}t\right]^2 \tag{3.1.10}$$

因此，只要 $x(t)$是绝对可积的，那么，它就一定是平方可积的。但是反过来并不一定成立。例如，信号

$$x(t)=\frac{\sin(2\pi t)}{\pi t} \tag{3.1.11}$$

是平方可积的，但不是绝对可积的[Pro14]。这一结果说明，Dirichlet 条件是傅里叶变换存在的充分条件，但并不是必要条件。几乎所有的能量信号都可以作傅里叶变换，因此，在实际工作中一般没有必要逐条地考虑 Dirichlet 条件。

**例 3.1.2** 令 $x(t)$是例 3.1.1 中周期矩形信号的一个周期，其傅里叶变换

$$X(\mathrm{j}\Omega)=\int_{-\tau/2}^{\tau/2}A\mathrm{e}^{-\mathrm{j}\Omega t}\mathrm{d}t=A\tau\frac{\sin(\Omega\tau/2)}{\Omega\tau/2} \tag{3.1.12}$$

由于 $x(t)$是实的偶信号，所以 $X(\mathrm{j}\Omega)$也是实的，它是频域的 sinc 函数，如图 3.1.2 所示。

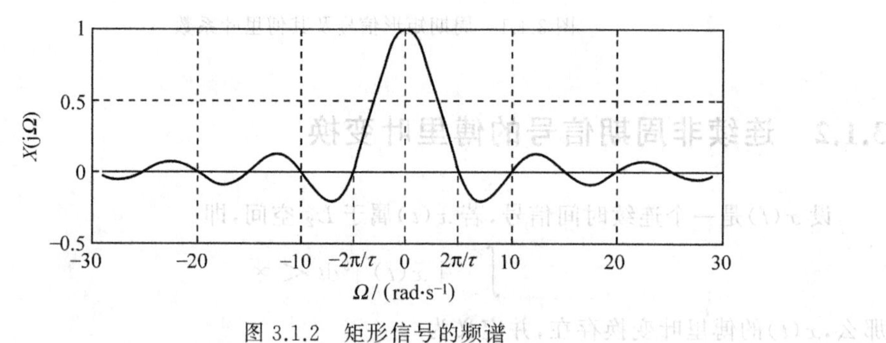


图 3.1.2 矩形信号的频谱

由图 3.1.1 和图 3.1.2 可以看出，它们有着类似的形状，即都是 sinc 函数，但它们有着本质的不同：(1)图 3.1.1 是整个周期信号的傅里叶级数，而图 3.1.2 是该周期信号的一个周期的傅里叶变换；(2)图 3.1.1 的横坐标是离散的，是离散谱，而图 3.1.2 的横坐标是连

续的，因而是连续谱。

### 3.1.3 傅里叶级数和傅里叶变换的区别与联系

以上分别讨论了傅里叶级数和傅里叶变换的定义及其存在条件，现简要讨论二者的区别。

前已述及，傅里叶级数对应的是周期信号，而傅里叶变换对应的是非周期信号；前者要求信号在一个周期内的能量是有限的，而后者要求信号在整个时间区间内的能量是有限的。

此外，傅里叶级数的系数 $X(k\Omega_0)$ 是离散的，而傅里叶变换 $X(\mathrm{j}\Omega)$ 是 $\Omega$ 的连续函数。

由此可见，傅里叶级数与傅里叶变换二者的物理含义不同，因而量纲也不同。$X(k\Omega_0)$ 代表了周期信号 $x(t)$ 的第 $k$ 次谐波幅度的大小，而 $X(\mathrm{j}\Omega)$ 是频谱密度的概念。为说明这一点，可将一个非周期信号视为周期 $T$ 趋于无穷大的周期信号。由 $\Omega_0=2\pi/T$ 可知，若 $T\to\infty$，则必有 $\Omega_0\to 0$，$k\Omega_0\to\Omega$，将式(3.1.3)两边同乘以 $T$，并取 $T\to\infty$ 时的极限，可得

$$\lim_{T\to\infty} TX(k\Omega_0)=\lim_{\Omega_0\to 0}\frac{2\pi X(k\Omega_0)}{\Omega_0}=X(\mathrm{j}\Omega) \tag{3.1.13}$$

所以，从量纲上看，$X(\mathrm{j}\Omega)$ 等于谐波幅度 $X(k\Omega_0)$ 除以频率 $\Omega_0$，显然，它是频谱密度的概念。

比较例 3.1.1、例 3.1.2 及式(3.1.5)和式(3.1.12)，我们看到，周期信号的傅里叶系数和用该信号的一个周期所求出的傅里叶变换的关系为

$$X(k\Omega_0)=\frac{1}{T}X(\mathrm{j}\Omega)\mid_{\Omega=k\Omega_0} \tag{3.1.14}$$

这一关系也可由图 3.1.1 和图 3.1.2 看出。

由式(1.5.3a)可得周期信号 $x(t)$ 的功率

$$\begin{aligned}
P_x&=\frac{1}{T}\int_{-T/2}^{T/2}\mid x(t)\mid^2\mathrm{d}t=\frac{1}{T}\int_{-T/2}^{T/2}x(t)x^*(t)\mathrm{d}t\\
&=\frac{1}{T}\int_{-T/2}^{T/2}x(t)\left[\sum_{k=-\infty}^{\infty}X^*(k\Omega_0)\mathrm{e}^{-\mathrm{j}k\Omega_0 t}\right]\mathrm{d}t\\
&=\sum_{k=-\infty}^{\infty}X^*(k\Omega_0)\left[\frac{1}{T}\int_{-T/2}^{T/2}x(t)\mathrm{e}^{-\mathrm{j}k\Omega_0 t}\mathrm{d}t\right]\\
&=\sum_{k=-\infty}^{\infty}X^*(k\Omega_0)X(k\Omega_0)=\sum_{k=-\infty}^{\infty}\mid X(k\Omega_0)\mid^2
\end{aligned}$$

于是有

$$P_x=\frac{1}{T}\int_{-T/2}^{T/2} | x(t) |^2 \mathrm{d}t=\sum_{k=-\infty}^{\infty} | X(k\Omega_0) |^2 \tag{3.1.15}$$

对能量信号 $x(t)$,我们采用同样的方法可以导出

$$E_x=\int_{-\infty}^{\infty} | x(t) |^2 \mathrm{d}t=\frac{1}{2\pi}\int_{-\infty}^{\infty} | X(\mathrm{j}\Omega) |^2 \mathrm{d}\Omega \tag{3.1.16}$$

式(3.1.15)和式(3.1.16)给出的两个关系称为 Parseval 关系或 Parseval 定理。前者反映的是功率关系,后者反映的是能量关系。

现在,不考虑式(3.1.2)的约束及 Dirichlet 条件,直接求解周期信号的傅里叶变换。将式(3.1.1)代入式(3.1.7),有

$$X(\mathrm{j}\Omega)=\int_{-\infty}^{\infty}\left[\sum_{k=-\infty}^{\infty} X(k\Omega_0)\mathrm{e}^{\mathrm{j}k\Omega_0 t}\right]\mathrm{e}^{-\mathrm{j}\Omega t}\mathrm{d}t=\sum_{k=-\infty}^{\infty} X(k\Omega_0)\int_{-\infty}^{\infty}\mathrm{e}^{\mathrm{j}(\Omega-k\Omega_0)t}\mathrm{d}t$$

由积分

$$\int_{-\infty}^{\infty}\mathrm{e}^{\pm\mathrm{j}xy}\mathrm{d}x=2\pi\delta(y) \tag{3.1.17}$$

可以得到周期信号傅里叶变换的表达式

$$X(\mathrm{j}\Omega)=2\pi\sum_{k=-\infty}^{\infty} X(k\Omega_0)\delta(\Omega-k\Omega_0) \tag{3.1.18}$$

该式表明,一个周期信号的傅里叶变换是由频率轴上间距为 $\Omega_0$ 的冲激序列(Dirac 函数)组成,这些冲激序列的强度等于相应的傅里叶系数乘以 $2\pi$。这样的离散频谱又称为"线谱"。由冲激函数的定义和频谱密度的物理概念可知,周期信号的频谱应理解为在无穷小的频率范围内取得了一个"无限大"的频谱密度。无限大是从冲激函数的角度来理解的。冲激函数的强度为 $2\pi X(k\Omega_0)$,单纯地从 $X(k\Omega_0)$ 来理解,它无密度的概念,它代表了在 $k\Omega_0$ 处的谐波的大小。

由此可以看出,本不具备傅里叶变换条件的周期信号,在引入了冲激信号后也可以作傅里叶变换。当然,变换的结果也应从冲激信号的角度来理解。这样,由式(3.1.18),可以把傅里叶级数和傅里叶变换统一在一个理论框架下进行讨论,并建立起二者的联系。

由上述讨论不难得出如下结论:**时域连续的周期信号的傅里叶变换在频域是离散的、非周期的。**

当周期信号的周期 $T$ 趋于无穷大时,由式(3.1.18)给出的离散频谱将变成连续谱,它对应的是周期信号的一个周期的傅里叶变换,但由于周期为无穷大,因此,它对应的实际上是式(3.1.7)的非周期信号的傅里叶变换。由此可得出另一个结论:**时域连续的非周期信号的傅里叶变换在频域上是连续的、非周期的。**

读者在有关"信号与系统"的教科书(例如,参考文献[Opp83])中都可看到有关连续时间信号傅里叶变换与傅里叶级数的详述,本书不再对此做进一步的讨论。下面仅给出几个常用周期信号傅里叶变换的例子。

1) 单个复正弦

$$x(t)=\mathrm{e}^{\mathrm{j}\Omega_0 t} \Leftrightarrow X(\mathrm{j}\Omega)=2\pi\delta(\Omega-\Omega_0) \tag{3.1.19}$$

2) 实正弦

$$\begin{aligned}&x(t)=\sin\Omega_0 t=[\mathrm{e}^{\mathrm{j}\Omega_0 t}-\mathrm{e}^{-\mathrm{j}\Omega_0 t}]/\mathrm{j}2 \Leftrightarrow\\&X(\mathrm{j}\Omega)=\mathrm{j}\pi[\delta(\Omega+\Omega_0)-\delta(\Omega-\Omega_0)]\end{aligned} \tag{3.1.20}$$

3) 实余弦

$$\begin{aligned}&x(t)=\cos\Omega_0 t=[\mathrm{e}^{\mathrm{j}\Omega_0 t}+\mathrm{e}^{-\mathrm{j}\Omega_0 t}]/2 \Leftrightarrow\\&X(\mathrm{j}\Omega)=\pi[\delta(\Omega+\Omega_0)+\delta(\Omega-\Omega_0)]\end{aligned} \tag{3.1.21}$$

4) 复正弦集合

$$x(t)=\sum_{k=-\infty}^{\infty}\mathrm{e}^{\mathrm{j}k\Omega_0 t} \Leftrightarrow X(\mathrm{j}\Omega)=2\pi\sum_{k=-\infty}^{\infty}\delta(\Omega-k\Omega_0) \tag{3.1.22}$$

式中，$\sum_{k=-\infty}^{\infty}\delta(\Omega-k\Omega_0)$ 是频域的冲激串序列。

显然,单个复正弦的频谱是在 $\Omega_0$ 处的单个谱线,单个实正弦(实余弦)是在 $\pm\Omega_0$ 处的两个谱线,复正弦集合是在 $k\Omega_0$ 处的无穷多谱线。所以,正弦信号的频谱又称为“线谱”。

5) 时域冲激串序列

重写式(1.2.2),并令周期为 $T$,有

$$p(t)=\sum_{n=-\infty}^{\infty}\delta(t-nT) \tag{3.1.23}$$

$p(t)$称为冲激串序列。显然,它是周期的,周期为 $T$,将其展开成傅里叶级数,有

$$p(t)=\sum_{n=-\infty}^{\infty}\delta(t-nT)=\sum_{k=-\infty}^{\infty}P(k\Omega_0)\mathrm{e}^{\mathrm{j}k\Omega_0 t}$$

其中傅里叶系数

$$P(k\Omega_0)=\frac{1}{T}\int_{-T/2}^{T/2}\delta(t)\mathrm{e}^{-\mathrm{j}k\Omega_0 t}\mathrm{d}t=\frac{1}{T} \tag{3.1.24}$$

于是有

$$\sum_{n=-\infty}^{\infty}\delta(t-nT)=\frac{1}{T}\sum_{k=-\infty}^{\infty}\mathrm{e}^{\mathrm{j}k\Omega_0 t},\quad \Omega_0=2\pi/T \tag{3.1.25}$$

将式(3.1.25)代入式(3.1.7),有

$$P(\mathrm{j}\Omega)=\frac{1}{T}\sum_{k=-\infty}^{\infty}\int_{-\infty}^{\infty}\mathrm{e}^{-\mathrm{j}\Omega t}\mathrm{e}^{\mathrm{j}k\Omega_0 t}\mathrm{d}t=\frac{2\pi}{T}\sum_{k=-\infty}^{\infty}\delta(\Omega-k\Omega_0) \tag{3.1.26}$$

此式为时域冲激串的傅里叶变换,变换的结果是频域的冲激串,即有

$$\sum_{n=-\infty}^{\infty}\delta(t-nT) \Leftrightarrow \frac{2\pi}{T}\sum_{k=-\infty}^{\infty}\delta(\Omega-k\Omega_0) \tag{3.1.27}$$

请注意,这两个冲激串的间距 $T$ 和 $\Omega_0$ 互为倒数。这一对变换关系在信号处理中有着重

要的作用,3.3节将会用到它。

时域的冲激串可以展开成式(3.1.25)的傅里叶级数,同理,频域的冲激串也可展开成傅里叶级数。请读者自己推导,对应式(3.1.25)的关系是

$$\sum_{k=-\infty}^{\infty}\delta(\Omega-k\Omega_0)=\frac{1}{\Omega_0}\sum_{n=-\infty}^{\infty}e^{jnT\Omega},\qquad T=2\pi/\Omega_0 \tag{3.1.28}$$

式(3.1.25)与式(3.1.28)给出的这一对关系称为Poisson和公式,在信号处理中同样有着重要的应用。

### 3.1.4 关于傅里叶变换的进一步解释

本节开头时已指出,傅里叶变换实际上是将信号$x(t)$和一组不同频率的复正弦作内积,即

$$X(k\Omega_0)=\langle x(t),e^{jk\Omega_0 t}\rangle,\quad X(j\Omega)=\langle x(t),e^{j\Omega t}\rangle$$

前者对应傅里叶级数,后者对应傅里叶变换。式中的复正弦即变换的基向量,而傅里叶系数或傅里叶变换是$x(t)$在这一组基向量上的投影。由于不同频率的正弦信号两两之间是正交的,因此傅里叶变换是正交变换。

傅里叶变换可以更直观地解释为是将信号展开成无穷多正弦信号的组合。对于傅里叶级数,"无穷多"正弦指的是取基波频率$\Omega_0$整数倍的那些正弦,对傅里叶变换,则是在$\Omega$轴上连续取值的那些正弦。

将一个复杂的信号分解为一系列简单信号的组合是信号处理中最基本的方法。这样做的目的,一方面是便于了解所要处理的信号的内涵,另一方面是便于提取信号的特征。那么,傅里叶变换为什么选择正弦信号作为分解的基向量呢?这是因为:

(1) 前已述及,正弦信号是最规则的信号,由幅度、相位及频率这三个参数即可完全确定其时域波形。其频域也最简单,即只有一根谱线(复正弦)。将信号展开为正弦的组合,即可得到所有的谱线,从而得到信号的频谱分布。另外,正弦信号处处可导,且有着无穷阶的导数,在信号处理的理论推导方面特别有用。

也许有人会问,为什么不选择时域只取0和1的更简单的方波作为分解的基函数?确实,方波在时域非常简单,通过时间轴的伸缩也能构成正交基(早期的Walsh变换),但其频谱是sinc函数(如图3.1.2所示),包含了从$-\infty\sim+\infty$的所有频率成分,因此不利于频谱分析。实际上,凡是信号在时域中有阶跃(或冲激)的成分,则都需要无穷多的频率成分才能合成这样的阶跃(或冲激)。另外,方波的不可导是限制其应用的又一个重要原因。

(2) 时间和频率是现实世界中两个最重要也是最基本的物理量,它们与我们的日常生活密切相关,我们时时可以感受到它们的存在。时间自不必说,对于频率,如声音的粗细、图像色彩的单调与绚丽、物体运动的快慢等,都包含了丰富的频率内容。而傅里

叶变换正好把时间和频率联系了起来，使得我们对一个给定的信号，可以由时域转换到频域，反之亦然。

基于此，傅里叶变换是信号分析和处理领域中最重要的工具。

## 3.2　离散时间信号的傅里叶变换(DTFT)

### 3.2.1　DTFT的定义

设 $h(n)$ 为一个LSI系统的单位抽样响应，由2.9节可求出该系统的频率响应

$$H(\mathrm{e}^{\mathrm{j}\omega})=\sum_{n=0}^{\infty}h(n)\mathrm{e}^{-\mathrm{j}\omega n} \tag{3.2.1}$$

此式为离散时间序列的傅里叶变换，即DTFT。由第2章的讨论可知，$H(\mathrm{e}^{\mathrm{j}\omega})$ 是 $\omega$ 的连续函数，且是周期的，周期为 $2\pi$。比较式(3.2.1)和式(3.1.1)可以看出，式(3.2.1)的DTFT也可看作周期信号 $H(\mathrm{e}^{\mathrm{j}\omega})$ 在频域内展成的傅里叶级数，其傅里叶系数是时域信号 $h(n)$。

由序列 $Z$ 变换的定义，很容易得到

$$H(\mathrm{e}^{\mathrm{j}\omega})=H(z)\big|_{z=\mathrm{e}^{\mathrm{j}\omega}} \tag{3.2.2}$$

即DTFT是 $z$ 仅在单位圆上取值的 $Z$ 变换。若希望 $H(\mathrm{e}^{\mathrm{j}\omega})$ 存在，那么 $H(z)$ 的收敛域应包含单位圆，即

$$|H(\mathrm{e}^{\mathrm{j}\omega})|=\left|\sum_{n=0}^{\infty}h(n)\mathrm{e}^{-\mathrm{j}\omega n}\right|\leqslant\sum_{n=0}^{\infty}\left|h(n)\mathrm{e}^{-\mathrm{j}\omega n}\right|=\sum_{n=0}^{\infty}|h(n)|<\infty \tag{3.2.3}$$

我们再一次看到，若 $h(n)$ 的 $H(\mathrm{e}^{\mathrm{j}\omega})$ 存在，那么 $h(n)$ 一定要属于 $l_1$ 空间。由此，对任一序列 $x(n)$，只要它属于 $l_1$ 空间，我们都可按式(3.2.1)来定义它的DTFT，即

$$X(\mathrm{e}^{\mathrm{j}\omega})=\sum_{n=-\infty}^{\infty}x(n)\mathrm{e}^{-\mathrm{j}\omega n} \tag{3.2.4}$$

属于 $l_1$ 空间的 $x(n)$ 将是非周期的时间序列。进一步，认为式(3.2.4)是能量有限序列的傅里叶变换。显然 $X(\mathrm{e}^{\mathrm{j}\omega})$ 也是 $\omega$ 的连续函数，同样，由于

$$X(\mathrm{e}^{\mathrm{j}\omega+2\pi})=\sum_{n=-\infty}^{\infty}x(n)\mathrm{e}^{-\mathrm{j}(\omega+2\pi)n}=\mathrm{e}^{-\mathrm{j}2\pi n}\sum_{n=-\infty}^{\infty}x(n)\mathrm{e}^{-\mathrm{j}\omega n}=X(\mathrm{e}^{\mathrm{j}\omega})$$

因而 $X(\mathrm{e}^{\mathrm{j}\omega})$ 也是 $\omega$ 的周期函数，周期为 $2\pi$。

至此，我们已讨论了3种形式的傅里叶变换，连同3.5节要讨论的时域为离散的周期序列的傅里叶变换，即离散傅里叶级数(DFS)，共有4种形式的傅里叶变换，如图3.2.1所示。

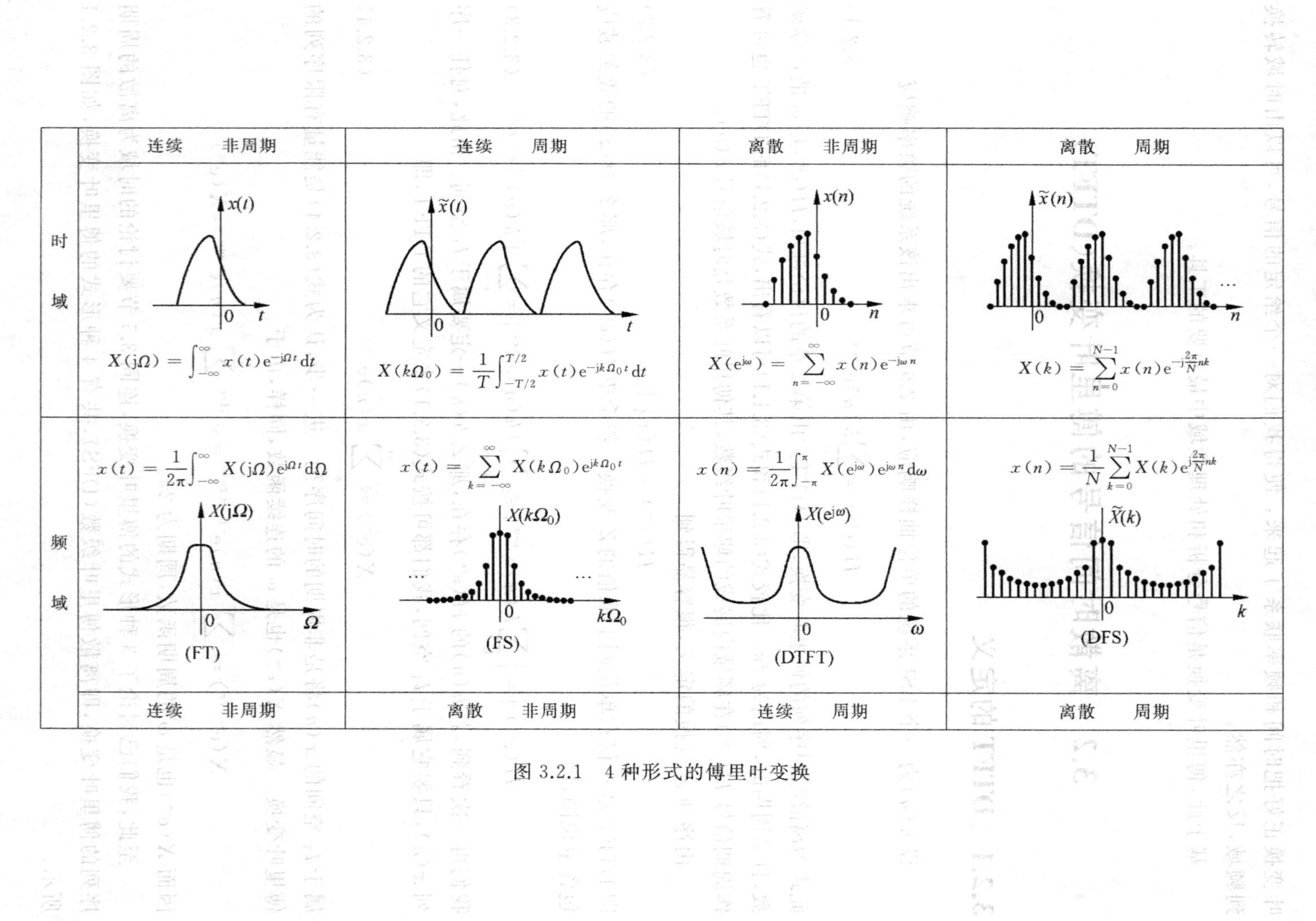


$$X(j\Omega)=\int_{-\infty}^{\infty}x(t)e^{-j\Omega t}dt$$
$$x(t)=\frac{1}{2\pi}\int_{-\infty}^{\infty}X(j\Omega)e^{j\Omega t}d\Omega$$
$$X(k\Omega_0)=\frac{1}{T}\int_{-T/2}^{T/2}x(t)e^{-jk\Omega_0 t}dt$$
$$x(t)=\sum_{k=-\infty}^{\infty}X(k\Omega_0)e^{jk\Omega_0 t}$$
$$X(e^{j\omega})=\sum_{n=-\infty}^{\infty}x(n)e^{-j\omega n}$$
$$x(n)=\frac{1}{2\pi}\int_{-\pi}^{\pi}X(e^{j\omega})e^{j\omega n}d\omega$$
$$X(k)=\sum_{n=0}^{N-1}x(n)e^{-j\frac{2\pi}{N}nk}$$
$$x(n)=\frac{1}{N}\sum_{k=0}^{N-1}X(k)e^{j\frac{2\pi}{N}nk}$$

图 3.2.1　4 种形式的傅里叶变换

由此图可以看出，若 $x$ 在时域是周期的，那么在频域 $X$ 一定是离散的，反之亦然。同样，若 $x$ 是非周期的，$X$ 一定是连续的，反之也成立。这 4 种傅里叶变换针对 4 种不同类型的信号，各自有应用背景及性质。第 4 种(即 DFS)在时域和频域都是离散的，且都是周期的，周期都为 $N$ 点。3.5 节将讨论由此引出的另一种变换形式 DFT，在计算机上能方便地利用 DFT 来实现信号的频谱分析。

用 $\mathrm{e}^{\mathrm{j}\omega m}$ 乘以式(3.2.4)的两边，并在 $-\pi\sim+\pi$ 内对 $\omega$ 积分，有

$$\int_{-\pi}^{\pi} X(\mathrm{e}^{\mathrm{j}\omega})\mathrm{e}^{\mathrm{j}\omega m}\mathrm{d}\omega=\int_{-\pi}^{\pi}\left[\sum_{n=-\infty}^{\infty} x(n)\mathrm{e}^{-\mathrm{j}\omega n}\right]\mathrm{e}^{\mathrm{j}\omega m}\mathrm{d}\omega=\sum_{n=-\infty}^{\infty} x(n)\int_{-\pi}^{\pi}\mathrm{e}^{\mathrm{j}\omega(m-n)}\mathrm{d}\omega$$

由于 $\int_{-\pi}^{\pi}\mathrm{e}^{\mathrm{j}\omega(m-n)}\mathrm{d}\omega$ 是复正弦信号在 $-\pi\sim+\pi$ 内的积分，且 $m$、$n$ 为整数，所以，不论 $m$、$n$ 如何取值，只有 $m=n$ 时该积分才不为零，且积分值为 $2\pi$，即

$$\int_{-\pi}^{\pi}\mathrm{e}^{\mathrm{j}\omega(m-n)}\mathrm{d}\omega=2\pi\delta(m-n)$$

所以

$$x(n)=\frac{1}{2\pi}\int_{-\pi}^{\pi} X(\mathrm{e}^{\mathrm{j}\omega})\mathrm{e}^{\mathrm{j}\omega n}\mathrm{d}\omega \tag{3.2.5}$$

这是 DTFT 的反变换公式。

式(3.2.5)也可由 DTFT 的性质得到。前已述及，$X(\mathrm{e}^{\mathrm{j}\omega})$是频域的周期函数，周期为 $2\pi$，因此，可将其展开为傅里叶级数，其傅里叶系数(假定是 $c_n$)应是时域的离散序列，即

$$X(\mathrm{e}^{\mathrm{j}\omega})=\sum_{n=-\infty}^{\infty} c_n\mathrm{e}^{-\mathrm{j}\omega n}$$

由式(3.1.3)得傅里叶系数

$$c_n=\frac{1}{2\pi}\int_{-\pi}^{\pi} X(\mathrm{e}^{\mathrm{j}\omega})\mathrm{e}^{\mathrm{j}\omega n}\mathrm{d}\omega$$

将上述两式和式(3.2.4)、式(3.2.5)相比较，不难发现，$c_n$ 就应该是 $x(n)$，因此，DTFT 反变换的公式即式(3.2.5)。

## 3.2.2　DTFT 的性质

### 1. 线性

令 $x_1(n)$、$x_2(n)$ 的 DTFT 分别是 $X_1(\mathrm{e}^{\mathrm{j}\omega})$、$X_2(\mathrm{e}^{\mathrm{j}\omega})$，并令 $x(n)=ax_1(n)+bx_2(n)$，则

$$X(\mathrm{e}^{\mathrm{j}\omega})=aX_1(\mathrm{e}^{\mathrm{j}\omega})+bX_2(\mathrm{e}^{\mathrm{j}\omega}) \tag{3.2.6}$$

### 2. 时移

令

$$y(n)=x(n-n_0)$$

则

$$Y(e^{j\omega})=\sum_{n=-\infty}^{\infty}x(n-n_0)e^{-j\omega n}=\sum_{l=-\infty}^{\infty}x(l)e^{-j\omega(l+n_0)}$$

即

$$Y(e^{j\omega})=e^{-j\omega n_0}X(e^{j\omega}) \tag{3.2.7}$$

**3. 奇、偶、虚、实对称性质**

设 $x(n)$ 为一个复信号，将 $x(n)$、$X(e^{j\omega})$ 都分别写成实部和虚部的形式，即

$$x(n)=x_R(n)+jx_I(n) \tag{3.2.8a}$$

$$X(e^{j\omega})=X_R(e^{j\omega})+jX_I(e^{j\omega}) \tag{3.2.8b}$$

由 DTFT 正、反变换的定义可得

$$X_R(e^{j\omega})=\sum_{n=-\infty}^{\infty}[x_R(n)\cos(\omega n)+x_I(n)\sin(\omega n)] \tag{3.2.9a}$$

$$X_I(e^{j\omega})=-\sum_{n=-\infty}^{\infty}[x_R(n)\sin(\omega n)-x_I(n)\cos(\omega n)] \tag{3.2.9b}$$

$$x_R(n)=\frac{1}{2\pi}\int_{-\pi}^{\pi}[X_R(e^{j\omega})\cos(\omega n)-X_I(e^{j\omega})\sin(\omega n)]d\omega \tag{3.2.10}$$

$$x_I(n)=\frac{1}{2\pi}\int_{-\pi}^{\pi}[X_R(e^{j\omega})\sin(\omega n)+X_I(e^{j\omega})\cos(\omega n)]d\omega \tag{3.2.11}$$

如果 $x(n)$ 是实信号，即 $x_I(n)=0$，由于 $\cos(\omega n)$、$\sin(\omega n)$ 分别是 $\omega$ 的偶函数和奇函数，可得下述结论。

① $X(e^{j\omega})$ 的实部 $X_R(e^{j\omega})$ 是 $\omega$ 的偶函数，即

$$X_R(e^{j\omega})=\sum_{n=-\infty}^{\infty}x(n)\cos(\omega n)=X_R(e^{-j\omega}) \tag{3.2.12}$$

② $X(e^{j\omega})$ 的虚部 $X_I(e^{j\omega})$ 是 $\omega$ 的奇函数，即

$$X_I(e^{j\omega})=-\sum_{n=-\infty}^{\infty}x(n)\sin(\omega n)=-X_I(e^{-j\omega}) \tag{3.2.13}$$

把上面两式结合起来，可得实信号 DTFT 的 Hermitian 对称性，即

$$X^*(e^{j\omega})=X(e^{-j\omega}) \tag{3.2.14}$$

③ $X(e^{j\omega})$ 的幅频响应是 $\omega$ 的偶函数，即

$$|X(e^{j\omega})|=|X(e^{-j\omega})| \tag{3.2.15}$$

式中

$$|X(e^{j\omega})|=[X_R^2(e^{j\omega})+X_I^2(e^{j\omega})]^{1/2}$$

信号的频谱 $X(e^{j\omega})$ 一般为复函数，因此，它既可写为式(3.2.8b)的直角坐标形式，也可写为如下极坐标形式：

$$X(e^{j\omega}) = |X(e^{j\omega})| e^{j\varphi(\omega)} \tag{3.2.16a}$$

式中,$\varphi(\omega)$是信号的相频响应。

④ $X(e^{j\omega})$的相频响应是 $\omega$ 的奇函数,即

$$\varphi(\omega) = \arctan \frac{X_I(e^{j\omega})}{X_R(e^{j\omega})} = -\varphi(-\omega) \tag{3.2.16b}$$

⑤ 由于 $X_R(e^{j\omega})\cos(\omega n)$,$X_I(e^{j\omega})\sin(\omega n)$都是 $\omega$ 的偶函数,且 $x_I(n)=0$,由式(3.2.10),有

$$x(n) = \frac{1}{\pi}\int_0^{\pi} [X_R(e^{j\omega})\cos(\omega n) - X_I(e^{j\omega})\sin(\omega n)]d\omega \tag{3.2.17}$$

即积分只要从 0 至 $\pi$ 即可。

⑥ 若 $x(n)$再是偶函数,那么

$$X_R(e^{j\omega}) = x(0) + 2\sum_{n=1}^{\infty} x(n)\cos(\omega n) \tag{3.2.18}$$

$$X_I(e^{j\omega}) = 0 \tag{3.2.19}$$

$$x(n) = \frac{1}{\pi}\int_0^{\pi} X_R(e^{j\omega})\cos(\omega n)d\omega \tag{3.2.20}$$

以上 3 式说明,若 $x(n)$是以 $n=0$ 为对称的实偶信号,那么其频谱为实值,其相频响应恒为零,因此,$x(n)$可由式(3.2.20)的简单形式来恢复。当然,如果 $x(n)$不是以 $n=0$ 为对称,那么 $X(e^{j\omega})$将有一个线性相位。

⑦ 若 $x(n)$是实的奇函数,则

$$X_R(e^{j\omega}) = 0 \tag{3.2.21}$$

$$X_I(e^{j\omega}) = -2\sum_{n=1}^{\infty} x(n)\sin(\omega n) \tag{3.2.22}$$

$$x(n) = -\frac{1}{\pi}\int_0^{\pi} X_I(e^{j\omega})\sin(\omega n)d\omega \tag{3.2.23}$$

上面所讨论的奇、偶、虚、实对称性质可总结成图 3.2.2,其中,当 $x(n)$为纯虚函数,即 $x(n)=jx_I(n)$,且 $x_I(n)$分别为奇、偶对称时,$x(n)$与其 DTFT 的关系留给读者完成。

**4. 时域卷积定理**

若

$$y(n) = x(n) * h(n)$$

则

$$Y(e^{j\omega}) = X(e^{j\omega})H(e^{j\omega}) \tag{3.2.24}$$

**证明**　因为

$$Y(e^{j\omega}) = \sum_{n=-\infty}^{\infty} y(n)e^{-j\omega n} = \sum_{n=-\infty}^{\infty}\left[\sum_{m=-\infty}^{\infty} x(m)h(n-m)\right]e^{-j\omega n}$$

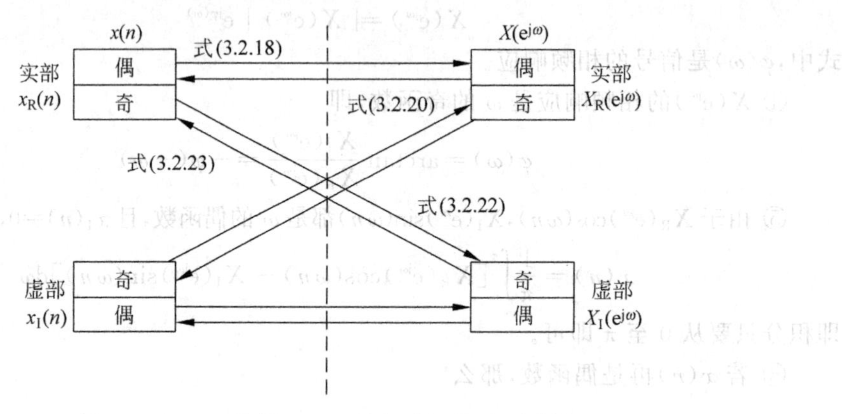


图 3.2.2　$x(n)$及其DTFT的奇、偶、虚、实对称性

$$=\sum_{m=-\infty}^{\infty}x(m)\mathrm{e}^{-\mathrm{j}\omega m}\sum_{n=-\infty}^{\infty}h(n-m)\mathrm{e}^{-\mathrm{j}\omega(n-m)}$$

所以

$$Y(\mathrm{e}^{\mathrm{j}\omega})=X(\mathrm{e}^{\mathrm{j}\omega})H(\mathrm{e}^{\mathrm{j}\omega})$$

**5. 频域卷积定理**

若

$$y(n)=x(n)h(n)$$

则

$$Y(\mathrm{e}^{\mathrm{j}\omega})=X(\mathrm{e}^{\mathrm{j}\omega})*H(\mathrm{e}^{\mathrm{j}\omega})=\frac{1}{2\pi}\int_{-\pi}^{\pi}X(\mathrm{e}^{\mathrm{j}\theta})H(\mathrm{e}^{\mathrm{j}(\omega-\theta)})\mathrm{d}\theta \tag{3.2.25}$$

**证明**　因为

$$Y(\mathrm{e}^{\mathrm{j}\omega})=\sum_{n=-\infty}^{\infty}x(n)h(n)\mathrm{e}^{-\mathrm{j}\omega n}=\sum_{n=-\infty}^{\infty}x(n)\left[\frac{1}{2\pi}\int_{-\pi}^{\pi}H(\mathrm{e}^{\mathrm{j}\theta})\mathrm{e}^{\mathrm{j}\theta n}\mathrm{d}\theta\right]\mathrm{e}^{-\mathrm{j}\omega n}$$

变换积分与求和的次序，有

$$Y(\mathrm{e}^{\mathrm{j}\omega})=\frac{1}{2\pi}\int_{-\pi}^{\pi}H(\mathrm{e}^{\mathrm{j}\theta})\left[\sum_{m=-\infty}^{\infty}x(n)\mathrm{e}^{-\mathrm{j}(\omega-\theta)n}\right]\mathrm{d}\theta$$

$$=\frac{1}{2\pi}\int_{-\pi}^{\pi}H(\mathrm{e}^{\mathrm{j}\theta})X(\mathrm{e}^{\mathrm{j}(\omega-\theta)})\mathrm{d}\theta$$

所以

$$Y(\mathrm{e}^{\mathrm{j}\omega})=X(\mathrm{e}^{\mathrm{j}\omega})*H(\mathrm{e}^{\mathrm{j}\omega})$$

上面两个性质告诉我们，序列在时域卷积对应频域相乘；反之，时域相乘对应频域卷积。需注意，频域卷积的积分号前面有 $1/2\pi$，如式(3.2.25)。

**6. 时域相关定理**

若 $y(n)$是 $x(n)$和 $h(n)$的相关函数,即

$$y(m)=\sum_{n=-\infty}^{\infty} x(n)h(n+m)$$

则

$$Y(e^{j\omega})=X^*(e^{j\omega})H(e^{j\omega}) \tag{3.2.26}$$

**证明** 因为

$$Y(e^{j\omega})=\sum_{m=-\infty}^{\infty}\left[\sum_{n=-\infty}^{\infty} x(n)h(n+m)\right]e^{-j\omega m}$$

$$=\sum_{n=-\infty}^{\infty} x(n)e^{j\omega n}\sum_{m=-\infty}^{\infty} h(n+m)e^{-j\omega(n+m)}$$

所以

$$Y(e^{j\omega})=X^*(e^{j\omega})H(e^{j\omega})$$

如果令 $E_x(e^{j\omega})$是 $x(n)$的自相关函数 $r_x(m)$的傅里叶变换,由式(3.2.26),有

$$E_x(e^{j\omega})=|X(e^{j\omega})|^2=\sum_{m=-\infty}^{\infty} r_x(m)e^{-j\omega m} \tag{3.2.27}$$

此式说明,能量信号 $x(n)$的自相关函数的傅里叶变换等于 $x(n)$的傅里叶变换的幅值平方。下面的性质指出,$|X(e^{j\omega})|^2$ 将是信号 $x(n)$的能量谱。

**7. Parseval 定理**

$$\|\boldsymbol{x}\|_2^2=\sum_{n=-\infty}^{\infty}|x(n)|^2=\frac{1}{2\pi}\int_{-\pi}^{\pi}|X(e^{j\omega})|^2 d\omega \tag{3.2.28}$$

**证明** 因为 $\|\boldsymbol{x}\|_2^2$是信号 $x(n)$在时域的总能量 $E_x$,即

$$E_x=\sum_{n=-\infty}^{\infty} x(n)x^*(n)=\sum_{n=-\infty}^{\infty} x^*(n)\left[\frac{1}{2\pi}\int_{-\pi}^{\pi}X(e^{j\omega})e^{j\omega n}\right]d\omega$$

$$=\frac{1}{2\pi}\int_{-\pi}^{\pi}X(e^{j\omega})\left[\sum_{n=-\infty}^{\infty} x^*(n)e^{j\omega n}\right]d\omega=\frac{1}{2\pi}\int_{-\pi}^{\pi}X(e^{j\omega})X^*(e^{j\omega})d\omega$$

所以

$$E_x=\frac{1}{2\pi}\int_{-\pi}^{\pi}|X(e^{j\omega})|^2 d\omega=\frac{1}{2\pi}\int_{-\pi}^{\pi}E(e^{j\omega})d\omega$$

Parseval 定理告诉我们,信号在时域的总能量等于其频域的总能量,频域的总能量等于$|X(e^{j\omega})|^2$ 在一个周期内的积分。因此,$|X(e^{j\omega})|^2$ 是信号的能量谱,$|X(e^{j\omega})|^2 d\omega$ 是信号在 $d\omega$ 这一极小频带内的能量。

**8. Wiener-Khinchin（维纳-辛钦）定理**

若 $x(n)$是功率信号，其自相关函数的定义由式(1.7.9)给出，其傅里叶变换

$$\sum_{m=-\infty}^{\infty} r_x(m)\mathrm{e}^{-\mathrm{j}\omega m}=\sum_{m=-\infty}^{\infty}\left[\lim_{N\to\infty}\frac{1}{2N+1}\sum_{n=-N}^{N}x(n)x(n+m)\right]\mathrm{e}^{-\mathrm{j}\omega m}$$
$$=\lim_{N\to\infty}\frac{|X_{2N}(\mathrm{e}^{\mathrm{j}\omega})|^2}{2N+1} \tag{3.2.29}$$

式中，$X_{2N}(\mathrm{e}^{\mathrm{j}\omega})$是

$$x_{2N}(n)=\begin{cases}x(n), & |n|\leqslant N\\ 0, & |n|>N\end{cases} \tag{3.2.30}$$

的傅里叶变换。若式(3.2.29)右边极限存在，则称该极限为功率信号 $x(n)$的功率谱 $P_x(\mathrm{e}^{\mathrm{j}\omega})$，即

$$P_x(\mathrm{e}^{\mathrm{j}\omega})=\sum_{m=-\infty}^{\infty} r_x(m)\mathrm{e}^{-\mathrm{j}\omega m}=\lim_{N\to\infty}\frac{|X_{2N}(\mathrm{e}^{\mathrm{j}\omega})|^2}{2N+1} \tag{3.2.31}$$

此式称为确定性信号的维纳-辛钦定理，它说明功率信号 $x(n)$的自相关函数和其功率谱是一对傅里叶变换。信号 $x(n)$的总功率

$$P_x=\frac{1}{2\pi}\int_{-\pi}^{\pi}P_x(\mathrm{e}^{\mathrm{j}\omega})\mathrm{d}\omega \tag{3.2.32}$$

请读者自行证明，不论 $x(n)$是实信号还是复信号，其功率谱 $P_x(\mathrm{e}^{\mathrm{j}\omega})$始终是 $\omega$ 的实函数，即功率谱失去了相位信息。相关函数和功率谱是描述随机信号的重要统计量，将在第 12 章进一步讨论。

以上有关 DTFT 的 8 个性质涉及信号处理中的基本关系，是进行信号处理的基础。

## 3.2.3　关于 DTFT 存在的条件

式(3.2.4)的 DTFT 是一个无限求和的级数，因此必然存在收敛问题。我们说 $X(\mathrm{e}^{\mathrm{j}\omega})$存在，是指式(3.2.4)的级数在某种意义上收敛。定义

$$X_M(\mathrm{e}^{\mathrm{j}\omega})=\sum_{n=-M}^{M}x(n)\mathrm{e}^{-\mathrm{j}\omega n} \tag{3.2.33}$$

如果

$$\lim_{M\to\infty}|X(\mathrm{e}^{\mathrm{j}\omega})-X_M(\mathrm{e}^{\mathrm{j}\omega})|=0,\quad \forall\,\omega \tag{3.2.34}$$

那么 $X(\mathrm{e}^{\mathrm{j}\omega})$是均匀收敛(uniform convergence)的。由式(3.2.3)，只要

$$\sum_{n=-\infty}^{\infty}|x(n)|<\infty \tag{3.2.35}$$

必有$|X(e^{j\omega})|<\infty,\forall\omega$。因此,式(3.2.35)的绝对可和是$X(e^{j\omega})$均匀收敛的充分条件。类似于式(3.1.10),有

$$\sum_{n=-\infty}^{\infty}|x(n)|^2\leqslant\left[\sum_{n=-\infty}^{\infty}|x(n)|\right]^2 \tag{3.2.36}$$

所以,和连续信号时的情况一样,若$x(n)$是绝对可和的,那么它一定是平方可和的;同样,这一结论反过来并不一定成立。例如,若

$$x(n)=\begin{cases}\dfrac{1}{n}, & n\geqslant 1\\ 0, & n\leqslant 0\end{cases} \tag{3.2.37}$$

则其能量

$$E_x=\sum_{n=1}^{\infty}\left(\frac{1}{n}\right)^2=\frac{\pi^2}{6} \tag{3.2.38}$$

但是,该序列不是绝对可和的。再例如,序列

$$x(n)=\frac{\sin(\omega_c n)}{\pi n} \tag{3.2.39}$$

的能量为$\omega_c/\pi$,同样,和式(3.1.11)的 sinc 函数不是绝对可积的一样,该序列也不是绝对可和的。对满足平方可和,但不满足绝对可和的一类信号,若其 DTFT 满足

$$\lim_{M\to\infty}\int_{-\pi}^{\pi}|X(e^{j\omega})-X_M(e^{j\omega})|^2\mathrm{d}\omega=0 \tag{3.2.40}$$

那么我们说$X(e^{j\omega})$是在均方意义上收敛的。满足均方收敛(mean-square convergence)的$X(e^{j\omega})$有可能不满足式(3.2.34)的均匀收敛条件。

**例 3.2.1** 令

$$H_d(e^{j\omega})=\begin{cases}1, & 0\leqslant|\omega|\leqslant\omega_c\\ 0, & \omega_c<|\omega|\leqslant\pi\end{cases} \tag{3.2.41}$$

为一个理想低通滤波器的频率响应,如图 7.1.1 所示。由式(3.2.5),有

$$h_d(n)=\frac{1}{2\pi}\int_{-\pi}^{\pi}H_d(e^{j\omega})e^{j\omega n}\mathrm{d}\omega=\frac{1}{2\pi}\int_{-\omega_c}^{\omega_c}e^{j\omega n}\mathrm{d}\omega=\frac{\sin(\omega_c n)}{\pi n} \tag{3.2.42}$$

它正是式(3.2.39)的序列,因此,$h_d(n)$不是绝对可和的。由

$$\sum_{n=-\infty}^{\infty}h_d(n)e^{-j\omega n}=\sum_{n=-\infty}^{\infty}\frac{\sin(\omega_c n)}{\pi n}e^{-j\omega n}=H(e^{j\omega}) \tag{3.2.43}$$

求出的$H(e^{j\omega})$并不均匀收敛于$H_d(e^{j\omega})$。图 3.2.3(a)~(d)分别给出了$M=10$、30、50 及 100 时求出的$|H_M(e^{j\omega})|$曲线,在$\omega=\omega_c$这样的突变点处,$|H_M(e^{j\omega})|$出现了明显的振荡。随着$M$的增大,这些振荡并不消失,而是趋于一恒定的值,且更靠近突变点$\omega_c$。这种现象即大家所熟知的 Gibbs 现象[Opp83]。当$M\to\infty$时,$H_M(e^{j\omega})$在均方意义上收敛于$H_d(e^{j\omega})$。由此可看出均匀收敛和均方收敛的差别。

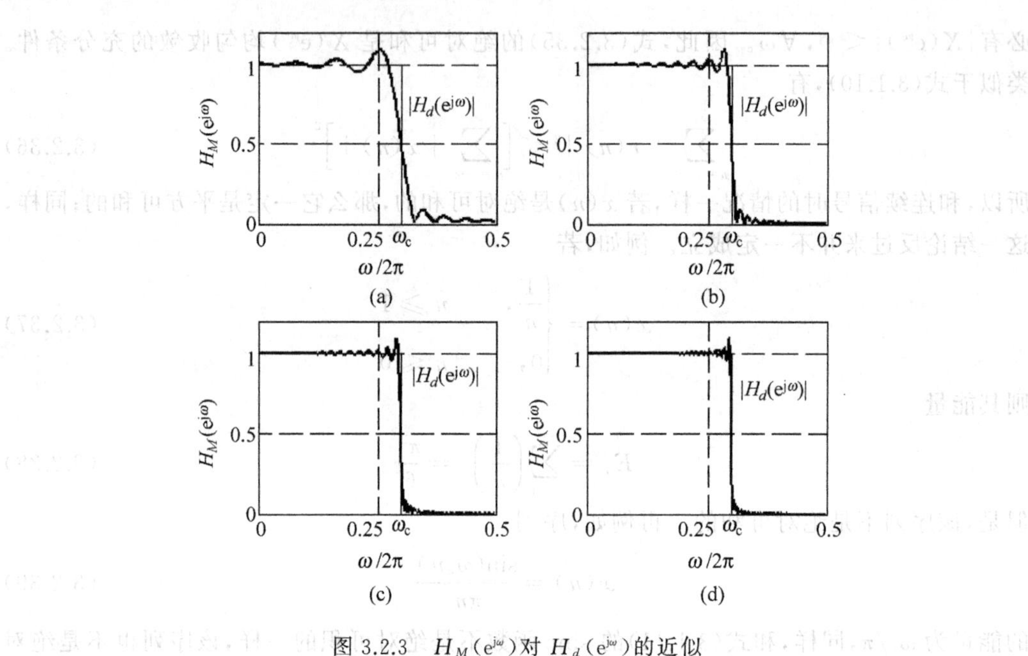


图 3.2.3　$H_M(e^{j\omega})$对 $H_d(e^{j\omega})$的近似

(a) $M=10$；(b) $M=30$；(c) $M=50$；(d) $M=100$

第 7 章将利用本例所讨论的内容来设计稳定的且是因果的 FIR 滤波器，并再次看到 Gibbs 现象的影响及傅里叶级数的均方收敛问题。

我们在实际工作中所遇到的信号，除功率信号外，满足平方可和的信号一般也都是满足绝对可和的，式(3.2.37)和式(3.2.39)给出的两个序列只是很少见的特例。鉴于此，信号分析和处理的教科书中在讨论有关 DTFT 存在的条件时，有的用式(3.2.35)绝对可和的条件，有的用平方可和的条件，有的则对二者稍做说明，较为详细的讨论见文献[Mito1]。

如同 3.1.1 节所讨论的一些典型信号一样，一些既不是平方可和的也不是绝对可和的信号，在引入 $\delta$ 函数后，也可以作 DTFT，这就进一步放宽了实现 DTFT 的条件，具体例子见 3.2.4 节。

## 3.2.4　一些典型信号的 DTFT

现给出一些常用信号的 DTFT。

**例 3.2.2**　令 $x(n)=\delta(n)$，显然 $X(e^{j\omega})=1$，即对所有的频率 $\omega$，其幅频响应都为 1，相频响应都为零。若 $x(n)=\delta(n-m)$，则

$$X(e^{j\omega})=\sum_{n=-\infty}^{\infty}\delta(n-m)e^{-j\omega n}=e^{-j\omega m}$$

显然

$$|X(e^{j\omega})|=1$$

$$\varphi(\omega)=\arctan\frac{X_I(e^{j\omega})}{X_R(e^{j\omega})}=\arctan\left[\frac{-\sin(\omega m)}{\cos(\omega m)}\right]=-\omega m$$

此时，$\varphi(\omega)$是$\omega$的线性函数，称$X(e^{j\omega})$具有线性相位。$m=0$时相位恒为零，$m<0$及$m>0$时的相频响应如图3.2.4所示。图(a)、(c)中$m=5$，图(b)、(d)中$m=-5$；图(a)、(b)是没有解卷绕的，而图(c)、(d)是经过解卷绕的(有关相位的卷绕见例4.3.2)，由后者可更清楚地看到其线性相位的特点。

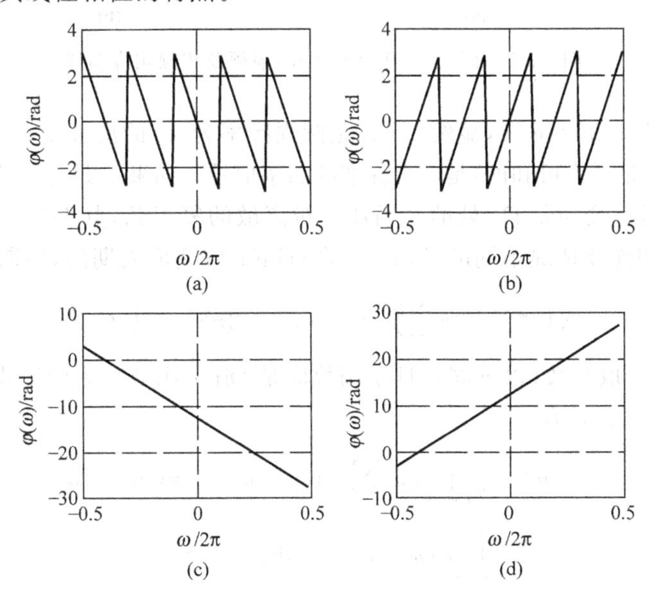


图3.2.4 例3.2.2中$X(e^{j\omega})$的相频响应曲线

**例3.2.3** 令$x(n)=a^n u(n)$，$|a|<1$，求$X(e^{j\omega})$。

**解** 由DTFT的定义得

$$X(e^{j\omega})=\sum_{n=0}^{\infty}a^n e^{-j\omega n}=\sum_{n=0}^{\infty}(a e^{-j\omega})^n$$

因为$|a|<1$，所以$|a e^{-j\omega}|<1$，利用等比级数的求和公式，则有

$$X(e^{j\omega})=\frac{1}{1-a e^{-j\omega}}$$

其幅频和相频响应分别如图3.2.5(a)、(b)所示，图中$a=0.6$。显然，该幅频响应具有低通特性，且$|a|$越接近于1，其幅频响应越尖。

其能量谱可按下式求出：

$$|X(e^{j\omega})|^2=X(e^{j\omega})X^*(e^{j\omega})=\frac{1}{1-a e^{-j\omega}}\frac{1}{1-a e^{j\omega}}=\frac{1}{1-2a\cos(\omega)+a^2}$$

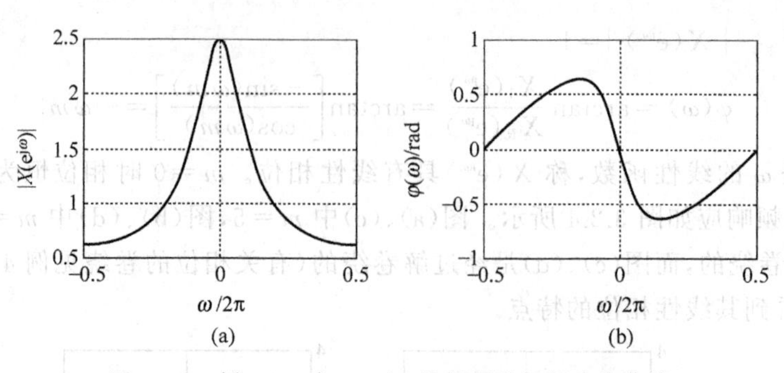


图 3.2.5　例 3.2.3 中 $X(e^{j\omega})$的幅频及相频响应曲线

**例 3.2.4**　设 $x(n)=e^{j\omega_0 n}$，显然，$x(n)$是圆周频率为 $\omega_0$ 的离散复正弦序列，它既不是绝对可和的，也不是平方可和的，是一个标准的功率信号。如果 $x$ 是连续的，正如式(3.1.19)已给出的，其傅里叶变换是 $\Omega_0$ 处的 $\delta$ 函数。对离散的复正弦，其 DTFT 也应当是 $\omega_0$ 处的 $\delta$ 函数，不过和连续情况不同的是，$x(n)$的 DTFT 应变成周期的，周期为 $2\pi$，即

$$X(e^{j\omega})=2\pi\sum_{k=-\infty}^{\infty}\delta(\omega-\omega_0+2\pi k),\quad k\in Z \tag{3.2.44}$$

式中，$k\in Z$ 表示 $k$ 取整数(以下同)，且 $\delta$ 函数应是 Dirac 函数。为验证式(3.2.44)的正确性，将其代入式(3.2.5)，有

$$x(n)=\frac{1}{2\pi}\int_{-\pi}^{\pi}2\pi\sum_{k=-\infty}^{\infty}\delta(\omega-\omega_0+2\pi k)e^{j\omega n}d\omega$$

$$=\int_{-\pi}^{\pi}\delta(\omega-\omega_0)e^{j\omega n}d\omega=e^{j\omega_0 n}$$

所以，式(3.2.44)的结论正确。

利用这一结论还可得到实正弦和实余弦序列的 DTFT，即有

$$x(n)=\sin(\omega_0 n)=[e^{j\omega_0 n}-e^{-j\omega_0 n}]/j2 \quad\Leftrightarrow$$

$$X(e^{j\omega})=j\pi\sum_{k=-\infty}^{\infty}[\delta(\omega+\omega_0+2\pi k)-\delta(\omega-\omega_0+2\pi k)],\quad k\in Z \tag{3.2.45}$$

$$x(n)=\cos(\omega_0 n)=[e^{j\omega_0 n}+e^{-j\omega_0 n}]/2 \quad\Leftrightarrow$$

$$X(e^{j\omega})=\pi\sum_{k=-\infty}^{\infty}[\delta(\omega+\omega_0+2\pi k)+\delta(\omega-\omega_0+2\pi k)],\quad k\in Z \tag{3.2.46}$$

请读者将式(3.2.44)～式(3.2.46)和式(3.1.19)～式(3.1.21)相比较，分析连续及离散正弦信号傅里叶变换的区别与联系。

**例 3.2.5**　令 $x(n)=u(n)$为一单位阶跃序列，当然，它也不符合绝对可和或平方可和的条件，文献[Opp10]给出了该序列 DTFT 的表达式，即

$$X(e^{j\omega})=U(e^{j\omega})=\frac{1}{1-e^{-j\omega}}+\pi\sum_{k=-\infty}^{\infty}\delta(\omega+2\pi k),\quad k\in Z \tag{3.2.47}$$

该结果在一些理论的讨论中有应用价值,我们在第 9 章中会用到它。

## 3.2.5 信号截短对 DTFT 的影响

用计算机处理一个信号时,信号的长度总是有限的,而例 3.2.1～例 3.2.5 所讨论的各种信号的 DTFT 的表达式都是在 $n$ 为无穷的前提下导出的。我们利用下面的例子来说明信号截短对 DTFT 的影响。

**例 3.2.6** 将一个 $n=-\infty\sim+\infty$ 的无限长信号 $x(n)$ 截短,最简单的方法是用一个窗函数去乘该信号。若所用的窗函数为矩形窗,即

$$d(n)=\begin{cases}1, & n=0,1,\cdots,N-1\\ 0, & n\text{ 为其他值}\end{cases} \tag{3.2.48}$$

那么,$x_N(n)=x(n)d(n)$实现了对 $x(n)$的自然截短。现研究这一截短对 DTFT 的影响。

**解** 先研究 $d(n)$的频谱的特点。由 DTFT 的定义得

$$D(e^{j\omega})=\sum_{n=0}^{N-1}d(n)e^{-j\omega n}=\sum_{n=0}^{N-1}e^{-j\omega n}=\frac{1-e^{-j\omega N}}{1-e^{-j\omega}}$$

$$=\frac{e^{-j\omega N/2}(e^{j\omega N/2}-e^{-j\omega N/2})}{e^{-j\omega/2}(e^{j\omega/2}-e^{-j\omega/2})}$$

即

$$D(e^{j\omega})=e^{-j\omega(N-1)/2}\,\frac{\sin(\omega N/2)}{\sin(\omega/2)} \tag{3.2.49}$$

记

$$D_g(e^{j\omega})=\frac{\sin(\omega N/2)}{\sin(\omega/2)}$$

$D_g(e^{j\omega})$可理解为 $D(e^{j\omega})$的增益,可正可负。当 $\omega=0$ 时,$D_g(e^{j\omega})=N$;当 $\omega N/2=\pi k$,即 $\omega=2\pi k/N$ 时,$D_g(e^{j\omega})=0$。$d(n)$及 $D_g(e^{j\omega})$如图 3.2.6(a)、(b)所示,$D(e^{j\omega})$的相频响应也是线性的,如图 3.2.6(c)所示。$D_g(e^{j\omega})$在 $\omega=0$ 两边第一个过零点间的部分称为 $D(e^{j\omega})$的主瓣,对矩形窗,该主瓣宽度 $B=4\pi/N$,主瓣以外部分($|\omega|>2\pi/N$)称为 $D(e^{j\omega})$的边瓣。显然,$N$ 增大时,主瓣宽度 $B$ 减小,如图 3.2.6(d)所示。当 $N\to\infty$时,$D(e^{j\omega})$趋于 $\delta(\omega)$,这时相当于对信号没有截短。

由 3.2.2 节所述的 DTFT 的性质 5 可知,若 $x_N(n)=x(n)d(n)$,那么

$$X_N(e^{j\omega})=X(e^{j\omega})*D(e^{j\omega})$$

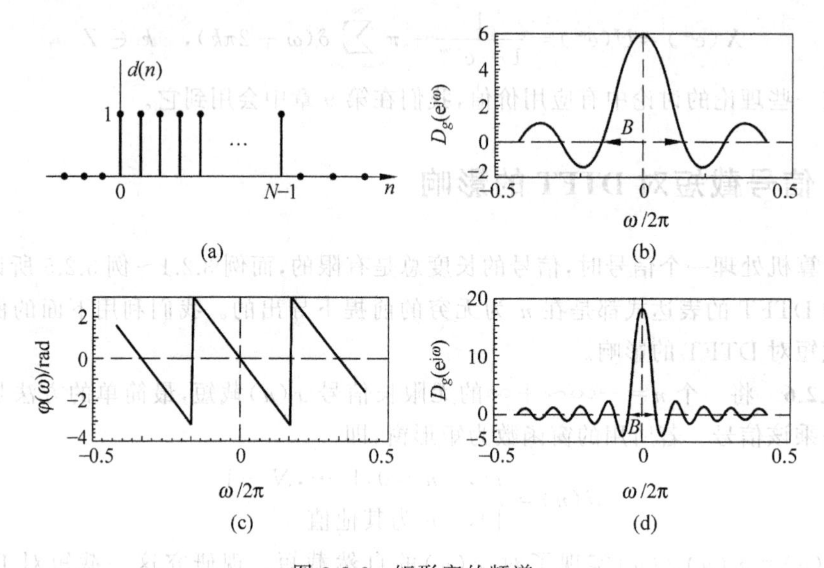


图 3.2.6 矩形窗的频谱

(a) 宽度为 $N$ 的矩形窗；(b) $D_g(e^{j\omega})(N=6)$；(c) $\varphi(\omega)$；(d) 矩形窗的宽度变为 $3N$ 时的 $D_g(e^{j\omega})$

卷积的结果是 $D(e^{j\omega})$的主瓣对 $X(e^{j\omega})$起到了“平滑”的作用，降低了 $X(e^{j\omega})$中谱峰的分辨能力。例如，假设 $x(n)$为两个正弦信号的和，那么，其频谱在 $\omega_1$、$\omega_2$ 处各有一个谱线，如图 3.2.7(a)所示。若 $D_g(e^{j\omega})$主瓣的宽度 $4\pi/N$ 大于$|\omega_2-\omega_1|$，那么在 $X_N(e^{j\omega})$中将分辨不出这两根谱线，如图 3.2.7(b)所示。这是由于窗函数 $d(n)$过短从而使其频谱的主瓣过宽、边瓣过大所引起的。若增加数据长度 $N$，使 $4\pi/N<|\omega_2-\omega_1|$，那么，这两个谱峰可分辨出，如图 3.2.7(c)所示。由此可看到窗函数在信号处理中的影响。

本例讨论的内容实际上是信号做频谱分析时的“频率分辨率”问题，在后续的章节里要反复涉及这一内容。

顺便指出，如果 $d(t)$是一个连续的矩形窗，即 $d(t)=1$，对 $0\leqslant t\leqslant 1$，可以求出

$$D(j\Omega)=\int_0^1 d(t)e^{-j\Omega t}dt=e^{-j\Omega/2}\frac{\sin(\Omega/2)}{\Omega/2} \tag{3.2.50}$$

记

$$D_g(\Omega)=\frac{\sin(\Omega/2)}{\Omega/2}$$

则 $D_g(\Omega)$是 $\sin x/x$ 型的 sinc 函数，我们在 3.1.1 节已遇到过它。式(3.2.49)中的 $D_g(e^{j\omega})$和 $D_g(\Omega)$有着类似的形式，因此也称其为 sinc 函数。不过 $D_g(e^{j\omega})$是周期的，周期为 $2\pi$，它可以看作 $D_g(\Omega)$的离散形式。

加窗对频域分析带来的另一个影响是频谱的“泄漏(leakage)”，现用下例给以说明。

**例 3.2.7** 令

$$X(e^{j\omega})=\begin{cases}31, & |\omega|\leqslant 0.4\pi\\ 0, & 0.4\pi<|\omega|<\pi\end{cases}$$

如图 3.2.8(a)所示,即 $X(e^{j\omega})$是频域的矩形函数,所以,对应的 $x(n)$为 sinc 函数。现对 $x(n)$用矩形窗 $d(n)$,$n=0,\cdots,30$ 来截短,试分析截短后对 $x(n)$频谱的影响。

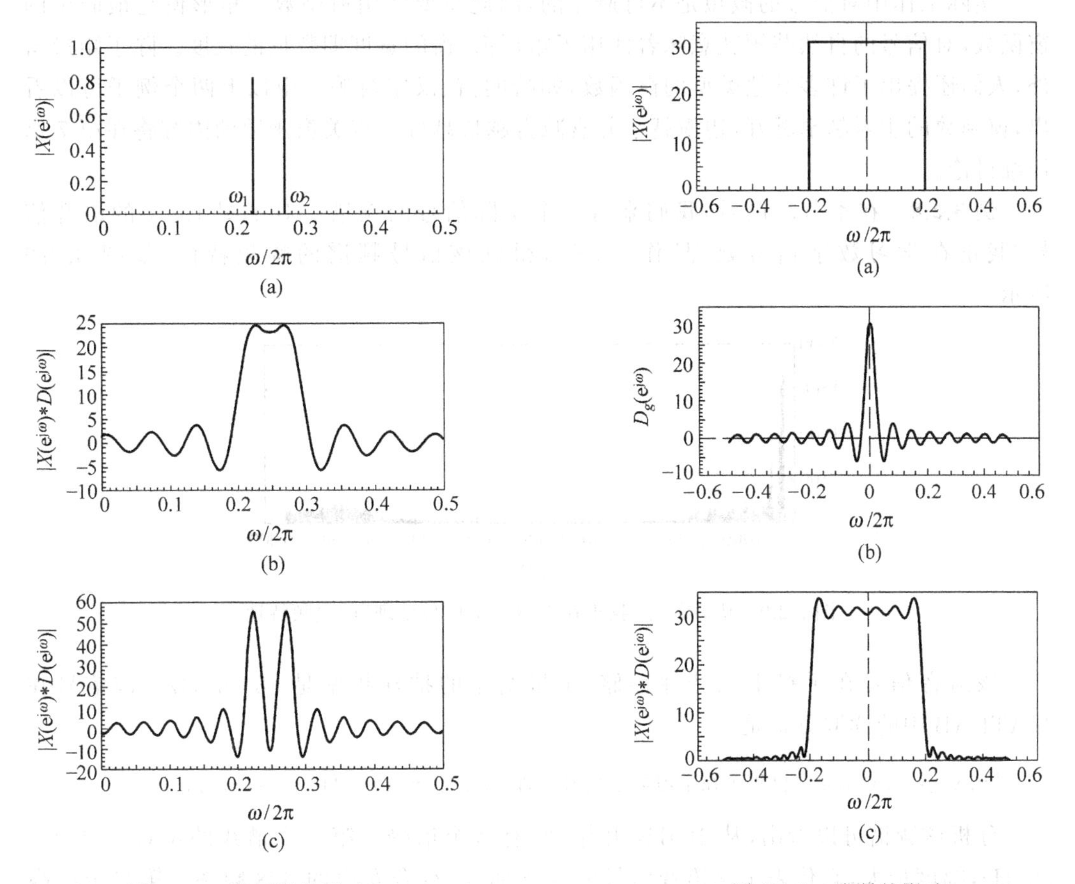


图 3.2.7 窗函数的影响

(a) $X(e^{j\omega})(\omega_1=0.452\pi,\ \omega_2=0.548\pi)$;

(b) $X(e^{j\omega})$和 $D(e^{j\omega})$卷积 $(N=31)$;

(c) $N$ 增大时 $X(e^{j\omega})$和 $D(e^{j\omega})$的卷积

图 3.2.8 泄漏的影响

(a) $|X(e^{j\omega})|$;

(b) $D_g(e^{j\omega})$,$N=31$;

(c) $|X(e^{j\omega})*D(e^{j\omega})|$

**解** 记 $x_N(n)=x(n)d(n)$,由 DTFT 的性质,有

$$X_N(e^{j\omega})=X(e^{j\omega})*D(e^{j\omega})$$

$D(e^{j\omega})$的增益 $D_g(e^{j\omega})$如图 3.2.8(b)所示,卷积的结果如图 3.2.8(c)所示。可以看出,卷

积后的 $X_N(e^{j\omega})$ 在 $X(e^{j\omega})$ 原来为零的位置（$|\omega|>0.4\pi$）处已不再为零，这是由于 $D(e^{j\omega})$ 的边瓣产生的。这种现象就称为频谱的泄漏。边瓣越大，且衰减得越慢，泄漏就越严重。泄漏的现象在例 3.2.6 中已可清楚地看出。如图 3.2.7(a)所示，本来 $X(e^{j\omega})$ 是两根线谱，和 $D(e^{j\omega})$ 卷积后变成图 3.2.7(b)或图 3.2.7(c)。在频谱分析中，泄漏往往会模糊原来真正谱的形状，窗函数过大的边瓣有可能产生虚假的峰值，这些都是不希望的。

实际工作中对信号的截短是不可避免的，因此总要使用窗函数。矩形窗是最简单的窗函数，对信号的自然截短就意味着使用了矩形窗，窗的宽度即数据的长度。除了矩形窗外，人们还提出了许多其他类型的窗函数，如哈明窗、汉宁窗等。由以上两个例子可以看出，窗函数的主瓣越窄越好，边瓣越小并衰减得越快越好。有关窗函数的内容将在第 7 章详细讨论。

**例 3.2.8**　在本节的最后，我们来看一个实际信号的频谱。对于图 1.1.1 的语音信号“我正在学习数字信号处理”作 DTFT，得到该信号频谱的幅频特性，如图 3.2.9 所示。

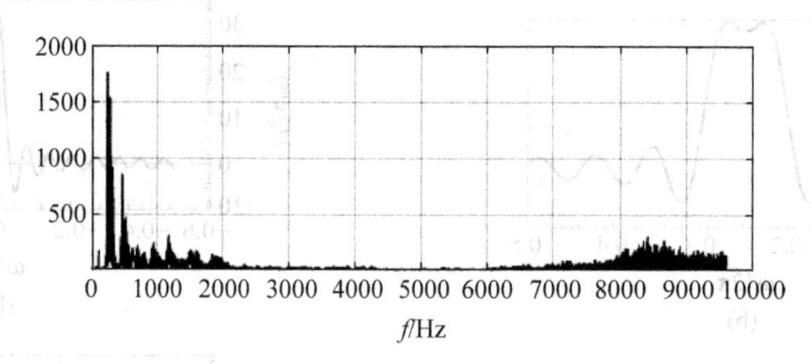


图 3.2.9　语音信号“我正在学习数字信号处理”的幅频特性

该语音信号在手机上录音并存储，手机给定的抽样频率是 48 000Hz。该信号在 MATLAB 中的读取方式是

```
[x,fs]=audioread('我正在学习数字信号处理.aac','native'); x=x(:,1);
```

分析该频谱可以看出，从 100Hz 开始，它有多个谱峰。第一个谱线的位置为 200～300Hz，幅度最大，它代表了该语音信号的基频部分，符合女声的音区频率。第二个次高的谱线为二次谐波，在 500Hz 附近，后面的谱峰依次是信号的高次谐波，在 8000～9500Hz 存在高频噪声。

语音信号处理是数字信号处理的一个重要领域，包括语音合成、语音识别及语音编码（通信）等，其基本内容是语音信号的分析。

语音信号是非平稳信号，其频率内容随时间在变化，因此，对这样的信号不适宜直接作傅里叶变换。习题 13.12 建议使用短时傅里叶变换来求该信号的频谱。

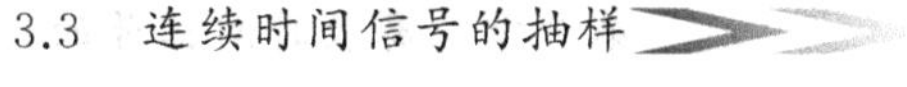

# 3.3 连续时间信号的抽样

## 3.3.1 抽样定理

将连续信号变成数字信号是在计算机上实现信号数字处理的必要步骤。在实际工作中,信号的抽样是通过 A/D 芯片来实现的。通过 A/D 转换,将连续信号 $x(t)$变成数字信号 $x(nT_s)$,将 $x(t)$的傅里叶变换 $X(j\Omega)$变成 $X(e^{j\omega})$。我们显然要关心: $x(nT_s)$是否包含有 $x(t)$的全部信息? $X(e^{j\omega})$和 $X(j\Omega)$是什么关系? 如何由 $x(nT_s)$恢复出 $x(t)$? 所有这些问题,都是数字信号处理中的基本问题,前面各部分内容的讨论为我们回答上述问题提供了理论依据。由下面的讨论可知,信号的抽样理论是连接离散信号和连续信号的桥梁,是进行离散信号处理与离散系统设计的基础。

直观上看,如果抽样间隔 $T_s$ 越小,那么单位时间内抽出的点数越多,$x(nT_s)$越有可能包含 $x(t)$的全部信息。但是,"越小"只是一个相对的概念,且如果 $T_s$ 过小,抽出的点数过大,必然增加存储和计算的负担。因此,对信号抽样理论的讨论需要从频域进行。

由图 1.3.2 可知,将连续信号 $x_a(t)$和冲激串函数 $p(t)$相乘,即可得到离散信号 $x(nT_s)$。重写式(1.3.5),即有

$$x(nT_s)=x_a(t)\big|_{t=nT_s}=x_a(t)p(t) \tag{3.3.1}$$

式中

$$p(t)=\sum_{n=-\infty}^{\infty}\delta(t-nT_s) \tag{3.3.2}$$

是图 1.2.1(b)所示的冲激串,它是时域的周期信号,周期为 $T_s$。式(3.3.1)是理想化的抽样数学模型,即 A/D 转换器的转换时间等于零。由上面两节的讨论,有

$$X_a(j\Omega)=\int_{-\infty}^{\infty}x_a(t)e^{-j\Omega t}dt \tag{3.3.3}$$

$$X(e^{j\omega})=\sum_{n=-\infty}^{\infty}x(nT_s)e^{-j\omega n} \tag{3.3.4}$$

$x_a(t)$、$X_a(j\Omega)$及 $p(t)$示于图 3.3.1(a)、(b),图中假定 $X_a(j\Omega)$的最高频率为 $\Omega_c$。现在,我们希望找出 $X_a(j\Omega)$和 $X(e^{j\omega})$之间的关系。

由 3.2.2 节所述的 DTFT 的性质 5 可知,两个离散信号时域相乘,其频域对应卷积。连续时间信号同样也有这一性质。

我们不妨把 $x(nT_s)$也视为连续信号,其傅里叶变换记为 $X_s(j\Omega)$,显然

$$X(e^{j\omega})=X_s(j\Omega)\big|_{\Omega=\omega/T_s}$$

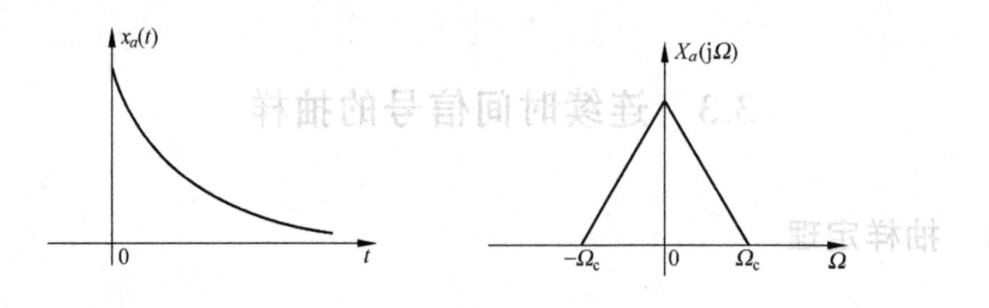


(a)

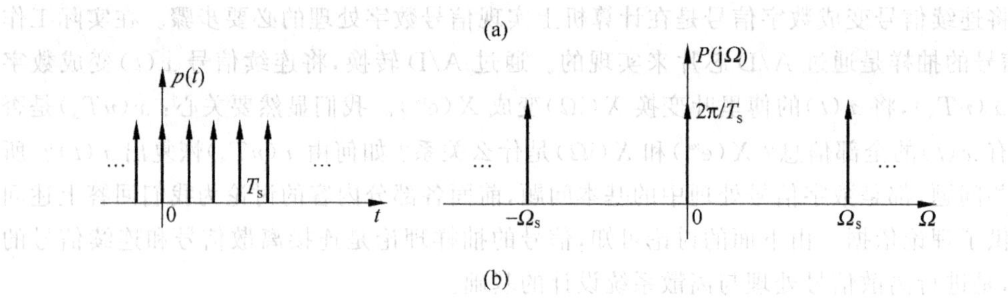


(b)

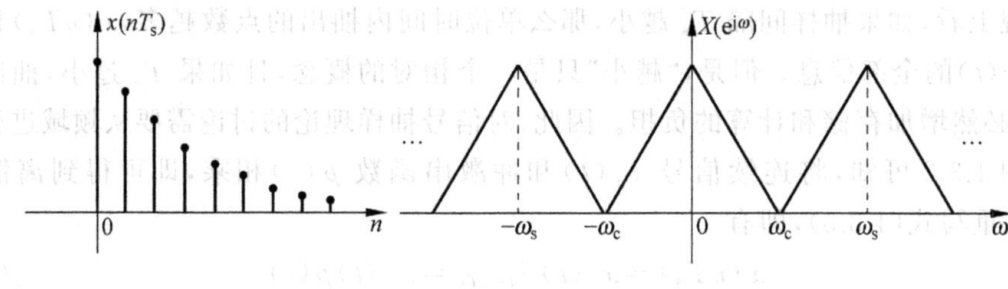


(c)

图 3.3.1　抽样定理的图形导出

令 $P(\mathrm{j}\Omega)$为 $p(t)$的傅里叶变换，则

$$X_s(\mathrm{j}\Omega)=X_a(\mathrm{j}\Omega)*P(\mathrm{j}\Omega) \tag{3.3.5}$$

由式(3.1.23)～式(3.1.26)及式(3.1.28)，有

$$P(\mathrm{j}\Omega)=\frac{2\pi}{T_s}\sum_{k=-\infty}^{\infty}\delta(\Omega-k\Omega_s) \tag{3.3.6}$$

由此可以看出，$p(t)$的傅里叶变换也是一个脉冲序列，其强度为 $2\pi/T_s$，频域的周期为 $\Omega_s$。因为 $\Omega_s=2\pi/T_s$，所以 $T_s$ 越小，$\Omega_s$ 越宽，如图 3.3.1(b)所示。

由式(3.3.5)可得

$$X_s(\mathrm{j}\Omega)=X_a(\mathrm{j}\Omega)*\left[\frac{2\pi}{T_s}\sum_{k=-\infty}^{\infty}\delta(\Omega-k\Omega_s)\right]$$

$$=\frac{1}{2\pi}\frac{2\pi}{T_s}\int_{-\infty}^{\infty}X_a(\mathrm{j}\lambda)\sum_{k=-\infty}^{\infty}\delta(\Omega-\lambda-k\Omega_s)\mathrm{d}\lambda$$

$$=\frac{1}{T_s}\sum_{k=-\infty}^{\infty}\int_{-\infty}^{\infty}X_a(\mathrm{j}\lambda)\delta(\Omega-\lambda-k\Omega_s)\mathrm{d}\lambda$$

最后得

$$X_s(\mathrm{j}\Omega)=\frac{1}{T_s}\sum_{k=-\infty}^{\infty}X_a(\mathrm{j}\Omega-\mathrm{j}k\Omega_s) \tag{3.3.7a}$$

即

$$X(\mathrm{e}^{\mathrm{j}\omega})=X_s(\mathrm{j}\Omega)\big|_{\Omega=\omega/T_s}=\frac{1}{T_s}\sum_{k=-\infty}^{\infty}X_a(\mathrm{j}\Omega-\mathrm{j}k\Omega_s) \tag{3.3.7b}$$

$x(nT_s)$及$X(\mathrm{e}^{\mathrm{j}\omega})$如图3.3.1(c)所示,图中横坐标$\omega=\Omega T_s$。这一结果清楚地告诉我们,将连续信号$x_a(t)$经抽样变成$x(nT_s)$后,$x(nT_s)$的频谱将变成周期的。相对频率$\Omega$,周期为$\Omega_s=2\pi/T_s=2\pi f_s$,相对圆频率$\omega$,周期为$2\pi$。变成周期的方法是将$X_a(\mathrm{j}\Omega)$在频率轴上以$\Omega_s$为周期移位后再叠加,并除以$T_s$。这种现象又称为频谱的周期延拓。

由图3.3.1可以看出,若在$|\Omega|\geqslant\Omega_s/2$时$|X_a(\mathrm{j}\Omega)|\equiv 0$,即$X_a(\mathrm{j}\Omega)$是有限带宽的,那么做周期延拓后,$X_s(\mathrm{j}\Omega)$的每一个周期都等于$X_a(\mathrm{j}\Omega)$(差一倍数$1/T_s$)。反之,若$T_s$过大,或者$X_a(\mathrm{j}\Omega)$本身就不是有限带宽的,那么做周期延拓后将要发生频域的"混叠"(aliasing)现象,以致一个周期中的$X_s(\mathrm{j}\Omega)$不等于$X_a(\mathrm{j}\Omega)$。这样就无法由$x(nT_s)$恢复出$x_a(t)$。由以上的讨论可引出信号的抽样定理。

**抽样定理**(sampling theory) 若连续信号$x(t)$是有限带宽的,其频谱的最高频率为$f_c$,对$x(t)$抽样时,若保证抽样频率

$$f_s\geqslant 2f_c\quad(\text{或 }\Omega_s\geqslant 2\Omega_c,\text{ 或 }T_s\leqslant\pi/\Omega_c) \tag{3.3.8}$$

那么,可由$x(nT_s)$恢复出$x(t)$,即$x(nT_s)$保留了$x(t)$的全部信息。

抽样定理是由奈奎斯特(Nyquist)和香农(Shannon C.E.)分别于1928年和1949年提出的,所以又称为奈奎斯特抽样定理,或香农抽样定理[Opp10]。该定理给我们指出了对信号抽样时所必须遵守的基本原则。在实际对$x(t)$作抽样时,首先要了解$x(t)$的最高截止频率$f_c$,以确定应选取的抽样频率$f_s$。若$x(t)$不是有限带宽的,在抽样前应对$x(t)$作模拟滤波,以去掉$f>f_c$的高频成分。这种用来防混叠的模拟滤波器又称"抗混叠"(anti-aliasing)滤波器。抽样频率$f_s$又称为"奈奎斯特频率",而使频谱不发生混叠的最小抽样频率,即$f_s=2f_c$称为"奈奎斯特率",$f_s/2$称为折叠频率。

下面是一些常见信号的主要频率的大致范围[Pro14],可供抽样时参考。

(1) 生理信号

① 心电图(ECG)　　0～100Hz

② 自发脑电图(EEG)　　0～100Hz

③ 表面肌电图(EMG)　　10～200Hz

④ 眼电图(EOG)　　0～20Hz

⑤ 语音　　$100\sim4000\text{Hz}$

(2) 地震信号

① 风噪声　　$100\sim1000\text{Hz}$

② 地震勘探信号　　$10\sim100\text{Hz}$

③ 地震及核爆炸信号　　$0.01\sim10\text{Hz}$

(3) 电磁信号

① 无线电广播　　$3\times10^4\sim3\times10^6\text{Hz}$

② 短波　　$3\times10^6\sim3\times10^{10}\text{Hz}$

③ 雷达、卫星通信　　$3\times10^8\sim3\times10^{10}\text{Hz}$

④ 远红外　　$3\times10^{11}\sim3\times10^{14}\text{Hz}$

⑤ 可见光　　$3.7\times10^{14}\sim7.7\times10^{14}\text{Hz}$

⑥ 紫外线　　$3\times10^{15}\sim3\times10^{16}\text{Hz}$

⑦ γ 射线和 X 射线　　$3\times10^{17}\sim3\times10^{18}\text{Hz}$

## 3.3.2　信号的重建

以上讨论回答了 $X_a(\text{j}\Omega)$和 $X(\text{e}^{\text{j}\omega})$的关系及如何使 $x(nT_s)$保持 $x(t)$全部信息的问题，现在从数学上讨论如何由 $x(nT_s)$恢复出 $x_a(t)$。假定 $f_s\geqslant 2f_c$，即没有发生混叠，如图 3.3.1(c)所示。

设有一理想低通滤波器，其频率响应是

$$H(\text{j}\Omega)=\begin{cases}T_s, & |\Omega|\leqslant\Omega_s/2\\ 0, & |\Omega|>\Omega_s/2\end{cases}\tag{3.3.9}$$

令 $x(nT_s)$通过该低通滤波器，其输出为 $y(t)$，由 3.2.2 节介绍的 DTFT 的性质 4，得频域关系

$$X_s(\text{j}\Omega)H(\text{j}\Omega)=Y(\text{j}\Omega)$$

由图 3.3.2 可看出，$H(\text{j}\Omega)$与 $X_s(\text{j}\Omega)$相乘的结果是截取了 $X_s(\text{j}\Omega)$的一个周期，于是

$$Y(\text{j}\Omega)=T_sX_s(\text{j}\Omega)=X_a(\text{j}\Omega)$$

$H(\text{j}\Omega)$对应的单位抽样响应

$$h(t)=\frac{1}{2\pi}\int_{-\Omega_s/2}^{\Omega_s/2}T_s\text{e}^{\text{j}\Omega t}\,\text{d}\Omega=\frac{\sin(\Omega_st/2)}{\Omega_st/2}\tag{3.3.10}$$

因而

$$y(t)=x(nT_s)*h(t)=\sum_{n=-\infty}^{\infty}x(nT_s)\,\frac{\sin[\Omega_s(t-nT_s)/2]}{\Omega_s(t-nT_s)/2}$$

因为 $Y(\text{j}\Omega)=X_a(\text{j}\Omega)$，所以 $y(t)$也应等于 $x_a(t)$，由 $\Omega_s=2\pi/T_s$，有

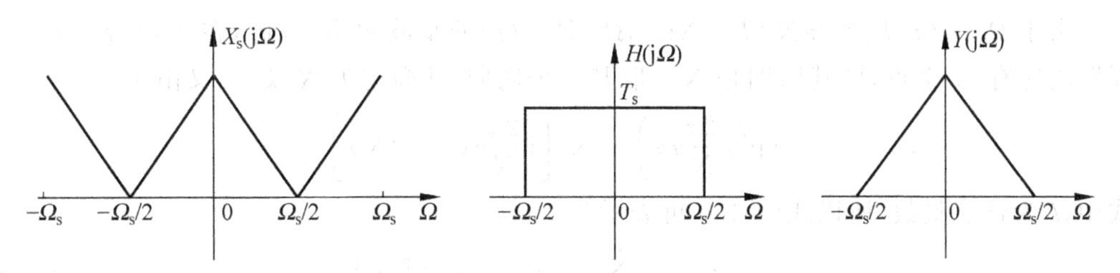


图 3.3.2 由 $x(nT_s)$重建 $x(t)$

$$x_a(t)=\sum_{n=-\infty}^{\infty}x(nT_s)\frac{\sin[\pi(t-nT_s)/T_s]}{\pi(t-nT_s)/T_s} \tag{3.3.11}$$

此式即由抽样后的离散信号重建原信号的公式。不难发现，这是一个插值公式，插值函数为 sinc 函数，插值间距为 $T_s$，权重为 $x(nT_s)$。只要满足抽样定理，那么，由无穷多加权 sinc 函数移位后的和即可重建出原信号。

在工程实际中，将离散信号变成模拟信号可以通过数模转换器来实现。

# 3.4 离散时间周期信号的傅里叶级数

设 $\tilde{x}(nT_s)$是周期信号 $\tilde{x}(t)$的抽样，$\tilde{x}(t)$的周期为 $T$，每个周期内抽 $N$ 个点，即 $T=NT_s$。这样，$\tilde{x}(nT_s)$也是周期的，周期为 $NT_s$ 或 $N$。由式(3.1.1)，将 $\tilde{x}(t)$展开成傅里叶级数，得

$$\tilde{x}(t)=\sum_{k=-\infty}^{\infty}X(k\Omega_0)e^{jk\Omega_0 t}$$

$X(k\Omega_0)$是 $\tilde{x}(t)$的傅里叶系数，所以它是离散的且非周期的，式中，$k=0,\pm1,\cdots,\pm\infty$，而$\Omega_0=2\pi/T=2\pi/NT_s$。现对上式的 $\tilde{x}(t)$抽样，得

$$\begin{aligned}\tilde{x}(nT_s)=\tilde{x}(t)\mid_{t=nT_s}&=\sum_k\tilde{X}(k\Omega_0)\exp\left(jk\frac{2\pi}{NT_s}nT_s\right)\\&=\sum_k\tilde{X}(k\Omega_0)\exp\left(j\frac{2\pi}{N}nk\right)\end{aligned} \tag{3.4.1}$$

由 3.2 节的讨论可知，离散信号的频谱应是周期的，周期为 $\Omega_s$，所以在上式中已将 $X(k\Omega_0)$改记为 $\tilde{X}(k\Omega_0)$。由式(3.1.3)及式(3.2.5)可知，对周期信号的求和或积分应在一个周期内进行，因此，式(3.4.1)的求和也应在 $\tilde{X}(k\Omega_0)$的一个周期内进行。现分析一下$\tilde{X}(k\Omega_0)$的周期是多少。

由于 $\Omega_s=2\pi/T_s=2\pi N/T=N\Omega_0$，$\Omega_0$ 是 $\tilde{x}(t)$ 的基波频率，因此，在 $\widetilde{X}(k\Omega_0)$ 的一个周期内应有 $N$ 个点，即其周期是 $N$。取其一个周期，并简记为 $X(k)$。又由于

$$\exp\left(\mathrm{j}\frac{2\pi}{N}nk\right)=\exp\left[\mathrm{j}\frac{2\pi}{N}n(k+lN)\right]$$

式中，$l$ 为任意整数，所以式(3.4.1)可表示为

$$\tilde{x}(nT_s)=\sum_{k=0}^{N-1}X(k)\exp\left(\mathrm{j}\frac{2\pi}{N}nk\right) \tag{3.4.2}$$

当 $n=0,1,\cdots,N-1$ 和 $n=N,\cdots,2N-1$ 时，上式所求出的结果是一样的，即此式只能计算出 $N$ 个 $\tilde{x}(nT_s)$ 的值。这 $N$ 个值即 $\tilde{x}(nT_s)$ 的一个周期，记为 $x(n)$，$n=0,1,\cdots,N-1$。这样，式(3.4.2)左边的 $\tilde{x}(nT_s)$ 可换成 $x(nT_s)$。现对式(3.4.2)两边作如下运算：

$$\begin{aligned}\sum_{n=0}^{N-1}x(n)\exp\left(-\mathrm{j}\frac{2\pi}{N}ln\right)&=\sum_{n=0}^{N-1}\left[\sum_{k=0}^{N-1}X(k)\exp\left(\mathrm{j}\frac{2\pi}{N}nk\right)\right]\exp\left(-\mathrm{j}\frac{2\pi}{N}nl\right)\\&=\sum_{k=0}^{N-1}X(k)\sum_{n=0}^{N-1}\exp\left[\mathrm{j}\frac{2\pi}{N}(k-l)n\right]\end{aligned} \tag{3.4.3}$$

由于

$$\sum_{n=0}^{N-1}\exp\left[\mathrm{j}\frac{2\pi}{N}(k-l)n\right]=\begin{cases}N, & k-l=0,N,2N,\cdots\\0, & 其他\end{cases}$$

故式(3.4.3)的右边等于 $NX(k)$，于是有

$$X(k)=\frac{1}{N}\sum_{n=0}^{N-1}x(n)\exp\left(-\mathrm{j}\frac{2\pi}{N}nk\right) \tag{3.4.4}$$

习惯上将定标因子 $N$ 移到式(3.4.2)的反变换中。这样，总结上述的讨论，对于离散周期信号，可得到如下两组变换式：

$$\begin{cases}X(k)=\sum\limits_{n=0}^{N-1}x(n)\exp\left(-\mathrm{j}\dfrac{2\pi}{N}nk\right), & k=0,1,\cdots,N-1\\x(n)=\dfrac{1}{N}\sum\limits_{k=0}^{N-1}X(k)\exp\left(\mathrm{j}\dfrac{2\pi}{N}nk\right), & n=0,1,\cdots,N-1\end{cases} \tag{3.4.5}$$

和

$$\begin{cases}\widetilde{X}(k)=\sum\limits_{n=0}^{N-1}\tilde{x}(n)\exp\left(-\mathrm{j}\dfrac{2\pi}{N}nk\right), & k=-\infty\sim+\infty\\\tilde{x}(n)=\dfrac{1}{N}\sum\limits_{k=0}^{N-1}\widetilde{X}(k)\exp\left(\mathrm{j}\dfrac{2\pi}{N}nk\right), & n=-\infty\sim+\infty\end{cases} \tag{3.4.6}$$

式(3.4.6)称为离散周期序列的傅里叶级数(DFS)，尽管式中标注的 $n$、$k$ 都是从 $-\infty$ 至 $+\infty$，实际上，只能算出 $N$ 个独立的值。DFS 在时域、频域都是周期的，且是离散的，如图 3.2.1 所示。式(3.4.5)和式(3.4.6)实际上是一样的，只不过前者更明确地表示仅取一

个周期。

也许读者会问，将式(3.4.1)的求和范围由$-\infty \sim +\infty$改为式(3.4.2)的$0 \sim N-1$后，这两个式子给出的结果怎么会相同呢？要用抽样定理来回答这个问题。将$\tilde{x}(t)$抽样变成$\tilde{x}(nT_s)$，抽样频率$\Omega_s$一定要大于或等于$\tilde{x}(t)$最高频率的2倍。因此，尽管我们说$X(k\Omega_0)$中的$k$可以是$-\infty \sim +\infty$，即包含了无穷多的谐波分量，但满足抽样定理的$\tilde{x}(t)$的最高频率最多只能是$\Omega_s/2$，又因为$(\Omega_s/2)/\Omega_0 = N/2$，因此，满足抽样定理的$\tilde{x}(t)$的最高谐波分量只能到$N\Omega_0/2$，即$k=N/2$。这样，就容易理解式(3.4.1)和式(3.4.2)为何等效了。

也可以由更为简单的方法导出式(3.4.5)。设$x(n)$，$n=0,1,\cdots,N-1$，为一有限长序列，其DTFT为

$$X(e^{j\omega}) = \sum_{n=0}^{N-1} x(n) e^{-j\omega n} \tag{3.4.7}$$

前面已指出，$X(e^{j\omega})$是$\omega$的连续函数，且是周期的，周期为$2\pi$。现将$X(e^{j\omega})$离散化，具体方法是令其一个周期内恰好有$N$个点，即

$$X(e^{j\omega})\big|_{\omega=2\pi k/N} = \sum_{n=0}^{N-1} x(n) \exp\left(-j\frac{2\pi}{N}nk\right) = X(k) \tag{3.4.8}$$

我们知道，时域抽样将使原连续信号的频谱变成周期的，那么，对连续频谱的抽样也必然使原来的时域信号变成周期的。因此，$X(e^{j\omega})\big|_{\omega=2\pi k/N}$对应的是一个以$N$为周期的离散序列，$x(n)$恰是它的一个周期。这一结果和上面的讨论是完全一致的，只不过从DFS的角度来讨论更有利于了解4种傅里叶变换的对应关系。

# 3.5　离散傅里叶变换(DFT)

## 3.5.1　DFT的定义

至今，我们已讨论了4种形式的傅里叶变换，即FT、FS、DTFT和DFS，它们在时域和频域的对应情况及计算公式都已示于图3.2.1。

在计算机上实现信号的频谱分析及其他方面的处理工作时，对信号的要求是：在时域和频域都应是离散的，且都应是有限长。在图3.2.1中，只有DFS在时域和频域都是离散的，但$\tilde{x}(nT_s)$和$\tilde{X}(k\Omega_0)$都是无限长。由于$\exp\left(\pm j\frac{2\pi}{N}nk\right)$相对$n$和$k$都是以$N$为周期的，所以只要保证$\tilde{x}(nT_s)$是以$N$点为周期的，那么$\tilde{X}(k\Omega_0)$也是以$N$点为周期的。而且由$\tilde{X}(k\Omega_0)$在一个周期内取反变换得到的$\tilde{x}(nT_s)$也能保证是以$N$点为周期的。

这一极好的性质引导出式(3.4.5)的离散傅里叶变换对,即 DFT。现重写式(3.4.5),即有

$$\begin{cases} X(k)=\sum_{n=0}^{N-1}x(n)\exp\left(-\mathrm{j}\,\dfrac{2\pi}{N}nk\right)=\sum_{n=0}^{N-1}x(n)W_N^{nk}, & k=0,1,\cdots,N-1 \\ x(n)=\dfrac{1}{N}\sum_{k=0}^{N-1}X(k)\exp\left(\mathrm{j}\,\dfrac{2\pi}{N}nk\right)=\dfrac{1}{N}\sum_{k=0}^{N-1}X(k)W_N^{-nk}, & n=0,1,\cdots,N-1 \end{cases} \tag{3.5.1}$$

式中,$x(n)$、$X(k)$分别是$\tilde{x}(nT_s)$和$\tilde{X}(k\Omega_0)$的一个周期,此处把$T_s$、$\Omega_0$都归一化为 1;而$W_N=\exp\left(-\mathrm{j}\,\dfrac{2\pi}{N}\right)$。DFT 对应的是在时域、频域都是有限长,且又都是离散的一类变换。

显然 DFT 并不是一个新的傅里叶变换形式,它实际上来自 DFS,只不过仅在时域、频域各取一个周期而已。由这一个周期作延拓,可得到整个的$\tilde{x}(nT_s)$和$\tilde{X}(k\Omega_0)$。

在实际工作中常常遇到的是非周期序列,它们可能是有限长,也可能是无限长,对这样的序列作傅里叶变换,理论上应是作 DTFT,得到周期的连续频谱$X(\mathrm{e}^{\mathrm{j}\omega})$。然而$X(\mathrm{e}^{\mathrm{j}\omega})$不能直接在计算机上做数字运算,那么,如何应用式(3.5.1)求$x(n)$的傅里叶变换呢?具体方法是:若$x(n)$是有限长序列,我们令其长度为$N$,若$x(n)$是无限长序列,我们可用矩形窗将其截成$N$点,然后把这$N$点序列视为一周期序列$\tilde{x}(n)$的一个周期。也就是说,$\tilde{x}(n)$是由$x(n)$做周期延拓所形成的。对$\tilde{x}(n)$,按式(3.4.6)求 DFS,得到的$\tilde{X}(k)$也是以$N$为周期的序列,其一个周期为$X(k)$,$k=0$, 1,…, $N-1$。由 DFS 及 DFT 的导出过程可知,$X(k)$将是$x(n)$的傅里叶变换或是对其傅里叶变换的某种程度上的近似(关于 DFT 对 FT 的近似问题将在 3.7.3 节讨论)。

这样,对任一有限长序列$x(n)$,都可按式(3.5.1)方便地在计算机上求其频谱。但需要记住:只要使用式(3.5.1),不管$x(n)$本身是否来自周期序列,都应把它看作某一周期序列的一个周期。DFT 的这一特点决定了它的许多特殊性质。

读者不难发现,求出一点$X(k)$,需要$N$次复数乘法,求出$N$点$X(k)$,需要$N^2$次复数乘法。当$N$很大时,其计算量是相当大的。第 5 章介绍的快速傅里叶变换算法使$N$点 DFT 的计算量下降为$\dfrac{N}{2}\log_2 N$次,从而使 DFT 成为信号处理中最重要、最方便的运算。

### 3.5.2 DFT 导出的图形解释

现在用图 3.5.1 来说明 DFT 的导出过程,以帮助我们进一步理解 DFT 的周期延拓

特性。此图不但概括了前面已讨论过的 4 种变换(FT、FS、DTFT、DFS),而且涉及了时域、频域抽样的概念。

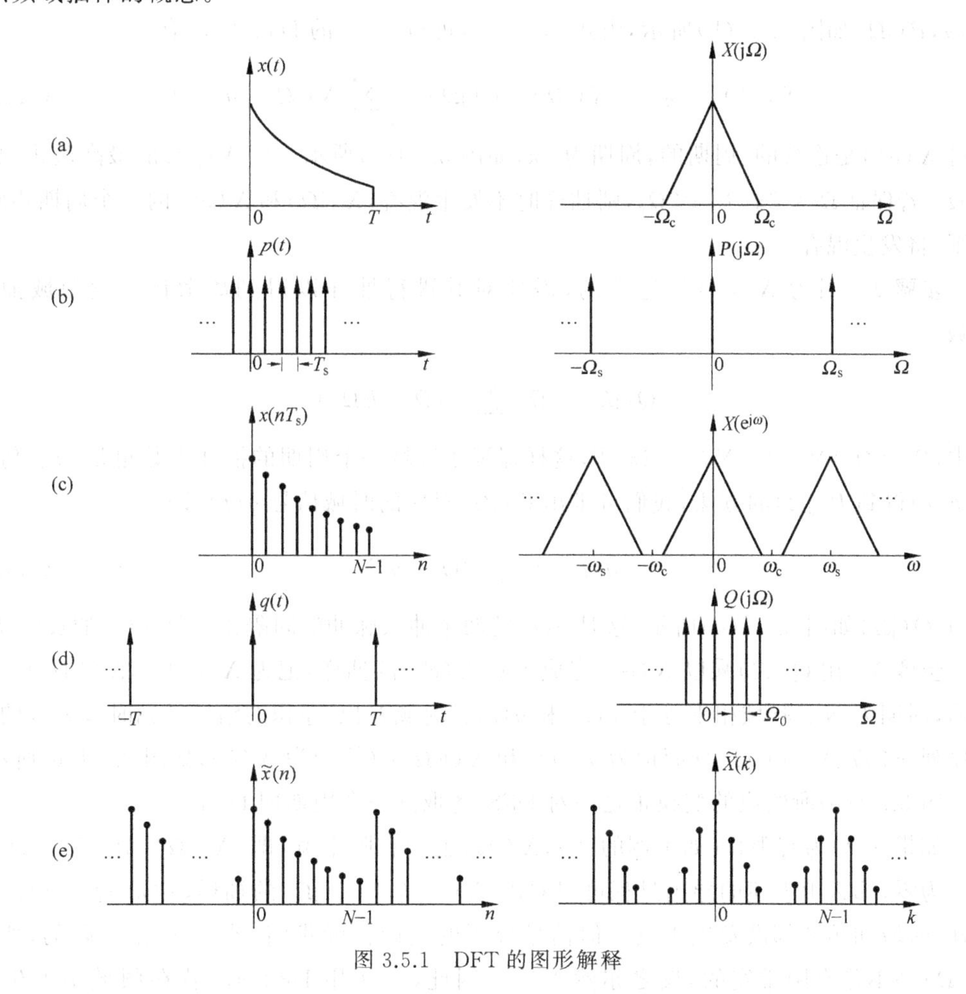


图 3.5.1 DFT 的图形解释

设 $x(t)$为一长度为 $T$ 的连续时间信号,其 FT 为 $X(\mathrm{j}\Omega)$,如图 3.5.1(a)所示。若 $x(t)$为无限长,我们可用一长度为 $T$ 的矩形窗将其截短。在这两种情况下,$X(\mathrm{j}\Omega)$在理论上都是无限带宽的。

**步骤 1** 用

$$p(t)=T_{\mathrm{s}}\sum_{n=-\infty}^{\infty}\delta(t-nT_{\mathrm{s}})$$

对 $x(t)$抽样,得 $x(n)$,令 $T=NT_{\mathrm{s}}$,这样 $x(n)$为 $N$ 点序列。由于 $p(t)$的强度为 $T_{\mathrm{s}}$,由式(3.3.6),有

$$P(\mathrm{j}\Omega)=2\pi\sum_{k=-\infty}^{\infty}\delta(\Omega-k\Omega_{\mathrm{s}}) \tag{3.5.2}$$

$p(t)$,$P(\mathrm{j}\Omega)$如图 3.5.1(b)所示,由式(3.3.7b),可得 $x(n)$的 DTFT,即有

$$X(\mathrm{e}^{\mathrm{j}\omega})\big|_{\omega=\Omega T_{\mathrm{s}}}=X(\mathrm{j}\Omega)*P(\mathrm{j}\Omega)=\sum_{k=-\infty}^{\infty}X(\mathrm{j}\Omega-\mathrm{j}k\Omega_{\mathrm{s}}) \tag{3.5.3}$$

这时 $X(\mathrm{e}^{\mathrm{j}\omega})$是连续的、周期的,周期为 $2\pi$,如图 3.5.1(c)所示。设 $X(\mathrm{j}\Omega)$的最高截止频率为 $\Omega_{\mathrm{c}}$,若保证 $\Omega_{\mathrm{s}}=2\pi/T_{\mathrm{s}}\geqslant 2\Omega_{\mathrm{c}}$,则抽样时不发生混叠,$X(\mathrm{j}\Omega)$和 $X(\mathrm{e}^{\mathrm{j}\omega})$的一个周期相同。否则,将发生混叠。

**步骤 2**　因为 $X(\mathrm{e}^{\mathrm{j}\omega})$是连续的,需要对其进行抽样以得到离散谱。设频域抽样函数

$$Q(\mathrm{j}\Omega)=\Omega_0\sum_{k=-\infty}^{\infty}\delta(\Omega-k\Omega_0) \tag{3.5.4}$$

式中,$\Omega_0=\Omega_{\mathrm{s}}/N=2\pi/NT_{\mathrm{s}}=2\pi/T$,这样保证了频域一个周期的抽样点数也是 $N$。仿照由 $p(t)$得到 $P(\mathrm{j}\Omega)$的方法,我们可求出 $Q(\mathrm{j}\Omega)$对应的时域信号 $q(t)$,即

$$q(t)=\sum_{n=-\infty}^{\infty}\delta(t-nT) \tag{3.5.5}$$

$q(t)$,$Q(\mathrm{j}\Omega)$如图 3.5.1(d)所示,这时 $q(t)$的两个冲激脉冲的间隔正好是 $x(t)$的长度 $T$。

**步骤 3**　用 $Q(\mathrm{j}\Omega)$乘以 $X(\mathrm{e}^{\mathrm{j}\omega})$完成了对 $X(\mathrm{e}^{\mathrm{j}\omega})$的抽样,记为 $\widetilde{X}(k\Omega_0)$,$\widetilde{X}(k\Omega_0)$是周期的,周期为 $N$。频域相乘等于 $x(n)$和 $q(t)$在时域卷积,卷积的结果得到时域离散的周期序列 $\tilde{x}(nT_{\mathrm{s}})$。$\tilde{x}(nT_{\mathrm{s}})$(简记为 $\tilde{x}(n)$)和 $\widetilde{X}(k\Omega_0)$(简记为 $\widetilde{X}(k)$)如图 3.5.1(e)所示。

图 3.5.1(e)所给出的变换正是一对 DFS,各取其一个周期即 DFT。

如果 $x(t)$为有限长(如本例的 $T$),$X(\mathrm{j}\Omega)$也为有限带宽,即$|X(\mathrm{j}\Omega)|$在$|\Omega|>\Omega_{\mathrm{s}}/2$时恒为零,那么由上述的导出过程可以看出,$X(k)$等于 $X(\mathrm{j}\Omega)$的抽样,$x(n)$等于 $x(t)$的抽样,时域和频域都没发生失真。但信号分析的理论告诉我们,若 $x(t)$是时限的,那么 $X(\mathrm{j}\Omega)$必不是有限带宽的,反之亦然[Mar87]。因此,在使用 DFT 时,若在频域不发生混叠,那么由 $X(k)$作逆变换求出的 $x(n)$将产生时域混叠,因此,$x(n)$将是原 $x(t)$的近似。

### 3.5.3　DFT 与 DTFT 及 Z 变换的关系

若 $x(n)$为 $N$ 点有限长序列,其 Z 变换、DTFT 及 DFT 分别是

$$X(z)=\sum_{n=0}^{N-1}x(n)z^{-n}=\sum_{n=0}^{N-1}x(n)(r\mathrm{e}^{\mathrm{j}\omega})^{-n} \tag{3.5.6}$$

$$X(e^{j\omega}) = \sum_{n=0}^{N-1} x(n)\exp(-j\omega n) = X(z)\mid_{z=e^{j\omega}} \tag{3.5.7}$$

$$X(k) = \sum_{n=0}^{N-1} x(n)\exp\left(-j\frac{2\pi}{N}nk\right) = X(e^{j\omega})\mid_{\omega=\frac{2\pi}{N}k} \tag{3.5.8}$$

如图 3.5.2 所示,$z$ 在使 $X(z)$收敛的 $z$ 平面上取值,而 $X(e^{j\omega})$仅在单位圆上取值,$X(k)$是在单位圆上 $N$ 个等间距的点上取值。我们也可以用 $X(k)$来表示 $X(z)$及 $X(e^{j\omega})$,其中

$$X(z) = \sum_{n=0}^{N-1}\left[\frac{1}{N}\sum_{k=0}^{N-1} X(k)\exp\left(j\frac{2\pi}{N}nk\right)\right]z^{-n}$$

$$= \frac{1}{N}\sum_{k=0}^{N-1} X(k)\sum_{n=0}^{N-1}\left[\exp\left(j\frac{2\pi}{N}k\right)z^{-1}\right]^{n}$$

即

$$X(z) = \frac{1-z^{-N}}{N}\sum_{k=0}^{N-1}\frac{X(k)}{1-\exp\left(j\frac{2\pi}{N}k\right)z^{-1}} \tag{3.5.9}$$

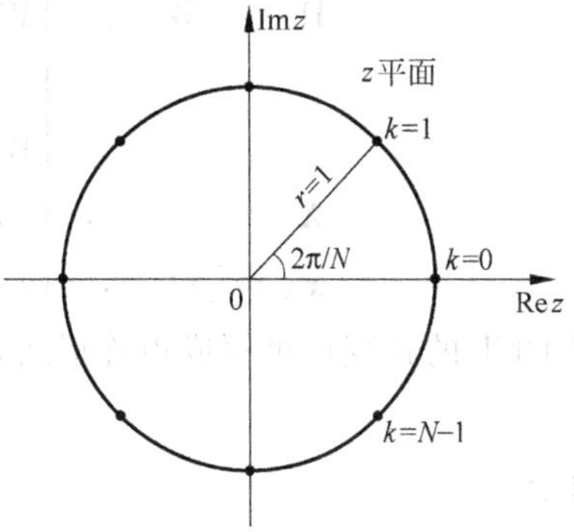

图 3.5.2　3 个变换自变量的取值

该式说明,$N$ 点序列的 $Z$ 变换可由其 $N$ 点 DFT 系数来表示。在上式中,令 $z=e^{j\omega}$,则

$$X(e^{j\omega}) = \sum_{k=0}^{N-1} X(k)\frac{1-e^{-j\omega N}}{N\left[1-\exp\left(j\frac{2\pi}{N}k\right)e^{-j\omega}\right]} = \frac{1-e^{-j\omega N}}{N}\sum_{k=0}^{N-1}\frac{X(k)}{1-W_N^{-k}e^{-j\omega}} \tag{3.5.10}$$

该式说明,连续谱 $X(e^{j\omega})$也可由其离散谱 $X(k)$经插值后得到。

如果将式(3.5.9)中的 $X$ 换成 $H$,有

$$H(z) = \frac{1-z^{-N}}{N}\sum_{k=0}^{N-1}\frac{H(k)}{1-\exp\left(j\frac{2\pi}{N}k\right)z^{-1}}$$

该式称为 FIR 系统的频率抽样结构,它既可用于系统的实现,也可用于系统的设计,详细内容可参看文献[Hgs12]。

## 3.5.4 DFT 的性质

### 1. 线性

若 $x_1(n)$、$x_2(n)$都是 $N$ 点序列,其 DFT 分别是 $X_1(k)$、$X_2(k)$,则

$$\mathrm{DFT}[ax_1(n)+bx_2(n)] = aX_1(k)+bX_2(k) \tag{3.5.11}$$

**2. 正交性**

令矩阵

$$\boldsymbol{W}_N=[W^{nk}]=\begin{bmatrix} W^0 & W^0 & W^0 & \cdots & W^0 \\ W^0 & W^1 & W^2 & \cdots & W^{N-1} \\ W^0 & W^2 & W^4 & \cdots & W^{2(N-1)} \\ \vdots & \vdots & \vdots & \ddots & \vdots \\ W^0 & W^{N-1} & W^{2(N-1)} & \cdots & W^{(N-1)(N-1)} \end{bmatrix} \tag{3.5.12}$$

$$\boldsymbol{X}_N=[X(0),\ X(1),\cdots,\ X(N-1)]^{\mathrm{T}}$$

$$\boldsymbol{x}_N=[x(0),\ x(1),\cdots,\ x(N-1)]^{\mathrm{T}}$$

则 DFT 的正变换可写成矩阵形式,即

$$\boldsymbol{X}_N=\boldsymbol{W}_N\boldsymbol{x}_N \tag{3.5.13}$$

由于

$$\boldsymbol{W}_N^*\boldsymbol{W}_N=\sum_{k=0}^{N-1}W^{mk}W^{-nk}=\sum_{k=0}^{N-1}W^{(m-n)k}=\begin{cases}N, & m=n\\ 0, & m\neq n\end{cases}$$

所以 $\boldsymbol{W}_N^*$ 和 $\boldsymbol{W}_N$ 是正交的,即 $\boldsymbol{W}_N$ 是正交矩阵,DFT 是正交变换。进一步有

$$\boldsymbol{W}_N^*\boldsymbol{W}_N=N\boldsymbol{I}\quad 或\quad \boldsymbol{W}_N^{-1}=\frac{1}{N}\boldsymbol{W}_N^* \tag{3.5.14}$$

DFT 的反变换可表示为

$$\boldsymbol{x}_N=\boldsymbol{W}_N^{-1}\boldsymbol{X}_N=\frac{1}{N}\boldsymbol{W}_N^*\boldsymbol{X}_N \tag{3.5.15}$$

**3. 移位性质**

将 $N$ 点序列 $x(n)$ 左移或右移 $m$ 个抽样周期,则

$$\mathrm{DFT}[x(n+m)]=W^{-km}X(k) \tag{3.5.16a}$$

$$\mathrm{DFT}[x(n-m)]=W^{km}X(k) \tag{3.5.16b}$$

**证明**　记 $x(n+m)$ 的 DFT 为 $X'(k)$,由 DFT 的定义,有

$$X'(k)=\sum_{n=0}^{N-1}x(n+m)W_N^{nk}$$

令 $n+m=r$, 则

$$X'(k)=\sum_{r=m}^{N-1+m}x(r)W_N^{(r-m)k}=W_N^{-mk}\left[\sum_{r=m}^{N-1}x(r)W_N^{kr}+\sum_{r=N}^{N-1+m}x(n)W_N^{kr}\right]$$

由于 $x(n)$ 被视作周期序列 $\tilde{x}(n)$ 的一个周期,所以对 $x(n)$ 的移位应是整个序列的移位,

即前面移出去后，后面移进来，故移位后仍是 $N$ 点周期序列，如图 3.5.3 所示。这种移位称作循环移位。所以上式可改写为

$$X'(k)=W_N^{-mk}\left[\sum_{r=m}^{N-1}x(r)W_N^{kr}+\sum_{r=0}^{m-1}x(r)W_N^{kr}\right]=W_N^{-mk}X(k)$$

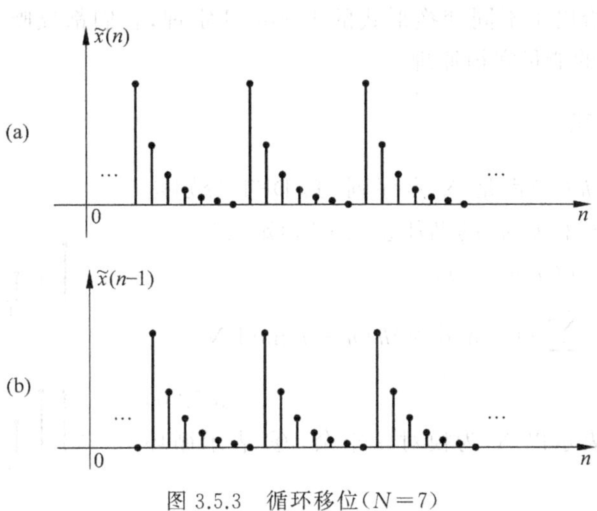


图 3.5.3 循环移位($N=7$)

同理可证明式(3.5.16b)。

**4. 奇、偶、虚、实对称性质**

此性质类似 3.2.2 节所述的 DTFT 的性质 3，此处不再详细说明，只给出几个主要结论。

① 若 $x(n)$为复序列，其 DFT 为 $X(k)$，则

$$\mathrm{DFT}[x^*(n)]=X^*(-k) \tag{3.5.17}$$

② 若 $x(n)$为实序列，则

$$\begin{cases}X^*(k)=X(-k)=X(N-k)\\ X_{\mathrm{R}}(k)=X_{\mathrm{R}}(-k)=X_{\mathrm{R}}(N-k)\\ X_{\mathrm{I}}(k)=-X_{\mathrm{I}}(-k)=-X_{\mathrm{I}}(N-k)\\ |X(k)|=|X(N-k)|\\ \arg[X(k)]=-\arg[X(-k)]\end{cases} \tag{3.5.18}$$

③ 若 $x(n)$为实序列，且 $x(n)=x(-n)$，即 $x(n)$为实偶序列，则 $X(k)$是实序列。

④ 若 $x(n)=-x(-n)$，即 $x(n)$为奇序列，则 $X(k)$是纯虚序列。

**5. Parseval 定理**

$$\sum_{n=0}^{N-1}|x(n)|^2=\frac{1}{N}\sum_{k=0}^{N-1}|X(k)|^2 \tag{3.5.19}$$

至此，我们已给出了不同变换形式的 Parseval 定理，它们都反映了信号在一个域及其对应的变换域中的能量守恒原理。

**6. 时域循环卷积**

设序列 $x(n)$、$h(n)$都是 $N$ 点序列，其 DFT 分别是 $X(k)$、$H(k)$。$x(n)$和 $h(n)$的循环卷积 $y(n)$定义为

$$\begin{aligned}y(n \bmod N)&=x(n)\circledast h(n)\\&=\sum_{i=0}^{N-1}x(i \bmod N)h(n-i \bmod N)\end{aligned} \tag{3.5.20}$$

式中，$(n \bmod N)$表示以 $N$ 为模对 $n$ 求余，$\circledast$ 表示循环卷积。

实现循环卷积先要将 $x(n)$、$h(n)$的自变量 $n$ 变成 $i$，并将 $h(i)$翻转变成 $h(-i)$。需要强调的是，因为 $x(n)$、$h(n)$分别是周期序列 $\tilde{x}(n)$、$\tilde{h}(n)$的一个周期，所以一个信号的翻转应是整个序列的翻转，即应将 $\tilde{h}(n)\to\tilde{h}(i)\to\tilde{h}(-i)$，这是和线性卷积不同之处。然后改变 $n$，即将 $h(-i)$移位后得 $h(n-i)$，再与 $x(i)$对应相乘，得 $y(n)$。正因为 $x(n)$、$h(n)$分别是 $\tilde{x}(n)$、$\tilde{h}(n)$的一个周期，所以将 $h(n)$翻转后移位时，因在一个周期内有移出就有移入，故求和始终在一个周期内，即在 $0\sim N-1$ 内进行。

由于上述求和特点，故卷积的结果 $y(n)$也是周期的，周期为 $N$。因此式(3.5.20)的卷积称为循环卷积，也称圆卷积。这样，式(3.5.20)也可简写为

$$\begin{aligned}y(n)&=x(n)\,Ⓝ\,h(n)\\&=\sum_{i=0}^{N-1}x(i)h(n-i)\end{aligned} \tag{3.5.21}$$

式中，Ⓝ 表示作 $N$ 点循环卷积，上述卷积过程示于图3.5.4。

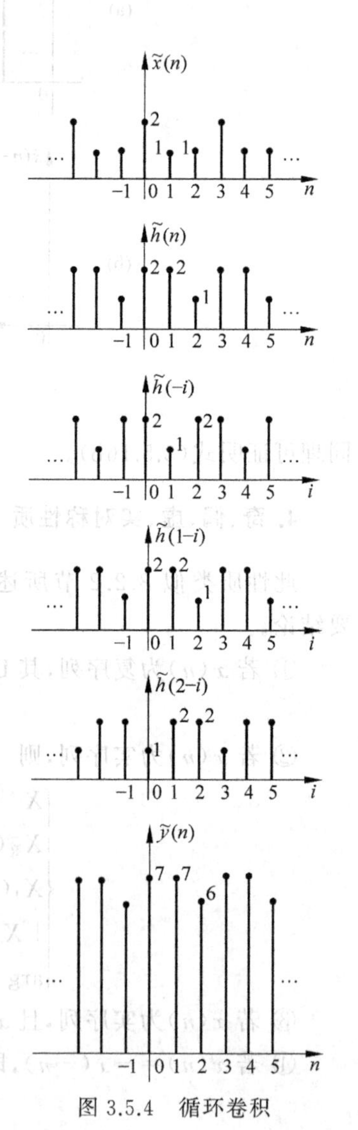

图 3.5.4　循环卷积

上述计算过程可写成如下矩阵形式：

$$\begin{bmatrix} y(0) \\ y(1) \\ y(2) \end{bmatrix} = \begin{bmatrix} h(0) & h(2) & h(1) \\ h(1) & h(0) & h(2) \\ h(2) & h(1) & h(0) \end{bmatrix} \begin{bmatrix} x(0) \\ x(1) \\ x(2) \end{bmatrix}$$

一般,对两个 $N$ 点序列的循环卷积,其矩阵形式是

$$\boldsymbol{y} = \begin{bmatrix} y(0) \\ y(1) \\ \vdots \\ y(N-1) \end{bmatrix} = \begin{bmatrix} h(0) & h(N-1) & \cdots & h(1) \\ h(1) & h(0) & \cdots & h(2) \\ \vdots & \vdots & \ddots & \vdots \\ h(N-1) & h(N-2) & \cdots & h(0) \end{bmatrix} \times \begin{bmatrix} x(0) \\ x(1) \\ \vdots \\ x(N-1) \end{bmatrix} = \boldsymbol{Hx} \tag{3.5.22}$$

式中,矩阵 $\boldsymbol{H}$ 称为循环矩阵,由第一行开始,依次向右移动一个元素,移出去的元素又在下一行的最左边出现,即每一行都是由 $h(0),h(N-1),\cdots,h(1)$ 这 $N$ 个元素依此法则移动所生成的,故 $\boldsymbol{H}$ 称为循环矩阵,因此相对应的卷积也称为循环卷积。将式(3.5.22)和式(2.2.6)的线性卷积矩阵相比较,就可了解循环卷积和线性卷积的区别。

有了上述循环卷积的定义,可给出如下的时域及频域循环卷积定理。

令 $x(n)$、$h(n)$、$y(n)$都是 $N$ 点序列,其 DFT 分别是 $X(k)$、$H(k)$、$Y(k)$,若

$$y(n) = x(n) \, Ⓝ \, h(n) \tag{3.5.23a}$$

则

$$Y(k) = X(k)H(k) \tag{3.5.23b}$$

**证明** 由式(3.5.21),有

$$\begin{aligned} y(n) &= \sum_{i=0}^{N-1} x(i)h(n-i) \\ &= \sum_{i=0}^{N-1} \left[ \frac{1}{N} \sum_{k=0}^{N-1} X(k)\exp\left(\mathrm{j}\,\frac{2\pi}{N}ki\right) \right] \left[ \frac{1}{N} \sum_{l=0}^{N-1} H(l)\exp\left(\mathrm{j}\,\frac{2\pi}{N}l(n-i)\right) \right] \\ &= \frac{1}{N} \sum_{k} \sum_{l} X(k)H(l)\exp\left(\mathrm{j}\,\frac{2\pi}{N}ln\right) \frac{1}{N} \sum_{i=0}^{N-1} \exp\left[\mathrm{j}\,\frac{2\pi}{N}(k-l)i\right] \end{aligned}$$

由式(3.4.3),得

$$y(n) = \frac{1}{N} \sum_{k=0}^{N-1} X(k)H(k)\exp\left(\mathrm{j}\,\frac{2\pi}{N}kn\right)$$

即 $y(n)$是 $X(k)H(k)$的逆 DFT,故式(3.5.23)得证。同理可得到频域循环卷积定理。若

$$y(n) = x(n)h(n) \tag{3.5.24a}$$

则

$$Y(k)=X(k)\textcircled{N}h(k) \tag{3.5.24b}$$

# 3.6 用 DFT 计算线性卷积

## 3.6.1 用 DFT 计算线性卷积的方法和步骤

设 $x(n)$为一 $M$ 点序列，$h(n)$为一 $L$ 点序列，$y(n)=x(n)*h(n)$，即 $y(n)$是 $x(n)$和$h(n)$的线性卷积，那么 $y(n)$是一$(M+L-1)$点的序列。由 3.5 节的讨论可知，DFT 对应循环卷积而不对应线性卷积，那么，能否用 DFT 来计算两个序列的线性卷积呢？答案是肯定的。

由式(3.5.23)，有

$$x(n)\textcircled{N}h(n)=\mathrm{IDFT}[X(k)H(k)]$$

式中，$x(n)$、$h(n)$都是 $N$ 点序列，循环卷积的结果也是 $N$ 点序列，显然，$X(k)$、$H(k)$也是 $N$ 点序列，现希望

$$\begin{aligned}y(n)=x(n)*h(n)&=\mathrm{IDFT}[X(k)H(k)]\\&=\mathrm{IDFT}[Y(k)]\end{aligned}$$

因为 $y(n)$是$(M+L-1)$点序列，因此，$Y(k)$也必须是$(M+L-1)$点序列，相应的 $X(k)$、$H(k)$也都应当是 $M+L-1$ 点序列，而且 $X(k)$、$H(k)$对应的时域序列 $x(n)$、$h(n)$也必须是 $M+L-1$ 点的序列。只有这样，由 $Y(k)$作逆变换所得到的 $y(n)$才能保证是 $x(n)$和$h(n)$的线性卷积，具体步骤如下。

**步骤 1**　对 $M$ 点序列 $x(n)$及 $L$ 点序列 $h(n)$分别作扩展，构成新序列 $x'(n)$、$h'(n)$，它们的长度都是 $M+L-1$ 点，即

$$x'(n)=\begin{cases}x(n), & n=0,1,\cdots,M-1\\0, & n=M,\cdots,M+L-2\end{cases} \tag{3.6.1a}$$

$$h'(n)=\begin{cases}h(n), & n=0,1,\cdots,L-1\\0, & n=L,\cdots,M+L-2\end{cases} \tag{3.6.1b}$$

**步骤 2**　认为 $x'(n)$、$h'(n)$各是周期序列 $\tilde{x}'(n)$、$\tilde{h}'(n)$的一个周期，周期长度为 $M+L-1$，直接计算式(3.5.21)，可得

$$y'(n)=x'(n)\textcircled{N}h'(n),\quad N=M+L-1$$

而

$$y(n)=y'(n)=x(n)*h(n)$$

**步骤 3**　若用 DFT 求 $y(n)$，则

$$y(n)=y'(n)=\mathrm{IDFT}[X'(k)H'(k)] \tag{3.6.2}$$

式中，$X'(k)$、$H'(k)$分别是$x'(n)$、$h'(n)$的 DFT。

**例 3.6.1** 给定$x(n)$、$h(n)$都是 3 点序列，如图 3.6.1(a)、(b)所示，其线性卷积结果如图 3.6.1(c)所示，试用循环卷积来计算该线性卷积。

**解** 由$M=3$，$L=3$，得$M+L-1=5$，即$N=5$。

**步骤 1** 将$x(n)$、$h(n)$分别补两个零，得$x'(n)$、$h'(n)$，再作周期扩展，得$\tilde{x}'(n)$、$\tilde{h}'(n)$，如图 3.6.2(a)、(b)所示。

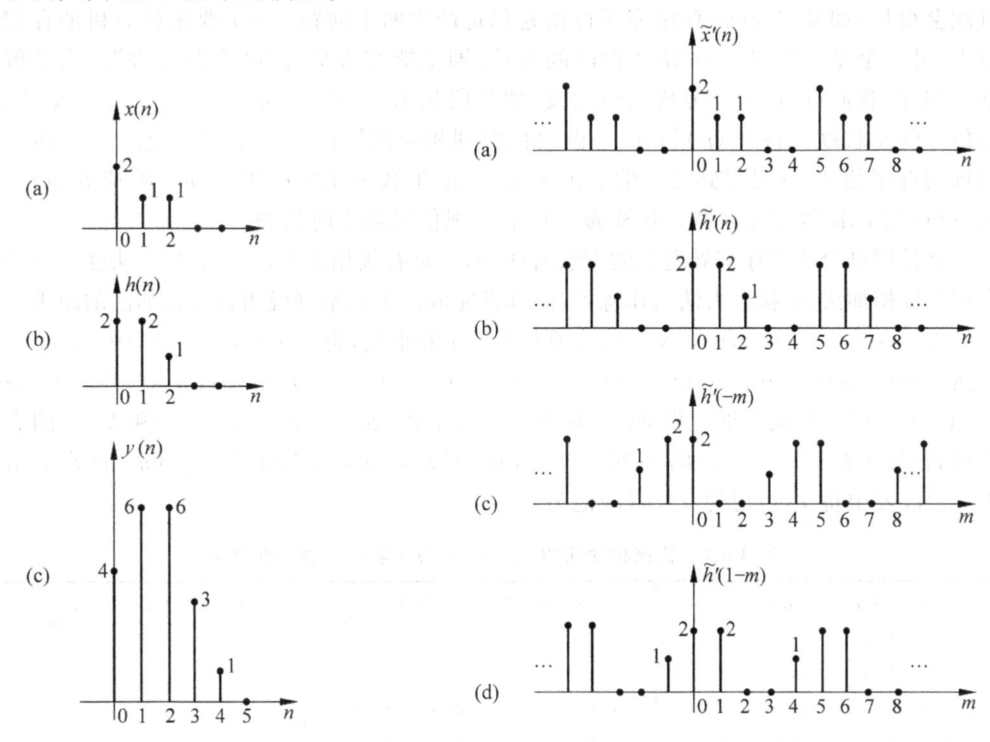


图 3.6.1 计算两个序列的线性卷积

图 3.6.2 用循环卷积计算线性卷积

**步骤 2** 将$\tilde{h}'(n)$翻转，并依次移位，得$\tilde{h}'(-m)$及$\tilde{h}'(1-m)$示于图 3.6.2(c)、(d)。按图 3.5.4 所示方法做循环卷积，从而求出

$$y'(0)=\sum_{m=0}^{4}x'(m)h'(-m)=2\times 2+1\times 0+1\times 0+0\times 3+0\times 2=4$$

$$y'(1)=\sum_{m=0}^{4}x'(m)h'(1-m)=2\times 2+1\times 2+1\times 0+0\times 0+0\times 0=6$$

依次求出

$$y'(2)=6,\quad y'(3)=3,\quad y'(4)=1$$

这样

$$y(n)=x(n)*h(n)=y'(n)⑤h'(n)=\{4,6,6,3,1\}$$

$y(n)$如图 3.6.1(c)所示。

## 3.6.2　长序列卷积的计算

信号 $x(n)$通过数字系统 $h(n)$后得到输出 $y(n)$，$y(n)=x(n)*h(n)$。有时 $x(n)$可能会很长，如果将 $x(n)$存储完毕再做卷积将产生两个问题：一是要求计算机的存储量过大，另一个是要等待 $x(n)$输入的时间过长，即不能实现信号的“实时处理”。为了解决这一问题，我们可将 $x(n)$分成较小的段，如每段长为 $L$，得 $x_i(n)$，$i=1,2,\cdots,N/L$，$N$ 是信号的总长度。将 $x_i(n)$与 $h(n)$做卷积得到相应的输出 $y_i(n)$，然后把 $y_i(n)$按一定的规则首尾相加，即可得到完整的输出 $y(n)$。由于数字系统的单位抽样响应 $h(n)$一般比较短(如 FIR 数字滤波器)，这样做有可能实现信号的实时处理。

把长序列分成短序列做卷积的方法有两种，一是叠接相加法，二是叠接舍去法。本书只介绍叠接相加法，叠接舍去法留作练习，由读者完成。下面举例说明叠接相加法的原理。

将 $x(n)$，$n=0,1,\cdots,N-1$，分成长 $L=5$ 的小段，得 $x_1(n)$，$x_2(n)$，$\cdots$，$x_{N/L}(n)$。显然 $x_1(0)=x(0)$，$\cdots$，$x_1(4)=x(4)$；$x_2(0)=x(5)$，$\cdots$，$x_2(4)=x(9)$；$x_3(0)=x(10)$，$\cdots$，$x_3(4)=x(14)$；以此类推。设 $h(n)$为 $M=3$ 的序列，那么，每一段 $x_i(n)$和 $h(n)$的卷积将得到$(M+L-1)=7$ 点的序列 $y_i(n)$，每一段 $y_i(n)$与不分段时 $y(n)$的关系示于表 3.6.1，表中将 $x(i)$记为 $x_i$，$h(i)$记为 $h_i$。

**表 3.6.1　叠接相加法中 $y_1(n)$，$y_2(n)$与 $y(n)$之间的关系**

| $y(n)=x(n)*h(n)$ | $y_1(n)=x_1(n)*h(n)$ | $y_2(n)=x_2(n)*h(n)$ |
|---|---|---|
| $y(0)=h_0x_0$ | $y_1(0)=h_0x_0$ | |
| $y(1)=h_0x_1+h_1x_0$ | $y_1(1)=h_0x_1+h_1x_0$ | |
| $y(2)=h_0x_2+h_1x_1+h_2x_0$ | $y_1(2)=h_0x_2+h_1x_1+h_2x_0$ | |
| $y(3)=h_0x_3+h_1x_2+h_2x_1$ | $y_1(3)=h_0x_3+h_1x_2+h_2x_1$ | |
| $y(4)=h_0x_4+h_1x_3+h_2x_2$ | $y_1(4)=h_0x_4+h_1x_3+h_2x_2$ | |
| $y(5)=h_0x_5+h_1x_4+h_2x_3$ | $y_1(5)=h_1x_4+h_2x_3$ | $y_2(0)=h_0x_5$ |
| $y(6)=h_0x_6+h_1x_5+h_2x_4$ | $y_1(6)=h_2x_4$ | $y_2(1)=h_0x_6+h_1x_5$ |
| $y(7)=h_0x_7+h_1x_6+h_2x_5$ | $y_1(7)=0$ | $y_2(2)=h_0x_7+h_1x_6+h_2x_5$ |
| $y(8)=h_0x_8+h_1x_7+h_2x_6$ | | $y_2(3)=h_0x_8+h_1x_7+h_2x_6$ |
| $y(9)=h_0x_9+h_1x_8+h_2x_7$ | | $y_2(4)=h_0x_9+h_1x_8+h_2x_7$ |
| $y(10)=h_0x_{10}+h_1x_9+h_2x_8$ | | $y_2(5)=h_1x_9+h_2x_8$ |
| | | $y_2(6)=h_2x_9$ |
| | | $y_2(7)=0$ |

由于线性卷积的特点是将一个序列(如 $h(n)$)翻转后,沿坐标轴从左边“移入”$x(n)$,在右边“移出”$x(n)$,所以在 $x(n)$的前后将有一个“过渡过程”,其长度均为 $M-1$。因此,将$x(n)$分段后,在每一段的前后都将产生这样的过渡过程,使得每一段的 $y_i(n)$都不能完全和相对应的 $y(n)$相等。由表 3.6.1 可以看出,$y_1(n)=y(n)$, $n=0, 1, \cdots, 4$,而 $y_1(0)$, $y_1(1)$对应的过渡过程是 $h(n)$和 $x(n)$卷积时所固有的,但 $y_1(5)\neq y(5)$, $y_1(6)\neq y(6)$,它们是$x_1(n)$产生的后过渡过程。相应地,$y_2(0)$,$y_2(1)$是新一段的前过渡过程,$y_2(0)\neq y(5)$, $y_2(1)\neq y(6)$,此时 $y_2(2)=y(7)=y(2+L)$,$y_2(3)=y(8)=y(3+L)$,$y_2(4)=y(9)=y(4+L)$,而 $y_2(5)$,$y_2(6)$是第二段的后过渡过程。由此不难得出结论,只要把上一段的后过渡过程和本段的前过渡过程对应相加,然后按序排列,即可得到完整的$y(n)$,写成公式是

$$
\begin{gathered}
y(kL)=y_k(L)+y_{k+1}(0) \\
y(kL+1)=y_k(L+1)+y_{k+1}(1) \\
\vdots \\
y(kL+M-2)=y_k(L+M-2)+y_{k+1}(M-2)
\end{gathered}
$$

式中,$k=1, 2, \cdots, N/L$,是 $x(n)$分段的序号;$L$ 为 $x(n)$分段后各段的长度;$M$ 为 $h(k)$的长度。这种方法是将 $y_k(n)$最后的$(M-1)$项与 $y_{k+1}(n)$的前$(M-1)$项对应相加得到 $y(kL)$,$\cdots$, $y(kL+M-2)$各项,所以称为叠接相加法。每一小段 $y_i(n)$可以直接计算,也可以用 3.5 节介绍的方法(即 DFT)来计算。

# 3.7 与 DFT 有关的几个问题

## 3.7.1 频率分辨率及 DFT 参数的选择

“分辨率”(resolution)是信号处理中的基本概念,它包括频率分辨率和时间分辨率。形象地说,频率分辨率是通过一个频域的窗函数来观察频谱时所看到的频率的宽度,时间分辨率是通过一个时域的窗函数来观察信号时所看到的时间的宽度。显然,这样的窗函数越窄,相应的分辨率就越好。

频率分辨率是指所用的算法能将信号中两个靠得很近的谱峰保持分开的能力。通常的做法是令待分析的信号 $x(t)$由两个或多个频率相接近且幅度相同的正弦信号叠加产生。这里说的算法,包括了对 $x(t)$的离散化、各种频谱分析方法及我们将要在第 13 章和第 14 章详细讨论的经典功率谱估计和现代功率谱估计的方法。显然,频率分辨率的这一定义主要用来评价各种算法在谱分析方面的性能。

时间和频率是描述信号的两个主要物理量，它们通过傅里叶变换相联系。因此，讨论频率分辨率就一定要和傅里叶变换联系起来。我们已给出连续信号的傅里叶变换(FT)、离散时间信号的傅里叶变换(DTFT)及离散傅里叶变换(DFT)，现针对这三种变换来分别说明频率分辨率的定义。

若信号$x_T(t)$的长度为$T$秒，通过傅里叶变换后得到$X_T(\mathrm{j}\Omega)$，那么$X_T(\mathrm{j}\Omega)$的频率分辨率是

$$\Delta f = 1/T\ (\mathrm{Hz}) \tag{3.7.1a}$$

这一点很容易理解。因为长度为$T$秒的$x_T(t)$可以看作一无穷长的信号$x(t)$和一宽度为$T$的矩形窗相乘的结果，而该矩形窗的频谱如式(3.1.12)(其中$\tau=T, A=1$)所示，它的主瓣的宽度反比于$T$，因此$X_T(\mathrm{j}\Omega)$能够分辨的最小频率间隔不会小于$1/T$，所以说它的频率分辨率反比于$T$。

将$x(t)$用抽样间隔$T_s$抽样后变成$x(n)$，即抽样频率$f_s=1/T_s$。这样，$T$秒长的$x_T(t)$可以得到$M=T/T_s$点。因此，$x_M(n)$也可以看作无穷长的离散信号$x(n)$和一宽度为$M$的矩形窗相乘的结果。该矩形窗的频谱如式(3.2.49)(式中$N=M$)所示。在3.2.5节指出，它的主瓣的宽度为$4\pi/M$。因此，假定$x(n)$是由两个频率分别为$\omega_1, \omega_2$的正弦信号所组成，若数据的长度$M$不能满足

$$\frac{4\pi}{M} < |\omega_2 - \omega_1| \tag{3.7.1b}$$

那么用DTFT对截短后的$x_M(n)$作频谱分析时就分辨不出这两个谱峰。上式中矩形窗频谱的主瓣宽度是取$D_g(\mathrm{e}^{\mathrm{j}\omega})$在$\omega=\pm 2\pi/M$这两个过零点之间的宽度。主瓣宽度的另一种定义是取$D_g(\mathrm{e}^{\mathrm{j}\omega})$的幅平方降到0.5(即3dB)时频谱的宽度，对矩形窗，这一宽度约是$2\pi/M$。这样，式(3.7.1b)的左边可改为$2\pi/M$。假定$\omega_2>\omega_1$，并记$\Delta\omega=\omega_2-\omega_1=2\pi\Delta f/f_s$，那么，对信号做DTFT时，频率分辨率限制为

$$\Delta f = f_s/M \tag{3.7.1c}$$

这是在使用矩形窗时DTFT所能分辨的最小频率间隔。当然，$\Delta f$越小，频率分辨率越好。如果使用别的窗函数，那么，分辨率会发生变化。由7.2节的讨论可知，与其他窗函数相比，矩形窗有着最窄的主瓣，同时也有着最大的边瓣。通过本节及例3.2.6的讨论可知，主瓣的宽度主要是影响分辨率，而边瓣的大小影响了频谱的泄漏。例如，哈明窗主瓣的宽度约是矩形窗的2倍，相应的频率分辨率降为

$$\Delta f = 2f_s/M \tag{3.7.1d}$$

但其第一个边瓣的峰值比矩形窗小了约30dB，大大减轻了泄漏。因此，哈明窗是信号处理中常用的窗函数。

由于

$$\Delta f = f_s/M = 1/MT_s = 1/T \tag{3.7.1e}$$

式中,$T=MT_s$ 是原模拟信号 $x_T(t)$ 的长度,所以,严格地说,用 DTFT 作频谱分析时的分辨率 $\Delta f$ 反比于信号的实际长度 $T$。因此,式(3.7.1c)和式(3.7.1a)实质上是一样的。正因为如此,式(3.7.1c)所给出的分辨率在有的文献上被称为“物理分辨率”[Sop99]。显然,如果 $\Delta f$ 不够小,使其变小的有效方法是增加信号的长度 $M$。

由 3.5.1 节关于 DFT 的定义可知,对一个 $N$ 点序列 $x_N(n)$ 作 DFT,所得 $X_N(k)$ 的每两根谱线间的距离

$$\Delta f = f_s/N \tag{3.7.2a}$$

它也是频率分辨率的一种度量。如果该式的 $\Delta f$ 不够小,可以通过增加 $N$ 来减小 $\Delta f$。如果序列 $x_N(n)$ 来自于序列 $x_M(n)$,且 $M$ 不能再增加,那么增加 $N$ 的途径有两个。一是将频率的分点加密,即

$$X(\omega_k)=\sum_{n=0}^{M-1} x_M(n)\mathrm{e}^{-\mathrm{j}\omega n}\Big|_{\omega_k=\frac{2\pi}{N}k} \overset{\text{def}}{=} X(k), \qquad k=0,1,\cdots,N-1,N>M \tag{3.7.2b}$$

注意,这时 $X(k)$ 对应的时域序列将不再是原序列 $x_M(n)$,有关该问题的进一步讨论见例 3.7.4 和例 3.7.5。增加 $N$ 的第二个途径是将 $x_M(n)$ 的后面补零,使补零后的序列达到所需要的长度 $N$,有关补零问题的进一步讨论见 3.7.2 节。

用这两种办法增加 $N$ 所得到的 $\Delta f$ 虽然会减小,但这并没有增加频谱的分辨率。这是因为有效的数据长度 $T$ 或 $M(M=T/T_s)$ 并没有增加,因而不可能增加关于原数据的新的信息。这就是说,如果数据的长度 $T$ 或 $M$ 太短,以至于不能将 $x(t)$(或 $x(n)$)中两个靠得很近的谱峰分开,那么靠式(3.7.2b)或补零的方法减小 $\Delta f$ 后仍不能把这两个谱峰分开。由于这一原因,同时也是为了和式(3.7.1c)的物理分辨率相区别,人们又把作 DFT 时所得到的最小频率间隔(即式(3.7.2a)的 $\Delta f$)称为“计算分辨率”[Sop99],即该分辨率是靠计算得出的,但它并不能反映真实的频率分辨能力。

由以上讨论可知,频率分辨率的概念和傅里叶变换紧密相连,频率分辨率的大小反比于数据的实际长度。在数据长度相同的情况下,使用不同的窗函数将在频谱的分辨率和频谱的泄漏之间有着不同的取舍。

在实际工作中,当数据的实际长度 $T$ 或 $M$ 不能再增加时,通过发展新的信号处理算法也有可能提高频率的分辨率。例如,第 14 章要讨论的现代功率谱估计方法隐含了对数据的外推,因此有效地扩展了数据的长度,从而提高了频率分辨率。在这种情况下,频率分辨率的大小可以突破式(3.7.1c)的限制。

在信号处理中,分辨率是一个对各种算法都起着支配作用的重要概念。例如,除频率分辨率外,还有时间分辨率问题,频率分辨率和时间分辨率的相互制约的问题(见 3.7.3 节的“不定原理”),以及如何根据信号的特点和信号处理任务的需要选择不同的分辨率问题,即对快变的信号希望能给出好的时间分辨率而忽视频率分辨率,而对慢变的信

号希望能给出好的频率分辨率而忽视时间分辨率,等等。有些问题我们在本书的后续章节中还会继续讨论(如 3.7.3 节、14.3.1 节),有些问题,例如,如何根据信号的特点来选择不同的时间分辨率和频率分辨率,是小波变换的内容,请参阅有关小波变换的文献。

DFT 是数字信号处理的基本算法,下面我们通过具体例子来说明做 DFT 时数据长度对分辨率的影响,并讨论参数的选择问题。

**例 3.7.1** 设 $x(t)$的最高频率 $f_c$ 不超过 3Hz,现用 $f_s=10\text{Hz}$,即 $T_s=0.1\text{s}$ 对其抽样。由抽样定理可知,不应发生混叠问题。设 $T=25.6\text{s}$,即抽样得 $x(n)$的点数为 256,那么,对 $x(n)$作 DFT 时,所得到的频率最大分辨率

$$\Delta f=\frac{10}{256}=0.039\,062\,5\text{Hz}$$

如果信号 $x(t)$由 3 个正弦波形组成,其频率分别是 $f_1=2\text{Hz}$,$f_2=2.02\text{Hz}$,$f_3=2.07\text{Hz}$,即

$$x(t)=\sin(2\pi f_1 t)+\sin(2\pi f_2 t)+\sin(2\pi f_3 t)$$

那么用 DFT 求其频谱时,幅频特性如图 3.7.1(a)所示。显然,由于 $f_2-f_1=0.02<\Delta f$,所以不能分辨出由 $f_2$ 产生的正弦分量;又由于 $f_3-f_1\geqslant\Delta f$,所以能分辨由 $f_3$ 产生的正弦分量。

如果增加点数 $N$,即增加数据的长度 $T$,例如令 $N=1024$,这时 $T=1024\times0.1\text{s}=102.4\text{s}$,其幅频特性如图 3.7.1(b)所示。

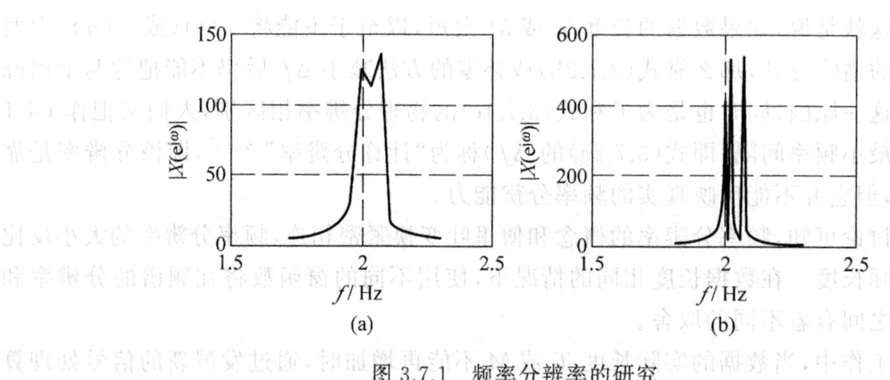


图 3.7.1 频率分辨率的研究

(a) $x(t)$的频谱,$N=256$;(b) $x(t)$的频谱,$N=1024$

由上例可以得出作 DFT 时参数选择的步骤与方法:

若已知信号的最高频率 $f_c$,为防止混叠,选定抽样频率 $f_s$ 满足

$$f_s\geqslant 2f_c$$

再根据实际需要,选定频率分辨率 $\Delta f$,一旦 $\Delta f$ 选定,就可确定做 DFT 所需的点数 $N$,即

$$N=f_s/\Delta f$$

我们希望 $\Delta f$ 越小越好，但 $\Delta f$ 越小，$N$ 越大，使计算量、存储量也随之增大。由第 4 章可知，我们常希望 $N$ 取 2 的整次幂，若 $N$ 点数据已给定，且不能再增加，可用补零的办法使 $N$ 为 2 的整次幂。

$f_s$ 和 $N$ 确定以后，就可确定所需相应模拟信号 $x(t)$ 的长度，即有

$$T=N/f_s=NT_s$$

前已指出，分辨率 $\Delta f$ 反比于 $T$，而不是 $N$，因此，在给定 $T$ 的情况下，靠减小 $T_s$ 来增加 $N$ 是不能提高分辨率的。这是因为 $T=NT_s$ 为一常数，若把 $T_s$ 减小 $m$ 倍，$N$ 也增加 $m$ 倍，这时

$$\Delta f=mf_s/mN=f_s/N=1/NT_s=1/T \tag{3.7.3}$$

即 $\Delta f$ 保持不变。

## 3.7.2 补零问题

在做 DFT 时，人们常在有效数据后面补一些零以达到对频谱作某种改善的目的。但有人却误解为补零会提高分辨率。其理由是，原数据长度为 $N_1$，补零后数据长度为 $N_2$，由于 $\Delta f_1=f_s/N_1$，$\Delta f_2=f_s/N_2$ 及 $N_2>N_1$，因此 $\Delta f_2<\Delta f_1$。实际上这是错把"计算分辨率"当成了"物理分辨率"。在 3.7.1 节已指出，补零没有对原信号增加任何新的信息，因此不可能提高分辨率。但补零可使数据 $N$ 为 2 的整次幂，以便于使用快速傅里叶变换算法(FFT)，而且补零还可对原 $X(k)$ 做插值。由例 3.2.7 可知，数据截断必然要产生频谱的泄漏，数据过短时这些泄漏将严重影响对原频谱的辨认，而插值可在一定程度上克服这一现象。

下面两个例子可说明补零的这一效果。

**例 3.7.2** 设 $x(n)$ 为两点序列，求其 $X(k)$，然后补两个零，使 $x(n)$ 成为四点序列，再求其 $X(k)$。

**解** 因为

$$x(n)=\{x(0),x(1)\}$$

所以

$$X(0)=x(0)+x(1)$$
$$X(1)=x(0)-x(1)$$

现有

$$x'(n)=\{x(0),x(1),0,0\}$$

因此

$$X'(0)=x(0)+x(1)=X(0)$$
$$X'(1)=x(0)-\mathrm{j}x(1)$$
$$X'(2)=x(0)-x(1)=X(1)$$
$$X'(3)=x(0)+\mathrm{j}x(1)=[X'(1)]^*$$

上述结果表明，在插值点 $k=0,k=2$ 处，$X'(0)=X(0),X'(2)=X(1)$，而在非插值点 $k=1,k=3$ 处，$X'(k)$ 等于原 $X(k)$ 的某种线性组合。

**例 3.7.3** 设 $x(t)$ 由 3 个正弦组成，其频率分别是 2.67Hz，3.75Hz，6.75Hz，初相位分别为 0°，90°，0°，抽样频率 $f_s=20\text{Hz}$。仅取 16 点数据，得 $X(k),k=0,1,\cdots,15$，前 8 点的幅值分别为 $|X(0)|=0.2206$，$|X(1)|=0.7375$，$|X(2)|=7.7637$，$|X(3)|=7.7883$，$|X(4)|=0.6139$，$|X(5)|=4.9905$，$|X(6)|=5.1146$，$|X(7)|=2.6982$。对应的频率分别为 $f_0=0\text{Hz}$，$f_1=1.25\text{Hz}$，$f_2=2.5\text{Hz}$，$f_3=3.75\text{Hz}$，$f_4=5.0\text{Hz}$，$f_5=6.25\text{Hz}$，$f_6=7.5\text{Hz}$，$f_7=8.75\text{Hz}$。这 8 点的值示于图 3.7.2(a)，从图上很难分清信号中究竟含有几个正弦。现分别在原 16 点序列的后面补 $N$ 个、$7N$ 个、$29N$ 个零，其曲线分别示于图(b)、(c)和(d)，可见，随着补零的增多，大体可以看出该频谱中含有三个频率成分，其余小的峰值是 sinc 函数的边瓣。

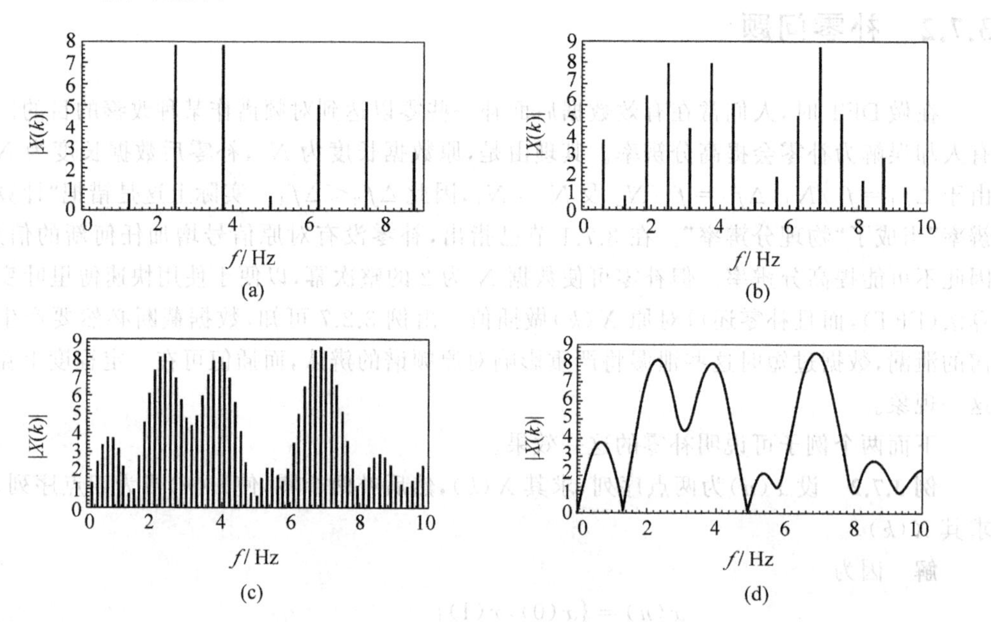


图 3.7.2 补零的效果

(a) $N=16$；(b) 补 $N$ 个零；(c) 补 $7N$ 个零；(d) 补 $29N$ 个零

### 3.7.3 DFT 对 FT 的近似

用 DFT 对一较长的连续时间信号作频谱分析的过程如图 3.7.3 所示。记图中 $x_N(n)$ 的 DTFT 为 $X(e^{j\omega})$。$X_a(j\Omega)$、$X(e^{j\omega})$、$X_N(k)$ 及 $\tilde{X}(k)$ 的相互关系是

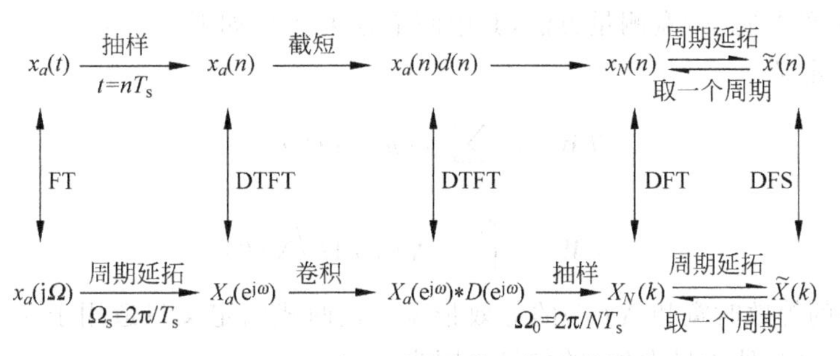


图 3.7.3　用 DFT 实现对连续信号作谱分析的过程

$$X_a(e^{j\omega})\Big|_{\omega=\Omega T_s}=\frac{1}{T_s}\sum_{l=-\infty}^{\infty}X_a(j\Omega-jl\Omega_s) \tag{3.7.4}$$

$$X(e^{j\omega})=X_a(e^{j\omega})*D(e^{j\omega}) \tag{3.7.5}$$

$$X_N(k)=X(e^{j\omega})\Big|_{\omega=\frac{2\pi}{N}k},\quad k=0,\cdots,N-1 \tag{3.7.6}$$

$$\tilde{X}(k)=\sum_{l=-\infty}^{\infty}X_N(k+lN),\quad k=0,1,\cdots,N-1 \tag{3.7.7}$$

时域信号 $x_a(t)$，$x_a(n)$，$x_N(n)$及 $\tilde{x}(n)$的相互关系是

$$x_a(n)=x_a(t)\big|_{t=nT_s},\qquad n=-\infty\sim+\infty \tag{3.7.8}$$

$$x_N(n)=x_a(n)d(n),\qquad n=0,1,\cdots,N-1 \tag{3.7.9}$$

$$\tilde{x}(n)=\sum_{l=-\infty}^{\infty}x_N(n+lN),\qquad n=0,1,\cdots,N-1 \tag{3.7.10}$$

我们自然会问：①$X_N(k)$是否为 $X_a(j\Omega)$的准确抽样？即是否包含了 $X_a(j\Omega)$的全部信息？②$X_N(k)$的反变换 $x_N(n)$是否为 $x_a(t)$的准确抽样？即是否包含了 $x_a(t)$的全部信息？如果这两个问题的答案是肯定的，那么我们可以放心地使用 DFT，但实际上并非如此。为了较好地回答这两个问题，我们需要从信号的时宽与带宽的基本关系以及用 DFT 对一连续信号作频谱分析的全过程这两方面来加以考查。

由傅里叶变换的性质可知，若 $x(t)$的 FT 为 $X(j\Omega)$，则 $x(at)$的 FT 为$\frac{1}{|a|}X(j\Omega/a)$，式中 $a$ 为常数。这就是说，信号 $x(t)$沿时间轴若压缩（或扩展）了 $a$ 倍，其频谱将在频率轴上扩展（或压缩）$a$ 倍。这样，信号的时宽和带宽不可能同时缩小，也不可能同时扩大；二者也不可能同为有限值[Mar87]，即若信号的时间长度是有限的，那么其带宽必是无限的，反之亦然。最典型的例子是矩形窗 $d(t)$，$d(t)$的频谱为 sinc 函数。若 $d(t)$为有限长，则 $D(j\Omega)$在 $\Omega$ 轴上都有值；若 $d(t)$的宽度趋近无穷，则 $D(j\Omega)$趋于 $\delta(\Omega)$；反之，若 $d(t)$趋于$\delta(t)$，则 $D(j\Omega)$在频域趋于一条直线。

信号时宽和带宽的制约关系也可用信号的时宽-带宽积来说明。在实际工作中，人们提出了不同的时宽-带宽测量方法，其中两个方法[Mar87]如下。

**方法 1** 定义

$$TW_1 = \sum_{n=-\infty}^{\infty} x(n) \Big/ x(0) \tag{3.7.11}$$

和

$$FW_1 = \int_{-f_s/2}^{f_s/2} X(f)\mathrm{d}f \Big/ X(0) \tag{3.7.12}$$

分别为 $x(n)$ 的等效时宽和 $X(f)$ 的等效带宽。这两式的定义只适用于 $x(n)$ 是实对称、非递增(即在 $x(0)$ 处为最大值)的信号。因为

$$X(0) = \sum_{n=-\infty}^{\infty} x(n), \qquad x(0) = \int_{-f_s/2}^{f_s/2} X(f)\mathrm{d}f$$

所以

$$TW_1 \cdot FW_1 = 1 \tag{3.7.13}$$

**方法 2** 定义

$$(TW_2)^2 = \sum_{n=-\infty}^{\infty} n^2 |x(n)|^2 \Big/ \sum_{n=-\infty}^{\infty} |x(n)|^2 \tag{3.7.14}$$

和

$$(FW_2)^2 = \int_{-f_s/2}^{f_s/2} f^2 |X(f)|^2 \mathrm{d}f \Big/ \int_{-f_s/2}^{f_s/2} |X(f)|^2 \mathrm{d}f \tag{3.7.15}$$

分别为在均方意义上 $x(n)$ 的等效时宽和等效带宽，可以证明

$$TW_2 \cdot FW_2 \geqslant 1/4\pi \tag{3.7.16}$$

当 $x(t)$ 为一高斯信号，即 $x(t) = \mathrm{e}^{-\alpha t^2}$ 时，上式的等号成立。此式又称为信号时宽-带宽的"不定原理"(uncertainty principle)。

式(3.7.13)和式(3.7.16)揭示了信号的等效时宽和等效带宽的一个基本关系，即二者互为倒数，它们不可能同时减小[Pap77]。这一结论帮助我们理解下述的 DFT 对 FT 的近似问题，同时，它也告诉我们，频率分辨率确实是和信号的长度成反比。

式(3.7.4)～式(3.7.10)反映了用 DFT 来实现一连续信号的频谱分析时 4 种傅里叶变换在时域和频域的对应关系，其中包含了 3 个"周期延拓"，即式(3.7.4)、式(3.7.7)和式(3.7.10)。影响 DFT 对 FT 近似程度的是式(3.7.4)和式(3.7.10)。综合上述讨论，可得到如下结论。

若 $X_a(\mathrm{j}\Omega)$ 是有限带宽的，且满足在 $|\Omega| \geqslant \Omega_s/2$ 时恒为零，那么，在式(3.7.4)中将不会出现混叠，亦即 $X_a(\mathrm{e}^{\mathrm{j}\omega})$ 的一个周期等于 $X_a(\mathrm{j}\Omega)$。在这种情况下，$x_a(t)$ 必是无限长，$x_a(n)$ 也是无限长。那么，当用 $d(n)$ 对 $x_a(n)$ 截短时，由式(3.7.5)可知，$x_N(n)$ 的 DTFT $X(\mathrm{e}^{\mathrm{j}\omega})$ 已不再等于 $X_a(\mathrm{j}\Omega)$。由式(3.7.6)知，对 $X(\mathrm{e}^{\mathrm{j}\omega})$ 抽样时，其一个周期的 $X_N(k)$ 当然也不完全等于 $X_a(\mathrm{j}\Omega)$ 的抽样。这时，$X(k)$ 只是对 $X_a(\mathrm{j}\Omega)$ 的近似。

从时域上看，由于 $X_N(k)$ 只是对 $X_a(\mathrm{j}\Omega)$ 的近似，所以，由 $X_N(k)$ 做反变换得到的 $x_N(n)$ 也将是对原 $x_a(t)$ 的近似。由于原 $x_a(n)$ 为无限长，因此，在式(3.7.10)的时域周期

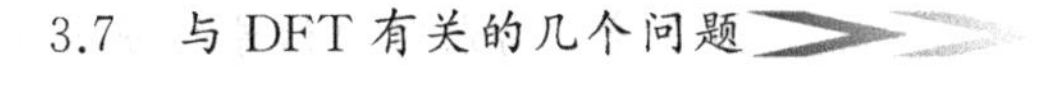

延拓中将发生时域的混叠。这样，$\tilde{x}(n)$的一个周期只是 $x_a(n)$（或 $x_a(t)$）的近似。

若 $x_a(t)$为有限长，那么 $X_a(\mathrm{j}\Omega)$必不是有限带宽的，对 $x_a(t)$抽样时将无法满足抽样定理。这样，抽样后的 $X_a(\mathrm{e}^{\mathrm{j}\omega})$将会发生混叠，$x_a(n)$也只是 $x_a(t)$的近似。由于 $X_N(k)$是 $X_a(\mathrm{e}^{\mathrm{j}\omega})$在一个周期内的抽样，所以 $x_N(n)$和 $X_N(k)$都分别是 $x_a(t)$和 $X_a(\mathrm{j}\Omega)$的近似。

通过本章前几节的讨论，读者应对频域的混叠问题有较为明确的了解，现举例说明时域的混叠问题。

**例 3.7.4** 设序列 $x_a(n)$的长度 $M=8$，且 $x_a(n)=\{8, 7, 6, 5, 4, 3, 2, 1\}$。现对 $x_a(n)$的 DTFT $X_a(\mathrm{e}^{\mathrm{j}\omega})$在一个周期内做 $N=6$ 点的均匀抽样，得 $X_N(k)$，试研究 $X_N(k)$的反变换 $x_N(n)$和原序列 $x_a(n)$的关系。

**解** 不论是用式(3.7.10)做理论分析还是通过计算，都会得出

$$x_N(n)=\{10, 8, 6, 5, 4, 3\} \tag{3.7.17}$$

显然，$x_N(0)=x_a(0)+x_a(6)$，$x_N(1)=x_a(1)+x_a(7)$，$x_N(2)=x_a(2)$，…，$x_N(5)=x_a(5)$。这种现象是由于式(3.7.10)的时域周期延拓所造成的。将原来 8 点的序列$x_a(n)$延拓成周期 $N=6$ 的周期序列，必然会发生时域的混叠。混叠的方式是上一周期的后两点和本周期的前两点相加，即有

8, 7, 6, 5, 4, 3, 2, 1

8, 7, 6, 5, 4, 3, 2, 1

8, 7, 6, 5, 4, 3, 2, 1

$x_N(n)=\{10, 8, 6, 5, 4, 3\}$

即得式(3.7.17)的结果。

**例 3.7.5** 设 $x_a(t)=a^t u(t)$，$|a|<1$，现用 DFT 对 $x_a(t)$做频谱分析，试讨论在做 DFT 时数据长度 $N$ 的选择对分析结果的影响。

**解** 将 $x_a(t)$抽样得 $x_a(n)$，即 $x_a(n)=x_a(t)|_{t=nT_s}$，$x_a(n)$的 DTFT 是

$$X_a(\mathrm{e}^{\mathrm{j}\omega})=\sum_{n=0}^{\infty}a^n\mathrm{e}^{-\mathrm{j}\omega n}=\frac{1}{1-a\mathrm{e}^{-\mathrm{j}\omega}} \tag{3.7.18}$$

现对 $X_a(\mathrm{e}^{\mathrm{j}\omega})$在一个周期内做 $N$ 点均匀抽样，得

$$X_N(k)=X_a(\mathrm{e}^{\mathrm{j}\omega})\big|_{\omega=\frac{2\pi}{N}k}=\frac{1}{1-a\exp\left(-\mathrm{j}\,\dfrac{2\pi}{N}k\right)},\quad k=0,1,\cdots,N-1 \tag{3.7.19}$$

对 $X_N(k)$做 IDFT 时所得到的序列记为 $x_N(n)$，则

$$x_N(n)=\frac{1}{N}\sum_{k=0}^{N-1}\frac{\exp\left(\mathrm{j}\,\dfrac{2\pi}{N}nk\right)}{1-a\exp\left(-\mathrm{j}\,\dfrac{2\pi}{N}k\right)},\quad n=0,1,\cdots,N-1 \tag{3.7.20}$$

对照式(3.7.18),现将式(3.7.20)的分母展成泰勒级数形式,则

$$x_N(n)=\frac{1}{N}\sum_{k=0}^{N-1}\exp\left(\mathrm{j}\,\frac{2\pi}{N}nk\right)\left[\sum_{r=0}^{\infty}a^r\exp\left(-\mathrm{j}\,\frac{2\pi}{N}kr\right)\right]$$
$$=\frac{1}{N}\sum_{r=0}^{\infty}a^r\left\{\sum_{k=0}^{N-1}\exp\left[\mathrm{j}\,\frac{2\pi}{N}(n-r)k\right]\right\},\quad n=0,1,\cdots,N-1$$

上式中花括号内只有当 $r=n+mN$ 时才有值,且其值为 $N$,这样

$$x_N(n)=\sum_{\substack{r=0\\r=n+mN}}^{\infty}a^r,\quad n=0,1,\cdots,N-1 \tag{3.7.21}$$

式中,由于 $n$ 和 $r$ 只取正值,所以 $m$ 也只能取正值。现将上式对 $r$ 的求和改为对 $m$ 的求和,于是有

$$x_N(n)=\sum_{m=0}^{\infty}a^{n+mN}=a^n\sum_{m=0}^{\infty}(a^N)^m$$

即

$$x_N(n)=\frac{a^n}{1-a^N},\quad n=0,1,\cdots,N-1 \tag{3.7.22}$$

这样,对给定的序列 $x_a(n)=a^nu(n)$,我们找到了由 IDFT 求出的 $x_N(n)$ 和原序列 $x_a(n)$ 的关系。在式(3.7.22)中,若 $N\to\infty$,则 $a^N\to 0$,这样,$x_N(n)=a^n=x_a(n)$。若 $N$ 为有限长,那么 $a^N\neq 0$,$x_N(n)$ 在 $n=0,1,\cdots,N-1$ 的范围内近似于 $x_a(n)$。这一近似,表面上看是由于式(3.7.22)的分母不等于 1 所造成的,实际上是由于式(3.7.10)的时域周期延拓所造成的。显然,$N$ 取得越大,混叠越轻,$x_N(n)$ 对 $x_a(n)$ 的近似越好。

由上面的讨论,可将 DFT 对 FT 的近似问题概括如下:由于用 DFT 对连续信号做频谱分析的过程中隐含了频域和时域的两个周期延拓,又由于信号时宽和带宽的制约关系,因此,做 DFT 时,$X_N(k)$ 及由 $X_N(k)$ 做 IDFT 得到的 $x_N(n)$ 都是对原 $X_a(\mathrm{j}\Omega)$ 及 $x_a(t)$ 的某种近似。如果 $T_s$ 选得足够小,那么在式(3.7.4)中将避免或大大减轻频域的混叠;如果 $N$ 选得足够大,一方面可以减少式(3.7.5)的窗口效应,另一方面也会减轻式(3.7.10)的时域混叠。在这两个条件均满足的情况下,上述的近似误差将减小到可以接受的程度,从而使 $x_N(n)$ 和 $X_N(k)$ 都是 $x_a(t)$ 和 $X_a(\mathrm{j}\Omega)$ 的极好近似。由于 DFT 能在计算机上方便地实现,所以它成了谱分析的一个有力工具。

例 3.8.1 说明,对于正弦这一特殊的信号,只要抽样频率和做 DFT 时数据点数选得合适,那么 $X_N(k)$ 可完全等于 $X_a(\mathrm{j}\Omega)$ 的抽样,由 $X_N(k)$ 也可无误差地重建 $x_a(t)$。

# 3.8 关于正弦信号抽样的说明

正弦信号

$$x(t)=A\sin(2\pi f_0 t+\varphi) \tag{3.8.1}$$

无论在理论研究上还是在工程实际上都有着广泛的应用。例如,在信号处理中,人们常常把正弦信号加上白噪声作为试验信号,以检验某个算法或数字装置的性能。因此,在数字信号处理中,不可避免地要遇到正弦信号的抽样问题。由于式(3.8.1)的正弦信号的频谱是在$\pm f_0$处的$\delta$函数,这一特点决定了对正弦信号抽样时将会遇到一些特殊的现象,现分别给以说明。

(1) 按抽样定理,对带限信号,只要保证抽样频率$f_s$大于或等于信号最高频率$f_c$的2倍,即可由$x(t)$的抽样$x(nT_s)$恢复出$x(t)$。若把式(3.8.1)的正弦信号视为带限信号,那么$x(t)$的最高频率$f_c=f_0$。这样,若取$f_s=2f_0$,在一个周期内仅能抽到两个点,这两个点的值随相位$\varphi$的不同而不同。若$\varphi=0$,那么$x(0)=x(1)=0$,这时$x(n)$不包含原信号$x(t)$的任何信息。若$\varphi=\pi/2$,那么,$x(0)=A$,$x(1)=-A$,这时从$x(n)$已看不出$x(t)$的形态,$x(n)$可能来自于方波、三角波或其他的某种波形。

(2) 由带通信号的抽样定理可知,若某带通信号的带宽为$B$,则一般只需$f_s\geqslant 2B$即可保证由$x(n)$恢复$x(t)$(见本书9.3.3节)。若把正弦信号视为带通信号,则因其带宽$B=0$而无法使用带通信号的抽样定理。

(3) 考虑两个正弦信号

$$x_1(t)=\cos(2\pi f_1 t),\quad f_1=20\text{Hz}$$

$$x_2(t)=\cos(2\pi f_2 t),\quad f_2=100\text{Hz}$$

现以$f_s=80\text{Hz}$对这两个信号抽样。由于$f_s=4f_1$,$f_s<2f_2$,因此,对$x_1(t)$应能满足抽样定理,对$x_2(t)$不满足,但抽样后的结果是

$$x_1(n)=\cos(2\pi\times 20n/80)=\cos(\pi n/2)$$

$$x_2(n)=\cos(2\pi\times 100n/80)=\cos(5\pi n/2)=\cos(\pi n/2)$$

它们都是以{1, 0, −1, 0}这四点序列作基本周期的离散周期信号。这样,将无法从抽样后的结果判断它们究竟是来自于$x_1(t)$还是$x_2(t)$。

(4) 当用计算机实际处理一个信号时,信号的长度$N$总是有限的,因此,对式(3.8.1)无限长的周期信号不可避免地要遇到截短问题,即$x_d(n)=x(n)d(n)$,$d(n)$为窗函数。这样$x_d(n)$的频谱

$$X_d(e^{j\omega})=X(e^{j\omega})*D(e^{j\omega}) \tag{3.8.2}$$

因为 $X(\mathrm{e}^{\mathrm{j}\omega})$ 是 $\delta$ 函数，若 $d(n)$ 是矩形窗，那么 $D(\mathrm{e}^{\mathrm{j}\omega})$ 为频域的 sinc 函数。卷积的结果，$X_d(\mathrm{e}^{\mathrm{j}\omega})$ 将变成中心频率分别在 $\pm f_0$ 处的两个 sinc 函数的叠加，即不可避免地发生了频域能量的泄漏。理论上讲，$N$ 越大，$D(\mathrm{e}^{\mathrm{j}\omega})$ 越接近 $\delta$ 函数，$X_d(\mathrm{e}^{\mathrm{j}\omega})$ 中的泄漏越小。

鉴于上述现象，当我们要对正弦信号做数字处理时，必须考虑如下两个问题。①抽样定理对正弦信号是否适用？若适用，条件是什么？②式(3.8.2)的泄漏是否不可避免？数据 $N$ 的长度应如何选择？文献[Hgs97]用 6 个结论对上述问题给出了明确的回答。限于篇幅，此处仅给出对正弦信号抽样时应遵循的几个准则：

① 抽样频率 $f_s$ 应为正弦信号频率 $f_0$ 的整数倍；

② 对正弦信号截短后的长度 $N$ 应包含完整的周期；

③ 每一个周期至少抽样到 4 个点，或为 2 的整次幂；

④ 对正弦信号截短后不要再补零；

⑤ 当信号中包含多个正弦时，要令其中频率最高的正弦信号满足上述准则。

下面的例子说明，如果上述准则满足，对正弦信号做 DFT 时，其频谱是在 $\pm f_0$ 处的线谱。

**例 3.8.1** 对式(3.8.1)的正弦信号，若保证① $f_s = mf_0$，$m$ 为大于等于 2 的整数，即抽样频率是 $f_0$ 的整数倍；② $x_d(n)$ 的长度 $N$ 是 $m$ 的整数倍，即抽样点数包括一个或多个整周期。那么，用这 $N$ 点数据做 DFT 时，所得的 $X(k)$ 无泄漏，即 $X(k)$ 是在 $\pm f_0$ 处的线谱。

**证明** $x_d(n)$ 是原周期信号 $x(n)$ 用矩形窗 $d(n)$ 自然截短的结果，$d(n)$ 的长度为 $N$，$D(\mathrm{e}^{\mathrm{j}\omega})$ 为 sinc 函数，即

$$D(\mathrm{e}^{\mathrm{j}\omega}) = \mathrm{e}^{-\mathrm{j}\omega(N-1)/2} \frac{\sin(\omega N/2)}{\sin(\omega/2)} \tag{3.8.3}$$

原周期信号 $x(n)$ 的 DTFT $X(\mathrm{e}^{\mathrm{j}\omega})$ 是 $\pm f_0$ 处的 $\delta$ 函数，且是以 $f_s$ 为周期的，$x_d(n)$ 的傅里叶变换 $X_d(\mathrm{e}^{\mathrm{j}\omega})$ 则是 $X(\mathrm{e}^{\mathrm{j}\omega})$ 和 $D(\mathrm{e}^{\mathrm{j}\omega})$ 的卷积，且两个 sinc 函数的峰值所对应的频率分别是正 $f_0$、负 $f_0$，如图 3.8.1 所示。

由 DFT 的理论，将 $X_d(\mathrm{e}^{\mathrm{j}\omega})$ 在频域抽样，抽样点数仍应为 $N$，那么每两点之间的频率 $\omega_k = 2\pi/N$。由式(3.8.3)，$D(\mathrm{e}^{\mathrm{j}\omega})$ 在 $\omega_k = 2\pi k/N\ (k=0,\ 1,\cdots,\ N-1)$ 处为过零点。也就是说，在频域对 $X_d(\mathrm{e}^{\mathrm{j}\omega})$ 抽样时，除了在 $\pm f_0$ 处以外，其他抽样点皆抽到了左、右两个 sinc 函数的过零点上。因此，所得的 $X(k)$ 仅在 $\pm f_0$ 处有值，如同连续正弦信号 $X(t)$ 在 $\pm f_0$ 处的 $\delta$ 函数一样。

由图 3.8.1 也可看出，由于对 $x(n)$ 截短，$X_d(\mathrm{e}^{\mathrm{j}\omega})$ 是有泄漏的。但对于 DFT，$X_d(k)$ 中的泄漏得以消除。

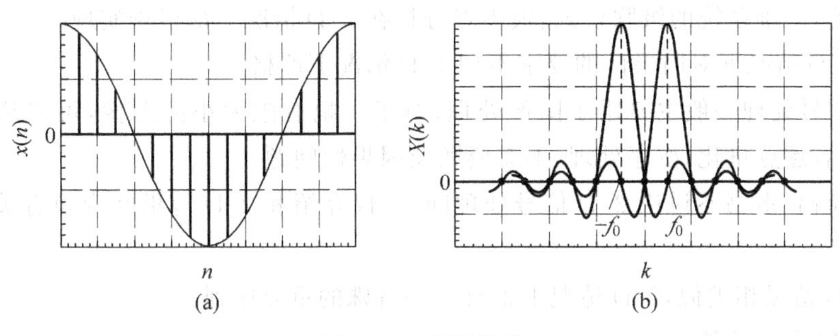


图 3.8.1 频域抽样

# 3.9 二维傅里叶变换

一个二维离散信号 $x(n_1, n_2)$是变量 $n_1$,$n_2$ 的函数。例如,将一幅黑白图像在水平方向上分成 $N_1$ 个点,在垂直方向上分成 $N_2$ 个点,即 $n_1$ 的取值范围是 $0\sim N_1-1$,$n_2$ 的取值范围是 $0\sim N_2-1$,那么,$n_1$,$n_2$ 的每一对取值($n_1$,$n_2$)都代表了图像上的一个像素在该点的幅值,即 $x(n_1,n_2)$代表了该点的灰度。

一般情况下,$n_1$,$n_2$ 在 $n_1$,$n_2$ 平面上的取值范围可以是$-\infty\sim+\infty$,$x(n_1,n_2)$是定义在这一平面上的三维离散曲面。

从概念上讲,一维(1-D)信号处理中的所有问题都可平行地扩展到二维(2-D)信号处理中,例如,信号的表示、抽样与变换、系统的分析与综合、快速算法、相关与功率谱估计等。因此,二维信号处理的内容和一维情况一样,都是相当丰富的。

由于 $x(n_1, n_2)$是双变量的函数,因此,将 1-D 信号处理中的理论扩展到 2-D 中来将会遇到一些特殊的问题。

(1) 处理的数据量急剧加大。

例如,在语音处理时,抽样率一般取 10kHz,而每秒钟需处理 1 万个数据。但在 2-D 信号处理,例如视频图像处理时,一般每秒钟要取 30 帧图像,每帧约由 512×512 个像素组成。这样,每秒钟将要处理约 800 万个数据,其数量之大是惊人的。这就要求信号处理设备具有更快的处理速度、更大的存储量,要求信号处理的算法更有效。

(2) 缺少 1-D 信号处理中的数学理论。

例如,1-D 连续系统一般由常微分方程来描述,而 2-D 系统要由偏微分方程来描述,目前,常微分方程的理论远比偏微分方程成熟。再例如,二维离散信号的 $Z$ 变换是双变量的 2-D 多项式,2-D 多项式的理论也远少于 1-D 多项式,且不具备 1-D 多项式的许多优点。因此,一维系统的级联形式、极零点分析在 2-D 情况下都很难实现。

(3) 2-D 情况下对因果性的要求不如 1-D 情况下严格。

2-D 信号处理一般主要用于图像处理,对于一幅有限大小的图像,可以从底部到顶部,从左至右逐点量化,按序处理,不需要顾及因果性问题。

限于篇幅,本书不讨论 2-D 信号处理问题,仅介绍和 2-D 傅里叶变换有关的几个基本问题。

和 1-D 情况相类似,2-D 情况下也有一些特殊的重要序列。

1) 单位抽样序列

$$\delta(n_1, n_2)=\begin{cases}1, & n_1=n_2=0\\ 0, & \text{其他}\end{cases} \tag{3.9.1}$$

记 $\delta(n)$ 为一维的单位抽样序列,则

$$\delta(n_1, n_2)=\delta(n_1)\delta(n_2) \tag{3.9.2}$$

一般,若 $x(n_1, n_2)$ 可写成

$$x(n_1, n_2)=x_1(n_1)x_2(n_2) \tag{3.9.3}$$

的形式,称 $x(n_1, n_2)$ 是可分离的 2-D 序列。

2) 单位阶跃序列

$$u(n_1, n_2)=\begin{cases}1, & n_1\geqslant 0, n_2\geqslant 0\\ 0, & \text{其他}\end{cases} \tag{3.9.4}$$

显然,由于

$$u(n_1, n_2)=u(n_1)u(n_2)$$

2-D 单位阶跃序列是可分离的。$u(n_1, n_2)$ 在 $n_1$、$n_2$ 平面上的第一象限全不为零,而在第二、第三及第四象限上全为零。

3) 指数序列

$$x(n_1, n_2)=\alpha^{n_1}\beta^{n_2}, \qquad n_1=-\infty\sim+\infty, n_2=-\infty\sim+\infty \tag{3.9.5}$$

显然,指数序列也是可分离的。若

$$\alpha=\mathrm{e}^{\mathrm{j}\omega_1}, \quad \beta=\mathrm{e}^{\mathrm{j}\omega_2}$$

则

$$\begin{aligned}x(n_1, n_2)&=\mathrm{e}^{\mathrm{j}\omega_1 n_1}\mathrm{e}^{\mathrm{j}\omega_2 n_2}=\mathrm{e}^{\mathrm{j}(\omega_1 n_1+\omega_2 n_2)}\\ &=\cos(\omega_1 n_1+\omega_2 n_2)+\mathrm{j}\sin(\omega_1 n_1+\omega_2 n_2)\end{aligned} \tag{3.9.6}$$

此为二维复正弦序列。如同 1-D 情况一样,称式(3.9.6)的复正弦为 2-D 系统的特征函数。

$x(n_1, n_2)$ 的 $Z$ 变换定义为

$$X(z_1, z_2)=\sum_{n_1=-\infty}^{\infty}\sum_{n_2=-\infty}^{\infty}x(n_1, n_2)z_1^{-n_1}z_2^{-n_2} \tag{3.9.7}$$

其反变换

$$x(n_1, n_2)=\frac{1}{(2\pi\mathrm{j})^2}\oint_{c_1}\oint_{c_2}X(z_1, z_2)z_1^{n_1-1}z_2^{n_2-1}\mathrm{d}z_1\mathrm{d}z_2 \tag{3.9.8}$$

将 $X(z_1, z_2)$收敛的 $z_1$、$z_2$ 的取值范围称为 $X(z_1, z_2)$的收敛域,即 ROC。

令 $z_1$、$z_2$ 都在单位圆上取值,即 $z_1=\mathrm{e}^{\mathrm{j}\omega_1}$,$z_2=\mathrm{e}^{\mathrm{j}\omega_2}$,由上述的 $Z$ 变换可得到 2-D 序列的傅里叶变换(2-D DTFT),即有

$$X(\mathrm{e}^{\mathrm{j}\omega_1}, \mathrm{e}^{\mathrm{j}\omega_2})=\sum_{n_1=-\infty}^{\infty}\sum_{n_2=-\infty}^{\infty}x(n_1, n_2)\mathrm{e}^{-\mathrm{j}\omega_1 n_1}\mathrm{e}^{-\mathrm{j}\omega_2 n_2} \tag{3.9.9}$$

及

$$x(n_1, n_2)=\frac{1}{(2\pi)^2}\int_{-\pi}^{\pi}\int_{-\pi}^{\pi}X(\mathrm{e}^{\mathrm{j}\omega_1}, \mathrm{e}^{\mathrm{j}\omega_2})\mathrm{e}^{\mathrm{j}\omega_1 n_1}\mathrm{e}^{\mathrm{j}\omega_2 n_2}\mathrm{d}\omega_1\mathrm{d}\omega_2 \tag{3.9.10}$$

将式(3.9.6)的复正弦输入到一个二维系统 $h(n_1, n_2)$,其输出

$$\begin{aligned}y(n_1, n_2)&=x(n_1, n_2)*h(n_1, n_2)\\&=\sum_{k_1=-\infty}^{\infty}\sum_{k_2=-\infty}^{\infty}x(k_1, k_2)h(n_1-k_1, n_2-k_2) \qquad (3.9.11)\\&=\mathrm{e}^{\mathrm{j}\omega_1 n_1}\mathrm{e}^{\mathrm{j}\omega_2 n_2}\sum_{k_1=-\infty}^{\infty}\sum_{k_2=-\infty}^{\infty}h(k_1, k_2)\mathrm{e}^{-\mathrm{j}\omega_1 k_1}\mathrm{e}^{-\mathrm{j}\omega_2 k_2}\end{aligned}$$

令

$$H(\mathrm{e}^{\mathrm{j}\omega_1}, \mathrm{e}^{\mathrm{j}\omega_2})=\sum_{n_1=-\infty}^{\infty}\sum_{n_2=-\infty}^{\infty}h(n_1, n_2)\mathrm{e}^{-\mathrm{j}\omega_1 n_1}\mathrm{e}^{-\mathrm{j}\omega_2 n_2} \tag{3.9.12}$$

则

$$y(n_1, n_2)=\mathrm{e}^{-\mathrm{j}(\omega_1 n_1+\omega_2 n_2)}H(\mathrm{e}^{\mathrm{j}\omega_1}, \mathrm{e}^{\mathrm{j}\omega_2})$$

式(3.9.11)是 2-D 信号的卷积公式,式(3.9.12)的 $H(\mathrm{e}^{\mathrm{j}\omega_1}, \mathrm{e}^{\mathrm{j}\omega_2})$是 2-D 系统的频率响应。以上这些关系都由 1-D 情况下直接扩展而来。

记 $x(n_1,n_2)$的傅里叶变换为 $X(\mathrm{e}^{\mathrm{j}\omega_1},\mathrm{e}^{\mathrm{j}\omega_2})$,$y(n_1,n_2)$的傅里叶变换为 $Y(\mathrm{e}^{\mathrm{j}\omega_1},\mathrm{e}^{\mathrm{j}\omega_2})$,并令 $\mathscr{F}$ 表示求傅里叶变换,则 2-D DTFT 的性质可总结如下。

**1. 线性**

$$\mathscr{F}[\alpha x(n_1, n_2)+\beta y(n_1, n_2)]=\alpha X(\mathrm{e}^{\mathrm{j}\omega_1}, \mathrm{e}^{\mathrm{j}\omega_2})+\beta Y(\mathrm{e}^{\mathrm{j}\omega_1}, \mathrm{e}^{\mathrm{j}\omega_2})$$

**2. 时域卷积**

$$\mathscr{F}[x_1(n_1, n_2)*y(n_1, n_2)]=X(\mathrm{e}^{\mathrm{j}\omega_1}, \mathrm{e}^{\mathrm{j}\omega_2})Y(\mathrm{e}^{\mathrm{j}\omega_1}, \mathrm{e}^{\mathrm{j}\omega_2})$$

**3. 时域相乘**

$$\mathscr{F}[x(n_1, n_2)y(n_1, n_2)] = \frac{1}{4\pi^2}\int_{-\pi}^{\pi}\int_{-\pi}^{\pi} X(e^{j\theta_1}, e^{j\theta_2})Y(e^{j(\omega_1-\theta_1)}, e^{j(\omega_2-\theta_2)})d\theta_1 d\theta_2$$

**4. 移位**

$$\mathscr{F}[x(n_1-m_1, n_2-m_2)] = X(e^{j\omega_1}, e^{j\omega_2})e^{-j\omega_1 m_1}e^{-j\omega_2 m_2}$$

$$\mathscr{F}[e^{j\theta_1 n_1} e^{j\theta_2 n_2} x(n_1, n_2)] = X(e^{j(\omega_1-\theta_1)}, e^{j(\omega_2-\theta_2)})$$

**5. 微分**

$$\mathscr{F}[-jn_1 x(n_1, n_2)] = \frac{\partial X(e^{j\omega_1}, e^{j\omega_2})}{\partial \omega_1}, \quad \mathscr{F}[-jn_2 x(n_1, n_2)] = \frac{\partial X(e^{j\omega_1}, e^{j\omega_2})}{\partial \omega_2}$$

**6. Parseval 定理**

$$\sum_{n_1=-\infty}^{\infty}\sum_{n_2=-\infty}^{\infty} |x(n_1, n_2)|^2 = \frac{1}{4\pi^2}\int_{-\pi}^{\pi}\int_{-\pi}^{\pi} |X(e^{j\omega_1}, e^{j\omega_2})|^2 d\omega_1 d\omega_2$$

**7. 可分离性**

$$\mathscr{F}[x_1(n_1)x_2(n_2)] = X_1(e^{j\omega_1})X_2(e^{j\omega_2})$$

除性质 7 外,其他性质都是 1-D DTFT 所具有的,奇、偶、虚、实性质在此没有列出。

若 $x(n_1, n_2)$的 $n_1$、$n_2$ 为有限长,即 $n_1=0, \cdots, N_1-1$, $n_2=0, \cdots, N_2-1$,仿照 1-D 情况,可将 DTFT 演变成 DFT,即

$$X(k_1, k_2) = X(e^{j\omega_1}, e^{j\omega_2})\Big|_{\omega_1=\frac{2\pi}{N_1}k_1,\ \omega_2=\frac{2\pi}{N_2}k_2}$$

这样,2-D DFT 定义为

$$X(k_1, k_2) = \sum_{n_1=0}^{N_1-1}\sum_{n_2=0}^{N_2-1} x(n_1, n_2)\exp\left(-j\frac{2\pi}{N_1}n_1k_1\right)\exp\left(-j\frac{2\pi}{N_2}n_2k_2\right) \tag{3.9.13}$$

$$k_1=0, \cdots, N_1-1, \quad k_2=0, \cdots, N_2-1$$

$$x(n_1, n_2) = \frac{1}{N_1N_2}\sum_{k_1=0}^{N_1-1}\sum_{k_2=0}^{N_2-1} X(k_1, k_2)\exp\left(j\frac{2\pi}{N_1}n_1k_1\right)\exp\left(j\frac{2\pi}{N_2}n_2k_2\right) \tag{3.9.14}$$

$$n_1=0, \cdots, N_1-1, \quad n_2=0, \cdots, N_2-1$$

这时,实际使用的 $x(n_1, n_2)$是第一象限的有限个值($N_1N_2$ 个)。和 1-D 中的 DFT 一样,使用 2-D DFT,应把 $x(n_1, n_2)$和 $X(k_1, k_2)$都视为周期的,且在 $n_1$、$k_1$ 方向上的周期为 $N_1$,在 $n_2$、$k_2$ 方向上的周期为 $N_2$。

计算式(3.9.13),可以把 $x(n_1, n_2)$想象为一个 $N_1\times N_2$ 维的矩阵,为求出 $X(k_1, k_2)$,

可先做行的 DFT，每行 $N_1$ 点，共做 $N_2$ 行，然后再做列的 DFT，每列 $N_2$ 点，共 $N_1$ 列，这样，完成式(3.9.13)，共需

$$N_1^2N_2+N_2^2N_1=N_1N_2(N_1+N_2) \tag{3.9.15}$$

次复乘，并需要同样数量的复加。但实际上，对每一行及每一列都可以用快速傅里叶变换(FFT)来实现，使乘法与加法次数大大减少。

由于 2-D 信号 $x(n_1, n_2)$ 是一个空域信号，即 $n_1$、$n_2$ 可能不再是时间 $t$ 的抽样，而是一个二维图像在水平方向与垂直方向上点的距离，因此，频率 $\omega_1$、$\omega_2$ 也不再是 1-D 情况下频率的概念，而应理解为空域频率。对于 DTFT，$\omega_1$、$\omega_2$ 的周期仍为 $2\pi$，对 DFT，其周期分别是 $N_1$、$N_2$，而 $N_1$ 和 $N_2$ 都对应 $2\pi$。

2-D DFT 的性质此处不再列出，和 1-D DFT 类似，2-D DFT 对应的是 2-D 循环卷积。

**例 3.9.1** 令

$$x(n_1, n_2)=\begin{cases}0.8, & n_1=n_2=0\\ 0.4, & n_1=\pm 1,\ n_2=0\\ 0.4, & n_1=0,\ n_2\pm 1\\ 0, & \text{其他}\end{cases}$$

如图 3.9.1(a)所示，求 $x(n_1, n_2)$ 的傅里叶变换 $X(\mathrm{e}^{\mathrm{j}\omega_1}, \mathrm{e}^{\mathrm{j}\omega_2})$。

**解** 由式(3.9.9)，得

$$\begin{aligned}X(\mathrm{e}^{\mathrm{j}\omega_1}, \mathrm{e}^{\mathrm{j}\omega_2})&=0.8+0.4(\mathrm{e}^{\mathrm{j}\omega_1}+\mathrm{e}^{-\mathrm{j}\omega_1})+0.4(\mathrm{e}^{\mathrm{j}\omega_2}+\mathrm{e}^{-\mathrm{j}\omega_2})\\&=0.8+0.8\cos\omega_1+0.8\cos\omega_2\end{aligned} \tag{3.9.16}$$

$X(\mathrm{e}^{\mathrm{j}\omega_1}, \mathrm{e}^{\mathrm{j}\omega_2})$ 的图形如图 3.9.1(b)所示，显然，它具有低通特性。

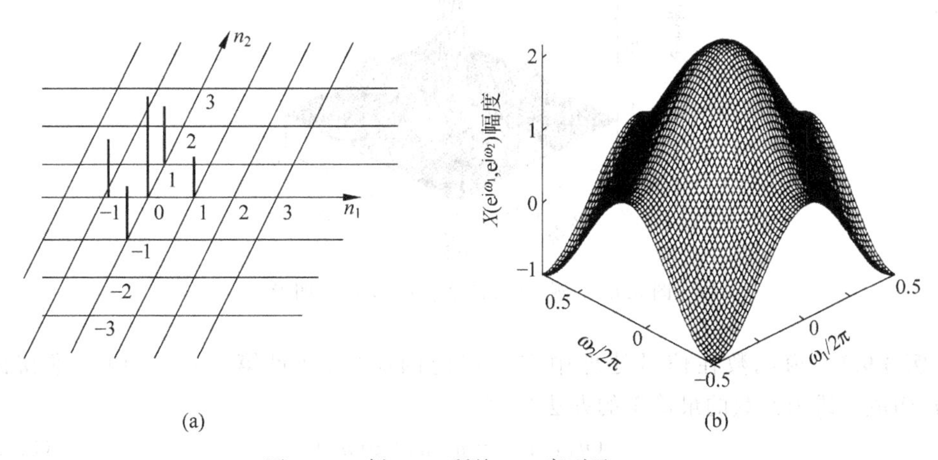


图 3.9.1 例 3.9.1 所给 2-D 序列及 DTFT

(a) $x(n_1, n_2)$；(b) $X(\mathrm{e}^{\mathrm{j}\omega_1}, \mathrm{e}^{\mathrm{j}\omega_2})$

**例 3.9.2**　令

$$x(n_1, n_2)=\begin{cases}1, & 0 \leqslant n_1 \leqslant N_1-1,\ 0 \leqslant n_2 \leqslant N_2-1 \\ 0, & \text{其他}\end{cases}$$

求 $X(\mathrm{e}^{\mathrm{j}\omega_1}, \mathrm{e}^{\mathrm{j}\omega_2})$。

**解**　由式(3.9.9)，得

$$X(\mathrm{e}^{\mathrm{j}\omega_1}, \mathrm{e}^{\mathrm{j}\omega_2})=\sum_{n_1=0}^{N_1-1}\sum_{n_2=0}^{N_2-1}\mathrm{e}^{-\mathrm{j}\omega_1 n_1}\mathrm{e}^{-\mathrm{j}\omega_2 n_2}=\frac{1-\mathrm{e}^{-\mathrm{j}\omega_1 N_1}}{1-\mathrm{e}^{-\mathrm{j}\omega_1}}\,\frac{1-\mathrm{e}^{-\mathrm{j}\omega_2 N_2}}{1-\mathrm{e}^{-\mathrm{j}\omega_2}}$$

$$=\mathrm{e}^{-\mathrm{j}[\omega_1(N_1-1)+\omega_2(N_2-1)]/2}\,\frac{\sin\left(\dfrac{\omega_1 N_1}{2}\right)\sin\left(\dfrac{\omega_2 N_2}{2}\right)}{\sin\left(\dfrac{\omega_1}{2}\right)\sin\left(\dfrac{\omega_2}{2}\right)}$$

从而得

$$\varphi(\omega_1, \omega_2)=-[\omega_1(N_1-1)+\omega_2(N_2-1)]/2$$

$$X_g(\mathrm{e}^{\mathrm{j}\omega_1}, \mathrm{e}^{\mathrm{j}\omega_2})=\frac{\sin\left(\dfrac{\omega_1 N_1}{2}\right)\sin\left(\dfrac{\omega_2 N_2}{2}\right)}{\sin\left(\dfrac{\omega_1}{2}\right)\sin\left(\dfrac{\omega_2}{2}\right)} \tag{3.9.17}$$

$X_g(\mathrm{e}^{\mathrm{j}\omega_1}, \mathrm{e}^{\mathrm{j}\omega_2})$表示了 $X(\mathrm{e}^{\mathrm{j}\omega_1}, \mathrm{e}^{\mathrm{j}\omega_2})$的“增益”，有正、有负，其图形如图 3.9.2 所示，它是一个二维的 sinc 函数。绘此图时，$N_1=N_2=8$，频域 $2\pi$ 内分点为 64。

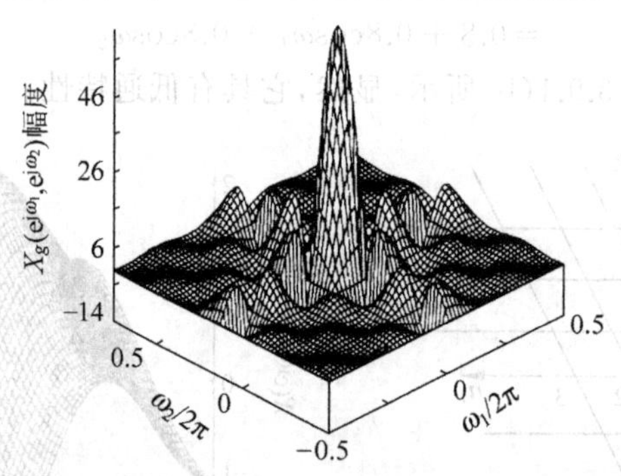


图 3.9.2　例 3.9.2 的 $X_g(\mathrm{e}^{\mathrm{j}\omega_1}, \mathrm{e}^{\mathrm{j}\omega_2})$图形

**例 3.9.3**　窗函数在信号处理中有着广泛的应用(详见第 7 章)。由一维窗函数 $w(n)$构成二维窗函数的最简单的办法是，令

$$w(n_1, n_2)=w(n_1)w(n_2) \tag{3.9.18}$$

现令 $w(n)=0.54-0.46\cos\left(\dfrac{2\pi}{N}n\right)$，$n=0, 1, \cdots, N-1$，$w(n)$称为哈明窗，试由 $w(n)$构成二维窗函数 $w(n_1, n_2)$。

**解** 由式(3.9.18)，有

$$w(n_1,\ n_2)=\left[0.54-0.46\cos\left(\frac{2\pi}{N}n_1\right)\right]\left[0.54-0.46\cos\left(\frac{2\pi}{N}n_2\right)\right]$$

$w(n_1,\ n_2)$及其频谱$W(\mathrm{e}^{\mathrm{j}\omega_1},\ \mathrm{e}^{\mathrm{j}\omega_2})$分别如图3.9.3(a)、(b)所示。

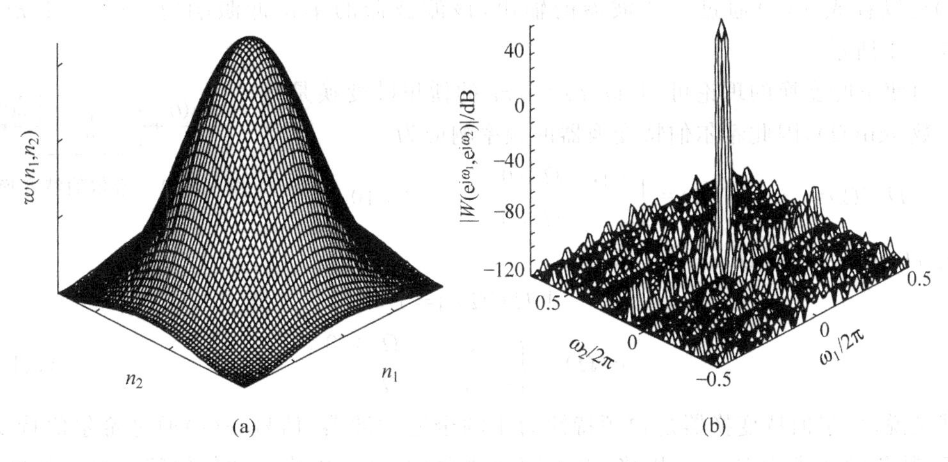


图3.9.3 二维窗函数及其频谱

(a) 二维哈明窗；(b) 二维哈明窗的频谱

# 3.10 希尔伯特变换

希尔伯特(Hilbert)变换是信号分析与处理的重要理论工具，其最主要的作用是将一个实信号构成复信号，从而可得到信号的相位。复信号在信号的调制、瞬时频率的计算、小波变换、窄带信号表示以及自动增益控制等众多领域都是必需的。构成复信号的基本方法是将实信号$x(n)$通过希尔伯特变换得到$\hat{x}(n)$，然后将$x(n)$和$\hat{x}(n)$分别视为信号的实部和虚部，从而得到复信号$z(t)$。$z(t)$又称解析信号或“单边带”信号。通过希尔伯特变换还可得到实信号傅里叶变换的幅频和相频、实部和虚部之间的内在联系[Opp75]。本节给出的只是希尔伯特变换的定义、性质等基本概念。

## 3.10.1 连续时间信号的希尔伯特变换

给定一连续的时间信号$x(t)$，其希尔伯特变换$\hat{x}(t)$定义为

$$\hat{x}(t)=\frac{1}{\pi}\int_{-\infty}^{\infty}\frac{x(\tau)}{t-\tau}\mathrm{d}\tau$$
$$=\frac{1}{\pi}\int_{-\infty}^{\infty}\frac{x(t-\tau)}{\tau}\mathrm{d}\tau=x(t)*\frac{1}{\pi t}\tag{3.10.1}$$

$\hat{x}(t)$可以看成 $x(t)$通过一滤波器的输出,该滤波器的单位冲激响应 $h(t)=1/\pi t$,如图 3.10.1 所示。

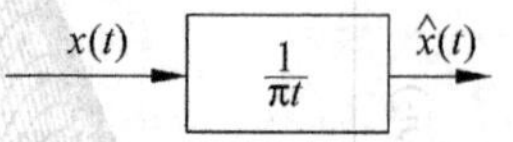

由傅里叶变换的理论可知,$\mathrm{j}h(t)=\mathrm{j}/\pi t$ 的傅里叶变换是符号函数 $\mathrm{sgn}(\Omega)$,因此希尔伯特变换器的频率响应为

$$H(\mathrm{j}\Omega)=-\mathrm{j}\,\mathrm{sgn}(\Omega)=\begin{cases}-\mathrm{j}, & \Omega>0\\ \mathrm{j}, & \Omega<0\end{cases}\tag{3.10.2}$$

$x(t)$ → $\frac{1}{\pi t}$ → $\hat{x}(t)$

图 3.10.1　希尔伯特变换器

若记 $H(\mathrm{j}\Omega)=|H(\mathrm{j}\Omega)|\mathrm{e}^{\mathrm{j}\varphi(\Omega)}$,那么

$$|H(\mathrm{j}\Omega)|=1$$
$$\varphi(\Omega)=\begin{cases}-\pi/2, & \Omega>0\\ \pi/2, & \Omega<0\end{cases}\tag{3.10.3}$$

这就是说,希尔伯特变换器是幅频特性为 1 的全通滤波器,信号 $x(t)$通过希尔伯特变换器后,其负频率成分作 $+90°$相移,而正频率成分作 $-90°$相移。希尔伯特变换器的幅频、相频特性如图 3.10.2 所示。

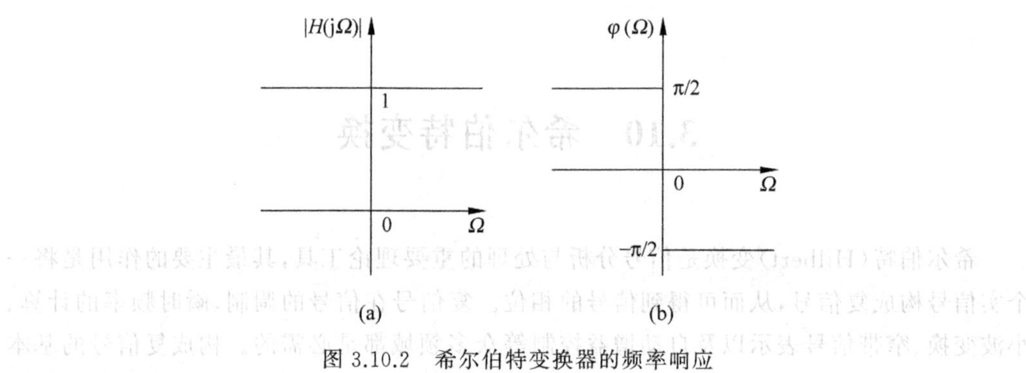


图 3.10.2　希尔伯特变换器的频率响应

设$\hat{x}(t)$为 $x(t)$的希尔伯特变换,定义

$$z(t)=x(t)+\mathrm{j}\hat{x}(t)\tag{3.10.4}$$

为信号 $x(t)$的解析信号(analytic signal)。对上式两边做傅里叶变换,并由式(3.10.2),得

$$Z(\mathrm{j}\Omega)=X(\mathrm{j}\Omega)+\mathrm{j}\hat{X}(\mathrm{j}\Omega)=X(\mathrm{j}\Omega)+\mathrm{j}H(\mathrm{j}\Omega)X(\mathrm{j}\Omega)$$

所以

$$Z(\mathrm{j}\Omega)=\begin{cases}2X(\mathrm{j}\Omega), & \Omega>0\\ 0, & \Omega<0\end{cases}\tag{3.10.5}$$

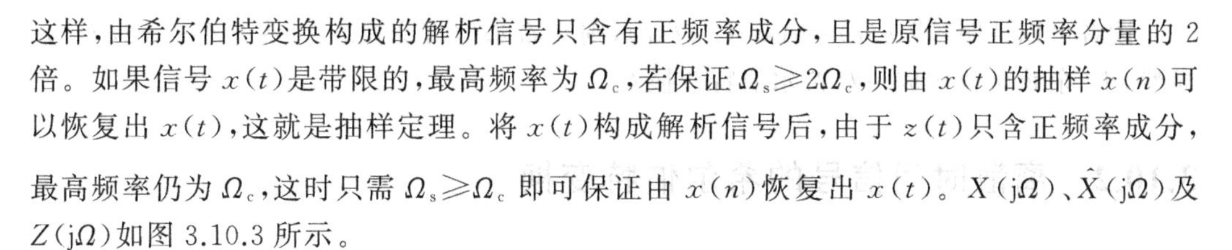

这样，由希尔伯特变换构成的解析信号只含有正频率成分，且是原信号正频率分量的2倍。如果信号 $x(t)$ 是带限的，最高频率为 $\Omega_c$，若保证 $\Omega_s \geqslant 2\Omega_c$，则由 $x(t)$ 的抽样 $x(n)$ 可以恢复出 $x(t)$，这就是抽样定理。将 $x(t)$ 构成解析信号后，由于 $z(t)$ 只含正频率成分，最高频率仍为 $\Omega_c$，这时只需 $\Omega_s \geqslant \Omega_c$ 即可保证由 $x(n)$ 恢复出 $x(t)$。$X(\mathrm{j}\Omega)$、$\hat{X}(\mathrm{j}\Omega)$ 及 $Z(\mathrm{j}\Omega)$ 如图3.10.3所示。

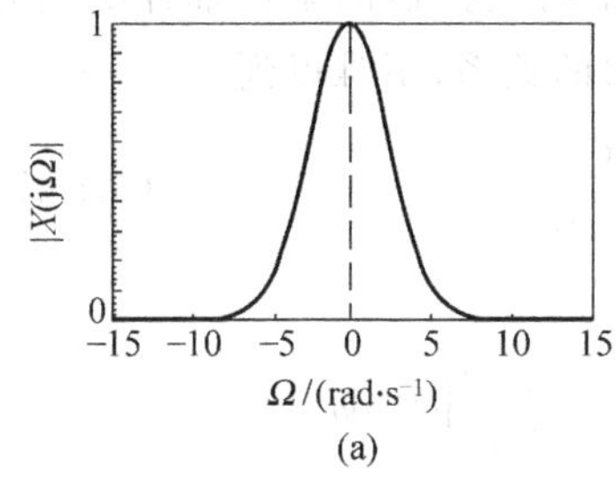

(a)

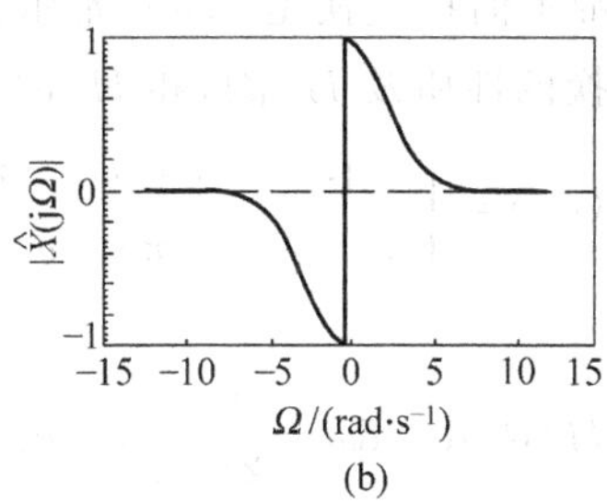

(b)

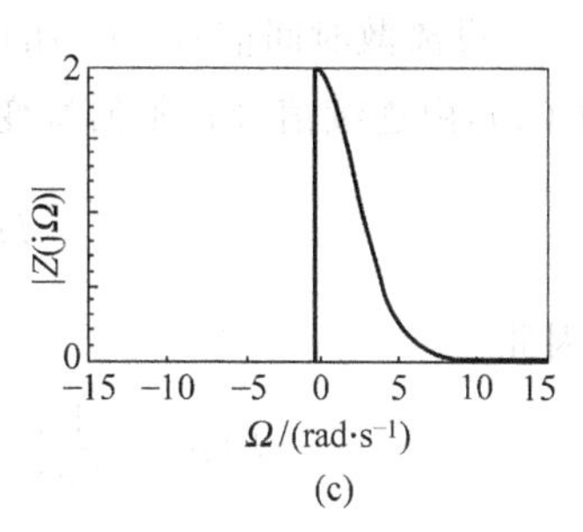

(c)

图3.10.3 解析信号的频谱

由式(3.10.1)及式(3.10.2)，得

$$\hat{X}(\mathrm{j}\Omega)=X(\mathrm{j}\Omega)H(\mathrm{j}\Omega)=X(\mathrm{j}\Omega)[-\mathrm{j}\operatorname{sgn}(\Omega)]=\mathrm{j}X(\mathrm{j}\Omega)\operatorname{sgn}(-\Omega)$$

即

$$X(\mathrm{j}\Omega)=-\mathrm{j}\operatorname{sgn}(-\Omega)\,\hat{X}(\mathrm{j}\Omega)$$

由此可以得到希尔伯特反变换的公式

$$x(t)=-\frac{1}{\pi t}*\hat{x}(t)=-\frac{1}{\pi}\int_{-\infty}^{\infty}\frac{\hat{x}(\tau)}{t-\tau}\,\mathrm{d}\tau \tag{3.10.6}$$

**例3.10.1** 给出 $x(t)=A\cos(2\pi f_0 t)$，求其希尔伯特变换及解析信号。

**解** 令 $\Omega_0=2\pi f_0$，因为

$$X(\mathrm{j}\Omega)=\pi A[\delta(\Omega+\Omega_0)+\delta(\Omega-\Omega_0)]$$

所以

$$\begin{aligned}\hat{X}(\mathrm{j}\Omega)&=\pi A[\mathrm{j}\delta(\Omega+\Omega_0)-\mathrm{j}\delta(\Omega-\Omega_0)]\\&=\mathrm{j}\pi A[\delta(\Omega+\Omega_0)-\delta(\Omega-\Omega_0)]\end{aligned}$$

这样，$\hat{X}(\mathrm{j}\Omega)$ 对应的是正弦信号，因此余弦信号的希尔伯特变换是正弦信号，即

$$\hat{x}(t)=A\sin(2\pi f_0 t)$$

又因为

$$Z(\mathrm{j}\Omega)=X(\mathrm{j}\Omega)+\mathrm{j}\hat{X}(\mathrm{j}\Omega)=A\delta(\Omega-\Omega_0)$$

所以

$$z(t)=A\mathrm{e}^{\mathrm{j}2\pi f_0 t}$$

读者可以证明，若 $x(t)=A\sin(2\pi f_0 t)$，则其希尔伯特变换 $\hat{x}(t)=-A\cos(2\pi f_0 t)$。显然，正、余弦函数构成一对希尔伯特变换对。

### 3.10.2 离散时间信号的希尔伯特变换

设离散时间信号 $x(n)$ 的希尔伯特变换是 $\hat{x}(n)$，希尔伯特变换器的单位抽样响应为 $h(n)$，由连续信号希尔伯特变换的性质及 $H(\mathrm{j}\Omega)$ 和 $H(\mathrm{e}^{\mathrm{j}\omega})$ 的关系，不难得到

$$H(\mathrm{e}^{\mathrm{j}\omega})=\begin{cases}-\mathrm{j}, & 0<\omega<\pi \\ \mathrm{j}, & -\pi<\omega<0\end{cases} \tag{3.10.7}$$

因此

$$h(n)=\frac{1}{2\pi}\int_{-\pi}^{\pi}H(\mathrm{e}^{\mathrm{j}\omega})\mathrm{e}^{\mathrm{j}\omega n}\mathrm{d}\omega=\frac{1}{2\pi}\int_{-\pi}^{0}\mathrm{j}\mathrm{e}^{\mathrm{j}\omega n}\mathrm{d}\omega-\frac{1}{2\pi}\int_{0}^{\pi}\mathrm{j}\mathrm{e}^{\mathrm{j}\omega n}\mathrm{d}\omega$$

求解上式的积分，可得

$$h(n)=\frac{1-(-1)^n}{n\pi}=\begin{cases}0, & n\text{ 为偶数} \\ \dfrac{2}{n\pi}, & n\text{ 为奇数}\end{cases} \tag{3.10.8}$$

及

$$\hat{x}(n)=x(n)*h(n)=\frac{2}{\pi}\sum_{m=-\infty}^{\infty}\frac{x(n-2m-1)}{2m+1} \tag{3.10.9}$$

求出 $\hat{x}(n)$ 后，就可构成 $x(n)$ 的解析信号，即

$$z(n)=x(n)+\mathrm{j}\hat{x}(n) \tag{3.10.10}$$

也可用 DFT 方便地求出一个信号 $x(n)$ 的解析信号及希尔伯特变换，步骤如下。

先对 $x(n)$ 作 DFT，得 $X(k)$，$k=0,1,\cdots,N-1$。注意：$k=\frac{N}{2},\cdots,N-1$ 对应负频率。再令

$$Z(k)=\begin{cases}X(k), & k=0 \\ 2X(k), & k=1,2,\cdots,\dfrac{N}{2}-1 \\ 0, & k=\dfrac{N}{2},\cdots,N-1\end{cases} \tag{3.10.11}$$

对 $Z(k)$ 作逆 DFT，即得到 $x(n)$ 的解析信号 $z(n)$。

由 $Z(k)=X(k)+\mathrm{j}\hat{X}(k)$，不难求出

$$\hat{x}(n)=\mathrm{IDFT}[-\mathrm{j}(Z(k)-X(k))] \tag{3.10.12a}$$

或

$$\hat{x}(n)=-\mathrm{j}[z(n)-x(n)] \tag{3.10.12b}$$

### 3.10.3 希尔伯特变换的性质

**性质 1** 信号 $x(t)$ 或 $x(n)$ 通过希尔伯特变换器后，信号频谱的幅度不发生变化。

此性质是显而易见的，这是因为希尔伯特变换器是全通滤波器，引起频谱变化的只是其相位。

**性质 2** $x(t)$ 与 $\hat{x}(t)$，$x(n)$ 与 $\hat{x}(n)$ 是分别正交的。

**证明** 由 Parseval 定理，有

$$\begin{aligned}\int_{-\infty}^{\infty} x(t)\,\hat{x}(t)\mathrm{d}t &= \frac{1}{2\pi}\int_{-\infty}^{\infty} X(\mathrm{j}\Omega)[\hat{X}(\mathrm{j}\Omega)]^{*}\,\mathrm{d}\Omega \\ &= \frac{\mathrm{j}}{2\pi}\int_{-\infty}^{0} \mid X(-\mathrm{j}\Omega)\mid^{2}\mathrm{d}\Omega - \frac{\mathrm{j}}{2\pi}\int_{0}^{\infty} \mid X(\mathrm{j}\Omega)\mid^{2}\mathrm{d}\Omega = 0\end{aligned} \tag{3.10.13}$$

由于 $x(t)$ 是实信号，其频谱的幅度谱为偶函数，所以上式的积分为 0，故 $x(t)$ 和 $\hat{x}(t)$ 是正交的。对于 $x(n)$，同样可以证明

$$\sum_{n=-\infty}^{\infty} x(n)\,\hat{x}(n) = \frac{1}{2\pi}\int_{-\pi}^{\pi} X(\mathrm{e}^{\mathrm{j}\omega})[\hat{X}(\mathrm{e}^{\mathrm{j}\omega})]^{*}\,\mathrm{d}\omega = 0 \tag{3.10.14}$$

在实际工作中，式(3.10.14)左边的求和只能在有限的范围内进行，因此右边将近似为零。

**例 3.10.2** 令

$$x_1(n) = \exp(-0.3n), \qquad n = 0,1,\cdots,20$$

$$x_2(n) = \cos(2\pi\times 0.1n), \qquad n = 0,\ 1,\ \cdots,\ 20$$

它们分别示于图 3.10.4(a)、(b)，求各自的希尔伯特变换，并验证性质 2。

**解** 由式(3.10.9)可分别求出这两个信号的希尔伯特变换，分别示于图 3.10.4(c)、(d)。在 $x(n)$ 存在的范围内，$x(n)$ 与 $\hat{x}(n)$ 乘积的和近似为零。

**性质 3** 若 $x(t)$、$x_1(t)$、$x_2(t)$ 的希尔伯特变换分别是 $\hat{x}(t)$、$\hat{x}_1(t)$、$\hat{x}_2(t)$，且 $x(t) = x_1(t) * x_2(t)$，则

$$\hat{x}(t) = \hat{x}_1(t) * x_2(t) = x_1(t) * \hat{x}_2(t) \tag{3.10.15}$$

**证明** 由定义得

$$\begin{aligned}\hat{x}(t) &= x(t) * \frac{1}{\pi t} = [x_1(t) * x_2(t)] * \frac{1}{\pi t} \\ &= x_1(t) * \left[x_2(t) * \frac{1}{\pi t}\right] = x_1(t) * \hat{x}_2(t)\end{aligned}$$

同理可证

$$\hat{x}(t) = \hat{x}_1(t) * x_2(t) \tag{3.10.16}$$

希尔伯特变换还有一些其他性质，感兴趣的读者可参看文献[Pap77]，此处不再

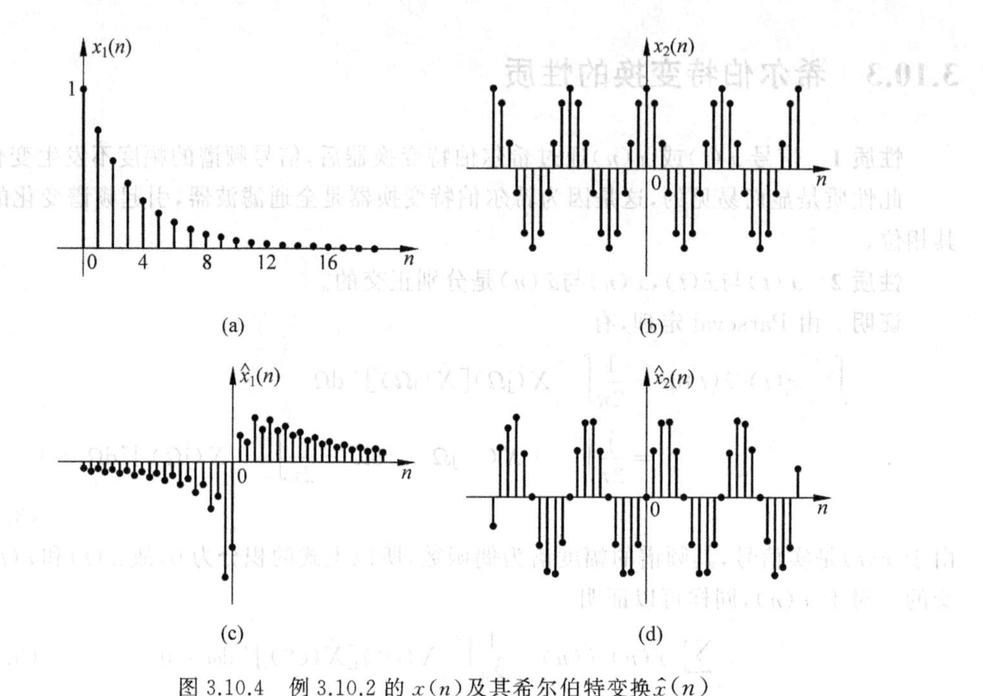


图 3.10.4　例 3.10.2 的 $x(n)$及其希尔伯特变换$\hat{x}(n)$

(a) $x_1(n)$为指数序列；(b) $x_2(n)$为余弦序列；(c) $\hat{x}_1(n)$；(d) $\hat{x}_2(n)$

讨论。

例 7.1.3 给出了用窗函数法设计希尔伯特变换器的例子，这是一个最简单的设计方法。例 3.12.3 将介绍希尔伯特的一个应用，即求非平稳信号的瞬时频率。

# 3.11　信号频域分析应用举例

## 3.11.1　“物理上存在的傅里叶变换器”——磁共振成像原理简介

磁共振成像(magnetic resonance imaging，MRI)是一种重要的医学影像技术，它可以对人体组织的结构和功能信息进行可重复、非侵入式的观测。与医学影像中常见的计算机断层扫描(CT)和超声成像相比，磁共振成像具有更好的软组织对比度，而且无电离辐射、可实现多参数成像，因而在临床医学诊断中得到广泛应用。

磁共振成像的物理基础是核磁共振现象。核磁共振主要是由原子核的自旋运动引起的。并非所有的原子核都能产生自旋，能够产生自旋的原子核也叫自旋(spin)核；原子核自旋时会产生磁场，形成磁矩。最常见的自旋核是氢核。人体各种组织含有大量的水(自由水)和碳氢化合物(结合水)，因此人体磁共振成像均指对氢核的成像，也称水成像。

当自旋处于外磁场中时，除了自身的自旋外，还有绕主磁场产生的进动，其进动频率与外磁场强度成正比，原子核具有特定的比例常数，即旋磁比。氢核的旋磁比常数是42.57MHz/T(注：T是磁场强度单位Tesla的缩写)。如在3T的磁场中，其进动频率约为128 MHz。

自旋氢核在外磁场中只有顺、逆磁场两个取向，在平衡状态，宏观上会形成一个集总的净磁化向量。自旋的每种取向都代表了其在磁场中的能量状态。当用与自旋进动频率一致的电磁波激发时，自旋能够从低能态跃迁到高能态，这个现象就是核磁共振。在人体磁共振成像中，要激发氢核从低能态到高能态的跃迁，需要的电磁波频率在射频范围内，因此通常用射频激发来描述这个过程。

当氢核的进动受到射频信号激发时，净磁化向量会发生翻转。射频激发停止后，磁化向量在恢复到原平衡态的过程中释放同频率的射频信号。如果在这个过程中，对空间不同方向施加梯度场改变空间位置的磁场强度，从而扰动自旋的进动频率和随时间累积的相位信息，就可获得保有空间编码信息的磁共振信号。检测到磁共振原始信号的空间称为k空间，在线性编码的情况下，可以通过傅里叶变换，重建出磁共振图像。

利用梯度场实现频率空间编码以获得原始k空间信号的过程相当于傅里叶变换，由k空间信号重建出磁共振图像的过程是傅里叶反变换，因此，磁共振成像系统也被誉为"物理上存在的傅里叶变换器"。

下面以函数$f(x,y)$代表某水平断层磁共振空间域图像(希望看到的图像)，其中$x$、$y$为像素坐标位置。现就磁共振成像过程和傅里叶变换的关系简要叙述如下。

在均匀外磁场中，若以共振频率震荡的射频脉冲通过磁共振系统的发射线圈来激励，则所有自旋氢核以相同频率发生共振。射频激发结束后，自旋氢核在恢复到原平衡态过程中释放出同频率射频信号，通过磁共振系统的接收线圈实现信号采集。这样获得的信号是所有自旋氢核产生的核磁共振信号的总和，没有自旋氢核的空间分布信息，因此也不能还原为图像。为了获得核磁共振信号的空间定位信息，在信号产生获取过程中需要进行位置编码。其实质是通过施加梯度场，微量扰动不同空间位置的磁场强度，从而让不同空间位置的自旋氢核偏离中心共振频率，且偏离的程度与空间位置线性相关。

以二维磁共振图像成像过程为例，首先会选择相应的成像平面进行射频激发。然后，利用梯度线圈先在$y$方向上施加时长为$t_y$的相位编码磁场梯度$G_y$，然后在$x$方向上施加时长为$t_x$的频率编码磁场梯度$G_x$。通常在施加频率编码磁场梯度的同时进行数据采集。假设人体某个断层界面上待重建的图像为$f(x,y)$，那么在任一时刻接收线圈采集到的信号来自所有像素在频率编码梯度和相位编码梯度调制下的信号的总和，即

$$S(t_x,t_y)=\iint f(x,y)\mathrm{e}^{-\mathrm{j}\gamma(xG_xt_x+yG_yt_y)}\mathrm{d}x\mathrm{d}y \tag{3.11.1}$$

式中，$\gamma$是磁旋比，为原子核的磁矩与自旋角动量之比，是反映原子核性质的一个常数。若令

$$k_x(t)=\frac{\gamma}{2\pi}G_xt_x,\quad k_y(t)=\frac{\gamma}{2\pi}G_yt_y$$

则式(3.11.1)可以改写为

$$S(k_x,k_y)=\iint f(x,y)\mathrm{e}^{-\mathrm{j}2\pi(k_xx+k_yy)}\mathrm{d}x\mathrm{d}y \tag{3.11.2}$$

上述两式中的$S$在磁共振成像领域称为k空间数据，$k_x$和$k_y$分别代表k空间的坐标。显然，从傅里叶变换的角度，k空间数据$S(k_x,k_y)$与对应的空域图像$f(x,y)$是一对傅里叶变换。因此，在磁共振成像的重建过程中，经过一次傅里叶反变换就可以得到$f(x,y)$，即核磁共振图像。该图像重建过程如式(3.11.3)所示。

$$f(x,y)=\iint S(k_x,k_y)\mathrm{e}^{\mathrm{j}2\pi(k_xx+k_yy)}\mathrm{d}k_x\mathrm{d}k_y \tag{3.11.3}$$

磁共振成像中的原始k空间信号及对应的重建图像如图3.11.1所示[Rav10]。

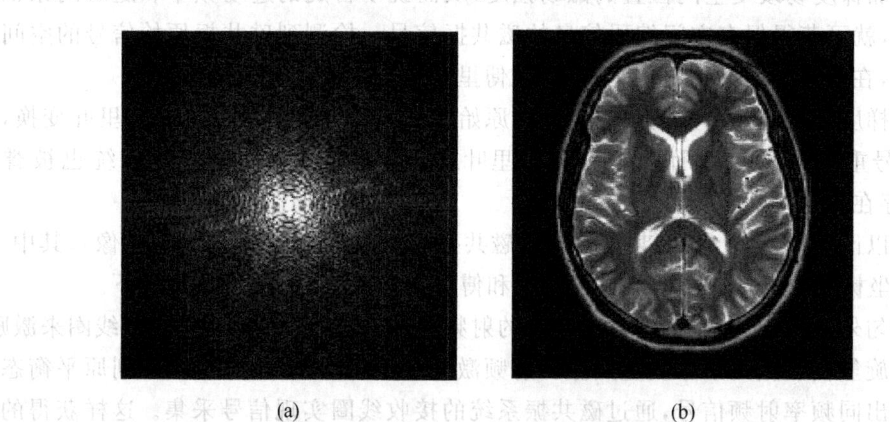
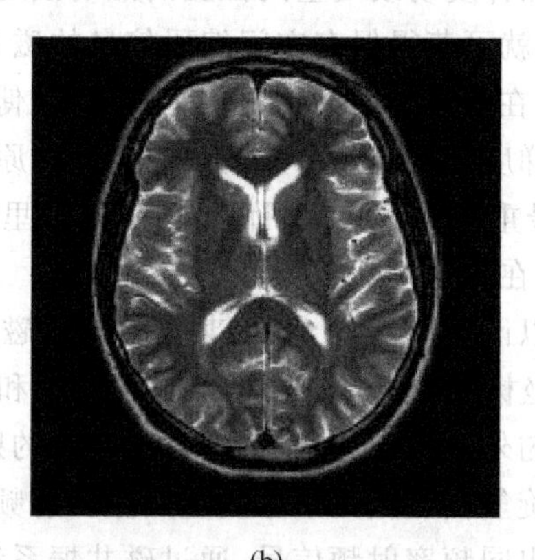

(a) (b)

图 3.11.1 磁共振成像原理

(a) k空间数据；(b) 磁共振图像

## 3.11.2 浅谈傅里叶变换在光学领域的应用

在光通信及光学成像(如望远镜、相机、显微镜等)领域，光学的研究对象是光信号随时间和空间的变化。光在本质上是电磁波，其电场分量和磁场分量相互决定，实践中人们通常关注电场分量，其完整的一般表述是三维空间和时间的矢量(场)函数，即

$$\vec{E}(x,y,z,t) \triangleq (E_x(x,y,z,t),E_y(x,y,z,t),E_z(x,y,z,t)) \tag{3.11.4}$$

式中包含了偏振、相位、幅度等信息。在很多应用中，该表述可以被简化。以理想的线偏振平面波为例，其偏振方向保持不变，上述矢量场可以简化为标量场和单位偏振向量的乘积，即

$$\vec{E}_{偏振}(x,y,z,t) \triangleq \vec{e}A(x,y,z,t) \tag{3.11.5}$$

假设该平面波沿 $z$ 轴传播，则偏振方向位于 $xy$ 平面内，且其振幅保持不变，只有相位随着时间和空间演化，即 $A(x,y,z,t)=A_0\mathrm{e}^{\mathrm{j}(kz-\Omega t)}$。式中，常数幅度 $A_0=|A_0|\mathrm{e}^{\mathrm{j}\varphi_0}$ 表征了 $z=0,t=0$ 时的初始复幅度；$\Omega=2\pi c/\lambda$ 是光波的时域角频率（$c$ 是光速，$\lambda$ 是波长）；$k=2\pi/\lambda$ 是空间角频率，它表征了相位随 $z$ 轴变化的快慢，显然，它和波长成反比，在光学领域又称其为波数(wavenumber)。上述复指数函数 $\mathrm{e}^{\mathrm{j}(kz-\Omega t)}$ 可以分为两部分来理解：$\mathrm{e}^{\mathrm{j}kz}$ 表征了该平面波相位的空间变化，即在某给定时刻其相位沿着 $z$ 轴的变化；$\mathrm{e}^{-\mathrm{j}\Omega t}$ 则表征了其相位的时域变化，即在某给定位置处其相位随着时间的变化。

理想平面波在光学中的地位类似于复正弦信号 $\mathrm{e}^{\mathrm{j}\Omega t}$ 在信号处理领域中的地位。值得注意的是，光波的时间角频率和空间角频率分别由光速和波长决定。根据应用场景的特点，实际中可以只使用 $\mathrm{e}^{\mathrm{j}kz}$ 或者 $\mathrm{e}^{-\mathrm{j}\Omega t}$，即重点关注其空间频率或时间频率的特征。以下以光脉冲为例，浅谈傅里叶变换在光学中的应用。

在双光子荧光和受激拉曼散射等领域中，人们需要使用飞秒(femtosecond，即 $100\times10^{-15}$s，缩写为 fs)脉冲激光器。和常见的连续波激光器（如红色激光笔）不同，脉冲激光器的输出（以近红外波长的钛宝石激光器为例）是一连串时域宽度约 100fs 的超短脉冲。假设其中心波长为 $\lambda_0$，则单个光脉冲在时域上可以表示为 $E(t)=A(t)\mathrm{e}^{\mathrm{j}\Omega_0 t}$，其中 $\Omega_0=2\pi c/\lambda_0$ 是对应于中心波长的中心时域角频率，$A(t)$ 是该脉冲的幅度包络，通常可以用高斯函数来描述。以中心波长 $\lambda_0=800$nm 为例，其光场振荡周期为 2.67fs，则脉宽约 100fs 的超短脉冲只包含几十个振荡周期。根据傅里叶变换的时宽-带宽积理论（即测不准原理），如此短促的脉冲必然含有丰富的时间频率成分。以高斯型包络 $A(t)=\mathrm{e}^{-t^2/\tau_0^2}$ 为例，读者可以取 $\tau_0=100$fs 来计算时域波形 $E(t)$ 的傅里叶变换，再将所得的频谱换算到以波长为自变量的光谱（利用 $\Omega_0=2\pi c/\lambda_0$ 换算），则可以发现其光谱约 10nm，与实际测量结果相吻合。与之相比较，连续波激光器的时域波形则可以想象为正弦函数乘以很宽的窗函数后，其频谱类似于线谱，表现为光谱仪里的单根谱线。

当这样的窄脉冲（同时也可视为窄带信号）在透明介质中传播时，不同的频率成分（即波长成分）的传播速度不会完全相同（即折射率不同）。因此，当脉冲通过一段给定长度的透明介质后，不同频率成分累积的相位延迟也各不相同（在光学物理上称为色散）。例如，如果将输入介质的包络函数通过傅里叶逆变换展开为其谐波成分的叠加，即

$$A_{\mathrm{i}}(t)=\frac{1}{2\pi}\int\widetilde{A}_{\mathrm{i}}(\Omega)\mathrm{e}^{\mathrm{j}\Omega t}\,\mathrm{d}\Omega \tag{3.11.6}$$

式中,$\widetilde{A}_{\mathrm{i}}(\Omega)$是$A_{\mathrm{i}}(t)$的傅里叶正变换,则通过介质后的输出脉冲可表示为

$$E_{\mathrm{o}}(t)=A_{\mathrm{o}}(t)\mathrm{e}^{\mathrm{j}\Omega_0 t} \tag{3.11.7}$$

式中的包络函数

$$A_{\mathrm{o}}(t)=\frac{1}{2\pi}\int\widetilde{A}_{\mathrm{i}}(\Omega)\mathrm{e}^{\mathrm{j}\Phi(\Omega+\Omega_0)}\,\mathrm{e}^{\mathrm{j}\Omega t}\,\mathrm{d}\Omega \tag{3.11.8}$$

$A_{\mathrm{o}}(t)$的傅里叶变换为

$$\widetilde{A}_{\mathrm{o}}=\widetilde{A}_{\mathrm{i}}(\Omega)\mathrm{e}^{\mathrm{j}\Phi(\Omega+\Omega_0)} \tag{3.11.9}$$

它体现了输入包络的傅里叶变换和输出包络傅里叶变换的关系。式中,$\Omega$是包络函数的傅里叶角频率,实际光波包含的角频率成分则是$\Omega+\Omega_0$,即移频到$\Omega_0$附近。这一结果表明,相位延迟是实际光波频率$\Omega+\Omega_0$的函数。

光波在介质中的传播可看作光通过一个线性系统,系统的频率响应即为此处的相位延迟函数$\mathrm{e}^{\mathrm{j}\Phi(\Omega+\Omega_0)}$,它与介质的材料和传播距离有关。尽管这里的频率响应没有幅度的调制(即忽略透明光学介质导致的衰减),但其相位的调制依然能显著地影响输出脉冲的形状。具体而言,对于给定带宽的脉冲,其最小时域脉宽取决于由傅里叶变换所决定的时宽-带宽积,该最小脉宽也称为变换极限脉宽。一个(近似)达到变化极限的脉冲在介质中传播时,由于不同频率成分(或波长成分)之间的相位逐渐失调,其脉宽也会逐渐扩展。如何设计相应的色散补偿手段以保持或恢复尽可能短的脉宽,是光通信和超快光学的重要课题[Wei11]。

以上简要介绍了光学信号,从中可看到光学信号和时域信号的描述有类似之处,但由于光在本质上是电磁波,因此又远比时域信号复杂。但傅里叶变换在这两个领域都起到了决定性的作用,更多内容请参看文献[Che03],其英文原著是傅里叶光学领域的经典教材。

### 3.11.3 数字助听器中的移频算法

听觉是人体的重要感觉方式。听力损失的直观表现之一是听阈上升,即患者能够听到的最小声强比正常人要高,且不同频率处听阈上升的程度不同,如图3.11.2所示。这些变化的主要表现为患者听不到细微的声音,或者因为听不到声音的高频部分,造成能听到却听不懂声音的内容。

在治疗手段无效或效果不佳的情况下,患者可选择佩戴数字助听器(digital hearing

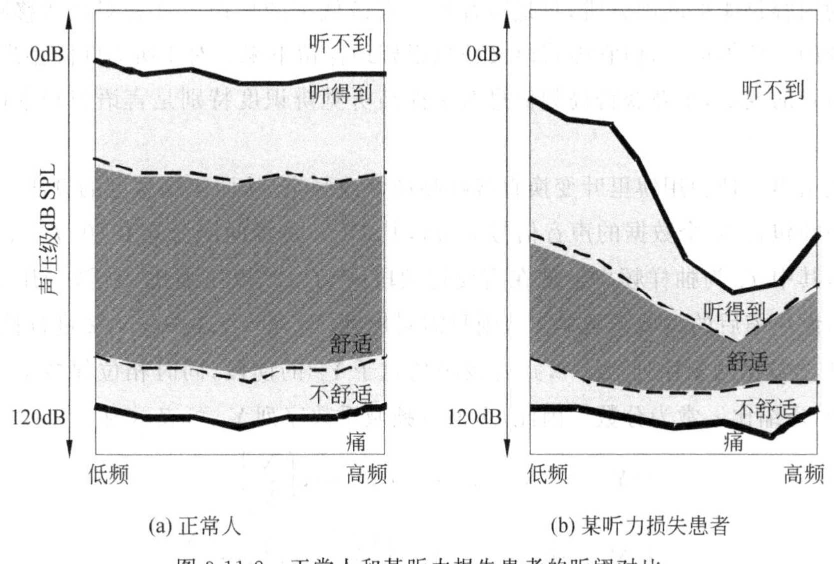


图 3.11.2 正常人和某听力损失患者的听阈对比

aid)来改善听力。助听器让患者重新听到声音的最常见、最直接的方法就是将声音振幅放大。然而对于听力陡降型患者来说,单纯的振幅放大对他们的帮助相当有限。陡降型听力的特征是:听阈在某一频段(绝大部分人是在高频段)突然急剧下降以至于患者完全丧失在该频段的听觉。显然,无论怎样放大这些频率处的声强也不能让患者听见。移频算法的中心思想是将失去听觉的高频段内容移动到尚有较好听力的低频范围内,如图 3.11.3 所示。

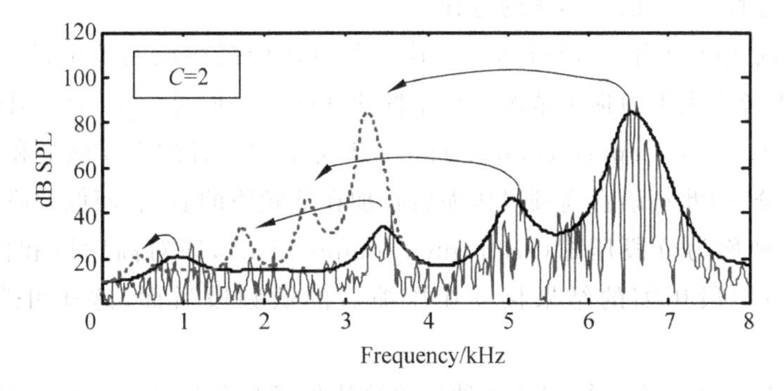


图 3.11.3 英文女声/s/移频前后频谱包络的示意图(图中压缩比为 2)

(注:粗实线为移频前频谱包络,粗虚线为移频后频谱包络)

移频算法最简单的一个例子是将以正常速度录下的女人说话声用慢速播放出来,结果语音的内容仍能被准确分辨，只是声音听起来像低沉的男声。这表明虽然移频算法会破坏语音的音色等信息，但它能将语义信息很好地保留下来。对于听力陡降型患者来说，相较于声音的变形，重新获得高频信息对于提高听觉辨识度特别是言语识别率还是利大于弊的。

这里给出一种利用傅里叶变换直接在频域修改频谱，从而实现移频的算法。

对一帧包含 $N$ 个数据的声音信号 $x(n)$，其 DFT 是等间隔分布在$[0,f_s]$上的 $N$ 个系数 $X_k$，其中 $f_s$ 为抽样频率。现在需要将频段$[0,f_s/2]$以压缩比 $c(c\geqslant 1)$压至$[0,f_s/2c]$区间，设压缩后的频域系数是 $Y_k$，则只需对序列 $X_k,k=0,1,\cdots,N/2$ 进行抽取，得到 $N/2c+1$ 个数据的新序列$|X_{ck}|$，并将该序列赋予 $Y_k$ 的前段，同时相位保持不变。在实际应用中，压缩比 $c$ 常为分数。因此，压缩后频域系数序列 $Y_k$ 可表示为

$$\begin{cases} |Y_k|=|X_{ck}|, & k=0,1,\cdots,\left[\dfrac{N}{2c}\right] \\ |Y_k|=0, & k=\left(\left[\dfrac{N}{2c}\right]+1\right),\cdots,\dfrac{N}{2} \\ \lambda_k=\theta_k, & k=0,1,\cdots,\dfrac{N}{2} \end{cases} \tag{3.11.10}$$

式中，$[*]$表示取不大于 $*$ 的整数，$|X_{ck}|$的值是对序列 $X_k$ 抽样而来，$\theta_k$ 是 $Y_k$ 的相位，$\lambda_k$ 是 $Y_k$ 的相位。由于强高频声会影响听力陡降型患者的低频听觉，因此在移频算法中将$|Y_k|$的高频系数全部置零。再根据 DFT 的共轭对称性推导出 $Y_k(k=N/2+1,\cdots,N)$后，经 DFT 反变换就可得到时域序列 $y_n$，其主要参数为压缩比 $c$。这就是按比例压缩频率算法的实现过程，当然也是移频的过程。

在助听器的实际应用时，通过修改上述移频算法中高频段的范围、压缩比和移动位置，可以针对患者个人听力损失情况进行个性化适配。一般可采用两种不同的适配策略。一种称为重叠压缩(overlapped compression)，即考虑到语音的主要能量和大部分共振峰集中在低频部分，因此将语音高频段压缩后叠加在低频段的后端，而低频段本身则不作压缩处理。另一种称为分段压缩(segmented compression)，即对高频段和低频段分别进行压缩，再将高频段压缩的结果接续在压缩后的低频段后面，这样可避免低频信息混叠。

图 3.11.4 显示了一女声短句经两种移频算法处理后的频谱的对比。图 3.11.4(a)是该短句的频谱图，移频算法的任务是将 4kHz 以上的高频能量转移到 1～3kHz 的低频区域。不同的是，图 3.11.4(b)采用重叠压缩，因此在 2～4kHz 处，由于高低频信息混叠，频谱图显得比较嘈杂，而图 3.11.4(c)采用分段压缩，这一区域相对较为“干净”。

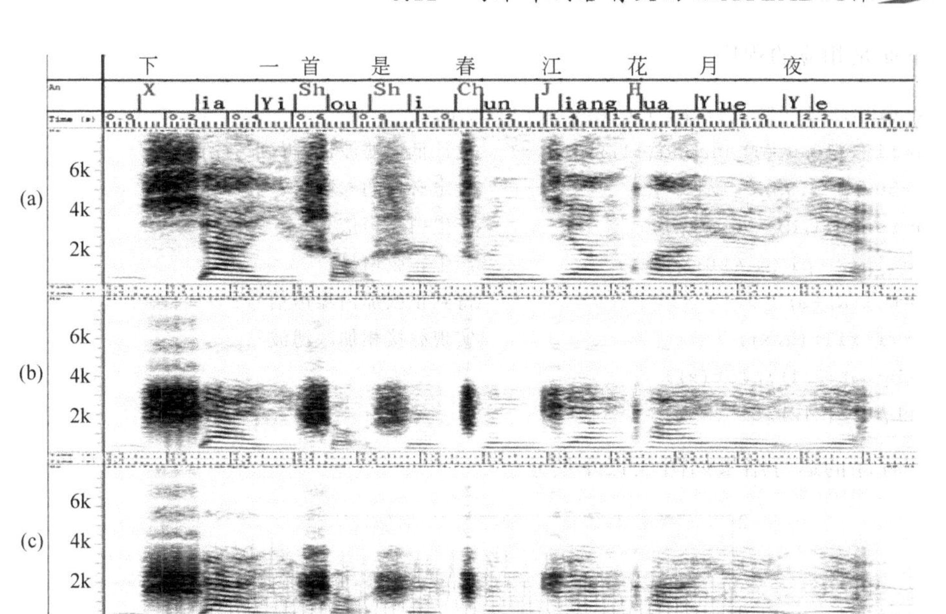


图 3.11.4　女声短句“下一首是春江花月夜”的频谱图

(a) 原始频谱；(b) 重叠压缩后；(c) 分段压缩后

# 3.12　与本章内容有关的 MATLAB 文件

**1. fftfilt.m**

本文件用 DFT 来实现长序列的卷积。3.6.2 节已指出，为了实时实现长序列 $x(n)$和离散系统抽样响应 $h(n)$的卷积，可采用叠接相加法或叠接相减法。fftfilt.m 采用的是叠接相加法，调用格式是

```
y=fftfilt(h,x)   或   y=fftfilt(h,x,N)
```

设 $x(n)$的长度为 $N_x$，$h(n)$的长度为 $M$。若采用第一种调用方式，程序自动地确定对 $x(n)$分段的长度 $L$ 及做 FFT 的长度 $N$，这样分的段数为 $N_x/L$，显然，$N$ 是最接近$(L+M)$的 2 的整次幂。如采用第二种调用方式，使用者可自己指定做 FFT 的长度。建议使用第一种调用方式。

**例 3.12.1**　令 $x(n)$为一正弦加白噪声信号，长度为 500，$h(n)$是用 fir1.m 文件设计的一个低通 FIR 滤波器，长度为 11。试用 fftfilt 实现长序列的卷积。

下面是相应的程序。

```
%exa031201_fftfilt.m, to test fftfilt.m,
h=fir1(10,0.3,hanning(11));                  %设计低通滤波器,得到 h(n);
N=500;p=0.05;f=1/16;                         %设定必要的参数;
u=randn(1,N) * sqrt(p);                      %产生白噪声信号;
s=sin(2 * pi * f * [0:N-1]);                 %产生正弦信号;
x=u(1:N)+s;                                  %得到正弦加白噪声信号;
y=fftfilt(h,x);                              %实现叠接相加法滤波;
subplot(211);plot(x);
subplot(212);plot(y);
```

该程序的运行结果如图 3.12.1 所示。

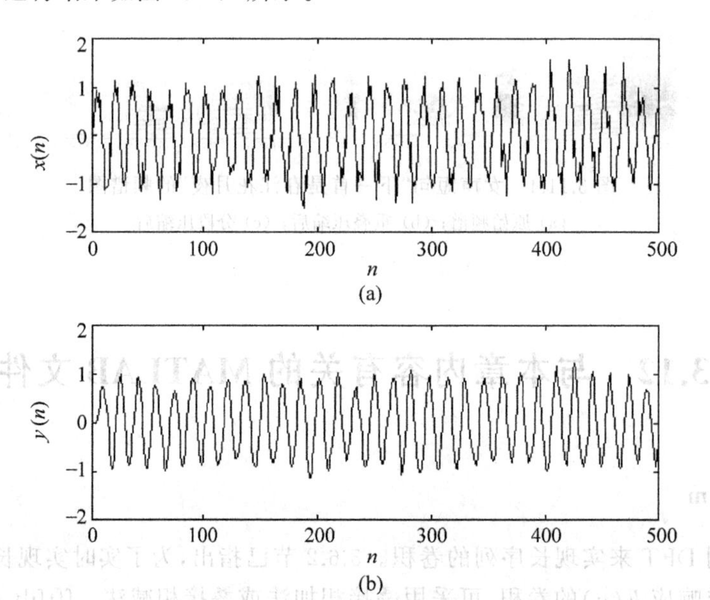


图 3.12.1　fftfilt.m 文件的应用

(a) 原始信号；(b) 滤波后的信号

当然,也可以不用 fftfilt.m 文件,而是自己编一个小程序来实现叠接相加法滤波,下面的程序可实现这一功能:

```
%exa031201_conv.m ;to implement "overlop-add method";
%注: 本程序前五句和上一个程序的前五句一样,用来产生信号 x 和滤波器 h;
L=20;M=length(h);                            %每一段的长度为 L=20,h 的长度为 M,
y=zeros(1,N+M-1);                            %卷积后总长度为 N+M-1,放在 y 中;
```

```
tempy=zeros(1,M+L-1);                    %暂存每一段卷积的结果;
tempx=zeros(1,L);                        %暂存每一段的 x;
for k=0:N/L-1
    tempx(1:L)=x(k * L+1:(k+1) * L);     %取每一段的 x;
    tempy=conv(tempx,h);                 %做每一段的卷积;
    y=y+[zeros(1,k * L),tempy,zeros(1,N-(k+1) * L)];  %叠接相加
end
```

**2. Hilbert.m**

本文件用来计算信号 $x(n)$的希尔伯特变换,调用的格式是

```
y=hilbert(x)
```

y 的实部就是 $x(n)$,虚部是 $x(n)$的希尔伯特变换$\hat{x}(n)$。

**例 3.12.2** 令 $x(n)$为一正弦信号,长度为 25,试求其希尔伯特变换$\hat{x}(n)$。

下面是相应的程序,结果示于图 3.12.2。

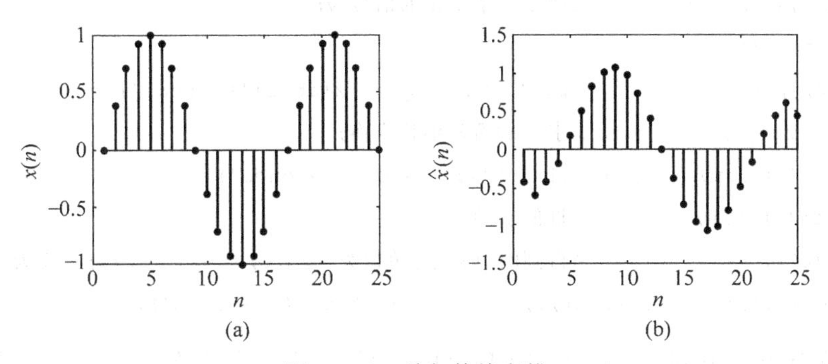


图 3.12.2 希尔伯特变换

```
%exa031202_hilbert.m, to test hilbert.m,
N=25;f=1/16;x=sin(2 * pi * f * [0:N-1]);y=hilbert (x);
subplot(221);stem(x,'.');hold on; plot(zeros(size(x)));
subplot(222);stem(imag(y),'.');hold on; plot(zeros(size(x)));
```

**例 3.12.3** 求非平稳信号的瞬时频率。

本书至今讨论过的信号,无论是单正弦还是多正弦,其频率都是不变的。物理世界中,有很多信号的频率是随时间变化的,最典型的是我们的语音信号。正因为语音信号的频率是时变的,我们才能有那么多美妙的歌声。

频率随时间变化的信号又称为非平稳信号。描述这一类信号常用的物理量是瞬时频率(instantaneous frequency,IF)$f_i(t)$,显然,它是时间的函数。对复信号 $x(t)=x_a(t)\mathrm{e}^{\mathrm{j}\varphi(t)}$,

式中 $x_a(t)$是 $x(t)$的包络函数,$\varphi(t)$是 $x(t)$的相位函数,$x(t)$的瞬时频率定义为

$$f_i(t) = \mathrm{d}\varphi(t)/\mathrm{d}t$$

即瞬时频率是相位函数的导数。

如果 $x(t)$是实信号,其相位函数 $\varphi(t)$为零,当然无法求出 $f_i(t)$。尽管 $x(t)$的频率内容是随时间变化的,但我们无法看到其变化的形态。有了希尔伯特变换,这一问题得到解决,即求出 $x(t)$的希尔伯特变换 $\hat{x}(t)$,然后构造解析信号,再得到相位并求导。下面的程序实现了这一功能。

```
%exa031203 例 3.12.3 求时变信号的瞬时频率
fc=15;                    %给定信号的中心频率, in Hz
fs=3000;                  %给定信号的抽样频率, in Hz
tiv=1/fs;                 %求出抽样间隔
t=0:tiv:(1-tiv);          %设定信号的长度为 1s;
x=(2*t)-1;                %决定频率变化的模式 (-1 to 1)
y=vco(x,fc ,fs);          %产生频率变化的信号 y;
subplot(311)
plot(t,y,'k');            %plots the signal;xlabel('seconds')
Z=hilbert(y);             %求 y 的希尔伯特变换;
subplot(312);plot(t,imag(Z),'k'); xlabel('seconds')
dZ=diff(Z)/tiv;           %近似求导
w=abs(dZ);                %得到瞬时频率,单位为 rad/s;v=w/(2*pi); %变为 Hz
subplot(313);plot(t(2:fs),v,'k'); grid;xlabel('seconds');
```

在该程序中,用到了 3 个 MATLAB 文件。第一个文件是 vco,它是 Voltage-controlled oscillator 的缩写,用来产生频率变化的信号。其调用格式之一是

```
y =vco(x,fc,fs)
```

式中,fc 是振荡的中心频率,fs 是抽样频率,x 决定了频率变化的模式。第二个文件是 hilbert,在例 3.12.2 中已给出了说明,需要强调的是,hilbert(y)给出的是 y 的解析信号。第三个文件是 diff,它用来求差分,即实现近似微分。

运行该程序的结果如图 3.12.3 所示。其中,图 3.12.3(a)是由 vco 产生的频率变化的信号 y,图 3.12.3(b)是用希尔伯特变换求出的解析信号的虚部,当然,它的频率也是随时间变化的。图 3.12.3(c)是求出的 y 的瞬时频率,显然,它是时间的线性函数,即 y 的频率是随时间线性增长的。这由图 3.12.3(a)也可看出。该变化模式是由 x 决定的,因为 x 是从−1 到+1 线性增长的。

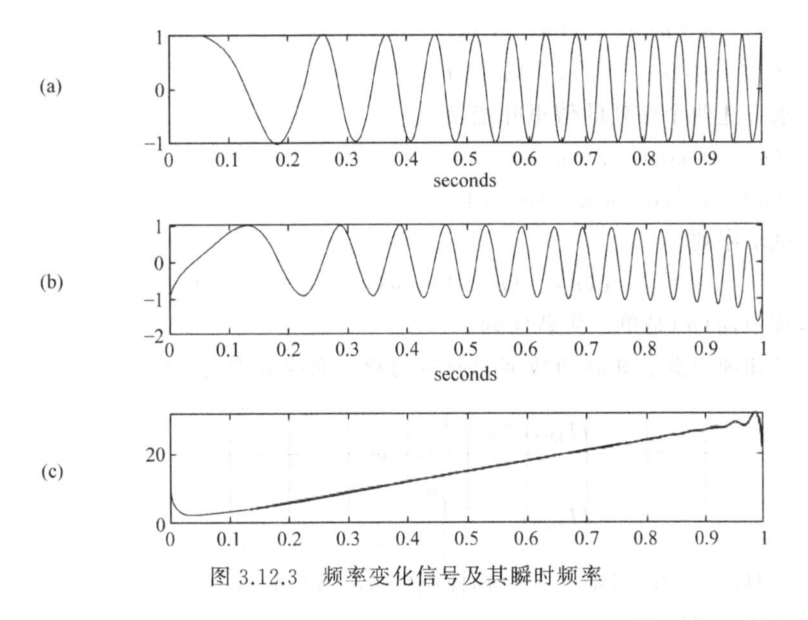


图 3.12.3　频率变化信号及其瞬时频率

# 小　　结

本章讨论"离散时间信号的频域分析",核心内容是实现该频域分析的理论工具,即离散信号的傅里叶变换(DTFT)和离散傅里叶变换(DFT)。文中详细讨论了它们的定义、性质及应用,并就信号截断、分辨率、时宽-带宽积以及 DFT 对 FT 的近似等重要基础概念给以了深入的阐述,最后介绍了在信号处理中有着重要地位的希尔伯特变换,并以实际例子说明了信号频域分析的应用。

# 习题与上机练习

3.1　求下述序列的傅里叶变换,并分别给出其幅频特性和相频特性。

(1) $x_1(n)=\delta(n-n_0)$

(2) $x_2(n)=3-\left(\frac{1}{3}\right)^n,|n|\leqslant 3$

(3) $x_3(n)=a^n[u(n)-u(n-N)]$

(4) $x_4(n)=a^{|n|}u(n+2)$, $|a|<1$

3.2 求下述两个序列的傅里叶变换。

(1) $x_1(n)=a^n\cos(\omega_1 n)\,u(n)$, $|a|<1$

(2) $x_2(n)=a^{|n|}\cos(\omega_2 n)$, $|a|<1$

3.3 试求序列

$$x(n)=(n+1)a^n u(n), \quad |a|<1$$

的 DTFT,式中,$u(n)$是单位阶跃序列。

3.4 已知理想低通和高通数字滤波器的频率响应分别是

$$H_{\mathrm{LP}}(\mathrm{e}^{\mathrm{j}\omega})=\begin{cases}1, & 0\leqslant|\omega|\leqslant\omega_{\mathrm{c}}\\0, & \omega_{\mathrm{c}}<|\omega|\leqslant\pi\end{cases}$$

$$H_{\mathrm{HP}}(\mathrm{e}^{\mathrm{j}\omega})=\begin{cases}0, & 0\leqslant|\omega|\leqslant\omega_{\mathrm{c}}\\1, & \omega_{\mathrm{c}}<|\omega|\leqslant\pi\end{cases}$$

求 $H_{\mathrm{LP}}(\mathrm{e}^{\mathrm{j}\omega})$、$H_{\mathrm{HP}}(\mathrm{e}^{\mathrm{j}\omega})$所对应的单位抽样响应 $h_{\mathrm{LP}}(n)$、$h_{\mathrm{HP}}(n)$。

3.5 已知离散序列

$$x(n)=\frac{\sin\omega_{\mathrm{c}}n}{\pi n}, \quad n=-\infty\sim+\infty$$

求该序列的能量。

3.6 模拟信号 $x(t)=10\cos(200\pi t)$,

(1) 画出其频谱;

(2) 对 $x(t)$以 $f_{\mathrm{s}}=800\mathrm{Hz}$ 抽样,得 $x(n)$,画出 $x(n)$在 2000Hz 以内的频谱。

3.7 令 $X(\mathrm{e}^{\mathrm{j}\omega})$是 $x(n)$的 DTFT,已知 $X(\mathrm{e}^{\mathrm{j}\omega})=\cos^2\omega$,求 $x(n)$。

3.8 已知 $x(n)$的 DTFT 是 $X(\mathrm{e}^{\mathrm{j}\omega})$,令 $y(n)=x(2n+1)$,求 $Y(\mathrm{e}^{\mathrm{j}\omega})$。

3.9 $x(n)$是一实的有限长序列,$n=0,1,\cdots,N-1$,其傅里叶变换是 $X(\mathrm{e}^{\mathrm{j}\omega})$,自相关函数是 $r_x(m)$。令

$$P_x(\mathrm{e}^{\mathrm{j}\omega})=\sum_{M=-(N-1)}^{N-1}r_x(m)\mathrm{e}^{-\mathrm{j}\omega m}$$

是其自相关函数的傅里叶变换,试证明

$$P_x(\mathrm{e}^{\mathrm{j}\omega})=\frac{1}{N}\,|\,X(\mathrm{e}^{\mathrm{j}\omega})\,|^2$$

3.10 研究偶对称序列傅里叶变换的特点。

(1) 令 $x(n)=1, n=-N,\cdots,0,\cdots,N$,求 $X(\mathrm{e}^{\mathrm{j}\omega})$;

(2) 令 $x_1(n)=1, n=0, 1, \cdots, N$,求 $X_1(\mathrm{e}^{\mathrm{j}\omega})$;

(3) 令 $x_2(n)=1, n=-N,-N+1, \cdots, -1$,求 $X_2(\mathrm{e}^{\mathrm{j}\omega})$;

(4) 显然,$x(n)=x_1(n)+x_2(n)$,试分析 $X(e^{j\omega})$和 $X_1(e^{j\omega})$,$X_2(e^{j\omega})$有何关系。

3.11 当 $x(n)$是一个纯虚信号时,试导出其 DTFT 的“奇、偶、虚、实”的对称性质,并完成图 3.2.2。

3.12 (1) 已知序列 $x(n)=1, n=0,1,\cdots,N-1$,求其 DFT $X(k)$;

(2) 已知序列 $x(n)$的长度 $N$ 为偶数,且 $n$ 为偶数时 $x(n)=1$,$n$ 为奇数时 $x(n)=0$,求其 DFT $X(k)$。

3.13 一个模拟信号包含的最高频率 $f_{\max}$是 10kHz,

(1) 如果要准确重建该信号,允许的抽样频率 $f_s$ 范围是多少?

(2) 假如以抽样频率 $f_s=8\text{kHz}$ 对信号进行抽样,分析该抽样对最高频率为 $f_1=5\text{kHz}$ 的信号的影响;

(3) 如果被抽样信号最高频率 $f_2=9\text{kHz}$,重复(2)的问题。

3.14 对给定的周期性信号 $x(n)=\{\cdots,1,0,1,2,\underset{\uparrow}{3},2,1,0,1,\cdots\}$

(1) 求信号的 DFT;

(2) 使用所得的结果验证 Parseval 定理。

3.15 对如下的信号:

$$x(n)=2+2\cos\frac{\pi n}{4}+\cos\frac{\pi n}{2}+\frac{1}{2}\cos\frac{3\pi n}{4}$$

(1) 令 $N=8$,求该信号的 DFT;

(2) 计算信号的功率。

3.16 已知下面的傅里叶系数,分别求出其对应的周期信号 $x(n)$,周期 $N=8$。

(1) $c_k=\cos\frac{k\pi}{4}+\sin\frac{3k\pi}{4}$

(2) $c_k=\begin{cases}\sin\frac{k\pi}{3}, & 0\leqslant k\leqslant 6\\ 0, & k=7\end{cases}$

3.17 一个实序列的 8 点 DFT 中的前 5 点是

$$\{0.25,\ 0.125-j0.3018,\ 0,\ 0.125-j0.0518,\ 0\}$$

求该 DFT 的其余的点。

3.18 对于如下序列:

$$x_1(n)=\cos\frac{2\pi}{N}n,\quad x_2(n)=\sin\frac{2\pi}{N}n,\quad 0\leqslant n\leqslant N-1$$

求:

(1) $N$ 点循环卷积 $y(n)=x_1(n)\otimes x_2(n)$;

(2) $N$ 点 $x_1(n)$和 $x_2(n)$的循环相关 $r_{12}(n)$;

(3) $N$ 点 $x_1(n)$的自相关 $r_{11}(n)$;

(4) $N$ 点 $x_2(n)$的自相关 $r_{22}(n)$。

3.19 对于如下关系:

$$y(n)=\sum_{n=0}^{N-1}x_1(n)x_2^*(n)$$

分别求下列情况的 $y(n)$:

(1) $x_1(n)=x_2(n)=\cos\frac{2\pi}{N}n,\quad 0\leqslant n\leqslant N-1$;

(2) $x_1(n)=\cos\frac{2\pi}{N}n,\quad x_2(n)=\sin\frac{2\pi}{N}n,\quad 0\leqslant n\leqslant N-1$;

(3) $x_1(n)=\delta(n)+\delta(n-8),\quad x_2(n)=u(n)-u(n-N)$, 令 $N=8$。

3.20 求下面 Blackman 窗的 $N$ 点 DFT,即 $W(k)$,并画出该窗函数的时域和频域图(取 $N=45$)。

$$w(n)=0.42-0.5\cos\frac{2\pi n}{N-1}+0.08\cos\frac{4\pi n}{N-1},\quad 0\leqslant n\leqslant N-1$$

3.21 记序列 $x(n)=u(n)-u(n-7)$($u(n)$为单位阶跃信号)的 $Z$ 变换为 $X(z)$。令

$$X'(k)=X(z)\big|_{z=e^{j2\pi k/5}},\quad k=0,1,2,3,4$$

(1) 求 $x(n)$的 $Z$ 变换 $X(z)$;

(2) 求 $X'(k)$;

(3) 求 $X'(k)$的逆 DFT,即 $x'(n)$;

(4) 求 $x'(n)$与 $x(n)$之间的关系,比较并解释该结果。

3.22 已知序列 $x(n)=\cos(n\pi/6)$,其中 $n=0, 1,\cdots, N-1$, 而 $N=12$。

(1) 求 $x(n)$的 DTFT $X(e^{j\omega})$;

(2) 求 $x(n)$的 DFT $X(k)$;

(3) 若在 $x(n)$后补 $N$ 个零得 $x_1(n)$,即 $x_1(n)$为 $2N$ 点序列,再求 $x_1(n)$的 DFT $X_1(k)$。

此题求解后,对正弦信号抽样及其 DFT 和 DTFT 之间的关系,能总结出什么结论?

3.23 信号 $x(n)$的长度为 $N=1000$,抽样频率 $f_s=20\text{kHz}$,其 DFT 是 $X(k)$,$k=0,\cdots,999$。

(1) 求 $k=150$ 和 $k=700$ 时分别对应的实际频率是多少?

(2) 求圆周频率 $\omega$ 是多少?

3.24 已知 $x(n)$的 DTFT 为

$$X(e^{j\omega})=\sum_{k=-\infty}^{\infty}\delta(\omega-\omega_0+2\pi k)$$

求 $x(n)$。

3.25 令 $x(n)$是一纯正弦信号,幅度等于 $A$,频率等于 $\omega_0$。将 $x(n)$截短,长度为 $N$,其中包含了若干整周期。对 $x(n)$做 DFT,得 $X(k)$。试由 $X(k)$求 $x(n)$的幅度 $A$。

3.26 已知 $x(n)$为 $N$ 点序列,$n=0, 1, \cdots, N-1$,其 DTFT 为 $X(e^{j\omega})$。现对 $X(e^{j\omega})$在单位圆上等间隔抽样,得 $Y(k)=X\left(e^{j\frac{2\pi}{M}k}\right)$,$k=0, 1, \cdots, M-1$,且 $M<N$。设 $Y(k)$对应的序列为 $y(n)$,试用 $x(n)$表示 $y(n)$。

3.27 已知 $x(n)$为 $N$ 点序列,$n=0, 1, \cdots, N-1$,而 $N$ 为偶数,其 DFT 为 $X(k)$。

(1) 令

$$y_1(n)=\begin{cases} x\left(\dfrac{n}{2}\right), & n \text{ 为偶数} \\ 0, & n \text{ 为奇数} \end{cases}$$

所以 $y_1(n)$为 $2N$ 点序列。试用 $X(k)$表示 $Y_1(k)$。

(2) 令 $y_2(n)=x(N-1-n)$,$y_3(n)=(-1)^n x(n)$,且 $y_2(n)$、$y_3(n)$都是 $N$ 点序列,$N$ 为偶数,试用 $X(k)$表示 $Y_2(k)$、$Y_3(k)$。

3.28 对离散傅里叶变换,试证明 Parseval 定理

$$\sum_{n=0}^{N-1} |x(n)|^2 = \frac{1}{N}\sum_{k=0}^{N-1} |X(k)|^2$$

3.29 设 $x(n)$、$y(n)$的 DTFT 分别是 $X(e^{j\omega})$和 $Y(e^{j\omega})$,试证明

$$\sum_{n=-\infty}^{\infty} x(n)y^*(n) = \frac{1}{2\pi}\int_{-\pi}^{\pi} X(e^{j\omega})Y^*(e^{j\omega})\,d\omega$$

这一关系称为两个序列的 Parseval 定理。若 $x(n)$、$y(n)$都是 $N$ 点序列,其 DFT 分别是 $X(k)$和 $Y(k)$,试导出类似的关系。

3.30 设信号 $x(n)=\{1, 2, 3, 4\}$,通过系统 $h(n)=\{4, 3, 2, 1\}$,$n=0, 1, 2, 3$。

(1) 求系统的输出 $y(n)=x(n)*h(n)$;

(2) 试用循环卷积计算 $y(n)$;

(3) 简述通过 DFT 来计算 $y(n)$的思路。

*3.31 进一步研究例 3.1.1 中参数 $T$ 和 $\tau$ 对傅里叶系数图形的影响。例如,分别令 $\tau=0.2T$、$0.1T$ 及 $0.05T$,试用 MATLAB 求出并画出类似图 3.1.1 的傅里叶系数图,并分析这些参数变化对图形影响的规律。

*3.32 设有一长序列 $x(n)$,

$$x(n)=\begin{cases} n/5, & 0\leqslant n\leqslant 50 \\ 20-n/5, & 50<n\leqslant 99 \\ 0, & \text{其他} \end{cases}$$

令 $x(n)$通过一离散系统,其单位抽样响应

$$h(n)=\begin{cases}1/2^n, & 0\leqslant n\leqslant 2\\ 0, & \text{其他}\end{cases}$$

试编一主程序用叠接相加法实现该系统对 $x(n)$ 的滤波,并画出输出 $y(n)$ 的图形。

*3.33　关于正弦信号抽样的实验研究。给定信号 $x(t)=\sin(2\pi f_0 t)$,$f_0=50\text{Hz}$,现对 $x(t)$ 抽样,设抽样点数 $N=16$。我们知道正弦信号 $x(t)$ 的频谱是在 $\pm f_0$ 处的 $\delta$ 函数,将 $x(t)$ 抽样变成 $x(n)$ 后,若抽样率及数据长度 $N$ 取得合适,那么 $x(n)$ 的 DFT 也应是在 $\pm 50\text{Hz}$ 处的 $\delta$ 函数。由 Parseval 定理,有

$$E_t=\sum_{n=0}^{N-1}x^2(n)=\frac{2}{N}\mid X_{50}\mid^2=E_f$$

$X_{50}$ 表示 $x(n)$ 的 DFT $X(k)$ 在 50Hz 处的谱线,若上式不成立,说明 $X(k)$ 在频域有泄漏。给定下述抽样频率:(1)$f_s=100\text{Hz}$;(2)$f_s=150\text{Hz}$;(3)$f_s=200\text{Hz}$。试分别求出 $x(n)$ 并计算其 $X(k)$,然后用 Parseval 定理研究其泄漏情况,请观察得到的 $x(n)$ 及 $X(k)$,总结对正弦信号抽样应掌握的原则。

*3.34　对上机练习题 3.33,当取 $f_s=200\text{Hz}$,$N=16$ 时,在抽样点后再补 $N$ 个零得 $x'(n)$,这时 $x'(n)$ 是 32 点序列,求 $x'(n)$ 的 DFT $X'(k)$,分析对正弦信号补零的影响。

3.35　已知 $x(n)$ 的 DTFT 是 $X(e^{j\omega})$,并有 $y(n)=(-1)^n x(n)$,试用 $X(e^{j\omega})$ 表示 $Y(e^{j\omega})$。

3.36　本书所附文献 *Tom, Dick, and Mary Discover the DFT*(*IEEE SIGNAL PROCESSING MAGAZINE, APRIL 1994*)以讲故事的方式讲述了三位同学欲在计算机上实现连续信号频谱分析时所遇到的问题及解决方法,包括时域抽样、截断、频域抽样、截断及周期延拓等,从而由 FT、FS 引出 DTFT、DFS,最后得到 DFT。阅读该文献,并写出读书笔记,从而加深对 DFT 导出的理解。

# 第4章 离散时间系统的频域分析

## 4.1 LSI系统的频率响应

2.1节中令$x(n)=\delta(n)$得到了系统的单位抽样响应$h(n)$；现在，再令$x(n)$为另一个特殊的信号，即$x(n)=e^{j\omega n}$，显然，$x(n)$是一个复正弦信号。由$x(n)$所产生的系统输出

$$\begin{aligned}y(n) &= \sum_{k=-\infty}^{\infty} h(k)x(n-k) = \sum_{k=-\infty}^{\infty} h(k)e^{j\omega(n-k)} \\ &= e^{j\omega n}\sum_{k=-\infty}^{\infty} h(k)e^{-j\omega k} \\ &= e^{j\omega n}H(e^{j\omega}) \end{aligned} \tag{4.1.1}$$

这一结果表明，输出$y(n)$也包含了同频率的复正弦信号，但它又受到一个复函数$H(e^{j\omega})$的调制。由于这一原因，我们称复正弦$e^{j\omega n}$为系统的特征函数。式(2.9.6)已定义$H(e^{j\omega})$为系统的频率响应，即

$$H(e^{j\omega}) = \sum_{n=0}^{\infty} h(n)e^{-j\omega n} = H(z)\Big|_{z=e^{j\omega}} \tag{4.1.2}$$

它又称为系统的特征值。显然，$H(e^{j\omega})$是系统单位抽样响应$h(n)$的傅里叶变换(DTFT)，也是$z$在单位圆上取值的$Z$变换。它具有3.2.2节所描述的DTFT的所有性质。仿照例3.2.3，也可定义$H(e^{j\omega})$的实部和虚部、幅频响应及相频响应。

若令$x(n)=\cos(\omega n)=\mathrm{Re}(e^{j\omega})$，$\mathrm{Re}(\cdot)$表示取实部，那么

$$y(n)=\mathrm{Re}\{e^{j\omega n}H(e^{j\omega})\}=|H(e^{j\omega})|\cos[\omega n+\varphi(\omega)] \tag{4.1.3}$$

我们再一次看到，系统的输出含有和输入相同频率的正弦，其幅度要乘以$|H(e^{j\omega})|$，而相位移了$\varphi(\omega)$。

$h(n)$、$H(e^{j\omega})$及$H(z)$是描述LSI系统的3个重要函数，$h(n)$体现了系统的时域特征，$H(e^{j\omega})$体现了系统的频域特征，而$H(z)$是复频域函数，后续章节将会详细讨论。现举例说明$H(e^{j\omega})$的应用。

**例4.1.1** 求例2.1.2所给的3点平均器的频率响应。

**解**：例 2.1.4 已给出 3 点平均器的单位抽样响应是 $h(0)=h(1)=h(2)=1/3$，其余为零，因此

$$H(e^{j\omega})=\frac{1}{3}[1+e^{-j\omega}+e^{-j2\omega}]=\frac{1}{3}[1+\cos\omega+\cos2\omega-j\sin\omega-j\sin2\omega]$$

$$H_R(e^{j\omega})=\frac{1}{3}[1+\cos\omega+\cos2\omega]$$

$$H_I(e^{j\omega})=-j\frac{1}{3}[\sin\omega+\sin2\omega]$$

请读者按照如下公式分别求出系统的幅频响应和相频响应：

$$|H(e^{j\omega})|=\sqrt{H_R^2(e^{j\omega})+H_I^2(e^{j\omega})} \tag{4.1.4a}$$

$$\varphi(\omega)=\arctan(H_I(e^{j\omega})/H_R(e^{j\omega})) \tag{4.1.4b}$$

很容易证明，系统的幅频响应是 $\omega$ 的偶函数，而相频响应是 $\omega$ 的奇函数。图 4.1.1 是用 MATLAB 求出的幅频和相频响应曲线。因为该系统的功能是对输入信号进行平均，因此它具有低通的特性。

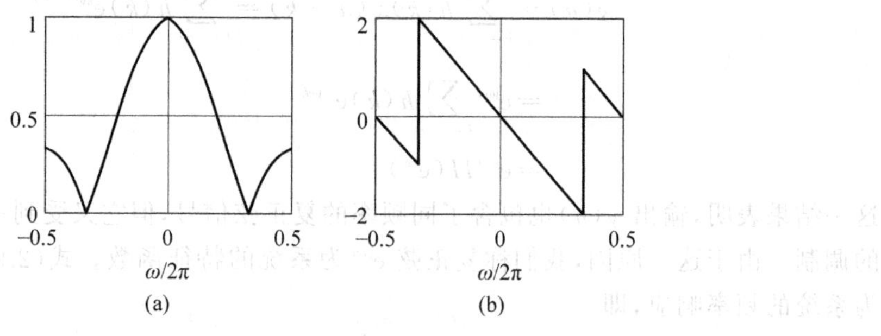


图 4.1.1 3 点平均器的幅频、相频响应

(a) $|H(e^{j\omega})|$；(b) $\varphi(\omega)$

**例 4.1.2** 对例 2.1.1 的一阶自回归差分方程，若令 $a=0.8$：

(1) 求其频率响应；

(2) 若 $x_1(n)=e^{j\pi n/2}$，$x_2(n)=e^{j\pi n}$，$x_3(n)=1$，$-\infty<n<\infty$，分别求 $y_1(n)$，$y_2(n)$，$y_3(n)$；

(3) 若 $x(n)=x_1(n)+x_2(n)+x_3(n)$，$-\infty<n<\infty$，求 $y(n)$。

**解**：(1) 在例 2.1.3 中已求出该系统的单位抽样响应 $h(n)=a^n u(n)$，因此

$$H(e^{j\omega})=\sum_{n=0}^{\infty}a^n e^{-j\omega n}=\frac{1}{1-ae^{-j\omega}}\bigg|_{a=0.8}=\frac{1}{1-0.8e^{-j\omega}}$$

(2) 对 $x_1(n)$，在 $\omega=\pi/2$ 处，$H(\pi/2)=\dfrac{1}{1+j0.8}=\dfrac{5}{\sqrt{41}}e^{-j38.7^\circ}$

由式(4.1.1)，$y_1(n)$应包含和$x(n)$同频率的正弦，并乘上$H(e^{j\omega})$，因此

$$y_1(n)=e^{j\pi n/2}\frac{5}{\sqrt{41}}e^{-j38.7^\circ}=\frac{5}{\sqrt{41}}e^{j(\pi n/2-38.7^\circ)},\quad -\infty<n<\infty$$

对$x_2(n)=e^{j\pi n}$，在$\omega=\pi$处，$H(\pi)=\frac{5}{9}$，同理，有$y_2(n)=\frac{5}{9}e^{j\pi n}$，$-\infty<n<\infty$。

对$x_3(n)=1$，显然，它是一个直流信号，其频率$\omega\equiv 0$，因此$H(0)=5$，于是，$y_3(n)=5$，$-\infty<n<\infty$。

(3) 由 LSI 系统的叠加性质，有

$$y(n)=y_1(n)+y_2(n)+y_3(n)=\frac{5}{\sqrt{41}}e^{j(\pi n/2-38.7^\circ)}+\frac{5}{9}e^{j\pi n}+5,\quad -\infty<n<\infty$$

由该例可以看出：对于3个不同频率的输入，输出所包含的频率与各自的输入相同，这是由式(4.1.1)所决定的；另外，3个输入的幅度虽然都是1，但输出的幅度却各不相同，这说明系统对不同的频率有着不同的"响应"，这也就是"频率响应"一词的含义，它也是系统滤波功能的体现。

## 4.2 滤波的概念

在数字信号处理中，如果一个离散时间系统是用来对输入信号做滤波处理，那么，该系统又称为数字滤波器(digital filter，DF)。在本书中，离散时间系统和数字滤波器这两个概念是等效的。

滤波器，顾名思义，其作用是对输入信号起到滤波的作用。信号为什么要滤波？当然是信号中有不需要的频率成分，如噪声。滤波器为什么能滤波？这归结于 LSI 系统输入输出的关系。

2.9 节给出了 LSI 系统输入输出的6个基本关系，其中的时域卷积$y(n)=x(n)*h(n)$对应复频域和频域的相乘：$Y(z)=X(z)H(z)$，$Y(e^{j\omega})=X(e^{j\omega})H(e^{j\omega})$。这些关系即滤波的基础。假定$|X(e^{j\omega})|$如图4.2.1(a)所示，并假定在$\omega>\omega_c$处的所有频率成分都不需要，那么，可令$|H(e^{j\omega})|$的幅频特性如图4.2.1(b)所示，图中$\omega_c$称为滤波器的截止频率。将$|X(e^{j\omega})|$和$|H(e^{j\omega})|$相乘，其结果如图4.2.1(c)所示。由于$|H(e^{j\omega})|$在$\omega>\omega_c$处皆为零，所以完全地去除了$|X(e^{j\omega})|$中$\omega>\omega_c$的所有频率成分，实现了"理想"的滤波。由于图4.2.1(b)的滤波器是保留了$|X(e^{j\omega})|$在$0\sim\omega_c$的低频成分，去除的是大于$\omega_c$的高频成分，因此，该滤波器称为低通(low-pass，LP)滤波器。以此类推，自然还有高通(high-pass，HP)、带通(band-pass，BP)和带阻(band-stop，BS)等不同类型的滤波器。在实际工

作中，有时还会用到多通带(Multi passband)滤波器。

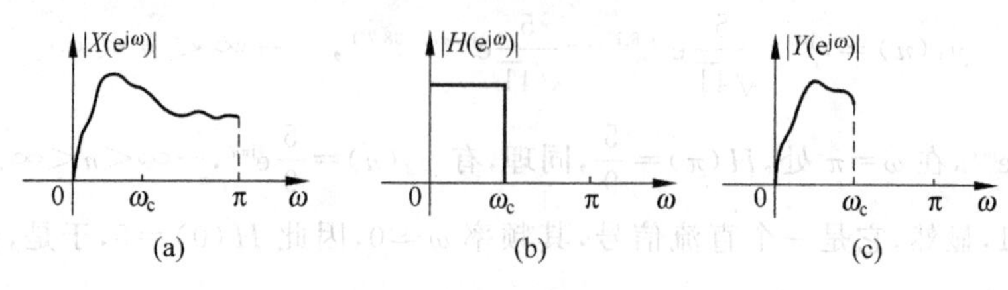


图 4.2.1　滤波原理

图 4.2.1(b)所示的滤波器又称为“理想滤波器”。理想滤波器是物理上不可实现的。其原因是频谱在 $\omega_c$ 处由 1 到 0 的突变。由 3.2.5 节可知，频域的方波对应时域的 sinc 函数，即 $h(n)=\sin\omega_c\pi n/\pi n,-\infty<n<\infty$。而 sinc 函数是非因果且无限长，因而无法实现。但其原理帮助人们设计各种各样可物理实现的滤波器。有关各种类型的滤波器设计问题将在第 6、7 章详细讨论。

读者都熟悉经典的模拟滤波器(analog filter，AF)，其转移函数是 $H(s)$。对 AF，我们只能用硬件来实现它，其元件是 $R$、$L$、$C$ 及运算放大器或开关电容等。而对 DF，既可以用硬件来实现，又可以用软件来实现。用硬件实现时，所需的器件是延迟器、乘法器和加法器。当我们在通用的计算机上用软件来实现时，它就是一段线性卷积的程序。因此，数字滤波器无论在设计上还是在实现上都要比模拟滤波器灵活得多。

前面提到，滤波器有低通、高通、带通、带阻和多通带等不同的类型。那么，是什么因素决定了滤波器的幅频响应有这些性能？由式(2.2.1)的差分方程可以看出，决定滤波器性能的因素只能是差分方程的系数 $a(k)$ 和 $b(r)$，以及系统的阶次 $N$ 和 $M$。更具体地说，是由这些参数所产生的系统极零点的个数和位置。这是 4.3 节要讨论的内容。

## 4.3　LSI 系统的极零分析

对式(2.9.5)的转移函数的分子、分母多项式分别做因式分解，得

$$H(z)=gz^{N-M}\frac{\prod_{r=1}^{M}(z-z_r)}{\prod_{k=1}^{N}(z-p_k)}\tag{4.3.1}$$

式中，$g$ 称为系统的增益因子，在本式中，$g=b(0)$。使分母多项式等于零的 $z$ 值，即 $p_k(k=1,2,\cdots,N)$，称为系统的极点。同理，使分子多项式等于零的 $z$ 值，即 $z_r(r=1,$

2,…,$M$),称为系统的零点。极零点分析是系统频域分析的重要内容。现在,我们利用转移函数的定义及式(4.3.1)来讨论系统分析中的一些基本问题。

**1. 系统稳定性判据2**

一个LSI系统稳定的充要条件是其所有的极点都位于单位圆内。

**证明** 式(2.9.5)又可进一步分解为

$$H(z)=\sum_{k=1}^{N}\frac{C_k z}{z-p_k} \tag{4.3.2}$$

由例2.5.1可知,每个因式$C_i z/(z-p_i)$对应一个时域序列$C_i p_i^n$,所以$H(z)$对应的$h(n)$是

$$h(n)=\sum_{k=1}^{N}C_k p_k^n \tag{4.3.3}$$

由2.1节给出的稳定性判据准则1可知,系统稳定的充要条件是$\sum_{n=0}^{\infty}|h(n)|<\infty$,为利用该判据,现对式(4.3.3)两边取绝对值,再对$n$求和,得

$$\sum_{n=0}^{\infty}|h(n)|=\sum_{n=0}^{\infty}\left|\sum_{k=1}^{N}C_k p_k^n\right|\leqslant\sum_{k=1}^{N}|C_k|\sum_{n=0}^{\infty}|p_k^n| \tag{4.3.4}$$

上式右边第一个求和为有限项,$C_k$是常数,因此,为使右边小于∞,则必须有

$$|p_k|<1,\quad k=1,2,\cdots,N$$

即每一个极点都应位于单位圆内。

极点是使分母多项式为零的点,即为使整个多项式趋于无穷的点,因此我们可得出结论,在$H(z)$的收敛域内必不含极点。

**2. 关于系统因果性和稳定性的进一步讨论**

上述系统稳定性判据2要求系统是线性移不变(LSI)的,但其实还隐含着一个要求,即系统是因果的。因此,稳定性判据2严格地说应该是:一个因果的LSI系统稳定的充要条件是其所有的极点必须都位于单位圆内。由于因果性是系统实时实现(或物理可实现)的基本要求,所以我们往往默认为系统应该满足它。在非因果的情况下,稳定性的判据将稍有变化。下面的例子全面地讨论了该问题。

**例4.3.1**[Sop99] 对下述4个系统,求其转移函数,并根据其极点分布讨论它们的因果性和稳定性:

$$h_1(n)=0.8^n u(n)+1.25^n u(n)$$

$$h_2(n)=0.8^n u(n)-1.25^n u(-n-1)$$

$$h_3(n)=-0.8^n u(-n-1)-1.25^n u(-n-1)$$

$$h_4(n)=-0.8^n u(-n-1)+1.25^n u(n)$$

**解**　很容易求出，前 3 个系统有着相同的转移函数，即

$$H_1(z)=H_2(z)=H_3(z)=\frac{1}{1-0.8z^{-1}}+\frac{1}{1-1.25z^{-1}}=\frac{2-2.05z^{-1}}{1-2.05z^{-1}+z^{-2}}$$

它们的差别在于收敛域不同。

显然，对 $H_1(z)$，其收敛域是 $|z|>0.8$ 和 $|z|>1.25$，因此总的 ROC 是 $|z|>1.25$。由于 $h_1(n)$ 是从 0 开始的右边序列，因此该系统是因果的，又由于有一个极点在单位圆外，因此它是不稳定的；

对 $H_2(z)$，其收敛域是 $|z|>0.8$ 和 $|z|<1.25$，因此总的 ROC 是 $0.8<|z|<1.25$。显然，该系统是非因果的。尽管该系统有一个极点在单位圆外，但由于在 $n\to-\infty$ 时 $1.25^n$ 也趋于 0，因此 $H_2(z)$ 是稳定的；

对 $H_3(z)$，其收敛域是 $|z|<0.8$ 和 $|z|<1.25$，因此总的 ROC 是 $|z|<0.8$。当然，该系统也是非因果的，不稳定的，因为在 $n\to-\infty$ 时 $0.8^n$ 将趋于 $\infty$；

对 $H_4(z)$，其收敛域是 $|z|<0.8$ 和 $|z|>1.25$，其总的收敛域 ROC 是一个空集，即不存在一个 $z$ 值使 $H_4(z)$ 收敛，因此 $H_4(z)$ 不存在。当然，该系统是非因果的，也是不稳定的。

由本例的讨论可以看出，系统的稳定性和因果性不一定是“兼容”的，即单位圆外的极点对因果系统是不稳定的，但对于非因果系统又是稳定的。综合因果和非因果两种情况，可得到下文所述系统的稳定性判据 3。

### 3. 系统稳定性判据 3

一个 LSI 系统是稳定的充要条件是其收敛域包含单位圆。

在上述 4 个系统中，只有 $H_2(z)$ 的 ROC 包含单位圆，因此，也只有 $H_2(z)$ 是稳定的。判据 3 和式(2.2.7)给出的判据 1 是等效的，只不过一个是频域表达，另一个是时域表达。而判据 2 是单独针对因果系统而言的。

### 4. 由极零图估计系统的频率响应

将 $H(z)$ 的极点、零点画在 $z$ 平面上得到的图形称为极零图，由极零图可以大致估计出系统的频率响应，通过极零点分析还可得出滤波器设计的一般原则。

令 $z=\mathrm{e}^{\mathrm{j}\omega}$，即 $z$ 在单位圆上取值，式(4.3.1)变成

$$H(\mathrm{e}^{\mathrm{j}\omega})=g\mathrm{e}^{\mathrm{j}(N-M)\omega}\frac{\prod_{r=1}^{M}(\mathrm{e}^{\mathrm{j}\omega}-z_r)}{\prod_{k=1}^{N}(\mathrm{e}^{\mathrm{j}\omega}-p_k)} \tag{4.3.5}$$

式中，$\mathrm{e}^{\mathrm{j}\omega}$ 是单位圆上的某一点，$\mathrm{e}^{\mathrm{j}\omega}$ 也可以看作从原点到 $\mathrm{e}^{\mathrm{j}\omega}$ 的向量；$z_r$ 是平面上的零点，

$-z_r$ 也可看作从该零点到原点的向量，因此$(e^{j\omega}-z_r)$表示由零点 $z_r$ 到 $e^{j\omega}$ 的向量。同理，$(e^{j\omega}-p_k)$表示由极点到 $e^{j\omega}$ 的向量。随着 $\omega$ 取值的变化，$e^{j\omega}$ 在单位圆上变化，可得到模与幅角都在变化的向量$(e^{j\omega}-z_r)$及$(e^{j\omega}-p_k)$，其中 $r=1,2,\cdots,M$，$k=1,2,\cdots,N$。这样，可以由极零图得到系统幅频响应和相频响应的几何解释，即有

$$|H(e^{j\omega})|=\frac{g\prod_{r=1}^{M}|e^{j\omega}-z_r|}{\prod_{k=1}^{N}|e^{j\omega}-p_k|} \tag{4.3.6}$$

$$\varphi(e^{j\omega})=\arg[e^{j(N-M)\omega}]+\sum_{r=1}^{M}[\arg(e^{j\omega}-z_r)]-\sum_{k=1}^{N}[\arg(e^{j\omega}-p_k)] \tag{4.3.7}$$

式中，arg[ · ]表示求角度或相位。

**例 4.3.2** 一个 LSI 系统的差分方程是

$$y(n)=x(n)-4x(n-1)+4x(n-2)$$

试用极零分析大致画出该系统的幅频响应及相频响应。

**解** 由上述差分方程可得系统的转移函数

$$H(z)=1-4z^{-1}+4z^{-2}=(z^2-4z+4)/z^2=(z-2)^2/z^2$$

该系统是 FIR 系统，它在 $z=2$ 处有二阶重零点，在 $z=0$ 处有二阶重极点，如图 4.3.2 所示。定义 $r_1$、$r_2$ 分别为向量的模，$\varphi_1$、$\varphi_2$ 分别是 $r_1$、$r_2$ 和水平方向的夹角，显然有

$$r_1=|e^{j\omega}-2|$$

$$r_2=|e^{j\omega}-0|=1$$

$$\varphi_1=\arg(e^{j\omega}-2)$$

$$\varphi_2=\arg(e^{j\omega}-0)=\arg(e^{j\omega})$$

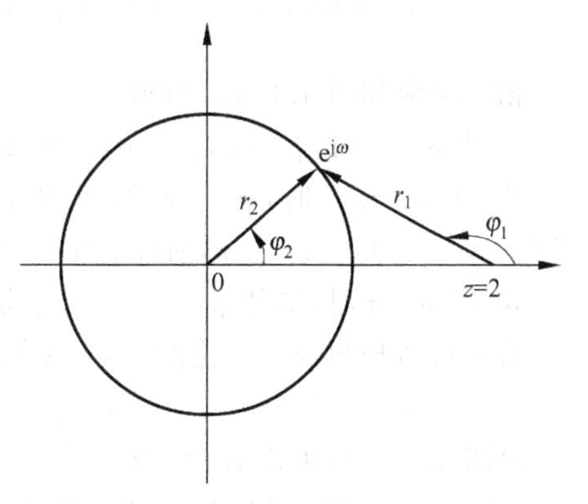

图 4.3.1 例 4.3.2 的极零图

由式(4.3.6)和式(4.3.7)，可以分别求出

$$|H(e^{j\omega})|=r_1^2$$

$$\varphi(e^{j\omega})=2\varphi_1-2\varphi_2$$

显然，对本例，式(4.3.6)中的 $g=1$，$M=N=2$。这样，当 $\omega$ 由 0 变到 $\pi$ 时，可分别求出该例所给系统的幅频响应和相频响应。

幅频响应如图 4.3.2(a)所示。

① 当 $\omega=0$ 时，$r_1=r_2=1$，这时$|H(e^{j0})|=1$。

② 当 $\omega$ 由 0 增加到 $\pi$ 时，$r_1>r_2$，$|H(e^{j\omega})|$是递增的。

③ 当 $\omega=\pi$ 时，$r_1=3$，$r_2=1$，所以$|H(e^{j\omega})|=9$，达到最大值。

④ 当 $\omega$ 由 $\pi$ 变到 $2\pi$ 时，$|H(e^{j\omega})|$又由 9 减少到 1。

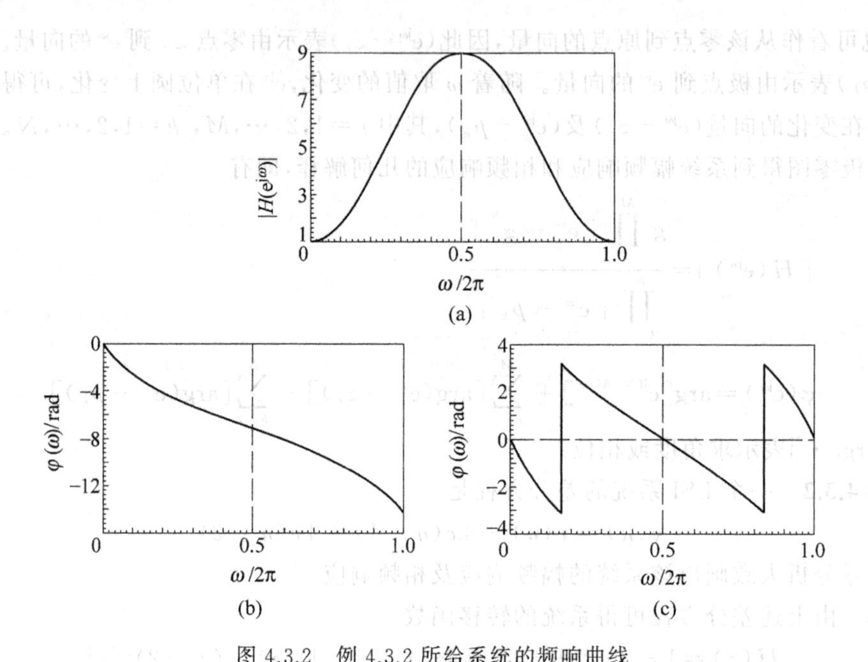


图 4.3.2　例 4.3.2 所给系统的频响曲线

(a) 幅频响应；(b) 解卷绕后的相频响应；(c) 用 ATAN2($H_I$,$H_R$)求出的相频响应

相频响应如图 4.3.2(c)所示。

① 当 $\omega=0$ 时，$\varphi_1=\pi$，$\varphi_2=0$，于是 $2\varphi_1=2\pi$，即 $2\varphi_1=0$，有 $\varphi(e^{j0})=2\varphi_1-2\varphi_2=0$。

② 当 $\omega=\pi/2$ 时，$\varphi_2=\pi/2$，可以求出 $\varphi_1=\pi-\arctan 0.5=0.8542\pi$，于是 $2\varphi_1=1.705\pi=-0.295\pi$，$2\varphi_2=\pi$，所以 $\varphi(e^{j\pi/2})=-1.295\pi=0.705\pi$。

③ 当 $\omega=\pi$ 时，显然 $\varphi_1=\varphi_2=\pi$，于是 $2\varphi_1-2\varphi_2=0$，有 $\varphi(e^{j\pi})=0$。

为了看清相频响应变化的趋势，我们在 $\omega=0\sim\pi/2$ 再计算几个点。很容易求出

$$\varphi(e^{j0.3359\pi})=-0.997\pi,\quad \varphi(e^{j0.3398\pi})=0.9948\pi,\quad \varphi(e^{j0.4\pi})=0.873\pi$$

由图 4.3.2(c)可以看出，当 $\omega$ 由 0 变到 $0.3339\pi$ 时，相频响应是单调下降的，且在 $\omega=0.3359\pi\sim0.3398\pi$(相对于归一化频率是 $\omega/2\pi=0.168\sim0.169$)，相频响应发生 $2\pi$ 的跳变。这一跳变是由于计算机求反三角函数的特点造成的。

在计算机上计算相频特性时，要用到反正切函数 ATAN2($H_I$,$H_R$)，$H_I$、$H_R$ 分别是 $H(e^{j\omega})$的虚部和实部。ATAN2 规定，在一、二象限的角度为 $0\sim\pi$，而在三、四象限的角度为 $0\sim-\pi$。由此，若一个角度从 0 变到 $2\pi$，但实际得到的结果是 $0\sim\pi$，再由 $-\pi\sim0$，在 $\omega=\pi$ 处出现了跳变，跳变的幅度为 $2\pi$，这种现象称为相位的卷绕(wrapping)。图 4.3.2(c)中的两处跳变就是由相位的卷绕引起的。

为了得到连续的相频曲线，可在发生 $2\pi$ 跳变的以后各处都加上(或减去)$2\pi$，这种做法称为相位的解卷绕(unwrapping)[Ste88]。图 4.3.2(b)即图 4.3.2(c)解卷绕的结果。由该

图可以看出,解卷绕后的相频响应不再发生大小为 $2\pi$ 的跳变。

图 4.3.3 给出了系统 $H(z)=z$ 在解卷绕前后的相频响应曲线。图中横坐标为归一化频率(0~1),对应的实际频率为 $0\sim f_s$。在以后各章有关频率响应的曲线中,如无特别说明,一般都使用归一化频率。

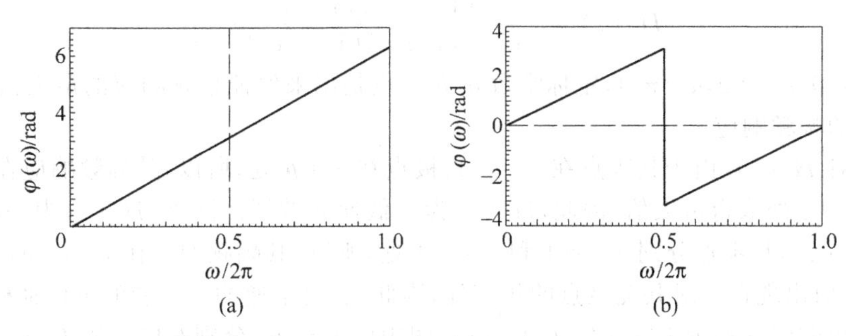


图 4.3.3 $H(z)=z$ 的相频响应

(a) 解卷绕后的相频响应;(b) 用 ATAN2($H_I$, $H_R$)求出的相频响应

**例 4.3.3** 令

$$H_0(z)=a(1+z^{-1})$$

$$H_1(z)=b(1-z^{-1})$$

$$H_2(z)=c(1-e^{j\pi/2}z^{-1})(1-e^{-j\pi/2}z^{-1})$$

试分析零点对它们幅频响应的影响。

**解** 所给 3 个系统的零点均在单位圆上,由式(4.3.6)可知,在零点所在的频率处,其幅频响应一定为零。由于 $H_0(z)$的零点在 $z=-1$ 处,也即 $\omega=\pi$ 处,所以它是低通滤波器。同理,$H_1(z)$是高通滤波器,$H_2(z)$是带阻滤波器。式中,常数 $a$、$b$、$c$ 用来保证每一个系统的幅频响应的最大值为 1,显然,$a=b=c=0.5$。它们的幅频响应如图 4.3.4 所示。

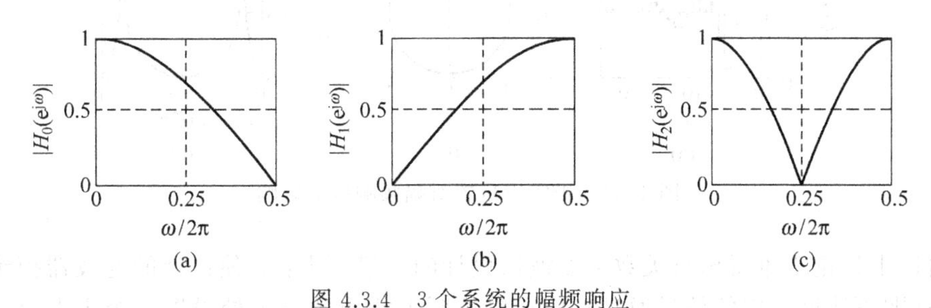


图 4.3.4 3 个系统的幅频响应

上例是仅靠零点来影响滤波器的频率响应,当然效果不会好。下面的例子说明了极点对幅频响应的影响。

**例 4.3.4** 令

$$H_0(z)=a\,\frac{1+z^{-1}}{1-pz^{-1}}$$

$$H_1(z)=b\,\frac{1-z^{-1}}{1-pz^{-1}}$$

$$H_2(z)=c\,\frac{(1+z^{-1})(1-z^{-1})}{(1-re^{j\alpha}z^{-1})(1-re^{-j\alpha}z^{-1})}$$

式中，$p=0.9$，$r=0.9$，$\alpha=\pi/4$，定标常数 $a$、$b$、$c$ 也是用来保证幅频响应的最大值为 1。试分析它们的幅频响应。

**解** 对 $H_0(z)$，由于其零点在 $z=-1$，极点在 $z=p$ 处，所以，其幅频响应在 $\omega=\pi$ 处为零，在 $\omega=0$ 处取得最大值，因此，$H_0(z)$为一低通滤波器。同理，$H_1(z)$为一高通滤波器。对 $H_2(z)$，其零点分别在 $z=1$ 和 $z=-1$ 处，所以，其幅频响应在 $\omega=0$ 和 $\omega=\pi$ 处均为零，最大值出现在一对共轭极点的频率处，因此，它是带通的。三者的单位抽样响应、极零图和幅频响应分别示于图 4.3.5(a)～(c)，图中由上至下，分别对应系统 $H_0(z)$、$H_1(z)$ 和$H_2(z)$。请读者自己确定本例中的常数 $a$、$b$、$c$。

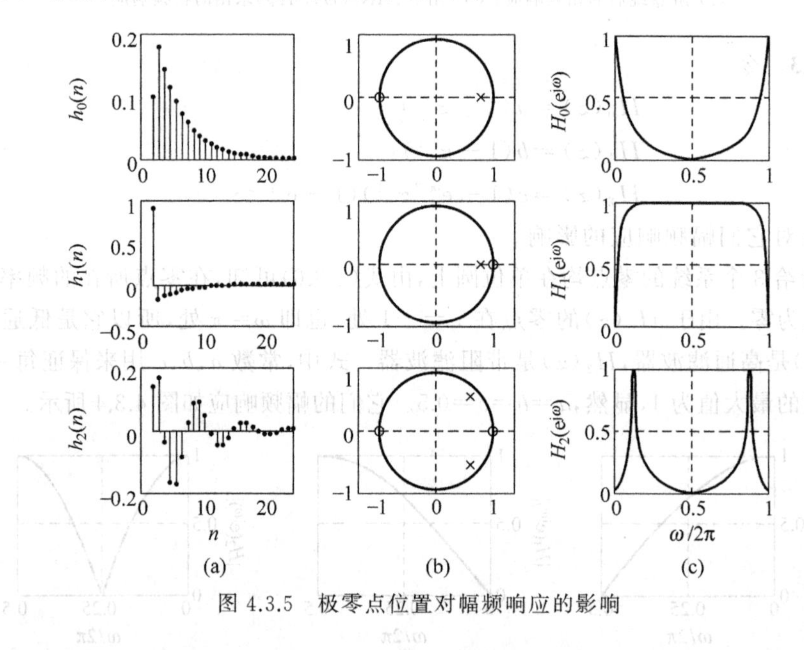


图 4.3.5 极零点位置对幅频响应的影响

由以上讨论不难得出有关数字滤波器设计的一般原则：若使设计的滤波器拒绝某一个频率(即不让该频率的信号通过)，应在单位圆上相应的频率处设置一个零点；反之，若使滤波器突出某一个频率(使该频率的信号尽量无衰减通过)，应在单位圆内相应的频率处设置一极点。极点越接近单位圆，在该频率处幅频响应幅值越大，形状越尖。

读者很容易验证，在原点处的极、零点均不影响幅频响应，它们仅影响相频响应。

**例 4.3.5** 系统在单位圆上有一对共轭极点 $\mathrm{e}^{\pm \mathrm{j}\omega_0}$，即

$$H(z)=\frac{b_0 z^2}{(z-\mathrm{e}^{\mathrm{j}\omega_0})(z-\mathrm{e}^{\mathrm{j}\omega_0})}=\frac{b_0}{1-2\cos\omega_0 z^{-1}+z^{-2}}$$

式中，$b_0$ 是常数。求 $Z$ 反变换可得

$$h(n)=\frac{b_0}{\sin\omega_0}\sin(n+1)\omega_0 u(n)$$

若令 $b_0=\sin\omega_0$，则

$$h(n)=\sin(n+1)\omega_0 u(n)$$

这样，在单位圆上有一对共轭极点的二阶系统是一个正弦信号发生器或正弦振荡器。对该系统输入一个 $\delta(n)$，则输出即是正弦信号。

读者可以思考：若这一对共轭极点位于单位圆内或单位圆外，那么，系统的 $h(n)$ 会有什么形状？

以上几个例子说明了系统的零点、极点及它们的位置对系统性能的影响。实际应用中会遇到各式各样复杂的系统，极零点也会非常多。这时，单靠上述的分析方法来确定系统性能会变得非常困难。自然，利用计算机和 MATLAB 会很容易解决，但上述分析方法始终具有指导意义。

本节的最后用例子来介绍数字微分器和数字积分器这两个特殊的系统。

微积分在信号处理领域是常用的运算，例如，我们经常需要求出信号在不同时刻的变化率，或求出信号在一段时间内的累加。对于模拟信号，一个简单的 $R$-$C$ 电路即可实现微分或积分运算。对于离散信号，由于它们在时间上是不连续的，因此，只能用差分来近似微分，用数值积分来近似积分。

**例 4.3.6** 数字微分器的时域、频域特征。

由拉普拉斯变换的性质知，若 $y(t)=\mathrm{d}x(t)/\mathrm{d}t$，则 $Y(s)=sX(s)$，这是一理想的微分器，其转移函数是 $H(s)=s$，频率响应是 $H(\mathrm{j}\Omega)=\mathrm{j}\Omega$。用离散系统来实现这一理想微分器时，该离散系统就变成了差分器，也称数字微分器。可以证明，一个理想的数字微分器的频率响应是

$$H_d(\mathrm{e}^{\mathrm{j}\omega})=\mathrm{j}\omega,\quad -\pi<\omega<\pi \tag{4.3.8}$$

对应的单位抽样响应

$$\begin{aligned}h_d(n)&=\frac{1}{2\pi}\int_{-\pi}^{\pi}H_d(\mathrm{e}^{\mathrm{j}\omega})\mathrm{e}^{\mathrm{j}\omega n}\mathrm{d}\omega\\&=\frac{1}{2\pi}\int_{-\pi}^{\pi}\mathrm{j}\omega\,\mathrm{e}^{\mathrm{j}\omega n}\mathrm{d}\omega=\frac{\cos\pi n}{n},\quad -\infty<n<\infty,n\neq 0\end{aligned} \tag{4.3.9}$$

其幅频响应如图 4.3.6 中的细斜线所示。

由于理想差分器的幅频响应在 $0\sim\pi$ 内是线性增长的，和信号相比，噪声一般都处在高频端，因此，差分的结果将使噪声大大地放大，这是不希望看到的。在很多领域，如生物医学工程、机械振动等，所感兴趣的信号频率往往都比较低，因此希望使用低通的差分器。

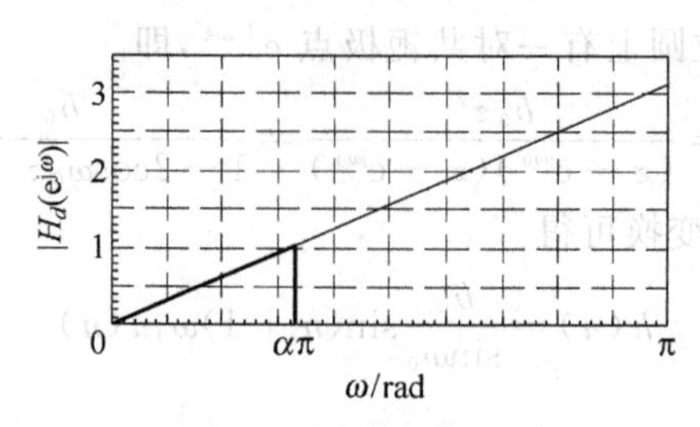


图 4.3.6　理想差分器及理想低通差分器的幅频特性

低通差分器的幅频响应如图 4.3.6 中的粗线所示，即

$$H_d(e^{j\omega})=\begin{cases}j\omega, & |\omega|\leqslant\alpha\pi\\ 0, & \text{其他}\end{cases}\tag{4.3.10}$$

式中，$\alpha\pi$ 是差分器的截止频率。

由于理想差分器的频率响应 $j\omega$ 是一个过原点的纯虚函数，所以，当我们用一个 $H(e^{j\omega})$ 来逼近 $j\omega$ 时，$H(e^{j\omega})$ 一般具有如下形式：

$$H(e^{j\omega})=j\sum_{k=1}^{M}C_k\sin(k\omega)=\sum_{k=1}^{M}C_k\frac{e^{j\omega k}-e^{-j\omega k}}{2}\tag{4.3.11a}$$

对应的转移函数和差分方程分别是

$$H(z)=\sum_{k=1}^{M}C_k\frac{z^k-z^{-k}}{2}\tag{4.3.11b}$$

$$y(n)=\sum_{k=1}^{M}C_k\frac{x(n+k)-x(n-k)}{2}\tag{4.3.11c}$$

显然，差分器是一个全零点的系统。给定不同的系数 $C_k$ 及阶次 $M$ 可得到不同性能的差分器。当然，它们对 $H_d(e^{j\omega})$ 的逼近程度也不同。最简单的差分器是 $y(n)=[x(n+1)-x(n-1)]/2$，又称为两点差分器。

第 7 章有关 FIR 滤波器的设计方法都可用来设计不同阶次的差分器（见例 7.3.3）。有关差分器的更多讨论见文献[Hgs12]。

**例 4.3.7**　数字积分器的时域、频域特征。

由拉普拉斯变换的性质，若 $y(t)=\int_{-\infty}^{t}x(t)\mathrm{d}t$，则 $Y(s)=X(s)/s$，这是一理想的积分器，其转移函数是 $H(s)=1/s$，和上述理想差分器的转移函数互为倒数。当用离散系统来实现这一理想积分器时，需要从数值积分开始。

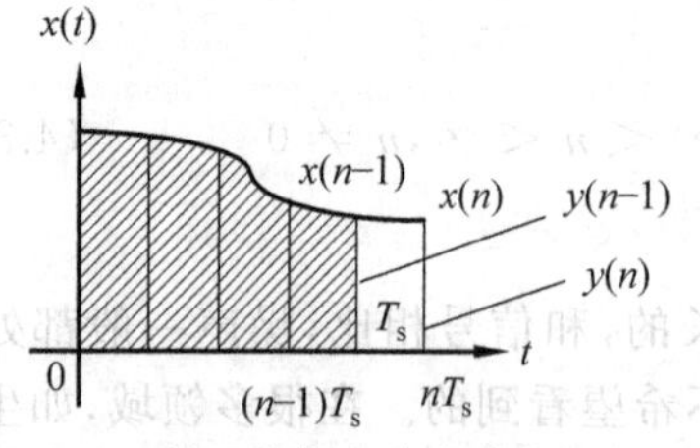


图 4.3.7　利用数值积分求曲线下的面积

为求曲线 $x(t)$ 下的面积 $y(t)$，可用图 4.3.7 所示的数值积分来近似。图中的数值积分可用如下的差分方程来表示

$$y(n)=y(n-1)+\frac{x(n)+x(n-1)}{2}T_s \tag{4.3.12a}$$

式中，$T_s$ 是对横坐标等分的间隔，当然也是对模拟信号 $x(t)$ 抽样的间隔。

对式(4.3.12a)两边取 $Z$ 变换，有

$$Y(z)(1-z^{-1})=\frac{T_s}{2}X(z)(1+z^{-1})$$

即

$$H(z)=\frac{T_s}{2}\frac{1+z^{-1}}{1-z^{-1}}=\frac{T_s}{2}\frac{z+1}{z-1} \tag{4.3.12b}$$

因此，数字积分器是一个 IIR 系统，极点在 $z=1$ 处，而零点在 $z=-1$ 处。

将式(4.3.12b)的 $H(z)$ 和理想积分器的转移函数 $H(s)=1/s$ 相比较，得到如下关系：

$$s=\frac{2}{T_s}\frac{z-1}{z+1} \quad 及 \quad z=\frac{1+sT_s/2}{1-sT_s/2} \tag{4.3.13}$$

该式给出的 $s$ 和 $z$ 的关系称为双线性变换关系。我们在 2.5 节给出了二者的另一个关系，即 $z=e^{sT_s}$。需要说明的是，$z=e^{sT_s}$ 是 $s$ 和 $z$ 的基本关系，它体现了 $s$ 平面到 $z$ 平面的周期映射关系，即 $s$ 平面 $j\Omega$ 上每隔 $2\pi$ 就映射到 $z$ 平面的单位圆上一周。而式(4.3.13)的关系仅仅是在由数值积分近似理想积分时导出的关系，由第 6 章的讨论可知，它可以做到 $s$ 平面对 $z$ 平面的单一映射，并在 IIR 滤波器设计中获得应用。

另外需要说明的是，使式(4.3.13)成立的前提是数值积分器 $H(z)$ 对理想积分器 $H(s)=1/s$ 的“准确”近似。由图 4.3.7 可以看出，只要抽样间隔 $T_s$ 足够小，那么这一近似就可以达到任意的精度。

# 4.4 LSI 系统的相频响应

由 4.1 节可知，离散时间系统的频率响应包含了幅频响应和相频响应两部分。幅频响应反映了信号 $x(n)$ 通过该系统后各频率成分衰减的情况，而相频响应反映了 $x(n)$ 中各频率成分通过该系统后在时间上发生的位移情况。一个理想的离散时间系统除具有所希望的幅频响应外，最好还能具有线性相位，这在很多应用领域，如语音合成、波形传输等方面都是非常希望的。

设一个离散时间系统的幅频特性等于 1，而相频特性具有如下的线性相位：

$$\arg[H(e^{j\omega})]=-k\omega \tag{4.4.1}$$

式中,$k$ 为常数。上式表明,该系统的相移和频率成正比。那么,当信号 $x(n)$通过该系统后,其输出 $y(n)$的频率特性

$$\begin{aligned} Y(\mathrm{e}^{\mathrm{j}\omega}) &= H(\mathrm{e}^{\mathrm{j}\omega})X(\mathrm{e}^{\mathrm{j}\omega}) = \mathrm{e}^{-\mathrm{j}k\omega} \mid X(\mathrm{e}^{\mathrm{j}\omega}) \mid \mathrm{e}^{\mathrm{j}\arg[X(\mathrm{e}^{\mathrm{j}\omega})]} \\ &= \mid X(\mathrm{e}^{\mathrm{j}\omega}) \mid \mathrm{e}^{\mathrm{j}\arg[X(\mathrm{e}^{\mathrm{j}\omega})]-\mathrm{j}k\omega} \end{aligned}$$

所以

$$y(n) = x(n-k)$$

这样,输出 $y(n)$等于输入在时间上的位移,达到了无失真输出的目的。

$H(\mathrm{e}^{\mathrm{j}\omega})$的更一般的表示形式是 $H(\mathrm{e}^{\mathrm{j}\omega}) = |H(\mathrm{e}^{\mathrm{j}\omega})|\mathrm{e}^{\mathrm{j}\varphi(\omega)}$,其中$|H(\mathrm{e}^{\mathrm{j}\omega})|$是系统的幅频响应,$\varphi(\omega)$是系统的相频响应。如果令 $x(n) = A\cos(\omega_0 n + \theta)$,由式(4.1.3),该系统的输出

$$y(n) = A \mid H(\mathrm{e}^{\mathrm{j}\omega_0}) \mid \cos(\omega_0 n + \varphi(\omega_0) + \theta) \tag{4.4.2}$$

和输入 $x(n)$具有相同的频率,但是增加了一个相位延迟。为简单起见,假定$A|H(\mathrm{e}^{\mathrm{j}\omega_0})| = 1$,则有

$$y(n) = \cos(\omega_0 n + \varphi(\omega_0) + \theta) = \cos[\omega_0(n + \varphi(\omega_0)/\omega_0) + \theta] \tag{4.4.3}$$

显然,量 $\varphi(\omega_0)/\omega_0$ 表示的是输出相对输入的时间延迟。通常,定义

$$\tau_{\mathrm{p}}(\omega) = -\frac{\varphi(\omega)}{\omega} \tag{4.4.4}$$

为系统的相位延迟(phase delay, PD)。如果输入信号由多个正弦信号所组成,且系统的相频响应不是线性的,那么系统的输出将不再是输入信号作线性移位后的组合,这时,输出将发生失真,下面的例子说明了这一现象。

**例 4.4.1**　若 $x(n) = \cos(\omega_0 n) + \cos(2\omega_0 n)$,并令 $H(\mathrm{e}^{\mathrm{j}\omega}) = \mathrm{e}^{-\mathrm{j}k\omega}$,那么 $x(n)$通过该系统后,

$$y(n) = \cos(\omega_0(n-k)) + \cos(2\omega_0(n-k))$$

$x(n)$、$y(n)$分别示于图 4.4.1(a)和(b),二者仅在时间轴上移了 $k$ 个抽样周期。若再次令$|H(\mathrm{e}^{\mathrm{j}\omega})| = 1$,而令

$$\arg[H(\mathrm{e}^{\mathrm{j}\omega})] = \begin{cases} -\pi/4, & 0 \leqslant \omega \leqslant 3\omega_0/2 \\ -\pi, & 3\omega_0/2 < \omega \leqslant \pi \end{cases}$$

则输出

$$y(n) = \cos(\omega_0 n - \pi/4) + \cos(2\omega_0 n - \pi)$$

示于图 4.4.1(c),由图可见,波形明显地发生了失真。

由该例可以看出相频响应对信号滤波后的影响及线性相位的重要性。再定义

$$\tau_{\mathrm{g}}(\omega) = -\frac{\mathrm{d}\varphi(\omega)}{\mathrm{d}\omega} \tag{4.4.5}$$

为系统的群延迟(group delay, GD)。显然,如果系统具有线性相位,即 $\varphi(\omega) = -k\omega$,那么,它的群延迟为一常数 $k$。因此,群延迟可作为相频响应是否线性的一种度量,同时,

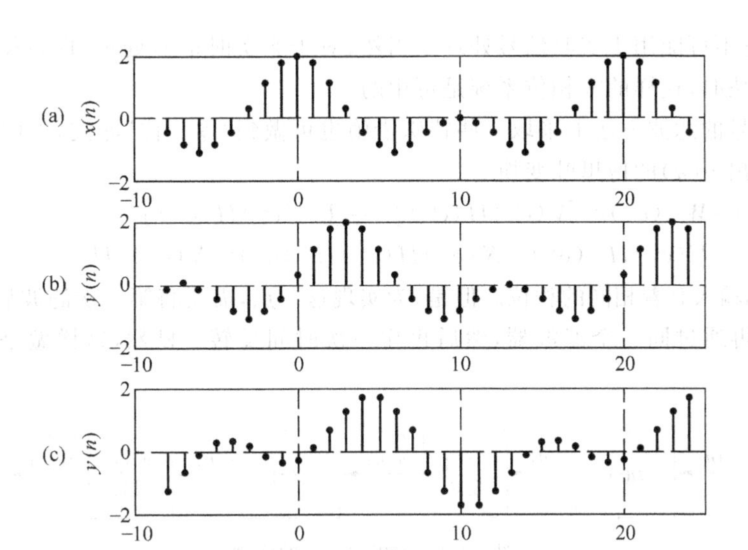


图 4.4.1 系统相频特性对系统输出的影响(图中 $\omega_0=0.1\pi$)

它也表示了系统输出的延迟。例如,线性相位 FIR 系统的相频响应一般有 $\varphi(\omega)=-\omega(N-1)/2$ 的形式,式中 $N$ 是 $h(n)$ 的长度,其群延迟为 $(N-1)/2$,它表示了输出相对输入的延迟量。

令输入信号 $x(n)=x_a(n)\cos(\omega_0 n)$,式中 $x_a(n)$ 是低频成分,其最高频率 $\omega_c \ll \omega_0$,$\cos(\omega_0 n)$ 是调制分量,又称载波信号。显然,$x(n)$ 是一个窄带信号(有关窄带信号的讨论见第 9 章)。可以证明,$x(n)$ 通过一个线性系统后的输出[Ste88]

$$y(n)=|H(e^{j\omega_0})|\, x_a(n-\tau_g(\omega_0))\cos(\omega_0(n-\tau_p(\omega_0))) \tag{4.4.6}$$

由该式可以看出,群延迟 $\tau_g(\omega_0)$ 反映了输出信号包络的延迟,而相位延迟 $\tau_p(\omega_0)$ 反映了载波信号的延迟。

本书主要关心的是线性相位问题,有关群延迟和相位延迟的概念不再进一步讨论。顺便指出,若 $\varphi(\omega)=-k\omega+\beta$,其中 $\beta$ 为一常数,由于其群延迟仍为常数 $k$,所以也称其为线性相位。

也许有的读者会问,可否设计一个数字系统使其具有零相频响应呢?如果系统的单位抽样响应满足

$$h(n)=h(-n),\quad n=0,1,\cdots,N-1 \tag{4.4.7}$$

那么

$$H(e^{j\omega})=\sum_{n=-(N-1)}^{N-1} h(n)e^{-j\omega n}=h(0)+2\sum_{n=1}^{N-1} h(n)\cos(\omega n) \tag{4.4.8}$$

始终为实数,所以该系统具有零相频响应。但是该系统是非因果系统,即不是物理可实现

系统，因此它不可能用于实时信号处理。当然，对于非实时信号处理，即数据是一个已采集好的数据块时，这样的零相位系统是可用的。

在对信号的滤波方法上采取一些特殊措施也可做到“零相位”滤波，如图 4.4.2 所示，图中最后输出 $y(n)$ 的傅里叶变换

$$\begin{aligned} Y(e^{j\omega}) &= W^*(e^{j\omega}) = [V(e^{j\omega})H(e^{j\omega})]^* = [U^*(e^{j\omega})H(e^{j\omega})]^* \\ &= U(e^{j\omega})H^*(e^{j\omega}) = X(e^{j\omega})H(e^{j\omega})H^*(e^{j\omega}) = X(e^{j\omega})|H(e^{j\omega})|^2 \end{aligned} \tag{4.4.9}$$

可见，输出和输入有着相同的相位。但是，为实现这一点，需要将第一次滤波后的输出进行时间反转后再通过同一个滤波器，然后再作一次时间反转。显然，这样做是非常浪费时间的。

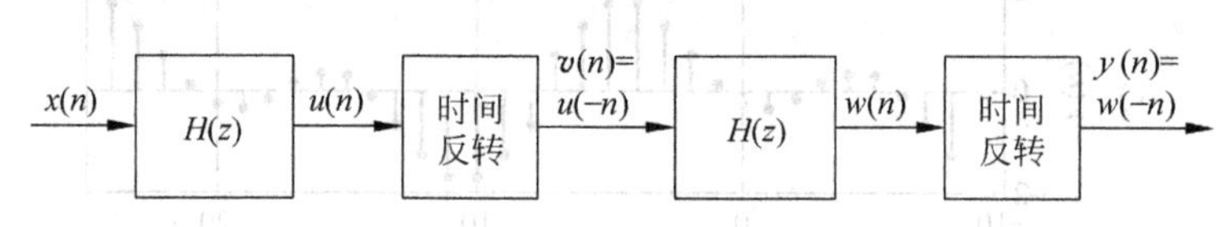


图 4.4.2　零相位滤波的实现

# 4.5　FIR 系统的线性相位特性

我们在第 2 章给出了 FIR 系统和 IIR 系统的定义及部分性质。由于 FIR 系统是全零点的系统，其单位抽样响应为有限长，因此容易实现某种对称性，从而获得线性相位。而 IIR 系统是极零系统，其单位抽样响应为无限长，很难实现线性相位。因此，今后我们谈到线性相位时，无例外地指的都是 FIR 系统。

现在我们来证明，当 FIR 系统的单位抽样响应满足

$$h(n) = \pm h(N-1-n) \tag{4.5.1}$$

时，该系统具有线性相位。由于 $h(n)$ 有奇、偶对称，而 $N$ 可能取偶数，也可能取奇数，所以式(4.5.1)对应的有 4 种对称情况，如图 4.5.1 所示。图 4.5.1 中(a)～(d)分别对应文中的 1～4 这 4 种情况。

**1. $h(n)=h(N-1-n)$，且 $N$ 为奇数**

$$\begin{aligned} H(e^{j\omega}) &= \sum_{n=0}^{N-1} h(n)e^{-j\omega n} \\ &= \sum_{n=0}^{(N-3)/2} h(n)e^{-j\omega n} + \sum_{n=(N+1)/2}^{N-1} h(n)e^{-j\omega n} + h\left(\frac{N-1}{2}\right)e^{-j(N-1)\omega/2} \end{aligned}$$

(a)

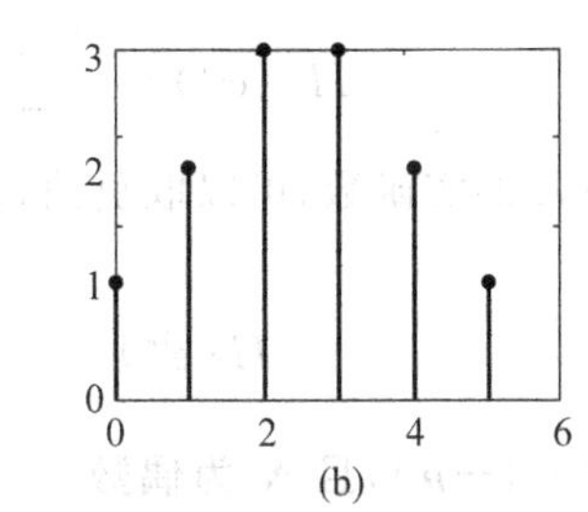


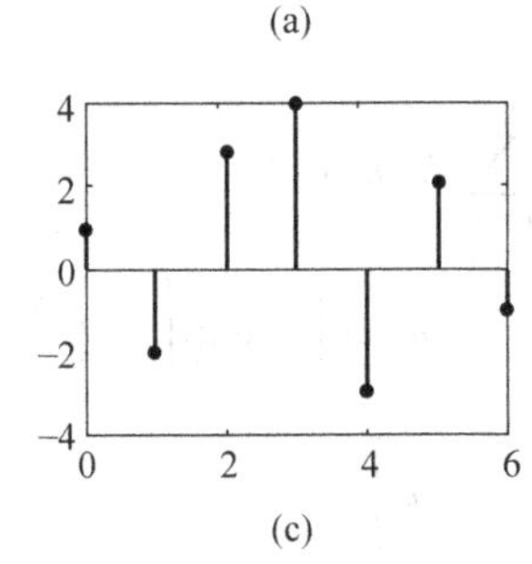


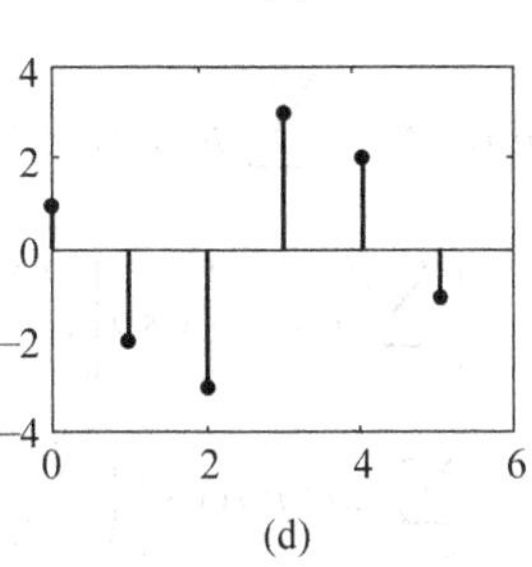


图 4.5.1 FIR 系统 $h(n)$的 4 种对称情况

对上式中间一项，令 $m=N-1-n$，并利用 $h(n)$的对称性，有

$$\begin{aligned}H(\mathrm{e}^{\mathrm{j}\omega}) &= \sum_{n=0}^{(N-3)/2} h(n)\mathrm{e}^{-\mathrm{j}\omega n} + \sum_{m=0}^{(N-3)/2} h(N-1-m)\mathrm{e}^{-\mathrm{j}(N-1-m)\omega} + h\left(\frac{N-1}{2}\right)\mathrm{e}^{-\mathrm{j}(N-1)\omega/2} \\ &= \mathrm{e}^{-\mathrm{j}(N-1)\omega/2}\left\{2\sum_{m=0}^{(N-3)/2} h(m)\cos\left(\frac{N-1}{2}-m\right)\omega + h\left(\frac{N-1}{2}\right)\right\}\end{aligned}$$

再令 $n=(N-1)/2-m$，得

$$H(\mathrm{e}^{\mathrm{j}\omega}) = \mathrm{e}^{-\mathrm{j}(N-1)\omega/2}\left\{2\sum_{n=1}^{(N-1)/2} h\left(\frac{N-1}{2}-n\right)\cos(\omega n) + h\left(\frac{N-1}{2}\right)\right\} \tag{4.5.2}$$

令

$$a(n) = \begin{cases} h\left(\dfrac{N-1}{2}\right), & n=0 \\ 2h\left(\dfrac{N-1}{2}-n\right), & n=1,2,\cdots,(N-1)/2 \end{cases} \tag{4.5.3}$$

则

$$H(\mathrm{e}^{\mathrm{j}\omega}) = \mathrm{e}^{-\mathrm{j}(N-1)\omega/2}\sum_{n=0}^{(N-1)/2} a(n)\cos(\omega n) \tag{4.5.4}$$

显然，$H(\mathrm{e}^{\mathrm{j}\omega})$具有线性相位，即

$$\arg[H(\mathrm{e}^{\mathrm{j}\omega})] = \varphi(\omega) = -(N-1)\omega/2 \tag{4.5.5}$$

令

$$H_g(\mathrm{e}^{\mathrm{j}\omega}) = \sum_{n=0}^{(N-1)/2} a(n)\cos(\omega n) \tag{4.5.6}$$

为系统的增益，它是 $\omega$ 的实函数，可以取负值，并有 $|H(\mathrm{e}^{\mathrm{j}\omega})| = |H_g(\mathrm{e}^{\mathrm{j}\omega})|$。这样，式(4.5.4)又可表示为

$$H(\mathrm{e}^{\mathrm{j}\omega}) = \mathrm{e}^{\mathrm{j}\varphi(\omega)} H_g(\mathrm{e}^{\mathrm{j}\omega})$$

**2. $h(n)=h(N-1-n)$，且 $N$ 为偶数**

$$\begin{aligned} H(\mathrm{e}^{\mathrm{j}\omega}) &= \sum_{n=0}^{N-1} h(n)\mathrm{e}^{-\mathrm{j}\omega n} = \sum_{n=0}^{N/2-1} h(n)\mathrm{e}^{-\mathrm{j}\omega n} + \sum_{n=N/2}^{N-1} h(n)\mathrm{e}^{-\mathrm{j}\omega n} \\ &= \mathrm{e}^{-\mathrm{j}(N-1)\omega/2}\left\{\sum_{n=0}^{N/2-1} h(n)\left[\exp\left[\mathrm{j}\left(\frac{N-1}{2}-n\right)\omega\right] + \exp\left[-\mathrm{j}\left(\frac{N-1}{2}-n\right)\omega\right]\right]\right\} \\ &= \mathrm{e}^{-\mathrm{j}(N-1)\omega/2}\sum_{n=0}^{N/2-1} 2h(n)\cos\left[\left(\frac{N-1}{2}-n\right)\omega\right] \end{aligned}$$

令 $m=N/2-n$，然后再把变量换成 $n$，则上式变成

$$H(\mathrm{e}^{\mathrm{j}\omega}) = \mathrm{e}^{-\mathrm{j}(N-1)\omega/2}\sum_{n=1}^{N/2} 2h\left(\frac{N}{2}-n\right)\cos\left[\left(n-\frac{1}{2}\right)\omega\right] \tag{4.5.7}$$

令

$$b(n) = 2h\left(\frac{N}{2}-n\right), \quad n=1,2,\cdots,\frac{N}{2} \tag{4.5.8}$$

则

$$H(\mathrm{e}^{\mathrm{j}\omega}) = \mathrm{e}^{-\mathrm{j}(N-1)\omega/2}\sum_{n=1}^{N/2} b(n)\cos\left[\left(n-\frac{1}{2}\right)\omega\right] \tag{4.5.9}$$

其相频响应仍如式(4.5.5)所示。

**3. $h(n)=-h(N-1-n)$，且 $N$ 为奇数**

由于这时的 $h(n)$ 以中心 $\left(\frac{N-1}{2}\right)$ 为对称，所以必有 $h\left(\frac{N-1}{2}\right)=0$，仿照式(4.5.2)和式(4.5.7)的导出过程，可得

$$H(\mathrm{e}^{\mathrm{j}\omega}) = \exp\left[\mathrm{j}\left(\frac{\pi}{2}-\frac{N-1}{2}\omega\right)\right]\sum_{n=1}^{(N-1)/2} c(n)\sin(n\omega) \tag{4.5.10a}$$

式中

$$c(n) = 2h\left(\frac{N-1}{2}-n\right), \quad n=1,2,\cdots,\frac{N-1}{2} \tag{4.5.10b}$$

相频特性

$$\arg[H(\mathrm{e}^{\mathrm{j}\omega})] = -(N-1)\omega/2 + \pi/2 \tag{4.5.10c}$$

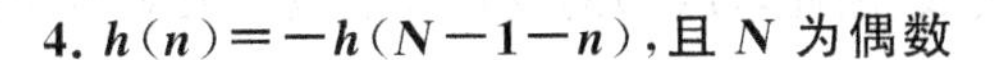

**4. $h(n)=-h(N-1-n)$，且 $N$ 为偶数**

$$H(e^{j\omega})=\exp\left[j\left(\frac{\pi}{2}-\frac{N-1}{2}\omega\right)\right]\sum_{n=1}^{N/2}d(n)\sin\left[\left(n-\frac{1}{2}\right)\omega\right] \tag{4.5.11a}$$

式中

$$d(n)=2h\left(\frac{N}{2}-n\right),\quad n=1,2,\cdots,N/2 \tag{4.5.11b}$$

相频响应仍由式(4.5.10c)给出。

由上面的讨论可知，当FIR DF的抽样响应满足对称时，该滤波器具有线性相位。显然，上面1、2两种情况 $h(n)$ 满足偶对称，3、4两种情况 $h(n)$ 满足奇对称。当 $h(n)$ 奇对称时，通过该滤波器的所有频率成分将产生90°的相移。这相当于将该信号先通过一个90°的相移器，然后再做滤波。由于其幅频特性是正弦信号的组合，所以3、4两种情况的FIR滤波器的幅频特性近似于差分器的幅频特性。有关差分器的内容见例4.3.6。由例7.1.3可知，希尔伯特变换器单位抽样响应也是奇对称的。因此，当我们设计一般用途的滤波器时，$h(n)$ 多取偶对称，长度 $N$ 也往往取为奇数。

在有的文献中，上述4种类型的滤波器又依次被称为类型Ⅰ、类型Ⅱ、类型Ⅲ及类型Ⅳ滤波器，我们将在4.6节讨论这些滤波器零点的分布及幅频响应的特点。

# 4.6 具有线性相位特性的FIR系统的零点分布

由4.5节讨论的 $h(n)$ 的对称条件可知

$$H(z)=\sum_{n=0}^{N-1}h(n)z^{-n}=\pm\sum_{n=0}^{N-1}h(N-1-n)z^{-n}$$

令 $m=N-1-n$，代入上式，得

$$H(z)=\pm z^{-(N-1)}H(z^{-1}) \tag{4.6.1}$$

式中，正号对应偶对称，负号对应奇对称。由上式可以看出，$H(z^{-1})$ 的零点也是 $H(z)$ 的零点，反之亦然。若记 $H(z)$ 的一个零点 $z_k=r_k e^{j\varphi_k}$，则当 $r_k$，$\varphi_k$ 取不同值时，$z_k$ 处在不同的位置。例如：

① 当 $\varphi_k\neq 0$ 和 $\pi$，且 $r_k<1$ 时，$z_k$ 在单位圆内；

② 当 $\varphi_k=0$ 和 $\pi$，且 $r_k<1$ 时，$z_k$ 在实轴上；

③ 当 $\varphi_k\neq 0$ 和 $\pi$，且 $r_k=1$ 时，$z_k$ 在单位圆上；

④ 当 $\varphi_k=0$ 和 $\pi$，且 $r_k=1$ 时，$z_k$ 在实轴和单位圆的交点上。

在第①种情况下，$H(z^{-1})$ 的零点，即 $z_k^{-1}=\frac{1}{r_k}e^{-j\varphi_k}$ 也是 $H(z)$ 的零点，它和 $z_k$ 是以单

位圆为镜像对称的，又因为$h(n)$一般都是实数，因此，$H(z)$的复数零点应当成对出现，即

$$z_k^* = r_k e^{-j\varphi_k} \tag{4.6.2}$$

也是$H(z)$的零点，由于镜像对称，所以

$$(z_k^*)^{-1} = \frac{1}{r_k} e^{j\varphi_k} \tag{4.6.3}$$

当然也是$H(z)$的零点。这就是说，如果$H(z)$有一个零点$z_k$，那么$z_k^{-1}$、$z_k^*$、$(z_k^*)^{-1}$也都是$H(z)$的零点。这 4 个零点是同时存在的，它们可以构成一个四阶系统，记为$H_k(z)$，则

$$H_k(z) = (1 - z^{-1} r_k e^{j\varphi_k})(1 - z^{-1} r_k e^{-j\varphi_k})\left(1 - z^{-1}\frac{1}{r_k}e^{j\varphi_k}\right)\left(1 - z^{-1}\frac{1}{r_k}e^{-j\varphi_k}\right)$$

展开后得

$$H_k(z) = 1 - 2\left(\frac{r_k^2 + 1}{r_k}\right)\cos\varphi_k z^{-1} + \left[r_k^2 + \frac{1}{r_k^2} + 4\cos^2\varphi_k\right]z^{-2} - 2\left(\frac{r_k^2 + 1}{r_k}\right)\cos\varphi_k z^{-3} + z^{-4} \tag{4.6.4}$$

在第②种情况下，$z_k = r_k$，它无共轭零点存在，但有镜像零点$z_k^{-1} = \frac{1}{r_k}$。所以，它可构成一个二阶系统，记$H_m(z)$，则

$$H_m(z) = (1 - z^{-1} r_k)\left(1 - z^{-1}\frac{1}{r_k}\right) \tag{4.6.5}$$

在第③种情况下，$z_k = e^{j\varphi_k}$，它无镜像对称零点，但有共轭零点$z_k^* = e^{-j\varphi_k}$，也可以构成一个二阶系统，记之为$H_l(z)$，则

$$H_l(z) = (1 - z^{-1} e^{j\varphi_k})(1 - z^{-1} e^{-j\varphi_k}) \tag{4.6.6}$$

在第④种情况下，$z_k$既无镜像零点，也无共轭零点。它构成的是最简单的一阶系统，记为$H_n(z)$，显然$H_n(z) = (1 \pm z^{-1})$。这样，一个具有线性相位的 FIR 数字滤波器，其转移函数可表示为上述各式的级联，即

$$H(z) = \left[\prod_k H_k(z)\right]\left[\prod_m H_m(z)\right]\left[\prod_l H_l(z)\right]\left[\prod_n H_n(z)\right] \tag{4.6.7}$$

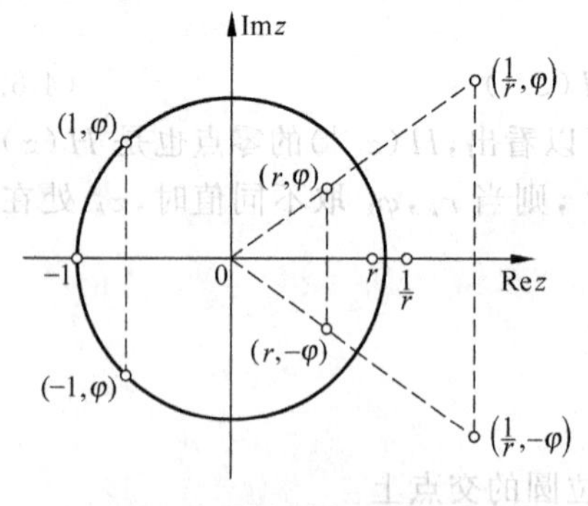


图 4.6.1 线性相位 FIR 滤波器零点位置示意图

这些一阶、二阶、四阶子系统（见式(4.6.4)）都有对称的系数，因此它们也都是具有线性相位的子系统，这样就为实现$H(z)$提供了方便。图 4.6.1 画出了$H(z)$零点位置示意图。

一个 FIR 系统，如果其零点具有图 4.6.1 所示的对称性或满足式(4.6.1)，称这样的$H(z)$为镜像对称的多项式（mirror-image polynomial,

MIP)。现在我们进一步分析一下这些 MIP 在 $z=1$ 或 $z=-1$ 处幅频响应的特点。

对于类型Ⅰ滤波器,由于 $N$ 为奇数,故$(N-1)$为偶数,由式(4.6.1),当 $z=1$ 和$-1$ 时,

$$H(1)=(1)^{-(N-1)}H(1^{-1})=H(1)$$
$$H(-1)=(-1)^{-(N-1)}H((-1)^{-1})=H(-1)$$

所以,无论 $z=1$ 还是 $z=-1$ 都会保证式(4.6.1)成立。若 $H(z)|_{z=1}=0$,那么该系统将具有高通或带通型的幅频特性;若 $H(z)|_{z=-1}=0$,那么该系统将具有低通或带通型的幅频特性。

对于类型Ⅱ滤波器,由于 $N$ 为偶数,故$(N-1)$为奇数,类似上述情况,有

$$H(1)=H(1)$$
$$H(-1)=(-1)^{-(N-1)}H((-1)^{-1})=-H(-1)$$

所以,$z$ 可以为 1,但不能为$-1$。也就是说,$H(z)$在 $z=-1$ 处一定要有零点以保证 $H(-1)=0$,即 $H(e^{j\pi})=0$。因此,该系统可以具有低通或带通型的幅频特性,但不能具有高通或带阻型的幅频特性。

对于类型Ⅲ滤波器,$(N-1)$为偶数,有

$$H(1)=-1^{-(N-1)}H(1^{-1})=-H(1)$$
$$H(-1)=-(-1)^{-(N-1)}H((-1)^{-1})=-H(-1)$$

所以,这种类型的滤波器在 $z=1$ 和 $z=-1$ 处都要有零点;同理,对于类型Ⅳ滤波器,它在$z=1$处也一定要有零点。

由式(4.5.2)和式(4.5.9)可知,类型Ⅰ、Ⅱ滤波器的幅频特性是 $\cos(\omega n)$的线性组合,它是 $\omega$ 的偶函数,且在 $\omega=0$ 时的值为 1,这两种情况下的 $h(n)$也都是偶对称的,因此,它们适合我们通常所说的低通、高通、带通和带阻型滤波器。由于类型Ⅱ滤波器在设计高通和带阻滤波器时的限制,因此 $N$ 一般都取为奇数。与此相对比,类型Ⅲ、Ⅳ滤波器只适用于一些特殊意义上的滤波器,如差分器、希尔伯特变换器等,有关内容将在后续的章节中继续讨论。

## 4.7 全通系统

4.5 节与 4.6 节集中讨论了 FIR 系统在一定约束条件下的线性相位性质,本节及 4.8 节则集中讨论一些特殊的 IIR 系统以及它们相应的相位性质。

如果一个因果系统的幅频响应对所有的频率都等于 1 或一个常数,即

$$|H_{ap}(e^{j\omega})|=1,\quad 0\leqslant|\omega|<\pi \tag{4.7.1}$$

称该系统 $H_{ap}(z)$ 为全通系统。一个最简单的全通系统是 $H_{ap}(z)=z^{-k}$，由该系统得到的输出信号是输入信号的简单延迟。另一个简单的全通系统为

$$H_{ap}(z)=\frac{1-\lambda^{-1}z^{-1}}{1-\lambda z^{-1}},\quad |\lambda|<1 \tag{4.7.2}$$

这是一个一阶的全通系统。它的极点在 $z=\lambda$ 处，而零点在 $z=1/\lambda$ 处，极点和零点是以单位圆为镜像对称的。很容易证明，该系统的幅频响应与相频响应分别是

$$|H_{ap}(z)|^2=H_{ap}(z)H_{ap}(z^{-1})=\lambda^{-2}\quad 或\quad |H_{ap}(e^{j\omega})|^2=\lambda^{-2} \tag{4.7.3a}$$

$$\arg[H_{ap}(e^{j\omega})]=\arctan\left[\frac{-(\lambda-\lambda^{-1})\sin\omega}{2-(\lambda+\lambda^{-1})\cos\omega}\right] \tag{4.7.3b}$$

一个二阶全通系统的转移函数为

$$H_{ap}(z)=\frac{(1-\lambda^{-1}z^{-1})(1-(\lambda^{-1})^{*}z^{-1})}{(1-\lambda z^{-1})(1-\lambda^{*}z^{-1})} \tag{4.7.4}$$

式中，$\lambda$ 为复数，且 $|\lambda|<1$。显然，它有一对位于单位圆内的共轭极点，一对共轭零点和极点以单位圆为镜像对称。一般而言，一个高阶的全通系统可表示为

$$H_{ap}(z)=\pm\prod_{k=1}^{N}\left[\frac{z^{-1}-\lambda_k^{*}}{1-\lambda_k z^{-1}}\right],\quad |\lambda_k|<1 \tag{4.7.5}$$

一个 $N$ 阶全通系统的转移函数也可表示为

$$H_{ap}(z)=\pm\frac{a_N+a_{N-1}z^{-1}+\cdots+a_1z^{-(N-1)}+z^{-N}}{1+a_1z^{-1}+a_2z^{-2}+\cdots+a_Nz^{-N}} \tag{4.7.6}$$

式中，系数 $a_1,a_2,\cdots,a_N$ 均为实数。若定义上式的分母多项式为 $A(z)$，则

$$H_{ap}(z)=\pm\frac{z^{-N}A(z^{-1})}{A(z)} \tag{4.7.7}$$

所以全通系统的分子分母多项式是互为镜像的多项式。读者不难证明

$$H_{ap}(e^{j\omega})H_{ap}^{*}(e^{j\omega})=|H_{ap}(e^{j\omega})|^2=1 \tag{4.7.8}$$

式(4.7.5)和式(4.7.6)都是全通系统的表达形式，一个是一阶系统的级联形式，一个是高阶有理多项式的形式。应注意，式(4.7.5)的幅平方响应不一定等于 1。

由式(4.7.5)和式(4.7.6)，可总结出全通系统的一些特点：

① 全通系统是 IIR 系统(不考虑 $H_{ap}(z)=z^{-k}$ 这样最简单的形式)；

② 全通系统的极点数和零点数相等；

③ 为保证系统稳定，所有的极点都应在单位圆内，因此，所有的零点都在单位

圆外；

④ 极点和零点是以单位圆镜像对称的；

⑤ 由于全通系统的每一对极零点都是镜像对称的，且零点在单位圆外，因此，当 $\omega$ 由零变到 $\pi$ 时，相频响应 $\varphi(\omega)$ 是单调递减的；

⑥ 由式(4.4.5)关于群延迟的定义及特点⑤可知，全通系统的群延迟始终为正值。

前已述及，由于 IIR 系统的单位抽样响应无限长，因此无法使其具有对称性，这样，IIR 系统无法做到线性相位。在实际工作中，可以用一个全通系统和已设计好的 IIR 系统相级联，在不改变幅频响应的情况下对相频响应做某种矫正，使其尽可能地接近线性相位或常数相位。

**例 4.7.1** 图 4.7.1 和图 4.7.2 分别是一阶和三阶全通系统的极零图、幅频响应、相频响应和单位抽样响应。对图 4.7.1，极点位置 $\lambda=-0.8$；对图 4.7.2，三个极点位置分别是 $0.8\mathrm{e}^{\mathrm{j}\pi/4}$、$0.8\mathrm{e}^{-\mathrm{j}\pi/4}$ 及 $-0.8$。从这两个图可以看到全通系统极点和零点的镜像对称关系、幅频响应的不变及相频响应的单调下降等特点。

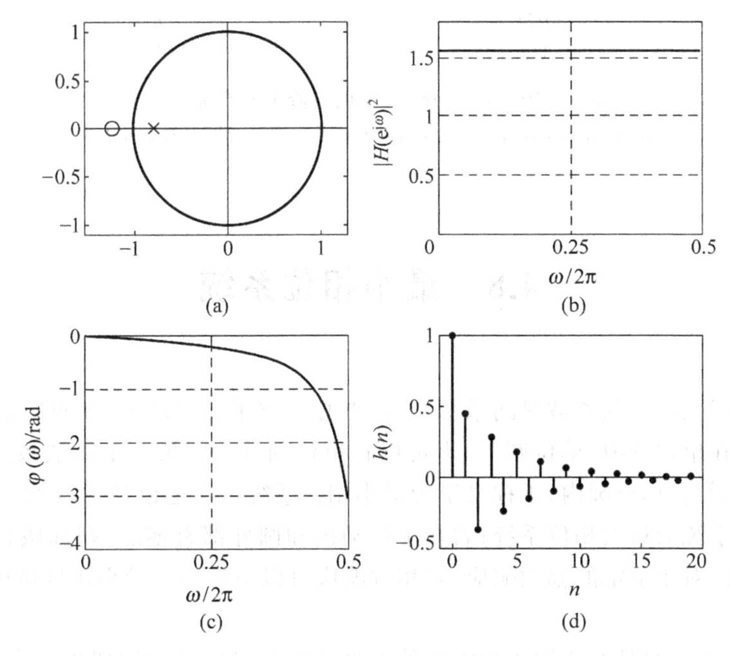


图 4.7.1 例 4.7.1 的一阶全通系统

(a) 极零图；(b) 幅频响应；(c) 相频响应；(d) 单位抽样响应 $h(n)$

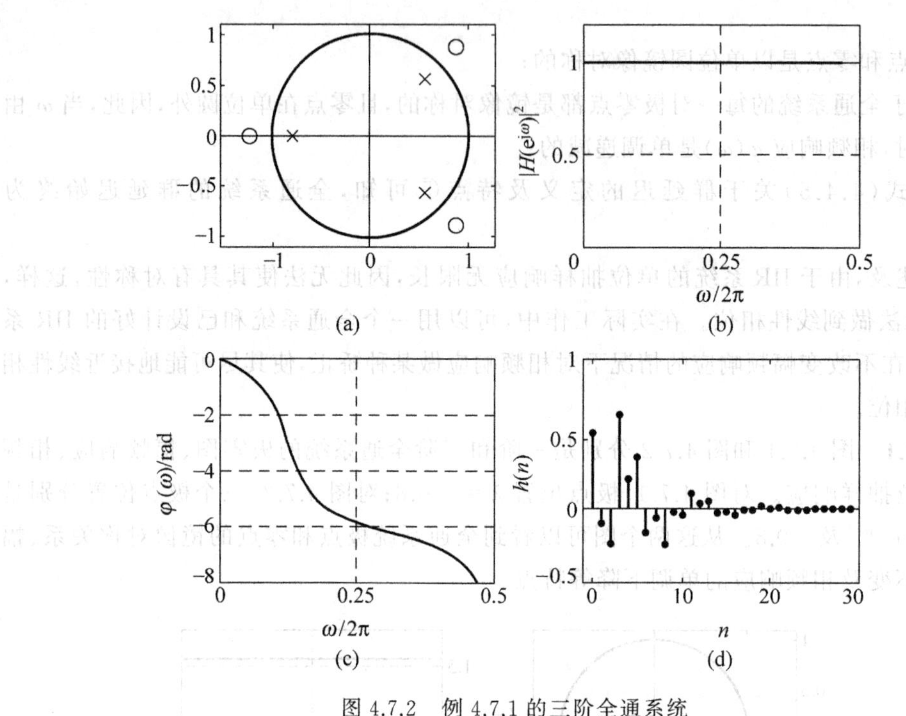


图 4.7.2　例 4.7.1 的三阶全通系统

(a) 极零图；(b) 幅频响应；(c) 相频响应；(d) 单位抽样响应 $h(n)$

# 4.8　最小相位系统

一个因果的、稳定的离散时间系统，其极点必须位于单位圆内，而对零点没有特殊的要求，它可以在单位圆内，单位圆上，也可以在单位圆外。如果一个离散系统的 $H(z)$的极点与零点全都在单位圆内，则称系统为最小相位系统。与之相对照，若零点全部在单位圆外，则称该系统为最大相位系统；若在单位圆内和圆外都有零点，则称该系统为混合相位系统。因此，对于给定的幅频响应，其相频响应可以不唯一。最小相位系统有下列几个重要的性质。

**性质 1**　在一组具有相同幅频响应的因果的且是稳定的滤波器集合中，最小相位滤波器对于 $\omega$ 轴(即零相位)具有最小的相位偏移。

由 4.3 节的极零图分析可以很容易地得到这一结论。

**性质 2**　令 $h(n)$为所有具有相同幅频响应的离散时间系统的单位抽样响应，$h_{\min}(n)$

是其中最小相位离散系统的单位抽样响应，并定义单位抽样响应的累积能量

$$E(M)=\sum_{n=0}^{M}h^2(n),\quad 0\leqslant M<\infty$$

则

$$\sum_{n=0}^{M}h_{\min}^2(n)\geqslant\sum_{n=0}^{M}h^2(n)\tag{4.8.1}$$

由 Parseval 定理，因为频域幅频响应相同，所以时域的总能量也应相同。该性质指出，最小相位系统的单位抽样响应的能量集中在 $n$ 为较小值的范围内，即在所有具有相同幅频响应的离散系统中，最小相位离散系统的单位抽样响应 $h(n)$ 具有最小的延迟。因此 $h_{\min}(n)$ 也称为最小延迟序列。

**例 4.8.1** 系统

$$H_1(z)=\frac{z-b}{z-a}=\frac{1-bz^{-1}}{1-az^{-1}},\quad |a|<1,|b|<1\tag{4.8.2a}$$

和系统

$$H_2(z)=\frac{bz-1}{z-a}=\frac{b-z^{-1}}{1-az^{-1}},\quad |a|<1,|b|<1\tag{4.8.2b}$$

具有相同的幅频响应，即

$$H_1(z)H_1(z^{-1})=\left(\frac{z-b}{z-a}\right)\left(\frac{z^{-1}-b}{z^{-1}-a}\right)=\frac{1-b(z+z^{-1})+b^2}{1-a(z+z^{-1})+a^2}\tag{4.8.3a}$$

$$H_2(z)H_2(z^{-1})=\left(\frac{bz-1}{z-a}\right)\left(\frac{bz^{-1}-1}{z^{-1}-a}\right)=\frac{1-b(z+z^{-1})+b^2}{1-a(z+z^{-1})+a^2}\tag{4.8.3b}$$

但是，$H_1(z)$ 为最小相位系统，$H_2(z)$ 为最大相位系统。请注意在式(4.8.2a)和式(4.8.2b)中为保证 $H_1(z)$ 和 $H_2(z)$ 具有相同的幅频响应，它们的分子多项式在表示方法上的区别。图 4.8.1 给出了这两个系统($a=0.8,b=0.5$)的幅频响应、相频响应及单位抽样响应的曲线。由该图可以看出，系统 1 的相频曲线比系统 2 的相频曲线更靠近相频为零的水平轴，且其单位抽样响应的能量更集中在 $n$ 为较小值的范围内。

**例 4.8.2** 给定 3 个稳定的因果系统，其极零图分别如图 4.8.2(a)、(b)、(c)所示。由图可见它们有同样的极点，即 $p_1=-0.9,p_2=+0.9$，零点分别在单位圆内和单位圆外，以单位圆为镜像对称。令 $r=0.5,\varphi=\pi/3$，显然系统 1 是最小相位系统，系统 2 是混合相位系统，系统 3 是最大相位系统。为保证三者具有相同的幅频响应，其转移函数可写为

$$H_1(z)=\frac{(1-0.5\mathrm{e}^{\mathrm{j}\pi/3}z^{-1})^2(1-0.5\mathrm{e}^{-\mathrm{j}\pi/3}z^{-1})^2}{1-0.81z^{-2}}$$

$$H_2(z)=\frac{(1-0.5\mathrm{e}^{-\mathrm{j}\pi/3}z^{-1})(1-0.5\mathrm{e}^{\mathrm{j}\pi/3}z^{-1})(0.5\mathrm{e}^{-\mathrm{j}\pi/3}-z^{-1})(0.5\mathrm{e}^{\mathrm{j}\pi/3}-z^{-1})}{1-0.81z^{-2}}$$

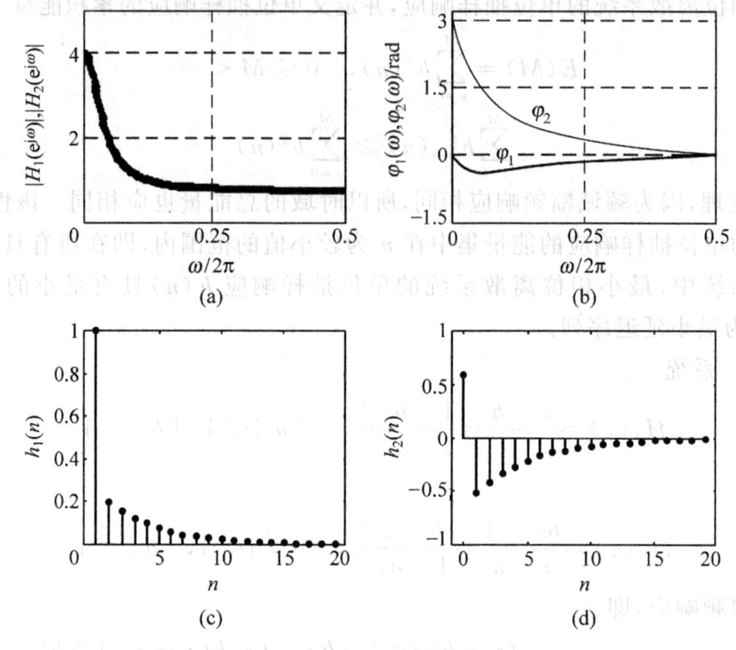


图 4.8.1　例 4.8.1 所给两个系统的幅频、相频响应曲线及 $h(n)$

$$H_3(z)=\frac{(0.5\mathrm{e}^{\mathrm{j}\pi/3}-z^{-1})^2(0.5\mathrm{e}^{-\mathrm{j}\pi/3}-z^{-1})^2}{1-0.81z^{-2}}$$

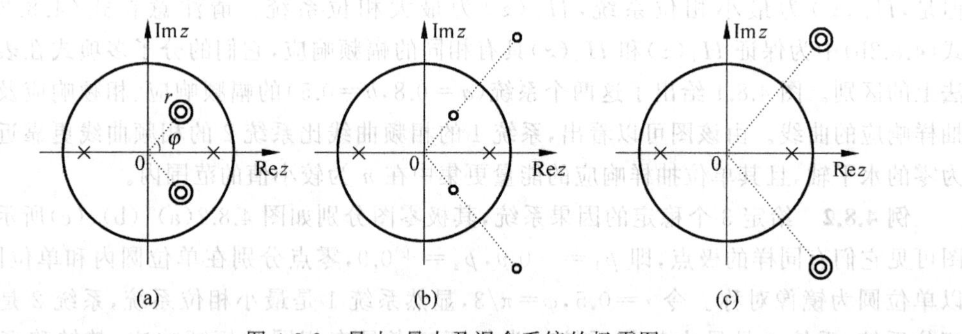


图 4.8.2　最小、最大及混合系统的极零图

图 4.8.3 分别给出了这 3 个系统的单位抽样响应、幅频响应、相频响应及累计能量曲线。可以看出，系统 1 在三者之中具有最小的相位偏移。如果上述 3 个系统都把极点去掉，即全变成 FIR 系统，那么 $H_2(z)$ 将具有线性相位。

**性质 3**　给定一个稳定的因果系统 $H(z)=N(z)/D(z)$，定义其逆滤波器

$$H_{\mathrm{IV}}(z)=1/H(z)=D(z)/N(z) \tag{4.8.4}$$

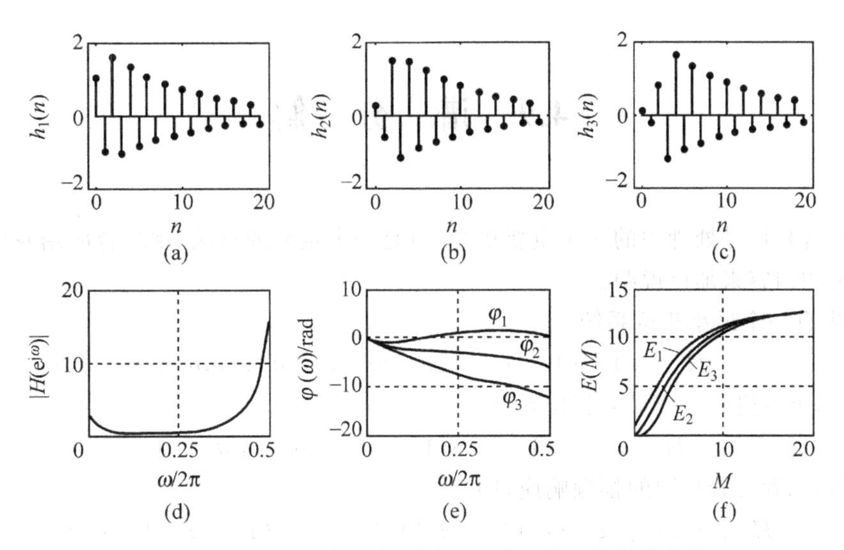


图 4.8.3 例 4.8.2 中最小、最大及混合相位系统性能比较

(a) $h_1(n)$；(b) $h_2(n)$；(c) $h_3(n)$；(d)三个系统的幅频响应；

(e) 三个系统的相频响应；(f) 三个系统 $h(n)$的累计能量曲线

当且仅当 $H(z)$是最小相位系统时，$H_{\mathrm{IV}}(z)$才是稳定的、因果的，亦即物理可实现的。

逆系统的概念涉及反卷积和系统识别等问题将在第 9 章进一步讨论。

**性质 4** 任何一个非最小相位的因果系统的转移函数 $H(z)$均可由一个最小相位系统 $H_{\min}(z)$和一个全通系统 $H_{\mathrm{ap}}(z)$级联而成，即

$$H(z)=H_{\min}(z)H_{\mathrm{ap}}(z) \tag{4.8.5}$$

设系统 $H(z)$有一个零点在单位圆之外，即 $z=1/z_0$，$|z_0|<1$，其余的极、零点均在单位圆内，那么 $H(z)$可表示为

$$H(z)=H_1(z)(z^{-1}-z_0) \tag{4.8.6}$$

$H_1(z)$是最小相位的，上式又可表示为

$$\begin{aligned}H(z)&=H_1(z)(z^{-1}-z_0)\frac{1-z_0^*z^{-1}}{1-z_0^*z^{-1}}\\&=H_1(z)(1-z_0^*z^{-1})\frac{z^{-1}-z_0}{1-z_0^*z^{-1}}=H_{\min}(z)\frac{z^{-1}-z_0}{1-z_0^*z^{-1}}\end{aligned}$$

由于$|z_0|<1$，所以 $H_{\min}(z)=H_1(z)(1-z_0^*z^{-1})$是最小相位的，而$(z^{-1}-z_0)/(1-z_0^*z^{-1})$是全通的。上述做法的结果是把 $H(z)$在单位圆外 $z=1/z_0$ 处的零点反射到单位圆内$z=z_0^*$ 处，使之成为 $H_{\min}(z)$的零点，同时，$H(z)$和 $H_{\min}(z)$具有相同的幅频响应。这就为我们提供了一个如何由非最小相位系统构成最小相位系统的方法。

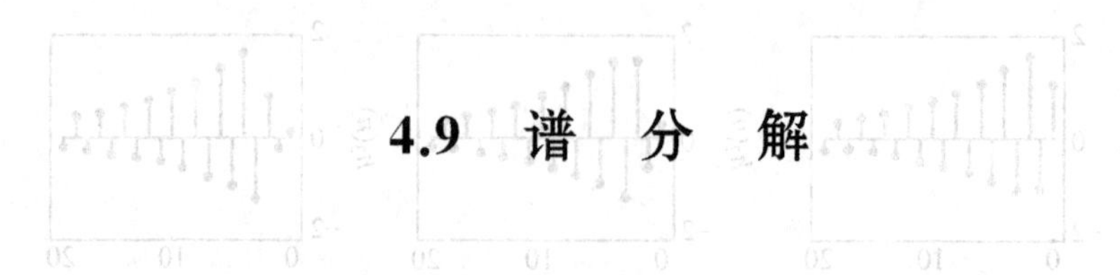

# 4.9 谱　分　解

谱分解是信号处理中的一个重要概念，也是一个重要的算法，现综合应用我们在前几节讨论过的内容来加以说明。

如果有一个最小相位系统

$$H_{\min}(z)=(1-az^{-1})(1-bz^{-1}),\quad 0<a,b<1$$

由该系统，可以得到一个最大相位系统

$$H_{\max}(z)=(1-az)(1-bz),\quad 0<a,b<1$$

不难证明，二者有着相同的幅频响应，即有

$$\begin{aligned}H_{\min}(z)H_{\min}(z^{-1})&=(1-az^{-1})(1-bz^{-1})(1-az)(1-bz)\\&=H_{\max}(z)H_{\max}(z^{-1})\end{aligned}\tag{4.9.1}$$

同理，我们还可得到两个混合相位系统

$$H_{\text{mix}\,1}(z)=(1-az)(1-bz^{-1}),\quad 0<a,b<1$$

$$H_{\text{mix}\,2}(z)=(1-az^{-1})(1-bz),\quad 0<a,b<1$$

它们和 $H_{\min}(z)$、$H_{\max}(z)$ 也有着相同的幅频响应，即式(4.9.1)。

假定我们定义

$$P(z)=H(z)H(z^{-1})\tag{4.9.2}$$

显然，$P(z)$ 的零点是以单位圆为镜像对称的，如果它有复零点，那么，它的零点又是共轭对称的。由 4.6 节关于线性相位系统零点分布的特点，我们断定 $P(z)$ 一定具有线性相位，或是零相位。

上面的讨论可以引导出在信号处理中经常遇到的一个问题，即若已知一个线性相位系统，能否由该系统得到一个最小相位系统，或最大相位系统，或混合相位系统？下面，我们来回答这一问题。

首先要明确的是，并不是每一个具有线性相位的系统都可以分解为两个具有相同幅频响应的系统。若线性相位系统 $P(z)$ 在单位圆上没有零点，那么它可以做式(4.9.2)的分解；如果 $P(z)$ 在单位圆上有零点，只有当这些零点是偶数倍的重零点时，才能保证 $P(z)$ 做式(4.9.2)的分解。

以上结论成立的理由是非常明显的。若 $P(z)$ 在单位圆上有一对共轭零点，只要其他零点是共轭镜像对称的，那么 $P(z)$ 可保证是线性相位的。但是，当对 $P(z)$ 做式(4.9.2)的分解时，若将单位圆上的这一对共轭零点赋给 $H(z)$，那么，$H(z^{-1})$ 将比 $H(z)$ 少一对零点，因此，二者的幅频响应不会一样。若这一对零点是重零点，那么，$H(z)$ 和 $H(z^{-1})$

可各分到一对，即它们的零点数相等，这样才有可能做到幅频响应相同。

在信号处理中，有时需要将线性相位系统 $P(z)$ 做

$$P(z)=H_0(z)H_1(z) \tag{4.9.3}$$

的分解。该式和式(4.9.2)的区别在于 $H_0(z)$ 和 $H_1(z)$ 的零点不再是互为镜像对称的，因此，二者的幅频响应也不会相同。至于 $P(z)$ 的零点如何分配，那要视信号处理任务的需要而定。显然，这种分解总是可以实现的。

总之，若 $P(z)$ 是线性相位的，那么，我们可对 $P(z)$ 作式(4.9.3)或式(4.9.2)的谱分解。若将单位圆内的零点都赋给 $H_0(z)$，那么 $H_0(z)$ 是最小相位的，而 $H_1(z)$ 便是最大相位的；若 $H_0(z)$ 是混合相位的，那么 $H_1(z)$ 也是混合相位的。

**例 4.9.1** 令 $p(n)=\{1.0000, 4.0500, 8.1000, 14.9956, 27.7248, 43.2996, 51.1831, 43.2996, 27.7248, 14.9956, 8.1000, 4.0500, 1.0000\}$。显然，该系统具有线性相位。经分解，共得到 12 个零点：

$$-0.8, -1/0.8, -0.6, -1/0.6, e^{\pm j2\pi/3}, e^{\pm j2\pi/3}, 0.6e^{\pm j\pi/3}, e^{\pm j\pi/3}/0.6$$

图 4.9.1 是对 $P(z)$ 按式(4.9.2)做谱分解的结果，即 $H_0(z)=H(z)$，$H_1(z)=H(z^{-1})$。图(a)、(b)、(c)分别是 $P(z)$、$H_0(z)$ 及 $H_1(z)$ 的单位抽样响应、幅频响应及极零图，图(b)中 3 个幅频响应均用各自的最大值做了归一化。可以看出，分解后的两个系统具有相同的幅频响应。

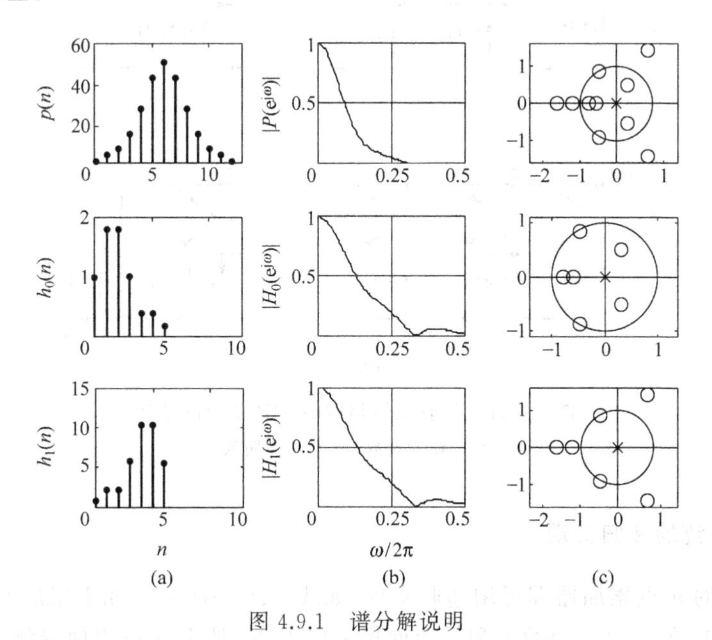


图 4.9.1 谱分解说明

以上我们考虑的是具有线性相位系统的谱分解，因此所涉及的系统都是 FIR 的。实

际上，谱分解的概念同样可用于IIR系统，这时，应用领域多是系统的辨识及信号的建模问题。有关系统辨识的问题见9.4节，有关系统建模的问题见第14章。

## 4.10　FIR系统结构的进一步讨论

2.11节给出了FIR系统的直接实现与级联实现，下面介绍其他两种实现形式。

### 1. 具有线性相位的FIR系统的结构

4.5节已证明，当$h(n)=\pm h(M-n)$时，对应的FIR系统具有线性相位。当$M$分别为奇数(对应式(4.5.9)，$N$为偶数)和偶数(对应式(4.5.4)，$N$为奇数)时，其系统结构可分别用图4.10.1(a)、(b)的信号流图来实现。由该信号流图可以看出，线性相位结构比图2.11.1的直接实现形式少用了$M/2$个乘法器(或乘法运算)。

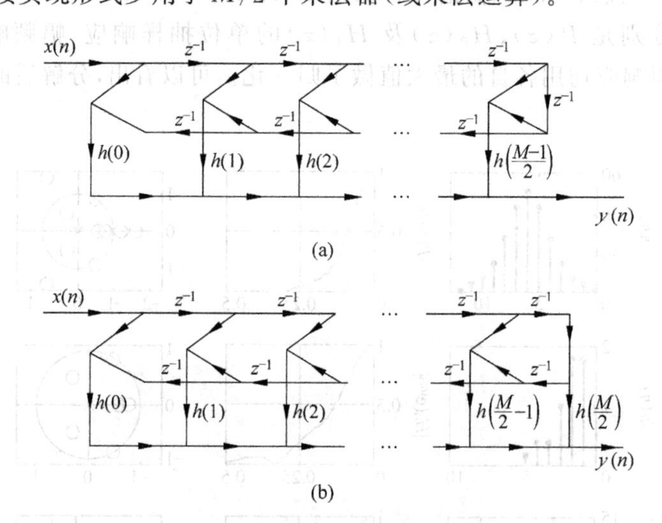


图 4.10.1　具有线性相位的FIR系统的结构

(a) $M$为奇数；(b) $M$为偶数

### 2. FIR系统的递归实现

例2.1.5的$n$点累加器即可用递归实现，如式(2.1.5)所示。如果累加的$n$取有限长，如令$n=N-1$，在式(2.1.5)的求和号前面再乘以$1/N$，那么$n$点累加器就变成了$N$点平均器。显然，$N$点平均器的转移函数是

$$H(z)=\frac{1}{N}\sum_{n=0}^{N-1}z^{-n}=\frac{1}{N}\frac{1-z^{-N}}{1-z^{-1}} \tag{4.10.1}$$

由式(4.10.1),该系统好像是一 IIR 系统,其实不然。令

$$H_1(z)=\frac{1-z^{-N}}{N} \tag{4.10.2.a}$$

$$H_2(z)=\frac{1}{1-z^{-1}} \tag{4.10.2b}$$

则 $H(z)=H_1(z)H_2(z)$。$H_1(z)$的 $N$ 个零点在单位圆上均匀分布,即

$$H_1(z)=\frac{1}{N}\prod_{k=0}^{N-1}(1-\mathrm{e}^{\mathrm{j}\frac{2\pi}{N}k}z^{-1}) \tag{4.10.3}$$

它在 $z=1$ 处的零点正好和 $H_2(z)$的极点相抵消,因此,式(4.10.1)仍是一个 FIR 系统。该系统的差分方程

$$y(n)=\frac{1}{N}\sum_{k=-\infty}^{N-1}x(k)=y(-1)+\frac{1}{N}\sum_{k=0}^{N-1}x(k),\quad n\geqslant 0 \tag{4.10.4}$$

式中出现了 $y(-1)$,因此,称其为 FIR 系统的递归实现。$H_1(z)$的频率响应

$$H_1(\mathrm{e}^{\mathrm{j}\omega})=\frac{1-\mathrm{e}^{-\mathrm{j}\omega/N}}{N}=\mathrm{j}2\mathrm{e}^{-\mathrm{j}\omega N/2}\frac{\sin(\omega N/2)}{N} \tag{4.10.5}$$

其幅频响应与极零图分别如图 4.10.2(a)、(b)所示。由图(a)可以看出,它在 $2\pi$ 内有 $N$ 个等分的零点,幅度为梳状,故称 $H_1(z)$为梳状滤波器。$H_1(z)$是梳状滤波器中最简单的一种。

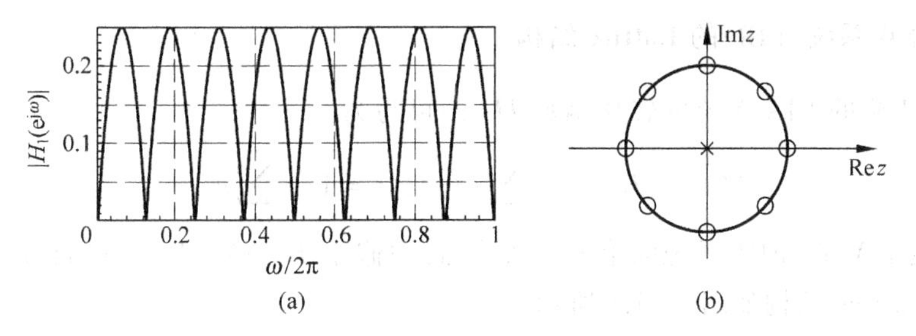


图 4.10.2 最简单的梳状滤波器($N=8$)

很容易求出 $N$ 点平均器的频率响应

$$\begin{aligned}H(\mathrm{e}^{\mathrm{j}\omega})&=H_1(\mathrm{e}^{\mathrm{j}\omega})H_2(\mathrm{e}^{\mathrm{j}\omega})=\frac{1}{N}\frac{1-\mathrm{e}^{-\mathrm{j}\omega N}}{1-\mathrm{e}^{-\mathrm{j}\omega}}\\&=\frac{1}{N}\mathrm{e}^{-\mathrm{j}\omega(N-1)/2}\frac{\sin(\omega N/2)}{\sin(\omega/2)}\end{aligned} \tag{4.10.6}$$

幅频响应如图 4.10.3 所示,是一个 sinc 函数,在$\frac{2\pi}{N}k\,(k=0,1,\cdots,N-1)$处,其幅度为零,其主瓣的单边的带宽为 $2\pi/N$。因为它是一个平均器,所以具有低通的频率特性。

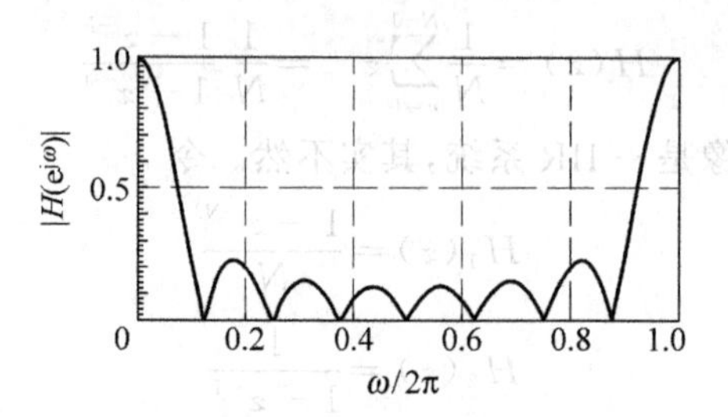


图 4.10.3 $N=8$ 时平均滤波器的幅频响应

# 4.11 LSI 系统的 Lattice 结构

至此，在 2.11 节和 4.10 节分别讨论了 FIR 系统和 IIR 系统的各种结构形式，它们各有自己的应用背景和优缺点。

文献[Gra73]提出了一种新的系统结构形式，即 Lattice 结构（又称格形结构）。事实证明，这是一种非常有用的结构，在现代功率谱估计、语音处理、自适应滤波等领域已获得广泛的应用。现分别讨论全零点系统和全极点系统的 Lattice 结构。

**1. 全零点系统（FIR）的 Lattice 结构**

一个 $M$ 阶的 FIR 系统的转移函数 $H(z)$ 可写为

$$H(z)=B(z)=\sum_{i=0}^{M}b(i)z^{-i}=1+\sum_{i=1}^{M}b_M^{(i)}z^{-i} \tag{4.11.1}$$

系数 $b_M^{(i)}$ 表示 $M$ 阶 FIR 系统的第 $i$ 个系数，式中假定 $H(z)=B(z)$ 的首项系数等于 1，该系统的 Lattice 结构如图 4.11.1 所示。

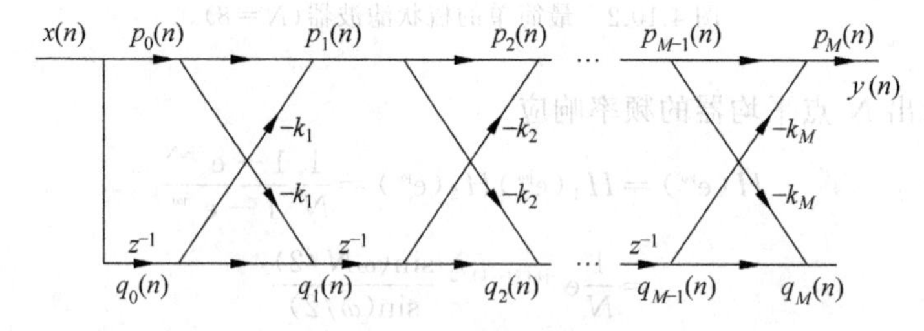


图 4.11.1 FIR 系统的 Lattice 结构

由该信号流图可以总结出 Lattice 结构的一些重要特点。

① $H(z)$的直接实现形式有 $M$ 个参数,即 $b(1), b(2), \cdots, b(M)$,共需 $M$ 次乘法,$M$ 次延迟;$H(z)$的 Lattice 结构也有 $M$ 个参数,它们是 $k_1, k_2, \cdots, k_M$,共需 $2M$ 次乘法,$M$ 次延迟。

② 信号的传递是从左至右,中间没有反馈回路,所以这是一个 FIR 系统。若输入是 $\delta(n)$,则 $\delta(n)$通过信号流图的上部将立即出现在输出端,使 $y(0)=h(0)=1$。$\delta(n)$通过下部时,分别经过一次延迟、二次延迟,直到 $M$ 次延迟后出现在输出端,所以 $y(n)$(即 $h(n)$)的值是 $y(1), \cdots, y(M)$。

③ 信号流图中的基本单元如图 4.11.2 所示,它们有如下关系:

$$p_m(n)=p_{m-1}(n)-k_m q_{m-1}(n-1) \tag{4.11.2a}$$

$$q_m(n)=-k_m p_{m-1}(n)+q_{m-1}(n-1), \quad m=1,2,\cdots,M \tag{4.11.2b}$$

并且

$$p_0(n)=q_0(n)=x(n) \tag{4.11.2c}$$

$$y(n)=p_M(n) \tag{4.11.2d}$$

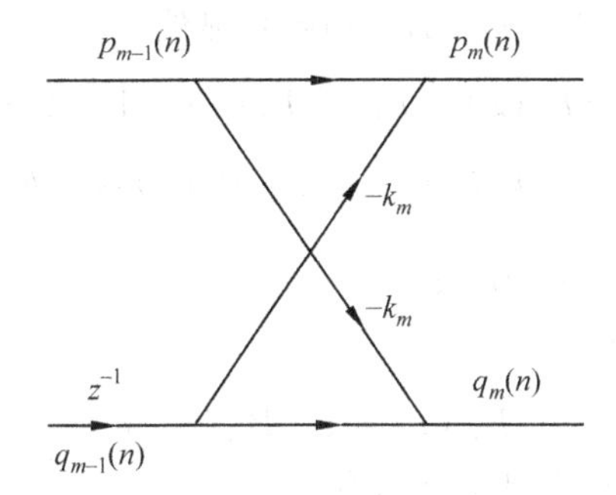


图 4.11.2 FIR 系统 Lattice 结构的基本单元

$p_{m-1}(n)$、$q_{m-1}(n)$分别是第 $m$ 个基本单元的上、下端的输入序列,$p_m(n)$、$q_m(n)$则是该基本单元的上、下端输出序列。

④ 若定义

$$B_m(z)=P_m(z)/P_0(z)=1+\sum_{i=1}^{m} b_m^{(i)} z^{-i}, \quad m=1,2,\cdots,M \tag{4.11.3a}$$

$$\widetilde{B}_m(z)=Q_m(z)/Q_0(z), \quad m=1,2,\cdots,M \tag{4.11.3b}$$

那么 $B_m(z)$、$\widetilde{B}_m(z)$分别是由输入端 $x(n)$至第 $m$ 个基本单元后所对应系统的转移函数,$B_m(z)$对应上端输出,$\widetilde{B}_m(z)$对应下端输出。当 $m=M$ 时,$B_m(z)=B(z)$。显然,$B_m(z)$是 $B_{m-1}(z)$再级联上一个如图 4.11.2 所示的基本单元后所构成的较高一级的 FIR 系统。由此可见,Lattice 结构有着非常规则的结构形式。

下面讨论如何由给定的系数 $b(1), b(2), \cdots, b(M)$求出 Lattice 的参数 $k_1, k_2$,

$\cdots,k_M$。

对式(4.11.2)两边作 $Z$ 变换，有

$$P_m(z)=P_{m-1}(z)-k_m z^{-1}Q_{m-1}(z) \tag{4.11.4a}$$

$$Q_m(z)=-k_m P_{m-1}(z)+z^{-1}Q_{m-1}(z) \tag{4.11.4b}$$

将上述两式分别除以 $P_0(z)$、$Q_0(z)$，再由式(4.11.3)的定义，有

$$\begin{bmatrix} B_m(z) \\ \widetilde{B}_m(z) \end{bmatrix}=\begin{bmatrix} 1 & -k_m z^{-1} \\ -k_m & z^{-1} \end{bmatrix}\begin{bmatrix} B_{m-1}(z) \\ \widetilde{B}_{m-1}(z) \end{bmatrix} \tag{4.11.5}$$

及

$$\begin{bmatrix} B_{m-1}(z) \\ \widetilde{B}_{m-1}(z) \end{bmatrix}=\begin{bmatrix} 1 & k_m \\ z k_m & z \end{bmatrix}\begin{bmatrix} B_m(z) \\ \widetilde{B}_m(z) \end{bmatrix}\Big/(1-k_m^2) \tag{4.11.6}$$

上面两式给出了在 Lattice 结构中由低阶到高一阶或由高阶到低一阶转移函数的递推关系，但这种递推中同时包含 $B(z)$ 和 $\widetilde{B}(z)$。

由式(4.11.3)的定义，有 $B_0(z)=\widetilde{B}_0(z)=1$，显然

$$B_1(z)=B_0(z)-k_1 z^{-1}\widetilde{B}_0(z)=1-k_1 z^{-1}$$

$$\widetilde{B}_1(z)=-k_1 B_0(z)+z^{-1}\widetilde{B}_0(z)=-k_1+z^{-1}$$

即

$$\widetilde{B}_1(z)=z^{-1}B_1(z^{-1})$$

令 $m=2,3,\cdots,M$，不难推出

$$\widetilde{B}_m(z)=z^{-m}B_m(z^{-1}) \tag{4.11.7}$$

将该式分别代入式(4.11.5)和式(4.11.6)，有

$$B_m(z)=B_{m-1}(z)-k_m z^{-m}B_{m-1}(z^{-1}) \tag{4.11.8a}$$

$$B_{m-1}(z)=[B_m(z)+k_m z^{-m}B_m(z^{-1})]/(1-k_m^2) \tag{4.11.8b}$$

这样分别得到了由高阶至低阶，或从低阶到高阶转移函数的递推关系，这种递推关系中仅含有 $B(z)$。

下面再给出 $k_m$ 及滤波器系数的递推关系。

将式(4.11.3a)关于 $B_m(z)$、$B_{m-1}(z)$ 的定义分别代入式(4.11.8a)及式(4.11.8b)，利用待定系数法，可得到如下两组递推关系：

$$\left.\begin{aligned} b_m^{(m)}&=-k_m \\ b_m^{(i)}&=b_{m-1}^{(i)}-k_m b_{m-1}^{(m-i)} \end{aligned}\right\} \tag{4.11.9}$$

$$\left.\begin{aligned} k_m&=-b_m^{(m)} \\ b_{m-1}^{(i)}&=(b_m^{(i)}+k_m b_m^{(m-i)})/(1-k_m^2) \end{aligned}\right\} \tag{4.11.10}$$

在上面两式中，$i=1,2,\cdots,m-1$，而 $m=1,2,\cdots,M$。

在实际工作中，一般是首先给出 $H(z)=B(z)=B_m(z)$，这样可按如下步骤求出 $k_1,\cdots,k_M$。

**步骤 1** 由上述关系式，首先得到

$$k_M=-b_M^{(M)} \tag{4.11.11}$$

**步骤 2** 由式(4.11.10)的系数 $k_M$ 及系数 $b_M^{(1)},b_M^{(2)},\cdots,b_M^{(M)}$ 求出 $B_{M-1}(z)$ 的系数 $b_{M-1}^{(1)},b_{M-1}^{(2)},\cdots,b_{M-1}^{(M-1)}$，或者由式(4.11.8b)直接求出 $B_{M-1}(z)$，那么 $k_{M-1}=-b_{M-1}^{(M-1)}$。

**步骤 3** 重复步骤 2 后，$k_M,k_{M-1},\cdots,k_1,B_{M-1}(z),\cdots,B_1(z)$ 可全部求出。

**例 4.11.1** 一个 FIR 系统的零点分别在 $0.9\mathrm{e}^{\pm \mathrm{j}\frac{\pi}{3}}$ 及 0.8 处，求其 Lattice 结构。

**解**
$$H(z)=B(z)=(1-0.9z^{-1}\mathrm{e}^{\mathrm{j}\pi/3})(1-0.9z^{-1}\mathrm{e}^{-\mathrm{j}\pi/3})(1-0.8z^{-1})$$
$$=1-1.7z^{-1}+1.53z^{-2}-0.648z^{-3}$$

得

$$b_3^{(1)}=-1.7,\quad b_3^{(2)}=1.53,\quad b_3^{(3)}=-0.648,\quad k_3=-b_3^{(3)}=0.648$$

由

$$b_2^{(1)}=(b_3^{(1)}+k_3b_3^{(2)})/(1-k_3^2)=-1.221\,453$$
$$b_2^{(2)}=(b_3^{(2)}+k_3b_3^{(1)})/(1-k_3^2)=0.738\,498$$

得

$$B_2(z)=1-1.221\,453z^{-1}+0.738\,498z^{-2}$$

及

$$k_2=-0.738\,498$$

再由

$$b_1^{(1)}=(b_2^{(1)}+k_2b_2^{(1)})/(1-k_2^2)=-0.702\,59$$

得

$$B_1(z)=1-0.702\,59z^{-1}$$

及

$$k_1=0.702\,59$$

图 4.11.3 给出了该系统的 Lattice 结构。

**例 4.11.2** 已知某 FIR 系统的 Lattice 结构的 3 个反射系数是 $k_1=0.702\,59$，$k_2=-0.738\,498$，$k_3=0.468$，求该系统的转移函数 $H(z)$。

**解**：由式(4.11.8a)，有

$$B_1(z)=1-k_1z^{-1}=1-0.702\,59z^{-1}$$
$$B_2(z)=B_1(z)-k_2z^{-2}B_1(z^{-1})=1-0.702\,59z^{-1}+0.738\,498z^{-2}(1-0.702\,59z)$$
$$=1-1.2215z^{-1}+0.738\,498z^{-2}$$

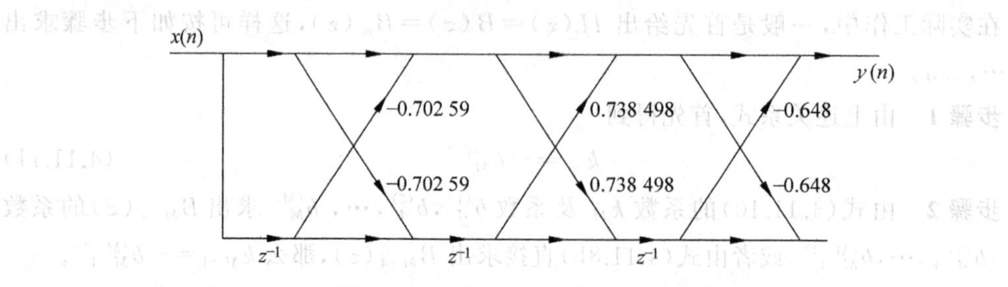


图 4.11.3 例 4.11.1 中的 Lattice 结构

$$
\begin{aligned}
B_3(z) &= B_2(z) - k_3 z^{-3} B_2(z^{-1}) \\
&= 1 - 1.2215z^{-1} + 0.738\,498z^{-2} - 0.648z^{-3}(1 - 1.2215z + 0.738\,498z^2) \\
&= 1 - 1.7z^{-1} + 1.53z^{-2} - 0.648z^{-3}
\end{aligned}
$$

于是

$$H(z) = B_3(z) = 1 - 1.7z^{-1} + 1.53z^{-2} - 0.648z^{-3}$$

这正是例 4.11.1 的转移函数。显然，上述两例互为逆过程，前者由直接实现转变为 Lattice 结构，后者由 Lattice 结构得到直接实现。

**2. 全极点系统(IIR)的 Lattice 结构**

对图 4.11.2 的 FIR 系统的 Lattice 基本单元，可重写式(4.11.2a)及式(4.11.2b)。得

$$p_{m-1}(n) = p_m(n) + k_m q_{m-1}(n-1) \tag{4.11.12a}$$

$$q_m(n) = -k_m p_{m-1}(n) + q_{m-1}(n-1) \tag{4.11.12b}$$

这样，可把图 4.11.2 改成如图 4.11.4 的形式。

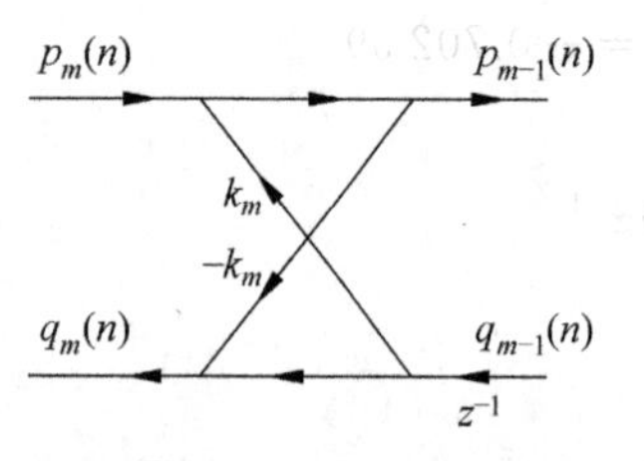


图 4.11.4 图 4.11.2 基本单元的逆形式

这时，$p_m(n)$是上支路的输入信号，$p_{m-1}(n)$是输出信号，对下支路，$q_{m-1}(n)$是输入信号，$q_m(n)$是输出信号。设所给系统仍是 $M$ 阶的多项式，并令 $x(n)=p_M(n)$，$p_0(n)=q_0(n)=y(n)$，把图 4.11.4 作为基本单元，可得到如图 4.11.5 的 Lattice 结构。

现在，利用 4.11.1 节的方法来导出图 4.11.5 所对应的转移函数及参数 $k_1,k_2,\cdots,k_m$ 的求解方法。在图 4.11.4 中，若令 $M=1$，即对应一阶的 Lattice 结构，由式(4.11.12)，有

$$p_0(n) = p_1(n) + k_1 q_0(n-1) \tag{4.11.13a}$$

$$q_1(n) = -k_1 p_0(n) + q_0(n-1) \tag{4.11.13b}$$

由于 $p_0(n)=q_0(n)=y(n)$，$p_1(n)=x(n)$，所以上式又可写成

$$y(n) = p_1(n) + k_1 y(n-1) = x(n) + k_1 y(n-1) \tag{4.11.14a}$$

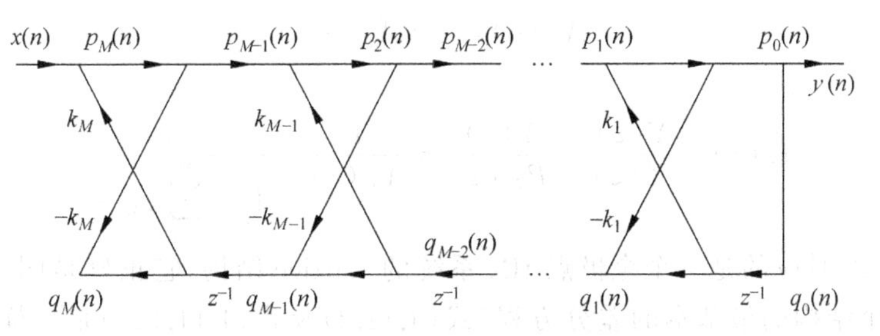


图 4.11.5 全极点系统的 Lattice 结构

$$q_1(n) = -k_1 y(n) + y(n-1) \tag{4.11.14b}$$

这样,式(4.11.14a)表示 $x(n)$为输入、$y(n)$为输出的一阶 IIR 系统,式(4.11.14b)则表示 $q_1(n)$为输出、$y(n)$(即 $q_0(n)$)为输入时的一阶 FIR 系统。若令

$$\frac{Y(z)}{P_1(z)} = \frac{1}{1-k_1 z^{-1}} = \frac{1}{A_1(z)}$$

由式(4.11.14),可得

$$\frac{Q_1(z)}{Y(z)} = -k_1 + z^{-1} = z^{-1}(1-k_1 z) = z^{-1}A_1(z^{-1}) = \tilde{A}_1(z)$$

若令 $M=2$,则

$$p_1(n) = p_2(n) + k_2 q_1(n-1)$$

$$q_2(n) = -k_2 p_1(n) + q_1(n-1)$$

这时,$p_2(n)=x(n)$,再由式(4.11.13),有

$$y(n) = k_1(1-k_2)y(n-1) + k_2 y(n-2) + x(n) \tag{4.11.15a}$$

$$q_2(n) = -k_2 y(n) - k_1(1-k_2)y(n-1) + y(n-2) \tag{4.11.15b}$$

第一个式子是二阶 IIR 系统,第二个式子为二阶 FIR 系统,再令

$$\frac{Y(z)}{P_2(z)} = \frac{1}{A_2(z)}, \quad \frac{Q_2(z)}{Y(z)} = \tilde{A}_2(z)$$

则

$$A_2(z) = 1 - k_1(1-k_2)z^{-1} - k_2 z^{-2}$$

$$\tilde{A}_2(z) = -k_2 - k_1(1-k_2)z^{-1} + z^{-2}$$

显然,$\tilde{A}_2(z) = z^{-2}A_2(z^{-1})$。

以此类推,若定义

$$\frac{1}{A_m(z)} = \frac{Y(z)}{P_m(z)}, \qquad \tilde{A}_m(z) = \frac{Q_m(z)}{Y(z)} \tag{4.11.16}$$

则

$$\tilde{A}_m(z)=z^{-m}A_m(z^{-1}) \tag{4.11.17}$$

且

$$H(z)=\frac{Y(z)}{X(z)}=\frac{Y(z)}{P_M(z)}=\frac{1}{A_M(z)}=\frac{1}{1+\sum_{i=1}^{M}a_M^{(i)}z^{-i}} \tag{4.11.18}$$

这样,图 4.11.5 对应的是一个全极点 IIR 系统的 Lattice 结构,它正好是图 4.11.1 的逆过程。由于两个结构的最基本的差分方程(式(4.11.2)及式(4.11.12))是一样的,所以系数 $k_1, k_2, \cdots, k_M$ 及 $a_m^{(i)}(i=1, 2, \cdots, m$,而 $m=1, 2, \cdots, M)$ 的求解方法同 FIR 系统 Lattice 结构的计算方法是一样的,区别只是将多项式的系数 $b_m^{(i)}$ 换成 $a_m^{(i)}$。

**例 4.11.3**　一个全极点系统的转移函数为

$$H(z)=\frac{1}{A(z)}=\frac{1}{1-1.7z^{-1}+1.53z^{-2}-0.648z^{-3}}$$

求其 Lattice 结构。

**解**　由上述讨论及例 4.11.1 的结果,可求出 $k_3=0.648, k_2=-0.738\,498, k_1=0.702\,59$,其 Lattice 结构如图 4.11.6 所示。

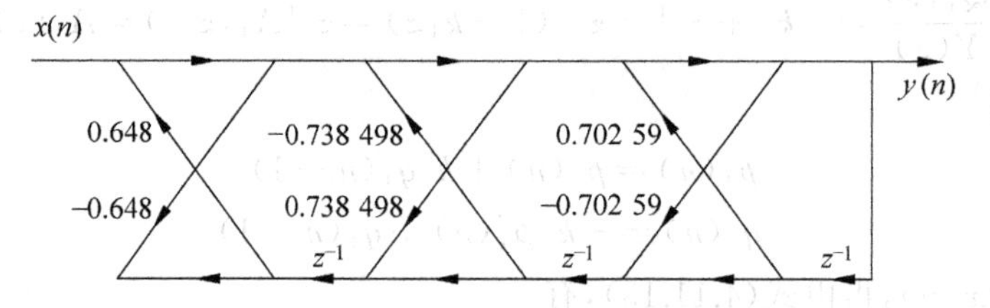


图 4.11.6　例 4.11.3 的 Lattice 结构

在实际应用中,全极点系统的 Lattice 结构常常用来模拟人的声道(vocal tract)和地球分层(stratified earth)。在这两种情况下,Lattice 结构的系数 $k_1, k_2, \cdots, k_m$ 被等效为物理介质的反射系数,因此,在 Lattice 结构中,$k_1, k_2, \cdots, k_m$ 也称为反射系数。

将上述对全零点和全极点的 Lattice 结构相结合,可得到极-零系统的 Lattice 结构,此处不再讨论,详细讨论可参看文献[Pro14,Hgs12]。

至此已分别讨论了 LSI 系统的各种实现形式。对于 IIR 系统,它们是直接实现、级联实现和并联实现;对于 FIR 系统,它们是直接实现、级联实现和线性相位实现,再就是本节讨论的对两类系统都适用的 Lattice 实现。

在具体实现一个系统时,结构的选择取决于如下 3 个因素:(1)计算复杂性(即乘法次数的多少);(2)存储的需求;(3)对数字信号处理中必然存在的有限字长影响(量化误差和舍入误差)的敏感程度。自然,需要乘法次数及存储越少、对有限字长影响越不敏感的结构越好。

前已述及，IIR系统的并联结构相对于该类系统的直接实现和级联实现对有限字长的影响为最小。文献[Pro14]指出，Lattice结构与其他结构相比，对有限字长的影响较不敏感。另外，分析例4.11.2可以看出，由$B_1(z)$、$B_2(z)$及$B_3(z)$构成的系统$H(z)=B_3(z)$需要6个存储单元（滤波器系数）。一般而言，对$H(z)=B_m(z)$需要$m(m+1)/2$个滤波器系数，而用Lattice结构只需要$m$个反射系数。这都说明，Lattice结构有着较好的优势。

Lattice结构在现代功率谱估计、自适应滤波和语音处理中获得了广泛的应用。读者在学习到本书第14章时，会发现式(4.11.10)的递推和式(14.2.15)的Levinson-Durbin递推非常类似，图4.11.3和图14.5.2也非常类似。MATLAB中也给出了Lattice结构的多个m文件。

## 4.12 与本章内容有关的MATLAB文件

与本章内容有关的MATLAB文件较多，限于篇幅，现简要介绍其主要的几个。

**1. freqz.m**

本文件用来在已知$B(z)$、$A(z)$的情况下求出系统的频率响应$H(e^{j\omega})$，基本的调用格式是

```
[H,w]=freqz(b,a,N,'whole',Fs)
```

其中，N是频率轴的分点数，建议N为2的整次幂；w是返回频率轴坐标向量，供绘图用；Fs是抽样频率，若Fs=1，频率轴给出归一化频率；whole指定计算的频率范围是0～Fs，默认为0～Fs/2。

**例4.12.1** 求式(2.12.4)所给系统的频率响应$H(e^{j\omega})$，画出其幅频响应和相频响应。如下的程序可实现这一任务。

```
%exa041201_freqz.m, to test freqz.m
[H,w]=freqz(b,a,256,'whole',1);
%b和a的定义见程序exa021201_filter.m,N=256,Fs=1;
Hr=abs(H);              %求幅频响应;abs及下面的angle,unwrap都是MATLAB的m文件;
Hphase=angle(H);Hphase=unwrap(Hphase);          %求相频响应并解卷绕;
```

运行该程序，幅频响应如图4.12.1(c)所示，相频响应如图4.12.1(d)所示。图4.12.1(a)和(b)分别是系统的单位抽样响应和阶跃响应。

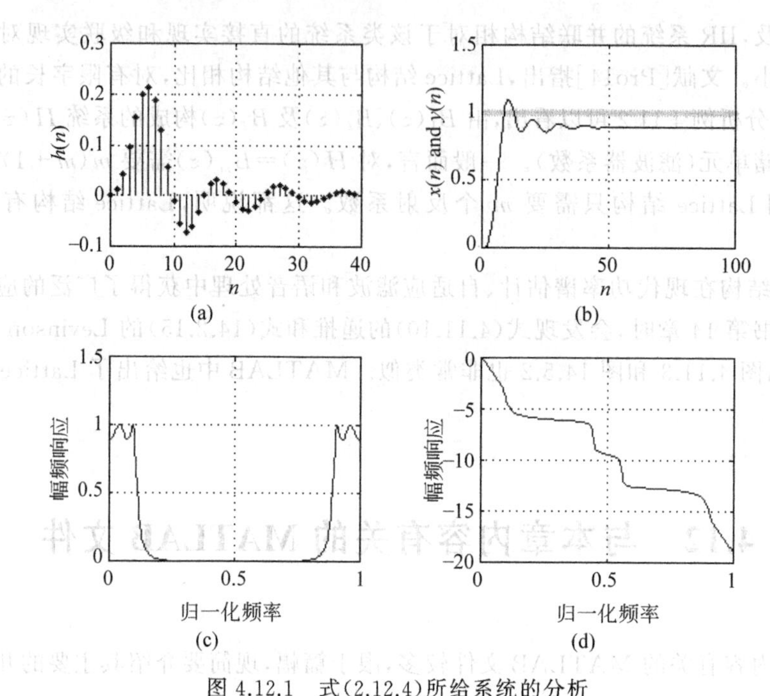


图 4.12.1　式(2.12.4)所给系统的分析

(a) 单位抽样响应；(b) 阶跃响应；(c) 幅频响应；(d) 相频响应

**2. zplane.m**

本文件可用来显示离散系统的极零图，其调用格式是

```
zplane(z,p)  或  zplane(b,a)
```

前者是在已知系统零点的列向量 $\boldsymbol{z}$ 和极点的列向量 $\boldsymbol{p}$ 的情况下画出极零图，后者是在仅已知 $B(z)$、$A(z)$的情况下画出极零图。

**例 4.12.2**　显示式(2.12.4)及 FIR 系统

$$H(z)=1-1.7z^{-1}+1.53z^{-2}-0.648z^{-3} \tag{4.12.1}$$

的极零图。

如下程序可以实现此功能。

```
%exa041202_zplane.m, to test zplane.m
b=[.001836,.007344,.011016,.007374,.001836];
a=[1,-3.0544,3.8291,-2.2925,.55075];
subplot(221);zplane(b,a);
b=[1 -1.7 1.53 -0.68];a=1;
subplot(222);zplane(b,a);
```

运行该程序,两个系统的极零图分别示于图 4.12.2(a)、(b)。

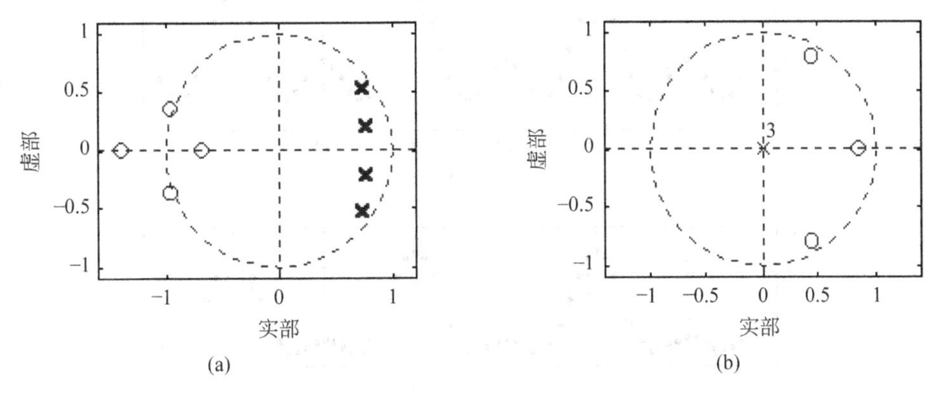


图 4.12.2 式(2.12.4)和式(4.12.1)的极零图

(a) 式(2.12.4); (b) 式(4.12.1)

文件 zplane 仅能给出系统的极零图,不能给出极零点的坐标值。若想求出具体数值,可用文件 tf2zp 或 roots;反之,若想由已知的极零点得到分子、分母多项式,可用 zp2tf 或 poly 文件。这些文件我们将在后面给予介绍。

**3. fiftfilt.m**

本文件实现零相位滤波,零相位滤波的原理见图 4.4.2 及式(4.4.9),文件的调用格式是

```
y=filtfilt (B, A, x)
```

式中,B 是 $H(z)$的分子多项式,A 是分母多项式,x 是待滤波信号,y 是滤波后的信号。下面的例子说明了该文件的应用。

**例 4.12.3** 令 $x(n)$为两个正弦信号的叠加,其圆频率分别是 $0.1\pi$ 和 $0.2\pi$,已知

$$H(z)=\frac{B(z)}{A(z)}=\frac{0.067\,45+0.1349z^{-1}+0.6745z^{-2}}{1-1.143z^{-1}+0.4128z^{-2}} \tag{4.12.2}$$

为一低通滤波器,现用 $H(z)$对 $x(n)$作零相位滤波。相应的程序是 exa041203_filtfilt.m,运行结果如图 4.12.3 所示。显然,$y(n)$相对 $x(n)$的延迟为零。

**4. grpdelay.m**

本文件用于求一个系统的群延迟。其调用格式是

```
[gd  w]=grpdelay(B, A, N)  或  [gd F]=grpdelay(B, A, N, FS)
```

式中,B 和 A 仍是 $H(z)$的分子、分母多项式;gd 是求出的群延迟,w 及 F 是频率分点,前

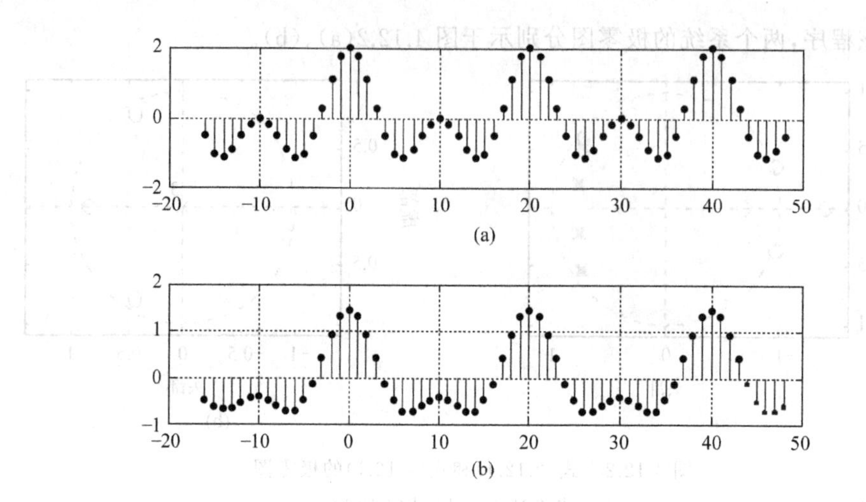

图 4.12.3　零相位滤波说明

(a) $x(n)$; (b) $y(n)$

者单位为 rad,后者单位为 Hz,二者的长度均为 N;FS 为抽样频率,单位为 Hz。

**例 4.12.4**　令 $H(z)$分别是例 4.8.2 中的 $H_1(z)$和例 4.9.1 中的 $P(z)$,前者是最小相位系统,后者是线性相位系统。程序 exa041204_grpdelay.m 可用来计算这两个系统的群延迟。请读者自己运行该程序,并求出它们的相频响应。

**5. tf2latc.m**

**6. latc2tf.m**

以上两个文件用于实现转移函数和 Lattice 系数之间的相互转换。tf2latc 的调用格式是

```
(1) k=tf2latc(b);  (2) k=tf2latc(1, a);  (3) [k, c]=tf2latc(b, a)
```

其中,(1)对应全零系统,(2)对应全极系统,(3)对应极零系统。latc2tf 的调用格式和 tf2latc 正好相反。需要说明的是,tf2latc 求出的 Lattice 系数 k 和本书求出的 k 差一个负号,这是由于我们在图 4.11.1 中标的是$-$k。程序 exa041205_tf2latc.m 及其输出结果说明了这两个文件的应用。

**例 4.12.5**　用 tf2latc.m 求例 5.7.1 所给系统的 Lattice 系数。

程序 exa041205_tf2latc.m 可用来完成本例的要求。运行该程序,给出 $k_1=-0.7026$,$k_2=0.7385$,$k_3=-0.6480$,同时,该程序还给出了全极系统、极零系统的转换举例。

**7. latcfilt.m**

本文件用来实现 Lattice 结构下的信号滤波,其调用格式是

```
(1) [y, g] =latcfilt(k, x), (2) [y, g] =latcfilt(k, 1, x),
(3) [y, g] =latcfilt (k, c, x)
```

其中,(1)对应全零系统,(2)对应全极系统,(3)对应极零系统。式中,x 是待滤波的信号,y 是用 Lattice 结构作正向滤波的输出,g 是作反向滤波的输出。若输入 x 是 $\delta(n)$,则输出 y 是 $H(z)$的系数,g 是 $z^{-(N-1)}H(z^{-1})$的系数。下面的例子说明了该文件的应用。

**例 4.12.6** 令 $x(n)$是频率分别为 0.1π 和 0.35π 的两个正弦信号的叠加,$H(z)$是一IIR 带通滤波器,通带频率为 0.2～0.4π。用 $H(z)$的 Lattice 结构对 $x(n)$滤波,相应的程序是 exa041206_latcfilt.m。请读者自己运行该程序,并分析输出结果中 4 幅图的含义。

**8. tf2zp.m**

**9. zp2tf.m**

**10. roots.m**

**11. poly.m**

**12. sort.m**

以上 5 个 MATLAB 文件用于转移函数与极零点之间的相互转换及极零点的排序。其中 tf2zp 用来求 $H(z)=B(z)/A(z)$的极零点及增益,zp2tf 用于在极零点已知时求出 $B(z)$和 $A(z)$的系数;roots 用来求一个多项式的根,而 poly 可由给定的根求出相应多项式的系数,sort 的作用是将求出的根按绝对值的大小排序。tf2zp、zp2tf 和 roots、poly 这两对 m 文件的功能类似,但在使用的格式上有较大差异,此处不再一一讨论,仅用下面的例子给予说明。

**例 4.12.7** 设 $H(z)$有 5 个零点,一个在 $z=0.8$,另 4 个是 $0.5e^{j\pi/3}$ 及其共轭与镜像,不难求出

$$B(z)=1-3.3z^{-1}+7.25z^{-2}-6.7z^{-3}+3z^{-4}-0.8z^{-5}$$

下面的程序可求出该系统的零点,并由这些零点再求出系统的系数。

```
%exa041207, to test tf2zp,zp2tf,sort,roots and poly;
    clear; B=[1 -3.3 7.25 -6.7 3 -0.8];
  L=length(B);A=zeros(1,L);A(1)=1;
  [Z,P,K]=tf2zp(B,A)
%注:使用 tf2zp 时,B 和 A 是同维的行向量,Z,P 是同维的列向量,Z 中含零点,P 中含极点,
%K 是标量,为系统的增益;
    sort(Z) %对零点排序;
  [b,a]=zp2tf(Z,P,K) %如果分解和综合正确,那么,b=B, a=A;
  Z1=roots(B) %求出多项式 B(z)的根,即零点;
```

```
poly(Z1) %由分解到的零点再综合出多项式 B(z);
```

**13. tf2sos.m**

**14. sos2tf.m**

**15. sos2zp.m**

**16. zp2sos.m**

以上 4 个文件用来实现系统的转移函数及极零点和二阶子系统之间的相互转换。

文件 tf2sos 用来实现将 $H(z)=B(z)/A(z)$ 分解为一系列二阶子系统 $H_k(z)$ 的级联，$H_k(z)$ 的表达式是

$$H_k(z)=(b_{0k}+b_{1k}z^{-1}+b_{2k}z^{-2})/(1+a_{1k}z^{-1}+a_{2k}z^{-2})$$

tf2sos 的调用格式是

```
[sos, G ] =tf2sos[B, A]
```

其中，G 是系统的增益，sos 是一个 $L\times 6$ 的矩阵，$L$ 是二阶子系统的个数，每一行的元素都按如下方式排列：

$$[b_{0k},b_{1k},b_{2k},1,a_{1k},a_{2k}],\quad k=1,2,\cdots,L$$

sos2tf 的功能和 tf2sos 相反，它用来由二阶子系统构成 $H(z)$，调用格式是

```
[B, A] =sos2tf(sos, G)
```

zp2sos 用来实现由系统的极零点到二阶子系统的转换，而 sos2tf 实现一个相反的转换。下面的程序及其运行结果说明了上述 4 个文件的应用。

```
%exa020808, to test tf2sos,sos2tf,zp2sos and sos2zp;
B=[0.0201 0 -0.0402 0 0.0201];
A=[1 -1.637 2.237 -1.307 0.641];
[sos,G]=tf2sos(B,A)            %将转移函数分解为二阶子系统的级联;
[B,A]=sos2tf(sos,G)            %由级联的二阶子系统重构转移函数;
[Z,P,K]=tf2zp(B,A)             %求转移函数的极零点;
[sos,G]=zp2sos(Z,P,K)          %由系统的极零点得到级联的二阶子系统;
[Z,P,K]=sos2zp(sos,G)          %由级联的二阶子系统得到系统的极零点;
```

## 小　结

LSI 系统的频域分析包含两方面，一是基于傅里叶变换的系统幅频与相频分析，二是基于 $Z$ 变换的系统的极零点分析。由后者可以判断系统的稳定性及因果性，当然，由于

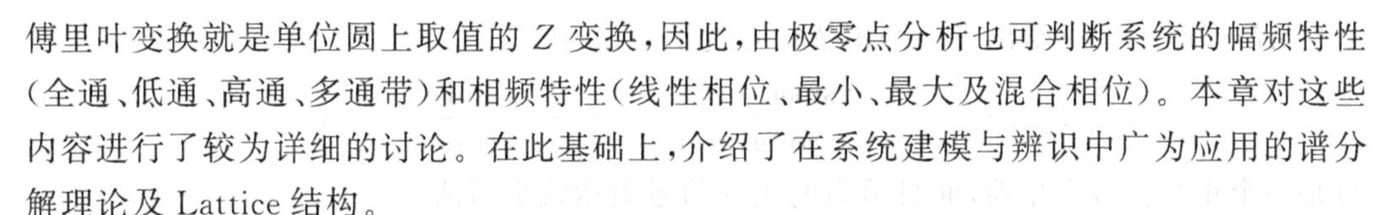

傅里叶变换就是单位圆上取值的 $Z$ 变换，因此，由极零点分析也可判断系统的幅频特性（全通、低通、高通、多通带）和相频特性（线性相位、最小、最大及混合相位）。本章对这些内容进行了较为详细的讨论。在此基础上，介绍了在系统建模与辨识中广为应用的谱分解理论及 Lattice 结构。

至此，本书前 4 章（每章 12 节）给出了数字信号处理最为重要的基础理论。这些理论对进一步深入学习数字信号处理是非常有用的，期盼读者能很好地掌握。

# 习题与上机练习

4.1　设有一个 FIR 系统的差分方程为

$$y(n)=x(n)-x(n-N)$$

(1) 写出该系统的幅频响应及相频响应；

(2) 画出该系统的信号流图。

4.2　一个离散时间系统有一对共轭极点 $p_1=0.8\mathrm{e}^{\mathrm{j}\pi/4}$，$p_2=0.8\mathrm{e}^{-\mathrm{j}\pi/4}$，且在原点有二阶重零点。

(1) 写出该系统的转移函数 $H(z)$，画出极零图；

(2) 试用极零分析的方法大致画出其幅频响应（$0\sim2\pi$）；

(3) 若输入信号 $x(n)=u(n)$，且系统初始条件 $y(-2)=y(-1)=1$，求该系统的输出 $y(n)$。

4.3　给定系统 $H(z)=-0.2z/(z^2+0.8)$。

(1) 求出并绘出 $H(z)$ 的幅频响应与相频响应；

(2) 求出并绘出该系统的单位抽样响应 $h(n)$；

(3) 令 $x(n)=u(n)$，求出并绘出系统的单位阶跃响应 $y(n)$。

4.4　令 $H_1(z)=0.5z/(z-0.9)$，$H_2(z)=(z-1)/(z^2-\sqrt{2}z+1)$。

(1) 令 $H(z)=H_1(z)H_2(z)$，重复题 4.3 的(1)、(2)、(3)；

(2) 令 $H(z)=H_1(z)+H_2(z)$，重复题 4.3 的(1)、(2)、(3)；

(3) 试用极零分析的方法大致说明上述两种情况下 $H(z)$ 幅频响应的特点，并与上述实际所得的结果相对照。

4.5　某离散时间系统的转移函数是 $H(z)=b/(1-\rho z^{-1})$，试确定 $b$ 和 $\rho$ 的值，使系统的频率响应在 $\omega=0$ 的值 $H(0)=1$，在 $\omega=\pi/4$ 时的值 $|H(\pi/4)|^2=1/2$。

4.6　已知一离散时间系统 $y(n)-0.9y(n-1)+0.2y(n-2)=x(n)+x(n-1)$，求 $|H(\mathrm{e}^{\mathrm{j}\omega})|^2$。

4.7　例 4.3.5 里给出了一个正弦信号发生器，系统

$$H(z)=\frac{z\sin\omega_0}{z^2-2z\cos\omega_0+1}=\frac{z^{-1}\sin\omega_0}{1-2z^{-1}\cos\omega_0+z^{-2}}$$

也是一个正弦信号发生器，而且给出的正弦信号表达式更简洁。

(1) 写出系统的差分方程和单位抽样响应；

(2) 令 $\omega_0=\pi/4$，试产生一个频率 $f_0=100\text{Hz}$ 的正弦信号，给出 MATLAB 程序和产生的正弦波形。

4.8　4 个系统的转移函数分别是

$$H_1(z)=\frac{z}{z-0.6};\quad H_2(z)=\frac{z}{z-1.2};\quad H_3(z)=\frac{z}{z+1};\quad H_4(z)=\frac{z}{(z-1)^2}$$

试：(1) 画出它们的极零图；(2) 写出各自的差分方程；(3) 画出各自的幅频响应；

(4) 求并画出各自的单位抽样响应 $h(n)$；(5) 分析它们的稳定性。

4.9　对类型Ⅲ、Ⅳ滤波器，即 $h(n)=-h(N-1-n)$，推导式(5.2.10a)～式(5.2.11b)。

4.10　对于线性相位滤波器，若设计高通和带阻滤波器，为什么滤波器的长度 $N$ 不能取偶数？

4.11　试证明：如果一个离散时间系统是线性相位的，则它不可能是最小相位的。

4.12　若一个最小相位的 FIR 系统的单位抽样响应为 $h_1(n)$，$n=0,1,\cdots,N-1$，另一个 FIR 系统的单位抽样响应 $h_2(n)$ 和 $h_1(n)$ 有如下关系：

$$h_2(n)=h_1(N-1-n),\quad n=0,1,\cdots,N-1$$

试证明：

(1) 系统 2 和系统 1 有着同样的幅频响应；

(2) 系统 2 是最大相位系统。

4.13　给定一个线性相位的 FIR 滤波器，试说明如何将它转换成一个最小相位系统而不改变其幅频响应。

4.14　一个离散时间系统的转移函数是

$$H(z)=(1-0.95e^{j0.3\pi}z^{-1})(1-0.95e^{-j0.3\pi}z^{-1})\times(1-1.4e^{j0.4\pi}z^{-1})(1-1.4e^{-j0.4\pi}z^{-1})$$

通过移动其零点，保证：①新系统和 $H(z)$ 具有同样的幅频响应；②新系统的单位抽样响应仍为实值且和原系统同样长。试讨论：

(1) 可得到几个不同的系统？

(2) 哪一个是最小相位的？哪一个是最大相位的？

(3) 对所得到的系统，求 $h(n)$，计算 $E(M)=\sum_{n=0}^{M}h^2(n)$，$M\leqslant 4$，并比较各个系统的能量累积情况。

4.15　已知一线性相位系统有一对零点在 $\sqrt{0.5}\,e^{\pm j\pi/4}$ 处，求该系统的转移函数。

4.16　如果 $H(z)$、$G(z)$ 都是最小相位的，试判断并说明下面 3 个系统是否是最小相位的。

(1) $H(z)G(z)$；(2) $H(z)+G(z)$；(3) $H(z)/G(z)$

4.17　因果序列 $x(n)$ 的 $Z$ 变换为

$$X(z)=\frac{\left(1-\frac{3}{2}z^{-1}\right)\left(1+\frac{1}{3}z^{-1}\right)\left(1+\frac{5}{3}z^{-1}\right)}{(1-z^{-1})^{2}\left(1-\frac{1}{4}z^{-1}\right)}$$

令 $y(n)=a^{n}x(n)$，求常数 $a$ 为何值时，$Y(z)$ 具有最小相位？

4.18　两个滤波器分别具有形式

$$H_1(z)=G(z)(1+\alpha z^{-1}),\quad H_2(z)=G(z)(\alpha+z^{-1}),\quad 0<\alpha<1$$

(1) 试证明两者有着相同的幅频响应；

(2) 哪一个滤波器有较小的相位延迟？为什么？

4.19　已知两个最小相位系统的幅频响应分别如下式所示，试求出它们的转移函数。

(1) $|H_1(\omega)|^2=\dfrac{\dfrac{13}{9}-\dfrac{4}{3}\cos\omega}{\dfrac{10}{9}-\dfrac{2}{3}\cos\omega}$

(2) $|H_2(\omega)|^2=\dfrac{4(1-a^2)}{(1+a^2)-2a\cos\omega},\quad |a|<1$

4.20　一个实的线性相位系统的单位抽样响应在 $n<0$ 和 $n>7$ 时，$h(n)=0$。如果 $h(0)=1$，且系统函数在 $z=0.4\mathrm{e}^{\mathrm{j}\pi/3}$ 和 $z=3$ 各有一个零点，求 $H(z)$。

4.21　一个因果且稳定的全通系统的 $h(n)$ 是实序列，并且已知 $H(z)$ 在 $z=1.25$ 和 $z=2\mathrm{e}^{\mathrm{j}\pi/4}$ 各有一个零点，试写出 $H(z)$ 的表达式。

4.22　令

$$H_1(z)=1-0.6z^{-1}-1.44z^{-2}+0.864z^{-3}$$
$$H_2(z)=1-0.98z^{-1}+0.9z^{-2}-0.898z^{-3}$$
$$H_3(z)=H_1(z)/H_2(z)$$

(1) 分别画出 $H_1(z)$、$H_2(z)$ 及 $H_3(z)$ 直接实现的信号流图；

(2) 分别将 $H_1(z)$、$H_2(z)$ 及 $H_3(z)$ 转换成对应的 Lattice 结构，计算滤波器系数并画出 Lattice 结构的信号流图。

4.23　令 $y(n)$ 是一线性移不变系统 $H(z)$ 的输出，假定对应的输入信号的功率谱恒等于 1，若已知 $y(n)$ 的功率谱 $P_y(\mathrm{e}^{\mathrm{j}\omega})=(\cos\omega+1.45)/(\cos\omega+2.6)$，试确定 $H(z)$（注：要求 $H(z)$ 是最小相位系统）。

4.24　在通信信道上传输信号时，信号可能会产生失真。该失真可以看作信号通过了一个 LSI 系统的结果。为了解决该失真问题，这时候就需要用一个补偿系统来处理这

个失真的信号，如图题 4.24 所示。如果能实现完全的补偿，那么 $s_c(n)=s(n)$。如果

$$H_d(z)=(1-0.9\mathrm{e}^{\mathrm{j}0.6\pi}z^{-1})(1-0.9\mathrm{e}^{-\mathrm{j}0.6\pi}z^{-1})\times(1-1.25\mathrm{e}^{\mathrm{j}0.8\pi}z^{-1})(1-1.25\mathrm{e}^{-\mathrm{j}0.8\pi}z^{-1})$$

求其补偿系统 $H_c(z)$ 的表达式。

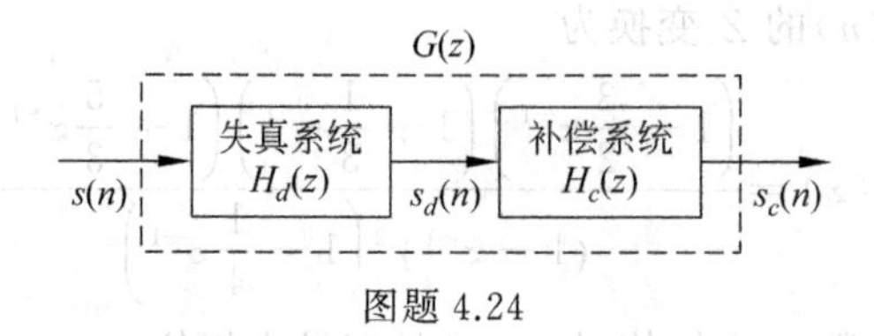


图题 4.24

4.25 令 $H_{\min}(z)$ 为最小相位序列 $h_{\min}(n)$ 的 $Z$ 变换。若 $h(n)$ 为某一因果非最小相位序列，其傅里叶变换幅度等于 $|H_{\min}(\mathrm{e}^{\mathrm{j}\omega})|$，试证明

$$|h(0)|<|h_{\min}(0)|$$

*4.26 对本章习题 4.22 所给 3 个系统 $H_1(z)$、$H_2(z)$ 及 $H_3(z)$，试利用有关 MATLAB 文件，求它们的 Lattice 结构，并和习题 4.22 的结果相比较。

*4.27 已知一长度 $N=13$ 的 LSI 系统的单位抽样响应

$$h(n)=\{-0.0195,0.0272,-0.0387,0.0584,-0.1021,0.3140,0.5000,\\ 0.3140,-0.1021,0.0584,-0.0387,0.0272,-0.0195\}$$

并已知另一个 LSI 系统的单位抽样响应是

$$p(n)=\begin{cases}h\left(\dfrac{n}{2}\right), & n \text{ 为偶数}\\ 0.5, & n=(N+1)/2\\ 0, & n \text{ 为奇数}\end{cases}$$

试利用有关 MATLAB 文件，实现以下编程：

(1) 画出 $P(z)$ 的幅频响应和零极点图；

(2) 对 $P(z)$ 做谱分解，求其最小相位和最大相位部分，并画出它们的对数幅频响应。

# 第 5 章

# 快速傅里叶变换

## 5.1 概　　述

离散傅里叶变换(DFT)和卷积是信号处理中两个最基本也是最常用的运算,它们涉及信号与系统的分析与综合这一广泛的信号处理领域。由第 3 章可知,卷积可化为 DFT 来实现,实际上其他许多算法,如相关、滤波、谱估计等也都可化为 DFT 来实现。当然,DFT 也可化为卷积来实现。由后面的讨论可知,它们之间有着互通的关系。

对 $N$ 点序列 $x(n)$,其 DFT 变换对定义为

$$\begin{cases} X(k)=\sum_{n=0}^{N-1} x(n) W_N^{nk}, & k=0,1,\cdots,N-1, \quad W_N=\mathrm{e}^{-\mathrm{j}\frac{2\pi}{N}} \\ x(n)=\dfrac{1}{N}\sum_{k=0}^{N-1} X(k) W_N^{-nk}, & n=0,1,\cdots,N-1 \end{cases} \tag{5.1.1}$$

显然,求出 $N$ 点 $X(k)$ 需要 $N^2$ 次复数乘法及 $N(N-1)$ 次复数加法。众所周知,实现一次复数乘需要四次实数乘两次实数加,实现一次复数加则需要两次实数加。当 $N$ 很大时,其计算量是相当可观的。例如,若 $N=1024$,则需要 1 048 576 次复数乘法,即4 194 304 次实数乘法。所需时间过长,难于“实时”实现。对于 2-D 图像处理,所需计算量更是大得惊人。

其实,在 DFT 运算中包含大量的重复运算。观察式(3.5.12) 的 $\boldsymbol{W}$ 矩阵,虽然其中有 $N^2$ 个元素,但由于 $W_N$ 的周期性,其中只有 $N$ 个独立的值,即 $W_N^0$, $W_N^1$,…, $W_N^{N-1}$,且在这 $N$ 个值中有一部分取极简单的值。简而言之,$W_N$ 因子的取值有如下特点:

① $W^0=1, W^{N/2}=-1$;

② $W_N^{N+r}=W_N^r, W^{N/2+r}=-W^r$。

例如,对 4 点 DFT,按式(5.1.1) 直接计算需 $4^2=16$ 次复数乘,按上述周期性及对称性,可写成如下矩阵形式:

$$\begin{bmatrix} X(0) \\ X(1) \\ X(2) \\ X(3) \end{bmatrix} = \begin{bmatrix} 1 & 1 & 1 & 1 \\ 1 & W^1 & -1 & -W^1 \\ 1 & -1 & 1 & -1 \\ 1 & -W^1 & -1 & W^1 \end{bmatrix} \begin{bmatrix} x(0) \\ x(1) \\ x(2) \\ x(3) \end{bmatrix}$$

将该矩阵的第二列和第三列交换，得

$$\begin{bmatrix} X(0) \\ X(1) \\ X(2) \\ X(3) \end{bmatrix} = \begin{bmatrix} 1 & 1 & 1 & 1 \\ 1 & -1 & W^1 & -W^1 \\ 1 & 1 & -1 & -1 \\ 1 & -1 & -W^1 & W^1 \end{bmatrix} \begin{bmatrix} x(0) \\ x(2) \\ x(1) \\ x(3) \end{bmatrix}$$

由此得出

$$\left.\begin{aligned} X(0) &= [x(0)+x(2)]+[x(1)+x(3)] \\ X(1) &= [x(0)-x(2)]+[x(1)-x(3)]W^1 \\ X(2) &= [x(0)+x(2)]-[x(1)+x(3)] \\ X(3) &= [x(0)-x(2)]-[x(1)-x(3)]W^1 \end{aligned}\right\} \tag{5.1.2}$$

这样，求出 4 点 DFT 实际上只需要一次复数乘法。问题的关键是如何巧妙地利用 $W$ 因子的周期性及对称性，导出一个高效的快速算法。这一算法最早由 J.W. Cooley 和 J.W.Tukey 于1965 年提出[Coo65]。

Cooley 和 Tukey 提出的快速傅里叶变换算法(fast Fourier transform, FFT)使 $N$ 点 DFT 的乘法计算量由 $N^2$ 次降为 $\frac{N}{2}\log_2 N$ 次。仍以 $N=1024$ 为例，计算量降为 5120 次，仅为原来的 4.88%。因此人们公认这一重要发现是数字信号处理发展史上的一个转折点，也可以称为一个里程碑。以此为契机，加之超大规模集成电路(VLSI)和计算机的飞速发展，使得数字信号处理的理论在过去的近 60 年中获得了飞速的发展，并广泛应用于众多的技术领域，显示了这一学科的巨大生命力。

自 Cooley-Tukey 算法提出之后，新的算法不断涌现，总的来说，快速傅里叶变换的发展方向有两个，一是针对 $N$ 等于 2 的整数次幂的算法，如基 2 算法、基 4 算法、实因子算法和分裂基算法等，另一个是 $N$ 不等于 2 的整数次幂的算法，它是以 Winograd 为代表的一类算法(素因子算法、Winograd 算法)。

可以证明，式(5.1.2)的 4 点 DFT 可以不用乘法而只用加法来实现，因此基 4 算法比基 2 算法更有效。1984 年提出的分裂基(split-radix)算法[Duh86]同时使用基 2 和基 4 算法，被认为是目前对 $N$ 等于 2 的整数次幂中各类算法中最为理想的一种。

Winograd 算法(WFTA)和上述算法在理论上有着根本的差别，它是建立在下标映射和数论上的一套完全新颖的算法[Win76]。在实际应用上，所需乘法次数比 Cooley-Tukey 算法有了明显的减少，因此被认为是对 FFT 算法的一大贡献。但 WFTA 理论上比较复杂,编程也比较困难,数据的长度受到较大的限制,在程序中,数据所占的内存及数据的传递次数也比 Cooley-Tukey 算法增加很多。随着计算机技术的发展,当执行一个乘法指令和执行一个加法指令所需的时间不是相差很多,而且数据的传递时间相对于运算时间也不能忽略不计时,WFTA 是否还具有突出的优点已经受到人们的质疑。但是,WFTA 的思路及理论价值,特别是与之有关的一套计算复杂性理论[Aus84],对研究和学习 FFT 这一课题的读者来说,都是应该了解的。

以上对自 1965 年后 FFT 的发展做了简要的概述,有兴趣的读者可参看文献[Duh90a],该文较好地讨论了这一问题。在这近 50 年发展的过程中,人们对 FFT 及 DFT 的历史渊源也发生了兴趣。这些年的研究成果发现,FFT 算法的历史可追溯到 200 多年之前德国数学家高斯的工作。在这 200 多年的历程中,DFT 及 FFT 经历了一个漫长而又有趣的过程,与之相关联的论文就有 2400 余篇[Hei84]。

本章重点讨论 DFT 的基 2 算法、分裂基算法和使频域细化的 CZT 算法,并简要讨论频域只取少数点的 Goertzel 算法。限于篇幅,在输入端或输出端仅取少数点的另一种算法,即 Pruning 算法和 Winograd 算法,本书不再讨论,其简要介绍可参看文献[Hgs03]。

# 5.2 时间抽取(DIT)基 2 FFT 算法

## 5.2.1 算法的推导

对式(5.1.1),令 $N=2^M$,$M$ 为正整数,可将 $x(n)$ 按奇、偶分成两组,即令 $n=2r$ 及 $n=2r+1$,而 $r=0,1,\cdots,N/2-1$,于是

$$\begin{aligned} X(k) &= \sum_{r=0}^{N/2-1} x(2r)W_N^{2rk} + \sum_{r=0}^{N/2-1} x(2r+1)W_N^{(2r+1)k} \\ &= \sum_{r=0}^{N/2-1} x(2r)W_{N/2}^{rk} + W_N^k \sum_{r=0}^{N/2-1} x(2r+1)W_{N/2}^{rk} \end{aligned} \tag{5.2.1}$$

式中

$$W_{N/2} = \mathrm{e}^{-\mathrm{j}\frac{2\pi}{(N/2)}} = \mathrm{e}^{-\mathrm{j}4\pi/N}$$

令

$$A(k) = \sum_{r=0}^{N/2-1} x(2r)W_{N/2}^{rk}, \qquad k=0,1,\cdots,N/2-1 \tag{5.2.2a}$$

$$B(k) = \sum_{r=0}^{N/2-1} x(2r+1)W_{N/2}^{rk}, \qquad k=0,1,\cdots,N/2-1 \tag{5.2.2b}$$

那么

$$X(k)=A(k)+W_N^k B(k),\quad k=0,1,\cdots,N/2-1 \tag{5.2.3a}$$

$A(k)$、$B(k)$ 都是 $N/2$ 点的 DFT，$X(k)$ 是 $N$ 点 DFT，因此单用式(5.2.3a)表示 $X(k)$ 并不完全。但因

$$X(k+N/2)=A(k)-W_N^k B(k),\quad k=0,1,\cdots,N/2-1 \tag{5.2.3b}$$

所以用 $A(k)$、$B(k)$ 可完整地表示 $X(k)$。$N=8$ 时，$A(k)$、$B(k)$ 及 $X(k)$ 的关系如图 5.2.1 所示。

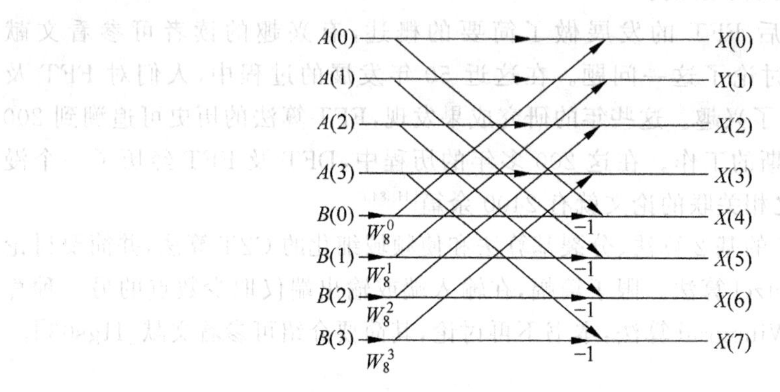


图 5.2.1　$N=8$ 时 $A(k)$、$B(k)$ 及 $X(k)$ 之间的关系

$A(k)$、$B(k)$ 仍是高复合数($N/2$)的 DFT，可按上述方法继续给以分解。分别令 $r=2l$，$r=2l+1$，而 $l=0,1,\cdots,N/4-1$，则 $A(k)$ 和 $B(k)$ 可表示为

$$\begin{aligned}A(k)&=\sum_{l=0}^{N/4-1}x(4l)W_{N/2}^{2lk}+\sum_{l=0}^{N/4-1}x(4l+2)W_{N/2}^{(2l+1)k}\\&=\sum_{l=0}^{N/4-1}x(4l)W_{N/4}^{lk}+W_{N/2}^{k}\sum_{l=0}^{N/4-1}x(4l+2)W_{N/4}^{lk}\end{aligned}$$

令

$$C(k)=\sum_{l=0}^{N/4-1}x(4l)W_{N/4}^{lk},\quad k=0,1,\cdots,N/4-1 \tag{5.2.4a}$$

$$D(k)=\sum_{l=0}^{N/4-1}x(4l+2)W_{N/4}^{lk},\quad k=0,1,\cdots,N/4-1 \tag{5.2.4b}$$

那么

$$A(k)=C(k)+W_{N/2}^{k}D(k),\quad k=0,1,\cdots,N/4-1 \tag{5.2.5a}$$

$$A\left(k+\frac{N}{4}\right)=C(k)-W_{N/2}^{k}D(k),\quad k=0,1,\cdots,N/4-1 \tag{5.2.5b}$$

同理，令

$$E(k)=\sum_{l=0}^{N/4-1}x(4l+1)W_{N/4}^{lk},\quad k=0,1,\cdots,N/4-1 \tag{5.2.6a}$$

$$F(k)=\sum_{l=0}^{N/4-1}x(4l+3)W_{N/4}^{lk},\qquad k=0,1,\cdots,N/4-1 \tag{5.2.6b}$$

则

$$B(k)=E(k)+W_{N/2}^{k}F(k),\qquad k=0,1,\cdots,N/4-1 \tag{5.2.7a}$$

$$B\left(k+\frac{N}{4}\right)=E(k)-W_{N/2}^{k}F(k),\quad k=0,1,\cdots,N/4-1 \tag{5.2.7b}$$

若 $N=8$,这时 $C(k)$、$D(k)$、$E(k)$、$F(k)$都是二点的 DFT,无须再分,即

$$C(0)=x(0)+x(4),\qquad E(0)=x(1)+x(5)$$
$$C(1)=x(0)-x(4),\qquad E(1)=x(1)-x(5)$$
$$D(0)=x(2)+x(6),\qquad F(0)=x(3)+x(7)$$
$$D(1)=x(2)-x(6),\qquad F(1)=x(3)-x(7)$$

若 $N=16$,32 或 2 的更高的幂,可按上述方法继续分下去,直到两点的 DFT 为止。以上算法是将时间 $n$ 按奇、偶分开,故称时间抽取算法(decimation in time,DIT)。现将上述过程示于图 5.2.2,其基本运算单元示于图 5.2.3。

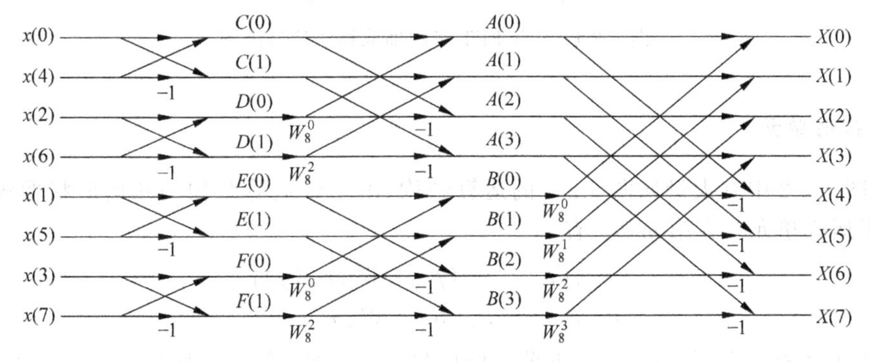


图 5.2.2 8 点 FFT 时间抽取算法信号流图

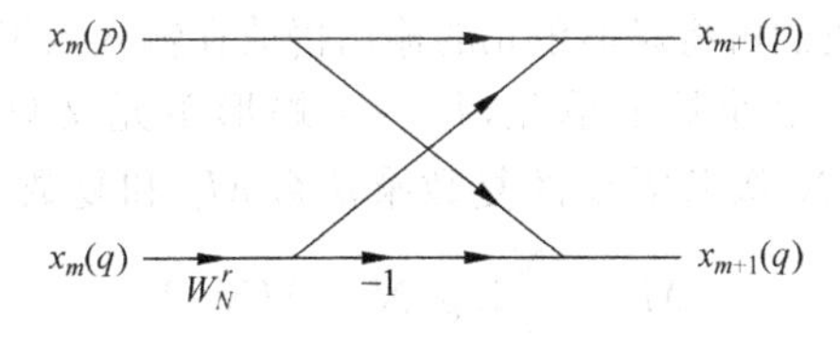


图 5.2.3 第 $m$ 级蝶形单元

## 5.2.2 算法的讨论

现将 5.2.1 节所述的推导过程做一详细讨论,以期找到 FFT 算法的一般规律。

**1.“级”的概念**

上述推导过程，将 $N$ 点 DFT 先分成两个 $N/2$ 点 DFT，再是 4 个 $N/4$ 点 DFT，进而是 8 个 $N/8$ 点 DFT，直至 $N/2$ 个两点 DFT。每分一次，称为一“级”运算。因为 $M=\log_2 N$，所以 $N$ 点 DFT 可分成 $M$ 级，如图 5.2.4 所示。图中 $N=8$，因此 $M=3$，从左至右，依次为 $m=0$ 级，$m=1$ 级，$m=2$ 级。

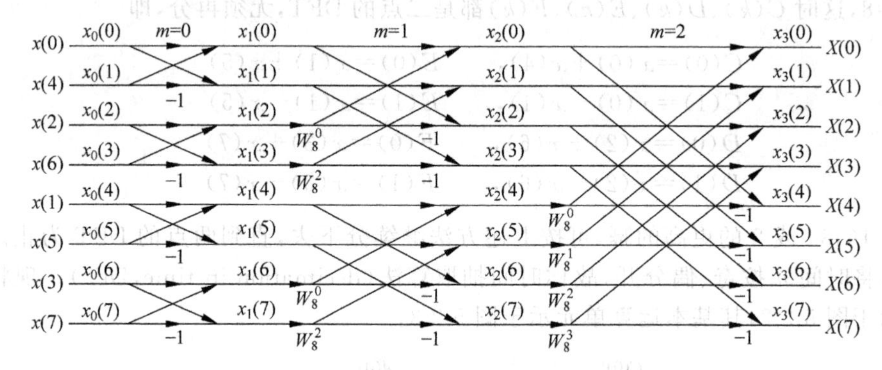


图 5.2.4　8 点 FFT 时间抽取算法信号流图

**2. 蝶形单元**

在图 5.2.2 中有大量如图 5.2.3 的运算结构，由于该运算结构的几何形状像蝴蝶，故称“蝶形运算单元”，在第 $m$ 级，有

$$\left.\begin{aligned}x_{m+1}(p)&=x_m(p)+W_N^r x_m(q)\\x_{m+1}(q)&=x_m(p)-W_N^r x_m(q)\end{aligned}\right\}\tag{5.2.8}$$

$p$、$q$ 是参与本蝶形单元运算的上、下节点的序号。很明显，第 $m$ 级序号为 $p$、$q$ 的两点只参与这一个蝶形单元的运算，其输出在第 $m+1$ 级，且这一蝶形单元也不再涉及别的点。由于这一特点，在计算机编程时，我们可将蝶形单元的输出仍放在输入数组中，故称为“同址运算”。

由于每一级都含有 $N/2$ 个蝶形单元，每一个蝶形单元又只需要一次复数乘、两次复数加，因此，完成 $M=\log_2 N$ 级共需要的复数乘法数 $M_c$ 和复数加法数 $M_a$ 分别是

$$M_c=\frac{N}{2}\log_2 N=MN/2\tag{5.2.9a}$$

$$M_a=N\log_2 N=MN\tag{5.2.9b}$$

将图 5.2.2 改画成图 5.2.4，让每一级的数据自上而下都按自然顺序排列，那么在第 $m$ 级，上、下节点 $p$、$q$ 之间的距离为

$$q-p=2^m\tag{5.2.10}$$

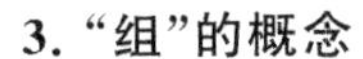

**3. “组”的概念**

由图 5.2.4 可以看出,每一级的 $N/2$ 个蝶形单元可以分成若干组,每一组有着相同的结构及 $W^r$ 因子分布。如 $m=0$ 级分成了四组,$m=1$ 级分成了两组,$m=M-1$ 级分成了一组。因此,第 $m$ 级的组数是 $N/2^{m+1}$,$m=0,1,\cdots,M-1$。

**4. $W^r$ 因子的分布**

再次考查式(5.2.1)～式(5.2.7)可以发现,第一次将 $N$ 点 DFT 分成两个 $N/2$ 点 DFT 时,相当于图 5.2.4 的最右边一级,这时出现的 $W^r$ 因子是 $W_N^r$,而 $r=0,1,\cdots,N/2-1$。再往下分时,依次是 $W_{N/2}^r$,$W_{N/4}^r$,$\cdots$,故每一级 $W^r$ 因子分布的规律如下:

$$
\begin{aligned}
&m=0\text{ 级},W_2^r, && r=0\\
&m=1\text{ 级},W_4^r, && r=0,1\\
&m=2\text{ 级},W_8^r, && r=0,1,2,3\\
&\quad\vdots && \quad\vdots\\
&m=M-1\text{ 级},W_N^r, && r=0,1,\cdots,N/2-1
\end{aligned}
$$

因此,不难总结出 $W^r$ 因子分布的一般规律:

$$
\text{第 } m \text{ 级},W_{2^{m+1}}^r,\quad r=0,1,\cdots,2^m-1 \tag{5.2.11}
$$

**5. 码位倒置**

由图 5.2.4 可以看出,变换后的输出序列 $X(k)$ 依照正序排列,但输入序列 $x(n)$ 的次序不再是原来的自然顺序,这正是由于将 $x(n)$ 按奇、偶分开所产生的。对 $N=8$,其自然序号是 0,1,2,3,4,5,6,7。第一次按奇、偶分开,得到两组 $N/2$ 点 DFT,$x(n)$ 的序号是

$$0,\ 2,\ 4,\ 6\quad|\quad 1,\ 3,\ 5,\ 7$$

对每一组再按奇、偶分开,这时应将每一组仍按自然顺序排列,故抽取后得 4 组,每组的序号是

$$0,\ 4\ \ |\ \ 2,\ 6\ \ |\ \ 1,\ 5\ \ |\ \ 3,\ 7$$

这一顺序正是图 5.2.4 输入端序列 $x(n)$ 的排列次序。掌握这一规律,对 $N$ 为 2 的更高次幂,我们都可得到正确的抽取次序。

如果我们将 $x(n)$ 的序号 $n=0,1,\cdots,N-1$ 写成二进制,如 $N=8$,那么 $x(0),\cdots,x(7)$ 对应为

$$x(000),x(001),x(010),x(011),x(100),x(101),x(110),x(111)$$

将二进制数码翻转,得

$$x(000),x(100),x(010),x(110),x(001),x(101),x(011),x(111)$$

它们对应的十进制序号分别是

$$x(0),x(4),x(2),x(6),x(1),x(5),x(3),x(7)$$

这也正是按奇、偶抽取所得到的顺序。掌握了这一规律,我们就可以正确编程,FFT 的软

件已是通用程序，读者只要了解排序的规律即可。

## 5.3 频率抽取(DIF)基 2 FFT 算法

和 DIT 相对应，DIF 算法是将频域 $X(k)$ 的序号 $k$ 按奇、偶分开。对式(5.1.1)的 DFT，先将 $x(n)$ 按序号分成上、下两部分，得

$$
\begin{aligned}
X(k) &= \sum_{n=0}^{N/2-1} x(n)W_N^{nk} + \sum_{n=N/2}^{N-1} x(n)W_N^{nk} \\
&= \sum_{n=0}^{N/2-1} x(n)W_N^{nk} + \sum_{n=0}^{N/2-1} x(n+N/2)W_N^{nk}W_N^{Nk/2} \\
&= \sum_{n=0}^{N/2-1} [x(n) + W_N^{Nk/2}x(n+N/2)]W_N^{nk}
\end{aligned}
$$

式中，$W_N^{Nk/2}=(-1)^k$，分别令 $k=2r, k=2r+1$，而 $r=0,1,\cdots,N/2-1$，于是得

$$X(2r) = \sum_{n=0}^{N/2-1}\left[x(n) + x\left(n+\frac{N}{2}\right)\right]W_{N/2}^{nr} \tag{5.3.1a}$$

$$X(2r+1) = \sum_{n=0}^{N/2-1}\left[x(n) - x\left(n+\frac{N}{2}\right)\right]W_{N/2}^{nr}W_N^{n}$$

$$r = 0,1,\cdots,\frac{N}{2}-1 \tag{5.3.1b}$$

令

$$g(n) = x(n) + x\left(n+\frac{N}{2}\right) \tag{5.3.2a}$$

$$h(n) = \left[x(n) - x\left(n+\frac{N}{2}\right)\right]W_N^{n} \tag{5.3.2b}$$

则

$$X(2r) = \sum_{n=0}^{N/2-1} g(n)W_{N/2}^{nr} \tag{5.3.3a}$$

$$X(2r+1) = \sum_{n=0}^{N/2-1} h(n)W_{N/2}^{nr} \tag{5.3.3b}$$

这样，就将一个 $N$ 点 DFT 分成了两个 $N/2$ 点的 DFT，分的办法是将 $X(k)$ 按序号 $k$ 的奇、偶分开。感兴趣的读者可以仿照时间抽取的办法继续分下去，直到得到两点的 DFT。图 5.3.1 给出了一个 16 点 DIF 算法流图，以备和其他的算法相比较。由该图可以看出，输入是正序，输出是按奇、偶分开的倒序。

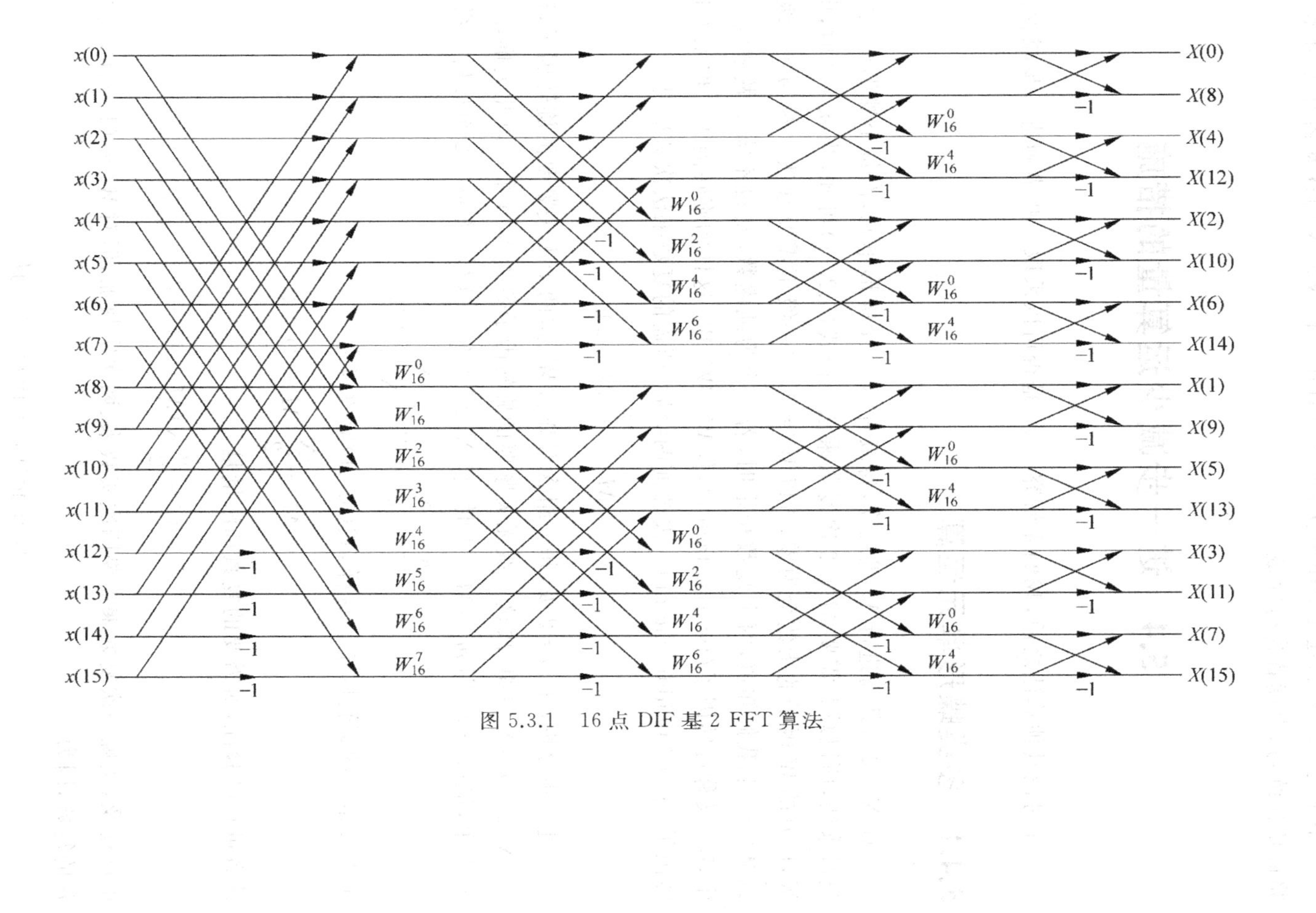


图 5.3.1 16点DIF基2 FFT算法

不论是DIT算法还是DIF算法，都可以看作是将 $N \times N$ 的 $\boldsymbol{W}$ 矩阵作分解来实现的。将此留作练习，由读者自行完成。

## 5.4 进一步减少运算量的措施

在讨论其他算法之前，我们先研究一下，是否可以采取一些措施进一步减少计算量。

### 5.4.1 多类蝶形单元运算

对 $N=2^M$，共需进行 $M$ 级运算，每级有 $N/2$ 个蝶形单元，而每个蝶形单元需要一次复数乘法，所以总共需要 $MN/2$ 次复数乘法。由式(5.2.11)可知，当 $m=0$ 时，即对第零级，所有的 $W$ 因子的指数全为零，所以 $W^r=1$，这一级不需要乘法。对 $m=1$ 级，$W^r=1$ 或 $W^r=-\mathrm{j}$。我们知道，两个复数相乘时，若一个为纯虚数，则也不需要做乘法。在 DFT 中，$W^r$ 又称旋转因子(twiddle factor)，像 $W^0$、$W_2^1$、$W_4^1$ 这样的旋转因子又称无关紧要的旋转因子(trivial twiddle factor)。去掉前两级后，所需的复数乘法次数应是

$$M_c=\frac{N}{2}(M-2) \tag{5.4.1}$$

进一步分析，在 $m=2$ 级，每一组含有 $W_8^0$，$W_8^2$ 这两个无关紧要的旋转因子，这一级共有 $(N/2^{2+1})=N/8$ 组，故这一级无关紧要的旋转因子数为 $N/4$ 个。以此类推，$m=3$ 时有 $N/8$ 个，最后一级，即 $m=M-1$ 时，有 $N/2^{M-1}$ 个。这样，从 $m=2$ 至最后一级共有

$$\frac{N}{4}+\frac{N}{8}+\cdots+\frac{N}{N/2}=\frac{N}{2}-2 \tag{5.4.2}$$

个无关紧要的旋转因子。这样，式(5.4.1)应改写为

$$M_c=\frac{N}{2}(M-3)+2 \tag{5.4.3}$$

读者可自己验证，所需要的复数加法量是

$$A_c=\frac{3}{2}N(M-1)+2 \tag{5.4.4}$$

前已述及，实现一次复数乘需要四次实数乘、两次实数加，但对 $W_8^1=(1-\mathrm{j})\sqrt{2}/2$ 这样特殊的复数，因为

$$(c+\mathrm{j}c)(x+\mathrm{j}y)=R+\mathrm{j}I$$

其中

$$R = c(x - y)$$

$$I = c(x + y)$$

所以可用两次实数乘、两次实数加来实现。从 $m = 2 \sim M - 1$ 级，每一级都包含不同数目的 $W_8^1$ 这样的因子，数量的多少，也如式(5.4.2)。这样，为完成 $N = 2^M$ 点DFT，所需要的实数乘法次数

$$M_R = 4[N(M-3)/2 + 2 - (N/2 - 2)] + 2(N/2 - 2)$$

即

$$M_R = N(2M - 7) + 12 \tag{5.4.5a}$$

同理，可导出所需的实数加法次数是

$$A_R = 3N(M - 1) + 4 \tag{5.4.5b}$$

式(5.4.5) 通常作为各种算法比较的基础。

一个旋转因子对应一个蝶形单元。若在程序中包含了所有的旋转因子，则称该算法含一类蝶形单元；若去掉 $W^r = \pm 1$，则说含二类蝶形单元；若再去掉 $W^r = \pm \mathrm{j}$，则说含三类；如果再特殊处理 $W^r = (1 - \mathrm{j})\sqrt{2}/2$ 这样的蝶形单元，我们则称该算法含有四类蝶形单元。表 5.4.1 给出了 $N$ 在不同值时取不同类型蝶形单元所需要的实数乘和实数加的次数。尽管该方法无根本的突破，但在 $N$ 较大时，乘法的节约也是相当可观的。如 $N = 4096$，用三类蝶形单元时的乘法数比仅用一类时节约了 25%。当然，蝶形单元用得多，编程时要稍微复杂些。

**表 5.4.1 基 2 FFT 在各种蝶形单元下所需的实数乘法和实数加法的次数**

| $N$ | 一类蝶形单元 | | 二类蝶形单元 | | 三类蝶形单元 | | 四类蝶形单元 | |
|---|---|---|---|---|---|---|---|---|
| | $M_1$ | $A_1$ | $M_2$ | $A_2$ | $M_3$ | $A_3$ | $M_4$ | $A_4$ |
| 2 | 4 | 6 | 0 | 4 | 0 | 4 | 0 | 4 |
| 8 | 48 | 72 | 20 | 58 | 8 | 52 | 4 | 52 |
| 32 | 320 | 480 | 196 | 418 | 136 | 388 | 108 | 288 |
| 128 | 1792 | 2688 | 1284 | 2434 | 1032 | 2308 | 908 | 2308 |
| 512 | 9216 | 13 824 | 7172 | 12 802 | 6152 | 12 292 | 5644 | 12 292 |
| 2048 | 45 056 | 67 584 | 36 868 | 63 490 | 32 776 | 61 444 | 30 732 | 61 444 |
| 4096 | 98 304 | 14 756 | 81 924 | 139 266 | 73 736 | 135 172 | 69 644 | 135 172 |

## 5.4.2 W 因子的生成

在 FFT 中，乘法主要来自旋转因子，因为 $W^r = \cos(2\pi r/N) - \mathrm{j}\sin(2\pi r/N)$，所以在对 $W^r$ 相乘时，必须产生相应的正、余弦函数。在编程时，正、余弦函数的产生一般有两个办法，一是在每一步直接产生，二是在程序开始前预先计算出 $W^r$，将 $r = 0, 1, \cdots, N-1$

这 $N$ 个独立的值存于数组中，等效于建立了一个正、余弦函数“表”，在程序执行时可直接查“表”得到。这样就提高了运算速度，但要占较多的内存。

### 5.4.3 实输入数据时的FFT算法

在实际工作中，输入数据 $x(n)$ 一般都是实序列，通常是把 $x(n)$ 视为一个虚部为零的复序列，这就增加了运算的时间。每提出一种新的 FFT 算法时都相应地讨论在该算法下实数据的变换问题。最早提出的方法是用一个 $N$ 点 FFT 同时计算两个 $N$ 点实序列的 DFT，一个作为实部，另一个作为虚部，计算完后再把输出按奇、偶、虚、实特性加以分离。另一个方法是用 $N/2$ 点 FFT 计算一个 $N$ 点序列的 DFT，将该序列的偶序号置为实部，奇序号置为虚部，同样在最后将其分离。理论上讲，这样做可以减少一半的计算量。

## 5.5 基 4 算法与分裂基算法

分裂基(split-radix)算法又称基2/4算法或混合基算法，它既和5.2节～5.4节的基2算法有关，也和基 4 算法有关。为此，本节先简要介绍一下基 4 算法，然后再讨论基 2/4 算法。

### 5.5.1 频率抽取基 4 FFT 算法

令 $N=4^M$，对 $N$ 点 DFT 可按如下方法作频率抽取：

$$X(k)=\sum_{n=0}^{N/4-1}x(n)W_N^{nk}+\sum_{n=N/4}^{N/2-1}x(n)W_N^{nk}+\sum_{n=N/2}^{3N/4-1}x(n)W_N^{nk}+\sum_{n=3N/4}^{N-1}x(n)W_N^{nk}\tag{5.5.1}$$

如按时间抽取，则

$$X(k)=\sum_{l=0}^{3}W_N^{lk}\sum_{n=0}^{N/4-1}x(4n+l)W_{N/4}^{nk}$$

分别令 $k=4r,k=4r+2,k=4r+1$ 及 $k=4r+3$，而 $r=0,1,\cdots,\frac{N}{4}-1$，由式(5.5.1)，有

$$X(4r)=\sum_{n=0}^{\frac{N}{4}-1}\left[\left(x(n)+x\left(n+\frac{N}{2}\right)\right)+\left(x\left(n+\frac{N}{4}\right)+x\left(n+3\frac{N}{4}\right)\right)\right]W_{N/4}^{nr}$$

$$X(4r+2)=\sum_{n=0}^{\frac{N}{4}-1}\left[\left(x(n)+x\left(n+\frac{N}{2}\right)\right)-\left(x\left(n+\frac{N}{4}\right)+x\left(n+3\frac{N}{4}\right)\right)\right]W_N^{2n}W_{N/4}^{nr}$$

$$X(4r+1)=\sum_{n=0}^{\frac{N}{4}-1}\left[\left(x(n)-x\left(n+\frac{N}{2}\right)\right)-\mathrm{j}\left(x\left(n+\frac{N}{4}\right)-x\left(n+3\frac{N}{4}\right)\right)\right]W_N^n W_{N/4}^{nr}$$

$$X(4r+3)=\sum_{n=0}^{\frac{N}{4}-1}\left[\left(x(n)-x\left(n+\frac{N}{2}\right)\right)+\mathrm{j}\left(x\left(n+\frac{N}{4}\right)-x\left(n+3\frac{N}{4}\right)\right)\right]W_N^{3n} W_{N/4}^{nr}$$

若 $N=16$，通过上述推导即可把一个 16 点的 DFT 分成 4 个 4 点的 DFT，其信号流图如图 5.5.1 所示。该图分为 $m=0,m=1$ 两级。最右边的 4 个 4 点的 DFT，每一个都是基 4 FFT 的基本单元，如图中虚线方框内所示。可以看出，基 4 FFT 的基本单元仅有一个纯虚数 j 需要做乘法。由于基 4 算法使做 FFT 的级数减少一半，故所需的乘法量也相应减少。仿照 5.3.1 节，可得到使用四类蝶形单元时所需的实数乘法及实数加法的次数，即有

$$\left.\begin{aligned}M_{\mathrm{R}}&=\frac{3N}{2}\log_2 N-5N+8\\A_{\mathrm{R}}&=\frac{11N}{4}\log_2 N-13N/6+8/3\end{aligned}\right\}\tag{5.5.2}$$

## 5.5.2 分裂基算法

仔细观察图 5.5.1 的基 4 频率抽取算法可发现，在每一级中每一组的上半部的输出都没有乘以旋转因子，它们对应偶序号的输出(这一点由式(5.3.1a)也可看出)，旋转因子都出现在奇序号的输出中。另外，又由 5.5.1 节所述，基 4 算法比基 2 算法更有效。因此 1984 年首先提出了“分裂基”算法[Duh86]，该算法的基本思路是对偶序号输出使用基 2 算法，对奇序号输出使用基 4 算法。由于分裂基算法在目前已知的所有针对 $N=2^M$ 的算法中具有最少的乘法次数和加法次数，并且具有和 Cooley-Tukey 算法同样好的结构，因此被认为是最好的快速傅里叶变换算法。后来的研究表明，该算法最接近理论上所需乘法次数的最小值[Duh90b]。

### 1. 算法推导

对 $N=2^M$ 点 DFT，重写式(5.3.1a) 的 DIF 的偶序号输出项，即

$$X(2r)=\sum_{n=0}^{\frac{N}{2}-1}\left[x(n)+x\left(n+\frac{N}{2}\right)\right]W_{N/2}^{nr},\qquad r=0,1,\cdots,\frac{N}{2}-1\tag{5.5.3a}$$

对 $k$ 的奇序号项用基 4 算法，即

$$X(4r+1)=\sum_{n=0}^{\frac{N}{4}-1}\left[\left(x(n)-x\left(n+\frac{N}{2}\right)\right)-\mathrm{j}\left(x\left(n+\frac{N}{4}\right)-x\left(n+3\frac{N}{4}\right)\right)\right]W_N^n W_{N/4}^{nr}\tag{5.5.3b}$$

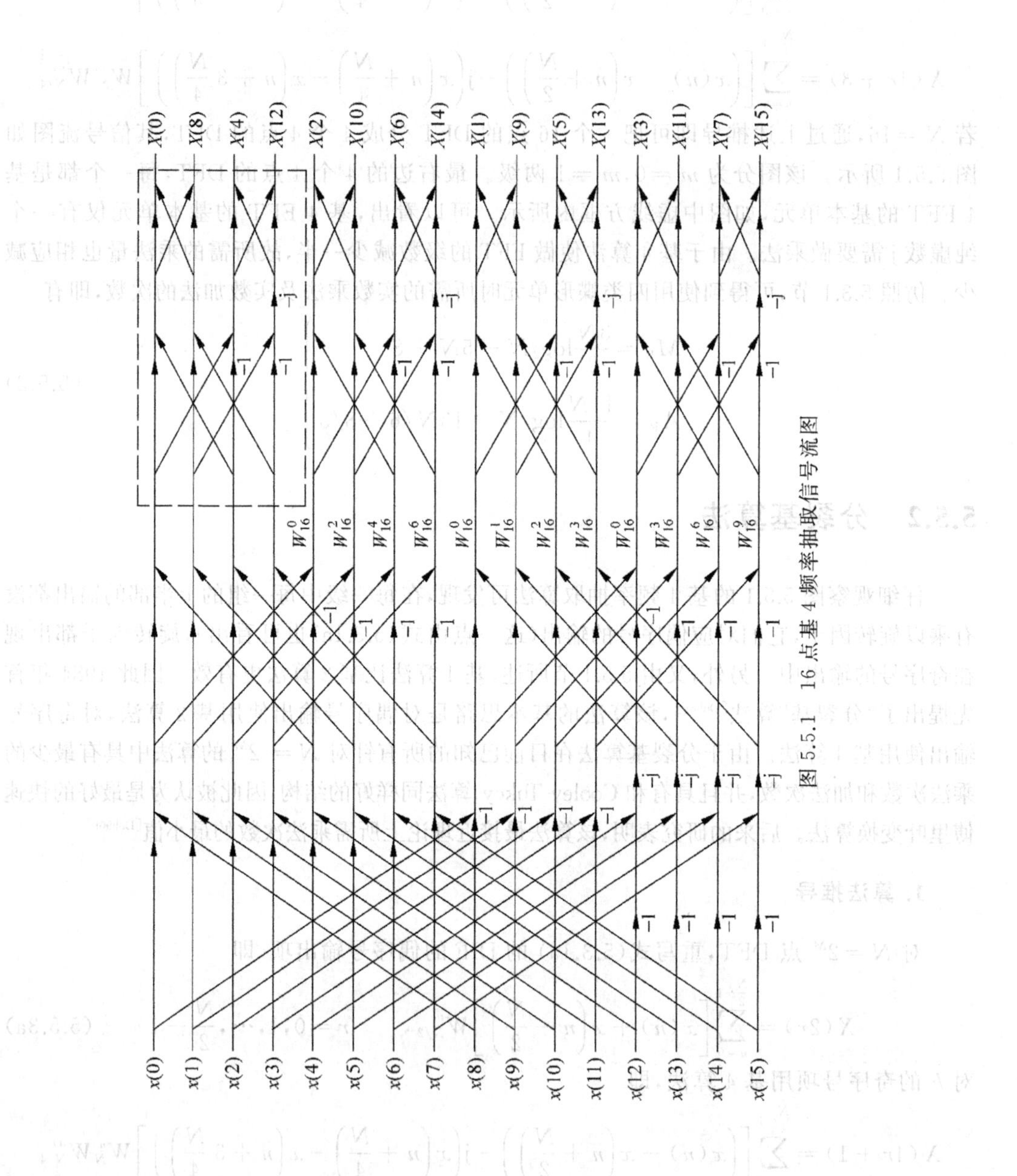


图 5.5.1 16 点基 4 频率抽取信号流图

$$X(4r+3)=\sum_{n=0}^{\frac{N}{4}-1}\left[\left(x(n)-x\left(n+\frac{N}{2}\right)\right)+\mathrm{j}\left(x\left(n+\frac{N}{4}\right)-x\left(n+3\frac{N}{4}\right)\right)\right]W_N^{3n}W_{N/4}^{nr} \tag{5.5.3c}$$

式中，$r=0,1,\cdots,N/4-1$。上面三式构成了分裂基算法的 L 型算法结构，如图 5.5.2 所示。$N=16$ 时，两级分裂基算法的结构如图 5.5.3 所示。

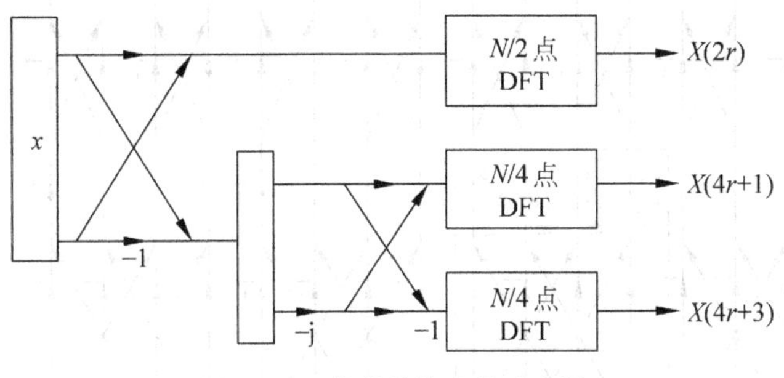


图 5.5.2 分裂基算法的示意图

为了帮助读者对分裂基算法有一个更深入的了解，现以 $N=16$ 为例，推导其算法，并给出信号流图。令

$$\begin{aligned}
&a(n)=x(n)+x(n+8), && n=0,1,\cdots,7\\
&b(n)=x(n)-x(n+8), && n=0,1,2,3\\
&c(n)=x(n+4)-x(n+12), && n=0,1,2,3\\
&d(n)=[b(n)-\mathrm{j}c(n)]W_{16}^{n}, && n=0,1,2,3\\
&e(n)=[b(n)+\mathrm{j}c(n)]W_{16}^{3n}, && n=0,1,2,3
\end{aligned}$$

由式(5.5.3)，得

$$X(2r)=\sum_{n=0}^{7}a(n)W_8^{nr},\qquad r=0,1,\cdots,7 \tag{5.5.4a}$$

$$X(4r+1)=\sum_{n=0}^{3}d(n)W_4^{nr},\qquad r=0,1,2,3 \tag{5.5.4b}$$

$$X(4r+3)=\sum_{n=0}^{3}e(n)W_4^{nr},\qquad r=0,1,2,3 \tag{5.5.4c}$$

式(5.5.4b) 和式(5.5.4c) 已各是 4 点 DFT，不需要再分，对式(5.5.4a)，可继续做分裂基算法。因为

$$X(2r)=\sum_{n=0}^{3}[a(n)+(-1)^r a(n+4)]W_8^{nr}$$

所以，分别令 $r=2l, r=4l+1, r=4l+3$，得

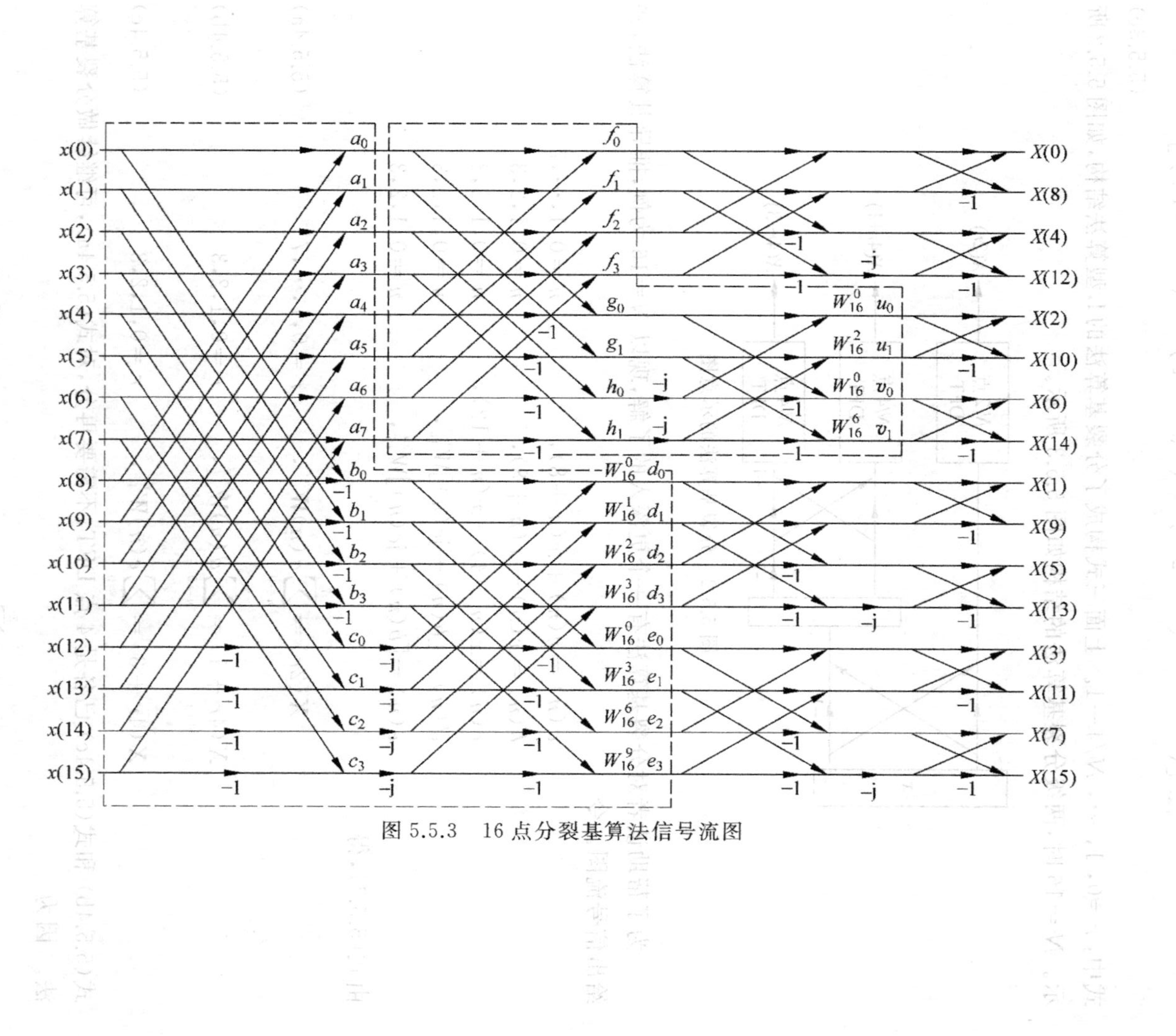


图 5.5.3　16 点分裂基算法信号流图

$$X(4l)=\sum_{n=0}^{3}f(n)W_4^{nl},\qquad l=0,1,2,3$$

$$X(8l+2)=\sum_{n=0}^{1}u(n)W_2^{nl},\quad l=0,1$$

$$X(8l+6)=\sum_{n=0}^{1}v(n)W_4^{nl},\quad l=0,1$$

以上三式中，

$$f(n)=a(n)+a(n+4)$$
$$u(n)=[g(n)-\mathrm{j}h(n)]W_{16}^{2n}$$
$$v(n)=[g(n)+\mathrm{j}h(n)]W_{16}^{6n}$$

其中，

$$g(n)=a(n)-a(n+4)$$
$$h(n)=a(n+2)-a(n+6)$$

由此可得出 16 点的分裂基算法信号流图，如图 5.5.3 所示。

**2. 分裂基算法的计算量**

分析式(5.5.3)可以看出，一个 $N$ 点 DFT 在第一级被分成了一个 $N/2$ 点 DFT 和两个 $N/4$ 点的 DFT。$N/2$ 点 DFT 对应偶序号输出，不包含 $W$ 因子。两个 $N/4$ 点 DFT 对应奇序号输出，共有 $N/2$ 个旋转因子，其中包含两个 $W^0$ 因子，两个 $W_8^1$ 因子，它们都可以特殊处理，因此，这一级应需要$(N/2-4)$个一般复数乘和两个乘以 $W_8^1$ 的特殊复数乘。若实现一次复数乘需四次实数乘、两次实数加，那么实现这一级运算共需要$[4(N/2-4)+2\times2=2N-12]$次实数乘法。由此可得到递推公式

$$Q_n=Q_{n-1}+2Q_{n-2}+2\times2^n-12\tag{5.5.5}$$

式中，$n=3,4,\cdots,M$，而 $M=\log_2 N$，$Q_n$ 代表 $N=2^n$ 时所需要的乘法量，初始条件是 $Q_1=0$，$Q_2=0$。现在来求解这一差分方程。不妨将式(5.5.5)写成

$$x(n)=x(n-1)+2x(n-2)+2^{n+1}-12\tag{5.5.6}$$

假定 $N$ 为 $\infty$，则 $M$ 也为无穷，此时对上式两边取 $Z$ 变换(注意 $n$ 的值从 3 开始)，得

$$X(z)[1-z^{-1}-2z^{-2}]$$
$$=2\left[\frac{1}{1-2z^{-1}}-(1-2z^{-1}+4z^{-2})\right]-12\left[\frac{1}{1-z^{-1}}-(1+z^{-1}+z^{-2})\right]$$

经整理得

$$X(z)=\frac{4z+8}{(z-1)(z+1)(z-2)^2}$$

做部分分式分解，并求 $Z$ 反变换，注意到 $n \geqslant 3$，于是有

$$x(n)=\frac{4}{3}n\times 2^n-\frac{38}{9}\times 2^n+6+(-1)^n\frac{2}{9}$$

当 $n=M$ 时，有

$$M_{\mathrm{R}}=\frac{4}{3}MN-\frac{38}{9}N+6+(-1)^M\frac{2}{9} \tag{5.5.7}$$

这正是分裂基算法在四类蝶形单元情况下所需的实数乘法次数的计算公式，同理可推出所需实数加法的递推公式为

$$A_{\mathrm{R}}=\frac{8}{3}MN-\frac{16}{9}N+2-(-1)^M\frac{2}{9} \tag{5.5.8}$$

表 5.5.1 给出了在使用四类蝶形单元情况下 $N$ 取不同值时基 2、基 4 及分裂基算法所需的实数乘与实数加的次数。由该表可以看出，当 $N\geqslant 64$ 时，分裂基算法所需的实数乘的次数约是基 2 算法的 2/3。

**表 5.5.1 基 2、基 4 及分裂基算法所需实数乘及实数加的次数的比较(输入数据为复数)**

| 算法 / $N$ | 基 2 | | 基 4 | | 基 2/4 | |
|---|---|---|---|---|---|---|
| | $M_{\mathrm{R}}$ | $A_{\mathrm{R}}$ | $M_{\mathrm{R}}$ | $A_{\mathrm{R}}$ | $M_{\mathrm{R}}$ | $A_{\mathrm{R}}$ |
| 2 | 0 | 4 | | | 0 | 4 |
| 4 | 0 | 16 | 0 | 16 | 0 | 16 |
| 8 | 4 | 52 | | | 4 | 52 |
| 16 | 28 | 148 | 24 | 144 | 24 | 144 |
| 64 | 332 | 964 | 264 | 920 | 248 | 912 |
| 256 | 2316 | 5380 | 1800 | 5080 | 1656 | 5008 |
| 1024 | 13 324 | 27 652 | 10 248 | 25 944 | 9336 | 25 488 |
| 4096 | 69 644 | 135 172 | 53 256 | 126 926 | 48 248 | 123 792 |

### 3. 分裂基算法的特点

在已知的 $N=2^M$ 的各种算法中，分裂基算法所需的乘法数最少，并接近理论上的最小值。文献[Hei88]证明了对长度 $N=2^M$ 的实序列 $x(n)$，其 DFT 所需的理论上的最少实数乘法次数是

$$M_{\mathrm{R}}=2N-M^2-M-2 \tag{5.5.9}$$

当然,这一理论上的最小值是很难实现的,因为它需要太多的加法而且算法过于复杂。

分裂基算法有和基 2、基 4 算法一样的规则结构,可以同址运算,这在用 IC 芯片来实现这些算法时是特别重要的。

若把基 2、基 4 和分裂基算法中所有无关紧要的旋转因子(包括图中的$\pm$j)都考虑在内,那么三者所需的计算量其实是一样的。分裂基算法的特点是合理地安排了算法结构,使无关紧要的旋转因子最大限度地减小。比较基 2、基 4 及分裂基的信号流图(见图 5.3.1、图 5.5.1 及图 5.5.3)可以看出,在第一级,若去掉 $W^0$,基 2 算法有 7 个旋转因子,基 4 有 9 个,分裂基有 6 个。但基 2 算法还有两个 8 点 DFT,可分成 4 个 4 点 DFT,它们其中还有旋转因子,而基 4 已不用再分。尽管分裂基的 $m=1$ 级还有 8 点要分,但总的旋转因子要少于基 4 算法,更少于基 2 算法。

文献[Duh90a]指出,对 $N=2^M$ 的一类 FFT 算法,至少对一维序列而言,分裂基算法的提出已使 FFT 算法比较完善,乘法量难以进一步减少。

# 5.6 线性调频 $Z$ 变换(CZT)

我们知道,DFT 在时域和频域都是 $N$ 点的周期序列。当数据较短时,计算分辨率较差,即 $\Delta f=f_s/N$ 过大,这时可以在数据后面补零以提高频域的分点数,从而提高计算分辨率。但这样做无疑要增加计算量。另一方面,当数据足够长时,我们有时候并不需要计算出频域的全部分点,而只要得到某一个频带内的(例如对应低通或带通)就可以了。特别是当信号为一个或几个正弦信号时,我们希望仅在正弦信号的频率处给以“细化”,而在其他分点处可以较疏,甚至不考虑这些点。总之,在用 FFT 去解决一个实际问题时,在输入和输出端都可以进一步简化,以降低计算量。

解决上述问题的方案有两个,一是在前述的基 2 算法的基础上使输入或使输出或使两者同时仅取少数点的算法,该算法称为 FFT Pruning。二是和 DFT 有较大区别的变换算法,即 CZT。该算法可以用来计算在单位圆上任一段圆弧上的傅里叶变换,并且在作 DFT 时输入的点数 $N$ 和输出的点数 $M$ 可以不相等,从而实现频域“细化”的目的。

## 5.6.1 CZT 的定义

设 $x(n)$ 为已知的时间信号,我们在第 2 章所定义的 $x(n)$ 的 $Z$ 变换是

$$X(z)=\sum_{n=0}^{\infty}x(n)z^{-n}$$

式中

$$z=e^{sT_s}=e^{(\sigma+j\Omega)T_s}=e^{\sigma T_s}e^{j\Omega T_s}=Ae^{j\omega}$$

$s$为拉普拉斯变量，$A=e^{\sigma T_s}$为实数，圆频率$\omega=\Omega T_s$为一角度。现对上式的$z$作一修改。令

$$z_r=AW^{-r}$$

式中

$$A=A_0e^{j\theta_0},\quad W=W_0e^{-j\varphi_0}$$

则

$$z_r=A_0e^{j\theta_0}W_0^{-r}e^{j\varphi_0 r}\tag{5.6.1}$$

$A_0$、$W_0$为任意的正实数，给定$A_0$、$W_0$、$\theta_0$、$\varphi_0$，当$r=0,1,\cdots,\infty$时，我们可得到在$z$平面上的一个个点$z_0,z_1,\cdots,z_\infty$，取这些点上的$Z$变换，有

$$X(z_r)=\text{CZT}[x(n)]=\sum_{n=0}^{\infty}x(n)z_r^{-n}=\sum_{n=0}^{\infty}x(n)A^{-n}W^{nr}\tag{5.6.2}$$

这正是CZT的定义。现在需要解释$A_0$、$W_0$、$\theta_0$、$\varphi_0$的含义。

由式(5.6.1)可知，当$r=0$时，$z_0=A_0e^{j\theta_0}$，该点(图5.6.1中$P$点)在$z$平面上的幅度为$A_0$，幅角为$\theta_0$，是CZT的起点。当$r=1$时，$z_1=A_0W_0^{-1}e^{j(\theta_0+\varphi_0)}$，$z_1$点的幅度变为$A_0W_0^{-1}$，角度在$\theta_0$的基础上有增量$\varphi_0$。不难想象，当随着$r$的变化，点$z_0,z_1,z_2,\cdots$构成了CZT变换的路径。因此，对第$M-1$点，即$Q=z_{M-1}$点，该点的极坐标应是

$$Q=A_0e^{j\theta_0}W_0^{-(M-1)}e^{j(M-1)\varphi_0}\tag{5.6.3}$$

如图5.6.1所示。

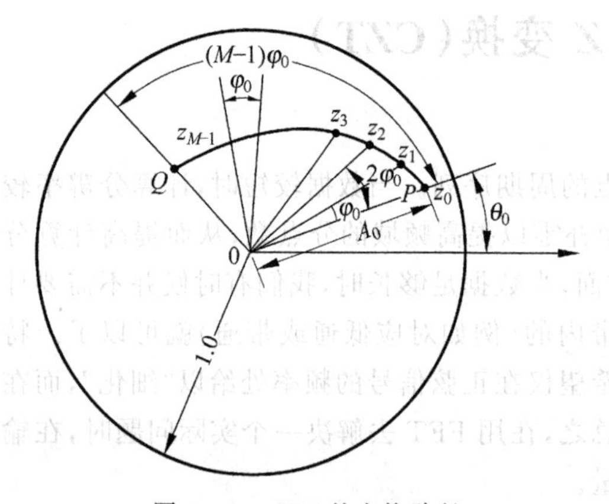


图5.6.1 CZT的变换路径

这样，CZT在$z$平面上的变换路径是一条螺旋线，显然：

① 当$A_0>1$时，螺旋线在单位圆外，反之，在单位圆内。

② 当$W_0>1$时，$A_0W_0^{-1}<A_0$，螺旋线内旋；反之，螺旋线外旋。

③ 当$A_0=W_0=1$时，CZT的变换路径为单位圆上的一段圆弧，起于$P$点，终于$Q$点，$P$、$Q$之间的分点$M$不一定等于数据的点数$N$。

④ 当$A_0=W_0=1,\theta_0=0,M=N$时，CZT变成了普通的DFT。

因为我们希望得到的是信号的频谱分析，故应在单位圆上去实现CZT，而$A_0$、$W_0$都应取为1。$x(n)$的长度假定为$n=0,1,\cdots,N-1$，变换的长度$r=0,1,\cdots,M-1$，有

$$X(z_r)=\sum_{n=0}^{N-1}x(n)A^{-n}W^{nr}\tag{5.6.4}$$

由于

$$nr=\frac{1}{2}[r^2+n^2-(r-n)^2]$$

所以式(5.6.4)又可写成

$$X(z_r)=\sum_{n=0}^{N-1}x(n)A^{-n}W^{r^2/2}W^{n^2/2}W^{-(r-n)^2/2} \tag{5.6.5}$$

令

$$g(n)=x(n)A^{-n}W^{n^2/2} \tag{5.6.6}$$

$$h(n)=W^{-n^2/2} \tag{5.6.7}$$

则

$$\begin{aligned}X(z_r)&=W^{r^2/2}\sum_{n=0}^{N-1}g(n)h(r-n)\\&=W^{r^2/2}[g(r)*h(r)]=W^{r^2/2}y(r)\end{aligned} \tag{5.6.8}$$

式中

$$y(r)=g(r)*h(r)=\sum_{n=0}^{N-1}g(n)W^{-\frac{(r-n)^2}{2}},\qquad r=0,1,\cdots,M-1 \tag{5.6.9}$$

式(5.6.8)的计算可用图 5.6.2 所示的步骤来实现。

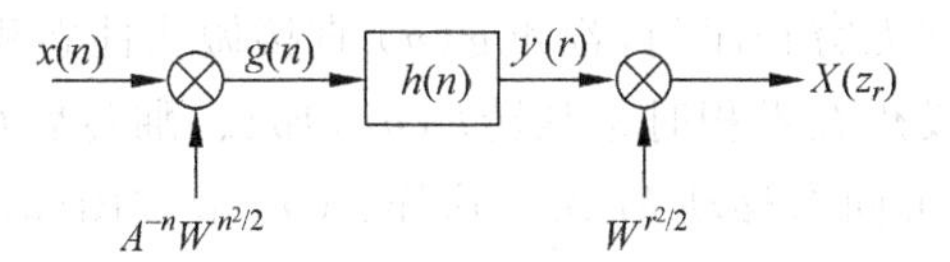


图 5.6.2 CZT 的线性滤波计算步骤

## 5.6.2 CZT 的计算方法

计算出单位圆上 $M$ 点 $X(z_r)$ 的关键是实现式(5.6.8)中 $g(n)$ 和 $h(n)$ 的线性卷积。由式(5.6.6)可知,由于 $A=e^{j\theta_0}$,$W=e^{-j\varphi_0}$,所以 $h(n)=W^{-n^2/2}$ 应是一个无穷长的序列,且是以 $n=0$ 为偶对称的。同理,$A^{-n}W^{n^2/2}$ 也应是无穷长序列。但因为 $x(n)$ 是 $N$ 点序列,所以由式(5.6.6)可知,$g(n)$ 也应是 $N$ 点序列,即 $n=0,1,\cdots,N-1$。

由上述 $g(n)$、$h(n)$ 的特点,考虑到我们仅需要 $M$ 点的输出序列,且希望用 DFT 来实现 $g(n)$ 和 $h(n)$ 的卷积,这就需要对 $g(n)$、$h(n)$ 的长度做一些处理。具体处理方法和步骤如下。

按式(5.6.6)计算出 $g(n)$,$n=0,1,\cdots,N-1$,然后将 $g(n)$ 补零,使之长度为 $L$,$L\geqslant N+M-1$,这样得到新序列

$$g'(n)=\begin{cases}g(n), & n=0,1,\cdots,N-1\\0, & N\leqslant n\leqslant L-1\end{cases} \tag{5.6.10}$$

将 $h(n)$ 也转换成一个 $L$ 点的新序列 $h'(n)$,如图 5.6.3 所示,图中

$$h'(n)=\begin{cases}h(n), & 0\leqslant n\leqslant M-1\\ 0, & M\leqslant n\leqslant L-N\\ h(L-n), & L-N+1<n\leqslant L-1\end{cases} \tag{5.6.11}$$

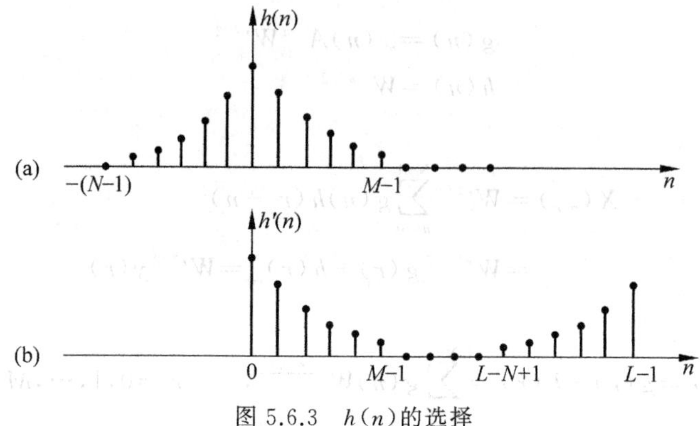


图 5.6.3　$h(n)$的选择

因为$h(n)$本是一偶对称无穷长序列，若和$g(n)$直接做线性卷积，且$g(n)$仅$N$点，卷积的结果只要$M$点，所以设想在卷积时是翻转$h(n)$，那么，翻转后$h(-n)$应有$N$点和$g(n)$对应相乘，且$h(-n)$应可向右移动$M$次。这样$h(n)$应按图(a)取值，而$h(n)$要转换成周期序列$h'(n)$，自然应按图(b)取值。

式(5.6.10)与式(5.6.11)中$L$的选择应是在保证$L\geqslant N+M-1$的条件下，取$L$为2的整数次幂。

有了$h'(n)$、$g'(n)$之后，先求$h'(n)$、$g'(n)$的DFT，得$H'(k)$、$G'(k)$，它们都是$L$点序列。再令$Y'(k)=H'(k)G'(k)$，并求$Y'(k)$的反变换，得$y(r)$，仅取$y(r)$中的前$M$个点。然后用$W^{r^2/2}$乘$y(r)$，则得最后的输出$X(z_r)$，$r=0,1,\cdots,M-1$。

由上面的讨论可知，CZT不但可用来计算单位圆上的$Z$变换，而且可计算$z$平面上任一螺旋线上的$Z$变换。当然，只有在单位圆上的$Z$变换才是傅里叶变换。

在单位圆上，$\theta_0$、$\varphi_0$可任意给定，这样可选择所需要的起始频率及频率分辨率。做CZT时，对$N$和$M$的大小没有限制，仅要求$L\geqslant N+M-1$，且$L$为2的整数次幂。

## 5.7　Goertzel 算法

对于$N$点序列$x(n)$，利用5.2节～5.5节的FFT可以高效地求出其$N$点$X(k)$。如果只需要求出单位圆上一段圆弧上的$X(k)$，可用5.6节的CZT算法。当仅需计算单位

圆上少数点的 $X(k)$时，下面的 Goertzel 算法会更有效。

因为 $W_N^N=\mathrm{e}^{-\mathrm{j}2\pi N/N}=1$，所以，式(5.1.1)的 DFT 可改为

$$X(k)=W_N^{-kN}\sum_{n=0}^{N-1}x(n)W_N^{nk}=\sum_{n=0}^{N-1}x(n)W_N^{-k(N-n)} \tag{5.7.1}$$

注意到该式具有卷积的形式，因此，定义

$$h_k(n)=W_N^{-kn}u(n)=\mathrm{e}^{\mathrm{j}2\pi nk/N}u(n) \tag{5.7.2}$$

是一个滤波器的单位抽样响应，那么，它和 $x(n)$的卷积，也即滤波器的输出

$$y_k(m)=\sum_{n=0}^{N-1}x(n)W_N^{-k(m-n)} \tag{5.7.3}$$

当 $m=N$ 时，系统的输出即 $\omega_k=2\pi k/N$ 处的 DFT，即

$$X(k)=y_k(m)\Big|_{m=N} \tag{5.7.4}$$

很容易验证，令式(5.7.3)中的 $m=N$，它即变为式(5.7.1)，所以式(5.7.4)成立。

式(5.7.2)对应的转移函数是

$$H_k(z)=\frac{1}{1-W_N^{-k}z^{-1}} \tag{5.7.5}$$

该滤波器有一个位于 $\omega_k=2\pi k/N$ 处的极点。可以想象，当 $k$ 取 $0\sim N-1$ 时，有 $N$ 个这样的滤波器。将它们并联，都输入 $x(n)$，其 $N$ 个输出就是 $N$ 点 $X(k)$。式(5.7.5)对应的差分方程是

$$y_k(n)=W_N^{-k}y_k(n-1)+x(n),\quad y_k(-1)=0 \tag{5.7.6}$$

希望的输出 $X(k)=y_k(n)$，$k=0,1,\cdots,N-1$。用式(5.7.6)的递归运算可代替式(5.7.3)的卷积计算。计算中所需的旋转因子 $W_N^{-k}$ 可以事先求出并存储于计算机中。但式(5.7.6)中毕竟有乘以 $W_N^{-k}$ 的复数乘法，将其改造成

$$H_k(z)=\frac{1}{1-W_N^{-k}z^{-1}}\,\frac{1-W_N^{k}z^{-1}}{1-W_N^{k}z^{-1}}=\frac{1-W_N^{k}z^{-1}}{1-2\cos(2\pi k/N)z^{-1}+z^{-2}} \tag{5.7.7}$$

这样，系统的直接实现如图 5.7.1 所示。式(5.7.7)(或图 5.7.1)即是 Goertzel 算法。

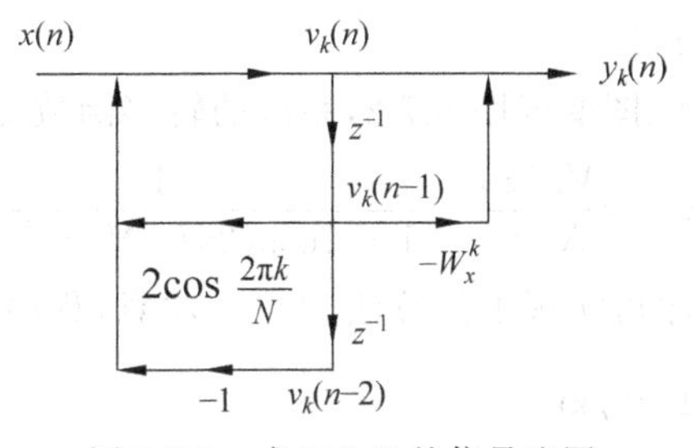


图 5.7.1　式(5.7.7)的信号流图

图中

$$v_k(n)=2\cos(2\pi k/N)v_k(n-1)-v_k(n-2)+x(n) \tag{5.7.8}$$

$$y_k(n)=v_k(n)-W_N^k v_k(n-1) \tag{5.7.9}$$

并有初始条件 $v_k(-1)=v_k(-2)=0$。

式(5.7.8)的递归运算由 $n=0$ 到 $n=N$，每一次迭代需要一次实数乘法和两次实数加法，这样，对于实信号 $x(n)$，完成一次递归运算只需要 $N+1$ 次实数乘法，而式(5.7.9)只在 $n=N$ 时计算一次，基本上可以不考虑其运算量。递归结束得到的是 $y_k(N)$，而

$$X(k)=y_k(N) \tag{5.7.10}$$

由 DFT 的对称性，同时也得到了 $X(N-k)$。

本章开头已指出，对 $N$ 点 DFT，求出 $N$ 点的 $X(k)$ 需要 $N^2$ 次复数乘法，$N(N-1)$ 次复数加法。因此，在实际工作中，若需要求出的 $X(k)$ 比较少，Goertzel 算法是相当有效的。

前已述及，利用 Goertzel 算法实现 DTMF 频率检测时主要是要计算 $|X(k)|^2$，由于 $|X(k)|^2=X(k)X^*(k)$，由式(5.7.10)和式(5.7.9)，有

$$\begin{aligned}|X(k)|^2&=[v_k(N)-W_N^k v_k(N-1)][v_k(N)-W_N^{-k}v_k(N-1)]\\&=v_k^2(N)+v_k^2(N-1)-(W_N^k+W_N^{-k})v_k(N)v_k(N-1)\end{aligned}$$

由欧拉公式，$W_N^k+W_N^{-k}=2\cos(2\pi k/N)$，可得

$$|X(k)|^2=v_k^2(N)+v_k^2(N-1)-2\cos\left(\frac{2\pi k}{N}\right)v_k(N)v_k(N-1) \tag{5.7.11}$$

该式称为改进的(modified)Goertzel 算法。显然，它省去了式(5.7.9)的复乘运算。这时的递推步骤是

(1) 首先令 $x(N)=0, v_k(-1)=0, v_k(-2)=0$；

(2) 对 $n=0,1,2,\cdots,N$，计算式(5.7.8)，即

$$v_k(n)=2\cos\left(\frac{2\pi k}{N}\right)v_k(n-1)-v_k(n-2)+x(n) \tag{5.7.12}$$

计算式(5.7.11)，得到 $|X(k)|^2$。

这样，图 5.7.1 的信号流图变成图 5.7.2，系统的转移函数变为

$$H_k(z)=\frac{V_k(z)}{X(z)}=\frac{1}{1-2\cos(2\pi k/N)z^{-1}+z^{-2}} \tag{5.7.13}$$

下面的 MATLAB 函数程序可实现上述算法[Tan19]。注意，程序最后输出的是 $|X(k)|/N$。

```
function [Xk,Ak]=galg(x,k)
N=length(x); x=[x 0];
vk=zeros(1,N+3);
for n=1:N+1
```

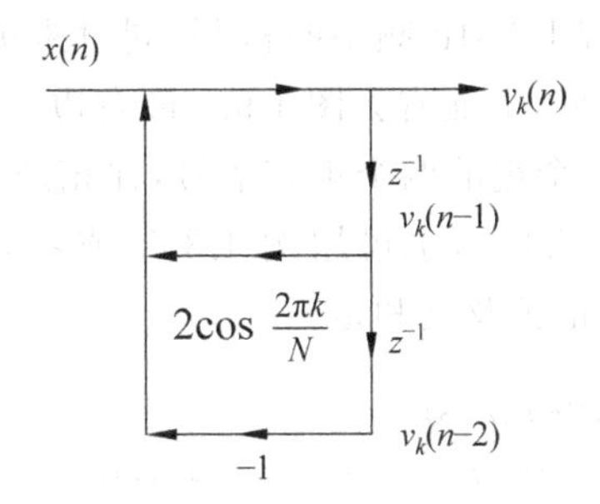


图 5.7.2 改进的 Goertzel 算法的信号流图

```
        vk(n+2)=2*cos(2*pi*k/N)*vk(n+1)-vk(n)+x(n);
    end
    Xk=vk(N+3)-exp(-2*pi*j*k/N)*vk(N+2);
    Ak=vk(N+3)*vk(N+3)+vk(N+2)*vk(N+2)-2*cos(2*pi*k/N)*vk(N+3)*vk(N+2);
    Ak=sqrt(Ak)/N;
```

分析该程序可以看出，在 n=1:N+1 的循环体内没有复数乘法，复数乘法只在最后出现了一次，即计算 $X(k)=y_k(N)$。另外，程序最后输出的是 $|X(k)|/N$。

**例 5.7.1** Goertzel 算法在 DTMF 频率检测中的应用[Tan19]。

1.9 节介绍了利用双音多频(dual-tone multi-frequency，DTMF)信号实现电话机中数字键盘的识别。如图 1.9.3 所示，有 4 个低频频率(697Hz、770Hz、852Hz 和 941Hz)和 4 个高频频率(1209Hz、1336Hz、1477Hz 和 1633Hz)，它们分别对应了 4×4 键盘的每一行和每一列。按下一个键，产生两个正弦信号的混合，对于键"7"，有

$$x_7(n)=A\sin(2\pi*852n/f_s)+A\sin(2\pi*1209n/f_s) \tag{5.7.14}$$

程控交换机中的 DTMF 接收电路收到该信号后，要快速准确的检测到其中包含哪两个频率，以确定呼叫方按下的是哪个键。

显然，对 $x_i(n), i=1,\cdots,16$ 做 DFT，所得 $|X_i(k)|$ 中最大的位置就是包含的频率。假定系统的抽样频率是 8000Hz，$N=205$，那么，这 16 个频率对应的位置是

$$k=N\frac{f}{f_s}=205f/8000 \tag{5.7.15}$$

可以求出

697Hz 对应于 $k=18$；1209Hz 对应于 $k=31$；

770Hz 对应于 $k=20$；1336Hz 对应于 $k=34$；

852Hz 对应于 $k=22$；1477Hz 对应于 $k=38$；

941Hz 对应于 $k=24$；1633Hz 对应于 $k=42$。

利用 Goertzel 算法求出这 8 个 $k$ 处的 $|X_i(k)|$，其中必有两个是最大的，其余的在理论上

为零，从而可快速、准确地实现 DTMF 频率的检测，同时避免了求整个 $N$ 点的 DFT。下面简述求解的步骤(为简单起见，下面省去图 1.9.3 最右边一列，即省去 1633Hz)。

① 步骤 1：产生对应某一个键的两个正弦信号，并相加。

求正弦信号，可利用式(5.7.14)，也可用例 4.3.5，或习题 4.7 中的正弦信号发生器。现在用后者，对于键"7"，两个正弦及其和是

```
N=205; fs=8000; t=[0:1:N-1]/fs;
x=zeros(1,length(t));x(1)=1;      %x(n):impulse function
b852=[0 sin(2*pi*852/fs)];a852=[1 -2*cos(2*pi*852/fs) 1];
y852=filter(b852,a852,x);
b1209=[0 sin(2*pi*1209/fs)];a1209=[1 -2*cos(2*pi*1209/fs) 1];
y1209=filter(b1209,a1209,x);
yDTMF=y852+y1209;                  %对应键"7"的两个正弦信号的和;
yDTMF=[yDTMF 0];                   %DTMF signal appended with a zero
```

下面的步骤是将 yDTMF 通过 7 个系统，每个系统的转移函数都由式(5.7.13)给出，它们的差别由式(5.7.15)的 $k$ 决定，显然，$k$ 是系统的"通带"频率，此处的"通带"仅让一个频率通过。下面的程序可方便地求出其频率响应，如对键"7"，$k=22$，$k=31$，因此

```
a852=[1 -2*cos(2*pi*22/N) 1];
a1209=[1 -2*cos(2*pi*31/N) 1];
[w3, f]=freqz(1,a852,512,fs);
[w5, f]=freqz(1,a1209,512,fs);
```

显然，这 7 个系统构成了一个"滤波器组"，其频率响应叠加(w1+⋯+w7)后如图 5.7.3 所示。

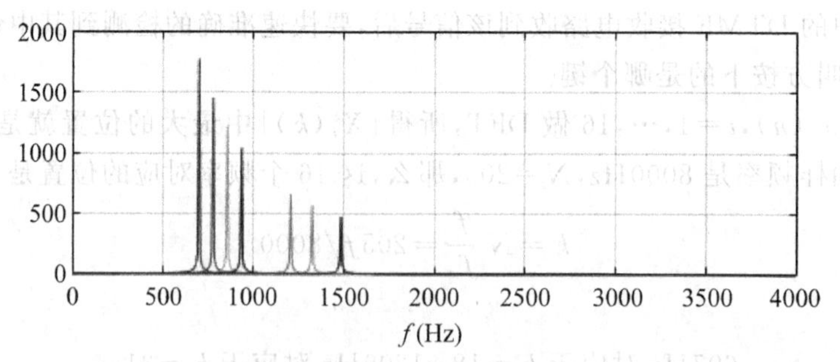


图 5.7.3 式(5.7.13)对应 $k$ 分别为 18,20,22,24,31,34,38 时的幅频特性

② 步骤 2：将 yDTMF 通过 7 个系统。这实际上是将对应键"7"的两个正弦信号的和(yDTMF)做 DFT，分别找出对应 $k$ 为 18,20,22,24,31,34,38 时的各个频率处的 $|X(k)|$，不过，现在不用计算 DFT，而是利用改进的 Goertzel 算法来实现。如对第一个

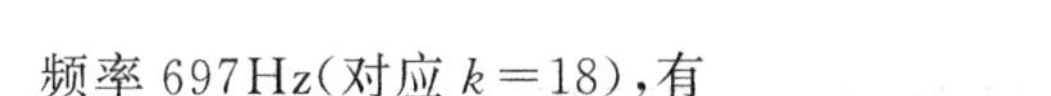

频率 697Hz(对应 $k=18$),有

```
a697=[1 -2 * cos(2 * pi * 18/N) 1];
y697=filter(1,a697,yDTMF);
m(1)=sqrt(y697(206)^2+y697(205)^2-...
     2 * cos(2 * pi * 18/205) * y697(206) * y697(205));
```

前面两句完成了对 yDTMF 的滤波,后一句 m(1)的求出对应式(5.7.11),求出的即是$|X(k)|^2$。将 7 个频率依次完成,得数组 m(1),…,m(7),如图 5.7.4 所示。

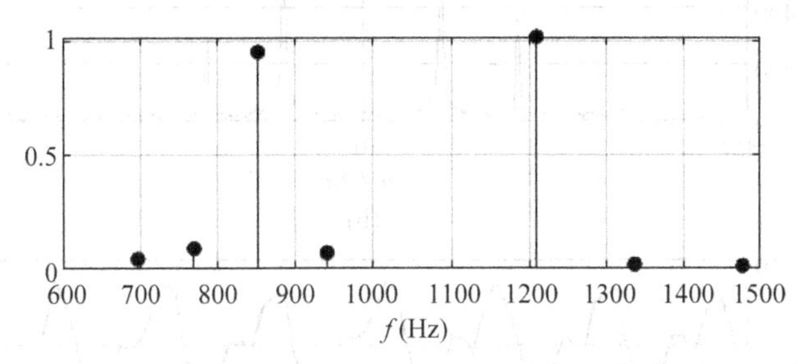


图 5.7.4 $k=18,20,22,24,31,34,38$ 对应的频率处的$|X(k)|^2$

由图 5.7.4 可以看出,在 $k=22,32$(分别对应 852Hz 和 1209Hz)处,检测到幅平方基本为 1,其余 5 个频率处基本为零。

③ 步骤 3:根据上述结果做出判决,即接收到的信号对应键"7"。

建议读者在上述几段程序的基础上,自己完成一个完整的利用改进的 Goertzel 算法来实现 DTMF 检测的程序。

## 5.8 与本章内容有关的 MATLAB 文件

与本章内容有关的 MATLAB 文件主要是 fft、ifft 和 czt.m。顾名思义,fft 实现快速傅里叶变换,ifft 实现快速傅里叶反变换,czt.m 用来实现 5.6 节的线性调频 Z 变换。

### 1. fft.m

调用格式是

```
X=fft(x)   或   X =fft(x,N)
```

对前者,若 x 的长度是 2 的整数次幂,则按该长度实现 x 的快速变换,否则,实现的是慢速

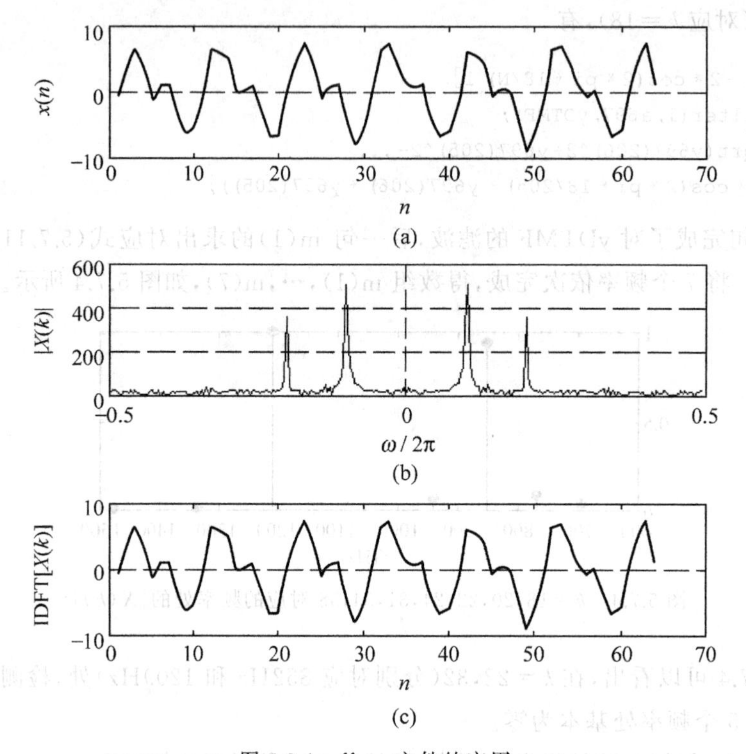


图 5.8.1 fft.m 文件的应用

的非 2 的整数次幂的变换；对后者，N 应为 2 的整数次幂，若 x 的长度小于 N，则补零，若超过 N，则舍弃 N 以后的数据。ifft 的调用格式与之相同。注意，fft 和 ifft 都是 MATLAB 中的内部函数，用 type 命令看不到原文件。

**例 5.8.1** 令 $x(n)$是两个正弦信号及其白噪声的叠加，试用 fft 文件对其作频谱分析。

相应的程序是 exa050801_fft.m。该程序同时又完成了傅里叶反变换，其结果示于图 5.8.1。

**2. czt.m**

调用格式是

```
X=czt(x,M,W,A)
```

式中，x 是待变换的时域信号 $x(n)$，其长度设为 N，M 是变换的长度，W 确定变换的步长，A 确定变换的起点。若 M=N，A=1，则 CZT 变成 DFT。下面的例子说明了 czt.m 的应用。

**例 5.8.2** 设 $x(n)$由 3 个实正弦所组成，频率分别是 8Hz、8.22Hz 和 9Hz，抽样频率是 40Hz，时域取 128 点。图 5.8.2(a)是用 CZT 计算的 DFT，图(b)是用 FFT 直接求出的

DFT，所以图(a)、(b)是一样的。图中频率分别为 8Hz 和 8.22Hz 的两个正弦的频谱不易分辨。图(c)是在 7～(7＋M×0.05)Hz 这一段频率范围内求出的傅里叶变换，它的分点较细，所以 3 个正弦的谱线都可分辨出来。实现该例的程序是 exa050702_czt.m。

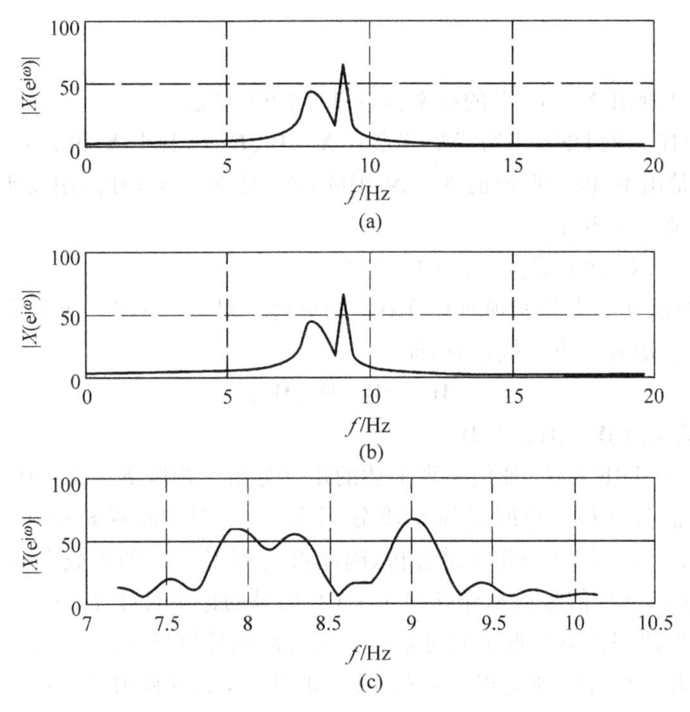


图 5.8.2　czt.m 文件的应用

# 小　　结

本章较为全面地讨论了 DFT 的快速算法，包括经典的 Cooley-Tukey 基 2 DIF、基 2 DIT 算法，乘法次数最接近理论值的分裂基算法、频域细化的 CZT 算法和频域只取少数点的 Goertzel 算法。

## 习题与上机练习

5.1 推导并画出 $N=16$ 点的频率抽取基2 FFT 算法。

5.2 $N$ 点序列的 DFT 可写成矩阵形式 $\boldsymbol{X}=\boldsymbol{W}_N\boldsymbol{E}_N\boldsymbol{x}$,其中 $\boldsymbol{X}$ 和 $\boldsymbol{x}$ 是 $N\times 1$ 按正序排列的向量,$\boldsymbol{W}_N$ 是由 $W$ 因子形成的 $N\times N$ 矩阵,$\boldsymbol{E}_N$ 是 $N\times N$ 矩阵,用以实现对 $\boldsymbol{x}$ 的码位倒置,所以其元素是0和1。

(1) 若 $N=8$,对 DIT 算法,写出 $\boldsymbol{E}_N$ 矩阵。

(2) FFT 算法实际上是实现对矩阵 $\boldsymbol{W}_N$ 的分解。对 $N=8$,$\boldsymbol{W}_N$ 可分成3个 $N\times N$ 矩阵的乘积,每一个矩阵对应一级运算,即

$$\boldsymbol{W}_N=\boldsymbol{W}_{8T}\boldsymbol{W}_{4T}\boldsymbol{W}_{2T}$$

对照图5.2.4,试写出 $\boldsymbol{W}_{8T}$、$\boldsymbol{W}_{4T}$ 及 $\boldsymbol{W}_{2T}$。

(3) 若是8点 DIF 算法,如何实现上述的矩阵分解?矩阵 $\boldsymbol{E}_N$ 应在什么位置?

5.3 已知信号 $x(n)$ 的最高频率成分不大于1.25kHz,现希望用经典的 Cooley-Tukey 基2 FFT 算法对 $x(n)$ 作频谱分析,因此点数 $N$ 应是2的整数次幂,且频率分辨率 $\Delta f\leqslant 5\text{Hz}$,试确定:(1)信号的抽样频率 $f_s$;(2)信号的记录长度 $T$;(3)信号的长度 $N$。

5.4 试导出使用四类蝶形单元时基4算法所需的计算量(即式(5.5.2))。

5.5 某一芯片可方便地实现8点的 FFT 的计算,如何利用3片这样的芯片来实现24点的 FFT 计算?

5.6 对 $N$ 点序列 $z(n)$ 做 FFT 时,$z(n)$ 必须是复序列。我们知道,物理世界的信号都是实信号,特别是由 A/D 转换得到的信号,更不可能是复信号。因此,为得到复序列,需要将实序列赋以零虚部,无疑,这在做 FFT 时将增加近一倍的计算量。为此,人们提出了多种克服的方法。方法之一是将两个实 $N$ 点序列构成一个复序列,即

$$z(n)=x(n)+\mathrm{j}y(n),\quad n=0,1,\cdots,N-1$$

在得到 $Z(k)(k=0,1,\cdots,N-1)$ 的同时也就得到了 $X(k)$,$Y(k)(k=0,1,\cdots,N-1)$。试用 $Z(k)$ 表示 $X(k)$ 和 $Y(k)$。

5.7 克服虚部补零的方法之二是将一个 $2N$ 点的实序列 $z(n)$ 分成两个 $N$ 点序列 $x_1(n)$ 和 $x_2(n)$,分的方法是将 $z(n)$ 的偶序号项赋予 $x_1(n)$,奇序号项赋予 $x_2(n)$,即

$$x_1(n)=z(2n),\quad x_1(n)=z(2n+1)$$

然后令 $x(n)=x_1(n)+\mathrm{j}x_2(n)$,这样就得到一个 $N$ 复序列 $x(n)$,对其做 DFT,得到 $X(k)$。试用 $X(k)$ 表示 $Z(k)$。

5.8 已知一个4点系列的值分别是 $x(0)=a$,$x(1)=b$,$x(2)=c$,$x(3)=d$,试用

Goertzel 算法求 DFT 系数 $X(1)$。

*5.9　CZT 和简化算法的研究。给定信号

$$x(t)=\sum_{i=1}^{3}\sin(2\pi f_i t)$$

已知 $f_1=10.8\text{Hz}$,$f_2=11.75\text{Hz}$,$f_3=12.55\text{Hz}$,令 $f_s=40\text{Hz}$,对 $x(t)$ 抽样后得 $x(n)$,又令 $N=64$。

(1) 调用 MATLAB 中的 fft.m,可求出 $X(k)$ 及其幅度谱,这时 $\Delta f=f_s/N=0.625\text{Hz}$,小于$(f_2-f_1)$及$(f_3-f_2)$,观察 3 个谱峰的分辨情况;

(2) 在 $x(n)$ 后分别补 $3N$ 个零、$7N$ 个零、$15N$ 个零,再做 DFT,观察补零的效果;

(3) 调用 MATLAB 中的文件 czt.m,按如下两组参数赋值:

参数 1:$f_s=40\text{Hz}$,$N=64$,$M=50$,OME0$=9\text{Hz}$,DELOME$=0.2\text{Hz}$

参数 2:$f_s=40\text{Hz}$,$N=64$,$M=60$,OME0$=8\text{Hz}$,DELOME$=0.12\text{Hz}$

分别求 $X(k)$,$k=0,1,\cdots,M-1$,画出其幅度谱,并和(1)、(2)的结果相比较。

5.10　利用本书所附函数子程序 galg.m 及例 5.7.1 所给数据,编写一个 DTMF 检测程序。

# 第 6 章

# 无限冲激响应数字滤波器设计

我们在 4.2 节初步讨论了滤波的基本概念，并强调滤波器在实际的信号处理中起到了重要的作用，它是去除信号中噪声的基本手段，因此，滤波运算是信号处理中的基本运算；滤波器的设计问题也是数字信号处理中的基本问题。数字滤波器的设计又称为离散时间系统的综合。本章集中讨论 IIR 滤波器的设计问题，在第 7 章将集中讨论 FIR 滤波器及一些特殊形式的滤波器的设计问题。

## 6.1 滤波器的基本概念

### 6.1.1 滤波器的分类

滤波器的种类很多，分类方法也不同，例如可以从功能上分，也可以从实现方法上分，或从设计方法上来分等。但总的来说，滤波器可分为两大类——经典滤波器和现代滤波器。经典滤波器是假定输入信号 $x(n)$ 中的有用成分和希望去除的成分各自占有不同的频带，如图 4.2.1 所示。这样，当 $x(n)$ 通过一个线性系统(即滤波器）后可将欲去除的成分有效地去除。如果信号和噪声的频谱相互重叠，那么经典滤波器将无能为力。

现代滤波器理论研究的主要内容是从含有噪声的数据记录(又称时间序列）中估计出信号的某些特征或信号本身。一旦信号被估计出，那么估计出的信号的信噪比将比原信号的高。现代滤波器把信号和噪声都视为随机信号，利用它们的统计特征(如自相关函数、功率谱等）导出一套最佳的估值算法，然后用硬件或软件予以实现。现代滤波器理论源于维纳在 20 世纪 40 年代及其以后的工作，因此维纳滤波器便是这一类滤波器的典型代表。此外还有卡尔曼滤波器、线性预测器、自适应滤波器等。文献[Hay89]把基于特征分解的频率估计及奇异值分解算法都归入现代滤波器的范畴。

本章及第 7 章讨论经典滤波器，第 15、16 章分别讨论现代滤波器中的维纳滤波器和自适应滤波器。由于现代滤波器和随机信号的参数估计、波形估计，特别是功率谱估计有着密切的联系，因此，本书第 14 章在讨论现代谱估计的同时也涉及了现代滤波器中的参数模型、线性预测及矩阵的特征分解等重要内容。

经典滤波器从功能上总的可分为 4 种，即低通(LP)、高通(HP)、带通(BP)、带阻(BS)滤波器，当然，每一种又有模拟滤波器(AF)和数字滤波器(DF)两种形式。图 6.1.1 和图 6.1.2 分别给出了 AF 及 DF 的 4 种滤波器的理想幅频响应。图中所给的滤波器的幅频特性都是理想情况，在实际上是不可能实现的。例如，对于低通滤波器，它们的抽样响应 $h(n)$(或冲激响应 $h(t)$)是 sinc 函数，从 $-\infty$ 至 $+\infty$ 都有值，因此是非因果的。在实际工作中，我们设计出的滤波器都是在某些准则下对理想滤波器的近似，但这保证了滤波器是物理可实现的，且是稳定的。

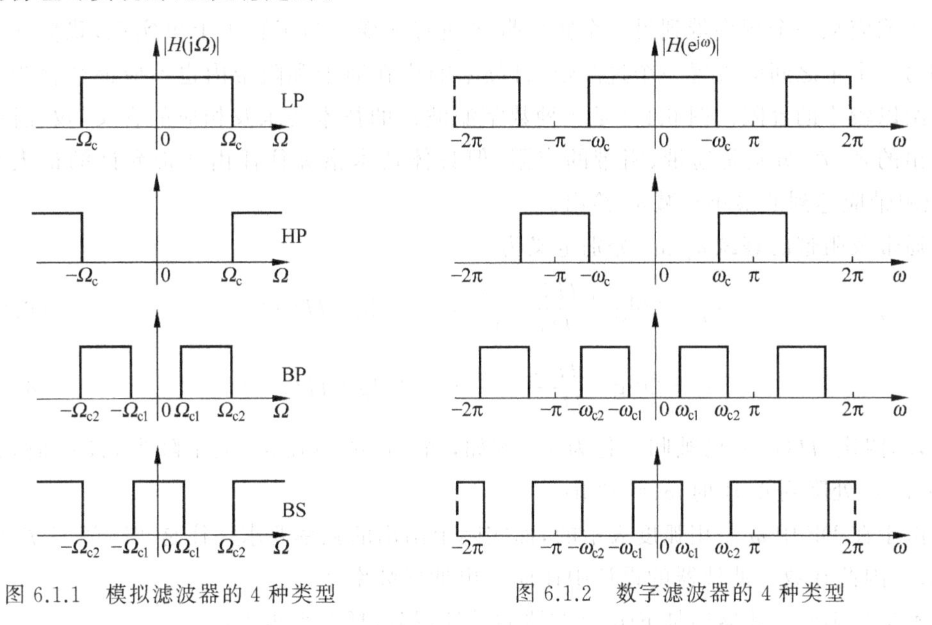


图 6.1.1 模拟滤波器的 4 种类型

图 6.1.2 数字滤波器的 4 种类型

对于数字滤波器，从实现方法上，有 IIR 滤波器和 FIR 滤波器之分，IIR DF 的转移函数是

$$H(z)=\frac{\sum_{r=0}^{M}b_r z^{-r}}{1+\sum_{k=1}^{N}a_k z^{-k}} \tag{6.1.1}$$

FIR DF 的转移函数是

$$H(z)=\sum_{n=0}^{N-1}h(n)z^{-n} \tag{6.1.2}$$

这两类滤波器无论是在性能上还是在设计方法上都有很大的区别。FIR 滤波器可以对给

定的频率特性直接进行设计，而 IIR 滤波器目前最通用的方法是利用已经很成熟的模拟滤波器的设计方法来进行设计。而模拟滤波器的设计方法又有 Butterworth 滤波器、Chebyshev(Ⅰ型、Ⅱ型)滤波器、椭圆滤波器等不同的设计方法。

本章及第 7 章所讨论的滤波器都是经典滤波器，在叙述中不再一一说明。

### 6.1.2　滤波器的技术要求

6.1.1 节指出，图 6.1.1 及图 6.1.2 的理想滤波器在物理上是不可实现的，其根本原因是频率响应从一个频率带到另一个频率带之间有突变。为了物理上可实现，我们从一个带到另一个带之间应设置一个过渡带，且频率响应在通带和阻带内也不应该严格为 1 或 0，应给以较小的容限。图 6.1.3 是 4 种数字滤波器的技术要求及相应的含义，仅在图(a)中给出的 $\delta_1$、$\delta_2$ 分别是通带、阻带的容限，但具体技术指标往往由通带允许的最大衰减 $\alpha_p$ 及阻带应达到的最小衰减 $\alpha_s$ 给出。

通带及阻带的衰减 $\alpha_p$、$\alpha_s$ 分别定义为

$$\alpha_p = 20\lg \frac{|H(e^{j0})|}{|H(e^{j\omega_p})|} = -20\lg |H(e^{j\omega_p})| \tag{6.1.3a}$$

$$\alpha_s = 20\lg \frac{|H(e^{j0})|}{|H(e^{j\omega_s})|} = -20\lg |H(e^{j\omega_s})| \tag{6.1.3b}$$

式中，均假定 $|H(e^{j0})|$ 已被归一化为 1。例如，当 $|H(e^{j\omega})|$ 在 $\omega_p$ 处下降为 0.707 时，$\alpha_p=$ 3dB；在 $\omega_s$ 处降到 0.01 时，$\alpha_s=40$dB。

由于在 DF 中 $\omega$ 是用弧度表示的，而实际上给出的频率要求往往是实际频率 $f$(单位为 Hz)，因此在数字滤波器的设计中还应给出抽样频率 $f_s$。

不论是 IIR 滤波器还是 FIR 滤波器的设计，都包括 3 个步骤：

① 给出所需要的滤波器的技术指标；

② 设计一个 $H(z)$ 使其逼近所需要的技术指标；

③ 实现所设计的 $H(z)$。

其中步骤②是本章和第 7 章所讨论的主要内容。

前面已指出，目前 IIR 数字滤波器设计的最通用的方法是借助模拟滤波器的设计方法。对于模拟滤波器设计，不但有完整的设计公式，而且还有较为完整的图表供查询，因此，充分利用这些已有的资源将会给数字滤波器的设计带来很大方便。IIR 数字滤波器的设计步骤是：

① 按一定规则将给出的数字滤波器的技术指标转换为模拟低通滤波器的技术指标。

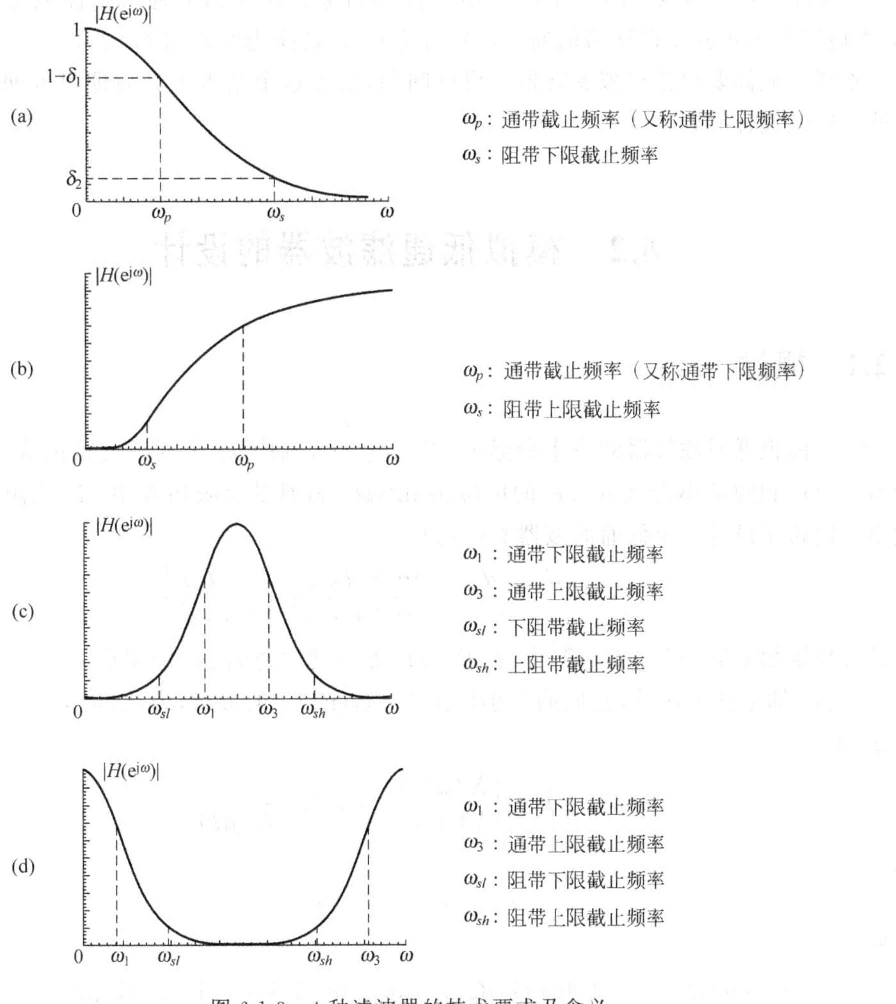


图 6.1.3　4 种滤波器的技术要求及含义

(a) 低通滤波器；(b) 高通滤波器；(c) 带通滤波器；(d) 带阻滤波器

② 根据转换后的技术指标设计模拟低通滤波器 $G(s)$①。

③ 按一定规则将 $G(s)$转换成 $H(z)$。

若所设计的数字滤波器是低通的，那么上述设计工作可以结束，若所设计的是高通、带通或带阻滤波器，那么还有步骤④。

① 为了防止混淆，本章将模拟低通滤波器的转移函数记为 $G(s)$，对应的还有 $G(\mathrm{j}\Omega)$及 $g(t)$，数字滤波器仍用 $H(z)$、$H(\mathrm{e}^{\mathrm{j}\omega})$及 $h(n)$。

④ 将高通、带通或带阻数字滤波器的技术指标先转化为低通模拟滤波器的技术指标，然后按上述步骤②设计出低通 $G(s)$，再将 $G(s)$ 转换为所需的 $H(z)$。

本章首先简要讨论模拟滤波器的设计问题，有了这个基本工具后即可方便地讨论数字滤波器的设计问题。

# 6.2 模拟低通滤波器的设计

## 6.2.1 概述

给定模拟低通滤波器的技术指标 $\alpha_p$、$\Omega_p$、$\alpha_s$、$\Omega_s$，其中 $\alpha_p$ 为通带允许的最大衰减，$\alpha_s$ 为阻带应达到的最小衰减，$\alpha_p$、$\alpha_s$ 的单位为 dB，$\Omega_p$ 为通带上限角频率，$\Omega_s$ 为阻带下限角频率。现希望设计一个低通滤波器 $G(s)$ 为

$$G(s)=\frac{d_0+d_1 s+\cdots+d_{N-1}s^{N-1}+d_N s^N}{c_0+c_1 s+\cdots+c_{N-1}s^{N-1}+c_N s^N} \tag{6.2.1}$$

使其对数幅频响应 $10\lg|G(\mathrm{j}\Omega)|^2$ 在 $\Omega_p$、$\Omega_s$ 处分别达到 $\alpha_p$、$\alpha_s$ 的要求。

$\alpha_p$、$\alpha_s$ 都是 $\Omega$ 的函数，它们的大小取决于 $|G(\mathrm{j}\Omega)|$ 的形状，为此，定义一个衰减函数 $\alpha(\Omega)$，即

$$\alpha(\Omega)=10\lg\left|\frac{X(\mathrm{j}\Omega)}{Y(\mathrm{j}\Omega)}\right|^2=10\lg\frac{1}{|G(\mathrm{j}\Omega)|^2} \tag{6.2.2}$$

或

$$|G(\mathrm{j}\Omega)|^2=10^{-\alpha(\Omega)/10} \tag{6.2.3}$$

显然

$$\alpha_p=\alpha(\Omega_p)=-10\lg|G(\mathrm{j}\Omega_p)|^2,\ \alpha_s=\alpha(\Omega_s)=-10\lg|G(\mathrm{j}\Omega_s)|^2$$

这样，式(6.2.2)把低通模拟滤波器的4个技术指标和滤波器的幅平方特性联系了起来。我们所设计的滤波器的冲激响应一般都为实数，所以又有

$$G(s)G^*(s)=G(s)G(-s)|_{s=\mathrm{j}\Omega}=|G(\mathrm{j}\Omega)|^2 \tag{6.2.4}$$

这样，如果能由 $\alpha_p$、$\Omega_p$、$\alpha_s$、$\Omega_s$ 求出 $|G(\mathrm{j}\Omega)|^2$，那么由 $|G(\mathrm{j}\Omega)|^2$ 就很容易得到所需要的 $G(s)$。由此可见，幅平方特性 $|G(\mathrm{j}\Omega)|^2$ 在模拟滤波器的设计中起到了重要的作用。

由式(6.2.1)，因为 $G(\mathrm{j}\Omega)$ 的分子与分母都是 $\Omega$ 的有理多项式，所以 $|G(\mathrm{j}\Omega)|^2$ 的分子与分母也是 $\Omega^2$ 的有理多项式。目前，人们已给出了几种不同类型的 $|G(\mathrm{j}\Omega)|^2$ 的表达式，它们代表了几种不同类型的滤波器。

(1) 巴特沃思(Butterworth)滤波器：

$$|G(\mathrm{j}\Omega)|^2=\frac{1}{1+C^2(\Omega^2)^N} \tag{6.2.5}$$

$C$ 为待定常数，$N$ 为待定的滤波器阶次。

(2) 切比雪夫Ⅰ型(Chebyshev-Ⅰ)滤波器：定义

$$C_n^2(\Omega)=\cos^2(n\arccos\Omega) \tag{6.2.6a}$$

有

$$|G(\mathrm{j}\Omega)|^2=\frac{1}{1+\varepsilon^2 C_n^2(\Omega)} \tag{6.2.6b}$$

(3) 切比雪夫Ⅱ型滤波器：

$$|G(\mathrm{j}\Omega)|^2=\frac{1}{1+\varepsilon^2\left[\dfrac{C_n^2(\Omega_s)}{C_n^2(\Omega_s/\Omega)}\right]^2} \tag{6.2.7}$$

(4) 椭圆滤波器[Gra76]：

$$|G(\mathrm{j}\Omega)|^2=\frac{1}{1+\varepsilon^2 U_n^2(\Omega)} \tag{6.2.8}$$

式中，$U_n^2(\Omega)$是雅可比(Jacobian)椭圆函数。

本节将以式(6.2.5)及式(6.2.6)为基础，讨论巴特沃思和切比雪夫Ⅰ型滤波器的设计方法。切比雪夫Ⅱ型及椭圆滤波器的设计问题已超出本书的范围，有兴趣的读者可参看文献[Tay83]。

由于每一个滤波器的频率范围将直接取决于设计者所应用的目的，因此必然是千差万别。为了使设计规范化，需要将滤波器的频率参数做归一化处理。设所给的实际频率为$\Omega$(或 $f$)，归一化后的频率为$\lambda$，对低通模拟滤波器，令

$$\lambda=\Omega/\Omega_p \tag{6.2.9a}$$

显然，$\lambda_p=1$，$\lambda_s=\Omega_s/\Omega_p$。又令归一化复数变量为 $p$，$p=\mathrm{j}\lambda$，显然

$$p=\mathrm{j}\lambda=\mathrm{j}\Omega/\Omega_p=s/\Omega_p \tag{6.2.9b}$$

## 6.2.2 巴特沃思模拟低通滤波器的设计

巴特沃思低通滤波器的设计可按以下3个步骤来进行。

(1) 将实际频率 $\Omega$ 归一化。

得归一化幅平方特性

$$|G(\mathrm{j}\lambda)|^2=\frac{1}{1+C^2\lambda^{2N}} \tag{6.2.10}$$

由此可以看出，在$|G(\mathrm{j}\lambda)|^2$(或$|G(\mathrm{j}\Omega)|^2$)中只有两个参数 $C$ 和 $N$，$N$ 是滤波器的阶次。

(2) 求 $C$ 和 $N$。

由式(6.2.2)及式(6.2.3)得

$$\alpha(\lambda)=10\lg(1+C^2\lambda^{2N})$$

则
$$C^2\lambda^{2N}=10^{\alpha(\lambda)/10}-1$$

即
$$C^2\lambda_p^{2N}=10^{\alpha_p/10}-1$$

$$C^2\lambda_s^{2N}=10^{\alpha_s/10}-1$$

因为$\lambda_p=1$,所以

$$C^2=10^{\alpha_p/10}-1 \tag{6.2.11}$$

$$N=\lg\sqrt{\frac{10^{\alpha_s/10}-1}{10^{\alpha_p/10}-1}}\bigg/\lg\lambda_s \tag{6.2.12}$$

这样,$C$ 和 $N$ 即可求出。

若令 $\alpha_p=3\text{dB}$,则 $C=1$,这样巴特沃思滤波器的设计就只剩下一个参数 $N$,这时

$$|G(\mathrm{j}\lambda)|^2=\frac{1}{1+\lambda^{2N}}=\frac{1}{1+(\Omega/\Omega_p)^{2N}} \tag{6.2.13}$$

现利用该式,简单讨论一下巴特沃思滤波器幅频响应的一些特点。

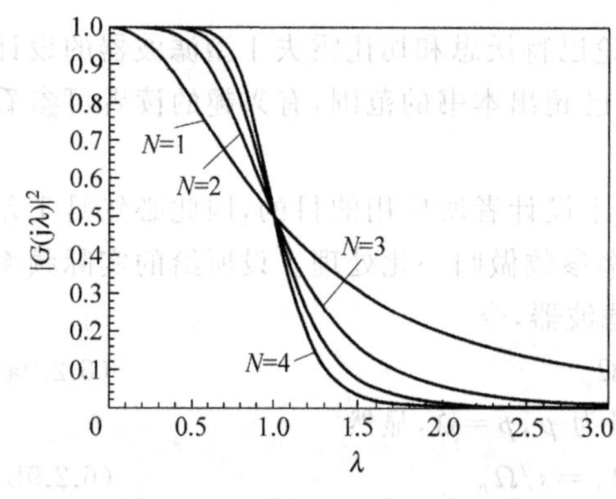


图 6.2.1 不同 $N$ 时的$|G(\mathrm{j}\lambda)|^2$

① 当 $\Omega=0$ 时,$\lambda=0$,$|G(\mathrm{j}\lambda)|^2=1$,$\alpha(0)=0$,即在 $\Omega=0$ 处无衰减。

② 当 $\Omega=\Omega_p$,即 $\lambda_p=1$ 时,$|G(\mathrm{j}\lambda_p)|^2=0.5$,$|G(\mathrm{j}\lambda)|=0.707$,$\alpha_p=3\text{dB}$。

③ 当 $\lambda$ 由 0 增加到 1 时,由式(6.2.13),$|G(\mathrm{j}\lambda)|^2$单调减小,$\alpha(\Omega)$单调增加,$N$ 越大,$|G(\mathrm{j}\lambda)|^2$ 减小得越慢,即在通带内$|G(\mathrm{j}\lambda)|^2$越平。

④ 当 $\Omega>\Omega_p$,即 $\lambda_p>1$ 时,$|G(\mathrm{j}\lambda)|^2$ 也是随 $\lambda$ 的增加而单调减少,但因 $\lambda>1$,所以这时比通带内衰减速度加快,$N$ 越大,衰减速度越大,当 $\lambda=\lambda_s$ 时,$\alpha(\Omega)=\alpha_s$。$|G(\mathrm{j}\lambda)|^2$ 随 $N$ 取不同值时的曲线示于图 6.2.1。

⑤ 可以证明,$|G(\mathrm{j}\Omega)|^2$ 在 $\Omega=0$ 处对 $\Omega^2$ 的一阶、二阶直至 $N-1$ 阶导数皆为 0,即

$$\left.\frac{\mathrm{d}^i\,|G(\mathrm{j}\Omega)|^2}{\mathrm{d}(\Omega^2)^i}\right|_{\Omega=0}=0,\quad i=1,2,\cdots,N-1$$

因此巴特沃思滤波器又称"最平"的幅频响应滤波器,而且它也是最简单的滤波器。

(3) 确定 $G(s)$。

因为 $p=\mathrm{j}\lambda$,由式(6.2.13),有

$$G(p)G(-p)=\frac{1}{1+(p/\mathrm{j})^{2N}}=\frac{1}{1+(-1)^{N}p^{2N}} \tag{6.2.14}$$

由

$$1+(-1)^{N}p^{2N}=0$$

解得

$$p_k=\exp\left(\mathrm{j}\,\frac{2k+N-1}{2N}\pi\right),\quad k=1,2,\cdots,2N \tag{6.2.15}$$

这样，$G(p)G(-p)$的 $2N$ 个极点等分在 $s$ 平面半径为 1 的圆上，相距为$(\pi/N)\mathrm{rad}$。$N=3$ 和 $N=4$ 时，极点 $p_k$ 的分布分别如图 6.2.2(a)、(b)所示。

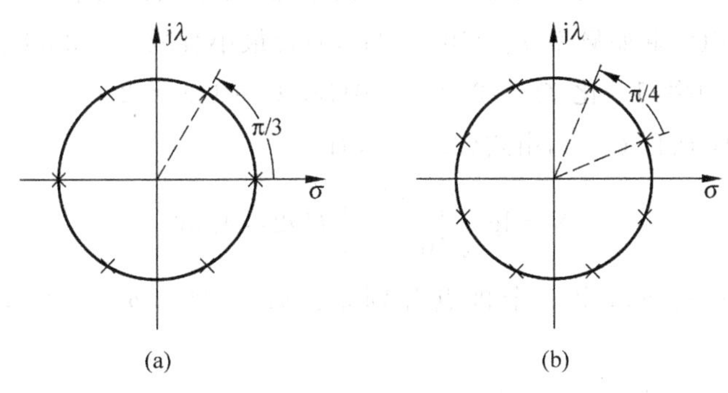


图 6.2.2 $N$ 取不同值时 $p_k$ 的分布

为了保证所设计的滤波器是稳定的，应把左半平面的极点赋予 $G(p)$，即

$$p_k=\exp\left(\mathrm{j}\,\frac{2k+N-1}{2N}\pi\right),\quad k=1,2,\cdots,N \tag{6.2.16}$$

这样

$$G(p)=\frac{1}{(p-p_1)(p-p_2)\cdots(p-p_N)} \tag{6.2.17}$$

若 $N$ 为偶数，如图 6.2.2(b)所示，$G(p)$的极点皆是成对共轭出现，即

$$p_k,\ p_{N+1-k},\quad 1\leqslant k\leqslant N/2 \tag{6.2.18}$$

这一对共轭极点构成一个二阶系统，即

$$G_k(p)=\frac{1}{(p-p_k)(p-p_{N+1-k})}=\frac{1}{p^2-2p\cos\left(\dfrac{2k+N-1}{2N}\pi\right)+1} \tag{6.2.19}$$

总的转移函数应是 $N/2$ 个这样二阶系统的级联，即

$$G(p)=\prod_{k=1}^{N/2}G_k(p),\quad N\ 为偶数 \tag{6.2.20}$$

若 $N$ 为奇数，如图 6.2.2(a)所示，它将由一个一阶系统和 $(N-1)/2$ 个二阶系统相级联，即

$$G(p)=\frac{1}{p+1}\prod_{k=1}^{(N-1)/2}G_k(p),\quad N\ 为奇数 \tag{6.2.21}$$

这样，就得到了归一化的转移函数 $G(p)$。因为

$$p=\mathrm{j}\lambda=\mathrm{j}\Omega/\Omega_p=s/\Omega_p \tag{6.2.22}$$

所以，在求得 $G(p)$ 后，用 $s/\Omega_p$ 代替变量 $p$，即得实际需要的 $G(s)$。现举例说明上述设计的全过程。

**例 6.2.1** 试设计一个模拟低通巴特沃思滤波器，要求截止频率 $f_p=5000\text{Hz}$，通带最大衰减 $\alpha_p=3\text{dB}$，阻带起始频率 $f_s=10\,000\text{Hz}$，阻带最小衰减 $\alpha_s=30\text{dB}$。

**解** 首先，将频率归一化，$\Omega_p=2\pi\times5\,000\text{Hz}$，$\lambda_p=1$，$\lambda_s=2$。

因为 $\alpha_p=3\text{dB}$，所以 $C=1$，由式(6.2.12)，有

$$N=\lg\sqrt{\frac{10^{3.0}-1}{10^{0.3}-1}}\Bigg/\lg2=4.982$$

取 $N=5$。由式(6.2.16)，得 5 个极点分别是：$p_1=\mathrm{e}^{\mathrm{j}3\pi/5}$，$p_2=\mathrm{e}^{\mathrm{j}4\pi/5}$，$p_3=-1$，$p_4=\mathrm{e}^{\mathrm{j}6\pi/5}$，$p_s=\mathrm{e}^{\mathrm{j}7\pi/5}$。

再由式(6.2.19)可求出

$$G_1(p)=\frac{1}{p^2-2p\cos(3\pi/5)+1}=\frac{1}{p^2+0.618p+1}$$

$$G_2(p)=\frac{1}{p^2-2p\cos(4\pi/5)+1}=\frac{1}{p^2+1.618p+1}$$

总的归一化转移函数应是 $G_1(p)$、$G_2(p)$ 和 $G_3(p)=1/(p+1)$ 的级联，即

$$G(p)=\frac{1}{(p+1)(p^2+0.618p+1)(p^2+1.618p+1)}$$

最后

$$G(s)=G(p)\big|_{p=\frac{s}{\Omega_p}}=\frac{10^{20}\pi^5}{(s+10^4\pi)[s^2+0.618\pi\times10^4s+10^8\pi^2]}\times$$
$$\frac{1}{(s^2+1.618\pi\times10^4s+10^8\pi^2)}$$

## 6.2.3 切比雪夫Ⅰ型模拟低通滤波器的设计

式(6.2.6b)给出了切比雪夫Ⅰ型模拟低通滤波器的幅频特性，即

$$|G(\mathrm{j}\Omega)|^2=\frac{1}{1+\varepsilon^2 C_n^2(\Omega)} \tag{6.2.23}$$

式中，$C_n(\Omega)$是$\Omega$的切比雪夫多项式，它定义为

$$C_n(\Omega)=\cos(n\arccos\Omega),\quad |\Omega|\leqslant 1 \tag{6.2.24}$$

为了看清$C_n(\Omega)$的特点，令$\arccos\Omega=\varphi$，则$\Omega=\cos\varphi$，于是

$$C_n(\Omega)=\cos(n\varphi) \tag{6.2.25}$$

并且有

$$C_{n+1}(\Omega)=\cos(n+1)\varphi=\cos(n\varphi)\cos\varphi-\sin(n\varphi)\sin\varphi$$
$$C_{n-1}(\Omega)=\cos(n-1)\varphi=\cos(n\varphi)\cos\varphi+\sin(n\varphi)\sin\varphi$$

于是得

$$C_{n+1}(\Omega)=2C_n(\Omega)\Omega-C_{n-1}(\Omega)$$
$$C_n(\Omega)=2C_{n-1}(\Omega)\Omega-C_{n-2}(\Omega) \tag{6.2.26}$$

令$n=0,1,\cdots,4$，有

$$C_0(\Omega)=\cos 0=1$$
$$C_1(\Omega)=\cos\varphi=\Omega$$
$$C_2(\Omega)=2\Omega C_1(\Omega)-C_0(\Omega)=2\Omega^2-1$$
$$C_3(\Omega)=2C_2(\Omega)\Omega-C_1(\Omega)=4\Omega^3-3\Omega$$
$$C_4(\Omega)=2C_3(\Omega)\Omega-C_2(\Omega)=8\Omega^4-8\Omega^2+1$$
$$\vdots$$

所以$C_n(\Omega)$确实是$\Omega$的多项式，其首项系数为$2^{n-1}$，而且$C_n(\Omega)$在$|\Omega|\leqslant 1$的区间内还是正交多项式，该多项式在滤波器设计中也有重要的应用。

6.2.2节指出，巴特沃思滤波器在通带和阻带内都是单调下降的，给出的技术指标是在$\Omega_p$处的允许最大衰减$\alpha_p$及$\Omega_s$处必须达到的最小衰减$\alpha_s$，因此在通带和阻带内的衰减都是不均匀的。为达到$\alpha_p$、$\alpha_s$的技术指标，阶次$N$要取得较大。自然，人们希望在通带和阻带内的衰减最好是均匀的。

将切比雪夫多项式用于滤波器设计，式(6.2.24)的自变量应换成归一化的频率$\lambda$，这样，$C_n(\lambda)=\cos(n\arccos\lambda)$。当$\Omega\leqslant\Omega_p$，即$\lambda\leqslant\lambda_p=1$时，保证了切比雪夫多项式自变量的取值要求。读者自行给定$n$值，可以画出$C_n(\lambda)$的曲线，将会发现，$C_n(\lambda)$在$\pm 1$范围内是呈等纹波振荡的，它的极值点(取$\pm 1$)共有$n+1$个，因此过零点共有$n$个。这样，$|G(\mathrm{j}\lambda)|^2=1/[1+\varepsilon^2 C_n^2(\lambda)]$在通带内也是呈等纹波振荡的，保证了通带内的衰减呈等纹波均匀分布。

当$\Omega>\Omega_p$，且$\lambda>\lambda_p=1$时，切比雪夫多项式不能再按式(6.2.24)来定义，为此，定义

$$C_n(\lambda)=\cosh(n\operatorname{arcosh}\lambda),\quad \lambda>1 \tag{6.2.27}$$

仍有

$$\varphi=\operatorname{arcosh}(\lambda),\lambda=\cosh(\varphi),\quad 且\ \cosh\varphi=(e^{\varphi}+e^{-\varphi})/2 \tag{6.2.28}$$

当 $\lambda$ 从 1 无限增加时，$C_n(\lambda)$ 也单调地增至无穷，这时 $G(j\lambda)$ 单调地下降。因此，$G(j\lambda)$ 在通带内呈等纹波振荡，在通带外呈单调下降。图 6.2.3(a) 给出了 $n=3\sim6$ 时的 $C_n(\lambda)$ 曲线，图 6.2.3(b) 给出了 $|G(j\lambda)|^2$ 曲线。

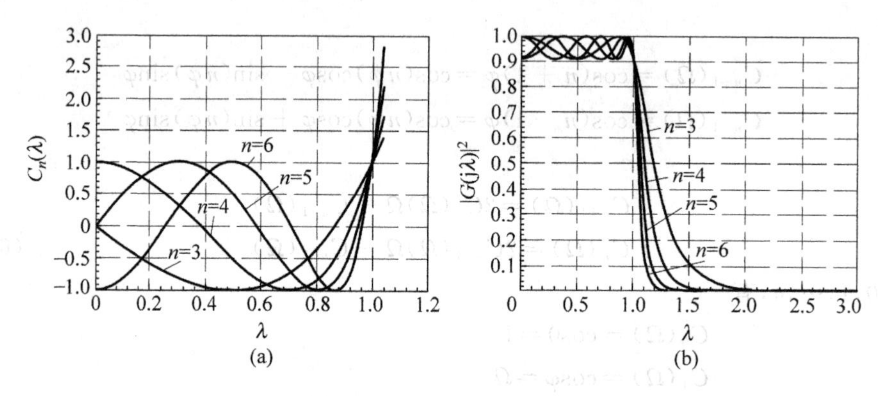


图 6.2.3　切比雪夫滤波器

(a) $n=3\sim6$ 时切比雪夫多项式曲线；(b) $n=3\sim6$ 时切比雪夫滤波器的 $|G(j\lambda)|^2$ 曲线，$\varepsilon=0.1$

切比雪夫滤波器的设计和巴特沃思滤波器的设计一样，也分为 3 个步骤进行。

① 将频率归一化，得归一化的幅平方特性，即

$$|G(j\lambda)|^2=\frac{1}{1+\varepsilon^2C_n^2(\lambda)} \tag{6.2.29}$$

② 求 $\varepsilon$ 和 $N$。由式(6.2.2)和式(6.2.3)，有

$$\alpha(\lambda)=10\lg[1+\varepsilon^2C_n^2(\lambda)]$$

$$\varepsilon^2C_n^2(1)=10^{\alpha_p/10}-1$$

$$\varepsilon^2C_n^2(\lambda_s)=10^{\alpha_s/10}-1=\varepsilon^2\cosh^2(n\operatorname{arcosh}\lambda_s)$$

由于 $C_n^2(1)=1$，所以

$$\varepsilon^2=10^{\alpha_p/10}-1 \tag{6.2.30a}$$

$$\cosh^2(n\operatorname{arcosh}\lambda_s)=\frac{10^{\alpha_s/10}-1}{10^{\alpha_p/10}-1}=a^2$$

则

$$n=\frac{\operatorname{arcosh}a}{\operatorname{arcosh}\lambda_s} \tag{6.2.30b}$$

③ 确定 $G(s)$。因为 $p=j\lambda$，所以归一化的转移函数 $G(p)$ 与 $G(-p)$ 之积

$$G(p)G(-p)=\frac{1}{1+\varepsilon^2C_n^2(p/\mathrm{j})} \tag{6.2.31}$$

的极点 $p_k$ 应是多项式 $1+\varepsilon^2C_n^2(p/\mathrm{j})=0$ 的根。上式又可写成

$$\cos[n\arccos(-\mathrm{j}p)]=\pm\mathrm{j}\frac{1}{\varepsilon}$$

为求解该方程,定义

$$\varphi=\arccos(-\mathrm{j}p),\quad 即\quad p=\mathrm{j}\cos\varphi \tag{6.2.32}$$

显然,$\varphi$ 应是复数,为此,令 $\varphi=\varphi_1+\mathrm{j}\varphi_2$,由三角恒等式及欧拉公式,有

$$p=\mathrm{j}\cos(\varphi_1+\mathrm{j}\varphi_2)=\sin\varphi_1\sinh\varphi_2+\mathrm{j}\cos\varphi_1\cosh\varphi_2 \tag{6.2.33a}$$

及

$$\cos(n\varphi)=\cos(n\varphi_1)\cosh(n\varphi_2)-\mathrm{j}\sin(n\varphi_1)\sinh(n\varphi_2)=\pm\mathrm{j}\frac{1}{\varepsilon} \tag{6.2.33b}$$

令式(6.2.33b)等号两侧实部与实部相等,虚部与虚部相等,得

$$\cos(n\varphi_1)\cosh\varphi_2=0 \tag{6.2.34a}$$

及

$$\sin(n\varphi_1)\sinh\varphi_2=\pm1/\varepsilon \tag{6.2.34b}$$

因此有

$$\cos(n\varphi_1)=0$$

由上式得

$$n\varphi_1=\frac{(2k-1)\pi}{2}\quad 或\quad \varphi_1=\frac{(2k-1)\pi}{2n}$$

将 $n\varphi_1$ 代入式(6.2.34b),有

$$\sinh\varphi_2\sin\left[\frac{(2k-1)\pi}{2}\right]=\pm\frac{1}{\varepsilon}$$

因为 $\sin\left[(2k-1)\frac{\pi}{2}\right]=\pm1$,所以

$$\sinh(n\varphi_2)=\frac{1}{\varepsilon}$$

由上式得

$$n\varphi_2=\operatorname{arsinh}\left(\frac{1}{\varepsilon}\right)\quad 或\quad \varphi_2=\frac{1}{n}\operatorname{arsinh}\left(\frac{1}{\varepsilon}\right)$$

将 $\varphi_1$、$\varphi_2$ 代入式(6.2.33a),得到 $G(p)G(-p)$ 的极点,即

$$p_k=\sin\left[\frac{(2k-1)\pi}{2n}\right]\sinh\varphi_2+\mathrm{j}\cos\left[\frac{(2k-1)\pi}{2n}\right]\cosh\varphi_2,\quad k=1,2,\cdots,2n \tag{6.2.34c}$$

如果令 $p_k=\sigma_k+\mathrm{j}\lambda_k$，很容易证明

$$\left(\frac{\sigma_k}{\sinh\varphi_2}\right)^2+\left(\frac{\lambda_k}{\cosh\varphi_2}\right)^2=1 \tag{6.2.35}$$

这是一个椭圆方程，它说明切比雪夫滤波器的极点的实部和虚部满足椭圆方程，即 $p_k$ 落在椭圆圆周上，如图 6.2.4 所示。

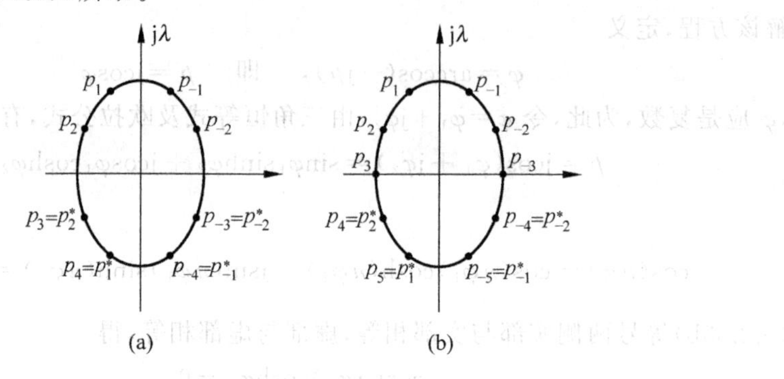


图 6.2.4 低通切比雪夫滤波器转移函数极点的分布

(a) $n=4$；(b) $n=5$

由式(6.2.34)求出的 $2n$ 个极点 $p_k$，一半属于 $G(p)$，另一半属于 $G(-p)$。当然应把左半平面的极点赋予 $G(p)$，规定 $\varphi_2>0,k=1,2,\cdots,n$，那么

$$p_k=-\sin\left(\frac{2k-1}{2n}\pi\right)\sinh\varphi_2+\mathrm{j}\cos\left(\frac{2k-1}{2n}\pi\right)\cosh\varphi_2,\quad k=1,2,\cdots,n \tag{6.2.36}$$

的实部小于零，即这 $n$ 个极点属于 $G(p)$。考虑到切比雪夫多项式首项系数的特点，最后有

$$G(p)=\frac{1}{\varepsilon\times 2^{n-1}\prod_{k=1}^{n}(p-p_k)} \tag{6.2.37}$$

实际的转移函数为

$$G(s)=G(p)\Big|_{p=\frac{s}{\Omega_p}}=\frac{\Omega_p^n}{\varepsilon\times 2^{n-1}\prod_{k=1}^{n}(s-p_k\Omega_p)} \tag{6.2.38}$$

**例 6.2.2** 给定通带最高频率 $f_{\mathrm{p}}=3\mathrm{MHz}$，阻带起始频率 $f_{\mathrm{s}}=12\mathrm{MHz}$，通带衰减要求小于 0.1dB，阻带衰减要大于 60dB，试用切比雪夫滤波器实现。

**解** ① 将频率归一化，得 $\lambda_p=1,\lambda_s=4$。

② 求阶次 $n$ 和常数 $\varepsilon$。由式(6.2.30a)，得 $\varepsilon^2=10^{0.1/10}-1=0.023\,292\,992$，$\varepsilon=0.152\,62$；由式(6.2.30b)，得 $n=\mathrm{arcosh}a/\mathrm{arcosh}\lambda_s=4.6$，取 $n=5$。

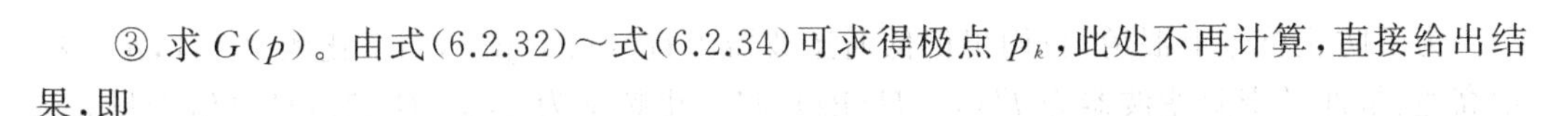

③ 求 $G(p)$。由式(6.2.32)～式(6.2.34)可求得极点 $p_k$，此处不再计算，直接给出结果，即

$$G(p)=\frac{1}{2^4\varepsilon(p+0.5389)(p^2+0.3331p+1.1949)(p^2+0.87198p+0.63592)}$$

④ 最后求 $G(s)$，得

$$\begin{aligned}G(s)&=G(p)\Big|_{p=\frac{s}{\Omega_p}}\\&=\frac{0.974852\times10^{36}}{(s+1.01580\times10^7)(s^2+6.27879\times10^6 s+4.2459\times10^{14})}\times\\&\quad\frac{1}{(s^2+1.64368\times10^7 s+2.25946\times10^{14})}\end{aligned}$$

巴特沃思及切比雪夫滤波器各参数及归一化转移函数的极点都已制成表格和曲线，设计时可以直接查，无须再一步步计算，请参考文献[Tay83]。

切比雪夫Ⅰ型滤波器在通带内呈等纹波振荡，在阻带内仍是单调下降的。切比雪夫Ⅱ型在阻带内是等纹波的，在通带内却是单调下降的。椭圆滤波器可以实现在通带和阻带内都是等纹波的，且有最窄的过渡带。$C_n^2(\Omega)$是 $\Omega$ 的多项式，而$U_n^2(\Omega)$是 $\Omega$ 的有理式，这样椭圆滤波器的转移函数不但有极点，而且在 j$\Omega$ 轴上还有零点，可见椭圆滤波器的设计也较为复杂。

# 6.3　模拟高通、带通及带阻滤波器的设计

6.2 节较为详细地讨论了巴特沃思和切比雪夫模拟低通滤波器的设计方法，并指出这两种低通滤波器的设计已有了完整的计算公式及图表。因此，高通、带通和带阻滤波器的设计应尽量地利用这些已有的资源，无须再各搞一套计算公式与图表。

目前，模拟高通、带通及带阻滤波器的设计方法都是先将要设计的滤波器的技术指标(主要是 $\Omega_p$、$\Omega_s$)通过某种频率转换关系转换成模拟低通滤波器的技术指标，并依据这些技术指标设计出低通滤波器的转移函数，然后再依据频率转换关系变成所要设计的滤波器的转移函数。设计流程如图 6.3.1 所示。

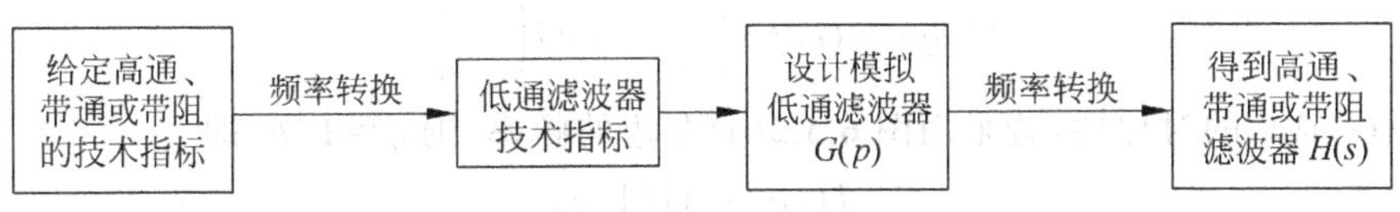


图 6.3.1　模拟高通、带通、带阻滤波器设计流程

为了防止符号上混淆，我们仍记低通滤波器为$G(s)$、$G(\mathrm{j}\Omega)$，归一化频率为$\lambda$，$p=\mathrm{j}\lambda$，记高通、带通及带阻滤波器为$H(s)$、$H(\mathrm{j}\Omega)$，归一化频率为$\eta$，$\eta=\Omega/\Omega_p$，且复值变量$q=\mathrm{j}\eta$，因此相应归一化的转移函数、频率特性分别为$H(q)$及$H(\mathrm{j}\eta)$。$\lambda$和$\eta$之间的关系$\lambda=f(\eta)$称为频率变换关系。

## 6.3.1　模拟高通滤波器的设计

由于滤波器的幅频特性都是频率的偶函数，所以我们可画出低通滤波器$G(\mathrm{j}\lambda)$和高通滤波器$H(\mathrm{j}\eta)$的幅频特性曲线，分别如图6.3.2(a)、(b)所示。比较图(a)和图(b)，可得出$\lambda$和$\eta$轴上各主要频率点的对应关系，如表6.3.1所示，从而有

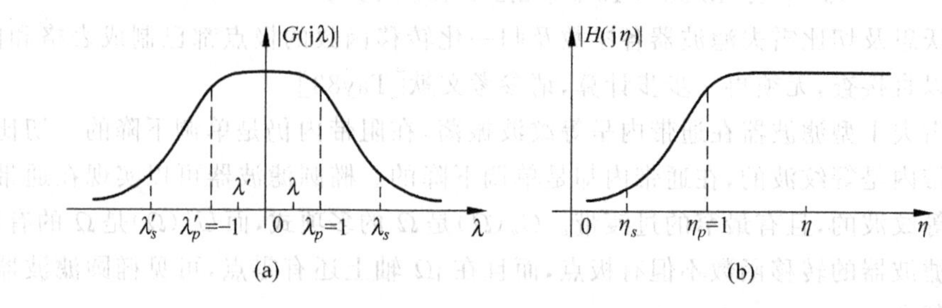


图 6.3.2　高通到低通的转换

$$\lambda'\eta=-1$$

或

$$\lambda\eta=1 \tag{6.3.1}$$

表 6.3.1　$\boldsymbol{\lambda}$ 和$\boldsymbol{\eta}$ 的对应关系

| $\lambda$ | $\eta$ |
|---|---|
| $\lambda'=-\lambda$ | $\eta$ |
| $0$ | $\infty$ |
| $\lambda'_p=-1$ | $\eta_p=1$ |
| $-\lambda'_s$ | $\eta_s$ |
| $-\infty$ | $0$ |

因此，通过式(**6.3.1**)可将高通滤波器的频率$\eta$转换成低通滤波器的频率$\lambda$，通带与阻带衰减$\alpha_p$、$\alpha_s$保持不变。这样，可设计出模拟低通滤波器的转移函数$G(p)$。由

$$q=\mathrm{j}\eta=\mathrm{j}\frac{1}{\lambda}=-\frac{1}{p}$$

得

$$H(q)=G(p)\Big|_{p=-\frac{1}{q}}=G\left(-\frac{1}{q}\right)$$

考虑到$|G(\mathrm{j}\lambda)|$的对称性，若采用图**6.3.2**(a)左边的频率，则$q=\mathbf{1}/p$，即

$$H(q)=G(1/q)$$

又由于

$$q=\mathrm{j}\eta=\mathrm{j}\frac{\Omega}{\Omega_p}=\frac{s}{\Omega_p}$$

所以

$$H(s)=G(p)\Big|_{p=\Omega_p/s} \tag{6.3.2}$$

这样，即得到模拟高通滤波器的转移函数。

**例 6.3.1** 用巴特沃思滤波器设计一个高通模拟滤波器，要求 $f_{\mathrm{p}}=100\mathrm{Hz}, \alpha_p=3\mathrm{dB}$，$f_{\mathrm{s}}=50\mathrm{Hz}, \alpha_s=30\mathrm{dB}$。

**解** ① 先将频率归一化，得 $\eta_p=1, \eta_s=0.5$。

② 做频率转换，得 $\lambda_p=1, \lambda_s=2$，仍有 $\alpha_p=3\mathrm{dB}, \alpha_s=30\mathrm{dB}$。

③ 设计低通巴特沃思滤波器。由例 6.2.1 可知，$C=1, N=5$，因而得归一化转移函数为

$$G(p)=\frac{1}{(p+1)(p^2+0.618p+1)(p^2+1.618p+1)}$$

④ 求高通滤波器的转移函数 $H(s)$。令 $p=\Omega_p/s=200\pi/s$，并代入上式，即可得高通滤波器的转移函数 $H(s)$。

## 6.3.2 模拟带通滤波器的设计

模拟带通滤波器的 4 个频率参数是 $\Omega_{sl}$、$\Omega_1$、$\Omega_3$、$\Omega_{sh}$。其中 $\Omega_1$、$\Omega_3$ 分别是通带的下限与上限频率，$\Omega_{sl}$ 是下阻带的上限频率，$\Omega_{sh}$ 是上阻带的下限频率，现首先要将它们做归一化处理。

定义 $\Omega_{\mathrm{BW}}=\Omega_3-\Omega_1$ 为通带的带宽，并以此为参考频率对 $\Omega$ 轴做归一化处理，即

$$\eta_{sl}=\Omega_{sl}/\Omega_{\mathrm{BW}},\quad \eta_{sh}=\Omega_{sh}/\Omega_{\mathrm{BW}},\quad \eta_1=\Omega_1/\Omega_{\mathrm{BW}},\quad \eta_3=\Omega_3/\Omega_{\mathrm{BW}}$$

再定义 $\Omega_2^2=\Omega_1\Omega_3$ 为通带的中心频率，归一化的 $\eta_2^2=\eta_1\eta_3$，其归一化的幅频特性 $|H(\mathrm{j}\eta)|$ 示于图 6.3.3(a)，归一化的低通幅频特性 $|G(\mathrm{j}\lambda)|$ 示于图 6.3.3(b)。由图(a)、(b)可得出 $\eta$ 和 $\lambda$ 的一些主要对应关系，现列于表 6.3.2。在 $\eta_2\sim\eta_3$ 找一点 $\eta$，它在 $\lambda$ 轴上对应的点应在 $0\sim\lambda_p$，由于 $\eta_3=\eta_2^2/\eta_1$，那么 $\eta$ 在 $\eta$ 轴上对应的点应是 $\eta_2^2/\eta$，而 $\lambda$ 在 $\lambda$ 轴上对应的点应是 $-\lambda$。这样，我们又可找到 $\eta$ 与 $\lambda$ 的转换关系为

$$\frac{\eta-\eta_2^2/\eta}{\eta_3-\eta_1}=\frac{2\lambda}{2\lambda_p}$$

**表 6.3.2 $\eta$ 和 $\lambda$ 的对应关系**

| $\lambda$ | $-\infty$ | $-\lambda_s$ | $-\lambda_p$ | 0 | $\lambda_p$ | $\lambda_s$ | $\infty$ |
|---|---|---|---|---|---|---|---|
| $\eta$ | 0 | $\eta_{sl}$ | $\eta_1$ | $\eta_2$ | $\eta_3$ | $\eta_{sh}$ | $\infty$ |

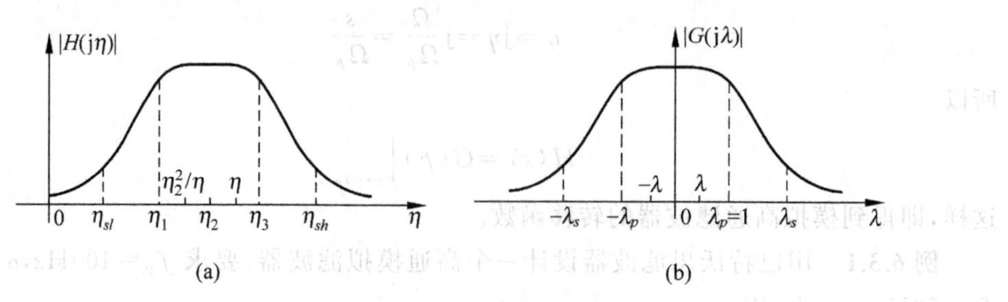


图 6.3.3 带通到低通的转换

由于 $\eta_3-\eta_1=1, \lambda_p=1$,所以有

$$\lambda=\frac{\eta^2-\eta_2^2}{\eta} \tag{6.3.3}$$

从而实现了频率转换。利用所得到的低通滤波器的技术指标 $\lambda_p$、$\lambda_s$、$\alpha_p$、$\alpha_s$,可设计出低通滤波器的转移函数 $G(p)$。由

$$p=\mathrm{j}\lambda=\mathrm{j}\,\frac{\eta^2-\eta_2^2}{\eta}=\mathrm{j}\,\frac{(q/\mathrm{j})^2-\eta_2^2}{(q/\mathrm{j})}=\frac{q^2+\eta_2^2}{q}$$

$$=\frac{\left(\dfrac{S}{\Omega_{\mathrm{BW}}}\right)^2+\dfrac{\Omega_1\Omega_3}{\Omega_{\mathrm{BW}}^2}}{(s/\Omega_{\mathrm{BW}})}=\frac{s^2+\Omega_1\Omega_3}{s(\Omega_3-\Omega_1)} \tag{6.3.4}$$

可得

$$H(s)=G(p)\Big|_{p=\frac{s^2+\Omega_1\Omega_3}{s(\Omega_3-\Omega_1)}} \tag{6.3.5}$$

这样,所需带通滤波器的转移函数可以求出。注意,$N$ 阶的低通滤波器转换到带通后,阶次变为 $2N$。

**例 6.3.2** 试设计一个切比雪夫带通滤波器,要求带宽为 200Hz,中心频率等于 1000Hz,通带内衰减不大于 3dB,在频率小于 830Hz 或大于 1200Hz 处的衰减不小于 25dB。

**解** 由题意知,$\Omega_{\mathrm{BW}}=2\pi\times200$, $\Omega_2=2\pi\times1000$, $\alpha_p=3\mathrm{dB}$, $\Omega_{sl}=2\pi\times830$, $\Omega_{sh}=2\pi\times1200$, $\alpha_s=25\mathrm{dB}$。

① 将频率归一化,有 $\eta_2^2=25$, $\eta_{sl}=4.15$, $\eta_{sh}=6$,由 $\eta_3-\eta_1=1$, $\eta_2^2=\eta_1\eta_3$,可求出 $\eta_1=4.525$, $\eta_3=5.525$。

② 求低通滤波器的技术指标。由图 6.3.2 及式(6.3.3),有

$$\lambda_p=\frac{\eta_3^2-\eta_2^2}{\eta_3}=1,\quad -\lambda_p=\frac{\eta_1^2-\eta_2^2}{\eta_1}=-1$$

$$\lambda_s=\frac{\eta_{sh}^2-\eta_2^2}{\eta_{sh}}=1.833,\quad -\lambda_s=\frac{\eta_{sl}^2-\eta_2^2}{\eta_{sl}}=-1.874$$

$\lambda_p=1$ 可以不用计算而直接给出，但 $\lambda_s$ 与 $-\lambda_s$ 的绝对值略有不同。这是由于所给的技术要求并不完全对称所致。取 $\lambda_s$ 为其中绝对值较小者，即 $\lambda_s=1.833$，这样在 $\lambda_s=1.833$ 处的衰减保证为 25dB，在 $\lambda=1.874$ 处的衰减更能满足要求。

③ 设计低通切比雪夫滤波器 $G(p)$。由技术参数 $\alpha_p=3\text{dB}$，$\alpha_s=25\text{dB}$，$\lambda_p=1$，$\lambda_s=1.833$，得

$$\varepsilon^2=0.995\,262\,3,\quad n=3$$

$$G(p)=\frac{1}{\varepsilon\times 2^2(p+0.2986)(p^2+0.2986p+0.8392)}$$

④ 求带通转移函数 $H(s)$，即有

$$H(s)=G(p)\Big|_{p=\frac{s^2+\Omega_1\Omega_3}{s(\Omega_3-\Omega_1)}}=G(p)\Big|_{p=\frac{s^2+4\pi^2\times 1000^2}{s\times 2\pi\times 200}}$$

## 6.3.3 模拟带阻滤波器的设计

模拟带阻滤波器的 4 个频率参数分别是 $\Omega_1$、$\Omega_{sl}$、$\Omega_{sh}$、$\Omega_3$。其中，$\Omega_1$、$\Omega_3$ 分别是两个通带的截止频率，$\Omega_{sl}$、$\Omega_{sh}$ 是阻带的下限、上限频率。同带通滤波器情况一样，定义通带带宽 $\Omega_{\text{BW}}=\Omega_3-\Omega_1$，阻带中心频率 $\Omega_2=\Omega_1\Omega_3$，并用 $\Omega_{\text{BW}}$ 作为参考频率将频率归一化，得

$$\eta_1=\Omega_1/\Omega_{\text{BW}},\quad \eta_3=\Omega_3/\Omega_{\text{BW}},\quad \eta_{sl}=\Omega_{sl}/\Omega_{\text{BW}},\quad \eta_{sh}=\Omega_{sh}/\Omega_{\text{BW}},\quad \eta_2^2=\eta_1\eta_3$$

归一化频率的带阻滤波器幅频特性 $|H(\text{j}\eta)|$ 如图 6.3.4(a)所示，低通滤波器的幅频特性 $|G(\text{j}\lambda)|$ 如图 6.3.4(b)所示。

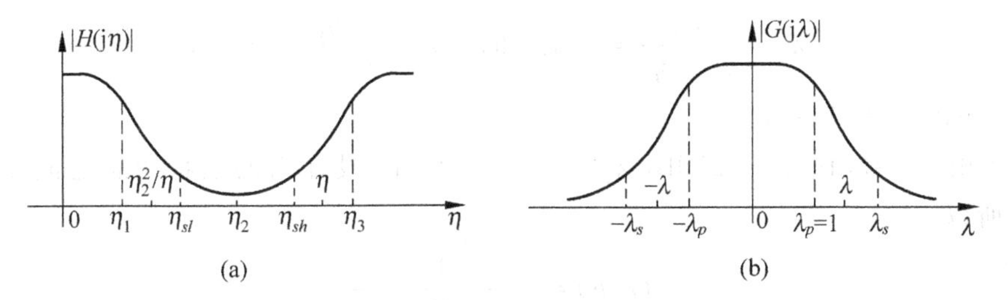


图 6.3.4 带阻到低通的转换

表 6.3.3 给出了 $\eta$ 与 $\lambda$ 的对应关系。在 $\eta_{sh}$ 和 $\eta_3$ 之间任找一点 $\eta$，$\eta$ 在 $\lambda$ 轴上对应的点应在 $-\lambda_s$ 和 $-\lambda_p$ 之间，$\eta$ 在 $\eta$ 轴上以 $\eta_2$ 为对称的点应在 $\eta_1$ 至 $\eta_{sl}$ 之间，该点的坐标应为 $\eta_2^2/\eta$，$-\lambda$ 在 $\lambda$ 轴上的对称点应在 $\lambda_p$ 至 $\lambda_s$ 之间，大小为 $\lambda$。根据对称关系，有

$$\frac{\eta-\eta_2^2/\eta}{\eta_3-\eta_1}=\frac{2\lambda_p}{2\lambda}$$

**表 6.3.3 $\eta$ 和 $\lambda$ 的对应关系**

| $\lambda$ | $-\infty$ | $-\lambda_s$ | $-\lambda_p$ | 0 | 0 | $\lambda_p$ | $\lambda_s$ | $\infty$ |
|---|---|---|---|---|---|---|---|---|
| $\eta$ | $\eta_2$ | $\eta_{sh}$ | $\eta_3$ | $\infty$ | 0 | $\eta_1$ | $\eta_{sl}$ | $\eta_2$ |

由于 $\eta_3-\eta_1=1,\lambda_p=1$，于是有

$$\lambda=\frac{\eta}{\eta^2-\eta_2^2} \tag{6.3.6}$$

对照式(6.3.3)及式(6.3.4)的推导过程，很容易得到$G(p)$中的 $p$ 和$H(s)$中 $s$ 之间的对应关系，即

$$p=\frac{s(\Omega_3-\Omega_1)}{s^2+\Omega_1\Omega_3} \tag{6.3.7}$$

因此，当依照式(6.3.6)完成由带阻到低通的频率转换后，可设计出低通滤波器的归一化转移函数$G(p)$，再利用式(6.3.7)的变量代换，就可得到所要设计的带阻滤波器的转移函数$H(s)$，即有

$$H(s)=G(p)\Big|_{p=\frac{s(\Omega_3-\Omega_1)}{s^2+\Omega_1\Omega_3}} \tag{6.3.8}$$

**例 6.3.3** 给定模拟带阻滤波器的技术指标：$\Omega_1=2\pi\times905$，$\Omega_{sl}=2\pi\times980$，$\Omega_{sh}=2\pi\times1020$，$\Omega_3=2\pi\times1105$，$\alpha_p=3\text{dB}$，$\alpha_s=25\text{dB}$，试设计巴特沃思带阻滤波器。

**解** (1) $\Omega_{\text{BW}}=\Omega_3-\Omega_1=2\pi\times200$，$\Omega_2^2=\Omega_1\times\Omega_3=4\pi^2\times104\,975$

$$\eta_1=4.525,\ \eta_3=5.525,\ \eta_{sl}=4.9,\ \eta_{sh}=5.1,\ \eta_2^2=\eta_1\eta_3=25,\ \eta_3-\eta_1=1$$

(2) 由式(6.3.6)，有

$$-\lambda_s=\frac{\eta_{sl}}{\eta_{sl}^2-\eta_2^2}=-4.949,\quad \lambda_s=\frac{\eta_{sh}}{\eta_{sl}^2-\eta_2^2}=5.049$$

取 $\lambda_s=4.949$， 且 $\lambda_p=1$。

(3) 由 $\alpha_p=3\text{dB}$，$\alpha_s=25\text{dB}$，$\lambda_p=1$，$\lambda_s=4.949$ 设计出的巴特沃思滤波器的阶次 $N=2$，所以

$$G(p)=\frac{1}{p^2+\sqrt{2}p+1}$$

(4) 将

$$p=\frac{s(\Omega_3-\Omega_1)}{s^2+\Omega_1\Omega_3}=\frac{s\times400\pi}{s^2+4\pi^2\times104\,975}$$

代入上式，即得所设计的带阻滤波器的转移函数 $H(s)$。

# 6.4 用冲激响应不变法设计 IIR 数字低通滤波器

6.2 节和 6.3 节讨论了模拟低通滤波器 $G(s)$的设计方法及利用 $G(s)$设计模拟高通、带通及带阻滤波器 $H(s)$的方法。本节与 6.5 节要讨论如何将数字滤波器的技术指标转化为模拟滤波器的技术指标及由 $s$ 转换为 $z$ 的方法。

由第 2 章所讨论的由 $s$ 平面到 $z$ 平面的映射关系可知,$z=\mathrm{e}^{sT_s}$ 或 $s=(1/T_s)\ln z$,并有 $\omega=\Omega T_s$。因此,若给出了数字滤波器的技术指标为 $\omega_p$、$\omega_s$、$\alpha_p$、$\alpha_s$,那么相应模拟滤波器的技术指标为 $\Omega_p=\omega_p/T_s$、$\Omega_s=\omega_s/T_s$ 及 $\alpha_p$、$\alpha_s$。显然,$\omega$ 和 $\Omega$ 之间是一种线性转换关系。暂时假定滤波器是低通的,由 6.3 节可得到模拟低通滤波器的转移函数 $G(s)$。将 $G(s)$转换为 $H(z)$的一个最直接的方法是

$$H(z)=G(s)\Big|_{s=\frac{1}{T_s}\ln z} \tag{6.4.1}$$

但这样做的结果将使 $H(z)$中的 $z$ 以对数形式出现,使 $H(z)$的分子分母不再是 $z$ 的有理多项式,这将给系统的分析和实现带来困难。因此式(6.4.1)的关系不好直接运用,需要加以改造。

设模拟滤波器 $G(s)$的单位冲激响应为 $g(t)$,令所对应的数字系统的单位抽样响应

$$h(nT_s)=g(t)\big|_{t=nT_s}=g(t)\sum_{n=0}^{\infty}\delta(t-nT_s) \tag{6.4.2}$$

那么 $h(nT_s)$所对应的数字系统的转移函数及频率响应分别是

$$H(z)=\sum_{n=0}^{\infty}h(nT_s)z^{-n} \tag{6.4.3}$$

$$H(\mathrm{e}^{\mathrm{j}\omega})=\frac{1}{T_s}\sum_{k=-\infty}^{\infty}G(\mathrm{j}\Omega-\mathrm{j}k\Omega_s) \tag{6.4.4}$$

例如,若 $G(s)=A/(s+\alpha)$,则 $g(t)=A\mathrm{e}^{-\alpha t}$, $h(nT_s)=A\mathrm{e}^{-\alpha nT_s}$,那么

$$H(z)=\frac{A}{1-\mathrm{e}^{-\alpha T_s}z^{-1}} \tag{6.4.5}$$

若 $G(s)=\beta/[(s-\alpha)^2+\beta^2]$,这时 $G(s)$为一个二阶系统,$g(t)=\mathrm{e}^{\alpha t}\sin(\beta t)u(t)$,则

$$H(z)=\frac{z\mathrm{e}^{\alpha T_s}\sin(\beta T_s)}{z^2-z[2\mathrm{e}^{\alpha T_s}\cos(\beta T_s)]+\mathrm{e}^{2\alpha T_s}} \tag{6.4.6}$$

上述由 $G(s)$到 $H(z)$的转换方法都是令 $h(n)$等于 $g(t)$的抽样,因此该转换方法称为“冲激响应不变法”,由此方法可得到一阶系统最基本的转换关系是

$$\frac{1}{s+\alpha} \Rightarrow \frac{1}{1-\mathrm{e}^{-\alpha T_s} z^{-1}} \tag{6.4.7}$$

因为 $G(s)$ 总可以分成一阶和二阶系统的并联或级联，所以由式(6.4.6)及式(6.4.7)可实现由 $G(s)$ 到 $H(z)$ 的转换，该转换所遵循的基本关系仍是 $z=\mathrm{e}^{sT_s}$。

冲激响应不变法保证了把稳定的 $G(s)$ 转换为稳定的 $H(z)$，这一点很容易证明，又因 $\omega$ 和 $\Omega$ 之间也是线性的，因此用此方法设计数字滤波器很简单，其步骤如下：

① 利用 $\omega=\Omega T_s$ 将 $\omega_p$、$\omega_s$ 转换为 $\Omega_p$、$\Omega_s$，而 $\alpha_p$、$\alpha_s$ 不变；

② 设计低通模拟滤波器 $G(s)$；

③ 利用式(6.4.6)和式(6.4.7)将 $G(s)$ 转换为 $H(z)$。

由式(6.4.4)可知，$H(\mathrm{e}^{\mathrm{j}\omega})$ 是 $G(\mathrm{j}\Omega)$ 按 $\Omega_s$ 作周期延拓后的叠加。若 $G(\mathrm{j}\Omega)$ 不是带限的，或是抽样频率不够高，那么在 $H(\mathrm{e}^{\mathrm{j}\omega})$ 中将发生混叠失真。这是冲激响应不变法的一个严重缺点，现以一个具体的例子来说明混叠失真的影响。

**例 6.4.1** 图 6.4.1(a)是一个简单的一阶 $R$-$C$ 电路，令 $\alpha=1/RC$，不难求出

$$G(s)=\frac{\alpha}{s+\alpha}, \quad g(t)=\alpha \mathrm{e}^{-\alpha t}$$

注意到式(6.4.4)中 $H(\mathrm{e}^{\mathrm{j}\omega})$ 和 $G(\mathrm{j}\Omega)$ 之间有一定标因子 $T_s^{-1}$，为了去掉这一定标因子，可令

$$h(nT_s)=T_s g(t)\big|_{t=nT_s} \tag{6.4.8}$$

对本例，有

$$h(nT_s)=T_s\alpha \mathrm{e}^{-\alpha n T_s}, \quad H(\mathrm{e}^{\mathrm{j}\omega})=\frac{T_s\alpha}{1-\mathrm{e}^{-\alpha T_s}\mathrm{e}^{-\mathrm{j}\omega}}, \quad H(z)=\frac{T_s\alpha}{1-\mathrm{e}^{-\alpha T_s}z^{-1}}$$

与图 6.4.1(a)相对应，图(b)给出了 $H(z)$ 的信号流图，图 6.4.2(a)、(b)分别给出了 $g(t)$ 与 $h(nT_s)$ 的曲线。

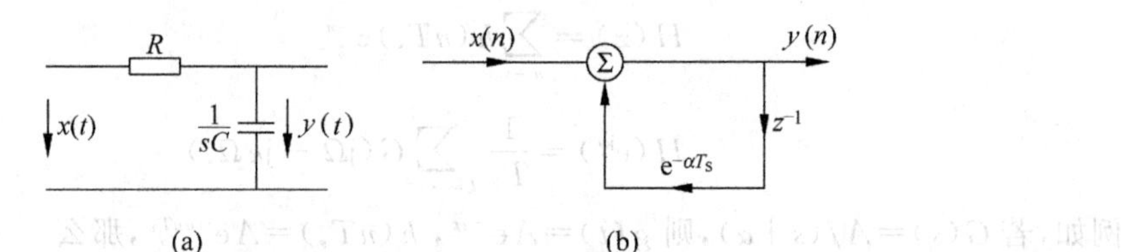


图 6.4.1 模拟系统与数字系统的对应关系

(a) 一阶 $R$-$C$ 电路；(b) 对应的一阶数字系统

现令 $\alpha=1000$，且分别令 $T_s=0.001\mathrm{s}$，$T_s=0.0001\mathrm{s}$，$T_s=0.000\,05\mathrm{s}$，计算

$$|G(\mathrm{j}\Omega)|=\left(\frac{\alpha^2}{\alpha^2+\Omega^2}\right)^{1/2}, \quad 0 \leqslant \Omega=\omega/T_s \leqslant \pi/T_s$$

$$|H(\mathrm{e}^{\mathrm{j}\omega})|=\left(\frac{T_s^2\alpha^2}{1-2\cos\omega \mathrm{e}^{-\alpha T_s}+\mathrm{e}^{-2\alpha T_s}}\right)^{1/2}, \quad 0 \leqslant \omega \leqslant \pi$$

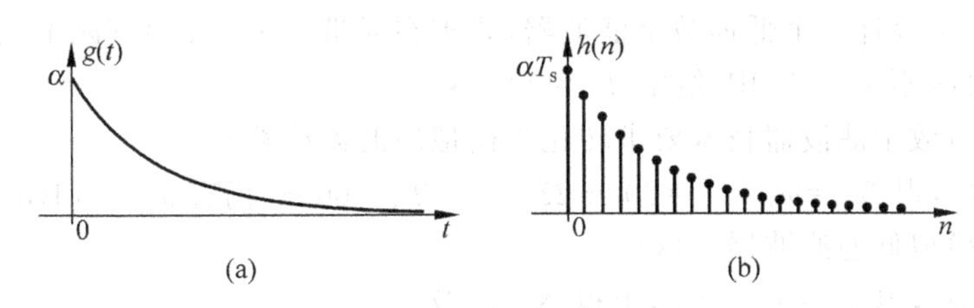


图 6.4.2 单位冲激响应 $g(t)$ 和单位抽样响应 $h(n)$ 的对应关系

(a) $g(t)$；(b) $g(t)$ 的抽样 $h(nT_s)$

相应的幅频响应曲线示于图 6.4.3(a)、(b)和(c)。

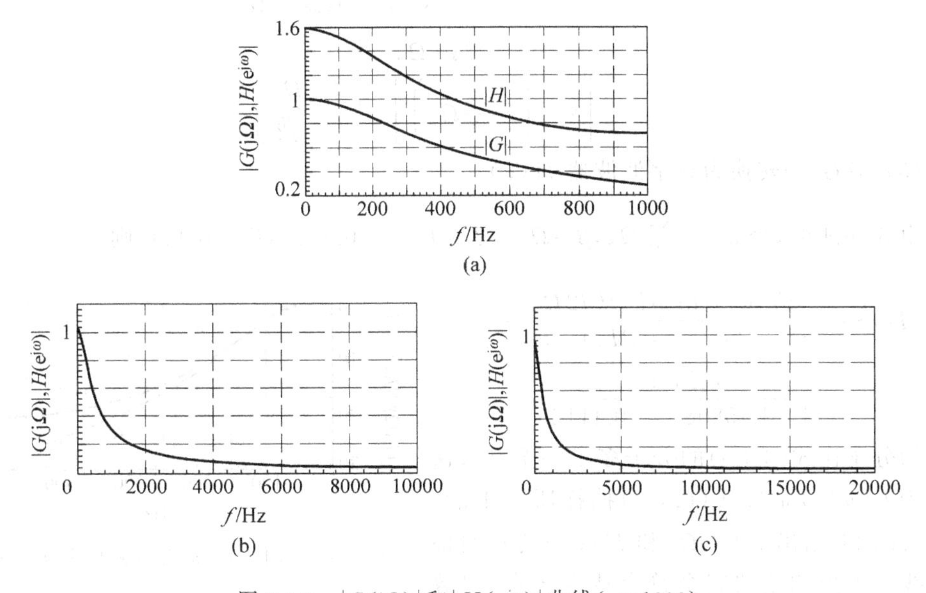


图 6.4.3 $|G(\mathrm{j}\Omega)|$ 和 $|H(\mathrm{e}^{\mathrm{j}\omega})|$ 曲线($\alpha=1000$)

(a) $T_s=0.001\mathrm{s}$；(b) $T_s=0.0001\mathrm{s}$；(c) $T_s=0.000\,05\mathrm{s}$

显然，图 6.4.3(a)中的 $|H(\mathrm{e}^{\mathrm{j}\omega})|$ 相对 $|G(\mathrm{j}\Omega)|$ 有了较大的失真，这是因为 $T_s$ 较大($T_s=0.001\mathrm{s}$)的原因，随着 $T_s$ 的减小，$|H(\mathrm{e}^{\mathrm{j}\omega})|$ 对 $|G(\mathrm{j}\Omega)|$ 的近似也越来越好，如图(b)、(c)所示。但由于本例中的 $G(\mathrm{j}\Omega)$ 不是带限的，所以 $H(\mathrm{e}^{\mathrm{j}\omega})$ 的混叠总还是存在。由计算可知，当 $T_s=0.001\mathrm{s}$ 时，$|G(\mathrm{j}0)|=1$，$|H(\mathrm{e}^{\mathrm{j}0})|=1.582$，$|H(\mathrm{e}^{\mathrm{j}0})|$ 正是由 $G(\mathrm{j}0)$、$G(\mathrm{j}2000\pi)$、$G(-\mathrm{j}2000\pi)$ 等叠加而成。

由图 6.1.2 可知，高通、带阻滤波器不是带限的，因此不能用冲激响应不变法实现 $G(s)$ 到 $H(z)$ 的转换。对于低通和带通滤波器，当 $T_s$ 足够小时，冲激响应不变法可给出较为满意的结果。例 6.4.2 说明了用冲激响应不变法设计 IIR 滤波器的过程。

**例 6.4.2**　试设计一个低通数字滤波器，要求在通带 $0\sim0.2\pi$ 内衰减不大于 3dB，在阻带 $0.6\sim\pi$ 内衰减不小于 20dB，给定 $T_s=0.001\text{s}$。

**解**　(1) 将数字滤波器技术要求转化为模拟滤波器技术要求。

由 $\omega=\Omega T_s$，得 $\Omega_p=\omega_p/T_s=200\pi$，$\Omega_s=\omega_s/T_s=600\pi$，仍有 $\alpha_p=3\text{dB}$，$\alpha_s=20\text{dB}$。

(2) 设计模拟低通滤波器 $G(s)$。

令 $\lambda=\Omega/\Omega_p$，得 $\lambda_p=1$，$\lambda_s=3$，求得 $N=2$ 及

$$G(p)=\frac{1}{p^2+\sqrt{2}p+1}$$

$$G(s)=G(p)\Big|_{p=\frac{s}{\Omega_p}}=\frac{\Omega_p^2}{s^2+\sqrt{2}\Omega_p s+\Omega_p^2}$$

$$=\frac{\sqrt{2}\Omega_p\Omega_p/\sqrt{2}}{\left[s-\left(-\frac{\sqrt{2}}{2}\Omega_p\right)\right]^2+\left(-\frac{\Omega_p}{\sqrt{2}}\right)^2}$$

(3) 将 $G(s)$ 转换为数字滤波器 $H(z)$。

由式(6.4.6)，令 $\alpha=-\frac{\sqrt{2}}{2}\Omega_p$，$\beta=\Omega_p/\sqrt{2}$，$\alpha T_s=-0.444$，$\beta T_s=0.444$，则

$$H(z)=\frac{zT_s\mathrm{e}^{\alpha T_s}\sin(\beta T_s)(\sqrt{2}\Omega_p)}{z^2-z2\mathrm{e}^{\alpha T_s}\cos(\beta T_s)+\mathrm{e}^{2\alpha T_s}}$$

$$=\frac{0.2449z^{-1}}{1-1.1580z^{-1}+0.4112z^{-2}}$$

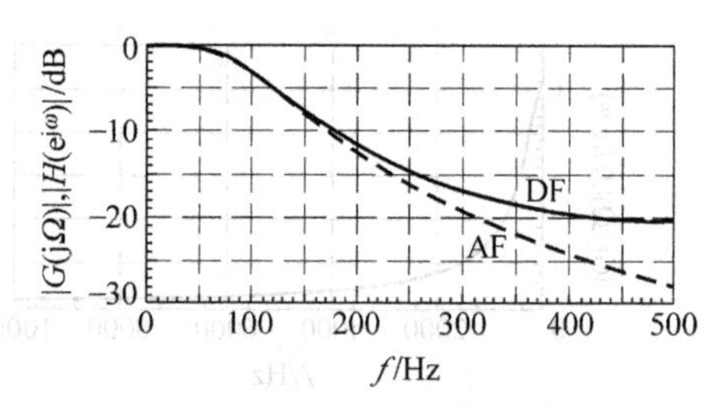

图 6.4.4　例 6.4.2 的对数幅频响应曲线

上式的分子比式(6.4.6)的分子多了一个 $T_s$，这是由于 $h(nT_s)$ 是按式(6.4.8)抽样所产生的。图 6.4.4 同时给出了 $G(\mathrm{j}\Omega)$ 和 $H(\mathrm{e}^{\mathrm{j}\omega})$ 的对数幅频曲线。模拟滤波器完全符合技术要求，但数字滤波器在阻带没有达到技术要求，在 $f_s=300\text{Hz}$ 处，衰减为 $-16.8\text{dB}$，这正是由于混叠所造成的。

# 6.5　用双线性 Z 变换法设计 IIR 数字低通滤波器

由 $z=\mathrm{e}^{sT_s}$ 这一基本关系得到的 $\omega=\Omega T_s$ 的频率映射关系使得 $\mathrm{j}\Omega$ 轴上每隔 $2\pi/T_s$ 便映射到单位圆上一周，引起了频域的混叠，这是冲激响应不变法的一个缺点。因此，我们

希望能找到由 $s$ 平面到 $z$ 平面的另外的映射关系，这种关系应保证：

① $s$ 平面的整个 $\mathrm{j}\Omega$ 轴只映射为 $z$ 平面的单位圆一周；

② 若 $G(s)$是稳定的，由 $G(s)$映射得到的 $H(z)$也应该是稳定的；

③ 这种映射是可逆的，既能由 $G(s)$得到 $H(z)$，也能由 $H(z)$得到 $G(s)$；

④ 如果 $G(\mathrm{j}0)=1$，那么 $H(\mathrm{e}^{\mathrm{j}0})$也应等于 1。

满足以上 4 个条件的映射关系为

$$s=\frac{2}{T_{\mathrm{s}}}\frac{z-1}{z+1} \tag{6.5.1}$$

此关系称为双线性 $Z$ 变换，其导出见例 4.3.7。由此关系不难求出

$$z=\frac{1+(T_{\mathrm{s}}/2)s}{1-(T_{\mathrm{s}}/2)s} \tag{6.5.2}$$

及

$$\mathrm{j}\Omega=\frac{2}{T_{\mathrm{s}}}\frac{\mathrm{e}^{\mathrm{j}\omega/2}(\mathrm{e}^{\mathrm{j}\omega/2}-\mathrm{e}^{-\mathrm{j}\omega/2})}{\mathrm{e}^{\mathrm{j}\omega/2}(\mathrm{e}^{\mathrm{j}\omega/2}+\mathrm{e}^{-\mathrm{j}\omega/2})}=\mathrm{j}\,\frac{2}{T_{\mathrm{s}}}\frac{\sin(\omega/2)}{\cos(\omega/2)}$$

即

$$\Omega=\frac{2}{T_{\mathrm{s}}}\tan(\omega/2) \tag{6.5.3}$$

$$\omega=2\arctan(\Omega T_{\mathrm{s}}/2) \tag{6.5.4}$$

这样，式(6.5.1)及式(6.5.2)给出了 $s$ 和 $z$ 之间的映射关系，式(6.5.3)及式(6.5.4)给出了 $\Omega$ 和 $\omega$ 的映射关系，注意到这是一种非线性的映射关系。当 $\omega$ 由 $0\sim\pi$ 时，$\tan\left(\frac{\omega}{2}\right)$由 0 变至 $+\infty$，当 $\omega$ 由 $0\sim-\pi$ 时，$\Omega$ 由 0 变至 $-\infty$，也即整个 $\Omega$ 轴只映射到单位圆一周。这种频率映射关系利用了正切函数的非线性特点，把整个 $\mathrm{j}\Omega$ 轴压缩到了单位圆的一周上，如图 6.5.1 所示。

这样，当给定了数字滤波器的技术指标 $\omega_p$、$\omega_s$、$\alpha_p$、$\alpha_s$ 后，依照式(6.5.3)，有

$$\Omega_p=\frac{2}{T_{\mathrm{s}}}\tan(\omega_p/2),\quad \Omega_s=\frac{2}{T_{\mathrm{s}}}\tan(\omega_s/2),\quad \lambda_p=1,\quad \lambda_s=\tan(\omega_s/2)/\tan(\omega_p/2)$$

于是可以设计出模拟滤波器 $G(p)$。由 $G(p)$转为 $G(s)$，再由 $G(s)$转为 $H(z)$时，有

$$G(s)=G(p)\Big|_{p=\frac{s}{\Omega_p}},\quad H(z)=G(s)\Big|_{s=\frac{2}{T_{\mathrm{s}}}\frac{z-1}{z+1}}$$

注意到

$$p=\frac{s}{\Omega_p}=\frac{T_{\mathrm{s}}}{2}\frac{1}{\tan(\omega_p/2)}\frac{2}{T_{\mathrm{s}}}\frac{z-1}{z+1}=\frac{1}{\tan(\omega_p/2)}\frac{z-1}{z+1}$$

因此，无论是在设计模拟滤波器还是由模拟滤波器转变为数字滤波器的过程，系数 $2/T_{\mathrm{s}}$

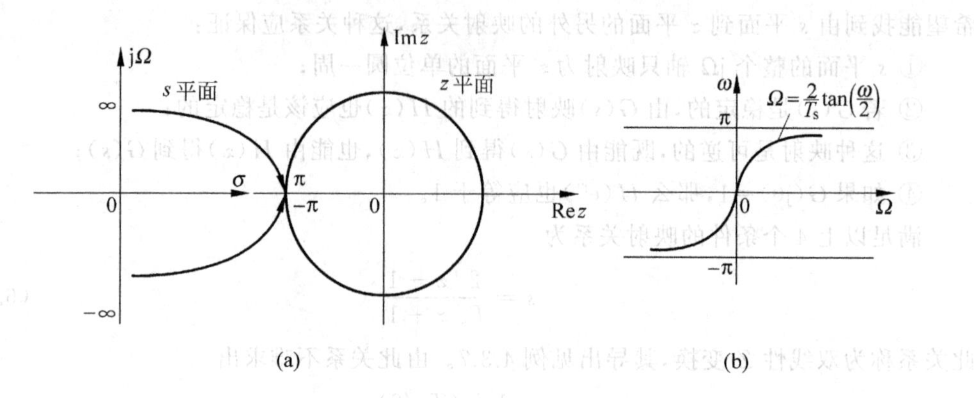


图 6.5.1　$\Omega$ 与 $\omega$ 之间的映射关系

(a) 整个 $\Omega$ 轴映射到单位圆上一周；(b) $\Omega=\frac{2}{T_s}\tan(\omega/2)$

均被约掉，因此在式(6.5.1)～式(6.5.4)给出的第一组双线性 $Z$ 变换的定义中，可将其省去，即有

$$s=\frac{z-1}{z+1} \tag{6.5.5}$$

$$z=\frac{1+s}{1-s} \tag{6.5.6}$$

$$\Omega=\tan\left(\frac{\omega}{2}\right) \tag{6.5.7}$$

$$\omega=2\arctan\Omega \tag{6.5.8}$$

式(6.5.5)～式(6.5.8)给出的第二组定义与第一组定义给出的结果是一样的，因此都可以用来设计 IIR DF。

**例 6.5.1**　试用双线性 $Z$ 变换法设计一个低通数字滤波器，给定技术指标是 $f_p=100\text{Hz}$，$f_s=300\text{Hz}$，$\alpha_p=3\text{dB}$，$\alpha_s=20\text{dB}$，抽样频率[①] $F_s=1000\text{Hz}$。

**解**　首先应得到圆周频率 $\omega$，因为 $2\pi$ 对应 $F_s$，所以 $\omega_p=0.2\pi$，$\omega_s=0.6\pi$，即例 6.4.2 给出的技术指标。

(1) 将数字滤波器的技术要求转化为模拟滤波器的技术要求。

由式(6.5.7)，有

$$\Omega_p=\tan\left(\frac{\omega_p}{2}\right)=0.3249,\quad \Omega_s=\tan\left(\frac{\omega_s}{2}\right)=1.376\,38$$

① 由此处至本章结束，为了将抽样频率区别于截止频率，故将抽样频率暂改记为 $F_s$。

仍有 $\alpha_p=3\text{dB}$，$\alpha_s=20\text{dB}$。

(2) 设计低通滤波器 $G(s)$。

令 $\lambda=\Omega/\Omega_p$，得 $\lambda_p=1$，$\lambda_s=4.2363$，求得 $N=1.59$，取 $N=2$，于是

$$G(p)=\frac{1}{p^2+\sqrt{2}p+1}$$

$$G(s)=G(p)\Big|_{p=\frac{s}{\Omega_p}}=\frac{0.3249^2}{s^2+0.4595s+0.3249^2} \tag{6.5.9}$$

(3) 由 $G(s)$ 求 $H(z)$。

由式(6.5.5)，有

$$H(z)=G(s)\Big|_{s=\frac{z-1}{z+1}}=\frac{0.067\,45+0.1349z^{-1}+0.067\,45z^{-2}}{1-1.143z^{-1}+0.4128z^{-2}}$$

图 6.5.2 同时给出了 $G(\mathrm{j}\Omega)$ 和 $H(\mathrm{e}^{\mathrm{j}\omega})$ 的对数幅频曲线，由图可以看出，数字滤波器的幅频曲线完全满足技术要求，而模拟滤波器的幅频曲线没有完全达到技术要求，如在阻带边缘 300Hz 处的衰减是 $-18.6\text{dB}$，而不是要求的 $-20\text{dB}$。而且在 $f>f_p$ 后，数字滤波器幅频响应的衰减远比模拟滤波器来得快，当然这正是我们所希望的。

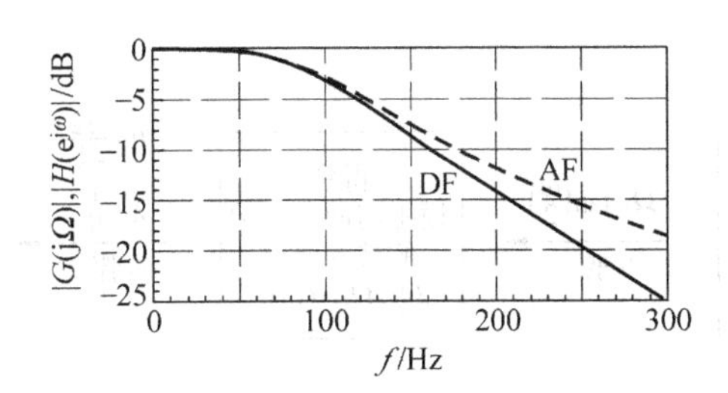


图 6.5.2　例 6.5.1 的对数幅频响应曲线

产生这一现象的原因正是来自于双线性 $Z$ 变换中 $\omega$ 和 $\Omega$ 的非线性关系。由式(6.5.3)，有

$$\tan\left(\frac{\omega}{2}\right)=\frac{\Omega T_s}{2}$$

而 $\omega$ 和 $\Omega$ 的基本关系是

$$\frac{\omega}{2}=\frac{\Omega T_s}{2}$$

由图 6.5.1(b)可以看出，当 $\omega$ 较小时，$\omega$ 和 $\Omega$ 之间有近似的线性关系，所以这时通带内两个幅频响应接近一致，当 $f>f_p$，即 $\omega$ 变大时，非线性严重，保证了 $|H(\mathrm{e}^{\mathrm{j}\omega})|$ 的技术要求，$|G(\mathrm{j}\Omega)|$ 就很难完全满足。但我们的最终目的是设计 $H(z)$，所以对 $G(s)$ 是否完全满足技术指标并不强求。

顺便指出，本例使用的是第二组双线性 $Z$ 变换的定义，求出的 $H(z)$ 及 $|H(\mathrm{e}^{\mathrm{j}\omega})|$ 和

使用第一组完全一样。但在使用第二组定义时，在中间过程中若想同时求出真正的 $G(s)$ 和 $G(\mathrm{j}\Omega)$，那么式(6.5.9)是无法实现的。因为在该式中，缺少对 $\Omega$ 的定标 $T_s/2$，所以要想真正给出 $|G(\mathrm{j}\Omega)|$ 曲线，那么式(6.5.9)应改成

$$G(s)=G(p)\Big|_{p=\frac{s}{\Omega_p}},\quad \Omega_p=\frac{2}{T_s}\tan\left(\frac{\omega_p}{2}\right)$$

由图 6.5.2 也可看出，使用双线性 $Z$ 变换消除了在冲激响应不变法中的频域混叠现象。

## 6.6　数字高通、带通及带阻滤波器的设计

至今我们已较为详细地讨论了：①模拟低通滤波器的设计方法(巴特沃思及切比雪夫Ⅰ型)；②基于 $s$ 域频率变换的模拟高通、带通、带阻滤波器的设计方法；③基于双线性 $Z$ 变换的数字低通滤波器的设计方法。在此基础上，我们很容易得到高通、带通及带阻数字滤波器的设计方法。现以高通数字滤波器为例说明其设计的过程，如图 6.6.1 所示。其步骤如下。

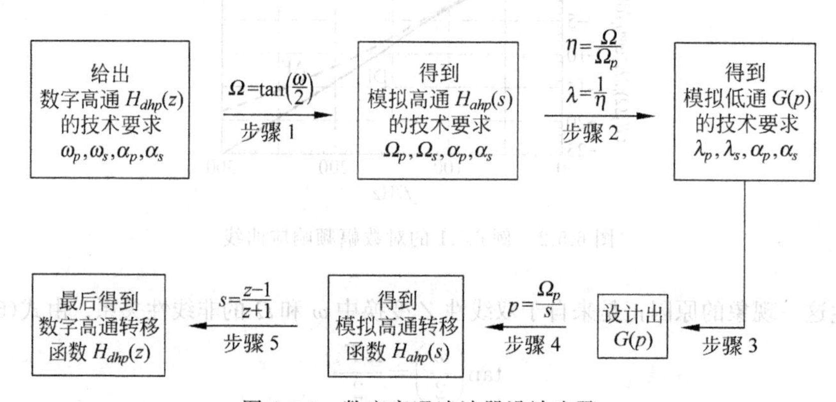


图 6.6.1　数字高通滤波器设计步骤

**步骤 1**　将数字高通滤波器 $H_{dhp}(z)$ 的技术指标 $\omega_p$、$\omega_s$，通过 $\Omega=\tan(\omega/2)$ 转变为模拟高通 $H_{ahp}(s)$ 的技术指标 $\Omega_p$、$\Omega_s$，做归一化处理后得 $\eta_p=1,\eta_s=\Omega_s/\Omega_p$；

**步骤 2**　利用频率变换关系 $\lambda\eta=1$，将模拟高通 $H_{ahp}(s)$ 的技术指标转换为归一化的低通滤波器 $G(p)$ 的技术指标，并有 $p=\mathrm{j}\lambda$；

**步骤 3**　设计模拟低通滤波器 $G(p)$；

**步骤 4**　将 $G(p)$ 转换为模拟高通滤波器的转移函数 $H_{ahp}(s)$，$p=\Omega_p/s$；

**步骤 5**　将 $H_{ahp}(s)$转换成数字高通滤波器的转移函数 $H_{dhp}(z)$，$s=(z-1)/(z+1)$。

以上5个步骤同样适用于数字带通、数字带阻滤波器的设计。只是在步骤2、3及4中频率转换的方法不同。现以3个具体例子说明数字高通、带通及带阻滤波器的设计过程。

**例 6.6.1** 试设计一个数字高通滤波器，要求通带下限频率 $\omega_p=0.8\pi$，阻带上限频率为 $0.44\pi$，通带衰减不大于3dB，阻带衰减不小于20dB。

**解** 由步骤1得

$$\Omega_p=\tan\left(\frac{\omega_p}{2}\right)=3.077\ 68,\quad \Omega_s=\tan\left(\frac{\omega_s}{2}\right)=0.827\ 27$$

$$\eta_p=1,\quad \eta_s=\frac{\Omega_s}{\Omega_p}=0.2688$$

由步骤2得

$$\lambda_p=1,\quad \lambda_s=\frac{1}{\eta_s}=3.720\ 28$$

由步骤3，设计低通滤波器 $G(p)$，求得

$$N=\frac{1}{2}\lg\left(\frac{10^{\alpha_s/10}-1}{10^{\alpha_p/10}-1}\right)\Big/\lg(\lambda_s)=1.749$$

取 $N=2$，有

$$G(p)=\frac{1}{p^2+\sqrt{2}p+1}$$

将步骤4和5合并为一步，得数字高通滤波器转移函数

$$H_{dhp}(z)=H_{ahp}(s)\Big|_{s=\frac{z-1}{z+1}}=G(p)\Big|_{p=\Omega_p\frac{(z+1)}{(z-1)}}$$

将 $\Omega_p=3.077\ 68$ 的具体数值代入上式，最后得

$$H_{ahp}(z)=\frac{0.067\ 45(1-z^{-1})^2}{1+1.143z^{-1}+0.4128z^{-2}} \tag{6.6.1}$$

**例 6.6.2** 一个数字系统的抽样频率 $F_s=2000\text{Hz}$，试设计一个为此系统使用的带通数字滤波器 $H_{dbp}(z)$，希望采用巴特沃思滤波器。要求：(1)通带范围为300～400Hz，在带边频率处的衰减不大于3dB；(2)在200Hz以下和500Hz以上衰减不小于18dB。

**解** 首先，应将实际频率转换为圆周频率 $\omega$，由 $\omega=2\pi f/F_s$，得 $\omega_{sl}=0.2\pi$，$\omega_1=0.3\pi$，$\omega_3=0.4\pi$，$\omega_{sh}=0.5\pi$。由步骤1，应将数字带通滤波器的频率转换为模拟带通滤波器的频率，得

$$\Omega_{sl}=\tan\left(\frac{\omega_{sl}}{2}\right)=\tan(0.1\pi)=0.324\ 92,\quad \Omega_{sh}=\tan\left(\frac{\omega_{sh}}{2}\right)=\tan(0.25\pi)=1$$

$$\Omega_1 = \tan\left(\frac{\omega_1}{2}\right) = \tan(0.15\pi) = 0.509\,53,\quad \Omega_3 = \tan\left(\frac{\omega_s}{2}\right) = \tan(0.2\pi) = 0.726\,54$$

根据 6.3.2 节模拟带通滤波器的设计方法，我们还需求出

$$\Omega_2^2 = \Omega_1\Omega_3 = 0.370\,20,\quad \Omega_{BW} = \Omega_3 - \Omega_1 = 0.217\,01$$

式中，$\Omega_2$ 为中心频率，$\Omega_{BW}$ 为通带带宽。以 $\Omega_{BW}$ 为参考频率将 $\Omega$ 归一化，得

$$\eta_1 = \Omega_1/\Omega_{BW} = 2.347\,96,\quad \eta_3 = \Omega_3/\Omega_{BW} = 3.347\,96$$

$$\eta_{sl} = \Omega_{sl}/\Omega_{BW} = 1.497\,26,\quad \eta_{sh} = \Omega_{sh}/\Omega_{BW} = 4.608\,08$$

显然

$$\eta_{BW} = \eta_3 - \eta_1 = 1,\quad \eta_2^2 = \eta_1\eta_3 = 7.860\,88$$

归一化后的频率 $\eta_1$、$\eta_2$、$\eta_3$、$\eta_{sl}$ 及 $\eta_{sh}$ 见图 6.3.3。

根据步骤 2，由式(6.3.3)，即 $\lambda = (\eta^2 - \eta_2^2)/\eta$，将 $\eta$ 转换为低通滤波器 $G(p)$ 的归一化频率 $\lambda$，不必计算就可知 $\lambda_p = 1$，但 $\lambda_s$ 不唯一，即

$$-\lambda_s = \frac{\eta_{sl}^2 - \eta_2^2}{\eta_{sl}} = -3.752\,92,\quad \lambda_s = \frac{\eta_{sh}^2 - \eta_2^2}{\eta_{sh}} = 2.902\,19$$

由 $\eta_{sl}$、$\eta_{sh}$ 求出的两个 $\lambda_s$ 差别较大，这是由于 $\Omega = \tan(\omega/2)$ 的非线性关系所引起的，为了保证滤波器的衰减特性，应取 $|\lambda_s|$ 为最小者，故取 $\lambda_s = 2.9$。

由步骤 3，根据 $\lambda_p = 1$，$\lambda_s = 2.9$，$\alpha_p = 3\text{dB}$，$\alpha_s = 18\text{dB}$，设计 $G(p)$，求得 $N = 2$，因此

$$G(p) = \frac{1}{p^2 + \sqrt{2}p + 1} \tag{6.6.2}$$

将步骤 4 和步骤 5 合起来，由式(6.3.5)，$p = (s^2 + \Omega_1\Omega_3)/s(\Omega_3 - \Omega_1)$，而 $s = (z-1)/(z+1)$，这样可得到带通情况下 $p$ 和 $z$ 之间的转换关系，即

$$p = \frac{(z-1)^2 + \Omega_2^2(z+1)^2}{\Omega_{BW}(z^2-1)} \tag{6.6.3}$$

将 $\Omega_2^2$、$\Omega_{BW}$ 代入式(6.6.3)，得

$$p = \frac{6.314z^2 - 5.8043z + 6.314}{z^2 - 1} \tag{6.6.4}$$

再将式(6.6.4)代入式(6.6.2)即可得到所要的数字带通滤波器的转移函数，即

$$H_{dbp}(z) = \frac{0.0201(1 - 2z^{-2} + z^{-4})}{1 - 1.637z^{-1} + 2.237z^{-2} - 1.307z^{-3} + 0.641z^{-4}}$$

**例 6.6.3**　一个数字系统的抽样频率为 1000Hz，已知该系统受到频率为 100Hz 的噪声的干扰，现设计一个陷波滤波器 $H_{dbs}(z)$ 去掉该噪声。要求 3dB 的带边频率为 95Hz 和 105Hz，阻带衰减不小于 14dB。

**解**　此滤波器是一个阻带很窄的陷波器，题中没有给出过渡带要求，为了设计的方便，令阻带的下边和上边频率分别为 99Hz 和 101Hz。现直接由步骤 1～5 给出下面的计

算过程，请参考6.3.3节有关模拟带阻滤波器的设计方法。

由题意可求出：$\omega_1=0.19\pi$，$\omega_{sl}=0.198\pi$，$\omega_{sh}=0.202\pi$，$\omega_3=0.21\pi$。

(1) 将$H_{dbs}(z)$的频率$\omega$转变为$H_{abs}(s)$的频率$\Omega$，$\Omega=\tan(\omega/2)$，得

$$\Omega_1=0.3076,\quad \Omega_{sl}=0.3214,\quad \Omega_{sh}=0.3284,\quad \Omega_3=0.3424$$

及

$$\Omega_{BW}=\Omega_3-\Omega_1=0.034\,78,\quad \Omega_2^2=\Omega_1\Omega_3=0.1010$$

由$\eta=\Omega/\Omega_{BW}$做频率归一化，得

$$\eta_1=8.8442,\quad \eta_{sl}=9.2409,\quad \eta_{sh}=9.4422,\quad \eta_3=9.8447,\quad \eta_2^2=87.069$$

(2) 将$H_{abs}(s)$归一化频率转变成低通模拟滤波器$G(p)$的归一化频率$\lambda$。由式(6.3.6)，即$\lambda=\eta/(\eta^2-\eta_2^2)$，可求出$\lambda_p=1$，及

$$-\lambda_s=\eta_{sl}/(\eta_{sl}^2-\eta_2^2)=-5.517,\quad \lambda_s=\eta_{sh}/(\eta_{sh}^2-\eta_2^2)=4.526$$

取$\lambda_s=4.526$。

(3) 设计低通滤波器$G(p)$。由$\lambda_p=1$，$\lambda_s=4.526$，$\alpha_p=3\text{dB}$，$\alpha_s=14\text{dB}$，求出，$N=1.054$，取$N=1$，则

$$G(p)=\frac{1}{p+1} \tag{6.6.5}$$

(4) 由式(6.3.7)，有

$$p=\frac{s\Omega_{BW}}{s^2+\Omega_2^2}$$

而

$$s=\frac{z-1}{z+1}$$

所以

$$p=\frac{\Omega_{BW}(z^2-1)}{(z-1)^2+\Omega_2^2(z+1)^2} \tag{6.6.6}$$

则

$$H_{dbs}(z)=H_{abs}(s)\Big|_{s=\frac{z-1}{z+1}}=G(p)\Big|_{p=\frac{\Omega_{BW}(z^2-1)}{(z-1)^2+\Omega_2^2(z+1)^2}} \tag{6.6.7}$$

将$\Omega_{BW}$、$\Omega_2^2$代入式(6.6.6)，再将该式代入式(6.6.5)，最后得到所要的数字带阻滤波器的转移函数，即

$$H_{dbs}(z)=\frac{0.969(1-1.633z^{-1}+z^{-2})}{1-1.583z^{-1}+0.939z^{-2}}$$

由例6.6.2及例6.6.3可以看出，数字带通及带阻滤波器的阶次是原低通滤波器阶次的2倍。

图6.6.2(a)、(b)和(c)分别给出了本节所设计的3个滤波器的幅频响应。可以看出，它们满足了技术要求。

IIR数字滤波器的设计方法除了以上所述的借助于模拟滤波器的设计方法外，人们

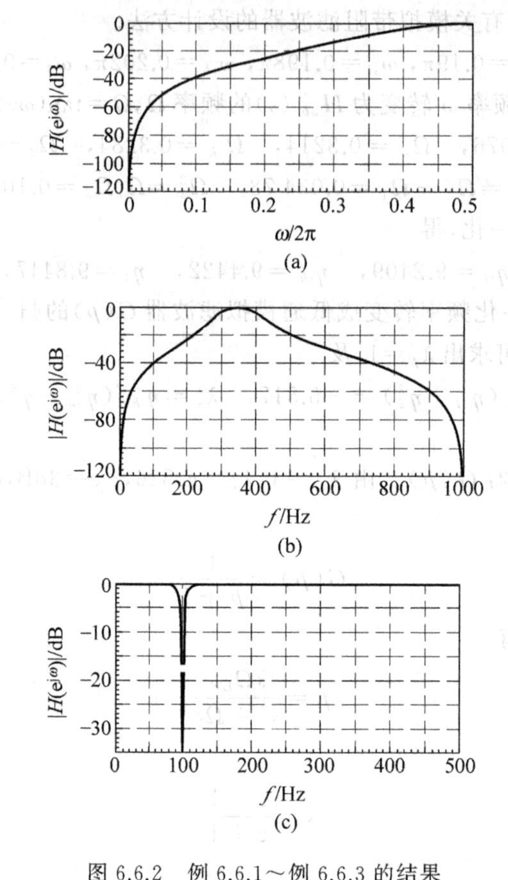


图 6.6.2 例 6.6.1～例 6.6.3 的结果

(a) 例 6.6.1 的高通滤波器的对数幅频特性；(b) 例 6.6.2 的带通滤波器的对数幅频特性；(c) 例 6.6.3 的带阻滤波器的对数幅频特性

还提出了计算机辅助设计的方法，但计算量偏大，相对以上设计方法并无太多优点，此处不再讨论。

## 6.7 与本章内容有关的 MATLAB 文件

本章集中讨论 IIR 数字滤波器的设计问题。目前，设计 IIR 数字滤波器的通用方法是先设计相应的低通原型模拟滤波器，然后再通过双线性变换和频率变换得到所要的数字滤波器。模拟滤波器从功能上分有低通、高通、带通及带阻 4 种，从类型上分有巴特沃

思(Butterworth)滤波器、切比雪夫(Chebyshev)Ⅰ型滤波器、切比雪夫Ⅱ型滤波器、椭圆(elliptic)滤波器及贝塞尔(Bessel)滤波器等。与本章内容有关的MATLAB文件用来实现上述功能。鉴于相应的MATLAB文件较多,此处仅以巴特沃思和切比雪夫Ⅰ型滤波器的设计为例来说明这些文件的应用。

如图6.6.1所示,设计一个高通的巴特沃思数字滤波器 $H(z)$,其步骤包括 $\omega$ 到 $\Omega$ 的频率转换、模拟低通原型 $G(p)$ 的设计、$G(p)$ 到模拟高通 $H(s)$ 的转换、$H(s)$ 到数字高通滤波器 $H(z)$ 的转换。为实现这一过程,MATLAB给出了如下相应文件。

**1. buttord.m**

本文件用来确定数字低通或模拟低通滤波器的阶次,其调用格式分别是

```
(1) [N, Wn] =buttord(Wp, Ws, Rp, Rs)
(2) [N, Wn] =buttord(Wp, Ws, Rp, Rs,'s')
```

格式(1)对应数字滤波器,式中Wp、Ws分别是通带和阻带的截止频率,实际上它们是归一化频率,其值在0~1,1对应抽样频率的一半。对低通和高通滤波器,Wp、Ws都是标量,对带通和带阻滤波器,Wp、Ws都是1×2的向量。Rp、Rs分别是通带和阻带的衰减,单位为dB。N是求出的相应低通滤波器的阶次,Wn是求出的3dB频率,它和Wp稍有不同。格式(2)对应模拟滤波器,式中各个变量的含义和格式(1)相同,但Wp、Ws及Wn的单位为rad/s,因此,它们实际上是频率 $\Omega$。

**2. buttap.m**

本文件用来设计模拟低通原型滤波器 $G(p)$,其调用格式是

```
[z, p, k] =buttap(N)
```

N是欲设计的低通原型滤波器的阶次,z、p、k分别是设计出的 $G(p)$ 的极点、零点及增益。

**3. lp2lp.m**

**4. lp2hp.m**

**5. lp2bp.m**

**6. lp2bs.m**

从文件名可以看出,上述4个文件的功能分别是将模拟低通原型滤波器 $G(p)$ 转换为实际的低通、高通、带通及带阻滤波器,其调用格式分别是

```
(1) [B, A] =lp2lp(b, a, Wo)          或  [B, A] =lp2hp(b, a, Wo)
(2) [B, A] =lp2bp(b, a, Wo, Bw)      或  [B, A] =lp2bs(b, a, Wo, Bw)
```

式中，b、a 分别是模拟低通原型滤波器 $G(p)$ 的分子、分母多项式的系数向量，B、A 分别是转换后的 $H(s)$ 的分子、分母多项式的系数向量；在(1)中，Wo 是低通或高通滤波器的截止频率；在(2)中，Wo 是带通或带阻滤波器的中心频率，Bw 是其带宽。

**7. bilinear.m**

本文件实现双线性变换，即由模拟滤波器 $H(s)$ 得到数字滤波器 $H(z)$，而 $s$ 和 $z$ 的关系由式(6.5.1)给出。其调用格式是

```
[Bz, Az] =bilinear(B, A, Fs)
```

式中，B、A 分别是 $H(s)$ 的分子、分母多项式的系数向量，Bz、Az 分别是 $H(z)$ 的分子、分母多项式的系数向量，Fs 是抽样频率。现举例说明上述文件的应用。

**例 6.7.1**　用上述的 MATLAB 文件设计例 6.5.1 的数字低通滤波器。

相应的程序是 exa060701_1.m。运行该程序，给出如下结果：

```
bp=[1,0,0],ap=[1,1.414,1],bs=[0.1056,0,0],as=[1,0.4595,0.1056]
bz=[0.0675,0,1349,0.06745], az=[1,-1.143,0.4128]
```

这和例 6.5.1 给出的结果是一样的。

读者可能已注意到，该程序在实现由 $\omega$ 至 $\Omega$ 的转换及由 $s$ 至 $z$ 的转换时，用的是式(6.5.5)及式(6.5.7)，即省去了 $T_s/2$。这时调用文件 bilinear，输入参量为 Fs/2；若考虑 $T_s/2$ 在设计过程中的实际影响，可使用程序 exa060701_2.m。运行该程序，除了 bs 及 as 与 exa060701_1 给出的结果不同外，二者的 bp、ap、bz、az 都是一样的。这时，模拟滤波器和数字滤波器的幅频响应曲线可在同一幅图上给出。

**8. butter.m**

本文件可用来直接设计巴特沃思数字滤波器，实际上它把 buttord、buttap、lp2lp 及 bilinear 等文件都包含了进去，从而使设计过程更简捷。其调用格式是

```
(1) [B,A]=butter(N,Wn);
(2) [B,A]=butter(N,Wn,'high');
(3) [B,A]=butter(N,Wn,'stop');
(4) [B,A]=butter(N,Wn,'s')。
```

格式(1)～(3)用来设计数字滤波器，所以 B、A 分别是 $H(z)$ 的分子、分母多项式的系数向量，Wn 是通带截止频率，范围在 0～1，1 对应抽样频率的一半。若 Wn 是标量，则格式(1)用来设计低通数字滤波器，若 Wn 是 1×2 的向量，则格式(1)用来设计数字带通滤波器；格式(2)用来设计数字高通滤波器；格式(3)用来设计数字带阻滤波器，显然，这时的

Wn是1×2的向量;格式(4)用来设计模拟滤波器。

现继续讨论例6.7.1,即使用文件butter.m来设计例6.5.1的低通数字滤波器。相应程序是exa060701_3。在该程序中分别用两个截止频率求出了两个数字滤波器,一个截止频率是例题所要求的wp=0.2π,对应$H(z)$;另一个是利用文件buttord得到的"自然"截止频率wn,对应$H_1(z)$。对低通滤波器,一般,wn>wp,所以$H(z)$和$H_1(z)$不相同。运行该程序可知,$H(z)$和例6.5.1给出的结果是一样的。并且,$H(z)$的幅频在100Hz处的衰减为3dB,在300Hz处的衰减为25dB,而$H_1(z)$的幅频在100Hz处的衰减为1.234dB,在300Hz处的衰减为20dB。应该说,两个滤波器都满足了技术要求。不过,从求出的滤波器的一致性考虑,推荐使用原始的截止频率wp。

**例6.7.2** 用MATLAB文件设计例6.6.2的数字带通滤波器。

完成本例题的程序分别是exa060702_1和exa060702_2。前者利用文件buttord、buttap、lp2bp及bilinear一步步来设计,后者直接利用buttord和butter来设计。运行这两个程序,其结果和例6.6.2是一样的。另外,exa060702_1还在同一幅图上给出了模拟和数字两个滤波器的幅频响应。

**9. cheb1ord.m**

用于求切比雪夫Ⅰ型滤波器的阶次。

**10. cheb1ap.m**

用来设计原型低通切比雪夫Ⅰ型模拟滤波器。

**11. cheby1.m**

用来直接设计数字切比雪夫Ⅰ型滤波器。

以上3个文件的调用格式和对应的巴特沃思滤波器的文件类似,此处不再一一讨论,现举例说明。

**例6.7.3** 一个数字系统的抽样频率Fs=2000Hz,欲设计一个数字切比雪夫Ⅰ型带通滤波器,具体技术指标是:fsl=200Hz,fsh=600Hz,f1=300Hz,f3=500Hz,通带衰减不大于0.1dB,阻带衰减不小于30dB。

完成本例题的程序是exa060703_1和exa060703_2。前者利用文件cheb1ord、cheb1ap、lp2bp及bilinear一步步来设计,后者直接利用cheb1ord和cheby1来设计。运行这两个程序,可得到所设计的滤波器分子、分母多项式的系数。这两个程序运行的结果都是

```
bz1=0.0008 [1, 0, -4.75, 0, 9.5, 0, -9.5, 0, 4.75, 0, 1];
az1=[1, -2.762, 6.595, -9.768, 12.79, -12.182, 10.323, -6.343, 3.45, -1.149, 0.336];
```

读者可自己画出其幅频响应,可知满足设计要求。

以上较为详细地讨论了 MATLAB 中有关巴特沃思和切比雪夫Ⅰ型滤波器设计的一系列文件。类似地，切比雪夫Ⅱ型、椭圆及贝塞尔滤波器也有一套相应的文件，这些文件分别如下。

**12. cheb2ord.m**

**13. ellipord.m**

**14. cheb2ap.m**

**15. ellipap.m**

**16. besselap.m**

**17. cheby2.m**

**18. ellip.m**

**19. besself.m**

掌握了有关巴特沃思和切比雪夫Ⅰ型滤波器设计的 MATLAB 文件的应用，对上述 8 个文件也就融会贯通了，此处不再一一讨论。

此外，与本章内容有关的 MATLAB 文件还有如下 3 个。

**20. impinvar.m**

用冲激响应不变法实现 $\omega$ 到 $\Omega$ 及 $s$ 到 $z$ 的转换。

**21. maxflat.m**

设计广义巴特沃思低通滤波器。

**22. yulewalk.m**

利用最小平方方法设计 Yule-Walker 滤波器。

这 3 个文件应用并不广泛，此处也不再一一讨论。

## 小 结

本章首先给出了滤波的概念、滤波器的分类及模拟和数字滤波器的技术指标，接着讨论了巴特沃思和切比雪夫Ⅰ型模拟低通滤波器的设计方法，以及由低通到高通、带通及带阻滤波器的频率变换方法。然后重点讨论了如何把数字滤波器的技术指标通过双线性 $Z$ 变换转变成模拟低通滤波器的技术指标，并设计出所需要的数字滤波器。文中所用的频率变换方法易于理解、便于编程。

# 习题与上机练习

6.1　一模拟系统的转移函数是

$$G(s)=\frac{5}{s+5}$$

给定抽样频率 $f_s=500\text{Hz}$，试利用双线性 $Z$ 变换将该系统转变为数字系统。

6.2　某归一化的模拟低通滤波器的截止频率 $\lambda_p=1$，转移函数是

$$G(p)=\frac{1}{p+1}$$

利用双线性 $Z$ 变换得到对应的数字低通滤波器 $H(z)$ 并画出其幅频响应曲线，要求其截止频率为 20Hz，给定抽样频率 $f_s=100\text{Hz}$。

6.3　简单的带通滤波器设计的研究。

例 4.3.3 已指出：若使设计的滤波器拒绝某一个频率，应在单位圆上相应的频率处设置一个零点；若使滤波器突出某一个频率，应在单位圆内相应的频率处设置一个极点。按照这一思路，最简单的带通滤波器应该在单位圆上的 $\omega=0$ 和 $\omega=\pi$ 处各放一个零点，在对应的通带中心频率 $\omega=\pm\omega_0$ 处放上一对共轭极点 $re^{\pm j\omega_0}$，$r$ 是极点的模，它越接近于 1，该频率处的幅频响应越大。其转移函数可表示为

$$H(z)=\frac{K(z-1)(z+1)}{(z-re^{j\omega_0})(z-re^{-j\omega_0})}=\frac{K(z^2-1)}{(z^2-2r\cos\omega_0+r^2)}$$

式中，$\omega_0=2\pi f_0/f_s$。另外有两个参数需要确定，即 $r$ 和 $K$，$K$ 的作用是保证 $|H(\omega_0)|=1$。文献[Tan19]给出了这两个参数的确定方法：

$r\approx 1-(\text{BW}_{3\text{dB}}/f_s)\times\pi$，$\text{BW}_{3\text{dB}}$ 是希望的带宽，单位是 Hz；$0.9<r<1$ 较好；

$$K=\frac{(1-r)\sqrt{1-2r\cos 2\omega_0+r^2}}{2|\sin\omega_0|}$$

给定 $f_0=200\text{Hz}$，$f_s=1000\text{Hz}$，$\text{BW}_{3\text{dB}}=30\text{Hz}$，

(1) 求出上述两个参数；

(2) 得到系统的转移函数；

(3) 画出系统的幅频响应曲线；

(4) 读者可自己改变极点位置、带宽等参数,体会这些改变对所产生滤波器的影响。

*6.4 现希望设计一个巴特沃思低通数字滤波器,其3dB带宽为0.2π,阻带边缘频率为0.5π,阻带衰减大于30dB。给定抽样间隔 $T_s=10\mu s$。

先用冲激响应不变法设计该低通数字滤波器,再用双线性变换法设计该低通数字滤波器。分别给出它们的 $H(z)$ 及对数幅频响应,并比较二者的幅频特性是否有差异。

*6.5 给定待设计的数字高通和带通滤波器的技术指标如下:

(1) HP: $f_p=400\text{Hz}$, $f_s=300\text{Hz}$, $F_s=1000\text{Hz}$, $\alpha_p=3\text{dB}$, $\alpha_s=35\text{dB}$。

(2) BP: $f_{sl}=200\text{Hz}$, $f_1=300\text{Hz}$, $f_2=400\text{Hz}$, $f_{sh}=500\text{Hz}$, $F_s=2000\text{Hz}$, $\alpha_p=3\text{dB}$, $\alpha_s=40\text{dB}$。

试用双线性 $Z$ 变换法分别设计满足上述要求的巴特沃思滤波器和切比雪夫滤波器,给出其转移函数、对数幅频及相频曲线。

*6.6 一个数字系统的抽样频率 $F_s=1000\text{Hz}$,试设计一个50Hz陷波器。要求下通带是0~44Hz,阻带在47Hz,上通带与之对称;又要求通带衰减为3dB,阻带衰减为50dB。试用双线性 $Z$ 变换法设计一个50Hz的切比雪夫数字陷波器来满足上述技术要求。

# 第7章 有限冲激响应数字滤波器设计

一个离散时间系统 $H(z)=B(z)/A(z)$，若分母多项式 $A(z)$ 的系数 $a_1=\cdots=a_N=0$，那么该系统就变成 FIR 系统，即

$$H(z)=b_0+b_1z^{-1}+\cdots+b_Mz^{-M}=\sum_{n=0}^{M}b_nz^{-n}$$

显然，系数 $b_0,\ b_1,\cdots,\ b_M$ 即是该系统的单位抽样响应 $h(0),\ h(1),\cdots,\ h(M)$，且当 $n>M$ 时，$h(n)\equiv 0$。

由于 FIR 系统只有零点，因此这一类系统不像 IIR 系统那样易取得比较好的通带与阻带衰减特性。要取得好的衰减特性，一般要求 $H(z)$ 的阶次要高，也即 $M$ 要大。但 FIR 系统有自己突出的优点，其一是系统总是稳定的，其二是易实现线性相位，其三是允许设计多通带(或多阻带)滤波器。后两项都是 IIR 系统不易实现的。

由第 6 章的讨论可知，IIR 数字滤波器的设计方法主要是借助于模拟滤波器的设计方法，但这些面向极点系统的设计方法不适用于仅包含零点的 FIR 系统。目前，FIR 数字滤波器的设计方法主要是建立在对理想滤波器频率特性作某种近似的基础上的。这些近似方法有窗函数法、频率抽样法及最佳一致逼近法。本章重点讨论窗函数法和最佳一致逼近法，有关频率抽样法的内容见文献[Hgs12]，此处不再讨论。在本章最后，介绍几个特殊形式的滤波器。

## 7.1 FIR 数字滤波器设计的窗函数法

考虑图 7.1.1 的理想低通数字滤波器，其频率特性为 $H_d(\mathrm{e}^{\mathrm{j}\omega})$，现假定其幅频特性 $|H_d(\mathrm{e}^{\mathrm{j}\omega})|=1$，相频特性 $\varphi(\omega)=0$，那么，该滤波器的单位抽样响应

$$h_d(n)=\frac{1}{2\pi}\int_{-\pi}^{\pi}H_d(\mathrm{e}^{\mathrm{j}\omega})\mathrm{e}^{\mathrm{j}\omega n}\mathrm{d}\omega=\frac{1}{2\pi}\int_{-\omega_c}^{\omega_c}\mathrm{e}^{\mathrm{j}\omega n}\mathrm{d}\omega=\frac{\sin(\omega_c n)}{\pi n} \tag{7.1.1}$$

$h_d(n)$ 是以 $h_d(0)$ 为对称的 sinc 函数，$h_d(0)=\omega_c/\pi$。我们早已指出，这样的系统是非因果

的，因此是物理不可实现的。但是，如果将 $h_d(n)$ 截短，例如仅取 $h_d\left(-\frac{M}{2}\right),\cdots,h_d(0),\cdots,$ $h_d\left(\frac{M}{2}\right)$，并将截短后的 $h_d(n)$ 移位，得

$$h(n)=h_d\left(n-\frac{M}{2}\right),\quad n=0,1,\cdots,M \tag{7.1.2}$$

那么 $h(n)$ 是因果的，且为有限长，长度为 $M+1$，令

$$H(z)=\sum_{n=0}^{M}h(n)z^{-n} \tag{7.1.3}$$

可得所设计的滤波器的转移函数。$H(z)$ 的频率响应将近似 $H_d(\mathrm{e}^{\mathrm{j}\omega})$，且是线性相位的。以上的讨论提供了一个设计 FIR DF 的思路。

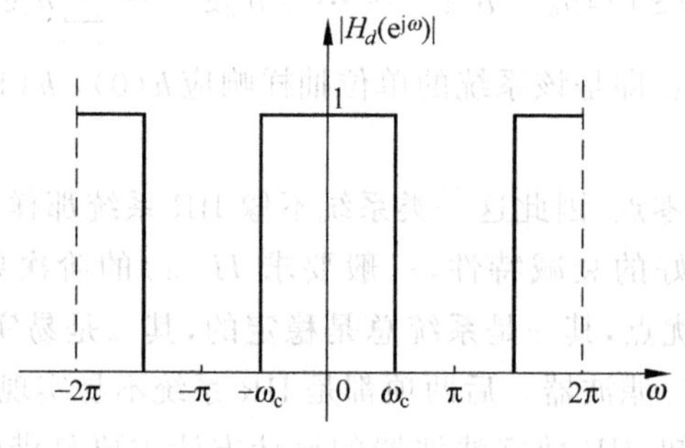


图 7.1.1　理想低通 DF

如果在指定 $H_d(\mathrm{e}^{\mathrm{j}\omega})$ 的相频响应 $\varphi(\omega)$ 时，不是令其为 0，而是令 $\varphi(\omega)=-\frac{M\omega}{2}$，即 $\varphi(\omega)$ 具有线性相位，那么式(7.1.1)可改为

$$h_d(n)=\frac{1}{2\pi}\int_{-\omega_c}^{\omega_c}\mathrm{e}^{-\mathrm{j}\frac{M\omega}{2}}\mathrm{e}^{+\mathrm{j}\omega n}\mathrm{d}\omega=\frac{\sin\left(n-\frac{M}{2}\right)\omega_c}{\pi\left(n-\frac{M}{2}\right)} \tag{7.1.4}$$

这样，$h_d(n)$ 是以 $n=M/2$ 为对称的，为此，可取

$$h(n)=h_d(n),\quad n=0,1,\cdots,M \tag{7.1.5}$$

那么由 $h(n)$ 构成的 $H(z)$ 和式(7.1.3)是一样的。现举例说明上述设计方法的应用及所存在的问题。

**例 7.1.1**　设计一个 FIR 低通滤波器，所希望的频率响应 $H_d(\mathrm{e}^{\mathrm{j}\omega})$ 在 $0\leqslant|\omega|\leqslant0.25\pi$ 之间为 1，在 $0.25\pi<|\omega|\leqslant\pi$ 之间为 0，分别取 $M=10,\ 20,\ 40$，观察其幅频响应的特点。

由此例要求，我们可以给出

$$H_d(e^{j\omega})=\begin{cases}e^{-jM\omega/2}, & 0\leqslant|\omega|\leqslant 0.25\pi\\ 0, & 0.25\pi<|\omega|\leqslant\pi\end{cases}\tag{7.1.6}$$

由式(7.1.4),得

$$h_d(n)=\frac{\sin\left[\left(n-\dfrac{M}{2}\right)\times 0.25\pi\right]}{\pi\left(n-\dfrac{M}{2}\right)}\tag{7.1.7}$$

当 $M=10$ 时,求得

$$h(0)=h(10)=-0.045,\quad h(1)=h(9)=0,\quad h(2)=h(8)=0.075$$

$$h(3)=h(7)=0.1592,\quad h(4)=h(6)=0.2251,\quad h(5)=0.25$$

显然,$h(n)=h(M-n)$,$M=10$,满足对称关系。但是,按式(7.1.7)直接求出的这些 $h(n)$的和,即 $\sum_{n=0}^{M}h(n)=1.0786\neq 1$,因此求出的 $H(e^{j0})\neq 1$。对低通滤波器,我们希望在 $\omega=0$ 处的值为 1,因此习惯上要将求出的 $h(n)$归一化,即都除以 $\sum_{n=0}^{M}h(n)$。对高通、带通及带阻滤波器,一般也要将系数归一化。MATLAB 文件 fir1.m 给出的结果已经进行了归一化处理。

图 7.1.2(a)给出了 $M=10$ 时归一化的 $h(n)$,图(b)分别给出了 $M=10$、$M=20$ 及 $M=40$ 时的 $H(e^{j\omega})$的幅频特性曲线。由图(b)可以看出,当 $M$ 取不同值时,$H(e^{j\omega})$都在不同程度上近似于$H_d(e^{j\omega})$。$M$ 过小时,通频带过窄,且阻带内纹波较大,过渡带较宽。当 $M$ 增大时,$H(e^{j\omega})$近似 $H_d(e^{j\omega})$的程度越来越好,即通频带接近 $0.25\pi$,阻带纹波减小,过渡带变窄。

由该图也可发现,当 $M$ 增大时,通带内出现了纹波,随着 $M$ 的继续增大,这些纹波并不消失,只是最大的上冲越来越接近于间断点(在本例中,$\omega_c=0.25\pi$)。这种现象称作吉布斯(Gibbs)现象。经计算,振荡的最大过冲值约为 8.95%,最大欠冲值约为 4.86%[Bel84]。

吉布斯现象的产生是由于对 $h_d(n)$突然截短的结果。将无穷长的 $h_d(n)$仅取长为 $0\sim M$,等于在 $h_d(n)$上施加了长为$(M+1)$的矩形窗口。加窗的结果,等于 $H_d(e^{j\omega})$和矩形窗频谱的卷积。$H_d(e^{j\omega})$如图 7.1.1 所示,矩形窗频谱 $D(e^{j\omega})$为 $\text{sinc}\omega$ 函数,它有着较大的边瓣,正是这些边瓣在和 $H_d(e^{j\omega})$卷积时产生了吉布斯现象。

本例所讨论的内容和 3.2.3 节及例 3.2.1 所讨论的关于 DTFT 的收敛问题是一致的。实际上,在对 $h_d(n)$自然截短时,$H(e^{j\omega})$是对 $H_d(e^{j\omega})$在最小平方意义上的逼近。

为了减少吉布斯现象,应选取边瓣较小的窗函数,如用 7.2 节要介绍的汉宁窗或哈明窗来代替矩形窗。图 7.1.3(a)表示使用哈明窗后的滤波器的单位抽样响应,图(b)给出了 $M=10$ 时,分别用哈明窗(曲线①)和矩形窗(曲线②)所得到的幅频特性。由

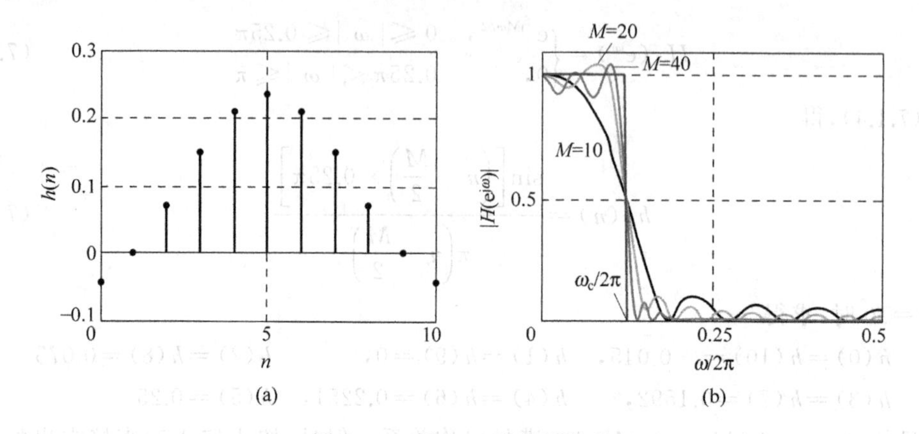


图 7.1.2 例 7.1.1 的设计结果

(a) 加矩形窗并归一化后的单位抽样响应；(b) $M=10,20,40$ 时的幅频响应曲线

图(b)可以看出，使用哈明窗后，通带内的振荡基本消失，阻带内的纹波也大大减小。读者可对$|H(e^{j\omega})|$取对数，会发现，使用矩形窗时，阻带内最大纹波是$-22$dB，加哈明窗时，阻带最大纹波降为$-60$dB。从这一点上说，滤波器的性能得到了改善，但这是以过渡带的加宽为代价的。

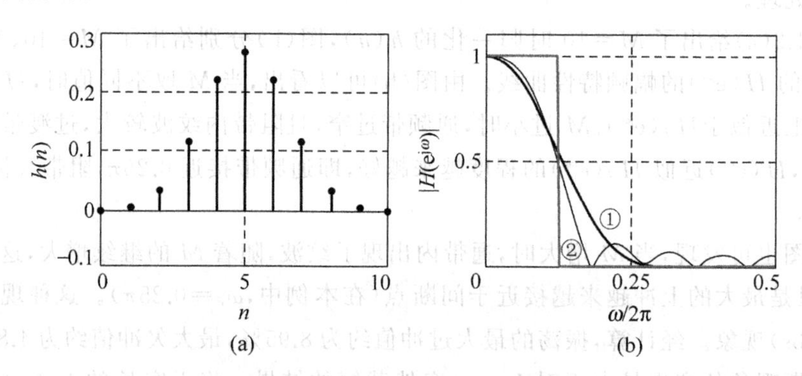


图 7.1.3 例 7.1.1 的设计结果

(a) 加哈明窗并归一化后的单位抽样响应；(b) $M=10$ 时分别加哈明窗和矩形窗后的幅频响应曲线

由于本设计方法是选取某种好的窗函数对$h_d(n)$予以截短来得到$h(n)$的，所以该设计方法称为“窗函数法”。又由于$H_d(e^{j\omega})$是以$2\pi$为周期的周期函数，$h_d(n)$可看作$H_d(e^{j\omega})$在频域展为傅里叶级数时的系数，所以该方法又称“傅里叶级数法”。

由上述设计过程可以看出，FIR DF 设计的窗函数法不像 IIR DF 的设计那样能精确指定通带、阻带的边缘频率$\omega_p$、$\omega_s$，也不能精确地给定在这两个带内的衰减$\alpha_p$、$\alpha_s$，而是仅给出通带截止频率$\omega_c$(即$\omega_p$)，其他几个参数是靠$h(n)$的长度$M$及所使用的窗函数的性能来决定的。选定了窗函数后，可以不断地变化 $M$，以检查通带、阻带是否达到了希望的技术要求，直到满意时为止。这些工作在计算机上是极易实现的。

以上设计的是低通数字滤波器，若希望设计高通、带通、带阻数字滤波器，只需改变式(7.1.4)积分的上、下限，现分别予以介绍。

(1) 高通数字滤波器的设计。令

$$H_d(\mathrm{e}^{\mathrm{j}\omega})=\begin{cases}\mathrm{e}^{-\mathrm{j}\omega M/2}, & \omega_c \leqslant |\omega| \leqslant \pi \\ 0, & 0 \leqslant |\omega| < \omega_c\end{cases} \tag{7.1.8}$$

则

$$h_d(n)=\frac{1}{2\pi}\int_{-\pi}^{-\omega_c}\mathrm{e}^{\mathrm{j}(n-M/2)\omega}\mathrm{d}\omega+\frac{1}{2\pi}\int_{\omega_c}^{\pi}\mathrm{e}^{\mathrm{j}(n-M/2)\omega}\mathrm{d}\omega$$

求得

$$h_d(n)=\frac{\sin\left[\pi\left(n-\frac{M}{2}\right)\right]-\sin\left[\left(n-\frac{M}{2}\right)\omega_c\right]}{\pi\left(n-\frac{M}{2}\right)} \tag{7.1.9}$$

(2) 带通数字滤波器的设计。令

$$H_d(\mathrm{e}^{\mathrm{j}\omega})=\begin{cases}\mathrm{e}^{-\mathrm{j}\omega M/2}, & \omega_l \leqslant |\omega| \leqslant \omega_h \\ 0, & \text{其他}\end{cases} \tag{7.1.10}$$

则

$$h_d(n)=\frac{1}{2\pi}\int_{-\omega_h}^{-\omega_l}\mathrm{e}^{\mathrm{j}(n-M/2)\omega}\mathrm{d}\omega+\frac{1}{2\pi}\int_{\omega_l}^{\omega_h}\mathrm{e}^{\mathrm{j}(n-M/2)\omega}\mathrm{d}\omega$$

求出

$$h_d(n)=\frac{\sin\left[\left(n-\frac{M}{2}\right)\omega_h\right]-\sin\left[\left(n-\frac{M}{2}\right)\omega_l\right]}{\pi\left(n-\frac{M}{2}\right)} \tag{7.1.11}$$

(3) 带阻数字滤波器的设计。令

$$H_d(\mathrm{e}^{\mathrm{j}\omega})=\begin{cases}\mathrm{e}^{-\mathrm{j}\omega M/2}, & |\omega| \leqslant \omega_l, |\omega| \geqslant \omega_h \\ 0, & \text{其他}\end{cases} \tag{7.1.12}$$

则

$$h_d(n)=\frac{1}{2\pi}\int_{-\pi}^{-\omega_h}\mathrm{e}^{\mathrm{j}\left(n-\frac{M}{2}\right)\omega}\mathrm{d}\omega+\frac{1}{2\pi}\int_{-\omega_l}^{\omega_l}\mathrm{e}^{\mathrm{j}\left(n-\frac{M}{2}\right)\omega}\mathrm{d}\omega+\frac{1}{2\pi}\int_{\omega_h}^{\pi}\mathrm{e}^{\mathrm{j}\left(\frac{n-M}{2}\right)\omega}\mathrm{d}\omega$$

求出

$$h_d(n)=\frac{\sin\left[\left(n-\frac{M}{2}\right)\omega_l\right]+\sin\left[\left(n-\frac{M}{2}\right)\pi\right]-\sin\left[\left(n-\frac{M}{2}\right)\omega_h\right]}{\pi\left(n-\frac{M}{2}\right)} \tag{7.1.13}$$

比较式(7.1.4)、式(7.1.9)、式(7.1.11)及式(7.1.13)可以看出,一个高通滤波器相当于用一个全通滤波器减去一个低通滤波器;一个带通滤波器相当于两个低通滤波器相减,其中一个截止频率在 $\omega_h$,另一个在 $\omega_l$。一个带阻滤波器相当于一个低通滤波器加上一个高通滤波器,低通滤波器的截止频率在 $\omega_l$,高通在 $\omega_h$。

选取一个满意的窗函数 $w(n)$,令

$$h(n)=w(n)h_d(n),\quad n=0,1,\cdots,M \tag{7.1.14}$$

则 $h(n)$ 即为要设计的滤波器的频率响应。按以上方法设计出的滤波器,由于满足了 $h(n)=\pm h(M-n)$ 的对称关系,因此都具有线性相位。

FIR DF 设计的窗函数法不但可以用来设计普通的 LP、HP、BP 及 BS 滤波器,也可以用来设计一些特殊的滤波器,例如差分滤波器、希尔伯特滤波器等。

**例 7.1.2** 试设计一个数字差分器,逼近理想差分器的频率响应

$$H_d(e^{j\omega})=j\omega,\quad |\omega|\leqslant\pi \tag{7.1.15}$$

取 $M=24$。

**解** $H_d(e^{j\omega})$ 是一个纯虚函数,且是 $\omega$ 的奇函数,由 $H_d(e^{j\omega})$ 可求得

$$h_d(n)=\frac{1}{2\pi}\int_{-\pi}^{\pi}j\omega\, e^{j\omega n}d\omega=-\frac{1}{2\pi}\int_{-\pi}^{\pi}\omega\sin(n\omega)d\omega$$

令 $n\omega=x$,则

$$h_d(n)=\frac{1}{2\pi n^2}\int_{-n\pi}^{n\pi}x\sin x\,dx$$

求得

$$h_d(n)=\frac{1}{n}(-1)^n \tag{7.1.16}$$

注意,$h_d(n)$ 是以 $n=0$ 为奇对称的,因此 $h_d(0)=0$。令

$$h(n)=h_d(n-M/2)w(n)=\frac{(-1)^{n-M/2}}{n-M/2}w(n),\quad n=0,1,\cdots,M \tag{7.1.17}$$

即可得到所设计的差分滤波器的抽样响应。图 7.1.4 给出了 $w(n)$ 为矩形窗(曲线①)及哈明窗(曲线②)时的 $|H_d(e^{j\omega})|$ 曲线,可以看出,它们在 $0\sim\pi$ 内近似理想差分器的幅频特性,即 $|H_d(e^{j\omega})|=\omega$。

由于 $H_d(e^{j\omega})=j\omega$,所以理想差分器的相频特性是

$$\varphi_d(\omega)=\begin{cases}\pi/2, & 0<\omega<\pi\\ -\pi/2, & -\pi<\omega<0\end{cases} \tag{7.1.18}$$

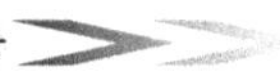

所设计的 $H(e^{j\omega})$ 的相频率特性由于有了 $-M\omega/2$ 的线性延迟，所以其相频特性是

$$\varphi(\omega)=\begin{cases}\pi/2-M\omega/2, & 0<\omega<\pi\\ -\pi/2-M\omega/2, & -\pi<\omega<0\end{cases} \tag{7.1.19}$$

$\varphi_d(\omega)$ 及 $\varphi(\omega)$ 如图 7.1.5 所示，显然，它们都是线性相位的。

**例 7.1.3** 试设计一个 90°移相器，逼近理想的频率响应

$$H_d(e^{j\omega})=\begin{cases}-j, & 0<\omega<\pi\\ j, & \pi<\omega<0\end{cases} \tag{7.1.20}$$

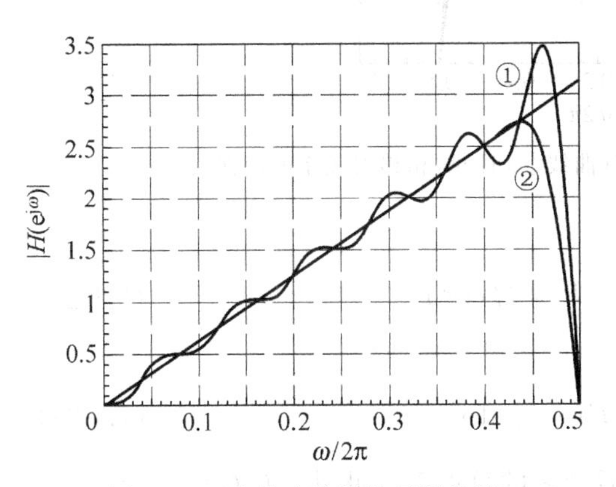


图 7.1.4 差分滤波器的幅频特性

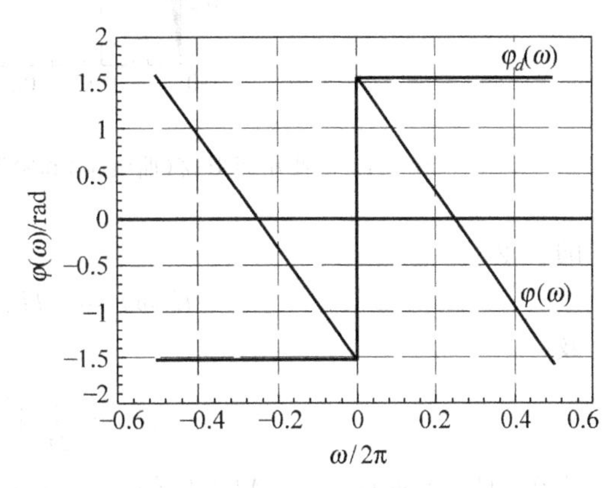


图 7.1.5 差分滤波器相频特性($M=2$)

读者会发现，此处的 $H_d(e^{j\omega})$ 就是在第 3 章讨论过的离散希尔伯特变换器。式(3.10.8)已给出了该理想希尔伯特变换器的单位抽样响应，即

$$h_d(n)=\frac{1-(-1)^n}{n\pi}=\begin{cases}0, & n\ 为偶数\\ \dfrac{2}{n\pi}, & n\ 为奇数\end{cases} \tag{7.1.21}$$

取 $M=14$，则

$$h(n)=h_d(n-M/2)w(n)=\frac{2}{(n-7)\pi}w(n),\quad n\ 为偶数 \tag{7.1.22}$$

当 $w(n)$ 为矩形窗时，得

$$h(0)=-h(14)=-2/7\pi,\quad h(2)=-h(12)=-2/5\pi$$

$$h(4)=-h(10)=-2/3\pi,\quad h(6)=-h(8)=-2/\pi$$

$$h(1)=h(3)=h(5)=h(7)=h(9)=h(11)=h(13)=0$$

图 7.1.6 给出了使用不同窗函数时的 90°移相器的幅频特性曲线。

以上介绍了用窗函数法设计 FIR 数字滤波器的原理与过程，现在再进一步研究这一方法的本质。

用 $H(e^{j\omega})$ 近似 $H_d(e^{j\omega})$，必然存在着误差，这一误差是由于对 $h_d(n)$ 截短所造成

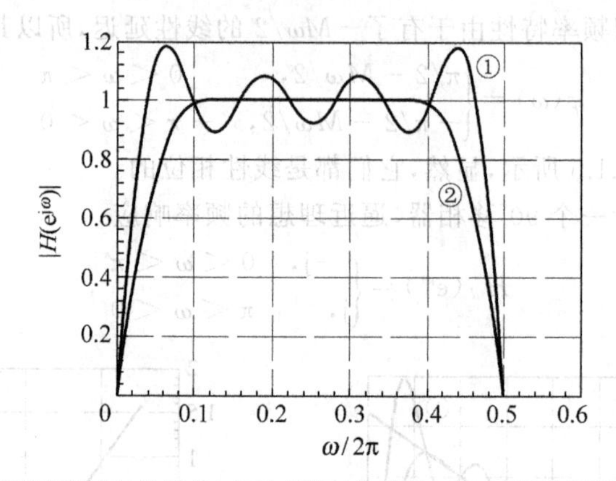


图 7.1.6 使用矩形窗(曲线①)和哈明窗(曲线②)时 90°相移器频率响应曲线

的。令

$$|E(\omega)|=|H_d(e^{j\omega})|-|H(e^{j\omega})| \tag{7.1.23}$$

及

$$E_M^2=\frac{1}{2\pi}\int_{-\pi}^{\pi}|E(\omega)|^2 d\omega \tag{7.1.24}$$

那么,$E_M^2$ 表示将 $n>|M|$ 后的 $h_d(n)$ 舍去后带来的总误差。此外,$H_d(e^{j\omega})$ 可表示为

$$H_d(e^{j\omega})=\frac{a_0}{2}+\sum_{n=1}^{\infty}a_n\cos(n\omega)+\sum_{n=1}^{\infty}b_n\sin(n\omega) \tag{7.1.25}$$

式中,$a_0=2h_d(0)$,$a_n=h_d(n)+h_d(-n)$,$b_n=j[h_d(-n)-h_d(n)]$。如果 $H(e^{j\omega})$是由对 $h_d(n)$截短所产生的,假定

$$H(e^{j\omega})=\frac{A_0}{2}+\sum_{n=1}^{M}A_n\cos(n\omega)+\sum_{n=1}^{M}B_n\sin(n\omega) \tag{7.1.26}$$

并且当$|n|>M$ 时,$A_n=B_n=0$。那么把式(7.1.25)及式(7.1.26)代入式(7.1.24),利用三角函数的正交性,有

$$E_M^2=\frac{(a_0-A_0)^2}{2}+\sum_{n=1}^{M}(a_n-A_n)^2+\sum_{n=1}^{M}(b_n-B_n)^2+\sum_{n=M+1}^{\infty}(a_n^2+b_n^2) \tag{7.1.27}$$

由于上式中每一项都是非负的,所以,只有当 $A_0=a_0$,$A_n=a_n$,$B_n=b_n$,$n=1, 2, \cdots, M$ 时,$E_M^2$ 才最小。当利用 $H(e^{j\omega})$来近似 $H_d(e^{j\omega})$时,欲使近似误差为最小,$H(e^{j\omega})$的单位抽样响应必须是 $H_d(e^{j\omega})$的傅里叶系数。这也说明,有限项傅里叶级数是在最小平方意义上对原信号的最佳逼近,其逼近误差是

$$E_M^2=\sum_{n=M+1}^{\infty}h_d^2(n) \tag{7.1.28}$$

自然,$M$ 取得越大,误差 $E_M^2$ 越小。但是,把截短后的 $h_d(n)$ 再乘以非矩形窗 $w(n)$ 以后,$H(\mathrm{e}^{\mathrm{j}\omega})$ 已不是在最小平方意义上对 $H_d(\mathrm{e}^{\mathrm{j}\omega})$ 的最佳逼近了。

## 7.2 窗 函 数

在信号处理中不可避免地要遇到数据截短问题。例如,在应用 DFT 时,数据 $x(n)$ 总是有限长,在 7.1 节的滤波器设计中遇到了对理想滤波器抽样响应 $h_d(n)$ 的截短问题,在功率谱估计中也要遇到对自相关函数的截短问题。总之,我们在实际工作中所能处理的离散序列总是有限长,把一个长序列变成有限长的短序列不可避免地要用到窗函数。因此,窗函数本身的研究及应用是信号处理中的一个基本问题[Har78]。

设 $x(n)$ 为一个长序列,$w(n)$ 是长度为 $N$ 的窗函数,$n=0,1,\cdots,N-1$,用 $w(n)$ 乘以 $x(n)$ 得

$$x_N(n)=x(n)w(n) \tag{7.2.1}$$

$x_N$ 为 $N$ 点序列,其 DTFT 是

$$X_N(\mathrm{e}^{\mathrm{j}\omega})=\frac{1}{2\pi}\int_{-\pi}^{\pi}X(\mathrm{e}^{\mathrm{j}\theta})W(\mathrm{e}^{\mathrm{j}(\omega-\theta)})\mathrm{d}\theta \tag{7.2.2}$$

由此可以看出,窗函数 $w(n)$ 不仅影响原来信号在时域的形状,也影响了其在频域的形状。若 $w(n)$ 为矩形窗,即 $w(n)=1,n=0,1,\cdots,N-1$,那么其频谱

$$\begin{aligned}W(\mathrm{e}^{\mathrm{j}\omega})&=\sum_{n=0}^{N-1}w(n)\mathrm{e}^{-\mathrm{j}\omega n}\\&=\mathrm{e}^{-\mathrm{j}(N-1)\omega/2}\sin\left(\frac{\omega N}{2}\right)\Big/\sin\left(\frac{\omega}{2}\right)\end{aligned} \tag{7.2.3}$$

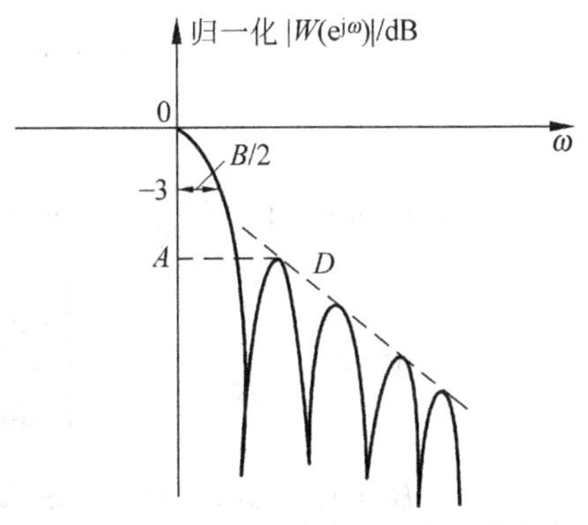

图 7.2.1 窗函数频谱中几个参数的定义

由例 3.2.6 可知,$|\omega|\leqslant 2\pi/N$ 的部分称为窗函数的主瓣,在 $|\omega|>2\pi/N$ 后的部分称为窗函数的边瓣。主瓣宽度决定了被截短以后所得序列的频域分辨率,而边瓣峰值有可能湮没信号频谱分量中较小的成分。因此我们不难想到,对窗函数总的要求是,希望它频谱的主瓣尽量地窄,边瓣峰值尽量地小,使频域的能量能主要集中在主瓣内。归一化 $|W(\mathrm{e}^{\mathrm{j}\omega})|$ 如图 7.2.1 所示(注:归一化 $|W(\mathrm{e}^{\mathrm{j}\omega})|=20\lg|W(\mathrm{e}^{\mathrm{j}\omega})/W(\mathrm{e}^{\mathrm{j}0})|$),我们在该图中给出了 3 个频域指标以定量地比较各

种窗函数的性能。

① 3dB 带宽 $B$，它是主瓣归一化的幅度下降到 $-3$dB 时的带宽。当数据长度为 $N$ 时，矩形窗主瓣两个过零点之间的宽度为 $4\pi/N$，有的教科书上也用 $B_0=4\pi/N$ 表示矩形窗主瓣的宽度。若令 $\Delta\omega=2\pi/N$，则 $B$ 的单位可以是 $\Delta\omega$，本书同时给出了不同窗函数的 $B$ 和 $B_0$。

② 最大边瓣峰值 $A$(dB)。

③ 边瓣谱峰渐近衰减速度 $D$(dB/oct)。

一个理想的窗函数，应该具有最小的 $B$ 和 $A$ 及最大的 $D$。除以上 3 个指标外，我们对窗函数还有一些共同的要求：

① $w(n)$ 应是非负的实偶函数，且 $w(n)$ 从对称中心开始，应是非递增的。在实际工作中，有时需要 $w(n)$ 以 $n=N/2$ 为对称，这时 $n=0,1,\cdots,N-1$，有时需要 $w(n)$ 以 $n=0$ 为对称，这时 $n=-N/2,\cdots,0,\cdots,N/2$。本书同时给出了这两种情况的数学表达式。

② 由式(7.2.2)可知，若 $X(\mathrm{e}^{\mathrm{j}\omega})$ 恒为正，那么，若 $W(\mathrm{e}^{\mathrm{j}\omega})$ 有正有负，则 $X_N(\mathrm{e}^{\mathrm{j}\omega})$ 将有正有负。因为功率谱总是正的，因此，我们希望 $W(\mathrm{e}^{\mathrm{j}\omega})$ 也尽可能是正的，但实际上很多窗函数满足不了这一要求。

③ 为了保证功率谱的估计是渐近无偏的(见第 13 章)，窗函数应有

$$w(0)=\frac{1}{2\pi}\int_{-\pi}^{\pi}W(\mathrm{e}^{\mathrm{j}\omega})\mathrm{d}\omega=1 \tag{7.2.4}$$

下面给出几种常用的窗函数。

(1) 矩形窗。

$$B=0.89\Delta\omega,\quad B_0=4\pi/N,\quad A=-13\mathrm{dB},\quad D=-6\mathrm{dB/oct}$$

(2) 三角窗(又称 Bartlett 窗)。

$$w(n)=\begin{cases}\dfrac{2n}{N}, & n=0,1,\cdots,\dfrac{N}{2}\\[2ex] w(N-n), & n=\dfrac{N}{2},\cdots,N-1\end{cases}$$

或

$$w(n)=1-\frac{2|n|}{N},\quad n=-\frac{N}{2},\cdots,0,\cdots,\frac{N}{2}$$

$$W(\mathrm{e}^{\mathrm{j}\omega})=\frac{2}{N}\mathrm{e}^{-\mathrm{j}\left(\frac{N}{2}-1\right)\omega}\left[\frac{\sin\left(\dfrac{\omega N}{4}\right)}{\sin\left(\dfrac{\omega}{2}\right)}\right]^2$$

$$B=1.28\Delta\omega,\quad B_0=8\pi/N,\quad A=-27\mathrm{dB},\quad D=-12\mathrm{dB/oct}$$

(3) 汉宁(Hanning)窗。

$$w(n)=0.5-0.5\cos\left(\frac{2\pi n}{N}\right),\quad n=0,1,\cdots,N-1,$$

或

$$w(n)=0.5+0.5\cos\left(\frac{2\pi n}{N}\right),\quad n=-\frac{N}{2},\cdots,0,\cdots,\frac{N}{2}$$

$$W(e^{j\omega})=0.5U(\omega)+0.25\left[U\left(\omega-\frac{2\pi}{N}\right)+U\left(\omega+\frac{2\pi}{N}\right)\right]$$

式中，

$$U(\omega)=e^{j\omega/2}\sin\left(\frac{\omega N}{2}\right)\bigg/\sin\left(\frac{\omega}{2}\right)$$

$$B=1.44\Delta\omega,\quad B_0=8\pi/N,\quad A=-32\text{dB},\quad D=-18\text{dB/oct}$$

(4) 哈明(Hamming)窗。

$$w(n)=0.54-0.46\cos\left(\frac{2\pi n}{N}\right),\quad n=0,1,\cdots,N-1$$

或

$$w(n)=0.54+0.46\cos\left(\frac{2\pi n}{N}\right),\quad n=-\frac{N}{2},\cdots,0,\cdots,\frac{N}{2}$$

$$W(e^{j\omega})=0.54U(\omega)+0.23U\left(\omega-\frac{2\pi}{N}\right)+0.23U\left(\omega+\frac{2\pi}{N}\right)$$

$$B=1.3\Delta\omega,\quad B_0=\frac{8\pi}{N},\quad A=-43\text{dB},\quad D=-6\text{dB/oct}$$

(5) 布莱克曼(Blackman)窗。

$$w(n)=0.42-0.5\cos\left(\frac{2\pi n}{N}\right)+0.08\cos\left(\frac{4\pi n}{N}\right),\quad n=0,1,\cdots,N-1$$

或

$$w(n)=0.42+0.5\cos\left(\frac{2\pi n}{N}\right)+0.08\cos\left(\frac{4\pi n}{N}\right),\quad n=-\frac{N}{2},\cdots,0,\cdots,\frac{N}{2}$$

$$W(e^{j\omega})=0.42U(\omega)+0.25\left[U\left(\omega-\frac{2\pi}{N}\right)+U\left(\omega+\frac{2\pi}{N}\right)\right]+$$
$$0.04\left[U\left(\omega-\frac{4\pi}{N}\right)+U\left(\omega+\frac{4\pi}{N}\right)\right]$$

$$B=1.68\Delta\omega,\quad B_0=\frac{12\pi}{N},\quad A=-58\text{dB},\quad D=-18\text{dB/oct}$$

图 7.2.2(a)～(e)给出了 5 个窗函数的 $w(n)$($n=-16\sim16$)及归一化对数幅频响应 $20\lg\left|\frac{W(e^{j\omega})}{W(e^{j0})}\right|$的图形。

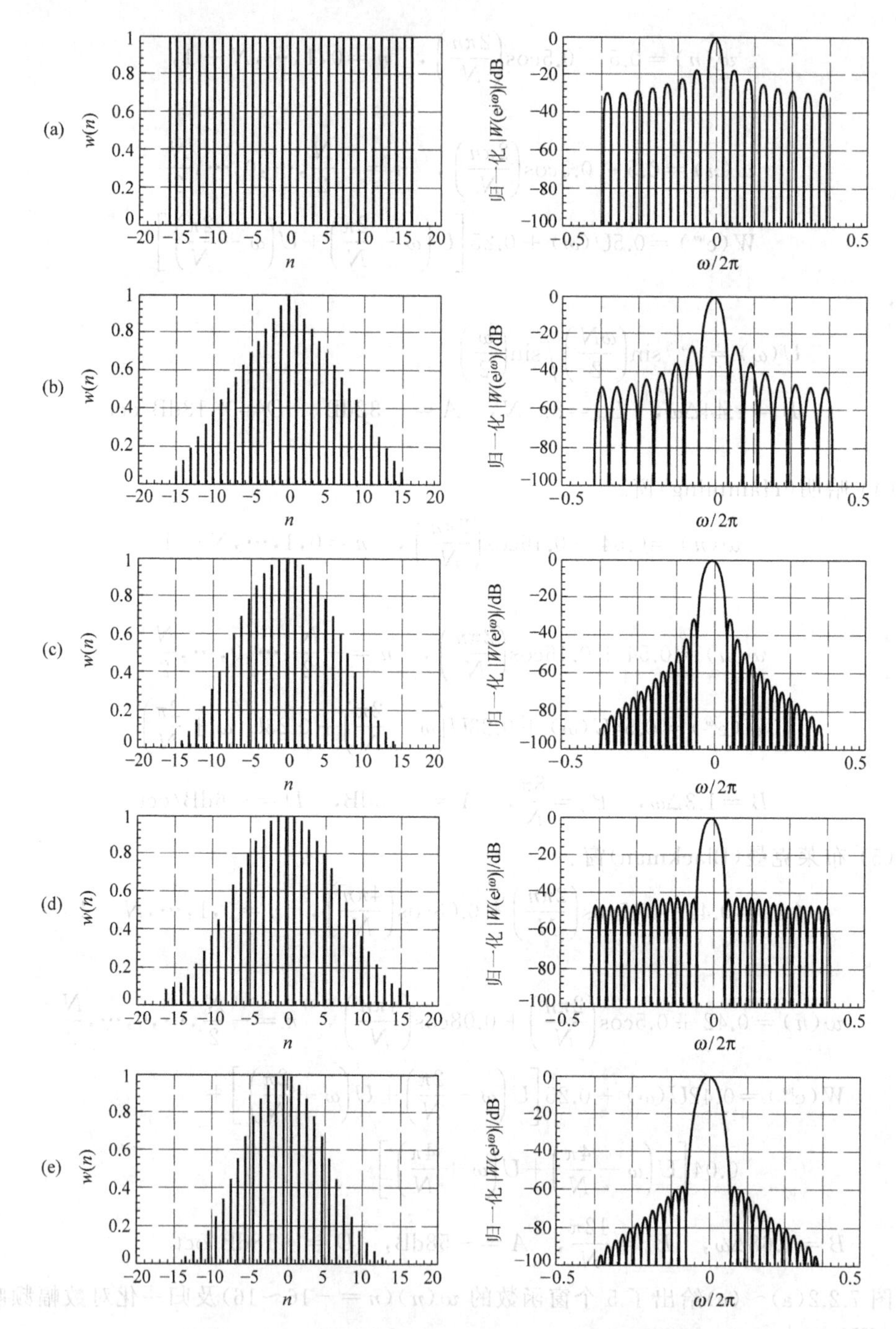


图 7.2.2　5 种窗函数的时域图形及归一化对数幅频曲线

(a) 矩形窗；(b) 三角窗；(c) 汉宁窗；(d) 哈明窗；(e) 布莱克曼窗

随着信号处理的发展,迄今提出的各种窗函数已有几十种。除以上 5 个外,比较有名的还有凯塞(Kaiser)窗、切比雪夫窗、高斯窗等。限于篇幅,本书不再列出,有兴趣的读者可参考文献[Har78]和[Pro14]。

比较窗函数(1)~(5),可以看到,矩形窗具有最窄的主瓣 $B$,但也有最大的边瓣峰值 $A$ 和最慢的衰减速度 $D$。哈明窗和汉宁窗的主瓣稍宽,但有较小的边瓣和较大的衰减速度,是较为常用的窗函数。在上述 5 个窗函数中,只有三角窗的频谱恒为正值。

## 7.3 FIR 数字滤波器设计的切比雪夫逼近法

在 7.1 节介绍的 FIR 数字滤波器设计的傅里叶级数法(窗函数法)设计出的滤波器的频率特性是对所给理想频率特性 $H_d(e^{j\omega})$ 的逼近。从数值逼近的理论来看,对某个函数 $f(x)$ 的逼近一般有 3 种方法:①插值法;②最小平方逼近法;③最佳一致逼近法。

所谓插值,即寻找一个 $n$ 阶多项式(或三角多项式)$p(x)$,使它在 $n+1$ 个点 $x_0$,$x_1$,…,$x_n$ 处满足

$$p(x_k)=f(x_k),\quad k=0,1,\cdots,n$$

而在非插值点上,$p(x)$ 是 $f(x_k)$ 的某种组合。当然,在非插值点上,$p(x)$ 和 $f(x)$ 存在一定的误差。这种设计方法的缺点是通带和阻带的边缘不易精确地确定。

最小平方逼近是在所需要的范围内,如区间 $[a,b]$,使积分 $\int_a^b [p(x)-f(x)]^2 dx$ 为最小。这种设计方法是着眼于使整个区间 $[a,b]$ 内的总误差为最小,但它并不一定能保证在每个局部位置误差都最小。实际上,在某些位置上,有可能存在着较大的误差。在 7.1 节中已指出,傅里叶级数法就是一种最小平方逼近法。该方法在间断点处出现了较大的过冲(Gibbs 现象)。为了减小这种过冲和欠冲,采用了加窗的方法,当然,加窗以后的设计法已不再是最小平方逼近。

最佳一致逼近法,是着眼于在所需要的区间 $[a,b]$ 内,使误差函数

$$E(x)=|p(x)-f(x)|$$

较均匀一致,并且通过合理地选择 $p(x)$,使 $E(x)$ 的最大值 $E_n$ 达到最小。切比雪夫逼近理论解决了 $p(x)$ 的存在性、唯一性及如何构造等一系列问题。

Mc Clellan J H、Parks T W 和 Rabiner L R 等[McC73,Rab75]应用切比雪夫逼近理论,提出了一种 FIR 数字滤波器的计算机辅助设计方法。这种设计方法由于是在一致意义上对 $H_d(e^{j\omega})$ 做最佳逼近,因而获得了较好的通带和阻带性能,并能准确地指定通带和阻带的边缘,是一种有效的设计方法。为了使读者能更好地理解该方法的理论基础,本节先简要

介绍切比雪夫最佳一致逼近理论的基本内容，然后详细介绍该方法的算法。

## 7.3.1　切比雪夫最佳一致逼近原理

切比雪夫最佳一致逼近的基本思想是，对于给定区间$[a, b]$上的连续函数$f(x)$，在所有$n$次多项式的集合$\mathscr{P}_n$中，寻找一个多项式$\hat{p}(x)$，使它在$[a, b]$上对$f(x)$的偏差和其他一切属于$\mathscr{P}_n$的多项式$p(x)$对$f(x)$的偏差相比是最小的，即

$$\max_{a \leqslant x \leqslant b} |\hat{p}(x)-f(x)| = \min\{\max_{a \leqslant x \leqslant b} |p(x)-f(x)|\}$$

切比雪夫逼近理论指出，这样的多项式$\hat{p}(x)$是存在的，且是唯一的，并指出了构造这种最佳一致逼近多项式的方法，这就是有名的“交错点组定理”，该定理可描述如下：

设$f(x)$是定义在$[a, b]$上的连续函数，$p(x)$为$\mathscr{P}_n$中一个阶次不超过$n$的多项式，并令

$$E_n = \max_{a \leqslant x \leqslant b} |p(x)-f(x)|$$

及

$$E(x)=p(x)-f(x)$$

$p(x)$是$f(x)$最佳一致逼近多项式的充要条件是，$E(x)$在$[a, b]$上至少存在$n+2$个交错点$a \leqslant x_1 < x_2 < \cdots < x_{n+2} \leqslant b$，使得

$$E(x_i)=\pm E_n, \qquad i=1,2,\cdots,n+2$$

且

$$E(x_i)=-E(x_{i+1}), \ i=1,2,\cdots,n+2$$

这$n+2$个点即是“交错点组”，显然$x_1, x_2, \cdots, x_{n+2}$是$E(x)$的极值点。

$n$阶切比雪夫多项式

$$C_n(x)=\cos(n\arccos x), \quad -1 \leqslant x \leqslant 1$$

在区间$[-1, 1]$上存在$n+1$个点$x_k=\cos\left(\frac{\pi}{n}k\right)$，$k=0,1,\cdots,n$，轮流使得$C_n(x)$取得最大值$+1$和最小值$-1$。$C_n(x)$是$x$的多项式，且最高项$x^n$的系数是$2^{n-1}$，可以证明，在所有$n$阶多项式中，多项式$C_n(x)/2^{n-1}$和0的偏差为最小。这样，如果我们在寻找$p(x)$时，能使误差函数为某一个$C_n(x)$，那么，这样的$p(x)$将是对$f(x)$的最佳一致逼近。

## 7.3.2　利用切比雪夫逼近理论设计FIR数字滤波器

设所希望的理想频率响应是

$$H_d(e^{j\omega})=\begin{cases}1, & 0\leqslant\omega\leqslant\omega_p \\ 0, & \omega_s\leqslant\omega\leqslant\pi\end{cases} \tag{7.3.1}$$

式中,$\omega_p$ 为通带频率,$\omega_s$ 为阻带频率。现在的任务是,寻找一个 $H(e^{j\omega})$,使其在通带和阻带内最佳地一致逼近 $H_d(e^{j\omega})$。图 7.3.1 给出了对理想频率响应逼近的示意图,图中,$\delta_1$ 为通带纹波峰值,$\delta_2$ 为阻带纹波峰值。这样,对设计的低通数字滤波器 $H(e^{j\omega})$,共提出了 5 个参数,即 $\omega_p$、$\omega_s$、$\delta_1$、$\delta_2$ 和相应的单位抽样响应的长度 $N$。根据上述交错点组定理,可以想象,如果 $H(e^{j\omega})$是对 $H_d(e^{j\omega})$的最佳一致逼近,那么 $H(e^{j\omega})$在通带和阻带内应具有如图 7.3.1 的等纹波性质,所以最佳一致逼近有时又称等纹波逼近。

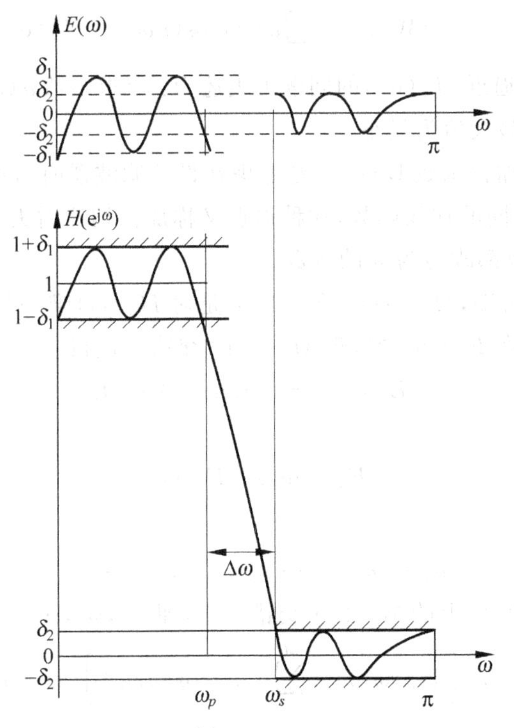


图 7.3.1 低通数字滤波器的一致逼近

为了保证设计出的 $H(e^{j\omega})$具有线性相位,在此仍要遵守在 4.5 节提出的对 $h(n)$的约束条件。为了讨论方便,现在先假设 $h(n)$为偶对称,$N$ 为奇数,则

$$H(e^{j\omega})=e^{-j(N-1)\omega/2}H_g(e^{j\omega}) \tag{7.3.2}$$

式中,

$$H_g(e^{j\omega})=\sum_{n=0}^{M}a(n)\cos(n\omega),\quad M=(N-1)/2 \tag{7.3.3}$$

$a(n)$和$h(n)$的关系见式(4.5.3)。

令$B_p$代表通带($0\sim\omega_p$)上的频率,$B_s$代表阻带($\omega_s\sim\pi$)上的频率,并令$F=B_p\cup B_s$代表定义在频率范围($0\sim\pi$)上的频率集合的一个子集,再定义加权函数

$$W(e^{j\omega})=\begin{cases}1/k,\quad 0\leqslant\omega\leqslant\omega_p,\ k=\delta_1/\delta_2\\ 1,\quad \omega_s\leqslant\omega\leqslant\pi\end{cases} \tag{7.3.4}$$

记误差函数

$$\begin{aligned}E(e^{j\omega})&=W(e^{j\omega})[H_g(e^{j\omega})-H_d(e^{j\omega})]\\&=W(e^{j\omega})\left[\sum_{n=0}^{M}a(n)\cos(n\omega)-H_d(e^{j\omega})\right]\end{aligned} \tag{7.3.5}$$

这样,用$H_g(e^{j\omega})$一致逼近$H_d(e^{j\omega})$的问题可表述为:寻求系数$a(n)$,$n=0,,\cdots,M$,使加权误差函数$E(e^{j\omega})$的最大值为最小。

式(7.3.5)中使用加权函数$W(e^{j\omega})$,是考虑在设计滤波器时对通带和阻带常要求不同的逼近精度,故乘以不同的加权函数,这种逼近又称加权切比雪夫一致逼近。为了书写的方便,下面把$e^{j\omega}$的函数都改写为$\omega$的函数。

由交错点组定理可知,$H_g(\omega)$在子集$F$上是对$H_d(\omega)$唯一最佳一致逼近的充要条件是,误差函数$E(\omega)$在$F$上至少呈现$M+2$个"交错",使得

$$|E(\omega_i)|=|-E(\omega_{i+1})|=E_n$$

其中

$$E_n=\max_{\omega\in F}|E(\omega)|$$

且

$$\omega_0<\omega_1<\cdots<\omega_{M+1},\quad \omega\in F$$

如果已经知道了在$F$上的$M+2$个交错频率,即$\omega_0,\omega_1,\cdots,\omega_{M+1}$,由式(7.3.5),有

$$W(\omega_k)\left[H_d(\omega_k)-\sum_{n=0}^{M}a(n)\cos(n\omega_k)\right]=(-1)^k\rho$$
$$k=0,1,\cdots,M+1 \tag{7.3.6}$$

式中

$$\rho=E_n=\max_{\omega\in F}|E(\omega)|$$

式(7.3.6)可写成矩阵形式,并将$a(n)$写成$a_n$,则有

$$\begin{bmatrix} 1 & \cos\omega_0 & \cos(2\omega_0) & \cdots & \cos(M\omega_0) & \dfrac{1}{W(\omega_0)} \\ 1 & \cos\omega_1 & \cos(2\omega_1) & \cdots & \cos(M\omega_1) & \dfrac{-1}{W(\omega_1)} \\ 1 & \cos\omega_2 & \cos(2\omega_2) & \cdots & \cos(M\omega_2) & \dfrac{1}{W(\omega_2)} \\ \vdots & \vdots & \vdots & \ddots & \vdots & \vdots \\ 1 & \cos\omega_M & \cos(2\omega_M) & \cdots & \cos(M\omega_M) & \dfrac{(-1)^M}{W(\omega_M)} \\ 1 & \cos\omega_{M+1} & \cos(2\omega_{M+1}) & \cdots & \cos(M\omega_{M+1}) & \dfrac{(-1)^{M+1}}{W(\omega_{M+1})} \end{bmatrix} \begin{bmatrix} a_0 \\ a_1 \\ a_2 \\ \vdots \\ a_M \\ \rho \end{bmatrix} = \begin{bmatrix} H_d(\omega_0) \\ H_d(\omega_1) \\ H_d(\omega_2) \\ \vdots \\ H_d(\omega_M) \\ H_d(\omega_{M+1}) \end{bmatrix} \tag{7.3.7}$$

上式的系数矩阵是$(M+2)\times(M+2)$的方阵，它是非奇异的。解此方程组，可唯一地求出系数 $a_0, a_1, \cdots, a_M$ 及偏差$\rho$，这样最佳滤波器 $H(e^{j\omega})$ 便可构成。

但是，这样做在实际上存在着两个困难。一是交错点组 $\omega_0, \omega_1, \cdots, \omega_M$ 事先并不知道，当然也就无法求解式(7.3.7)，要确定一组交错点组并非易事，即使对于较小的 $M$ 也是如此。二是直接求解方程组(7.3.7) 比较困难。为此，McClallan 等利用数值分析中的 Remez 算法，靠一次次的迭代来求得一组交错点组，而且在每一次迭代过程中避免直接求解式(7.3.7)。现把该算法的步骤归纳如下。

第一步，首先在频率子集 $F$ 上等间隔地取 $M+2$ 个频率 $\omega_0, \omega_1, \cdots, \omega_{M+1}$，作为交错点组的初始猜测位置，然后按公式

$$\rho = \frac{\sum_{k=0}^{M+1} \alpha_k H_d(\omega_k)}{\sum_{k=0}^{M+1} (-1)^k \alpha_k / W(\omega_k)} \tag{7.3.8a}$$

计算 $\rho$，式中

$$\alpha_k = (-1)^k \prod_{i=0,\, i\neq k}^{M+1} \frac{1}{\cos\omega_i - \cos\omega_k} \tag{7.3.8b}$$

把 $\omega_0, \omega_1, \cdots, \omega_{M+1}$ 代入上式，可求出 $\rho$，它是相对第一次指定的交错点组所产生的偏差，实际上就是 $\delta_2$。求出 $\rho$ 以后，利用重心形式的拉格朗日插值公式，可以在不求出 $a_0, \cdots, a_M$ 的情况下，得到一个 $H_g(\omega)$，即

$$H_g(\omega) = \frac{\sum_{k=0}^{M} \left(\dfrac{\beta_k}{\cos\omega - \cos\omega_k}\right) C_k}{\sum_{k=0}^{M} \dfrac{\beta_k}{\cos\omega - \cos\omega_k}} \tag{7.3.8c}$$

式中

$$C_k = H_d(\omega_k) - (-1)^k \frac{\rho}{W(\omega_k)}, \quad k = 0,1,\cdots,M \tag{7.3.8d}$$

$$\beta_k = (-1)^k \prod_{i=0,\ i\neq k}^{M} \frac{1}{(\cos\omega_i - \cos\omega_k)} \tag{7.3.8e}$$

把 $H_g(\omega)$ 代入式(7.3.5)，可求得误差函数 $E(\omega)$。如果在子集 $F$ 上，对所有的频率 $\omega$，都有 $|E(\omega)| \leqslant |\rho|$，这说明，$\rho$ 是纹波的极值，初始猜定的 $\omega_0, \omega_1, \cdots, \omega_{M+1}$ 恰是交错点组。这时，设计工作即可结束。当然，对第一次猜测的位置，不会恰好如此。一般，在某些频率处，总有 $E(\omega) > |\rho|$，这说明，需要交换上次猜测的交错点组中的某些点，得到一组新的交错点组。

第二步，对上次确定的交错点组 $\omega_0, \omega_1, \cdots, \omega_{M+1}$ 中的每一个点，都在其附近检查是否在某一个频率处有 $|E(\omega)| > \rho$，如果有，再在该点附近找出局部极值点，用这一局部极值点代替原来的点。待这 $M+2$ 个点都检查过后，便得到一组新的交错点组 $\omega_0, \omega_1, \cdots, \omega_{M+1}$，再次利用式(7.3.8)求出 $\rho$、$H_g(\omega)$ 和 $E(\omega)$，这样就完成一次迭代，也即完成了一次交错点组的交换。通过交换算法，使得这一次的交错点组中的每一个 $\omega_i$ 都是由上一次的交错点组所产生的 $E(\omega)$ 的局部极值频率点，因此，用这次的交错点组求出的 $\rho$ 将增大。

第三步，利用和第二步相同的方法，把在各频率处使 $|E(\omega)| > \rho$ 的点作为新的局部极值点，从而又得到一组新的交错点组。

重复上述步骤。因为新的交错点组的选择都是作为每一次求出的 $E(\omega)$ 的局部极值点，因此，在迭代中，每次的 $|\rho|$ 都是递增的。$\rho$ 最后收敛到自己的上限，也即 $H_g(\omega)$ 最佳地一致逼近 $H_d(\omega)$ 的解。因此，若再迭代一次，新的误差曲线 $E(\omega)$ 的峰值将不会大于 $|\rho|$，这时迭代即可结束。由最后的交错点组可按式(7.3.8c)得到 $H_g(\omega)$，将 $H_g(\omega)$ 再附上式(7.3.2)的线性相位后作逆变换，便可得到单位抽样响应 $h(n)$。

由于按式(7.3.4)定义了 $W(\omega)$，因此最后求出的 $\rho$ 即阻带的峰值偏差 $\delta_2$，而 $k\delta_2$ 便是通带的峰值偏差。由上面的讨论可以看出，交错点数 $\omega_0, \omega_1, \cdots, \omega_{M+1}$ 是限制在通带和阻带内的。因而，上述方法是在通带和阻带内对 $H_d(\omega)$ 的最佳一致逼近，而对过渡带 $(\omega_p \sim \omega_s)$ 内的逼近偏差没提出要求。过渡带内的 $H_g(\omega)$ 曲线是由通带和阻带内的交错点组插值产生的。对通带和阻带内的逼近误差 $\delta_1$、$\delta_2$ 不需事先指定，而是由切比雪夫最佳一致逼近理论保证了逼近的最大偏差为最小。由 7.3.3 节的讨论可知，$\omega_p$ 和 $\omega_s$ 在每一次的迭代过程中都始终是对应的极值频率点，所以这种设计方法仅需指定 $N$、$k$、$\omega_p$ 和 $\omega_s$ 这4个参数，因而通带和阻带的边缘可准确地确定。图 7.3.2 给出了上述算法的流程图。

## 7.3.3 误差函数 $E(\omega)$ 的极值特性

前文已指出，为保证 $H_g(\omega)$ 是对 $H_d(\omega)$ 的最佳一致逼近，误差函数 $E(\omega)$ 必须呈

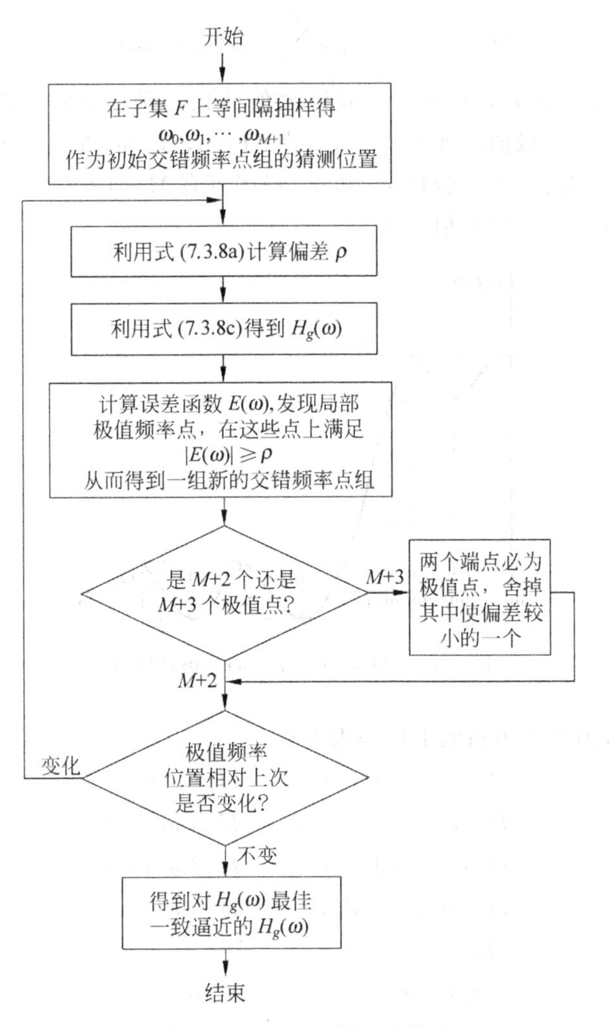


图 7.3.2 Remez 算法流程图

现$M+2$个"交错",即$E(\omega)$至少必须有$M+2$个极值,且交替改变符号。由于$E(\omega)=W(\omega)|H_g(\omega)-H_d(\omega)|$,而$W(\omega)$和$H_d(\omega)$都是常数,所以$E(\omega)$的极值也是$H_g(\omega)$的极值。讨论$H_g(\omega)$的极值特性对于我们理解前述算法是很有帮助的。式(7.3.3)的$H_g(\omega)$经展开后可写成幂级数的形式,即

$$H_g(\omega)=\sum_{n=0}^{M}a(n)(\cos\omega)^n \tag{7.3.9}$$

对上式求导,得

$$H'_g(\omega)=-\sin\omega\sum_{n=0}^{M}a(n)n(\cos\omega)^{n-1} \tag{7.3.10}$$

显然,在 $\omega=0$ 和 $\omega=\pi$ 处,$H_g(\omega)$必取极大值或极小值。这样,在闭区间$[0,\ \pi]$上,$H_g(\omega)$至多有 $M+1$ 个极值。如令 $N=13$,则 $M=6$,$H_g(\omega)$的极值点如图 7.3.3 所示。图中,$\omega_0=0$,$\omega_6=\pi$,显然,若不包括 $\omega_p$ 和 $\omega_s$,最多可有 $M+1=7$ 个极值频率,包括 $\omega_p$ 和 $\omega_s$ 时,最多可有 $M+3=9$ 个极值频率。

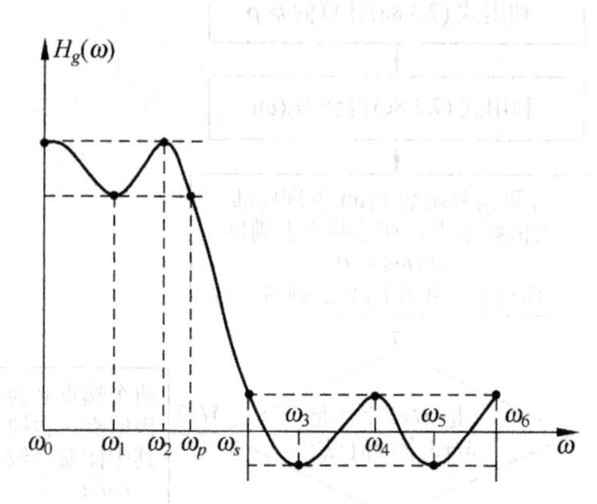


图 7.3.3　$M=6$ 时 $H_g(\omega)$的极值特性

利用上述的极值特性可得到下述一组方程:

$$\begin{aligned}
&H_g(\omega_0)=1+\delta_1, && H_g(e^{j\pi})=\delta_2\\
&H_g(\omega_1)=1-\delta_1, && H'_g(\omega_1)=0\\
&H_g(\omega_2)=1+\delta_1, && H'_g(\omega_2)=0\\
&H_g(\omega_3)=-\delta_2, && H'_g(\omega_3)=0\\
&H_g(\omega_4)=\delta_2, && H'_g(\omega_4)=0\\
&H_g(\omega_5)=-\delta_2, && H'_g(\omega_5)=0
\end{aligned}$$

这里总共有 12 个方程。$a_0,a_1,\cdots,a_6$ 是 7 个未知数,加上 5 个未知频率 $\omega_1,\omega_2,\cdots,\omega_5$,总共 12 个未知数,因此可以求解。但上述方程都是非线性方程,求解比较困难,因此,这种方法仅用于 $M$ 较小的场合。此方法是早期用等纹波法设计 FIR 数字滤波器的思路,是由 Herrmann 于 1970 年提出的。尔后,Hofstetter 等对上述方法做了改进,用迭代的方法确定极值频率,代替上述的求解非线性方程组。在用等纹波逼近法设计滤波器时,有 5 个待定的参数,即 $M$(或 $N$)、$\delta_1$、$\delta_2$、$\omega_p$ 和 $\omega_s$。不可能独立地把这 5 个参数全部给定,而只能指定其中的几个,留下其余的几个在迭代中确定。Herrmann 和 Hofstetter 的算法是给定 $M$、$\delta_1$ 和 $\delta_2$,而 $\omega_p$ 和 $\omega_s$ 是可变的,这样就有一个缺点,即滤波器通带和阻带的边缘频率不能精确地确定。这两种方法都要求解包括端点$[0,\ \pi]$在内的 $M+1$ 个极值频率。

前面讨论的 Mc Clallan J H 的算法是指定 $M$、$\omega_p$ 和 $\omega_s$，而把 $\delta_1$ 和 $\delta_2$ 当作可变的，在迭代中最佳地确定。根据通带和阻带的定义，应有

$$H(\mathrm{e}^{\mathrm{j}\omega_p})=1-\delta_1$$

$$H(\mathrm{e}^{\mathrm{j}\omega_s})=\delta_2$$

即 $\omega_p$ 和 $\omega_s$ 也是极值频率点。这样，对于低通滤波器来说，指定 $\omega_p$ 和 $\omega_s$ 作为极值频率后，最多将会有 $M+3$ 个极值频率。但利用交错定理时，只需要 $M+2$ 个极值频率。因此，在每一次迭代过程中，若出现有 $M+3$ 个极值频率，则在 $\omega=0$ 或 $\omega=\pi$ 处，选取其中呈现最大误差的一个作为极值频率点，形成新的交错点组。出现 $M+3$ 个极值频率的情况称为"超纹波"，用 Herrmann 和 Hofstetter 方法设计出的滤波器也称为"超纹波滤波器"。图 7.3.3 中的 $\omega_p$、$\omega_s$ 和 0、π 处都是极值频率，因此这是一种"超纹波"的情况[Rab75]。

## 7.3.4 线性相位 FIR 数字滤波器 4 种形式的统一表示

4.5 节已指出，当 $N$ 分别为偶数和奇数及 $h(n)$ 分别为偶对称和奇对称时，线性相位 FIR 滤波器有 4 种不同的形式。上面关于 FIR 滤波器最佳一致逼近的讨论是针对 $N$ 为奇数且 $h(n)$ 为偶对称的，这时 $H_g(\omega)$ 为一个余弦函数的组合（见式(7.3.3)）。为了在其他 3 种情况下也能使用式(7.3.3)～式(7.3.8)设计最佳的滤波器，需要对它们的表达式做一些改变，以求得和式(7.3.3)共同的表示形式。

由 4.5 节的讨论可知：

① 当 $N$ 为奇数、$h(n)$ 为偶对称时，有

$$H_g(\omega)=\sum_{n=0}^{M}a(n)\cos(n\omega),\quad M=(N-1)/2 \tag{7.3.11}$$

② 当 $N$ 为偶数、$h(n)$ 为偶对称时，有

$$H_g(\omega)=\sum_{n=1}^{M}b(n)\cos[(n-1/2)\omega],\quad M=N/2 \tag{7.3.12a}$$

③ 当 $N$ 为奇数、$h(n)$ 为奇对称时，有

$$H_g(\omega)=\sum_{n=1}^{M}c(n)\sin(n\omega),\quad M=(N-1)/2 \tag{7.3.12b}$$

④ 当 $N$ 为偶数、$h(n)$ 为奇对称时，有

$$H_g(\omega)=\sum_{n=1}^{M}d(n)\sin[(n-1/2)\omega],\quad M=N/2 \tag{7.3.12c}$$

对后 3 种形式分别做一些推导。由式(7.3.12a)，可得

$$H_g(\omega)=\sum_{n=1}^{M}b(n)\cos[(n-1/2)\omega]=\cos(\omega/2)\sum_{n=0}^{M-1}\tilde{b}(n)\cos(n\omega) \tag{7.3.13a}$$

由式(7.3.12b)，有

$$H_g(\omega)=\sum_{n=1}^{M}c(n)\sin(n\omega)=\sin(\omega)\sum_{n=0}^{M-1}\tilde{c}(n)\cos(n\omega) \tag{7.3.13b}$$

再由式(7.3.12c)，有

$$H_g(\omega)=\sum_{n=1}^{M}d(n)\sin\left[\left(n-\frac{1}{2}\right)\omega\right]=\sin(\omega/2)\sum_{n=0}^{M-1}\tilde{d}(n)\cos(n\omega) \tag{7.3.13c}$$

这样，$H_g(\omega)$可统一表示为如下形式：

$$H_g(\omega)=Q(\omega)P(\omega) \tag{7.3.14}$$

式中，$P(\omega)$是和式(7.3.11)相同的余弦表达式，$Q(\omega)$是不同的常数，见表 7.3.1。

**表 7.3.1　4 种 FIR 数字滤波器的统一表示形式**

| $h(n)$ \ 表达式 / $N$ | | $H_g(\omega)$ | $P(\omega)$ | $Q(\omega)$ | $M$ |
|---|---|---|---|---|---|
| $h(n)$ 偶对称 | $N$ 奇 | $\sum_{n=0}^{M}a(n)\cos(n\omega)$ | $\sum_{n=0}^{M}a(n)\cos(n\omega)$ | 1 | $(N-1)/2$ |
| | $N$ 偶 | $\sum_{n=1}^{M}b(n)\cos[(n-1/2)\omega]$ | $\sum_{n=0}^{M-1}\tilde{b}(n)\cos(n\omega)$ | $\cos(\omega/2)$ | $N/2$ |
| $h(n)$ 奇对称 | $N$ 奇 | $\sum_{n=0}^{M}c(n)\sin(n\omega)$ | $\sum_{n=0}^{M-1}\tilde{c}(n)\cos(n\omega)$ | $\sin\omega$ | $(N-1)/2$ |
| | $N$ 偶 | $\sum_{n=1}^{M}d(n)\sin[(n-1/2)\omega]$ | $\sum_{n=0}^{M-1}\tilde{d}(n)\cos(n\omega)$ | $\sin(\omega/2)$ | $N/2$ |

下面证明式(7.3.13a)。根据三角公式

$$\cos A\cos B=\frac{1}{2}[\cos(A+B)+\cos(A-B)]$$

则

$$\begin{aligned}
&\sum_{n=0}^{M-1}\tilde{b}(n)\cos(\omega/2)\cos(n\omega)\\
&=\frac{1}{2}\sum_{n=0}^{M-1}\tilde{b}(n)[\cos(n+1/2)\omega+\cos(n-1/2)\omega]\\
&=\frac{1}{2}\sum_{n=1}^{M}\tilde{b}(n-1)\cos[(n-1/2)\omega]+\frac{1}{2}\sum_{n=0}^{M-1}\tilde{b}(n)\cos[(n-1/2)\omega]\\
&=\frac{1}{2}\tilde{b}(0)\cos(\omega/2)+\frac{1}{2}\sum_{n=1}^{M-1}[\tilde{b}(n)+\tilde{b}(n-1)]\cos[(n-1/2)\omega]+\\
&\quad\frac{1}{2}\tilde{b}(M-1)\cos(M-1/2)\omega
\end{aligned}$$

令

$$\begin{cases} b(1)=\tilde{b}(0)+\dfrac{1}{2}\tilde{b}(1) \\ b(k)=\dfrac{1}{2}[\tilde{b}(k-1)+\tilde{b}(k)], \quad k=2,3,\cdots,M-1 \\ b(M)=\dfrac{1}{2}\tilde{b}(M-1) \end{cases} \tag{7.3.15}$$

则式(7.3.13a)得证。读者可自己证明式(7.3.13b)和式(7.3.13c)。为了使用方便，现给出如下关系：

$$\begin{cases} c(1)=\tilde{c}(0)-\dfrac{1}{2}\tilde{c}(2) \\ c(k)=\dfrac{1}{2}[\tilde{c}(k-1)-\tilde{c}(k+1)], \quad k=2,3,\cdots,M-2 \\ c(M-1)=\dfrac{1}{2}\tilde{c}(M-2) \\ c(M)=\dfrac{1}{2}\tilde{c}(M-1) \end{cases}$$

$$\begin{cases} d(1)=\tilde{d}(0)-\dfrac{1}{2}\tilde{d}(1) \\ d(k)=\dfrac{1}{2}[\tilde{d}(k-1)-\tilde{d}(k)], \quad k=2,3,\cdots,M-1 \\ d(M)=\dfrac{1}{2}\tilde{d}(M-1) \end{cases}$$

将式(7.3.14)代入式(7.3.5)，则有

$$\begin{aligned} E(\omega)&=W(\omega)[H_d(\omega)-P(\omega)Q(\omega)] \\ &=W(\omega)Q(\omega)\left[\frac{H_d(\omega)}{Q(\omega)}-P(\omega)\right] \end{aligned}$$

若令

$$\hat{W}(\omega)=W(\omega)Q(\omega) \tag{7.3.16a}$$

$$\hat{H}_d(\omega)=H_d(\omega)/Q(\omega) \tag{7.3.16b}$$

则

$$E(\omega)=\hat{W}(\omega)[\hat{H}_d(\omega)-P(\omega)], \quad \omega\in F' \tag{7.3.17}$$

式中，$F'\in F$，并且在 $F'$ 上 $Q(\omega)$ 不等于零，即除去 $\omega=0$ 和 $\omega=\pi$ 的点。

各种情况下的 $P(\omega)$、$Q(\omega)$ 如表 7.3.1 所示。在编写计算机程序时，要根据 $N$ 是奇数还是偶数，$h(n)$ 是偶对称还是奇对称，决定使用不同的 $Q(\omega)$。

### 7.3.5　设计举例

现举例说明切比雪夫一致逼近法的应用。

**例 7.3.1**　利用本节所讨论的切比雪夫一致逼近法设计一个低通滤波器，要求通带边缘频率 $\omega_p = 0.6\pi$，阻带边缘频率 $\omega_s = 0.7\pi$，并讨论参数选择对滤波器性能的影响。

**解**：MATLAB 中的文件 remez.m 用来设计基于切比雪夫最佳一致逼近的各种滤波器，其调用格式是

```
b=remez(N, F, A, W, 'ftype')
```

式中，N 是给定的滤波器的阶次，b 是设计的滤波器的系数，其长度为 N+1；F 是频率向量，A 是对应 F 的各频段上的理想幅频响应，W 是各频段上的加权向量。ftype 是所设计的滤波器类型，若 ftype 是 hilbert，则设计的是 Hilbert 变换器；若 ftype 是 differentiator，则设计的是差分器；若 ftype 缺省，则设计的是普通的滤波器。

在本例中，F=[0 .6 .7 1]，对应的实际频率分别是 0、$0.6\pi$、$0.7\pi$ 和 $\pi$。显然，此处将 $\pi$ 对应为归一化频率 1，而非第 2 章定义的 0.5。A=[1 1 0 0]，即通带的理想幅频为 1，阻带的理想幅频为零。令加权向量分别是 [1 10]，[10 1]，[1 1]，令滤波器的阶次分别是 32 和 42。4 种组合情况如表 7.3.2 所示，图 7.3.4(a)～(d)给出了所设计的滤波器的对数幅频响应。该例的程序是 exa070301_remez.m。

**表 7.3.2　给定不同 N 及 W 所得到的滤波器的性能**

| 序号 | 输入参数及输出结果 | | | | | 图号（幅频响应） |
|---|---|---|---|---|---|---|
| | N | 通带加权 W(1) | 阻带加权 W(2) | 通带纹波及衰减 | 阻带纹波及衰减 | |
| 1 | 33 | 1 | 10 | $\delta_1=0.0582$<br>0.4916dB | $\delta_2=0.005\,82$<br>−44.7dB | 7.3.4(a) |
| 2 | 33 | 10 | 1 | $\delta_1=0.006\,515$<br>0.056 41dB | $\delta_2=0.065\,15$<br>−23.67dB | 7.3.4(b) |
| 3 | 33 | 1 | 1 | $\delta_1=0.0183$<br>0.1575dB | $\delta_2=0.0183$<br>−34.75dB | 7.3.4(c) |
| 4 | 43 | 1 | 1 | $\delta_1=0.007\,98$<br>0.069dB | $\delta_2=0.007\,98$<br>−41.96dB | 7.3.4(d) |

由表 7.3.2 及图 7.3.4 可以看出，在相同的滤波器抽样响应长度下，如果在某一个带内赋给了大的加权，那么在这个带内将获得大的衰减。因此，通过调整加权值，可得到不

同需要的衰减。在第 3 种情况下，通带和阻带内赋给了同样的加权，因此在这两个带内将具有同样的纹波。计算结果是 $\delta_1=\delta_2=0.0183$。这样，通带衰减 $=20\lg(1+0.0183)=0.1575\text{dB}$，阻带衰减 $=20\lg(0.0183)=-34.75\text{dB}$，在通带和阻带内都具有较好的性能。

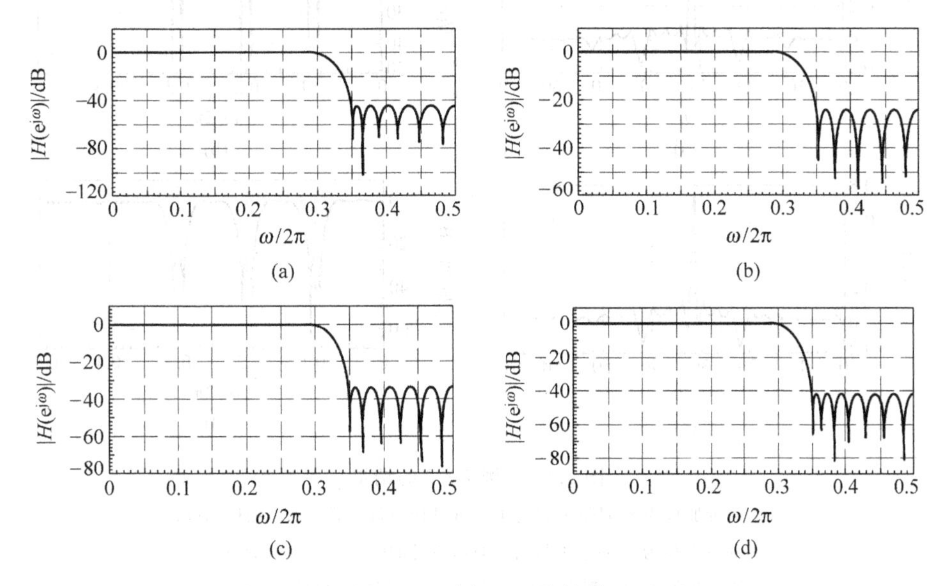


图 7.3.4　例 7.3.1 的结果

(a) 表 7.3.2 中序号 1 所对应的幅频响应曲线；(b) 表 7.3.2 中序号 2 所对应的幅频响应曲线；(c) 表 7.3.2 中序号 3 所对应的幅频响应曲线；(d) 表 7.3.2 中序号 4 所对应的幅频响应曲线

在相同的加权条件下，若增加滤波器单位抽样响应的长度 N，自然会得到更好的结果。在第 4 种情况下，当 N 由 33 增至 43 时，这时 $\delta_1=\delta_2=0.007\,98$，比第 3 种情况减少了一半。

**例 7.3.2**　一个数字系统的抽样频率是 500Hz，现希望设计一个多阻带陷波器，以去掉工频信号(50Hz)及二次、三次谐波(100Hz 及 150Hz)的干扰。

**解**：按设计要求，该滤波器有 3 个阻带，中心频率分别在 50Hz、100Hz 及 150Hz 处，显然，它有 4 个通带，即整个滤波器有 7 个带。仍然利用 remez.m 文件，其赋值方式是：

```
N=64;
A=[1 1 0 0 1 1 0 0 1 1 0 0 1 1];
F=[0 .14 .18 .22 .26 .34 .38 .42 .46 .54 .58 .62 .66 1];
W=[8 1 8 1 8 1 8] ;即通带加权为 8,阻带加权为 1。
```

这时求出 4 个通带的纹波 $\delta_1$ 都是 0.017 825，衰减为 0.153dB，3 个阻带的纹波都是 0.1426，衰减为 $-16.92\text{dB}$，其抽样响应 $h(n)$ 及幅频响应如图 7.3.5(a)、(b)所示。

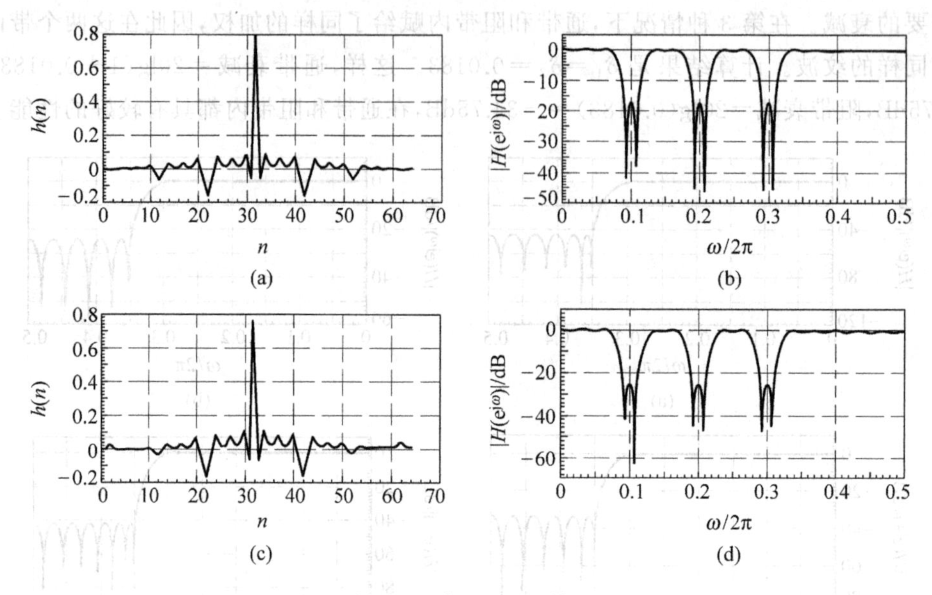


图 7.3.5　例 7.3.2 的结果

(a) 通带加权为 8、阻带加权为 1 时所设计的陷波器的单位抽样响应；

(b) 通带加权为 8、阻带加权为 1 时所设计的陷波器的幅频响应；

(c) 通带和阻带加权都为 1 时所设计的陷波器的单位抽样响应；

(d) 通带和阻带加权都为 1 时所设计的陷波器的幅频响应

然后再令通带和阻带内的加权均为 1，这时，四个通带和三个阻带内的纹波 $\delta_1$ 及 $\delta_2$ 都是 0.054 38，通带衰减为 0.46dB，阻带为 −25.29dB，其抽样响应和幅频响应分别如图 7.3.5(c)、(d)所示。在这种情况下，阻带和通带的性能都较为满意。

由该例的结果可以看出，第 6 章的 IIR 滤波器设计方法是设计不出多通带滤波器的，这也体现了 FIR 滤波器的优势。该例的程序是 exa070302_remez。

**例 7.3.3**　利用切比雪夫最佳一致逼近设计图 4.3.6 的理想差分器及理想低通差分器。

**解**：这时，remez.m 文件的调用格式是

```
b=remez(N, F, A, 'differentiator')
```

b 仍然是滤波器的系数，对差分器，它的长度 N+1 为偶数，因此，在赋值时，N 应为奇数。在本例中，设计全通差分器时，取 N=21，F 和 A 的值分别是

```
F=[0 1];A=[0 pi]
```

设计低通差分器时，取 N=51，F 和 A 的值分别是

```
F=[0 0.3 0.35 1]; A=[0 0.3*pi 0 0]
```

对应的通带范围为 0～0.35，截止频率在 0.35。设计结果如图 7.3.6 所示。左边两个图是全通差分器的单位抽样响应和幅频响应，右边两个图是低通差分器的单位抽样响应和幅频响应。图中横坐标的频率 1 对应的是圆周频率 π。

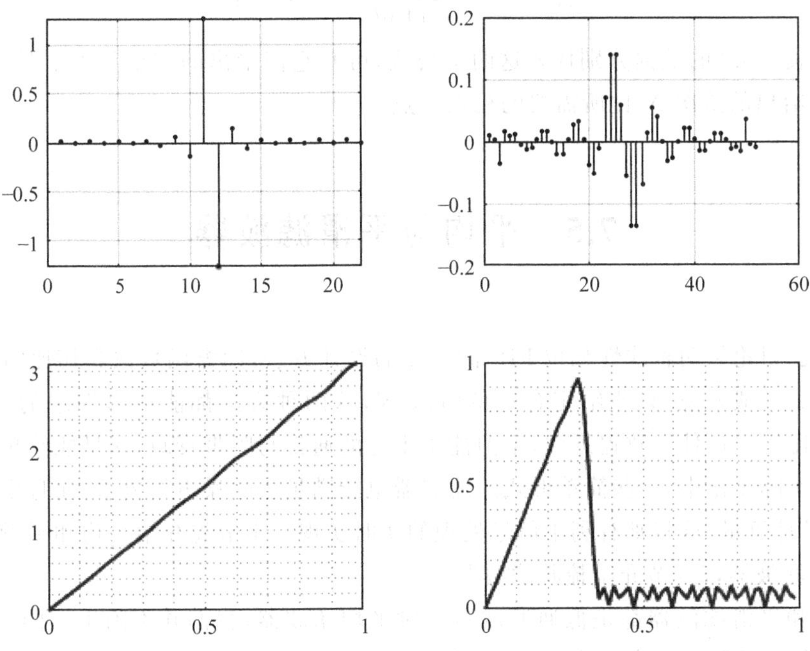


图 7.3.6　全通和低通差分器的单位抽样响应及幅频特性

由该结果可以看出，切比雪夫最佳一致逼近设计出的差分器在所要求的通带内很好地近似了 $H(e^{j\omega})=j\omega$ 这一理想特性。该例的程序是 exa070303_remez。

# 7.4　滤波器阶次的估计

由例 7.3.1 与例 7.3.2 可以看出，滤波器的阶次($N-1$)或长度 $N$ 与通带及阻带的衰减有关，同时和过渡带的宽度有关。显然，通带越平、阻带衰减越大以及过渡带越窄，那么 $N$ 就必然增大，反之，$N$ 就减小。文献[Bel84]给出了一个估计 $N$ 的方法，即

$$N=\frac{2}{3}\lg\left(\frac{1}{10\delta_1\delta_2}\right)\frac{1}{b} \tag{7.4.1}$$

式中，$\delta_1$ 是通带纹波，$\delta_2$ 是阻带纹波，$b=(\omega_s-\omega_p)/2\pi$，为过渡带的宽度。

例如，对例 7.3.1 的第 1 种情况，即 $\delta_1=0.0582$，$\delta_2=0.005\,82$，$b=0.35-0.3=0.05$，将

其代入式(7.3.18),求出 $N=33$,这正是给定的阶次。

文献[Rab75]给出了另一个类似的阶次估计的公式,即

$$N=\frac{-20\lg\sqrt{\delta_1\delta_2}-13}{14.6b}+1 \tag{7.4.2}$$

读者若用表 7.3.2 的数据分别代入这两个公式,可知它们给出的结果基本上是一样的,但式(7.4.1)给出的阶次 $N$ 比所需要的稍低一点。

## 7.5　平均与平滑滤波器

本章已讨论了两种线性相位 FIR 滤波器的设计方法,即窗函数法和切比雪夫最佳一致逼近法。一般来说,只要给定合适的阶次 $N$,这两种方法都能给出理想的设计结果。特别是切比雪夫最佳一致逼近法,不但能给出好的通带与阻带衰减,而且能给出好的边缘频率。在实际工作中,一些简单形式的滤波器也能满足去除噪声的要求,而且由于形式简单,减少了计算量,这特别有利于信号处理的实时实现。本节先介绍平均和平滑这两种简单的 FIR 滤波器,7.6 节介绍梳状滤波器。

平均和平滑滤波器都是低通滤波器。对平均滤波器,我们并不陌生。图 4.1.1 给出了 3 点平均器的频率响应。式(4.10.1)给出了 $N$ 点平均器的转移函数。图 4.10.3 是 8 点平均器的幅频响应。

平均滤波器的系数都是 $1/N$,计算极其方便。$N$ 越大,滤波器衰减得就越好,去除噪声的效果也越好。但是,$N$ 过大会使滤波器具有过大的延迟(群延迟 $\tau_g(\omega)=(N-1)/2$),而且会使其主瓣的单边的带宽大大降低($2\pi/N$),这就有可能在滤波时损伤有用的信号。因此,在平均器中,$N$ 不宜取得过大。

针对平均滤波器的不足,Savitzky A 和 Golay M 提出了一个基于多项式拟合的方法来设计最佳的简单形式的低通滤波器,又称为 Savitzky-Golay 平滑器。其基本思路如下。

设 $x(n)$ 中的一段数据为 $x(i),i=-M,\cdots,0,\cdots,M$,现构造一个 $p$ 阶多项式

$$f_i=a_0+a_1i+a_2i^2+\cdots+a_pi^p=\sum_{k=0}^{p}a_ki^k,\quad p\leqslant 2M \tag{7.5.1}$$

来拟合这一段数据。并使拟合误差

$$E=\sum_{i=-M}^{M}[f_i-x(i)]^2 \tag{7.5.2}$$

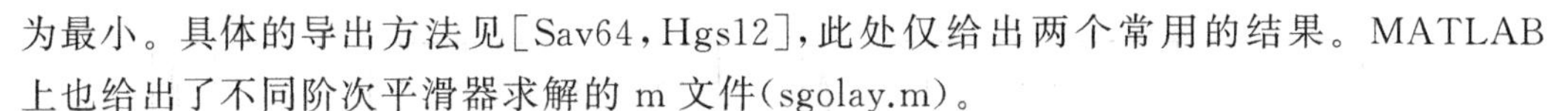

为最小。具体的导出方法见[Sav64，Hgs12]，此处仅给出两个常用的结果。MATLAB上也给出了不同阶次平滑器求解的 m 文件(sgolay.m)。

当 $M=2, p=2$ 时，可得五点二次(抛物线)多项式拟合，滤波器系数是

$$h(n)=[-3,12,17,12,-3]/35 \tag{7.5.3}$$

该式的 $h(n)$ 相当于一个模板，将它在数据 $x(n)$ 上移动，便可实现对 $x(n)$ 的拟合，或滤波。该滤波器的频率响应是

$$H(\mathrm{e}^{\mathrm{j}\omega})=[17+24\cos\omega-6\cos(2\omega)]/35 \tag{7.5.4}$$

如图 7.5.1(a)所示，显然，它具有低通特性。

当 $M=3, p=3$ 时，可得七点三次拟合，滤波器的系数是

$$h(n)=[-2,3,6,7,6,3,-2]/21 \tag{7.5.5}$$

频率响应是

$$H(\mathrm{e}^{\mathrm{j}\omega})=[7+12\cos\omega+6\cos(2\omega)-4\cos(3\omega)]/21 \tag{7.5.6}$$

如图 7.5.1(b)所示。

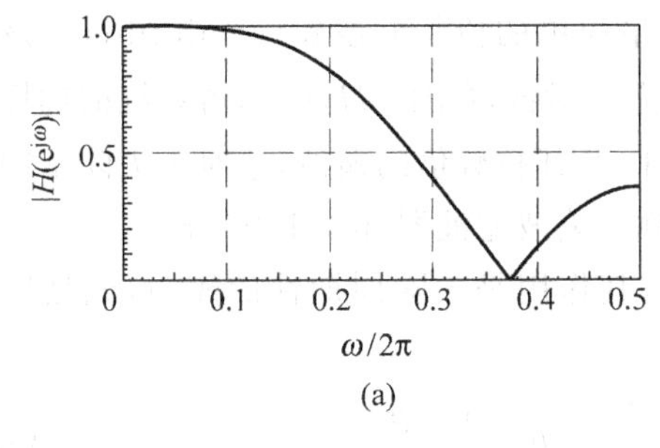


(a)

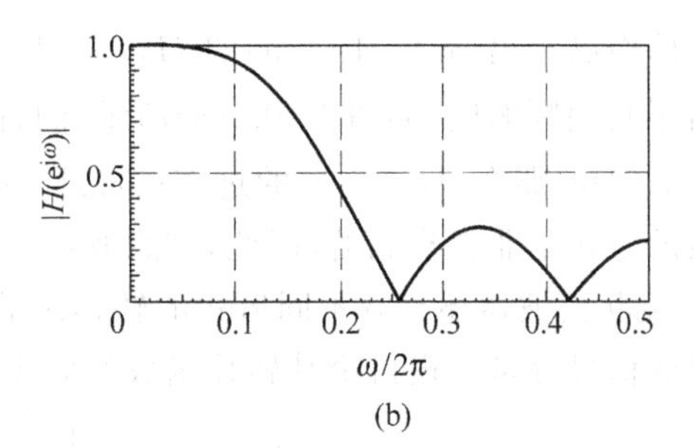


(b)

图 7.5.1 平滑滤波器的幅频特性

(a) 式(7.5.4)幅频特性；(b) 式(7.5.6)幅频特性

使用平滑滤波器对信号滤波时，实际上是拟合了信号中的低频成分，而将高频成分“平滑”出去了。如果噪声在高频端，那么，拟合的结果是去除了噪声；反之，若噪声在低频端，信号在高频端，那么滤波的结果是留下了噪声。当然，用原信号减去噪声，又可得到所希望的信号。例如，在做心电图(ECG)检查时，由于体位的移动，在记录到的心电信号中往往伴有基线漂移现象，严重时会使信号跑出记录纸以外，如图 7.5.2(a)所示。基线漂移现象是由很低频率的信号引起的，类似这样的低频信号有时又称为信号中的趋势项。用平滑滤波器拟合该低频信号，再将其从原心电信号中减去，即可得到去除了趋势项的信号，如图 7.5.2(b)所示。

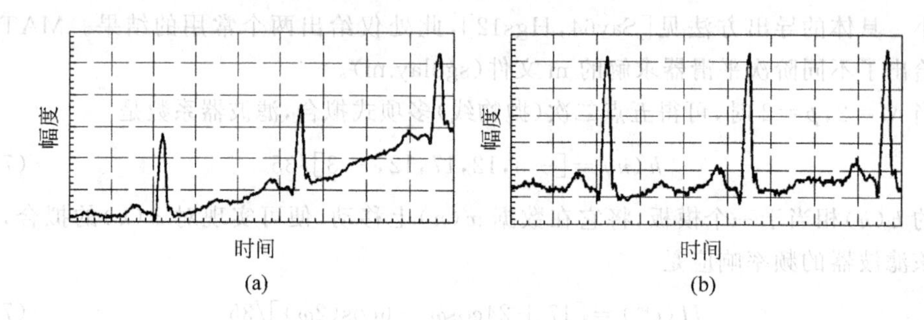


图 7.5.2　去除趋势项示意图

(a) 带有基线漂移的心电信号；(b) 去除趋势项后的心电信号

# 7.6　梳状滤波器

前面已指出，式(4.10.2.a)的 $H_1(z)$ 是一最简单的梳状滤波器(comb filter)，该名称来自于其幅频响应(如图 4.10.2(a)所示)的特点。对该例中的 $H_1(z)$，若系统的抽样频率 $f_s=400\text{Hz}$，那么 $|H_1(e^{j\omega})|$ 的过零点将是 50Hz 及其整数倍的谐波，这对于去除工频及其谐波的干扰是非常有利的，因此，该滤波器又称为陷波滤波器(notch filter)。

梳状滤波器还有着不同形式的转移函数，其作用是去除周期性的噪声，或是增强周期性的信号分量。现讨论其转移函数的形式。令

$$H_1(z)=b\,\frac{1-z^{-N}}{1-\rho z^{-N}},\quad b=\frac{1+\rho}{2} \tag{7.6.1}$$

其零点位置也是等分在单位圆上，其极点在 $\rho^{1/N}e^{j2\pi k/N}$，$k=0,1,\cdots,N-1$ 处，如图 7.6.1(a)所示，其幅频特性如图 7.6.1(b)所示，图中 $\rho=0.9$，$N=8$。

比较图 4.10.2(a)和图 7.6.1(b)可以看出，由于图 4.10.2(a)的幅频响应在每一个峰值和过零点之间都是“过渡带”，因此，若用该系统作为陷波，在去除工频干扰的同时也会使信号产生失真。由于在式(7.6.1)中引入了和零点对应的极点，因此图 7.6.1(b)的幅频响应在每两个过零点之间都比较平坦，用这样的系统陷波时可有效地防止信号的失真。由于图 7.6.1(b)和图 4.10.2(a)有着类似的梳状，因此，式(7.6.1)也称为梳状滤波器。不过该系统已不是 FIR 系统，而是一个 IIR 系统。再令

$$H_2(z)=b\,\frac{1+z^{-N}}{1-\rho z^{-N}},\quad b=\frac{1-\rho}{2} \tag{7.6.2}$$

$H_2(z)$ 也是一个 IIR 系统。该系统的极点和式(7.6.1)$H_1(z)$ 的极点相同，零点在

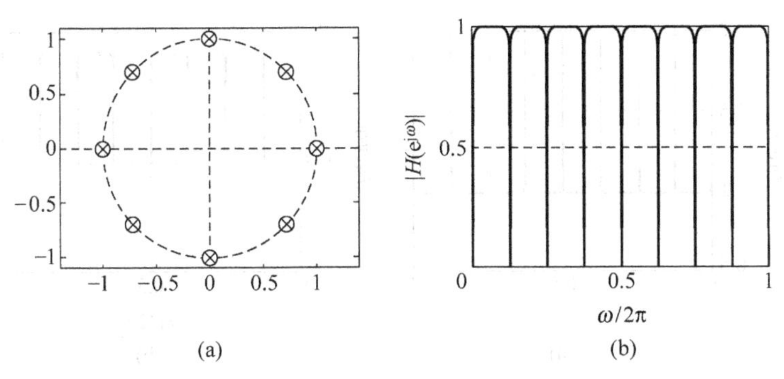


图 7.6.1 式(7.6.1)所示梳状滤波器的极零图及幅频响应

$e^{j(2k+1)\pi/N}$，$k=0,1,\cdots,N-1$ 处，如图 7.6.2(a)所示，其幅频特性如图 7.6.2(b)所示。显然，该幅频响应在$\omega_k=e^{j2\pi k/N}$，$k=0,1,\cdots,N-1$ 处呈现很尖的峰值，而在其他频率范围内基本上为零。这样的滤波器可用来增强信号中的周期分量。

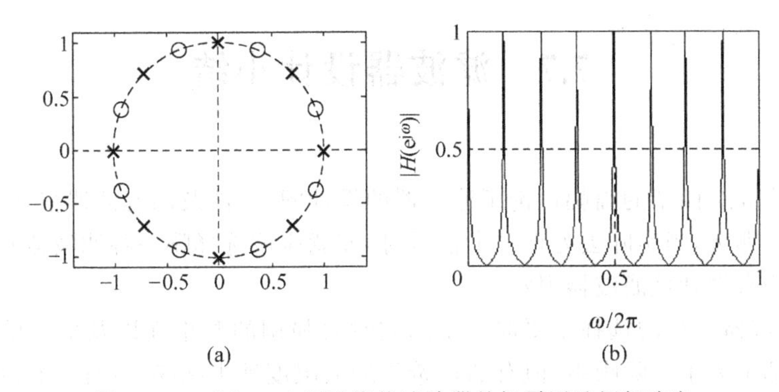


图 7.6.2 式(7.6.2)所示梳状滤波器的极零图及幅频响应

将 $H_1(z)$或 $H_2(z)$稍作改动，还可得到不同形式的梳状滤波器。例如，令

$$H_3(z)=\frac{1-rz^{-N}}{1-\rho z^{-N}} \tag{7.6.3}$$

式中，$r<1$，$\rho<1$。若 $r<\rho$，其幅频响应如图 7.6.3(a)所示($r=0.96$，$\rho=0.98$)；若 $r>\rho$，其幅频响应如图 7.6.3(b)所示($r=0.98$，$\rho=0.96$)。

梳状滤波器由于其转移函数简单、灵活而得到广泛应用，典型的是用来去除工频及其各次谐波的干扰。在彩色电视及高清晰度数字电视(HDTV)中，梳状滤波器可用来从复合的视频信号中分离出黑白信号及彩色信号。文献[Sop99]对梳状滤波器及其应用作了较为详细的介绍，本书不再一一讨论。

最后指出，本章及第 6 章讨论的滤波器都是线性滤波器，即其系统是线性系统。在实

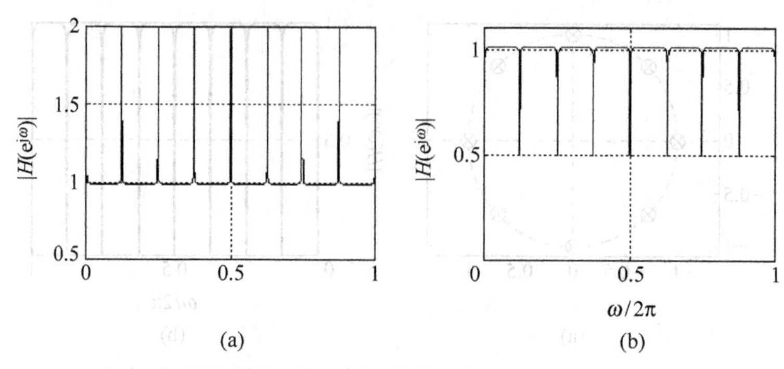


图 7.6.3　式(7.6.3)所示梳状滤波器的幅频响应

际工作中,非线性滤波器也有其特殊的应用,中值(median)滤波器是其中的一种。习题 7.12 讨论了该滤波器的含义及应用。

# 7.7　滤波器设计小结

我们以第 6、7 两章的篇幅讨论了滤波器的设计问题,涉及的滤波器很多,涉及的设计方法也很多。那么,当实际去处理一个信号时,究竟应该选择哪一种滤波器呢? 又应该采用哪一种方法来设计该滤波器呢?

其实,滤波器类型的选择主要取决于滤波时要强调的侧重面以及信号的特点。滤波的目的自然都是为了去除噪声,但有的仅希望最大限度地去除噪声而已,有的是希望在去除噪声时能让滤波器具有线性相位,有的则是强调滤波的实时性。就待处理的信号而言,有时信号和噪声的频谱是完全可以分开的,有时则发生了重叠;有时含有周期性的噪声,有时则是在噪声中含有周期性的信号。滤波器设计方法的选择大体上依赖于滤波器类型的选择。为了便于使用者选择,下面,我们将所讨论过的各种滤波器的特点做一简单的小结。

IIR 滤波器的最大优点是可取得非常好的通带与阻带衰减,还可得到准确的通带与阻带的边缘频率,而且滤波时需要的计算量较少。缺点是不具有线性相位,且存在稳定性问题。

目前,IIR 滤波器设计的最通用的方法是在第 6 章介绍过的借用模拟滤波器的设计方法。其中,巴特沃思滤波器可取得最平的通带特性,但要取得高的阻带衰减则需要较高的阶次;切比雪夫Ⅰ型滤波器的通带取等纹波形状,因此在同样的阻带衰减的条件下,其阶次要低于巴特沃思滤波器。如果强调的是最大限度地去除噪声而没有别的限制,那么

最佳的选择是IIR滤波器。

FIR滤波器的最大优点是可取得线性相位且不存在稳定性问题，如果滤波时不要求实时实现，我们还可以实现零相位滤波(即令 $h(n)=h(-n),n=0,1,\cdots,N/2$)。为了获得好的通带与阻带衰减，滤波器的阶次 $N$ 往往较大($N>30$)，因此FIR滤波器的缺点是滤波时的计算量较大，不易实时实现。

FIR滤波器的设计方法很多，如本书讨论的窗函数法及切比雪夫最佳一致逼近法。前者给出的滤波器性能不够理想，但后者可用来设计出既有好的衰减特性又有好的边缘频率的滤波器，是一个公认的FIR滤波器设计的好方法。此外，人们还提出了最小平方逼近、带约束的最小平方逼近等设计方法，MATLAB中也有相关的m文件，但就其性能来说，并没有超出切比雪夫最佳一致逼近法。所以，如果特别强调要不产生相位失真且计算速度允许，那么最好的选择是FIR滤波器。

如果对滤波器的性能要求不是很高，但特别强调滤波的实时性且具有线性相位，则简单形式的平均滤波器及平滑滤波器可供选择。

梳状滤波器是针对信号中含有周期性的噪声，或在噪声中含有周期性的信号而应用的一类滤波器。

滤波及滤波器设计始终是信号处理中的重要内容。除了本书所讨论的内容外，还有广泛应用于多抽样率信号处理中的滤波器组、基于某种统计意义上最优的现代滤波器(维纳滤波器、自适应滤波器等)等各种各样的滤波器的理论与设计方法，新的理论也在不断提出。读者学习本书这两章后，就为掌握新的内容打好了基础。

## 7.8 与本章内容有关的MATLAB文件

与本章内容有关的MATLAB文件主要分为两类，一类是用于产生各种窗函数，另一类是用于设计FIR数字滤波器。

用于产生窗函数的m文件有如下8个。

**1. bartlett(三角窗)**

**2. blackman(布莱克曼窗)**

**3. boxcar(矩形窗)**

**4. hamming(哈明窗)**

**5. hanning(汉宁窗)**

**6. triang(三角窗)**

**7. chebwin(切比雪夫窗)**

**8. kaiser(凯塞窗)**

我们已经在 7.2 节对前 5 个窗函数作了详细讨论，它们所对应的 m 文件的调用格式也非常简单，只要给出窗函数的长度 $N$ 即可，如 w = boxcar(N)。现简单解释一下后 3 个。

上述第 1 及第 6 项的三角窗，其实没有本质的区别。triang 给出的窗函数在两端的数据不为零，而 bartlett 给出的窗函数在两端的数据为零。bartlett 窗的数学表达式见 7.2 节，对 triang 窗，$N$ 为偶数时其数学表达式是

$$w(n)=\begin{cases}\dfrac{2n+1}{N}, & n=0,1,\cdots,\dfrac{N}{2}-1\\[2ex] w(N-1-n), & n=\dfrac{N}{2},\cdots,N-1\end{cases} \tag{7.8.1a}$$

$N$ 为奇数时

$$w(n)=\begin{cases}\dfrac{2(n+1)}{N+1}, & n=0,1,\cdots,\dfrac{N-1}{2}\\[2ex] w(N-1-n), & n=\dfrac{N+1}{2},\cdots,N-1\end{cases} \tag{7.8.1b}$$

请读者自己给出这两个窗函数在同一 $N$ 下的曲线，以说明二者的区别。

切比雪夫窗又称 Dolph-Chebyshev 窗，它是由一个切比雪夫多项式在单位圆上做 $N$ 点等间隔抽样，然后再做 DFT 反变换而得到的。其参数是长度 $N$、最大边瓣衰减 $A$(dB) 及 3dB 带宽 $B$。给定了 $N$ 和 $A$，则可求得 $B$，即

$$B=\arccos\left[\left(\cosh\frac{\operatorname{arcosh}10^{A/20}}{N-1}\right)^{-1}\right] \tag{7.8.2}$$

chebwin 的调用格式是

```
w = chebwin(N, A)
```

其中，N 和 A 分别是窗的长度及边瓣衰减。图 7.8.1(a)、(b)分别给出了 A=40 时的时域波形和归一化频谱。

凯塞窗的数学表达式是

$$w(n)=\frac{I_0\{\beta\sqrt{1-[1-2n/(N-1)]^2}\}}{I_0(\beta)},\quad n=0,1,\cdots,N-1 \tag{7.8.3}$$

式中，$I_0\{\}$是第一类零阶贝塞尔函数，$\beta$ 是调整窗函数形状的参数。显然，若 $\beta=0$，凯塞窗变成矩形窗。Kaiser 给出了 $\beta$ 和最大边瓣峰值 $A$ 之间的关系[Bel84]，即有

$$\beta \approx \begin{cases} 0, & A \leqslant 21 \\ 0.5842(A-21)^{0.4}+0.07886(A-21), & 21 \leqslant A \leqslant 50 \\ 0.1102(A-8.7), & A > 50 \end{cases} \tag{7.8.4}$$

由这一关系可以看出,边瓣峰值衰减越大则 $\beta$ 越大。为了保证给定的 $A$ 和带宽 $B$,窗的长度 $N$ 应满足下面的关系:

$$B=\frac{A-8}{2.285(N-1)} \tag{7.8.5}$$

kaiser.m 的调用格式是

```
w=kaiser(N, beta)
```

beta 即 $\beta$。图 7.8.1(c)、(d)分别给出了 beta=5 时的时域波形和归一化频谱,(e)、(f)则分别给出了 beta=10 时的时域波形和归一化频谱。该图的绘图程序是 exa070800.m。

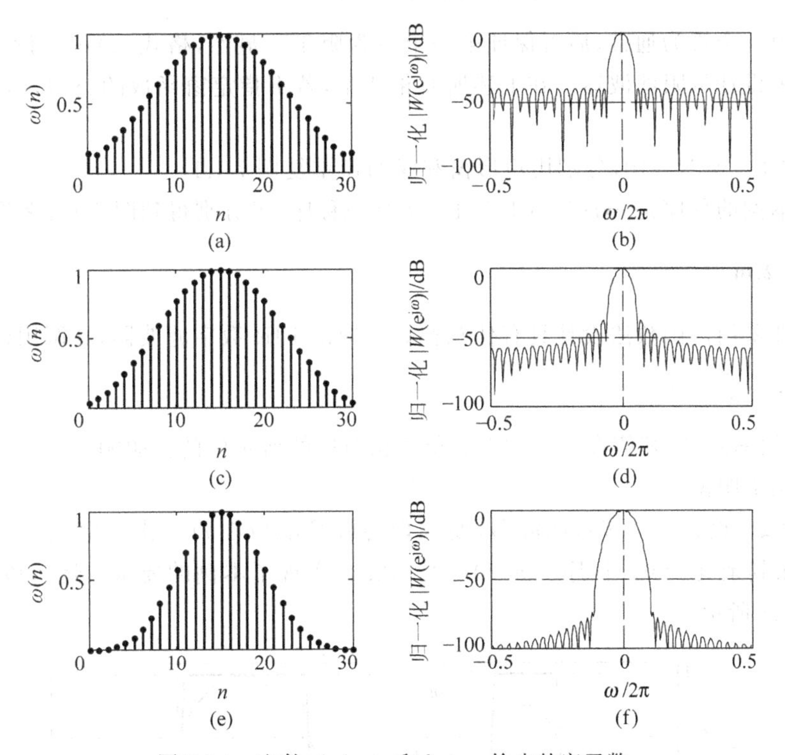


图 7.8.1 文件 chebwin 和 kaiser 给出的窗函数

以下 9 个文件(序号 9～17)是用于 FIR DF 设计的文件。

**9. fir1.m**

本文件采用窗函数法设计 FIR 数字滤波器，其调用格式是

```
(1) b =fir1(N, Wn)
(2) b =fir1(N, Wn,'high')
(3) b =fir1(N, Wn, 'stop')
```

式中，N 为滤波器的阶次，因此滤波器的长度为 N+1；Wn 是通带截止频率，其值在0～1，1 对应抽样频率的一半；b 是设计好的滤波器系数 $h(n)$。对格式(1)，若 Wn 是一个标量，则可用来设计低通滤波器；若 Wn 是 1×2 的向量，则用来设计带通滤波器；若 Wn 是 $1\times L$ 的向量，则可用来设计 $L$ 带滤波器，这时，格式(1)要改为

```
b =fir1(N, Wn, 'DC-1')  或  b =fir1(N, Wn, 'DC-0')
```

前者保证第一个带为通带，后者保证第一个带为阻带。显然，格式(2)用来设计高通滤波器，(3)用来设计带阻滤波器。在上述所有格式中，若不指定窗函数的类型，fir1 自动选择哈明窗。

**例 7.8.1**　令 N＝10，分别用矩形窗和汉明窗重复例 7.1.1。

实现本例的程序是 exa070801_fir1。运行该程序，可分别得到图 7.1.2 和图 7.1.3。

**10. fir2.m**

本文件采用窗函数法设计具有任意幅频响应的 FIR 数字滤波器，其调用格式是

```
b =fir1(N, F, M)
```

其中，F 是频率向量，其值在 0～1，M 是和 F 相对应的所希望的幅频响应。如同 fir1，默认时自动选用哈明窗。

**例 7.8.2**　设计一个多带滤波器，要求理想幅频响应在归一化频率 0.2～0.3，0.6～0.8 为 1，在其余处为 0。程序 exa070802_fir2.m 实现了本例的要求。运行该程序，其结果如图 7.8.2 所示。

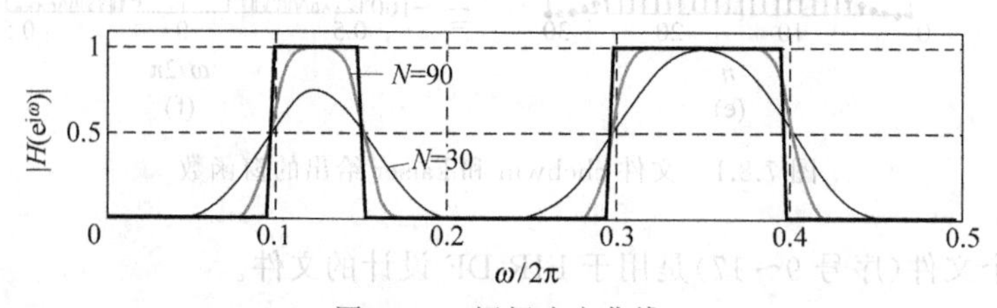


图 7.8.2　幅频响应曲线

**11. remez.m**

本文件用来设计在 7.3 节所讨论的切比雪夫最佳一致逼近 FIR 滤波器，同时，该文件还可以用来设计希尔伯特变换器和差分器，其调用格式是

```
(1) b =remez(N, F, A)
(2) b =remez(N, F, A, W)
(3) b =remez(N, F, A, W, 'hilbert')
(4) b =remez(N, F, A, W, 'differentiator')
```

式中，N 是给定的滤波器的阶次，b 是设计的滤波器的系数，其长度为 N+1；F 是频率向量，A 是对应 F 的各频段上的理想幅频响应，W 是各频段上的加权向量。对 F、A 及 W 的赋值方式和例 7.3.1 和例 7.3.2 所讨论过的是一样的，唯一的差别是 F 的范围为 0～1，而非 0～0.5，1 对应抽样频率的一半。需要指出的是，若 b 的长度为偶数，设计高通和带阻滤波器时有可能出现错误，因此最好保证 b 的长度为奇数，即 N 应为偶数。

**例 7.8.3**　设计例 7.3.1 所要求的低通滤波器和例 7.3.2 所要求的多阻带滤波器。

相应的程序分别是 exa070803_remez_1 和 exa070803_remez_2，运行这两个程序将分别得到和例 7.3.1、例 7.3.2 同样的结果。

**12. remezord.m**

本文件用来确定在用切比雪夫最佳一致逼近设计 FIR 滤波器时所需要的滤波器阶次，其调用格式是

```
[N, Fo, Ao, W] =remezord(F, A, DEV, Fs)
```

式中，F、A 的含义同文件 remez，DEV 是通带和阻带上的偏差；该文件输出的是符合要求的滤波器阶次 N、频率向量 Fo、幅度向量 Ao 和加权向量 W。若设计者事先不能确定自己要设计的滤波器的阶次，那么，调用 remezord 后，就可利用这一族参数再调用 remez，即 b = remez(N, Fo, Ao, W)，从而设计出所需要滤波器。因此，remez 和 remezord 常结合起来使用。需要说明的是，remezord 给出的阶次 N 有可能偏低，这时适当增加 N 即可；另外，若 N 为奇数，就令其加 1，使其变为偶数，这样 b 的长度为奇数。下面的例子说明了 remezord 的应用。

**例 7.8.4**　对表 7.3.2 的序号 1 所对应的滤波器的技术指标，确定其阶次，然后设计出该滤波器。

相应的程序是 exa070804_remezord_1。在该程序中，首先调用文件 remezord，得到它的一组输出参数[N, Fo, Ao, W]，然后将这一组参数作为文件 remez 的输入，remez 的输出即要设计的滤波器的系数向量 b，它和例 7.3.1 所设计出的 b 也是一样的。

所附程序 exa070804_remezord_2 可以用来确定例 7.3.2 要设计的滤波器阶次并设计出所需要的滤波器。

**13. sgolay.m**

用来设计 Savitzky-Golay FIR 平滑滤波器，其原理见 7.5 节，调用格式是

```
b =sgolay(k, f)
```

式中，k 是多项式的阶次，f 是拟合的双边点数，它们分别是式(7.5.12)中的阶次 $p$ 及点数 $(2M+1)$。要求 k<f，且 f 为奇数。例如，运行 b=sgolay(2, 5)，得

$$
b=\begin{bmatrix} 0.8857 & 0.2571 & -0.0857 & -0.1429 & 0.0857 \\ 0.2571 & 0.3714 & 0.3429 & 0.1714 & -0.1429 \\ -0.0857 & 0.3429 & 0.4857 & 0.3429 & -0.0857 \\ -0.1429 & 0.1714 & 0.3429 & 0.3714 & 0.2571 \\ 0.0857 & -0.1429 & -0.0857 & 0.2571 & 0.8857 \end{bmatrix}
$$

显然，b 是一个对称矩阵，它含有 5 个平滑滤波器。矩阵 b 中间的一行正是式(7.5.18)的 5 点二次多项式平滑滤波器，它是对中心点的最佳拟合，而第 1、第 2 行及第 4、第 5 行所给出的滤波器分别是对中心点两边各两个点的最佳拟合。我们在 7.5.2 节已指出，移动 b 的中间一行给出的滤波器模板即可实现对数据的平滑滤波，而其他 4 行只是在数据的前、后端才有用，因此用处不大。

若运行 b=sgolay(3, 7)，则 b 的中间一行正是式(7.5.20)所示的 7 点三次多项式平滑滤波器。

**14. firls.m**

用最小平方法设计线性相位 FIR 滤波器，可设计任意给定的理想幅频响应。

**15. fircls.m**

用带约束的最小平方法设计线性相位 FIR 滤波器，可设计任意给定的理想幅频响应。

**16. fircls1.m**

用带约束的最小平方法设计线性相位 FIR 低通和高通滤波器。

以上 3 个 m 文件所设计出的滤波器的性能并没有明显超出切比雪夫最佳一致逼近法(即 remez.m 文件)，此处不再讨论。

**17. firrcos.m**

用来设计低通线性相位 FIR 滤波器，其过渡带为余弦函数形状。

# 小　结

本章集中讨论了具有线性相位 FIR 数字滤波器的设计方法，它们是窗函数法及切比雪夫最佳一致逼近法，并比较了它们的性能。另外，本章还介绍了一些具有特殊形式和特殊用途的滤波器，包括平均滤波器、平滑滤波器及梳状滤波器等。

# 习题与上机练习

*7.1　给定一理想低通 FIR 滤波器的频率特性

$$H_d(e^{j\omega})=\begin{cases}1, & |\omega|\leqslant\pi/4\\0, & \pi/4<|\omega|<\pi\end{cases}$$

现希望用窗函数（矩形窗和哈明窗）法设计该滤波器，要求具有线性相位。假定滤波器系数的长度为 29 点，即 $M/2=14$。

试计算并绘出滤波器的系数、幅频响应及相频响应。

*7.2　给定一理想带阻滤波器的频率特性

$$H_d(e^{j\omega})=\begin{cases}1, & |\omega|\leqslant\pi/6\\0, & \pi/6<|\omega|<\pi/3\\1, & \pi/3\leqslant|\omega|\leqslant\pi\end{cases}$$

重复习题 7.1 的各项要求。

*7.3　一滤波器的理想频率响应如图题 7.3 所示。

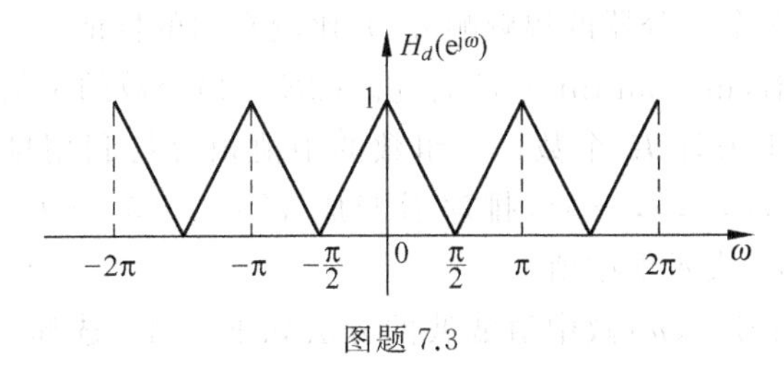


图题 7.3

试用窗函数法设计该滤波器，要求具有线性相位，滤波器长度为 33，用汉宁窗。

*7.4　试用切比雪夫等纹波逼近法设计一多通带线性相位 FIR 滤波器。对归一化频

率，0.1 ～ 0.15 及 0.3 ～ 0.36 为通带，其余为阻带，阻带边缘频率分别为 0.05，0.18，0.25，0.41。

首先画出该理想滤波器幅频响应的图形 $|H_d(e^{j\omega})|$。再令滤波器长度为 55，请读者分别给定通带和阻带的加权值(3 组 wtx 值)，研究不同加权值对滤波器性能的影响，要求输出滤波器抽样响应、幅频及相频响应。

*7.5 Papoulis 窗函数定义为

$$w(n)=\frac{1}{\pi}\left|\sin\left(\frac{2\pi n}{N}\right)\right|-\left(1-\frac{2\mid n-N/2\mid}{N}\right)\cos\left(\frac{2\pi n}{N}\right),\quad n=0,1,\cdots,N-1$$

该窗函数一个突出的优点是其频谱恒为正值。令 $N=128$，试画出 $w(n)$ 及其归一化幅度谱，并给出 $A$、$B$ 及 $D$ 值。

7.6 对式(7.6.1)的梳状滤波器，设 $N=20$，若想使 $\omega=0$ 及 $\omega=\pi$ 处的幅频响应接近等于 1，试确定该梳状滤波器的转移函数，并画出其极零图及幅频响应曲线。

7.7 现希望用多项式拟合的方法设计一简单整系数低通滤波器。希望 $M=4$，$p=3$，即 9 点三次拟合。试推导该滤波器的滤波因子(即抽样响应 $h(n)$)，并计算和描绘出其幅频特性。

7.8 再用习题 7.7 的方法设计一差分滤波器，仍令 $M=4$，$p=3$，试推导该差分器的单位抽样响应 $h(n)$，并计算和描绘出该差分器的幅频响应。

7.9 文献[Ham88]称如下的差分器

$$h_{\mathrm{L}}(n)=\frac{-3n}{M(M+1)(2M+1)},\quad n=-M\sim M$$

为"低噪声 Lanczos 差分器"。若 $M=2$，则 $h_{\mathrm{L}}(n)=\{0.2,0.1,0,-0.1,-0.2\}$。该文献还给出了两个改进型的 Lanczos 差分器，即

$$h_{\mathrm{L1}}(n)=\{-1/6,8/6,0,-8/6,1/6\}$$

$$h_{\mathrm{L2}}(n)=\{-22/126,67/126,58/126,0,-58/126,-67/126,22/126\}$$

(1) 试写出这 3 个差分器的差分方程(对 $h_{\mathrm{L}}(n)$，令 $M=2$)；

(2) 求并画出这 3 个差分器的幅频响应，并比较它们的性能。

7.10 中值滤波器(median filter)的研究。$(2K+1)$个数的中值是这样一个数：它大于其他 $K$ 个数，但小于另外 $K$ 个数。一组数的中值很容易利用排序的方法来确定，例如，若 $x=\{10,7,-3,0,5,1,-5\}$，排序后变成 $x'=\{-5,-3,0,1,5,7,10\}$，显然，$\mathrm{med}[x]=1$。其中 med 表示取中值。

对长度为 $N$ 的信号 $x(n)$ 做中值滤波的方法如下：(1) 选择一个奇数 $M$，$M\ll N$；(2) 在 $x(n)$的前面补$(M-1)/2$ 个零，在 $x(n)$的后面也补$(M-1)/2$ 个零；(3)对补零后的 $x(n)$，从第一个数开始，先求其 $M$ 个数的中值，然后移动这个长度为 $M$ 的矩形窗，每次移动一个抽样点，依次求窗口内的中值，最后得到 $y(n)$，$y(n)$奇数对 $x(n)$中值滤波的

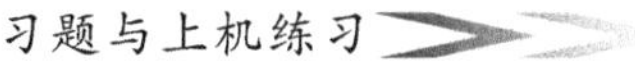

结果，其长度和 $x(n)$ 一样。MATLAB 中的 m 文件 medfilt1 用来实现对一维信号的中值滤波，medfilt2 用来实现对图像的中值滤波。

研究发现，中值滤波对去除信号中的脉冲干扰及图像中的椒盐(salt and pepper)噪声有着非常明显的效果，因此在信号和图像处理中获得了广泛的应用。

产生一个信号，在其不同位置叠加上不同幅度的脉冲，然后分别做 $M$ 点中值滤波及 $M$ 点的移动平均滤波，比较它们的滤波效果，并比较 $M$ 取值对滤波效果的影响。

7.11 一个 4×4 的图像的 16 个像素值都是 100，被噪声污染后变成

$$\begin{bmatrix} 100 & 210 & 100 & 100 \\ 100 & 100 & 220 & 100 \\ 190 & 100 & 100 & 0 \\ 100 & 100 & 180 & 100 \end{bmatrix}$$

当用 3×3 的窗口对其做中值滤波时，如同一维信号一样，需要对其进行边缘补零扩展，如下式所示。

$$\begin{matrix} 0 & 0 & 0 & 0 & 0 & 0 \\ 0 & \boxed{100} & 210 & 100 & 100 & 0 \\ 0 & 100 & 100 & 220 & 100 & 0 \\ 0 & 190 & 100 & 100 & 0 & 0 \\ 0 & 100 & 100 & 180 & 100 & 0 \\ 0 & 0 & 0 & 0 & 0 & 0 \end{matrix}$$

对左上角的像素值 100，以其为中心的 3×3 窗口下的 9 个像素是

$$\begin{matrix} 0 & 0 & 0 \\ 0 & \boxed{100} & 210 \\ 0 & 100 & 100 \end{matrix}$$

显然，med[0,0,0,0,0,100,100,100,210]=0。依次右移和下移该窗口，即可实现该图像的中值滤波。

(1) 请读者自己完成该图像的中值滤波；

(2) 对本书所附含有椒盐噪声的图像 NoisyLena.bmp，试利用 MATLAB 文件 medfilt2 对其实现中值滤波并观察滤波效果。

# 第8章 信号处理中常用的正交变换

由于傅里叶变换有着明确的物理意义，其变换域反映了信号包含的频率内容，因此傅里叶变换是信号处理中最基本也是最常用的变换。那么，除了傅里叶变换外，在信号处理中是否还有其他更有意义的变换呢？实际上，人们在不同的学科领域提出的各种各样的变换不下几十种，它们有着各自的理论与应用背景，其中很多变换在信号处理中取得了重要的应用，例如在第3章介绍的希尔伯特变换。本章集中讨论最重要的一类变换——正交变换，介绍其定义、性质以及几个重要的正交变换，然后讨论它们在图像压缩中的应用。

## 8.1 希尔伯特空间中的正交变换

### 8.1.1 信号的正交分解

将一个实际的物理信号分解为有限或无限小的信号"细胞"是信号分析和处理中常用的方法。这样有助于我们了解信号的性质，了解它含有哪些有用的信息，并知道如何提取这些信息。同时，对信号的分解过程也就是对信号的"改造"和"加工"过程，有助于去除噪声及信号中的冗余(如相关性)，这对于信号的压缩、编码都是十分有用的。

在第1章已指出，一个线性空间引入了范数，则该空间称为赋范线性空间。在此基础上若定义了内积运算，则该空间称为内积空间，完备的内积空间又称为希尔伯特空间。设 $X$ 为一希尔伯特空间，其维数为 $N$，并设 $x$ 是 $X$ 中的一个元素，即 $x\in X$。$x$ 可以是连续信号，也可以是离散信号，$N$ 可以是有限值，也可以是无穷值。设 $\varphi_1,\varphi_2,\cdots,\varphi_N$ 是 $X$ 中的一组向量，它们可能是线性相关的，也可能是线性独立的。如果它们线性独立，则称之为空间 $X$ 中的一组"基"。$\varphi_1,\varphi_2,\cdots,\varphi_N$ 各自可能是离散的，也可能是连续的，这视 $x$ 而定。这样，可将 $x$ 按这样一组向量作分解，即

$$x=\sum_{n=1}^{N}\alpha_n\varphi_n \tag{8.1.1}$$

式中，$\alpha_1,\alpha_2,\cdots,\alpha_N$ 是分解系数，它们是一组离散值。因此，式(8.1.1)又称为信号的离散

表示(discrete representation)。

如果 $\varphi_1,\varphi_2,\cdots,\varphi_N$ 是一组两两互相正交的向量,则式(8.1.1)称为 $x$ 的正交展开,或正交分解。分解系数 $\alpha_1,\alpha_2,\cdots,\alpha_N$ 是 $x$ 在各个基向量上的投影,若 $N=3$,其含义如图 8.1.1 所示。

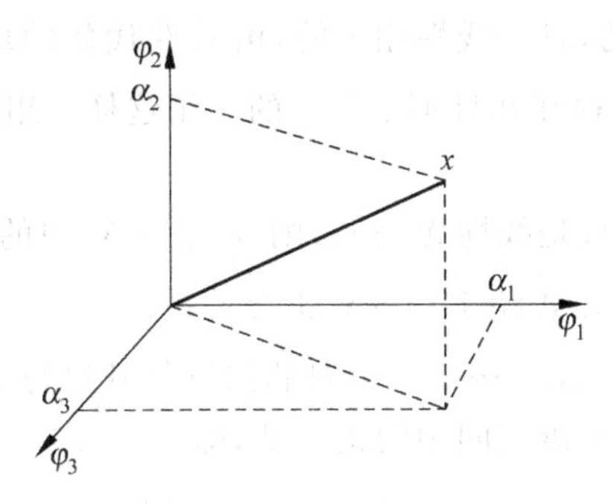


图 8.1.1 信号的正交分解

为求分解系数,我们设想在空间 $X$ 中另有一组向量:$\hat{\varphi}_1,\hat{\varphi}_2,\cdots,\hat{\varphi}_N$,这一组向量和 $\varphi_1,\varphi_2,\cdots,\varphi_N$ 满足如下关系:

$$\langle \varphi_i,\hat{\varphi}_j\rangle=\begin{cases}1, & i=j\\ 0, & i\neq j\end{cases} \tag{8.1.2}$$

这样,用$\hat{\varphi}_j$ 和式(8.1.1)两边做内积,有

$$\langle x,\hat{\varphi}_j\rangle=\left\langle \sum_{n=1}^{N}\alpha_n\varphi_n,\hat{\varphi}_j\right\rangle=\sum_{n=1}^{N}\alpha_n\langle \varphi_n,\hat{\varphi}_j\rangle=\alpha_j \tag{8.1.3}$$

即

$$\alpha_j=\langle x(t),\hat{\varphi}_j(t)\rangle=\int x(t)\,\hat{\varphi}_j^*(t)\mathrm{d}t \tag{8.1.4a}$$

或

$$\alpha_j=\langle x(n),\hat{\varphi}_j(n)\rangle=\sum_n x(n)\,\hat{\varphi}_j^*(n) \tag{8.1.4b}$$

式(8.1.4a)对应连续时间信号,式(8.1.4b)对应离散时间信号。

式(8.1.4)称为信号的变换,变换的结果即求出一组系数 $\alpha_1,\alpha_2,\cdots,\alpha_N$;与此相对应,式(8.1.1)称为信号的综合或反变换。$\hat{\varphi}_1,\hat{\varphi}_2,\cdots,\hat{\varphi}_N$ 称为 $\varphi_1,\varphi_2,\cdots,\varphi_N$ 的对偶基或倒数(reciprocal)基。式(8.1.2)关系称为双正交(biorthogonality)关系或双正交条件。在此需特别指出的是,双正交关系指的是两组基之间各对应向量之间具有正交性,但每一组基的各向量之间并不一定具有正交关系。

记$\{\varphi_n\}=\{\varphi_1,\varphi_2,\cdots,\varphi_N\}$,$n\in Z$ 为一组向量,它们可有不同的性质,如可能是完备的,可能是线性相关或线性无关的,也可能是正交的。用这一组向量按式(8.1.1)来表示

信号 $x$ 时，自然会有着不同的表示性能。下面是用 $\{\varphi_n\}$ 表示 $x$ 时可能出现的几种情况，其中也给出了信号处理中的一些重要概念。

(1) 如果空间 $X$ 中的任一元素 $x$ 都可由一组向量 $\{\varphi_n\}$ 作式(8.1.1)的分解，那么称 $\{\varphi_n\}$ 是完备(complete)的。

(2) 如果 $\{\varphi_n\}$ 是完备的，且是线性相关的，由线性代数的理论可知，$\{\varphi_n\}$ 不可能构成一组基，它的对偶向量 $\{\hat{\varphi}_n\}$ 存在并且不是唯一的。用这样一组向量按式(8.1.1)表示 $x$ 必然会存在信息的冗余。

(3) 若 $\{\varphi_n\}$ 是完备的，且是线性无关的，则 $\{\varphi_n\}$ 是 $X$ 中的一组基向量，这时，其对偶向量 $\{\hat{\varphi}_n\}$ 存在且唯一，即存在式(8.1.2)的双正交关系。

(4) 如果一组基向量 $\varphi_1,\varphi_2,\cdots,\varphi_N$ 的对偶向量是其自身，即 $\varphi_1=\hat{\varphi}_1,\cdots,\varphi_N=\hat{\varphi}_N$，那么这一组基向量就构成了 $N$ 维空间中的正交基，即

$$\langle \varphi_i,\varphi_j\rangle=\delta(i-j) \tag{8.1.5}$$

本书仅讨论正交基的情况，有关双正交的概念可参看文献[Dau92]。下面再从线性代数的角度来简单地讨论正交变换的含义。

设 $X$，$Y$ 为两个 Hilbert 空间，$\boldsymbol{x}$，$\boldsymbol{y}$ 分别是其中的向量(信号)，设算子 $\boldsymbol{A}$，将 $X$ 中的向量变换到 $Y$，即

$$\boldsymbol{y}=\boldsymbol{A}\,\boldsymbol{x} \tag{8.1.6}$$

则称 $\boldsymbol{A}$ 定义了一个变换。若 $\boldsymbol{A}$ 是线性算子，那么该式是线性变换，如果 $\boldsymbol{A}$ 将 $\boldsymbol{x}$ 变换为 $\boldsymbol{y}$ 后，其 $\|\cdot\|_2$ 范数保持不变，即

$$\langle \boldsymbol{A}\,\boldsymbol{x},\,\boldsymbol{A}\,\boldsymbol{x}\rangle=\langle \boldsymbol{x},\,\boldsymbol{x}\rangle=\langle \boldsymbol{y},\,\boldsymbol{y}\rangle \tag{8.1.7}$$

则称算子 $\boldsymbol{A}$ 是正交变换。正交变换实际上是保证了信号在变换前后的能量不变。在第3章所讨论的4种傅里叶变换(FT、FS、DTFT、DFT)都是线性变换，也都是正交变换，它们有着各自的 Parseval 公式。

如果 $\boldsymbol{x}$ 和 $\boldsymbol{y}$ 都是 $N\times1$ 的向量，那么式(8.1.6)中的算子 $\boldsymbol{A}$ 实际上是一个 $N\times N$ 的变换矩阵。对于正交变换，它是一个正交矩阵。例如，DFT 的变换矩阵 $\boldsymbol{W}$ 即正交矩阵，其元素 $W_{n,k}=\exp\left(-\mathrm{j}\,\dfrac{2\pi}{N}nk\right)$，而 $n$，$k=0$，$1$，$\cdots$，$N-1$。由线性代数的理论可知，一个 $N\times N$ 矩阵 $\boldsymbol{A}$ 若是正交矩阵，则必有

$$\boldsymbol{A}\boldsymbol{A}^{\mathrm{T}}=\boldsymbol{I}$$

即

$$\boldsymbol{A}^{-1}=\boldsymbol{A}^{\mathrm{T}} \tag{8.1.8}$$

并且，给定一个实对称矩阵 $\boldsymbol{C}$，则必有正交矩阵 $\boldsymbol{A}$ 存在，使得

$$\boldsymbol{ACA}^{-1}=\boldsymbol{ACA}^{\mathrm{T}}=\begin{bmatrix}\lambda_0 & & & \\ & \lambda_1 & & \\ & & \ddots & \\ & & & \lambda_{N-1}\end{bmatrix} \tag{8.1.9}$$

成立,式中,$\lambda_0, \lambda_1, \cdots, \lambda_{N-1}$是矩阵 $\boldsymbol{C}$ 的特征值。这样,使用正交变换可以把一个实对称矩阵化成对角阵。$\boldsymbol{A}$ 的列向量是相对特征值$\lambda_i$ 的特征向量,记 $\boldsymbol{A}$ 的列向量为$\boldsymbol{A}_i$, $i=0, 1, \cdots, N-1$,那么

$$\boldsymbol{CA}_i=\lambda_i\boldsymbol{A}_i, \quad i=0,1,\cdots,N-1 \tag{8.1.10}$$

并且

$$\langle \boldsymbol{A}_i, \boldsymbol{A}_j\rangle=\boldsymbol{A}_i^{\mathrm{T}}\boldsymbol{A}_j=\begin{cases}1, & i=j\\ 0, & i\neq j\end{cases} \tag{8.1.11}$$

即 $\boldsymbol{A}$ 的列向量是归一正交的。

## 8.1.2 正交变换的性质

信号的正交分解或正交变换是信号处理中最常用的一类变换,它有一系列重要性质。

**性质 1** 正交变换的基向量$\{\varphi_n\}$即是其对偶基向量$\{\hat{\varphi}_n\}$。

这类变换有着非常明显的优点:

(1) 若正变换存在,那么反变换一定存在,且变换是唯一的。

(2) 正交变换在计算上最为简单。如果 $x$ 是离散信号,且 $N$ 是有限值,那么式(8.1.1)的分解与式(8.1.4)的变换只是简单的矩阵与向量运算,此运算可用式(8.1.6)实现。

(3) 由式(8.1.6)可知,反变换 $\boldsymbol{x}=\boldsymbol{A}^{-1}y=\boldsymbol{A}^{\mathrm{T}}y$,不需要矩阵求逆。用硬件来实现时,不需要增加新的器件,且编程也非常容易。

**性质 2** 展开系数 $\alpha_n$ 是信号 $x$ 在基向量$\{\varphi_n\}$上的准确投影。

由式(8.1.4)可知,双正交的情况下,展开系数 $\alpha_n$ 反映的是信号 $x$ 和对偶函数$\{\hat{\varphi}_n\}$之间的相似性,所以 $\alpha_n$ 是 $x$ 在$\{\hat{\varphi}_n\}$上的投影,也就是说,$\alpha_n$ 并不是 $x$ 在$\{\varphi_n\}$上的投影。如果$\{\hat{\varphi}_n\}$和$\{\varphi_n\}$有明显的不同,那么 $\alpha_n$ 将不能反映 $x$ 相对基函数$\{\varphi_n\}$的行为。在正交情况下,$\{\hat{\varphi}_n\}=\{\varphi_n\}$,$\alpha_n$ 自然就是 $x$ 在$\{\varphi_n\}$上的投影,当然,也就是准确投影。

**性质 3** 正交变换保证变换前后信号的能量不变。

此性质又称为“保范(数)变换”,现说明如下。由于

$$\begin{aligned}\|x\|^2&=\sum_n x(n)x^*(n)=\langle x, x\rangle\\ &=\left\langle \sum_n \alpha_n\varphi_n, \sum_k \alpha_k\varphi_k\right\rangle=\sum_n\sum_k \alpha_n\alpha_k\langle\varphi_n, \varphi_k\rangle\end{aligned}$$

$$=\sum_{n}\sum_{k}\alpha_n\alpha_k^*\delta(n-k)=\sum_{n}|\alpha_n|^2=\|\alpha\|^2 \tag{8.1.12}$$

即信号的范数等于分解系数的范数，所以正交变换又称保范变换。式(8.1.12)即 Parseval 定理，也就是说，只有正交变换才满足 Parseval 定理。

**性质 4** 信号正交分解具有最小平方近似性质。

现对该性质解释如下。

设 $X$ 是 $\varphi_1,\varphi_2,\cdots,\varphi_N$ 张成的空间，$x\in X$，$\varphi_1,\varphi_2,\cdots,\varphi_N$ 满足正交关系，按式(8.1.1)对 $x$ 分解，即

$$x=\sum_{n=1}^{N}\alpha_n\varphi_n=\langle\alpha_n,\varphi_n\rangle \tag{8.1.13}$$

假定仅取前 $L$ 个向量，即 $\varphi_1,\varphi_2,\cdots,\varphi_L$ 来重构 $x$，则有

$$\hat{x}=\sum_{n=1}^{L}\beta_n\varphi_n \tag{8.1.14}$$

为衡量 $\hat{x}$ 对 $x$ 近似的程度，我们用

$$d^2(x,\hat{x})=\|x-\hat{x}\|^2=\langle x-\hat{x},x-\hat{x}\rangle \tag{8.1.15}$$

来描述。若使 $d^2(x,\hat{x})$ 为最小，必有

$$\beta_n=\alpha_n,\quad n=1,\cdots,L \tag{8.1.16}$$

及

$$d^2(x,\hat{x})=\sum_{n=L+1}^{N}\alpha_n^2 \tag{8.1.17}$$

此即信号正交分解的最小平方近似性质，见 7.1 节(式(7.1.25)～式(7.1.28))。

**性质 5** 将原始信号 $x$ 经正交变换后得到一组离散系数 $\alpha_1,\alpha_2,\cdots,\alpha_N$，这一组系数具有减少 $x$ 中各分量的相关性及将 $x$ 的能量集中于少数系数上的功能。相关性去除的程度及能量集中的程度取决于所选择的基函数 $\{\varphi_n\}$ 的性质。

这一性质是信号与图像压缩编码的理论基础。这一点将在 8.3 节继续讨论。

### 8.1.3 正交变换的种类

正交变换总的可分为两大类，即非正弦类正交变换与正弦类正交变换。前者包括 Walsh-Hadamard 变换(WHT)、Haar 变换(HRT)及斜变换(SLT)等，后者包括离散傅里叶变换(DFT)、离散余弦变换(DCT)、离散正弦变换(DST)、离散 Hartley 变换(DHT)及离散 W 变换(DWT)等。以 WHT 为代表的非正弦类变换，由于其运算时不需要乘法，因此在 20 世纪 60 年代及 70 年代曾受到推崇并被用于图像编码与数据压缩。由于具有硬件乘法器的高速 DSP 芯片的问世及具有优良性能的 DCT、DST 及 DWT 等新变换的提出，正弦类正交变换无论是其理论价值还是应用价值都优于非正弦类变换，从而在正交变

换中占据了主导地位。

除了正弦类和非正弦类正交变换以外，还有一种特殊的正交变换，即 K-L 变换。该变换去除信号中的相关性最彻底，且有着最佳的统计特性，因而被称为最佳变换。遗憾的是 K-L 变换的基函数依赖于所要变换的数据，因而缺少实现 K-L 变换的快速算法（见 8.2 节）。

上述 5 种正弦类变换中，DFT 在第 3 章中已详细讨论，它广泛应用于信号的频谱分析以及相关和卷积的快速计算，但这些计算都是在复数域中进行的。DHT 和 DWT 可以在实数域实现信号的频谱分析并具有 DFT 的其他功能。实际上 DHT 是 DWT 的一个特例。DCT 和 DST 也是实变换，它们广泛应用于图像的编码及数据压缩。由 8.3 节的讨论可知，它们在一定条件下近似 K-L 变换的功能。DWT、DCT 及 DST 有着不同的表示形式，它们之间有着密切的联系。这些变换都有高效的快速算法。

限于篇幅，本章只对 K-L 变换、离散余弦变换和离散正弦变换给以简要的介绍，并在本章的习题中对 DHT 和 DWT 予以简单的说明。

## 8.2 K-L 变换

K-L 变换是 Karhunen-Loève 变换的简称，这是一种特殊的正交变换，主要用于一维和二维信号的数据压缩[Ahm75]。

对给定的信号 $x(n)$，若它是正弦信号，那么不管它有多长，我们仅需 3 个参数，即幅度、频率和相位，便可完全确定它。当我们需要对 $x(n)$ 进行传输或存储时，仅需传输或存储这 3 个参数。在接收端，由于这 3 个参数可完全无误差地恢复出原信号，因此达到了数据最大限度的压缩。对大量的非正弦信号，如果它的各个分量之间完全不相关，那么表示该数据中没有冗余，需要全部传输或存储；若 $x(n)$ 中有相关成分，通过去除其相关性则可达到数据压缩的目的。

一个宽平稳的实随机向量 $\boldsymbol{x}=[x(0),x(1),\cdots,x(N-1)]^{\mathrm{T}}$，其协方差矩阵 $\boldsymbol{C}_x$ 定义为

$$\boldsymbol{C}_x=E\{(\boldsymbol{x}-\boldsymbol{\mu}_x)(\boldsymbol{x}-\boldsymbol{\mu}_x)^{\mathrm{T}}\}=\begin{bmatrix} c_{00} & c_{01} & \cdots & c_{0\,N-1} \\ c_{10} & c_{11} & \cdots & c_{1\,N-1} \\ \vdots & \vdots & \ddots & \vdots \\ c_{N-1\,0} & c_{N-1\,1} & \cdots & c_{N-1\,N-1} \end{bmatrix} \tag{8.2.1}$$

式中，$E\{\cdot\}$ 代表求均值运算，$\boldsymbol{\mu}_x=E\{\boldsymbol{x}\}$ 是信号 $\boldsymbol{x}$ 的均值向量，$\boldsymbol{C}_x$ 的元素

$$C_x(i,j)=E\{(x(i)-\mu_x)(x(j)-\mu_x)\}=C_x(j,i)$$

即协方差阵是实对称的。显然，矩阵 $\boldsymbol{C}_x$ 体现了信号向量 $\boldsymbol{x}$ 各分量之间的相关性。若 $\boldsymbol{x}$ 的各分量互不相关，那么 $\boldsymbol{C}_x$ 中除对角线以外的元素皆为零。有关平稳随机信号及其协方差的定义将在第12章讨论。K-L变换的思路是寻求正交矩阵 $\boldsymbol{A}$，使得 $\boldsymbol{A}$ 对 $\boldsymbol{x}$ 的变换 $\boldsymbol{y}$ 的协方差阵 $\boldsymbol{C}_y$ 为对角矩阵，其步骤如下。

先由 $\lambda$ 的 $N$ 阶多项式

$$|\lambda \boldsymbol{I}-\boldsymbol{C}_x|=0$$

求矩阵 $\boldsymbol{C}_x$ 的特征值 $\lambda_0, \lambda_1, \cdots, \lambda_{N-1}$，再由式(8.1.10)求矩阵 $\boldsymbol{C}_x$ 的 $N$ 个特征向量 $\boldsymbol{A}_0, \boldsymbol{A}_1, \cdots, \boldsymbol{A}_{N-1}$，然后将 $\boldsymbol{A}_0, \boldsymbol{A}_1, \cdots, \boldsymbol{A}_{N-1}$ 归一化，即令 $\langle \boldsymbol{A}_i, \boldsymbol{A}_i \rangle=1,\ i=0,1,\cdots,N-1$。由归一化的向量 $\boldsymbol{A}_0, \boldsymbol{A}_1, \cdots, \boldsymbol{A}_{N-1}$ 就可构成归一化正交矩阵 $\boldsymbol{A}$，即

$$\boldsymbol{A}=[\boldsymbol{A}_0, \boldsymbol{A}_1, \cdots, \boldsymbol{A}_{N-1}]^{\mathrm{T}}$$

最后由 $\boldsymbol{y}=\boldsymbol{A}\boldsymbol{x}$ 实现对信号 $\boldsymbol{x}$ 的K-L变换。

现在证明，$\boldsymbol{y}$ 的协方差矩阵 $\boldsymbol{C}_y$ 为对角阵，即

$$\boldsymbol{C}_y=\boldsymbol{A}\boldsymbol{C}_x\boldsymbol{A}^{\mathrm{T}}=\begin{bmatrix}\lambda_0 & & & \\ & \lambda_1 & & \\ & & \ddots & \\ & & & \lambda_{N-1}\end{bmatrix} \tag{8.2.2}$$

**证明** 由协方差矩阵的定义得

$$\begin{aligned}\boldsymbol{C}_y &= E\{[\boldsymbol{y}-\boldsymbol{\mu}_y][\boldsymbol{y}-\boldsymbol{\mu}_y]^{\mathrm{T}}\}\\ &= E\{[\boldsymbol{A}\boldsymbol{x}-\boldsymbol{A}\boldsymbol{\mu}_x][\boldsymbol{A}\boldsymbol{x}-\boldsymbol{A}\boldsymbol{\mu}_x]^{\mathrm{T}}\}\\ &= \boldsymbol{A}E\{[\boldsymbol{x}-\boldsymbol{\mu}_x][\boldsymbol{x}-\boldsymbol{\mu}_x]^{\mathrm{T}}\}\boldsymbol{A}^{\mathrm{T}}=\boldsymbol{A}\boldsymbol{C}_x\boldsymbol{A}^{\mathrm{T}}\end{aligned}$$

因为正交阵 $\boldsymbol{A}$ 的行向量是 $\boldsymbol{C}_x$ 的特征向量，由式(8.1.8)及式(8.1.9)，有

$$\boldsymbol{C}_y=\boldsymbol{A}\boldsymbol{C}_x\boldsymbol{A}^{\mathrm{T}}=\begin{bmatrix}\lambda_0 & & & \\ & \lambda_1 & & \\ & & \ddots & \\ & & & \lambda_{N-1}\end{bmatrix}$$

显然，$\boldsymbol{C}_y$ 为对角阵。

设 $\boldsymbol{x}, \boldsymbol{y}$ 都是 $N$ 维向量，也即 $N$ 点序列，矩阵 $\boldsymbol{A}$ 是 $N\times N$ 的正交阵，将 $\boldsymbol{A}$ 写成 $\boldsymbol{A}=[\boldsymbol{A}_0, \boldsymbol{A}_1, \cdots, \boldsymbol{A}_{N-1}]^{\mathrm{T}}$，由正交矩阵的性质，有

$$\begin{aligned}\boldsymbol{x} &= \boldsymbol{A}^{\mathrm{T}}\boldsymbol{y}=[\boldsymbol{A}_0, \boldsymbol{A}_1, \cdots, \boldsymbol{A}_{N-1}]\boldsymbol{y}\\ &= y(0)\boldsymbol{A}_0+y(1)\boldsymbol{A}_1+\cdots+y(N-1)\boldsymbol{A}_{N-1}=\sum_{i=0}^{N-1}y(i)\boldsymbol{A}_i\end{aligned} \tag{8.2.3}$$

这样，K-L变换又可看成是对信号向量 $\boldsymbol{x}$ 作K-L展开，其基向量是 $\boldsymbol{A}_0, \boldsymbol{A}_1, \cdots, \boldsymbol{A}_{N-1}$，如果希望对 $x(n)$ 做数据压缩，那么可对 $\boldsymbol{x}$ 的变换 $\boldsymbol{y}$ 做压缩，即舍去 $y(n)$ 中一部分分量。不失一般性，假定舍去 $y(m+1), y(m+2), \cdots, y(N-1)$，这样，由 $y(0), y(1), \cdots,$

$y(m)$恢复 $x(n)$时，将只能是对 $x(n)$的近似，记为$\hat{\boldsymbol{x}}$，由式(8.2.3)，有

$$\hat{\boldsymbol{x}} = y(0)\boldsymbol{A}_0 + y(1)\boldsymbol{A}_1 + \cdots + y(m)\boldsymbol{A}_m = \sum_{i=0}^{m} y(i)\boldsymbol{A}_i \tag{8.2.4}$$

$\hat{\boldsymbol{x}}$ 对 $\boldsymbol{x}$ 近似的均方误差

$$\varepsilon = E\{[\boldsymbol{x} - \hat{\boldsymbol{x}}]^2\} \tag{8.2.5}$$

这样可对 K-L 变换重新解释为：给定一个随机信号向量 $\boldsymbol{x} = [x(0), x(1), \cdots, x(N-1)]^{\mathrm{T}}$，寻求一组基向量 $\boldsymbol{A}_0, \boldsymbol{A}_1, \cdots, \boldsymbol{A}_{N-1}$，使得按式(8.2.4) 对 $\boldsymbol{x}$ 截短以后的均方误差为最小。

现在按上述原则寻求使$\varepsilon$ 最小的基向量$\boldsymbol{A}_i$ 及达到最小的$\varepsilon$ 的表达式。由式(8.2.4) 及式(8.2.5)，有

$$\varepsilon = E\left\{\left[\sum_{i=m+1}^{N-1} y(i)\boldsymbol{A}_i\right]^2\right\} = E\left\{\left\langle \sum_{i=m+1}^{N-1} y(i)\boldsymbol{A}_i, \sum_{i=m+1}^{N-1} y(i)\boldsymbol{A}_i \right\rangle\right\}$$

假定 $\boldsymbol{A}_i, \boldsymbol{A}_j (i, j = 0, 1, \cdots, N-1)$ 是正交的，即$\langle \boldsymbol{A}_i, \boldsymbol{A}_j \rangle = \delta_{ij}$，那么

$$\begin{aligned}\varepsilon &= E\left\{\sum_{i=m+1}^{N-1} y^2(i)\right\} = E\left\{\sum_{i=m+1}^{N-1} [\langle \boldsymbol{x}, \boldsymbol{A}_i \rangle]^2\right\} \\ &= E\left\{\sum_{i=m+1}^{N-1} \boldsymbol{A}_i^{\mathrm{T}}\boldsymbol{x}\, \boldsymbol{x}^{\mathrm{T}}\boldsymbol{A}_i\right\} = \sum_{i=m+1}^{N-1} \boldsymbol{A}_i^{\mathrm{T}} E\{\boldsymbol{x}\boldsymbol{x}^{\mathrm{T}}\}\boldsymbol{A}_i\end{aligned}$$

由式(8.2.1)可知，假定 $\boldsymbol{x}$ 已除去均值，那么 $E\{\boldsymbol{x}\boldsymbol{x}^{\mathrm{T}}\} = \boldsymbol{C}_x$，则

$$\varepsilon = \sum_{i=m+1}^{N-1} \boldsymbol{A}_i^{\mathrm{T}} \boldsymbol{C}_x \boldsymbol{A}_i \tag{8.2.6}$$

在 $\boldsymbol{A}_i$，$\boldsymbol{A}_j$ 归一化正交的制约下，使用 Lagrange 条件极值法，有

$$\frac{\partial}{\partial \boldsymbol{A}_i}[\varepsilon - \lambda_i \langle \boldsymbol{A}_i, \boldsymbol{A}_i \rangle] = 0$$

由此式得

$$(\boldsymbol{C}_x - \lambda_i \boldsymbol{I})\boldsymbol{A}_i = 0, \quad i = 0, 1, \cdots, N-1 \tag{8.2.7}$$

式中，$\lambda_i$ 为 Lagrange 算子，$\boldsymbol{I}$ 是 $N \times N$ 单位阵，这样

$$\boldsymbol{C}_x \boldsymbol{A}_i = \lambda_i \boldsymbol{A}_i, \quad i = 0, 1, \cdots, N-1 \tag{8.2.8}$$

此结果说明，为使截短后的均方误差为最小，基向量应选协方差阵 $\boldsymbol{C}_x$ 的特征向量，$\lambda_i$ 自然是该特征向量对应的特征值。比较式(8.2.6)和式(8.2.8)，立即可得最小均方误差为

$$\varepsilon_{\min} = \sum_{i=m+1}^{N-1} \lambda_i \tag{8.2.9}$$

总结以上过程，可以看到 K-L 变换有如下优点：

① 完全去除了原信号 $\boldsymbol{x}$ 中的相关性。

② 进行数据压缩时，将 $y(n)$截短所得的均方误差最小，该最小均方误差等于所舍去

的特征值之和。

③ 若将 $N$ 个特征值按大小顺序排列，即 $\lambda_0 \geqslant \lambda_1 \geqslant \cdots \geqslant \lambda_{N-1}$，那么将 $\lambda_{m+1}, \cdots, \lambda_{N-1}$ 舍去后，将使余下的 $\lambda_0, \lambda_1, \cdots, \lambda_m$ 保留了最大的能量。也就是说，信号 $\boldsymbol{x}$ 经 K-L 变换 $\boldsymbol{y}=\boldsymbol{A}\boldsymbol{x}$，并且将 $\boldsymbol{y}$ 舍去一段后，保留了原信号的最大能量。

由于以上原因，K-L 变换被称为最佳变换。但遗憾的是基向量和方差阵 $\boldsymbol{C}_x$ 有关，而特征值和特征向量的计算又比较困难，因此目前还没有快速的 K-L 变换算法。8.3 节介绍的离散余弦变换具有与 K-L 变换近似的良好性质，且又有快速算法，因而已广为应用。

# 8.3 离散余弦变换(DCT)与离散正弦变换(DST)

## 8.3.1 DCT 的定义

Ahmed 和 Rao 于 1974 年首先给出了离散余弦变换(DCT)的定义[Ahm74]。给定序列 $x(n)$，$n=0,1,\cdots,N-1$，其离散余弦变换定义为

$$X_c(0)=\frac{1}{\sqrt{N}}\sum_{n=0}^{N-1}x(n) \tag{8.3.1a}$$

$$X_c(k)=\sqrt{\frac{2}{N}}\sum_{n=0}^{N-1}x(n)\cos\frac{(2n+1)k\pi}{2N},\quad k=1,2,\cdots,N-1 \tag{8.3.1b}$$

显然，其变换的核函数

$$C_{k,n}=\sqrt{\frac{2}{N}}\,g_k\cos\frac{(2n+1)k\pi}{2N},\quad k,n=0,1,\cdots,N-1 \tag{8.3.2}$$

是实数，式中，系数

$$g_k=\begin{cases}1/\sqrt{2}, & k=0\\ 1, & k\neq 0\end{cases} \tag{8.3.3}$$

这样，若 $x(n)$ 是实数，那么它的 DCT 也是实数。对傅里叶变换，若 $x(n)$ 是实数，其 DFT $X(k)$ 一般为复数。由此可以看出，DCT 避免了复数运算。将式(8.3.1)写成矩阵形式，有

$$\boldsymbol{X}_c=\boldsymbol{C}_N\boldsymbol{x} \tag{8.3.4}$$

式中，$\boldsymbol{X}_c$、$\boldsymbol{x}$ 都是 $N\times 1$ 的向量，$\boldsymbol{C}_N$ 是 $N\times N$ 变换矩阵，其元素由式(8.3.2)给出。当 $N=8$ 时，有

$$\boldsymbol{C}_8=\frac{1}{\sqrt{8}}\begin{bmatrix}1 & 1 & 1 & \cdots & 1\\ \sqrt{2}\cos\frac{\pi}{16} & \sqrt{2}\cos\frac{3\pi}{16} & \sqrt{2}\cos\frac{5\pi}{16} & \cdots & \sqrt{2}\cos\frac{15\pi}{16}\\ \vdots & \vdots & \vdots & \ddots & \vdots\\ \sqrt{2}\cos\frac{7\pi}{16} & \sqrt{2}\cos\frac{21\pi}{16} & \sqrt{2}\cos\frac{35\pi}{16} & \cdots & \sqrt{2}\cos\frac{105\pi}{16}\end{bmatrix}=\begin{bmatrix}\boldsymbol{c}_0\\ \boldsymbol{c}_1\\ \vdots\\ \boldsymbol{c}_7\end{bmatrix} \tag{8.3.5}$$

可以证明,$\boldsymbol{C}_x$ 的行、列向量均有如下正交关系:

$$\langle \boldsymbol{c}_k,\boldsymbol{c}_n\rangle=\begin{cases}0, & k\neq n\\ 1, & k=n\end{cases}$$

可见变换矩阵 $\boldsymbol{C}_N$ 是归一化的正交阵,DCT 是正交变换,由此立即得到 DCT 的反变换关系

$$\boldsymbol{x}=\boldsymbol{C}_N^{-1}\boldsymbol{X}_c=\boldsymbol{C}_N^{\mathrm{T}}\boldsymbol{X}_c \tag{8.3.6a}$$

即

$$x(n)=\frac{1}{\sqrt{N}}X_c(0)+\sqrt{\frac{2}{N}}\sum_{k=0}^{N-1}X_c(k)\cos\frac{(2n+1)k\pi}{2N}$$

$$n=0,1,\cdots,N-1 \tag{8.3.6b}$$

## 8.3.2 DCT 和 K-L 变换的关系

8.2 节已指出,K-L 变换的基向量 $\boldsymbol{A}_i(i=0,1,\cdots,N-1)$ 依赖于信号向量 $\boldsymbol{x}$ 的协方差矩阵 $\boldsymbol{C}_x$(以下改为 $\boldsymbol{R}_x$),因此 $\boldsymbol{A}_i$ 一般不能解析地给出。但是,在平稳随机过程中有一类特殊的过程,即一阶马尔可夫过程(Markov-Ⅰ),由于其协方差矩阵具有对称的 Toeplitz 形式,因而其对应的正交矩阵可以解析地求出,并且一阶马尔可夫过程还是语音及图像处理中常用到的数学模型。因此,研究 Markov-Ⅰ过程的 K-L 变换及其近似问题具有重要的意义,有关 Markov-Ⅰ过程的定义及性质见 12.2.4 节。令 $\rho$ 是 Markov-Ⅰ随机序列(即过程)相邻两元素之间的相关系数,则其自协方差矩阵的元素有以下关系[Cla81]

$$[\boldsymbol{R}_x]_{ij}=\rho^{|i-j|},\quad i,j=0,1,\cdots,N-1 \tag{8.3.7a}$$

即

$$\boldsymbol{R}_x=\begin{bmatrix}1 & \rho & \rho^2 & \cdots & \rho^{N-1}\\ \rho & 1 & \rho & \cdots & \rho^{N-2}\\ \rho^2 & \rho & 1 & \cdots & \rho^{N-3}\\ \vdots & \vdots & \vdots & \ddots & \vdots\\ \rho^{N-1} & \rho^{N-2} & \rho^{N-3} & \cdots & 1\end{bmatrix} \tag{8.3.7b}$$

式中,$0<\rho<1$。对式(8.3.7)的协方差矩阵,其 K-L 变换正交矩阵的元素 $[\boldsymbol{A}]_{ij}$ 可解析地

给出，即有

$$[\boldsymbol{A}]_{ij}=\left[\frac{2}{N+\lambda_j}\right]^{1/2}\sin\left\{\omega_j\left[(i+1)-\frac{N+1}{2}\right]+(j+1)\frac{\pi}{2}\right\}$$

$$i,j=0,1,\cdots,N-1 \tag{8.3.8}$$

式中

$$\lambda_j=\frac{1-\rho^2}{1-2\rho\cos\omega_j+\rho^2} \tag{8.3.9}$$

是矩阵 $\boldsymbol{R}_x$ 的特征值，而 $\omega_j$ 是超越方程

$$\tan(N\omega)=-\frac{(1-\rho^2)\sin\omega}{\cos\omega-2\rho+\rho^2\cos\omega} \tag{8.3.10}$$

的正实根。显然，当 $\rho$ 趋近于1时，$\tan(N\omega)=0$，于是有

$$\omega_j=j\pi/N,\quad j=0,1,\cdots,N-1 \tag{8.3.11}$$

由该式可知，当 $j\neq0$ 时，$\omega_j\neq0$，这时由于式(8.3.9)的分子为零($\rho=1$)，所以当 $j=1,2,\cdots,N-1$ 时，$\lambda_j=0$；当 $j=0$ 时，$\omega_j=0$，由式(8.3.9)，有

$$\lambda_0=\frac{1-\rho^2}{(1-\rho)^2}=\frac{1+\rho}{1-\rho}$$

由此可见，当 $\rho$ 趋近于1时 $\lambda_0$ 趋于无穷大。但由于在矩阵的相似变换中矩阵的迹保持不变，即

$$\sum_{j=0}^{N-1}[\boldsymbol{R}_x]_{jj}=\sum_{j=0}^{N-1}\lambda_j$$

而 $\boldsymbol{R}_x$ 的对角线元素全为1(见式(8.3.7b))，所以有 $\lambda_0=N$，将 $\lambda_j(j=0,1,\cdots,N-1)$ 及 $\omega_j$ 代入式(8.3.8)，可得

$$[\boldsymbol{A}]_{i0}=\frac{1}{\sqrt{N}}$$

$$[\boldsymbol{A}]_{ij}=\sqrt{\frac{2}{N}}\sin\left[\frac{(i+1/2)j\pi}{N}+\frac{\pi}{2}\right]=\sqrt{\frac{2}{N}}\cos\frac{(2i+1)j\pi}{2N}$$

将此结果和式(8.3.1)DCT的定义相比较，马上会发现，K-L变换的正交矩阵恰是离散余弦变换的变换矩阵 $\boldsymbol{C}_N$ 的转置。也就是说，对Markov-Ⅰ信号，当 $\rho$ 越接近于1，对该信号的K-L变换越等效于余弦变换。当 $\rho$ 小于并接近于1时，DCT是K-L变换的极好近似。图8.3.1(a)给出了 $N=8$，$\rho=0.95$ 时K-L基向量的曲线，图8.3.1(b)给出了离散余弦变换列向量的曲线，我们将二者相比较就会发现，除了180°相移之外，二者是极其相似的。因此，对$\boldsymbol{x}$ 作DCT得 $\boldsymbol{y}=\boldsymbol{C}_N\boldsymbol{x}$，那么 $\boldsymbol{y}$ 的协方差矩阵 $\boldsymbol{R}_y$ 将近似对角阵。同时，我们在图8.3.1(c)中给出了 $N=8$ 时的离散正弦变换的列向量。由于DCT有类似DFT的快速算法，因此用DCT代替K-L变换是十分有效的。这也就是DCT引起人们注意的重

要原因，目前，DCT 在语音、图像的处理中已获得了广泛的应用，并取得了显著的成果[Rao90]。

图 8.3.1　$N=8$ 时 K-L、DCT 及 DST 变换的列向量

## 8.3.3 DST 简介

Jain 于 1976 年首次给出了离散正弦变换(DST)的定义[Jai76]。给定序列 $x(n)$，$n=1, 2, \cdots, N$，其 DST 正变换和反变换分别定义为

$$X_{\mathrm{s}}(k)=\sqrt{\frac{2}{N+1}}\sum_{n=1}^{N}x(n)\sin\left(\frac{nk\pi}{N+1}\right),\quad k=1,2,\cdots,N \tag{8.3.12}$$

$$x(n)=\sqrt{\frac{2}{N+1}}\sum_{k=1}^{N}X_{\mathrm{s}}(k)\sin\left(\frac{nk\pi}{N+1}\right),\quad n=1,2,\cdots,N \tag{8.3.13}$$

其变换的核函数

$$S_{k,n}=\sqrt{\frac{2}{N+1}}\sin\left(\frac{nk\pi}{N+1}\right),\quad n,k=1,2,\cdots,N \tag{8.3.14}$$

是实函数，将式(8.3.12)写成矩阵形式，有

$$\boldsymbol{X}_{\mathrm{s}}=\boldsymbol{S}_N\boldsymbol{x} \tag{8.3.15}$$

式中，$\boldsymbol{X}_{\mathrm{s}}$、$\boldsymbol{x}$ 都是 $N\times 1$ 的向量；$\boldsymbol{S}_N$ 是 $N\times N$ 变换矩阵，其元素由式(8.3.14)给出，当 $N=8$ 时，有

$$\boldsymbol{S}_8=\sqrt{\frac{2}{9}}\begin{bmatrix}\sin(\pi/9) & \sin(2\pi/9) & \cdots & \sin(8\pi/9)\\ \sin(2\pi/9) & \sin(4\pi/9) & \cdots & \sin(16\pi/9)\\ \vdots & \vdots & \ddots & \vdots\\ \sin(8\pi/9) & \sin(16\pi/9) & \cdots & \sin(64\pi/9)\end{bmatrix} \tag{8.3.16}$$

如同 DCT 一样，DST 变换矩阵 $\boldsymbol{S}_N$ 也是正交矩阵，其行列之间均有如下关系：

$$\langle\boldsymbol{s}_k,\boldsymbol{s}_n\rangle=\begin{cases}1, & k=n\\ 0, & k\neq n\end{cases} \tag{8.3.17}$$

因此，离散正弦变换也是在一定条件下对 K-L 变换的近似。

文献[Jai79]于 1979 年首先论证了 DFT、DCT、DST 及 K-L 变换相对于一阶马尔可夫过程而言可以归纳为同一变换家族，并称之为正弦家族，其原因是它们的变换矩阵的向量都可写成

$$\Phi_m(k)=a_m\sin(k\omega_m+\theta_m) \tag{8.3.18}$$

的形式。试比较式(8.3.2)的 $C_{k,n}$，式(8.3.8)的$[A]_{i,j}$，式(8.3.14)的 $S_{k,n}$ 及 DFT 的 $\boldsymbol{W}$ 矩阵，可以看出，它们的确都有着式(8.3.18)的形式。

DCT、DST 及 DFT 作为同一变换家族的成员都是在某种程度上近似于 K-L 变换。文献[Cla85]给出了在 $\rho\to 1$ 时定量估计它们对 K-L 变换近似程度的方法，下面予以简要介绍。

令 $\boldsymbol{R}_x$ 是 $N\times N$ 的待变换的相关阵(或协方差阵)，$\boldsymbol{A}$ 是变换矩阵，$\boldsymbol{A}$ 可以是 K-L 变换矩阵或 DCT 变换矩阵 $\boldsymbol{C}_N$，也可以是 DST 变换矩阵 $\boldsymbol{S}_N$ 或 DFT 变换矩阵 $\boldsymbol{W}_N$。令 $\boldsymbol{R}_y$ 是变换后的矩阵。若 $\boldsymbol{A}$ 是 K-L 变换，那么 $\boldsymbol{R}_y$ 将是对角阵；若不是 K-L 变换，$\boldsymbol{R}_y$ 将近似对角阵。令

$$\lambda_1=\sum_{\substack{i,j=1\\ i\neq j}}^{N}|R_x(i,j)|,\quad \lambda_2=\sum_{\substack{i,j=1\\ i\neq j}}^{N}|R_y(i,j)|$$

显然，$\lambda_1$、$\lambda_2$ 分别是矩阵 $\boldsymbol{R}_x$、$\boldsymbol{R}_y$ 去掉对角线后所有元素的绝对值和。$\lambda_2$ 越小，说明 $\boldsymbol{R}_y$ 越接近于对角阵，即相应的变换去除相关性越好。再令

$$\eta=1-\lambda_2/\lambda_1$$

称 $\eta$ 为去除相关的“效率”。显然，$\lambda_2$ 越趋近于零，则 $\eta$ 越趋近于 1，去除相关的效率越高。

当 $\rho=0.91$，$N=8$ 时，DCT 的 $\eta=98.05\%$，DFT 的 $\eta=89.48\%$，DST 的 $\eta=84.97\%$。这一结果表明，在 $\rho$ 接近于 1 时，DCT 有着最好的去除相关性的能力，即对 K-L 变换近似的性能最好，DFT 次之，最后是 DST。当然，DFT 是复数运算，这是其不利之处。

另外，矩阵 $\boldsymbol{R}_y$ 对角线的元素反映了信号的能量。当 $i$ 较小时，若 $R_y(i,i)$ 的值较大，则说明经变换后信号的能量越集中，更有利于数据压缩及特征抽取。为此，再定义

$$\eta_E=\sum_{i=1}^{M}R_y(i,i)\Big/\sum_{i=1}^{N}R_y(i,i),\quad M=1,2,\cdots,N$$

显然，$M$ 越小时，$\eta_E$ 越大，那么变换后能量集中的效果越好。表 8.3.1 给出了在 $N=8$，$\rho=0.91$ 时，DCT、DFT 及 DST 的 $\eta_E$(用百分数表示)。

**表 8.3.1　DCT、DFT 及 DST 能量集中情况($N=8$，$\rho=0.91$)**

| 变换类型 \ $M$ | 1 | 2 | 3 | 4 | 5 | 6 | 7 | 8 |
|---|---|---|---|---|---|---|---|---|
| DCT | 79.3 | 90.9 | 94.8 | 96.7 | 97.9 | 98.7 | 99.4 | 100 |
| DFT | 79.3 | 86.0 | 92.7 | 94.7 | 96.7 | 97.8 | 99.0 | 100 |
| DST | 73.6 | 84.3 | 92.5 | 95.0 | 97.4 | 98.4 | 99.4 | 100 |

由表 8.3.1 可以看出，当 $M=2$ 时，DCT 对于能量集中的效果最好，DFT 次之，DST 排在最后。当然 $M$ 较大时，它们趋于一致。

## 8.3.4　DCT 及 DST 定义的导出

式(8.3.1)直接给出了 DCT 的定义，式(8.3.12)直接给出了 DST 的定义，现在简要说明这些定义的导出思路。

由傅里叶变换的性质可知，一个实序列的 $x(n)$，除满足 $x(n)=x(-n)$ 外，其 DTFT $X(\mathrm{e}^{\mathrm{j}\omega})$ 一般都是复函数。但是，如果 $x(n)$ 满足偶对称或奇对称，如同 4.5 节讨论过的 $h(n)$ 一样，$X(\mathrm{e}^{\mathrm{j}\omega})$ 也具有线性相位，类似系统的“增益”$H_g(\mathrm{e}^{\mathrm{j}\omega})$，$X_g(\mathrm{e}^{\mathrm{j}\omega})$ 也是 $\omega$ 的实函数。由于线性相位由序列的长度 $N$ 即可决定，因此，$X_g(\mathrm{e}^{\mathrm{j}\omega})$ 可单一地决定 $x(n)$ 的傅里叶变换。因此，利用序列的对称性去得到变换域的实函数成为了人们追求的目标。

一般来说，实际的序列 $x(n)$ 不可能是对称的，但我们可人为地将其扩展为对称的。例如，令 $x(n)$，$n=0,1,\cdots,N-1$，可扩展为序列

$$\tilde{x}(n)=\{x(0),x(1),\cdots,x(N-1),x(N-1),\cdots,x(1),x(0)\}\tag{8.3.19}$$

即

$$\tilde{x}(n)=\begin{cases}x(n), & n=0,1,\cdots,N-1\\ x(2N-n-1), & N\leqslant n\leqslant 2N-1\end{cases} \tag{8.3.20}$$

现求 $\tilde{x}(n)$ 的DFT,有

$$\widetilde{X}(k)=\sum_{n=0}^{2N-1}\tilde{x}(n)W_{2N}^{nk}=\sum_{n=0}^{N-1}x(n)W_{2N}^{nk}+\sum_{n=N}^{2N-1}x(2N-n-1)W_{2N}^{nk},\quad k=0,1,\cdots,2N-1$$

对第二个求和进行变量代换,即令 $m=2N-1-n$,从而有

$$\widetilde{X}(k)=W_{2N}^{-k/2}2\sum_{n=0}^{N-1}x(n)\left[W_{2N}^{nk}W_{2N}^{k/2}+W_{2N}^{-nk}W_{2N}^{-k/2}\right],\quad k=0,1,\cdots,2N-1 \tag{8.3.21}$$

将中括号内的内容展开,有

$$\widetilde{X}(k)=W_{2N}^{-k/2}2\sum_{n=0}^{2N-1}x(n)\cos\frac{(2n+1)k\pi}{2N},\quad k=0,1,\cdots,2N-1 \tag{8.3.22}$$

定义

$$X_{c}(k)=2\sum_{n=0}^{2N-1}x(n)\cos\frac{(2n+1)k\pi}{2N},\quad k=0,1,\cdots,N-1 \tag{8.3.23}$$

将式(8.3.23)的 $X_c(k)$ 和式(8.3.1)的 $X_c(k)$ 相比较,可以看出,除定标系数稍有差异外,其他完全一样。因此,利用对信号的对称扩展,可以导出其DCT的表达式。

由图4.5.1可知,序列对称有4种情况,即以一个样本为对称中心($N$ 为奇数)的偶对称和奇对称,以半个样本为对称中心($N$ 为偶数)的偶对称和奇对称。文献[Mar94]分别记上述4种对称为WS、WA、HS和HA。其中W代表(whole-sample)一个样本,H(Half)代表半个样本,S(symmetry)是偶对称,A(anti~)是反对称。显然,图4.5.1的(a)是WS,(b)是HS,(c)是WA,(d)是HA。扩展后的式(8.3.19)是HS对称。

文献[Mar94]提出了离散三角变换(discrete trigonometric transforms,DTT)及对称周期序列(symmetric-periodic sequence,SPS)的概念。DTT是一大类正弦类序列,包含了式(8.3.18)中所涉及的正弦类变换,SPS是首先将一个序列扩展为对称的序列,然后再将该对称序列扩展为周期的无限长的序列。因为[Mar94]的重点是讨论线性卷积的计算,而DFT对应的时域是周期序列,并且对应循环卷积。为此,[Mar94]讨论了对称序列及对称周期序列的扩展方法。

将一个扩展后的 $2N$ 点序列再扩展为周期性的序列,那么周期和周期之间还存在以一个样本(W)为对称中心的偶对称(S)和奇对称(A),以半个样本(H)为对称中心的偶对称和奇对称的问题。这样,有16种扩展的可能,其中前8种是WSWS、HSHS、WSWA、HSHA、WSHS、HSWS、WSHA、HSWA。可以看出,它们的第二个字母都是S,即在一个周期内都是偶对称。它们对应了8个DCT。可以想象,将第二个字母都换成A,即在一个周期内都是奇对称,那么得到的8个周期序列对应了8个DST。

在文献[Mar94]提出上述 8 个 DCT 及 8 个 DST 之前的近 20 年内,几位学者先后提出了各种形式的 DCT 和 DST,如文献[Ahm74]、[Jai76]等。文献[Wzd85]在提出了 4 种形式的离散 W 变换(见习题 8.7)的基础上,将人们已提出的 DCT 和 DST 归纳为各有 4 种形式,分别称为 DCT-Ⅰ、DCT-Ⅱ、DCT-Ⅲ及 DCT-Ⅳ;DST-Ⅰ、DST-Ⅱ、DST-Ⅲ及 DST-Ⅳ。式(8.3.1)定义的 DCT 是 DCT-Ⅱ,它是对 $N$ 点序列做半个样本的偶对称扩展后得到的实变换。式(8.3.12)定义的 DST 是 DST-Ⅰ。DCT-Ⅲ和 DST-Ⅲ的变换矩阵见习题 8.8。其实,这 8 个 DCT 及 8 个 DST 都是实变换,文献[Ham76]、[Kek78]还比较了上述 4 种 DCT 和 DST 在 $\rho=-1\sim0\sim+1$ 的不同取值时,对一阶马尔可夫过程的近似性能。尽管 DCT 和 DST 的种类很多,但在语音和图像压缩中得到广泛应用的一直是 DCT-II。

# 8.4 DCT 的快速算法

自 DCT 及 DST 分别于 1974 年、1976 年和 1981 年推出以后,其快速算法不断出现。由 8.3 节的讨论可知,DCT、DST 和 DFT 有着密切的关系,因此,从原则上讲,它们都可以通过 FFT 来实现,早期的 DCT、DST 算法确实如此。习题 8.8 指出,DST、DCT 和 DWT 一样各有 4 种形式。可以证明,这 3 类变换各自 4 个成员之间可以互相表示,同时可以证明,这三类之间也存在着密切的关系。因此,寻找正弦类变换家族中各成员的快速算法,往往是得到一个便可推广到其他。因此,本章仅讨论基于 FFT 的 DCT-Ⅱ的算法。

式(8.3.2)的 DCT-Ⅱ(以下简称 DCT)可写成如下形式:

$$X_c(k)=\sqrt{\frac{2}{N}}\operatorname{Re}\left\{\mathrm{e}^{-\mathrm{j}k\pi/2N}\sum_{n=0}^{2N-1}x_{2N}(n)\mathrm{e}^{-\mathrm{j}\frac{2\pi}{2N}nk}\right\}\tag{8.4.1}$$

上式告诉我们,计算一个 $N$ 点 DCT 可通过 $2N$ 点 FFT 来实现,具体步骤如下:

① 将 $x(n)$ 补 $N$ 个零形成 $2N$ 点序列 $x_{2N}(n)$;

② 用 FFT 求 $x_{2N}(n)$ 的 DFT,得 $X_{2N}(k)$;

③ 将 $X_{2N}(k)$ 乘以 $\mathrm{e}^{-\mathrm{j}k\pi/2N}$,然后取实部,得 $X'_{2N}(k)$;

④ 令

$$X_c(0)=\sqrt{\frac{1}{N}}X'_{2N}(0)$$

$$X_c(k)=\sqrt{\frac{2}{N}}X'_{2N}(k),\quad k=1,\cdots,N-1$$

即完成 $N$ 点 DCT 的计算。

也可用 $N$ 点 FFT 来实现 $N$ 点 DCT 的计算，以进一步减少计算量。

定义

$$F(k)=\sum_{n=0}^{N-1}x(n)\cos\frac{(2n+1)k\pi}{2N},\quad k=0,1,\cdots,N-1 \tag{8.4.2}$$

$F(k)$和 $X_c(k)$的差别只在于定标系数。现由 $x(n)$构成一个 $N$ 点新序列 $y(n)$：

$$\left.\begin{aligned}&y(n)=x(2n)\\&y(N-1-n)=x(2n+1),\quad n=0,1,\cdots,N/2-1\end{aligned}\right\} \tag{8.4.3}$$

显然，$y(n)$的前半部($0\sim N/2-1$)是 $x(n)$中的偶序号点，后半部($N/2\sim N-1$)是 $x(n)$中的奇序号点，但次序要倒排。这样，式(8.4.2)可写成

$$F(k)=\sum_{n=0}^{N/2-1}y(n)\cos\frac{(4n+1)k\pi}{2N}+\sum_{n=0}^{N/2-1}y(N-1-n)\cos\frac{(4n+3)k\pi}{2N}$$

对后一项作变量代换，令 $r=N-1-n$，得

$$F(k)=\sum_{n=0}^{N/2-1}y(n)\cos\frac{(4n+1)k\pi}{2N}+\sum_{r=N/2}^{N-1}y(r)\cos\frac{(4r+1)k\pi}{2N}$$

即
$$F(k)=\sum_{n=0}^{N-1}y(n)\cos\frac{(4n+1)k\pi}{2N} \tag{8.4.4}$$

令
$$H(k)=e^{-jk\pi/2N}\sum_{n=0}^{N-1}y(n)e^{-j\frac{2\pi}{N}nk} \tag{8.4.5}$$

则
$$F(k)=\mathrm{Re}\{H(k)\} \tag{8.4.6}$$

将 $F(k)$乘以定标因子，即得 DCT $X_c(k)$。这样，用 $N$ 点 DFT 可实现 $N$ 点 DCT 的快速计算。

DCT 的计算量显然主要取决于 $N$ 点 FFT 的计算量，不同之处是多了 $N$ 个复数乘法(乘以 $e^{-jk\pi/2N}$)及 $N$ 个实数乘法(乘以定标因子)。

# 8.5 图像压缩简介

本章所讨论的正交变换，特别是离散余弦变换，在图像压缩中起到了重要的作用。本节简要介绍有关图像压缩的基本概念，以便为读者提供有关图像压缩的基本知识，同时也说明有关正交变换的应用。本节的内容也是多媒体技术的基本内容。

### 8.5.1 图像的基本概念

一个二维的静止黑白图像可用一个二维函数 $f(x,y)$来表示。其中 $x$、$y$ 分别是水平和垂直坐标，$f(x,y)$是该图片在坐标$(x,y)$处的亮度或灰度值。因为光是能量的一种形式，因此，$f(x,y)$是非负的，且是有限的，即 $0<f(x,y)<\infty$。$f(x,y)$的值越小，图像越暗(黑)，反之，图像越亮(白)。通常，$f(x,y)$由物体的入射光的亮度和反射光的亮度共同决定，即 $f(x,y)=i(x,y)r(x,y)$，式中，$i(x,y)$为入射分量，$r(x,y)$为反射分量，二者满足如下关系：

$$0<i(x,y)<\infty,\quad 0<r(x,y)<1$$

入射分量的大小取决于光源，反射光的大小取决被照物体的性质，$r(x,y)=0$ 表示全吸收，为 1 表示全反射。

若 $x$、$y$ 及灰度都是连续的，则该图像称为连续图像或模拟图像，这和一维信号的情况是一样的。为便于计算机的图像处理，我们需要将 $x$、$y$ 及图像的灰度都离散化。离散化后的一张图片即一个矩阵，水平和垂直方向上的点数即矩阵的大小，如我们通常所说的 $256\times256$ 或 $512\times512$；矩阵的每一个元素又称为该图像的一个像素(pixel)。对灰度离散化的字长若取 $b$，那么其灰度等级为 $2^b$。对灰度离散的过程又称为图像的量化。若一幅图像在水平方向上有 $N$ 点，垂直方向上有 $M$ 点，那么，表示这一幅图像需要的数据量为 $NMb$bit。对 $x$、$y$ 离散化时抽样间隔的大小决定了该图像的空间分辨率，对灰度离散化时分层的多少决定了图像的密度分辨率。显然，一幅图像的空间分辨率和密度分辨率越高，其质量或清晰度也就越好。

对一维时域信号，周期信号周期的倒数称为该信号的频率。将此概念扩展到二维，若一幅图像在空间上作周期性变化，则该周期的倒数称为空间频率。在图像中，空间频率的大小表征了图像明暗变化的快慢，当然，也决定了该图像的细节是否丰富。空间频率的概念是图像频域处理的基础。

不言而喻，彩色图像要比黑白图像内容丰富，当然，彩色图像的表示也比黑白图像复杂。

我们知道，一般物体本身并不发光，而是在光源的照射下由对光的吸收和反射才呈现了不同的颜色。我们人眼对彩色的感知取决于光的色调、饱和度和亮度。色调(hue)是指该图像所含可见光的波长，饱和度(saturation)反映了色彩的浓淡，它取决于彩色光中白光的含量，亮度(brightness)是指可见光的强度。红(R)、绿(G)、蓝(B)三色称为三基色，其他绝大部分颜色都可由这三基色按不同的比例混合而得到。例如，在彩色电视的 CRT 中就含有分别产生红、绿、蓝三种颜色的电子枪，它们分别以不同的强度在荧光屏上混合后就可产生出五彩缤纷的电视图像。因此，一幅彩色图像的颜色组成为

$$颜色=R(红色的百分比)+G(绿色的百分比)+B(蓝色的百分比)$$

这样，一个二维的彩色图像的数学模型是

$$f(x,y)=\{f_R(x,y),f_G(x,y),f_B(x,y)\}$$

式中，$f_R(x,y)$、$f_G(x,y)$、$f_B(x,y)$分别是在 $x$、$y$ 处由 $R$、$G$、$B$ 三色所决定的灰度值。若 $R$、$G$、$B$ 三色均匀混合，则得到的是白色；等量的 $R$、$G$ 混合得到的是黄色，等量的 $G$、$R$ 混合得到的是青色，等等。1931 年国际照明委员会 CIE 统一规定，红色的波长为 700nm，绿色的波长为 546.1nm，蓝色的波长为 435.8nm。

除了 $R$、$G$、$B$ 外，对不同的应用还经常使用不同的彩色表示方式。例如，在 PAL 制式的彩色电视中，人们使用 YUV 模式，在 NTSC 制式的彩色电视中，人们使用 YIQ 模式。其中 $Y$ 表示图像的亮度，$U$、$V$ 表示两种色度分量信号，$I$、$Q$ 也是两种色度分量信号，它们是色差信号。此外，计算机 CRT 采用的是 YCrCb 模式，我国电视使用的是 PAL—D 制式，RGB 和 YUV 的转换关系是

$$Y=0.299R+0.587G+0.144B$$
$$U=-0.147R-0.289G+0.436B$$
$$V=0.615R-0.515G-0.100B$$

YUV 模式的优点是 $Y$、$U$、$V$ 这 3 个信号分量是相互独立的，即 $Y$ 给出的黑白图像和 $U$、$V$ 给出的两幅彩色图像是独立的，这既有利于 3 幅图像的单独编码，也有利于彩色和黑白图像的兼容，即彩色电视机可接收黑白图像，黑白电视机也可接收彩色图像，当然，显示出来的都是黑白图像。使用 YUV 的另一个好处是可以利用人眼的光学特性来降低数字彩色图像的数据量。人眼对亮度细节相对敏感，而对彩色细节的敏感度就相对较低，这样，表示 $Y$、$U$、$V$ 3 个信号就可用不同的字长。例如，在实际应用中表示 RGB 所需的字长分别是 8∶8∶8 bit，而表示 YUV 的字长可以是 8∶4∶4 bit。

若图像是以每秒若干帧的速度在不停地运动，我们称该图像是运动图像。对电视、摄像机、录像机给出的运动图像又称为视频(video)图像。运动图像可用 $f(x,y,t)$来表示，$t$ 取离散序号。

### 8.5.2　图像压缩的基本概念

随着科学技术的飞速发展，信息已成为现代社会的主要特征，而人们传递信息的重要媒介就是视频图像。据报道，人们获取的信息有 70%来自视觉系统。因此，研究如何高效地实现图像的传输和存储就变得非常重要。现在的主要问题是数字化后的图像的数据量非常巨大，以致现有的硬件条件往往达不到实时传输和存储的要求。以 CCIR601 建议的数字电视的标准为例，其分辨率为 720×576，采用 4∶2∶2 的 YUV 存储方式，每个像素占用 16bit，帧速率为 25fps(frames per second)，那么数据的码率高达 165.9Mbit/s。

对这样的数据进行传输，所需要的信道的带宽太大，若将其存储，一张 650MB 的光盘也仅仅能够存储 32s 的数据。因此，数字图像压缩编码技术的研究就成了现代信息学科中的重要内容。至今，人们在这方面已做了大量工作，提出了许多高效的图像压缩算法，并制定了一系列的国际标准。

图像压缩是指在满足一定的图像质量的条件下，用尽可能少的数据量来表示该图像。前已述及，对连续图像 $f(x,y)$ 进行抽样和量化可得到数字图像，数字图像一般可表示为 $f(i,j),i,j=0,1,\cdots,N-1$。但是，在这种表示中存在着严重的信息冗余，这些冗余表现如下。

(1) 空间冗余：在同一幅图像中，相邻像素间存在很强的相关性。

(2) 时间冗余：运动图像中前后图像间存在着相关性，特别是运动较慢的图像，如会议电视图像、可视电话图像等，连续几帧一般无大的变化。

(3) 谱冗余：同一幅彩色图像中，各个颜色分量之间存在相关性。

图像压缩的目的就是要消除这些冗余性，从而减少表示图像的比特数。在图像压缩中，我们往往还利用对图像先验知识的了解，利用图像的纹理特征及利用人体视觉系统(human visual system，HVS)的特性来提高压缩的效率。

图像压缩的分类方法繁多，到目前为止尚未统一。从压缩的是否可逆性来分，可分为可逆与不可逆压缩两大类。可逆压缩也叫作无失真或无损(lossless)压缩，即压缩后的数据可以完全精确重建原始数据；而不可逆压缩也叫失真或有损(lossy)压缩，这时将存在信息丢失。无损压缩很难实现高的压缩比，多用于医学图像的压缩；有损压缩可实现很高的压缩比，多用于视频图像的压缩。

从压缩的对象分，可分为静态图像压缩和动态图像压缩两大类，二者的算法及国际标准都明显不同。

图像压缩一般包括图像的映射变换、量化及编码 3 个步骤。对于应用最为广泛的有损压缩来说，映射变换一般是指图像的正交变换，其中应用最多的是离散余弦变换(DCT)。近年来，小波变换已越来越多地用于图像变换，并已显示出许多优越的性能。图像变换的目的是将图像的能量尽量集中在少量系数上，从而最大限度地去除原始图像数据中的相关性。另外一种变换方法是差分预测变换，变换后的数据是原数据和对其预测后的差值，因此大大减小了数据的动态范围。

由于变换后的数据最大限度地去除了相关性并实现了能量的集中，那么将会出现少量数据特别大而多数数据特别小的情况。量化的过程即是对这些数据做新的映射处理，目的是减小非“0”系数的幅度以及增加“0”值系数的数目。量化有均匀量化、非均匀量化之分，从方法上又有标量量化、向量量化之分。信号的量化又称为信源编码。

编码，通俗地说是将信源集合 $\{X\}=\{x_1,x_2,\cdots,x_N\}$ 用一个代码 $\{W\}=\{w_1,w_2,\cdots,w_N\}$ 来表示。$w_1,w_2,\cdots,w_N$ 称为码字(codeword)。码字形成的原则是，既要尽可能保

持信源{$X$}的信息，又要最大可能减少所用的bit数。在图像与信息类的文献中，编码的概念非常广泛，往往把图像(数据)压缩和图像(数据)编码视为等同。因此，图像编码又包含了图像的变换、量化及编码的整个过程。按照这种定义，编码可分为统计编码、预测编码、变换编码、子带编码及分形编码等。

其实，我们对编码的概念并不陌生。发明于100多年前且至今还在使用的Morse(莫尔斯)码就是经典的国际电报标准。几乎所有的编码方法都遵循这样一个准则：频繁出现的字符意味着其出现的概率大，概率大的事件包含的信息少，因此，对信息少的事件(或字符)只需分配给较少的bit数；反之，则应分配给较多的bit数。例如，在英文中，字母E出现的概率最大，因此莫尔斯码用一个点，即"·"来表示；字母T出现的概率排第二，莫尔斯码用一个"—"来表示；字母Z出现的概率最小，因此分配给较长的符号，即"——··"。这样，一封电文的平均码长就会大大缩短。

统计编码又称熵编码，它也是利用信源的统计特性来去除信源的冗余。其中主要包括游程编码(RLC)、霍夫曼(Huffman)编码、算术编码及LZW编码等。目前，霍夫曼编码和算术编码的应用最为广泛，现以霍夫曼编码为例来说明统计编码的思路。

霍夫曼编码是由Huffman于1952年提出的一种非等长最佳编码方法。所谓最佳编码，就是在具有相同输入概率集合的前提下，其平均码长比其他任何一种编码都要短。图8.5.1是霍夫曼编码的一个实例[Wyn95]。图中假定信源由a1,a2,…,a8这8个事件所组成，其出现的概率已标在图中。编码步骤如下：①将输入事件按其出现的概率由大到小依次排列。②将最小的两个概率相加，形成一个新的概率集合。再按第一步的方法重排，如此重复直到只有两个概率为止。③分配码字。从最后一步开始反向进行，对最后两个概率，一个赋予"0"码，一个赋予"1"码。8个事件的码字列在了图的最右边一列，可见，它们是不等长的。

DCT在变换编码中起到了重要的作用，现在已有的图像压缩的国际标准大多是以DCT为基础的，现在用两个例子来说明DCT在图像压缩中的应用。

**例8.5.1**　图8.5.2(a)是一个女孩的图像，图(b)、(c)和(d)是用DCT对其变换后再对较小的系数置零后重建的图像。作DCT时，原图像被分成8×8的矩阵，变换后的后$k$行与后$k$列均被简单地置为零，因此压缩比为$8^2/(8-k)^2$。图(b)、(c)和(d)的$k$分别等于2、4和6，因此压缩比分别为1.78、4和16。显然，图(d)已相当模糊。

由图8.5.2可以看出，对不同的$k$可得到不同的压缩比，从而得到不同质量的图像。这就提出了如何评判一个压缩算法优劣的问题，一般可考虑如下参数：

(1) 编码效率。包括图像压缩比(compression ratio, CR)、每像素所用的比特数(bpp)、每秒所需传输的比特数(bps)等。

(2) 重建图像的质量，包括客观度量和主观度量。客观度量指图像的逼真度，即原图像与重建图像的差值。令图像编码器的输入为$X$，解码器的输出为$Y$，则较为常用的两个

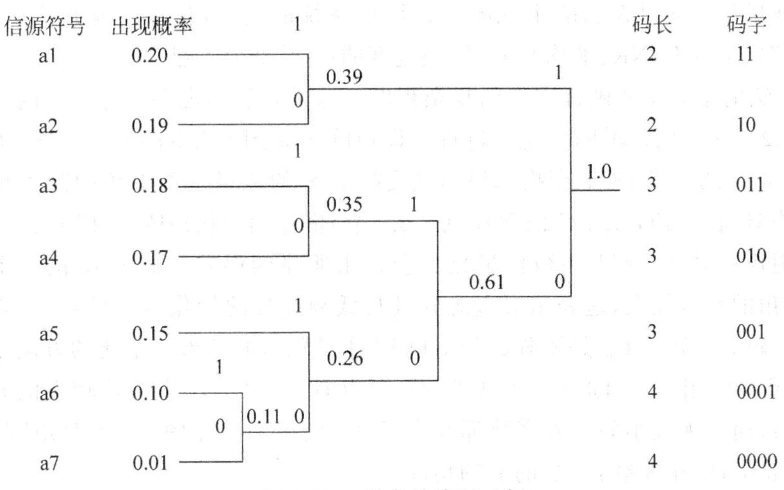


图 8.5.1 霍夫曼编码示例

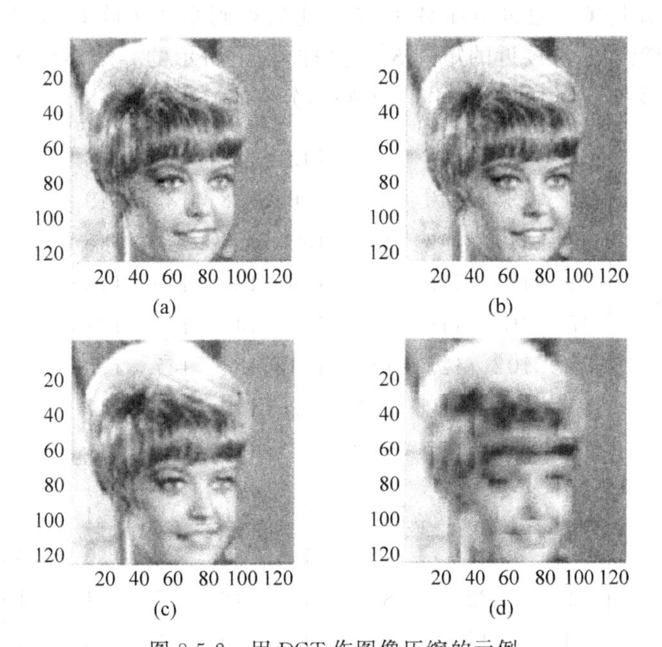


图 8.5.2 用 DCT 作图像压缩的示例

参数均方误差和峰值信噪比可分别定义为

$$\mathrm{MSE}=\sigma_e^2=E\{(X-Y)^2\}=E\{e^2\}$$

$$\mathrm{PSNR}=10\lg(255^2/\sigma_e^2)$$

式中,假定 $X$ 的每一个像素都用 8bit 表示,所以 PSNR 的最大值可达 255。

主观度量是指通过人们的主观测试来评价系统的质量，包括二元判决(即“接受”和“不可接受”)、主观 PSNR、平均判分、等偏爱度曲线、多维计分法等。

(3) 算法的运算量和硬件实现的复杂程度。这是算法实现必须考虑的问题。

**例 8.5.2** 此例用来说明量化的过程。设矩阵 $\boldsymbol{S}$ 是图 8.5.2(a)左上角 $8\times8$ 的原始数据，矩阵 $\boldsymbol{C}$ 是 $\boldsymbol{S}$ 的二维 DCT 变换，显然，经变换后 $\boldsymbol{S}$ 的能量基本上集中到了矩阵 $\boldsymbol{C}$ 的左上角。矩阵 $\boldsymbol{W}$ 是 JPEG(JPEG 的解释见 8.5.3 节)推荐的量化矩阵。JPEG 经过大量测试后认为使用矩阵 $\boldsymbol{W}$ 对 DCT 系数作量化不会带来明显的误差。矩阵 $\boldsymbol{W}$ 的左上角的元素较小，右上角的元素较大，这表示对直流分量及低频成分的量化步长较小，而对高频成分的量化步长较大。矩阵 $\boldsymbol{C}_q$ 是矩阵 $\boldsymbol{C}$ 经矩阵 $\boldsymbol{W}$ 作量化后的结果。量化的方法是 $\boldsymbol{C}$ 的元素和 $\boldsymbol{W}$ 的元素对应相除后再取整。由矩阵 $\boldsymbol{C}_q$ 可以看出，原来 $\boldsymbol{C}$ 中幅值较大的元素的动态范围被压缩，而原来较小的元素多数都变成了 0。请读者仿照图 8.5.1 对矩阵 $\boldsymbol{C}_q$ 的元素作 Huffman 编码，并观察 bit 数的节约情况。

将编码后的数据传输或存储后，对使用者来说，首先要对压缩后的数据解码。假定解码后的数据仍是矩阵 $\boldsymbol{C}_q$，通过矩阵 $\boldsymbol{W}$ 作逆量化后得到系数矩阵 $\boldsymbol{C}_{iq}$，对 $\boldsymbol{C}_{iq}$ 再作逆 DCT 便可得到对原始矩阵非常接近的矩阵 $\boldsymbol{S}'$。这样，如下所示的 6 个矩阵 $\boldsymbol{S}$、$\boldsymbol{C}$、$\boldsymbol{W}$、$\boldsymbol{C}_q$、$\boldsymbol{C}_{iq}$ 及 $\boldsymbol{S}'$ 便可说明图像变换、量化的基本过程(编码部分省略)。

$$
\boldsymbol{S}=\begin{bmatrix}
120 & 137 & 146 & 147 & 143 & 138 & 131 & 123 \\
111 & 125 & 140 & 135 & 156 & 138 & 135 & 119 \\
99 & 114 & 146 & 147 & 150 & 155 & 144 & 135 \\
94 & 105 & 129 & 153 & 146 & 138 & 149 & 143 \\
97 & 97 & 119 & 140 & 155 & 144 & 137 & 141 \\
88 & 102 & 125 & 141 & 134 & 134 & 147 & 146 \\
85 & 103 & 122 & 126 & 143 & 140 & 141 & 147 \\
76 & 97 & 117 & 128 & 126 & 140 & 143 & 135
\end{bmatrix}
$$

$$
\boldsymbol{C}=\begin{bmatrix}
478 & -101 & -78 & -20 & -6 & 3 & -1 & 7 \\
37 & 51 & -10 & 7 & -3 & -3 & 0 & 5 \\
-9 & 22 & 8 & 1 & -16 & -7 & -1 & -1 \\
1 & 11 & 8 & -1 & 9 & -3 & -3 & 0 \\
-5 & 1 & 0 & 1 & 6 & 5 & -3 & -7 \\
10 & -3 & 4 & -10 & -1 & 2 & 0 & -4 \\
4 & -1 & 0 & -9 & -8 & 10 & 3 & -9 \\
5 & -1 & -4 & 9 & 1 & -9 & 10 & 1
\end{bmatrix}
$$

$$
\boldsymbol{W}=\begin{bmatrix}
16 & 11 & 10 & 16 & 24 & 40 & 51 & 61 \\
12 & 12 & 14 & 19 & 26 & 58 & 60 & 55 \\
14 & 13 & 16 & 24 & 40 & 57 & 69 & 56 \\
14 & 17 & 22 & 29 & 51 & 87 & 80 & 62 \\
18 & 22 & 37 & 56 & 68 & 109 & 103 & 77 \\
24 & 35 & 55 & 64 & 81 & 104 & 113 & 92 \\
49 & 64 & 78 & 87 & 103 & 121 & 120 & 101 \\
72 & 92 & 95 & 98 & 112 & 100 & 103 & 99
\end{bmatrix}
$$

$$
\boldsymbol{C}_q=\begin{bmatrix}
30 & -9 & -8 & -1 & 0 & 0 & 0 & 0 \\
3 & 4 & -1 & 0 & 0 & 0 & 0 & 0 \\
-1 & 2 & 1 & 0 & 0 & 0 & 0 & 0 \\
0 & 1 & 0 & 0 & 0 & 0 & 0 & 0 \\
0 & 0 & 0 & 0 & 0 & 0 & 0 & 0 \\
0 & 0 & 0 & 0 & 0 & 0 & 0 & 0 \\
0 & 0 & 0 & 0 & 0 & 0 & 0 & 0 \\
0 & 0 & 0 & 0 & 0 & 0 & 0 & 0
\end{bmatrix}
$$

$$
\boldsymbol{S}'=\begin{bmatrix}
123 & 132 & 144 & 149 & 144 & 134 & 125 & 120 \\
112 & 124 & 140 & 149 & 148 & 141 & 133 & 128 \\
99 & 114 & 134 & 149 & 153 & 148 & 142 & 138 \\
91 & 107 & 130 & 148 & 154 & 151 & 145 & 142 \\
90 & 106 & 127 & 144 & 150 & 148 & 143 & 141 \\
90 & 104 & 123 & 137 & 143 & 142 & 140 & 139 \\
89 & 101 & 117 & 130 & 136 & 138 & 140 & 141 \\
86 & 97 & 112 & 124 & 132 & 136 & 141 & 144
\end{bmatrix}
$$

$$
\boldsymbol{C}_{iq}=\begin{bmatrix}
480 & -99 & -80 & -16 & 0 & 0 & 0 & 0 \\
36 & 48 & -14 & 0 & 0 & 0 & 0 & 0 \\
-14 & 26 & 16 & 0 & 0 & 0 & 0 & 0 \\
0 & 17 & 0 & 0 & 0 & 0 & 0 & 0 \\
0 & 0 & 0 & 0 & 0 & 0 & 0 & 0 \\
0 & 0 & 0 & 0 & 0 & 0 & 0 & 0 \\
0 & 0 & 0 & 0 & 0 & 0 & 0 & 0 \\
0 & 0 & 0 & 0 & 0 & 0 & 0 & 0
\end{bmatrix}
$$

在作 DCT 时，为了减少变换后系数的幅度，本例中先将矩阵 $\boldsymbol{S}$ 的每一个元素都减去了 70,在反变换时再加上。矩阵 $\boldsymbol{C}$ 和 $\boldsymbol{C}_q$ 的元素都进行了取整处理。进一步,我们可求出用该方法作图像压缩的峰值信噪比(PSNR)为 11.18dB。

### 8.5.3 图像压缩国际标准简介

在过去的二十多年中,国际上已经制定了针对不同应用的各种图像压缩编码标准,现予以简要的介绍。

**1. JPEG 和 JPEG2000**

ISO(International Organization for Standardization)和 CCITT(International Telephone and Telegraph Consultative Committee)于 1986 年年底成立了"联合图片专家组"(Joint Photographic Experts Group,JPEG),致力于研究静止图像压缩算法的国际标准。传统的 JPEG 标准的要点如下。

基本系统(baseline system)提供顺序扫描重建(sequential build-up)的图像,实现有损的图像压缩,图像的主观质量能够达到让损失难以觉察的程度。该系统主要采用 DCT 为主的算法,根据视觉特性设计自适应量化器,用 Huffman 编码作后续的熵编码,输出压缩码流。

扩展系统(extended system)是基本系统的扩展,可选用算术编码作熵编码,还可选用渐现重建(progressive build-up)的工作方式,即图像由粗而细地显示。

采用预测编码及 Huffman 编码或算术编码,可保证失真率为 0。

尽管 JPEG 标准的目标是面向静止图像的压缩,但是由于运动图像是由一帧一帧的图像组成,因此,JPEG 标准中的许多思想也可用于运动图像的编码。

目前,随着小波变换在图像压缩领域的应用越来越广泛,人们提出了一种全新的基于小波变换的图像压缩标准——JPEG2000 国际标准,其目标是更加高效,而且功能更加齐全。另外,JPEG2000 还提供了与 MEPG-4 标准兼容的接口,使它能够方便地用于运动图像的压缩编码。

**2. H.261、H.263 和 H.264**

H.261 是第一个高效的视频编码标准算法,图像编码的其他几个国际标准(如 JPEG、MPEG、CCIR723 等)都是由它演变而来的。

1984 年 12 月,CCITT 第 15 研究组成立了"可视电话编码专家组",并在 1988 年提出了视频编码器的 H.261 建议。它的目标是 $P\times 64$kbit/s($P=1\sim 30$)码率的视频编码标准,以满足 ISDN(综合服务数字网)日益发展的需要。主要应用对象是视频会议的图像传输。它的视频压缩算法必须能够实时操作,解码延迟要短,当 $P=1$ 或 2 时,只支持帧

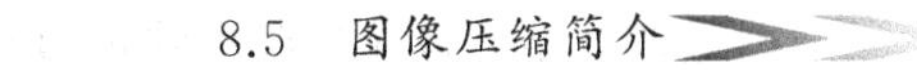

速率较小的可视电话，当 $P \geqslant 6$ 时，则可支持电视会议。

H.261 建议的原理结构的要点是：采用运动补偿(motion compensation，MC)技术进行帧间预测以去除图像在时域的相关性；然后对帧间预测误差以 8×8 或者 16×16 为宏块，进行 DCT 变换以去除图像在空域上的相关性；接着对 DCT 变换系数设置自适应量化器，以利用人们的视觉特性；最后再采用 Huffman 熵编码，获得压缩码流。

H.263 是一种低码率的视频编码标准，码率可达 H.261 的一半，是对 H.261 标准的很好的改进。它仍然以 MC/DCT 为核心算法，与 H.261 不同的是，它采用半像素精度进行运动补偿，传送的符号采用变长编码。

H.264 是一种高性能的视频编解码技术。它是由国际电信联盟(International Telecommunications Union，ITU)和 ISO 共同制定的，正式发布于 2003 年。H.264 又称为 MPEG-4 的第 10 部分，即先进视频编码(AVC)。其解码流程主要包括 5 部分：帧间和帧内预测、变换、量化、环路滤波(loop filter)和熵编码(entropy coding)。H.264 采用 DCT 变换编码与 DPCM 的差分编码相结合的混合编码结构，增加了多模式运动估计、基于内容的变长编码和 4×4 二维整数变换等新的编码方式，从而提高了编码效率。

H.264 和已提出的其他视频压缩方案相比有很多优点，如：①高的编码效率。与 MPEG-2 和 MPEG-4 相比，在同样图像质量下，H.264 技术压缩后的数据量只有 MPEG-2 的 1/8，MPEG-4 的 1/3。②能提供连续、流畅的高质量图像。③提供了在不稳定网络环境下丢包错误的解决方案。④网络适应性强，即 H.264 的文件可以在不同的网络上传输(例如互联网、CDMA、GPRS、WCDMA、CDMA 2000 等)。

H.264 已应用于目前的大部分视频服务，如有线电视远程监控、交互媒体、数字电视、视频会议、视频点播、流媒体等。

**3. MPEG 系列**

为了适应配有声音的运动图像压缩编码的需要，1988 年，CCITT 和 ISO 成立了运动图像专家组(Motion Picture Experts Group，MPEG)，致力于制定有关运动图像的编码标准。MPEG 组织在工作一开始就考虑了相关标准化组织的研究成果，如 JPEG 和H.261。MPEG 在对运动图像的帧内编码技术中采用了 JPEG 推荐的 DCT 技术，此外，MPEG 又引入了帧间 MC 技术，因此可认为 MPEG 的工作是 JPEG 的延续，同时 MPEG 推荐的标准尽量与 H.261 标准兼容，但比 H.261 要复杂得多。

MPEG 标准包括 MPEG 视频、MPEG 音频和 MPEG 系统 3 部分。它采用了 MC、DCT 以及可变长编码(VLC)等多项技术。运动补偿(MC)和 DCT 变换是 MPEG 依赖的两个基本技术。MPEG 编码以图像组 GOP(group of pictures)为单位，一个 GOP 中包含有 I、P 和 B 3 种类型的图像。I(intra coded)图像用类似 JPEG 的帧内方式编码；P(predictive coded)图像用在该帧图像之前已经传出的 I 或者 P 图像作为运动补偿的前向帧间预测，并作为以后帧的帧间预测的参考帧；而 B(bidirectionally coded)图像则是用在其之前和之后传输的 I 或者 P 图像作有运动补偿的双向帧间预测。I 图像的压缩比较低，而 B 图像的压缩比较高。

MPEG-1 标准于 1992 年正式通过，其视频部分用来描述存储在各种数字存储媒体(如 CD、DAT、硬盘和光盘驱动器)上的经过压缩的视频信息，主要用于对连续传送码率为 1.5Mbit/s 的存储和传输媒体进行操作。

MPEG-2 标准于 1993 年正式通过，其码率在 3～10Mbit/s，应用范围更加广泛，例如数字电视(HDTV、电子新闻、电子剧场、家庭影视中心，等等)、数字通信(个人通信、ATM 等)及其他数字媒体(数字视频记录、交互存储、多媒体邮政等)。

MPEG 组织于 1999 年 1 月正式公布了 MPEG-4 V1.0 版本，1999 年 12 月又公布了 MPEG-4 V2.0 版本。MPEG-4 与前面提到的 JPEG、MPEG-1、MPEG-2 有很大的不同，它为多媒体数据压缩编码提供了更为广阔的平台。它定义的是一种格式、一种框架，而不是具体的算法，它希望建立一种更自由的通信与开发环境。这样，MPEG-4 的目标就是支持多种多媒体的应用，特别是多媒体信息基于内容的检索和访问，可根据不同的应用需求，现场配置解码器。MPEG-4 的编码系统也是开放的，可随时加入新的高效的算法模块。MPEG-4 采用了基于对象的压缩编码方法，把图像和视频分割成不同的对象，分别进行处理。这样的编码方法能提供高的压缩比，还能够实现许多基于内容的交互功能。因此，它可以广泛地用在基于对象的多媒体存取、网上购物、电子商店、远程监控、医疗和教学等领域。

在 MPEG-4 之后，MPEG 组织又致力于制定 MPEG-7“多媒体内容描述接口”(multimedia content description interface)标准。它将为各种类型的多媒体信息规定一种标准化的描述，这种描述与多媒体信息的内容本身一起，支持用户对其感兴趣的各种“资料”快速、有效地检索。这些“资料”包括静止图像、图形、音频、动态视频以及如何将这些元素组合在一起的合成信息。MPEG-7 标准将用于数字化图书馆、多媒体目录服务、广播式媒体选择、多媒体编辑等领域。有关图像压缩标准的详细内容请参看文献[Gib00]。

## 8.6 重叠正交变换

基于块数据(block data)的变换，尤其是 DCT 变换，已广泛应用于语音和图像的压缩。然而，这些基于块数据的变换方法有一个严重的缺点，即块效应(block effect)。我们知道，利用 DCT 做图像压缩时是将一幅大的图像分成 8×8 或 16×16 的子图像分别实现的，这样，由于各个变换块之间的不连续性以及微小的边界误差就产生了块效应。块效应将导致重建图像上出现较明显的方格,或是在重建的语音信号中掺杂可以听到的周期性的噪声。去除块效应的一个最直接的方法是采用反滤波法,即将解码后的图像或信号做低通滤波,将块边界处的"突跳"滤平。但这样做的代价是使图像的细节也随之减少,从而使重建图像的质量变坏。20 世纪 80 年代提出的重叠正交变换[Mal92](lapped orthogonal transform, LOT)是专门针对解决块效应问题而提出的,它有着一些特殊的优点,现对该算法给以简要的介绍。

对一维数据 $x$,若每一小段的长度均为 $M$,记其每一小段为 $x_i$,由式(8.3.4),对每一小段的离散余弦变换是

$$\boldsymbol{X}_i = \boldsymbol{C}_M \boldsymbol{x}_i \tag{8.6.1}$$

式中,$\boldsymbol{C}_M$ 是 $M\times M$ 的正交阵,$\boldsymbol{X}_i$、$\boldsymbol{x}_i$ 是 $M\times 1$ 的列向量。$\boldsymbol{C}_M$ 的列向量(或行向量)即变换的基函数,或称为滤波器的单位抽样响应。LOT 算法的基本思路是在对 $x$ 进行分段时使数据产生重叠。最简单的重叠方法是令每一小段的长度 $L=2M$,在保证输出码流不变(与 DCT 相比)的情况下,增加滤波器的长度,使每次进行变换的数据块之间具有部分的重叠,从而克服了 DCT 变换时所产生的块效应,进而提高了重建图像或信号的质量。

LOT 的思路可用图 8.6.1 来说明。设待变换的数据为 $x(n)$,$n=-\infty\sim+\infty$,$\boldsymbol{P}^{\mathrm{T}}$ 是变换矩阵,其维数是 $M\times 2M$。那么,LOT 的正变换是

$$\boldsymbol{X}_i = \boldsymbol{P}^{\mathrm{T}} \boldsymbol{x}_i \tag{8.6.2}$$

式中,$\boldsymbol{x}_i$ 是 $2M\times 1$ 的列向量,而 $\boldsymbol{X}_i$ 是 $M\times 1$ 的列向量。在对 $x(n)$分段,也即形成 $\boldsymbol{x}_i$ 的过程中,令每一段的 $\boldsymbol{x}_i$ 都有 $M$ 点的重叠。如图 8.6.1 所示,假定 $\boldsymbol{x}_i$ 是 $x(-2M+1)\sim x(0)$,那么 $\boldsymbol{x}_{i+1}$ 将是 $x(-M+1)\sim x(M)$,以此类推。图中 $\boldsymbol{P}$ 是用于反变换的矩阵,其维数自然是 $2M\times M$。由于每一次正变换后的 $\boldsymbol{X}_i$ 都是 $M$ 点的变换结果,那么将这 $M$ 点的变换结果输入到反变换矩阵 $\boldsymbol{P}$,其输出必然是 $2M$ 点的数据,记为 $\hat{\boldsymbol{x}}_i$,即

$$\hat{\boldsymbol{x}}_i = \boldsymbol{P}\boldsymbol{X}_i \tag{8.6.3}$$

将每一次 $2M$ 点的输出再重叠 $M$ 个点后连接起来,就得到反变换后的信号 $\hat{x}(n)$。显然,$\hat{x}(n)$和 $x(n)$应该有同样的长度。

现对 LOT 变换与 DCT 变换进行比较。

LOT 变换中数据块的大小是 DCT 变换的 2 倍,即 $L=2M$。也就是说,如果 DCT 变换矩阵是 $M\times M$,则 LOT 的变换矩阵 $\boldsymbol{P}$ 是 $L\times M$。这样做的实质是增加滤波器的长度,同时为了输出码流的大小不发生改变,因此使变换结果之间再相互交叠,从而达到去除块效应的目的。

DCT 的变换矩阵 $\boldsymbol{C}_M$ 是正交矩阵,它是一个方阵;LOT 的变换矩阵 $\boldsymbol{P}$ 是长方矩阵,我们无法要求它是一个正交矩阵,但是希望它的各列之间仍然是正交的,即

$$\boldsymbol{P}^{\mathrm{T}}\boldsymbol{P} = \boldsymbol{I}_{M\times M} \tag{8.6.4}$$

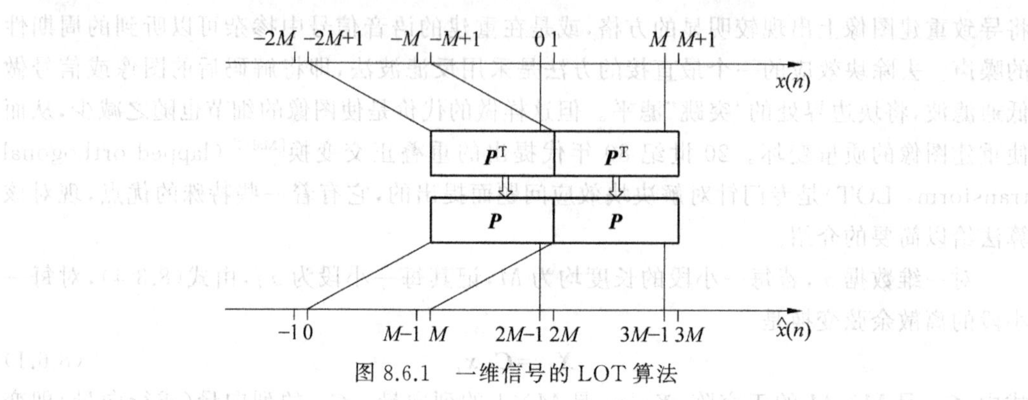


图 8.6.1　一维信号的 LOT 算法

$\boldsymbol{P}^{\mathrm{T}}$ 的每一行(或 $\boldsymbol{P}$ 的每一列)都可以看作 FIR 滤波器的单位抽样响应(或者是变换的基向量),与 DCT 变换(见图 8.3.1(b))相比,该单位抽样响应是由中间向两边逐渐衰减的,如图 8.6.2 所示。这样选择 $\boldsymbol{P}$ 就可以有效地克服在边界处由于跳变而产生的误差,这也就是 LOT 可以有效地抑制块效应的重要原因。

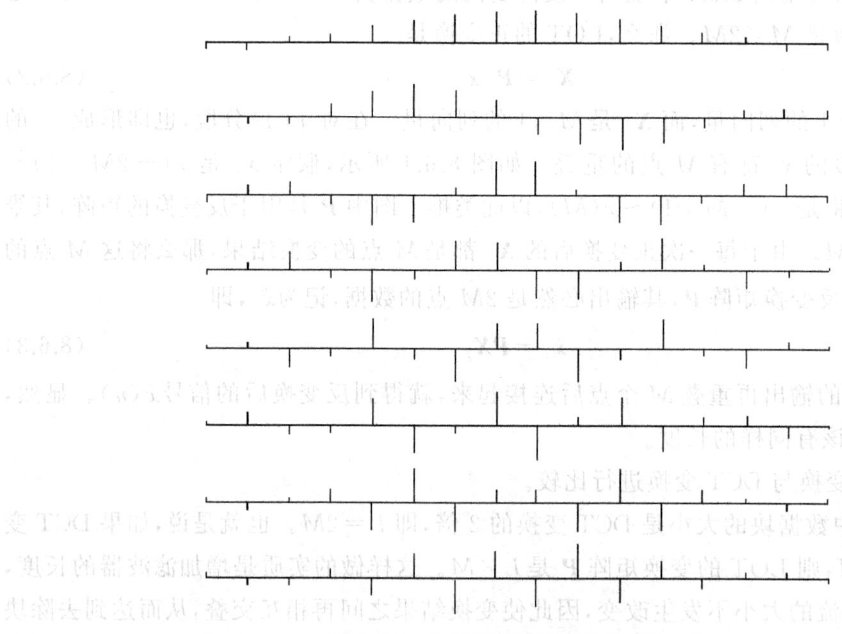

图 8.6.2　LOT 变换的基向量($M=8$)

由上面的讨论可知,实现 LOT 的关键是构造变换矩阵 $\boldsymbol{P}$。为了实现信号的准确重建,矩阵 $\boldsymbol{P}$ 除了满足式(8.6.4)外,还应满足

$$\boldsymbol{P}^{\mathrm{T}}\boldsymbol{W}\boldsymbol{P}=\mathbf{0},\quad \boldsymbol{W}=\begin{bmatrix}\mathbf{0} & \boldsymbol{I}\\ \mathbf{0} & \mathbf{0}\end{bmatrix} \tag{8.6.5}$$

式中，$\boldsymbol{W}$ 是 $2M\times 2M$ 方阵，此方阵中 $\boldsymbol{I}$ 是 $M\times M$ 的单位矩阵，其余3个零矩阵的维数都是$M\times M$。显然，$\boldsymbol{W}$ 是一移位矩阵，它将 $\boldsymbol{P}^{\mathrm{T}}$ 的 $M$ 行的前$M$ 个元素全都往后移了$M$ 个样本，空出的位置补零。为了搞清式(8.6.5)的含义，我们将 $\boldsymbol{P}^{\mathrm{T}}$ 写成分块矩阵的形式，即令 $\boldsymbol{P}^{\mathrm{T}}=[\boldsymbol{P}_1^{\mathrm{T}}\quad \boldsymbol{P}_2^{\mathrm{T}}]$，这样，式(8.6.5)变成

$$\boldsymbol{P}^{\mathrm{T}}\boldsymbol{W}\boldsymbol{P}=[\boldsymbol{P}_1^{\mathrm{T}}\quad \boldsymbol{P}_2^{\mathrm{T}}]\begin{bmatrix}\mathbf{0} & \boldsymbol{I}\\ \mathbf{0} & \mathbf{0}\end{bmatrix}\begin{bmatrix}\boldsymbol{P}_1\\ \boldsymbol{P}_2\end{bmatrix}=\boldsymbol{P}_1^{\mathrm{T}}\boldsymbol{P}_2=0$$

这一结果指出，矩阵 $\boldsymbol{P}$ 的 $M$ 列(基向量)不但要相互正交，而且每一列的前 $M$ 个样本要和任一列的后 $M$ 个样本正交。这一要求体现了重叠正交变换中变换的基向量前后两部分间的关系，这也正是重叠正交变换一词的由来。

文献[Mal92]给出了一个基于准最佳的方法来寻找局部最优的变换矩阵 $\boldsymbol{P}$ 的方法，此处不再讨论。例8.7.3介绍了LOT的应用，并给出了LOT快速计算的MATLAB文件。

## 8.7 与本章内容有关的MATLAB文件

与本章内容有关的MATLAB文件主要是如下一维和二维离散余弦变换的文件。

**1. dct.m**

**2. idct.m**

**3. dct2.m**

**4. idct2.m**

其中，1和3是正变换，2和4为反变换。

由于DCT主要是应用于数据和图像的压缩，因此希望原信号的能量在变换后能尽量集中在少数系数上，且这些大能量的系数能处在相对集中的位置，这将有利于进一步的量化和编码。但是，如果对整段的数据或整幅图像来作DCT，那就很难保证大能量的系数能处在相对集中的位置。因此，在实际的应用中，一般都是将数据分成一段一段来做，对图像一般是分成8×8或16×16的方块来做。

dct.m 的调用格式是

```
y=dct(x)或 y=dct(x, N)
```

x 是原始信号，y 是 x 的 DCT，N 是变换数据的长度。若 x 的长度小于 N，则在后面补零；反之，则给以截短。

dct2.m 的调用格式是

```
Y=dct2(X)或 Y=dct2(X, M, N)
```

X 是待变换的图像，Y 是 X 的二维 DCT，M、N 是变换图像的大小。若 X 的尺寸小于 M、N，则在后面补零；反之，则给以截短。

idct 和 idct2 的调用方法分别和 dct，dct2 的调用方法相同，下面用两个例子说明它们的应用。

**例 8.7.1**　调用 MATLAB 中的数据 noissin.dat，对其作一维 DCT 及逆 DCT，分段长度为 8。研究对 DCT 的结果舍去不同点数后的重建情况。

完成本例题的程序是 exa080701_dct1.m，这是一个函数子程序，调用该子程序的主程序是 exa080701_dct1_test。运行结果如图 8.7.1 所示，图(a)是原信号(图中纵坐标表示信号的幅度)，图(b)～(i)分别是将 DCT 结果从后往前依次舍去(置零)1～8 个点后重建的结果。显然，8 个点全舍去后，重建的信号全是零。

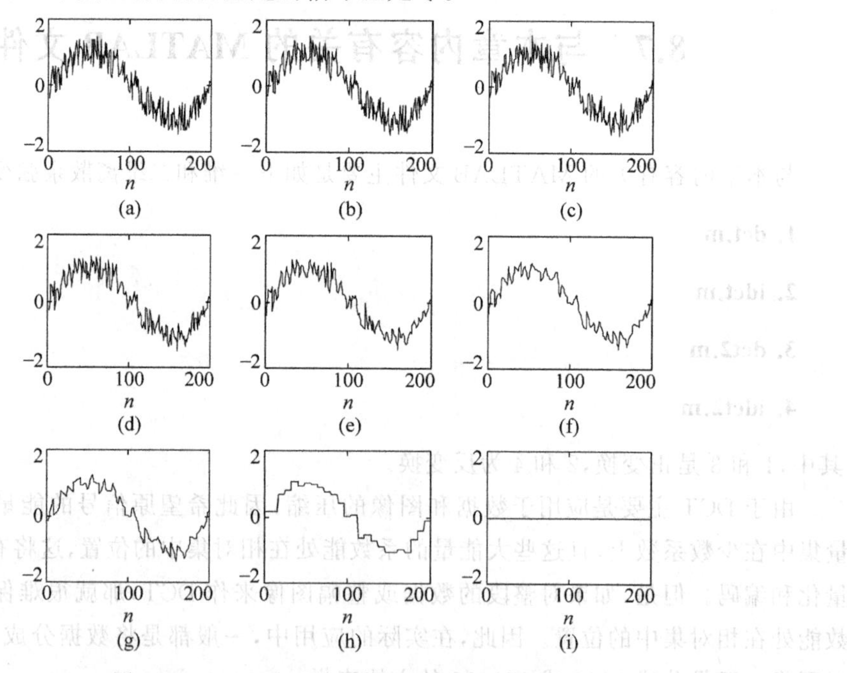


图 8.7.1　DCT 应用说明(信号长度 $N=200$)

**例 8.7.2** 本书所附图像数据 girl.bmp 是一个 128×128 的小女孩头像，对该图像作二维 DCT，并通过对变换后的某些系数置零以达到压缩的目的。

相应的程序是 exa080702_dct2，这也是一个函数子程序，调用时只需在该程序名后再加上(k)，然后回车即可。k 是在 0～7 之间的一个数，程序中将每一个变换子块的后 k 行、后 k 列置零。运行结果如图 8.5.2 所示。在本程序中，没有考虑 8.5.2 节中的量化及 Huffman 编码等过程，仅仅是将 DCT 变换后的矩阵的某些元素简单地置零。

**例 8.7.3** 调用 MATLAB 中的数据 noissin.dat，用重叠正交变换对其作一维 DCT 及逆 DCT，分段长度为 8，LOT 的长度为 16。观察本例和例 8.7.1 所给结果的区别。

实现本例的程序是 exa080703_LOT_1D.m，该程序还要调用程序 fast_LOT.m，后者用于实现快速 LOT 变换。请读者自己运行该程序，此处不再讨论。

# 小　　结

本章主要讨论正交变换。首先讨论了正交变换的基本概念，包括信号的正交分解、正交变换的性质及种类。然后介绍了 K-L 变换、离散余弦变换和离散正弦变换。此外还以图像压缩为例说明了 DCT 的应用及图像压缩的基本概念，最后简要介绍了为克服变换块效应而提出的重叠正交变换，即 LOT。

# 习题与上机练习

8.1　对 $x(n),n=0,1,\cdots,N-1$，文献[Bra86a]定义了其离散 Hartley(DHT)变换为

$$X_{\mathrm{H}}(k)=\frac{1}{N}\sum_{n=0}^{N-1}x(n)\operatorname{cas}\left(\frac{2\pi}{N}nk\right),\quad k=0,1,\cdots,N-1$$

式中

$$\operatorname{cas}\left(\frac{2\pi}{N}nk\right)=\cos\left(\frac{2\pi}{N}nk\right)+\sin\left(\frac{2\pi}{N}nk\right)$$

试证明 DHT 是正交变换，并给出 DHT 逆变换的表达式。

8.2　由习题 8.1 可以看出，DHT 是实变换，即实序列变换后仍然是实的。因此，DHT 的主要应用是代替 DFT 来实现信号的傅里叶变换。给定 $x(n),n=0,1,\cdots,N-$

1，试导出其 DFT 和 DHT 之间的关系，并说明如何利用 DHT 实现 DFT。

8.3　连续 Hartley 变换的核函数 $\operatorname{cas}(\Omega t)=\cos(\Omega t)+\sin(\Omega t)$，给定

$$x(t)=\begin{cases}1, & 0\leqslant t\leqslant 1\\ 0, & \text{其他}\end{cases}$$

试求出并画出 $X_{\mathrm{H}}(\Omega)$，并通过 $X_{\mathrm{H}}(\Omega)$ 求出并画出 $x(t)$ 傅里叶变换的实部与虚部。

8.4　同样由于 DHT 是实变换的特点，它的另一个应用是在实数域计算卷积。令 $x(n)$ 是 $x_1(n)$ 和 $x_2(n)$ 的循环卷积，三者的 DHT 分别是 $X_{\mathrm{H}}(k)$、$X_{1\mathrm{H}}(k)$ 和 $X_{2\mathrm{H}}(k)$，并记

$$P_a(k)=X_{1\mathrm{H}}(k)X_{2\mathrm{H}}(k),\quad P_b(k)=X_{1\mathrm{H}}(k)X_{2\mathrm{H}}(-k)$$

试证明

$$X_{\mathrm{H}}(k)=\frac{N}{2}[P_a(k)-P_a(-k)+P_b(k)+P_b(-k)]$$

并进一步说明由 $X_{\mathrm{H}}(k)$ 求出 $x(n)$ 的过程及乘法计算量。

8.5　对 DHT，试证明

$$\operatorname{cas}(\alpha+\beta)=\operatorname{cas}\alpha\cos\beta+\operatorname{cas}(-\alpha)\sin\beta$$

$$\operatorname{cas}(-\alpha)=\operatorname{cas}\alpha-2\sin\alpha=\cos\alpha-\sin\alpha$$

并利用这两个关系导出 DHT 的移位性质

$$\mathrm{DHT}[x(n+n_0)]=X_{\mathrm{H}}(k)\cos\left(\frac{2\pi}{N}n_0k\right)-X_{\mathrm{H}}(N-k)\sin\left(\frac{2\pi}{N}n_0k\right)$$

8.6　令 $x(n)$，$n=0, 1, \cdots, N-1$，试说明其 DCT-Ⅱ变换的 $X_{\mathrm{c}}(k)$ 可写成

$$X_{\mathrm{c}}(k)=\sqrt{\frac{2}{N}}\operatorname{Re}\left\{\mathrm{e}^{-\mathrm{j}k\pi/2N}\sum_{n=0}^{2N-1}x_{2N}(n)\mathrm{e}^{-\mathrm{j}\frac{2\pi}{2N}nk}\right\}$$

并说明 $x_{2N}(n)$ 和 $x(n)$ 有何关系，再说明如何由 DFT 计算 DCT。

8.7　文献[Wzd85]提出了离散 W 变换（DWT）的概念。对 $x(n)$，$n=0,1,\cdots,N-1$，定义

$$X_{\mathrm{w}}(k)=\sqrt{\frac{2}{N}}\sum_{n=0}^{N-1}x(n)\sin\left[\frac{\pi}{4}+(n+\alpha)(k+\beta)\frac{2\pi}{N}\right],\quad k=0,1,\cdots,N-1$$

式中，$\alpha$ 和 $\beta$ 分别是时域和频域参数，它们的取值可以是(0,0)、(1/2,0)、(0,1/2)、(1/2,1/2)中的任一个。因此，DWT 有 4 种形式。取 $\alpha=\beta=1/2$，这时的 DWT 不但可以像 DFT 那样得到信号整数倍的谐波，而且可以得到分数倍的谐波。第一种 DWT（对应 $\alpha=\beta=0$）的变换矩阵是

$$\boldsymbol{W}_N^{\mathrm{I}}=\sqrt{\frac{2}{N}}\sin\left(\frac{\pi}{4}+\frac{2\pi}{N}nk\right),\quad k=0,1,\cdots,N-1$$

(1) 试证明上式的 DWT 就是习题 8.1 定义的 DHT；

(2) 分别写出 $\boldsymbol{W}_N^{\mathrm{II}}$、$\boldsymbol{W}_N^{\mathrm{III}}$ 和 $\boldsymbol{W}_N^{\mathrm{IV}}$ 的表达式；

(3) 试证明

$$[\boldsymbol{W}_N^{\mathrm{I}}]^{-1}=[\boldsymbol{W}_N^{\mathrm{I}}]^{-\mathrm{T}}=[\boldsymbol{W}_N^{\mathrm{I}}]$$

$$[\boldsymbol{W}_N^{\mathrm{II}}]^{-1}=[\boldsymbol{W}_N^{\mathrm{II}}]^{-\mathrm{T}}=[\boldsymbol{W}_N^{\mathrm{III}}]$$

$$[\boldsymbol{W}_N^{\mathrm{IV}}]^{-1}=[\boldsymbol{W}_N^{\mathrm{IV}}]^{-\mathrm{T}}=[\boldsymbol{W}_N^{\mathrm{IV}}]$$

8.8　和4种形式的DWT相对应，离散余弦变换和离散正弦变换也各有4种形式。本章式(8.3.2)定义的DCT称为DCT-Ⅱ，而式(8.3.12)定义的DST称为DST-Ⅰ。其中DCT-Ⅲ和DST-Ⅲ的变换矩阵分别是

$$\boldsymbol{C}_N^{\mathrm{III}}=\sqrt{N/2}\,g_n\cos[n(k+1/2)\pi/N],\quad n,k=0,1,\cdots,N-1$$

$$\boldsymbol{S}_N^{\mathrm{III}}=\sqrt{N/2}\,g_n\sin[n(k-1/2)\pi/N],\quad n,k=1,2,\cdots,N$$

式中

$$g_j=\begin{cases}1/\sqrt{2}, & j=0 \text{ 或 } j=N\\ 1, & j\neq 0 \text{ 或 } j\neq N\end{cases}$$

试证明这两个矩阵是正交矩阵。

8.9　4种形式的DCT和DST在$\rho=-1\sim 0\sim +1$的不同取值时，对一阶马尔可夫过程有着不同的近似性能。本书所附子目录“习题8.9所需要的文献”下有三篇论文，请阅读它们后，总结和比较它们的近似性能。

*8.10　利用本书所附图像数据girl.bmp：

(1) 试利用文件dct2，对该图像进行压缩。压缩时可尝试对DCT变换后的系数采用不同的取舍方法，比较其压缩性能。

(2) 结合例8.5.2的量化方法，对每一个经DCT变换后的8×8矩阵先进行量化，再作Huffman编码，从而实现图像压缩。在一定压缩比的情况下，和(1)给出的图像质量相比较。

(3) 试用本书所附子程序fast_lot.m实现对该图像的变换及压缩，并和(1)给出的图像质量相比较。

# 第 9 章 信号处理中的若干典型算法

绪论已指出,数字信号处理有着广泛的应用,它几乎涉及所有的工程技术领域。因此,在数字信号处理的理论中就包含了许许多多针对不同学科领域的应用而提出的新理论和新算法。前 8 章较为详细地讨论了数字信号处理的基础理论,在此基础上,本章集中讨论几个在信号处理中具有代表性的算法。限于篇幅,这些介绍都是很基本的,对其中某一部分感兴趣的读者可进一步阅读所附的参考文献。

## 9.1 信号的抽取与插值

至今,我们讨论的信号处理的各种理论与算法都是把抽样频率 $f_s$ 视为恒定值,即在一个数字系统中只有一个抽样率。但在实际的工作中,经常会遇到抽样率转换问题,即要求一个数字系统能工作在多抽样率(multirate)状态,现举例说明这种情况。

① 通过一个数字电话系统传输的既有语音信号,也有传真(FAX)信号,甚至有视频信号,这些信号的频率成分相差甚远。因此,该系统应具有多种抽样频率并自动地完成抽样率的转换。

② 当需要将数字信号在两个具有独立时钟的数字系统之间传递时,要求该数字信号的抽样频率能根据时钟的不同而转换。

③ 对非平稳随机信号(如语音)作谱分析或编码时,对不同的信号段可根据其频率成分的不同而采用不同的抽样率,从而达到既满足抽样定理又最大限度地减少数据量的目的。

④ 对一个信号抽样时,若抽样频率过高,必然会造成数据的冗余。这时,希望能在该数字信号的基础上将抽样率减下来。

以上几方面都是希望能对抽样率进行转换,或要求数字系统工作在多抽样率状态。现在,建立在抽样率转换理论基础上的多抽样率数字信号处理已成为数字信号处理这一学科中的重要内容。

实现抽样率转换的方法有三个:一是若原模拟信号 $x(t)$ 可以再生,或是已记录下来,

那么可重新抽样；二是将 $x(n)$ 通过 D/A 变成模拟信号 $x(t)$ 后，对 $x(t)$ 经 A/D 再抽样；三是发展一套算法，对抽样后的数字信号 $x(n)$ 在"数字域"作抽样率转换，以得到新的抽样。方法一有时不现实，方法二要再一次地受到 D/A 和 A/D 量化误差的干扰，方法三当然是最理想的。

减少抽样率以去掉多余数据的过程称为信号的抽取(decimation)，增加抽样率以增加数据的过程称为信号的插值(interpolation)。本节仅讨论抽取和插值的一般概念。更多内容可参看文献[Hgs15]。

## 9.1.1 信号的抽取

设 $x(n)=x(t)|_{t=nT_s}$，如果希望将抽样频率 $f_s$ 减小到 $\frac{1}{M}f_s$，那么，一个最简单的方法是将 $x(n)$ 中每 $M$ 个点中抽取一个，依次组成一个新的序列 $x'(n)$，即

$$x'(n)=x(Mn), \quad n=-\infty\sim+\infty \tag{9.1.1}$$

为了便于讨论 $x'(n)$ 和 $x(n)$ 的时域及频域的关系，现定义一个中间序列 $x_1(n)$

$$x_1(n)=\begin{cases}x(n), & n=0,\pm M,\pm 2M,\cdots\\ 0, & \text{其他}\end{cases} \tag{9.1.2a}$$

或

$$x_1(n)=x(n)p(n)=x(n)\sum_{i=-\infty}^{\infty}\delta(n-Mi) \tag{9.1.2b}$$

式中，$p(n)$ 是一脉冲串序列，它在 $M$ 的整数倍处的值为 1，其余皆为零。式(9.1.1)和式(9.1.2)的含义如图 9.1.1 所示，图中 $M=3$。显然

$$\begin{aligned}X'(\mathrm{e}^{\mathrm{j}\omega})&=\sum_{n=-\infty}^{\infty}x'(n)\mathrm{e}^{-\mathrm{j}\omega n}=\sum_{n=-\infty}^{\infty}x(Mn)\mathrm{e}^{-\mathrm{j}\omega n}\\&=\sum_{n=-\infty}^{\infty}x_1(Mn)\mathrm{e}^{-\mathrm{j}\omega n}=X_1(\mathrm{e}^{\mathrm{j}\omega/M})\end{aligned} \tag{9.1.3a}$$

而

$$\begin{aligned}X_1(\mathrm{e}^{\mathrm{j}\omega})&=\sum_{n=-\infty}^{\infty}x(n)p(n)\mathrm{e}^{-\mathrm{j}\omega n}\\&=\sum_{n=-\infty}^{\infty}\left[x(n)\frac{1}{M}\sum_{k=0}^{M-1}\mathrm{e}^{\mathrm{j}2\pi nk/M}\right]\mathrm{e}^{-\mathrm{j}\omega n}\\&=\frac{1}{M}\sum_{k=0}^{M-1}X(\mathrm{e}^{\mathrm{j}(\omega-2\pi k/M)})\end{aligned} \tag{9.1.3b}$$

所以

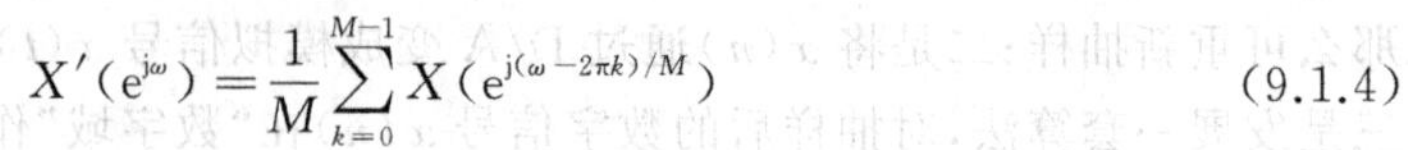

$$X'(\mathrm{e}^{\mathrm{j}\omega})=\frac{1}{M}\sum_{k=0}^{M-1}X(\mathrm{e}^{\mathrm{j}(\omega-2\pi k)/M})\tag{9.1.4}$$

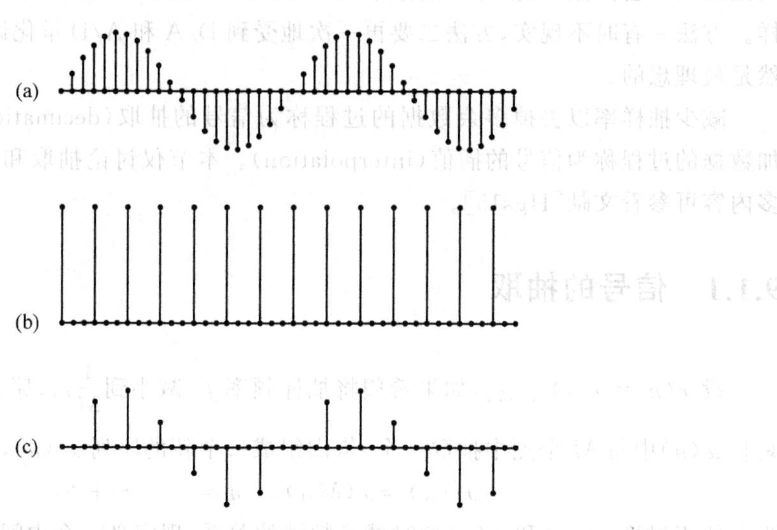


图 9.1.1 信号抽取示意图($M=3$,横坐标为抽样点数)

(a) 原信号 $x(n)$; (b) $p(n)$; (c) $x_1(n)$

式中,$X'(\mathrm{e}^{\mathrm{j}\omega})$、$X(\mathrm{e}^{\mathrm{j}\omega})$分别是 $x'(n)$ 和 $x(n)$ 的 DTFT。这样,$X'(\mathrm{e}^{\mathrm{j}\omega})$是原信号频谱 $X(\mathrm{e}^{\mathrm{j}\omega})$先作 $M$ 倍的扩展再在 $\omega$ 轴上每隔 $2\pi/M$ 的移位叠加,如图 9.1.2(b)、(c)所示,图中 $M=2$。

由抽样定理可知,在第一次对 $x(t)$ 抽样时,若保证 $f_s\geqslant 2f_c$,那么抽样的结果不会发生混叠,如图 9.1.2(a)、(b)所示。对 $x(n)$ 作 $M$ 倍抽取(图中用 $\boxed{\downarrow M}$ 表示)后得 $x'(n)$,若保证能由 $x'(n)$ 重建 $x(t)$,那么,$X'(\mathrm{e}^{\mathrm{j}\omega})$的一个周期$\left(-\dfrac{\pi}{M}\sim\dfrac{\pi}{M}\right)$也应等于 $X(\mathrm{j}\Omega)$,这要求抽样频率 $f_s$ 必须满足 $f_s\geqslant 2Mf_c$。如果不满足,那么 $X'(\mathrm{e}^{\mathrm{j}\omega})$将发生混叠,如图 9.1.2(c)所示。因为 $M$ 是可变的,所以很难要求在不同的 $M$ 下都保证 $f_s\geqslant 2Mf_c$。为此,我们可在抽取之前先对 $x(n)$ 作低通滤波,压缩其频带,然后再抽取,如图 9.1.2(d)所示。

令 $h(n)$ 为一理想低通滤波器,即

$$H(\mathrm{e}^{\mathrm{j}\omega})=\begin{cases}1, & |\omega|\leqslant\pi/M\\ 0, & \text{其他}\end{cases}\tag{9.1.5}$$

如图(e)所示。令滤波后的输出为 $v(n)$,则

$$v(n)=\sum_{k=-\infty}^{\infty}h(k)x(n-k)$$

再令对 $v(n)$ 抽取后的序列为 $y(n)$,则

$$y(n)=v(Mn)$$
$$=\sum_{k=-\infty}^{\infty}h(k)x(Mn-k) \tag{9.1.6}$$

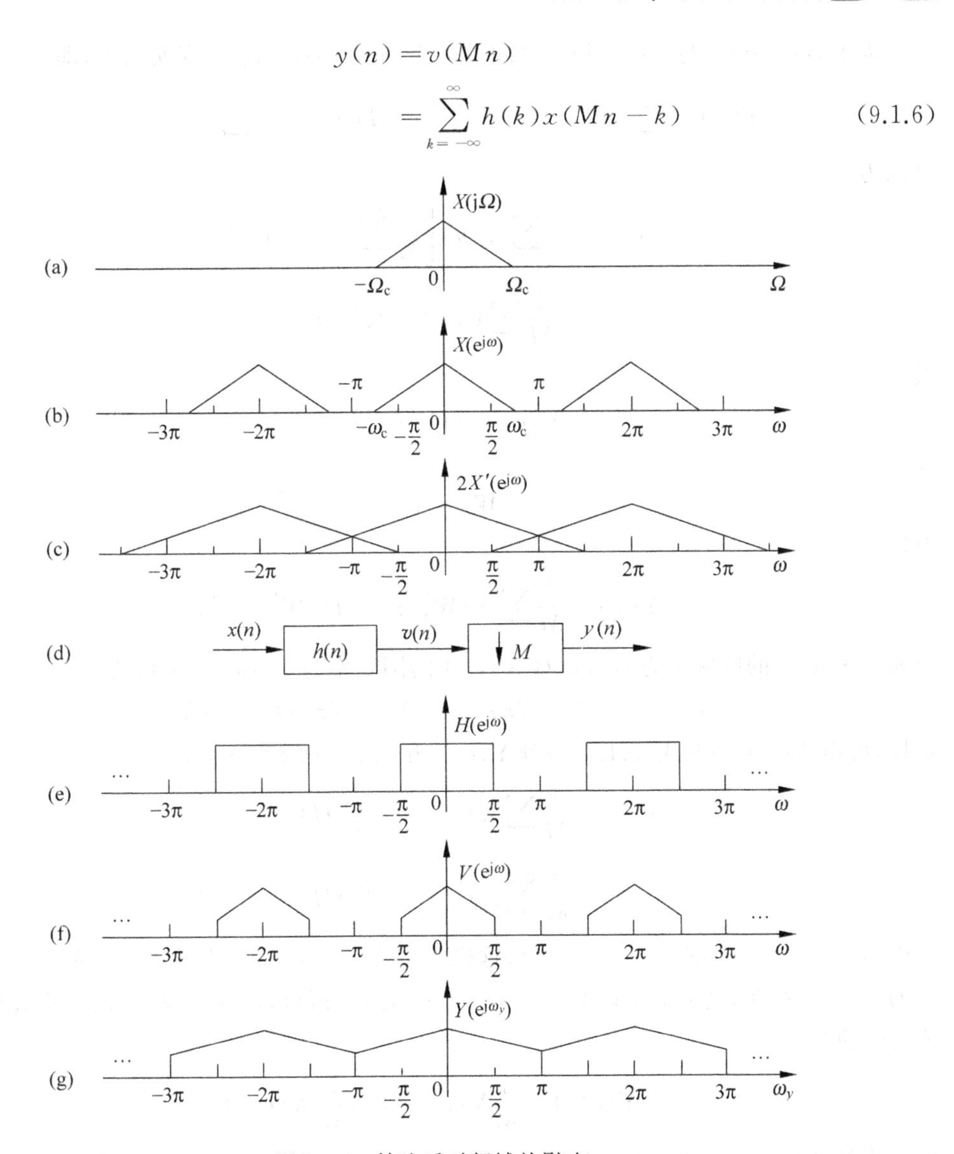


图 9.1.2 抽取后对频域的影响

(a) 原模拟信号 $x(t)$ 的频谱 $X(\mathrm{j}\Omega)$； (b) $x(n)$ 的频谱 $X(\mathrm{e}^{\mathrm{j}\omega})$，没有发生混叠；

(c) 作 $M=2$ 倍的抽取，$X'(\mathrm{e}^{\mathrm{j}\omega})$ 中发生混叠； (d) 对 $x(n)$ 先作低通滤波再抽取；

(e) 低通滤波器的频谱； (f) 对 $x(n)$ 滤波后的频谱 $V(\mathrm{e}^{\mathrm{j}\omega})$；

(g) 对 $v(n)$ 作抽取得 $y(n)$，在 $(-\pi/M\sim\pi/M)$ 内 $Y(\mathrm{e}^{\mathrm{j}\omega_y})=\frac{1}{M}X(\mathrm{e}^{\mathrm{j}\omega_x})$

式中，$p(n)$ 由式(9.1.2b)给出。

为了看出 $y(n)$ 与 $x(n)$ 频谱之间的关系,先从 $y(n)$ 的 $Z$ 变换入手,即

$$Y(z)=\sum_{n=-\infty}^{\infty}y(n)z^{-n}=\sum_{n=-\infty}^{\infty}v(Mn)z^{-n}=\sum_{n=-\infty}^{\infty}v(n)z^{-n/M}$$

又因为

$$Y(z)=\sum_{n=-\infty}^{\infty}v(n)\left[\frac{1}{M}\sum_{k=0}^{M-1}\mathrm{e}^{\mathrm{j}2\pi kn/M}\right]z^{-n/M}$$
$$=\frac{1}{M}\sum_{k=0}^{M-1}V(\mathrm{e}^{-\mathrm{j}2\pi k/M}z^{1/M})$$

及

$$V(\mathrm{e}^{\mathrm{j}\omega})=H(\mathrm{e}^{\mathrm{j}\omega})X(\mathrm{e}^{\mathrm{j}\omega})$$

并令

$$W_M=\mathrm{e}^{-\mathrm{j}2\pi/M}$$

所以

$$Y(z)=\frac{1}{M}\sum_{k=0}^{M-1}X(W_M^k z^{1/M})H(W_M^k z^{1/M})\tag{9.1.7}$$

令相对 $Y(\mathrm{e}^{\mathrm{j}\omega})$ 的圆频率为 $\omega_y$,相对 $X(\mathrm{e}^{\mathrm{j}\omega})$ 的圆频率为 $\omega_x(\omega_x=\omega)$,则

$$\omega_y=2\pi f/f_y=2\pi f/(f_s/M)=2\pi Mf/f_s=M\omega_x\tag{9.1.8}$$

这样,可由式(9.1.7)及式(9.1.8)得到 $Y(\mathrm{e}^{\mathrm{j}\omega})$ 和 $X(\mathrm{e}^{\mathrm{j}\omega})$ 的关系 ,即

$$Y(\mathrm{e}^{\mathrm{j}\omega_y})=\frac{1}{M}\sum_{k=0}^{M-1}X(\mathrm{e}^{\mathrm{j}(\omega_y-2\pi k)/M})H(\mathrm{e}^{\mathrm{j}(\omega_y-2\pi k)/M})$$
$$=\frac{1}{M}\sum_{k=0}^{M-1}X(\mathrm{e}^{\mathrm{j}(\omega_x-2\pi k/M)})H(\mathrm{e}^{\mathrm{j}(\omega_x-2\pi k/M)})\tag{9.1.9}$$

式中,若 $|\omega_y|\leqslant\pi$,则 $|\omega_x|\leqslant\pi/M$,这也正是式(9.1.4)所给出的关系。但在上式中,由于 $H(\mathrm{e}^{\mathrm{j}\omega})$ 的存在,其频谱被限制在 $|\omega_x|\leqslant\pi/M$ 内,所以,可仅考虑 $\omega_y$ 的一个周期,故上式可化简为

$$Y(\mathrm{e}^{\mathrm{j}\omega_y})=\frac{1}{M}X(\mathrm{e}^{\mathrm{j}\omega_y/M})=\frac{1}{M}X(\mathrm{e}^{\mathrm{j}\omega_x})\tag{9.1.10}$$

以 $\omega$ 为轴的 $V(\mathrm{e}^{\mathrm{j}\omega})$ 如图 9.1.2(f) 所示。若以 $\omega_y$ 为轴,那么图(f) 的频率轴应扩展 $M$ 倍,如图(g) 所示。

### 9.1.2 信号的插值

如果将 $x(n)$ 的抽样频率 $f_s$ 增加到 $L$ 倍,得 $v(n)$,$v(n)$ 即是对 $x(n)$ 的插值,用符号 $\boxed{\uparrow L}$ 表示。插值的方法很多,一个最简单的方法是在 $x(n)$ 每相邻两个点之间补 $L-1$ 个

零，然后再对该信号作低通滤波处理。即令

$$v(n)=\begin{cases}x(n/L), & n=0,\pm L,\pm 2L,\cdots \\ 0, & \text{其他}\end{cases} \tag{9.1.11}$$

如图 9.1.3 所示。

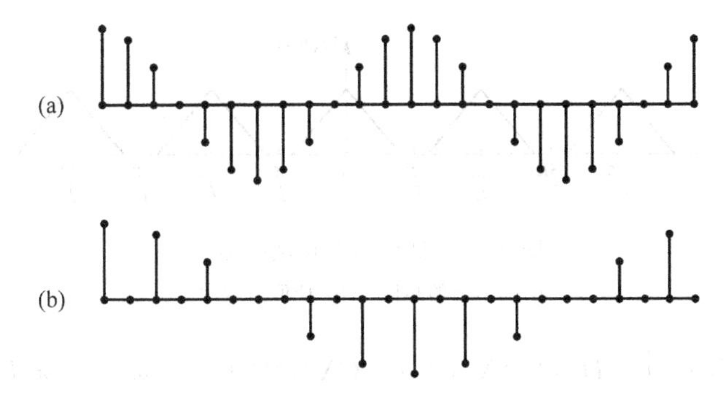


图 9.1.3 信号的插值

(a) 原信号 $x(n)$；(b) 插入 $L-1$ 个零后的 $v(n)$，$L=2$

记 $x(n)$、$v(n)$ 的 DTFT 分别为 $X(e^{j\omega_x})$、$V(e^{j\omega_y})$，由于

$$\omega_y=2\pi f/f_y=2\pi f/Lf_x=\omega_x/L \tag{9.1.12}$$

所以

$$V(e^{j\omega_y})=\sum_{n=-\infty}^{\infty}v(n)e^{-jn\omega_y}=\sum_{n=-\infty}^{\infty}x(n/L)e^{-jn\omega_y}$$

即

$$V(e^{j\omega_y})=X(e^{jL\omega_y})=X(e^{j\omega_x}) \tag{9.1.13}$$

若令

$$z=e^{j\omega_y}$$

则

$$V(z)=X(z^L)$$

因为 $\omega_x$ 的周期为 $2\pi$，所以 $\omega_y$ 的周期为 $2\pi/L$。式(9.1.13)说明，$V(e^{j\omega_y})$在$(-\pi/L\sim\pi/L)$内等于 $X(e^{j\omega})$，这相当于将 $X(e^{j\omega})$作了周期压缩，如图 9.1.4 所示，图中 $L=2$。

可以看出，插值以后，在原 $\omega_x$ 的一个周期内，$V(e^{j\omega_y})$变成了 $L$ 个周期，多余的 $L-1$ 个周期称为 $X(e^{j\omega_x})$的映像。当$|\omega_y|\leqslant\pi/L$ 时，$V(e^{j\omega_y})$单一地等于 $X(e^{j\omega_x})$。为此，在插值后仍需使用低通滤波器以截取 $V(e^{j\omega_y})$的一个周期，也即去掉多余的映像。为此，令

$$H(e^{j\omega_y})=\begin{cases}C, & |\omega_y|\leqslant\pi/L \\ 0, & \text{其他}\end{cases} \tag{9.1.14}$$

式中，$C$ 为常数，是定标因子。令 $v(n)$ 通过 $h(n)$ 后的输出为 $y(n)$（如图 9.1.5 所示），则

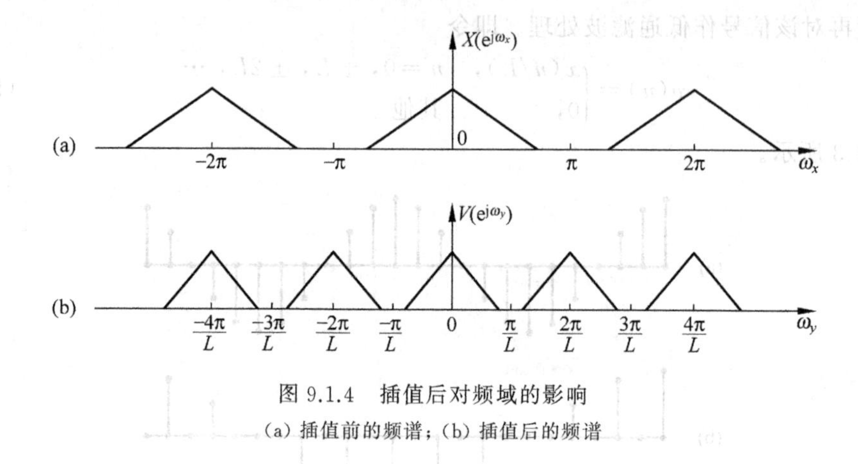


图 9.1.4　插值后对频域的影响

(a) 插值前的频谱；(b) 插值后的频谱

$$Y(e^{j\omega_y})=H(e^{j\omega_y})X(e^{j\omega_x})=CX(e^{jL\omega_y}),\quad |\omega_y|\leqslant\pi/L \tag{9.1.15}$$

因为

$$\begin{aligned}y(0)&=\frac{1}{2\pi}\int_{-\pi}^{\pi}Y(e^{j\omega_y})d\omega_y\\&=\frac{C}{2\pi}\int_{-\pi/L}^{\pi/L}X(e^{jL\omega_y})d\omega_y\\&=\frac{C}{L}\frac{1}{2\pi}\int_{-\pi}^{\pi}X(e^{j\omega_x})d\omega_x=\frac{C}{L}x(0)\end{aligned}$$

所以应取 $C=L$，以保证 $y(0)=x(0)$。

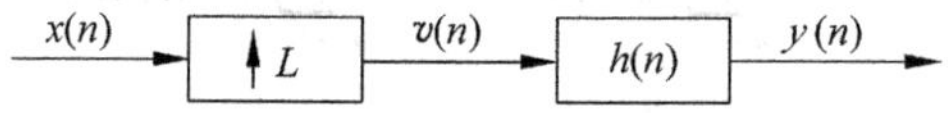

$x(n)$ → [$\uparrow L$] → $v(n)$ → [$h(n)$] → $y(n)$

图 9.1.5　插值后的滤波

在图 9.1.3 中，信号的插值虽然是靠插入 $L-1$ 个零来实现的，但将 $v(n)$ 通过低通滤波器后，这些零值点将不再是零，从而得到插值后的输出 $y(n)$。

## 9.1.3　抽取与插值相结合的抽样率转换

对给定的信号 $x(n)$，若希望将抽样率转变到 $L/M$ 倍，可以按 9.1.1 节与 9.1.2 节讨论的方法，先将 $x(n)$ 作 $M$ 倍的抽取，再作 $L$ 倍的插值来实现，或是先作 $L$ 倍的插值，再作 $M$ 倍的抽取。一般来说，抽取使 $x(n)$ 的数据点减少，会产生信息的丢失，因此，合理的方法是先对信号作插值，然后再抽取，如图 9.1.6 所示。图中插值和抽取工作在级联状态。图 9.1.6(a) 中滤波器 $h_1(n)$、$h_2(n)$ 所处理的信号的抽样率都是 $Lf_s$，因此可以将它们合起来变成一个滤波器，如图 9.1.6(b) 所示。令

$$H(e^{j\omega_v})=\begin{cases}L, & 0\leqslant|\omega_v|\leqslant\min\left(\dfrac{\pi}{L},\dfrac{\pi}{M}\right)\\0, & \text{其他}\end{cases}\tag{9.1.16}$$

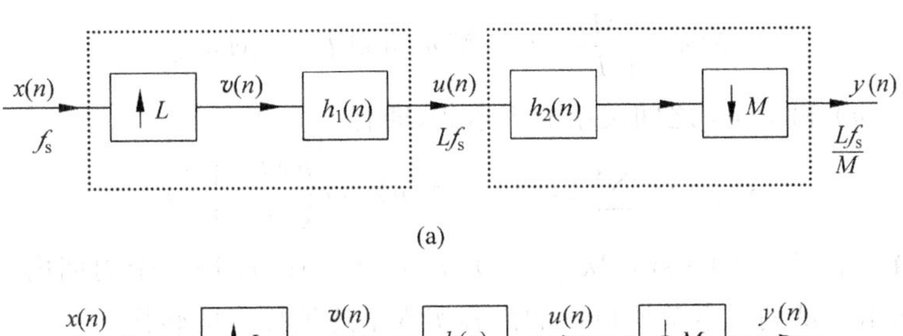


图 9.1.6 插值和抽取的级联实现

(a) 使用两个低通滤波器；(b) 使用一个低通滤波器

式中

$$\omega_v=2\pi f/f_v=2\pi f/Lf_s=\omega_x/L\tag{9.1.17}$$

现分析图 9.1.6(b)中各部分信号之间的关系。

式(9.1.11)已给出了 $x(n)$ 和 $v(n)$ 之间的关系，即

$$v(n)=\begin{cases}x(n/L), & n=0,\pm L,\pm 2L,\cdots\\0, & \text{其他}\end{cases}\tag{9.1.18}$$

又由于

$$\begin{aligned}u(n)&=v(n)*h(n)\\&=\sum_{k=-\infty}^{\infty}v(n-k)h(k)\\&=\sum_{k=-\infty}^{\infty}h(n-Lk)x(k)\end{aligned}\tag{9.1.19}$$

再由式(9.1.6)所给出的抽取器的基本关系，最后得到 $y(n)$和 $x(n)$之间的关系，即

$$y(n)=u(Mn)=\sum_{k=-\infty}^{\infty}h(Mn-Lk)x(k)\tag{9.1.20}$$

令

$$k=\left\lfloor\frac{nM}{L}\right\rfloor-i\tag{9.1.21}$$

式中，$\lfloor p\rfloor$表示求小于或等于 $p$ 的最大整数，这样，式(9.1.20) 可写成

$$y(n)=\sum_{i=-\infty}^{\infty}h\left(Mn-\left\lfloor\frac{Mn}{L}\right\rfloor L+iL\right)x\left(\left\lfloor\frac{Mn}{L}\right\rfloor-i\right)\tag{9.1.22}$$

由于

$$Mn-\left\lfloor\frac{Mn}{L}\right\rfloor L=Mn\ \mathrm{mod}\ L=\langle Mn\rangle_L$$

最后可得到 $y(n)$ 和 $x(n)$ 之间关系的表达式，即有

$$y(n)=\sum_{i=-\infty}^{\infty}h(iL+\langle Mn\rangle_L)x\left(\left\lfloor\frac{Mn}{L}\right\rfloor-i\right)\tag{9.1.23}$$

**例 9.1.1**　给定 $x(n)=\sin(2\pi nf/f_s)$，$f/f_s=1/16$，即每一个周期内有 16 个点（如图 9.1.7(e)所示），试利用本节所讨论的内容实现下述抽样率的转换。

(1) 作 $L=3$ 倍的插值，使每个周期变成 48 点；

(2) 作 $M=4$ 倍的抽取，使每个周期变成 4 点；

(3) 作 $L/M=3/4$ 倍的抽样率转换，即使每个周期变为 12 个点。

**解**　实现上述抽样率转换的关键是设计出高性能的低通滤波器。所谓高性能是指通带尽量平，阻带衰减尽量大，过渡带尽量地窄，且应是线性相位的，为此，用第 7 章的切比雪夫一致逼近法设计所需要的滤波器。

对问题(1)，由式(9.1.14)所设计的滤波器的技术指标是

$$H_d(\mathrm{e}^{\mathrm{j}\omega})=\begin{cases}L=3, & |\omega|\leqslant\pi/L=\pi/3\\0, & \text{其他}\end{cases}\tag{9.1.24}$$

式中，$|\omega|$的归一化值为 0.1667。

利用切比雪夫一致逼近法，令阶次 $N=33$，所得幅频响应如图 9.1.7(a)所示，其单位抽样响应如图 9.1.7(b)所示。调用 MATLAB 插值程序可实现对 $x(n)$的插值。共取了 3 个周期，即 48 个点。图 9.1.7(f)是经 $L=3$ 倍插值后的 $y(n)$，也是 48 个点，只包含 1 个周期。

对问题(2)，所需滤波器的技术指标应是（见式(9.1.5)）

$$H_d(\mathrm{e}^{\mathrm{j}\omega})=\begin{cases}1, & |\omega|\leqslant\pi/M=\pi/4\\0, & \text{其他}\end{cases}\tag{9.1.25}$$

式中，$|\omega|$的归一化值为 0.125。

同样取 $N=33$，设计出的滤波器的幅频特性如图 9.1.7(c)所示，抽样响应如图 9.1.7(d)所示。经 4 倍抽取后所得的 $y(n)$如图 9.1.7(g)所示，在 48 个点内含有 12 个周期。

对问题(3)，所设计的滤波器的技术指标应是

$$H_d(\mathrm{e}^{\mathrm{j}\omega})=\begin{cases}L=3, & |\omega|\leqslant\min(\pi/M,\pi/L)=\pi/4\\0, & \text{其他}\end{cases}\tag{9.1.26}$$

其幅频响应和抽样响应不再给出。图 9.1.7(h)是经 3/4 倍抽样率转换后的 $y(n)$，在

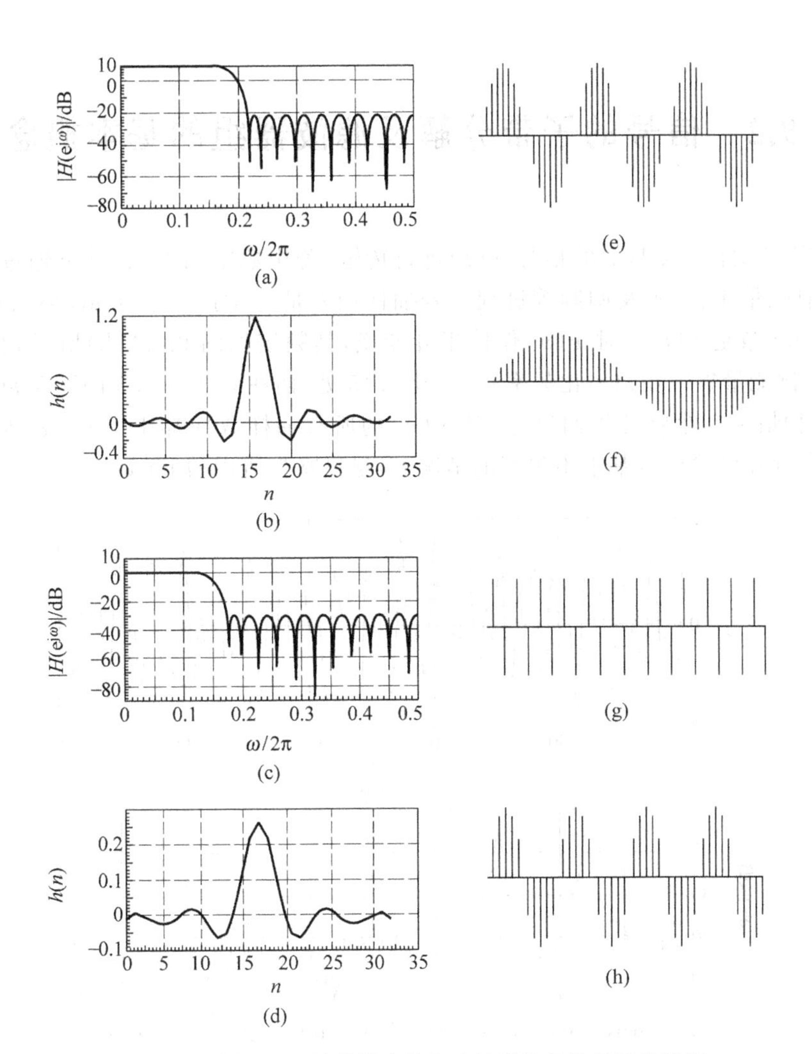


图 9.1.7 例 9.1.1 的抽样率转换滤波器及转换前后的数据

(a) $L=3$ 倍的插值所用滤波器的幅频响应；(b) $L=3$ 倍的插值所用滤波器的 $h(n)$；(c) $M=4$ 倍的抽取所用滤波器的幅频响应；(d) $M=4$ 倍的抽取所用滤波器的 $h(n)$；(e) 原信号 $x(n)$，48 点，3 个周期；(f) 经 $L=3$ 倍插值后的 $y(n)$，48 点，1 个周期；(g) 经 $M=4$ 倍抽取后的 $y(n)$，48 点，12 个周期；(h) 经 3/4 倍抽样率转换后的 $y(n)$，48 点，4 个周期

48 个点内共有 4 个周期。

有关抽取与插值的 MATLAB 文件的介绍见 9.8 节。

## 9.2 信号的子带分解及滤波器组的基本概念

假定需要对图 9.2.1(a)的信号 $x(t)$进行传输，若用数字的方法，其传输过程包括对 $x(t)$的抽样、量化、编码及调制等过程。若抽样频率是 $f_s$，字长为 16bit，那么其 1s 数据所需要的 bit 数是 $16f_s$。对 $x(n)$作傅里叶变换，其频谱如图 9.2.1(b)所示，我们发现，$x(n)$的频谱能量集中在归一化频率 0.08 及 0.15 处，而在 0.25～0.5 的频率范围内能量很小。这种情况自然启发我们思考，对 $x(n)$的所有抽样数据都用 16bit 表达是否太浪费，能否保证在传输信号基本不失真的情况下，尽量减少所用的 bit 数。

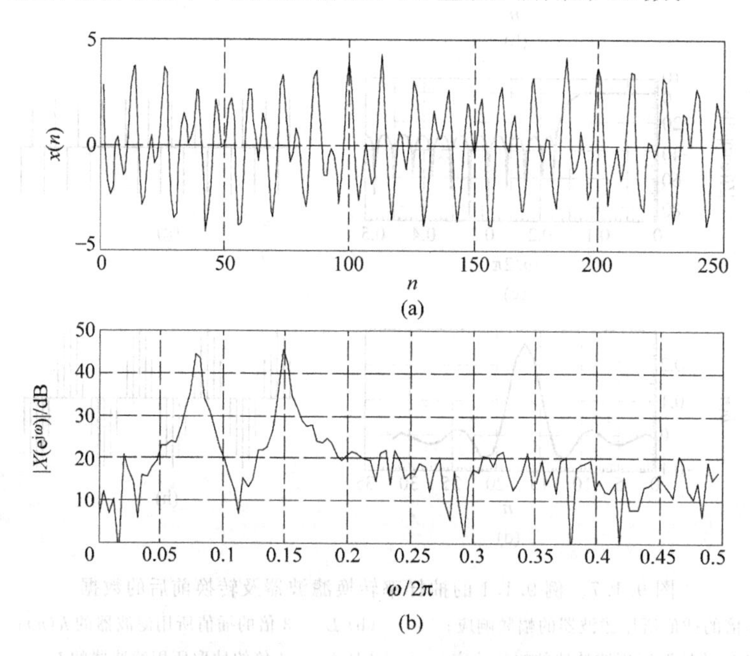


图 9.2.1 $x(t)$的时域波形及频谱

(a) 时域波形；(b) 频谱

由于 $x(n)$的频谱在 0～0.5 的分布不均匀，我们设想可分别用低通和高通滤波器对 $x(n)$作滤波处理。设低通滤波器 $H_0(z)$的频带在 0～0.25(即 0～π/2)，高通滤波器 $H_1(z)$的频带在 0.25～0.5(即 π/2～π)，如图 9.2.2(b)所示。令 $H_0(z)$的输出为 $x_0(n)$，$H_1(z)$的输出为 $x_1(n)$，这一滤波过程如图 9.2.2(a)所示，$x_0(n)$、$x_1(n)$分别如图(c)、(d)所示，其频谱分别如图(e)、(f)所示，显然，$x_1(n)$中几乎不包含有用的信息，而

$x_0(n)$应是由两个正弦信号加白噪声所组成。实际上，本例的 $x(n)$也正是由两个归一化频率分别为 0.08 及 0.15 的正弦信号加一定强度的白噪声所组成的。

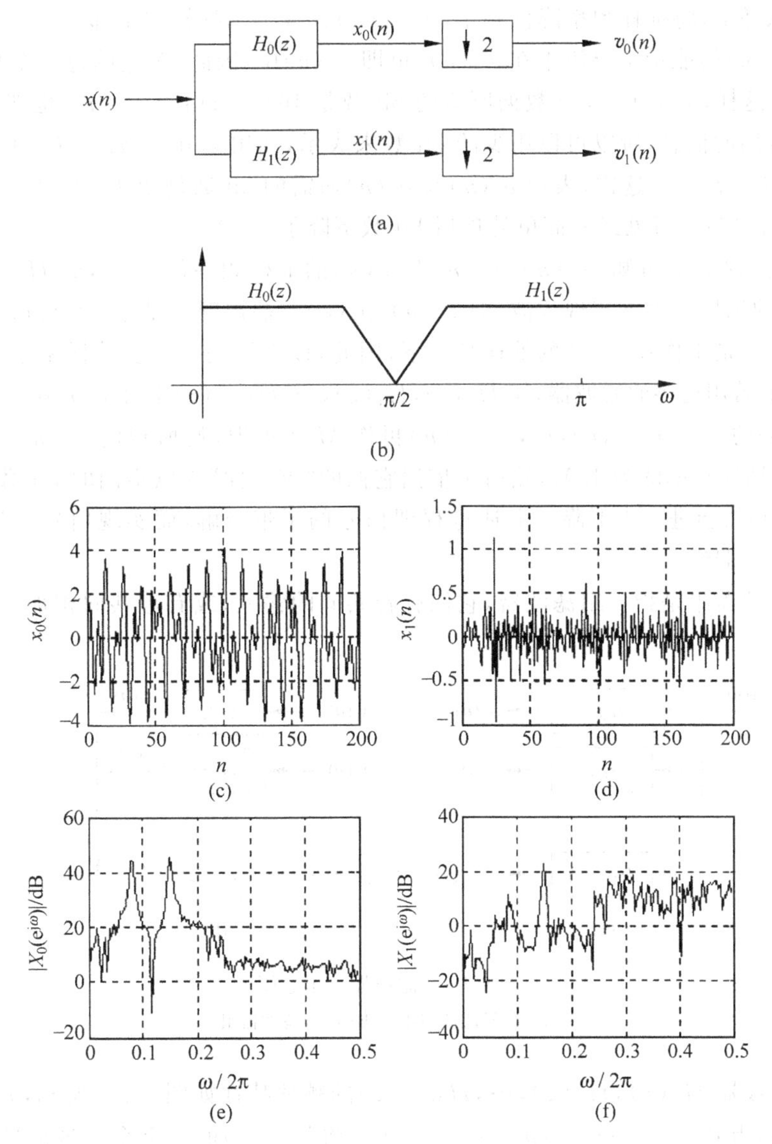


图 9.2.2　对 $x(n)$分解的过程

(a) 用 $H_0(z)$、$H_1(z)$分别对 $x(n)$滤波；(b) $H_0(z)$、$H_1(z)$的频带示意图；

(c) $x_0(n)$；(d) $x_1(n)$；(e) $|X_0(e^{j\omega})|$；(f) $|X_1(e^{j\omega})|$

由于 $x_0(n)$的带宽在 $0\sim\pi/2$，$x_1(n)$的带宽在 $\pi/2\sim\pi$，它们均比原信号 $x(n)$的带宽

$(0\sim\pi)$减小了一半。由此可以想到，对 $x_0(n)$ 和 $x_1(n)$ 的抽样频率没有必要再用 $f_s$，仅用 $f_s/2$ 就够了(即满足抽样定理)。因此，图 9.2.2(a)的 $x_0(n)$ 和 $x_1(n)$ 的后面均跟随了一个二抽取环节，将抽样频率降低一半，即 $v_0(n)$、$v_1(n)$ 的抽样频率都是 $f_s/2$。

由于 $x(n)$ 的能量主要集中在 $x_0(n)$，也即 $v_0(n)$ 中，因此，对它的每一个抽样点仍用16bit 表示，这样，对 $v_0(n)$，1s 数据所需的 bit 数是 $16f_s/2$；由于 $x_1(n)$，也即 $v_1(n)$ 中几乎不包含有用的信息，所以可以用少的 bit 数来表示，如用 4bit，那么，$v_1(n)$ 的 1s 数据所需的 bit 数是 $4f_s/2$。这样，表示 $v_0(n)$ 及 $v_1(n)$ 所需的 bit 数是 $20f_s/2=10f_s$，而原来表示 $x(n)$ 时是 $16f_s$，可见经此简单处理后 bit 数下降了近 40%。

分析图 9.2.2(a)可知，$x_0(n)$、$x_1(n)$ 及 $x(n)$ 的抽样频率都是 $f_s$，而 $H_0(z)$、$H_1(z)$ 也是在 $f_s$ 的抽样频率下实现滤波，但 $v_0(n)$、$v_1(n)$ 的抽样频率是 $f_s/2$，在这之后对它们的处理环节均是工作在 $f_s/2$ 的抽样频率下，因此，该系统是一个多抽样率系统。读者可以想象得到，若用更多的滤波器，如 $H_0(z),H_1(z),\cdots,H_{M-1}(z)$ 来对 $x(n)$ 作等频带间隔的分解，对得到的 $x_0(n),x_1(n),\cdots,x_{M-1}(n)$ 再作 $M$ 倍抽取，使所得的 $v_0(n),v_1(n),\cdots,v_{M-1}(n)$ 的抽样频率降为 $1/M$，然后再依据它们的“重要性”给以不同的 bit 数，那么所传输的 bit 流必然会进一步下降。上述过程即信号的子带分解，而实现信号子带分解的基本工具是滤波器组。

一个滤波器组是指一组滤波器，它们有着共同的输入，或有着共同相加后的输出，如图 9.2.3 所示。

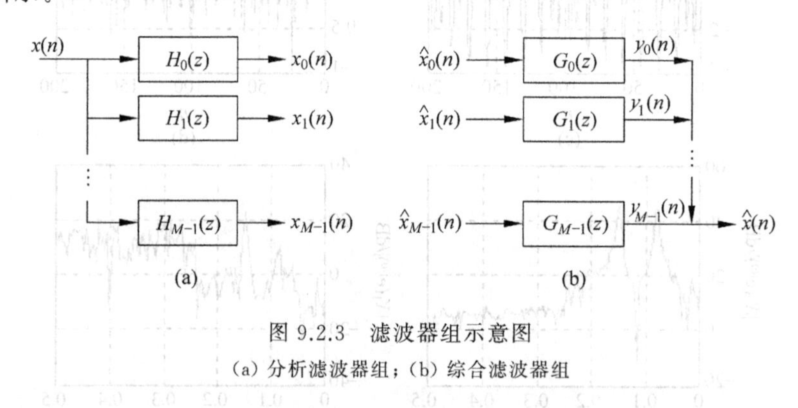


图 9.2.3 滤波器组示意图

(a) 分析滤波器组；(b) 综合滤波器组

假定滤波器 $H_0(z),H_1(z),\cdots,H_{M-1}(z)$ 的频率特性如图 9.2.4 所示，$x(n)$ 通过这些滤波器后，得到的 $x_0(n),x_1(n),\cdots,x_{M-1}(n)$ 将是 $x(n)$ 的一个个子带信号，它们的频谱相互之间基本上没有交叠。由于 $H_0(z),H_1(z),\cdots,H_{M-1}(z)$ 的作用是将 $x(n)$ 作子带分解，因此称它们为分析滤波器组，如图 9.2.3(a)所示。

在图 9.2.3(b)中，$M$ 个信号 $\hat{x}_0(n),\hat{x}_1(n),\cdots,\hat{x}_{M-1}(n)$ 分别通过滤波器 $G_0(z)$，$G_1(z),\cdots,G_{M-1}(z)$，所产生的输出分别是 $y_0(n),y_1(n),\cdots,y_{M-1}(n)$。这 $M$ 个信号相

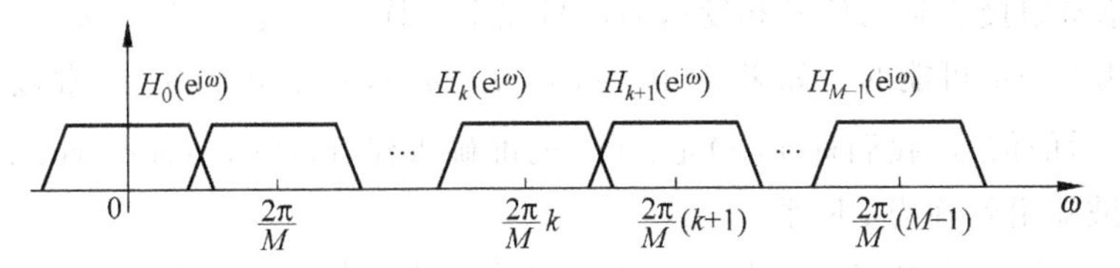


图 9.2.4 分析滤波器组的频率响应

加后得到的是信号 $\hat{x}(n)$。显然，$G_0(z),G_1(z),\cdots,G_{M-1}(z)$是综合滤波器组，其任务是将 $M$ 个子信号 $\hat{x}_0(n),\hat{x}_1(n),\cdots,\hat{x}_{M-1}(n)$综合为单一的信号 $\hat{x}(n)$。

前已述及，将 $x(n)$分成 $M$ 个子带信号后，这 $M$ 个子带信号的带宽将是原来的 $1/M$。因此，它们的抽样率可降低到 $1/M$ 倍。这样，在分析滤波器组 $H_0(z),H_1(z),\cdots,H_{M-1}(z)$后还应分别加上一个 $M$ 倍的抽取器，如图 9.2.5 所示。图中 $H_0(z),H_1(z),\cdots,H_{M-1}(z)$工作在抽样频率 $f_s$ 状态下，而 $v_0(n),v_1(n),\cdots,v_{M-1}(n)$是处在低抽样频率状态($f_s/M$)下。我们希望重建后的信号 $\hat{x}(n)$等于原信号 $x(n)$，或是对 $x(n)$好的近似，那么，首先应保证 $\hat{x}(n)$和 $x(n)$的抽样频率一致。因此，在综合滤波器组 $G_0(z),G_1(z),\cdots,G_{M-1}(z)$之前还应加上一个 $M$ 倍的插值器，如图 9.2.5 所示。该图即是一个完整的 $M$ 通道滤波器组，图中中间部分的信号已重新作了定义。

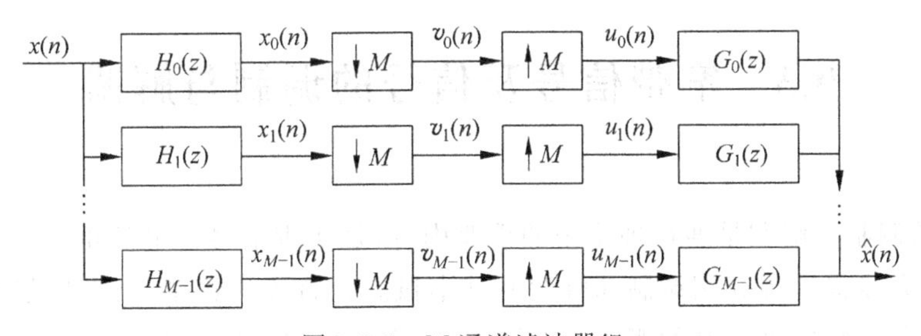


图 9.2.5 $M$ 通道滤波器组

图中，$H_0(z),H_1(z),\cdots,H_{M-1}(z)$的作用是将原 $x(n)$分成 $M$ 个子带信号，同时作为抽取前的抗混叠滤波器。同理，$G_0(z),G_1(z),\cdots,G_{M-1}(z)$起到信号重建的作用，实质上是插值后去除映像的滤波器。

也许读者会问，图中 $M$ 倍抽取后又紧跟 $M$ 倍的插值，二者的作用不是抵消了吗？实际上并非如此。前已述及，对 $x(n)$分解成 $x_0(n),x_1(n),\cdots,x_{M-1}(n)$后再抽取，得到 $v_0(n),v_1(n),\cdots,v_{M-1}(n)$，其目的是在低抽样频率状态下针对它们能量分布的特点给出不同的处理。这些处理或编码后的信号在送到插值器之前可能要经过很长的传输距离，因此图中的抽取和插值环节都是必要的。

将信号 $x(n)$通过分解、处理和综合后得到 $\hat{x}(n)$，我们希望 $\hat{x}(n)=x(n)$，例如，在通信中，我们总希望接收到的信号和发送的信号完全一样。但是，要求$\hat{x}(n)=x(n)$是非常困难的，也几乎是不可能的。如果$\hat{x}(n)=cx(n-n_0)$，式中$c$和$n_0$是常数，即$\hat{x}(n)$是$x(n)$纯延迟后的信号，我们称$\hat{x}(n)$是$x(n)$的准确重建(perfect reconstruction，PR)。实现PR的滤波器组就称为PR系统。

在图9.2.5的系统中，$\hat{x}(n)$对$x(n)$的失真主要来自如下3方面。

(1) 混叠失真。这是由于分析滤波器组和综合滤波器组的频带不能完全分开及$x(n)$的抽样频率$f_s$不能大于其最高频率成分的$M$倍所致。

(2) 幅度及相位失真。这两项失真是由于分析及综合滤波器组的频带在通带内不是全通函数，而其相频特性不具有线性相位所致。

(3) 对$x_0(n),x_1(n),\cdots,x_{M-1}(n)$作$M$倍抽取后再作处理(如编码)所产生的误差(如量化误差)。

上述误差来源中，第三种来源于信号编码或处理算法，它和滤波器组无关，因此，在滤波器组的理论中，研究最多的是如何消除第一类和第二类失真，或是着重消除其中的一种。滤波器组的理论主要集中在如何实现输出对输入的准确重建及如何设计出所需要的各种类型的滤波器组。有关的详细内容可参看文献[Cro83]和[Vai93]。

# 9.3 窄带信号及信号的调制与解调

信号的调制与解调是通信理论中的重要内容，是实现信号传输的重要手段。本节从信号处理的角度简单地介绍调制和解调的基本概念。首先讨论窄带信号，然后介绍通信中最为简单的模拟幅度调制的概念，最后给出窄带信号的抽样定理。

## 9.3.1 窄带信号

考虑信号

$$x(t)=a(t)\cos(\Omega_0 t+\varphi(t)) \tag{9.3.1}$$

式中，$a(t)$是一个低频的带限信号，且其最高频率$\Omega_h$远小于正弦信号的频率$\Omega_0$，$\varphi(t)$是正弦信号的初相位，现假定它是一个常数。显然，$a(t)\cos(\Omega_0 t+\varphi(t))$的频谱是$a(t)$的频谱$A(\mathrm{j}\Omega)$在$\Omega$轴上做$\pm\Omega_0$移位后的叠加，即

$$X(\mathrm{j}\Omega)=\frac{1}{2}[A(\mathrm{j}\Omega+\mathrm{j}\Omega_0)+A(\mathrm{j}\Omega-\mathrm{j}\Omega_0)] \tag{9.3.2}$$

假定 $a(t)$ 为一 sinc 信号，如图 9.3.1(a)所示，其幅频响应如图 9.3.1(b)所示，那么，$|X(j\Omega)|$ 如图 9.3.1(f)所示。可以看出，$X(j\Omega)$ 仅在

$$\Omega_0-\Omega_h<|\Omega|<\Omega_0+\Omega_h$$

的范围内有值，其余皆为零。$x(t)$ 的有效带宽 $B=2\Omega_h$，远小于其中心频率 $\Omega_0$，我们称这样的信号为窄带信号或带通信号。显然，$x(t)$ 是慢变信号 $a(t)$ 被一快变的正弦信号调制所得到的。我们称 $a(t)$ 为待调制信号(modulating signal)或基带信号，$\cos(\Omega_0 t+\varphi(t))$ 为载波信号(carrier signal)，如图 9.3.1(c)所示，图 9.3.1(d)是载波信号的频谱。$x(t)$ 称为调制信号(modulated signal)。$a(t)$ 自身的变化反映在载波信号的包络上，如图 9.3.1(e)所示。所以，式(9.3.1)的调制称为幅度调制(amplitude modulation, AM)。

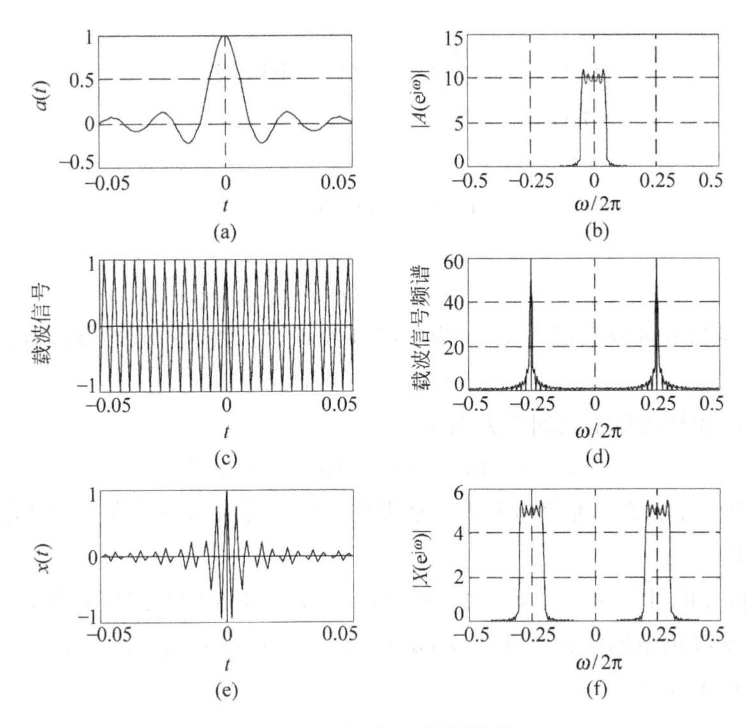


图 9.3.1　幅度调制的说明

(a) 待调制信号 $a(t)$；(b) $a(t)$ 的频谱；(c) 载波信号；
(d) 载波信号的频谱；(e) 调制信号 $x(t)$；(f) $x(t)$ 的频谱

将式(9.3.1)展开，有

$$x(t)=a(t)\cos(\Omega_0 t)\cos\varphi(t)-a(t)\sin(\Omega_0 t)\sin\varphi(t)$$

定义

$$a_c(t)=a(t)\cos\varphi(t)$$

$$a_s(t)=a(t)\sin\varphi(t)$$

则

$$x(t)=a_c(t)\cos(\Omega_0 t)-a_s(t)\sin(\Omega_0 t) \tag{9.3.3}$$

因为正弦函数和余弦函数的相位相差 90°，所以把 $a_c(t)\cos(\Omega_0 t)$ 和 $a_s(t)\sin(\Omega_0 t)$ 分别称为 $x(t)$ 的同相分量(in-phase components)和垂直分量(quadrature components)。

式(9.3.1)称为窄带信号的第一种表示形式，而式(9.3.3)称为窄带信号的第二种表示形式。再假定 $a(t)$ 为实信号，不难证明，式(9.3.1)的 $x(t)$ 的希尔伯特变换(希尔伯特变换的定义见 3.10 节)是

$$\hat{x}(t)=a(t)\sin(\Omega_0 t+\varphi(t))$$

其解析信号

$$\begin{aligned} z(t)&=a(t)[\cos(\Omega_0 t+\varphi(t))+\mathrm{j}\sin(\Omega_0 t+\varphi(t))]\\ &=a(t)\mathrm{e}^{\mathrm{j}\varphi(t)}\mathrm{e}^{\mathrm{j}\Omega_0 t} \end{aligned} \tag{9.3.4}$$

记

$$x_a(t)=a(t)\mathrm{e}^{\mathrm{j}\varphi(t)}$$

则

$$z(t)=x_a(t)\mathrm{e}^{\mathrm{j}\Omega_0 t} \tag{9.3.5}$$

$x_a(t)$ 称为窄带信号的复数包络，$a(t)$ 为包络函数，$\varphi(t)$ 为相位函数。由此可得

$$x_a(t)=a_c(t)+\mathrm{j}a_s(t)$$

调制信号 $x(t)$ 和复数包络之间的关系是

$$x(t)=\mathrm{Re}[z(t)]=\mathrm{Re}[x_a(t)\mathrm{e}^{\mathrm{j}\Omega_0 t}] \tag{9.3.6}$$

该式称为窄带信号的第三种表示形式。窄带信号的 3 种表示形式在调制理论的讨论中都有重要的应用。

由解析信号的性质可知，$z(t)$ 的频谱 $Z(\mathrm{j}\Omega)$ 等于将 $X(\mathrm{j}\Omega)$ 的负频率处置零，正频率处乘以 2，而复数包络的频谱等于将 $Z(\mathrm{j}\Omega)$ 左移 $\Omega_0$，它们分别如图 9.3.2(a)、(b)所示。

由式(9.3.6)，由于

$$\begin{aligned} x(t)&=\frac{1}{2}[z(t)+z^*(t)]\\ &=\frac{1}{2}[x_a(t)\mathrm{e}^{\mathrm{j}\Omega_0 t}+x_a^*(t)\mathrm{e}^{-\mathrm{j}\Omega_0 t}] \end{aligned} \tag{9.3.7}$$

所以

$$X(\mathrm{j}\Omega)=\frac{1}{2}[X_a(\mathrm{j}\Omega-\mathrm{j}\Omega_0)+X_a^*(-\mathrm{j}\Omega-\mathrm{j}\Omega_0)] \tag{9.3.8}$$

该式指出，窄带信号 $x(t)$ 的频谱 $X(\mathrm{j}\Omega)$ 可由其复数包络的频谱做移位叠加而得到。等效

地说，一个实值的窄带信号 $x(t)$ 可由一个低通的复信号 $x_a(t)$ 来表示。它们的时域关系由式(9.3.6)给出，频域关系由式(9.3.8)给出。

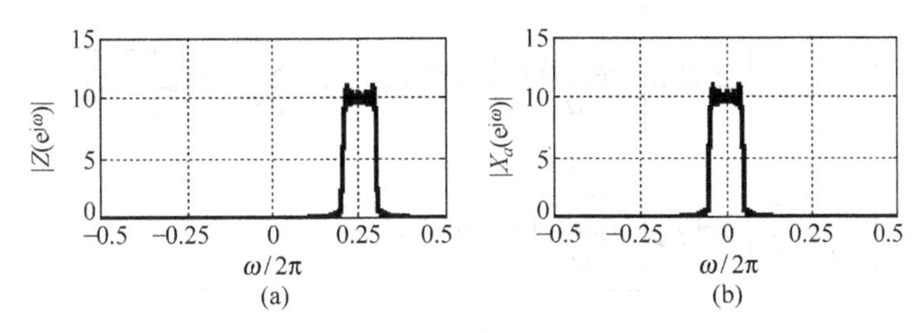


图 9.3.2 解析信号及复数包络的频谱

(a) $x(t)$的解析信号的频谱；(b) $x(t)$的复数包络的频谱

如果 $\varphi(t)=0$，则 $a_c(t)=a(t)$，$a_s(t)=0$，$x_a(t)=a_c(t)=a(t)$。这时，式(9.3.7)等效于式(9.3.1)，式(9.3.8)等效于式(9.3.2)。

## 9.3.2 信号的调制与解调

通信的目的是把语音、数据等通过各种传输介质从信源传送到接收端。传输介质或是一对电线，或是同轴电缆，或是光纤，等等。传输介质又称为通信通道，或简称为信道。所传输的信号可能是模拟的，也可能是数字的。不论哪一种信号，在传输之前都要进行调制，其原因如下。

要传输的信号，特别是语音和数据，都是低频信号。这样的信号如直接通过信道传输，将会产生严重的衰减，且易受噪声的干扰。9.3.1 节介绍的窄带信号实际上就是把低频信号 $a(t)$ 的频谱搬移到高频处所得到的，这一频谱搬移的过程即信号的幅度调制。传输的是调制信号 $x(t)$，在接收端通过解调即可得到实际所要传输的信号 $a(t)$。

同一个信道在同一时间要传输多路信号，否则将会造成信道的极大浪费。实现多路信号同时传输的方法之一是将每一路信号的频谱搬移到不同的频带，然后将这些信号合成后传输出去，如图 9.3.3(a)所示。这种传输方式称为频分多路(frequency-division multiplexing，FDM)。

图 9.3.3 是一个同时传输 12 路语音信号的示意图。通常，12 路语音构成载波通信中的一个基群[Czq92]。语音信号的频率范围为 300～3400Hz，调制时分配给每一路 4kHz 的带宽，12 路的带宽就为 48kHz，整个信号的频带调制在 60～108kHz。这样，每一路的频带之间相互都没有重叠，并且留有一定的过渡带，如图 9.3.3(b)所示。

在同一信道上往往要传输不同类型的信号，如在公共电话线路上除要传输语音外，还

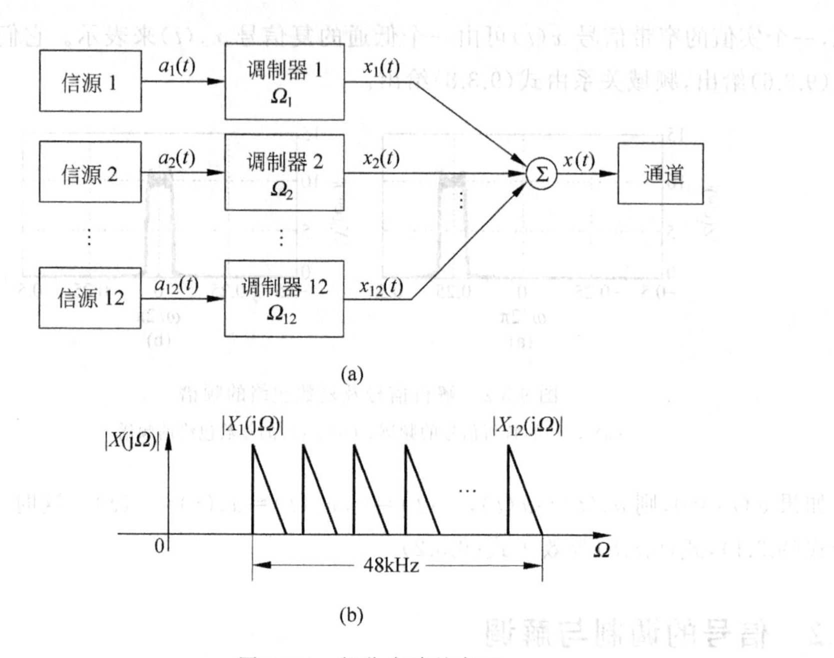


图 9.3.3　频分多路的实现

(a) 多路信号分别调制后再合成；(b) 多路信号的频带

会经常传输传真信号、数据、图像，甚至各种医学信号。这些信号的频带差别很大，因此在传输时也必须进行调制。

调制的方法很多，如幅度调制(AM)、频率调制(FM)及相位调制(PM)等。在 9.3.1 节讨论的窄带信号的形成过程就是一种最基本的幅度调制。幅度调制属于线性调制，其含义是调制后信号的频谱是待调信号频谱的平移，或简单的线性变换，如图 9.3.1 所示。

在图 9.3.1(f)中，$x(t)$的有效带宽 $B=2\Omega_h$，即 $X(\mathrm{j}\Omega)$在 $\Omega_0-\Omega_h<|\Omega|<\Omega_0+\Omega_h$ 内有值。我们称这一种调制为双边带(double-sideband，DSB)调制，为了与后面的单边带调制相比较，将双边带调制的示意图重绘于图 9.3.4(a)。由于实际的待调信号 $a(t)$都是实信号，其幅频响应是偶对称，相频响应是奇对称，因此，我们完全可以只取有效带宽的一半来表示原信号。若取 $\Omega_0-\Omega_h<|\Omega|<\Omega_0$，这一种调制称为下单边带(lower-sideband，LSB)调制；若取 $\Omega_0<|\Omega|<\Omega_0+\Omega_h$，则称其为上单边带(upper-sideband，USB)调制；它们分别如图 9.3.4(b)、(c)所示。图 9.3.5 可用来实现单边带调制。

在图 9.3.5 中，$\hat{a}(t)$是 $a(t)$的希尔伯特变换，而

$$\begin{aligned} x(t) &= a(t)\cos(\Omega_0 t)-\hat{a}(t)\sin(\Omega_0 t) \\ &= \mathrm{Re}\{[a(t)+\mathrm{j}\hat{a}(t)]\mathrm{e}^{\mathrm{j}\Omega_0 t}\}=\mathrm{Re}\{z_a(t)\mathrm{e}^{\mathrm{j}\Omega_0 t}\} \end{aligned} \tag{9.3.9}$$

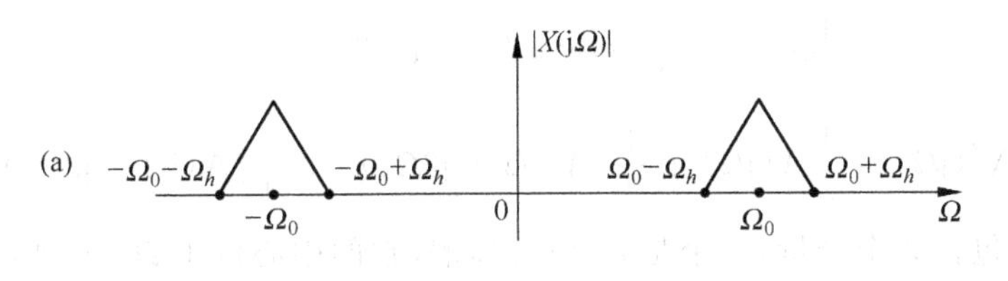


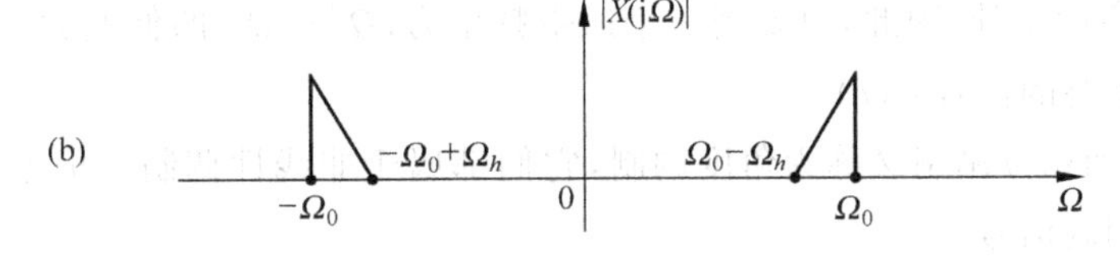


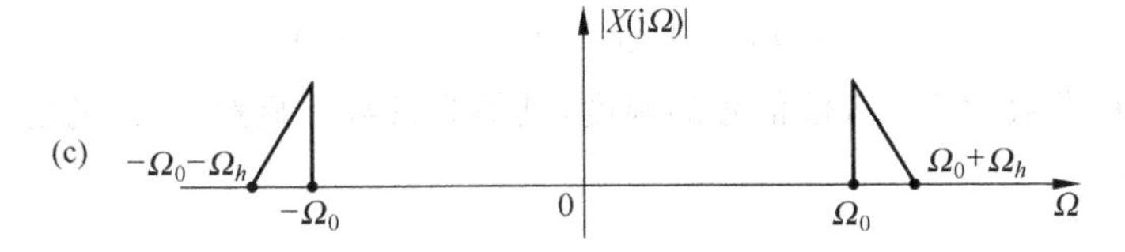


图 9.3.4 3 种幅度调制示意图

(a) 双边带；(b) 下单边带；(c) 上单边带

式中

$$z_a(t)=a(t)+\mathrm{j}\hat{a}(t) \tag{9.3.10}$$

是 $a(t)$ 的解析信号。由解析信号的性质（见式(3.10.5)），有

$$Z_a(\mathrm{j}\Omega)=\begin{cases}2A(\mathrm{j}\Omega), & \Omega>0\\0, & \Omega<0\end{cases} \tag{9.3.11}$$

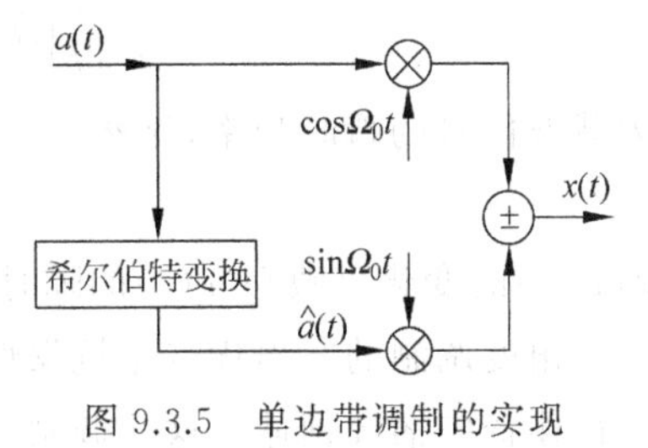


图 9.3.5 单边带调制的实现

对照式(9.3.6)和式(9.3.8)，可求出 $x(t)$ 的频谱

$$X(\mathrm{j}\Omega)=\frac{1}{2}[Z_a(\mathrm{j}\Omega-\mathrm{j}\Omega_0)+Z_a^*(-\mathrm{j}\Omega-\mathrm{j}\Omega_0)] \tag{9.3.12}$$

这是上单边带调制，如图 9.3.4(c)所示。

在式(9.3.9)中，若令

$$x(t)=a(t)\cos(\Omega_0 t)+\hat{a}(t)\sin(\Omega_0 t) \tag{9.3.13}$$

则 $X(\mathrm{j}\Omega)$ 是图 9.3.4(b)所示的下单边带调制。请读者自己证明这一关系。

所谓解调(demodulation)是在信号接收端由接收到的调制信号 $x(t)$ 恢复低频信号 $a(t)$ 的过程。从频域看，即是将 $X(\mathrm{j}\Omega)$ 从中心频率 $\Omega=\Omega_0$ 处移到 $\Omega=0$ 处的过程。对式(9.3.1)，假定 $\varphi(t)=0$，则

$$x'(t)=x(t)\cos(\Omega_0 t)=a(t)\cos^2(\Omega_0 t)=\frac{1}{2}a(t)+\frac{1}{2}a(t)\cos(2\Omega_0 t)$$

$$=\frac{1}{2}a(t)+\frac{1}{4}a(t)[\mathrm{e}^{\mathrm{j}2\Omega_0 t}+\mathrm{e}^{-\mathrm{j}2\Omega_0 t}] \tag{9.3.14}$$

$$X'(\mathrm{j}\Omega)=\frac{1}{2}A(\mathrm{j}\Omega)+\frac{1}{4}[A(\mathrm{j}\Omega+\mathrm{j}2\Omega_0)]+\frac{1}{4}[A(\mathrm{j}\Omega-\mathrm{j}2\Omega_0)] \tag{9.3.15}$$

这样，$X'(\mathrm{j}\Omega)$包含 3 个分量，一个是 $a(t)$的频谱，它的中心位于 $\Omega=0$ 处，另外两个位于 $\Omega=2\Omega_0$ 的更高频率处。因此，只要用一个通带频率为$|\Omega|<\Omega_h$ 的低通滤波器对 $x'(t)$滤波，即可得到所要的信号 $a(t)$。

频率调制和相位调制又称为角度调制，它们都属于非线性调制。仍令待调制信号为 $a(t)$，则相位调制信号

$$x(t)=A_c\cos(\Omega_0 t+k_p a(t)) \tag{9.3.16}$$

式中，$k_p$ 是偏移常数，$A_c$ 是载波信号的幅度，其值为常数。显然，$a(t)$的变化反映在 $x(t)$的相位上。若

$$x(t)=A_c\cos\left(\Omega_0 t+2\pi k_f\int_{-\infty}^{t}a(\tau)\mathrm{d}\tau\right) \tag{9.3.17}$$

则称 $x(t)$为频率调制信号。记

$$\frac{1}{2\pi}\frac{\mathrm{d}}{\mathrm{d}t}\left(\Omega_0 t+2\pi k_f\int_{-\infty}^{t}a(\tau)\mathrm{d}\tau\right)=f_i(t) \tag{9.3.18}$$

为载波信号的瞬时频率，显然

$$f_i(t)=f_0+k_f a(t) \tag{9.3.19}$$

即 $a(t)$的变化反映在 $x(t)$的瞬时频率上。

角度调制的突出优点是抗噪性能好。特别是频率调制，广泛应用于高保真 FM 广播、电视伴音广播等领域。这些调制方式的时域、频域的表达方式及其实现方法等都属于通信理论的范畴，对此感兴趣的读者可参看文献[Czg92]。例 9.8.2 给出了利用 MATLAB 文件实现信号调制的各种实例。

### 9.3.3 窄带信号的抽样

假定一窄带信号 $x(t)$的频谱 $X(f)$的中心频率在 $f_0$ 处，带宽为 $f_B$，那么，$X(f)$的最高频率在 $f_0+f_B/2$ 处，最低频率在 $f_0-f_B/2$ 处，如图 9.3.6 所示。

由第 3 章所讨论的抽样定理知，若保证对 $x(t)$抽样时不发生混叠，抽样频率 $f_s$ 至少应为最高频率的两倍，即 $f_s\geqslant 2(f_0+f_B/2)=2f_0+f_B$。因为窄带信号的中心频率即是载波频率，而载波频率一般是相当高的，因此，对窄带信号按第 3 章的抽样定理抽样时，抽样频率 $f_s$ 势必会很高。

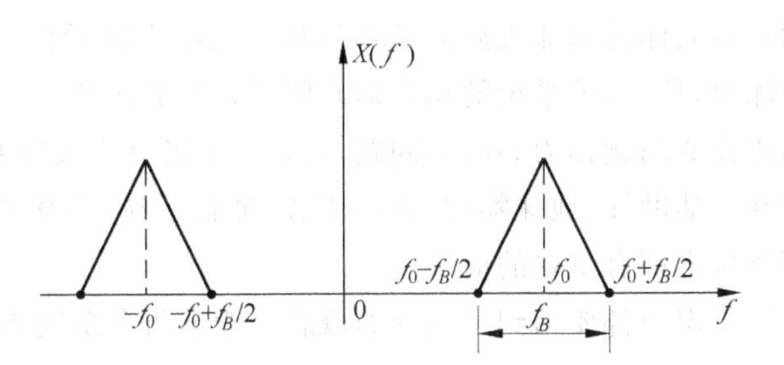


图 9.3.6 窄带信号频谱上的各频率

9.3.1 节指出,窄带信号可由一个低通复信号 $x_a(t)$ 来表示,$x_a(t)$ 的有效带宽等于 $f_B$,而中心在 $f=0$ 处。由此不难想象,$x(t)$ 中的有效信息体现在 $x_a(t)$ 中,只要保证对 $x_a(t)$ 抽样时不混叠,那么就有可能由对 $x_a(t)$ 的抽样重建出 $x(t)$。如果这一结论成立,对窄带信号抽样的抽样频率会大大降低,可能由 $2f_0+f_B$ 降至 $2f_B$。

文献[Pro14]及[Hgs12]给出了窄带信号抽样定理的推导,此处不再重复,其结论是:

设信号 $x(t)$ 为一窄带信号,中心频率为 $f_0$,带宽为 $f_B$,$f_0 \geqslant f_B/2$,若保证抽样频率

$$2f_B \leqslant f_s \leqslant 4f_B \tag{9.3.20}$$

那么,可由 $x(t)$ 的抽样 $x(nT_s)$ 重建出 $x(t)$。式中,$f_s$ 的下限对应 $f_0+f_B/2$ 等于 $f_B$ 整数倍的情况,下限对应 $f_0+f_B/2$ 不是 $f_B$ 整数倍的情况。

## 9.4 逆系统、反卷积及系统辨识

在前面有关系统分析的讨论中,都是假定在系统的输入、系统的单位抽样响应(或系统的转移函数)是已知的情况下去求系统的输出。这一过程称为系统分析的正问题。对 LSI 系统,系统的输出简单地等于系统输入和单位抽样响应的卷积。

在实际工作中经常会出现系统的输入是未知的或系统的抽样响应(或转移函数)是未知的或二者都是未知的情况,而知道的往往是系统的输出。这是因为系统的输出通常比较容易测得。由系统的输出反求系统输入的过程称为系统分析的逆问题,又称反卷积(deconvolution)。由系统的输入、输出求解系统的抽样响应(或转移函数)的过程称为系统辨识(system identification)。无论是反卷积还是系统辨识,它们在实际工作中都有广泛的应用。

例如,当我们在医院做心电图(ECG)时,在体表所测得的心电信号实际上是心脏的

心肌细胞的电活动通过人体传到体表后的总体体现。若把人体看作一个系统，把体表心电信号看作系统的输出，那么，该系统的输入即心肌细胞的电活动。由体表心电信号反过来求解心脏电活动规律的问题称为心电逆问题，这是一个极具挑战性的研究课题。此外，系统分析的逆问题在石油勘探、地球物理、海洋工程、通信系统、电磁理论、图像的恢复以及生物医学工程等领域也都有重要的应用。

在反卷积和系统辨识中都要用到逆系统的概念。考虑两个系统的级联，若

$$h_1(n) * h_2(n) = \delta(n)$$

则

$$H_1(z)H_2(z) = 1 \tag{9.4.1}$$

称 $H_1(z)$和 $H_2(z)$互为逆系统。若 $H_1(z)=B(z)/A(z)$，则 $H_2(z)=A(z)/B(z)$。显然，$H_1(z)$的零点和极点分别变成了 $H_2(z)$的极点和零点。如果要保证 $H_2(z)$是一个稳定的因果系统，那么，$H_1(z)$必须是一个最小相位系统。也就是说，只有最小相位系统才有逆系统。

如图 9.4.1 所示，信号 $x(n)$通过第一个系统后的输出为 $y(n)$，再通过第二个系统后的输出为 $x'(n)$。若这两个系统互为逆系统，则 $x'(n)=x(n)$。假定不知道第一个系统的转移函数，并假定可以测得 $y(n)$，现希望确定 $H_1(z)$。为实现这一目的，可以先设计一个系统，令其输入为 $y(n)$，记录其输出，并逐步调整该系统的参数使其接近或等于 $x(n)$。一旦这一步实现，那么所设计的系统就应当是图 9.4.1 中的 $H_2(z)$。这样，由逆系统的性质，有 $H_1(z)=1/H_2(z)$，从而确定了未知系统 $H_1(z)$。这样做的前提是 $x(n)$已知，若 $x(n)$未知，我们可以简单地令 $x(n)=\delta(n)$，那么，$x'(n)$也应接近等于 $\delta(n)$。

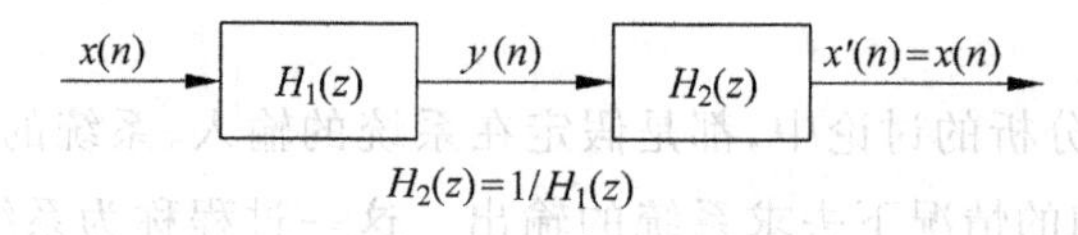


图 9.4.1　两个互为逆系统的输入输出关系

**例 9.4.1**　令 $H(z)$是一 FIR 系统，其转移函数 $H(z)=1-0.729z^{-3}$。显然，该系统在 $z=0.9$ 处有 3 个重零点，其逆系统存在，且其转移函数

$$H_{\mathrm{IV}}(z) = \frac{1}{H(z)} = \frac{1}{1-0.729z^{-3}}$$

这样，其逆系统变成了一个 IIR 系统，它在 $z=0.9$ 处有 3 个重极点，因此该逆系统是稳定的。若令 $H(z)$的输入为 $\delta(n)$，其输出自然就是 $h(n)$，若将 $h(n)$再送入 $H_{\mathrm{IV}}(z)$，则 $H_{\mathrm{IV}}(z)$的输出必然是 $\delta(n)$，如图 9.4.2 所示。

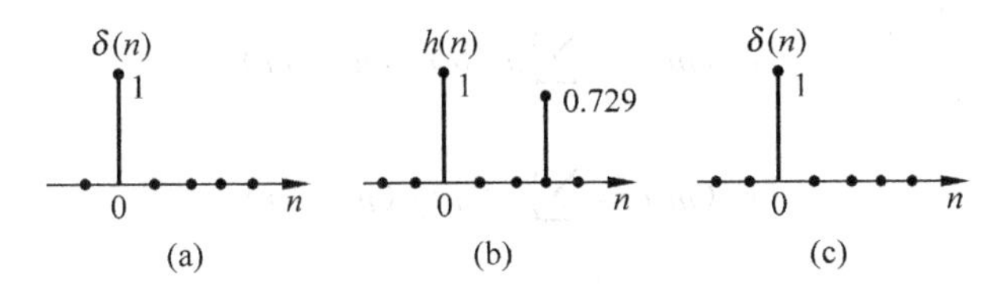


图 9.4.2 逆系统

(a) $H(z)$的输入；(b) $H(z)$的输出；(c) $H_{\mathrm{IV}}(z)$的输出

令 LSI 系统 $H(z)$的输入是 $x(n)$，输出是 $y(n)$，则该系统输入、输出的关系是我们所熟知的线性卷积关系，即

$$
\begin{aligned}
y(n) = x(n) * h(n) &= \sum_{k=-\infty}^{\infty} x(k)h(n-k) \\
&= \sum_{k=0}^{n} x(k)h(n-k), \quad n \geqslant 0
\end{aligned}
\tag{9.4.2}
$$

若已知 $h(n)$和 $y(n)$，那么可用递推的方法求解 $x(n)$，即

$$
\begin{aligned}
& y(0) = x(0)h(0),\ x(0) = y(0)/h(0) \\
& y(1) = x(0)h(1) + x(1)h(0),\ x(1) = [y(1) - x(0)h(1)]/h(0) \\
& \qquad \vdots \\
& y(n) = x(n)h(0) + \sum_{k=0}^{n-1} x(k)h(n-k) \\
& x(n) = \left[ y(n) - \sum_{k=0}^{n-1} x(k)h(n-k) \right] \Big/ h(0), \quad n \geqslant 1
\end{aligned}
\tag{9.4.3}
$$

上式是求解反卷积问题的基本公式。

由式(9.4.2)，有 $X(z)=Y(z)/H(z)$。式中，$X(z)$、$H(z)$及 $Y(z)$都是 $z^{-1}$的多项式。因此，也可通过多项式的长除法来确定 $X(z)$。MATLAB 中的 deconv.m 就是按此思路编写的求反卷积的程序。

若系统的输入、输出已知，可以用类似式(9.4.3)的方法求出系统的单位抽样响应，即有

$$
h(n) = \left[ y(n) - \sum_{k=0}^{n-1} x(k)h(n-k) \right] \Big/ x(0),\ n \geqslant 1 \tag{9.4.4}
$$

前面已指出，由输入、输出求系统的过程称为系统辨识，比较式(9.4.3)和式(9.4.4)可以看出，反卷积和系统辨识有着非常类似的地方。因此，deconv.m 文件也可用来求解 $H(z)$。

系统辨识问题也可以从频域来求解。令

$$r_x(m)=\sum_{n=0}^{\infty}x(n)x(n+m)$$

$$r_y(m)=\sum_{n=0}^{\infty}y(n)y(n+m)$$

$$r_{xy}(m)=\sum_{n=0}^{\infty}x(n)y(n+m)$$

分别为 $x(n)$、$y(n)$的自相关函数及 $x(n)$和 $y(n)$的互相关函数，令 $P_x(\mathrm{e}^{\mathrm{j}\omega})$、$P_y(\mathrm{e}^{\mathrm{j}\omega})$分别为 $x(n)$和 $y(n)$的功率谱，它们分别是 $r_x(m)$、$r_y(m)$的傅里叶变换。令 $P_{xy}(\mathrm{e}^{\mathrm{j}\omega})$为 $x(n)$和 $y(n)$的互功率谱，它是 $r_{xy}(m)$的傅里叶变换。对 LSI 系统 $H(z)$，可证明如下关系存在：

$$P_y(\mathrm{e}^{\mathrm{j}\omega})=|H(\mathrm{e}^{\mathrm{j}\omega})|^2P_x(\mathrm{e}^{\mathrm{j}\omega}) \tag{9.4.5a}$$

及

$$P_{xy}(\mathrm{e}^{\mathrm{j}\omega})=H(\mathrm{e}^{\mathrm{j}\omega})P_x(\mathrm{e}^{\mathrm{j}\omega}) \tag{9.4.5b}$$

对应 $Z$ 变换，有

$$P_y(z)=H(z)H(z^{-1})P_x(z) \tag{9.4.6a}$$

及

$$P_{xy}(z)=H(z)P_x(z) \tag{9.4.6b}$$

这两组关系的证明见 12.3 节。假定输入信号的功率谱为一平的谱，即 $P_x(\mathrm{e}^{\mathrm{j}\omega})=1/K$ 为一常数，那么

$$H(\mathrm{e}^{\mathrm{j}\omega})=KP_{xy}(\mathrm{e}^{\mathrm{j}\omega}),\ H(z)=KP_{xy}(z) \tag{9.4.7}$$

及

$$P_y(\mathrm{e}^{\mathrm{j}\omega})=K|H(\mathrm{e}^{\mathrm{j}\omega})|^2,\ P_y(z)=KH(z)H(z^{-1}) \tag{9.4.8}$$

如果我们能求出系统输入、输出的互相关函数，那么由式(9.4.7)可确定系统的频率响应或转移函数。若知道的是系统输出的自相关函数，那么由式(9.4.8)可确定系统的频率响应或转移函数。使用式(9.4.8)时要用到在 4.9 节讨论过的谱分解技术。

以上给出了逆系统的基本概念及反卷积和系统辨识的基本方法。应该指出的是，上述方法都是假定系统是线性、移不变的，并且是因果的和稳定的，输入和输出信号都是确定性的。因此，所用的方法都是基于卷积公式的各种运算。实际情况要比上述情况复杂得多。例如，系统不一定满足 LSI 条件，系统可能是多输入、多输出系统，对输出的观察(即求出 $y(n)$)可能带有噪声，等等。所有这些都将使反卷积问题及系统辨识问题复杂化，因此求解这一类问题也就相当复杂。有关这方面的论述可参看文献[Mit01]，此处不再讨论。在 9.5 节与 9.6 节要讨论的奇异值分解及盲信源识别的独立分量分析法都和本节讨论的内容

有关。

## 9.5 奇异值分解

奇异值分解(singular value decomposition,SVD)是线性代数中的经典问题,在现代数值分析中得到了广泛的应用。近几十年来,人们发现 SVD 在控制理论、信号与图像处理及系统辨识等领域都有着重要的应用。因此,本节简单地介绍 SVD 的基本概念。

令 $\boldsymbol{A}$ 是 $m\times n$(假定 $m>n$)矩阵,秩为 $r(r\leqslant n)$,则存在 $n\times n$ 正交矩阵 $\boldsymbol{V}$ 和 $m\times m$ 正交矩阵 $\boldsymbol{U}$,使得

$$\boldsymbol{U}^{\mathrm{T}}\boldsymbol{A}\boldsymbol{V}=\boldsymbol{\Sigma} \tag{9.5.1}$$

式中,$\boldsymbol{\Sigma}$ 是 $m\times n$ 的非负对角阵,

$$\boldsymbol{\Sigma}=\begin{bmatrix}\boldsymbol{S} & \boldsymbol{0}\\ \boldsymbol{0} & \boldsymbol{0}\end{bmatrix},\quad \boldsymbol{S}=\mathrm{diag}(\sigma_1,\sigma_2,\cdots,\sigma_r) \tag{9.5.2}$$

$\sigma_1,\sigma_2,\cdots,\sigma_r$ 连同 $\sigma_{r+1}=\cdots=\sigma_n=0$ 称为 $\boldsymbol{A}$ 的奇异值,$\boldsymbol{U}$、$\boldsymbol{V}$ 的列向量 $\boldsymbol{u}_i$、$\boldsymbol{v}_i$ 分别是 $\boldsymbol{A}$ 的左、右奇异向量。式(9.5.1)可看作用两个正交矩阵分别对 $\boldsymbol{A}$ 作变换,变换的结果是得到对角阵 $\boldsymbol{\Sigma}$。该式的另一个等效表示是

$$\boldsymbol{A}=\boldsymbol{U}\boldsymbol{\Sigma}\boldsymbol{V}^{\mathrm{T}} \tag{9.5.3}$$

式(9.5.1)的含义可用图 9.5.1 来说明。

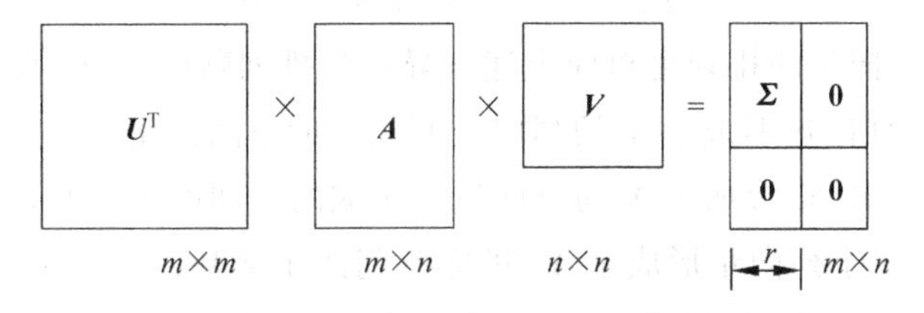


图 9.5.1 矩阵奇异值分解的图形表示

由 SVD 可导出如下几个重要的结论[Man00]。

(1) 用 $\boldsymbol{V}$ 右乘式(9.5.3)的两边,有

$$\boldsymbol{A}\boldsymbol{V}=\boldsymbol{U}\boldsymbol{\Sigma}\quad 或\quad \boldsymbol{A}\boldsymbol{v}_i=\begin{cases}\sigma_i\boldsymbol{u}_i, & i=1,2,\cdots,r\\ 0, & i=r+1,\cdots,n\end{cases} \tag{9.5.4}$$

所以,$\boldsymbol{v}_i$ 是 $\boldsymbol{A}$ 的右奇异向量。

(2) 用 $\boldsymbol{U}^{\mathrm{T}}$ 左乘式(9.5.3)的两边,有

$$\boldsymbol{U}^{\mathrm{T}}\boldsymbol{A}=\boldsymbol{\Sigma}\boldsymbol{V}^{\mathrm{T}} \quad 或 \quad \boldsymbol{u}_i^{\mathrm{T}}\boldsymbol{A}=\begin{cases}\sigma_i\boldsymbol{v}_i^{\mathrm{T}}, & i=1,2,\cdots,r\\ 0, & i=r+1,\cdots,m\end{cases} \tag{9.5.5}$$

所以，$\boldsymbol{u}_i$ 是 $\boldsymbol{A}$ 的左奇异向量。

(3) 可以证明，$\boldsymbol{u}_i$ 是方阵 $\boldsymbol{A}\boldsymbol{A}^{\mathrm{T}}$ 的特征向量，$\boldsymbol{v}_i$ 是方阵 $\boldsymbol{A}^{\mathrm{T}}\boldsymbol{A}$ 的特征向量；奇异值 $\sigma_1,\cdots,\sigma_r$ 是方阵 $\boldsymbol{A}\boldsymbol{A}^{\mathrm{T}}$（或 $\boldsymbol{A}^{\mathrm{T}}\boldsymbol{A}$）的特征值 $\lambda_1,\cdots,\lambda_r$ 的平方根，即 $\sigma_1=\sqrt{\lambda_1},\cdots,\sigma_r=\sqrt{\lambda_r}$，显然，$\lambda_1,\cdots,\lambda_r$ 均为正值。

(4) 将式(9.5.3)展开，有

$$\boldsymbol{A}=\sum_{i=1}^{r}\sigma_i\boldsymbol{u}_i\boldsymbol{v}_i^{\mathrm{T}} \tag{9.5.6}$$

因此，矩阵 $\boldsymbol{A}$ 可看作奇异向量做外积后的加权和，权重即非零的奇异值。

(5) 矩阵 $\boldsymbol{A}$ 的 Frobenius 范数定义为

$$\|\boldsymbol{A}\|_{\mathrm{F}}=\sqrt{\sum_{i=1}^{n}\sum_{j=1}^{m}|a_{i,j}|^2} \tag{9.5.7}$$

可以证明

$$\|\boldsymbol{A}\|_{\mathrm{F}}=\sqrt{\sigma_1^2+\sigma_2^2+\cdots+\sigma_r^2} \tag{9.5.8}$$

因此，任一矩阵的 Frobenius 范数都等于其奇异值的平方和的开方。

(6) 如果 $\boldsymbol{A}$ 的秩 $\mathrm{rank}\,\boldsymbol{A}=\min(m,n)=r$，则称矩阵 $\boldsymbol{A}$ 是满秩的，否则，称为亏秩的。由前面的讨论可知，$\boldsymbol{A}$ 的秩等于其非零奇异值的个数。

(7) 对 $\boldsymbol{A}$ 的 $r$ 个非零奇异值，不失一般性，我们可以按下述顺序排列：

$$\sigma_1\geqslant\sigma_2\geqslant\cdots\geqslant\sigma_r>0 \tag{9.5.9}$$

相应地，$\boldsymbol{U}$、$\boldsymbol{V}$ 的特征向量的排列也对应上述奇异值的排列顺序，这样就有如下结论：

① $\boldsymbol{U}$ 的前 $r$ 个列向量形成了 $\boldsymbol{A}$ 的列向量所张成的空间的正交基；

② $\boldsymbol{V}$ 的前 $r$ 个列向量形成了 $\boldsymbol{A}$ 的行向量所张成的空间的正交基；

③ $\boldsymbol{U}$ 的后 $m-r$ 个列向量形成了 $\boldsymbol{A}^{\mathrm{T}}$ 的零空间的正交基；

④ $\boldsymbol{V}$ 的后 $n-r$ 个列向量形成了 $\boldsymbol{A}$ 的零空间的正交基。

(8) 长方形矩阵的逆称为伪逆(pseudo-inverse)。$\boldsymbol{A}$ 的伪逆定义为

$$\boldsymbol{A}^{+}=\boldsymbol{V}\boldsymbol{\Sigma}^{+}\boldsymbol{U}^{\mathrm{T}}=\boldsymbol{V}\begin{bmatrix}\boldsymbol{S}^{-1} & \boldsymbol{0}\\ \boldsymbol{0} & \boldsymbol{0}\end{bmatrix}\boldsymbol{U}^{\mathrm{T}} \tag{9.5.10}$$

将上式展开，有

$$\boldsymbol{A}^{+}=\sum_{i=1}^{r}\sigma_i^{-1}\boldsymbol{v}_i\boldsymbol{u}_i^{\mathrm{T}} \tag{9.5.11}$$

注意此式和式(9.5.6)的对应关系。

(9) 考虑矩阵 $\boldsymbol{A}$ 是一线性方程组的系数矩阵,即

$$\boldsymbol{Ax}=\boldsymbol{b} \tag{9.5.12}$$

式中,$\boldsymbol{x}$ 是 $n\times1$ 的未知列向量,$\boldsymbol{b}$ 是 $m\times1$ 的已知列向量。在开始时已假定 $m>n$,因而上式中方程的个数大于未知数的个数,这时上式称为超定(overdetermined)方程组;反之,如果 $m<n$,即方程的个数小于未知数的个数,该方程组称为欠定(underdetermined)方程组。在这两种情况下,$\boldsymbol{x}$ 都可以由下式求出:

$$\boldsymbol{x}=\boldsymbol{A}^{+}\boldsymbol{b} \tag{9.5.13}$$

如果长方阵 $\boldsymbol{A}$ 是满秩的,在超定情况下,$\boldsymbol{A}$ 的伪逆可表示为

$$\boldsymbol{A}^{+}=(\boldsymbol{A}^{\mathrm{T}}\boldsymbol{A})^{-1}\boldsymbol{A}^{\mathrm{T}} \tag{9.5.14}$$

式中,$\boldsymbol{A}^{\mathrm{T}}\boldsymbol{A}$ 是 $n\times n$ 的方阵,其秩为 $n$,因此是可逆的。

在欠定的情况下,$\boldsymbol{A}$ 的伪逆可表示为

$$\boldsymbol{A}^{+}=\boldsymbol{A}^{\mathrm{T}}(\boldsymbol{A}\boldsymbol{A}^{\mathrm{T}})^{-1} \tag{9.5.15}$$

式中,$\boldsymbol{A}\boldsymbol{A}^{\mathrm{T}}$ 是 $m\times m$ 的方阵,其秩为 $m$,因此也是可逆的。

(10) 对式(9.5.12)的超定方程组 $\boldsymbol{Ax}=\boldsymbol{b}$,由于方程的个数大于未知数的个数,因此方程无"严格"的解。但是,如果给定约束条件

$$\|\boldsymbol{Ax}-\boldsymbol{b}\|^{2}=\min$$

那么可求出唯一解。设存在 $n\times m$ 矩阵 $\boldsymbol{G}$,使得 $\boldsymbol{Gb}=\boldsymbol{x}^{0}$,那么,在所有满足 $\boldsymbol{Ax}=\boldsymbol{b}$ 的解 $\boldsymbol{x}$ 中,有

$$\|\boldsymbol{Ax}-\boldsymbol{b}\|^{2}\geqslant\|\boldsymbol{Ax}^{0}-\boldsymbol{b}\|^{2} \tag{9.5.16}$$

也即 $\boldsymbol{x}^{0}$ 为最小二乘解。满足式(9.5.16)的矩阵 $\boldsymbol{G}$ 由下式给出:

$$\boldsymbol{G}=(\boldsymbol{A}^{\mathrm{T}}\boldsymbol{A})^{-1}\boldsymbol{A}^{\mathrm{T}} \tag{9.5.17}$$

即 $\boldsymbol{G}=\boldsymbol{A}^{+}$。这一结论说明伪逆给出的解在最小平方(或最小均方)意义上是最优的[Hay89]。

以上从10方面介绍了SVD中的基本结论,给出了SVD的基本概念。SVD在信号处理中的应用主要体现在反卷积、信号的最小平方估计、噪声去除、求解及参数模型阶次的估计等方面。我们将在12.5节、14.8节涉及SVD的应用,此处不再一一讨论,仅举两个例子说明其在去噪方面的应用。

**例 9.5.1** 调用MATLAB中的含有噪声的数据文件leleccum,研究用SVD去噪的方法。

数据文件leleccum是一个一维的信号,将SVD用于一维信号的去噪,问题的关键是

如何形成矩阵 $\boldsymbol{A}$。若 $\boldsymbol{A}$ 是由信号和噪声共同组成的矩阵,那么矩阵 $\boldsymbol{A}$ 的奇异值 $\sigma_1,\cdots,\sigma_i,\cdots,\sigma_r$ 可以反映信号和噪声能量集中的情况。如果将 $\sigma_1,\cdots,\sigma_i,\cdots,\sigma_r$ 按照递减的顺序排列起来,即 $\sigma_1 \geqslant \sigma_2 \geqslant \cdots \geqslant \sigma_i \geqslant \cdots \geqslant \sigma_r \geqslant 0$,那么,前 $i$ 个较大的奇异值将主要反映信号,较小的奇异值 $\sigma_{i+1},\cdots,\sigma_r$ 则主要反映噪声,把这部分反映噪声的奇异值置零,就可以去除信号中的噪声。这就是利用 SVD 去除噪声的基本原理。对于一维的信号,利用 SVD 去除噪声的一个具体做法如下。

设观察到信号是 $x(n)$,$x(n)=s(n)+u(n)$,其中 $s(n)$是有用的信号,$u(n)$是噪声信号。已知信号 $x(n)$长度为 $N$,即 $n=0,1,\cdots,N-1$,由 $x(n)$可以构造矩阵

$$\boldsymbol{X}_1=\begin{bmatrix} x(0) & x(1) & \cdots & x(M-1) \\ x(1) & x(2) & \cdots & x(M) \\ \vdots & \vdots & \ddots & \vdots \\ x(L-1) & x(L) & \cdots & x(N-1) \end{bmatrix} \tag{9.5.18}$$

该矩阵称为 Hankel 矩阵。对 $\boldsymbol{X}_1$ 作 SVD,并让较小的特征值为零,可重建出减小了噪声的信号。

图 9.5.2 说明了用 SVD 去噪的结果。图 9.5.2(a)是 MATLAB 中带有噪声的原信号 leleccum,图 9.5.2(b)是 $\boldsymbol{X}_1$ 的特征值。可以看出,$\sigma_1$ 远大于其他的特征值。如何有效地选择特征值是一个仍待研究的问题。例如,可以令小于所有特征值的均值的那些特征值为零,也可以令小于所有特征值的中值的那些特征值为零,简单的方法是将特征值突然变小的那些部分置零。在本例中,图 9.5.2(c)是用均值法确定特征值的选取,图 9.5.2(d)是用中值法确定特征值的选取。在这两种情况下,噪声都有了一定程度的去除。

式(9.5.18)是由一维数据形成数据阵的一个方法,另一个方法是将信号均匀分段,如每段长为 $n$,共有 $m$ 段,数据的长度 $N=mn$,则可构成数据矩阵 $\boldsymbol{X}_2$,即有

$$\boldsymbol{X}_2=\begin{bmatrix} x(1) & x(2) & \cdots & x(n) \\ x(n+1) & x(n+2) & \cdots & x(2n) \\ \vdots & \vdots & \ddots & \vdots \\ x((m-1)n+1) & x((m-1)n+2) & \cdots & x(mn) \end{bmatrix} \tag{9.5.19}$$

如果待去噪的信号具有准周期性,那么式(9.5.19)的分段方法是可取的,这时,应让 $n$ 尽量等于其周期的长度,从经验上来看,$m$ 和 $n$ 的长度也应尽可能互相接近。

利用 SVD 对一维信号去噪的过程,包含了数据阵形成、特征值选择及相应的信号重建等内容。具体如何选择一般依信号的特点而定,目前并没有完全统一的方法。

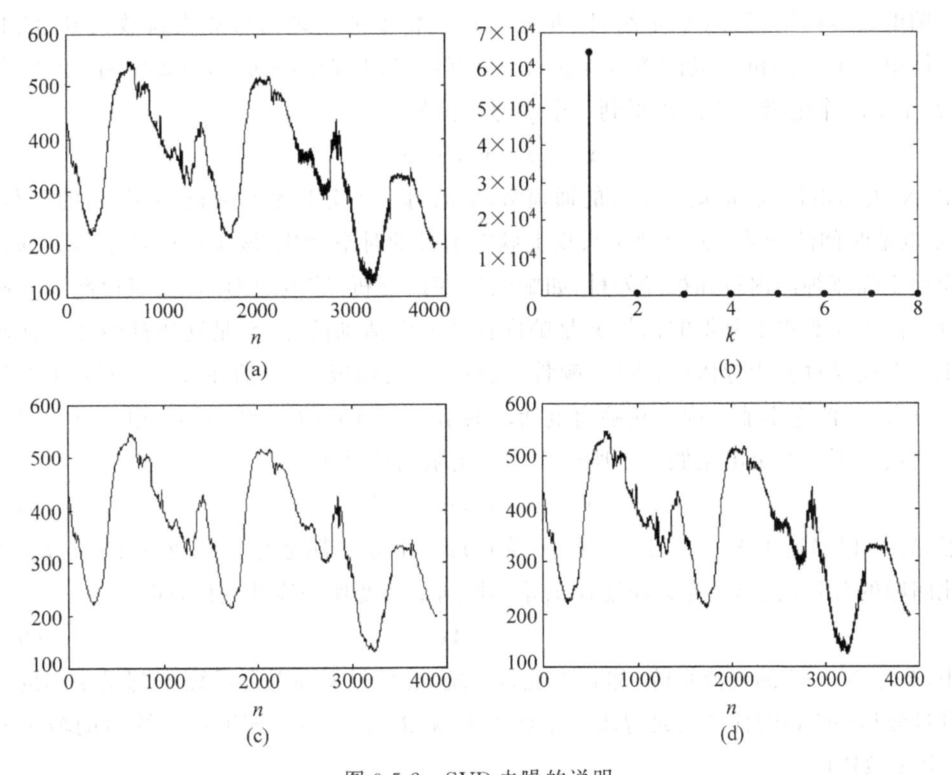


图 9.5.2 SVD 去噪的说明

# 9.6 独立分量分析简介

独立分量分析(independent component analysis,ICA)是由信源盲分解(blind source separation,BSS)技术发展起来的多通道信号处理方法。在做进一步讨论之前,让我们先看一个例子。

在 9.4 节已指出,由体表心电信号反求体内心电源的过程称为心电逆问题,是典型的反卷积问题,它也属于信源的盲分解问题。与此相类似,由头皮检测到的脑电信号反求大脑皮层内的电活动的过程称为脑电逆问题。脑电逆问题的求解对于我们认识脑的功能活动(如生理的、病理的及认知的),进而揭示脑功能的奥秘是非常有意义的。当然,这也是一个极具挑战性的研究课题。在临床上,医生通常在头皮上放置多个电极以获得脑电信号。脑电信号的幅度在$\mu$V量级，因此要通过高精度的生理信号放大器放大到TTL电平。简单的脑电图机一般配置8个或16个电极，现代新的脑电图机要配置32个或64个，甚至128个电极。因此可得到一个多通道信号

$$\boldsymbol{x}=[\boldsymbol{x}_1,\boldsymbol{x}_2,\cdots,\boldsymbol{x}_N]^{\mathrm{T}} \tag{9.6.1}$$

式中，$N$表示电极数，也就是信号的通道数；$\boldsymbol{x}$的每一个分量都是时间$t$(或$n$)的函数，当然，$\boldsymbol{x}$也是时间的函数。$\boldsymbol{x}$反映了头皮上脑电信号的时空变化，该头皮电位信号目前已广泛应用于临床神经内科和神经外科，如脑电功率谱分析、脑电地形图、癫痫检测及睡眠分析等。由于在头皮上测得的信号$\boldsymbol{x}$是脑内神经元电活动的综合，是这些神经元电活动所产生的电场经过容积导体(由皮层、颅骨、脑膜及头皮组成)传导后在头皮上同步混合后的电位分布，因此它不能准确反映脑内电活动的情况。目前，人们认为脑内电活动可以等效为是由皮层下一个个电流偶极子所产生的。记脑内信号为

$$\boldsymbol{s}=[\boldsymbol{s}_1,\boldsymbol{s}_2,\cdots,\boldsymbol{s}_M]^{\mathrm{T}} \tag{9.6.2}$$

显然，$M$可以趋近于无穷。和$\boldsymbol{x}$一样，$\boldsymbol{s}$及其每一个分量都是时间$t$(或$n$)的函数。为了简化问题的分析，我们认为$\boldsymbol{s}$经过容积导体得到$\boldsymbol{x}$的变换是线性变换，即

$$\boldsymbol{x}=\boldsymbol{A}\boldsymbol{s} \tag{9.6.3}$$

式中，$\boldsymbol{A}$是$N\times M$的变换矩阵，称其为混合系统，源信号$\boldsymbol{s}$和混合系统$\boldsymbol{A}$都是未知的。独立分量分析(ICA)的任务就是寻求一个解混系统$\boldsymbol{B}$，令$\boldsymbol{x}$通过该解混系统后的输出$\boldsymbol{y}$逼近信源$\boldsymbol{s}$，如图9.6.1所示。

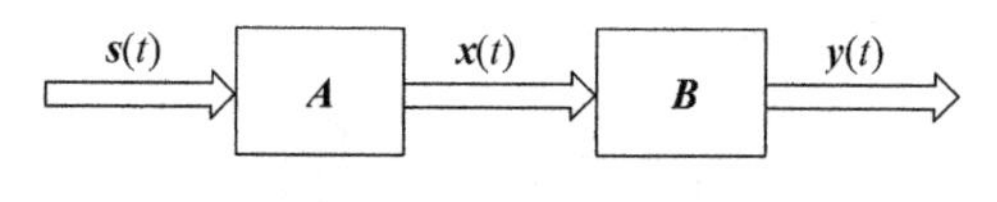


图9.6.1　ICA原理

显然，如果解混系统$\boldsymbol{B}$和混合系统$\boldsymbol{A}$互为逆系统，即$\boldsymbol{AB}=\boldsymbol{I}$，那么$\boldsymbol{y}=\boldsymbol{s}$。然而，这是不可能的。因为系统$\boldsymbol{A}$是未知的，$\boldsymbol{s}$到$\boldsymbol{x}$的变换也不会是线性的，又因为记录到的$\boldsymbol{x}$必然会包含很强的噪声，所以我们只能做到让$\boldsymbol{y}$近似于$\boldsymbol{s}$。

在上述分解过程中，我们认为信源$\boldsymbol{s}$的各分量，即$s_i$、$s_j$($i,j=1,2,\cdots,M,i\neq j$)之间是相互独立的(有关独立的概念见12.1.2节)，并且假定：

① 源信号$\boldsymbol{s}$的分量个数$M$小于观察信号分量的个数$N$。也就是说，由$N$个观察信号最多能分解出$N$个源信号分量。

② 源信号$\boldsymbol{s}$的各分量最多只能有一个是高斯信号。这是因为高斯信号的线性组合仍然是高斯信号，两个以上高斯信号的解混问题是病态的。

由于信源$\boldsymbol{s}$的各分量之间是相互独立的，又要求$\boldsymbol{y}$近似于$\boldsymbol{s}$，因而，解混求出的$\boldsymbol{y}$的

各分量之间也必须是相互独立的。因此，上述的解混过程称为独立分量分析。

前面已指出，我们无法做到使 $\boldsymbol{AB}$ 等于单位矩阵，但可以做到使 $\boldsymbol{AB}$ 的每一行和每一列只有一个元素占有显著优势，其他元素为零或接近于零。但占有显著优势的元素的值未必等于 1，因此，解混后的信号和源信号相比，它的排列顺序和尺度可能是不同的，这就是通常所指的 ICA 的不确定性(ambiguities of ICA)。尺度的不确定性使我们无法确定源独立信号的真实幅值，排列顺序的不确定性使我们无法了解解混后信号的每一个分量究竟是源信号 $\boldsymbol{s}$ 中的哪一个分量。这是 ICA 目前尚未解决的问题。

图 9.6.2 是 ICA 的仿真实验。图(a)是仿真的源信号，它包含了 4 个不同类型的信号，图(b)是源信号通过线性矩阵混合以后得到的混合信号，图(c)是用 ICA 解混后得到的结果。该结果说明，ICA 从混合信号中确实恢复出了 4 个原始的信号分量。但是，排列顺序和波形幅度都发生了变化，有的分量还产生了相位变化。

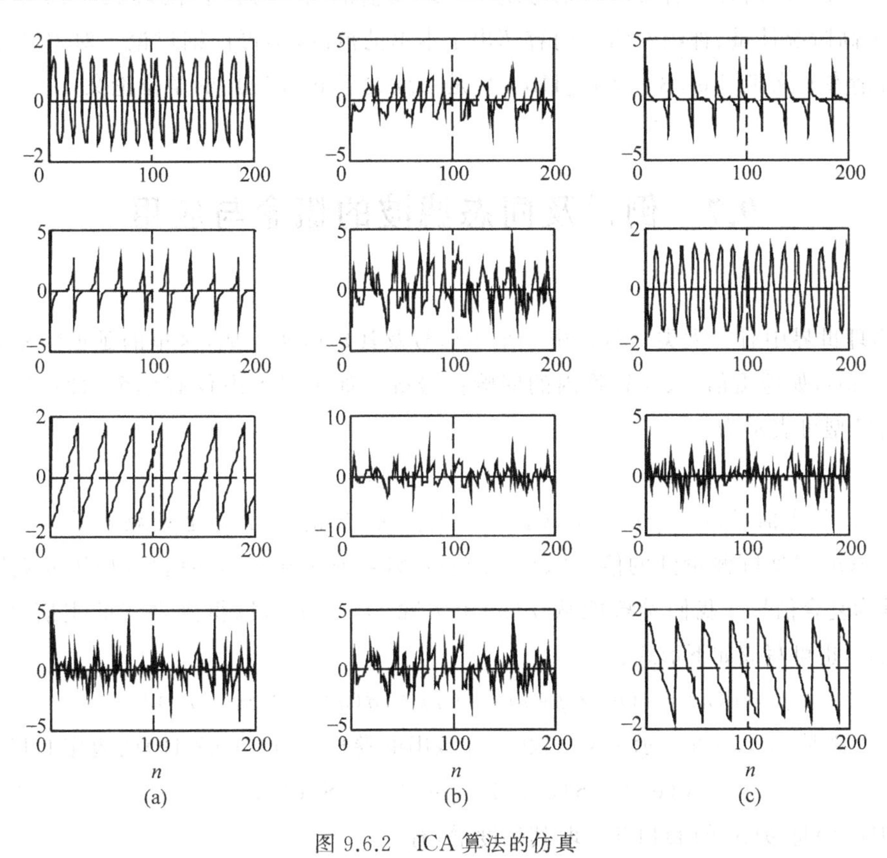


图 9.6.2 ICA 算法的仿真

在 ICA 中，有两大类问题需要解决：一是如何判断解混后的信号的各分量之间是相互独立的,二是如何发展一套算法使混合信号通过解混运算后实现相互独立。

衡量一组信号是否接近于相互独立,需要有一系列的准则,也即优化判据。已经提出的判据有代价函数极小化判据、互信息极小化判据、输出熵极大化判据以及极大似然估计判据等。ICA算法的基本思路是选择上述某一种独立性判据,构造一个多通道随机信号的目标函数,通过合适的优化算法来调节解混矩阵 $\boldsymbol{B}$ 从而使目标函数达到最大化或最小化。目前ICA中应用的优化算法主要有两大类,一类是批处理算法,另一类是自适应处理算法。前者包括成对旋转法、改进的成对旋转法及固定点算法等;后者包括随机梯度法(Infomax算法)、自然梯度及相对梯度法(扩展的Infomax算法)、非线性主分量分解法等。

ICA算法涉及随机信号统计处理、高阶统计量、估值理论、信息论、最优化及神经网络等诸多方面的内容。有关随机信号统计处理及估值的部分内容在第12～16章给予介绍,有关高阶统计量、神经网络等内容超出了本书的范围,不再详细讨论。对ICA有兴趣的读者请参看文献[Lee98],文献[Hb001]是一篇关于ICA应用的学位论文。

## 9.7 倒谱及同态滤波的概念与应用

物理世界中有一大类信号是由一个主信号及其延迟所组成,这里的延迟信号又称为回波(echo),如地震信号、建筑物内的回响信号等。如果只考虑仅有单个的回波存在,则信号的模型可表示为

$$x(n)=s(n)+\beta s(n-n_0) \tag{9.7.1a}$$

式中,$s(n)$是主信号,$s(n-n_0)$是$s(n)$延迟时间$n_0$后的信号,$\beta$是衰减因子,一般来说,$\beta<1$。$x(n)$是实际测量到的信号(如用震动传感器)或实际听到的信号(如用麦克风),我们称其为复合信号。我们希望能从$x(n)$中去除$s(n-n_0)$,以得到真实的主信号$s(n)$。式(9.7.1a)也可写成如下形式:

$$x(n)=s(n)*p(n)=s(n)*[\delta(n)+\beta\delta(n-n_0)] \tag{9.7.1b}$$

该式的含义是:$x(n)$可表示为$s(n)$和一冲激串的卷积。对式(9.7.1b)两边作DTFT,有

$$X(\mathrm{e}^{\mathrm{j}\omega})=S(\mathrm{e}^{\mathrm{j}\omega})[1+\beta\mathrm{e}^{-\mathrm{j}\omega n_0}]=S(\mathrm{e}^{\mathrm{j}\omega})P(\mathrm{e}^{\mathrm{j}\omega}) \tag{9.7.2a}$$

式中,$P(\mathrm{e}^{\mathrm{j}\omega})$是$p(n)$的DTFT。取其幅度谱,有

$$|X(\mathrm{e}^{\mathrm{j}\omega})|=|S(\mathrm{e}^{\mathrm{j}\omega})|[1+\beta^2+2\beta\cos(\omega n_0)]^{1/2} \tag{9.7.2b}$$

这一结果告诉我们,复合信号的幅度谱包含两部分,一是包络,二是调制函数。包络即主

信号的幅度谱$|S(\mathrm{e}^{\mathrm{j}\omega})|$，调制函数即中括号内的函数，它包含了一个周期信号$\cos(\omega n_0)$，其周期是$1/n_0$。由于式(9.7.2b)是两项相乘的形式，它启发我们对其两边取对数，有

$$\log|X(\mathrm{e}^{\mathrm{j}\omega})|=\log|S(\mathrm{e}^{\mathrm{j}\omega})|+\frac{1}{2}\log[1+\beta^2+2\beta\cos(\omega n_0)] \tag{9.7.3a}$$

这样，式(9.7.2a)的相乘形式变成了式(9.7.3a)的相加形式。再定义

$$C_x(\mathrm{e}^{\mathrm{j}\omega})=\log|X(\mathrm{e}^{\mathrm{j}\omega})| \tag{9.7.3b}$$

它是信号$x(n)$的对数幅度谱，包含了两项的相加，一是主信号$s(n)$的对数幅度谱，二是由于$s(n)$和其回波相结合产生的周期函数$[1+\beta^2+2\beta\cos(2\pi f\tau)]$的对数。

对$C_x(\mathrm{e}^{\mathrm{j}\omega})$取傅里叶反变换，有

$$c_x(n)=\frac{1}{2\pi}\int_{-\pi}^{\pi}C_x(\mathrm{e}^{\mathrm{j}\omega})\mathrm{e}^{-\mathrm{j}\omega n}\,\mathrm{d}\omega \tag{9.7.4}$$

式中，$c_x(n)$称为$C_x(\mathrm{e}^{\mathrm{j}\omega})$的“倒谱(cepstrum)”，由于$C_x(\mathrm{e}^{\mathrm{j}\omega})$是$x(n)$的幅度谱的对数，因此，$c_x(n)$也称为$x(n)$的倒谱。虽然$c_x(n)$和$x(n)$的自变量都是$n$，并且$C_x(\mathrm{e}^{\mathrm{j}\omega})$和$|X(\mathrm{e}^{\mathrm{j}\omega})|$都含有(圆周)频率$\omega$，但它们各自的意义并不一样，也就是说，$x(n)$和$|X(\mathrm{e}^{\mathrm{j}\omega})|$对应了时域和频域，但$c_x(n)$和$C_x(\mathrm{e}^{\mathrm{j}\omega})$并不对应通常意义的时域和频域，这是因为$C_x(\mathrm{e}^{\mathrm{j}\omega})$是原来频域函数取了对数的原因。为了区分这些“域”的不同对应，Bogert B P 等在 1963 年发明了一个词“倒频(quefrency)”，它是将 frequency 中的 3 个字母 que 移到前面形成的新词，因此，将基于式(9.7.3)的分析方法称为“倒频分析[Bog63]”或“倒频域分析”。而式(9.7.4)中“倒谱(cepstrum)”则是将谱“spectrum”的前 4 个字母颠倒后形成的新词。与此同时，他们还“发明”了 rahmonics、liftering 等新词，它们分别来自于 harmonics 和 filtering。从文献[Bog63]发表至今 60 年过去了，这些新词中只有 cepstrum 被人们记住并广泛应用。

我们已熟知，周期信号的频谱一般为线谱(如正弦)或有比较尖的谱峰。那么，当复合信号含有回波时，其幅度谱中含有了周期信号，该周期信号的对数对应的“谱”也应含有较尖的峰值。文献[Opp10]证明了含有回波的复合信号的倒谱是

$$c_x(n)=c_s(n)+\sum_{k=1}^{\infty}(-1)^{k+1}\frac{\beta^k}{2k}\delta(n-kn_0) \tag{9.7.5}$$

式中，$c_s(n)$是$s(n)$的倒谱。显然，由于回波产生的周期函数的线谱的位置在$n_0$的整数倍处，这样，通过求出倒谱，再检测出线谱的位置，用一个“倒频域”的陷波器对倒谱滤波，即可去除回波。

由于式(9.7.3a)是对幅度谱求对数，而幅度谱总是实函数，由此得到的倒谱又称为实倒谱。MATLAB 中的 rceps.m 文件用来计算 real(ifft(log(abs(fft(x)))))，显然，它就是$c_x(n)$。现在用 MATLAB 中的一个例子来说明倒谱的应用。

**例 9.7.1**　MATLAB 在说明 rceps.m 应用的例子中调用了数据文件 mtlb，它是某人读“matlab”的发音，抽样频率为 7418Hz。令 mtlb 是式(9.7.1a)的 $s(n)$，将其延迟 0.23s 得 $s(n-n_0)$，$n_0$ 是 0.23×7418 的整数，即 $n_0=1706$，令衰减因子 $\beta=0.5$，那么 $\beta s(n-n_0)$ 即可视为回波信号。将二者相加得到 $x(n)$。$s(n)$、$\beta s(n-n_0)$ 和 $x(n)$ 的波形如图 9.7.1(a)、(b)和(c)所示。

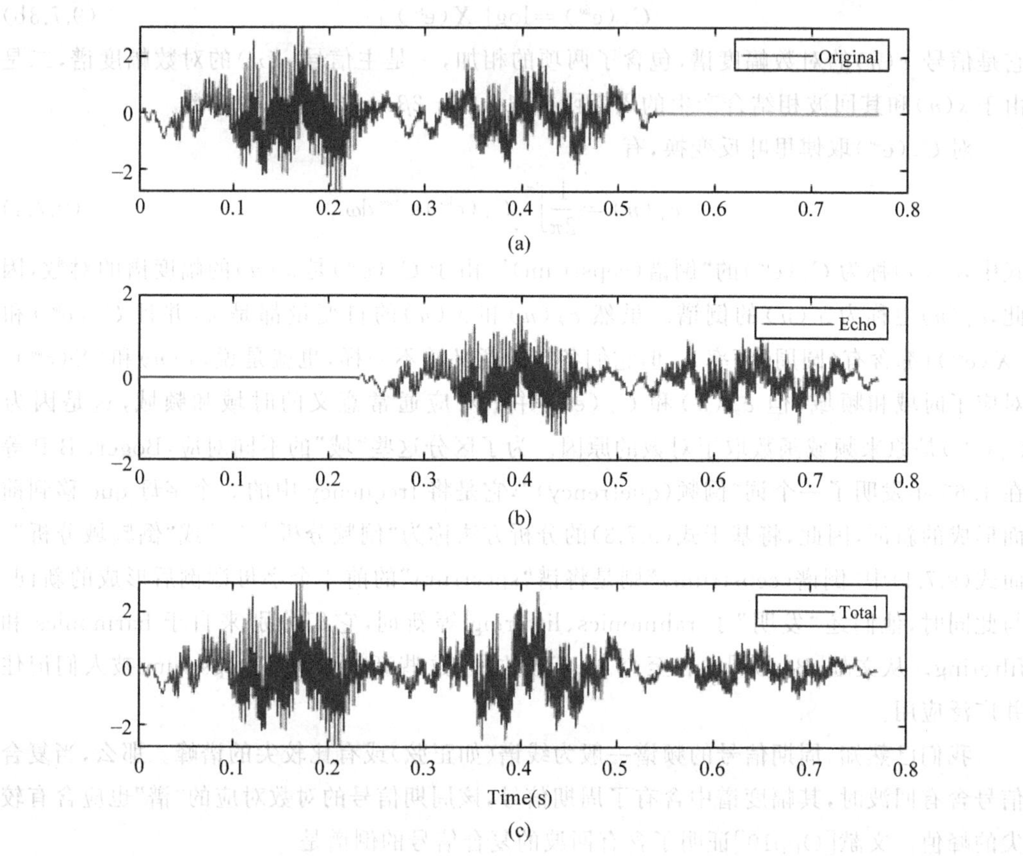


图 9.7.1　$s(n)$、$\beta s(n-n_0)$ 和 $x(n)$ 的波形

现在的任务是要从记录到的 $x(n)$ 中去除回波信号 $\beta s(n-n_0)$，从而得到原来的信号 $s(n)$。$s(n)$ 和 $\beta s(n-n_0)$ 虽然是相加的关系，但二者有着相同的幅频，因此，普通的滤波方法(如低通、高通、带通、带阻等)无法将回波去除。

由式(9.7.2a)，如果能设计一个滤波器，使其频率响应 $H(\mathrm{e}^{\mathrm{j}\omega})=1/P(\mathrm{e}^{\mathrm{j}\omega})$，那么，对 $x(n)$ 滤波后便可得到 $s(n)$，从而可完全去除回波。由式(9.7.2a)知，$P(\mathrm{e}^{\mathrm{j}\omega})=1+\beta\mathrm{e}^{-\mathrm{j}\omega n_0}$，这样，$H(\mathrm{e}^{\mathrm{j}\omega})=1/(1+\beta\mathrm{e}^{-\mathrm{j}\omega n_0})$，对应的转移函数是

$$H(z)=\frac{1}{1+\beta z^{-n_0}}=\frac{1}{1+\beta z^{-1706}} \tag{9.7.6}$$

显然,这一滤波器不用设计,但关键是要求出延迟因子 $n_0$。由上述讨论可知,在实倒谱 $c_x(n)$中,$n_0$ 应是第一个线谱所在的位置,即回波开始的位置。图 9.7.2(a)是利用 rceps.m 求出的倒谱,显然,它有两根谱线,一是在 0.23s 处,对应回波信号开始,另一根在 0.54s 处,对应原信号 $s(n)$结束。图 9.7.2(b)是利用式(9.7.6)的滤波器对混合信号滤波的结果。和图 9.7.1 相比较可以看出,回波信号已完全去除。

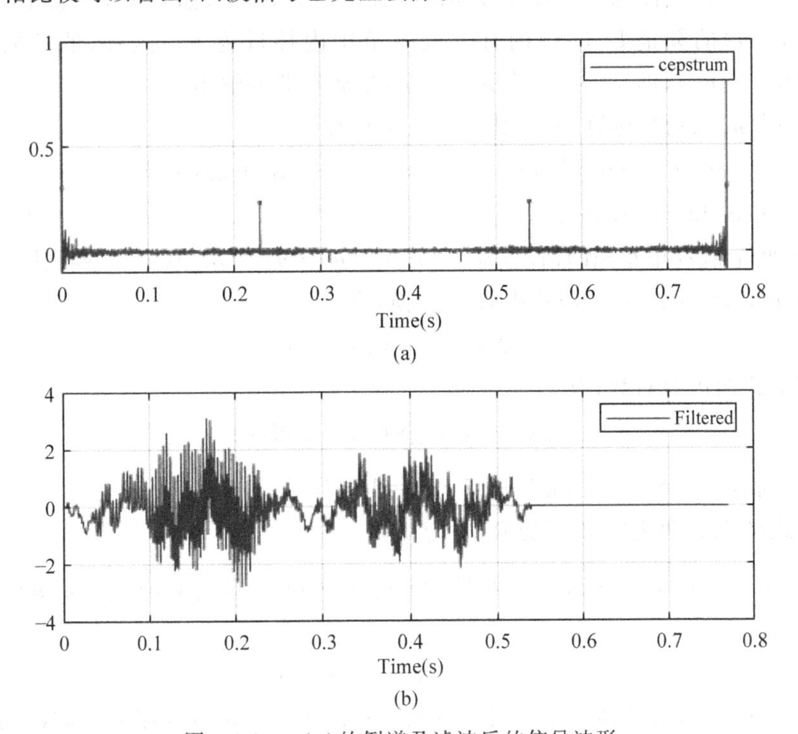


图 9.7.2 $x(n)$的倒谱及滤波后的信号波形

20 世纪 60 年代初,和 Bogert 的工作完全无关,Oppenheim A V 在他的博士论文中开始了一种非线性数字信号处理理论的研究,即"同态滤波"(homomorphic filtering)。同态滤波又称为广义(generalized)的线性滤波。同态滤波的基本概念是完成两个信号空间的映射,即在一个空间信号是非相加的关系(如相乘和卷积),在另一个空间信号是相加的关系。这一映射为处理相加性和卷积性存在的信号提供了新的工具。

由 4.2 节关于滤波的概念可知,线性滤波对要滤波的信号有两点基本要求,一是信号和噪声是加法性的,二是它们的频谱在频率轴上没有重叠。一旦信号和噪声不是加法性的,如相乘和卷积,那么它们的频谱将很可能发生重叠,这样,线性滤波的方法将无法去除噪声。在这种情况下就要用到同态滤波概念。

(1) 对两个信号相乘的情况，即 $x(n)=s(n)u(n)$，可用如下的步骤将它们分离：

① 对 $x(n)=s(n)u(n)$ 两边取对数，有

$$\log x(n)=\log s(n)+\log u(n) \tag{9.7.7}$$

令 $x'(n)=\log x(n)$，$s'(n)=\log s(n)$，$u'(n)=\log u(n)$，则 $x'(n)=s'(n)+u'(n)$，这就把乘法性信号变换成了加法性信号。

② 对 $x'(n)$ 做线性滤波。设滤波器的抽样响应为 $h(n)$，如果希望去除 $u(n)$，那就令 $H(\mathrm{e}^{\mathrm{j}\omega})$ 在 $u'(n)$ 的频谱 $U'(\mathrm{e}^{\mathrm{j}\omega})$ 的有效频率范围内接近为零。这样，滤波后留下的是 $s'(n)$ 的频谱 $S'(\mathrm{e}^{\mathrm{j}\omega})$，即 $y'(n)=s'(n)$，$y'(n)$ 是滤波器的输出。

③ 对 $y'(n)$ 取指数运算，并令其等于 $y(n)$，有

$$y(n)=\exp[y'(n)]=\exp[s'(n)]=\exp[\log s(n)]=s(n) \tag{9.7.8}$$

从而实现了 $s(n)$ 和 $u(n)$ 的分离。

(2) 对两个信号相卷积的情况，即 $x(n)=s(n)*u(n)$，将其分离的具体步骤如下：

① 将 $x(n)=s(n)*u(n)$ 两边取 $Z$ 变换，有

$$X(z)=S(z)U(z) \tag{9.7.9}$$

② 将上式两边取对数，有

$$\log X(z)=\log S(z)+\log U(z) \tag{9.7.10}$$

记 $\hat{X}(z)=\log X(z)$，$\hat{S}(z)=\log S(z)$，$\hat{U}(z)=\log U(z)$。

③ 将式(9.7.6)两边取 $Z$ 反变换，并记

$$\mathscr{Z}^{-1}[\hat{X}(z)]=\hat{x}(n),\quad \mathscr{Z}^{-1}[\hat{S}(z)]=\hat{s}(n),\quad \mathscr{Z}^{-1}[\hat{U}(z)]=\hat{u}(n)$$

则

$$\hat{x}(n)=\hat{s}(n)+\hat{u}(n) \tag{9.7.11}$$

④ 将 $\hat{x}(n)$ 通过滤波器 $h(n)$，得 $\hat{y}(n)$。如果想去除 $u(n)$，那么滤波器的设计要保证去除 $\hat{u}(n)$。这样，$\hat{y}(n)=\hat{s}(n)$。

⑤ 将 $\hat{y}(n)$ 取 $Z$ 变换，得 $\hat{Y}(z)=\hat{S}(z)$。

⑥ 将 $\hat{Y}(z)$ 取指数运算，并令其等于 $Y(z)$，有

$$Y(z)=\exp[\hat{Y}(z)]=\exp[\hat{S}(z)]=\exp[\log S(z)]=S(z) \tag{9.7.12}$$

最终实现了 $s(n)$ 和 $u(n)$ 的分离。

在式(9.7.10)中，$\log X(z)\big|_{z=\mathrm{e}^{\mathrm{j}\omega}}=\log|X(\mathrm{e}^{\mathrm{j}\omega})|+\mathrm{j}\varphi(\omega)$，这是对复函数求对数，而式(9.7.3a)是对实函数 $|X(\mathrm{e}^{\mathrm{j}\omega})|$ 求对数。式(9.7.3b)的 $C_x(\mathrm{e}^{\mathrm{j}\omega})$ 对应的倒谱 $c_x(n)$ 是实倒谱。自然，式(9.7.10)的 $\log X(z)$ 对应的倒谱应为"复倒谱(complex cepstrum)"。因此

$cx(n)=\mathscr{F}^{-1}[\log X(e^{j\omega})]$，$cs(n)=\mathscr{F}^{-1}[\log S(e^{j\omega})]$，$cu(n)=\mathscr{F}^{-1}[\log U(e^{j\omega})]$分别是$X(z)$、$S(z)$及$U(z)$的复倒谱，也是$x(n)$、$s(n)$及$u(n)$为复倒谱(complex cepstrum)。

我们知道，幅度谱、能量谱及功率谱都是频率的实函数，它们失去了相位信息，因此，由它们重建信号时，重建出的信号往往不唯一，即任意加上一个相位即可得到一个新的信号。为此，Oppenheim A V提出了复倒谱的理论，给出了计算方法并讨论了应用。有关同态滤波及复倒谱的详细内容请参看文献[Opp10]，此处不再讨论。文献[Opp04]的标题是From frequency to quefrency: a history of the cepstrum，单纯从标题上看，应该对读者有吸引力。

# 9.8 与本章内容有关的MATLAB文件

与抽取及插值有关的MATLAB文件包括interp、decimate、resample、upfirdn、interp1及intfilt等，现分别予以介绍。

**1. interp.m**

本文件实现信号的插值，其调用格式是：

```
(1) y=interp(x,L)
(2) y=interp(x,L,l,alpha)
(3) [y,h] =interp(x,L,l,alpha)
```

式中，x是待插值的信号向量，y是插值后的信号向量，L是插值倍数。因此，y的长度等于x的长度乘以L。我们知道，插值的过程是在x的每两点之间先插入L−1个零，然后令其通过一个去除镜像的低通滤波器，从而得到y。在interp中，该滤波器已设计好，不需要再另行设计。因此，使用该文件时，可同时给出滤波器的单位抽样响应h。式中，l、alpha是输入的参数，l决定了滤波器的长度，即h的长度等于$2\times L\times l+1$；alpha指定了滤波器的截止频率，其归一化频率为0～0.5。默认时，l=4，alpha=0.25。

**2. decimate.m**

该文件实现信号的抽取，其调用格式是：

```
(1) y=decimate(x,M)
(2) y=decimate(x,M,N)
(3) y=decimate(x,M,'FIR')
(4) y=decimate(x,M,N,'FIR')
```

式中,x 是待抽取的信号向量,y 是抽取后的信号向量,M 是抽取倍数。因此,y 的长度等于 x 的长度除以 M。在 decimate 中,反混叠滤波器也已设计好,不需要再另行设计。使用第(1)种调用格式时,程序中使用的是 8 阶的切比雪夫滤波器,在第(2)种调用格式中,使用的是 N 阶的切比雪夫滤波器,N 需要使用者指定;在第(3)种调用格式中,使用的是 FIR 滤波器,其长度为 31 点;在第(4)种调用格式中,使用的是 N 点的 FIR 滤波器。

**3. resample.m**

该文件用来实现信号抽样频率 L/M 倍的转换,其调用格式是:

```
(1) y=resample(x,L,M)
(2) y=resample(x,L,M,N)
(3) y=resample(x,L,M,N,Beta)
(4) y=resample(x,L,M,h)
```

式中,x 仍是原信号向量,y 是转换后的信号向量,L、M 分别是插值和抽取的倍数,它们都是正整数,y 的长度等于 x 的长度乘以 L/M。使用的反混叠滤波器是由文件 firls. m 设计出的 FIR 滤波器,使用凯塞(Kaiser)窗。滤波器的基本长度等于 $2\times N\times \max(L,M)+1$,N 默认时在内部被指定为 10,或者按第(2)种调用格式指定。使用时请注意 x 的长度要大于 2 倍的滤波器的长度。式中,Beta 是 Kaiser 窗的参数,默认时内部指定为 5,也可按第(3)种调用格式指定。我们也可自己设计滤波器 h,然后将其作为输入参数,如调用格式(4)。下面的例子说明了上述 3 个文件的应用。

**例 9.8.1** 产生一正弦信号,每个周期 40 个点。分别用 interp、decimate 做 $L=2$,$M=3$ 的插值与抽取,再用 resample 做 2/3 倍的抽样率转换,给出信号的图形。

实现该例要求的 MATLAB 程序是 exa090801_in_de_re.m,请读者自己运行该程序,并观察抽取和插值的效果。

**4. upfirdn**

这是一个 c-mex 文件(c-mex 文件是用 C 语言或 FORTRAN 编写的内部文件,MATLAB 文件可以调用,但用 TYPE 命令看不到源文件),用来实现信号抽样频率 L/M 倍的转换,调用格式是

```
y=upfirdn(x,h,L,M)
```

x、y 分别是抽样率转换前后的数据向量,h 是反混叠滤波器,L、M 仍然是插值和抽取的倍数。和 resample 不同的是,调用 upfirdn 时要事先设计好滤波器。实际上,resample 在内部调用了 upfirdn,因此,真正的抽样率转换工作是在 upfirdn 中实现的。

**5. intfilt.m**

此文件设计专门用于插值的线性相位 FIR 滤波器,具体内容不再讨论。

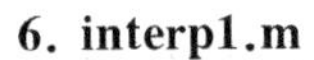

**6. interp1.m**

本文件也用来实现信号的插值,不过实现插值的方法和在 9.1 节讨论的方法不同,它是采用数值分析中的插值方法来实现的。其调用格式是

```
yi=interp1(x,y,xi,'method')
```

式中,x 是横坐标向量,y 是在 x 上的数据向量,即待插值向量,xi 是新的横坐标向量,xi 的长度除以 x 的长度等效于 L。yi 是插值后的数据向量,其横坐标即 xi。method 用来指定插值的方法:method 等于 nearest,表示采用最近邻插值;等于 linear,则表示采用线性插值;等于 spline,则表示采用样条函数插值;等于 cubic,则表示采用立方函数插值。

下面介绍与调制、解调有关的 MATLAB 文件。

**7. modulate.m**

本文件可用来实现对所给信号的调制,其调用格式是

```
y=modulate(x,Fc,Fs,'method',opt)
```

式中,x 是待调信号,y 是调制后的信号,Fc 是载波频率,Fs 是信号 x 的抽样频率,opt 是在不同调制方法中的选择参数,method 指定不同的调制方法。

(1) 若 method 等于 am 或 amdsb-sc,则调制方式为双边带幅度调制,抑制载波,调制后的输出

```
y=x.*cos(2*pi*Fc*t),  opt 不用
```

(2) 若 method 等于 amdsb-tc,则调制方式为双边带幅度调制,传输载波,调制后的输出

```
y=(x-opt).*cos(2*pi*Fc*t),  opt=min(min(x))
```

(3) 若 method 等于 amssb,则调制方式为单边带幅度调制,调制后的输出

```
y=x.*cos(2*pi*Fc*t)+imag(hilbert(x)).+sin(2*pi*Fc*t)
```

(4) 若 method 等于 fm,则调制方式为频率调制,调制后的输出

```
y=cos(2*pi*Fc*t+opt*cumsum(x))
```

cumsum(x)是对 x 积分的矩形逼近,opt=(Fc/Fs)*2*pi*/max(max(abs(x)))。

(5) 若 method 等于 pm,则调制方式为相位调制,调制后的输出为

```
y=cos(2*pi*Fc*t+opt*x),  opt=pi/(max(max(x)))
```

此外,若 method 分别等于 pwm、ptm 及 qam,则调制方式分别为脉宽调制、脉冲时间

调制及正交幅度调制。

**例 9.8.2** 给定一低频正弦信号,试用 modulate.m 文件实现其不同形式的调制。

实现本例的程序是 exa090802_modulate,该程序的运行结果示于图 9.8.1。其中,图(a)是待调制信号,图(b)是 amdsb-sc 调制信号,图(c)是 amdsb-tc 调制信号,图(d)是单边带幅度调制(amssb)信号,图(e)是频率(fm)调制信号,图(f)是相位调制(pm)信号。

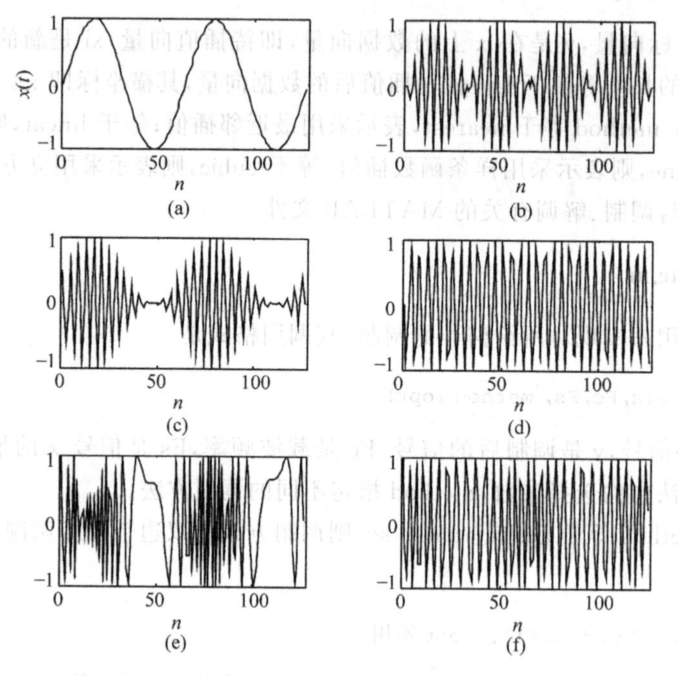


图 9.8.1 modulate.m 的使用结果

## 8. demod.m

本文件实现信号的解调,其调用格式是

```
x=demod(y,Fc,Fs,'method',opt)
```

式中,y 是调制后的信号,x 是解调后的信号,其他参数和 modulate.m 中的相同,此处不再重复。

下面再介绍与本章其他内容有关的 MATLAB 文件。

## 9. deconv.m

本文件实现系统的反卷积,其调用格式是

```
[q,r]=deconv(b,a)
```

式中各量之间的关系是

```
b=conv(a,q)+r
```

这两个式子的含义是：b 是向量 a 和另一个向量 h 卷积的结果，由 b 对 a 作反卷积，得到的应该是 h，现得到的是向量 q，并有一个余向量 r。如果 $r=0$，则 $h=q$；若 $r\neq 0$，则 $h\approx q$。

**例 9.8.3** 令 $h=\{1,1,1,1\}$，$x=\{1,2,3,4,5,6,7,8\}$，$b=x*h$；调用 deconv，可求出 $q=\{1,1,1,1\}$，于是 $r=0$，即 $q=h$。

相应的程序是 exa090803_deconv。

**10. svd.m**

本文件是一个内部文件，用来实现矩阵的奇异值分解，其调用格式是

```
[U,S,V]=svd(X)
```

式中，X 是待分解的矩阵，U、V 是正交矩阵，S 是和 X 同维的对角矩阵，其对角线上的元素按递减顺序排列，它们即 X 的奇异值。

**例 9.8.4** 对给定的矩阵 X，实现其奇异值分解。

本例的程序是 exa090804_svd，例中相应的数据如下：

$$X=\begin{bmatrix}1&1&1\\2&2&1\\3&1&3\\1&0&1\end{bmatrix},\quad S=\begin{bmatrix}5.5338&0&0\\0&1.5139&0\\0&0&0.2924\\0&0&0\end{bmatrix}$$

$$U=\begin{bmatrix}0.3041&0.2170&0.8329&0.4082\\0.4983&0.7771&-0.3844&0\\0.7768&-0.4778&0.0409&-0.4082\\0.2363&-0.3474&-0.3960&0.8165\end{bmatrix},\quad V=\begin{bmatrix}0.6989&-0.0063&-0.7152\\0.3754&0.8544&0.3593\\0.6088&-0.5196&0.5994\end{bmatrix}$$

**11. rceps.m**

本文件用来求一个序列的实倒谱，其调用格式是

```
xhat=rceps(x)  和  [xhat,yhat]=rceps(x)
```

式中，x 是输入信号，xhat 是 x 的实倒谱 $\hat{x}$，而 x 和 xhat 的关系是

```
xhat=real(ifft(log(abs(fft(x)))))
```

yhat 是由倒谱得到的对 x 的最小相位重构，即

```
yhat=real(ifft(exp(fft(w.*xhat))))
```

式中,w 是一窗函数,n<0 时 w(n)=0,w(1)=1;当 n>1 时 w(n)=2。有关最小相位重构的更多内容见文献[Opp75]。

**12. cceps.m**

本文件用来求一个序列的复倒谱,其基本的调用格式是

```
xhat=cceps(x)
```

更多的内容见文献[Opp75]。

# 小　结

本章集中讨论了信号处理中的一些典型算法,包括信号的抽取与插值、信号的子带分解、调制与解调、反卷积、奇异值分解、独立分量分析及同态滤波等。它们有的是经典内容,有的是近十几年来新发展的内容。详细讨论每一部分的内容都需要较大的篇幅,因此,本章仅作了提纲挈领的介绍。

# 习题与上机练习

9.1 试证明:

(1) 图题 9.1(a)的两个系统等效,即信号延迟 $M$ 个样本后作 $M$ 倍抽取和先作 $M$ 倍抽取再延迟一个样本是等效的。

(2) 图题 9.1(b)的两个系统等效,即信号延迟 1 个样本后作 $L$ 倍插值和先作 $L$ 倍插值再延迟 $L$ 个样本是等效的。

9.2 已知两个多抽样率系统如图题 9.2 所示。

(1) 写出 $Y_1(z)$,$Y_2(z)$,$Y_1(e^{j\omega})$,$Y_2(e^{j\omega})$的表达式。

(2) 若 $L=M$,试分析这两个系统是否等效(即 $y_1(n)$)是否等于 $y_2(n)$),并说明理由。

(3) 若 $L\neq M$,试说明 $y_1(n)=y_2(n)$的充要条件是什么,并说明理由。

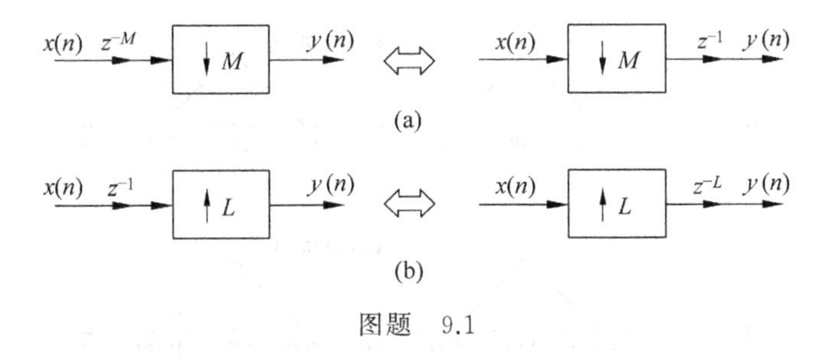


图题 9.1

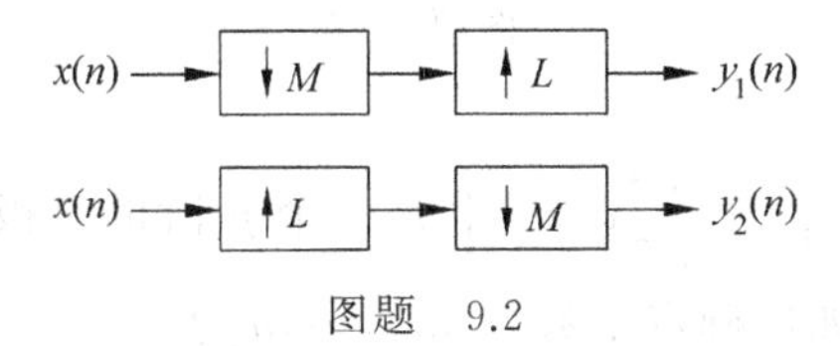


图题 9.2

9.3 图题9.3是一个两通道滤波器组，$H_0$、$G_0$是低通滤波器，$H_1$、$G_1$是高通滤波器；$H_0$、$H_1$实现输入信号的分解，$G_0$、$G_1$实现输出信号的重建。

(1) 试写出图中各处信号的相互关系；

(2) 若$\hat{X}(z)=cz^{-k}X(z)$，我们说该滤波器组实现了对输出信号的重建。试探讨为实现准确重建，4个滤波器应具有什么样的相互关系(注：关系可能不唯一)。

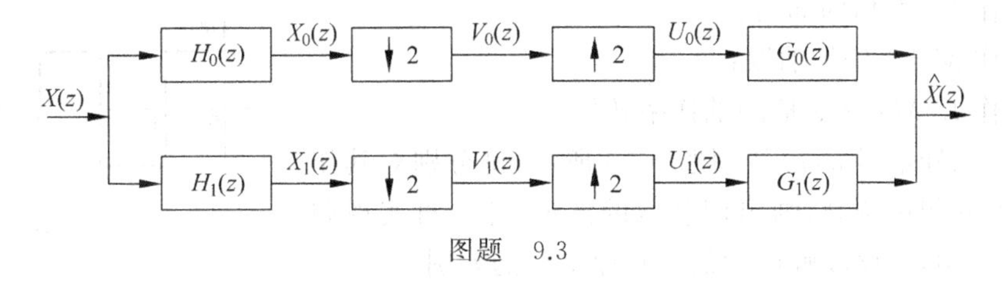


图题 9.3

9.4 对式(9.3.9)和式(9.3.13)的单边带调制，试证明用同频率、同相位的余弦信号去乘调制信号$x(t)$，即$x'(t)=x(t)\cos(\Omega_0 t)$，也可实现信号的解调。试画出$|X'(\mathrm{j}\Omega)|$的图形。

9.5 已知两个窄带信号的幅频响应分别如图题9.5(a)、(b)所示，试确定对它们抽样时的最小抽样频率。

9.6 已知系统$H(z)$的单位抽样响应$h(n)=\delta(n)-\frac{1}{2}\delta(n-2)$，试判断该系统有无逆系统。如有，求其逆系统的单位抽样响应。

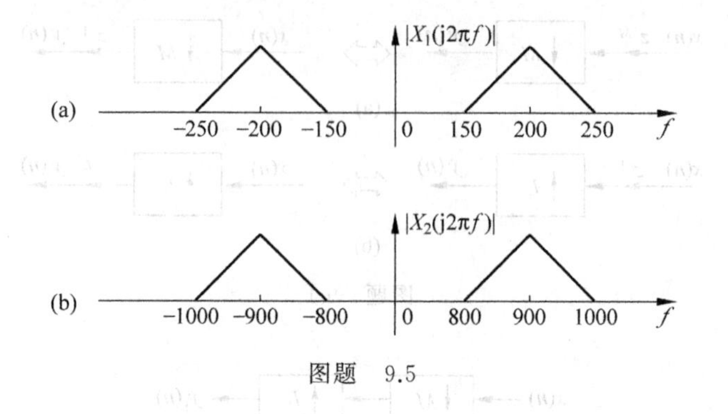


图题　9.5

9.7　已知 $H(z)=1\Big/\left[1+\sum_{k=1}^{p}a_kz^{-k}\right]$ 是一个 $p$ 阶的全极系统，若 $h(0),h(1),\cdots,h(M-1)$及阶次 $p$ 已知，如何确定系数 $a_1,a_2,\cdots,a_p$？

9.8　已知 $H(z)$为一稳定的 LSI 系统，输入信号 $u(n)$的功率谱在 $-\pi\sim\pi$ 内恒为 1，输出信号是 $x(n)$。已知 $x(n)$的功率谱 $P_x(e^{j\omega})=\dfrac{1.04+0.4\cos\omega}{1.25-\cos\omega}$，试求 $H(z)$。

*9.9　令 $x(n)=\cos(2\pi fn/f_s)$，$f/f_s=1/12$，利用 MATLAB 的有关 m 文件实现如下抽样率转换，并给出每一种情况下的数字低通滤波器的频率特性及频率转换后的信号波形。

(1) 作 $L=2$ 倍的插值；

(2) 作 $M=3$ 倍的抽取；

(3) 作 $L/M=2/3$ 倍的抽样率转换。

*9.10　已知信号 $a(t)$如图题 9.10 所示，试分别对其作幅度、频率和相位调制，画出调制后的波形；然后再实现调制信号的解调，并比较解调后信号和原信号的差别。

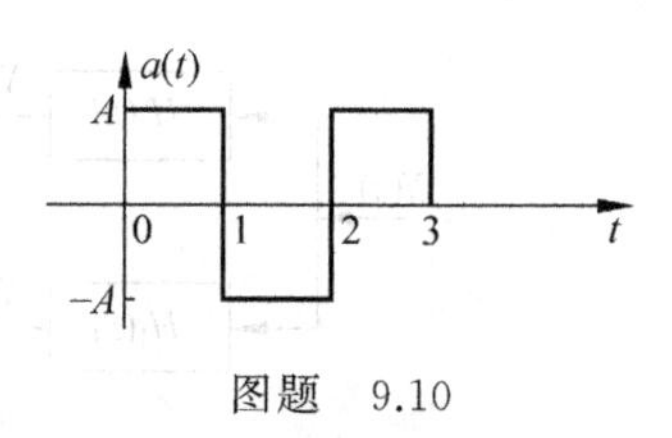


图题　9.10

# 第10章 数字信号处理中有限字长影响的统计分析

前9章讨论了许许多多的信号处理的理论与算法，也讨论了离散系统的分析与设计。在这些讨论中，假定信号和滤波器的系数都具有“无限”的精度。例如，在例6.6.1～例6.6.3中，所设计的 $H(z)$ 的分子、分母多项式的系数都是十进制的数，并多是可正可负的小数。在使用MATLAB实现信号的处理或滤波器的设计时，信号和滤波器的系数也都是十进制的数，它们都具有“无限”的精度。

但是，当将调试好的信号处理算法及设计好的滤波器在一个数字系统上具体实现时，受数字系统有限字长的影响，表示信号的数据和滤波器系数的精度将不再是“无限”的。这就必然在算法和系统实现上带来误差。这些误差主要是量化误差和舍入误差。现对数字信号处理中这两种误差的来源分析如下。

(1) 模拟信号抽样时产生的误差。例如，若系统用8bit的字长来表示数，且原始数据的动态范围是0～5V，由1.1节的讨论可知，每一位的最大分辨率是20mV。这样，在该系统中，10～29mV的信号可能都表示为00000001，于是就产生了信号的量化(quantization)误差。

(2) 量化后的信号在离散系统中的传递。量化后的信号通过离散系统后，必然产生量化误差的积累效应，结果在系统的输出端将会产生较大的误差。

(3) 滤波器系数量化对滤波器性能的影响。例如，假定设计的一个IIR滤波器有一对共轭极点在 $0.99e^{\pm j\pi/3}$ 处，显然该系统是稳定的。但是，由于表示系数0.99的字长只有8bit，因此，系数量化的误差有可能将该极点移到单位圆上，从而造成系统不稳定。

(4) 离散系统中加、减和乘法运算将产生舍入误差。例如，两个8bit的数相乘，其积是16bit。但是，最后只能用8bit来表示，因此需要舍去积的后8bit，这就产生了数字运算中的舍入误差。

(5) DFT运算中的舍入误差。DFT是信号处理中最常用的运算，其中包含了大量的乘法运算，因此DFT中的舍入误差也是舍入误差的一个重要来源。

量化误差及运算中的舍入误差是数字信号处理中的特殊现象。尽管使用高精度(如14bit、16bit)的A/D转换器可以大大减轻这些误差及其影响，但掌握这些误差的特性，了解它们对数字系统的影响，对数字信号处理的工作者来说还是很有必要的。有关误差的分析大都要采用统计的方法，量化及舍入误差的讨论是相当复杂、烦琐的。鉴于此，本章将尽可能用简明扼要的语言来介绍其主要内容。

## 10.1 量化误差的统计分析

模拟信号 $x(t)$ 经 A/D 转换后变成数字信号 $x(n)$，$x(n)$ 在时间上和幅度上都将变成离散的。设 A/D 的字长为 $b$，记 $q=2^{-b}$ 为量化步长。若 $b=8$，则 $q=1/256$。显然，这样定义 $q$ 就等于指定 A/D 转换器的范围是 0～1V。如果 A/D 的动态范围是 0～$A$，那么量化步长应是 $q=A/2^b$。如无特殊说明，后文都指定 $q=2^{-b}$。

设 $x(n)$ 为一正数，即符号位为零。若 $x(n)$ 具有无限的精度，即 $x(n)$ 在每一个对应的时刻都等于 $x(t)$，那么，$x(n)$ 可表示为

$$x(n)=\sum_{i=1}^{\infty}\beta_i 2^{-i},\quad \beta_i=0,1 \tag{10.1.1}$$

该式是二进制正数的定点表示。当然，A/D 的位数只可能是有限位，用有限位的 A/D 转换器来表示无限位长的数据时有两种处理方式，一是截尾，二是舍入。所谓截尾(truncation)，即将 $i>b$ 后的所有位都舍去。记

$$x_T(n)=\sum_{i=1}^{b}\beta_i 2^{-i},\quad \beta_i=0,1 \tag{10.1.2}$$

$x_T(n)$ 是在时刻 $n$ 时作了截尾处理后的量化值。$x_T(n)$ 对 $x(t)$ 或对 $x(n)$ 的量化误差为

$$e_T=x_T(n)-x(n)=-\sum_{i=b+1}^{\infty}\beta_i 2^{-i},\quad \beta_i=0,1 \tag{10.1.3}$$

所谓舍入(rounding)，即对 $i\geqslant b+1$ 后的位数作舍入处理。记

$$x_R(n)=\sum_{i=1}^{b}\beta_i 2^{-i}+\beta_{b+1}2^{-b},\quad \beta_i=0,1 \tag{10.1.4}$$

$x_R(n)$ 是在时刻 $n$ 时作了舍入处理后的量化值。显然，若 $\beta_{b+1}=1$，则在第 $b$ 位上加 1，否则就加零，这等于将 $b$ 以后的位都舍去。舍入处理等效于通常的“四舍五入”，由此产生的舍入误差

$$e_R=x_R(n)-x(n)=\beta_{b+1}2^{-(b+1)}-\sum_{i=b+2}^{\infty}\beta_i 2^{-i},\quad \beta_i=0,1 \tag{10.1.5}$$

现在来分析截尾误差和舍入误差的特点。

对截尾误差 $e_T$，若 $\beta_{b+1}=\beta_{b+2}=\cdots=\beta_\infty=0$，则 $e_T=0$，显然，这是 $e_T$ 取的最大值；若 $\beta_{b+1}=\beta_{b+2}=\cdots=\beta_\infty=1$，则 $e_T=-q=-2^{-b}$，这是 $e_T$ 取的最小值；若 $\beta_{b+1},\beta_{b+2},\cdots,\beta_\infty$ 不

全为 0 或 1，则 $e_T$ 的取值在 0 和 $-q$ 之间，即

$$-q < e_T \leqslant 0 \tag{10.1.6}$$

对舍入误差 $e_R$，若 $\beta_{b+1}=1,\beta_{b+2}=\cdots=\beta_\infty=0$，则 $e_R$ 取得正的最大值 $q/2$；若 $\beta_{b+1}=0,\beta_{b+2}=\cdots=\beta_\infty=1$，则 $e_R$ 接近负的"最大"值 $-q/2$。因此，$e_R$ 的取值在 $-q/2$ 和 $q/2$ 之间，即

$$-q/2 < e_R \leqslant q/2 \tag{10.1.7}$$

由以上两式及量化误差的产生原因可知，$e_T$ 和 $e_R$ 都应是均匀分布的随机变量，它们的概率密度都是

$$p_T(e)=p_R(e)=1/q \tag{10.1.8}$$

如图 10.1.1 所示。

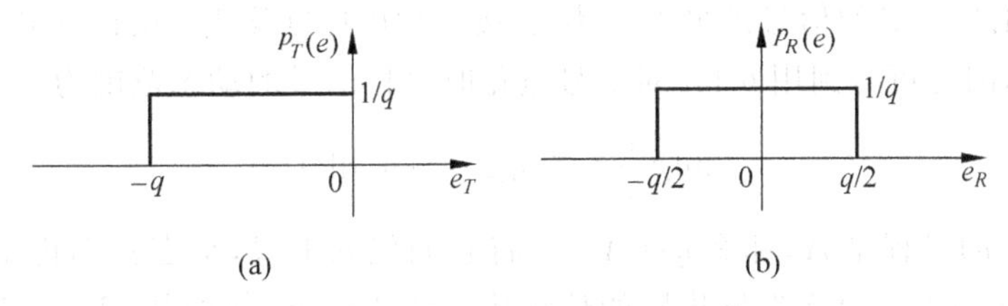


图 10.1.1 量化误差的概率密度

显然，二者的均值分别为

$$\mu_T=-q/2,\quad \mu_R=0 \tag{10.1.9}$$

而二者的方差分别为

$$\sigma_T^2=\int_{-q}^{0}(e_T-\mu_T)^2 p(e_T)\mathrm{d}e_T=\int_{-q}^{0}(e_T+q)^2\frac{1}{q}\mathrm{d}e_T=\frac{q^2}{12} \tag{10.1.10a}$$

$$\sigma_R^2=\int_{-q/2}^{q/2}(e_R-\mu_R)^2 p(e_R)\mathrm{d}e_R=\int_{-q/2}^{q/2}e_R{}^2\frac{1}{q}\mathrm{d}e_R=\frac{q^2}{12} \tag{10.1.10b}$$

上述的 $e_T$ 和 $e_R$ 都是在某一固定时刻 $n$ 时的量化误差，当 $n=0,1,\cdots,\infty$ 时，$e_T$ 和 $e_R$ 将变成 $e_T(n)$ 和 $e_R(n)$，它们都是随机向量或随机序列。将 $e_T(n)$ 和 $e_R(n)$ 都简记为 $e(n)$，将 $x_T(n)$ 和 $x_R(n)$ 都简记为 $x_q(n)$，这样，信号的量化模型可表示为

$$x_q(n)=x(n)+e(n) \tag{10.1.11}$$

即量化后的信号等于原无限精度的信号加上一个量化噪声，如图 10.1.2 所示。

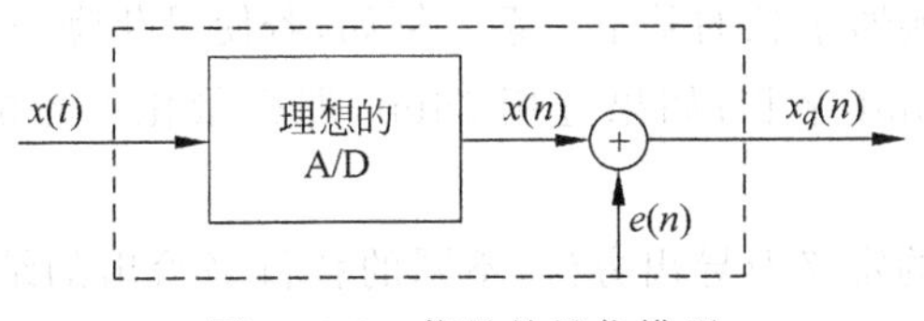


图 10.1.2 信号的量化模型

详细讨论 $e(n)$的统计特性是比较复杂的。但是,若信号 $x(n)$的动态范围可达 A/D 转换器的满量程,并不断地经历不同的量化水平,那么 $e(n)$可视为平稳的、服从均匀分布的白噪声序列,且 $e(n)$和 $x(n)$是不相关的[Orf96]。这样,$e(n)$在不同时刻的取值也是不相关的。因此,$e(n)$的统计性质和 $e_T$、$e_R$ 的基本相同,即

$$p(e)=1/q,\quad \sigma_e^2=q^2/12 \tag{10.1.12a}$$

$$\mu_T(n)=\mu_T=-q/2,\quad \mu_R(n)=\mu_R=0 \tag{10.1.12b}$$

由上面的讨论可知,由截尾处理所产生的误差序列的均值不为零,这就在 $x_T(n)$中引入了一个直流分量。我们知道,直流分量的频谱是频率等于零处的 $\delta$ 函数,因此,直流分量的引入将使频谱产生失真。由于 $\mu_R=0$,因而舍入处理不会产生直流分量,所以实际使用时,多采用舍入处理。

按式(10.1.1)定义的信号的最大值为 1,按式(10.1.6)及式(10.1.7)定义的量化误差的最大值为 $q$,因此可得到用 $b$ bit 对信号量化时量化信号的动态范围为

$$20\lg\frac{1}{q}=20\lg 2^b=6b(\text{dB}) \tag{10.1.13a}$$

若 A/D 转换器的量程是 $A$,那么 $q=A/2^b$,将它们代入上式,动态范围仍是 $6b$dB。有的文献[Orf96]把式(10.1.13a)称为量化器的信噪比。该式指出,每增加 1bit 可使动态范围或信噪比提高 6dB。此处动态范围或信噪比的概念实际上反映了量化的精度。例如,用 1bit 量化,因为只有 2 个量化等级,动态范围最小,精度最差,因此相应的信噪比为 6dB,是最低值;用 8bit 量化,有 256 个量化等级,精度为输入信号的 1/256,因此动态范围扩大,相应的信噪比变为 48dB。采用 16bit 时,量化精度为 1/65536,信噪比也高达 96dB。

另外,量化误差的信噪比也可从功率的角度来定义,即

$$\text{SNR}=10\lg\frac{P_x}{P_e}=10\lg\frac{P_x}{q^2/12}$$

由 $q=2^{-b}$,有

$$\text{SNR}=10\lg P_x+10.8+6b(\text{dB}) \tag{10.1.13b}$$

如果令 $P_x=P_e$,即信号的功率等于噪声的功率,那么 SNR=0,于是有

$$10\lg P_x=-10.8-6b(\text{dB}) \tag{10.1.13c}$$

该式表明,当 A/D 的字长为 $b$ bit 时,量化噪声的功率将比信号的功率低$(10.8+6b)$dB。每增加 1bit,则噪声减少 6dB,这和式(10.1.13a)的结论是一致的。当然,由式(10.1.13c)还可得出确定 A/D 转换器字长的基本关系。例如,若使量化噪声的功率比信号的功率低 59dB,那么,A/D 应取 8bit 字长;如果选用 16bit,那么量化误差的功率比信号的功率低 106.8dB。

对量化噪声 SNR 的定义及导出方法,不同的教科书给出的结果不尽相同,但有一点是共同的,即每增加 1bit,可增加 6dB 的动态范围或信噪比。

至此已对量化误差进行了一个大概的统计分析，同时也给出了 A/D 转换器字长选择的大致原则，这些讨论也为本章后续内容打下了基础。

本书所附的 MATLAB 程序 truncation.m 和 rounding.m 可分别用来将给定的十进制数按指定的字长实现截尾量化和舍入量化。

设 d 是给定的待量化的十进制的数序列，例如，若

```
d =[1.0000  -3.8184  2.4560  -1.9374  0.8806  -0.2130]
```

则按 5bit 截尾量化后的序列为

```
beq =[1.0000  -3.7500  2.3750  -1.8750  0.8750  -0.1875]
```

进一步可求出误差序列为

```
e=[0  0.0684  -0.0810  0.0624  -0.0056  0.0255]
```

利用量化前后的数据，进一步可求出整个序列的量化误差的信噪比 SNR=32.1901dB。

对同一个序列 d，用 5bit 实现舍入量化后的序列为

```
beq =[1.0000  -3.8750  2.5000  -1.9375  0.8750  -0.2188]
```

整个序列舍入量化后的信噪比为 37.0174dB，由此读者可以看出舍入处理和截尾处理的不同。

在实际工作中，有时用均方根来描述量化误差的行为。量化误差的均方根定义为

$$e_{\mathrm{rms}} = \sqrt{\sigma_e^2} = q/\sqrt{12} \tag{10.1.14}$$

**例 10.1.1** 在数字音频应用中，设 A/D 的动态范围在 0～10V，若希望量化误差的均方根值小于 50μV，试决定所要的字长 $b$[Orf96]。

**解** 由式(10.1.14)，$e_{\mathrm{rms}}=q/\sqrt{12}<50\mu\mathrm{V}$，而 $q=10\mathrm{V}/2^b$，解出 $b>15.82$，取 $b=16$。

这一结论指出，当采用 16bit、满量程为 10V 的 A/D 时，由量化误差引起的均方根值小于 50μV。由式(10.1.13a)，量化误差的信噪比等于 16×6=96dB。人的耳朵对声音感觉的动态范围大约是 100dB。因此，对高质量的音频应用，如 VCD、A/D 的字长至少要 16bit。

# 10.2 量化误差通过 LSI 系统的统计分析

设量化后的信号 $x_q(n)$ 通过一个 LSI 系统 $H(z)$ 后的输出为 $\hat{y}(n)$，由式(10.1.11)，有

$$\hat{y}(n) = x_q(n) * h(n) = [x(n) + e(n)] * h(n)$$

$$=x(n)*h(n)+e(n)*h(n)=y(n)+v(n) \tag{10.2.1}$$

式中，$y(n)$是由没有经过量化的 $x(n)$通过系统所产生的输出，而

$$v(n)=\sum_{k=0}^{\infty}h(k)e(n-k) \tag{10.2.2}$$

是由量化误差序列 $e(n)$通过系统所产生的输出。现讨论 $v(n)$的统计特性，其均值为

$$\mu_v(n)=E\left\{\sum_{k=0}^{\infty}h(k)e(n-k)\right\}=\mu_e\sum_{n=0}^{\infty}h(n)$$

如果 $e(n)$是由舍入引起的，则 $\mu_e=0$，此时对所有的 $n$，都有 $\mu_v(n)=0$；反之，如果 $e(n)$是由截尾引起的，则 $\mu_e=-q/2$，这时

$$\mu_v(n)=-\frac{q}{2}\sum_{n=0}^{\infty}h(n) \tag{10.2.3}$$

显然，输入信号的截尾量化在输出端也引入了一个直流分量。

现在来分析输出噪声的方差，有

$$\begin{aligned}\sigma_v^2&=E\{v^2(n)\}\\&=E\left\{\sum_{k=0}^{\infty}h(k)e(n-k)\sum_{m=0}^{\infty}h(m)e(n-m)\right\}\\&=\sum_{k=0}^{\infty}\sum_{m=0}^{\infty}h(k)h(m)E\{e(n-k)e(n-m)\}\end{aligned} \tag{10.2.4}$$

前文已假定 $e(n)$为白噪声序列，由式(10.1.10)及式(10.1.12)，有

$$\sigma_v^2=\frac{q^2}{12}\sum_{n=0}^{\infty}|h(n)|^2 \tag{10.2.5}$$

由此可以看出，信号的量化误差通过 LSI 系统后，输出的方差依然和字长有关，同时，也和系统的能量有关。对给定的字长，$q^2/12$ 始终为一常数，由此可定义归一化的输出方差为

$$\sigma_{v,n}^2=\frac{\sigma_v^2}{\sigma_e^2}=\sum_{n=0}^{\infty}|h(n)|^2 \tag{10.2.6}$$

显然，归一化的输出方差仅和系统抽样响应的能量有关。

**例 10.2.1** 系统

$$H(z)=\frac{0.0079+0.0397z^{-1}+0.0794z^{-2}+0.0794z^{-3}+0.0397z^{-4}+0.0079z^{-5}}{1.0000-2.2188z^{-1}+3.0019z^{-2}-2.4511z^{-3}+1.2330z^{-4}-0.3109z^{-5}} \tag{10.2.7}$$

是一个 5 阶的切比雪夫I型低通滤波器，其幅频响应及单位抽样响应分别如图 10.2.1(a)、(b)所示。可以求出该系统的 $\sigma_{v,n}^2=0.3716$；若取字长 $b=4$bit，则 $q^2/12=0.000\,325\,52$，量化噪声在输出端的方差 $\sigma_v^2=0.000\,120\,96$。

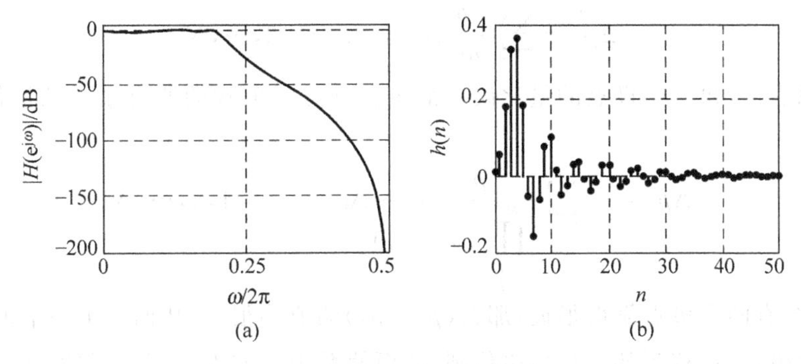


图 10.2.1 低通系统

## 10.3 IIR 系统系数量化对系统性能的影响

一个 IIR 系统的转移函数通常可表示为

$$H(z)=\frac{\sum_{r=0}^{M} b_r z^{-r}}{1+\sum_{k=1}^{N} a_k z^{-k}}=\frac{B(z)}{A(z)} \tag{10.3.1}$$

当系数 $b_0,b_1,\cdots,b_M$ 及 $a_1,a_2,\cdots,a_N$ 被量化后,该转移函数将变为

$$\hat{H}(z)=\frac{\sum_{r=0}^{M} \hat{b}_r z^{-r}}{1+\sum_{k=1}^{N} \hat{a}_k z^{-k}}=\frac{\hat{B}(z)}{\hat{A}(z)} \tag{10.3.2}$$

式中

$$\hat{a}_k=a_k+\Delta a_k, \quad \hat{b}_r=b_r+\Delta b_r \tag{10.3.3}$$

是系数量化后的值,$\Delta a_k$、$\Delta b_r$ 分别是对 $a_k$、$b_r$ 量化后所产生的误差。由第 2 章的讨论可知,系统的极点对系统的性能影响最大,为此,将 $A(z)$分解成

$$A(z)=1+\sum_{k=1}^{N} a_k z^{-k}=\prod_{i=1}^{N}(1-p_i z^{-1}) \tag{10.3.4}$$

的形式。我们主要关心的是系数量化对极点位置的影响。记 $\hat{A}(z)$的极点为 $\hat{p}_i=p_i+\Delta p_i$,$i=1,2,\cdots,N$,那么,系数量化所引起的极点的量化误差可表示为

$$\Delta p_i=\sum_{k=1}^{N}\frac{\partial p_i}{\partial a_k}\Delta a_k,\quad i=1,2,\cdots,N \tag{10.3.5a}$$

由该式可以看出,每一个极点的量化误差都将和分母多项式的所有系数的量化有关。经推导,有[Pro14]

$$\Delta p_i=-\sum_{k=1}^{N}\frac{p_i^{(N-k)}}{\prod\limits_{\substack{l=1\\ i\neq l}}^{N}(p_i-p_l)}\Delta a_k,\quad i=1,2,\cdots,N \tag{10.3.5b}$$

显然,若系统有两个极点靠得很近,那么$(p_i-p_l)$的值将很小,从而产生一个很大的$\Delta p_i$,严重时会使极点$\hat{p}_i$移到甚至移出单位圆,从而使系统变成不稳定。当然,式(10.3.5b)中的$\Delta p_i$前有一负号,因此,系数量化的结果也可能使极点向单位圆内移动,这样虽不影响系统的稳定性,但会影响系统的频率特性。

利用式(10.3.5b)具体去计算每一个系数的量化对每一个极点的影响是非常困难的,简单的方法是在给定使用的字长后计算其幅频响应并画出其极零图。MATLAB 中有关系统分析的 m 文件为实现这一目的提供了方便。

**例 10.3.1**　对式(10.2.7)的 $H(z)$,指定字长分别为 4bit 和 5bit,观察系数截尾方式量化后对系统性能的影响。

**解**　式(10.2.7)的 $H(z)$的分子、分母多项式的系数可认为具有"无限"的精度,重写其系数向量,即有

$$\left.\begin{aligned}\boldsymbol{b}&=[0.0079\quad 0.0397\quad 0.0794\quad 0.0794\quad 0.0397\quad 0.0079]\\ \boldsymbol{a}&=[1.0000\quad -2.2188\quad 3.0019\quad -2.4511\quad 1.2330\quad -0.3109]\end{aligned}\right\} \tag{10.3.6a}$$

该系统有 5 个极点,即 0.2896±j0.8711, 0.6524, 0.4936±j0.5675。

当用 4bit 对其量化时,其系数分别变为

$$\left.\begin{aligned}\hat{\boldsymbol{b}}&=[0\quad 0.0625\quad 0.0625\quad 0\quad 0]\\ \hat{\boldsymbol{a}}&=[1.0000\quad -2.0000\quad 3.0000\quad -2.2500\quad 1.1250\quad -0.2500]\end{aligned}\right\} \tag{10.3.6b}$$

量化后系统的极点分别是 0.4569±j1.0239, 0.4234, 0.3314±j0.5999,如图 10.3.1(b)所示,图中,符号"×"代表没量化系统的极点,"+"代表量化后系统的极点。显然,该系统经 4bit 量化后,一对共轭极点跑到了单位圆外,原本稳定的系统变成了不稳定的系统。

该系统量化前后的幅频响应如图 10.3.1(a)所示。图中,粗的曲线代表系数量化后求出的幅频响应,细的曲线是由式(10.3.6a)的系数求出的幅频响应,即图 10.2.1(a)的曲线。显然,系数量化后相应的幅频响应已发生严重失真,其衰减特性变差。

现改用 5bit 对其量化,量化后的系数分别变为

$$\left.\begin{aligned}\hat{\boldsymbol{b}}&=[0\quad 0.0313\quad 0.0625\quad 0.0625\quad 0.0313\quad 0]\\ \hat{\boldsymbol{a}}&=[1.0000\quad -2.1250\quad 3.0000\quad -2.3750\quad 1.1875\quad -0.2813]\end{aligned}\right\} \tag{10.3.6c}$$

这时，系统的极点分别是 0.3728±j0.9121，0.5246，0.4274±j0.6079，显然，它已是稳定的系统。用这一组系数求出的幅频响应及极零图分别如图 10.3.1(c)、(d)所示，图中曲线和符号的含义分别与图 10.3.1(a)、(b)相同。很明显，仅增加了 1bit，系统由不稳定变成了稳定，幅频响应的失真也有了明显的减轻。

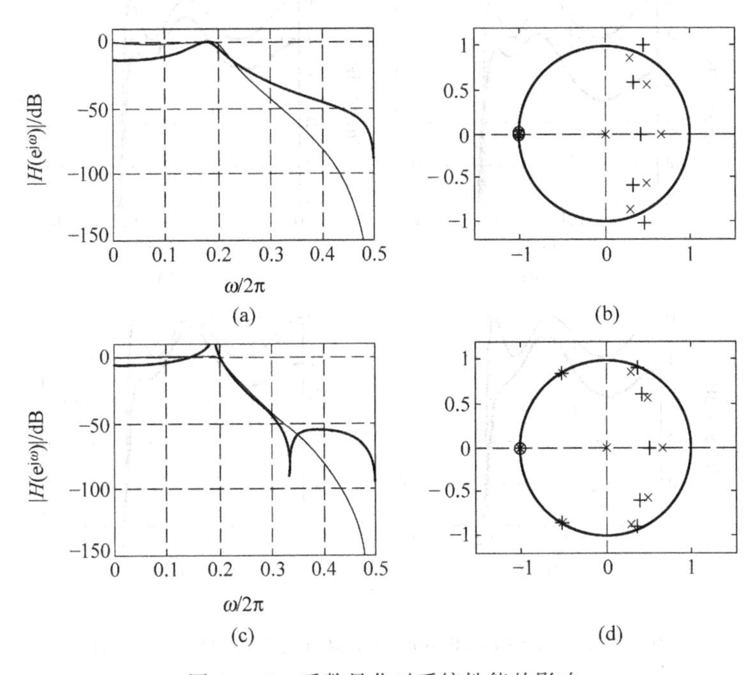


图 10.3.1　系数量化对系统性能的影响

前已述及，用式(10.3.5)分析系统量化效果较为困难，但该式却为我们减轻量化误差提供了一个有效的方法。由该式可以看出，若系统有两个极点靠得很近，则 $|p_i - p_l|$ 将很小，从而为 $\Delta p_i$ 产生大的贡献。减小 $\Delta p_i$ 的有效办法是让系统的极点相互之间尽可能离得较远。满足给定技术要求的系统的极零点应该是固定的，当然它们相互之间的距离也是固定的。因此，让极点之间的距离保持较大的唯一方法是将系统改为级联或并联的方式来实现。正是由于这一原因，在实际用硬件来实现一个数字系统时，很少有超过两阶的直接实现。

**例 10.3.2**　对式(10.2.7)的 $H(z)$，再一次分别用 4bit 和 5bit 的字长对系数量化，并分别用级联和并联的形式来实现，观察不同实现方式及系数量化对系统性能的影响。

**解**　由于式(10.2.7)的 $H(z)$ 是一个五阶的系统，所以可分成两个二阶的子系统和一个一阶的子系统，将它们的系数分别量化后再分别级联和并联，所得系统的频率响应如图 10.3.2 所示。为了突出不同情况下的差别，图中着重绘出了通带的局部区域。图中粗的曲线代表系数量化后求出的幅频响应，细的曲线是由式(10.3.6a)的系数求出的幅频响应，它是图 10.2.1(a)的曲线的一部分。图 10.3.2(a)、(c)对应 4bit 量化，图(b)、(d)对应 5bit 量化；图(a)、(b)是级联实现，图(c)、(d)是并联实现。

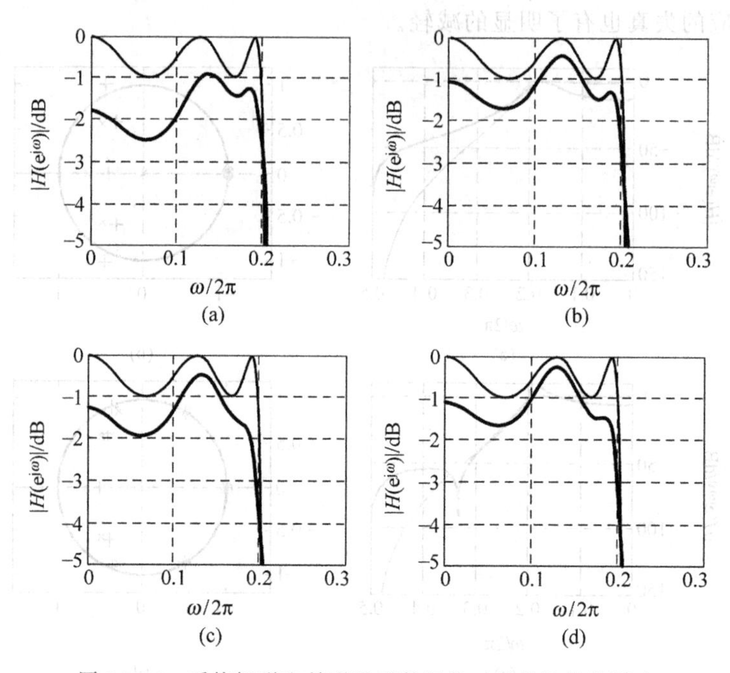


图 10.3.2　系统级联和并联及系数量化对系统性能的影响

将图 10.3.2 和图 10.3.1 比较可以看出，不论是 4bit 量化还是 5bit 量化，级联和并联实现的效果都远远优于直接实现。同时，并联实现的效果要稍优于级联实现，这和 2.11 节的讨论是相一致的。

## 10.4　FIR 系统系数量化对系统性能的影响

10.3 节讨论了系数量化对 IIR 系统性能的影响，现简要讨论系数量化对 FIR 系统性能的影响。一个 FIR 系统的转移函数通常可表示为

$$H(z)=\sum_{n=0}^{M}h(n)z^{-n} \tag{10.4.1}$$

当系数 $h(n)$ 被量化为 $\hat{h}(n)$ 后就引入了量化误差，即

$$\hat{h}(n)=h(n)+e(n) \tag{10.4.2}$$

量化后的转移函数变为

$$\hat{H}(z)=\sum_{n=0}^{M}h(n)z^{-n}+\sum_{n=0}^{M}e(n)z^{-n}=H(z)+E(z) \tag{10.4.3}$$

式中，$E(z)$是量化噪声的 $Z$ 变换。若令 $z$ 在单位圆上取值，则

$$E(\mathrm{e}^{\mathrm{j}\omega})=\sum_{n=0}^{M}e(n)\mathrm{e}^{-\mathrm{j}\omega n} \tag{10.4.4}$$

该式反映了量化误差序列对系统频率响应的影响。显然

$$|E(\mathrm{e}^{\mathrm{j}\omega})|=\left|\sum_{n=0}^{M}e(n)\mathrm{e}^{-\mathrm{j}\omega n}\right|\leqslant\sum_{n=0}^{M}|e(n)||\mathrm{e}^{-\mathrm{j}\omega m}|\leqslant\sum_{n=0}^{M}|e(n)| \tag{10.4.5}$$

即对任一频率 $\omega$，该处的$|E(\mathrm{e}^{\mathrm{j}\omega})|$都小于误差序列绝对值的和。采用舍入处理时，由于$|e(n)|\leqslant q/2$，所以

$$|E(\mathrm{e}^{\mathrm{j}\omega})|\leqslant\sum_{n=0}^{M}|e(n)|\leqslant(M+1)q/2 \tag{10.4.6}$$

该式可用来估计所需要的字长。

**例 10.4.1** 一个 FIR 滤波器的阶次 $M=30$，希望由量化误差引起的频率响应的偏移不大于 0.001，即$-60$dB，试确定所需要的字长。

**解** 由式(10.4.6)及所给技术要求，有

$$(30+1)2^{-b}/2\leqslant 0.001$$

不难求出 $b=10.92$，可取字长 $b=14$。

**例 10.4.2** 用切比雪夫最佳一致逼近设计了一个低通 FIR 滤波器，其阶次 $M=30$，现分别用 4bit、5bit 的字长对其系数进行量化，量化前后的结果示于图 10.4.1。图(a)对应 4bit 量化，图(b)对应 5bit 量化，图中粗的曲线对应系数量化后的幅频响应，细的曲线对应系数没有量化的幅频响应。由该图可以看出，5bit 量化明显优于 4bit 量化。实际

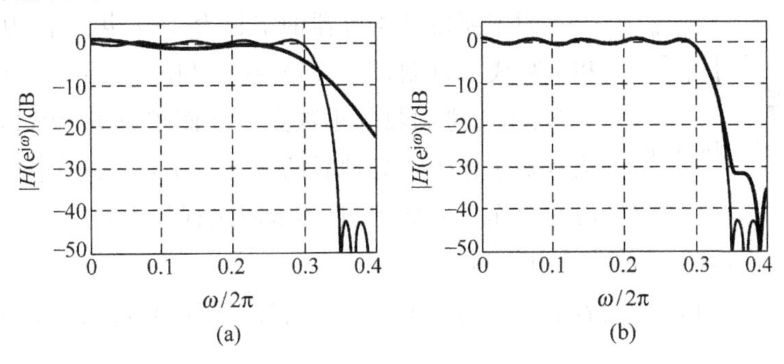


图 10.4.1 系数量化对 FIR 系统的影响

上，对于本例的系统，仅采用 8bit 量化，量化前后的频响曲线已基本上看不出差别。由此也可以看出，系数量化对 FIR 系统的影响要远小于对 IIR 系统的影响。

# 10.5　乘法运算舍入误差对系统性能影响的统计分析

10.2 节讨论了输入信号的量化误差在系统输出端的行为，10.3 节和 10.4 节讨论了系统系数量化对系统性能的影响，本节讨论有限字长效应中的另一个重要问题——系统中的算术运算，特别是乘法运算的舍入误差对系统性能的影响。

在数字系统中，滤波器的系数、乘数、被乘数及运算的结果等都是放在寄存器中的，而寄存器的位数总是有限长，用有限长的寄存器存放数字系统中的运算结果时不可避免地要对它们作舍入处理。例如，若一个数字系统中使用的寄存器是 8bit，两个 8bit 的数相乘后的乘积为 16bit，为了表示和存放该乘积就需要对它作截尾或舍入处理，使该乘积也是 8bit。所有这些处理必然会带来误差，从而影响系统的性能。现简要讨论乘法运算舍入误差对数字系统性能的影响。

## 10.5.1　IIR 系统中的极限环振荡现象

考虑图 10.5.1 的一阶 IIR 系统，其差分方程是

$$y(n)=\alpha y(n-1)+x(n)$$

设输入信号 $x(n)=0.875\delta(n)$，$\alpha=0.5$，并设系统的初始状态为零，即 $y(-1)=0$，不难求出该系统的输出 $y(n)=0.875\alpha^n$，$n\geqslant 0$，这是一个衰减的序列。

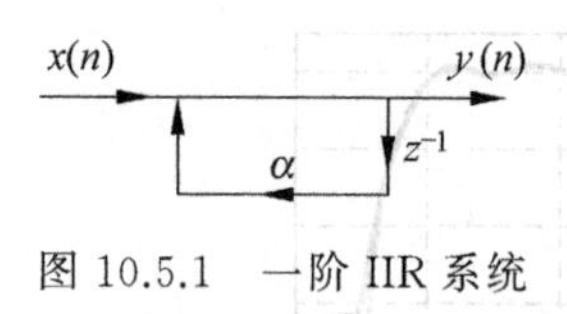

图 10.5.1　一阶 IIR 系统

假定系统的寄存器的字长为 4bit，第一位为符号位，将 $x$ 和 $\alpha$ 写成二进制，即 $x(n)=0。111\delta(n)$，$\alpha=0。100$，其中符号"。"表示二进制数的小数点。下面求解 $n=0,1,\cdots,5$ 时该系统对乘法作舍入处理后的输出 $\hat{y}(n)$，各式中$[\ ]_R$ 表示对括号内的数作舍入处理，具体求解过程如下：

$n=0$，　$\hat{y}(0)=x(0)=0。111$

$n=1$，　$\hat{y}(1)=[\alpha\hat{y}(0)]_R=[0。100\times 0。111]_R=[0。011100]_R=0。100$

$n=2$, $\hat{y}(2)=[\alpha\hat{y}(1)]_R=[0。100\times0。100]_R=[0。001110]_R=0。010$

$n=3$, $\hat{y}(3)=[\alpha\hat{y}(2)]_R=[0。100\times0。010]_R=[0。000111]_R=0。001$

$n=4$, $\hat{y}(4)=[\alpha\hat{y}(3)]_R=[0。100\times0。001]_R=[0。000111]_R=0。001$

继续做下去,不难发现:$\hat{y}(5)=\hat{y}(6)=\cdots=\hat{y}(n)=0。001,n\to\infty$。即 $\hat{y}(n)$在 $n>3$ 后不再衰减,始终为一常数 0。001,对应的十进制数是 0.125。

请读者自己计算,当 $\alpha=-0.5$,即 $\alpha=1。100$ 时,输出 $\hat{y}(n)$的偶序号项为正,奇序号项为负,绝对值和 $\alpha=0.5$ 时一样。

以上所得结果是一个奇怪的现象,即本来应是衰减序列的输出变成了等幅的输出或等幅振荡的输出。显然,这是由于对乘积作舍入处理的结果。仔细分析上述结果发现,在 $n>3$ 后,例如 $n=4$ 时,将 $\hat{y}(3)$乘以 0。100 得 0。000111,舍入后变成 0。001,仍和 $\hat{y}(3)$一样。这实际上是将 $\alpha$ 变为 1,其结果等效于将系统的极点移动到单位圆上,所以系统处于临界稳定状态。这种现象称为极限环振荡(limit cycle)。

极限环振荡的幅度范围又称为系统输出的"死带(dead-band)"。当然,极限环振荡现象只会出现在 IIR 系统中,而不会出现在 FIR 系统中。有关极限环振荡的更多讨论见文献[Mit01]。

## 10.5.2 IIR 系统中乘法运算舍入误差的统计分析

对离散系统中的每一个乘法运算,其量化效果如图 10.5.2 所示。图中 $u(n)$表示乘法器的输入,另一个乘数即滤波器的系数 $\alpha$,$v(n)$是没有作舍入处理的乘积,而 $\hat{v}(n)$是作了舍入处理后的乘积。记 $n$ 时刻的舍入误差为 $e_\alpha(n)$,显然 $e_\alpha(n)$是一个随机变量。随着 $n$ 的变化,$e_\alpha(n)$变为一个随机向量或一随机序列。由前几节的讨论可知,$\hat{v}(n)=v(n)+e_\alpha(n)$。这一思路可推广到高阶系统。

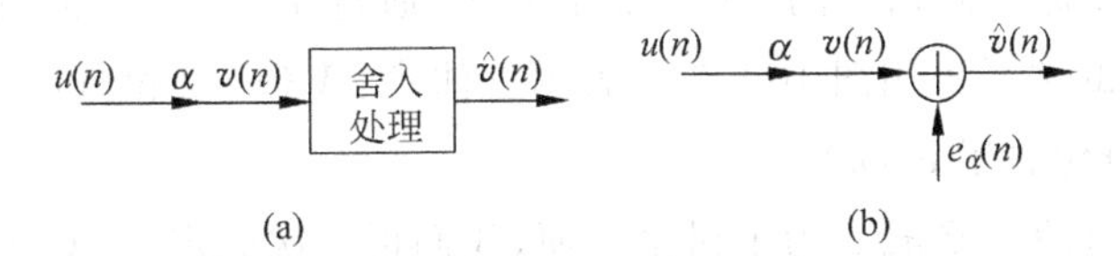


图 10.5.2 乘法舍入误差的时域统计模型

(a) 舍入过程;(b) 舍入误差模型

对式(10.3.1)所给的 LSI 系统,其对应的差分方程是

$$y(n)=-\sum_{k=1}^{N}a_k y(n-k)+\sum_{r=0}^{M}b_r x(n-r) \tag{10.5.1}$$

式中含有$(M+N+1)$个乘法。显然，为实现该系统，应有$(M+N+1)$个乘法器同时工作。每一个乘法器都要做舍入运算，因此，它们都要产生舍入误差，这样，在该系统中共有$(M+N+1)$个由对乘法运算作舍入处理所产生的误差序列，这些误差序列将共同影响系统的性能。记和系数$b_r$相乘所产生的误差序列为$e_r(n)$，和系数$a_k$相乘所产生的误差序列为$f_k(n)$，对乘积作舍入处理后的输出为$\hat{y}(n)$。由上述讨论，对乘积作舍入处理后的式(10.5.1)应表示为

$$\begin{aligned}\hat{y}(n)&=-\sum_{k=1}^{N}[a_k y(n-k)]_R+\sum_{r=0}^{M}[b_r x(n-r)]_R\\&=-\sum_{k=1}^{N}[a_k\hat{y}(n-k)+f_k(n)]+\sum_{r=0}^{M}[b_r x(n-r)+e_r(n)]\\&=-\sum_{k=1}^{N}a_k\hat{y}(n-k)+\sum_{r=0}^{M}b_r x(n-r)+\left[\sum_{r=0}^{M}e_r(n)-\sum_{k=1}^{N}f_k(n)\right]\end{aligned} \tag{10.5.2}$$

令

$$e(n)=\sum_{r=0}^{M}e_r(n)-\sum_{k=1}^{N}f_k(n) \tag{10.5.3}$$

则式(10.5.2)可表示为

$$\hat{y}(n)=-\sum_{k=1}^{N}a_k\hat{y}(n-k)+\sum_{r=0}^{M}b_r x(n-r)+e(n) \tag{10.5.4}$$

对该式两边作$Z$变换，有

$$\hat{Y}(z)=\frac{B(z)X(z)}{A(z)}+\frac{E(z)}{A(z)}=Y(z)+V(z) \tag{10.5.5}$$

式中，$V(z)=E(z)/A(z)$，反映了误差序列$e(n)$对无限精度的$Y(z)$的影响，即舍入处理后的输出$\hat{y}(n)$等于原无限精度的$y(n)$加上$e(n)$通过$1/A(z)$后的输出$v(n)$。因此，式(10.5.5)所包含的关系可用图 10.5.3 来表示。注意：$V(z)$仅和$A(z)$有关，和$B(z)$无关，当然，$e(n)$自身包含了$e_r(n)$。

现在来求$v(n)$的方差$\sigma_v^2$。为了讨论方便，我们再一次假定：$e_r(n)$、$f_k(n)$及$e(n)$都是平稳的随机序列，且都是白噪声序列，它们和$x(n)$及其他噪声源是不相关的。

记系统$1/A(z)$对应的单位抽样响应为$h_a(n)$，由式(10.2.5)，有

$$\sigma_v^2=\sigma_e^2\sum_{n=0}^{\infty}|h_a(n)|^2 \tag{10.5.6}$$

式中，$\sigma_e^2$是$e(n)$的方差。由 Parseval 定理，有

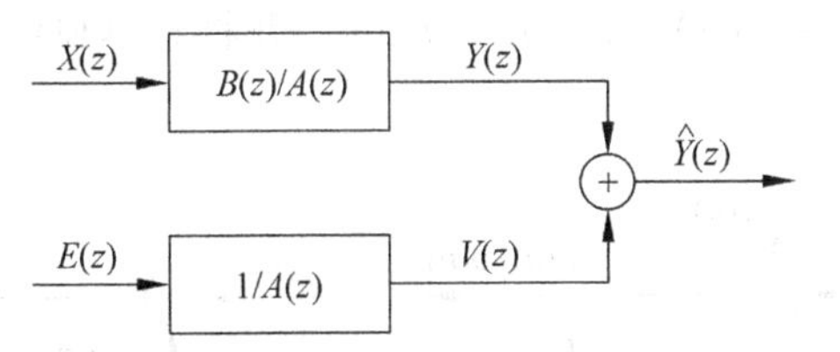


图 10.5.3 乘法舍入误差的频域统计模型

$$\sigma_v^2=\frac{\sigma_e^2}{2\pi}\int_{-\pi}^{\pi}\frac{1}{|A(\mathrm{e}^{\mathrm{j}\omega})|^2}\mathrm{d}\omega=\frac{\sigma_e^2}{\mathrm{j}2\pi}\oint_C\frac{1}{A(z)A(z^{-1})}\frac{1}{z}\mathrm{d}z \tag{10.5.7}$$

由式(10.5.3)可知，$e(n)$包含了$(M+1)$个 $e_r(n)$和 $N$ 个 $f_k(n)$，已假定它们都是白噪声序列，因此对固定的 $n$，它们都是方差为 $q^2/12$ 的随机变量。所以

$$\sigma_e^2=(M+N+1)q^2/12 \tag{10.5.8}$$

由式(10.5.7)和式(10.5.8)可得到 $\sigma_v^2$ 的表达式，即有

$$\sigma_v^2=\frac{(M+N+1)q^2}{12}\frac{1}{\mathrm{j}2\pi}\oint_C\frac{1}{A(z)A(z^{-1})}\frac{1}{z}\mathrm{d}z \tag{10.5.9}$$

或

$$\sigma_v^2=\frac{(M+N+1)q^2}{12}\frac{1}{2\pi}\int_{-\pi}^{\pi}\frac{1}{|A(\mathrm{e}^{\mathrm{j}\omega})|^2}\mathrm{d}\omega \tag{10.5.10}$$

现举例说明上面结果的应用。

**例 10.5.1**[Tre76] 给定二阶系统

$$H(z)=\frac{0.4}{(1-0.9z^{-1})(1-0.8z^{-1})}=\frac{0.4}{1-1.7z^{-1}+0.72z^{-2}} \tag{10.5.11}$$

试用上面的结果分别讨论在直接实现、级联实现和并联实现时由乘法舍入误差所产生的输出噪声的方差。

**解** 在该系统中 $M=0,N=2$，由式(10.5.9)，有

$$\begin{aligned}\sigma_v^2&=\frac{3q^2}{12}\frac{1}{\mathrm{j}2\pi}\oint_C\frac{1}{(1-1.7z^{-1}+0.72z^{-2})(1-1.7z+0.72z^2)}\frac{1}{z}\mathrm{d}z\\&=\frac{q^2}{4}\sum_{k=1}^{4}\mathrm{res}[F(z),p_k]=22.4q^2\end{aligned} \tag{10.5.12}$$

式中，$F(z)$是积分号中的有理分式，$p_k$ 是 $F(z)$在单位圆内的极点。该结果对应的是系统的直接实现，此情况下系统舍入误差的分析如图 10.5.4 所示。图(a)包含了输入信号 $x(n)$和 3 个舍入噪声，它们都可以看作系统的输入，因此输出也包含了两部分，即由$x(n)$产生的输出 $y(n)$和由 3 个噪声产生的 $v(n)$。图(b)是将图(a)中的 3 个舍入噪声综合为

一个噪声 $e(n)$（即 $e(n)=e_0(n)-f_1(n)-f_2(n)$）并将其单独作为系统的输入，因此输出仅有$v(n)$。

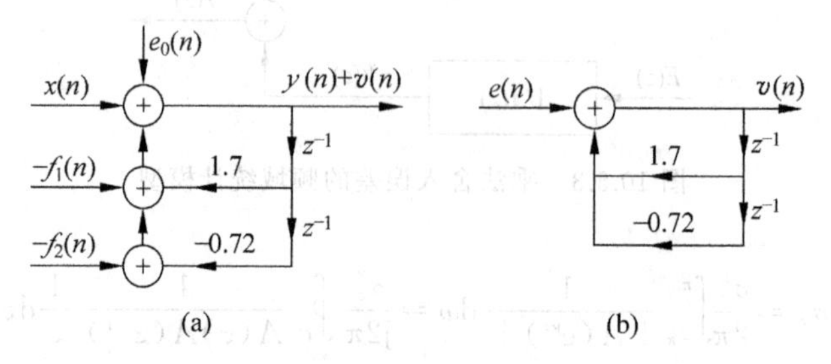


图 10.5.4　二阶系统直接实现时舍入误差的分析

级联实现时，可令 $H_1(z)=0.4/(1-0.9z^{-1})$，$H_2(z)=1/(1-0.8z^{-1})$，显然，$H_1(z)$的输入是 $x(n)$，$H_2(z)$的输出是 $y(n)$；令 $H_1(z)$的输出是 $w(n)$，那么，$w(n)$也就是 $H_2(z)$的输入。两个一阶系统对应的差分方程分别是

$$w(n)=0.9w(n-1)+0.4x(n) \tag{10.5.13a}$$

$$y(n)=0.8y(n-1)+w(n) \tag{10.5.13b}$$

在式(10.5.13a)中包含了两个系数的乘法，因而对乘积作舍入处理时将出现两个误差序列，即 $e_0(n)$和 $f_1(n)$，于是有

$$\begin{aligned}\hat{w}(n)&=0.9\hat{w}(n-1)+0.4x(n)+e_0(n)-f_1(n)\\&=0.9\hat{w}(n-1)+0.4x(n)+e(n)\end{aligned} \tag{10.5.14a}$$

式中，$e(n)=e_0(n)-f_1(n)$。同理，对应式(10.5.13b)，考虑舍入误差时的差分方程是

$$\hat{y}(n)=0.8\hat{y}(n-1)+\hat{w}(n)-f_2(n) \tag{10.5.14b}$$

式中，$f_1(n)$、$f_2(n)$分别是完成 $0.9w(n-1)$和 $0.8y(n-1)$两个乘法运算时的舍入误差序列，有关舍入误差的分析如图 10.5.5 所示。对式(10.5.14a)及式(10.5.14b)取 $Z$ 变换，分别有

$$\hat{W}(z)=\frac{0.4}{1-0.9z^{-1}}X(z)+\frac{1}{1-0.9z^{-1}}E(z) \tag{10.5.15a}$$

$$\hat{Y}(z)=\frac{1}{1-0.8z^{-1}}\hat{W}(z)+\frac{-F_2(z)}{1-0.8z^{-1}} \tag{10.5.15b}$$

将式(10.5.15a)代入式(10.5.15b)，并利用转移函数的定义，有

$$\hat{Y}(z)=Y(z)+\frac{E(z)}{(1-0.8z^{-1})(1-0.9z^{-1})}+\frac{-F_2(z)}{1-0.8z^{-1}}$$

显然，上式后两项应对应舍入误差在输出端出现的序列的 $Z$ 变换，仍记为 $V(z)$，即有

$$V(z)=\frac{E(z)}{(1-0.8z^{-1})(1-0.9z^{-1})}+\frac{-F_2(z)}{1-0.8z^{-1}}\stackrel{\text{def}}{=}\frac{E(z)}{A(z)}+\frac{-F_2(z)}{D(z)} \tag{10.5.16}$$

于是可求出 $v(n)$ 的方差

$$\sigma_v^2=\frac{2q^2}{12}\frac{1}{\mathrm{j}2\pi}\oint_C\frac{1}{A(z)A(z^{-1})}\frac{1}{z}\mathrm{d}z+\frac{q^2}{12}\frac{1}{\mathrm{j}2\pi}\oint_C\frac{1}{D(z)D(z^{-1})}\frac{1}{z}\mathrm{d}z \tag{10.5.17}$$

用留数法可求出 $\sigma_v^2=15.2q^2$，这比直接实现时的 $\sigma_v^2=22.4q^2$ 已明显减少。

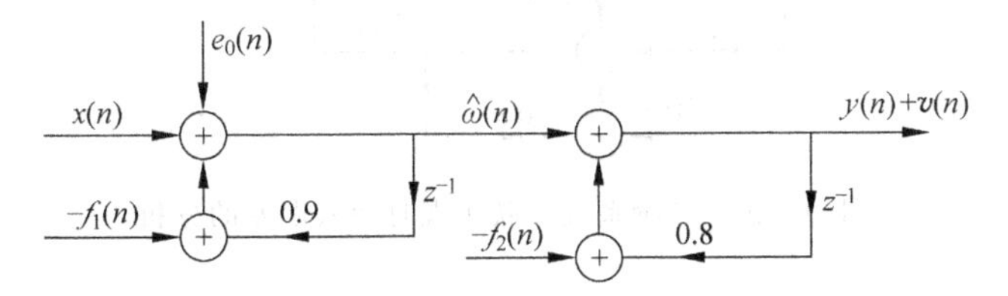


图 10.5.5　二阶系统级联实现时舍入误差的分析

当将 $H(z)$ 并联实现时，首先将 $H(z)$ 作部分分式分解，得

$$H(z)=\frac{3.5}{1-0.9z^{-1}}+\frac{-3.2}{1-0.8z^{-1}}\overset{\text{def}}{=}H_1(z)+H_2(z) \tag{10.5.18}$$

由图 2.11.6 可知，并联实现时，$H_1(z)$、$H_2(z)$ 的输入都是 $x(n)$，记它们的输出分别是 $w_1(n)$ 和 $w_2(n)$，则 $H(z)$ 的输出 $y(n)=w_1(n)+w_2(n)$，$H_1(z)$、$H_2(z)$ 对应的差分方程分别是

$$w(n)=0.9w(n-1)+3.6x(n) \tag{10.5.19a}$$

$$w_2(n)=0.8w_2(n-1)-3.2x(n) \tag{10.5.19b}$$

上述两个式子中都包含了两个系数的乘，当考虑对乘积的舍入处理时，可得

$$\hat{w}_1(n)=0.9\hat{w}_1(n-1)+3.6x(n)+e_1(n)-f_1(n) \tag{10.5.20a}$$

$$\hat{w}_2(n)=0.8\hat{w}_2(n-1)-3.2x(n)+e_2(n)-f_2(n) \tag{10.5.20b}$$

有关舍入误差的分析如图 10.5.6 所示。将式(10.5.20)的两式代入 $\hat{y}(n)=\hat{w}_1(n)+\hat{w}_2(n)$，两边取 $Z$ 变换并经整理，有

$$\hat{Y}(z)=Y(z)+\frac{E_1(z)-F_1(z)}{1-0.9z^{-1}}+\frac{E_2(z)-F_2(z)}{1-0.8z^{-1}} \tag{10.5.21}$$

该式后两项是对应的舍入误差在输出端出现的序列的 $Z$ 变换，同样，记为 $V(z)$，即

$$V(z)=\frac{E_1(z)-F_1(z)}{1-0.9z^{-1}}+\frac{E_2(z)-F_2(z)}{1-0.8z^{-1}}\overset{\text{def}}{=}\frac{E_1'(z)}{C(z)}+\frac{E_2'(z)}{D(z)} \tag{10.5.22}$$

式中，$E_1'(z)=E_1(z)-F_1(z)$，$E_2'(z)=E_2(z)-F_2(z)$，$C(z)$、$D(z)$ 的含义非常明确，不再一一说明。由此可求出 $v(n)$ 的方差

$$\sigma_v^2=\frac{2q^2}{12}\frac{1}{\mathrm{j}2\pi}\oint_C\frac{1}{C(z)C(z^{-1})}\frac{1}{z}\mathrm{d}z+\frac{2q^2}{12}\frac{1}{\mathrm{j}2\pi}\oint_C\frac{1}{D(z)D(z^{-1})}\frac{1}{z}\mathrm{d}z \tag{10.5.23}$$

同样也使用留数法，可求出 $\sigma_v^2=1.34q^2$。

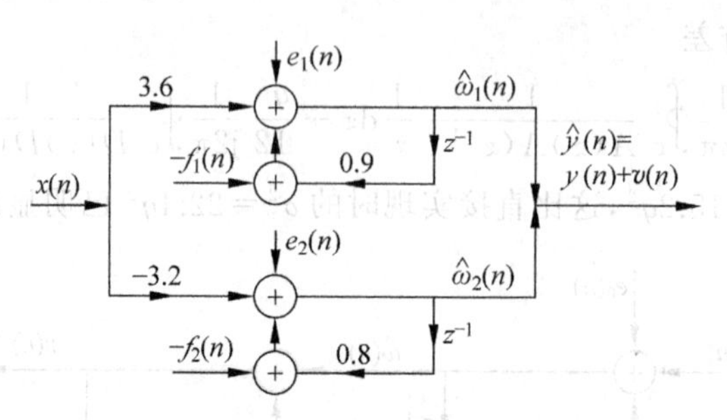


图 10.5.6　二阶系统并联实现时舍入误差的分析

由本例可以看出，实现同一转移函数的 3 种网络结构对乘法运算的舍入误差在输出端所产生的噪声信号的方差是很不相同的，直接实现形式的方差值最大，级联形式次之，并联形式最小。这个结论并不难理解，比较式(10.5.12)、式(10.5.17)和式(10.5.23)可知，直接实现(如图 10.5.4 所示)时所有的舍入误差要通过全部系统，并且要经过反馈产生累积效应，所以输出的噪声也最大；级联实现(如图 10.5.5 所示)时有一部分舍入噪声通过二阶系统，另一部分舍入噪声只通过一阶系统，因此噪声经过反馈产生累积效应要小些；并联实现(如图 10.5.6 所示)时，每个舍入噪声只通过一个一阶的系统，所以反馈累积效应最小。因此，从对乘法运算过程中舍入误差的积累效应来讲，并联结构优于级联结构，级联结构又优于直接形式。这和 10.3 节讨论过的滤波器系数量化的效果是一样的。因此，在对高阶系统用硬件实现时，应尽量采用低阶的系统(一阶和二阶)级联或并联来实现。

### 10.5.3　FIR 系统中乘法运算舍入误差的统计分析

一个 $M$ 阶的 FIR 系统的差分方差是

$$y(n)=\sum_{r=0}^{M} b_r x(n-r) \tag{10.5.24a}$$

式中有$(M+1)$个系数，在同一时刻，系统要完成$(M+1)$个乘法，因此要产生$(M+1)$个舍入误差 $e_0(n), e_1(n), \cdots, e_M(n)$，当 $n$ 变化时，它们就形成了随机序列。同样地，假定它们是互不相关的白噪声序列，反映在输出端，有

$$\hat{y}(n)=y(n)+\sum_{r=0}^{M} e_r(n) \overset{\text{def}}{=} y(n)+v(n) \tag{10.5.24b}$$

于是，输出噪声的方差为

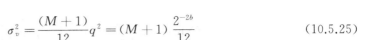

$$\sigma_v^2 = \frac{(M+1)}{12} q^2 = (M+1)\frac{2^{-2b}}{12} \tag{10.5.25}$$

由这一结果可以看出，FIR 系统中乘法运算的舍入误差直接出现在输出端，而和滤波器的系数无关；另一方面，误差序列的方差和滤波器的阶次及所用寄存器的字长有关。阶次越大，说明所需的乘法越多，自然误差就越大，而字长越长，舍入误差自然也越小。

# 10.6 DFT 运算中舍入误差的统计分析

对 $N$ 点序列 $x(n)$，我们已经非常熟悉其 DFT 的定义，即

$$X(k) = \sum_{n=0}^{N-1} x(n) W_N^{nk}, \quad k = 0,1,\cdots,N-1, \quad W_N = \mathrm{e}^{-\mathrm{j}2\pi/N} \tag{10.6.1}$$

对每一个 $k$，求出 $X(k)$ 需要 $N$ 次复数乘法。当然，具体实现时需要用实数乘法来实现，因此共需 $4N$ 次实数乘法。在有限字长的情况下，每一个乘法都将产生一个舍入误差 $e_i, i=1,2,\cdots,4N$。再一次假定这些误差都是服从均匀分布的随机变量，各自的方差都是 $\sigma_e^2 = q^2/12 = 2^{-2b}/12$；它们之间是互不相关的，并且和输入序列 $x(n)$ 也是互不相关的。这 $4N$ 个误差反映在某一个 $X(k)$ 上，其总的方差是

$$\sigma_v^2 = 4N\sigma_e^2 = 4N\frac{q^2}{12} = \frac{2^{-2b}N}{3} \tag{10.6.2}$$

该式指出，舍入误差反映在输出端，噪声信号的方差正比于数据的长度 $N$，而与字长 $b$ 成负幂关系。现在希望导出在 DFT 输出端的信噪比，为此，需要对信号作一定的假设。由式(10.6.1)，有

$$|X(k)| \leqslant \sum_{n=0}^{N-1} |x(n)| \tag{10.6.3}$$

因此，为防止在运算过程中可能出现的溢出，需要对 $x(n)$ 的幅度有所限制，即要对 $x(n)$ 定标(scaling)。不失一般性，假定对所有的 $n$，都有 $|x(n)| \leqslant 1$，那么 $|X(k)| \leqslant N$；若需要 $|X(k)| \leqslant 1$，那么只要将所有的 $x(n)$ 都除以 $N$ 即可。为讨论方便，假定 $x(n)$ 是在 $(-1/N, 1/N)$ 之间服从均匀分布的白噪声序列，那么

$$\sigma_x^2 = \frac{(2/N)^2}{12} = \frac{1}{3N^2}$$

于是，$X(k)$ 的方差 $\sigma_X^2 = N\sigma_x^2 = 1/3N$。这样，可求出在 DFT 输出端信号与舍入误差之间的信噪比

$$\mathrm{SNR}=10\lg\left[\frac{\sigma_X^2}{\sigma_v^2}\right]=10\lg\left[\frac{1/3N}{2^{-2b}N/3}\right]$$
$$=10\lg\left[\frac{2^{2b}}{N^2}\right]=6.02b-20\lg N \tag{10.6.4}$$

上式指出，该信噪比和数据长度的平方成反比，可由此式确定所需要的字长。例如，若给定 $N=2^{10}=1024$，并要求 SNR＝30dB，那么可以求出所需的字长 $b=15$bit。

当然，DFT 是用 FFT 来实现的。FFT 中舍入误差的分析方法和 DFT 的分析方法大致相同，结论也大致相同，此处不再讨论，有关内容可参看文献[Pro14]。

针对本章内容，本书所附 exa100100、exa100201、exa100301、exa100302_ab、exa100302_cd、exa100401、truncation、rounding 共 8 个 MATLAB 程序，分别说明了本章绝大部分例题的实现过程。

## 小　结

本章简要讨论了数字信号处理中特有的有限字长问题，包括量化误差的统计分析、量化误差通过 LSI 系统的行为、滤波器系数量化后对系统性能的影响、乘法运算中舍入误差在 IIR 系统和 FIR 系统中的表现等。通过这些讨论可得到一些有重要指导作用的结论，如信噪比和字长的基本关系，系统不同实现形式对舍入误差的敏感性等，这对设计和实现数字系统都是非常有用的。

## 习题与上机练习

10.1　一个稳定的离散系统的直接实现和级联实现的形式分别是

$$H(z)=\frac{1}{1-1.844z^{-1}+0.849\,643z^{-2}}$$

和

$$H(z)=\frac{1}{1-0.901z^{-1}}\times\frac{1}{1-0.943z^{-1}}$$

请研究其系数量化对系统稳定性的影响。对截尾和舍入两种量化形式，试分别用字长

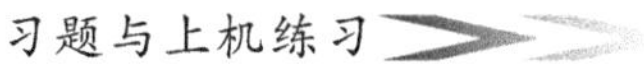

$b=1\sim8$ 对两种实现形式的系数进行量化，观察系统极点的位置。（提示：请使用 10.1 节的 MATLAB 程序。）

通过研究将会发现，当字长 $b<7$ 时，无论是截尾还是舍入，直接实现时都会有一个极点跑到单位圆上，从而造成系统的不稳定；$b>7$ 时，两种量化处理后的直接实现形式都将是稳定的；$b=7$ 的情况请读者自己说明。对级联情况，只要 $b>3$，两个极点都始终在单位圆内，因而系统是稳定的。由此说明系统不同的实现形式对其性能的影响。

10.2 对习题 10.1 所给的系统，针对直接实现和级联实现两种形式，分别用 7bit 和 8bit 对系数进行量化，试计算并画出它们的幅频响应，观察系数量化对系统频率响应的影响。

10.3 一个 LSI 系统的差分方程是

$$y(n)=\alpha y(n-1)+x(n)-\alpha^{-1}x(n-1)$$

显然，该系统是一个一阶的全通系统。分别令 $\alpha=0.9$，$\alpha=0.98$，再分别用 4bit 和 8bit 对系统的系数进行量化，观察该系统是否还是全通系统。

10.4 给定系统

$$y(n)=0.8y(n-1)+x(n)$$

假定输入 $x(n)=0.15^n u(n)$。试求输入信号在无限精度、8bit 量化两种情况下，系统前 10 点的输出。（对输入信号量化时，可分别采用截尾和舍入两种方法。）

10.5 对习题 10.4 所给的系统和输入信号，研究输入量化噪声在系统输出端的功率。

10.6 一个 LSI 系统的转移函数是

$$H(z)=\frac{1-0.5z^{-1}}{(1-0.8z^{-1})(1-0.9z^{-1})}$$

(1) 假定系统运算中的数据均采用 $b$ bit 量化，求输入信号量化噪声在输出端的功率；

(2) 求出并画出该系统的直接实现、级联实现和并联实现形式；

(3) 分别求出 3 种实现形式下乘法运算舍入误差在输出端的功率。

10.7 对例 7.4.1 所设计的 FIR 低通滤波器，

(1) 试求输入信号用 $b$ bit 量化时量化噪声在输出端的功率；

(2) 求出乘法运算舍入误差在输出端的功率，设数据的字长为 $b$。

# 第11章 数字信号处理的硬件实现

## 11.1 DSP微处理器概述

绪论中已指出，信号处理的实现可分为软件实现与硬件实现两种，人们已习惯把在PC上执行信号处理的程序视为软件实现，而把使用一些通用或专用IC芯片完成某种信号处理功能称为硬件实现。因此，信号处理的硬件实现指的是：根据自己实际任务的需要，选用最合适的IC芯片，设计并完成一个“最佳”的信号处理系统，再配上适合该芯片语言及任务要求的软件，从而达到信号处理的目的。

作为教学、一般研究或是程序的调试等无须实时实现的任务，一般是在PC上实现的。如果希望脱离PC的硬件环境，那么可以选用合适的CPU或者微处理器来构成一个最小系统，以此作为信号处理的硬件环境。所构成的系统通常称为“嵌入式系统(embedded system)”。

微处理器自20世纪70年代诞生以来，基本上按照如下4个方向发展。

(1) 通用CPU。它主要是用在PC上，其特点是事务密集型处理机制，既要完成高速运算，又要完成大量的控制功能，同时要追求性能与软件的兼容性。

(2) 微控制器(microcontroller unit，MCU)。该类产品又称为单片机，其特点是控制密集型处理机制，运算能力较弱。其主要产品是Intel公司的MCS48/51/96/98系列、美国德州仪器公司(Texas Instruments，TI)的MSP430系列等。现在广泛应用的ARM系列可视为MCU一类，但运算性能较强。

(3) 数字信号处理器(digital signal processor，DSP)。这是一类专门为应用于数字信号处理而设计的高性能微处理器。其主要产品是TI公司的TMS320系列、模拟器件公司(Analog Devices Inc.，ADI)的ADSP-21xx系列、飞思卡尔(Freescale)公司的DSP56X系列及LSI公司的ZSP系列等。

(4) 现场可编程门阵列(field programmable gate array，FPGA)。FPGA是专用集成电路中的一种半定制电路。FPGA早期被视为黏合逻辑芯片，用于将组件连接在一起，形成复杂的系统。随着硬件和开发软件的发展，FPGA本身越来越被视为完整的系统。

通用CPU和MCU都不是专门为信号处理而设计的，应用在信号处理领域时很不方

便，并且在性能上也不能完全满足实际任务的要求。

在数字信号处理中存在两个基本的运算，一是线性卷积(即滤波)，二是离散傅里叶变换(DFT)。数字信号处理中的绝大部分算法在最后实现时一般都要转化为这两个算法。线性卷积和 DFT 运算的特点是形如 $y=Ax+B$ 的连乘和连加运算，即两个数相乘以后和另一个数相加。这种运算往往需要反复进行，反复的次数要么等于系统输出 $y(n)$ 的长度 $N$，要么等于参与 DFT 运算的数据长度 $N$，通常 $N$ 是相当大的。而在计算机中实现乘法是非常耗时的，因此，为了提高运算的速度，必须切实解决乘法和累加运算问题。

针对数字信号处理运算的特点和嵌入式系统实时实现的要求，数字信号处理器在设计上采取了很多特殊的措施。下面介绍 DSP 在性能和结构上的一些主要特点。

FPGA 将硬件乘法器引入自身，从而使 FPGA 成为适于进行数字信号处理的又一大类芯片。本章最后将简要介绍 FPGA 在这方面的应用。文献[Woo17]是一部最新的介绍 FPGA 在 DSP 中应用的教科书。

### 11.1.1 DSP 处理器在结构上的主要特点

1) 硬件乘法器

PC 上的中央处理单元(CPU)主要由算术逻辑单元(ALU)、随机读写存储器(RAM)、只读存储器(ROM)、各种类型的寄存器及控制单元组成。ALU 完成两个操作数的加、减及逻辑运算。早期 PC 中的乘法(或除法)则是由加法和移位来实现的。也就是说，尽管在这些机器的汇编语言上也有“乘法”指令，但在机器内部实际上还是通过加减法及移位来实现的，这是影响运算速度的一个主要原因。

2) 哈佛结构

通用计算机和微处理器的结构大体有两类，一是哈佛(Harvard)结构，二是冯·诺依曼(von Neumann)结构。哈佛结构的最大特点是计算机具有各自独立的数据存储空间和程序存储空间，因此有着独立的数据总线和程序总线。这样做的优点是可以同时对数据和程序寻址，即计算机的 CPU 在对位于数据存储空间的数据进行读写的同时，也可对位于程序空间的指令进行读取，从而大大提高了运算的速度，当然，这样的结构无疑也使机器的结构变得复杂。

冯·诺依曼结构的指导思想是：对于计算机的 CPU 来说，数据和程序没有本质的区别，一条指令可分为两部分，一部分是操作命令，另一部分是操作数，它们都以二进制数的形式存于计算机中，因此，可以令程序和数据共用一个存储空间。这样做使机器的结构得到简化，但由于数据和程序必须分时读写，因此会影响计算机的速度。事实证明，半导体工艺的飞速发展促使高速芯片不断推出，使得冯·诺依曼结构的这一限制并不很严重，因此，冯·诺依曼结构一直是 PC 发展的标准。

实际上,现代的 DSP 多利用改进的哈佛结构,即在一个 CPU 中有多条数据总线和程序总线,这种结构又称为高级哈佛结构。例如,图 11.1.1 是 TMS320C54 中的总线结构,它有 3 个数据总线(D、C、E),两个用来取操作数,一个用来存运算结果。它实际上有 4 个程序总线,即 PAB、CAB、DAB 和 EAB(图中仅用 P 代替)。这样的多总线结构无疑大大提高了数据和程序的读取速度。图中 MAC 是乘积累加单元(multiply accumulator)。

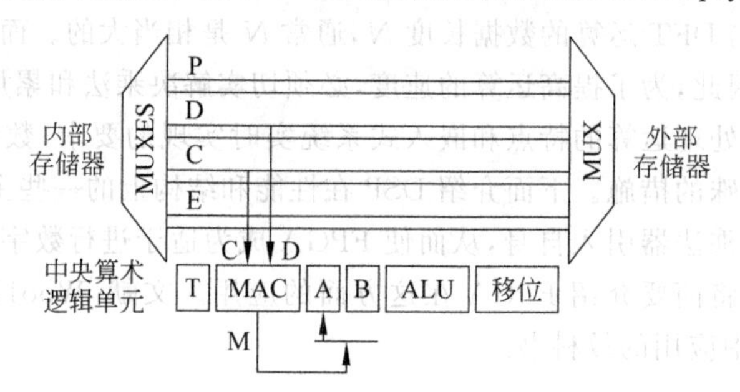


图 11.1.1　TMS320C54 中的多总线结构

3) 流水线工作方式

DSP 芯片中指令的执行采用流水线(pipeline)方式,即在第 $n$ 个时钟周期内完成对第 $N$ 条指令取指的同时,还将完成对第 $N-1$ 条指令的译码,并同时执行第 $N-2$ 条指令。在下一个时钟周期 $n+1$,将同时完成对第 $N+1$ 条指令的取指,对第 $N$ 条指令的译码及对第 $N-1$ 条指令的执行。这样的执行方式将依次进行下去,这种在一个时钟内同时完成多个任务的流水线工作方式必将大大提高运算的速度。而 DSP 中采用的将地址总线和数据总线相分开的哈佛结构为实现流水线作业提供了保证。

4) 数据地址发生器

在计算机中对数据的读取有直接寻址、间接寻址和寄存器寻址等多种寻址方式,所有这些寻址方式都要通过计算来得到所要存取的数据的物理地址。在通用 CPU 中,数据地址的产生是由算术逻辑单元 ALU 来完成的,这无疑要花费 CPU 的时间。在 DSP 中,则设置了专用的数据地址发生器(DAG)来产生所需要的数据地址,而这一工作过程是独立于 CPU 的。因此可显著提高信号处理的速度。

5) 适用于数字信号处理算法的寻址方式

在数字信号处理的两个基本的运算(即线性卷积和 DFT)实现时,数据的读取是很有规律的,即有着很强的可预测性(如式(2.2.2)的线性卷积和 5.2.2 节的码位倒置)。为满足这些数字信号处理的特殊要求,目前 DSP 大多在指令系统中设置了“循环寻址”及“位倒序”寻址指令和其他特殊指令,使得寻址、排序的速度大大提高。例如,在 C54 的汇编程序中可以使用如下间接寻址方式:

a=a+ (*AR3+)*(*AR4+)

这方便地实现了卷积中取两个操作数和连乘、连加的运算,可利用指令“*ARx+0B”来实现码位倒置。

6) DMA控制器

在计算机中,运算和数据的传输同样耗费CPU的时间,特别是大数据量处理(如图像和多媒体)和多个处理器内核相互通信时,这一问题尤其突出。为此,DSP中都设置了DMA(direct memory access)通道,并为之设置了独立的总线和控制器。这样,在进行数据通信时不会影响CPU的工作。目前,有的DSP处理器的DMA通道已多达数十个,乃至数百个。

7) 丰富的外设

将DSP构成嵌入式系统用于实践时,DSP芯片需要和系统上的众多设备相通信和接口。从事过微机系统开发的读者都知道,如果微机片上的设备和接口越多,使用起来就越方便。为此,DSP在片上集成了丰富的外设,如:

- 时钟发生器和定时器;
- 软件可编程等待发生器(用于快的片内器件和慢的片外器件的协调);
- 通用I/O、同步串口(SSP)和异步串口(ASP)(新的DSP上有USB接口);
- 主机接口(HPI);
- JTAG(Joint Test Action Group)边界扫描接口,便于DSP系统的仿真和调试;
- 部分DSP芯片内还有片上的模数转换器(A/D)及脉宽调制通道(PWM)。

8) 定点和浮点DSP

定点和浮点是计算机中表示数的两种方式。按照此分类法,DSP也可分为定点和浮点两种。早期的DSP大都是定点的,一般为16bit或24bit,后来出现了浮点系列和32bit定点系列。采用定点数来实现数值运算时,其操作数大都采用整型数来表示。整型数的大小取决于所用的字长,字的位数越多,所能表示的数的范围越大。例如,对于16bit字长,其表示的数的最大范围是-32 768~32 767,32位定点数表示的最大范围是-2 147 483 648~2 147 483 647。在运算过程中,如果两个数的和或积超过这一范围,就要产生数据的溢出,从而带来大的误差。对于同样的字长,浮点制所能表示的数的范围大大扩大,从而有效地避免了溢出。浮点制CPU的结构无疑要比定点制复杂,因此价格也高,这就是目前DSP多以定点制为主的原因。

以上从8方面总结了DSP在结构和性能上的主要特点。总之,先进周密的硬件设计、方便完整的指令系统、配套的开发工具以及高速、实时信号处理市场的巨大需要,使得DSP在飞速发展的计算机领域中异军突起,并获得了广泛的应用。

自20世纪末至今,DSP在结构上又有了很多新的发展。其主要特点如下。

(1) 并行结构。

所谓并行(parallel),是指多个DSP或DSP内部的多个单元同时在完成一个共同的任务。例如，TI 公司于 1997 年推出了 TMS320C62 系列 DSP，有 8 个并行运算单元，每个单元性能可达 200MIPS（百万条指令/秒），并行工作后性能提高为原来的 8 倍，达到了 1600 MIPS。

（2）超长指令字（very long instruction word，VLIW）结构。

传统 DSP 在一条指令循环中只取出和执行一条指令。VLIW 允许在一条指令周期中执行多条指令。VLIW 体系结构使得 DSP 芯片的性能得到了大幅提升。

（3）单指令多数据（single instruction multiple data，SIMD）。

简单地说，SIMD 就是在一个指令周期内同时取出多个数据，并把它们分配给多个处理器，令它们并行地工作。例如，SIMD 乘法指令就是在单周期内用不同的输入数据执行两次或多次乘法。这种技术可以极大地提高信号处理的能力，特别是多媒体中广泛应用的向量运算的计算速度。

上述 3 个特点在本质上都是围绕实施并行工作而采取的不同措施。

### 11.1.2　DSP 处理器的发展趋势

DSP 芯片出现于 20 世纪 70 年代末，如 AMI 公司于 1978 年推出的 S2811 被认为是世界上第一个单片 DSP，后来有 Intel 公司的 2920、日本 NEC 的 μPD7720 等。美国 TI 公司于 1982 年推出了其第一代产品 TMS32010，并成为首款商用的 DSP。至 2011 年年底，国际上 DSP 的供应商主要是 TI、Freescale、ADI 和 LSI。

进入 21 世纪后，尽管受到 FPGA 的挑战，但 DSP 继续获得了快速发展，以下简要介绍其趋势。

1）DSP 和 MCU 的融合

DSP 具有强大的运算能力，但控制功能是其弱项。与之相反，MCU 是专门为控制而设计的，且价格低，但运算能力弱。在许多实际应用中均需要同时具有智能控制和数字信号处理两种功能，如手机既需要监测功能和声音处理功能，同时又要给用户友好的控制界面。因此，把 DSP 和 MCU 结合起来，用单一芯片的处理器实现这两种功能，将会大力提升 DSP 的功能并占据更大的市场。TI 公司近年来推出的 DSP 新系列中，有相当一部分都是 DSP 和 ARM 处理器的融合。

2）多核 DSP

在计算机的 CPU 和各种微处理器中，提高运算速度的一个直接方法是提高其时钟频率。但时钟频率的提高是有限的（如目前 DSP 的时钟已超过 1GHz），并且随着时钟的提高其功耗明显增加。研究发现，对于一个特定的系统，当时钟下降时，功耗的减少远大于系统的性能减少。根据这一现象，近年来 DSP 厂家纷纷推出多核 DSP。概括地说，使用多核 DSP 的目的就是在不增加时钟和保持低功耗的情况下，通过多个 DSP 核的并行

工作来极大地提升DSP的性能。例如，TI公司的TMS320C6678就含有8个高性能的C66核，每个核的时钟频率可达1～1.25GHz。

3) 定点DSP和浮点DSP的融合

前面讨论了定点DSP和浮点DSP的概念，以及它们的优缺点。试想，如果将它们结合起来，即一颗DSP既能实现定点运算又能实现浮点运算，其优势将非常显著。TI在这方面已取得了突出的成绩。C64X系列是高性能的定点DSP，C67X系列是高性能的浮点DSP，而其C674X系列就兼具定点和浮点的功能。2011年推出了定点和浮点兼容的C66内核，并利用该内核构成了C66X系列。

4) 嵌入式DSP和片上系统DSP

"嵌入式系统"有很多定义，简单地说，它是包含计算机的系统，但该计算机既不是PC，也不是PC的主板，而是一颗微处理器。它可能是通用CPU，也可能是MCU或DSP。在嵌入式系统发展的历史上，用得最多的还是单片机，即MCU。嵌入式系统的特点是体积小、性能强、功耗和成本低、可靠性高，可面向不同行业的应用。嵌入式系统的核心是嵌入式处理器和嵌入式操作系统。

片上系统(system on chip，SoC)又称系统级芯片。通俗地说，SoC就是把一个系统集成在一个芯片上。当然，集成于芯片上的是系统的关键部件，如CPU、时钟、定时器、中断控制器、串并行接口、I/O接口、存储器、A/D、D/A等。显然，将这么多部件和CPU集成在一个芯片上必然大大提高系统的可靠性，同时显著减小了系统的体积，降低了成本，并加快了系统开发的周期。SoC的另一个特点是在片内较多地集成预定制模块，又称IP(intellectual property)模块。

TI公司的OMAP系列DSP是为多媒体应用而设计的，DaVinci系列主要是为数字视频应用而设计的。这两个系列的芯片中，除了集成DSP内核和ARM内核外，还分别集成了音频和视频应用所需要的相关部件，因此它们既可属于嵌入式DSP，也可属于片上系统DSP。

TI公司在2010年前后又推出了多种DSP产品以适用于不同领域的应用，它们基本上属于片上系统DSP，后文将简要介绍。

## 11.2 评价DSP性能的几个主要指标

为了描述和评估DSP的性能，人们经常使用如下指标。

(1) 时钟频率。DSP内部工作主频是真正的工作频率，即通常在DSP技术指标中所标的时钟频率。显然，主频越高，DSP的运算速度越快。内部主频是片外时钟频率通过

DSP内部的锁相环倍频后得到的。外部时钟频率低有利于减少外部电路间的干扰，使PCB布线更容易。

(2) 运算速度MIPS(million instructions per second，每秒执行百万条指令)；

(3) 运算速度MOPS(million operations per second，每秒执行百万次操作)；

(4) 运算速度MFLOPS(million floating point operations per second，每秒执行百万次浮点操作)；

(5) 运算速度MACS(multiply and accumulating operations per second，每秒完成的乘/加运算次数)。

应该说，上述评估DSP运算能力的几个指标并不是很准确的。一方面，上述指标都是基于程序、数据都在DSP内部且DSP全速运行所给出的结果(注：片外存储器的读取速度要比DSP片内存储器的速度低)。一旦程序、数据有一部分在DSP片外时，DSP的处理速度就会明显下降。另一方面，当DSP含有ARM或多核时，则既要完成控制功能又要实现并行运算，因此上述指标就有了局限性。但是，它们毕竟可以给出不同DSP对比的一个客观依据。

除上述指标外，还应该考虑的是片内资源(存储器、寄存器、外设、接口等)的多少、功耗的大小及开发系统是否齐备等因素。

## 11.3 TI DSP产品的路线图

自从TI公司于1982年推出第一个DSP芯片TMS32010以来，在过去的40年中其产品经过了一代又一代的发展，形成了门类齐全的DSP大家族。本节简要介绍其DSP发展的路线图(roadmap)。首先以芯片TMS320C240PQ(L)为例，介绍一下TI DSP的命名方法。

TI DSP的绝大部分产品都以TMS320来命名，其中320是系列号，前缀TMS表示正式量产器件，C表示该器件所采用的工艺，可能的选项是：C=COMS；E=EPROM；F=Flash EEPROM；LC=低电压(3.3V)；LF=Flash EPROM(3.3V)，VC=低电压(3V)。240指的是TI的2000系列，是产品的型号。型号的种类很多，下面给出详细介绍。PQ表示芯片的封装方式，有多种选项，此处不再介绍。(L)标注的是该芯片的工作范围，默认为商业级，即0～70℃，另外，A=－40～85℃和S=－40～125℃分别表示工业级和军事级。另外，TI公司有部分产品以MS320开头，它和TMS320产品性能基本一样，但强调"高稳定性"，即在苛刻条件下仍可正常工作。2010年前后，TI公司推出的DSP产品已不完全按照TMS320的方式来命名。

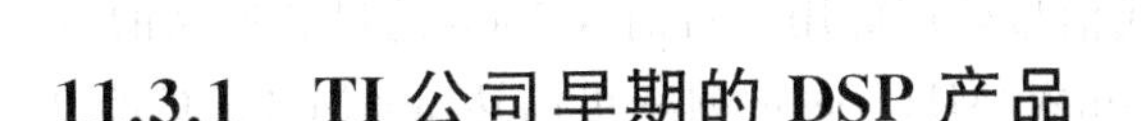

## 11.3.1 TI 公司早期的 DSP 产品

TI 公司从 1982 年推出第一款 TMS32010 后，到 1993 年共推出了 5 代产品，分别称为第一代至第五代，即 C1X、C2X、C3X、C4X 和 C5X 系列，共有 50 余个品种。其中"X"表示在一个系列(或"代")中不同的 DSP 芯片产品，同一系列的 DSP 芯片大都有着类似的"芯(core)"，不同的是其时钟频率、片内 RAM 和 ROM 的大小。C1X、C2X 和 C5X 是 16bit 的定点 DSP；C3X 和 C4X 是 32bit 的浮点 DSP。在 TI 公司早期的产品中，TMS320C25 的应用最为广泛。

## 11.3.2 TI DSP 的主流产品

在上述 5 代 DSP 的基础上，TI 公司又重新探索和研发了全新的高性能单核 DSP 架构。根据其 DSP 的性能与应用的定位，TI 公司将其自 1995 年后推出的 DSP 产品分为了三大系列，即 C2000 系列、C5000 系列和 C6000 系列。它们自 20 世纪 90 年代推出以来，至今仍广泛应用，因此被称为主流产品。

### 1. TMS320C2000 系列 DSP

C2000 系列面向庞大的工业控制市场，在保证高性能的情况下尽量保持低的价位。目前，TI 公司的网站上已将该系列 DSP 列入单片机类。为了实现控制功能，该系列产品都配备有 A/D、PWM 等丰富的外设。其主要应用领域包括太阳能、风能、燃料电池等绿色能源，家用电器、工业驱动、医疗设备等数字马达控制，电信与服务器整流器、无线基站、UPS 等数字电源以及电动汽车等。

C2000 系列中又包含了两个子系列，即 C24X 和 C28X。C24 系列诞生于 1997 年，是 16bit 控制器，现在已逐渐被 32bit 的 C28X 所代替。C28X 主要包含了 F2838X 和 F2837X 系列。它们是功能强大的 32 位浮点 MCU，内含两个 C28 DSP 核，两个 CLA(control law accelerator)协处理器，4 个 A/D 及其他外设，可应用于众多领域。

### 2. TMS320C5000 系列 DSP

C5000 系列定位于通信类和个人消费类应用，其最大特点是在保持高性能的前提下尽可能降低芯片的功耗，以有利于便携式通信产品及其他便携式仪器的应用。如手机、MP3、无线 MIC、降噪耳机、低成本 VoIP(voice over internet protocol)系统与附件、DECT(digital enhanced cordless telecommunications，数字增强无线通信)/USB 电话、软件定义的无线电广播；数码相机，USB 密钥；便携式医疗设备(ECG、数字听诊器、脉搏血氧饱和度仪)、指纹识别、仪表测量及其他嵌入式信号处理应用。目前,C5000 的最新产品的待机功率可低至0.15mW,工作功率低于 0.15mW/MHz,时钟频率可高达 300MHz。C5000 系列包含两个系列,即 C54X 和 C55X,目前应用最多的是 C55X 系列。

**3. TMS320C6000 系列 DSP**

C6000 系列是 TI 公司高性能的 DSP 芯片,分为 C62X、C64X 和 C67X 三个基本系列。C62X 和 C64X 是定点 DSP,C67X 是浮点 DSP。该系列的所有产品都是 32bit,并使用了 VLIW 结构。它们的共同特点是高的时钟频率、大的片上存储器、大的数据带宽以及较低功耗。该系列产品非常适用于计算量大和数据量大的领域,如电信基础设施(自适应天线、基站、网关)、数字视频(视频会议、监控、编码器、统计多路复用器/宽带路由器)、影像(医疗、机器视觉/检测、国防/雷达/声呐)等。

C64X 和 C67X 中还有各自的加强型内核,称为 C64X+和 C67X+,它们在性能上进一步得到提升。例如,C64X+增加了软件流水缓存(software pipelined loop,SPLOOP),支持紧凑指令;C67X+扩大了片上的寄存器,提升了浮点加法的能力。

TI 公司在 C64X+和 C67X+的基础上又推出了许多新的产品。

(1) C674X 系列。该系列是将浮点和定点相结合的新型 DSP 芯片,其指令既包含了 C64X 的定点指令,也包含了 C67X 的浮点指令。该系列特别强调低的功耗和高精度的浮点运算能力。

(2) C66X。该系列是 C674X 和 C64x+系列的扩展,具有浮点运算和定点运算的功能,并且合并了 C67x+浮点和 C64x+定点指令集架构,即 C66x 与 C64x+/C674x+目标代码兼容。目前,该系列除了 TMS320C6671 是单个 C66 核的芯片外,其余都是多核 DSP。

**4. OMAP(open multimedia application platform)系列**

移动和无线通信的飞速发展,对通信提出了更高的要求,即从单纯的语音服务到更多更复杂的应用,如移动电子商务、实时因特网技术、语音识别、音频和视频等。这些多种功能的综合构成了多媒体技术的主要内容。在保证功能的同时,消费者还要求电子设备的耗电要少、体积要小。OMAP 即是为满足这一需要而推出的,它是典型的片上系统(SoC)。

OMAP 系列都是基于 ARM 结构的高水平 DSP。其品种繁多,每一款芯片都包含 1 个或 2 个 ARM 芯片,再包含一个 C55 或 C64(或 C674 DSP)。有的还含有图像、视频、音频加速器(imaging, video and audio accelerator,IVA),2D/3D 图形(graphics)加速器等。该系列芯片广泛应用于手机、媒体流、数字视频录像、视频会议以及 3D 游戏等。

**5. 达芬奇系列**

达芬奇(DaVinci)处理器也是典型的片上系统,目标是数字视频领域的应用。该系列集成有高性能的 C64+核、ARM 处理器、视频前端处理器和视频加速器,并有非常丰富的外围设备,如数字视频、数字音频、高速网络、DDR2 高速存储器、ATA(advanced technology attachment)硬盘和多种存储卡接口等。可应用于数字硬盘录像机、数码相机、数字电视、数码摄像机、IP 网络摄像、视频会议终端、IP 可视电话、媒体编/解码器、媒体网关、医学影像、网络投影仪、便携式媒体播放器、机器人视觉、安全监控系统及数字视频系统(DVR)等领域。自 2003 年推出首款 DM642 以来,TI 公司达芬奇系列的产品已经有很多,主要有 DM3X、DM64X、DM81X 及 DMVA3/4 等系列。

**6. 多核系列**

TI 公司多核 DSP 的产品很多,前文介绍的 OMAP 系列和 DaVinci 系列都是多核 DSP,它们包含了 ARM 和 DSP 的核。此处介绍的主要是包含多个 DSP 核。前文已指出,使用多核 DSP 可在保证该芯片功能提升的情况下降低每一个内核的时钟速度,从而降低芯片的功耗。多核系列即实现了功能提升和功耗降低的完美结合。其中,TMS320C6657/C6672 各含 2 个 C66 核;C6670/C6674 各含 4 个 C66 核;C6472 含 6 个 C64x+核,而 TMS320C6678 含有 8 个 C66 核,它是 TI 公司产品中含有最多 DSP 的一款芯片。

TI 公司的网站(ti.com.cn)于 2015 年发布的 *Very Large FFT for* TMS320C6678 *Processors* 指出,对于 1024KB 大小的数据,利用 C6678 的一个核完成 FFT 时需要的时间是 38.557ms,当 8 个核全部用上时,完成 FFT 需要的时间是 6.403ms。该结果表明,对于百万级大小的数据,完成其 FFT 的时间为 6.4ms,这一速度可满足多种实时需要的场合,如雷达、医学成像及电子战(electronic warfare)等。

构建多核 DSP 的关键是让每一个核都能高效地工作。TI 公司的 C667X 多核系列是建立在其 KeyStone 多内核 SoC 架构上的。KeyStone SoC 架构是一个可编程的平台,集成了不同的子系统(C66x 核、IP 网络、无线层 1 和 2、传输),使用一个基于队列的通信系统,允许片上的资源高效、无缝地操作。KeyStone SoC 不但可最大限度地提高片上数据流的吞吐量,而且还可消除可能出现的瓶颈问题,从而帮助研发人员全面利用 DSP 内核的强大处理功能。KeyStone 的基础组件是新的多核导航器(multicore navigator),其中心用途是高效管理片上的资源。

2015 年,TI 公司推出了新一代 KeyStone II 架构,该架构提供了一套集成了 ARM CorePac(4 个 ARM Cortex-A15 处理器核)、C66x CorePac、网络处理等各类子系统的可编程平台，并且采用基于队列的通信系统，使得器件资源能够高效且无缝地运作。这种独特的器件架构中还包含一个 TeraNet 交换机，可将从可编程内核到高速 I/O 的各类系统元素广泛融合，确保它们以最高效率持续运作。在该架构下，一系列的新产品被推出，如下文将要介绍的 66AK 系列便是其中的代表。

### 11.3.3 TI 公司近十年的 DSP 产品

(1) 66AK 系列。该系列的产品有 66AK2E05/2G1X/2HX 及 66AK2L16 等，它们都基于 KeyStone II 架构，含有不同的 ARM 核及 C66x 核。如 66AK2G1X 有一个 ARM Cortex-A15 核和一个 C66x DSP 核，可用于汽车音频、家庭音频、专业音频、计算机导航控制及智能电网等领域。66AK2E0x 有 4 个 ARM Cortex-A15 处理器核、1 个 C66x DSP 核，运行速度可达 1.4GHz。可用于网络终端设备、数据中心网络、航空电子设备和国防、医疗成像和自动化等诸多领域。

(2) DM505。该款芯片主要用于视觉分析。内含 2 个 C66X DSP 核、4 个 ARM Cortex-M4 图像处理器（IPU），并含有嵌入式视觉引擎（EVE）等单元，因此，该芯片适用于工业产品（如无人机、机器人、叉车、铁路和农业设备）中的视觉分析和机器视觉处理。

(3) DRA72X/74X/75X 系列。这 3 个系列目前共有 13 款芯片，于 2015 年后陆续推出。TI 公司称它们是“信息娱乐应用处理器”，内含 1 个或 2 个 ARM A15 芯片，1 个或 2 个 C66 DSP 芯片。支持视频、图像及图形处理，并具有多个视频输入和输出。该系列特别适用于高档汽车的车载娱乐系统。

(4) DRA829 Jacinto™ 处理器。该款芯片于 2019 年最新推出，可应用于高级驾驶辅助系统（advanced driving assistance system，ADAS）、工业运输、工业机器人及高端 PLC 等领域。芯片上集成有双核 64 位 ARM Cortex-A72 处理器，6 个 ARM Cortex-R5F MCU，1 个 C7x 浮点 DSP，2 个 C66x 浮点 DSP。

以上对 TI 公司的 DSP 进行了介绍，读者可以在 TI 公司的网站上查看并下载其详细资料。

针对以 DSP 为基础的系统开发，TI 公司提供了众多开发工具。对于软件开发，有集成开发环境 CCS(code composer studio)、实时操作系统 DSP/BIOS 及算法标准 XDAIS (eXpress Dsp AlgorIthm Standard)等工具。对于硬件开发，有初学者工具包 DSK(DSP Starter Kit)、评估模块 EVM(EValuation Module)板及系统仿真器 XDS(eXtended Development Systems)等。限于篇幅，此处不再讨论。

## 11.4 基于FPGA的数字信号处理系统

FPGA诞生于20世纪80年代，是一种可编程的集成电路器件，用户通过编程配置器件的具体功能，也可通过重新编程改变器件的功能。FPGA器件由大量逻辑门阵列组成，以Xilinx公司于1985年推出的世界首款商业化FPGA器件XC2064为例，它包含64个逻辑模块，每个模块包含两个3输入查找表（LUT）和一个寄存器，逻辑门数量接近1000个。经过近40年的发展，现代FPGA器件的逻辑门数量达到千万量级，已经成为数字系统中的通用组件，在各种工业领域获得了广泛的应用。目前，FPGA器件两大主要厂商是Xilinx（于2020年被AMD收购）和Altera（于2015年被Intel收购），其他厂商包括Lattice、Microsemi（原Actel）、QuickLogic和Atmel等。

早期FPGA器件的片上资源以逻辑门和随机访问存储器为主，主要用于实现数字器件之间的接口逻辑。受限于逻辑门密度、成本和功耗等原因，业界曾普遍认为FPGA器件并不适合数字信号处理应用。随着硬件乘法器等数字信号处理模块的引入，这种观念开始被打破，数字信号处理成为推动FPGA发展的动力和希望，FPGA器件也逐渐从数字系统的配角转变为主角。2001年，Xilinx公司推出的Virtex-II架构中首次集成了18×18位硬件乘法器。随后在2002年，Altera公司在Stratix架构中首次推出可配置的数字信号处理模块，支持8个9×9位乘法器，或者4个18×18位乘法器，或者1个36×36位乘法器。集成数字信号处理模块的FPGA器件在通信领域，特别是在无线基站中获得了广泛的应用，也为FPGA的高速发展提供了巨大契机。2013年，Altera公司在Arria10架构中首次实现了对单精度浮点（32位）乘法的硬件支持，解决了之前需要利用大量定点DSP模块资源和逻辑资源来实现浮点运算的困境，将FPGA器件的应用进一步推广至高性能计算领域。近年来，随着以卷积神经网络为代表的深度学习技术的兴起，FPGA厂商开始关注深度学习模型对大规模计算负载的需求，通过支持将固定精度的乘法器分割为低精度的乘法器阵列等技术，FPGA器件在深度学习加速等应用场景也得到了广泛关注。由于片上资源，特别是数学信号处理资源的极大丰富，现代FPGA器件逐渐成为高性能复杂数字信号处理系统的理想实现平台，在计算密集型应用中发挥越来越重要的作用。

FPGA器件的架构使得它非常适合并行处理，这可以极大提升数学信号处理的速度和实时性，降低从输入到输出的信号处理延迟。以典型的FIR滤波为例，图11.4.1给出了分别采用传统的DSP器件和FPGA器件实现一个256阶FIR滤波器的示例。DSP器件配置的乘加单元（MAC）数量固定，如图11.4.1(a)所示，假设该DSP器件仅有一个

MAC单元，需要通过编程循环使用该MAC单元来实现FIR滤波操作。为实现256阶FIR滤波器，数据输入后共需要进行256次循环计算才能得到输出结果。图11.4.1(b)的FPGA方案则充分利用了并行处理的特点，共使用256个两输入的乘法器和一个256输入的加法器，这些计算资源并行工作，理论上可以在一个时钟周期完成256阶的FIR滤波操作，与传统DSP方案相比，数据从输入到输出的延迟大幅降低。当然，上述运算速度的提升是以运算资源的消耗作为代价的。事实上，运算速度和运算资源消耗是一对相互制约的因素，而使用FPGA器件为运算速度和运算资源消耗的平衡提供了灵活性。

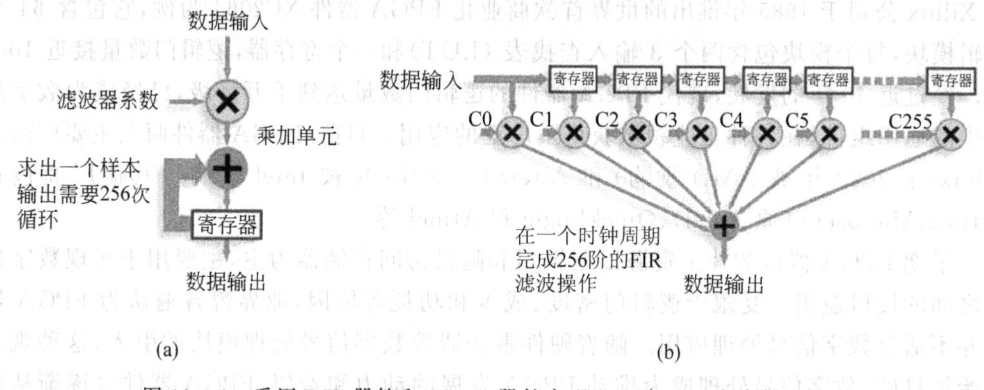


图11.4.1　采用DSP器件和FPGA器件实现256阶FIR滤波器的对比

(a) DSP方案；(b) FPGA方案

图11.4.2显示了一个实现4次乘加操作的例子，如果追求运算速度，可以采用4个两输入的乘法器和3个两输入的加法器，在一个时钟周期完成4次乘加操作，这种方案运算速度最快，但是资源消耗也最大；如果追求资源优化，可以采用1个两输入的乘法器和1个两输入的加法器，并通过锁存器实现循环的乘加操作，这种方案资源消耗最小，但是需要4个时钟周期才能完成4次乘加操作；当然，也可以使用采用2个两输入的乘法器和2个两输入的加法器，同样使用锁存器实现循环的乘加操作，这种方案需要2个时钟周期完成4次乘加操作，但是同时资源消耗的情况也居中。正是FPGA器件具有可编程的特点，用户可以根据应用的实际需求，在运算速度和运算资源消耗之间取得折中和平衡，这也为FPGA器件在更广泛的数学信号处理场景中的应用提供了可能。

为实现FPGA逻辑的不同配置，用户需要对FPGA器件进行编程。传统的FPGA设计方法是使用Verilog和VHDL等硬件描述语言(hardware description language，HDL)来对系统行为进行建模，并通过仿真来验证系统行为是否符合需求，之后将其送往综合工具及布线工具，最终生成FPGA器件的配置文件。HDL对于实现接口逻辑或者控制逻辑，其效率和效能均得到了广泛的认可。但是对于数字信号处理应用，HDL要求的寄存器级别的行为描述不可避免地会导致开发效率受到影响，开发难度也会大幅增加。

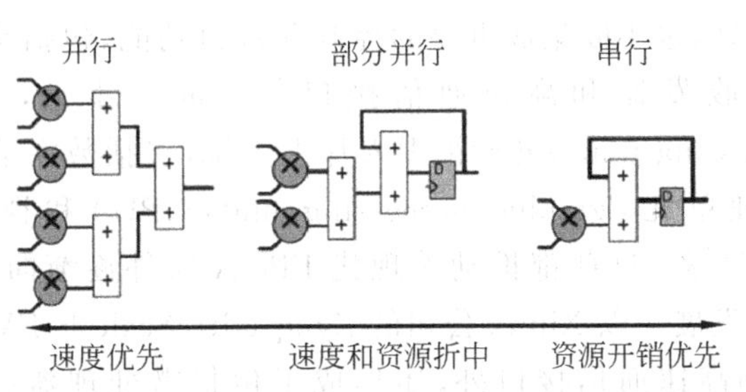


图 11.4.2 采用 FPGA 器件实现 4 次乘加操作的不同优化策略对比

为方便实现 FPGA 的数字信号处理应用，一种选择是使用 C 语言或 SystemC 等高级编程语言来对系统功能和行为进行描述，再采用高级综合(high level synthesis，HLS)将其翻译为 HDL。另一种选择是使用基于模型的编程，如采用 MATLAB/Simulink 等模型化高级抽象工具，再结合 FPGA 厂商提供的 DSP 工具，如 Xilinx 公司提供的 System Generator 工具，可以帮助用户高效地实现数字信号处理应用。图 11.4.3 给出了采用 Simulink 和 System Generator 实现一个 2 阶 FIR 滤波器的例子。从图中可以看到，由于使用图形化和模块化工具，基于 FPGA 的数字信号处理应用开发效率可以得到很大提升。同时，利用 Simulink 提供的各种仿真工具，也可以快速高效地对设计进行可视化验证。

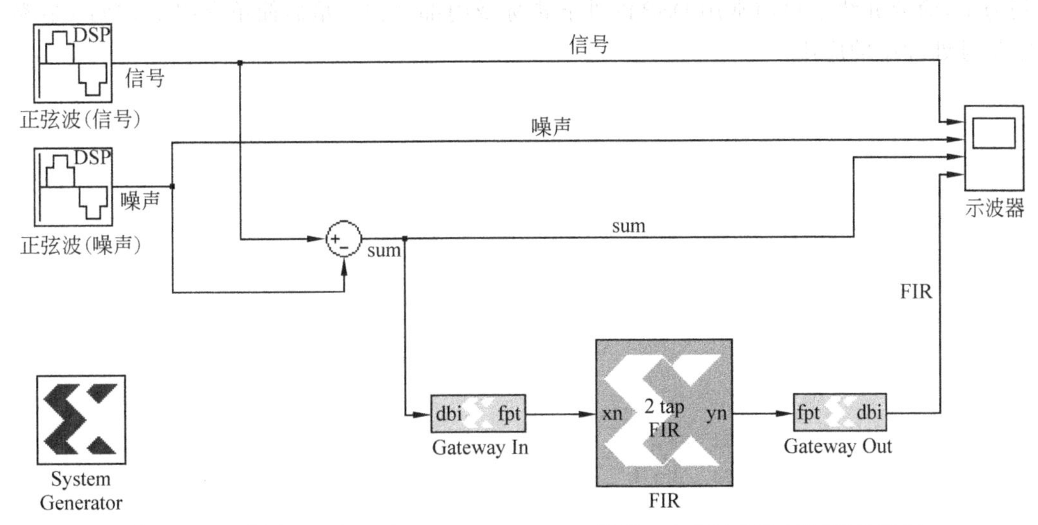


图 11.4.3 采用 Simulink 和 System Generator 实现一个 2 阶 FIR 滤波器的示例

在过去的 40 年，半导体技术的发展不断推动着 FPGA 器件可编程逻辑架构、可编程布线、可编程输入输出以及片上存储器等组件的演变，FPGA 器件除逻辑门数量和片上存储器呈几何级数增长外，也不断集成重要的控制和接口功能，包括锁相环、电源与温度监控、电源管理、高速收发器和高速通信接口等。进一步地，各种异构处理单元(heterogeneous processing units)开始被引入片上系统，包括数字信号处理单元、嵌入式处理单元、图形处理单元(graphic processing unit，GPU)和视觉处理单元(vision processing unit，VPU)等。这些都推动着现代 FPGA 器件逐渐向可扩展计算(scalable computing)片上系统发展。以 Xilinx 公司的 Zynq UltraScale+ EV 器件为例，该芯片中除可编程逻辑资源和高速通信接口外，还集成了包括微处理器(ARM Cortex-A53 和 Cortex-R5F)、GPU(ARM Mali-400MP2)、H.264/H.265 视频编解码器等异构处理单元。FPGA 不仅可以用于原型设计，对于批量化的数学信号处理系统应用而言，竞争力也进一步加强。可以预见，FPGA 器件在未来高度集成的数字系统中的主角地位会进一步得到加强。

## 小　结

本章概括地介绍了信号处理硬件实现的基本思路与方法，并以 TI 公司 TMS320 系列为主，简要介绍了目前常用 DSP 的性能指标及内部结构。最后简单介绍了 FPGA 在数字信号处理中的应用。

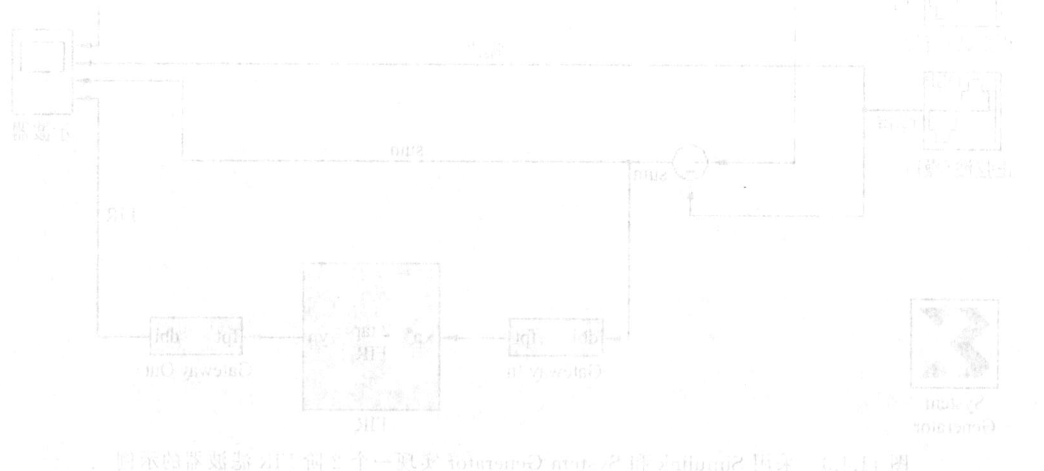

# 下篇

# 统计数字信号处理

# 下篇

## 统计数字信号处理

# 第 12 章

# 平稳随机信号

在本章之前,所讨论的信号都是确定性信号。本章至第 16 章将讨论随机信号。随机信号和确定性信号不同,它不能通过一个确切的数学公式来描述,也不能准确地予以预测。因此,对随机信号一般只能在统计的意义上来研究,这就决定了其分析与处理的方法和确定性信号相比有着较大的差异。

1.5 节已指出,确定性信号是用人为构造出的数学模型产生的,因此数据是已知或可预测的,如 1.2 节和 1.3 节所介绍的各种典型信号。这样的信号没有包含新的信息,因此,确定性信号没有存储和传输的必要。然而,物理世界的实际信号基本上是随机的,理论上说,信号的随机性越强,其包含的信息越多。随机信号的例子比比皆是,如各种无线电系统及电子装置中的噪声与干扰,建筑物所承受的风载,船舶航行时所受到的波浪冲击,许多生物医学信号(如心电图(ECG)、脑电图(EEG)、肌电图(EMG)、心音图(PCG)等)及我们每天都在发出的语音信号等都是随机的。因此,研究随机信号的分析与处理方法有着重要的理论意义与实际意义。

本章首先讨论随机信号的基本概念、描述方法,然后重点讨论平稳随机信号的性质及其两个重要的特征量——相关函数和功率谱,继而讨论随机信号通过线性移不变系统的行为,最后讨论随机信号处理中的最小平方问题和估计质量的评价准则。

## 12.1 随机信号及其特征描述

### 12.1.1 随机变量

由概率论可知,可以用一个随机变量 $X$[①] 来描述自然界中的随机事件,若 $X$ 的取值是连续的,则 $X$ 是连续型随机变量。若 $X$ 的取值是离散的,则 $X$ 是离散型随机变量,如

---

① 本章随机变量和随机信号用大写斜体外文符号表示,如 $X$、$Y$ 等,随机信号的一次实现仍用小写斜体外文符号表示,如 $x_i(t)$、$x(n,i)$等。

服从二项式分布、泊松分布的随机变量。对随机变量 $X$，一般用它的分布函数、概率密度及数字特征来描述。

**1. 分布函数**

对随机变量 $X$，实函数

$$P(x) = \text{Probability}(X \leqslant x) = \text{Probability}(X \in (-\infty, x)) \tag{12.1.1}$$

称为 $X$ 的概率分布函数，简称分布函数。$P(x)$有如下一些最基本的性质：

(1) $0 \leqslant P(x) \leqslant 1$；

(2) $P(-\infty) = 0$；

(3) $P(\infty) = 1$；

(4) 若 $x < y$，则 $P(x) \leqslant P(y)$。

若 $X$ 为连续随机变量，则定义

$$p(x) = \frac{\mathrm{d}P(x)}{\mathrm{d}x} \tag{12.1.2}$$

为 $X$ 的概率密度函数。显然，分布函数和密度函数还有如下关系：

$$P(x) = \int_{-\infty}^{x} p(v)\mathrm{d}v \tag{12.1.3}$$

密度函数有如下基本性质：

(1) $p(x) \geqslant 0$；

(2) $\int_{-\infty}^{\infty} p(x)\mathrm{d}x = 1$；

(3) $P(b) - P(a) = \int_{a}^{b} p(x)\mathrm{d}x$。

**2. 均值与方差**

定义

$$\mu_X = E\{X\} = \int_{-\infty}^{\infty} x p(x)\mathrm{d}x \tag{12.1.4}$$

为 $X$ 的数学期望值，或简称为均值。定义

$$D_X^2 = E\{|X|^2\} = \int_{-\infty}^{\infty} |x|^2 p(x)\mathrm{d}x \tag{12.1.5}$$

$$\sigma_X^2 = E\{|X - \mu_X|^2\} = \int_{-\infty}^{\infty} |x - \mu_X|^2 p(x)\mathrm{d}x \tag{12.1.6}$$

分别为 $X$ 的均方值和方差。式中，$E\{\ \}$表示求均值运算。若 $X$ 是离散型数据变量，则上述的求均值运算将由积分改为求和。例如，对均值，有

$$\mu_X = E\{X\} = \sum_k x_k p_k \tag{12.1.7}$$

式中，$p_k$ 是 $X$ 取值为 $x_k$ 时的概率。

**3. 矩**

定义

$$\eta_X^m = E\{|X|^m\} = \int_{-\infty}^{\infty} |x|^m p(x)\mathrm{d}x \tag{12.1.8}$$

为 $X$ 的 $m$ 阶原点矩，显然，$\eta_X^0=1,\eta_X^1=\mu_X,\eta_X^2=D_X^2$。再定义

$$\gamma_X^m = E\{|X-\mu_X|^m\} = \int_{-\infty}^{\infty} |x-\mu_X|^m p(x)\mathrm{d}x \tag{12.1.9}$$

为 $X$ 的 $m$ 阶中心矩，显然，$\gamma_X^0=1,\gamma_X^1=0,\gamma_X^2=\sigma_X^2$。矩、均值和方差都称为随机变量的数字特征，它们是描述随机变量的重要工具。例如，均值表示 $X$ 取值的中心位置，方差表示其取值相对均值的分散程度。$\sigma_X=\sqrt{\gamma_X^2}$ 又称为标准差，它同样表示了 $X$ 的取值相对均值的分散程度。

均值称为一阶统计量，均方值和方差称为二阶统计量。同样可以定义更高阶的统计量。定义[Sha18]

$$\text{Skew} = E\left\{\left[\frac{X-\mu_X}{\sigma_X}\right]^3\right\} = \frac{1}{\sigma_X^3}\gamma_X^3 \tag{12.1.10}$$

为 $X$ 的斜度(skewness)。它是一个无量纲的量，用来评价分布函数相对均值的对称性。再定义

$$\text{Kurtosis} = E\left\{\left[\frac{X-\mu_X}{\sigma_X}\right]^4\right\} - 3 = \frac{1}{\sigma_X^4}\gamma_X^4 - 3 \tag{12.1.11}$$

为 $X$ 的峰度(kurtosis)。它也是一个无量纲的量，用来表征分布函数在均值处的峰值特性。式中减 3 是为了保证正态分布的峰度为零。

**例 12.1.1** 令 $X$ 是在$[a,b]$上服从均匀分布的实随机变量，从而有

$$p(x)=\frac{1}{b-a},\quad \mu_X=\frac{a+b}{2},\quad \sigma_X^2=\frac{(b-a)^2}{12} \tag{12.1.12}$$

若 $X$ 取离散值$\{0,1,2,\cdots,n\}$的概率都相等，即均为 $1/(n+1)$，则称 $X$ 是离散型均匀分布的随机变量，这时有

$$\mu_X=n/2,\quad \sigma_X^2=n(n+2)/12 \tag{12.1.13}$$

**例 12.1.2** 均值为 $\mu_X$、方差为 $\sigma_X^2$、服从正态分布(即高斯分布)的随机变量 $X$ 的概率密度函数是

$$p(x)=\frac{1}{\sqrt{2\pi\sigma_X^2}}\exp\left[-\frac{1}{2\sigma_X^2}(x-\mu_X)^2\right] \tag{12.1.14}$$

显然，正态分布的概率密度函数完全由其均值和方差所决定，因此常记为 $N(\mu_X,\sigma_X^2)$。实际上，正态分布的所有高阶矩都可以由其均值和方差所决定。可以证明

$$\gamma_X^m=\begin{cases}1\times3\times5\times\cdots\times(m-1)\sigma_X^m, & m\ 为偶数\\0, & m\ 为奇数\end{cases}\tag{12.1.15}$$

若 $m=4$,则 $\gamma_X^4=3\sigma_X^4$,由式(12.1.11),其峰度等于零。因此,正态分布具有最简单的分布形式。正因为如此,正态分布和均匀分布都是信号处理中最常用的信号概率模型。

**4. 随机向量**

$N$ 个随机变量组成的向量

$$\boldsymbol{X}=[X_1,X_2,\cdots,X_N]^{\mathrm{T}}\tag{12.1.16}$$

称为随机向量。随机向量是研究多个随机变量的联合分布及进一步将随机变量理论推广到随机信号的重要工具。$\boldsymbol{X}$ 的均值是由其各分量的均值所组成的均值向量,即

$$\boldsymbol{\mu}_X=[\mu_{X1},\mu_{X2},\cdots,\mu_{XN}]^{\mathrm{T}},\ \mu_{X_i}=E\{X_i\}\tag{12.1.17}$$

其方差是由各分量之间互相求方差所形成的方差矩阵,即

$$\begin{aligned}\boldsymbol{\Sigma}&=E\{(\boldsymbol{X}-\boldsymbol{\mu}_X)^*(\boldsymbol{X}-\boldsymbol{\mu}_X)^{\mathrm{T}}\}\\&=\begin{bmatrix}\sigma_1^2 & \mathrm{cov}(X_1,X_2) & \cdots & \mathrm{cov}(X_1,X_N)\\\mathrm{cov}(X_2,X_1) & \sigma_2^2 & \cdots & \mathrm{cov}(X_2,X_N)\\\vdots & \vdots & \ddots & \vdots\\\mathrm{cov}(X_N,X_1) & \mathrm{cov}(X_N,X_2) & \cdots & \sigma_N^2\end{bmatrix}\end{aligned}\tag{12.1.18}$$

式中

$$\mathrm{cov}(X_i,X_j)=\sum\nolimits_{i,j}=E\{(X_i-\mu_{X_i})^*(X_j-\mu_{X_j})\}\tag{12.1.19}$$

称为分量 $X_i$ 和 $X_j$ 之间的协方差。

对 $N$ 维正态分布,其联合概率密度函数是

$$p(\boldsymbol{X})=[(2\pi)^N\mid\boldsymbol{\Sigma}\mid]^{-1/2}\exp\left[-\frac{1}{2}(\boldsymbol{X}-\boldsymbol{\mu}_X)^{\mathrm{T}}\boldsymbol{\Sigma}^{-1}(\boldsymbol{X}-\boldsymbol{\mu}_X)\right]\tag{12.1.20}$$

它也完全由其均值向量和方差矩阵所决定。

两个随机变量 $X$ 和 $Y$,记其联合概率密度为 $p(x,y)$,其边缘概率密度分别为 $p(x)$ 和 $p(y)$,若

$$p(x,y)=p(x)p(y)$$

则称 $X$ 和 $Y$ 是相互独立的。这一概念可推广到更高维的联合分布。若

$$\mathrm{cov}(X,Y)=E\{(X-\mu_X)^*(Y-\mu_Y)\}=E\{X^*Y\}-E\{X^*\}E\{Y\}=0$$

则必有 $E\{X^*Y\}=E^*\{X\}E\{Y\}$,这时,我们说 $X$ 和 $Y$ 是不相关的。两个独立的随机变量必然是互不相关的,但反之并不一定成立,即两个互不相关的随机变量不一定是相互独立的。对正态分布,独立和不相关是等效的。因此,若式(12.1.16)的 $\boldsymbol{X}$ 的各个分量都服从正态分布,且各分量之间互不相关,那么式(12.1.18)的方差阵将变成对角阵。

可以证明，4个零均值高斯型的随机变量的联合高阶矩

$$E\{X_1X_2X_3X_4\}=E\{X_1X_2\}E\{X_3X_4\}+E\{X_1X_3\}E\{X_2X_4\}+E\{X_1X_4\}E\{X_2X_3\} \quad (12.1.21)$$

后文将用到这一关系。

以上有关随机变量、随机向量的描述方法可推广到随机信号。

## 12.1.2　随机信号及其特征的描述

现在让我们来观察一个晶体管直流放大器的输出。当输入对地短路时，其输出应为零。但是由于组成放大器各元件中的热噪声致使输出并不为零，产生了“温漂”。该温漂电压就是一个随机信号。也就是说，当我们在相同的条件下独立地进行多次观察时，各次观察到的结果彼此互不相同。既然如此，为了全面地了解输出噪音的特征，从概念上讲，应该在相同的条件下，独立地做尽可能多次的观察，这如同在同一时刻，对尽可能多的同样的放大器各做一次观察一样。这样，每一次观察都可以得到一个记录 $x_i(t)$，其中 $i=1,2,\cdots,N$，而 $N\to\infty$，如图 12.1.1 所示。

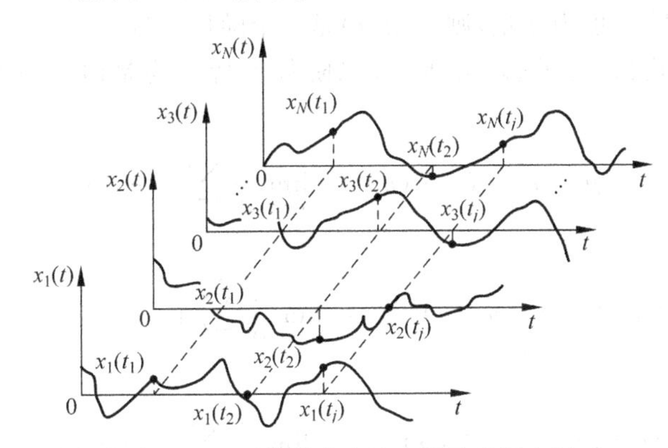


图 12.1.1　晶体管直流放大器的温漂电压

如果把对温漂电压的观察看作一个随机试验，那么，每一次的记录，就是该随机试验的一次实现，相应的结果 $x_i(t)$ 就是一个样本函数。所有样本函数的集合 $x_i(t)$，$i=1,2,\cdots,N$，而 $N\to\infty$，就构成了温漂电压可能经历的整个过程，该集合就是一个随机过程，也即随机信号，记为 $X(t)$。

对一个特定的时刻，例如 $t=t_1$，显然 $x_1(t_1),x_2(t_1),\cdots,x_N(t_1)$ 是一个随机变量，它相当于在某一固定的时刻同时测量无限多个相同放大器的输出值。当 $t=t_j$ 时，$x_1(t_j),x_2(t_j),\cdots,x_N(t_j)$ 也是一个随机变量。因此，一个随机信号 $X(t)$ 是依赖于时间 $t$ 的随机变量。这样可以用描述随机变量的方法来描述随机信号。

当 $t$ 在时间轴上取值 $t_1, t_2, \cdots, t_m$ 时可得到 $m$ 个随机变量 $X(t_1), X(t_2), \cdots, X(t_m)$。显然，描述这 $m$ 个随机变量最全面的方法是利用其 $m$ 维的概率分布函数（或概率密度）

$$\begin{aligned}&P_X(x_1, x_2, \cdots, x_m; t_1, t_2, \cdots, t_m)\\&=P\{X(t_1)\leqslant x_1, X(t_2)\leqslant x_2, \cdots, X(t_m)\leqslant x_m\}\end{aligned}\tag{12.1.22}$$

当 $m$ 趋近无穷时，式(12.1.22)完善地描述了随机信号 $X(t)$。但是，在工程实际中，要想得到某一随机信号的高维分布函数（或概率密度）是相当困难的，且计算也十分烦琐。因此，在实际工作中，对随机信号的描述，除了采用较低维的分布函数（如一维和二维）外，主要是使用其一阶和二阶的数字特征。

对图 12.1.1 中的随机信号 $X(t)$ 离散化，得离散随机信号 $X(nT_s)$（以下简记为 $X(n)$）。对 $X(n)$ 的每一次实现，记为 $x(n,i)$，$n=-\infty\sim\infty$ 代表时间，$i=1,2,\cdots,N(N\to\infty)$ 代表实现的序号，即样本数。对 $n$、$i$ 的不同组合，$x(n,i)$ 可有如下 4 种不同的解释：

(1) 若 $n$ 固定，则 $x(n,i)$ 相对标量 $i$ 的集合为 $n$ 时刻的随机变量；

(2) 若 $i$ 固定，则 $x(n,i)$ 相对标量 $n$ 的集合构成一个一维的离散时间序列，即 $x(n)$；

(3) 若 $n$ 固定，$i$ 也固定，则 $x(n,i)$ 是一个具体的数值；

(4) 若 $n$ 为变量，$i$ 也为变量，则 $x(n,i)$ 是一个随机信号。

显然，$X(n)$ 的均值、方差、均方等一、二阶数字特征均是时间 $n$ 的函数，均值可表示为

$$\mu_X(n)=E\{X(n)\}=\lim_{N\to\infty}\frac{1}{N}\sum_{i=1}^{N}x(n,i)\tag{12.1.23}$$

方差

$$\sigma_X^2(n)=E\{|X(n)-\mu_X(n)|^2\}=\lim_{N\to\infty}\frac{1}{N}\sum_{i=1}^{N}|x(n,i)-\mu_X(n)|^2\tag{12.1.24}$$

均方

$$D_X^2(n)=E\{|X(n)|^2\}=\lim_{N\to\infty}\frac{1}{N}\sum_{i=1}^{N}|x(n,i)|^2\tag{12.1.25}$$

$X(n)$ 的自相关函数定义为

$$r_X(n_1,n_2)=E\{X^*(n_1)X(n_2)\}=\lim_{N\to\infty}\frac{1}{N}\sum_{i=1}^{N}x^*(n_1,i)x(n_2,i)\tag{12.1.26}$$

自协方差函数定义为

$$\begin{aligned}\mathrm{cov}_X(n_1,n_2)&=E\{[X(n_1)-\mu_X(n_1)]^*[X(n_2)-\mu_X(n_2)]\}\\&=\lim_{N\to\infty}\frac{1}{N}\sum_{i=1}^{N}[x(n_1,i)-\mu_X(n_1)]^*[x(n_2,i)-\mu_X(n_2)]\end{aligned}\tag{12.1.27}$$

式(12.1.23)～式(12.1.27)右边的求均值运算 $E\{\}$ 体现了随机信号的集总平均，该集总平均是由 $X(n)$ 的无穷多样本 $x(n,i)$，$i=1,2,\cdots,\infty$，在相应时刻对应相加（或相乘后再相

加)来实现的。

随机信号的自相关函数 $r_X(n_1,n_2)$ 描述了信号 $X(n)$ 在 $n_1$、$n_2$ 两个时刻的相互关系,是一个重要的统计量。若 $n_1=n_2=n$,则

$$r_X(n_1,n_2)=E\{|X(n)|^2\}=D_X^2(n)$$

$$\mathrm{cov}_X(n_1,n_2)=E\{|X(n)-\mu_X(n)|^2\}=\sigma_X^2(n)$$

对两个随机信号 $X(n)$、$Y(n)$,其互相关函数和互协方差函数分别定义为

$$r_{XY}(n_1,n_2)=E\{X^*(n_1)Y(n_2)\} \tag{12.1.28}$$

$$\mathrm{cov}_{XY}(n_1,n_2)=E\{[X(n_1)-\mu_X(n_1)]^*[Y(n_2)-\mu_Y(n_2)]\} \tag{12.1.29}$$

下面介绍几个在信号处理中常用到的一些概念。

由于随机信号 $X(n)$ 可以看成无穷维的随机向量,所以,如果

$$p_X(x_1,\cdots,x_N;\ n_1,\cdots,n_N)=p_X(x_1;\ n_1)p_X(x_2;\ n_2)\cdots p_X(x_N;\ n_N) \tag{12.1.30}$$

则称 $X(n)$ 是独立的随机信号,如果在 $n_1,\cdots,n_N$ 时刻的随机变量具有同样的分布,则称 $X(n)$ 是独立同分布(independent and identically distributed,IID)的随机信号。

如果 $X(n)$ 在任意不同时刻的协方差都为零,即

$$\mathrm{cov}_X(n_1,n_2)=0,\quad 对所有的\ n_1\neq n_2 \tag{12.1.31}$$

则称信号 $X(n)$ 是不相关的随机信号。

由式(12.1.30),对任意的正整数 $N$,若 $p_X(x_1,\cdots,x_N;\ n_1,\cdots,n_N)$ 都服从 $N$ 阶高斯联合分布,则称 $X(n)$ 是高斯型随机信号;同样,若服从均匀分布,则称 $X(n)$ 是均匀型随机信号。

将上述概念扩展到两个随机信号,如 $X(n)$ 和 $Y(n)$,又可得到相应的结论。

若二者的联合概率密度和其各自概率密度有如下关系:

$$p_{XY}(x,y;\ n_1,n_2)=p_X(x;\ n_1)p_Y(y;\ n_2),\quad 对\ n_1,n_2\ 所有的值 \tag{12.1.32}$$

则称 $X(n)$ 和 $Y(n)$ 是统计独立的。进一步,若 $p_X(x;\ n_1)$ 和 $p_Y(y;\ n_2)$ 是相同的函数,则称 $X(n)$ 和 $Y(n)$ 是 IID 的随机信号。

如果

$$\mathrm{cov}_{XY}(n_1,n_2)=0,\quad 对所有的\ n_1\neq n_2 \tag{12.1.33}$$

称信号 $X(n)$ 和 $Y(n)$ 是不相关的。由于

$$\begin{aligned}\mathrm{cov}(n_1,n_2)&=E\{X^*(n_1)Y(n_2)\}-E\{X^*(n_1)\}\mu_Y(n_2)-\mu_X^*(n_1)E\{Y(n_2)\}+\mu_X^*(n_1)\mu_Y(n_2)\\&=E\{X^*(n_1)Y(n_2)\}-\mu_X^*(n_1)\mu_Y(n_2)\end{aligned}$$

所以,若 $X(n)$、$Y(n)$ 不相关,必有

$$E\{X^*(n_1)Y(n_2)\}=\mu_X^*(n_1)\mu_Y(n_2)$$

即

$$r_{XY}(n_1,n_2)=\mu_X^*(n_1)\mu_Y(n_2)$$

如果

$$r_{XY}(n_1,n_2)=0,\quad 对所有的 n_1\neq n_2 \tag{12.1.34}$$

称信号 $X(n)$ 和 $Y(n)$ 是相互正交的。

# 12.2 平稳随机信号描述

## 12.2.1 平稳随机信号的定义

平稳随机信号是指对于时间的变化具有某种平稳性质的一类信号。若随机信号 $X(n)$ 的概率密度函数满足

$$p_X(x_1,\cdots,x_N;n_1,\cdots,n_N)=p_X(x_1,\cdots,x_N;n_{1+k},\cdots,n_{N+k}),\quad 对任意的 k$$

则称 $X(n)$ 是 $N$ 阶平稳的。如果上式对 $N=1,2,\cdots,\infty$ 都成立，则称 $X(n)$ 是严平稳(strict-sense stationary)，或狭义平稳的随机信号。

严平稳的随机信号可以说基本上不存在，而且其定义也无法应用于实际。因此，人们研究和应用最多的是宽平稳(wide-sense stationary, WSS)信号，又称广义平稳信号。对随机信号 $X(n)$，若其均值为常数，即

$$\mu_X(n)=E\{X(n)\}=\mu_X \tag{12.2.1}$$

其方差为有限值且也为常数，即

$$\sigma_X^2(n)=E\{|X(n)-\mu_X|^2\}=\sigma_X^2 \tag{12.2.2}$$

其自相关函数 $r_X(n_1,n_2)$ 和 $n_1,n_2$ 的选取起点无关，而仅和 $n_1,n_2$ 之差有关，即

$$r_X(n_1,n_2)=E\{X^*(n)X(n+m)\}=r_X(m),\ m=n_2-n_1 \tag{12.2.3}$$

则称 $X(n)$ 是宽平稳的随机信号。

由上述定义，还可得到均方值

$$D_X^2(n)=E\{|X(n)|^2\}=D_X^2 \tag{12.2.4}$$

及自协方差

$$\mathrm{cov}_X(n_1,n_2)=E\{[X(n)-\mu_X]*[X(n+m)-\mu_X]\}=\mathrm{cov}_X(m) \tag{12.2.5}$$

两个宽平稳随机信号 $X(n)$ 和 $Y(n)$ 的互相关函数及互协方差可分别表示为

$$r_{XY}(m)=E\{X^*(n)Y(n+m)\} \tag{12.2.6}$$

$$\mathrm{cov}_{XY}(m)=E\{[X(n)-\mu_X]*[Y(n+m)-\mu_Y]\} \tag{12.2.7}$$

宽平稳随机信号是一类重要的随机信号。在实际工作中，往往把所要研究的随机信号视为宽平稳的，这样会使问题大大简化。实际上，自然界中的绝大部分随机信号都可以认为是宽平稳的。

### 12.2.2 平稳随机信号的自相关函数

平稳信号自相关函数的定义已由式(12.2.3)给出,现讨论它的主要性质。

**性质 1** $r_X(0)\geqslant|r_X(m)|$,对所有的 $m$

及

$$r_X(0)=\sigma_X^2+|\mu_X|^2\geqslant 0$$

这一性质说明,自相关函数在 $m=0$ 处取得最大值,并且 $r_X(0)$是非负的。$|\mu_X|^2$ 代表了信号 $X(n)$中直流分量的平均功率,$\sigma_X^2$ 代表了 $X(n)$中交流分量的平均功率,因此,$r_X(0)$代表了 $X(n)$的总的平均功率。现证明性质 1。

若 $X(n)$是实信号,由

$$E\{[X(n)\pm X(n+m)]^2\}\geqslant 0$$

可得 $r_X(0)\geqslant|r_X(m)|$;若 $X(n)$是复信号,由

$$\begin{aligned}|r_X(m)|^2&=|E\{X^*(n)X(n+m)\}|^2\\&\leqslant E\{|X(n)|^2\}E\{|X(n+m)|^2\}=r_X^2(0)\end{aligned}$$

也可得到同样的结论。

**性质 2** 若 $X(n)$是实信号,则 $r_X(m)=r_X(-m)$,即 $r_X(m)$为实偶函数;若 $X(n)$是复信号,则 $r_X(-m)=r_X^*(m)$,即 $r_X(m)$是 Hermitian 对称的。

**性质 3** $r_{XY}(-m)=r_{YX}^*(m)$。若 $X(n)$、$Y(n)$是实信号,则 $r_{XY}(-m)=r_{YX}(m)$,该结果说明,即使 $X(n)$、$Y(n)$是实的,$r_{XY}(m)$也不是偶对称的。

**性质 4** $r_X(0)r_Y(0)\geqslant|r_{XY}(m)|^2$。

**性质 5** 由 $r_X(-M),\cdots,r_X(0),\cdots,r_X(M)$这 $2M+1$ 个自相关函数组成的矩阵

$$\boldsymbol{R}_M=\begin{bmatrix}r_X(0)&r_X(-1)&\cdots&r_X(-M)\\r_X(1)&r_X(0)&\cdots&r_X(-M+1)\\\vdots&\vdots&\ddots&\vdots\\r_X(M)&r_X(M-1)&\cdots&r_X(0)\end{bmatrix}\tag{12.2.8}$$

是非负定的。

现证明性质 5。

设 $\boldsymbol{a}$ 是任一个$(M+1)$维非零向量,$\boldsymbol{a}=[a_0,a_1,\cdots,a_M]^{\mathrm{T}}$,由于

$$\boldsymbol{a}^{\mathrm{H}}\boldsymbol{R}_M\boldsymbol{a}=\sum_{m=0}^{M}\sum_{n=0}^{M}a_m a_n^* r_X(m-n)=E\left\{\left|\sum_{n=0}^{M}a_n^* X(n)\right|^2\right\}\geqslant 0$$

故性质 5 成立(式中上标 H 代表共轭转置)。

$\boldsymbol{R}_M$ 称为 Hermitian 对称的 Toeplitz 矩阵。若 $X(n)$为实信号,那么 $r_X(m)=r_X(-m)$,则 $\boldsymbol{R}_M$ 的主对角线及与主对角线平行的对角线上的元素都相等,而且各元素相

对主对角线是对称的，这时 $\boldsymbol{R}_M$ 称为实对称的 Toeplitz 矩阵。

**例 12.2.1**　随机相位正弦序列

$$X(n)=A\sin(2\pi fnT_s+\Phi) \tag{12.2.9}$$

式中，$A$、$f$ 均为常数，$\Phi$ 是一随机变量，在 $0\sim2\pi$ 内服从均匀分布，即

$$p(\varphi)=\begin{cases}\dfrac{1}{2\pi}, & 0\leqslant\varphi\leqslant2\pi\\ 0, & \text{其他}\end{cases}$$

显然，对应 $\Phi$ 的一个取值，可得到一条正弦曲线。因为 $\varphi$ 在 $0\sim2\pi$ 内的取值是随机的，所以其每一个样本 $x(n)$ 都是一条正弦信号。试求 $X(n)$ 的均值及其自相关函数，并判断其平稳性。

**解**　由定义可知，$X(n)$ 的均值和自相关函数分别是

$$\mu_X(n)=E\{A\sin(2\pi fnT_s+\Phi)\}=\int_0^{2\pi}A\sin(2\pi fT_sn+\varphi)\,\frac{1}{2\pi}\,\mathrm{d}\varphi=0$$

与

$$\begin{aligned}r_X(n_1,n_2)&=E\{A^2\sin(2\pi fn_1T_s+\Phi)\sin(2\pi fn_2T_s+\Phi)\}\\&=\frac{A^2}{2\pi}\int_0^{2\pi}\sin(2\pi fn_1T_s+\varphi)\sin(2\pi fn_2T_s+\varphi)\mathrm{d}\varphi\\&=\frac{A^2}{2}\cos[2\pi f(n_2-n_1)T_s]\end{aligned}$$

由于

$$\mu_X(n)=\mu_X=0$$

及

$$r_X(n_1,n_2)=r_X(n_2-n_1)=r_X(m)=\frac{A^2}{2}\cos(2\pi fmT_s)$$

所以随机相位正弦波是宽平稳的。

**例 12.2.2**　随机振幅正弦序列如下式所示：

$$X(n)=A\sin(2\pi fnT_s) \tag{12.2.10}$$

式中，$f$ 为常数，$A$ 为正态随机变量，设其均值为 0，方差为 $\sigma^2$，即 $A:N(0,\sigma^2)$，试求 $X(n)$ 的均值、自相关函数，并讨论其平稳性。

**解**　均值

$$\mu_X(n)=E\{X(n)\}=E\{A\sin(2\pi fnT_s)\}$$

对于给定的时刻 $n$，$\sin(2\pi fnT_s)$ 为一个常数，所以

$$\mu_X(n)=\sin(2\pi fnT_s)E\{A\}=0$$

自相关函数

$$r_X(n_1,n_2)=E\{A^2\sin(2\pi fn_1T_s)\sin(2\pi fn_2T_s)\}$$

$$=\sigma^2\sin(2\pi f n_1 T_s)\sin(2\pi f n_2 T_s)$$

由此可以看出,虽然 $X(n)$的均值和时间无关,但其自相关函数不能写成 $r_X(n_1-n_2)$的形式,也即 $r_X(n_1, n_2)$和 $n_1$、$n_2$ 的选取位置有关,所以随机振幅正弦波不是宽平稳的。

### 12.2.3 平稳随机信号的功率谱

对自相关函数和互相关函数作 $Z$ 变换,有

$$P_X(z)=\sum_{m=-\infty}^{\infty} r_X(m)z^{-m} \tag{12.2.11}$$

$$P_{XY}(z)=\sum_{m=-\infty}^{\infty} r_{XY}(m)z^{-m} \tag{12.2.12}$$

令 $z=e^{j\omega}$,得到

$$P_X(e^{j\omega})=\sum_{m=-\infty}^{\infty} r_X(m)e^{-j\omega m} \tag{12.2.13a}$$

$$P_{XY}(e^{j\omega})=\sum_{m=-\infty}^{\infty} r_{XY}(m)e^{-j\omega m} \tag{12.2.13b}$$

称 $P_X(e^{j\omega})$为随机信号 $X(n)$的自功率谱,$P_{XY}(e^{j\omega})$为随机信号 $X(n)$、$Y(n)$的互功率谱。功率谱反映了信号的功率在频域随频率 $\omega$ 的分布,因此,$P_X(e^{j\omega})$、$P_{XY}(e^{j\omega})$又称功率谱密度。所以,$P_X(e^{j\omega})d\omega$ 表示信号 $X(n)$在 $\omega\sim\omega+d\omega$ 的平均功率。我们知道,随机信号在时间上是无限的,在样本上也是无穷多,因此随机信号的能量是无限的,它应是功率信号。功率信号不满足傅里叶变换的绝对可积条件,因此其傅里叶变换是不存在的。例如确定性的正弦、余弦信号,其傅里叶变换也是不存在的,只是在引入了 $\delta$ 函数后才求得其傅里叶变换。因此,对随机信号的频域分析,不再简单的是频谱,而是功率谱。假定 $X(n)$的功率是有限的,那么其功率谱密度的反变换必然存在,其反变换就是自相关函数,即有

$$r_X(m)=\frac{1}{2\pi}\int_{-\pi}^{\pi} P_X(e^{j\omega})e^{j\omega m}d\omega \tag{12.2.14}$$

而

$$r_X(0)=\frac{1}{2\pi}\int_{-\pi}^{\pi} P_X(e^{j\omega})d\omega=E\{|X(n)|^2\} \tag{12.2.15}$$

反映了信号的平均功率。

式(12.2.13)及式(12.2.14)称为 Wiener-Khintchine 定理,这两个公式的含义将在12.4节中进一步解释。

**例 12.2.3** 已知平稳信号 $X(n)$的自相关函数 $r_X(m)=a^{|m|}$,$|a|<1$,求其功率谱。

**解** 由式(12.2.13a),有

$$P_X(\mathrm{e}^{\mathrm{j}\omega})=\sum_{m=-\infty}^{\infty}a^{|m|}\mathrm{e}^{-\mathrm{j}\omega m}=\sum_{m=0}^{\infty}a^{m}\mathrm{e}^{-\mathrm{j}\omega m}+\sum_{m=-\infty}^{0}a^{-m}\mathrm{e}^{-\mathrm{j}\omega m}-1$$

$$=\frac{1}{1-a\mathrm{e}^{-\mathrm{j}\omega}}+\frac{1}{1-a\mathrm{e}^{\mathrm{j}\omega}}-1=\frac{1-a^2}{1+a^2-2a\cos\omega},\quad |a|<1$$

显然它始终是 $\omega$ 的实函数。请读者自己计算并画出该功率谱曲线。

读者可自行证明，功率谱有如下重要性质。

**性质 1**　不论 $X(n)$是实数的还是复数的，$P_X(\mathrm{e}^{\mathrm{j}\omega})$都是 $\omega$ 的实函数，因此功率谱失去了相位信息。

**性质 2**　$P_X(\mathrm{e}^{\mathrm{j}\omega})$对所有的 $\omega$ 都是非负的(见式(12.4.4))。

**性质 3**　若 $X(n)$是实的，由于 $r_X(m)$是偶对称的，那么 $P_X(\mathrm{e}^{\mathrm{j}\omega})$仍是 $\omega$ 的偶函数。

**性质 4**　如式(12.2.15)所示，功率谱曲线在$(-\pi,\pi)$内的面积等于信号的均方值。

在工程实际中所遇到的功率谱可分为三种：一种是平的谱，即白噪声谱；第二种是线谱，即由一个或多个正弦信号所组成的信号的功率谱；第三种介于二者之间，是既有峰点又有谷点的谱，这种谱称为 ARMA 谱。

一个平稳的随机序列 $u(n)$，如果其功率谱 $P_u(\mathrm{e}^{\mathrm{j}\omega})$在$|\omega|\leqslant\pi$ 的范围内始终为一常数，例如 $\sigma^2$，称该序列为白噪声序列，其自相关函数

$$r_u(m)=\frac{1}{2\pi}\int_{-\pi}^{\pi}P_u(\mathrm{e}^{\mathrm{j}\omega})\mathrm{e}^{\mathrm{j}\omega m}\mathrm{d}\omega=\sigma^2\delta(m)\tag{12.2.16}$$

是在 $m=0$ 处的 $\delta$ 函数。由自相关函数的定义，$r_u(m)=E\{u(n)u(n+m)\}$，它说明白噪声序列在任意两个不同的时刻是不相关的，即 $E\{u(n+i)u(n+j)\}=0$，对所有的 $i\neq j$。若$u(n)$是高斯型的，那么它在任意两个不同的时刻又是相互独立的。这说明，白噪声序列是最随机的，也即由 $u(n)$无法预测 $u(n+1)$。“白噪声”的名称来源于牛顿，他指出，白光包含了所有频率的光波。

以上讨论说明，白噪声是一种理想化的噪声模型，实际上并不存在。由于它是信号处理中最具有代表性的噪声信号，因此人们提出了很多近似产生白噪声的方法，如 1.12 节介绍过的 rand.m 和 randn.m 文件。

若 $X(n)$由 $L$ 个正弦组成，即

$$X(n)=\sum_{k=1}^{L}A_k\sin(\omega_k n+\varphi_k)\tag{12.2.17}$$

式中，$A_k$、$\omega_k$ 是常数，$\varphi_k$ 是均匀分布的随机变量，那么可以求出

$$r_X(m)=\sum_{k=1}^{L}\frac{A_k^2}{2}\cos(\omega_k m)\tag{12.2.18}$$

$$P_X(\mathrm{e}^{\mathrm{j}\omega})=\sum_{k=1}^{L}\frac{\pi A_k^2}{2}[\delta(\omega+\omega_k)+\delta(\omega-\omega_k)]\tag{12.2.19}$$

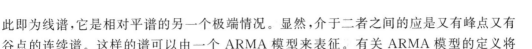

此即为线谱，它是相对平谱的另一个极端情况。显然，介于二者之间的应是又有峰点又有谷点的连续谱。这样的谱可以由一个 ARMA 模型来表征。有关 ARMA 模型的定义将在第 14 章介绍。

定义

$$\mathrm{coh}(\mathrm{e}^{\mathrm{j}\omega}) = \frac{P_{XY}(\mathrm{e}^{\mathrm{j}\omega})}{\sqrt{P_X(\mathrm{e}^{\mathrm{j}\omega})}\sqrt{P_Y(\mathrm{e}^{\mathrm{j}\omega})}} \tag{12.2.20}$$

为 $X(n)$ 和 $Y(n)$ 在频域的归一化相干(coherence)函数，它对应式(1.7.1)的时域相干系数 $\rho_{xy}$，不过式(1.8.1)的 $\rho_{xy}$ 是一个常数，而 $\mathrm{coh}(\mathrm{e}^{\mathrm{j}\omega})$ 是 $\omega$ 的函数。一般来说，$\mathrm{coh}(\mathrm{e}^{\mathrm{j}\omega})$ 为复数，所以，又定义

$$|\mathrm{coh}(\mathrm{e}^{\mathrm{j}\omega})|^2 = \frac{|P_{XY}(\mathrm{e}^{\mathrm{j}\omega})|^2}{P_X(\mathrm{e}^{\mathrm{j}\omega})P_Y(\mathrm{e}^{\mathrm{j}\omega})} \tag{12.2.21}$$

为幅平方相干函数。如果 $X(n)=Y(n)$，则 $\mathrm{coh}(\mathrm{e}^{\mathrm{j}\omega})=1, \forall\omega$；如果 $X(n)$、$Y(n)$ 不相关，则 $\mathrm{coh}(\mathrm{e}^{\mathrm{j}\omega})=0, \forall\omega$，因此，$0\leqslant|\mathrm{coh}(\mathrm{e}^{\mathrm{j}\omega})|\leqslant 1, \forall\omega$。在上述情况下，都有 $-\pi<\omega\leqslant\pi$。有关频域相干函数的计算见 12.8 节。

## 12.2.4 一阶马尔可夫过程

式(12.2.17)的随机正弦信号又称为谐波过程。在信号与图像处理中经常用到的另一个概率模型是马尔可夫(Markov)过程。一个随机信号 $\{X(t), t\in T\}$，若其概率密度函数满足

$$\begin{aligned} & p[X(t_{n+1})\leqslant x_{n+1} \mid X(t_n)=x_n,\quad X(t_{n-1})=x_{n-1},\cdots,X(t_0)=x_0] \\ & \quad = p[X(t_{n+1})\leqslant x_{n+1} \mid X(t_n)=x_n],\quad X(t_n)=X(n) \end{aligned} \tag{12.2.22}$$

则称 $X(t)$ 为马尔可夫过程。式中，$t_0\leqslant t_1\leqslant\cdots\leqslant t_n\leqslant t_{n+1}$，$X(0),X(1),\cdots,X(n),X(n+1)$ 称为过程在各个时刻的状态。式(12.2.22)的含义是：已知过程在现在时刻 $t_n$ 的状态 $X(n)$，那么，下一个时刻 $t_{n+1}$ 的状态 $X(n+1)$ 只和现在的状态有关，而和过去的状态 $X(n-1),\cdots,X(0)$ 无关。如果 $t$ 和 $X$ 都取离散值，则马尔可夫过程又称为马尔可夫链(Markov chain)。

令 $u(n)$ 是一均值为 0、方差为 $\sigma_u^2$ 的白噪声序列，$X(n)$ 是 $u(n)$ 激励一个 LSI 系统

$$H(z)=\frac{1}{1-\rho z^{-1}} \tag{12.2.23}$$

的输出，对应的时域差分方程是

$$X(n)=\rho X(n-1)+u(n) \tag{12.2.24}$$

显然，$X(n)$ 是一随机信号。由式(12.2.24)可知，$n-1$ 时刻的状态 $X(n-1)$ 完全决定了 $n$ 时刻的状态 $X(n)$，同理，$n$ 时刻的状态 $X(n)$ 又完全决定了 $n+1$ 时刻的状态 $X(n+1)$，因

此，式(12.2.24)给出的过程是一个马尔可夫过程，又称为一阶马尔可夫(Markov-Ⅰ)过程。式(12.2.24)又是一个一阶的，记作AR(1)。

现在推导 $X(n)$的一阶及二阶数字特征。不难导出式(12.2.22)$X(n)$的又一表示形式是

$$X(n)=\sum_{i=0}^{\infty}\rho^{i}u(n-i) \tag{12.2.25}$$

因为 $u(n)$是 $\mu_u=0$、方差为 $\sigma_u^2$ 的白噪声序列，所以 $\mu_X=0$，其方差

$$\begin{aligned}\sigma_X^2&=E\{|X(n)|^2\}=\sum_{i=0}^{\infty}\sum_{j=0}^{\infty}\rho^{i}\rho^{j}E\{u(n-i)u(n-j)\}\\&=\sum_{i=0}^{\infty}\sum_{j=0}^{\infty}\rho^{i}\rho^{j}\sigma_u^2\delta(i-j)=\sigma_u^2\sum_{i=0}^{\infty}\rho^{2i}=\frac{\sigma_u^2}{1-\rho^2}\end{aligned} \tag{12.2.26}$$

其自相关函数

$$\begin{aligned}r_X(m)&=E\{X(n)X(n+m)\}=\sum_{i=0}^{\infty}\sum_{j=0}^{\infty}\rho^{i}\rho^{j}E\{u(n-i)u(n-j+m)\}\\&=\sigma_u^2\rho^{|m|}\sum_{i=0}^{\infty}\rho^{2i}=\frac{\sigma_u^2}{1-\rho^2}\rho^{|m|}\end{aligned} \tag{12.2.27}$$

利用 $r_X(-N)\sim r_X(N)$可构成 $N\times N$ 的 Toeplitz 自相关矩阵，即有

$$\boldsymbol{R}_X=\frac{\sigma_u^2}{1-\rho^2}\begin{bmatrix}1&\rho&\rho^2&\cdots&\rho^{N-1}\\\rho&1&\rho&\cdots&\rho^{N-2}\\\rho^2&\rho&1&\cdots&\rho^{N-3}\\\vdots&\vdots&\vdots&\ddots&\vdots\\\rho^{N-1}&\rho^{N-2}&\rho^{N-3}&\cdots&1\end{bmatrix} \tag{12.2.28}$$

如不考虑矩阵前的系数，此矩阵即式(8.3.7b)。

## 12.3　平稳随机信号通过线性系统

设 $X(n)$为一平稳随机信号，它通过一线性移不变系统 $H(z)$后，输出为 $Y(n)$，由于

$$Y(n)=X(n)*h(n)=\sum_{k=-\infty}^{\infty}X(k)h(n-k)$$

所以，$Y(n)$也是随机的，且也是平稳的。若 $X(n)$是确定性信号，则 $Y(\mathrm{e}^{\mathrm{j}\omega})=X(\mathrm{e}^{\mathrm{j}\omega})H(\mathrm{e}^{\mathrm{j}\omega})$，由于随机信号不存在傅里叶变换，因此，我们需要从相关函数和功率谱的角度来研究随机信号通过线性系统的行为。为了讨论方便起见，现假定 $X(n)$是实信号，这样，$Y(n)$也是实的。$X(n)$和 $Y(n)$之间的关系主要有如下 4 个：

$$r_Y(m)=r_X(m)*h(m)*h(-m) \tag{12.3.1}$$

$$P_Y(\mathrm{e}^{\mathrm{j}\omega})=P_X(\mathrm{e}^{\mathrm{j}\omega})\,|H(\mathrm{e}^{\mathrm{j}\omega})|^2 \tag{12.3.2}$$

$$r_{XY}(m)=r_X(m)*h(m) \tag{12.3.3}$$

$$P_{XY}(\mathrm{e}^{\mathrm{j}\omega})=P_X(\mathrm{e}^{\mathrm{j}\omega})H(\mathrm{e}^{\mathrm{j}\omega}) \tag{12.3.4}$$

现分别证明。对于式(12.3.1),有

$$\begin{aligned}r_Y(m)=E\{Y(n)Y(n+m)\}&=E\left\{\sum_{k=-\infty}^{\infty}h(k)X(n-k)\sum_{i=-\infty}^{\infty}h(i)X(n+m-i)\right\}\\&=\sum_k h(k)\sum_i h(i)E\{X(n-k)X(n+m-i)\}\\&=\sum_k h(k)\sum_i h(i)r_X(m+k-i)=\sum_k h(k)r(m+k)\end{aligned}$$

式中

$$r(m+k)=h(m+k)*r_X(m+k)$$

令 $m+k=l$,则

$$r_Y(m)=\sum_{k=-\infty}^{\infty}h(k)r(m+k)=\sum_{l=-\infty}^{\infty}r(l)h(l-m)=r(m)*h(-m)$$

所以

$$r_Y(m)=r_X(m)*h(m)*h(-m)$$

式(12. 3. 1)得证。

对式(12.3.1)两边作傅里叶变换,左边得 $P_Y(\mathrm{e}^{\mathrm{j}\omega})$,右边分别是 $P_X(\mathrm{e}^{\mathrm{j}\omega})$、$H(\mathrm{e}^{\mathrm{j}\omega})$和 $H^*(\mathrm{e}^{\mathrm{j}\omega})$,所以式(12.3.2)得证。

对式(12.3.3),有

$$\begin{aligned}r_{XY}(m)=E\{X(n)Y(n+m)\}&=E\left\{X(n)\sum_{k=-\infty}^{\infty}h(k)X(n+m-k)\right\}\\&=\sum_k h(k)E\{X(n)X(n+m-k)\}\\&=\sum_k h(k)r_X(m-k)=r_X(m)*h(m)\end{aligned}$$

式(12. 3. 3)得证。

对式(12.3.3)两边作傅里叶变换,即得式(12.3.4)。

**例 12.3.1** 一个简单的两点差分器可用下式描述:

$$Y(n)=\frac{1}{2}[X(n)-X(n-2)]$$

它可以用来近似计算信号的斜率。设 $X(n)$为一零均值、方差为 $\sigma^2$ 的白噪声信号,试求输出 $Y(n)$的自相关函数和功率谱。

**解** 因为 $X(n)$为一白噪序列,所以 $r_X(m)=\sigma_X^2\delta(m)$,$P_X(\mathrm{e}^{\mathrm{j}\omega})=\sigma_X^2$,由所给系统,得

$$H(e^{j\omega}) = je^{-j\omega}\sin\omega = e^{-j(\omega-\pi/2)}\sin\omega$$

及

$$h(0)=1/2,\quad h(2)=-1/2,\quad h(n)=0,\quad n \text{ 为其他值}$$

由式(12.3.1),不难得到

$$r_Y(m) = \begin{cases} \sigma_X^2/2, & m=0 \\ -\sigma_X^2/4, & m=\pm 2 \\ 0, & \text{其他} \end{cases}$$

读者也可直接由 $r_Y(m)$ 的定义求出上述结果。对 $r_Y(m)$ 求傅里叶变换,有

$$P_Y(e^{j\omega}) = \sigma_X^2 \sin^2\omega$$

此结果也可直接由式(12.3.2)得出。

4.9 节讨论了谱分解的基本概念,谱分解的一个重要应用是系统辨识。假定一个 LSI 系统的输入和输出分别是平稳的随机信号 $X(n)$ 和 $Y(n)$,其功率谱分别是 $P_X(e^{j\omega})$ 和 $P_Y(e^{j\omega})$,它们和系统函数的关系如式(12.3.2)所示。又假定 $X(n)$ 是功率为 1 的白噪声信号,那么,式(12.3.2)将变成

$$P_Y(e^{j\omega}) = |H(e^{j\omega})|^2 \tag{12.3.5}$$

现在的问题是,若已知系统输出 $Y(n)$ 的功率谱 $P_Y(e^{j\omega})$,那么,能否由 $P_Y(e^{j\omega})$ 唯一地确定系统的转移函数 $H(z)$ 呢?该问题也属于 9.3 节讨论过的系统辨识及第 14 章要讨论的信号建模问题。

由 3.2.2 节关于 DTFT 的性质 8 可知,$P_Y(e^{j\omega})$ 始终是 $\omega$ 的实函数,即失去了相位信息。因此,无法由 $P_Y(e^{j\omega})$ 唯一地确定 $H(z)$。但是,如果指定 $H(z)$ 是最小相位或最大相位的,那么 $H(z)$ 可唯一地确定。

**例 12.3.2** 假定 $Y(n)$ 是由方差为 1 的白噪声信号激励一个 LSI 系统后的输出,并已知 $P_Y(e^{j\omega}) = (\cos\omega + 1.45)/(\cos\omega + 2.6)$,试确定系统 $H(z)$。

**解** 由于输入信号是方差为 1 的白噪声信号,所以式(12.3.5)可表示为 $P_Y(z) = H(z)H(z^{-1})$,而

$$\cos\omega = (e^{j\omega} + e^{-j\omega})/2,\quad (e^{j\omega} + e^{-j\omega})/2\,|_{z=e^{j\omega}} = (z + z^{-1})/2$$

所以

$$P_Y(z) = \frac{z + z^{-1} + 2.9}{z + z^{-1} + 5.2} = \frac{(z+0.4)(z+2.5)}{(z+0.2)(z+5)}$$

现指定 $H(z)$ 为最小相位系统,所以有

$$H(z) = \frac{z+0.4}{z+0.2} = \frac{1+0.4z^{-1}}{1+0.2z^{-1}}$$

上述谱分解技术广泛应用于数字信号处理的不同领域,例如,共轭正交滤波器组的设计及随机信号的参数模型等。

# 12.4 平稳随机信号的各态遍历性

一个随机信号 $X(n)$ 的均值、方差、均方及自相关函数等，均建立在集总平均的意义上，如自相关函数

$$r_X(m)=E\{X(n)X(n+m)\}=\lim_{N\to\infty}\frac{1}{N}\sum_{i=1}^{N}x(n,\ i)x(n+m,\ i) \tag{12.4.1}$$

为了精确地求出 $r_X(m)$，需要知道 $x(n,\ i)$ 的无穷多个样本，即 $i=1,\ 2,\ \cdots,\ \infty$，这在实际工作中显然是不现实的。因为在实际工作中能得到的往往是对 $X(n)$ 的一次实验记录，即一个样本函数。

既然平稳随机信号的均值和时间无关，自相关函数又和时间选取的位置无关，那么，能否用一次实验记录代替一族记录来计算 $X(n)$ 的均值和自相关函数呢？对于一部分平稳信号，答案是肯定的。

对一平稳信号 $X(n)$，如果它的所有样本函数在某一固定时刻的一阶和二阶统计特性和单一样本函数在长时间内的统计特性一致，则称 $X(n)$ 为各态遍历信号。其意义是，单一样本函数随时间变化的过程可以包括该信号所有样本函数的取值经历。这样，就可以仿照确定性的功率信号来定义各态遍历信号的一阶和二阶数字特征。

设 $x(n)$ 是各态遍历信号 $X(n)$ 的一个样本函数，对 $X(n)$ 的数字特征可重新定义如下：

$$\mu_X=E\{X(n)\}=\lim_{M\to\infty}\frac{1}{2M+1}\sum_{n=-M}^{M}x(n)=\mu_x \tag{12.4.2}$$

$$r_X(m)=E\{X(n)X(n+m)\}=\lim_{M\to\infty}\frac{1}{2M+1}\sum_{n=-M}^{M}x(n)x(n+m)=r_x(m) \tag{12.4.3}$$

上面两式右边的计算都使用单一样本函数 $x(n)$ 来求出 $\mu_x$ 和 $r_x(m)$，因此称为时间平均，对各态遍历信号，其一、二阶的集总平均等于相应的时间平均。

**例 12.4.1** 讨论例 12.2.1 随机相位正弦波的各态遍历性。

**解** 对 $X(n)=A\sin(2\pi fnT_s+\Phi)$，其单一的时间样本 $x(n)=A\sin(2\pi fnT_s+\varphi)$，$\varphi$ 为一常数，对 $X(n)$ 作时间平均，显然

$$\mu_x=\lim_{M\to\infty}\frac{1}{2M+1}\sum_{n=-M}^{M}A\sin(2\pi fnT_s+\varphi)=0=\mu_X$$

$$r_x(m)=\lim_{M\to\infty}\frac{1}{2M+1}\sum_{n=-M}^{M}A^2\sin(2\pi fnT_s+\varphi)\sin[2\pi f(n+m)T_s+\varphi]$$

$$=\lim_{M\to\infty}\frac{1}{2M+1}\sum_{n=-M}^{M}\frac{A^2}{2}[\cos(2\pi f m T_s)-\cos(2\pi f(n+n+m)T_s)]$$

由于上式是对 $n$ 求和,故求和号中的第一项与 $n$ 无关,而第二项应等于零,所以

$$r_x(m)=\frac{A^2}{2}\cos(2\pi f m T_s)=r_X(m)$$

这和例 12.2.1 按集总平均求出的结果一样,所以随机相位正弦波既是平稳的,也是各态遍历的。

**例 12.4.2** 随机信号 $X(n)$ 的取值在 $(-1,\ 1)$ 内均匀分布,但对每一个样本 $x(n,\ i)$,$i=1,\ 2,\ \cdots,\ \infty$,其值不随时间变化,如图 12.4.1 所示,试讨论其平稳性和各态遍历性。

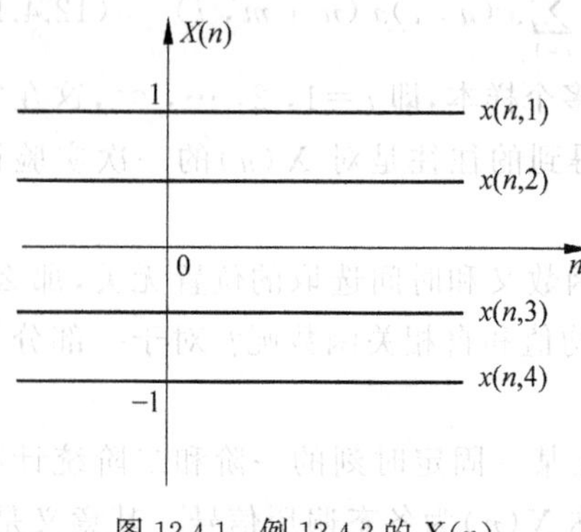


图 12.4.1 例 12.4.2 的 $X(n)$

**解** 如图 12.4.1 所示,显然 $X(n)$ 的集总均值始终等于零,集总自相关也和 $n_1$、$n_2$ 的选取位置无关,因此它是宽平稳的。但对单一的样本 $x(n,\ i)$,它的时间均值并不等于零,因此,$X(n)$ 不是各态遍历的。

由上面的讨论可知,具有各态遍历性的随机信号,由于能使用单一的样本函数来做时间平均,以求其均值和自相函数,所以在分析和处理信号时比较方便。因此,在实际处理信号时,对已获得的一个物理信号,往往首先假定它是平稳的,再假定它是各态遍历的。按此假定对信号处理后,可再用处理的结果来检验假定的正确性。在后面的讨论中,如不作说明,我们都认为所讨论的对象是平稳的及各态遍历的,并将随机信号 $X(n)$ 改记为 $x(n)$。

式(12.2.13)定义了平稳随机信号的功率谱,它是自相关函数的傅里叶变换。对各态遍历信号 $X(n)$,既然自相关函数 $r_x(m)$ 可用时间平均来定义,那么其功率也可用时间平均来定义。功率谱的时间平均定义为

$$P_x(e^{j\omega})=\lim_{M\to\infty}E\left\{\frac{1}{2M+1}\left|\sum_{n=-M}^{M}x(n)e^{-j\omega n}\right|^2\right\}=\lim_{M\to\infty}E\left\{\frac{|X(e^{j\omega})|^2}{2M+1}\right\}\tag{12.4.4}$$

式中,$X(e^{j\omega})$ 是 $X(n)$ 单一样本函数 $x(n)$ 在 $n=-M\sim M$ 时的 DTFT。考虑到时间平均,$M$ 应趋于无穷,因此求极限是必要的。对 $x(n,\ i)$ 的每一个样本,所求出的 DTFT $X(e^{j\omega},\ i)$ 是不相同的,所以 $X(e^{j\omega},\ i)$ 本身是一个随机变量,因此上式中的求均值运算也是必要的。现在我们证明,对平稳随机信号 $X(n)$,式(12.2.13)及式(12.4.4)对功率谱的定义是等效的。

由式(12.4.4),有

$$P_x(e^{j\omega})=\lim_{M\to\infty}E\left\{\frac{1}{2M+1}\sum_{n=-M}^{M}\sum_{m=-M}^{M}x(m)x^*(n)e^{-j\omega(m-n)}\right\}$$

$$=\lim_{M\to\infty}\frac{1}{2M+1}\sum_{n=-M}^{M}\sum_{m=-M}^{M}r_x(m-n)e^{-j\omega(m-n)}$$

因为

$$\sum_{n=-M}^{M}\sum_{m=-M}^{M} g(m-n)=\sum_{k=-2M}^{2M}(2M+1-|k|)g(k) \tag{12.4.5}$$

所以

$$P_x(\mathrm{e}^{\mathrm{j}\omega})=\lim_{M\to\infty}\sum_{k=-2M}^{2M}\left(1-\frac{|k|}{2M+1}\right)r_x(k)\mathrm{e}^{-\mathrm{j}\omega k}$$

假定当 $M\to\infty$ 时，$r_x(k)$衰减得足够快，使

$$\lim_{M\to\infty}\sum_{k=-2M}^{2M}\frac{|k|}{2M+1}r_x(k)\to 0$$

则有

$$P_x(\mathrm{e}^{\mathrm{j}\omega})=\sum_{k=-\infty}^{\infty}r_x(k)\mathrm{e}^{-\mathrm{j}\omega k}$$

这就是 Wiener-Khintchine 定理。注意式(12.4.4)中的求均值运算是不能省略的，省去以后，由单个样本 $x(n)$求得的功率谱不能保证得到集总意义上的功率谱。第 13 章要讨论的经典谱估计的周期图法则是省去了求均值运算，因此带来了估计质量的一系列问题。

式(12.2.13)和式(12.4.4)关于功率谱的两个基本定义揭示了计算功率谱所遵循的原则，同时也指出了计算的困难性，因此产生了功率谱估计这一非常活跃的研究领域。有关功率谱估计的方法将在后面两章讨论。

下面举例说明以上所讨论的随机信号的基本概念的应用。

**例 12.4.3** 从含有噪声的记录中检查信号的有无。设记录到的一个随机信号 $x(n)$中含有加法性噪声 $u(n)$，并且可能含有某个已知其先验知识的有用信号 $s(n)$，即

$$x(n)=s(n)+u(n)$$

为了检查 $x(n)$中是否含有 $s(n)$，可令 $x(n)$和 $s(n)$互相关，有

$$r_{sx}(m)=E\{s(n)x(n+m)\}=E\{s(n)s(n+m)+s(n)u(n+m)\}$$

一般认为信号和噪声是不相关的，即 $E\{s(n)u(n+m)\}=0$，所以

$$r_{sx}(m)=E\{s(n)s(n+m)\}=r_s(m)$$

这样，可以根据互相关的结果是否和 $r_s(m)$相符来判断 $x(n)$中是否含有 $s(n)$。

如果不知道 $s(n)$的先验知识，当然无法做 $s(n)$和 $x(n)$的互相关，也就得不出 $r_{sx}(m)$。但是，如果知道 $s(n)$是周期的，可以求 $x(n)$的自相关，即

$$\begin{aligned}r_x(m)&=E\{x(n)x(n+m)\}=E\{[s(n)+u(n)][s(n+m)+u(n+m)]\}\\&=r_s(m)+r_u(m)\end{aligned}$$

如果 $u(n)$是白噪声，那么 $r_u(m)$是 $\delta$ 函数，当$|m|>0$ 时，$r_x(m)=r_s(m)$，可根据 $r_x(m)$的形状来判断 $s(n)$的有无。若 $u(n)$不是白噪声，但作为噪声，它应在相当宽的频带内存在，为此，设其功率谱

$$P_u(\mathrm{e}^{\mathrm{j}\omega})=\frac{A}{1+(\omega/\omega_c)^2},\quad |\omega|\leqslant\pi$$

式中，$A$ 为定标常数，$\omega_c$ 为截止频率，由 $P_u(e^{j\omega})$ 可求出 $u(n)$ 的自相关函数

$$r_u(m)=\frac{1}{2\pi}\int_{-\pi}^{\pi}P_u(e^{j\omega})e^{j\omega m}d\omega=\frac{A\omega_c}{2}e^{-|\omega_c m|}$$

这样，只要 $\omega_c$ 足够大，$r_u(m)$ 将随着 $m$ 的增大很快衰减。前面已指出，周期信号的自相关函数是周期的，因此，随着 $m$ 的增大，$r_u(m)\to 0$，而 $r_s(m)$ 应呈周期变化。显然，可从 $r_x(m)$ 的趋势来判断 $s(n)$ 是否存在。

**例 12.4.4** 为了测定一个未知参数的线性系统的频率响应，对它输入一个功率为 1 的白噪声序列 $u(n)$，记其输出为 $y(n)$，计算输入和输出的互相关

$$r_{uy}(m)=E\{u(n)y(n+m)\}=r_u(m)*h(m)$$

因为 $r_u(m)$ 为一 $\delta$ 函数，所以 $r_{uy}(m)=h(m)$。

对 $r_{uy}(m)$ 作傅里叶变换，便可得到 $P_{uy}(e^{j\omega})=H(e^{j\omega})$。

**例 12.4.5** 相干平均(coherence average)用于在强噪声背景下弱信号的提取，在生物医学信号处理中有着重要的应用。例如，诱发响应信号 $x(n)$ 是在外界刺激下(如电的、光的、声的)人体某一部分所给出的响应信号，它是一种随机性很强的信号。设诱发响应信号 $x(n,i)$ 由真正的信号 $s(n,i)$ 和噪声 $u(n,i)$ 所组成，即

$$x(n,i)=s(n,i)+u(n,i),\quad i=1,2,\cdots,M$$

式中，$M$ 代表总的刺激次数，$i$ 是刺激的序号，对于每一次刺激，受试的生物体都将产生一个响应 $x(n,i)$。由于噪声很强，又是最随机的，所以每一次得到的 $x(n,i)$ 都不相同，因此难以从单一的记录来判定 $s(n)$ 的形状。但是，既然 $s(n)$ 反映了生物体的某种基本特性，那么，在刺激的客观条件不变的情况下，每次的 $s(n,i)$ 都应基本保持不变。因此假定，在相同的刺激条件下，$s(n)$ 可近似认为是一个确定性的信号，即 $s(n,1)=s(n,2)=\cdots=s(n,M)$，并设 $u(n)$ 是零均值、方差为 $\sigma_u^2$ 的平稳随机信号，且对每一次刺激，它们是互不相关的，即

$$E\{u(n,i)u(n,j)\}=0,\quad 当\ i\neq j$$

若记 $s(n)$ 的功率为 $P$，那么，对于每一次刺激，$x(n,i)$ 的信噪比为 $P/\sigma_u^2$，现将 $x(n)$ 的 $M$ 次记录对应相加，并取平均，有

$$\frac{1}{M}\sum_{i=1}^{M}x(n,i)=\frac{1}{M}\sum_{i=1}^{M}s(n,i)+\frac{1}{M}\sum_{i=1}^{M}u(n,i)=s(n)+\frac{1}{M}\sum_{i=1}^{M}u(n,i)\tag{12.4.6}$$

上式的运算即称为相干平均。经过 $M$ 个样本的平均后，信号的功率仍为 $P$，噪声的均值仍为 0，但方差变为 $\sigma_u^2/M$，这样，信号 $\frac{1}{M}\sum_{i=1}^{M}x(n,i)$ 的信噪比为

$$\text{SNR}=\frac{P}{\sigma^2/M}=\frac{MP}{\sigma^2}\tag{12.4.7}$$

比没有经过相干平均的信噪比提高了 $M$ 倍。

在实际做相干平均时，遇到的主要技术问题是使每次记录到的 $x(n, i)$ 在做相加时能对齐，这通常是由一个同步脉冲同时控制刺激器和信号记录来实现的。

式(12.4.7)给出的结论是一种理想化的情况。实际上，$u(n, i)$ 和 $u(n, j)$ 不可能完全无关，$s(n)$ 也不可能完全不变(例如，若两次刺激的时间相距较近时，上一次的刺激有可能对本次的刺激还有潜在的影响)，因此，信噪比的提高要小于 $M$。

图 12.4.2 给出了一组听觉诱发响应信号。可以看出，每一次的波形都不相同。经过相干平均后，噪声逐渐减弱，信号逐渐突出出来。图 12.4.3 给出了经过 10 次、100 次、500 次、700 次和 900 次平均后的结果。

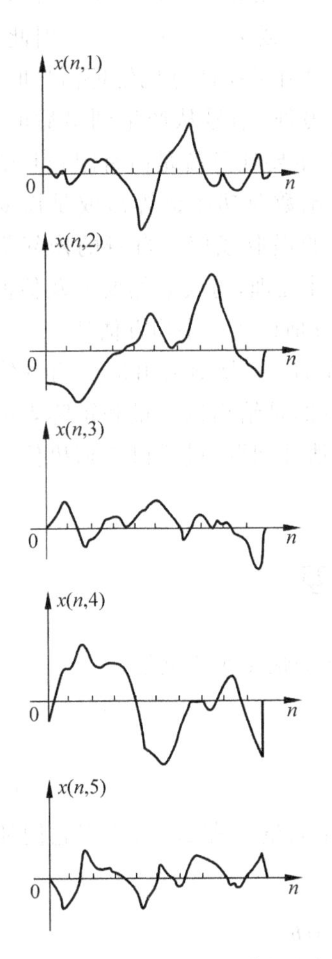


图 12.4.2　未经处理的听觉诱发响应信号

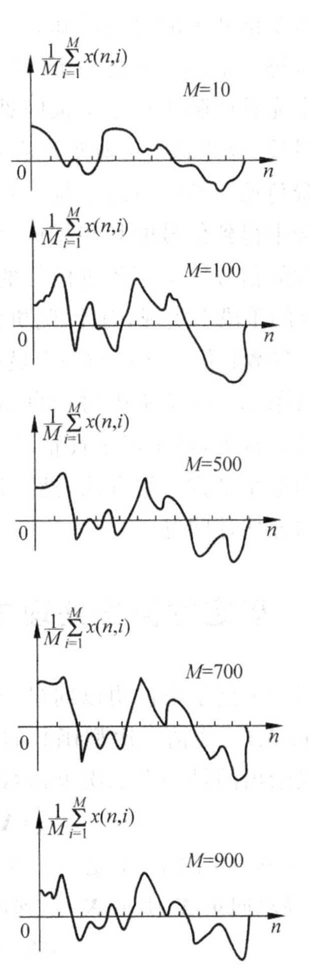


图 12.4.3　经不同次数平均的听觉诱发响应信号

相关函数与功率谱是描述随机信号的两个主要的特征量，因此，在随机信号的分析和处理中有着重要的理论意义与实际应用。本节上述三例仅是反映了其应用的一个侧面，读者可从后续两章的讨论中更多地体会到相关函数与功率谱的重要性。有关随机信号分析的进一步讨论可参看文献[Yfs90]。

# 12.5 信号处理中的最小平方估计问题

由本章前几节的讨论可知，一个随机信号 $X(n)$包含了无穷多个样本 $x(n,i)$，$i=1,2,\cdots,\infty$，每一个样本都是一个时间序列，即 $n=-\infty\sim\infty$，或 $n=0,1,\cdots,\infty$。因此，要想得到一个完整的随机信号是很困难的。即使可以得到，但由于在计算机处理信号时，信号总是有限长，因此总不可避免地存在信号截短的问题。另外，信号从产生到最后的采集，也不可避免地受到噪声的干扰。对随机信号处理的一个重要任务就是由有限长且受到干扰的信号中得到信号的某些特征(如均值、方差、自相关函数及功率谱等)，或是恢复出没有被干扰的信号。基于随机信号的上述特点，信号特征的提取或信号自身的恢复都需要通过估计的手段来实现，因此，随机信号的处理常称为统计处理，这就必然要涉及估值理论的问题。参数和信号估计的一个最重要的方法是最小平方估计或最小均方估计。

本书第 13、14 章集中讨论自相关函数和功率谱的估计，本节则给出最小均方估计的基本概念。首先，讨论确定性信号中的最小平方问题，目的是给出以向量和矩阵表示的目标函数的最小平方求解方法，然后讨论随机信号参数的估计问题，最后讨论随机信号的线性最小均方估计问题。

## 12.5.1 确定性信号处理中的最小平方问题

现用两个例子来说明以向量和矩阵表示的目标函数的最小平方问题。

**例 12.5.1** 实值二次型函数的最小值的求解问题。

下式给出的是一个二次型函数表达式：

$$g(\boldsymbol{X})=\boldsymbol{X}^{\mathrm{T}}\boldsymbol{A}\boldsymbol{X}-2\boldsymbol{b}^{\mathrm{T}}\boldsymbol{X}+c \tag{12.5.1}$$

式中，$\boldsymbol{X}$ 是 $N\times1$ 向量，$\boldsymbol{A}$ 是 $N\times N$ 对称矩阵，$\boldsymbol{b}$ 是 $N\times1$ 向量，$c$ 是标量，假定它们都是实的，现在寻求向量 $\boldsymbol{X}$ 使 $g(\boldsymbol{X})$达到最小。由于

$$\frac{\partial\boldsymbol{X}^{\mathrm{T}}\boldsymbol{A}\boldsymbol{X}}{\partial\boldsymbol{X}}=2\boldsymbol{A}\boldsymbol{X},\quad\frac{\partial\boldsymbol{b}^{\mathrm{T}}\boldsymbol{X}}{\partial\boldsymbol{X}}=\boldsymbol{b}$$

所以

$$\frac{\partial g(\boldsymbol{X})}{\partial \boldsymbol{X}}=2\boldsymbol{AX}-2\boldsymbol{b}$$

令$\partial g(\boldsymbol{X})/\partial \boldsymbol{X}=0$,解出使$g(\boldsymbol{X})$为最小的$\boldsymbol{X}$,记为$\boldsymbol{X}_0$,则

$$\boldsymbol{X}_0=\boldsymbol{A}^{-1}\boldsymbol{b} \tag{12.5.2}$$

$g(\boldsymbol{X})$的最小值

$$g(\boldsymbol{X}_0)=c-\boldsymbol{b}^{\mathrm{T}}\boldsymbol{A}^{-1}\boldsymbol{b} \tag{12.5.3}$$

以上推导中,若$\boldsymbol{A}$不是对称矩阵,则$\partial \boldsymbol{X}^{\mathrm{T}}\boldsymbol{AX}/\partial \boldsymbol{X}=(\boldsymbol{A}+\boldsymbol{A}^{\mathrm{T}})\boldsymbol{X}$。

**例 12.5.2** 设有信号$x_i(n)$,其中$n=0, 1, \cdots, N-1$,而$i=1, 2, \cdots, m$,现用这$m$个信号来近似信号$y(n)$,即

$$\hat{y}(n)=a_1x_1(n)+a_2x_2(n)+\cdots+a_mx_m(n) \tag{12.5.4}$$

现寻求最佳向量$\boldsymbol{a}=[a_1,a_2,\cdots,a_m]^{\mathrm{H}}$,使$\hat{y}(n)$对$y(n)$近似的平方误差和

$$E=\sum_{n=0}^{N-1}\left|y(n)-\hat{y}(n)\right|^2=\sum_{n=0}^{N-1}\left|e(n)\right|^2 \tag{12.5.5}$$

为最小。式中,$y(n)$,$x_i(n)$,$a_1$,$\cdots$, $a_m$均假定为复数。

式(12.5.5)又可写成

$$\begin{aligned}E&=\boldsymbol{e}^{\mathrm{H}}\boldsymbol{e}=(\boldsymbol{y}-\boldsymbol{Xa})^{\mathrm{H}}(\boldsymbol{y}-\boldsymbol{Xa})\\&=\boldsymbol{y}^{\mathrm{H}}\boldsymbol{y}-\boldsymbol{a}^{\mathrm{H}}\boldsymbol{X}^{\mathrm{H}}\boldsymbol{y}-\boldsymbol{y}^{\mathrm{H}}\boldsymbol{Xa}+\boldsymbol{a}^{\mathrm{H}}\boldsymbol{X}^{\mathrm{H}}\boldsymbol{Xa}\end{aligned} \tag{12.5.6}$$

式中

$$\boldsymbol{y}=[y(0),\cdots,y(N-1)]^{\mathrm{H}},\quad \boldsymbol{e}=[e(0),\cdots,e(N-1)]^{\mathrm{H}}$$

$$\boldsymbol{X}=\begin{bmatrix}x_1(0) & \cdots & x_m(0)\\ \vdots & \ddots & \vdots\\ x_1(N-1) & \cdots & x_m(N-1)\end{bmatrix}$$

利用例 12.5.1 的结果,有

$$\frac{\partial E}{\partial \boldsymbol{a}}=-2\boldsymbol{X}^{\mathrm{H}}\boldsymbol{y}+2\boldsymbol{X}^{\mathrm{H}}\boldsymbol{Xa}=\boldsymbol{0}$$

则使$E$为最小的向量是

$$\hat{\boldsymbol{a}}=(\boldsymbol{X}^{\mathrm{H}}\boldsymbol{X})^{-1}\boldsymbol{X}^{\mathrm{H}}\boldsymbol{y} \tag{12.5.7}$$

而近似的最小平方误差为

$$E_{\min}=\boldsymbol{y}^{\mathrm{H}}\boldsymbol{y}-\boldsymbol{y}^{\mathrm{H}}\boldsymbol{X}\hat{\boldsymbol{a}} \tag{12.5.8}$$

由式(9.5.14),对应复数信号,有$(\boldsymbol{X}^{\mathrm{H}}\boldsymbol{X})^{-1}\boldsymbol{X}^{\mathrm{H}}=\boldsymbol{X}^{+}$是$\boldsymbol{X}$的伪逆,因此,式(12.5.7)又可表示为

$$\hat{\boldsymbol{a}}=\boldsymbol{X}^{+}\boldsymbol{y}$$

由式(9.5.6)可知,伪逆可以通过奇异值及奇异向量的线性组合而得到。显见,上式的求解是 SVD 应用的一个典型例子。

表 12.5.1 给出了常用的向量及矩阵求导公式[Lck86]，以供参考。

**表 12.5.1　常用的向量 $X$ 及矩阵 $A$ 求导公式**

| $g(\boldsymbol{X})$ | $\partial g(\boldsymbol{X})/\partial \boldsymbol{X}$ | $g(\boldsymbol{A})$ | $\partial g(\boldsymbol{A})/\partial \boldsymbol{A}$ |
|---|---|---|---|
| $\boldsymbol{b}^{\mathrm{T}}\boldsymbol{X}=\boldsymbol{X}^{\mathrm{T}}\boldsymbol{b}$ | $\boldsymbol{b}$ | $\boldsymbol{X}^{\mathrm{T}}\boldsymbol{A}\boldsymbol{Y}$ | $\boldsymbol{X}\boldsymbol{Y}^{\mathrm{T}}$ |
| $\boldsymbol{X}^{\mathrm{T}}\boldsymbol{A}\boldsymbol{Y}=\boldsymbol{Y}^{\mathrm{T}}\boldsymbol{A}^{\mathrm{T}}\boldsymbol{X}$ | $\boldsymbol{A}\boldsymbol{Y}$ | $\boldsymbol{X}^{\mathrm{T}}\boldsymbol{A}^{\mathrm{T}}\boldsymbol{Y}$ | $\boldsymbol{Y}\boldsymbol{X}^{\mathrm{T}}$ |
| $\boldsymbol{X}^{\mathrm{T}}\boldsymbol{X}$ | $2\boldsymbol{X}$ | $\boldsymbol{X}^{\mathrm{T}}\boldsymbol{A}^{\mathrm{T}}\boldsymbol{A}\boldsymbol{X}$ | $2\boldsymbol{A}\boldsymbol{X}\boldsymbol{X}^{\mathrm{T}}$ |
| $\boldsymbol{X}^{\mathrm{T}}\boldsymbol{A}\boldsymbol{X}$ | $(\boldsymbol{A}+\boldsymbol{A}^{\mathrm{T}})\boldsymbol{X}$ | $\mathrm{tr}\boldsymbol{A}$ | $\boldsymbol{I}$ |

## 12.5.2　随机信号参数的最小均方估计

例 12.5.1 及例 12.5.2 中所有的向量和矩阵都是确定性的量，本节讨论随机信号中参数估计的一般问题。

**例 12.5.3**　给定一个随机信号 $x(n)$ 的 $N$ 个值，$x(0)$，$x(1)$，…，$x(N-1)$，希望用这 $N$ 个值来估计 $x(n)$ 的一个参数 $\theta$，此处假定 $\theta$ 是随机变量，且是一个标量，$x(n)$ 和 $\theta$ 都是复值的，并且假定 $\hat{\theta}$ 可用下述的线性方程来估计：

$$\hat{\theta}=-\sum_{n=0}^{N-1}\beta_n^* x(n)=-\boldsymbol{\beta}^{\mathrm{H}}\boldsymbol{X} \tag{12.5.9}$$

式中，$\boldsymbol{\beta}=[\beta_0,\beta_1,\cdots,\beta_{N-1}]^{\mathrm{T}}$，$\boldsymbol{X}=[x(0),x(1),\cdots,x(N-1)]^{\mathrm{T}}$，$\boldsymbol{\beta}$ 是确定性的系数向量，$\hat{\theta}$ 对 $\theta$ 的均方误差为

$$\begin{aligned}\mathrm{mse}[\hat{\theta}]&=E\{|\theta-\hat{\theta}|^2\}=E\{(\theta+\boldsymbol{\beta}^{\mathrm{H}}\boldsymbol{X})(\theta+\boldsymbol{\beta}^{\mathrm{H}}\boldsymbol{X})^{\mathrm{H}}\}\\&=\sigma_\theta^2+\boldsymbol{r}_{\theta x}^{\mathrm{H}}\boldsymbol{\beta}+\boldsymbol{\beta}^{\mathrm{H}}\boldsymbol{r}_{\theta x}+\boldsymbol{\beta}^{\mathrm{H}}\boldsymbol{C}_{xx}\boldsymbol{\beta}\end{aligned} \tag{12.5.10}$$

式中，$\sigma_\theta^2=E\{|\theta|^2\}$，$\boldsymbol{r}_{\theta X}=E\{\theta^*\boldsymbol{X}\}$，$\boldsymbol{C}_{xx}$ 是 $\boldsymbol{X}$ 的协方差矩阵。

令 $\mathrm{mse}[\hat{\theta}]$ 相对 $\boldsymbol{\beta}$ 最小，可得到使均方误差最小的系数向量及最小均方误差，即

$$\hat{\boldsymbol{\beta}}=-\boldsymbol{C}_x^{-1}\boldsymbol{r}_{\theta x} \tag{12.5.11}$$

$$\mathrm{mse}_{\min}=\sigma_\theta^2+\boldsymbol{r}_{\theta x}^{\mathrm{H}}\hat{\boldsymbol{\beta}} \tag{12.5.12}$$

式(12.5.9)及式(12.5.11)给出了一个估计参数 $\theta$ 的最佳方法。式(12.5.11)又称为 Wiener-Hopf 方程。

式(12.5.12)又可以写成

$$\mathrm{mse}[\hat{\theta}]=E\{\theta(\theta+\boldsymbol{\beta}^{\mathrm{H}}\boldsymbol{X})^{\mathrm{H}}\}+\boldsymbol{\beta}^{\mathrm{H}}E\{\boldsymbol{X}(\theta+\boldsymbol{\beta}^{\mathrm{H}}\boldsymbol{X})^{\mathrm{H}}\}$$

将式(12.5.12)与上式比较可知，使 mse 达到最小等效于使上式的第二项为零，由于 $\boldsymbol{\beta}^{\mathrm{H}}$ 是

确定性系数向量，因此有

$$E\{\boldsymbol{X}(\theta+\boldsymbol{\beta}^{\mathrm{H}}\boldsymbol{X})^{\mathrm{H}}\}=E\{\boldsymbol{X}(\theta-\hat{\theta})^{*}\}=0 \tag{12.5.13}$$

式(12.5.13)引出了一个重要的结论，即欲选取最佳的系数向量$\boldsymbol{\beta}$，应使数据向量 $\boldsymbol{X}$ 和误差(即$(\theta-\hat{\theta})$)正交。这一结论称为线性最小均方误差估计的正交原理，在后面将要用到这一结论。这时，最小均方误差为

$$\mathrm{mse}_{\min}=E\{\theta(\theta+\boldsymbol{\beta}^{\mathrm{H}}\boldsymbol{X})^{\mathrm{H}}\}=E\{\theta(\theta-\hat{\theta})\} \tag{12.5.14}$$

# 12.6　估计质量的评价

前文已指出，对随机信号 $x(n)$，在实际工作中能得到的往往是其一次实现的有限长数据，即 $x(0)$, $x(1)$, …, $x(N-1)$，要由这 $N$ 个数据来估计 $x(n)$的均值、方差、自相关函数、功率谱及其他所感兴趣的参数。设信号 $x(n)$的某一个特征量的真值为 $\theta$，估计值为 $\hat{\theta}$，$\theta$ 可以是随机变量(如例 12.5.3)，也可以是确定性的量。在本节，假定 $\theta$ 是确定性的，但 $\hat{\theta}$ 是随机变量。由 $x(n)$, $n=0$, 1, …, $N-1$ 估计参数 $\theta$，可表为 $\hat{\theta}=f(x)$，此处 $f$ 可以是线性函数(如式(12.5.9))，也可以是其他类型的函数。我们关心的是如何衡量 $\hat{\theta}$ 对 $\theta$ 的近似程度，为此，下面给出无偏估计和一致估计的定义。

定义

$$\mathrm{bia}[\hat{\theta}]=E\{\hat{\theta}-\theta\}=E\{\hat{\theta}\}-\theta \tag{12.6.1}$$

为估计的偏差。若 $\mathrm{bia}[\hat{\theta}]=0$，我们称 $\hat{\theta}$ 是 $\theta$ 的无偏估计。若在式(12.6.1)的求均值运算时，样本数 $N$ 趋于无穷，有

$$\lim_{N\to\infty}\mathrm{bia}[\hat{\theta}]=0 \tag{12.6.2}$$

则称 $\hat{\theta}$ 是对 $\theta$ 的渐近无偏估计。

定义

$$\mathrm{mse}[\hat{\theta}]=E\{(\hat{\theta}-\theta)^2\} \tag{12.6.3}$$

为 $\hat{\theta}$ 对 $\theta$ 估计的均方误差，并有

$$\begin{aligned}\mathrm{mse}[\hat{\theta}]&=E\{[\hat{\theta}-E\{\hat{\theta}\}]^2\}+[E\{\hat{\theta}\}-\theta]^2\\&=\mathrm{var}[\hat{\theta}]+(\mathrm{bia}[\hat{\theta}])^2\end{aligned} \tag{12.6.4}$$

式中,$\text{var}[\hat{\theta}]$是估计的方差,它反映了 $\hat{\theta}$ 的各次估计值相对估计均值的偏离程度。若 $\text{mse}[\hat{\theta}]=0$,称 $\hat{\theta}$ 是对 $\theta$ 的一致估计。显然,一致估计包含了估计的方差与偏差均应趋于零。

## 12.7　功率谱估计概述

式(12.2.13a)和式(12.4.4)给出了功率谱的两个最基本的定义,现重写如下:

$$P_x(e^{j\omega})=\sum_{m=-\infty}^{\infty} r_x(m)e^{-j\omega m}$$

$$P_x(e^{j\omega})=\lim_{M\to\infty}E\left\{\frac{1}{2M+1}\left|\sum_{n=-M}^{M}x(n)e^{-j\omega n}\right|^2\right\}$$

已证明,这两个定义是等效的。

无论是建立在第一个公式上的定义还是建立在第二个公式上的定义,在实际中都几乎是不可能实现的(除非 $x(n)$可以用解析法精确地表示),因此,只能用所得的有限次记录(往往仅一次)的有限长数据来予以估计,这就产生了功率谱估计这一极其活跃,同时也是极其重要的研究领域。

功率谱估计技术渊源很长,而且在过去的 40 多年中获得了飞速发展。它涉及信号与系统、随机信号分析、概率统计、随机过程、矩阵代数等一系列基础学科,广泛应用于雷达、声呐、通信、地质勘探、天文、生物医学工程等众多领域,其内容、方法不断更新,是一个具有强大生命力的研究领域。本节在此简要回顾一下功率谱估计的发展过程[Rob82],然后归纳出现在所提出的功率谱估计的主要方法。

第 1 章已指出,英国科学家牛顿最早给出了"谱"的概念。1822 年,法国工程师傅里叶提出了著名的傅里叶谐波分析理论。该理论至今仍然是进行信号分析和处理的理论基础。

傅里叶级数首先在观察自然界中的周期现象时得到应用,如在研究声音、天气、太阳黑子的活动、潮汐等现象时用于测定其发生的周期。由于傅里叶系数的计算是一个困难的工作,所以又促使人们研制相应的机器,如英国物理学家 Thomson 发明了第一个谐波分析仪用来计算傅里叶系数 $A_k$、$B_k$,这些机器也可用新得到的 $A_k$、$B_k$ 预测(综合)时间波形。利用该机器画出某港湾一年的潮汐曲线约需 4 小时,这些都是人们最早从事谱分析的有力尝试。

19 世纪末,Schuster 提出用傅里叶系数的幅平方,即 $S_k=A_k^2+B_k^2$ 作为函数 $x(t)$中功率的测量,并命名为周期图(periodogram)[Sch98],这是经典功率谱估计的最早的提法,沿用至今只不过现在是通过 FFT 来计算离散傅里叶变换,使 $S_k$ 等于该傅里叶变换的幅平方。

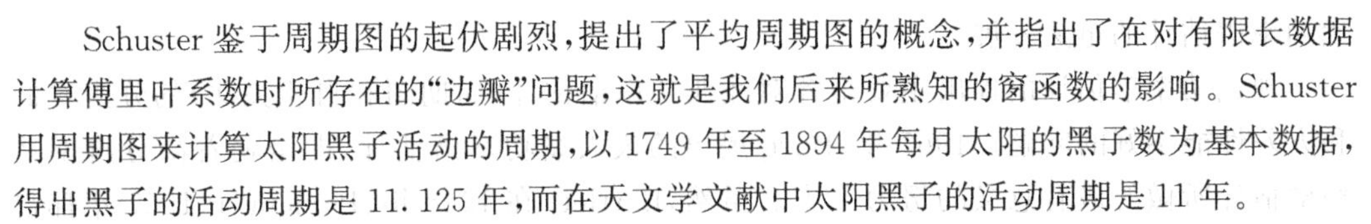

Schuster鉴于周期图的起伏剧烈，提出了平均周期图的概念，并指出了在对有限长数据计算傅里叶系数时所存在的“边瓣”问题，这就是我们后来所熟知的窗函数的影响。Schuster用周期图来计算太阳黑子活动的周期，以1749年至1894年每月太阳的黑子数为基本数据，得出黑子的活动周期是11.125年，而在天文学文献中太阳黑子的活动周期是11年。

周期图较差的方差性能促使人们研究另外的分析方法。Yule于1927年提出了用线性回归方程来模拟一个时间序列，从而发现隐含在该时间序列中的周期[Yul27]。他猜想，如果太阳黑子的运动只有一个周期分量，那么，黑子数可用回归方程

$$x(k)=ax(k-1)-x(k-2)+e(k)$$

来产生。式中，$e(k)$是存在于$k$时刻的很小的冲激序列。Yule的这一工作实际上成了现代功率谱估计中最重要的方法——参数模型法的基础。Yule利用1749年至1924年的年平均黑子数作为数据，利用最小平方的方法估计出$a=1.623\,74$，估计出黑子活动周期为10.08年，然后他对数据作移动平均滤波，得到周期是11.43年。

Walker利用Yule的分析方法研究了衰减正弦时间序列，并得出了在对最小二乘分析中经常应用的Yule-Walker方程[Wal31]。因此可以说，Yule、Walker是开拓自回归模型的先锋。Yule的工作使人们重新想起了早在1795年Prony提出的指数拟合法，从而使Prony方法形成了现代功率谱估计的又一重要内容。

1930年，著名控制论专家Wiener出版了他的经典著作*Generalized Harmonic Analysis*[Wie30]。他在该书中首次精确定义了一个随机过程的自相关函数及功率谱密度，并把谱分析建立在随机过程统计特征的基础上，即功率谱密度是随机过程二阶统计量自相关函数的傅里叶变换。这就是Wiener-Khintchine定理。该定理将功率谱密度定义为频率的连续函数，而不再是以前离散的谐波频率的函数。1949年，Tukey根据Wiener-Khitchine定理提出了对有限长数据做谱估计的自相关法，即利用有限长数据$x(n)$估计自相关函数，再用该自相关函数做傅里叶变换，从而得到谱的估计[Tuk57]。Blackman和Tukey在1958年出版的有关经典谱估计的专著中讨论了自相关谱估计法[Bla59]，因此后人又把经典功率谱估计的自相关法称为BT(Blackman-Tukey)法。周期图法和自相关法是经典功率谱估计的两个基本方法。由于Wiener、Tukey的工作，人们把Wiener视为现代理论谱分析的先驱，把Tukey视为现代实验谱分析的先驱。

Yule提出的自回归方程和线性预测有着密切的关系，Khintchine、Slutsky、Wold等于1938年给出了线性预测的理论框架，并首次建立了自回归模型参数与自相关函数关系的Yule-Walker方程。Bartlett于1948年首次提出了用自回归模型系数来计算功率谱[Bar48]。自回归模型和线性预测都用到了1911年提出的Toeplitz矩阵结构，Levinson根据该矩阵的特点于1947年提出了计算Yule-Walker方程的快速计算方法[Lev47]，所有这些工作都为现代功率谱估计的发展打下了良好的理论基础。

1965年，Cooley和Tukey的快速傅里叶变换算法问世，这一算法的提出也促进了现

代功率谱估计的迅速发展。

现代功率谱估计的提出主要是针对经典功率谱估计(周期图和自相关法)的分辨率低和方差性能不好的问题。1967 年,Burg 提出的最大熵功率谱估计,即是朝着高分辨率功率谱估计所做的最有意义的努力[Bar67]。虽然,Bartlett 在 1948 年、Parzem 于 1957 年都曾建议利用自回归模型作功率谱估计,但在 Burg 的论文发表之前,都没有引起注意。

现代功率谱估计的内容极其丰富,涉及的学科及应用领域也相当广泛,至今,每年都有大量的论文出现。目前尚难对现代谱估计的方法做出准确的分类。从现代谱估计的方法上,大致可分为参数模型功率谱估计和非参数模型功率谱估计,前者有 AR 模型、MA 模型、ARMA 模型、Prony 指数模型等;后者有最小方差方法、多分量的 MUSIC 方法等。大量的论文集中在模型参数的求解上,以求得到速度更快、更稳健、统计性能更好的算法。从信号的来源分,又可分为一维功率谱估计、二维功率谱估计及多通道功率谱估计;从所用的统计量来分,目前大部分工作是建立在二阶矩(相关函数、方差、谱密度)基础上的,但由于功率谱密度是频率的实函数,缺少相位信息,因此,建立在高阶矩基础上的功率谱估计方法正引起人们的注意。从信号的特征来分,在这之前所说的方法都是对平稳随机信号而言,其谱分量不随时间变化。对非平稳随机信号,其谱是时变的,近 40 年来,以 Wigner 分布为代表的时频分析引起了人们广泛的兴趣,形成了现代功率谱估计的一个新的研究领域。图 12.7.1 给出了功率谱估计方法的大致分类,以供参考。第 13 章和第 14 章将讨论其中的部分内容。

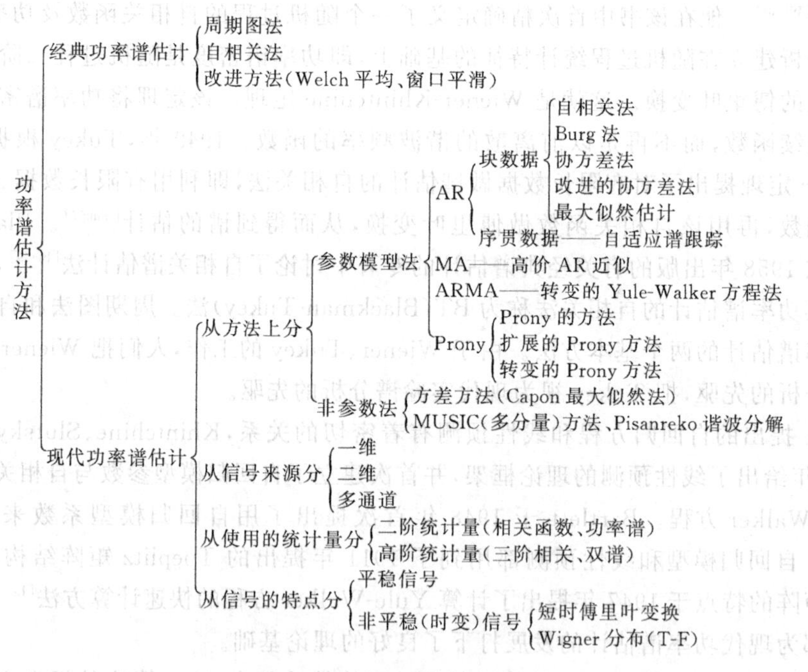


图 12.7.1 功率谱估计方法

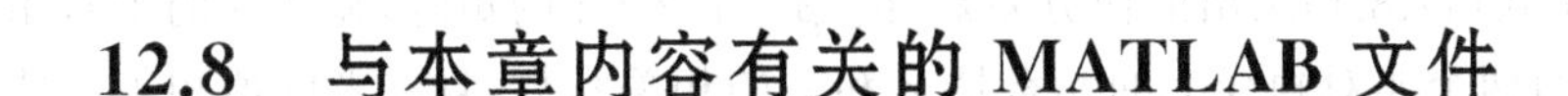

## 12.8 与本章内容有关的 MATLAB 文件

在 MATLAB 中，与随机信号统计处理有关的 m 文件很多，这为学习和应用随机信号的理论提供了方便。我们将在后续各章中对它们分别介绍。本节主要介绍几个有关统计量估计的 m 文件。1.12 节介绍的 xcorr(求相关函数)以及用到的 mean(求均值)、var(求方差)这 3 个 m 文件也属于参数估计的范畴。

**1. cov.m**

本文件用来计算两个等长向量的协方差矩阵，调用格式是

```
(1) covxy=cov(x,y)
(2) covxy=cov(x,y,1)
(3) covx=cov(x)
(4) diag(cov(x))
```

如果 $\boldsymbol{x}$ 和 $\boldsymbol{y}$ 都是 $1\times N$ 的向量，并假定都已去除均值，令 $\boldsymbol{X}=[\boldsymbol{x},\boldsymbol{y}]^{\mathrm{T}}$，那么 $\boldsymbol{X}$ 是 $2\times N$ 的矩阵，而 $\boldsymbol{X}\boldsymbol{X}^{\mathrm{T}}$ 是 $2\times 2$ 的协方差矩阵，这即是式(12.1.18)和式(12.1.19)关于协方差及其矩阵的定义。实际上，格式(1)给出的是

$$\boldsymbol{C}_{xy}=\boldsymbol{X}\boldsymbol{X}^{\mathrm{T}}/(N-1) \tag{12.8.1}$$

矩阵 $\boldsymbol{C}_{xy}$ 即 cov 的输出变量 covxy。格式(2)给出的是 $\boldsymbol{X}\boldsymbol{X}^{\mathrm{T}}/N$；如果 $\boldsymbol{x}$ 是去除均值后的 $1\times N$ 向量，那么格式(3)给出的就是 $\boldsymbol{x}$ 的方差，若 $\boldsymbol{x}$ 是矩阵，则其每一列看作一个变量，因此求出的是协方差矩阵，对角线元素是每一列的方差。用格式(4)可单独输出其对角线元素，如果再将对角线元素开平方，即 sqrt(diag(cov(x)))，其结果给出的是标准差。程序 exa120800_cov.m 给出了该文件的使用举例，此处不再列出。

**2. xcov.m**

本文件按式(12.2.7)计算两个离散序列的互协方差函数，或一个序列的自协方差函数。协方差函数和相关函数的差别就在于前者去除了均值，而后者没有去除。因此，xcov 的用法和 xcorr 非常类似，此处不再详细讨论。程序 exa120800_xcoc.m 给出了应用举例。

**3. corrcoef.m**

本文件用来计算两个等长向量 $\boldsymbol{x}$ 和 $\boldsymbol{y}$ 的相关系数矩阵。相关系数的定义见式(1.7.1)，相关系数矩阵定义为

$$\boldsymbol{\rho}_{xy}=\boldsymbol{C}_{xy}/\sqrt{\boldsymbol{d}\boldsymbol{d}^{\mathrm{T}}},\quad \boldsymbol{d}=\mathrm{diag}(\boldsymbol{C}_{xy}) \tag{12.8.2}$$

式中，$\boldsymbol{C}_{xy}$是式(12.8.1)求出的协方差矩阵。$\boldsymbol{\rho}_{xy}$是 2×2 的矩阵，显然它的主对角线上的元素都为 1，而两个非对角线上的元素是 $\boldsymbol{x}$ 和 $\boldsymbol{y}$ 的相关系数，且二者的值相等。使用举例见程序 exa120800_corrcoef.m。

**4. cohere.m**

本文件用来计算两个信号的频域相干函数，频域相干函数的定义见式(12.2.20)及式(12.2.21)。cohere 的调用格式是

```
[cxy,F]=cohere(x,y,Nfft,Fs,window,noverlap,dflag)
```

式中，x、y 是两个随机信号，Fs 是抽样频率，Nfft 是对 x、y 作 FFT 时的长度，window 是选用的窗函数，noverlap 是估计 x、y 的自功率谱及互功率谱时每一段叠合的长度，有关原理见 13.4 节的 Welch 平均法；dflag 是对每一段数据在加窗前预处理的方式，它可以是 linear、mean 或 none。输出是 x、y 的频域相干函数。

调用方式也可采用默认方式：cxy＝cohere(x,y)。这时，Nfft＝256，noverlap＝0，window＝Hanning(Nfft)，Fs＝2，dflag＝none。

**例 12.8.1**　令一白噪声序列分别通过一个低通滤波器和一个高通滤波器，这两个滤波器的通带在 0.25～0.35 这一小段范围内有重叠，如图 12.8.1(a)、(b)所示。两个滤波器的输出分别是 $x$ 和 $y$，它们的自功率谱分别示于图 12.8.1(c)、(d)。程序 exa120801_cohere.m 求出的二者的相干函数如图(e)所示。显然，相干函数在 0.25～0.35 这一小段频率范围内接近于 1，说明二者在这一段频率范围内较为相关，而在其他范围内的相干函数较小，说明它们在这些范围内不太相关。图 12.8.1(f)是 $x$ 和 $y$ 的互功率谱，它可由文件 csd.m 求出。

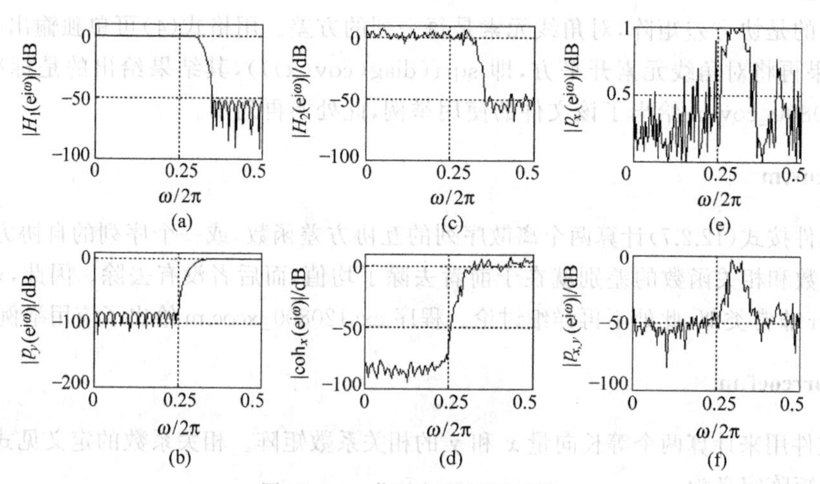


图 12.8.1　信号频域相干函数

**5. csd.m**

本文件用来计算两个信号的互功率谱,互功率谱的定义见式(12.2.13b)。调用格式是

```
[Pxy,F]=csd(x,y,Nfft,Fs,window,noverlap,dflag)
```

输入参数的含义和 cohere.m 的输入参数的含义完全一样,此处不再赘述。

**6. tfe.m**

本文件用来估计一个 LSI 系统的转移函数,但实际上估计出的是 $H(e^{j\omega})$,估计的原理见式(12.3.4)及例 12.4.4。tfe 的调用格式是

```
[H,F] =tfe(x,y,Nfft,Fs,window,noverlap,dflag)
```

式中,x 是系统的输入,y 是系统的输出,H 是求出的系统的频率响应,F 是频率横坐标,其余参数和 cohere.m 的输入参数的功能完全一样。

**例 12.8.2** 令 $x$ 是一均匀分布的白噪声,它通过一个已知的低通滤波器的输出为 $y$,该滤波器的幅频响应如图 12.8.2(a)所示,根据 $x$、$y$ 和文件 tfe 辨识出的系统的幅频响应如图 12.8.2(b)所示。可以看出,辨识出的幅频响应的通带有"毛刺",但大体的波形还是一致的。相应的程序是 exa120802_tfe.m。

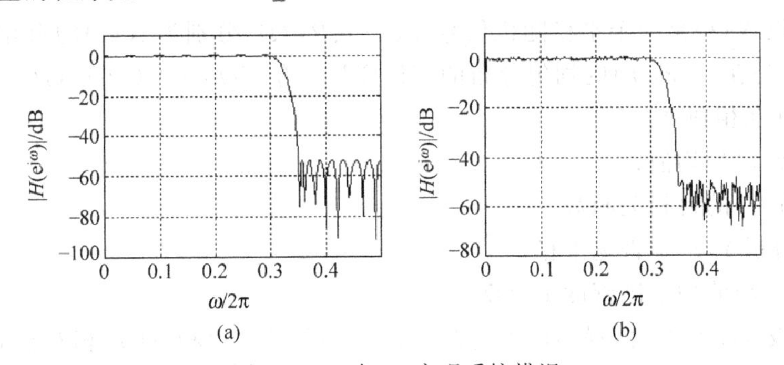


图 12.8.2 由 tfe 实现系统辨识

# 小 结

本章讨论了平稳随机信号的定义及其描述方法,重点是相关函数和功率谱的概念,还给出了平稳随机信号通过线性系统的行为。12.5 节~12.7 节是为下面两章功率谱估计所准备的内容。

# 习题与上机练习

12.1　一个离散随机信号 $Y(n)$ 可表示为 $Y(n)=a+bn$，式中，$a$、$b$ 是相互独立的随机变量，其均值和方差分别是 $\mu_a$、$\mu_b$、$\sigma_a^2$、$\sigma_b^2$。

(1) 求 $Y(n)$ 的均值；

(2) 求 $Y(n)$ 的方差；

(3) 求 $Y(n)$ 的自相关函数 $r_Y(n_1,n_2)$。

12.2　一个离散随机信号 $X(n)$ 可表示为 $X(n)=A\cos(\omega_1 n)+B\sin(\omega_2 n)$，式中，$A$、$B$ 是互相独立的高斯随机变量，其概率密度分别是

$$p_A(a)=\frac{1}{\sqrt{2\pi\sigma_a^2}}\exp(-a^2/2\sigma_a^2),\quad p_B(b)=\frac{1}{\sqrt{2\pi\sigma_b^2}}\exp(-b^2/2\sigma_b^2)$$

(1) 求 $X(n)$ 的均值；

(2) 求 $X(n)$ 的方差；

(3) 求 $X(n)$ 的概率密度 $P(x,n)$。

12.3　设 $X(t)$ 是一个平稳随机信号，$r_X(\tau)$、$P_X(\Omega)$ 分别为 $X(t)$ 的自相关函数及功率谱密度，$\Phi$ 是在 $(-\pi,\pi)$ 内均匀分布的随机变量。令 $Y(t)=X(t)\cos(\Omega_0 t+\Phi)$，$\Omega_0$ 为常数，$X$ 与 $\Phi$ 互相独立。

(1) 求 $Y(t)$ 的均值；

(2) 求 $Y(t)$ 的自相关函数；

(3) 试分析 $Y(t)$ 是否宽平稳；

(4) 求 $Y(t)$ 的功率谱密度 $P_Y(\Omega)$。

12.4　设 $u(n)$ 为一白噪声序列，方差为 $\sigma_u^2$，信号 $X(n)$ 和 $u(n)$ 相互独立，它们都是平稳过程，令 $Y(n)=X(n)u(n)$，试判断 $Y(n)$ 是否为白噪声。

12.5　已知 $v(n)$ 是一方差为 $\sigma_v^2$、均值为 0 且不相关的高斯白噪声，又已知 $x(n)=v(n)+\alpha v(n-1)$，求 $x(n)$ 的均值及自相关函数。

12.6　设 $X(n)$、$Y(n)$ 是两个互不相关的平稳随机过程，其均值、方差及自协方差函数分别为 $\mu_X$、$\mu_Y$、$\sigma_X^2$、$\sigma_Y^2$、$\mathrm{cov}_X(m)$ 及 $\mathrm{cov}_Y(m)$，令 $Z(n)=X(n)+Y(n)$。

(1) 证明 $\mu_Z=\mu_X+\mu_Y$；

(2) 证明 $\sigma_Z^2=\sigma_X^2+\sigma_Y^2$；

(3) 证明 $\mathrm{cov}_Z(m)=\mathrm{cov}_X(m)+\mathrm{cov}_Y(m)$；

(4) 若 $X(n)$、$Y(n)$ 的自相关函数分别为 $r_X(m)$、$r_Y(m)$，功率谱密度分别为 $P_X(\mathrm{e}^{\mathrm{j}\omega})$、

$P_Y(e^{j\omega})$，并令 $\mu_X=\mu_Y=0$，试用 $r_X(m)$、$r_Y(m)$ 表示 $r_Z(m)$，用 $P_X(e^{j\omega})$、$P_Y(e^{j\omega})$ 表示 $P_Z(e^{j\omega})$。

12.7 一个一阶的 $R$-$C$ 电路如图题 12.7 所示。已知输入信号 $X(t)$ 是平稳随机信号，其自相关函数 $r_X(\tau)=\sigma^2 e^{-\beta|\tau|}$，求输出信号 $Y(t)$ 的自相关函数 $r_Y(\tau)$ 及功率谱 $P_Y(\Omega)$。

12.8 将随机信号 $X(n)$ 加到一个一阶的递归滤波器上，如图题 12.8 所示。若 $X(n)$ 为零均值、方差为 $\sigma_X^2$ 的白噪声序列，求 $r_Y(m)$ 和 $P_Y(e^{j\omega})$。

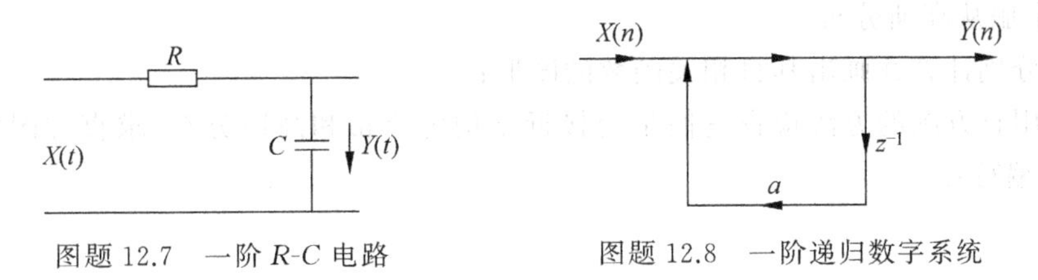


图题 12.7 一阶 $R$-$C$ 电路　　图题 12.8 一阶递归数字系统

12.9 设 $X(n)$ 为零均值、方差为 $\sigma_X^2$ 的白噪声序列，先将其送入一个二点平均器，得 $Y(n)=[X(n)+X(n-1)]/2$，再将 $Y(n)$ 送入一个二点差分器，得 $Z(n)=[Y(n)-Y(n-1)]/2$，求 $Z(n)$ 的均值、方差、自相关函数及功率谱。

12.10 图题 12.10 是一个自适应滤波器的示意图。图中 $X(n)$ 是输入信号，假定它是一个平稳的随机过程。$D(n)$ 是所希望得到的输出，假定它是已知的。通过调整滤波器 $h(n)$ 的系数可使滤波器的输出 $Y(n)$ 接近于 $D(n)$，调整的方法是使输出误差序列 $e(n)=D(n)-Y(n)$ 的均方误差为最小。由于在这一原则下不断调整 $h(n)$ 的系数，因此该滤波器称为自适应(adaptive)滤波器。可以导出，其 mse 为

$$\text{mse}=E\{e^2(n)\}=E\{[D(n)-Y(n)]^2\}=r_{DD}(0)+r_{YY}(0)-2r_{DY}(0)$$

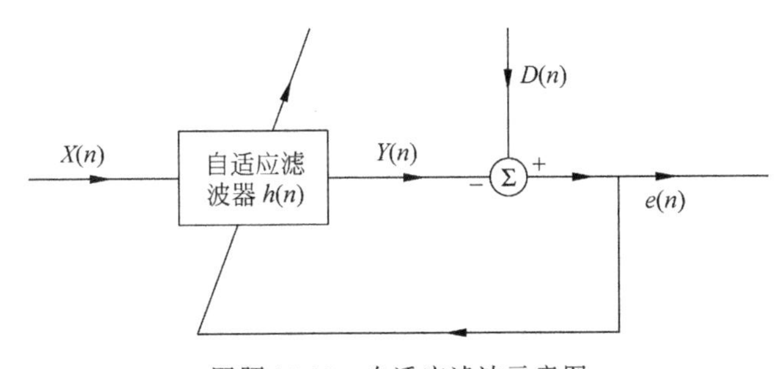


图题 12.10 自适应滤波示意图

如果 $h(n)$ 是一长度为 $L$ 的 FIR 滤波器，即 $h(n)=\{h(0),\ \cdots,\ h(L-1)\}$，令矩阵 $\boldsymbol{R}$ 是由 $X(n)$ 的前 $L$ 个自相关函数 $r_X(0)$，$r_X(1)$，…，$r_X(L-1)$ 所构成的 Toeplitz 自相关矩阵，令向量 $\boldsymbol{P}=[r_{XD}(0),\ r_{XD}(1),\cdots,r_{XD}(L-1)]^{\mathrm{T}}$，向量 $\boldsymbol{H}=[h(0),\ h(1),\ \cdots,\ h(L-1)]^{\mathrm{T}}$，则 $e(n)$ 的均方误差可表示为

$$\mathrm{mse}=r_{DD}(0)+\boldsymbol{H}^{\mathrm{T}}\boldsymbol{R}\boldsymbol{H}-2\boldsymbol{P}^{\mathrm{T}}\boldsymbol{H}$$

(1) 求使 mse 为最小的滤波器系数向量 $\boldsymbol{H}_{\min}$；

(2) 求出最小均方误差 $\mathrm{mse}_{\min}$。

*12.11　已知 $x(n)$是一方差为 $\sigma_x^2$、均值为 0 的白噪声，令其通过有 FIR 系统得到输出 $y(n)$，系统的差分方程是 $y(n)=x(n)+0.85x(n-1)$，求并画出 $y(n)$的功率谱。

*12.12　利用 rand.m 和 randn.m 分别产生两个较长的白噪声序列，一个服从均匀分布，另一个服从高斯分布。

(1) 分别计算并画出其自相关函数的图形；

(2) 用直方图的方法检查它们是否接近于均匀分布和高斯分布(求直方图的程序由读者自己编写)。

# 第13章

# 经典功率谱估计

本章首先给出自相关函数的估计方法，然后重点讨论经典功率谱估计的两个主要方法，即周期图法和自相关法，最后给出由这两种方法所派生出的改进方法，即平滑和平均方法。

## 13.1 自相关函数的估计

第12章给出了广义平稳随机信号 $X(n)$ 自相关函数的定义，即

$$r_X(m)=E\{X^*(n)X(n+m)\}$$

如果 $X(n)$ 是各态遍历的，则上式的集总平均可以由单一样本的时间平均来实现，即

$$r_x(m)=\lim_{N\to\infty}\frac{1}{2N+1}\sum_{n=-N}^{N}x^*(n)x(n+m)$$

在实际应用中，我们所遇到的大都是实际物理信号，因此是因果性的，即当 $n<0$ 时，$x(n)\equiv 0$，且 $x(n)$ 是实信号，这样，其自相关函数 $r(m)$[①]可表示为

$$r(m)=\lim_{N\to\infty}\frac{1}{N}\sum_{n=0}^{N-1}x(n)x(n+m) \tag{13.1.1}$$

前已指出，我们能得到的只是 $x(n)$ 的 $N$ 个观察值 $x_N(0)$，$x_N(1)$，…，$x_N(N-1)$。对 $n\geqslant N$ 时的 $x(n)$ 的值只能假设为零。现在的任务是如何由这 $N$ 个观察值来估计出 $x(n)$ 的自相关函数 $r(m)$。$r(m)$ 的估计方法通常有两种，一是利用式(13.1.1)直接计算，二是先计算出 $x_N(n)$ 的能量谱，然后对该能量谱作反变换。下面分别加以讨论[②]。

### 13.1.1 自相关函数的直接估计

在式(13.1.1)中，如果观察值的点数 $N$ 为有限值，则求 $r(m)$ 估计值的一种方法是

① 本章所涉及的都是自相关函数，故将 $r_x(m)$ 简写为 $r(m)$。

② 在以下各章中，随机信号 $X(n)$ 及其单一的样本 $x(n)$ 都用 $x(n)$ 表示。

$$\hat{r}(m)=\frac{1}{N}\sum_{n=0}^{N-1}x_N(n)x_N(n+m)$$

由于 $x(n)$ 只有 $N$ 个观察值，因此，对于每一个固定的延迟 $m$，可以利用的数据只有 $N-1-|m|$ 个，且在 $0\sim N-1$ 的范围内，$x_N(n)=x(n)$，所以在实际计算 $\hat{r}(m)$ 时，上式变为

$$\hat{r}(m)=\frac{1}{N}\sum_{n=0}^{N-1-|m|}x(n)x(n+m) \tag{13.1.2}$$

$\hat{r}(m)$ 的长度为 $2N-1$，它是以 $m=0$ 为偶对称的。

现在讨论 $\hat{r}(m)$ 对 $r(m)$ 估计的质量。

**1. 偏差**

由式(12.6.1)的定义，有

$$\operatorname{bia}[\hat{r}(m)]=E\{\hat{r}(m)\}-r(m)$$

式中

$$\begin{aligned}E\{\hat{r}(m)\}&=E\left\{\frac{1}{N}\sum_{n=0}^{N-1-|m|}x(n)x(n+m)\right\}\\&=\frac{1}{N}\sum_{n=0}^{N-1-|m|}E\{x(n)x(n+m)\}=\frac{1}{N}\sum_{n=0}^{N-1-|m|}r(m)\end{aligned}$$

即

$$E\{\hat{r}(m)\}=\frac{N-|m|}{N}r(m) \tag{13.1.3}$$

所以

$$\operatorname{bia}[\hat{r}(m)]=-\frac{|m|}{N}r(m) \tag{13.1.4}$$

分析上面两式，可以看出：

① 对于一个固定的延迟 $|m|$，当 $N\to\infty$ 时，$\operatorname{bia}[\hat{r}(m)]\to 0$，因此，$\hat{r}(m)$ 是对 $r(m)$ 的渐近无偏估计；

② 对于一个固定的 $N$，只有当 $|m|\ll N$ 时，$\hat{r}(m)$ 的均值才接近于真值 $r(m)$，即当 $|m|$ 越接近于 $N$ 时，估计的偏差越大；

③ 由式(13.1.3)可以看出，$\hat{r}(m)$ 的均值是真值 $r(m)$ 和一个三角窗函数

$$w(m)=\begin{cases}\dfrac{N-|m|}{N}=1-\dfrac{|m|}{N}, & 0\leqslant|m|\leqslant N-1\\ 0, & |m|\geqslant N\end{cases} \tag{13.1.5}$$

的乘积，$w(m)$ 的长度是 $2N-1$，如图 13.1.1 所示。上式的三角窗函数又称 Bartlett 窗，

由于它对 $r(m)$ 的加权，致使 $\hat{r}(m)$ 产生了偏差。显然，这一加权是非均匀的，因此产生了上述第②点结论。

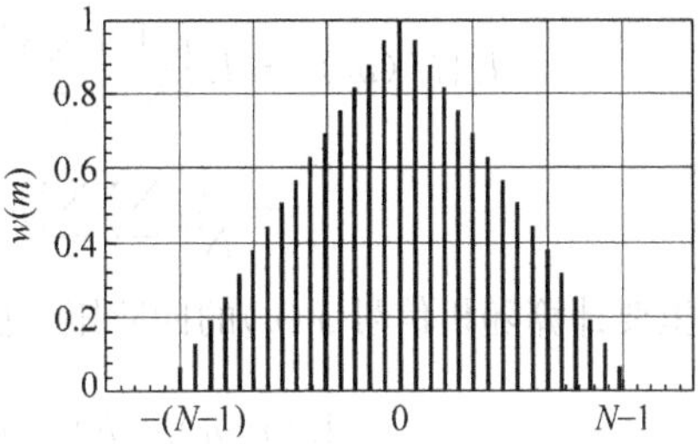

该窗函数实际上是由于对数据的截短而产生的。因为 $x_N(n)$ 可以看作 $x(n)$ 和一个矩形窗函数 $d(n)$ 相乘的结果，即

$$x_N(n)=x(n)d(n) \tag{13.1.6}$$

式中

$$d(n)=\begin{cases}1, & 0\leqslant n\leqslant N-1\\ 0, & \text{其他}\end{cases} \tag{13.1.7}$$

图 13.1.1　三角窗 $w(m)$

根据式(13.1.2)和式(13.1.6)，得

$$\begin{aligned}\hat{r}(m)&=\frac{1}{N}\sum_{n=0}^{N-1-|m|}x_N(n)x_N(n+m)\\&=\frac{1}{N}\sum_{n=0}^{N-1-|m|}x(n)d(n)x(n+m)d(n+m)\end{aligned}$$

所以

$$\begin{aligned}E\{\hat{r}(m)\}&=\frac{1}{N}\sum_{n=0}^{N-1-|m|}E\{x(n)x(n+m)\}d(n)d(n+m)\\&=\frac{r(m)}{N}\sum_{n=0}^{N-1-|m|}d(n)d(n+m)=r(m)w(m)\end{aligned}$$

$w(m)$ 正是矩形数据窗 $d(n)$ 作自相关的结果。

上面的讨论告诉我们，当对一个信号做自然截短时，就不可避免地对该数据施加了一个矩形窗口，由此数据窗口就产生了加在自相关函数上的三角窗口。这三角窗口影响了 $\hat{r}(m)$ 对 $r(m)$ 估计的质量。加在数据上的窗口，一般称为数据窗。加在自相关函数上的窗口一般称为延迟窗，这些窗函数也直接影响了谱估计的质量，关于这个问题将在 13.2 节予以详细讨论。

**2. 方差**

由式(12.2.2)有关方差的定义，有

$$\begin{aligned}\text{var}[\hat{r}(m)]&=E\{[\hat{r}(m)-E\{\hat{r}(m)\}]^2\}\\&=E\{\hat{r}^2(m)\}-[E\{\hat{r}(m)\}]^2\end{aligned} \tag{13.1.8}$$

由式(13.1.3)，有

$$[E\{\hat{r}(m)\}]^2=\left[\frac{N-|m|}{N}r(m)\right]^2 \tag{13.1.9}$$

而

$$E\{\hat{r}^2(m)\}=E\left\{\frac{1}{N^2}\sum_{n=0}^{N-1-|m|}x(n)x(n+m)\sum_{k=0}^{N-1-|m|}x(k)x(k+m)\right\}$$

$$=\frac{1}{N^2}\sum_{n}\sum_{k}E\{x(n)x(k)x(n+m)x(k+m)\}\tag{13.1.10}$$

这里要计算随机信号 $x(n)$的四阶矩。假定 $x(n)$是零均值的高斯随机信号,由式(12.1.21),有

$$E\{x(n)x(k)x(n+m)x(k+m)\}$$

$$=r^2(n-k)+r^2(m)+r(n-k-m)r(k-n-m)\tag{13.1.11}$$

所以

$$E\{\hat{r}^2(m)\}=\frac{1}{N^2}\sum_{n}\sum_{k}[r^2(n-k)+r^2(m)+r(n-k-m)r(k-n-m)]$$

$$=\left[\frac{N-|m|}{N}r(m)\right]^2+\frac{1}{N^2}\sum_{n}\sum_{k}[r^2(n-k)+r(n-k-m)r(k-n-m)]\tag{13.1.12}$$

将式(13.1.9)和式(13.1.12)代入式(13.1.8),有

$$\text{var}[\hat{r}(m)]=\frac{1}{N^2}\sum_{n=0}^{N-1-|m|}\sum_{k=0}^{N-1-|m|}[r^2(n-k)+r(n-k-m)r(k-n-m)]$$

因为

$$\sum_{n=0}^{N-1-|m|}\sum_{k=0}^{N-1-|m|}g(n-k)=\sum_{i=-(N-1-|m|)}^{N-1-|m|}(N-|m|-|i|)g(i)$$

所以,令 $n-k=i$,可把上式的双求和变成单求和,即

$$\text{var}[\hat{r}(m)]=\frac{1}{N}\sum_{i=-(N-1-|m|)}^{N-1-|m|}\left[1-\frac{|m|+|i|}{N}\right][r^2(i)+r(i+m)r(i-m)]\tag{13.1.13}$$

显然,当 $N\to\infty$时,$\text{var}[\hat{r}(m)]\to 0$,又因为$\lim\limits_{N\to\infty}\text{bia}[\hat{r}(m)]=0$,所以,对固定的延迟$|m|$,$\hat{r}(m)$是 $r(m)$的渐近一致估计。

对 $r(m)$的另一种直接估计方法是对式(13.1.2)稍作修改,即

$$\hat{r}(m)=\frac{1}{N-|m|}\sum_{n=0}^{N-1-|m|}x_N(n)x_N(n+m)\tag{13.1.14}$$

读者可自行证明,该式的 $\hat{r}(m)$是对 $r(m)$的无偏估计,也是渐近一致估计。但对固定的 $N$,随着$|m|$的增大其方差性能变坏,因此较少使用。

### 13.1.2 自相关函数的快速计算

利用式(13.1.2)计算 $\hat{r}(m)$时，如果 $m$ 和 $N$ 都比较大，则需要的乘法次数太多，因此其应用受到了限制。这时，可以利用 FFT 实现对 $\hat{r}(m)$的快速计算。

式(13.1.2)也可以写成

$$\hat{r}(m)=\frac{1}{N}\sum_{n=0}^{N-1}x_N(n)x_N(n+m)$$

对 $\hat{r}(m)$求傅里叶变换，得

$$\begin{aligned}\sum_{m=-(N-1)}^{N-1}\hat{r}(m)\mathrm{e}^{-\mathrm{j}\omega m}&=\frac{1}{N}\sum_{m=-(N-1)}^{N-1}\sum_{n=0}^{N-1}x_N(n)x_N(n+m)\mathrm{e}^{-\mathrm{j}\omega m}\\&=\frac{1}{N}\sum_{n=0}^{N-1}x_N(n)\sum_{m=-(N-1)}^{N-1}x_N(n+m)\mathrm{e}^{-\mathrm{j}\omega m}\end{aligned}$$

在 1.6 节已指出，两个长度为 $N$ 的序列的线性卷积，其结果是一长度为$(2N-1)$点的序列。为了能用 DFT 来计算线性卷积，需要把这两个序列的长度扩充到$(2N-1)$点。利用 DFT 计算相关时，同样也是如此。为此，把 $x_N(n)$补 $N$ 个零，得 $x_{2N}(n)$，即

$$x_{2N}(n)=\begin{cases}x_N(n), & n=0,1,\cdots,N-1\\0, & N\leqslant n\leqslant 2N-1\end{cases}$$

记 $x_{2N}(n)$的傅里叶变换为 $X_{2N}(\mathrm{e}^{\mathrm{j}\omega})$，则

$$\sum_{m=-(N-1)}^{N-1}\hat{r}(m)\mathrm{e}^{-\mathrm{j}\omega m}=\frac{1}{N}\sum_{n=0}^{2N-1}x_{2N}(n)\mathrm{e}^{\mathrm{j}\omega n}\sum_{m=-(N-1)}^{N-1}x_{2N}(n+m)\mathrm{e}^{-\mathrm{j}\omega(n+m)}$$

令 $l=n+m$，由于 $x_{2N}(n+m)=x_{2N}(l)$的取值范围是 $0\sim 2N-1$，所以 $l$ 的变化范围也应是 $0\sim 2N-1$，这样，上式可写为

$$\sum_{m=-(N-1)}^{N-1}\hat{r}(m)\mathrm{e}^{-\mathrm{j}\omega m}=\frac{1}{N}\sum_{n=0}^{2N-1}x_{2N}(n)\mathrm{e}^{\mathrm{j}\omega n}\sum_{l=0}^{2N-1}x_{2N}(l)\mathrm{e}^{-\mathrm{j}\omega l}=\frac{1}{N}\mid X_{2N}(\mathrm{e}^{\mathrm{j}\omega})\mid^2$$

即

$$\sum_{m=-(N-1)}^{N-1}\hat{r}(m)\mathrm{e}^{-\mathrm{j}\omega m}=\frac{1}{N}\mid X_{2N}(\mathrm{e}^{\mathrm{j}\omega n})\mid^2 \tag{13.1.15}$$

式中，$|X_{2N}(\mathrm{e}^{\mathrm{j}\omega})|^2$ 是有限长信号 $x_{2N}(n)$的能量谱，除以 $N$ 后即为功率谱。这说明，由式(13.1.2)估计出的自相关函数 $\hat{r}(m)$和 $x_{2N}(n)$的功率谱是一对傅里叶变换。这是在 3.2.2 节已讨论过的结论。$X_{2N}(\mathrm{e}^{\mathrm{j}\omega})$可用 FFT 快速计算。由此不难得出用 FFT 计算自相关函数的一般步骤：

① 对 $x_N(n)$补 $N$ 个零，得 $x_{2N}(n)$，对 $x_{2N}(n)$作 DFT 得 $X_{2N}(k)$，$k=0,1,\cdots,$

$2N-1$；

② 求 $X_{2N}(k)$的幅平方，然后除以 $N$，得$\frac{1}{N}|X_{2N}(k)|^2$；

③ 对$\frac{1}{N}|X_{2N}(k)|^2$ 作逆变换，得 $\hat{r}_0(m)$。

$\hat{r}_0(m)$并不简单地等于 $\hat{r}(m)$，而是等于将 $\hat{r}(m)$中$-(N-1)\leqslant m<0$ 的部分向右平移 $2N$ 点后形成的新序列，如图 13.1.2 所示。由 DFT 的理论可知，$\hat{r}(m)$和 $\hat{r}_0(m)$的功率谱是一样的。

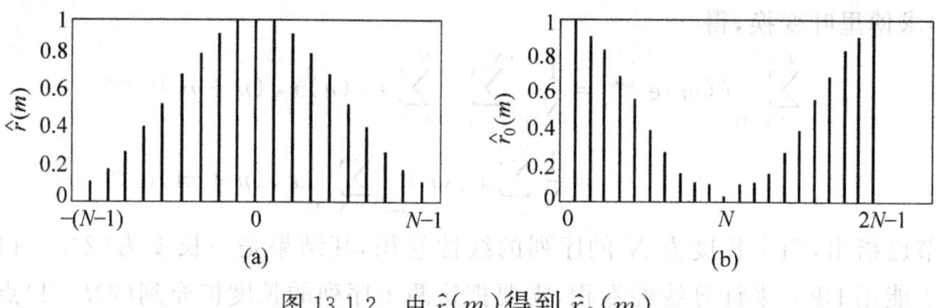


图 13.1.2　由 $\hat{r}(m)$得到 $\hat{r}_0(m)$

## 13.2　经典功率谱估计的基本方法

### 13.2.1　直接法

直接法又称周期图法，它是把随机信号 $x(n)$的 $N$ 点观察数据 $x_N(n)$视为一个能量有限信号，直接取 $x_N(n)$的傅里叶变换，得 $X_N(e^{j\omega})$，然后再取其幅值的平方，并除以 $N$，作为对 $x(n)$真实的功率谱 $P(e^{j\omega})$的估计。以 $\hat{P}_{PER}(e^{j\omega})$①表示用周期图法估计出的功率谱，则

$$\hat{P}_{PER}(\omega)=\frac{1}{N}\mid X_N(\omega)\mid^2 \tag{13.2.1}$$

周期图这一概念是由 Schuster 于 1899 年首先提出的。因为它是直接由傅里叶变换得到的，所以人们习惯上称为直接法。在 FFT 问世之前，由于该方法的计算量过大而无法运

① 为了书写的方便，本章及第 14 章都把 $e^{j\omega}$的函数写成 $\omega$ 的函数，如将 $P(e^{j\omega})$写成 $P(\omega)$，$\hat{P}(e^{j\omega})$写成 $\hat{P}(\omega)$等。

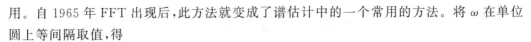

用。自1965年FFT出现后,此方法就变成了谱估计中的一个常用的方法。将$\omega$在单位圆上等间隔取值,得

$$\hat{P}_{\mathrm{PER}}(k)=\frac{1}{N}\mid X_N(k)\mid^2 \tag{13.2.2}$$

由于$X_N(k)$可以用FFT快速计算,所以$\hat{P}_{\mathrm{PER}}(k)$也可方便地求出。由前面的讨论可知,上述谱估计的方法包含了下述假设及步骤。

① 把平稳随机信号$X(n)$视为各态遍历的,用其一个样本$x(n)$来代替$X(n)$,并且仅利用$x(n)$的$N$个观察值$x_N(n)$来估计$x(n)$的功率谱$P(\omega)$。

② 从记录到的一个连续信号$x(t)$到估计出$\hat{P}_{\mathrm{PER}}(k)$,还包括了对$x(t)$的离散化(A/D)、必要的预处理(如除去均值、除去信号的趋势项、滤波)等。

## 13.2.2 间接法

此方法的理论基础是维纳-辛钦定理。1958年,Blackman和Tukey给出了这一方法的具体实现[Kay88],即先由$x_N(n)$估计出自相关函数$\hat{r}(m)$,然后对$\hat{r}(m)$求傅里叶变换得到$x_N(n)$的功率谱,记为$\hat{P}_{\mathrm{BT}}(\omega)$,并以此作为对$P(\omega)$的估计,即

$$\hat{P}_{\mathrm{BT}}(\omega)=\sum_{m=-M}^{M}\hat{r}(m)\mathrm{e}^{-\mathrm{j}\omega m},\quad \mid M\mid\leqslant N-1 \tag{13.2.3}$$

因为由这种方法求出的功率谱是通过自相关函数间接得到的,所以称为间接法,又称自相关法或BT法。当$M$较小时,上式的计算量不是很大,因此,该方法是在FFT问世之前(即周期图被广泛应用之前)常用的谱估计方法。

## 13.2.3 直接法和间接法的关系

这里自然会提出一个问题,即$\hat{P}_{\mathrm{PER}}(\omega)$和$\hat{P}_{\mathrm{BT}}(\omega)$有什么关系?

由式(13.1.2)估计出的$\hat{r}(m)$,其单边最大长度$M=N-1$,总的长度为$2N-1$,又由式(13.1.15)及式(13.2.2),有

$$\hat{r}(m)=\mathrm{IDFT}\left[\frac{1}{N}\mid X_{2N}(k)\mid^2\right]=\mathrm{IDFT}[\hat{P}_{\mathrm{PER}}^{2N}(k)] \tag{13.2.4}$$

式中,$\hat{P}_{\mathrm{PER}}^{2N}(k)=\frac{1}{N}|X_{2N}(k)|^2$,是将$x_N(n)$补$N$个零后用周期图求出的功率谱。又由式(13.2.3),有

$$\hat{P}_{\mathrm{BT}}^{2N}(k)=\sum_{m=-(N-1)}^{N-1}\hat{r}(m)\mathrm{e}^{-\mathrm{j}\frac{2\pi}{2N}mk} \tag{13.2.5}$$

比较上面两式,有

$$\hat{P}_{\mathrm{BT}}(k)\mid_{M=N-1}=\hat{P}_{\mathrm{BT}}^{2N}(k)=\hat{P}_{\mathrm{PER}}^{2N}(k) \tag{13.2.6}$$

式中,$M$ 为自相关函数 $\hat{r}(m)$ 的最大延迟。因此,直接法可以看作间接法的一个特例,即当间接法中所使用的自相关函数的最大延迟 $M=N-1$ 时,二者是相同的。

$\hat{P}_{\mathrm{BT}}^{2N}(k)$ 和 $\hat{P}_{\mathrm{PER}}^{2N}(k)$ 都是 $2N$ 点的功率谱,具体计算式(13.2.6)时,可用下式实现:

$$\hat{P}_{\mathrm{BT}}^{2N}(k)=\sum_{m=0}^{2N-1}\hat{r}_0(m)\mathrm{e}^{-\mathrm{j}\frac{2\pi}{2N}mk},\quad 0\leqslant k\leqslant 2N-1 \tag{13.2.7}$$

$\hat{r}_0(m)$ 和 $\hat{r}(m)$ 的关系如图 13.1.2 所示。

也可根据自相关函数的对称性,仅取 $m\geqslant 0$ 时的 $\hat{r}(m)$ 来计算功率谱 $\hat{P}_{\mathrm{BT}}(\omega)$,即

$$\begin{aligned}\hat{P}_{\mathrm{BT}}(\omega)&=\sum_{m=-M}^{M}\hat{r}(m)\mathrm{e}^{-\mathrm{j}\omega m}\\&=\sum_{m=-M}^{0}\hat{r}(m)\mathrm{e}^{-\mathrm{j}\omega m}+\sum_{m=0}^{M}\hat{r}(m)\mathrm{e}^{-\mathrm{j}\omega m}-\hat{r}(0)\\&=2\mathrm{Re}\left[\sum_{m=0}^{M}\hat{r}(m)\mathrm{e}^{-\mathrm{j}\omega m}\right]-\hat{r}(0)\end{aligned}$$

这样,用 DFT 计算 $\hat{P}_{\mathrm{BT}}(k)$ 时,其点数是 $M+1$,有

$$\hat{P}_{\mathrm{BT}}(k)=2\mathrm{Re}\left[\sum_{m=0}^{M}\hat{r}(m)\mathrm{e}^{-\mathrm{j}\frac{2\pi}{M+1}mk}\right]-\hat{r}(0) \tag{13.2.8}$$

利用上式可方便地计算出当 $M\leqslant N-1$ 时的功率谱。如果 $M=N-1$,这时给出的功率谱是 $N$ 点,记为 $\hat{P}_{\mathrm{BT}}^{N}(k)$,如果在求 $x_N(n)$ 的周期图时不补零,得 $\hat{P}_{\mathrm{PER}}^{N}(k)$,则有

$$\hat{P}_{\mathrm{BT}}^{N}(k)=\hat{P}_{\mathrm{PER}}^{N}(k) \tag{13.2.9}$$

当然,利用式(13.2.8)也可计算出 $2N$ 点的功率谱,这时只要把 $N\leqslant m\leqslant 2N-1$ 时的 $\hat{r}(m)$ 各点赋零即可,所得的结果和式(13.2.7)的结果相同。

前面已经指出,当 $M$ 较大,特别是接近等于 $N-1$ 时,$\hat{r}(m)$ 对 $r(m)$ 的估计偏差变大,由此也可以想象,这时估计出的功率谱的质量必然下降。因此,在使用间接法时,都是取 $M\ll N-1$,这时,当然

$$\hat{P}_{\mathrm{BT}}(\omega)\neq\hat{P}_{\mathrm{PER}}(\omega)$$

令 $M\ll N-1$,这意味着对最大长度为 $2N-1$ 的自相关函数 $\hat{r}(m)$ 做截短,也即施加了一个窗函数,记为 $v(m)$,得

$$\hat{r}_M(m) = \hat{r}(m)v(m) \tag{13.2.10}$$

由式(13.1.3)，$\hat{r}(m)$的均值等于真实自相关函数$r(m)$乘以三角窗$w(m)$，这是第一次加窗。该三角窗是由数据截短而产生的，其宽度为$2N-1$，此处$v(m)$是对自相对函数$r(m)$的第二次加窗，$v(m)$的宽度为$2M+1$，$M \ll N-1$。因为$v(m)$的宽度远小于$w(m)$，所以$v(m)$的频谱$V(\omega)$主瓣的宽度将远大于$w(m)$的频谱$W(\omega)$主瓣的宽度。这样，对$r(m)$施加$v(m)$的作用等效于在频域作$\hat{P}_{\mathrm{PER}}(\omega)$和$V(\omega)$的卷积。这样就起到了对周期图"平滑"的作用。所以，当$M \ll N-1$时，求出的$\hat{P}_{\mathrm{BT}}(\omega)$实际上是在某种意义上对周期图的改进，即平滑了周期图。对周期图的平滑也可以直接在$x_N(n)$上再乘以数据窗来实现，当然，这样做要耗费较多的计算时间。关于$\hat{P}_{\mathrm{PER}}(\omega)$及$\hat{P}_{\mathrm{BT}}(\omega)$的改进将在后面详细讨论。

由于FFT的出现，直接法和间接法往往被结合起来使用，其一般步骤如下：

① 对$x_N(n)$补$N$个零，求$\hat{P}_{\mathrm{PER}}^{2N}(k)$；

② 由$\hat{P}_{\mathrm{PER}}^{2N}(k)$作傅里叶逆变换，得$\hat{r}(m)$，这时$|m| \leqslant M = N-1$；

③ 对$\hat{r}(m)$加窗函数$v(m)$，这时$|m| \leqslant M \ll N-1$，得$\hat{r}_M(m)$；

④ 利用式(13.2.3)，求$\hat{r}_M(m)$的傅里叶变换，即

$$\hat{P}_{\mathrm{BT}}(\omega) = \sum_{m=-M}^{M} \hat{r}(m)v(m)\mathrm{e}^{-\mathrm{j}\omega m} = \sum_{m=-M}^{M} \hat{r}_M(m)\mathrm{e}^{-\mathrm{j}\omega m} \tag{13.2.11}$$

上面的步骤可以画成如图13.2.1所示的流程图。

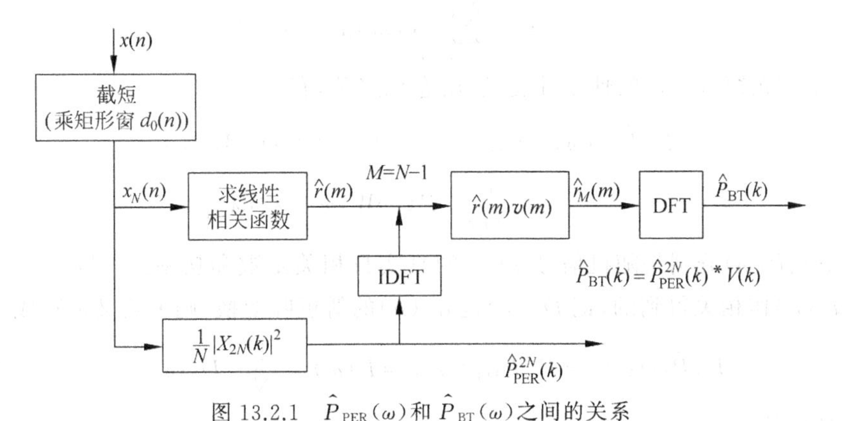


图13.2.1 $\hat{P}_{\mathrm{PER}}(\omega)$和$\hat{P}_{\mathrm{BT}}(\omega)$之间的关系

由第12章的讨论可知，功率谱$P(\omega)$应恒为正值，否则便失去了功率的意义。但由于窗函数的频谱在某些频率下可能是负值，因此，当用式(13.2.3)或式(13.2.11)计算

$\hat{P}_{BT}(\omega)$时，有可能使$\hat{P}_{BT}(\omega)$出现负值，失去了功率谱的物理意义，这是间接法的一个缺点。因此，在式(13.2.11)中，总希望使用$V(\omega)$恒为正值的窗函数。

## 13.3 直接法和间接法估计的质量

当$M=N-1$时，直接法和间接法估计出的结果是相同的，因此，可以把这两个估计方法的质量一起讨论。

### 13.3.1 $M=N-1$时的估计质量

**1. 偏差**

由式(12.6.1)的定义，有

$$E\{\hat{P}_{BT}(\omega)\}=E\{\hat{P}_{PER}(\omega)\}=E\left\{\sum_{m=-(N-1)}^{N-1}\hat{r}(m)e^{-j\omega m}\right\} \tag{13.3.1}$$

由式(13.1.3)，有

$$\begin{aligned}E\{\hat{P}_{BT}(\omega)\}&=\sum_{m=-(N-1)}^{N-1}r(m)\left(1-\frac{|m|}{N}\right)e^{-j\omega m}\\&=\sum_{m=-(N-1)}^{N-1}r(m)w(m)e^{-j\omega m}\end{aligned}$$

令$W(\omega)$是三角窗$w(m)$的傅里叶变换，由卷积定理，有

$$\begin{aligned}E\{\hat{P}_{BT}(\omega)\}&=E\{\hat{P}_{PER}(\omega)\}=P(\omega)*W(\omega)\\&=\frac{1}{2\pi}\int_{-\pi}^{\pi}P(\lambda)W(\omega-\lambda)d\lambda\end{aligned} \tag{13.3.2}$$

式中，$r(m)$、$P(\omega)$分别是随机信号$x(n)$的真实自相关函数和功率谱。因为$w(m)$是由矩形窗$d_0(n)$作相关得到的，记$D_0(\omega)$是$d_0(n)$的傅里叶变换，则上式又可写成

$$E\{\hat{P}_{BT}(\omega)\}=E\{\hat{P}_{PER}(\omega)\}=P(\omega)*\frac{1}{N}|D_0(\omega)|^2 \tag{13.3.3}$$

这样，估计的偏差

$$\text{bia}[\hat{P}_{BT}(\omega)]=P(\omega)*\frac{1}{N}|D_0(\omega)|^2-P(\omega) \tag{13.3.4}$$

上述式中

$$D_0(\omega)=\mathrm{e}^{-\mathrm{j}\omega(N-1)/2}\sin(\omega N/2)/\sin(\omega/2) \tag{13.3.5}$$

$$W(\omega)=\frac{1}{N}\sin^2(\omega N/2)/\sin^2(\omega/2) \tag{13.3.6}$$

显然,三角窗函数的频谱恒为正值。

当 $N\to\infty$ 时,矩形窗 $d_0(n)$ 趋于无限宽,$D_0(\omega)$ 和 $W(\omega)$ 都趋于 $\delta$ 函数,这时

$$\lim_{N\to\infty}E\{\hat{P}_{\mathrm{BT}}(\omega)\}=\lim_{N\to\infty}E\{\hat{P}_{\mathrm{PER}}(\omega)\}=P(\omega) \tag{13.3.7}$$

因此,对于固定的数据长度 $N$,周期图 $\hat{P}_{\mathrm{PER}}(\omega)$ 是个有偏的估计,偏差由式(13.3.4)给出。当 $N\to\infty$ 时,它的期望值等于真值 $P(\omega)$,所以它又是渐近无偏的。

**2. 方差**

和讨论 $\hat{r}(m)$ 的方差一样,这里还要遇到随机变量的四阶矩问题,因此仍假定 $x(n)$ 是高斯零均值的平稳随机信号。讨论的方法是先从 $\hat{P}_{\mathrm{PER}}(\omega)$ 在两个不同频率($\omega_1$, $\omega_2$)处的协方差入手,然后令 $\omega_1=\omega_2$,便可得出它的方差。这样做,一方面是便于讨论,另一方面也有助于看到 $\hat{P}_{\mathrm{PER}}(\omega)$ 的其他性质。下面,为书写的方便,把 $\hat{P}_{\mathrm{PER}}(\omega)$、$\hat{P}_{\mathrm{BT}}(\omega)$ 都简写为 $\hat{P}(\omega)$。

文献[Tre76]及[Hgs12]给出了 $\hat{P}(\omega)$ 的方差及协方差的导出过程,此处不再重复,现给出最后的结论,即

$$\begin{aligned}\operatorname{cov}[\hat{P}(\omega_1),\ \hat{P}(\omega_2)]=&\left|\frac{1}{2\pi N}\int_{-\pi}^{\pi}P(\lambda)D_0(\omega_1-\lambda)D_0(\omega_2+\lambda)\mathrm{d}\lambda\right|^2+\\&\left|\frac{1}{2\pi N}\int_{-\pi}^{\pi}P(\lambda)D_0(\omega_1-\lambda)D_0(-\omega_2+\lambda)\mathrm{d}\lambda\right|^2\end{aligned} \tag{13.3.8}$$

当 $\omega_1=\omega_2=\omega$ 时,可得到估计的方差

$$\operatorname{var}[\hat{P}(\omega)]=\left|\frac{1}{2\pi N}\int_{-\pi}^{\pi}P(\lambda)D_0(\omega-\lambda)D_0(\omega+\lambda)\mathrm{d}\lambda\right|^2+[E\{\hat{P}(\omega)\}]^2 \tag{13.3.9}$$

由这两个结论可以总结出周期图谱估计的一些性能。

当 $N\to\infty$ 时,式(13.3.9)右边第一项趋于零,由式(13.3.7),第二项趋于$[P(\omega)]^2$。这样,周期图是真实功率谱 $P(\omega)$ 的渐近无偏估计,却不是一致估计。不管 $N$ 选取得如何大,估计值的方差总大于或等于估计值均值的平方。我们知道,$\hat{r}(m)$ 是 $r(m)$ 的一致估计,但把 $\hat{r}(m)$ 作傅里叶变换($M=N-1$)得到的功率谱却不是 $P(\omega)$ 的一致估计。所以功率谱的估计要比相关函数的估计复杂得多。

当 $N$ 为有限值时,$\hat{P}(\omega)$ 的方差及协方差和窗函数 $d_0(n)$ 的频谱 $D_0(\omega)$ 有着密切的

关系。下面对此做具体分析。

如果能选择一个好的数据窗口，使其频谱在主瓣以外的部分基本为零（当然，这样的窗函数是不存在的），如图 13.3.1(a)所示，其中 $B_1$ 是主瓣的宽度，那么在式(13.3.9)中，若限定 $B_1/2<\omega<(\pi-B_1/2)$，则有 $D_0(\omega-\lambda)D_0(\omega+\lambda)=0$，如图 13.3.1(b)所示。这时，估计的方差

$$\operatorname{var}[\hat{P}(\omega)]=[E\{\hat{P}(\omega)\}]^2 \tag{13.3.10}$$

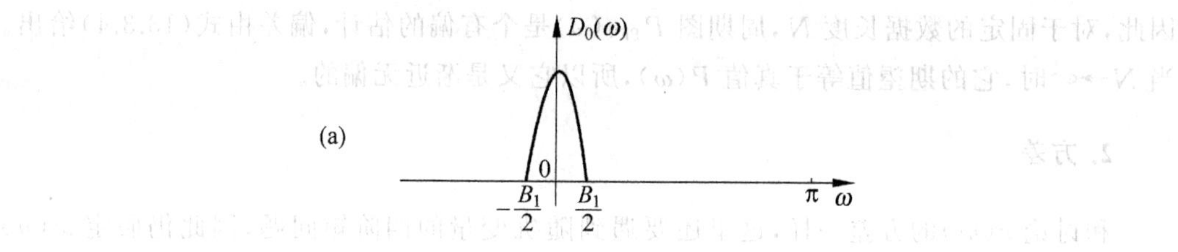


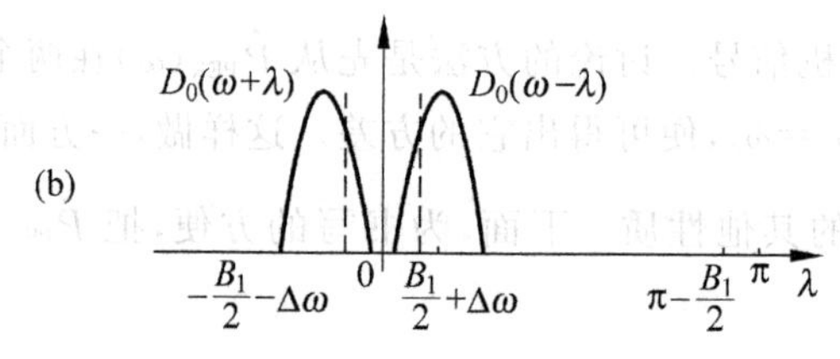


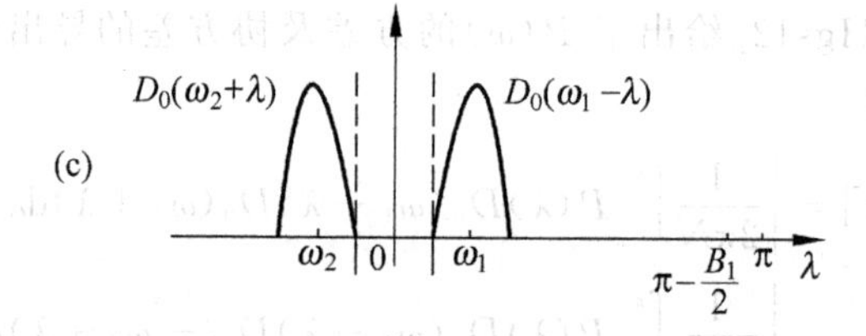


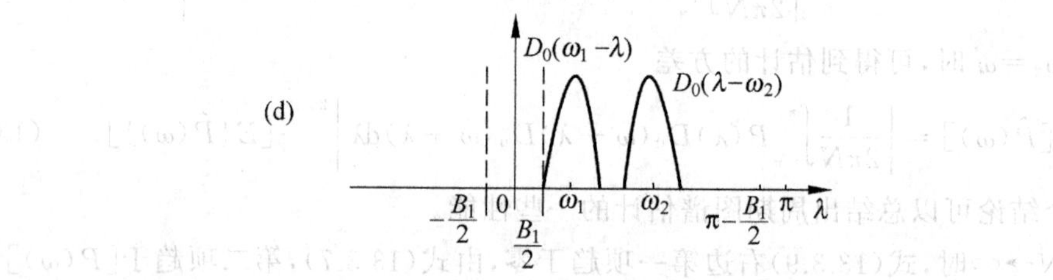


图 13.3.1　对式(13.3.8)和式(13.3.9)的说明

可减小到最小。

在式(13.3.8)中，若限定 $\omega_1$、$\omega_2$ 在 $0\sim(\pi-B_1/2)$ 内取值，且 $|\omega_1-\omega_2|>B_1$，则乘积 $D_0(\omega_1-\lambda)D_0(\omega_2+\lambda)=0$，$D_0(\omega_1-\lambda)D_0(-\omega_2+\lambda)=0$，如图 13.3.1(c)、(d)所示，这时

$$\operatorname{cov}[\hat{P}(\omega_1),\ \hat{P}(\omega_2)]=0 \tag{13.3.11}$$

这说明，在 $0\sim(\pi-B_1/2)$的频率范围内，估计谱 $\hat{P}(\omega)$在相距大于或等于 $B_1$ 的两个频率上的协方差为零。也就是说，$\hat{P}(\omega)$在这样的频率上是不相关的。这一结果使谱曲线 $\hat{P}(\omega)$呈现较大的起伏。如果增加数据长度 $N$，则窗函数主瓣的宽度 $B_1$ 将减小，这样将会加剧$\hat{P}(\omega)$的起伏。这是周期图的一个严重的缺点。

为了分析周期图方差性能不好的原因，让我们回到第 12 章关于自相关函数和功率谱的原始定义。一个平稳的随机信号$X(n)$，其自相关函数和功率谱分别定义为

$$r(m)=E\{X(n)X(n+m)\} \tag{13.3.12a}$$

$$P(\omega)=\sum_{m=-\infty}^{\infty}r(m)\mathrm{e}^{-\mathrm{j}\omega m} \tag{13.3.12b}$$

通常求不出集总意义上的自相关函数和功率谱，因而假定 $X(n)$是各态遍历的，取其一个样本 $x(n)$，于是有

$$r(m)=\lim_{N\to\infty}\frac{1}{2N+1}\sum_{n=-N}^{N}x(n)x(n+m) \tag{13.3.13a}$$

及

$$P(\omega)=\lim_{N\to\infty}E\left\{\frac{1}{2N+1}\left|\sum_{n=-N}^{N}x(n)\mathrm{e}^{-\mathrm{j}\omega n}\right|^2\right\} \tag{13.3.13b}$$

在第 12 章已经证明，式(13.3.12b)和式(13.3.13b)关于功率谱的两个定义是等效的。尽管自相关函数可以用时间平均来代替集总平均，但功率谱必须保留集总平均。这是因为，对随机过程 $X(n)$的每一次实现 $x(n)$，其傅里叶变换仍是一个随机过程，在每一个频率 $\omega$ 处，它都是一个随机变量，因此，求均值是必要的。这也说明，对 $r(m)$作傅里叶变换后，$P(\omega)$并不具有各态遍历性。因此，真实谱 $P(\omega)$应在集总定义上求出。另外，如果没有求均值运算，式(13.3.13b)的求极限运算也不会在任意的统计意义上收敛。而周期图

$$\hat{P}(\omega)=\frac{1}{N}\left|\sum_{n=0}^{N-1}x(n)\mathrm{e}^{-\mathrm{j}\omega n}\right|^2$$

既无求均值运算，也无求极限运算，它只能看作对真实谱 $P(\omega)$作均值运算时的一个样本。缺少了统计平均，当然也就产生了大的方差。这就是周期图方差性能不好的原因。

其实，上述结论也可直接从式(13.3.7)和式(13.3.9)得出。尽管

$$\lim_{N\to\infty}E\{\hat{P}(\mathrm{e}^{\mathrm{j}\omega})\}=P(\mathrm{e}^{\mathrm{j}\omega})$$

即周期图是渐近无偏的估计，但由于

$$\lim_{N\to\infty}\text{var}[\hat{P}(e^{j\omega})]=[E\{P(e^{j\omega})\}]^2\neq 0$$

因此，对随机信号的单个样本 $x(n)$，无论如何也得不出$\lim\limits_{N\to\infty}\hat{P}(e^{j\omega})=P(e^{j\omega})$的结论。这进一步说明了由单个样本估计出的功率谱不会收敛到真谱。

周期图用于随机信号功率谱估计时性能不好的根本原因在于傅里叶变换的特点。傅里叶级数或傅里叶变换是把所分析的信号分解成无穷多正弦信号的叠加，这些正弦信号的幅度、频率及相位都是固定不变的。但是，随机信号的幅度、频率和相位是随机变化的，而周期图实际上是把随机信号视为确定性的信号，因此必然带来估计上的质量不高。

为了改进周期图的估计性能，常用的方法有两种，一是平滑，二是平均。所谓平均，就是在一定程度上弥补上述所缺的求均值运算。关于周期图的改进，将在13.4节详细讨论。

**3. 窗函数的影响**

由前面的讨论可知，在实际估计功率谱时，数据窗是不可避免的。因此，由此数据窗所产生的加在自相关函数上的延迟窗也是不可避免的。窗函数对谱估计质量的影响，一是$\hat{P}(\omega)$的频域分辨率，二是对$P(\omega)$的所谓"泄漏"。

$\hat{P}(\omega)$的频域分辨率是指$\hat{P}(\omega)$保持真正谱$P(\omega)$中的两个靠得很近的谱峰仍被分辨出来的能力，以下简称$\hat{P}(\omega)$的分辨率。决定$\hat{P}(\omega)$分辨率的主要因素是所使用的数据的长度，即数据窗$d_0(n)$的宽度。由式(13.3.2)知，$\hat{P}(\omega)$的均值等于$P(\omega)$和$W(\omega)$的卷积。若$d_0(n)$是一宽度为$N$的矩形窗，那么$W(\omega)$是一长度为$2N$的三角窗的频谱，其主瓣宽度为$4\pi/N$。因此，$P(\omega)$中的两个谱峰若要被分开，其距离一定要大于或等于$4\pi/N$。

若数据的长度为$t_p$，采样频率是$f_s$，采样后的点数是$N$，即$t_p=N/f_s$，那么，估计谱$\hat{P}(\omega)$的分辨率正比于$f_s/N$或$2\pi/N$。长度为$N$的各种窗函数，其主瓣的宽度为$2\pi k/N$(参看7.2节)。所以，$\hat{P}(\omega)$的分辨率也可以说是正比于$2\pi k/N$。若$P(\omega)$中有两个相距为BW的谱峰，为了要区分它们，则要求

$$2\pi k/N<\text{BW}$$

这样，数据的长度$N$应满足

$$N>2\pi k/\text{BW}\tag{13.3.14}$$

为了保证$\hat{P}(\omega)$的分辨率，希望$N$要大，以满足上式。但$N$增大时，又使$\hat{P}(\omega)$起伏加剧，这是周期图所存在的固有矛盾。

"泄漏"对谱分析的影响已在第3章中做过讨论，此处不再重复。在选用窗函数时，应

按第7章所指出的那样，选取主瓣窄、边瓣幅值小且又衰减快的窗函数，当然，也更希望选取其频谱恒为正的窗函数。

## 13.3.2 $M<N-1$ 时的估计质量

前已述及，当 $M \ll N-1$ 时，$\hat{P}_{\mathrm{BT}}(\omega)$ 不等于 $\hat{P}_{\mathrm{PER}}(\omega)$，而是对 $\hat{P}_{\mathrm{PER}}(\omega)$ 的平滑。现在来讨论 $\hat{P}_{\mathrm{BT}}(\omega)$ 对 $P(\omega)$ 的估计性能。

**1. 均值**

由式(13.2.11)，有

$$\hat{P}_{\mathrm{BT}}(\omega)=\sum_{m=-M}^{M}\hat{r}(m)v(m)\mathrm{e}^{-\mathrm{j}\omega m} \tag{13.3.15}$$

所以

$$E\{\hat{P}_{\mathrm{BT}}(\omega)\}=P(\omega)*W(\omega)*V(\omega) \tag{13.3.16}$$

由于 $M \ll N$，所以 $W(\omega)$ 的主瓣的宽度远小于 $V(\omega)$ 主瓣的宽度。当 $N\to\infty$ 时，$W(\omega)$ 趋于 $\delta$ 函数，这时

$$E\{\hat{P}_{\mathrm{BT}}(\omega)\}=P(\omega)*V(\omega)=\frac{1}{2\pi}\int_{-\pi}^{\pi}P(\lambda)V(\omega-\lambda)\mathrm{d}\lambda \tag{13.3.17}$$

如果 $P(\omega)$ 是一个慢变的谱，使得在 $V(\omega)$ 的主瓣内接近为一常数，那么上式可变为

$$E\{\hat{P}_{\mathrm{BT}}(\omega)\}=P(\omega)\ \frac{1}{2\pi}\int_{-\pi}^{\pi}V(\omega)\mathrm{d}\omega \tag{13.3.18}$$

如果能保证

$$\frac{1}{2\pi}\int_{-\pi}^{\pi}V(\omega)\mathrm{d}\omega=v(0)=1 \tag{13.3.19}$$

则有

$$E\{\hat{P}_{\mathrm{BT}}(\omega)\}=P(\omega) \tag{13.3.20}$$

式(13.3.19)是设计窗函数时必须考虑的因素之一。

由上面的讨论可以看出，间接法也是一种有偏估计，当 $N$ 很大，且在式(13.3.18)及式(13.3.19)的制约下，它也是渐近无偏的。不过由于 $V(\omega)$ 的影响，其偏差趋于零的速度要小于直接法。因此，对周期图作平滑的结果是使偏差变大。

**2. 方差**

为了讨论简单，现假定 $x(n)$ 是零均值、方差为 $\sigma^2$ 的高斯白噪声，可以证明[Tre76]

$$\operatorname{var}[\hat{P}_{\mathrm{BT}}(\omega)] \approx \frac{\sigma^4}{2\pi N}\int_{-\pi}^{\pi}[V(\omega)]^2 \mathrm{d}\omega \tag{13.3.21}$$

如果令 $K_r$ 是 $\hat{P}_{\mathrm{BT}}(\omega)$ 和 $\hat{P}_{\mathrm{PER}}(\omega)$ 方差之比，有

$$K_r = \frac{\operatorname{var}[\hat{P}_{\mathrm{BT}}(\omega)]}{\operatorname{var}[\hat{P}_{\mathrm{PER}}(\omega)]} = \frac{1}{2\pi N}\int_{-\pi}^{\pi}[V(\omega)]^2 \mathrm{d}\omega = \frac{1}{N}\sum_{m=-M}^{M} v^2(m) \tag{13.3.22}$$

一般 $v(m)$ 是以 $m=0$ 为对称并递减的，且 $v(0)=1$，又因为 $M \ll N$，所以 $K_r<1$。这说明，$\hat{P}_{\mathrm{BT}}(\omega)$ 的方差小于 $\hat{P}_{\mathrm{PER}}(\omega)$ 的方差，这正是 $V(\omega)$ 对 $\hat{P}_{\mathrm{PER}}(\omega)$ 平滑的结果。例如，若令 $v(m)$ 为哈明窗，则

$$K_r = \frac{3}{8}\,\frac{2M+1}{N}$$

若 $M=N/2$，则 $K_r \approx 3/8$；若 $M=N/4$，则 $K_r \approx 3/16$。

由上面的讨论可得到下述有益的结论。

① 由于在 $\hat{r}(m)$ 上施加了一个较短的窗口 $v(m)$，使得间接法估计的偏差大于直接法，而方差小于直接法。

② 对 $\hat{P}_{\mathrm{PER}}(\omega)$，在 $0<\omega<(\pi-B_1/2)$ 的范围内，当 $|\omega_2-\omega_1|>B_1$ 时，$\hat{P}_{\mathrm{PER}}(\omega_1)$ 和 $\hat{P}_{\mathrm{PER}}(\omega_2)$ 是不相关的，这时主瓣的宽度 $B_1=4\pi/N$。对 $\hat{P}_{\mathrm{BT}}(\omega)$，也可相应地认为，在上述频率范围内，当 $|\omega_2-\omega_1|>B_1$ 时，$\hat{P}_{\mathrm{BT}}(\omega_1)$ 和 $\hat{P}_{\mathrm{BT}}(\omega_2)$ 不相关。不过这时的 $B_1=4\pi/M$，因为 $M \ll N$，所以 $B_1$ 增大，因此，使临近频率上的估计值变得较为相关。从这一角度也可解释 $\hat{P}_{\mathrm{BT}}(\omega)$ 对 $\hat{P}_{\mathrm{PER}}(\omega)$ 平滑的原因。

③ $\hat{P}_{\mathrm{BT}}(\omega)$ 谱的平滑（也即方差的减小）是以牺牲分辨率为代价的。由于 $V(\omega)$ 主瓣比 $W(\omega)$ 宽，因而使其分辨率下降。由此可以看出，在方差、偏差和分辨率之间存在着矛盾，在实际工作中只能根据需要作出折中的选择。

## 13.4 直接法估计的改进

直接法估计出的谱 $\hat{P}_{\mathrm{PER}}(\omega)$ 性能不好，当数据长度 $N$ 太大时，谱曲线起伏加剧，$N$ 太小时，谱的分辨率又不好，因此需要加以改进。此处所说的改进，主要是改进其方差特性。间接法是对直接法的一种改进，又称为周期图的平滑。对其改进的另外一种办法

是所谓平均法，它的指导思想是把一长度为 $N$ 的数据 $x_N(n)$ 分成 $L$ 段，分别求每一段的功率谱，然后加以平均，以达到所希望的目的。在实际应用时，有时还把平滑与平均结合起来使用。下面讨论几种主要的改进方法。

## 13.4.1 Bartlett 法

由概率论可知，对 $L$ 个具有相同的均值 $\mu$ 和方差 $\sigma^2$ 的独立随机变量 $X_1, X_2, \cdots, X_L$，新随机变量 $X=(X_1+X_2+\cdots+X_L)/L$ 的均值也是 $\mu$，但方差是 $\sigma^2/L$ 为原来的 $1/L$。由此可以得到改善 $\hat{P}_{\text{PER}}(\omega)$ 方差特性的一个有效方法，即 Bartlett 法。Bartlett 法将采样数据 $x_N(n)$ 分成 $L$ 段，每段的长度都是 $M$，即 $N=LM$，第 $i$ 段数据加矩形窗后，变为

$$x_N^i(n)=x_N[n+(i-1)M]d_1[n+(i-1)M],\quad 0\leqslant n\leqslant M-1,\ 1\leqslant i\leqslant L$$

式中，$d_1(n)$ 是长度为 $M$ 的矩形窗口。分别计算每一段的功率谱 $\hat{P}_{\text{PER}}^i(\omega)$，即

$$\hat{P}_{\text{PER}}^i(\omega)=\frac{1}{M}\left|\sum_{n=0}^{M-1}x_N^i(n)\mathrm{e}^{-\mathrm{j}\omega n}\right|^2,\quad 1\leqslant i\leqslant L \tag{13.4.1}$$

把 $\hat{P}_{\text{PER}}(\omega)$ 对应相加，再取平均，得到平均周期图 $\bar{P}_{\text{PER}}(\omega)$，即

$$\bar{P}_{\text{PER}}(\omega)=\frac{1}{L}\sum_{i=1}^{L}\hat{P}_{\text{PER}}^i(\omega)=\frac{1}{ML}\sum_{i=1}^{L}\left|\sum_{n=0}^{M-1}x_N^i(n)\mathrm{e}^{-\mathrm{j}\omega n}\right|^2 \tag{13.4.2}$$

$\bar{P}_{\text{PER}}(\omega)$ 的均值为

$$\begin{aligned}E\{\bar{P}_{\text{PER}}(\omega)\}&=\frac{1}{L}\sum_{i=1}^{L}E\{\hat{P}_{\text{PER}}^i(\omega)\}=E\{\hat{P}_{\text{PER}}^i(\omega)\}\\&=P(\omega)*\frac{1}{M}\mid D_1(\omega)\mid^2=P(\omega)*W_1(\omega)\end{aligned} \tag{13.4.3}$$

式中，$D_1(\omega)$ 是矩形窗 $d_1(n)$ 的频谱，$W_1(\omega)$ 是由 $d_1(n)$ 作自相关所得到的三角窗 $w_1(m)$ 的频谱，$w_1(m)$ 的长度是 $2M-1$。可见，不取平均的周期图 $\hat{P}_{\text{PER}}(\omega)$ 和取平均后的 $\bar{P}_{\text{PER}}(\omega)$ 都是有偏估计，且当 $N\to\infty$ 时，二者都是渐近无偏的。但因为 $W_1(\omega)$ 主瓣的宽度远大于 $W(\omega)$，所以取平均后，偏差加大，分辨率下降。

如果 $x(n)$ 为一白噪声序列，可以证明[Hgs12]，对其做周期图谱估计的方差是

$$\operatorname{var}[\bar{P}_{\text{PER}}(\omega)]=\frac{\sigma^4}{L}\left|\frac{\sin^2(\omega N/L)}{\left(\frac{N}{L}\right)^2\sin^2(\omega)}+1\right| \tag{13.4.4}$$

因此,分的段数越多,方差越小。如若 $L$ 能趋于$\infty$,则 $\bar{P}_{\mathrm{PER}}(\omega)$是 $P(\omega)$的一致估计。由上面的分析我们再一次看到,方差性能的改善是以牺牲偏差和分辨率为代价的。

每段数据长度 $M$ 的选择主要取决于所需的分辨率。因为 $W_1(\omega)$主瓣的宽度是 $4\pi/M$,若 $P(\omega)$中有两个相距为 BW 的谱峰,为了要分辨它们,需要 $4\pi/M<\mathrm{BW}$,即 $M>4\pi/\mathrm{BW}$。如果数据长度 $N$ 已确定,根据所需的 $M$,段数 $L$ 也就自然被确定。如果 $N$ 可以变化,则应根据方差要求确定 $L$,然后再确定要记录的数据长度 $N$。

式(13.4.4)是在假定 $\hat{P}^i_{\mathrm{PER}}(\omega)$,$i=1,2,\cdots,L$,完全独立的情况下得出的。但实际上各段数据 $x^i_N(n)$是互相有关的,因而 $\hat{P}^i_{\mathrm{PER}}(\omega)$也不会相互独立。因此,方差的减小一般要比式(13.4.4)给出的小。

## 13.4.2　Welch 法

Welch 法[Wel67]是对 Bartlett 法的改进。改进之一是,在对 $x_N(n)$分段时,可允许每一段的数据有部分的交叠。例如,若每一段数据重合一半,这时的段数

$$L=\frac{N-M/2}{M/2}$$

式中,$M$ 仍然是每段的长度,如图 13.4.1 所示。改进之二是,每一段的数据窗口可以不是矩形窗口,例如使用汉宁窗或哈明窗,记为 $d_2(n)$。这样可以改善由于矩形窗边瓣较大所产生的谱失真。然后按 Bartlett 法求每一段的功率谱,记为 $\hat{P}^i_{\mathrm{PER}}(\omega)$,即

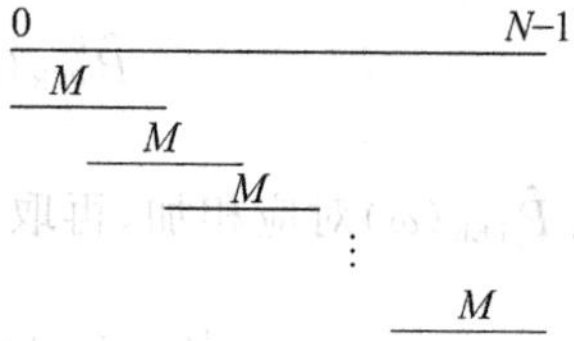

图 13.4.1　Welch 法的分段

$$\hat{P}^i_{\mathrm{PER}}(\omega)=\frac{1}{MU}\left|\sum_{n=0}^{M-1}x^i_N(n)d_2(n)\mathrm{e}^{-\mathrm{j}\omega n}\right|^2 \tag{13.4.5}$$

式中

$$U=\frac{1}{M}\sum_{n=0}^{M-1}d_2^2(n) \tag{13.4.6}$$

是归一化因子,使用它是为了保证所得到的谱是渐近无偏估计。如果 $d_2(n)$是一个矩形窗口,平均后的功率谱是

$$\begin{aligned}\bar{P}_{\mathrm{PER}}(\omega)&=\frac{1}{L}\sum_{i=1}^{L}\hat{P}^i_{\mathrm{PER}}(\omega)\\&=\frac{1}{MUL}\sum_{i=1}^{L}\left|\sum_{n=0}^{M-1}x^i_N(n)d_2(n)\mathrm{e}^{-\mathrm{j}\omega n}\right|^2\end{aligned} \tag{13.4.7}$$

其均值为

$$E\{\widetilde{P}_{\mathrm{PER}}(\omega)\}=\frac{1}{L}\sum_{i=1}^{L}E\{\hat{P}_{\mathrm{PER}}^{i}(\omega)\}=E\{\hat{P}_{\mathrm{PER}}^{i}(\omega)\} \tag{13.4.8a}$$

记 $D_2(\omega)$ 是 $d_2(n)$ 的频谱，即

$$D_2(\omega)=\sum_{n=0}^{M-1}d_2(n)\mathrm{e}^{-\mathrm{j}\omega n}$$

又记

$$W_2(\omega)=\frac{1}{MU}\mid D_2(\omega)\mid^2$$

则

$$\begin{aligned}E\{\widetilde{P}_{\mathrm{PER}}(\omega)\}&=P(\omega)*\frac{1}{MU}\mid D_2(\omega)\mid^2\\&=P(\omega)*W_2(\omega)\end{aligned} \tag{13.4.8b}$$

若 $N$ 增大，则 $W_2(\omega)$ 主瓣变窄，如果 $P(\omega)$ 是一慢变的谱，那么可以认为 $P(\omega)$ 在 $W_2(\omega)$ 主瓣内为常数，这样

$$E\{\widetilde{P}_{\mathrm{PER}}(\omega)\}=P(\omega)\frac{1}{2\pi}\int_{-\pi}^{\pi}W_2(\omega)\mathrm{d}\omega$$

如果保证

$$\frac{1}{2\pi}\int_{-\pi}^{\pi}W_2(\omega)\mathrm{d}\omega=1 \tag{13.4.9}$$

则有

$$E\{\widetilde{P}_{\mathrm{PER}}(\omega)\}\approx P(\omega) \tag{13.4.10}$$

所以 Welch 法估计出的谱也是渐近无偏的。

对式(13.4.9)，可有

$$\begin{aligned}\frac{1}{2\pi}\int_{-\pi}^{\pi}W_2(\omega)\mathrm{d}\omega&=\frac{1}{2\pi MU}\int_{-\pi}^{\pi}\mid D_2(\omega)\mid^2\mathrm{d}\omega=\frac{1}{2\pi MU}\int_{-\pi}^{\pi}\sum_{n=0}^{M-1}d_2(n)\mathrm{e}^{-\mathrm{j}n\omega}\sum_{m=0}^{M-1}d_2(m)\mathrm{e}^{\mathrm{j}\omega m}\mathrm{d}\omega\\&=\frac{1}{2\pi MU}\int_{-\pi}^{\pi}\sum_{n=0}^{M-1}d_2^2(n)\mathrm{d}\omega=\frac{1}{MU}\sum_{n=0}^{M-1}d_2^2(n)=1\end{aligned}$$

所以

$$U=\frac{1}{M}\sum_{n=0}^{M-1}d_2^2(n)$$

此即式(13.4.6)的由来。

估计的方差仍近似地由式(13.4.4)给出。但是由于各段允许交叠，因而段数 $L$ 增大，这样方差可得到更大的改善。但是，数据的交叠又减小了每一段的不相关性，使方差的减

小不会到达理论计算的程度。

Welch 法又称加权交叠平均法，是应用较广的一种方法。

### 13.4.3　Nuttall 法

Welch 法允许分段时交叠，这样就增加了段数 $L$，当然也就增加了作 FFT 的次数。如果用的数据窗是非矩形窗，这又大大增加了做乘法的次数。因此，Welch 法的计算量比较大。

Nuttall 等提出了一种 5 步结合算法，其具体步骤如下。

**步骤 1 和 2**　与 Bartlett 法相同，即对 $x_N(n)$ 自然分段（加矩形窗），且不交叠，得到平均后的功率谱 $\bar{P}_{\mathrm{PER}}(\omega)$。

**步骤 3**　由 $\bar{P}_{\mathrm{PER}}(\omega)$ 作反变换，得到该平均功率谱对应的自相关函数，记为 $\bar{r}(m)$，其最大宽度是 $2M-1, M=N/L$。

**步骤 4**　此步如同间接法，对 $\bar{r}(m)$ 加延迟窗 $w_2(m)$，$w_2(m)$ 的最大单边宽度为 $M_1$，这样得到 $\bar{r}_{M1}(m)$，即

$$\bar{r}_{M1}(m)=\bar{r}(m)w_2(m), \quad |m|\leqslant M_1<M \tag{13.4.11}$$

**步骤 5**　由 $\bar{r}_{M1}(m)$ 作正变换，得到对 $x(n)$ 功率谱的估计，记作 $\bar{P}_{\mathrm{PBT}}(\omega)$

$$\bar{P}_{\mathrm{PBT}}(\omega)=\sum_{m=-M1}^{M1}\bar{r}_{M1}(m)\mathrm{e}^{-\mathrm{j}\omega m} \tag{13.4.12}$$

显然，此方法是把直接法和间接法结合起来，同时也把平滑和平均结合了起来。这样就保持了平滑和平均减小方差的优点，而且计算量也小于 Welch 法。前述各种方法甚至都可看作此方法的特例。

$\bar{P}_{\mathrm{PBT}}(\omega)$ 的均值为

$$E\{\bar{P}_{\mathrm{PBT}}(\omega)\}=P(\omega)*W_1(\omega)*W_2(\omega)$$

式中，$W_1(\omega)$ 是矩形窗 $d_1(n)$ 所形成的三角窗的频谱，$W_2(\omega)$ 是延迟窗 $w_2(m)$ 的频谱。这一结果和式(13.3.16)类似，因此 $\bar{P}_{\mathrm{PBT}}(\omega)$ 也是对 $P(\omega)$ 的渐近无偏估计。在同样的数据长度和实现同样分辨率的条件下，此方法的方差一般要比上述各方法的方差小一些，其详细推导可参看文献[Nut82]。

上面 3 种改进方法可归纳为图 13.4.2。

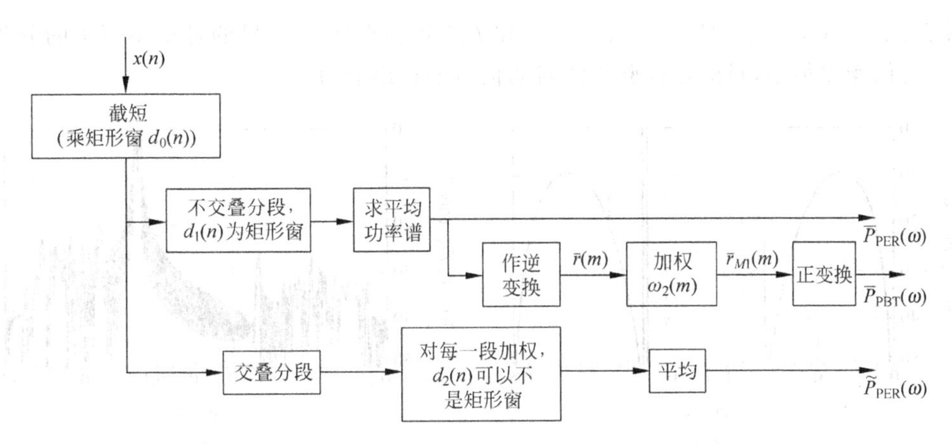


图 13.4.2　3 种改进方法的框图

# 13.5　经典功率谱估计算法性能的比较

为了比较本章及第 14 章的功率谱估计算法的性能，本书给出了一个用于功率谱估计的数据文件 test.dat，以作为各种算法比较的基础。

该数据为 128 点复序列，由复数噪声加上 4 个复正弦组成。数据产生的方法及有关参数如下：两次调用子程序 rand，产生两个基本上不相关的白噪声序列 $u_1(n)$ 和 $u_2(n)$，它们都是实序列，均值为 0，方差 $\sigma^2=0.01$。令 $u_1(n)$、$u_2(n)$ 分别通过一个 10 阶的 FIR 系统(第 14 章要讨论的 MA 模型)，分别得到输出 $v_1(n)$、$v_2(n)$。再令

$$y(n)=v_1(n)+\mathrm{j}v_2(n)$$

则 $y(n)$ 是一个复值的噪声序列，其实部和虚部也基本上不相关，那么

$$P_y(\mathrm{e}^{\mathrm{j}\omega})=2\sigma^2\left|1+\sum_{k=1}^{10}b(k)\mathrm{e}^{-\mathrm{j}\omega k}\right|^2$$

式中，$b(k)$ 是模型的系数。

在 $y(n)$ 的基础上加上 4 个复正弦，其归一化频率分别是 $f_1'=0.15$，$f_2'=0.16$，$f_3'=0.252$，$f_4'=-0.16$。即

$$x(n)=y(n)+\sum_{k=1}^{10}A_k\mathrm{e}^{\mathrm{j}2\pi f_k' n}$$

给定不同的系数 $A_k$，可得到不同的信噪比。本数据在 $f_1'$ 处的信噪比为 64dB，在 $f_2'$ 处为 54dB，在 $f_3'$ 处为 2dB，在 $f_4'$ 处为 30dB，$x(n)$ 的真实功率谱如图 13.5.1(a)所示。注意，其

频率范围是 $-0.5\sim0.5$，即 $-\pi\sim\pi$。令 $f_1'$和 $f_2'$靠得很近(0.01)，目的是检验算法的分辨能力；$f_3'$的信噪比很小，目的是检验算法对弱信号的检出能力。

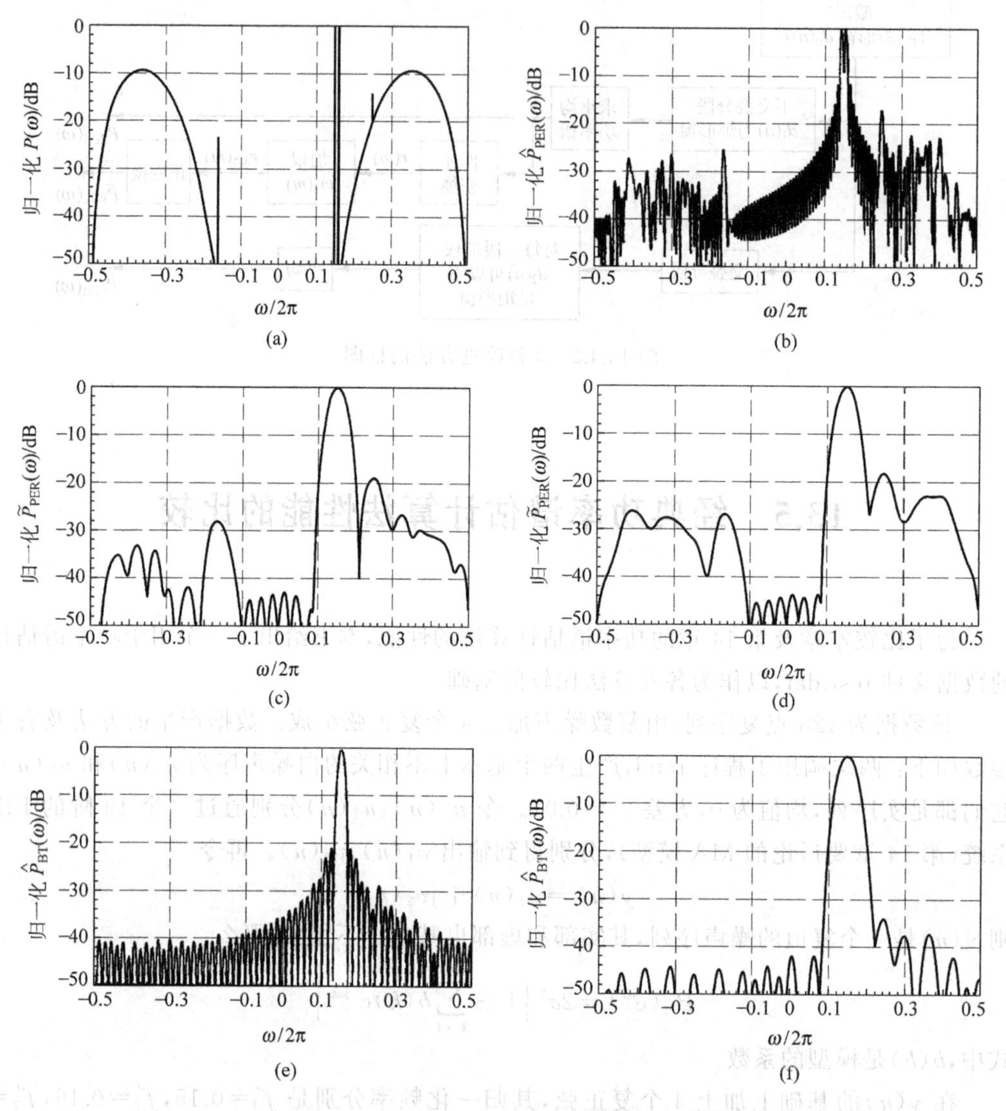


图 13.5.1　经典谱估计算法性能的比较

图 13.5.1(b)是对该数据直接求出的周期图。由于主瓣的宽度 $B=2/128=0.015\ 625>0.01$，所以 $f_1'$、$f_2'$不能完全分开，只是在波形的顶部能看出是两个频率分量。

图 13.5.1(c)是利用 Welch 平均法求出的周期图，共分 4 段，每段 32 点，没有叠合，使用了哈明(Hamming)窗。这时谱变得较平滑，但分辨率降低。

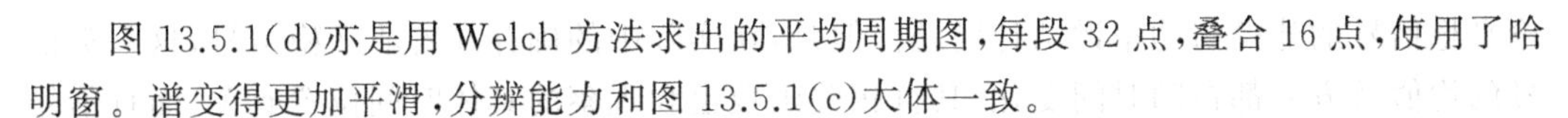

图 13.5.1(d)亦是用 Welch 方法求出的平均周期图，每段 32 点，叠合 16 点，使用了哈明窗。谱变得更加平滑，分辨能力和图 13.5.1(c)大体一致。

图 13.5.1(e)是用自相关法(BT 法)求出的功率谱，$M=32$，没有加窗；图 13.5.1(f)也是用自相关法求出的功率谱，$M=16$，使用了哈明窗。显然，自相关函数的延迟 $M$ 越小，谱变得越平滑。

综合上述讨论，可以对经典谱估计的算法做大致的总结。

① 经典谱估计，不论是直接法还是间接法，都可用 FFT 快速计算，且物理概念明确，因而仍是目前较常用的谱估计方法。

② 谱的分辨率较低，它正比于 $2\pi/N$，$N$ 是所使用的数据长度。

③ 由于不可避免的窗函数的影响，使得真正谱 $P(\omega)$ 在窗口主瓣内的功率向边瓣部分“泄漏”，降低了分辨率。较大的边瓣有可能掩盖 $P(\omega)$ 中较弱的成分，或是产生假的峰值。当分析的数据较短时，这些影响更为突出。

④ 方差性能不好，不是 $P(\omega)$ 的一致估计，且 $N$ 增大时，谱曲线起伏加剧。

⑤ 周期图的平滑和平均是和窗函数的使用紧紧相关联的。平滑和平均主要是用来改善周期图的方差性能，但往往又减小了分辨率和增大了偏差。没有一个窗函数能使估计的谱在方差、偏差和分辨率各个方面都得到改善。因此，使用窗函数只是改进估计质量的一个技巧问题，而不是根本的解决办法。

本章所用符号较多，为便于读者阅读，现归纳如下。

数据： $x(n)$，$x_N(n)$，$x_N^i(n)$；

数据窗： $d_0(n)$，$d_1(n)$，$d_2(n)$；

延迟窗： $w(m)$，$w_1(m)$，$w_2(m)$；

相关函数： $r(m)$，$\hat{r}(m)$，$\hat{r}_0(m)$，$\hat{r}_M(m)$，$\bar{r}(m)$，$\bar{r}_{M1}(m)$；

功率谱： $P(\omega)$，$\hat{P}_{PER}(\omega)$，$\hat{P}_{BT}(\omega)$，$\bar{P}_{PER}(\omega)$，$\widetilde{P}_{PER}(\omega)$，$\bar{P}_{PBT}(\omega)$。

结合图 13.2.1 和图 13.4.2，不难搞清楚它们所代表的意义，此处不再解释。

## 13.6 短时傅里叶变换

本章前几节讨论了平稳随机信号自相关函数和功率谱的估计。所谓平稳信号，其主要特点是信号的均值、方差及均方都不随时间变换，其自相关函数仅和两个观察时间的差有关，而和观察的具体位置无关。平稳信号是人们对所研究信号的一个简化的且也是较为合理的假设，自然界中的大部分随机信号都可以看作平稳的，所以在第 14 章将继续讨论平稳信号的建模与功率谱估计问题。但是，在实际中的确存在着非平稳信号，这一类信号的均值及方差都在随时间变化，其自相关函数也和观察的具体时间位置有关，而且信号的频率也会随时间而变化，如语音、脑电及其他含有较多突变分量的信号。非平稳信号又称为时变信号。对这一类信号，其一阶、二阶统计量和功率谱的估计显然不能简单地使用平稳信号的估计方法，必须考虑它们的时变因素。

对平稳信号，前述的经典功率谱估计方法都是建立在传统的傅里叶变换的基础上的，估计中存在的问题已在 13.3 节作了讨论。其实，傅里叶变换在信号分析中自身就存在着不足，即缺乏时频定位功能。现重写傅里叶变换的表达式

$$X(\mathrm{j}\Omega)=\int_{-\infty}^{\infty}x(t)\mathrm{e}^{-\mathrm{j}\Omega t}\,\mathrm{d}t=\langle x(t),\mathrm{e}^{\mathrm{j}\Omega t}\rangle \tag{13.6.1a}$$

$$x(t)=\frac{1}{2\pi}\int_{-\infty}^{\infty}X(\mathrm{j}\Omega)\mathrm{e}^{\mathrm{j}\Omega t}\mathrm{d}\Omega=\frac{1}{2\pi}\langle X(\mathrm{j}\Omega),\ \mathrm{e}^{-\mathrm{j}\Omega t}\rangle \tag{13.6.1b}$$

显然，对给定的某一个频率（如 $\Omega_0$），为求得该频率处的傅里叶变换 $X(\mathrm{j}\Omega_0)$，式(13.6.1a)对 $t$ 的积分需要从 $-\infty$ 到 $+\infty$，即需要整个 $x(t)$ 的"知识"。反之，如果要求出某一时刻（如 $t_0$）处的值 $x(t_0)$，由式(13.6.1b)，需要将 $X(\mathrm{j}\Omega)$ 对 $\Omega$ 从 $-\infty$ 至 $+\infty$ 作积分，同样也需要整个 $X(\mathrm{j}\Omega)$ 的"知识"。实际上，由式(13.6.1a)所得到的 $X(\mathrm{j}\Omega)$ 是信号 $x(t)$ 在整个积分区间的时间范围内所具有的频率特征的平均表示。同样，式(13.6.1b)也是如此。因此，如果想知道在某一个特定时间（如 $t_0$）所对应的频率是多少，或对某一个特定的频率（如 $\Omega_0$）所对应的时间是多少，那么傅里叶变化则无能为力。也就是说，傅里叶变换不具有时间和频率的"定位"功能。傅里叶变换的这一缺点对统计特征不断随时间变化的非平稳信号来说，使用起来更加困难。

因此，对于非平稳信号，人们希望能有一种分析方法把时域分析和频域分析结合起来，即找到一个二维函数，它既能反映该信号的频率内容，也能反映出该频率内容随时间变化的规律。研究这一问题的信号处理理论称为信号的联合时频分布。其中最重要的是以 Cohen 类为代表的双线性时频分布，此分布可表示为

$$C_x(t,\Omega)=\frac{1}{2\pi}\iiint x\left(u+\frac{\tau}{2}\right)x^*\left(u-\frac{\tau}{2}\right)g(\theta,\tau)\mathrm{e}^{-\mathrm{j}(\theta t+\Omega\tau-u\theta)}\mathrm{d}u\,\mathrm{d}\tau\,\mathrm{d}\theta \tag{13.6.2}$$

式中，$g(\theta,\tau)$ 是一个二维的窗函数，给定不同的窗函数可得到不同的时频分布。在上式中 $x(t)$ 出现了两次，且是相乘的形式，这一特点称为双线性。

若 $g(\theta,\tau)=1$，则式(13.6.2)可简化为 Wigner-Ville 分布，此分布可表示为

$$W_x(t,\Omega)=\int x\left(t+\frac{\tau}{2}\right)x^*\left(t-\frac{\tau}{2}\right)\mathrm{e}^{-\mathrm{j}\Omega\tau}\mathrm{d}\tau \tag{13.6.3}$$

若

$$g(\theta,\tau)=\int w(u+\tau/2)w^*(u-\tau/2)\mathrm{e}^{-\mathrm{j}\theta u}\mathrm{d}u$$

式中，$w$ 是一个一维的窗函数，则式(13.6.2)可简化为如下的谱图(spectrogram)：

$$S_x(t,\Omega)=\left|\int x(\tau)w(\tau-t)\mathrm{e}^{-\mathrm{j}\Omega\tau}\mathrm{d}\tau\right|^2=|\,\mathrm{STFT}_x(t,\Omega)\,|^2 \tag{13.6.4}$$

式中

$$\mathrm{STFT}_x(t,\Omega)=\int x(\tau)w(\tau-t)\mathrm{e}^{-\mathrm{j}\Omega\tau}\mathrm{d}\tau \tag{13.6.5}$$

称为信号 $x(t)$ 的短时傅里叶变换(short-time Fourier transform，STFT)。可以看出，$C_x(t,\Omega)$、$W_x(t,\Omega)$、$S_x(t,\Omega)$ 及 $\mathrm{STFT}_x(t,\Omega)$ 都是 $(t,\Omega)$ 的二维函数，因此称它们为时频联合分布。前三个反映了信号的能量随时间和频率的分布，第四个反映了信号的频谱随时间和频率的分布。详细讨论信号的联合时频分布已超出了本书的范围，对此感兴趣的读者请参看文献[Hgs15]，现仅简要讨论 STFT 在非平稳信号功率谱估计中的应用。STFT 是由 Gabor 于 1946 年提出的[Gab46]，因此，它也属于经典谱估计的范畴。

式(13.6.5)中窗函数 $w(\tau)$ 的作用可以从下述不同的角度来解释。

① 当窗函数 $w(\tau)$ 沿着 $t$ 轴移动时，它可以不断地截取一小段又一小段的信号，然后对每一小段的信号作傅里叶变换，因此可得到二维函数 $\mathrm{STFT}_x(t,\Omega)$，从而得到 $x(t)$ 的联合时频分布。

② 尽管信号 $x(t)$ 是非平稳的，但将它分成许多小段后，可以假定它的每一小段都是平稳的，因此可用经典谱估计的方法，如用周期图法，对每一小段的信号作功率谱估计，那么得到的即谱图。因此，$w(\tau)$ 的作用是尽可能地保证所截取的每一小段都是平稳的。

③ STFT 可以看作利用基函数

$$w_{t,\Omega}(\tau)=w(\tau-t)\mathrm{e}^{\mathrm{j}\Omega\tau} \tag{13.6.6}$$

来代替傅里叶变换中的基函数 $\mathrm{e}^{\mathrm{j}\Omega t}$，即

$$\begin{aligned}\langle x(\tau),w_{t,\Omega}(\tau)\rangle&=\langle x(\tau),w(\tau-t)\mathrm{e}^{\mathrm{j}\Omega\tau}\rangle\\&=\int x(\tau)w^*(\tau-t)\mathrm{e}^{-\mathrm{j}\Omega t}\mathrm{d}\tau=\mathrm{STFT}_x(t,\Omega)\end{aligned} \tag{13.6.7}$$

由此可以看出，$w(\tau)$ 的宽度越小，则时域分辨率越好，同时局部平稳性的假设越成立。在频域，由于 $\mathrm{e}^{\mathrm{j}\Omega t}$ 为一 $\delta$ 函数，因此仍可保持较好的频域分辨率。显然，STFT 和用 $\mathrm{e}^{\mathrm{j}\Omega t}$ 作基函数的 FT 相比，可得到更多的时域信息，即提高了时域的分辨率，这对于时变信号来说是特别有利的。

其实，在 STFT 中，上面所述的窗函数 $w(\tau)$ 的 3 个作用是统一的。现举例说明 STFT 的应用。

**例 13.6.1** 设信号 $x(n)$ 由 3 个不同频率的正弦首尾相接所组成，即

$$x(n)=\begin{cases}\sin(\omega_1 n),\ 0\leqslant n\leqslant N_1-1\\\sin(\omega_2 n),\ N_1\leqslant n\leqslant N_2-1\\\sin(\omega_3 n),\ N_2\leqslant n\leqslant N-1\end{cases} \tag{13.6.8}$$

式中，$N>N_2>N_1$，$\omega_3>\omega_2>\omega_1$。$x(n)$的波形如图 13.6.1(a)所示，$x(n)$傅里叶变换的幅频特性$|X(e^{j\omega})|$如图 13.6.1(b)所示。显然，从图中我们只能看到$|X(e^{j\omega})|$在 $\omega_1$、$\omega_2$ 及 $\omega_3$ 处有三个频率分量，并知道这 3 个频率分量的大小，但看不出 $x(n)$在何时有频率 $\omega_1$，何时又有 $\omega_2$ 及 $\omega_3$，即傅里叶变换无时间定位功能。

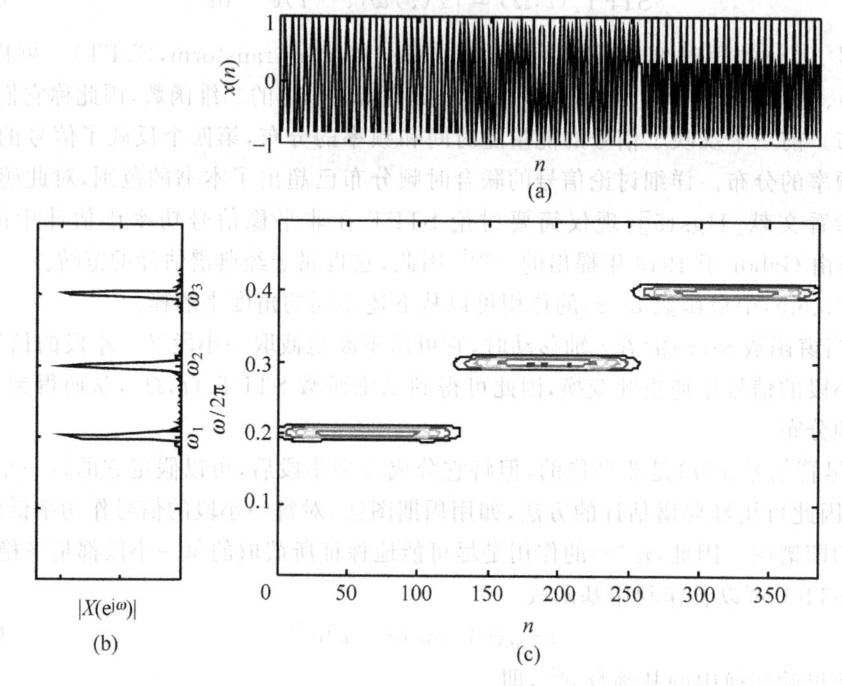


图 13.6.1　信号的时频联合分布

图 13.6.1(c)是用 STFT 求出 $x(n)$的联合时频分布后再求幅平方得到的谱图。该图是三维图形的二维投影，一个轴是时间，一个轴是频率。由该图可清楚地看出 $x(n)$的时间与频率的关系。

**例 13.6.2**　令

$$x(n)=\exp(\mathrm{j}\omega n^2)=\exp(\mathrm{j}n\omega n) \tag{13.6.9}$$

该信号称作线性频率调制信号，又称作 chirp 信号，其频率与时间 $n$ 成正比。图 13.6.2(a)是其时域波形，$n=0\sim127$，图 13.6.2(b)是其功率谱。显然，无论从时域波形还是从频域波形，都很难看出该信号的调制类型及其他特点。和图 13.6.1(c)一样，图 13.6.2(c)也是 $x(n)$的时频分布表示，不过此处是三维的立体表示。由该图可明显看出，该信号的频率与时间成正比，且信号 $x(n)$的能量主要集中在时间-频率平面的这一斜线上。

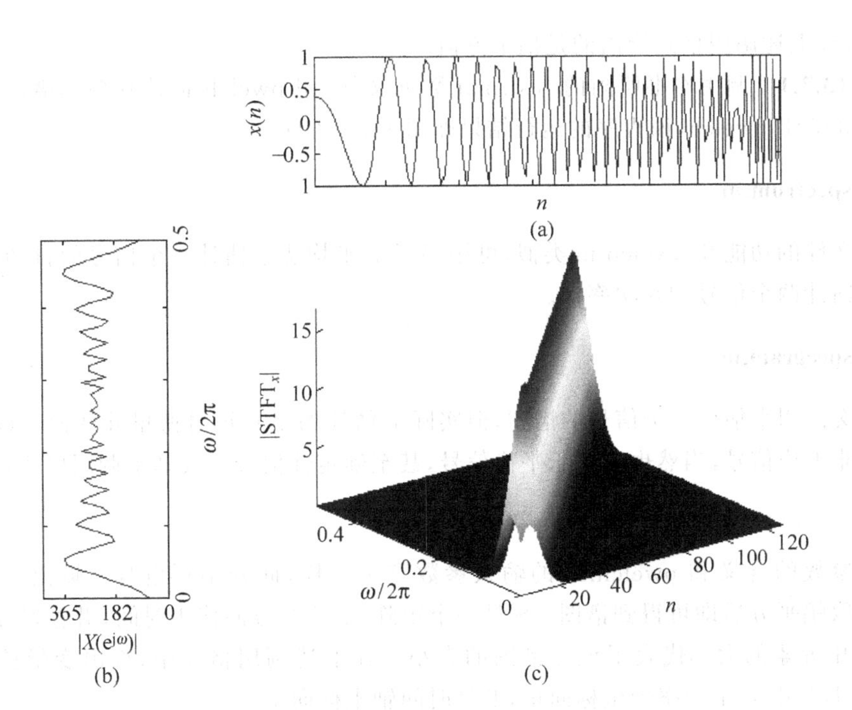


图 13.6.2 chirp 信号的时频表示

## 13.7 与本章内容有关的 MATLAB 文件

与本章内容有关的 MATLAB 文件主要是自相关函数的估计、互功率谱的估计及自功率谱的估计等文件。自相关函数估计的 xcorr.m 文件已在第 1 章作了介绍，互谱估计的 csd 文件在第 12 章作了介绍，现在主要介绍功率谱估计的文件。

**1. pwelch.m**

本文件用 Welch 平均法估计一个信号的功率谱，其基本调用格式是

```
[Px,F]=pwelch(x,Nfft,Fs,window,Noverlap)
```

式中，x 是信号序列，Fs 是抽样频率，Nfft 是对信号作 FFT 时的长度，window 是选用的窗函数，Noverlap 是在估计 x 的功率谱时每一段叠合的长度。默认时，Nfft＝256，Noverlap＝0，window＝Hanning(Nfft)，Fs＝2。F 是频率轴坐标，输出的 Px 是估计出的

功率谱,按上述调用格式给出的是幅平方值。

**例 13.7.1** 调用本书所附的 test.mat 数据文件,用 pwelch 估计其功率谱,相应程序为 exa130701_pwelch,该程序的运行结果即图 13.5.1(d)。

**2. spectrum.m**

该文件的功能和 pwelch.m 类似,可用 Welch 平均法来估计一个信号的自功率谱,还可用于估计两个信号的互功率谱。

**3. specgram.m**

本文件用来估计一个信号的谱图,但实际上估计的是其短时傅里叶变换。该文件主要针对非平稳信号,当然也可用于平稳信号,甚至确定性信号。其基本调用格式是

```
S=specgram(x,Nfft,Fs,window,Noverlap)
```

其输入参数的含义和 pwelch.m 的输入参数完全一样,此处不再解释。输出 S 是 x 的 STFT,取幅平方后即可得到谱图。S 是一个矩阵,沿着行方向代表时间,沿着列方向代表频率,S 中元素的大小代表了该点谱图的大小。在上述调用格式中,输出变量还可以是 [S,F,T],其中 F 是频率轴坐标向量,T 是时间轴坐标向量。

**例 13.7.2** 调用 1.12 节介绍的 chirp.m 生成两个 chirp 信号,一个频率由小变大,一个频率由大变小,将二者相加,求其谱图。

相应的程序是 exa130702_spectrum。运行该程序,其结果如图 13.7.1 所示。该图表明了信号的能量随时间和频率的分布。若把该三维图投影到时间和频率的二维平面上,那么可以清楚地看出该信号的能量分布在两条直线上,这两条直线反映了频率与时间的函数关系,一条的频率随时间的增加而增加,而另一条的频率却随时间的增加而减少,这正好体现了 chirp 信号的频率随时间线性变化的特点。

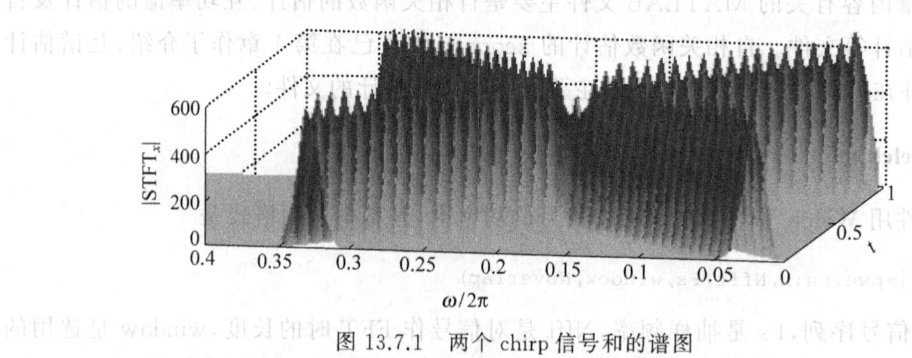


图 13.7.1 两个 chirp 信号和的谱图

# 小　结

本章首先讨论了自相关函数的估计方法及估性的性能，然后较为详细地讨论了经典谱估计中两个主要方法(周期图法、自相关法)的定义、算法及估计性能，给出了针对方差性能不好所做的改进方法。最后简要介绍了短时傅里叶变换的基本概念。

# 习题与上机练习

13.1　$v(n)$是一已知序列，所希望的信号$d(n)=\lambda v(n)$，$\lambda$是一常数。系统的输出是$y(n)$，试求$\lambda$，使得$y(n)$和$d(n)$的误差能量为最小。

13.2　设$x(n)$为一平稳随机信号，且是各态遍历的，现用式

$$\hat{r}(m)=\frac{1}{N-|m|}\sum_{n=0}^{N-1-|m|}x_N(n)x_N(n+m)$$

估计其自相关函数，试求此估计的均值与方差。

13.3　设一个随机过程的自相关函数$r(m)=0.8^{|m|}$，$m=0,\ \pm 1,\ \cdots$，现在取$N=100$点数据来估计其自相关函数$\hat{r}(m)$，在$m$为下列值时，求$\hat{r}(m)$对$r(m)$的估计偏差。

(1) $m=0$；　(2) $m=10$；　(3) $m=50$；　(4) $m=80$。

13.4　当用$r(m)=\dfrac{1}{N}\sum_{n=0}^{N-1-|m|}x(n)x(n+m)$来估计自相关函数时，一般$N$很大，而$r(m)$的单边长度$M$远小于$N$。为了加快处理速度，可在全部数据输入完毕之前就开始做相关计算，当最后一个数据到来时，相关函数的计算也即完成。试给出计算方法。

13.5　对$N$点数据$x_N(n)$，$n=0,\ 1,\ \cdots,\ N-1$，试证明

$$\sum_{m=-(N-1)}^{N-1}\hat{r}(m)\mathrm{e}^{-\mathrm{j}\omega m}=\frac{1}{N}\left|\sum_{n=0}^{N-1}x(n)\mathrm{e}^{-\mathrm{j}\omega n}\right|^2$$

并对照图13.1.2，说明当用DFT来实现上式时如何将它改成离散频率形式。

13.6　一段记录包含$N$点抽样，其抽样率$f_s=1000\mathrm{Hz}$。用平均法改进周期图估计时将数据分成了互不交叠的$K$段，每段数据长度$M=N/K$。假定在频谱中有两个相距为$0.04\pi(\mathrm{rad})$的谱峰，为要分辨它们，$M$应取多大？

*13.7　对本书所附的数据文件test，估计其自相关函数，令$M=32$，分别输出其实部

和虚部。

*13.8 利用 rand.m 产生 256 点白噪声序列,应用 Welch 法估计其功率谱,每段长为 64 点,重叠 32 点,输出平均后的功率谱曲线及对 256 点一次求周期图的功率谱曲线。

*13.9 对本书所附的数据文件 test,用 Welch 方法做谱估计,每段 32 点,叠合 16 点,用三角窗。输出平均后的谱曲线并和图 13.5.1(d)相比较,观察窗函数对谱估计的影响。

13.10 产生 50 次方差为 1 的白噪声信号,然后对每一次产生的白噪声都加上 3 个正弦信号,其圆周频率分别是 $0.25\pi$、$0.265\pi$ 及 $0.28\pi$,这样共得到 50 个记录。再对每一个记录求其周期图,并平均之,观察平均对用周期图求出的功率谱分辨率的影响。

13.11 太阳黑子活动周期的研究。

本书给出了两个太阳黑子的数据,一是 1770—1869 年这 100 年间记录到的每年太阳黑子活动的平均值,文件名是 sunspot.dat;另一个是 1700—2021 年这 322 年间记录到的每年太阳黑子活动的平均值,文件名是 sunspots_New.mat。试利用周期图对这两个数据作功率谱估计,大致估计黑子的活动周期。

13.12 对图 1.1.1 的语音信号“我正在学习数字信号处理”作短时傅里叶变换,观察其频率内容随时间变化的情况。

# 第 14 章

# 现代功率谱估计

## 14.1 平稳随机信号的参数模型

由第 13 章的讨论可知，经典功率谱估计方法的方差性能较差，分辨率较低。方差性能差的原因是无法实现功率谱密度原始定义中的求均值和求极限的运算。分辨率低的原因，对周期图法是假定了数据窗以外的数据全为零，对自相关法是假定了在延迟窗以外的自相关函数全为零。当然，这种假定是不符合实际的，正是由于这些不符合实际的假定产生了经典功率谱估计较差的分辨率。

在 12.7 节已概括地综述了现代功率谱估计技术的主要内容，这些技术的目标都是努力改善谱估计的分辨率。参数模型法是现代功率谱估计的主要内容，也是本章讨论的主题。参数模型法的思路如下。

① 假定所研究的过程 $x(n)$是由一个输入序列 $u(n)$激励一个线性系统 $H(z)$的输出，如图 14.1.1 所示。

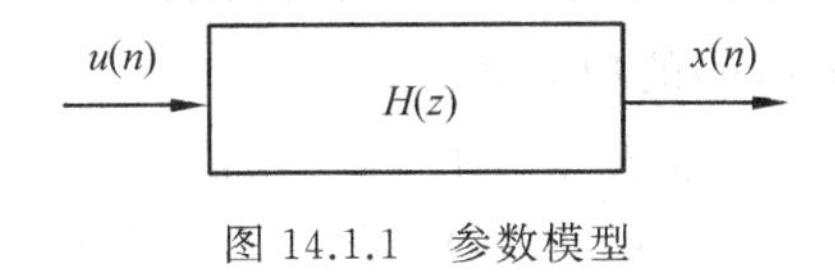


图 14.1.1 参数模型

② 由已知的 $x(n)$，或其自相关函数 $r_x(m)$来估计 $H(z)$的参数。

③ 由 $H(z)$的参数来估计 $x(n)$的功率谱。

众所周知，对一个研究对象建立数学模型是现代工程中常用的方法，它一方面使所研究的对象有一个简洁的数学表达式，另一方面，通过对模型的研究，可得到更多的参数，也可使我们对所研究的对象有更深入的了解。

在图 14.1.1 中，$H(z)$是一个因果的线性移不变离散时间系统，当然，它应该是稳定的，其单位抽样响应 $h(n)$是确定性的。输出序列 $x(n)$可以是平稳的随机序列，也可以是确定性的时间序列。若 $x(n)$是确定性的，那么 $u(n)$是一个冲激序列，若 $x(n)$是随机的，那么$u(n)$应是一个白噪声序列。

不论$x(n)$是确定性信号还是随机信号，对图 14.1.1 的线性系统，$u(n)$和$x(n)$之间总有如下的输入输出关系

$$x(n)=-\sum_{k=1}^{p}a_kx(n-k)+\sum_{k=0}^{q}b_ku(n-k) \tag{14.1.1}$$

及

$$x(n)=\sum_{k=0}^{\infty}h(k)u(n-k) \tag{14.1.2}$$

对式(14.1.1)及式(14.1.2)两边分别取 $Z$ 变换，并假定 $b_0=1$，可得

$$H(z)=\frac{B(z)}{A(z)} \tag{14.1.3}$$

式中

$$A(z)=1+\sum_{k=1}^{p}a_kz^{-k} \tag{14.1.4a}$$

$$B(z)=1+\sum_{k=1}^{q}b_kz^{-k} \tag{14.1.4b}$$

$$H(z)=\sum_{k=0}^{\infty}h(k)z^{-k} \tag{14.1.4c}$$

为了保证$H(z)$是一个稳定的且是最小相位的系统，$A(z)$、$B(z)$的零点都应在单位圆内。

假定$u(n)$是一个方差为$\sigma^2$的白噪声序列，由随机信号通过线性系统的理论(见式(12.3.2))可知，输出序列$x(n)$的功率谱

$$P_x(\mathrm{e}^{\mathrm{j}\omega})=\frac{\sigma^2B(\mathrm{e}^{\mathrm{j}\omega})B^*(\mathrm{e}^{\mathrm{j}\omega})}{A^*(\mathrm{e}^{\mathrm{j}\omega})A(\mathrm{e}^{\mathrm{j}\omega})}=\frac{\sigma^2\mid B(\mathrm{e}^{\mathrm{j}\omega})\mid^2}{\mid A(\mathrm{e}^{\mathrm{j}\omega})\mid^2} \tag{14.1.5}$$

这样，如果激励白噪声的方差$\sigma^2$及模型的参数$a_1,a_2,\cdots,a_p;b_1,b_2,\cdots,b_q$已知，那么由上式可求出输出序列$x(n)$的功率谱。

现对式(14.1.1)分 3 种情况来讨论。

① 如果$b_1,b_2,\cdots,b_q$全为零，那么式(14.1.1)、式(14.1.3)及式(14.1.5)分别变成

$$x(n)=-\sum_{k=1}^{p}a_kx(n-k)+u(n) \tag{14.1.6}$$

$$H(z)=\frac{1}{A(z)}=\frac{1}{1+\sum_{k=1}^{p}a_kz^{-k}} \tag{14.1.7}$$

$$P_x(\mathrm{e}^{\mathrm{j}\omega})=\frac{\sigma^2}{\left|1+\sum_{k=1}^{p}a_k\mathrm{e}^{-\mathrm{j}\omega k}\right|^2} \tag{14.1.8}$$

此三式给出的模型称为自回归(auto-regressive)模型,简称AR模型,它是一个全极点的模型。“自回归”的含义是:该模型现在的输出是现在的输入和过去 $p$ 个输出的加权和。

② 如果 $a_1,a_2,\cdots,a_p$ 全为零,那么式(14.1.1)、式(14.1.3)及式(14.1.5)分别变成

$$x(n)=\sum_{k=0}^{q}b_ku(n-k)=u(n)+\sum_{k=1}^{q}b_ku(n-k),\quad b_0=1 \tag{14.1.9}$$

$$H(z)=B(z)=1+\sum_{k=1}^{q}b_kz^{-k} \tag{14.1.10}$$

$$P_x(\mathrm{e}^{\mathrm{j}\omega})=\sigma^2\left|1+\sum_{k=1}^{q}b_k\mathrm{e}^{-\mathrm{j}\omega k}\right|^2 \tag{14.1.11}$$

此三式给出的模型称为移动平均(moving-average)模型,简称MA模型,它是一个全零点的模型。

③ 若 $a_1,a_2,\cdots,a_p;b_1,b_2,\cdots,b_q$ 不全为零,则式(14.1.1)给出的模型称为自回归-移动平均模型,简称ARMA模型。显然,ARMA模型是一个既有极点,又有零点的模型。

在第12章已指出,工程实际中所遇到的功率谱大体可分为3种,一种是“平谱”,即白噪声的谱;另一种是“线谱”,这是由一个或多个纯正弦所组成的信号的功率谱,这两种是极端的情况;介于二者之间的是既有峰点又有谷点的谱,这种谱称为ARMA谱。显然,由于ARMA模型是一个极零模型,它易于反映功率谱中的峰值和谷值。不难想象,AR模型易反映谱中的峰值,而MA模型易反映谱中的谷值。

AR、MA和ARMA是功率谱估计中最主要的参数模型。由后面的讨论可知,AR模型的正则方程是一组线性方程,而MA和ARMA模型是非线性方程。由于AR模型具有一系列好的性能,因此,是被研究最多并获得广泛应用的一种模型。本章将较为详细地讨论AR模型参数的计算、谱的性能及与其他算法(如线性预测、最大熵谱估计等)的关系,最后给出MA模型及ARMA模型谱估计算法。

## 14.2 AR模型的正则方程与参数计算

假定 $u(n)$、$x(n)$ 都是实平稳的随机信号,$u(n)$ 为白噪声,方差为 $\sigma^2$,现在,我们希望建立AR模型的参数 $a_k$ 和 $x(n)$ 的自相关函数的关系,也即AR模型的正则方程(normal equation)。

将式(14.1.6)两边同乘以 $x(n+m)$,并求均值,得

$$r_x(m)=E\{x(n)x(n+m)\}=E\left\{\left[-\sum_{k=1}^{p}a_k x(n+m-k)+u(n+m)\right]x(n)\right\}$$

即

$$r_x(m)=-\sum_{k=1}^{p}a_k E\{x(n+m-k)x(n)\}+E\{u(n+m)x(n)\}$$

于是

$$r_x(m)=-\sum_{k=1}^{p}a_k r_x(m-k)+r_{xu}(m) \tag{14.2.1}$$

由于 $u(n)$ 是方差为 $\sigma^2$ 的白噪声,由式(14.1.2),有

$$\begin{aligned}r_{xu}(m)&=E\{u(n+m)x(n)\}=E\{u(n+m)\sum_{k=0}^{\infty}h(k)u(n-k)\}\\&=\sigma^2\sum_{k=0}^{\infty}h(k)\delta(m+k)=\sigma^2 h(-m)\end{aligned}$$

即

$$E\{u(n)x(n-m)\}=\begin{cases}0, & m\neq 0\\ \sigma^2 h(0), & m=0\end{cases} \tag{14.2.2}$$

由 $Z$ 变换的定义,$\lim\limits_{z\to\infty}H(z)=h(0)$,在式(14.1.7)中,当 $z\to\infty$ 时,有 $h(0)=1$。综合式(14.2.1)及式(14.2.2),有

$$r_x(m)=\begin{cases}-\sum_{k=1}^{p}a_k r_x(m-k), & m\geqslant 1\\ -\sum_{k=1}^{p}a_k r_x(k)+\sigma^2, & m=0\end{cases} \tag{14.2.3a}$$

该式也常写成如下形式:

$$\sum_{k=0}^{p}a_p(k)r_x(m-k)=\begin{cases}0, & m=1,2,\cdots,p\\ \sigma^2, & m=0\end{cases} \tag{14.2.3b}$$

式中,$a_p(k)$ 是 $p$ 阶 AR 模型的第 $k$ 个系数,且 $a_p(0)=1$。

在上面的推导中,应用了自相关函数的偶对称性,即 $r_x(m)=r_x(-m)$。上式可写成矩阵形式,即

$$
\begin{bmatrix} r_x(0) & r_x(1) & r_x(2) & \cdots & r_x(p) \\ r_x(1) & r_x(0) & r_x(1) & \cdots & r_x(p-1) \\ r_x(2) & r_x(1) & r_x(0) & \cdots & r_x(p-2) \\ \vdots & \vdots & \vdots & \ddots & \vdots \\ r_x(p) & r_x(p-1) & r_x(p-2) & \cdots & r_x(0) \end{bmatrix} \begin{bmatrix} 1 \\ a_1 \\ a_2 \\ \vdots \\ a_p \end{bmatrix} = \begin{bmatrix} \sigma^2 \\ 0 \\ 0 \\ \vdots \\ 0 \end{bmatrix} \tag{14.2.4}
$$

上述两式即AR模型的正则方程，又称Yule-Walker方程。系数矩阵不但是对称的，而且沿着和主对角线平行的任一条对角线上的元素都相等，这样的矩阵称为Toeplitz矩阵。若$x(n)$是复过程，那么$r_x(m)=r_x^*(-m)$，系数矩阵是Hermitian对称的Toeplitz矩阵。式(14.2.4)可简单地表示为

$$
\boldsymbol{Ra} = \begin{bmatrix} \sigma^2 \\ \boldsymbol{0}_p \end{bmatrix} \tag{14.2.5}
$$

式中，$\boldsymbol{a}=[1,a_1,\cdots,a_p]^{\mathrm{T}}$，$\boldsymbol{0}_p$为$p\times1$全零列向量，$\boldsymbol{R}$是$(p+1)\times(p+1)$的自相关矩阵。

可以看出，一个$p$阶的AR模型共有$p+1$个参数，即$a_1,\cdots,a_p,\sigma^2$，只要知道$x(n)$的前$p+1$个自相关函数$r_x(0),r_x(1),\cdots,r_x(p)$，由式(14.2.3)～式(14.2.5)的线性方程组即可求出这$p+1$个参数，将它们代入式(14.1.8)，即可求出$x(n)$的功率谱。用高斯消元法直接求解式(14.2.4)，需要的计算量约为$O(p^3)$。Levinson、Durbin根据Toeplitz矩阵的对称性质，给出了一个高效的递推算法，需要的计算量约为$O(p^2)$。为了更好地理解AR模型的一些性质，在讨论该递推算法之前，先介绍线性预测的基本概念，从而揭示AR模型和线性预测之间的关系。

设$x(n)$在$n$时刻之前的$p$个数据$\{x(n-p),\ x(n-p+1),\ \cdots,\ x(n-1)\}$已知，我们希望利用这$p$个数据来预测$n$时刻的值$x(n)$。预测的方法很多，现在用线性预测的方法来实现。记$\hat{x}(n)$是对真实值$x(n)$的预测，那么

$$
\hat{x}(n) = -\sum_{k=1}^{p} \alpha_k x(n-k) \tag{14.2.6}
$$

记预测值$\hat{x}(n)$和真值$x(n)$之间的误差为$e(n)$，则

$$
e(n) = x(n) - \hat{x}(n) \tag{14.2.7}
$$

因此，总的预测误差功率为

$$
\rho = E\{e^2(n)\} = E\{[x(n) + \sum_{k=1}^{p} \alpha_k x(n-k)]^2\} \tag{14.2.8}
$$

根据式(12.5.13)的正交原理，为求得使$\rho$最小的$\alpha_k$，$k=1,\cdots,p$，应使$x(n-p),\cdots,x(n-1)$和预差误差序列$e(n)$正交，即

$$
E\{x(n-m)[x(n)-\hat{x}(n)]\} = 0,\quad m=1,2,\cdots,p \tag{14.2.9}
$$

由此式可得

$$r_x(m)=-\sum_{k=1}^{p}\alpha_k r_x(m-k),\quad m=1,2,\cdots,p \tag{14.2.10}$$

再由式(12.5.14),有

$$\rho_{\min}=E\{x(n)[x(n)-\hat{x}(n)]\}=r_x(0)+\sum_{k=1}^{p}\alpha_k r_x(k) \tag{14.2.11}$$

式(14.2.10)和式(14.2.11)称为线性预测的 Wiener-Hopf 方程。令式(14.2.8)的 $\rho$ 相对 $a_k$, $k=1, 2, \cdots, p$ 为最小,同样可得到这两个方程。

将这两个方程和 AR 模型的正则方程相比较,可以看出它们极其相似。因为 $x(n)$是同一个随机信号,若线性预测器的阶次和 AR 模型的阶次一样,那么,必然有

$$\begin{cases}\alpha_k=a_k, & k=1,2,\cdots,p\\ \rho_{\min}=\sigma^2\end{cases} \tag{14.2.12}$$

上面两式说明,一个 $p$ 阶 AR 模型的 $p+1$ 个参数($\sigma^2$, $a_1$, $\cdots$, $a_p$)同样可用来构成一个 $p$ 阶的最佳线性预测器。该预测器的最小均方误差 $\rho_{\min}$ 等于 AR 模型激励白噪声的能量(方差 $\sigma^2$)。反过来,若要求一个 AR 模型的输出是同阶预测器所预测的 $x(n)$,那么该 AR 模型的系数应是线性预测器的系数,输入白噪声的能量应等于 $\rho_{\min}$。所以,AR 模型和线性预测器是等价的,由此可以看出,AR 模型是在最小平方意义上对数据的拟合。

若 $x(n)$是由一个 $p$ 阶线性预测器所产生的输出,而 $x(n)$又是一个 $p$ 阶的 AR 过程,那么

$$\begin{aligned}e(n)&=x(n)-\hat{x}(n)=x(n)+\sum_{k=1}^{p}\alpha_k x(n-k)\\&=x(n)+\sum_{k=1}^{p}a_k x(n-k)=u(n)\end{aligned} \tag{14.2.13}$$

即 $p$ 阶线性预测器的输出是一个白噪声序列。所谓 $x(n)$是一个 AR($p$)过程,是指 $x(n)$是由 $u(n)$激励一个 $p$ 阶的 AR 模型所产生的。若采用高于 $p$ 阶的 AR 模型,当 $k>p$ 时,必有 $a_k=0$。由于滤波器 $A(z)$能将 $x(n)$变成一个白噪声 $u(n)$(即 $e(n)$),所以称 $A(z)$为白化滤波器,或反滤波器。AR 模型、白化滤波器及线性预测器分别示于图 14.2.1(a)、(b)和(c)。

式(14.2.6)是用后 $p$ 个数据向前一步预测 $x(n)$,当然,也可用这 $p$ 个数据向后一步预测 $x(n-p)$,前者称为前向预测,后者称为后向预测。线性预测的理论在 AR 模型参数的求解中起到了重要的作用,14.5 节将进一步详细讨论。

现在讨论 Levinson-Durbin 快速算法。

定义 $a_m(k)$为 $p$ 阶 AR 模型在阶次为 $m$ 时的第 $k$ 个系数,$k=1, 2, \cdots, m$, 而 $m=1, 2, \cdots, p$, $\rho_m$ 为 $m$ 阶时的前向预测的最小误差功率(此处省去了“min”,且 $\rho_m=\sigma_m^2$)。

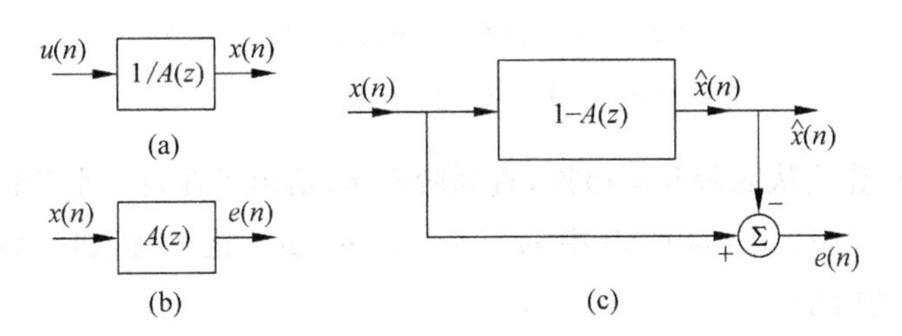


图 14.2.1　AR模型与白化滤波器

(a) AR模型；(b) 白化滤波器；(c) 线性预测器

由式(14.2.4)，当 $p=1$ 时，有

$$\begin{bmatrix} r_x(0) & r_x(1) \\ r_x(1) & r_x(0) \end{bmatrix} \begin{bmatrix} 1 \\ a_1(1) \end{bmatrix} = \begin{bmatrix} \rho_1 \\ 0 \end{bmatrix}$$

解出

$$a_1(1) = -r_x(1)/r_x(0) \tag{14.2.14a}$$

$$\rho_1 = r_x(0) - r_x^2(1)/r_x(0) = r_x(0)[1 - a_1^2(1)] \tag{14.2.14b}$$

定义初始条件

$$\rho_0 = r_x(0)$$

那么

$$\rho_1 = \rho_0[1 - a_1^2(1)]$$

当 $p=2$ 时，由式(14.2.4)，有

$$\begin{bmatrix} r_x(0) & r_x(1) & r_x(2) \\ r_x(1) & r_x(0) & r_x(1) \\ r_x(2) & r_x(1) & r_x(0) \end{bmatrix} \begin{bmatrix} 1 \\ a_2(1) \\ a_2(2) \end{bmatrix} = \begin{bmatrix} \rho_2 \\ 0 \\ 0 \end{bmatrix}$$

及

$$a_2(1)r_x(0) + a_2(2)r_x(1) = -r_x(1)$$

$$a_2(1)r_x(1) + a_2(2)r_x(0) = -r_x(2)$$

利用式(14.2.14a)及式(14.2.14b)的结果，进一步可求出

$$a_2(2) = -\frac{a_1(1)r_x(1) + r_x(2)}{r_x(0)[1 - a_1^2(1)]} = -\frac{a_1(1)r_x(1) + r_x(2)}{\rho_1} \triangleq k_2 \tag{14.2.14c}$$

$$a_2(1) = a_1(1) + k_2 a_1(1) \tag{14.2.14d}$$

$$\rho_2 = \rho_1[1 - k_2^2] \tag{14.2.14e}$$

再定义第 $m$ 阶时的第 $m$ 个系数，即 $a_m(m)$ 为 $k_m$，$k_m$ 称为反射系数，那么，由 Toeplitz 矩阵的性质，可得到如下 Levinson-Durbin 递推算法：

$$k_m = -\left[\sum_{k=1}^{m-1} a_{m-1}(k) r_x(m-k) + r_x(m)\right] \Big/ \rho_{m-1} \tag{14.2.15a}$$

$$a_m(k)=a_{m-1}(k)+k_m a_{m-1}(m-k) \tag{14.2.15b}$$

$$\rho_m=\rho_{m-1}[1-k_m^2] \tag{14.2.15c}$$

Levinson-Durbin 算法从低阶开始递推，直到阶次 $p$，给出了在每一个阶次时的所有参数，即 $a_m(1)$，$a_m(2)$，…，$a_m(m)$，其中 $m=1, 2, \cdots, p$。这一特点特别有利于我们选择 AR 模型的合适的阶次。

由于线性预测的最小均方误差总是大于零的，由式(14.2.15c)，必有

$$|k_m|<1 \tag{14.2.16}$$

如果 $|k_m|=1$，那么递推应该停止。由反射系数的这一特点，可得出预测误差功率的一个很重要的性质

$$\rho_p<\rho_{p-1}<\cdots<\rho_1<\rho_0 \tag{14.2.17}$$

由上面的讨论可知，对一个 AR($p$)过程 $x(n)$，可等效地用三组参数来表示它：

① $p+1$ 个自相关函数，即 $r_x(0)$，$r_x(1)$，…，$r_x(p)$；

② $p+1$ 个 AR 模型参数，即 $a_p(1)$，$a_p(2)$，…，$a_p(p)$，$\sigma^2$(或 $\rho_p$)；

③ 反射系数，即 $k_1$，$k_2$，…，$k_p$ 及 $r_x(0)$。

这三组参数可以互相地导出。

式(14.2.14)及式(14.2.15)的推导是建立在 $x(n)$的前 $p+1$ 个自相关函数已知的基础上的，在实际工作中，往往并不能精确地知道 $x(n)$的自相关函数，而知道的仅仅是 $N$ 点数据，即 $x_N(n)$，$n=0, 1, \cdots, N-1$，为此，可以按如下步骤估计 $x(n)$的功率谱：

① 由 $x_N(n)$估计 $x(n)$的自相关函数，得 $\hat{r}_x(m)$，$m=0, 1, \cdots, p$；

② 用 $\hat{r}_x(m)$代替上述递推算法中的 $r_x(m)$，重新求解 Yule-Walker 方程，这时求出的 AR 模型参数是真实参数的估计值，即 $\hat{a}(1)$，$\hat{a}(2)$，…，$\hat{a}(p)$，$\hat{\rho}_p$；

③ 将这些参数代入式(14.1.8)，得到 $x(n)$的功率谱 $P_x(\mathrm{e}^{\mathrm{j}\omega})$的估计，即

$$\hat{P}_{\mathrm{AR}}(\mathrm{e}^{\mathrm{j}\omega})=\frac{\hat{\rho}_p}{\left|1+\sum_{k=1}^{p}\hat{a}_k\mathrm{e}^{-\mathrm{j}\omega k}\right|^2} \tag{14.2.18}$$

对 $\omega$ 在单位圆上均匀抽样，设分点为 $N$ 个，则得到离散谱

$$\hat{P}_{\mathrm{AR}}(\mathrm{e}^{\mathrm{j}\frac{2\pi}{N}l})=\frac{\hat{\rho}_p}{\left|1+\sum_{k=1}^{p}\hat{a}_k\mathrm{e}^{-\mathrm{j}\frac{2\pi}{N}lk}\right|^2}=\frac{\hat{\rho}_p}{\left|\sum_{k=0}^{N-1}\hat{a}_k\mathrm{e}^{-\mathrm{j}\frac{2\pi}{N}lk}\right|^2} \tag{14.2.19}$$

式中，$a_0=1$，而 $a_{p+1}$，…，$a_{N-1}=0$。这样，上式可用 FFT 快速计算。

# 14.3 AR 模型功率谱估计的性质及阶次的选择

## 14.3.1 AR 模型功率谱估计的性质

AR 模型估计出的功率谱有一系列“好”的性质，现分别讨论。

### 1. AR 谱的平滑特性

由于 AR 模型是一个有理分式，因而估计出的谱要比经典法的谱平滑。图 14.3.1 是对本书所附的数据文件做出的功率谱估计，显然，AR 谱比周期图谱平滑得多。

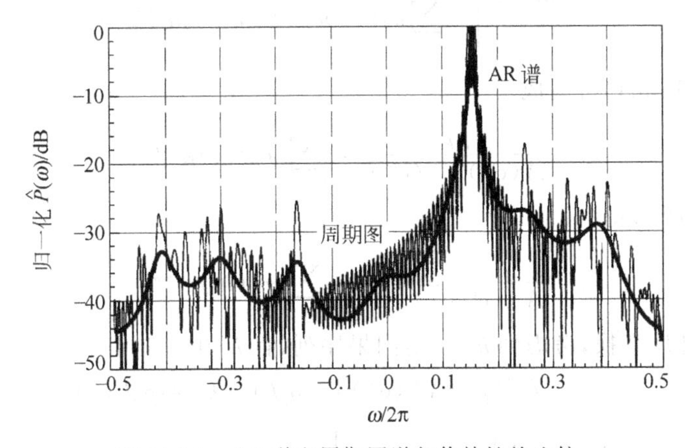


图 14.3.1　AR 谱和周期图谱起伏特性的比较

### 2. AR 谱的分辨率

由信号的时宽-带宽积(见 3.7.3 节)可知，长度为 $N$ 的信号，若抽样间隔为 $T_s$，那么由 DFT 做功率谱分析时，其分辨率粗略地为 $f_s/N$。在讨论经典谱估计的分辨率时，我们指出，分辨率正比于 $2\pi k/N$，也即窗函数主瓣的宽度，$2\pi$ 对应 $f_s$。总之，经典谱估计的分辨率反比于使用的信号的长度。

现代功率谱估计的分辨率可以不受此限制。这是因为，对给定的数据 $x_N(n)$，$n=0$，$1$，…，$N-1$，虽然其估计出的自相关函数也是有限长，即 $m=-(N-1)\sim(N-1)$，但现代功率谱估计的一些方法隐含着数据和自相关函数的外推，使其可能的长度超过给定

的长度。例如,AR 模型是在最小均方意义上对给定的数据的拟合,即

$$\hat{x}(n)=-\sum_{k=1}^{p}a_k x(n-k)$$

这样,$\hat{x}(n)$可能达到的长度是从 0 至$(N-1+p)$。在此之外,若用$\hat{x}(n)$代替$x(n)$,还可继续外推。

AR 谱$P_{\mathrm{AR}}(\mathrm{e}^{\mathrm{j}\omega})$对应一个无穷长的自相关函数,记为$r_a(m)$,即

$$P_{\mathrm{AR}}(\mathrm{e}^{\mathrm{j}\omega})=\frac{\rho_p}{\left|1+\sum_{k=1}^{p}a_k\mathrm{e}^{-\mathrm{j}\omega k}\right|^2}=\sum_{m=-\infty}^{\infty}r_a(m)\mathrm{e}^{-\mathrm{j}\omega m} \tag{14.3.1}$$

现在证明,$r_a(m)$和真实自相关函数$r_x(m)$有如下关系[Dub75]:

$$r_a(m)=\begin{cases}r_x(m), & |m|\leqslant p\\ -\sum_{k=1}^{p}a_k r_a(m-k), & |m|>p\end{cases} \tag{14.3.2}$$

**证明**　式(14.3.1)可写成

$$\frac{\rho_p}{A(\mathrm{e}^{\mathrm{j}\omega})A^*(\mathrm{e}^{\mathrm{j}\omega})}=\sum_{m=-\infty}^{\infty}r_a(m)\mathrm{e}^{-\mathrm{j}\omega m}$$

两边同乘以$A(\mathrm{e}^{\mathrm{j}\omega})$,得

$$\frac{\rho_p}{A^*(\mathrm{e}^{\mathrm{j}\omega})}=A(\mathrm{e}^{\mathrm{j}\omega})\sum_{m=-\infty}^{\infty}r_a(m)\mathrm{e}^{-\mathrm{j}\omega m}$$

两边同取傅里叶反变换,考虑到$h(n)$是因果序列,且$h(0)=1$,有

$$\mathscr{F}^{-1}[\rho_p/A^*(\mathrm{e}^{\mathrm{j}\omega})]=\rho_p h(-k)=\rho_p h(0)=\rho_p$$

$$\mathscr{F}^{-1}\left[A(\mathrm{e}^{\mathrm{j}\omega})\sum_{m=-\infty}^{\infty}r_a(m)\mathrm{e}^{-\mathrm{j}\omega m}\right]=a(m)*r_a(m)$$

$$=\sum_{k=0}^{p}a(k)r_a(m-k) \tag{14.3.3}$$

以上两式相等,于是有

$$r_a(m)=-\sum_{k=1}^{p}a(k)r_a(m-k)+\rho_p\delta(m),\quad m\geqslant 0 \tag{14.3.4}$$

当$|m|>p$时,自相关函数$r_a(m)$可以用此式外推,因此式(14.3.2)的第二个式子得证。此式即式(14.2.3)的 Yule-Walker 方程,不过此处是用$r_a(m)$代替了真实的自相关函数$r_x(m)$。但$r_x(m)$和$r_a(m)$在$m=0,1,\cdots,p$时用来产生同样一组自回归模型的参数,因此,必有$r_a(m)=r_x(m)$,其中$m=1,2,\cdots,p$,这样,式(14.3.2)的第一个式子得证。

式(14.3.2)称为 AR 模型的"自相关函数匹配"性质。用$r_x(0),r_x(1),\cdots,r_x(p)$这

$p+1$个值可以表征一个$p$阶的AR模型，由此AR($p$)模型得到的谱$P_{AR}(e^{j\omega})$对应一个无穷长的自相关序列$r_a(m)$，$r_a(m)$在$m=0,1,\cdots,p$时完全等于$r_x(m)$，而在$m>p$时，$r_a(m)$是由式(14.3.2)作外推而得到的。在经典谱估计的自相关法中，有

$$\hat{P}_{BT}(e^{j\omega})=\sum_{m=-p}^{p}\hat{r}_x(m)e^{-j\omega m}$$

它是把$|m|>p$以外的自相关函数都视为零，其分辨率当然不可避免地要受到窗函数的宽度($-p\sim+p$)的限制。而AR模型谱对应的自相关函数在$|m|>p$后并不等于零，它可以由式(14.3.2)外推，因此避免了窗函数的影响。这是AR模型谱的分辨率高的一个主要原因。

图14.11.1(a)是所给试验数据的真实功率谱，图(b)、(c)和(d)是用AR($p$)求出的自相关谱，$p$分别等于10、20及30。有关该图形的解释见14.11节。

AR模型谱估计的高分辨率特性也可从AR模型和最大熵谱估计的关系来加以说明。为此，现简要介绍最大熵谱估计的概念。

最大熵谱估计(maximum entropy spectral estimation, MESE)是Burg于1967年提出的[Bur67]。MESE的基本思想是，已知$p+1$个自相关函数$r_x(0)$，$r_x(1)$，$\cdots$，$r_x(p)$，现在希望利用这$p+1$个值对$m>p$时的未知的自相关函数予以外推。外推的方法很多，Burg主张，外推后的自相关函数所对应的时间序列应具有最大的熵，也就是说，在所有前$p+1$个自相关函数等于原来给定值的外推后的自相关序列中，所选择的自相关序列对应的时间序列是“最随机”的。下面先简要介绍熵的概念，再给出最大熵谱估计的方法，并讨论它和AR谱的关系。

设信源是由属于集合$X=\{x_1,x_2,\cdots,x_M\}$的$M$个事件组成，信源产生事件$x_j$的概率为$P(x_j)$，则

$$\sum_{j=1}^{M}P(x_j)=1$$

定义在集合$X$中事件$x_j$的信息量为

$$I(x_j)=-\ln P(x_j)$$

若式中对数以e为底，则$I(x_j)$的单位为奈特(nat)，若以2为底，则单位为比特(bit)。

定义整个信源$M$个事件的平均信息量为

$$H(X)=-\sum_{j=1}^{M}P(x_j)\ln P(x_j) \tag{14.3.5}$$

$H(X)$称为信源$X$的熵。若信源$X$是一个连续型的随机变量，其概率密度$p(x)$也是连续函数，模仿式(14.3.5)，信源$X$的熵定义为

$$H(X)=-\int_{-\infty}^{\infty}p(x)\ln p(x)\mathrm{d}x \tag{14.3.6}$$

假定信源 $X$ 是一个高斯随机过程，可以证明，它的每个样本的熵正比于

$$\int_{-\pi}^{\pi} \ln P_{\text{MEM}}(e^{j\omega})\,d\omega \tag{14.3.7}$$

式中，$P_{\text{MEM}}(e^{j\omega})$是信号 $X$ 的最大熵功率谱。Burg 对 $P_{\text{MEM}}(e^{j\omega})$施加了一个制约条件，即它的傅里叶反变换所得到的前 $p+1$ 个自相关函数应等于所给定的信号 $X$ 的前 $p+1$ 个自相关函数，即

$$\int_{-\pi}^{\pi} P_{\text{MEM}}(e^{j\omega})e^{j\omega m}\,d\omega = r_x(m), \quad m=0,1,\cdots,p \tag{14.3.8}$$

若 $X$ 是高斯型随机信号，则利用 Lagrange 乘子法，在式(14.3.8)的制约下，令式(14.3.7)最大，得到最大熵功率谱，即

$$P_{\text{MEM}}(e^{j\omega}) = \frac{\sigma^2}{\left|1+\sum_{k=1}^{p} a_k e^{-j\omega k}\right|^2} \tag{14.3.9}$$

式中，$\sigma^2$，$a_1$，$a_2$，$\cdots$，$a_p$ 是通过 Yule-Walker 方程求出的 AR 模型的参数。这样，对高斯随机信号，其最大熵功率谱和其 AR 谱是一样的。由于最大熵谱本来就是建立在自相关函数外推的基础上的，所以 AR 谱也等效于一个外推后的自相关函数的谱。这有助于帮助我们理解 AR 谱的性质。

当然，如果信号 $X$ 不是高斯随机信号，其最大熵功率谱和 AR 谱是不一样的。

**3. AR 谱的匹配性质**

由图 14.2.1(b)，记 $P_e(e^{j\omega})$为误差序列 $e(n)$的功率谱，则

$$P_x(e^{j\omega}) = \frac{P_e(e^{j\omega})}{|A(e^{j\omega})|^2} \tag{14.3.10}$$

又

$$P_{\text{AR}}(e^{j\omega}) = \frac{\rho_{\min}}{|A(e^{j\omega})|^2} \tag{14.3.11}$$

比较上面两式可以看出，如果信号 $x(n)$的功率谱 $P_x(e^{j\omega})$被 AR 模型的谱 $P_{\text{AR}}(e^{j\omega})$来模拟，则误差序列 $e(n)$的功率谱 $P_e(e^{j\omega})$将由一个常数 $\rho_{\min}$来模拟。具有这样谱的 $e(n)$，对确定性信号来说，是一个冲激函数，对随机信号来说，将是一个白噪声。从这里也可看出 $A(z)$的白化作用。

记 $e(n)$的自相关函数为 $r_e(m)$，则

$$\rho = E\{e^2(n)\} = r_e(0) = \frac{1}{2\pi}\int_{-\pi}^{\pi} P_e(e^{j\omega})\,d\omega = \frac{1}{2\pi}\int_{-\pi}^{\pi} P_x(e^{j\omega})\,|A(e^{j\omega})|^2 d\omega \tag{14.3.12}$$

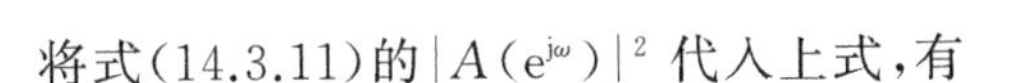

将式(14.3.11)的$|A(\mathrm{e}^{\mathrm{j}\omega})|^2$代入上式,有

$$\rho=\frac{\rho_{\min}}{2\pi}\int_{-\pi}^{\pi}\frac{P_x(\mathrm{e}^{\mathrm{j}\omega})}{P_{\mathrm{AR}}(\mathrm{e}^{\mathrm{j}\omega})}\mathrm{d}\omega \tag{14.3.13}$$

式中,$\rho$是误差序列$e(n)$的均方值。若令上式中的$\rho$最小,同样可得到 Yule-Walker 方程。这样,对 AR 模型或线性预测,又可以在频域给出新的解释:给定一个随机信号$x(n)$的功率谱,我们希望用一个模型的谱$P_{\mathrm{AR}}(\mathrm{e}^{\mathrm{j}\omega})$来模拟它,使二者比值的积分为最小。

前面已推出,$\rho$的最小值为$\rho_{\min}$,这样,式(14.3.13)变成

$$\frac{1}{2\pi}\int_{-\pi}^{\pi}\frac{P_x(\mathrm{e}^{\mathrm{j}\omega})}{P_{\mathrm{AR}}(\mathrm{e}^{\mathrm{j}\omega})}\mathrm{d}\omega=1 \tag{14.3.14}$$

此式对任何阶次的$p$都成立。它指出,真实谱与 AR 谱比值的均值为 1,这是 AR 模型的一个重要性质,它在某种程度上也反映了自相关函数的匹配性质。由维纳-辛钦定理及式(14.3.1),有

$$P_x(\mathrm{e}^{\mathrm{j}\omega})=\sum_{m=-\infty}^{\infty}r_x(m)\mathrm{e}^{-\mathrm{j}\omega m}$$

$$P_{\mathrm{AR}}(\mathrm{e}^{\mathrm{j}\omega})=\sum_{m=-\infty}^{\infty}r_a(m)\mathrm{e}^{-\mathrm{j}\omega m}$$

$r_a(m)$和$r_x(m)$的关系由式(14.3.2)给出。若增大阶次$p$,则等效地增加了$r_a(m)$中和$r_x(m)$相等的部分,这样,$P_{\mathrm{AR}}(\mathrm{e}^{\mathrm{j}\omega})$和$P_x(\mathrm{e}^{\mathrm{j}\omega})$近似得越好,当$p\to\infty$时,有

$$r_a(m)=r_x(m)$$

$$P_{\mathrm{AR}}(\mathrm{e}^{\mathrm{j}\omega})=P_x(\mathrm{e}^{\mathrm{j}\omega})$$

这就是说,在理论上,可以用一个全极点的模型来近似一个已知的谱$P_x(\mathrm{e}^{\mathrm{j}\omega})$,能达到任意的精度[Mak75]。

由式(14.3.14)可得出$P_{\mathrm{AR}}(\mathrm{e}^{\mathrm{j}\omega})$和$P_x(\mathrm{e}^{\mathrm{j}\omega})$相匹配的一些性质。从整体上看,$P_{\mathrm{AR}}(\mathrm{e}^{\mathrm{j}\omega})$将均匀地和$P_x(\mathrm{e}^{\mathrm{j}\omega})$相跟随。因为均值为 1,所以$P_{\mathrm{AR}}(\mathrm{e}^{\mathrm{j}\omega})$将在$P_x(\mathrm{e}^{\mathrm{j}\omega})$的上下波动,即在有的区域,$P_{\mathrm{AR}}(\mathrm{e}^{\mathrm{j}\omega})>P_x(\mathrm{e}^{\mathrm{j}\omega})$,而在另外的区域,$P_{\mathrm{AR}}(\mathrm{e}^{\mathrm{j}\omega})<P_x(\mathrm{e}^{\mathrm{j}\omega})$。但是,从对式(14.3.14)积分的贡献来说,$P_x(\mathrm{e}^{\mathrm{j}\omega})/P_{\mathrm{AR}}(\mathrm{e}^{\mathrm{j}\omega})>1$的贡献要比$P_x(\mathrm{e}^{\mathrm{j}\omega})/P_{\mathrm{AR}}(\mathrm{e}^{\mathrm{j}\omega})<1$的贡献大。因为整个的积分值为 1,所以又可得到谱匹配的局部性质:在$P_{\mathrm{AR}}(\mathrm{e}^{\mathrm{j}\omega})$匹配$P_x(\mathrm{e}^{\mathrm{j}\omega})$过程中,$P_{\mathrm{AR}}(\mathrm{e}^{\mathrm{j}\omega})<P_x(\mathrm{e}^{\mathrm{j}\omega})$的区域要少于$P_{\mathrm{AR}}(\mathrm{e}^{\mathrm{j}\omega})>P_x(\mathrm{e}^{\mathrm{j}\omega})$的区域。即$P_{\mathrm{AR}}(\mathrm{e}^{\mathrm{j}\omega})$对$P_x(\mathrm{e}^{\mathrm{j}\omega})$的匹配,在$P_x(\mathrm{e}^{\mathrm{j}\omega})>P_{\mathrm{AR}}(\mathrm{e}^{\mathrm{j}\omega})$的区域要好于$P_x(\mathrm{e}^{\mathrm{j}\omega})<P_{\mathrm{AR}}(\mathrm{e}^{\mathrm{j}\omega})$的区域。也就是说,$P_{\mathrm{AR}}(\mathrm{e}^{\mathrm{j}\omega})$是$P_x(\mathrm{e}^{\mathrm{j}\omega})$的包络的一个好的近似,如图 14.3.1 所示。从 AR 模型自身的特点也可理解这一点。因为$H(z)$是一个全极点的模型,因而它易于表示谱峰,而不易表现谱谷。总之,在整个频率范围内,$P_{\mathrm{AR}}(\mathrm{e}^{\mathrm{j}\omega})$和$P_x(\mathrm{e}^{\mathrm{j}\omega})$相跟随,但在每一个局部处,它跟随$P_x(\mathrm{e}^{\mathrm{j}\omega})$的峰点要比跟随谷点的程度好。

**4. AR 谱的统计特性**

严格地分析 AR 谱的方差比较困难，目前尚未有一个解析表达式。粗略地讲，AR 谱的方差反比于数据 $x_N(n)$ 的长度 $N$ 和信噪比 SNR。

**5. AR 模型谱估计方法的不足**

在实际运用时，发现 AR 模型在谱估计中存在一些缺点。有些缺点和模型本身有关，有些则和采用的求解模型参数的方法有关。

一个明显的缺点是 AR 谱的分辨率和求 AR 模型时所使用信号的信噪比 SNR 有着密切的关系。设 $x(n)$ 为一个 AR($p$)过程，并假定在获得 $x(n)$ 的过程中混入了方差为 $\sigma_w^2$ 的观察噪声 $w(n)$。这样，拟合一个 AR($p$)过程实际所用的数据将不是 $x(n)$ 而是 $y(n)$，$y(n)=x(n)+w(n)$，用 $p$ 阶 AR 模型所得到的 $y(n)$ 的功率谱为

$$P_y(z)=P_x(z)+P_w(z)=\frac{\sigma_u^2}{A(z)A^*(1/z^*)}+\sigma_w^2$$

$$=\frac{\sigma_u^2+\sigma_w^2A(z)A^*(1/z^*)}{A(z)A^*(1/z^*)} \tag{14.3.15}$$

式中，$\sigma_u^2$ 是 AR($p$)模型的激励白噪声 $u(n)$ 的方差。$u(n)$ 和 $w(n)$ 不同，前者是建立模型所必需的，而后者是观察数据时所附加的。由式(14.3.15)可以看出，$y(n)$ 的功率谱实际上由一个既有极点又有零点的 ARMA($p$，$p$)模型来表征。由于零点的存在使谱的动态范围减小，从而降低了分辨率。$\sigma_m^2$ 越大，即 $y(n)$ 的信噪比 SNR 越小，谱的分辨率降低得越明显[Kay81]。

其二，如果 $x(n)$ 是含有噪声的正弦信号，在应用时发现，谱峰的位置易受 $x(n)$ 的初相位的影响，且在有的算法中还可能出现"谱线分裂"的现象，即在本来应只有一个谱线的位置附近分裂成两个谱线。通过算法的改进和其他一些措施可以较好地克服这些缺点。

其三，谱估计的质量受到阶次 $p$ 的影响。$p$ 选得过低，谱太平滑，反映不出谱峰；$p$ 选得过大，可能会产生虚假的峰值。当然，通过合适地选择阶次可以克服这一缺点(见图 14.11.1(b)、(c)和(d))。

## 14.3.2 AR 模型阶次的选择

AR 模型的阶次 $p$ 一般事先是不知道的，需要事先选定一个稍大的值，在递推的过程中确定。前面已指出，在使用 Levinson 递推时，可以给出由低阶到高阶的每一组参数，且模型的最小预测误差功率 $\rho$ 是递减的。直观上讲，当 $\rho$ 达到所指定的希望值或是不再发

生变化时，其时的阶次即是应选的正确阶次。

由于 $\rho$ 是单调下降的，因此，$\rho_p$ 的值降到多少才合适往往不好确定。为此，人们提出了几个不同的准则，现介绍其中两个较常用的。

(1) 最终预测误差准则

$$\mathrm{FPE}(k)=\rho_k \frac{N+(k+1)}{N-(k+1)} \tag{14.3.16}$$

(2) 信息论准则

$$\mathrm{AIC}(k)=N\ln(\rho_k)+2k \tag{14.3.17}$$

式中，$N$ 为数据 $x_N(n)$ 的长度，当阶次 $k$ 由 1 增加时，FPE($k$)和 AIC($k$)都将在某一个 $k$ 处取得极小值，将此时的 $k$ 定为最合适的阶次 $p$。在实际运用时发现，当数据较短时，它们给出的阶次偏低，且二者给出的结果基本上是一致的。应该指出，上面两式仅为阶次的选择提供了一个依据，对所研究的某一个具体信号 $x(n)$，究竟阶次取多少为最好，还要在实践中对所得到的结果作多次比较后予以确定。

## 14.4 AR 模型的稳定性及对信号建模问题的讨论

### 14.4.1 AR 模型的稳定性

AR 模型的输出 $x(n)$ 是由一个方差为 $\sigma^2$ 的白噪声 $u(n)$ 激励一个全极模型 $H(z)$ 所产生的。从系统理论的观点看，$H(z)$ 必须是稳定的，也即 $H(z)$ 的极点必须在单位圆内。从保证 $x(n)$ 是平稳的观点看，也要求 $H(z)$ 的极点必须在单位圆内。读者可自己证明，如果 $H(z)$ 有一个极点在单位圆外，那么 $x(n)$ 的方差将趋于无穷，因此 $x(n)$ 是非平稳的。$H(z)$ 的分母多项式 $A(z)$ 的系数是由式(14.2.4)的 Yule-Walker 方程求解出的，$a(1)$，$a(2)$，…，$a(p)$ 能否保证 $A(z)$ 的零点都在单位圆内，将直接取决于自相关矩阵 $\boldsymbol{R}$ 的性质。

重新定义式(14.2.4)的自相关矩阵 $\boldsymbol{R}$ 为

$$\boldsymbol{R}_{p+1}=\begin{bmatrix} r_x(0) & r_x(1) & \cdots & r_x(p) \\ r_x(1) & r_x(0) & \cdots & r_x(p-1) \\ \vdots & \vdots & \ddots & \vdots \\ r_x(p) & r_x(p-1) & \cdots & r_x(0) \end{bmatrix} \tag{14.4.1}$$

并记其行列式的值为 $\det\boldsymbol{R}_{p+1}$。现在用 3 个结论来说明矩阵 $\boldsymbol{R}_{p+1}$ 的性质及与 AR 模型稳

定性的关系。

**结论 1**　如果 $\boldsymbol{R}_{p+1}$ 是正定的，那么，由 Yule-Walker 方程解出的 $a(1)$, $a(2)$, …, $a(p)$ 构成的 $p$ 阶 AR 模型是稳定的，且是唯一的。也即 $A(z)$ 的零点都在单位圆内。此性质称为 AR 模型的最小相位性质。

此结论的证明可参看文献[Kay88,Lan79]。其思路是，因为 $\boldsymbol{R}_{p+1}$ 是正定的，根据线性方程组的克莱姆法则，由式(14.2.4)求出的 $a(1)$, $a(2)$, …, $a(p)$ 及 $\sigma^2$ 当然是唯一的。因为一个 $p$ 阶的 AR 模型等效于一个 $p$ 阶的最佳线性预测器，也即预测误差功率 $\rho$ 应达到最小值 $\rho_{\min}$，若 $A(z)$ 有一个零点，如 $z_i$，在单位圆外，通过将该 $z_i$ 反射到单位圆内，可以使预测误差进一步减小，因此上面所说的 $\rho_{\min}$ 并没达到最小。这样，为保证 $\rho_{\min}$ 确实是最小，$A(z)$ 的零点不能位于单位圆外。然后再进一步证明零点也不能位于单位圆上。这样，$A(z)$ 的零点只能位于单位圆内，从而保证 $H(z)$ 是稳定的。

该结论告诉我们，只要 $\boldsymbol{R}_{p+1}$ 是正定的，那么由 Levinson 方法求解 Yule-Walker 方程时，解总是存在，且是唯一的，并保证了 $A(z)$ 是最小相位的。这一性质，体现在求解过程中，可等效为

$$\begin{cases} |k_k| = |a_k(k)| < 1, & k = 1, 2, \cdots, p \\ \rho_1 > \rho_2 > \cdots > \rho_p > 0 \end{cases} \tag{14.4.2}$$

但是，在由数据 $x_N(n)$ 估计自相关函数 $\hat{r}_x(m)$ 时，如果字长过短，或是由于运算时的舍入误差，有可能使 $A(z)$ 的零点移到单位圆上或圆外，使模型不稳定。因此，如果在递推过程中出现 $\rho_k \leqslant 0$，或是 $|a_k(k)| \geqslant 1$，则应使递推停止。

在 12.2 节已证明，平稳随机信号的自相关矩阵是非负定的，也就是说 $\boldsymbol{R}_{p+1}$ 可能是正定，也可能是半正定。下面的结论指出，$\boldsymbol{R}_{p+1}$ 何时为正定，何时为半正定。

**结论 2**　若 $x(n)$ 由 $p$ 个复正弦组成，即

$$x(n) = \sum_{k=1}^{p} A_k \exp[\mathrm{j}(\omega_k n + \varphi_k)] \tag{14.4.3}$$

式中，$A_k$、$\omega_k$ 为常数，$\varphi_k$ 是在 $-\pi \sim \pi$ 内均匀分布的零均值随机变量，$x(n)$ 的自相关函数为

$$r_x(m) = \sum_{k=1}^{p} A_k^2 \exp(\mathrm{j}\omega_k m) \tag{14.4.4}$$

则由前 $p+1$ 个值 $r_x(0)$, $r_x(1)$, …, $r_x(p)$ 组成的自相关阵 $\boldsymbol{R}_{p+1}$ 是奇异的，而 $\boldsymbol{R}_1$, $\boldsymbol{R}_2$, …, $\boldsymbol{R}_p$ 是正定的，即

$$\det\boldsymbol{R}_{p+1} = 0, \quad \det\boldsymbol{R}_k > 0, \quad k = 1, 2, \cdots, p \tag{14.4.5}$$

**证明**　对式(14.4.4)取傅里叶变换，得式(14.4.3)$x(n)$ 的功率谱，即有

$$P_x(\omega)=\sum_{k=1}^{p}A_k^2\delta(\omega-\omega_k) \tag{14.4.6}$$

由维纳-辛钦定理，矩阵 $\boldsymbol{R}_{p+1}$ 可表示为

$$\boldsymbol{R}_{p+1}=\frac{1}{2\pi}\int_{-\pi}^{\pi}\boldsymbol{e}(\mathrm{e}^{\mathrm{j}\omega})\boldsymbol{e}^{\mathrm{H}}(\mathrm{e}^{\mathrm{j}\omega})P_x(\mathrm{e}^{\mathrm{j}\omega})\mathrm{d}\omega \tag{14.4.7}$$

式中，上标 H 代表共轭转置，而

$$\boldsymbol{e}(\mathrm{e}^{\mathrm{j}\omega})=[1,\mathrm{e}^{\mathrm{j}\omega},\mathrm{e}^{\mathrm{j}2\omega},\cdots,\mathrm{e}^{\mathrm{j}p\omega}]^{\mathrm{T}} \tag{14.4.8}$$

现假定齐次方程组

$$\boldsymbol{R}_{p+1}\boldsymbol{a}=\boldsymbol{0}_{p+1} \tag{14.4.9}$$

有非零解 $\boldsymbol{a}$，即

$$\boldsymbol{a}=[a_0,a_1,\cdots,a_p]^{\mathrm{T}} \tag{14.4.10}$$

用向量 $\boldsymbol{a}^{\mathrm{H}}$ 左乘式(14.4.9)，再由式(14.4.7)及式(14.4.6)，有

$$\begin{aligned}\boldsymbol{a}^{\mathrm{H}}\boldsymbol{R}_{p+1}\boldsymbol{a}=0&=\frac{1}{2\pi}\int_{-\pi}^{\pi}|A(\mathrm{e}^{\mathrm{j}\omega})|^2\sum_{k=1}^{p}A_k^2\delta(\omega-\omega_k)\mathrm{d}\omega\\&=\frac{1}{2\pi}\sum_{k=1}^{p}A_k^2|A(\mathrm{e}^{\mathrm{j}\omega_k})|^2\end{aligned} \tag{14.4.11}$$

这样，多项式

$$A(z)=\prod_{k=1}^{p}(1-z^{-1}\mathrm{e}^{\mathrm{j}\omega_k})=1+\sum_{k=1}^{p}a(k)z^{-k} \tag{14.4.12}$$

的零点在单位圆上，即 $z_k=\mathrm{e}^{\mathrm{j}\omega_k}$，故 $a(0),a(1),a(2),\cdots,a(p)$ 有非零解。由线性方程组的理论，式(14.4.9)的 $\boldsymbol{a}$ 若有非零解，则必有

$$\det\boldsymbol{R}_{p+1}=0$$

这样，式(14.4.5)的第一个结论得到证明。

反之，若保证

$$\boldsymbol{a}^{\mathrm{H}}\boldsymbol{R}_{p+1}\boldsymbol{a}=\frac{1}{2\pi}\int_{-\pi}^{\pi}|A(\mathrm{e}^{\mathrm{j}\omega})|^2P_x(\mathrm{e}^{\mathrm{j}\omega})\mathrm{d}\omega=0 \tag{14.4.13}$$

那么，$P_x(\mathrm{e}^{\mathrm{j}\omega})$ 只能在 $A(\mathrm{e}^{\mathrm{j}\omega})$ 的 $p$ 个零点上取值。这样，$P_x(\mathrm{e}^{\mathrm{j}\omega})$ 为线谱，且为 $p$ 根谱线。

若 $x(n)$ 是由 $p$ 个复正弦组成，由刚才证明过的结论，若有一个非零向量 $\boldsymbol{b}$，使

$$\boldsymbol{R}_p\boldsymbol{b}=\boldsymbol{0}_p$$

成立，那么 $\det\boldsymbol{R}_p$ 必须等于零，这相当于 $x(n)$ 只有 $p-1$ 个正弦，与 $x(n)$ 是 $p$ 个正弦的假设矛盾，所以有

$$\det\boldsymbol{R}_k>0,\quad k=1,2,\cdots,p$$

证毕。

结论 2 说明，一般情况下，若 $x(n)$ 由 $p$ 个复正弦所组成，$\boldsymbol{R}_M$ 是其 $M\times M$ 的自相关

矩阵，那么，当 $M>p$ 时，$\boldsymbol{R}_M$ 的秩最大为 $p$，即 $\operatorname{rank}\boldsymbol{R}_M=p$。读者可自己证明，若 $x(n)$ 是由 $p$ 个实正弦所组成，则 $\boldsymbol{R}_M$ 的秩最大为 $2p$。

**结论 3** 如果 $x(n)$ 由 $p$ 个正弦组成（实的或复的），则 $x(n)$ 是完全可以预测的，即预测误差等于零。

**证明** 当线性预测的阶次为 $p$ 时，由式(14.3.12)，预测误差功率

$$\rho=\frac{1}{2\pi}\int_{-\pi}^{\pi}P_x(\mathrm{e}^{\mathrm{j}\omega})\mid A(\mathrm{e}^{\mathrm{j}\omega})\mid^2\mathrm{d}\omega=\frac{1}{2\pi}\int_{-\pi}^{\pi}\sum_{k=1}^{p}\delta(\omega-\omega_k)\mid A(\mathrm{e}^{\mathrm{j}\omega})\mid^2\mathrm{d}\omega \tag{14.4.14}$$

再由式(14.4.11)，有 $\rho=0$。结论得证。

例如，用差分方程

$$x(n)=-a_1x(n-1)-a_2x(n-2)+\delta(n)-b\delta(n-1) \tag{14.4.15}$$

式中

$$a_1=-2\cos\omega_0,\quad a_2=1,\quad b=\cos\omega_0,\quad x(-1)=x(-2)=0$$

可精确地产生正弦序列 $x(n)=\cos(\omega_0 n)$。此式是对 $x(n)$ 的二阶预测器，或 AR(2) 模型。当然，对 $x(n)$ 的预测误差等于零。

结论 2 指出了 $\boldsymbol{R}_{p+1}$ 何时奇异、何时正定的条件，它和结论 3 都揭示了正弦信号的某些性质。特别要说明的是，用 AR 模型对纯正弦信号建模是不合适的，可能会出现自相关阵为奇异的情况。但是，在信号处理中经常要用正弦信号作为试验信号以检验某个算法或系统的性能。为克服自相关阵奇异的情况，最常用的方法是加上白噪声，这样 $\det\boldsymbol{R}_{p+1}$ 不会等于零。

## 14.4.2 关于信号建模问题的讨论

以上几节对 AR 模型作了较为深入的讨论，在进一步讨论该模型系数的其他求解算法之前，现在有必要，也有了条件对信号建模问题的本质作进一步的讨论。

### 1. 关于信号建模的本质

14.1 节谈到了对信号建立参数模型的思路，其中第一点是：假定所研究的过程 $x(n)$ 是由一个输入序列 $u(n)$ 激励一个线性系统 $H(z)$ 的输出。在式(14.2.1)中，也确实是把模型的输出看作 $x(n)$。这样，任意地给定一个平稳过程 $x(n)$，似乎它均可由一个白噪声序列 $u(n)$ 激励一个线性系统 $H(z)$ 来精确地产生。显然，这种概念是不确切的。

分析式(14.2.1)，把模型的输出看作 $x(n)$ 后，最终导出的是式(14.2.3)的 Yule-Walker方程，即用 $x(n)$ 的自相关函数建立起模型系数与 $x(n)$ 的内在联系，并由自相关

函数求解出这些系数，从而达到功率谱估计的目的。

现给定所要研究的过程 $x(n)$，利用其自相关函数 $r_x(m)$ 建立起 Yule-Walker 方程并得到模型参数 $a_1, a_2, \cdots, a_p$ 及 $\sigma^2$ 后，假定模型的输出为 $\hat{x}(n)$，如图 14.4.1 所示。

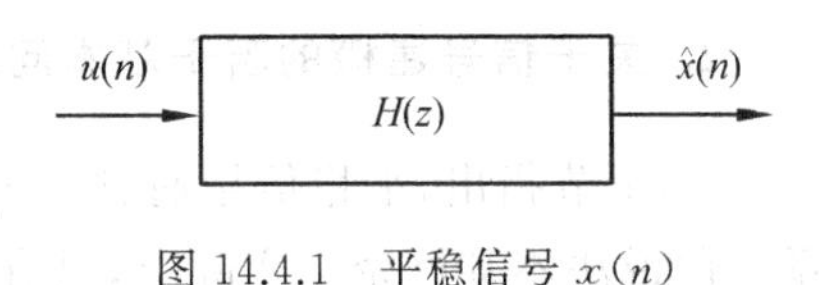

图 14.4.1 平稳信号 $x(n)$ 的参数模型

回顾本章前几节，我们从没有谈到 $\hat{x}(n)$ 和 $x(n)$ 在时域有"匹配性质"，而是详细证明了 $\hat{x}(n)$ 和 $x(n)$ 之间，也即 AR 模型和 $x(n)$ 之间的自相关函数的匹配性质及功率谱匹配性质（见式(14.3.2)及式(14.3.14)）。

由此不难理解，对信号 $x(n)$ 建立参数模型，并不是要求模型的输出 $\hat{x}(n)$ 在时域等于 $x(n)$，而是要求它们在某一阶次上的统计特征相同。若用 $x(n)$ 的自相关函数建立 $x(n)$ 和模型参数的关系（即建模），那么称该模型是在二阶统计意义上的建模，并要求 $\hat{x}(n)$ 和 $x(n)$ 在自相关函数和功率谱这些二阶统计量上相匹配。为了进一步说明"匹配"的特点，给出"准确建模"的定义：设平稳随机过程 $x(n)$ 存在 $\gamma$ 阶模型，使得模型的输出 $\hat{x}(n)$ 在 $\gamma$ 阶统计特性上和 $x(n)$ 的同阶统计特性相一致，则把 $x(n)$ 称为在 $\gamma$ 阶统计意义上可准确建模的随机过程，而把该模型称作在 $\gamma$ 阶统计意义上的准确模型[Wjf95]。

显然，若 $\gamma=2$，由前述自相关函数和功率谱的匹配性质，平稳过程 $x(n)$ 在二阶统计意义上总可准确建模，AR 模型即其准确模型之一。实际上，由式(14.1.5)，有

$$P_x(z)=\frac{\sigma^2 B(z)B^*(1/z^*)}{A(z)A^*(1/z^*)}=\sigma^2 H(z)H^*(1/z^*) \tag{14.4.16}$$

因此，对给定的功率谱 $P_x(z)$ 作谱分解，取单位圆内的极点赋予 $H(z)$，即得到模型的转移函数。前已述及，由于功率谱失去了相位信息，因此 $x(n)$ 在二阶统计意义上的准确模型有无穷多个，它们的幅频响应都一样，而相频响应可任意赋值。记

$$r_x(m_1, m_2)=E\{x(n)x(n+m_1)x(n+m_2)\}$$

为平稳过程 $x(n)$ 的三阶相关。若 $x(n)$ 的均值为零，则其三阶相关等于其三阶累积量(cumulant)$C_x(m_1, m_2)$。$x(n)$ 的三阶谱定义为三阶累积量 $C_x(m_1, m_2)$ 的二维傅里叶变换[Nik93]，即

$$P_x(\omega_1, \omega_2)=\frac{1}{(2\pi)^2}\sum_{m_1=-\infty}^{\infty}\sum_{m_2=-\infty}^{\infty} C_x(m_1, m_2)\exp[-\mathrm{j}(\omega_1 m_1+\omega_2 m_2)]$$

统计阶次大于 2 的谱称为多谱(polyspectra)，三阶谱又称"双谱"（二阶谱即功率谱）。若用三阶累积量 $C_x(m_1, m_2)$ 和双谱 $P_x(\omega_1, \omega_2)$ 对 $x(n)$ 建模，那么，该模型是在三阶统计意义上的模型。记激励白噪声的三阶统计特征为 $\sigma^3$，那么，模型输出 $\hat{x}(n)$ 的双谱为

$$P_{\hat{x}}(\omega_1, \omega_2)=\sigma^3 H(\mathrm{j}\omega_1)H(\mathrm{j}\omega_2)H[-\mathrm{j}(\omega_1+\omega_2)]$$

已经证明[Tek89]，在三阶统计意义上，并不是所有的平稳过程都可以准确建模，也即有

$H(z)$存在,使得$P_{\hat{x}}(\omega_1,\omega_2)$和$C_{\hat{x}}(m_1,m_2)$分别和$P_x(\omega_1,\omega_2)$与$C_x(m_1,m_2)$相匹配。

本书不涉及高阶统计量的分析问题,在此举出三阶相关及双谱的定义的目的仅在于说明对信号建模的本质。

**2. 关于信号建模的若干基本问题的讨论**

14.1 节指出,平稳信号通过一个线性移不变系统后,总有式(14.1.1)的输入输出关系。此说法不甚严密。实际上,只有当$x(n)$的功率谱$P_x(\mathrm{e}^{\mathrm{j}\omega})$满足 Paley-Wiener 条件

$$\int_{-\infty}^{\infty} |\ln P_x(\mathrm{e}^{\mathrm{j}\omega})| \,\mathrm{d}\omega < \infty \tag{14.4.17}$$

时式(14.1.1)才成立[Pap84]。满足此式的功率谱$P_x(z)$在单位圆上必然无零点,即$P_x(\mathrm{e}^{\mathrm{j}\omega})$不能是由纯正弦信号所形成的线谱。等效地说,由纯正弦过程所组成的平稳过程不具有式(14.1.1)的形式,因此,也不宜建立 AR、MA 或 ARMA 模型。这和前面的讨论是一致的。事实上,若令式(14.1.1)中的$u(n)=0$,则

$$x(n) = -\sum_{k=1}^{p} a_k x(n-k) \tag{14.4.18}$$

该式说明,$x(n)$可由自身过去的$p$个值无误差地预测。这样的过程称为“可预测(predictable)过程”或“类确定(deterministic-like)过程”,有的文献称其为“奇异(singular)过程”。文献[Pap84]已证明,可预测过程即是纯正弦过程,其自相关函数和功率谱分别如式(14.4.4)和式(14.4.6)所示,式(14.4.18)所对应的特征多项式$A(z)=1+\sum_{k=1}^{p} a_k z^{-k}$的根在单位圆上。

若$x(n)$的功率谱满足式(14.4.17),则称$x(n)$为“规则(regular)过程”。又由于$x(n)$可表示为$u(n)$的线性组合(见式(14.1.9)),所以又称为“线性过程”[Hay86]。由上所述,规则过程的功率谱应是$\omega$的连续函数,称为连续谱。由于纯正弦过程是平稳过程的特例,所以在前面所说的平稳过程一般应是规则过程。

由式(14.1.5),规则过程的功率谱一般可表为两个有理式之比,所以又称这样的功率谱为有理谱。可以证明,对任一平稳过程,若其功率谱为有理谱,则该有理谱可作为式(14.4.16)的谱分解[Pap84],且由此分解所得到的$H(z)$是最小相位的,因此,$H(z)$有逆系统。不言而喻,纯正弦过程的线谱不能作为式(14.4.16)的分解。

设$H(z)=1/A(z)$,其逆系统$H_{\mathrm{INV}}(z)=A(z)=1+\sum_{k=1}^{p} a_k z^{-k}$。若令$x(n)$是白噪声激励$H(z)$的输出,再将$x(n)$通过$A(z)$,由于$H(z)H_{\mathrm{INV}}(z)=1$,所以$A(z)$的输出应是$u(n)$。这就是 14.2 节所讨论过的 AR 模型和线性预测的关系。由前面的讨论可知,$x(n)$应是一规则过程,$A(z)$的输出$u(n)$又称“新息(innovation)过程”。显然,若$H(z)$

可实时滤波，则 $x(n)$和 $u(n)$之间可实时地互相“变换”，且二者保持了同样的二阶统计特征。由于 $u(n)$在不同的时刻是不相关的，所以是最简单的过程，而 $x(n)$在不同时刻的取值是相关的，当然要比 $u(n)$复杂。正因为 $u(n)$在不同时刻的取值是不相关的，任一时刻的取值都会带来新的信息，因此称为“新息过程”。规则过程和新息过程的这一互相变换的关系有助于我们理解 AR 模型和线性预测的关系。

上面的讨论引导出平稳随机信号中的一个基本定理，即 Wold 分解定理[Pap84]。该定理指出：任一平稳过程 $x(n)$都可作如下的分解：

$$x(n)=x_1(n)+x_2(n) \tag{14.4.19}$$

式中，$x_1(n)$是一规则过程，$x_2(n)$是一纯正弦过程，二者是不相关的。由前述的讨论，$x_1(n)$可表为一个无穷阶的 MA 过程，即

$$x_1(n)=1+\sum_{k=1}^{\infty}b_k u(n-k) \tag{14.4.20}$$

式中，$\sum\limits_{k=1}^{\infty}|b_k|^2<\infty$，且 $u(n)$和 $x_1(n)$也是不相关的。

式(14.4.19)的 Wold 分解定理可等效为：任一宽平稳过程的功率谱都可表为一连续谱和一线谱的和，即

$$P_x(\mathrm{e}^{\mathrm{j}\omega})=P_{x1}(\mathrm{e}^{\mathrm{j}\omega})+P_{x2}(\mathrm{e}^{\mathrm{j}\omega})=\sigma_u^2|B(\mathrm{e}^{\mathrm{j}\omega})|^2+\sum_k A_k^2\delta(\omega-\omega_k) \tag{14.4.21}$$

由前述的 AR 模型的定义，式(14.4.20)的 $x_1(n)$也可由白噪声激励一个有限阶次的 AR 模型来产生，即

$$x_1(n)=-\sum_{k=1}^{p}a_k x_1(n-k)+u(n) \tag{14.4.22}$$

只要保证式(14.4.22)的 $H(z)$和式(14.4.20)的 $B(z)$有相同的单位抽样响应，即

$$h(1)=b_1,\quad h(2)=b_2,\quad \cdots,\quad h(k)=b_k,\quad \cdots,\qquad k\rightarrow\infty \tag{14.4.23}$$

那么，这两个系统所产生的 $x_1(n)$将是相同的。这就是说，对平稳过程 $x(n)$中的规则过程 $x_1(n)$，它的无穷阶的 MA 模型可用一个有限阶的 AR 模型来等效。换句话说，一个有限阶的 AR 模型可近似一个高阶的 MA 模型，反之亦然。同理可以引申出，一个有限阶次的 ARMA 模型也可用一个阶次足够高的 AR 模型或 MA 模型来近似[Kay88]。AR、MA 及 ARMA 模型之间这一互相等效的内在联系为求解 MA 模型和 ARMA 模型的系数提供了一个有力的理论工具。14.7 节和 14.8 节将用到这一关系。

# 14.5 关于线性预测的进一步讨论

前面的讨论指出，一个 $p$ 阶的 AR 模型等效于一个 $p$ 阶的线性预测器。根据已知的自相关函数 $r_x(m)$ 或 $\hat{r}_x(m)$，$m=0, 1, \cdots, p$，利用 Levinson 递归算法求解 Yule-Walker 方程可得到该模型的 $p+1$ 个参数 $a(1), a(2), \cdots, a(p)$ 及 $\sigma^2$，从而实现功率谱估计。

14.2 节所介绍的 AR 模型的求解算法称为“自相关法”，该方法是目前已提出的各种 AR 模型求解算法中最为简单的一种。实际上，目前提出的有关 AR 模型系数的求解及 AR 模型性能的讨论大都是建立在线性预测的理论上的，而且这些算法的性能一般要优于自相关法。因此，为了进一步介绍 AR 模型的有关算法，有必要再介绍一些有关线性预测的理论。不失一般性，假定 $x(n)$ 为复信号。式(14.2.6)的线性预测是利用 $n$ 之前的 $p$ 个值对 $x(n)$ 作预测，称为“前向预测”。与之对应的还可以作“后向预测”。为了便于区别，把式(14.2.6)～式(14.2.8)的前向预测改记为

$$\hat{x}^f(n) = -\sum_{k=1}^{p} a^f(k)x(n-k) \tag{14.5.1a}$$

$$e^f(n) = x(n) - \hat{x}^f(n) \tag{14.5.1b}$$

$$\rho^f = E\{|e^f(n)|^2\} \tag{14.5.1c}$$

上标 $f$ 表示前向预测(forward prediction)。

后向预测是利用某一时刻 $n$ 以后的 $p$ 个值，即$\{x(n+1), x(n+2), \cdots, x(n+p)\}$，预测 $x(n)$，这样

$$\hat{x}^b(n) = -\sum_{k=1}^{p} a^b(k)x(n+k) \tag{14.5.2}$$

上标 $b$ 代表后向预测(backward prediction)。在实际工作中，我们总是利用同一数据即$\{x(n), x(n-1), \cdots, x(n-p)\}$来同时实现前向和后向预测，如图 14.5.1 所示。

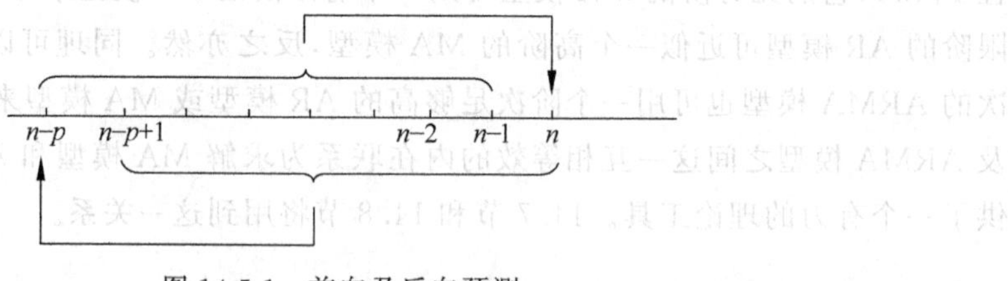


图 14.5.1　前向及后向预测

这样,式(14.5.2)应改写为

$$\hat{x}^b(n-p)=-\sum_{k=1}^{p}a^b(k)x(n-p+k) \tag{14.5.3}$$

预测误差

$$e^b(n-p)=x(n-p)-\hat{x}^b(n-p)$$

但习惯上把 $e^b(n-p)$写成 $e^b(n)$,即

$$e^b(n)=x(n-p)-\hat{x}^b(n-p) \tag{14.5.4}$$

后向预测误差功率为

$$\rho^b=E\{|e^b(n)|^2\} \tag{14.5.5}$$

将式(14.5.3)及式(14.5.4)代入式(14.5.5),再次利用正交原理,或是令 $\rho^b$ 相对 $a^b(1)$, $a^b(2)$, …, $a^b(p)$为最小,可得后向预测时的 Wiener-Hopf 方程,即有

$$\rho_{\min}^b=r_x(0)+\sum_{k=1}^{p}a^b(k)r_x(k) \tag{14.5.6}$$

及

$$r_x(m)=-\sum_{k=1}^{p}a^b(k)r_x(m-k),\quad m=1,2,\cdots,p \tag{14.5.7}$$

此两式和式(14.2.10)及式(14.2.11)极其相似。在那两个式子中,$\alpha(k)=a^f(k)=a(k)$,$k=1,2,\cdots,p$,而 $\rho_{\min}=\rho_{\min}^f=\sigma^2$。利用 Toeplitz 矩阵的性质,可得到如下的重要关系:

$$\rho_{\min}^b=\rho_{\min}^f \tag{14.5.8}$$

$$a^b(k)=a^f(k),\quad k=1,2,\cdots,p \tag{14.5.9}$$

若 $a^f(k)$、$a^b(k)$为复数,则

$$a^b(k)=[a^f(k)]^*=a^{f*}(k) \tag{14.5.10}$$

上述结果表明,前向预测和后向预测的最小均方误差相等,而前、后向预测器的系数是一个简单的共轭关系。

下面将要证明,前、后向预测误差和反射系数在不同阶次时有如下的递推关系:

$$e_m^f(n)=e_{m-1}^f(n)+k_m e_{m-1}^b(n-1) \tag{14.5.11a}$$

$$e_m^b(n)=e_{m-1}^b(n-1)+k_m^* e_{m-1}^f(n) \tag{14.5.11b}$$

式中,$m=1,2,\cdots,p$,初始条件是

$$e_0^f(n)=e_0^b(n)=x(n) \tag{14.5.11c}$$

式中,$k_m$ 为反射系数,$k_m=a_m(m)$,并有[Kay88,Mar87]

$$k_m=\frac{-\langle e_{m-1}^b(n-1),\ e_{m-1}^f(n)\rangle}{\|e_{m-1}^f(n)\|\ \|e_{m-1}^b(n-1)\|}$$

$$= -\frac{\operatorname{cov}(e_{m-1}^{b}(n-1),\ e_{m-1}^{f}(n))}{\sqrt{\operatorname{var}(e_{m-1}^{f}(n))}\ \sqrt{\operatorname{var}(e_{m-1}^{b}(n-1))}} \tag{14.5.12}$$

由许瓦兹不等式,$|k_m|<1$,$k_m$ 又可看作正向和反向预测误差之间的相关系数。

现在证明式(14.5.11a)。由式(14.5.1)~式(14.5.4),有

$$e_m^f(n) = x(n) - \hat{x}_m^f(n) = x(n) + \sum_{k=1}^{m} a_m^f(k) x(n-k)$$

$$e_m^b(n) = x(n-m) - \hat{x}_m^b(n-m) = x(n-m) + \sum_{k=1}^{m} a_m^b(k) x(n-m+k)$$

及

$$e_{m-1}^f(n) = x(n) + \sum_{k=1}^{m-1} a_{m-1}^f(k) x(n-k)$$

$$\begin{aligned} e_{m-1}^b(n-1) &= x(n-m) + \sum_{k=1}^{m-1} a_{m-1}^b(k) x(n-m+k) \\ &= x(n-m) + \sum_{k=1}^{m-1} a_{m-1}^b(m-k) x(n-k) \end{aligned}$$

于是

$$e_m^f(n) - e_{m-1}^f(n) = a_m^f(m) x(n-m) + \sum_{k=1}^{m-1} [a_m^f(k) - a_{m-1}^f(k)] x(n-k)$$

由式(14.2.15b),$a_m^f(k) = a_{m-1}^f(k) + a_m^f(m) a_{m-1}^{f*}(m-k)$,代入上式,有

$$e_m^f(n) - e_{m-1}^f(n) = a_m^f(m) [x(n-m) + \sum_{k=1}^{m-1} a_{m-1}^{f*}(m-k) x(n-k)]$$

由式(14.5.10),$a_{m-1}^{f*}(m-k) = a_{m-1}^b(m-k)$,再由上述 $e_{m-1}^b(n-1)$ 的表达式及 $k_m = a_m^f(m)$,有

$$e_m^f(n) = e_{m-1}^f(n) + k_m e_{m-1}^b(n-1)$$

于是式(14.5.11a)得证。同理可证式(14.5.11b)。

式(14.5.11)的递推关系引出了线性预测的 Lattice 结构,如图 14.5.2 所示。图中,滤波器的系数仅仅是反射系数 $k_1, k_2, \cdots, k_p$。输入信号 $x(n)$ 在自左向右的传递过程中,可同时得到不同阶次时的前向与后向预测误差。若 $x(n)$ 是一个 AR($p$)过程,那么在最右边的输出 $e_p^f(n)$ 和 $e_p^b(n)$ 将变成白噪声序列。在第 4 章已指出,由于 Lattice 结构比单纯的延迟线结构有较小的舍入误差,因此,是很受欢迎的一种结构形式。

在式(14.5.1c)和式(14.5.5)中,分别定义了前、后向预测误差的功率为误差序列的均方值。实际上,对一平稳随机信号 $X(n)$ 的一次实现 $x(n)$ 的有限长序列,即 $x_N(n)$, $n=0, 1, \cdots, N-1$,可将 $x_N(n)$ 看作确定性的信号,这样,$\rho^f$、$\rho^b$ 可分别定义为

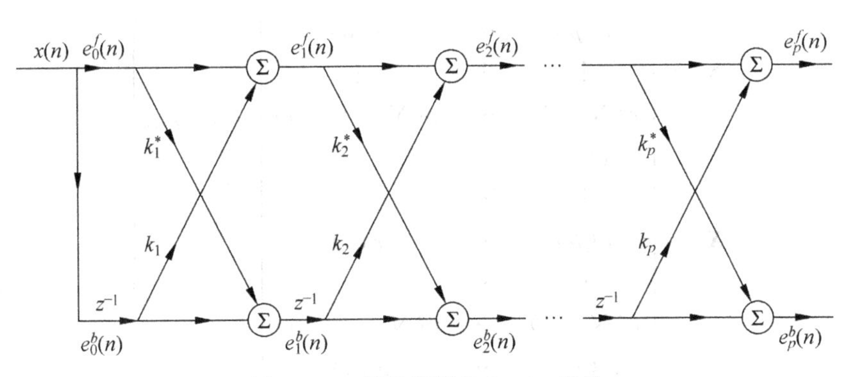


图 14.5.2　线性预测的 Lattice 结构

$$\rho^f=\sum_n |e^f(n)|^2,\quad \rho^b=\sum_n |e^b(n)|^2 \tag{14.5.13a}$$

式中对 $n$ 的求和范围暂时没有指定。

利用式(14.5.1a)对 $x_N(n)$ 作前向预测时，$\hat{x}^f(n)$ 的 $n$ 的取值范围可以是 $0\sim N-1+p$。例如，$\hat{x}^f(0)=0$，$\hat{x}^f(1)=-a^f(1)x(0)$，…，$\hat{x}^f(N-1+p)=-a^f(p)x(N-1)$。这样，式(14.5.1a)可写成如下方程

$$\begin{bmatrix} e^f(0)\\ e^f(1)\\ \vdots\\ e^f(p-1)\\ e^f(p)\\ \vdots\\ e^f(N-1)\\ e^f(N)\\ \vdots\\ e^f(N-1+p)\end{bmatrix}=\begin{bmatrix} x(0) & & & & \\ x(1) & x(0) & & & \\ \vdots & \vdots & \ddots & & \\ x(p-1) & x(p-2) & \cdots & x(0) & \\ x(p) & x(p-1) & \cdots & x(1) & x(0)\\ \vdots & \vdots & & \vdots & \vdots\\ x(N-1) & x(N-2) & \cdots & x(N-p) & x(N-1-p)\\ & x(N-1) & \cdots & x(N-p+1) & x(N-p)\\ & & \ddots & \vdots & \vdots\\ & & & x(N-1) & x(N-2)\\ & & & & x(N-1)\end{bmatrix}\begin{bmatrix}1\\ a^f(1)\\ a^f(2)\\ \vdots\\ a^f(p)\end{bmatrix} \tag{14.5.13b}$$

记上式右边 $(N+p)\times(p+1)$ 的数据阵为 $\boldsymbol{X}_0$，并令

$$\left.\begin{aligned}
\boldsymbol{X}_1 &= \begin{bmatrix} x(p) & \cdots & x(0) \\ \vdots & \vdots & \vdots \\ x(N-1) & \cdots & x(N-1-p) \end{bmatrix}_{(N-p)\times(p+1)} \\
\boldsymbol{X}_2 &= \begin{bmatrix} x(0) & & \\ \vdots & \ddots & \\ x(p) & \cdots & x(0) \\ \vdots & \vdots & \vdots \\ x(N-1) & \cdots & x(N-1-p) \end{bmatrix}_{N\times(p+1)} \\
\boldsymbol{X}_3 &= \begin{bmatrix} x(p) & \cdots & x(0) \\ \vdots & \vdots & \vdots \\ x(N-1) & \cdots & x(N-1-p) \\ & \ddots & \vdots \\ & & x(N-1) \end{bmatrix}_{N\times(P+1)}
\end{aligned}\right\} \tag{14.5.14}$$

由此不难看出，当利用矩阵 $\boldsymbol{X}_0$ 时，$e^f(n)$的范围是从 $0\sim(N-1+p)$，在此之外认为 $e^f(n)$为零，此种情况对应于对 $e^f(n)$前、后加窗。若使用矩阵 $\boldsymbol{X}_2$，对应 $e^f(n)$前加窗，使用$\boldsymbol{X}_3$ 时，对应于对 $e^f(n)$后加窗。若使用 $\boldsymbol{X}_1$，由于 $e^f(n)$的范围是 $p\sim N-1$，等效于前、后都不加窗。这样，式(14.5.13)中 $n$ 的求和范围将可以取不同的形式。

使用矩阵 $\boldsymbol{X}_1$ 使 $e^f(n)$的 $n$ 的取值范围限定在 $p\sim N-1$，$\hat{x}^f(n)$的 $n$ 的取值范围也就被限制在 $p\sim N-1$。这是把 $p$ 个预测系数全部用上时所能得到的最大预测范围。对后向预测，$e^b(n)$和 $\hat{x}^b(n)$的这一最大预测范围是 $0\sim N-1-p$。考虑到式(14.5.4)关于 $e^b(n)$的定义，在后面的讨论中，在对 $e^b(n)$求和时，$n$ 的范围有时也写作 $p\sim N-1$。

14.6 节将要讨论的 Burg 算法和改进的协方差方法以及 14.2 节所讨论过的自相关方法，其主要区别如下：

① 式(14.5.13)中 $n$ 的取值范围；

② 在令预测误差功率为最小时，是单独使 $\rho^f$ 为最小，还是使 $\rho^f+\rho^b$ 之和为最小？

③ 是先估计自相关函数 $\hat{r}_x(m)$再求解，还是直接由数据 $x_N(n)$递推求解？

由以上不同的选择，可以得到不同的算法，当然，它们也就具有不同的性能。

# 14.6　AR 模型系数的求解算法

本节依据 14.5 节介绍的线性预测原理，进一步讨论 AR 模型系数求解的算法。首先，再一次考查自相关算法，然后讨论 Burg 算法和改进的协方差方法。

## 14.6.1 自相关法

对照式(14.5.13),令

$$\boldsymbol{e}_p^f=[e_p^f(0),\ e_p^f(1),\cdots,\ e_p^f(p),\cdots,\ e_p^f(N-1+p)]^{\mathrm{T}} \tag{14.6.1}$$

$$\boldsymbol{a}=\begin{bmatrix}1\\ \boldsymbol{a}_p^f\end{bmatrix} \tag{14.6.2}$$

式中

$$\boldsymbol{a}_p^f=[a^f(1),\ a^f(2),\ \cdots,\ a^f(p)]^{\mathrm{T}}$$

则式(14.5.13)可写成

$$\boldsymbol{e}_p^f=\boldsymbol{X}_0\begin{bmatrix}1\\ \boldsymbol{a}_p^f\end{bmatrix} \tag{14.6.3}$$

令

$$\rho^f=\sum_{n=0}^{N-1+p}|e_p^f(n)|^2=[\boldsymbol{e}_p^f]^{\mathrm{H}}\boldsymbol{e}_p^f \tag{14.6.4}$$

显然,$\rho^f$ 为前向预测误差序列的能量,$e_p^f(n)$对应前后都加窗的情况。

将式(14.6.3)代入式(14.6.4),利用12.5节所讨论的最小平方原理,得

$$\boldsymbol{X}_0^{\mathrm{H}}\boldsymbol{X}_0\begin{bmatrix}1\\ \boldsymbol{a}_p^f\end{bmatrix}=\begin{bmatrix}\rho_{\min}^f\\ \boldsymbol{0}_p\end{bmatrix} \tag{14.6.5a}$$

矩阵积 $\boldsymbol{X}_0^{\mathrm{H}}\boldsymbol{X}_0$ 的每一个元素 $\hat{r}_x'(i,j)$为

$$\begin{aligned}\hat{r}'_x(i,j)&=\sum_{n=0}^{N-1+p}x^*(n-i)x(n-j)=\sum_{k=0}^{N-1-(i-j)}x[k+(i-j)]x^*(k)\\ &=\hat{r}'_x(i-j)=\hat{r}'_x(m),\quad m=0,1,\cdots,p\end{aligned} \tag{14.6.5b}$$

如果将 $\hat{r}'_x(m)$均除以 $N$,那么 $\hat{r}'_x(m)/N$ 就是由 $x_N(n)$估计出的自相关函数 $\hat{r}_x(m)$。因此,矩阵积 $\boldsymbol{X}_0^{\mathrm{H}}\boldsymbol{X}_0/N$ 得到的是自相关矩阵$\boldsymbol{R}_{p+1}$,即

$$\boldsymbol{R}_{p+1}=\begin{bmatrix}\hat{r}_x(0) & \hat{r}_x(1) & \cdots & \hat{r}_x(p)\\ \hat{r}_x(1) & \hat{r}_x(0) & \cdots & \hat{r}_x(p-1)\\ \vdots & \vdots & \ddots & \vdots\\ \hat{r}_x(p) & \hat{r}_x(p-1) & \cdots & \hat{r}_x(0)\end{bmatrix}_{(p+1)\times(p+1)} \tag{14.6.6}$$

式(14.6.5)可改写成

$$\boldsymbol{R}_{p+1}\begin{bmatrix}1\\ \boldsymbol{a}_p^f\end{bmatrix}=\begin{bmatrix}\rho_{\min}^f\\ \boldsymbol{0}_p\end{bmatrix} \tag{14.6.7}$$

此式即为式(14.2.5)的 Yule-Walker 方程和式(14.2.10)、式(14.2.11)的 Wiener-Hopf 方

程,由此可得出结论:

① 由$(p+1)$个自相关函数,利用 Levinson 递归求解 Yule-Walker 方程所得到的 AR 模型的参数等效于前向预测器的系数。AR 模型激励白噪声的方差 $\sigma^2$ 等效于前向预测的最小预测误差功率 $\rho_{\min}^f$。

② AR 模型的自相关法等效于对前向预测的误差序列 $e_p^f(n)$前后加窗,加窗的结果是使得自相关法的分辨率降低。数据越短,分辨率越不好。

③ 正是因为$e_p^f(n)$的$n$是$0\sim(N-1+p)$,矩阵积 $\boldsymbol{X}_0^{\mathrm{H}}\boldsymbol{X}_0$ 才是 Toeplitz 型自相关阵。如若使用$\boldsymbol{X}_1$、$\boldsymbol{X}_2$ 或 $\boldsymbol{X}_3$,对应的矩阵积将不再是 Toeplitz 阵。因此,自相关法也是已知所有 AR 系数求解方法中最简单的一种。

### 14.6.2 Burg 算法

Burg 算法是较早提出的建立在数据基础上的 AR 系数求解的有效算法[Bur75],现对其特点分析如下。

令前后向预测误差功率之和

$$\rho^{fb}=\frac{1}{2}[\rho^f+\rho^b] \tag{14.6.8}$$

为最小,而不是像自相关法那样仅令 $\rho^f$ 为最小。

$\rho^f$ 和$\rho^b$ 的求和范围不是$0\sim(N-1+p)$,而是 $p\sim N-1$,这等效于使用式(14.5.14)的 $\boldsymbol{X}_1$,即 $e^f(n)$、$e^b(n)$前后都不加窗,这时有

$$\rho_p^f=\frac{1}{N-p}\sum_{n=p}^{N-1}|e_p^f(n)|^2 \tag{14.6.9}$$

$$\rho_p^b=\frac{1}{N-p}\sum_{n=p}^{N-1}|e_p^b(n)|^2 \tag{14.6.10}$$

在上式中,当阶次 $m$ 由 1 至 $p$ 时,$e^f(n)$、$e^b(n)$有式(14.5.11)的递推关系,即

$$\begin{cases}e_m^f(n)=e_{m-1}^f(n)+k_m e_{m-1}^b(n-1)\\ e_m^b(n)=e_{m-1}^b(n-1)+k_m^* e_{m-1}^f(n), \quad m=1,2,\cdots,p\end{cases} \tag{14.6.11}$$

且

$$e_0^f(n)=e_0^b(n)=x(n)$$

这样,式(14.6.8)的$\rho^{fb}$仅是反射系数$k_m$,$m=1,2,\cdots,p$ 的函数。在阶次 $m$ 时,令 $\rho_m^{fb}$ 相对$k_m$ 为最小,即可估计出反射系数。注意,对自相关法,在第 $m$ 阶时,令 $\rho^f$ 最小是相对$a_m^f(1),a_m^f(2),\cdots,a_m^f(m)$共 $m$ 个参数为最小。

将式(14.6.9)、式(14.6.10)及式(14.6.11)代入式(14.6.8),令$\partial\rho^{fb}/\partial k_m=0$,可得使 $\rho^{fb}$ 为最小的$\hat{k}_m$ 为

$$\hat{k}_m=\frac{-2\sum_{n=m}^{N-1}e_{m-1}^{f}(n)e_{m-1}^{b*}(n-1)}{\sum_{n=m}^{N-1}|e_{m-1}^{f}(n)|^2+\sum_{n=m}^{N-1}|e_{m-1}^{b}(n-1)|^2},\quad m=1,2,\cdots,p \tag{14.6.12}$$

按此式估计出的 $\hat{k}_m$ 仍满足 $|\hat{k}_m|<1$。

按上式估计出 $\hat{k}_m$ 后，在阶次 $m$ 时的 AR 模型系数仍然由 Levinson 算法递推求出，即有

$$\begin{cases}\hat{a}_m(k)=\hat{a}_{m-1}(k)+\hat{k}_m\hat{a}_{m-1}^{*}(m-k), & k=1,2,\cdots,m-1\\ \hat{a}_m(m)=\hat{k}_m\end{cases} \tag{14.6.13}$$

$$\hat{\rho}_m=(1-|\hat{k}_m|^2)\hat{\rho}_{m-1} \tag{14.6.14}$$

上面两式假定在第$(m-1)$阶时的 AR 参数已求出。

Burg 算法由于具有以上特点，所以比自相关法有着较好的分辨率，但对于白噪声加正弦信号，有时可能会出现前面所提到的谱线分裂现象。14.11 节的图14.11.1(e)、(f)给出了用 Burg 算法对本书所附的数据文件所做的谱估计，可看出，其分辨率好于自相关法。

Burg 算法的递推步骤如下：

① 由初始条件 $e_0^f(n)=x(n)$，$e_0^b(n)=x(n)$，再由式(14.6.12)求出 $\hat{k}_1$；

② 由 $\hat{r}_x(0)=\frac{1}{N}\sum_{n=0}^{N-1}|x(n)|^2$，得 $m=1$ 时的参数 $\hat{a}_1(1)=\hat{k}_1$，$\rho_1=(1-|k_1|^2)\hat{r}_x(0)$；

③ 由 $\hat{k}_1$ 和式(14.6.11)求出 $e_1^f(n)$、$e_1^b(n)$，再由式(14.6.12)估计 $\hat{k}_2$；

④ 依照式(14.6.13)及式(14.6.14)的 Levinson 递推关系，求出 $m=2$ 时的 $\hat{a}_2(1)$、$\hat{a}_2(2)$及 $\hat{\rho}_2$；

⑤ 重复上述过程，直到 $m=p$，求出所有阶次时的 AR 参数。

上述递推过程是建立在数据基础上的，避开了先估计自相关函数的这一步。

若定义式(14.6.12)的分母为

$$\mathrm{DEN}_m=\sum_{n=m}^{N-1}|e_{m-1}^{f}(n)|^2+\sum_{n=m}^{N-1}|e_{m-1}^{b}(n-1)|^2 \tag{14.6.15}$$

那么可以证明，$\mathrm{DEN}_m$ 可以由 $\mathrm{DEN}_{m-1}$ 和 $\hat{k}_{m-1}$ 递推计算，即

$$\mathrm{DEN}_m=[1-|\hat{k}_{m-1}|^2]\mathrm{DEN}_{m-1}-|e_{m-1}^{f}(m)|^2-|e_{m-1}^{b}(N-1)|^2 \tag{14.6.16}$$

这样，可以有效地提高计算速度。

### 14.6.3　改进的协方差方法

下面对改进的协方差方法的特点进行分析。

如同 Burg 方法一样，仍是令前后向预测误差功率之和

$$\rho^{fb}=\frac{1}{2}(\rho^{f}+\rho^{b}) \tag{14.6.17}$$

为最小。式中

$$\begin{aligned}\rho^{f}&=\frac{1}{N-p}\sum_{n=p}^{N-1}\mid e_p^f(n)\mid^2\\&=\frac{1}{N-p}\sum_{n=p}^{N-1}\left|x(n)+\sum_{k=1}^{p}a^f(k)x(n-k)\right|^2\end{aligned} \tag{14.6.18a}$$

$$\begin{aligned}\rho^{b}&=\frac{1}{N-p}\sum_{n=p}^{N-1}\mid e_p^b(n)\mid^2\\&=\frac{1}{N-p}\sum_{n=0}^{N-1-p}\left|x(n)+\sum_{k=1}^{p}a^b(k)x(n+k)\right|^2\end{aligned} \tag{14.6.18b}$$

由此可以看出，$e^f(n)$、$e^b(n)$也是等效地使用了式(14.5.14)的矩阵 $\boldsymbol{X}_1$，前后都没有加窗。

在令 $\rho^{fb}$ 为最小时，不是仅令 $\rho^{fb}$ 相对 $a_m(m)=k_m$ 为最小，而是令 $\rho^{fb}$ 相对 $a_m(1)$，$a_m(2)$，…，$a_m(m)$都为最小，$m$ 为 $1\sim p$。

将式(14.6.18)代入式(14.6.17)，由于 $a^b(k)=a^{f*}(k)$，因此，令

$$\frac{\partial\rho^{fb}}{\partial\hat{a}(i)}=0$$

式中

$$\hat{a}(i)=a^f(i),\quad i=1,2,\cdots,p$$

于是得

$$\frac{1}{N-p}\left[\sum_{n=p}^{N-1}\left\{x(n)+\sum_{k=1}^{p}\hat{a}(k)x(n-k)\right\}x^*(n-i)+\sum_{n=0}^{N-1-p}\left\{x^*(n)+\sum_{k=1}^{p}\hat{a}(k)x^*(n+k)\right\}x(n+i)\right]=0$$

即

$$\begin{aligned}&\sum_{k=1}^{p}\hat{a}(k)\left[\sum_{n=p}^{N-1}x(n-k)x^*(n-i)+\sum_{n=0}^{N-1-p}x^*(n+k)x(n+i)\right]\\&=-\left[\sum_{n=p}^{N-1}x(n)x^*(n-i)+\sum_{n=0}^{N-1-p}x^*(n)x(n+i)\right]\end{aligned} \tag{14.6.19}$$

又令

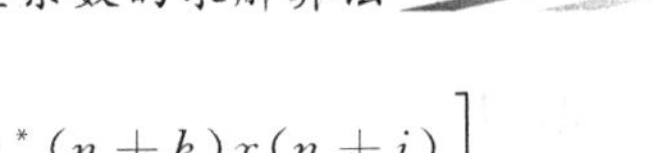

$$c_x(i,k)=\frac{1}{2(N-p)}\left[\sum_{n=p}^{N-1}x^*(n-i)x(n-k)+\sum_{n=0}^{N-1-p}x^*(n+k)x(n+i)\right] \tag{14.6.20}$$

那么式(14.6.19)可写成如下矩阵形式：

$$\begin{bmatrix} c_x(1,1) & c_x(1,2) & \cdots & c_x(1,p) \\ c_x(2,1) & c_x(2,2) & \cdots & c_x(2,p) \\ \vdots & \vdots & \ddots & \vdots \\ c_x(p,1) & c_x(p,2) & \cdots & c_x(p,p) \end{bmatrix}\begin{bmatrix} \hat{a}(1) \\ \hat{a}(2) \\ \vdots \\ \hat{a}(p) \end{bmatrix}=-\begin{bmatrix} c_x(1,0) \\ c_x(2,0) \\ \vdots \\ c_x(p,0) \end{bmatrix} \tag{14.6.21}$$

最小预测误差功率可由下面两式求出：

$$\hat{\rho}_{\min}=\frac{1}{2(N-p)}\left\{\sum_{n=p}^{N-1}\left[x(n)+\sum_{k=1}^{p}\hat{a}(k)x(n-k)\right]x^*(n)+\right.$$
$$\left.\sum_{n=0}^{N-1-p}\left[x^*(n)+\sum_{k=1}^{p}\hat{a}(k)x^*(n+k)\right]x(n)\right\}$$

或

$$\hat{\rho}_{\min}=c_x(0,0)+\sum_{k=1}^{p}\hat{a}(k)c_x(0,k) \tag{14.6.22}$$

式(14.6.21)和式(14.6.22)构成了改进的(modified)协方差方法的正则方程，称为协方差方程。由于 $c_x(i,k)$ 不能写成 $(k-i)$ 的函数，所以式(14.6.21)的系数矩阵不是Toeplitz阵，因此这一正则方程不能用Levinson算法求解。

Marple于1980年提出了一个快速算法来实现协方差方程的求解，有兴趣的读者可参看文献[Mar80]，此处不再讨论。

14.11节的图14.11.1(g)、(h)给出了用改进的协方差方法对本书所附数据文件所实现的谱估计曲线，阶次 $p$ 分别等于10和13。

至此，已讨论了3个自回归模型系数求解的方法。其中，改进的协方差给出了最好的谱估计性能，但计算较复杂，编程较困难。自相关法的计算最为简单，但谱估计的分辨率相对较差。Burg方法是较为通用的方法，计算不太复杂，且给出了较好的谱估计质量。

除上述3种方法之外，已提出的AR模型参数的求解方法还有协方差方法及最大似然估计方法。协方差方法仅令前向预测误差为最小，其他步骤与改进的协方差方法是一样的。最大似然估计方法的推导较复杂，此处不再讨论，有兴趣的读者可参看文献[Kay88]。

顺便指出，对式(14.6.21)的协方差方程，除了用Marple提出的计算方法以外，还可以用矩阵的三角分解，即Cholesky分解算法来实现。设有线性方程组

$$\boldsymbol{A}\boldsymbol{x}=\boldsymbol{b} \tag{14.6.23a}$$

式中，$\boldsymbol{A}$ 为正定方阵，$\boldsymbol{x}$ 和 $\boldsymbol{b}$ 是和 $\boldsymbol{A}$ 同维的列向量，为求 $\boldsymbol{x}$，可将 $\boldsymbol{A}$ 分解成两个三角矩阵的

积,即

$$A = LU \tag{14.6.23b}$$

式中,$L$ 是下三角阵,$U$ 是上三角阵,这样

$$LUx = b \tag{14.6.23c}$$

$$Ux = L^{-1}b = y \tag{14.6.23d}$$

先由 $L^{-1}b$ 求出向量 $y$,那么 $x$ 即可方便地求出。

## 14.7　MA 模型及功率谱估计

### 14.7.1　MA 模型及其正则方程

重写式(14.1.9)～式(14.1.11)给出的 MA($q$)模型的 3 个方程:

$$x(n) = u(n) + \sum_{k=1}^{q} b(k)u(n-k) \tag{14.7.1}$$

$$H(z) = 1 + \sum_{k=1}^{q} b(k)z^{-k} \tag{14.7.2}$$

$$P_x(e^{j\omega}) = \sigma^2 \left| 1 + \sum_{k=1}^{q} b(k)e^{-j\omega k} \right|^2 \tag{14.7.3}$$

用 $x(n+m)$乘式(14.7.1)的两边,并取均值,得

$$\begin{aligned} r_x(m) &= E\left\{\left[u(n+m) + \sum_{k=1}^{q} b(k)u(n+m-k)\right]x(n)\right\} \\ &= \sum_{k=0}^{q} b(k)r_{xu}(m-k) \end{aligned}$$

式中,$b(0)=1$。因为

$$\begin{aligned} r_{xu}(m-k) &= E\{x(n)u(n+m-k)\} \\ &= E\left\{u(n+m-k)\sum_{i=0}^{\infty} h(i)u(n-i)\right\} \\ &= \sum_{i=0}^{\infty} h(i)\sigma^2\delta(i+m-k) = \sigma^2 h(k-m) \end{aligned}$$

对于 MA($q$)模型,由式(14.7.2),有

$$h(i) = b(i),\quad i = 0,1,\cdots,q \tag{14.7.4}$$

所以,可以求出 MA($q$)模型的正则方程,即有

$$r_x(m)=\begin{cases}\sigma^2\sum_{k=m}^{q}b(k)b(k-m)=\sigma^2\sum_{k=0}^{q-m}b(k)b(k+m), & m=0,1,\cdots,q\\ 0, & m>q\end{cases} \tag{14.7.5}$$

这是一个非线性方程，可见 MA 模型系数的求解要比 AR 模型困难得多。

由于 MA($q$)模型是一个全零点的模型，共有 $q$ 个零点，因此，其功率谱不易体现信号中的峰值，即分辨率较低。考查式(14.7.5)，可以看出 $r_x(m)$是 MA 系数 $b(1),b(2),\cdots,b(q)$的卷积，所以 $r_x(m)$的取值范围是$-q\sim+q$，这样，式(14.7.3)的功率谱

$$\begin{aligned}P_x(\mathrm{e}^{\mathrm{j}\omega})&=P_{\mathrm{MA}}(\mathrm{e}^{\mathrm{j}\omega})=\sigma^2\,|\,B(\mathrm{e}^{\mathrm{j}\omega})\,|^2\\&=\sigma^2\sum_{m=-q}^{q}r_x(m)\mathrm{e}^{-\mathrm{j}\omega m}\end{aligned} \tag{14.7.6}$$

又等效于经典谱估计的自相关法，当自相关函数 $\hat{r}_x(m)$的长度也是$-q\sim+q$ 时，有

$$\hat{P}_{\mathrm{BT}}(\mathrm{e}^{\mathrm{j}\omega})=\sum_{m=-q}^{q}\hat{r}_x(m)\mathrm{e}^{-\mathrm{j}\omega m}$$

因此，从谱估计的角度来看，MA 模型谱估计等效于经典谱估计中的自相关法，谱估计的分辨率较低。若单纯为了对一段有限长数据 $x_N(n)$作谱估计，就没有必要求解 MA 模型了。但在系统分析与识别以及 ARMA 谱估计中都要用到 MA 模型，因此仍有必要讨论 MA 系数的求解方法。

目前提出的有关 MA 参数的求解方法大体有 3 种：一是谱分解法，二是用高阶的 AR 模型来近似 MA 模型，三是最大似然估计。其中最有效的是第二种，现对该方法做简要的介绍。

### 14.7.2 MA 模型参数的求解方法

由 14.4.2 节的 Wold 分解定理，可以对 $x(n)$建立一个无穷阶的 AR 模型，即

$$H_\infty(z)=\frac{1}{A_\infty(z)}=\frac{1}{1+\sum_{k=1}^{\infty}a(k)z^{-k}} \tag{14.7.7}$$

那么可以用它表示一个 $q$ 阶的 MA 模型，即

$$H_\infty(z)=H_q(z)=1+\sum_{k=1}^{q}b(k)z^{-k}=B(z) \tag{14.7.8}$$

于是有

$$A_\infty(z)B(z)=1 \tag{14.7.9}$$

将此式两边取 $Z$ 反变换，左边应是 $a(k)$，$k=1,2,\cdots,\infty$和 $b(k)$，$k=1,2,\cdots,q$ 的卷

积，即

$$a(m)+\sum_{k=1}^{q}b(k)a(m-k)=\delta(m) \tag{14.7.10}$$

式中，$a(0)=1$，当 $m<0$ 时，$a(m)\equiv 0$。

在实际工作中，我们只可能建立一个有限阶的AR模型，如 $p$ 阶，$p\gg q$，其AR模型的系数为 $\hat{a}_p(1),\hat{a}_p(2),\cdots,\hat{a}_p(p)$，用这一组参数近似MA模型，反映在式(14.7.10)，必有近似误差，即

$$\hat{a}_p(m)+\sum_{k=1}^{q}b(k)\hat{a}_p(m-k)=e(m) \tag{14.7.11}$$

若 $\hat{a}_p(m)=a(m)$，$m=1,2,\cdots,p$，那么 $e(0)=1$，当 $m$ 不等于零时，$e(m)=0$。实际上，$\hat{a}_p(m)$ 是由有限长数据计算出，它只是对 $a(m)$ 的近似，故 $e(m)$ 不可能为零，这样，令

$$\hat{\rho}_{\mathrm{MA}}=\sum_{m}|e(m)|^2 \tag{14.7.12}$$

相对 $b(1),b(2),\cdots,b(q)$ 为最小，可求出使 $\hat{\rho}_{\mathrm{MA}}$ 为最小的MA参数。

实际上，式(14.7.11)是一个 $q$ 阶的线性预测器，此处是用 $\hat{a}_p(m)$ 代替了数据 $x(n)$，而 $b(k)$ 相当于待求的线性预测器的系数。因此，用14.6节讨论的AR模型系数求解的任一方法，如Burg法、改进的协方差方法，都可以求出 $b(k)$，$k=1,2,\cdots,q$。具体地说，MA模型参数求解的步骤如下。

① 由 $N$ 点数据 $x(n)$，$n=0,1,\cdots,N-1$ 建立一个 $p$ 阶的AR模型，$p\gg q$，可用14.6节的任一种方法求出 $p$ 阶AR系数 $\hat{a}_p(k)$，$k=1,2,\cdots,p$。

② 利用 $\hat{a}_p(k)$，$k=1,2,\cdots,p$ 建立式(14.7.11)的线性预测，此式等效于一个 $q$ 阶的AR模型，再一次利用AR系数的求解方法，得到 $b(k)$，$k=1,2,\cdots,q$。

由此可以看出，求出MA参数，需要求二次AR系数。一旦MA参数求出，将其代入式(14.7.3)，可实现MA谱估计。

AR模型阶次判断的AIC准则也可用于MA($q$)阶次的判断，即有

$$\mathrm{AIC}(q)=N\ln\hat{\rho}_{\mathrm{MA}}+2q \tag{14.7.13}$$

当 $q$ 由1增加时，使AIC($q$)为最小的阶次可作为候选的阶次。

在实际实现MA谱估计时，一旦给定了 $q$，则 $p$ 一般应至少取2倍的 $q$，即 $p\geqslant 2q$。考虑到要两次求解AR模型的系数，为了保证所求的 $B(z)$ 具有最小相位性质，建议在求解AR模型系数时使用14.6.1节的自相关法。图14.11.2(a)、(b)给出了对本书所附的数据文件作MA谱估计的曲线，阶次 $q$ 分别等于10和16。

# 14.8　ARMA 模型及功率谱估计

本节简要介绍 ARMA($p$, $q$)模型参数 $a(1)$, $a(2)$, …, $a(p)$及 $b(1)$, $b(2)$, …, $b(q)$的求解方法。

用 $x(n+m)$乘式(14.1.1)的两边,并取均值,结合 AR 模型和 MA 模型正则方程的推导,可得 ARMA 模型的正则方程,即有

$$r_x(m)=\begin{cases}-\sum_{k=1}^{p}a(k)r_x(m-k)+\sigma^2\sum_{k=0}^{q-m}h(k)b(m+k), & m=0,1,\cdots,q\\ -\sum_{k=1}^{p}a(k)r_x(m-k), & m>q\end{cases} \tag{14.8.1}$$

由于式中 $h(k)$是 ARMA 模型系数 $a(k)$和 $b(k)$的函数,所以上式的第一个方程为非线性方程。但是,当 $m>q$ 时,有

$$\begin{bmatrix} r_x(q) & r_x(q-1) & \cdots & r_x(q-p+1)\\ r_x(q+1) & r_x(q) & \cdots & r_x(q-p+2)\\ \vdots & \vdots & \ddots & \vdots\\ r_x(q+p-1) & r_x(q+p-2) & \cdots & r_x(q)\end{bmatrix}\begin{bmatrix}a(1)\\ a(2)\\ \vdots\\ a(p)\end{bmatrix}=-\begin{bmatrix}r_x(q+1)\\ r_x(q+2)\\ \vdots\\ r_x(q+p)\end{bmatrix} \tag{14.8.2}$$

这是一个线性方程组,共有 $p$ 个方程,可先用来计算 AR 部分的系数。一旦求出 $a(1)$, $a(2)$,…, $a(p)$,将它们代入第一个方程,再设法求解 MA 部分的系数。这是一种分开求解两部分系数的方法。式(14.8.2)称为"转变的 Yule-Walker 方程",以区别于式(14.2.4)的 Yule-Walker 方程。显然,当 $q=0$ 时,式(14.8.2)即变成式(14.2.4)。

使用式(14.8.2)求解 ARMA($p$,$q$)模型中 AR 部分的参数时存在如下两个问题。

① 由于式中使用的真实自相关函数 $r_x(m)$是未知的,因此只能使用估计值 $\hat{r}_x(m)$来代替,且所用的自相关函数的最大延迟是 $q+p$,这大于 AR($p$)模型的最大延迟 $p$。前已述及,对有限长数据,延迟取得越大,对 $\hat{r}_x(m)$的估计质量越差,自然,由此对 $a(k)$, $k=1$, 2, …, $p$ 的估计质量也越差。

② 式中阶次 $p$ 和 $q$ 都是未知的,需事先指定。$p$ 实际上是式中自相关阵的维数,$p$ 和 $q$ 决定了 $\hat{r}_x(m)$的选用范围。因此,$p$ 和 $q$ 的不正确选择有可能使该自相关阵出现奇异。

总之,不论是理论分析还是仿真结果都表明,式(14.8.2)给出的估计结果较差。为

此,文献[Cad82]建议应在式(14.8.2)中使用更多的方程,如 $M-q$ 个,$M-q>p$,$M$ 是自相关函数的最大延迟。这样,式(14.8.2)变成

$$\begin{bmatrix} r_x(q) & r_x(q-1) & \cdots & r_x(q-p+1) \\ \vdots & \vdots & \ddots & \vdots \\ r_x(q+p-1) & r_x(q+p-2) & \cdots & r_x(q) \\ \vdots & \vdots & \ddots & \vdots \\ r_x(M-1) & r_x(M-2) & \cdots & r_x(M-p) \end{bmatrix} \begin{bmatrix} a(1) \\ a(2) \\ \vdots \\ a(p) \end{bmatrix} = -\begin{bmatrix} r_x(q+1) \\ \vdots \\ r_x(q+p) \\ \vdots \\ r_x(M) \end{bmatrix} \tag{14.8.3}$$

这是一个超定方程,即方程的个数大于未知数的个数 $p$。上式可写成

$$\boldsymbol{Ra} = -\boldsymbol{r}$$

当使用估计的自相关函数来代替真实自相关函数,即用 $\hat{\boldsymbol{R}}$ 代替 $\boldsymbol{R}$,用 $\hat{\boldsymbol{r}}$ 代替 $\boldsymbol{r}$ 时,$\hat{\boldsymbol{R}}\boldsymbol{a}$ 和 $-\hat{\boldsymbol{r}}$ 不会完全相等,设其误差为 $\boldsymbol{e}$,则

$$\hat{\boldsymbol{r}} = -\hat{\boldsymbol{R}}\boldsymbol{a} + \boldsymbol{e}$$

或

$$\hat{r}_x(m) = -\sum_{k=1}^{p} a(k)\hat{r}_x(m-k) + e(m), \quad m \geqslant q+1 \tag{14.8.4}$$

此式即为式(14.8.1)中第二个方程的变形,令

$$\hat{\rho} = \sum_{n=q+1}^{M} |e(n)|^2 = \boldsymbol{e}^{\mathrm{H}}\boldsymbol{e}$$

相对 $a(1), a(2), \cdots, a(p)$ 为最小,由式(12.5.6)及式(12.5.7a),可得 $a(1), a(2), \cdots, a(p)$ 的最小平方估计,即

$$\hat{\boldsymbol{a}} = -(\hat{\boldsymbol{R}}^{\mathrm{H}}\hat{\boldsymbol{R}})^{-1}\hat{\boldsymbol{R}}^{\mathrm{H}}\hat{\boldsymbol{r}} \tag{14.8.5}$$

式中,方阵 $\hat{\boldsymbol{R}}^{\mathrm{H}}\hat{\boldsymbol{R}}$ 一般是可逆的,且是对称的,因此可用如下 4 种方法中的任一种求出 $\hat{\boldsymbol{a}}$。

① 直接计算,即求出方阵 $\hat{\boldsymbol{R}}^{\mathrm{H}}\hat{\boldsymbol{R}}$ 的逆后再与 $\hat{\boldsymbol{R}}^{\mathrm{H}}$ 及 $\hat{\boldsymbol{r}}$ 相乘。

② 用矩阵的三角分解(Cholesky 分解)来实现,即将 $\hat{\boldsymbol{R}}^{\mathrm{H}}\hat{\boldsymbol{R}}$ 视为式(14.6.23)的 $\boldsymbol{A}$,将 $\hat{\boldsymbol{R}}^{\mathrm{H}}\hat{\boldsymbol{r}}$ 视为式中的 $\boldsymbol{b}$,则待求向量 $\hat{\boldsymbol{a}}$ 即式中的 $\boldsymbol{x}$。

③ 用 Marple 关于求解协方差方程的方法求解[Mar87]。

④ 用奇异值分解(singular-value decomposition, SVD)的方法来实现。

由 9.5 节可知,系数向量 $\hat{\boldsymbol{a}}$ 可表示为

$$\hat{\boldsymbol{a}} = -\hat{\boldsymbol{R}}^{+}\hat{\boldsymbol{r}} \tag{14.8.6}$$

式中,$\hat{\boldsymbol{R}}^{+}$ 是 $\hat{\boldsymbol{R}}$ 的伪逆,它可由式(9.5.11)求出。

由式(14.8.5)求出的 $\hat{\boldsymbol{a}}$ 并不一定能保证 $A(z)$ 是最小相位的。为了减少对 $\boldsymbol{a}$ 估计的偏差,建议上面所用的自相关函数应采用式(13.1.14)的无偏估计来得到。

求出 AR 部分的参数后,余下的任务是求解 MA 部分的参数。

若将求出的 $\hat{a}(1),\hat{a}(2),\cdots,\hat{a}(p)$ 代回到式(14.8.1)的第一个方程,由于该方程右边第二项包含 $h(k)$ 和 $b(k)$ 两组参数,而 $h(k)$ 又是 $a(k)$ 和 $b(k)$ 的函数,所以该式仍不容易求解。为此,我们利用 $\hat{a}(1),\hat{a}(2),\cdots,\hat{a}(p)$ 构成 $\hat{A}(z)$,$\hat{A}(z)=1+\sum_{k=1}^{p}\hat{a}(k)z^{-k}$。用 $\hat{A}(z)$ 和原 ARMA 模型相级联,如图 14.8.1 所示。那么,$y(n)$ 应近似一个 MA($q$)模型的输出。

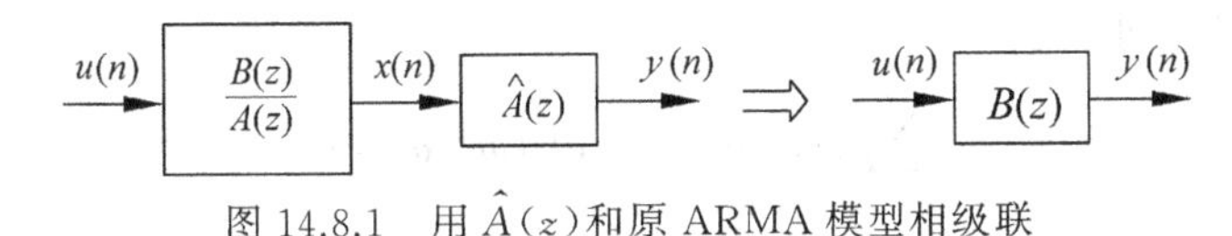


图 14.8.1 用 $\hat{A}(z)$ 和原 ARMA 模型相级联

由此可得到求解 ARMA 模型参数的 4 个步骤。

① 由式(14.8.5)估计 AR 参数 $\hat{a}(1)$, $\hat{a}(2)$, $\cdots$, $\hat{a}(p)$。

② 对已知数据 $x_N(n)$,用 FIR 滤波器 $\hat{A}(z)=1+\sum_{k=1}^{p}\hat{a}(k)z^{-k}$ 滤波,那么滤波器的输出 $y(n)$ 将近似一个 MA($q$)过程。

③ 用 14.7 节求解 MA($q$)参数的方法,求出 $\hat{b}(1)$, $\hat{b}(2)$, $\cdots$, $\hat{b}(q)$,从而实现 ARMA($p$, $q$)模型的参数估计。

④ 将 $\hat{a}(1),\hat{a}(2),\cdots,\hat{a}(p)$ 及 $\hat{b}(1),\hat{b}(2),\cdots,\hat{b}(q)$ 代入式(14.1.5),即完成了 ARMA 模型谱估计。

图 14.11.2(c)、(d)给出了用上述方法对本书所附的数据文件作出的 ARMA 谱估计曲线,阶次分别是(10,10)和(10,13)。

## 14.9 最小方差功率谱估计(MVSE)

MVSE 最早由 Capon 于 1969 年提出,起先用于多维地震阵列传感器的频率-波数分析[Cap69],Lacoss 于 1971 年把该方法引入一维时间序列分析[Lac71]。MVSE 又称“最大似然谱估计”,但这是名词的误用,其实它并不是最大似然谱估计。Capon 称此方法为“高分辨率”谱估计方法,但实际上,其估计谱的分辨率并不高于 AR 模型。然而该方法的导出有其独特的思路，现对其导出过程进行讨论。

将信号 $x(n)$ 通过 FIR 滤波器 $A(z)$，$A(z)=\sum_{k=0}^{p}a(k)z^{-k}$，则其输出为

$$y(n)=x(n)*a(n)=\sum_{k=0}^{p}a(k)x(n-k)=\boldsymbol{X}^{\mathrm{T}}\boldsymbol{a} \tag{14.9.1}$$

$y(n)$ 的均方，即 $y(n)$ 的功率由下式给出：

$$\rho=E\{|y(n)|^2\}=E\{\boldsymbol{a}^{\mathrm{H}}\boldsymbol{X}^*\boldsymbol{X}^{\mathrm{T}}\boldsymbol{a}\}=\boldsymbol{a}^{\mathrm{H}}\boldsymbol{E}\{\boldsymbol{X}^*\boldsymbol{X}^{\mathrm{T}}\}\boldsymbol{a}=\boldsymbol{a}^{\mathrm{H}}\boldsymbol{R}_p\boldsymbol{a} \tag{14.9.2}$$

式中，$\boldsymbol{R}_p$ 是由 $r_x(0),\cdots,r_x(p)$ 构成的 Toeplitz 自相关矩阵。若假定 $y(n)$ 的均值为零，那么 $\rho$ 也是 $y(n)$ 的方差。

为求得滤波器的系数，有两个原则，一是在对给定的某一个频率 $\omega_i$ 处，$x(n)$ 无失真地通过，这等效于要求

$$\sum_{k=0}^{p}a(k)\mathrm{e}^{-\mathrm{j}\omega_i k}=\boldsymbol{e}^{\mathrm{H}}(\omega_i)\boldsymbol{a}=1 \tag{14.9.3}$$

式中

$$\boldsymbol{e}^{\mathrm{H}}(\omega_i)=[1,\exp(\mathrm{j}\omega_i),\cdots,\exp(\mathrm{j}\omega_i p)]^{\mathrm{T}} \tag{14.9.4}$$

二是在 $\omega_i$ 附近的频率分量得以拒绝，即在保证式(14.9.3)的条件下，让式(14.9.2)的 $\rho$ 最小，这就是“最小方差”谱估计的来历。可以证明，在上述两个制约条件下使方差 $\rho$ 达到最小的滤波器的系数为[Kay88]

$$\boldsymbol{a}_{\mathrm{MV}}=\frac{\boldsymbol{R}_p^{-1}\boldsymbol{e}(\omega_i)}{\boldsymbol{e}^{\mathrm{H}}(\omega_i)\boldsymbol{R}_p^{-1}\boldsymbol{e}(\omega_i)} \tag{14.9.5}$$

而最小方差

$$\rho_{\mathrm{MV}}=\frac{1}{\boldsymbol{e}^{\mathrm{H}}(\omega_i)\boldsymbol{R}_p^{-1}\boldsymbol{e}(\omega_i)} \tag{14.9.6}$$

这样，可以得到最小方差谱估计

$$P_{\mathrm{MV}}(\omega)=\frac{1}{\boldsymbol{e}^{\mathrm{H}}(\omega)\boldsymbol{R}_p^{-1}\boldsymbol{e}(\omega)} \tag{14.9.7}$$

应该指出，$P_{\mathrm{MV}}(\omega)$ 并不是真正意义上的功率谱，因为 $P_{\mathrm{MV}}(\omega)$ 对 $\omega$ 的积分并不等于信号的功率，但它描述了信号真正谱的相对强度。对正弦信号，$P_{\mathrm{MV}}(\omega)$ 正比于正弦的功率。

现在讨论最小方差谱 $P_{\mathrm{MV}}(\omega)$ 和 AR 谱 $P_{\mathrm{AR}}(\omega)$ 之间的关系。

令 $\boldsymbol{A}_p$ 是由 $0\sim p$ 阶 AR 模型系数组成的矩阵，$\boldsymbol{P}_p$ 是由 $0\sim p$ 阶 AR 模型的激励噪声功率所组成的对角矩阵，即

$$\boldsymbol{A}_p=\begin{bmatrix}1 & & & \\ a_p(1) & 1 & & \\ a_p(2) & a_{p-1}(1) & & \\ \vdots & \vdots & \ddots & \\ a_p(p) & a_{p-1}(p-1) & \cdots & 1\end{bmatrix},\quad \boldsymbol{P}_p=\begin{bmatrix}\sigma_0^2 & & & \\ & \sigma_1^2 & & \\ & & \ddots & \\ & & & \sigma_p^2\end{bmatrix}$$

对自相关阵的逆 $\boldsymbol{R}_p^{-1}$ 作 Cholesky 分解时，$\boldsymbol{R}_p^{-1}$ 可表示成

$$\boldsymbol{R}_p^{-1}=\boldsymbol{A}_p\boldsymbol{P}_p^{-1}\boldsymbol{A}_p^{\mathrm{H}} \tag{14.9.8}$$

这也是 Levinson 递推算法所表现出的内在联系。将该式代入式(14.9.7)，有

$$\begin{aligned}\frac{1}{P_{\mathrm{MV}}(\omega)}&=\boldsymbol{e}^{\mathrm{H}}(\omega)\boldsymbol{R}_p^{-1}\boldsymbol{e}(\omega)=\boldsymbol{e}^{\mathrm{H}}(\omega)\boldsymbol{A}_pP_p^{-1}\boldsymbol{A}_p^{\mathrm{H}}\boldsymbol{e}(\omega)\\&=\sum_{k=0}^{p}\frac{1}{\sigma_k^2}\left|\sum_{m=0}^{k}a_k(m)\mathrm{e}^{-\mathrm{j}\omega m}\right|^2\end{aligned} \tag{14.9.9}$$

这样可得到最小方差谱 $P_{\mathrm{MV}}(\omega)$和 AR 谱 $P_{\mathrm{AR}}(\omega)$之间的一个重要关系[Bur72]：

$$\frac{1}{P_{\mathrm{MV}}(p,\omega)}=\sum_{k=0}^{p}\frac{1}{P_{\mathrm{AR}}(k,\omega)} \tag{14.9.10}$$

上式的意义是，$p$ 阶最小方差谱的倒数是 $0\sim p$ 阶所有 AR 谱倒数的和。由于倒数和相当于一个平均，因此，MV 谱的分辨率小于 AR 谱。文献[Kay88]用实际例子说明了 MVSE 谱的方差比 AR 谱的方差小。

利用矩阵 $\boldsymbol{R}_p$ 的对称性质，$\boldsymbol{R}_p^{-1}$ 还可作如下分解[Mar87]：

$$\boldsymbol{R}_p^{-1}=\frac{1}{\sigma_p^2}[\boldsymbol{T}_p\boldsymbol{T}_p^{\mathrm{H}}-\boldsymbol{S}_p\boldsymbol{S}_p^{\mathrm{H}}] \tag{14.9.11}$$

式中

$$\boldsymbol{T}_p=\begin{bmatrix}1&&&&\\a_p(1)&1&&&\\\vdots&\vdots&\ddots&&\\a_p(p-1)&a_p(p-2)&\cdots&1&\\a_p(p)&a_p(p-1)&\cdots&a_p(1)&1\end{bmatrix},\quad \boldsymbol{S}_p=\begin{bmatrix}0&&&&\\a_p^*(p)&0&&&\\\vdots&\vdots&\ddots&&\\a_p^*(2)&a_p^*(3)&\cdots&0&\\a_p^*(1)&a_p^*(2)&\cdots&a_p^*(p)&0\end{bmatrix}$$

将式(14.9.11)代入式(14.9.7)，可将 $P_{\mathrm{MV}}(\omega)$表示为

$$P_{\mathrm{MV}}(\omega)=1\Big/\sum_{k=-p}^{p}r_{\mathrm{MV}}(k)\mathrm{e}^{-\mathrm{j}\omega k} \tag{14.9.12}$$

式中，$r_{\mathrm{MV}}(k)$是由 $p$ 阶 AR 模型系数所产生的加权自相关序列，即

$$\begin{cases}r_{\mathrm{MV}}(k)=\dfrac{1}{\sigma_p^2}\displaystyle\sum_{i=0}^{p-k}(p+1-k-2i)a_p(k+i)a_p^*(i), & k=0,1,\cdots,p\\r_{\mathrm{MV}}^*(-k)=r_{\mathrm{MV}}(k), & k=0,1,\cdots,p\end{cases} \tag{14.9.13}$$

因此，只要对给定的数据 $x(n)$求出 $p$ 阶 AR 模型的系数，那么利用上式可求出$r_{\mathrm{MV}}(k)$，再代入式(14.9.12)，就可方便地实现最小方差谱估计。图 14.11.2(e)是对试验数据求出的最小方差谱，阶次 $p=13$，显然，其分辨率低于同阶次的用 Burg 算法求出的 AR 谱。

# 14.10　基于矩阵特征分解的频率估计及功率谱估计

## 14.10.1　相关阵的特征分解

相关阵的特征分解主要用于混有白噪声的正弦信号的频率估计及功率谱估计。设信号 $x(n)$是由 $M$ 个复正弦加白噪声组成,那么其自相关函数为

$$r_x(k)=\sum_{i=1}^{M} A_i \exp(\mathrm{j}\omega_i k)+\rho_w \delta(k) \tag{14.10.1}$$

式中,$A_i$、$\omega_i$ 分别是第 $i$ 个复正弦的功率及频率(注:正弦信号的幅度为$\sqrt{A_i}$),$\rho_w$ 是白噪声的功率。如果由$(p+1)$个 $r_x(k)$组成相关矩阵

$$\boldsymbol{R}_p=\begin{bmatrix} r_x(0) & r_x^*(1) & \cdots & r_x^*(p) \\ r_x(1) & r_x(0) & \cdots & r_x^*(p-1) \\ \vdots & \vdots & \ddots & \vdots \\ r_x(p) & r_x(p-1) & \cdots & r_x(0) \end{bmatrix}_{(p+1)\times(p+1)} \tag{14.10.2}$$

并定义信号向量

$$\boldsymbol{e}_i=[1,\exp(\mathrm{j}\omega_i),\cdots,\exp(\mathrm{j}\omega_i p)]^{\mathrm{T}},\quad i=1,2,\cdots,M \tag{14.10.3}$$

那么

$$\boldsymbol{R}_p=\sum_{i=1}^{M} A_i \boldsymbol{e}_i \boldsymbol{e}_i^{\mathrm{H}}+\rho_w \boldsymbol{I} \tag{14.10.4}$$

$\boldsymbol{I}$ 为$(p+1)\times(p+1)$单位阵。若再定义矩阵

$$\boldsymbol{S}_p=\sum_{i=1}^{M} A_i \boldsymbol{e}_i \boldsymbol{e}_i^{\mathrm{H}} \tag{14.10.5}$$

$$\boldsymbol{W}_p=\rho_w \boldsymbol{I} \tag{14.10.6}$$

那么

$$\boldsymbol{R}_p=\boldsymbol{S}_p+\boldsymbol{W}_p \tag{14.10.7}$$

14.4 节已证明(注:此处的 $\boldsymbol{R}_p$ 在 14.4 节记为 $\boldsymbol{R}_{p+1}$),信号阵 $\boldsymbol{S}_p$ 的秩最大为 $M$。若 $p>M$,则 $\boldsymbol{S}_p$ 是奇异的,但由于噪声阵的存在,$\boldsymbol{R}_p$ 的秩仍为$(p+1)$。现将 $\boldsymbol{S}_p$ 作特征分解,得

$$\boldsymbol{S}_p=\sum_{i=1}^{p+1} \lambda_i \boldsymbol{V}_i \boldsymbol{V}_i^{\mathrm{H}} \tag{14.10.8}$$

$\boldsymbol{V}_i$ 是对应于特征值 $\lambda_i$ 的特征向量,且特征向量之间是正交的,即

$$\boldsymbol{V}_i^{\mathrm{H}}\boldsymbol{V}_j=\begin{cases}1, & i=j\\ 0, & i\neq j\end{cases} \tag{14.10.9}$$

可以证明：若 $\mathrm{rank}\boldsymbol{S}_p=M<p+1$，那么 $\boldsymbol{S}_p$ 将有 $(p+1-M)$ 个零特征值，现将特征值按大小次序排列，即 $\lambda_1\geqslant\lambda_2\geqslant\cdots\geqslant\lambda_M$，那么式(14.10.8)的特征分解可写为

$$\boldsymbol{S}_p=\sum_{i=1}^{M}\lambda_i\boldsymbol{V}_i\boldsymbol{V}_i^{\mathrm{H}} \tag{14.10.10}$$

$\boldsymbol{V}_1,\boldsymbol{V}_2,\cdots,\boldsymbol{V}_M$ 又称为主特征向量。由式(14.10.9)，单位阵 $\boldsymbol{I}$ 也可表示为特征向量 $\boldsymbol{V}_i$ 的外积，即

$$\boldsymbol{I}=\sum_{i=1}^{p+1}\boldsymbol{V}_i\boldsymbol{V}_i^{\mathrm{H}} \tag{14.10.11}$$

将式(14.10.10)及式(14.10.11)代入式(14.10.7)，有

$$\begin{aligned}\boldsymbol{R}_p&=\sum_{i=1}^{M}\lambda_i\boldsymbol{V}_i\boldsymbol{V}_i^{\mathrm{H}}+\rho_w\sum_{i=1}^{p+1}\boldsymbol{V}_i\boldsymbol{V}_i^{\mathrm{H}}\\&=\sum_{i=1}^{M}(\lambda_i+\rho_w)\boldsymbol{V}_i\boldsymbol{V}_i^{\mathrm{H}}+\sum_{i=M+1}^{p+1}\rho_w\boldsymbol{V}_i\boldsymbol{V}_i^{\mathrm{H}}\end{aligned} \tag{14.10.12}$$

此式即为相关阵 $\boldsymbol{R}_p$ 的特征分解。显然，$\boldsymbol{R}_p$ 和信号矩阵 $\boldsymbol{S}_p$ 有着相同的特征向量，它们的所有特征向量 $\boldsymbol{V}_1,\boldsymbol{V}_2,\cdots,\boldsymbol{V}_{p+1}$ 形成了一个 $p+1$ 维的向量空间，且 $\boldsymbol{V}_1,\boldsymbol{V}_2,\cdots,\boldsymbol{V}_{p+1}$ 是互相正交的。进一步，该向量空间又可分成两个子空间，一个是由特征向量 $\boldsymbol{V}_{M+1},\cdots,\boldsymbol{V}_{p+1}$ 张成的噪声空间，每个向量的特征值都是 $\rho_w$；另一个是由主特征向量 $\boldsymbol{V}_1,\boldsymbol{V}_2,\cdots,\boldsymbol{V}_M$ 张成的信号空间，其特征值分别是 $(\rho_w+\lambda_1),(\rho_w+\lambda_2),\cdots,(\rho_w+\lambda_M)$，$\rho_w$ 在此反映了噪声对信号空间的影响。由式(14.10.12)可分别在信号空间和噪声空间完成如14.10.2节和14.10.3节所述的功率谱估计和频率估计。

## 14.10.2　基于信号子空间的频率估计及功率谱估计

对于式(14.10.12)，如果舍弃特征向量 $\boldsymbol{V}_{M+1},\cdots,\boldsymbol{V}_{p+1}$，仅保留信号空间，那么将用秩为 $M$ 的相关矩阵

$$\hat{\boldsymbol{R}}_p=\sum_{i=1}^{M}(\lambda_i+\rho_w)\boldsymbol{V}_i\boldsymbol{V}_i^{\mathrm{H}} \tag{14.10.13}$$

来近似 $\boldsymbol{R}_p$，这样可大大提高信号 $x(n)$ 的信噪比。基于矩阵 $\hat{\boldsymbol{R}}_p$，再用以前所讲的任何一种方法估计 $x(n)$ 的功率谱，将得到好的频率估计和功率谱估计。

## 14.10.3　基于噪声子空间的频率估计及功率谱估计

在式(14.10.12)中，若 $p=M$，则 $\boldsymbol{R}_p$ 只含有一个噪声向量 $\boldsymbol{V}_{M+1}$，它所对应的特征值即

噪声的方差 $\rho_w$。由于 $\lambda_{p+1}=0$,所以 $\rho_w$ 也是 $\boldsymbol{R}_p$ 的最小特征值。现在证明,$\boldsymbol{V}_{M+1}$ 和信号向量 $\boldsymbol{e}_i(i=1,2,\cdots,p)$ 也是正交的。

**证明** 由式(14.10.12)及式(14.10.7),有

$$\boldsymbol{R}_p\boldsymbol{V}_{M+1}=\rho_w\boldsymbol{V}_{M+1}$$

及

$$\boldsymbol{S}_p\boldsymbol{V}_{M+1}=\boldsymbol{0} \tag{14.10.14a}$$

若再定义矩阵

$$\boldsymbol{E}=(\boldsymbol{e}_1,\boldsymbol{e}_2,\cdots,\boldsymbol{e}_M)$$

$$\boldsymbol{A}=\begin{bmatrix} A_1 & & \\ & \ddots & \\ & & A_M \end{bmatrix}$$

那么

$$\boldsymbol{S}_p=\boldsymbol{E}\boldsymbol{A}\boldsymbol{E}^{\mathrm{H}}$$

式中,$\boldsymbol{E}$ 是 $(M+1)\times M$ 的 Vandermonde 矩阵。这样,式(14.10.14a)可写成

$$\boldsymbol{E}\boldsymbol{A}\boldsymbol{E}^{\mathrm{H}}\boldsymbol{V}_{M+1}=\boldsymbol{0}$$

对上式左乘 $\boldsymbol{V}_{M+1}^{\mathrm{H}}$,有

$$\boldsymbol{V}_{M+1}^{\mathrm{H}}\boldsymbol{E}\boldsymbol{A}\boldsymbol{E}^{\mathrm{H}}\boldsymbol{V}_{M+1}=(\boldsymbol{E}^{\mathrm{H}}\boldsymbol{V}_{M+1})^{\mathrm{H}}\boldsymbol{A}(\boldsymbol{E}^{\mathrm{H}}\boldsymbol{V}_{M+1})=0$$

因为矩阵 $\boldsymbol{A}$ 是正定的,所以,必有

$$\boldsymbol{E}^{\mathrm{H}}\boldsymbol{V}_{M+1}=\boldsymbol{0}$$

即

$$\boldsymbol{e}_i^{\mathrm{H}}\boldsymbol{V}_{M+1}=\sum_{k=0}^{M}v_{M+1}(k)\exp(-\mathrm{j}\omega_i k)=0,\quad i=1,2,\cdots,M \tag{14.10.14b}$$

于是结论得证。

令 $z=\mathrm{e}^{\mathrm{j}\omega_i}$,则式(14.10.14b)可写成

$$V(z)=\sum_{k=0}^{M}v_{M+1}(k)z^{-k}=0 \tag{14.10.15}$$

显然,多项式 $V(z)$ 的 $M$ 个根将在单位圆上的 $\omega_i$ 处,$1\leqslant i\leqslant M$。解此多项式,信号向量 $\boldsymbol{e}_i,i=1,2,\cdots,M$ 的 $M$ 个频率即可估计出来。式(14.10.14)和式(14.10.15)即 Pisarenko 谐波分解(PHD)方法的理论基础。PHD 的具体做法如下。

① 按式(14.10.1)求数据 $x(n),n=0,1,\cdots,N-1$ 的自相关函数,或是按以前的方法估计自相关函数,由 $r_x(0),r_x(1),\cdots,r_x(p)$ 形成自相关阵 $\boldsymbol{R}_p$,并假定 $M=p$。

② 对 $\boldsymbol{R}_p$ 作特征分解,得特征值 $\lambda_1,\lambda_2,\cdots,\lambda_{p+1}$ 及特征向量 $\boldsymbol{V}_1,\boldsymbol{V}_2,\cdots,\boldsymbol{V}_{p+1}$,并将 $p+1$ 个特征值按大小排序。选其中最小的特征值 $\lambda_{p+1}$ 及相应的特征向量 $\boldsymbol{V}_{p+1}$。

③ 将 $\boldsymbol{V}_{p+1}$ 代入式(14.10.15),形成 $p$ 阶多项式 $V(z)$,对此多项式求根,得到信号 $x(n)$ 的 $M$ 个频率 $\omega_1,\omega_2,\cdots,\omega_M$。

④ 由式(14.10.1),有

$$\begin{bmatrix} \exp(j\omega_1) & \exp(j\omega_2) & \cdots & \exp(j\omega_M) \\ \exp(j2\omega_1) & \exp(j2\omega_2) & \cdots & \exp(j2\omega_M) \\ \vdots & \vdots & \vdots & \vdots \\ \exp(jM\omega_1) & \exp(jM\omega_2) & \cdots & \exp(jM\omega_M) \end{bmatrix} \begin{bmatrix} A_1 \\ A_2 \\ \vdots \\ A_M \end{bmatrix} = \begin{bmatrix} r_x(1) \\ r_x(2) \\ \vdots \\ r_x(M) \end{bmatrix} \tag{14.10.16}$$

从而可以求出正弦信号的幅值 $A_1, A_2, \cdots, A_M$。

⑤ 再由式(14.10.1),有

$$r_x(0) = \sum_{i=1}^{M} A_i + \rho_w \tag{14.10.17a}$$

从而可以求出所含噪声的方差(即功率),即有

$$\rho_w = r_x(0) - \sum_{i=1}^{M} A_i \tag{14.10.17b}$$

按上述 5 个步骤可实现 Pisarenko 谐波分解,较好地估计出正弦信号的参数。

若噪声空间的向量不止一个,用上述同样的方法可以证明信号向量 $\boldsymbol{e}_i$ 和它们都正交,即

$$\langle \boldsymbol{e}_i, \boldsymbol{V}_k \rangle = 0, \quad i = 1,2,\cdots,M, \quad k = M+1,\cdots,p+1 \tag{14.10.18a}$$

由于自相关阵 $\boldsymbol{R}_p$ 的特征向量 $\boldsymbol{V}_1, \boldsymbol{V}_2, \cdots, \boldsymbol{V}_{p+1}$ 构成一组正交基,由上面的结论,信号向量 $\boldsymbol{e}_1, \boldsymbol{e}_2, \cdots, \boldsymbol{e}_M$ 和信号空间的向量 $\boldsymbol{V}_1, \boldsymbol{V}_2, \cdots, \boldsymbol{V}_M$ 必然张成同样的空间,即

$$\mathrm{span}\{\boldsymbol{e}_1, \boldsymbol{e}_2, \cdots, \boldsymbol{e}_M\} = \mathrm{span}\{\boldsymbol{V}_1, \boldsymbol{V}_2, \cdots, \boldsymbol{V}_M\} \tag{14.10.18b}$$

式(14.10.18)对应 $M < p$ 的情况。在这种情况下,若再使用式(14.10.15),则求出的 $V(z)$ 将有 $(p-M)$ 个多余的零点,称为"寄生零点(spurious zeros)"。由这些寄生零点所对应的频率 $\omega_{M+1}, \cdots, \omega_p$ 将产生虚假的正弦信号。因此,当 $M < p$ 时,不宜再使用式(14.10.15)。

文献[Sch86]提出了在 $M < p$ 这一更为普遍的情况下正弦信号参数估计的方法,即多信号分类法(multiple signal classification, MUSIC)。现说明此方法的实现过程。由于信号向量 $\boldsymbol{e}_i$ 和噪声空间的各个向量 $\boldsymbol{V}_{M+1}, \boldsymbol{V}_{M+2}, \cdots, \boldsymbol{V}_{p+1}$ 都是正交的,因此,和它们的线性组合也是正交的,即

$$\boldsymbol{e}_i^{\mathrm{H}} \left( \sum_{k=M+1}^{p+1} \alpha_k \boldsymbol{V}_k \right) = 0, \quad i = 1,2,\cdots,M \tag{14.10.19}$$

令

$$\boldsymbol{e}(\omega) = [1, \mathrm{e}^{\mathrm{j}\omega}, \cdots, \mathrm{e}^{\mathrm{j}\omega M}]^{\mathrm{T}} \tag{14.10.20}$$

则 $\boldsymbol{e}(\omega_i) = \boldsymbol{e}_i$,由式(14.10.19),有

$$\boldsymbol{e}^{\mathrm{H}}(\omega) \left[ \sum_{k=M+1}^{p+1} \alpha_k \boldsymbol{V}_k \boldsymbol{V}_k^{\mathrm{H}} \right] \boldsymbol{e}(\omega) = \sum_{k=M+1}^{p+1} \alpha_k \mid \boldsymbol{e}^{\mathrm{H}}(\omega) \boldsymbol{V}_k \mid^2 \tag{14.10.21}$$

上式在 $\omega=\omega_i$ 处应为零，那么

$$\hat{P}_x(\omega)=\frac{1}{\sum_{k=M+1}^{p+1}\alpha_k\mid \boldsymbol{e}^{\mathrm{H}}(\omega)\boldsymbol{V}_k\mid^2} \tag{14.10.22}$$

在 $\omega=\omega_i$ 处应是无限大，但由于 $\boldsymbol{V}_k$ 是由相关阵分解出的，而相关阵是估计出的，因此必有误差，所以 $\hat{P}_x(\omega_i)$为有限值，但呈现尖的峰值，其峰值对应的频率即是正弦信号的频率。由此方法又可得到信号 $x(n)$的功率谱估计，其功率谱(或频率)的分辨率要好于 AR 模型。

在式(14.10.22)中，若令 $\alpha_k=1$，其中 $k=M+1,\cdots,p+1$，则所得估计为 MUSIC 估计，即

$$\hat{P}_{\mathrm{MUSIC}}(\omega)=\frac{1}{\boldsymbol{e}^{\mathrm{H}}(\omega)\left(\sum_{k=M+1}^{p+1}\boldsymbol{V}_k\boldsymbol{V}_k^{\mathrm{H}}\right)\boldsymbol{e}(\omega)} \tag{14.10.23}$$

若令 $\alpha_k=1/\lambda_k$，其中 $k=M+1,\cdots,p+1$，则所得功率谱称特征向量(eigenvector，EV)估计，即

$$\hat{P}_{\mathrm{EV}}(\omega)=\frac{1}{\boldsymbol{e}^{\mathrm{H}}(\omega)\left(\sum_{k=M+1}^{p+1}\frac{1}{\lambda_k}\boldsymbol{V}_k\boldsymbol{V}_k^{\mathrm{H}}\right)\boldsymbol{e}(\omega)} \tag{14.10.24}$$

图 14.11.2(f)给出了用多信号分类法估计出的本书所附数据文件的功率谱，与图 14.11.1(b)～(d)相比较，可以看出，其分辨率好于 AR 模型的自相关法。

现举例说明上述算法的实现及应用。

**例 14.10.1**　给定一个复自相关序列的前 5 个值：$r(0)=4$，$r(1)=1.659\,439-\mathrm{j}1.809\,017$，$r(2)=-2.160\,576-\mathrm{j}0.9\,510\,564$，$r(3)=-2.935\,286+\mathrm{j}0.690\,832$，$r(4)=-1.083\,864+\mathrm{j}0.5\,877\,854$。试用 Pisarenko 谐波分解算法求该自相关序列所包含的正弦信号的频率、幅度及所包含的噪声功率，并研究噪声对算法的影响。

**解**　① 由 $r(0)\sim r(4)$组成自相关矩阵 $\boldsymbol{R}_5$，有

$$\boldsymbol{R}_5=\begin{bmatrix} r(0) & r^*(1) & r^*(2) & r^*(3) & r^*(4) \\ r(1) & r(0) & r^*(1) & r^*(2) & r^*(3) \\ r(2) & r(1) & r(0) & r^*(1) & r^*(2) \\ r(3) & r(2) & r(1) & r(0) & r^*(1) \\ r(4) & r(3) & r(2) & r(1) & r(0) \end{bmatrix}$$

**注意**：该矩阵在上三角取共轭。

对该矩阵作特征分解(有关特征分解的程序可参看文献[Mar87])，求出 5 个特征值及最小的特征值所对应的特征向量分别是

$\lambda_1 = 13.107\ 54$， $\lambda_2 = 5.105\ 701$， $\lambda_3 = 1.784\ 371$， $\lambda_4 = 0.002\ 388$， $\lambda_5 = 0$

$V_{\min}(0) = -0.040\ 392 + \mathrm{j}0.213\ 881\ 3$， $V_{\min}(1) = 0.453\ 867\ 9 - \mathrm{j}0.281\ 937\ 4$

$V_{\min}(2) = -0.573\ 448\ 7 + \mathrm{j}0.073\ 600\ 17$， $V_{\min}(3) = 0.510\ 378\ 6 + \mathrm{j}0.158\ 160\ 2$

$V_{\min}(4) = -0.093\ 042\ 13 - \mathrm{j}1.967\ 916$

由此特征向量构成式(14.10.15)的四阶多项式 $V(z)$，解此多项式得到 $V(z)$ 的 4 个根，它们都位于单位圆上，对应的归一化频率分别是

$$f_1' = 0.15, \quad f_2' = 0.16, \quad f_3' = -0.16, \quad f_4' = 0.25$$

它们对应 4 个复正弦信号，这 4 个复正弦正是我们用来产生本书所附数据文件所用到的信号。

再利用式(14.10.16)的线性方程组，可求出 $A_1 = A_2 = A_3 = A_4 = 1$，即这 4 个复正弦的幅度及功率都是 1。

由于最小的特征值 $\lambda_5 = 0$，所以矩阵 $\boldsymbol{R}_5$ 是奇异的。自然，由 $r(0) \sim r(3)$ 构成的矩阵 $\boldsymbol{R}_4$ 是正定的，这是在本节及 14.4 节所讨论过的结论。该自相关函数对应的时间序列不包含噪声。由式(14.10.17b)可求出 $\rho_w = 0$。实际上，这 5 个自相关函数值是由式(14.10.1)直接计算出的，它是精确又不含噪声，所以由 Pisarenko 谐波分解法求出的信号频率是准确的。

在求解 $V(z)$ 的 4 个根时，如果得到的是两对共轭零点，那么该序列对应两个实正弦信号。

② 仍利用上面所给的准确自相关函数，分别令噪声的功率 $\rho_w = 0.001$，$\rho_w = 0.01$ 及 $\rho_w = 0.1$，即 3 种情况下的 $r(0)$ 分别是 4.001、4.01 及 4.1，分别求出 3 个最小的特征值分别是 $\lambda_5 = 0.001$、$\lambda_5 = 0.01$ 及 $\lambda_5 = 0.1$，在这 3 种情况下，求出的 4 个频率都符合上面所给定的值，即分别是 0.15、0.16、−0.16 及 0.25。这说明，若自相关函数是准确的，那么 Pisarenko 算法对白色噪声不敏感。

③ 令数据 $x(n)$ 由上述 4 个复正弦加上复白噪声序列而构成，$\rho_w = 0.01$，然后由该数据估计自相关函数，得

$r(0) = 4.302$， $r(1) = 1.769\ 121 + \mathrm{j}2.021\ 896$， $r(2) = -2.246\ 495 + \mathrm{j}1.132\ 593$

$r(3) = -3.068\ 648 - \mathrm{j}0.658\ 127\ 8$， $r(4) = -1.116\ 928 - \mathrm{j}0.684\ 215\ 3$

解出

$\lambda_1 = 14.166\ 35$， $\lambda_2 = 5.149\ 011$， $\lambda_3 = 2.027\ 976$

$\lambda_4 = 0.106\ 202\ 57$， $\lambda_5 = 0.060\ 451\ 84$

$f_1' = 0.100\ 234\ 8$， $f_2' = 0.160\ 425\ 85$， $f_3' = -0.160\ 304$， $f_4' = 0.255\ 498\ 9$

这时，$f_1'$出现了较大的误差。这主要是估计自相关函数所带来的误差，另外，$f_1'$和 $f_2'$ 靠得很近也是一个原因。

本例的结果说明，只有当相关阵 $\boldsymbol{R}_p$ 的各个元素能在集总意义上准确求出时，式(14.10.14)

的各结论才准确成立。这样，由式(14.10.15)求出的 $\omega_i$ 才准确地等于正弦信号的频率。由于在实际工作中，$\boldsymbol{R}_p$ 总是由有限长数据按时间平均求出，因此必然会产生一定的误差。

### 14.10.4　信号与噪声子空间维数的估计

无论是 Pisarenko 谐波分解算法还是 MUSIC 算法，都需要知道噪声(或信号)子空间的维数。理论上讲，对$(p+1)\times(p+1)$的自相关矩阵 $\boldsymbol{R}_p$，若信号子空间的维数为 $M$，则将有$(p+1-M)$个最小的且相同的特征值，即 $\lambda_{M+1}=\cdots=\lambda_{p+1}$。因此，通过判断其最小特征值的重复个数，即可确定其噪声子空间的维数。但是，由于自相关矩阵是由有限长数据估计出来的，因此，其特征值不可能完全相等，这样，无法按上述思路判断出噪声子空间的维数。

文献[Wax85]扩展了式(14.3.17)的 AIC 准则，给出了信号和噪声子空间维数的估计方法。设信号 $x(n)$ 由 $m$ 个复正弦加白噪声所组成，其长度为 $N$。取其自相关函数的最大延迟为 $p-1$，其 $p\times p$ 的自相关矩阵有 $p$ 个特征值，按次序排列，有 $\lambda_1>\lambda_2>\cdots>\lambda_p$。令

$$\mathrm{AIC}(m)=-2\lg\left[\prod_{i=m+1}^{p}\lambda_i^{m-p}\Big/\frac{1}{p-m}\sum_{i=m+1}^{p}\lambda_i\right]^{(p-m)/N}+2m(2p-m) \tag{14.10.25}$$

当 $m$ 由 0 增加到 $p-1$ 时，最小的 AIC$(m)$所对应的 $m$ 即信号子空间的维数。

该文献还给出了另一个判断准则，即 MDL(minimum description length)准则：

$$\mathrm{MDL}(m)=-\lg\left[\prod_{i=m+1}^{p}\lambda_i^{m-p}\Big/\frac{1}{p-m}\sum_{i=m+1}^{p}\lambda_i\right]^{(p-m)/N}+\frac{1}{2}m(2p-m)\lg N \tag{14.10.26}$$

同样取最小的 MDL$(m)$所对应的 $m$ 作为信号子空间维数的估计。文献[Hay86]指出，MDL$(m)$将给出对 $m$ 的一致估计，而 AIC$(m)$不是 $m$ 的一致估计，倾向于给出对 $m$ 的过估计。

## 14.11　现代功率谱估计各种算法性能的比较

图 14.11.1 给出了 8 个图形。图 14.11.1(a)是本书所附的数据文件的真实功率谱。图 14.11.1(b)、(c)和(d)是用自相关法求出的 AR 谱曲线，阶次 $p$ 分别等于 10、20 和 30。可以看出，在阶次较低时($p=10$)，分辨率和检出能力均不好。当 $p=30$ 时，$f_1'$和

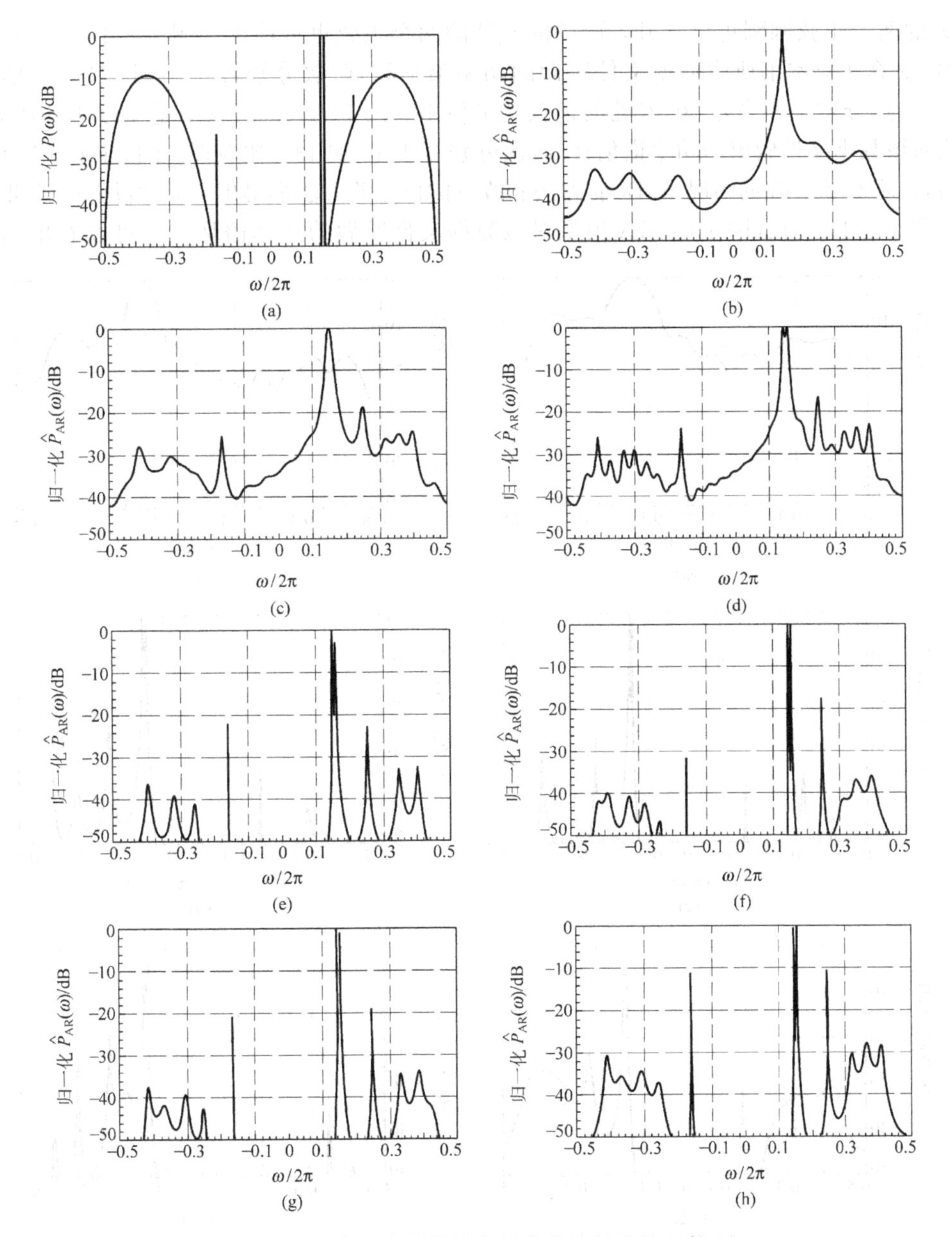


图 14.11.1　现代功率谱估计中部分算法性能的比较(之一)

(a) 真实功率谱曲线；　(b) 用自相关求出的 AR 功率谱曲线，$p=10$；

(c) 用自相关求出的 AR 功率谱曲线，$p=20$；　(d) 用自相关求出的 AR 功率谱曲线，$p=30$；

(e) 用 Burg 算法求出的 AR 功率谱曲线，$p=10$；　(f) 用 Burg 算法求出的 AR 功率谱曲线，$p=13$；

(g) 用改进的协方差方法求出的 AR 功率谱曲线，$p=10$；　(h) 用改进的协方差方法求出的 AR 功率谱曲线，$p=13$

$f_2'$处的两个正弦刚刚可以分开，在 $f_3'$和 $f_4'$处的两个正弦也可检出。图 14.11.1(e)、(f)是用 Burg 算法对本书所附数据文件所做的功率谱估计，阶次分别等于 10 和 13。显然，在 $p=13$ 时，分辨率相当好，在 $f_3'$处的正弦也可检出。图 14.11.1(g)、(h)是用改进的协方差方法对该数据文件做出的功率谱估计，阶次分别等于 10 和 13。比较图 14.11.1(f)、(h)可以看出，在阶次 $p=13$ 的情况下，Burg 方法和改进的协方差方法都得出了非常满意的结果。

图 14.11.2(a)、(b)是用 MA 模型对该数据文件所做的功率谱估计。可以看出，它们

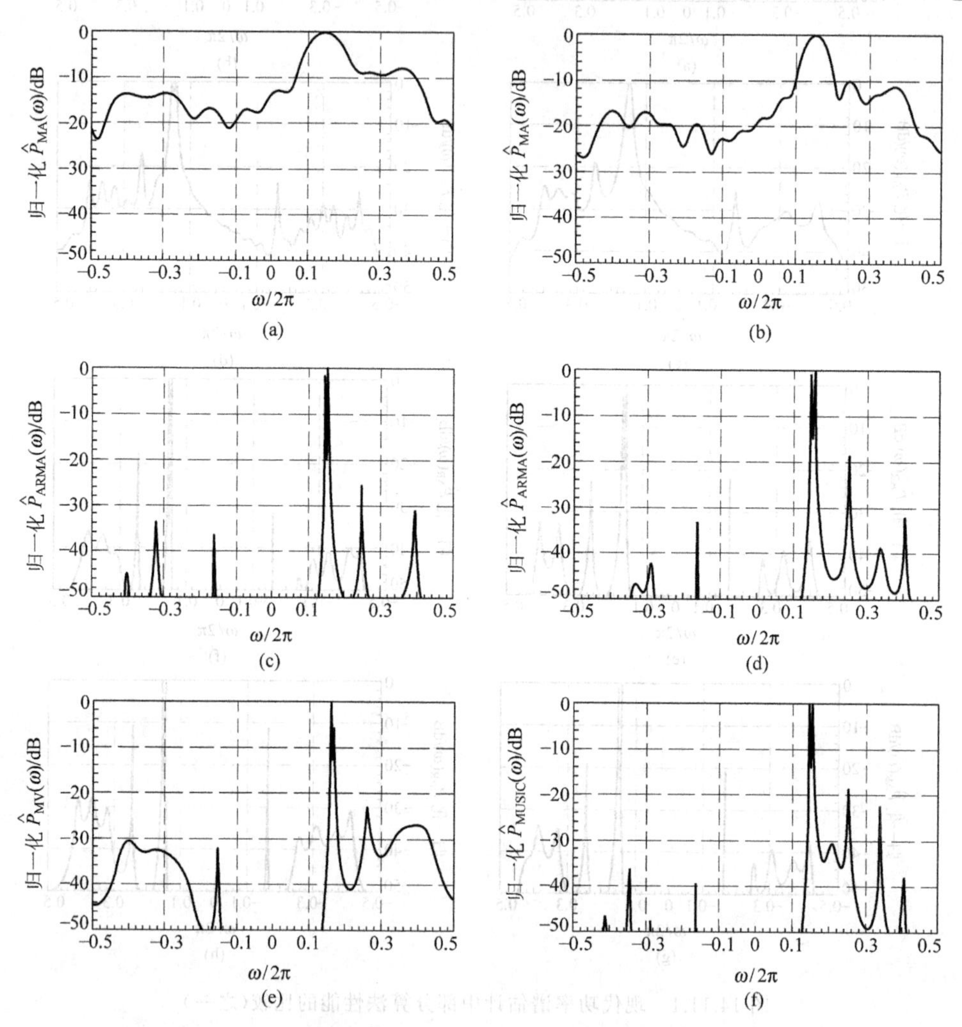


图 14.11.2　现代功率谱估计中部分算法性能的比较(之二)

(a) MA 功率谱曲线，$q=10$；　(b) MA 功率谱曲线，$q=16$；
(c) ARMA 功率谱曲线，$p=10,q=10$；　(d) ARMA 功率谱曲线，$p=10,q=13$；
(e) 用最小方差法求出的功率谱曲线；　(f) 用多信号分类法求出的功率谱曲线

的分辨率较差。比较图14.11.2(b)和图13.5.1(f)可以看出，$q=16$时的MA模型和$M=16$时的自相关法给出的谱大体一致。由于在自相关法中使用了哈明窗，所以二者不完全相同。图14.11.2(c)、(d)是用ARMA模型估计出的功率谱，阶次分别是(10,10)和(10,13)。二者的分辨率不如AR模型的Burg法和改进的协方差方法，但由于MA部分的存在，噪声部分的谱比AR谱较为平滑，这也正是ARMA模型的特点。图14.11.2(e)是用最小方差求出的谱，使用的AR模型的阶次为13，显然，它的分辨率低于同阶的AR谱。图14.11.2(f)是用多信号分类法求出的谱。

## 14.12 与本章内容有关的MATLAB文件

本节介绍有关参数模型谱估计、AR模型参数估计及线性预测的MATLAB文件。下述文件1～7是有关参数模型谱估计的文件。

**1. pyulear.m**

本文件用AR模型的自相关法估计信号的功率谱，其调用格式是

```
[Px, F]=pyulear(x, order, Nfft, Fs)
```

**2. pburg.m**

本文件用AR模型的Burg算法估计信号的功率谱，其调用格式是

```
[Px, F]=pburg(x, order, Nfft, Fs)
```

**3. pcov.m**

本文件用AR模型协方差方法估计信号的功率谱，其调用格式是

```
[Px, F]=pcov(x, order, Nfft, Fs)
```

**4. pmcov.m**

本文件用AR模型的改进的协方差方法估计信号的功率谱，其调用格式是

```
[Px, F]=pmcov(x, order, Nfft, Fs)
```

**5. peig.m**

本文件用自相关矩阵分解的特征向量法估计信号的功率谱，其调用格式是

```
[Px,  F]=peig(x, order, Nfft, Fs)
```

或

```
[Px, F,V, E]=peig(x, order, Nfft, Fs)
```

**6. pmusic.m**

本文件用自相关矩阵分解的 MUSIC 算法估计信号的功率谱，其调用格式是

```
[Px,  F]=pmusic(x, order, Nfft, Fs)
```

**7. pmem.m**

本文件用来实现最大熵功率谱估计，其估计性能类似 pyulear，其调用格式是

```
[Px,  F]=pmem(x, order, Nfft, Fs)
```

以上调用格式中，x 是随机信号向量，order 是模型的阶次，Fs 是抽样频率，Nfft 是对 x 作 FFT 时的长度。输出的 Px 是估计出的功率谱，按上述调用格式给出的是幅平方值，F 是频率轴坐标。文件 5 中，输出的 E 是由自相关矩阵特征值所组成的向量，V 是由特征向量组成的矩阵，V 的列向量张成了噪声子空间，V 的行数减去列数即是信号子空间的维数。文件 1～4 所包含的谱估计原理见 14.6 节，文件 5、6 所包含的谱估计原理见 14.10 节，文件 7 的基本原理见 14.3.1 节。现仅举一个例子说明上述文件的应用。

**例 14.12.1**　对本书所附的数据文件 test.mat，试用上述 7 个文件分别估计其功率谱。

完成本例的程序分别是 exa141201_pyulear、exa141201_pburg、exa141201_pcov、exa141201_pmcov、exa141201_peig、exa141201_pmusic 及 exa141201_pmem。

下述文件 8～11 是有关 AR 模型参数估计的文件。

**8. aryule.m**

本文件用自相关法(即 Yule-Walker 法)估计 AR 模型的参数，其调用格式是

```
[a, E]=aryule(x, order)  或  [a, E,k]=aryule(x, order)
```

**9. arburg.m**

本文件用 Burg 算法估计 AR 模型的参数，其调用格式是

```
[a, E]=arburg(x, order)  或  [a, E,k]=arburg(x, order)
```

**10. arcov.m**

本文件用协方差方法估计 AR 模型的参数，其调用格式是

```
[a, E] =arcov(x, order)
```

**11. armcov.m**

本文件用改进的协方差方法估计 AR 模型的参数，其调用格式是

```
[a, E] =armcov(x, order)
```

以上调用格式中，x 是随机信号向量，order 是给定的模型的阶次，输出的 a 是 AR 模型系数向量，E 是 AR 模型输入白噪声的功率，或是 order 阶线性预测器的最小预测误差，k 是反射系数向量。这 4 个文件所包含的算法原理见 14.6 节。

**例 14.12.2**　对本书所附的数据文件 test.mat，分别用上述 4 个文件估计 AR 模型的参数。相应的程序是 exa141202.m。

MATLAB 中有关线性预测的 m 文件很多，主要是用来求解预测系数和实现各种参数之间的转换。14.2 节已指出，一个 $p$ 阶的 AR 模型或 $p$ 阶的线性预测器可用 3 组参数来表征：①$p+1$ 个自相关函数 $r_x(0), r_x(1), \cdots, r_x(p)$；②$p+1$ 个 AR 模型参数 $a_p(1), a_p(2), \cdots, a_p(p), \sigma_p^2$；③反射系数 $k_1, k_1, \cdots, k_1$ 及 $r_x(0)$。且这 3 组参数可以互相转换。以下的 m 文件即是实现这些功能。

**12. lpc**

本文件用来计算线性预测系数，调用格式是

```
a=lpc(x, order)
```

其作用等同于 aryule。

**13. ac2poly**

本文件用来由自相关函数得到线性预测系数，调用格式是

```
[a, E]=ac2poly(R)
```

**14. poly2ac**

本文件用来由线性预测系数得到自相关函数，调用格式是

```
R=poly2ac(a, E)
```

**15. ac2rc**

本文件用来由自相关函数得到反射系数及 $r_x(0)$，其调用格式是

```
[k, R0]=ac2rc(R)
```

**16. rc2ac**

本文件用来由反射系数及 $r_x(0)$ 得到自相关函数，其调用格式是

```
R=rc2ac(k, R0)
```

**17. poly2rc**

本文件用来由线性预测系数得到反射系数及 $r_x(0)$，调用格式是

```
k=poly2rc(a)  或  [k, R0]=poly2rc(a, E)
```

**18. rc2poly**

本文件用来由反射系数及 $r_x(0)$ 得到线性预测系数，调用格式是

```
a=rc2poly(k)  或  [a, E]=rc2poly(k, R0)
```

**19. levinson**

本文件用 Levinson-Durbin 算法求解 Toeplitz 矩阵，该文件是一个 C-MEX 内部文件，以上多个文件都要调用它，调用格式是

```
[a, E, k]=levinson(R, order)
```

在文件 12～19 的调用格式中，x 是随机信号向量，R 是 x 的自相关函数向量，order 是给定的模型的阶次，a 是 AR 模型系数向量，E 是输入白噪声的功率或最小预测误差，k 是反射系数向量。这 8 个文件都比较简单，此处不再一一讨论。

# 小　　结

本章讨论了现代功率谱估计中的主要内容——参数模型法谱估计，其中又以 AR 模型为主，详细讨论了 AR 模型和线性预测的关系、系数的求解方法、稳定性问题及谱的性质。在此基础上，给出了 MA 模型和 ARMA 模型谱估计算法，最后简要讨论了最小方差谱估计及基于相关阵特征分解的谱估计算法。

# 习题与上机练习

14.1 已知 $x(n)=\sqrt{2}\sin(\pi n/6)$,现用一个二阶的线性预测器

$$\hat{x}(n)=-a_1x(n-1)-a_2x(n-2)$$

对其做一步预测,试求线性预测器的系数并证明预测误差等于零。然后计算 $\hat{x}(n)$的前10个值并与 $x(n)$的前10个值相比较。

14.2 试证明:若要保证一个 $p$ 阶的AR模型在白噪声激励下的输出 $x(n)$是一个平稳的随机过程,那么该AR模型的极点必须都位于单位圆内。

14.3 一个AR(2)过程如下:

$$x(n)=-a_1x(n-1)-a_2x(n-2)+u(n)$$

试求该模型稳定的条件。

14.4 将式(14.5.3)代入式(14.5.4),再将 $e^b(n)$代入式(14.5.5),通过令式(14.5.5)的 $\rho^b$ 为最小,证明式(14.5.6)及式(14.5.7)。

14.5 通过令式(14.3.13)的 $\rho$ 为最小,导出式(14.2.3)的Yule-Walker方程。(提示:将 $P_{\mathrm{AR}}(\mathrm{e}^{\mathrm{j}\omega})=\rho_{\min}/|A(\mathrm{e}^{\mathrm{j}\omega})|^2=\rho_{\min}/[A(\mathrm{e}^{\mathrm{j}\omega})A^*(\mathrm{e}^{\mathrm{j}\omega})]$代入式(14.3.13),而 $A(\mathrm{e}^{\mathrm{j}\omega})=1+\sum_{k=1}^{p}a_k\mathrm{e}^{-\mathrm{j}\omega k}$。)

14.6 试证明:14.4节给出的自相关矩阵 $\boldsymbol{R}_{p+1}$是非负定的(提示:用一非零向量 $\boldsymbol{a}=[a(0),a(1),\cdots,a(p)]^{\mathrm{T}}$与 $\boldsymbol{R}_{p+1}$相乘构成二次型 $\boldsymbol{a}^{\mathrm{T}}\boldsymbol{R}_{p+1}\boldsymbol{a}$,证明此二次型非负),并回答矩阵 $\boldsymbol{R}_{p+1}$何时是奇异的?何时是正定的?

14.7 试证明:若14.4节给出的自相关矩阵 $\boldsymbol{R}_{p+1}$是正定的,则由Yule-Walker方程解出的 $a(1),a(2),\cdots,a(p)$构成的 $p$ 阶AR模型是稳定的,且是唯一的(提示:可参看文献[1,4,9])。

14.8 给定一个ARMA(1,1)过程的转移函数

$$H(z)=\frac{1+b(1)z^{-1}}{1+a(1)z^{-1}}$$

现用一个无穷阶的AR(∞)模型来近似,其转移函数

$$H_{\mathrm{AR}}(z)=\frac{1}{1+c(1)z^{-1}+c(2)z^{-2}+\cdots}$$

试证明

$$c(k)=\begin{cases}1, & k=0\\ [a(1)-b(1)][-b(1)]^{k-1}, & k\geqslant 1\end{cases}$$

14.9 现用一个无穷阶的 MA(∞)模型

$$H_{\mathrm{MA}}(z)=d(0)+d(1)z^{-1}+d(2)z^{-2}+\cdots$$

来近似习题 14.8 中的 ARMA(1,1)模型，试证明

$$d(k)=\begin{cases}1, & k=0\\ [b(1)-a(1)][-a(1)]^{k-1}, & k\geqslant 1\end{cases}$$

14.10 一个平稳随机信号的前 4 个自相关函数是

$$r_x(0)=1,\quad r_x(1)=-0.5,\quad r_x(2)=0.625,\quad r_x(3)=-0.6875$$

且

$$r_x(m)=r_x(-m)$$

试利用这些自相关函数分别建立一阶、二阶及三阶 AR 模型，给出模型的系数及对应的均方误差。（提示：求解 Yule-Walker 方程。）

14.11 一个 ARMA(1,1)过程的差分方程是

$$x(n)=ax(n-1)+u(n)-bu(n-1)$$

(1) 试给出模型的转移函数及单位抽样响应；

(2) 试给出模型的正则方程；

(3) 求 $r_x(0)$、$r_x(1)$，推出 $r(m)$的一般表达式。

*14.12 掌握在计算机上产生一组试验数据的方法：先产生一段零均值的白噪声数据 $u(n)$，令功率为 $\sigma^2$，让 $u(n)$通过一个转移函数为

$$H(z)=1-0.1z^{-1}+0.09z^{-2}+0.648z^{-3}$$

的三阶 FIR 系统，得到 $y(n)$的功率谱 $P_y(\mathrm{e}^{\mathrm{j}\omega})=\sigma^2|H(\mathrm{e}^{\mathrm{j}\omega})|^2$，在 $y(n)$上加上 3 个实正弦信号，归一化频率分别是 $f'_1=0.1$，$f'_2=0.25$，$f'_3=0.26$。调整 $\sigma^2$ 和正弦信号的幅度，使在 $f'_1$，$f'_2$，$f'_3$处的信噪比大致分别为 10dB，50dB，50dB。这样可得到已知功率谱的试验信号 $x(n)$。

(1) 令所得的实验数据长度 $N=256$，描绘该波形；

(2) 描绘出该试验信号的真实功率谱 $P_x(\mathrm{e}^{\mathrm{j}\omega})$。

*14.13 利用习题 14.12 的实验数据：

(1) 用自相关法求解 AR 模型系数以估计其功率谱，模型阶次 $p=8$，$p=11$，$p=14$，自己可调整；

(2) 用 Burg 方法重复(1)；

(3) 试用 ARMA 模型来估计其功率谱，阶次($p$，$q$)由自己试验决定；

(4) 试用 Pisarenro 谐波分解法估计该试验数据的正弦频率及幅度。

14.14　自己构造一数据，并利用 AR 模型对其进行功率谱估计。数据的要求是：

(1) 由方差为 1 的高斯白噪声 $v(n)$ 激励一个 AR 模型，得到输出 $y(n)$。该模型为

$$y(n)=1.35y(n-1)-1.46y(n-2)+0.78y(n-3)-0.38y(n-4)+v(n)$$

(2) 产生两个幅度各为 1.5，圆周频率分别为 $0.24\pi$ 和 $0.255\pi$ 的正弦信号，然后将它们和 $y(n)$ 相加，得到试验信号 $x(n)$。

14.15　对习题 13.11 给出的太阳黑子数据 sunspots_New.mat，试利用基于 AR 模型的现代功率谱估计方法估计黑子活动的周期。

# 第15章 维纳滤波器

## 15.1 前 言

去噪是信号处理学科中永恒的话题,这是因为采集到的信号(或称为观察信号)中总含有噪声。这些噪声有的是来自信号源本身,有的来自信号采集的仪器,有的则来自空间环境。如图1.6.1所示,当我们在母亲腹部贴上电极欲采集胎儿的心电信号时,实际采集到的信号总会同时包含母亲的心电,而母亲心电的幅度要远大于胎儿心电,相对我们所需要的胎儿心电而言,母亲心电就是噪声。我们所使用的电子仪器绝大部分都是交流电供电,电源带来的工频干扰及空间电磁场的干扰是噪声的又一个来源。

去噪的有效方法是滤波,实现滤波的工具是滤波器。在6.1.1节已指出,滤波器总的可分为两大类,即经典滤波器和现代滤波器。经典滤波器利用的是信号和噪声的频谱特性,即信号和噪声的频谱在频率轴上是可以分开的,因此,通过设计合适的低通、高通、带通、带阻或多通带滤波器就可以实现信号和噪声的分离,从而达到去噪的目的。本书在第6章和第7章讨论的滤波器都是经典滤波器。和经典滤波器不同,现代滤波器利用的是信号和噪声的统计特性,实现从含噪信号中估计出信号或信号的特征。此处说的"估计"突出表明了现代滤波器的特点。现代滤波器的种类很多,有维纳(Wiener)滤波器、卡尔曼(Kalman)滤波器、线性预测器及自适应滤波器等。线性预测的概念及其在功率谱估计中的应用已在第14章给予了讨论,本章讨论维纳滤波器,第16章讨论自适应滤波器。限于篇幅,卡尔曼滤波器本书不再讨论。

## 15.2 平稳随机信号的线性最小均方滤波

设观察到的信号$x(n)=s(n)+w(n)$,式中,$s(n)$是真正的信号,$w(n)$是噪声。不失一般性,设$x(n)$、$s(n)$、$w(n)$都是零均值的平稳随机信号,为简单起见,再假定它们都是实信号。现在的任务是从$x(n)$中估计出$s(n)$。现令$x(n)$通过一个LSI系统$H(z)$,记

其输出为 $y(n)$。$H(z)$的作用是保证 $y(n)$最接近于所希望的某一个输出 $d(n)$，如图 15.2.1 所示。

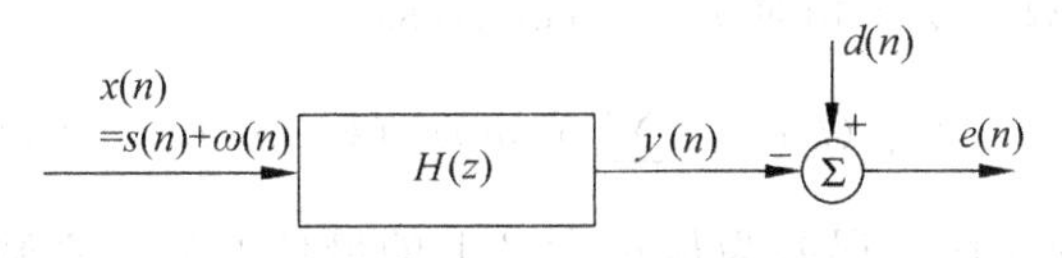


图 15.2.1 噪声中信号的估计

$d(n)$的选择视需要而定[Hay89,Pro14]：

(1) 如果 $d(n)=s(n)$，此即滤波问题；

(2) 如果 $d(n)=s(n+\Delta)$，此为纯预测(pure prediction)问题；

(3) 如果 $d(n)=x(n+\Delta)$，此为预测(prediction)问题；

(4) 如果 $d(n)=s(n-\Delta)$，此为信号的平滑(signal smoothing)问题。

上面 3 个式子中的 $\Delta$ 表示一段时间，并且 $\Delta>0$。如果 $\Delta$ 仅为一个抽样间隔，即 $d(n)=s(n+1)$或 $d(n)=x(n+1)$，上述的预测又称一步预测。第 14 章讨论的线性预测即一步预测。

滤波、预测和平滑的概念也可以这样理解：滤波是利用 $0\sim t$ 时间段的数据估计信号在 $t$ 时刻的信息；预测是利用 $0\sim t$ 时间段的数据估计信号在 $t'$时刻的信息，$t'>t$；平滑和预测相反，它是利用 $0\sim t$ 时间段的数据估计信号在 $t'$时刻的信息，但 $t'<t$。

上面述及，使 $y(n)$最接近于所希望的 $d(n)$，衡量接近程度的最通用的方法是均方误差准则，即令

$$\varepsilon=E\{e^2(n)\}=E\{[d(n)-y(n)]^2\} \tag{15.2.1}$$

为最小。由于 $y(n)=x(n)*h(n)$，所以，实际上是令 $\varepsilon$ 相对 $h(n)$为最小。将 $y(n)$的表达式代入式(15.2.1)，并将其展开，得

$$\begin{aligned}\varepsilon&=E\{d^2(n)\}-2E\{d(n)y(n)\}+E\{y^2(n)\}\\&=E\{d^2(n)\}-2\sum_{k=0}^{\infty}h(k)E\{d(n)x(n-k)\}+\\&\quad\sum_{k=0}^{\infty}\sum_{m=0}^{\infty}h(k)h(m)E\{\{x(n-m)x(n-k)\}\end{aligned}$$

令

$$r_d(0)=E\{d^2(n)\} \tag{15.2.2}$$

$$r_{dx}(k)=E\{d(n)x(n-k)\} \tag{15.2.3}$$

分别为 $d(n)$的均方值及 $d(n)$和 $x(n)$的互相关，显然，$r_x(k-m)=E\{x(n-m)x(n-k)\}$是信号 $x(n)$的自相关，这样

$$\varepsilon = r_d(0) - 2\sum_{k=0}^{\infty} h(k) r_{dx}(k) + \sum_{k=0}^{\infty}\sum_{m=0}^{\infty} h(k)h(m) r_x(k-m) \tag{15.2.4}$$

此即本问题的目标函数。令 $\varepsilon$ 相对 $h(k)$ 为最小，即

$$\frac{\partial \varepsilon}{\partial h(k)} = -2r_{dx}(k) + 2\sum_{m=0}^{\infty} h(m) r_x(k-m),\ k=0,1,\cdots,\infty$$

并令上式为零，可得到在均方误差为最小意义上的最佳滤波器系数，并记为 $h_{\mathrm{opt}}(k)$。于是有

$$\sum_{m=0}^{\infty} h_{\mathrm{opt}}(m) r_x(k-m) = r_{dx}(k),\quad k=0,1,\cdots,\infty \tag{15.2.5}$$

同时，可求出最小均方误差

$$\varepsilon_{\min} = r_d(0) - \sum_{k=0}^{\infty} h_{\mathrm{opt}}(k) r_{dx}(k) \tag{15.2.6}$$

式(15.2.5)和式(13.5.11)及式(14.2.10)一样也称为 Wiener-Hopf 方程，而最优滤波器系数 $h_{\mathrm{opt}}(n)$，$n=0,1,\cdots,\infty$ 即是我们本章要讨论的维纳滤波器，或称为维纳解。

## 15.3　FIR 维纳滤波器

式(15.2.5)中的 $h_{\mathrm{opt}}(m)$ 为无限长，现假定其是 FIR 类型的滤波器，即 $h_{\mathrm{opt}}(m)$，$m=0,1,\cdots,M-1$，$M<\infty$，则式(15.2.5)变为

$$\sum_{m=0}^{M-1} h_{\mathrm{opt}}(m) r_x(k-m) = r_{dx}(k),\ k=0,1,\cdots,M-1 \tag{15.3.1}$$

令 $\boldsymbol{R}_x$ 为 $M\times M$ 的自相关矩阵，显然，它是我们在第 14 章多次见到的 Toeplitz 矩阵。再令 $\boldsymbol{h}_{\mathrm{opt}}$ 是由 $h_{\mathrm{opt}}(0),h_{\mathrm{opt}}(1),\cdots,h_{\mathrm{opt}}(M-1)$ 组成的 $M\times 1$ 的滤波器系数向量，$\boldsymbol{r}_{dx}$ 是由 $r_{dx}(0),r_{dx}(1),\cdots,r_{dx}(M-1)$ 组成的 $M\times 1$ 的互相关向量，则式(15.3.1)可写成矩阵形式

$$\boldsymbol{R}_x \boldsymbol{h}_{\mathrm{opt}} = \boldsymbol{r}_{dx} \tag{15.3.2}$$

维纳滤波器系数可通过矩阵逆来求出，即

$$\boldsymbol{h}_{\mathrm{opt}} = \boldsymbol{R}_x^{-1} \boldsymbol{r}_{dx} \tag{15.3.3}$$

这时，式(15.2.6)的最小均方误差可表示为

$$\varepsilon_{\min} = r_d(0) - \boldsymbol{r}_{dx}^{\mathrm{T}} \boldsymbol{R}_x^{-1} \boldsymbol{r}_{dx} \tag{15.3.4}$$

**例 15.3.1**[Pro14]　令观察信号 $x(n)=s(n)+w(n)$，并假定 $s(n)$ 是一个一阶 AR 模型 $G(z)$ 的输出，其输入输出关系是

$$s(n)=0.6s(n-1)+u(n)$$

式中,$u(n)$是一方差$\sigma_u^2=0.64$的白噪声序列,再假定$w(n)$也是一个白噪声序列,其方差$\sigma_w^2=1$,现要求设计一个长度等于2的维纳滤波器来估计$s(n)$。

**解** 该一阶AR模型的转移函数是

$$H_{\mathrm{AR}}(z)=\frac{1}{1-0.6z^{-1}}$$

由平稳信号通过线性系统的性质,有

$$P_s(\mathrm{e}^{\mathrm{j}\omega})=\sigma_u^2\left|H_{\mathrm{AR}}(\mathrm{e}^{\mathrm{j}\omega})\right|^2=\frac{0.64}{\left|1-0.6\mathrm{e}^{-\mathrm{j}\omega}\right|^2}=\frac{0.64}{1.36-1.2\cos\omega}$$

该功率谱对应的自相关函数是

$$r_s(m)=0.6^{|m|}$$

本例所希望的输出$d(n)$即$s(n)$,因此

$$r_{dx}(m)=E\{d(n)x(n+m)\}=E\{s(n)[s(n+m)+w(n+m)]\}=r_s(m)$$

并且

$$r_x(m)=r_s(m)+r_w(m)=r_s(m)+\sigma_w^2\delta(m)$$

所以

$$r_x(0)=2,\quad r_x(1)=0.6$$

由式(15.3.1),有

$$\begin{cases}h_{\mathrm{opt}}(0)r_x(0)+h_{\mathrm{opt}}(1)r_x(1)=r_{dx}(0)=r_s(0)\\h_{\mathrm{opt}}(0)r_x(1)+h_{\mathrm{opt}}(1)r_x(0)=r_{dx}(1)=r_s(1)\end{cases}$$

即

$$\begin{cases}2h_{\mathrm{opt}}(0)+0.6h_{\mathrm{opt}}(1)=1\\0.6h_{\mathrm{opt}}(0)+2h_{\mathrm{opt}}(1)=0.6\end{cases}$$

解此方程,可得

$$h_{\mathrm{opt}}(0)=0.451,\quad h_{\mathrm{opt}}(1)=0.165$$

由式(15.2.6)可求出该维纳滤波器的最小均方误差。由于$r_d(m)=r_s(m)$,$r_d(0)=1$,因此

$$\varepsilon_{\min}=r_d(0)-h_{\mathrm{opt}}(0)r_s(0)-h_{\mathrm{opt}}(1)r_s(1)=0.45$$

**例 15.3.2** 研究用维纳滤波器对语音信号去噪。

我们知道,语音信号是宽带信号,其频谱在20Hz～8kHz(主要频率成分在100Hz～4kHz),噪声也是宽带信号。语音和噪声的频谱在频率轴上往往是重叠的,因此用经典滤波器很难将二者分开,即无法达到去噪的目的。此外,语音信号又是非平稳信号,其频谱是随时间变化的,经典滤波器对非平稳信号是不能取得满意结果的。

维纳滤波器对语音信号去噪有着明显的优势。其原理如图 15.2.1 所示，维纳滤波器的功能是使输出 $y(n)$ 在均方意义上最优的逼近希望信号 $d(n)$，因此，逼近的结果是使 $y(n)$ 在最大程度上去除了噪声。维纳滤波器只适用于平稳信号，为此，可将非平稳定语音信号分段，如 20ms 一段，在这一小段内可认为语音信号是平稳的。

图 15.3.1(a)是一段长度为 2s 的含噪语音信号 $x(n)$，噪声在水平基线上非常明显。其初始的 0.2s 内不含语音，即只包含噪声。本例按 20ms 的长度对该语音信号分段，对每一小段实施维纳滤波。图 15.3.1(b)是去噪后的语音信号 $y(n)$，可以看出，基线上的噪声基本去除。

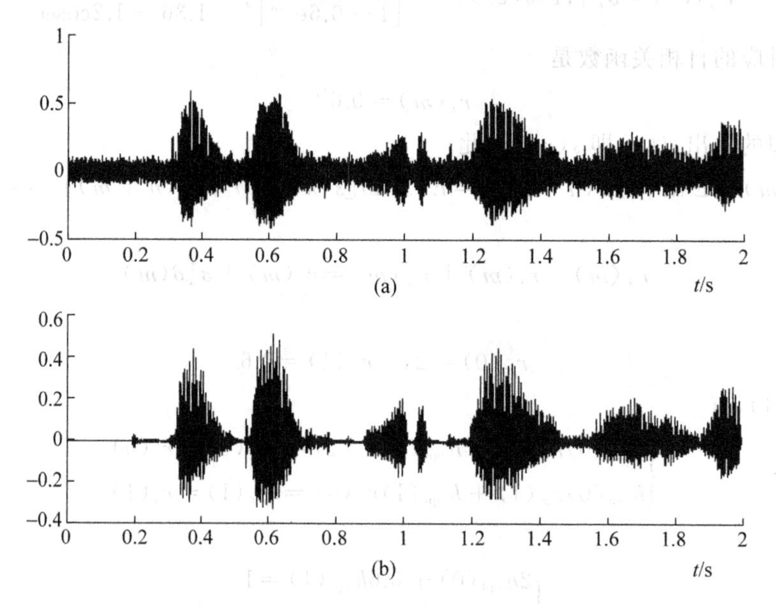


图 15.3.1　维纳滤波前后时域波形对比

(a) 滤波前；(b) 滤波后

在语音信号处理中，经常采用谱图来表示信号的频谱内容随时间变化的情况，这种表示方式称为非平稳信号的联合时频分析。谱图即是对信号作短时傅里叶变换后取幅平方，详细内容见 13.6 节。图 15.3.2(a)是含噪信号 $x(n)$ 的谱图，可以看出，其中的噪声分布在很广泛的频率范围。图 15.3.2(b)是滤波后 $y(n)$ 的谱图，可以看出噪声已得到了有效抑制。在该图中，横坐标对应时间，纵坐标对应频率。

实现本例的程序是 exa150302.m，用到的子程序有 wiener_speech.m、wienerfilter.m、add_overlap.m、cut_frame.m、plot_STFT_square.m，含噪信号文件是 noisy_voice.wav。

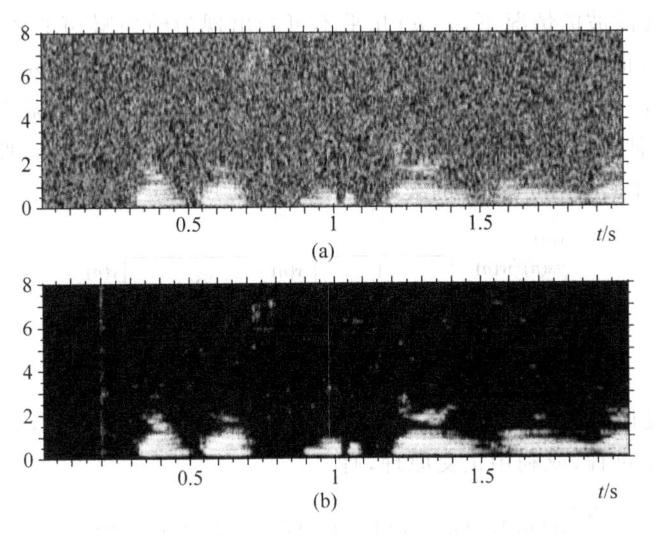


图 15.3.2 维纳滤波前后时频域效果对比

(a) 滤波前；(b) 滤波后

# 15.4 IIR 维纳滤波器

在式(15.2.5)和式(15.2.6)中，由于 $h_{\text{opt}}(n)$的 $n$ 是 $0\sim\infty$，所以，该维纳滤波器是 IIR 类型的数字滤波器。现在的任务是在已知 $r_x(m)$和 $r_{dx}(m)$的情况下求解出最优的滤波器 $h_{\text{opt}}(n)$。

式(15.2.5)的左边可以看作序列 $h_{\text{opt}}(n)$和 $r_x(m)$的线性卷积，似乎该式可以通过 $Z$ 变换来求解，但其实不然。由于该式中的 $r_x(m)$和 $r_{dx}(m)$是 $-\infty\sim\infty$，而 $h_{\text{opt}}(n)$是 $0\sim\infty$，在同一个表达式中无法既使用双边 $Z$ 变换又使用单边 $Z$ 变换。因此，必须寻求其他方法来求解 $h_{\text{opt}}(n)$。

设想如果维纳滤波器的输入信号 $x(n)$是一白噪声过程，即

$$r_x(k-m)=\begin{cases}\sigma_x^2, & m=k\\ 0, & \text{其他}\end{cases} \tag{15.4.1}$$

那么式(15.2.5)可以很容易求解，即

$$h_{\text{opt}}(k)=\begin{cases}\dfrac{r_{dx}(k)}{\sigma_x^2}, & k=0,1,\cdots,\infty\\ 0, & k<0\end{cases} \tag{15.4.2}$$

当然，在需要滤波的情况下，$x(n)$几乎不可能出现为纯白噪声的情况。从上面的结果看是没有意义，但却启发我们联想到 14.2 节的平稳信号的新息表示。即可以将 $x(n)$先通过一个白化滤波器 $1/G(z)$，得到输出为白噪声的序列 $v(n)$，然后令 $v(n)$通过一个线性系统 $Q(z)$，使其输出是我们所需要的维纳滤波器的输出 $y(n)$。那么，该维纳滤波器就应该是系统 $1/G(z)$和 $Q(z)$的级联，如图 15.4.1 所示。

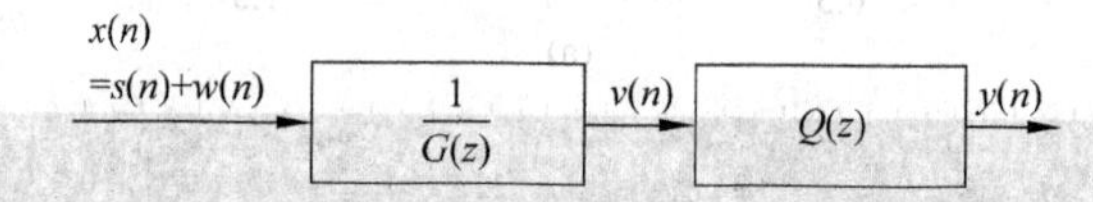


图 15.4.1　IIR 维纳滤波器分解为两个系统的级联

由于 $y(n)$是最优维纳滤波器的输出，因此 $e(n)=y(n)-d(n)$，利用式(15.2.1)～式(15.2.6)的导出过程，或利用正交原理，有

$$\sum_{m=0}^{\infty} q(m) r_v(k-m) = r_{dv}(k), \quad k=0,1,\cdots,\infty \tag{15.4.3}$$

式中，$q(m)$是系统 $Q(z)$的单位抽样响应，$r_{dv}(k)$是 $d(n)$和 $v(n)$的互相关。由于 $v(n)$是白噪声序列，因此 $r_v(k-m)$只有在 $k-m=0$ 时才有值，记为 $\sigma_v^2$，而在其他情况下全为零。类似于式(15.4.2)，有

$$q(k)=\begin{cases}\dfrac{r_{dv}(k)}{\sigma_v^2}, & k=0,1,\cdots,\infty \\ 0, & k<0\end{cases} \tag{15.4.4}$$

于是

$$Q(z)=\frac{1}{\sigma_v^2}\sum_{k=0}^{\infty} r_{dv}(k) z^{-k} \tag{15.4.5}$$

注意，$r_{dv}(k)$是双边无穷长序列，而上式只使用了单边。为了用完整的 $r_{dv}(k)$表示 $Q(z)$，可通过谱分解来实现。由于

$$P_{dv}(z)=\sum_{k=-\infty}^{\infty} r_{dv}(k) z^{-k} \tag{15.4.6}$$

记

$$[P_{dv}(z)]_+ = \sum_{k=0}^{\infty} r_{dv}(k) z^{-k} \tag{15.4.7}$$

所以

$$Q(z)=\frac{1}{\sigma_v^2}[P_{dv}(z)]_+ \tag{15.4.8}$$

现在的任务是求出 $P_{dv}(z)$。

记白化滤波器 $1/G(z)$的单位抽样响应为 $g'(n)$，则其输入输出关系是

$$v(n)=\sum_{k=0}^{\infty}g'(k)x(n-k) \tag{15.4.9}$$

并且有

$$\frac{1}{G(z)}=\sum_{n=0}^{\infty}g'(n)z^{-n} \tag{15.4.10}$$

进一步

$$\begin{aligned}r_{dv}(m)&=E\{d(n)v(n-m)\}=\sum_{k=0}^{\infty}g'(k)E\{d(n)x(n-m-k)\}\\&=\sum_{k=0}^{\infty}g'(k)r_{dx}(m+k)^{①}\end{aligned} \tag{15.4.11}$$

互相关函数 $r_{dv}(m)$的 $Z$ 变换是

$$\begin{aligned}P_{dv}(z)&=\sum_{m=-\infty}^{\infty}\left[\sum_{k=0}^{\infty}g'(k)r_{dx}(m+k)\right]z^{-m}\\&=\sum_{k=0}^{\infty}g'(k)z^{k}\sum_{m=-\infty}^{\infty}r_{dx}(m+k)z^{-(m+k)}=\frac{P_{dx}(z)}{G(z^{-1})}\end{aligned} \tag{15.4.12}$$

于是

$$Q(z)=\frac{1}{\sigma_v^2}\left[\frac{P_{dx}(z)}{G(z^{-1})}\right]_+ \tag{15.4.13}$$

这样，最优 IIR 维纳滤波器的转移函数是

$$H_{\mathrm{opt}}(z)\triangleq H(z)=\frac{Q(z)}{G(z)}=\frac{1}{\sigma_v^2G(z)}\left[\frac{P_{dx}(z)}{G(z^{-1})}\right]_+ \tag{15.4.14}$$

**例 15.4.1**[Pro14] 对例 15.3.1 所给定的信号 $x(n)$，试求对 $s(n)$进行最优估计的 IIR 维纳滤波器。

**解** 由于 $x(n)=s(n)+w(n)$，$s(n)=0.6s(n-1)+u(n)$，$\sigma_u^2=0.64$ 及 $\sigma_w^2=1$，所以

$$P_x(z)=P_s(z)+P_w(z)=P_s(z)+1=P_u(z)H_{\mathrm{AR}}(z)H_{\mathrm{AR}}(z^{-1})+1$$

即

$$P_x(z)=0.64\,\frac{1}{1-0.6z^{-1}}\,\frac{1}{1-0.6z}+1=\frac{1.8\left(1-\frac{1}{3}z^{-1}\right)\left(1-\frac{1}{3}z\right)}{(1-0.6z^{-1})(1-0.6z)}$$

---

① 在文献和教科书中，相关函数有两种定义方法，如对实过程，有

$$r_{xy}(m)=E\{x(n)y(n+m)\}=r_{xy}[(n+m)-n] \tag{A}$$

$$r_{xy}(m)=E\{x(n)y(n-m)\}=r_{xy}[n-(n-m)] \tag{B}$$

在这两种定义中，相关函数的延迟 $m$，(A) 式是后者($y$) 的时间变量减去前者($x$) 的时间变量，而(B) 式正好相反。两个式子给出的$r_{xy}(m)$稍有不同，即按(A) 式定义，(B) 式给出的应该是$r_{xy}(-m)$。在 1.7.3 节已指出，互相关函数不是偶函数。但当 $m$ 取遍 $-\infty\sim\infty$ 时，两个定义给出的相关函数包含同样的信息。对自相关函数，则两个定义相同。

本书使用的是(A) 式的定义，但在式(15.4.11) 中使用的是(B) 式的定义，目的是方便式(15.4.12) 的推导。

又由于白化滤波器的输入输出关系是

$$P_x(z)=\sigma_v^2 G(z)G(z^{-1})$$

比较上述两式，可得

$$\sigma_v^2=1.8$$

$$G(z)=\frac{1-\frac{1}{3}z^{-1}}{1-0.6z^{-1}}$$

相关函数 $r_{dx}(m)=r_s(m)$ 的 $Z$ 变换是

$$P_{dx}(z)=P_s(z)=0.64\frac{1}{1-0.6z^{-1}}\frac{1}{1-0.6z}$$

因此

$$\left[\frac{P_{dx}(z)}{G(z^{-1})}\right]_+=\left[\frac{0.64}{(1-0.6z^{-1})\left(1-\frac{1}{3}z\right)}\right]_+$$

$$=\left[\frac{0.8}{1-0.6z^{-1}}+\frac{0.266z}{1-\frac{1}{3}z}\right]_+=\frac{0.8}{1-0.6z^{-1}}$$

由式(15.4.14)

$$H_{\text{opt}}(z)=\frac{1}{\sigma_v^2 G(z)}\left[\frac{P_{dx}(z)}{G(z^{-1})}\right]_+=\frac{1-0.6z^{-1}}{1.8\left(1-\frac{1}{3}z^{-1}\right)}\frac{0.8}{1-0.6z^{-1}}$$

最后可得

$$H_{\text{opt}}(z)=\frac{4/9}{1-\frac{1}{3}z^{-1}}$$

及

$$h_{\text{opt}}(n)=\frac{4}{9}\left(\frac{1}{3}\right)^n$$

由于 $r_d(0)=1, r_{dx}(m)=r_s(m)=0.6^{|m|}$，由式(15.2.6)，该维纳滤波器的均方误差

$$\varepsilon_{\min}=r_d(0)-\sum_{k=0}^{\infty}h_{\text{opt}}(k)r_{dx}(k)=1-\frac{4}{9}\sum_{k=0}^{\infty}\left(\frac{0.6}{3}\right)^k=0.444$$

式(15.2.6)是维纳滤波器均方误差的时域表示形式，该式也可以用频域的形式来表示。有

$$r_d(0)=\frac{1}{2\pi \mathrm{j}}\oint_C P_d(z)z^{-1}\mathrm{d}z \tag{15.4.15}$$

积分路径 $C$ 位于 $P_d(z)$ 的收敛域内，沿反时针方向闭合并且包含原点，因此，可选单位圆

作为闭合积分路径。

由于 $k<0$ 时 $h_{\mathrm{opt}}(k)=0$，所以 $\sum_{k=0}^{\infty}h_{\mathrm{opt}}(k)r_{dx}(k)=\sum_{k=-\infty}^{\infty}h_{\mathrm{opt}}(k)r_{dx}(k)$，利用 $Z$ 变换的 Parseval 定理，有

$$\sum_{k=-\infty}^{\infty}h_{\mathrm{opt}}(k)r_{dx}(k)=\frac{1}{2\pi\mathrm{j}}\oint_{C}H_{\mathrm{opt}}(z)P_{dx}(z^{-1})z^{-1}\mathrm{d}z \tag{15.4.16}$$

$C$ 位于 $H_{\mathrm{opt}}(z)$ 和 $P_{dx}(z^{-1})$ 公共的收敛域内。结合式(15.4.14)和式(15.4.15)，并记 $P_d(z)-H_{\mathrm{opt}}(z)P_{dx}(z^{-1})=F(z)$，则

$$\varepsilon_{\min}=\frac{1}{2\pi\mathrm{j}}\oint_{C}F(z)z^{-1}\mathrm{d}z=\sum_{k}\mathrm{res}[F(z),z_k] \tag{15.4.17}$$

式中，res 表示求留数，具体方法见 2.8 节。

请读者自己利用式(15.4.16)求例 15.4.1 的均方误差，当然它也应该是 0.444。

## 15.5 非因果维纳滤波器

1.5 节已指出，一个 LSI 系统应该是稳定的、因果的。稳定性的要求是不言而喻的，因果性是系统实时实现的要求，即系统当前时刻的输出只能取决于当前时刻和过去时刻的输入，而和将来时刻的输入无关。非因果系统又称为非物理可实现系统。但是，在非实时实现的情况下，即当输入数据已采集完毕(又称“block data”)，非因果系统仍然是可利用的。在式(15.2.5)中，令 $h_{\mathrm{opt}}(n)$ 的 $n$ 从 $-\infty\sim\infty$，即 $h_{\mathrm{opt}}(n)$ 是非因果的，并记为 $h_{\mathrm{opt\_un}}(n)$，有

$$\sum_{m=-\infty}^{\infty}h_{\mathrm{opt\_un}}(m)r_x(k-m)=r_{dx}(k),\quad k=0,1,\cdots,\infty \tag{15.5.1}$$

对该式两边取双边 $Z$ 变换，有

$$H_{\mathrm{opt\_un}}(z)=\frac{P_{dx}(z)}{P_x(z)}=\frac{P_{dx}(z)}{P_s(z)+P_w(z)} \tag{15.5.2}$$

该式即非因果的维纳滤波器。其最小均方误差是

$$\varepsilon_{\mathrm{min\_un}}=r_d(0)-\sum_{k=-\infty}^{\infty}h_{\mathrm{opt\_un}}(k)r_{dx}(k) \tag{15.5.3}$$

或由式(15.4.16)，有

$$\varepsilon_{\mathrm{min\_un}}=\oint_{C}[P_d(z)-H_{\mathrm{opt\_un}}(z)P_{dx}(z^{-1})]z^{-1}\mathrm{d}z \tag{15.5.4}$$

**例 15.5.1**[Pro14] 对例 15.3.1 所给定的信号 $x(n)$，试求对 $s(n)$ 进行最优估计的非因

果维纳滤波器。

**解** 由式(15.5.2)及上面两个例子已知

$$P_{dx}(z)=P_s(z)=0.64\frac{1}{1-0.6z^{-1}}\frac{1}{1-0.6z}$$

$$P_x(z)=0.64\frac{1}{1-0.6z^{-1}}\frac{1}{1-0.6z}+1$$

$$=\frac{1.8(1-z^{-1}/3)(1-z/3)}{(1-0.6z^{-1})(1-0.6z)}$$

所以

$$H_{\text{opt\_un}}(z)=\frac{P_{dx}(z)}{P_x(z)}=\frac{0.3556}{\left(1-\frac{1}{3}z^{-1}\right)\left(1-\frac{1}{3}z\right)} \tag{15.5.5}$$

可以求出该系统的单位抽样响应

$$h_{\text{opt\_un}}(n)=0.4[(1/3)^n u(n)+3^n u(-n-1)] \tag{15.5.6}$$

显然,该维纳滤波器是非因果的,但它是稳定的。

对本例的信号,由于 $P_{dx}(z)=P_s(z)=P_d(z)$,且 $P_d(z)=P_{dx}(z^{-1})$,所以,式(15.5.4)中的

$$[P_d(z)-H_{\text{opt\_un}}(z)P_{dx}(z^{-1})]z^{-1}=P_d(z)[1-H_{\text{opt\_un}}(z)]z^{-1}=\frac{0.3556}{(z-1/3)(1-z/3)}$$

该积分项中只有一个极点($z=1/3$)在围道线内,所以

$$\left.\frac{0.3556}{1-z/3}\right|_{z=1/3}=\frac{0.3556}{8/9}=0.4$$

即

$$\varepsilon_{\text{min\_un}}=0.4$$

读者也可以将式(15.5.6)的 $h_{\text{opt\_un}}(n)$ 代入式(15.5.3),求出的 $\varepsilon_{\text{min\_un}}$ 当然也是 0.4。

比较上述 3 个例子可以看出,对于同一个数据模型 $x(n)$,用 FIR 维纳滤波器求出的均方误差是 0.45,用 IIR 维纳滤波器求出的均方误差是 0.444,用非因果维纳滤波器求出的均方误差是 0.4。IIR 比 FIR 的情况略有减少,但非因果的情况比 IIR 的情况有明显减少。IIR 维纳滤波器单位抽样响应的前两个值分别是{0.444,0.148},FIR 维纳滤波器单位抽样响应的前两个值分别是{0.45,0.165},它们比较接近,所以均方误差相差不大。对非因果滤波器,其 $\{h_{-1},h_0,h_1\}=\{0.133,0.4,0.133\}$,其 $h_0$、$h_1$ 和上述两种情况相差不大,但由于增加了 $h_{-1}$ 这一项,因此使均方误差有了明显减少。

如果所希望的信号 $d(n)$ 的自相关函数 $r_d(m)$ 在 $m>M$ 后比 $r_d(0)$ 有明显的下降,则选用长度为 $M$ 的 FIR 维纳滤波器的均方误差和 IIR 维纳滤波器的均方误差总是很接近的。这就给我们选用不同类型的维纳滤波器提供了一个基本准则。本例中,$r_d(m)=$

$0.6^{|m|}$，取 $M=2$，则 $r_d(2)=0.36$ 比 $r_d(0)=1$ 有了明显减少。

## 15.6 与本章内容有关的MATLAB文件

笔者在MATLAB的toolbox中仅发现了一个与本章内容有关的文件，即firwiener.m。该文件最基本的调用格式是b=firwiener(M−1,x,d)，式中，b是FIR最优维纳滤波器的系数，阶次是M−1(即长度为M)；x是维纳滤波器的输入信号，d是期望信号。

**例15.6.1** 令真正的信号 $s(n)$ 是一正弦信号，输入信号 $x(n)$ 由白噪声通过一个MA模型再加上 $s(n)$ 所构成。令期望信号 $d(n)$ 就等于 $s(n)$。对 $x(n)$ 维纳滤波的结果如图15.6.1所示。

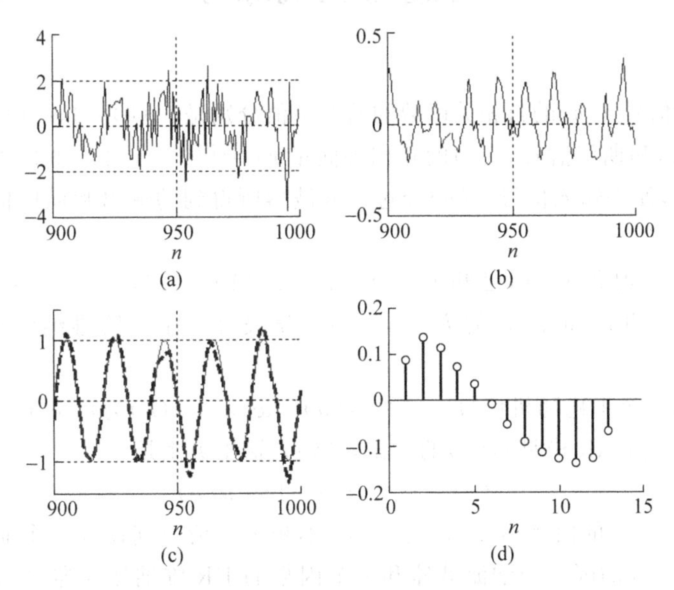


图15.6.1 维纳滤波器的应用

(a) $x(n)$；(b) $e(n)$；(c) $y(n)$和 $d(n)$；(d) $h(n)$

图15.6.1(a)是 $x(n)$，图15.6.1(b)是误差序列 $e(n)$，其幅度很小。图15.6.1(c)中的粗大间断线是维纳滤波器的输出信号 $y(n)$，细线是 $d(n)$。可以看到，二者很接近。图15.6.1(d)是维纳滤波器的单位抽样响应 $h(n)$。需要说明的是，FIR维纳滤波器并不能保证是线性相位的，因为在滤波器设计(求解)的过程中没有约束 $h(n)$ 必须对称。

实现该例的程序是exa150601，在该程序中，除了调用firwiener外，还给出了一段程序直接求解式(15.3.3)和式(15.3.4)。

# 小　结

本章讨论了维纳滤波器的基本概念。首先给出了平稳随机信号线性最小均方滤波的基本关系，然后着重讨论了FIR维纳滤波器和IIR维纳滤波器，简要介绍了非因果维纳滤波器。并举例讨论了它们各自的应用。

# 习题与上机练习

15.1　已知信号$x(n)$的自相关函数的前3个值分别是$r_x(0)=1$，$r_x(1)=0.5$，$r_x(2)=0.2$，并已知$x(n)$和期望信号$d(n)$的互相关向量$\boldsymbol{r}_{dx}=[0.5\quad 0.25\quad 0.05]^{\mathrm{T}}$。求一个FIR维纳滤波器$\boldsymbol{h}_{\text{opt}}$，使得输入信号$x(n)$经过该滤波器所得到的输出和期望信号有最小的均方误差。

15.2　类似于习题15.1，已知$r_x(0)=1.1$，$r_x(1)=0.6$，$r_x(2)=0.2$，$\boldsymbol{r}_{dx}=[0.5\quad -0.3\quad -0.1]^{\mathrm{T}}$，并已知$d(n)$的方差$\sigma_d^2=1$。试设计一个三阶维纳滤波器，并求出它的均方误差$\varepsilon_{\min}$。

15.3　已知一个平稳随机信号$x(n)=s(n)+w(n)$，$w(n)$为功率$\sigma_w^2=1$的白噪声序列，$s(n)$是一个一阶AR模型$G(z)$的输出，其输入输出关系是

$$s(n)=-0.5s(n-1)+u(n)$$

$u(n)$也是功率$\sigma_u^2=1$的白噪声，$s(n)$与$w(n)$不相关。请分别设计一个非因果维纳滤波器，一个长度等于3的因果维纳滤波器和一个因果的IIR维纳滤波器，使得信号$x(n)$在通过各个该滤波器后可以得到对于$s(n)$的最优估计。求出各个维纳滤波器的均方误差$\varepsilon_{\min}$。

15.4　在图题15.4中，平稳随机信号$d(n)$通过一个给定的可逆线性系统$H(z)$得到的输出为$s(n)$，$s(n)$加上外界白噪声$w(n)$后得到$x(n)$，即$x(n)=s(n)+w(n)$，已知$w(n)$与$s(n)$不相关。如果$w(n)$不存在，由$H(z)$的逆滤波器可以从$x(n)$中精确地恢复出$d(n)$。现$w(n)$存在，请设计一个非因果维纳滤波器$F(z)$

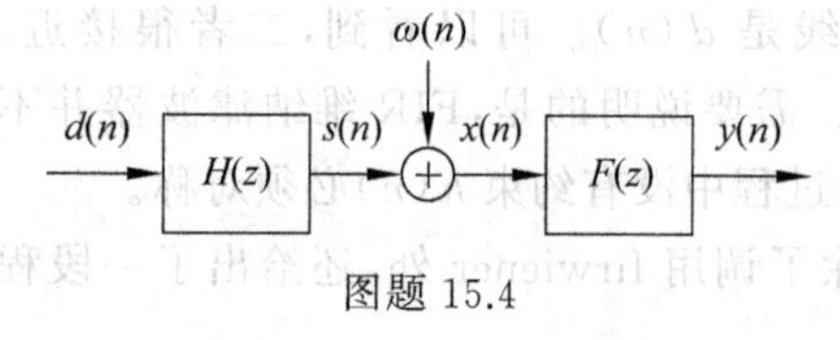

图题 15.4

从 $x(n)$ 中得到对于 $d(n)$ 的最优估计。

15.5 一个平稳随机过程 $s(n)$ 的均值为零，已知其自相关函数在 $0 \leqslant m \leqslant 4$ 时，$\boldsymbol{r}_s(m) = [10, -4, 5, -2, 2]^{\mathrm{T}}$。当 $|m| \geqslant 5$ 时，$r_s(m) = 0$。又已知 $x(n) = s(n-1) + w(n)$，式中 $w(n)$ 是一个方差为 1 的白噪声。试设计一个一阶维纳滤波器，从 $x(n)$ 中得到对于 $s(n)$ 的最优估计 $y(n)$，并求出对应的最小均方误差 $\varepsilon_{\min}$。

15.6 对如图题 15.6 所示的系统，已知 $x(n)$ 是一独立、零均值的高斯过程，其方差是 $\sigma_x^2$，$d(n)$ 是 $x(n)$ 通过一个 FIR 系统的输出，该系统的单位抽样响应是 $\{0.8, 0.5, 0.2\}$，试求最佳的 $H(z)$ 使其输出 $y(n)$ 和 $d(n)$ 的均方误差为最小。

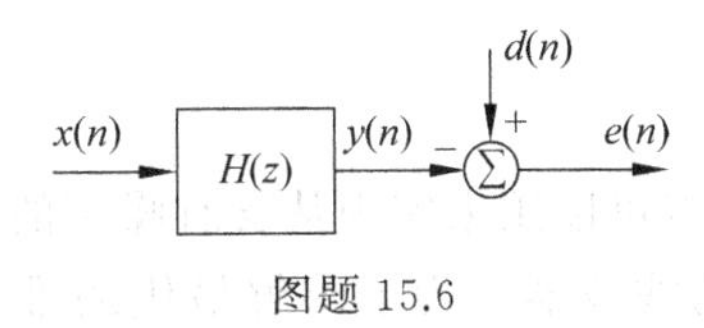


图题 15.6

15.7 本书所附的数据文件 speech_with_noise.wav 是一段含有噪声的语音信号，但该文件最开始的 0.2s 不含语音，可以用来估计背景噪声。请根据维纳滤波器的原理，自己编程尽可能地去除噪声。

提示：

(1) 语音需要加窗函数分帧处理，每一帧的长度在 10～20ms，且每一帧内的语音信号可作为一个平稳随机信号。

(2) 可以使用维纳滤波器的频域形式(见式(15.5.2))，即

$$H_{\mathrm{opt\_un}}(\mathrm{e}^{\mathrm{j}\omega}) = \frac{P_{dx}(\mathrm{e}^{\mathrm{j}\omega})}{P_x(\mathrm{e}^{\mathrm{j}\omega})} = \frac{P_s(\mathrm{e}^{\mathrm{j}\omega})}{P_s(\mathrm{e}^{\mathrm{j}\omega}) + P_w(\mathrm{e}^{\mathrm{j}\omega})} = \frac{P_x(\mathrm{e}^{\mathrm{j}\omega}) - P_w(\mathrm{e}^{\mathrm{j}\omega})}{P_x(\mathrm{e}^{\mathrm{j}\omega})}$$

式中，假定 $d(n) = s(n)$，且 $s(n)$(真实语音)和噪声不相关。$P_w(\mathrm{e}^{\mathrm{j}\omega})$ 是噪声的频谱，实际中可以使用一开始的 0.2s 不含语音信号的背景噪声得到对于噪声频谱的估计。$P_x(\mathrm{e}^{\mathrm{j}\omega})$ 是含有噪声的每一帧语音信号的频谱。因为每一帧信号都是 Block 数据，所以这里可以用非因果的维纳滤波器实现。

(3) 实际经验表明，如果仅用某一帧的输入语音信号计算本帧信号对应的频域滤波器增益，得到的效果并不十分理想。较好的方法是，令本帧的频域滤波器为上一帧的频域滤波器乘以一个泄漏系数 $\alpha$，然后再加上利用本帧的输入信号所求出的维纳滤波器乘以 $(1-\alpha)$ 作为本帧使用的滤波器。实践表明，$\alpha = 0.95$ 时效果比较理想。

# 第 16 章

# 自适应滤波器

## 16.1 前　言

第 15 章讨论的维纳滤波器可以用来实现从含有噪声的信号中提取出所需要的信号，它是在最小均方意义上最优的滤波器。为了求解最优的维纳滤波器，自相关矩阵 $\boldsymbol{R}_x$ 和互相关向量 $\boldsymbol{r}_{dx}$ 都应该是已知的。另外，维纳滤波器要求所研究的对象是平稳信号，即输入信号 $x(n)$ 的二阶统计特征（自相关函数和功率谱）是不随时间变化的，并且 $x(n)$ 和所希望的信号 $d(n)$ 之间的互相关也是不随时间变化的。

上述两个条件在实际工作中往往得不到满足。对我们所研究的对象，往往要么是先验知识（如 $\boldsymbol{R}_x$ 和 $\boldsymbol{r}_{dx}$）不知道，要么是时变的，要么是两种情况同时存在。在这些情况下，维纳滤波器已不能胜任信号处理的工作。于是，另一类滤波器，即自适应滤波器便应运而生。

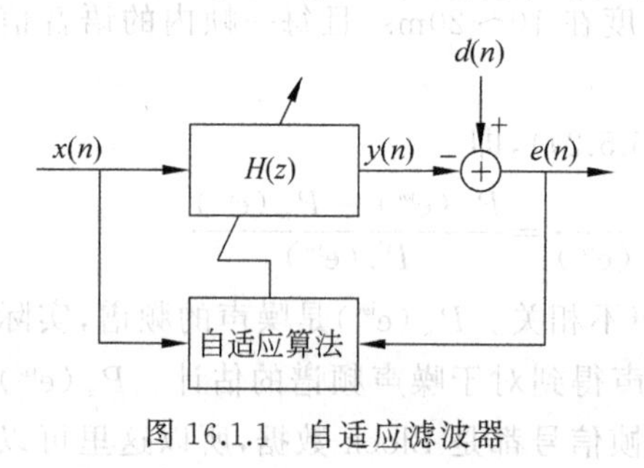

图 16.1.1　自适应滤波器

一个基本的自适应滤波器的框图如图 16.1.1 所示，它包含两部分，一是数字滤波器 $H(z)$，二是自适应算法。$H(z)$ 实现所需要的信号处理，即从输入信号 $x(n)$ 中估计出有用的信号 $s(n)$，或最大程度去除其包含的噪声。$H(z)$ 可以是 FIR 的，也可以是 IIR 的。由于 FIR 滤波器总是稳定的，且容易实现线性相位，而 IIR 滤波器存在稳定性问题，特别是在下面要讨论的自适应更新中难以控制极点的位置，易引起不稳定问题，因而在自适应滤波器中，大都选用 FIR 滤波器。

自适应算法的功能主要有两个，一是“学习”，二是“跟踪”。当输入信号 $x(n)$ 的先验知识未知时，无法设计最优的滤波器 $H(z)$，但是，可以任给定 $h(n)$ 的一个初始值，如 $h^{(0)}(n)$，自适应算法通过学习使其不断更新，最后达到或逼近最优解 $h_{\text{opt}}(n)$。如果信号 $x(n)$ 是非平稳的，即其统计特征随时间不断变化，那么上面设计好的最优滤波器 $h_{\text{opt}}(t)$ 对下一个时刻将不再是最优的。这时，自适应算法将跟踪输入信号的变化，从而不断更新滤波器的系数 $h(n)$，使其对新的输入信号的特征总是相匹配，即总是最优或逼近最优的。

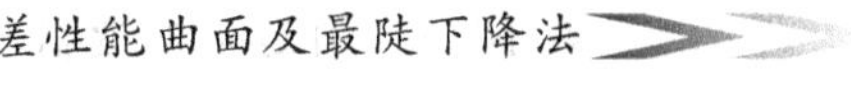

图 16.1.1 中的 $d(n)$仍然是所希望的信号，$y(n)$是自适应滤波器的输出信号，$e(n)$是误差信号。自适应算法正是根据 $e(n)$来调整滤波器的系数，即通过调整滤波器系数，使得任意时刻的误差信号 $e(n)$的均方误差总是趋于最小，这时，$y(n)$是最终所要的信号。或者反之，$e(n)$是最终所要的信号，而 $y(n)$体现了包含在 $x(n)$中的噪声信号。

自适应滤波器起源于 20 世纪 60 年代。经过几十年的发展，其理论体系已相当丰富。MATLAB 的工具箱中给出了五大类自适应滤波器的算法，但其中最具代表性的是最小均方(least-mean-square，LMS)算法和递归最小二乘(recursive least-squares，RLS)算法。至今，自适应滤波器已经在许多学科领域取得了成功的应用，如通信、自动控制、雷达、声呐、地震学和生物医学工程等。本章首先讨论自适应滤波器求解算法的基础，即最陡下降法，然后分别讨论 LMS 算法和 RLS 算法，最后举例说明这些算法的应用。

## 16.2 误差性能曲面及最陡下降法

对图 16.1.1，假定输入信号 $x(n)$和所期望的信号 $d(n)$是宽平稳的，其二阶统计特性已知，再假定该图的自适应算法对上部的滤波器 $H(z)$没有调整，那么，该图的上部和图 15.2.1 的维纳滤波器是等效的。重写式(15.2.4)，并限定 $H(z)$是 FIR 的，其长度为 $M$，则误差序列 $e(n)$的均方误差

$$\varepsilon=E\{e^2(n)\}=r_d(0)-2\sum_{k=0}^{M-1}h(k)r_{dx}(k)+\sum_{k=0}^{M-1}\sum_{m=0}^{M-1}h(k)h(m)r_x(k-m) \tag{16.2.1}$$

式中，$r_d(0)=E\{d^2(n)\}$，$r_{dx}(k)=E\{d(n)x(n-k)\}$，它们分别是 $d(n)$的均方值及 $d(n)$和 $x(n)$的互相关，$r_x(k-m)=E\{x(n-m)x(n-k)\}$是信号 $x(n)$的自相关。与 15.2 节和15.3 节的方法类似，令 $\varepsilon$ 相对 $h(k)$为最小，即

$$\frac{\partial\varepsilon}{\partial h(k)}=-2r_{dx}(k)+2\sum_{m=0}^{M-1}h(m)r_x(k-m),\quad k=0,1,\cdots,M-1 \tag{16.2.2}$$

并令上式为零，可得到在最小均方误差意义上的最佳滤波器系数，并记为 $h_{\text{opt}}(k)$。于是有

$$\sum_{m=0}^{M-1}h_{\text{opt}}(m)r_x(k-m)=r_{dx}(k),\quad k=0,1,\cdots,M-1 \tag{16.2.3}$$

同时，可求出最小均方误差

$$\varepsilon_{\min}=r_d(0)-\sum_{k=0}^{M-1}h_{\text{opt}}(k)r_{dx}(k) \tag{16.2.4}$$

令 $\boldsymbol{R}_x$ 为 $M\times M$ 的自相关矩阵，它是我们已经很熟悉的 Toeplitz 矩阵，再令

$$\boldsymbol{h}_{\text{opt}}=[h_{\text{opt}}(0),h_{\text{opt}}(1),\cdots,h_{\text{opt}}(M-1)]^{\mathrm{T}}$$

$$\boldsymbol{h}=[h(0),h(1),\cdots,h(M-1)]^{\mathrm{T}}$$

$$\boldsymbol{r}_{dx}=[r_{dx}(0),r_{dx}(1),\cdots,r_{dx}(M-1)]^{\mathrm{T}}$$

则式(16.2.3)可写成矩阵形式，即

$$\boldsymbol{R}_x\boldsymbol{h}_{\text{opt}}=\boldsymbol{r}_{dx} \tag{16.2.5}$$

最优的滤波器系数可通过矩阵逆来求出，即

$$\boldsymbol{h}_{\text{opt}}=\boldsymbol{R}_x^{-1}\boldsymbol{r}_{dx} \tag{16.2.6}$$

这时，式(16.2.4)的最小均方误差可表示为

$$\varepsilon_{\min}=r_d(0)-\boldsymbol{r}_{dx}^{\mathrm{T}}\boldsymbol{h}_{\text{opt}}=r_d(0)-\boldsymbol{r}_{dx}^{\mathrm{T}}\boldsymbol{R}_x^{-1}\boldsymbol{r}_{dx} \tag{16.2.7}$$

同时，式(16.2.1)的误差函数也可表为

$$\varepsilon=r_d(0)-2\boldsymbol{r}_{dx}^{\mathrm{T}}\boldsymbol{h}+\boldsymbol{h}^{\mathrm{T}}\boldsymbol{R}_x\boldsymbol{h} \tag{16.2.8}$$

读者可能已经看到，上述的工作和 15.2 节、15.3 节已经讨论过的维纳滤波器几乎是完全一样的。当然，重复这些内容的目的是希望引出下面的话题。

求解式(16.2.5)有 3 种方法，一是直接由式(16.2.6)求逆，二是利用 14.2.4 节讨论过的 Levinson-Durbin 算法，三是下面将要讨论的最陡下降法。该算法是本章要讨论的自适应算法的基础。

## 16.2.1　误差性能曲面

分析式(16.2.8)可知，均方误差函数 $\varepsilon$ 是滤波器系数 $\boldsymbol{h}$ 的二次函数。如果 $\boldsymbol{h}$ 是一维的，则 $\varepsilon$ 对应一条抛物线，如果 $\boldsymbol{h}$ 是二维的，则 $\varepsilon$ 对应一个抛物面。现在，$\boldsymbol{h}$ 是 $M$ 维的，那么 $\varepsilon$ 对应的是一个超抛物面。由于 $\varepsilon$ 代表了误差能量，所以它是恒正的，因此，$\varepsilon$ 对应的超抛物面也是恒正的。由于 $\varepsilon$ 轴的最下部是最小值 $\varepsilon_{\min}$，因此该误差曲面的开口总是朝上的，即它是下凹的。超抛物面 $\varepsilon$ 有一个总体的最小值，该最小值就是最小均方误差 $\varepsilon_{\min}$，$\varepsilon_{\min}$ 所对应的 $M$ 维坐标就是最优的滤波器系数 $\boldsymbol{h}_{\text{opt}}$。

**例 16.2.1**[Sen01]　令观察信号 $x(n)$ 是一个零均值、方差为 1 的白噪声序列，并假定期望信号

$$d(n)=b_0x(n)-b_1x(n-1)$$

所使用的滤波器是 FIR 滤波器，长度等于 2，求误差性能曲面。

**解**　由题意，很容易得到

$$\boldsymbol{R}_x=\begin{bmatrix}1 & 0\\ 0 & 1\end{bmatrix},\quad \boldsymbol{r}_{dx}=\begin{bmatrix}r_{dx}(0)\\ r_{dx}(1)\end{bmatrix}=\begin{bmatrix}b_0\\ b_1\end{bmatrix}$$

再由式(16.2.8)，可得到对应的误差曲面

$$\begin{aligned}\varepsilon &= r_d(0) - 2\boldsymbol{r}_{dx}^{\mathrm{T}}\boldsymbol{h} + \boldsymbol{h}^{\mathrm{T}}\boldsymbol{R}_x\boldsymbol{h} \\ &= (b_0^2 + b_1^2) - 2b_0h(0) - 2b_1h(1) + h^2(0) + h^2(1)\end{aligned}$$

令 $b_0=0.3$，$b_1=0.5$，则

$$\varepsilon = 0.34 - 0.6h(0) - h(1) + h^2(0) + h^2(1)$$

对应的误差曲面如图 16.2.1 所示。

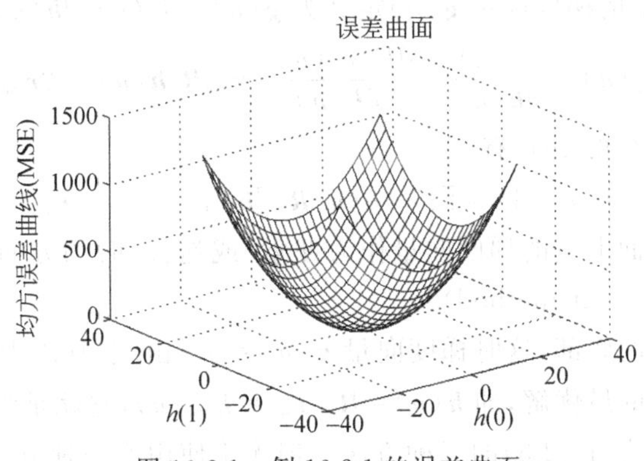


图 16.2.1　例 16.2.1 的误差曲面

由该图可以看出，该抛物面确实是非负的，开口朝上，且有一个总体的最小值。其形状犹如一个“碗”，其底部就是最小均方误差 $\varepsilon_{\min}$ 的位置。

读者可以很容易求出，本题的 $\boldsymbol{h}_{\mathrm{opt}}=[0.3,0.5]^{\mathrm{T}}$，而 $\varepsilon_{\min}=0$。这一结果在图上也可看出。当然，在一般的情况下，$\varepsilon_{\min}$ 总是大于零的。

如果输入信号 $x(n)$ 是宽平稳的，则其二阶统计特性不随时间变化，图 16.2.1 的误差曲面有着固定的形状，即有唯一的最小值 $\varepsilon_{\min}$。反之，则误差曲面的形状和梯度方向将会改变，且其底部会不断地移动，即 $\varepsilon_{\min}$ 在随时间改变，这就需要使用自适应算法来对其进行跟踪，以找到不同时刻的 $\varepsilon_{\min}$。

## 16.2.2　最陡下降法

由上面的分析和图 16.2.1 可以看出，如果在误差曲面 $(\varepsilon,\boldsymbol{h})$ 上任选一个初始点 $\boldsymbol{h}^{(0)}$，然后在误差曲面上沿着某一条路径下到“碗底”，即可得到最优滤波器的系数 $\boldsymbol{h}_{\mathrm{opt}}$ 和最小均方误差 $\varepsilon_{\min}$。这样，即可避免直接求解式(16.2.5)。

在误差曲面上往下搜索 $\varepsilon_{\min}$ 的一个非常自然的方法是沿着曲面切线的方向，也即负梯度的方向进行搜索。这一搜索过程即是一个迭代的过程。记第 $n$ 次迭代得到的滤波器系数为 $\boldsymbol{h}(n)$，并记该次迭代得到的均方误差是 $\varepsilon(n)$，那么，在第 $n+1$ 次迭代的滤波器系数可由下式求出：

$$\boldsymbol{h}(n+1)=\boldsymbol{h}(n)-\frac{1}{2}\boldsymbol{g}(n)\mu(n) \tag{16.2.9}$$

式中，$\boldsymbol{g}(n)$是在该次迭代时的梯度向量，$-\boldsymbol{g}(n)$就是该次迭代的方向向量，$\mu(n)$是在第 $n$ 次迭代时所使用的步长，又称为收敛因子。$\mu(n)$大，在误差曲面上下降的步伐大，但 $\mu(n)$过大，有可能偏离方向向量，产生不稳定。反之，$\mu(n)$过小，则收敛速度慢。

误差曲面$(\varepsilon,\boldsymbol{h})$上的梯度向量 $\boldsymbol{g}(n)$定义为 $\boldsymbol{g}(n)=\partial\varepsilon(n)/\partial\boldsymbol{h}(n)$，由式(16.2.8)，有

$$\boldsymbol{g}(n)=\frac{\partial\varepsilon(n)}{\partial\boldsymbol{h}(n)}=\frac{\partial E\{e^2(n)\}}{\partial\boldsymbol{h}(n)}=2\boldsymbol{R}_x\boldsymbol{h}(n)-2\boldsymbol{r}_{dx} \tag{16.2.10}$$

将式(16.2.10)代入式(16.2.9)，有

$$\boldsymbol{h}(n+1)=[\boldsymbol{I}-\mu(n)\boldsymbol{R}_x]\boldsymbol{h}(n)+\mu(n)\boldsymbol{r}_{dx} \tag{16.2.11}$$

上述选择误差曲面上负的梯度向量作为搜索(或迭代)时的方向向量的方法称为“最陡下降法(steepest-descent method)”。

当搜索到该曲面的底部，这时梯度向量 $\boldsymbol{g}(n)=0$。由式(16.2.10)，有 $\boldsymbol{R}_x\boldsymbol{h}(n)=\boldsymbol{r}_{dx}$，这即是在迭代结束后的最优解，即 $\boldsymbol{h}(n)=\boldsymbol{R}_x^{-1}\boldsymbol{r}_{dx}=\boldsymbol{h}_{\text{opt}}(n)$，它就是维纳解。

上面提到了求解式(16.2.5)的三种方法。但无论使用哪一种方法，求解式(16.2.5)都需要两个前提条件，一是 $\boldsymbol{R}_x$ 和 $\boldsymbol{r}_{dx}$ 必须是已知的，二是 $x(n)$和 $d(n)$必须是宽平稳的。如果 $\boldsymbol{R}_x$ 和 $\boldsymbol{r}_{dx}$ 未知，则不但式(16.2.5)无法求解，而且式(16.2.1)的求偏导运算也无法实现。如果 $x(n)$和 $d(n)$是非平稳的，那么其二阶统计特征 $\boldsymbol{R}_x$ 和 $\boldsymbol{r}_{dx}$ 是时变的，在每一个时刻 $n$，都必须估计 $x(n)$和 $d(n)$的自相关和互相关，并求解式(16.2.2)和式(16.2.5)，以求得在该时刻的最优滤波器系数 $\boldsymbol{h}_{\text{opt}}$。这在实际工作中几乎是不可能实现的。因此，这些现实问题必须要利用自适应滤波的理论来解决。

## 16.3　LMS 算法

### 16.3.1　LMS 算法的导出

由式(16.2.11)的最陡下降法虽然可以避免直接求解式(16.2.5)而得到最优解 $\boldsymbol{h}_{\text{opt}}$，但在迭代的每一步我们都需要精确知道在该步骤时的梯度向量 $\boldsymbol{g}(n)$。由式(16.2.10)可知，$\boldsymbol{g}(n)$由 $\boldsymbol{R}_x$ 和 $\boldsymbol{r}_{dx}$ 所决定，在 $\boldsymbol{R}_x$ 和 $\boldsymbol{r}_{dx}$ 未知的情况下，无法求出 $\boldsymbol{g}(n)$。注意到式(16.2.10)利用的是均方误差 $E\{e^2(n)\}$，而均方误差是建立在集总平均意义上的，在实际工作中是无法实现的。因此，为了使用最陡下降法，必须估计 $\boldsymbol{g}(n)$，即求得 $\hat{\boldsymbol{g}}(n)$。

Widrow 和 Hoff 在 1960 年给出了估计 $\boldsymbol{g}(n)$的方法[Wid85]，其思路是利用瞬时误差能

量 $e^2(n)$代替式(16.2.10)中的均方误差能量 $E\{e^2(n)\}$。Widrow 在自适应信号处理的理论方面做出了重要的贡献。

由图 16.1.1 可以看出,误差序列

$$e(n)=d(n)-\sum_{k=0}^{M-1}h(k)x(n-k)=d(n)-\boldsymbol{h}^{\mathrm{T}}(n)\boldsymbol{X}(n) \tag{16.3.1}$$

式中,$\boldsymbol{X}(n)=[x(n),x(n-1),\cdots,x(n-M+1)]^{\mathrm{T}}$ 是数据向量。类似式(16.2.10),有

$$\hat{\boldsymbol{g}}(n)=\frac{\partial e^2(n)}{\partial \boldsymbol{h}(n)}=-2e(n)\boldsymbol{X}(n) \tag{16.3.2}$$

对式(16.2.9)的步长 $\mu(n)$,通常令其为常数 $\mu$,即在迭代的每一步,对 $\boldsymbol{h}(n)$更新的步长是一样的。这样选取有利于算法的实际实现。这时,式(16.2.9)变为

$$\boldsymbol{h}(n+1)=\boldsymbol{h}(n)+\mu e(n)\boldsymbol{X}(n) \tag{16.3.3}$$

该式即 LMS 算法,它是自适应滤波器中最基本也是应用最广的算法,LMS 算法又称随机梯度法。

可将式(16.3.3)写为更直接的形式,即

$$h_l(n+1)=h_l(n)+\mu x(n-l)e(n),l=0,1,\cdots,M-1 \tag{16.3.4}$$

式中,$M$ 是滤波器的长度,$n$ 是迭代序号,$l$ 是滤波器系数的序号。实际上,$n-l$ 和 $n$ 也可是时间序号,因为它们决定了选取 $x(n)$中的哪一个值。

LMS 算法的步骤可归纳如下。

① 给定滤波器的长度 $M$、步长 $\mu$ 和滤波器的初始值 $h^{(0)}(n)$,或 $\boldsymbol{h}^{(0)}$。

② 求卷积 $y(n)=x(n)*h(n)$(第一次时应是 $h^{(0)}(n)$)。

③ 计算 $e(n)=d(n)-y(n)$。

④ 根据式(16.3.3)更新滤波器系数,得到新时刻的 $\boldsymbol{h}(n+1)$。

重复上述步骤②～④,直到 $\boldsymbol{h}(n+1)$收敛到最优的滤波器系数 $\boldsymbol{h}_{\mathrm{opt}}$。这时误差序列 $e(n)$的均方误差达到其最小值 $\varepsilon_{\min}$。

读者由上述 4 个步骤可以看出,LMS 算法只利用了输入信号 $x(n)$和期望信号 $d(n)$,没有用到自相关矩阵 $\boldsymbol{R}_x$ 以及互相关向量 $\boldsymbol{r}_{dx}$。由此,该算法非常适用于先验知识未知的场合,当然,由于上面的更新功能,它也适用于输入信号非平稳的情况。这种"适用于"的根本原因是自适应滤波器的"学习"和"跟踪"功能,这种"学习"和"跟踪"功能是在"老师"的指导下完成的,这位"老师"就是期望信号 $d(n)$。

值得指出的是,LMS 算法的计算非常简单。由上述 4 个步骤可以看出,完成一次迭代共需要 $2M+1$ 次乘法(对复数据是复乘)和 $2M$ 次加法,其计算量是 $O(M)$。这是 LMS 算法的突出优点。

本节的最后指出,式(16.3.3)的 LMS 算法可由不同的方法导出。例如,令

$$\hat{\boldsymbol{R}}_x=\boldsymbol{X}(n)\boldsymbol{X}^{\mathrm{T}}(n),\quad \hat{\boldsymbol{r}}_{dx}(n)=d(n)\boldsymbol{X}(n)$$

分别作为 $\boldsymbol{R}_x$ 和 $\boldsymbol{r}_{dx}$ 的估计值，并将它们代入式(16.2.10)，有

$$\hat{\boldsymbol{g}}(n)=2\boldsymbol{R}_x\boldsymbol{h}(n)-2\boldsymbol{r}_{dx}(n)=2[\boldsymbol{X}^{\mathrm{T}}(n)\boldsymbol{h}(n)-d(n)]\boldsymbol{X}(n)=-2e(n)\boldsymbol{X}(n)$$

它和式(16.3.2)的结果是一样的。

## 16.3.2　LMS 算法的性能分析

由于 LMS 算法是利用瞬时误差能量 $e^2(n)$ 代替误差的集总平均能量 $E\{e^2(n)\}$ 来得到估计梯度 $\hat{\boldsymbol{g}}(n)$，这必然影响 $\boldsymbol{h}(n)$ 收敛到 $\boldsymbol{h}_{\mathrm{opt}}$ 的性能。这些性能包括收敛的速度、收敛的稳定性和 $\boldsymbol{h}(n)$ 在 $\boldsymbol{h}_{\mathrm{opt}}$ 附近的摆动或“超量(excess)”。现分别给出简要的讨论。

**1. 收敛的稳定性条件**[Pro14]

由于 $x(n)$ 是随机信号，因此 $e^2(n)$ 也是随机的。由 $e^2(n)$ 得到 $\hat{\boldsymbol{g}}(n)$ 再求出 $\boldsymbol{h}(n)$，$\boldsymbol{h}(n)$ 必然也受到随机性的影响。因此，研究 $\boldsymbol{h}(n)$ 收敛到 $\boldsymbol{h}_{\mathrm{opt}}$ 的性能必须在统计的意义上来进行。对式(16.3.3)两边求均值，并记 $\bar{\boldsymbol{h}}(n)=E\{\boldsymbol{h}(n)\}$，有

$$\bar{\boldsymbol{h}}(n+1)=\bar{\boldsymbol{h}}(n)+\mu E\{e(n)\boldsymbol{X}(n)\}$$

将式(16.3.1)的

$$e(n)=d(n)-\boldsymbol{h}^{\mathrm{T}}(n)\boldsymbol{X}(n)=d(n)-\boldsymbol{X}^{\mathrm{T}}(n)\boldsymbol{h}(n)$$

代入上式，有

$$\begin{aligned}\bar{\boldsymbol{h}}(n+1)&=\bar{\boldsymbol{h}}(n)+\mu E\{[d(n)-\boldsymbol{X}^{\mathrm{T}}(n)\boldsymbol{h}(n)]\boldsymbol{X}(n)\}\\&=\bar{\boldsymbol{h}}(n)+\mu[\boldsymbol{r}_{dx}-\boldsymbol{R}_x\bar{\boldsymbol{h}}(n)]=[\boldsymbol{I}-\mu\boldsymbol{R}_x]\bar{\boldsymbol{h}}(n)+\mu\boldsymbol{r}_{dx}\end{aligned}\tag{16.3.5}$$

式中，$\boldsymbol{I}$ 是单位阵。由该式可以看出，步长 $\mu$ 在迭代的稳定性和收敛速度方面起到了决定性的作用。

由于 $\boldsymbol{R}_x$ 是对称的自相关阵，可将其作类似式(8.2.2)的矩阵分解，即

$$\boldsymbol{R}_x=\boldsymbol{Q}\boldsymbol{\Lambda}\boldsymbol{Q}^{\mathrm{T}}\tag{16.3.6}$$

式中，$\boldsymbol{Q}$ 是正交阵，$\boldsymbol{\Lambda}=\mathrm{diag}[\lambda_0,\lambda_1,\cdots,\lambda_{M-1}]$ 是对角阵，其元素是 $\boldsymbol{R}_x$ 的特征值。将式(16.3.6)代入式(16.3.5)，有

$$\bar{\boldsymbol{h}}^{(Q)}(n+1)=[\boldsymbol{I}-\mu\boldsymbol{\Lambda}]\bar{\boldsymbol{h}}^{(Q)}(n)+\mu\boldsymbol{r}_{dx}^{(Q)}\tag{16.3.7}$$

式中，$\bar{\boldsymbol{h}}^{(Q)}(n)=\boldsymbol{Q}^{\mathrm{T}}\bar{\boldsymbol{h}}(n)$，$\boldsymbol{r}_{dx}^{(Q)}=\boldsymbol{Q}^{\mathrm{T}}\boldsymbol{r}_{dx}$。式(16.3.7)表示的是 $M$ 个一阶差分方程。由于 $\mu\boldsymbol{r}_{dx}^{(Q)}$ 是常数项，因此，LMS 算法的稳定性由式(16.3.8)的齐次差分方程组来决定，即

$$\bar{\boldsymbol{h}}_{\mathrm{hom}}^{(Q)}(n+1)=[\boldsymbol{I}-\mu\boldsymbol{\Lambda}]\bar{\boldsymbol{h}}_{\mathrm{hom}}^{(Q)}(n)\tag{16.3.8}$$

式中，$\bar{\boldsymbol{h}}_{\mathrm{hom}}^{(Q)}(n)$ 是齐次方程的解。式(16.3.8)表示的是 $M$ 个联立的解偶(decouple)差分方程。考查该方程组的第 $l$ 个方程，其解应具有如下形式：

$$\bar{h}_{l,\text{hom}}^{(Q)}(n)=C[1-\mu\lambda_l]^n u(n),\quad l=0,1,\cdots,M-1 \tag{16.3.9}$$

式中，$C$ 是任意常数，$u(n)$是单位阶跃序列。显然，如果保证

$$|1-\mu\lambda_l|<1 \tag{16.3.10}$$

则 $\bar{h}_{l,\text{hom}}^{(Q)}(n)$将随着迭代次数的增加而按指数方式衰减，即 $\bar{h}_{l,\text{hom}}^{(Q)}(n)$，$n=0,1,\cdots,\infty$是一个衰减序列，最后衰减到 0，从而保证 $\boldsymbol{h}(n)$收敛到常数。容易证明，$n\to\infty$时，该常数就是 $\boldsymbol{h}_{\text{opt}}$。为了验证这一点，将 $\bar{\boldsymbol{h}}(\infty)$代入式(13.6.5)两侧，有

$$\bar{\boldsymbol{h}}(\infty)=[\boldsymbol{I}-\mu\boldsymbol{R}_x]\bar{\boldsymbol{h}}(\infty)+\mu\boldsymbol{r}_{dx},\quad \text{即}\quad \bar{\boldsymbol{h}}(\infty)=\boldsymbol{R}_x^{-1}\boldsymbol{r}_{dx}=\boldsymbol{h}_{\text{opt}}$$

式(16.3.10)又等效地要求

$$0<\mu<2/\lambda_l \tag{16.3.11}$$

由于式(16.3.9)有 $M$ 个方程，每一个方程都要求 $0<\mu<2/\lambda_l$，因此，为保证每一个方程的解都收敛，必有

$$0<\mu<2/\lambda_{\max} \tag{16.3.12}$$

式中，$\lambda_{\max}$是矩阵 $\boldsymbol{R}_x$ 最大的特征值。

式(16.3.12)给出了为保证收敛 $\mu$ 应满足的要求。该收敛指的是迭代过程中平均滤波器 $\bar{\boldsymbol{h}}(n)$再经矩阵变换，即 $\bar{\boldsymbol{h}}^{(Q)}(n)=\boldsymbol{Q}^{\mathrm{T}}\bar{\boldsymbol{h}}(n)$后收敛到 $\boldsymbol{Q}^{\mathrm{T}}\boldsymbol{h}_{\text{opt}}$。由这一要求，我们说为保证迭代过程中的 $\boldsymbol{h}(n)$最终收敛到 $\boldsymbol{h}_{\text{opt}}$，$\mu$ 至少也要满足式(16.3.12)的要求。由于

$$\lambda_{\max}\leqslant\sum_{l=0}^{M-1}\lambda_l=\text{tr}\boldsymbol{R}_x=Mr_x(0) \tag{16.3.13}$$

式中，$r_x(0)$是信号 $x(n)$的功率，记为 $P_x$。则式(16.3.12)的制约条件可以改为

$$0<\mu<2/MP_x \tag{16.3.14}$$

由上式可以看出，在不知道 $\boldsymbol{R}_x$(当然也无法求特征值)的情况下，仅依靠信号 $x(n)$即可决定迭代的步长。同时，由上式也可看出：

① 由于步长 $\mu$ 的上界反比于滤波器的长度 $M$，因此，滤波器越长，相应的步长应该越小。

② 同理，弱的信号(对应 $P_x$ 小)，可选较大的 $\mu$，反之，强的信号应选较小的 $\mu$。

其实，用最陡下降法的迭代公式也可导出相似的收敛条件[Hay86]。

记 $\boldsymbol{h}_e(n)$为每次迭代时所得到的滤波器和最优滤波器之差，即 $\boldsymbol{h}_e(n)=\boldsymbol{h}(n)-\boldsymbol{h}_{\text{opt}}$。将式(16.2.11)两边减去 $\boldsymbol{h}_{\text{opt}}$，并注意到式(16.2.5)的 $\boldsymbol{R}_x\boldsymbol{h}_{\text{opt}}=\boldsymbol{r}_{dx}$，因此有

$$\boldsymbol{h}_e(n+1)=[\boldsymbol{I}-\mu\boldsymbol{R}_x]\boldsymbol{h}_e(n) \tag{16.3.15}$$

对 $\boldsymbol{R}_x$ 作式(16.3.6)的分解并代入式(16.3.15)，有 $\boldsymbol{h}_e(n+1)=[\boldsymbol{I}-\mu\boldsymbol{Q}\boldsymbol{\Lambda}\boldsymbol{Q}^{\mathrm{T}}]\boldsymbol{h}_e(n)$，两边同乘以 $\boldsymbol{Q}^{\mathrm{T}}$，并注意到 $\boldsymbol{Q}^{\mathrm{T}}=\boldsymbol{Q}^{-1}$，再记 $\boldsymbol{v}(n)=\boldsymbol{Q}^{\mathrm{T}}\boldsymbol{h}_e(n)=Q^{\mathrm{T}}[\boldsymbol{h}(n)-\boldsymbol{h}_{\text{opt}}]$，最后得到

$$\boldsymbol{v}(n+1)=[\boldsymbol{I}-\mu\boldsymbol{\Lambda}]\boldsymbol{v}(n) \tag{16.3.16}$$

该式也是 $M$ 个解偶的联立差分方程组。给定 $\boldsymbol{v}(n)$的初始值 $\boldsymbol{v}(0)$，通过递推可得到 $\boldsymbol{v}(n)=$

$[\boldsymbol{I}-\mu\boldsymbol{\Lambda}]^n\boldsymbol{v}(0)$。注意到$\boldsymbol{\Lambda}$是 $M$ 维的对角阵,其元素是 $\boldsymbol{R}_x$ 的特征值。对第 $l$ 个方程,有

$$v_l(n)=[1-\mu\lambda_l]^n v_l(0),\quad l=0,1,\cdots,M-1 \tag{16.3.17}$$

由定义的$\boldsymbol{v}(n)=\boldsymbol{Q}^{\mathrm{T}}[\boldsymbol{h}(n)-\boldsymbol{h}_{\mathrm{opt}}]$可知,如果 $\boldsymbol{h}(n)$ 趋近于 $\boldsymbol{h}_{\mathrm{opt}}$,则 $\boldsymbol{v}(n)$ 趋于零。显然,由式(16.3.17),$\boldsymbol{v}(n)$ 每一个分量 $v_l(n)$ 趋于零点的必要条件是 $|1-\mu\lambda_l|<1$。这和式(16.3.12)的结果是一样的。

之所以给出以上两种方法,是希望一方面扩大读者的知识面,另一方面也是有利于读者阅读相关的文献。

**2. 收敛速度**

由式(16.3.9)可以看出,如果$|1-\mu\lambda_l|$越小,则 $\bar{h}_l^{(Q)}(n)$ 衰减得越快,逼近 0 的速度也越快,等效地,$\boldsymbol{h}(n)$收敛到 $\boldsymbol{h}_{\mathrm{opt}}$ 的速度也越快。$|1-\mu\lambda_l|$越小,等效地要求 $\mu\lambda_l$ 越接近于 1。因此 $\mu\lambda_l$ 可以看作自适应滤波器收敛的时间常数 $\tau$。由于步长 $\mu$ 取固定值,因此,$\mu\lambda_l$ 的大小单一地取决于 $\lambda_l$,$\lambda_l$ 越小,衰减越慢。注意到 $l=0,1,\cdots,M-1$,即式(16.3.9)所给出的 $M$ 个方程中衰减最慢的一个是 $\lambda_l=\lambda_{\min}$ 的那一个方程。由上述稳定性条件,$\mu$ 应满足式(16.3.12)。现取 $\mu=1/\lambda_{\max}$,则 $\mu\lambda_l=\lambda_{\min}/\lambda_{\max}$。显然,$\lambda_{\min}/\lambda_{\max}$越小,则衰减越慢,对应时间常数越大,因此有

$$\tau\leqslant\lambda_{\max}/\lambda_{\min} \tag{16.3.18}$$

显然,如果输入信号的自相关矩阵 $\boldsymbol{R}_x$ 的最大和最小特征值越接近,则时间常数 $\tau$ 越小,收敛速度越快。反之,若 $\boldsymbol{R}_x$ 的特征值越分散,则 $\tau$ 越大。

前已述及,矩阵的特征值计算较为困难,文献[Sen01]给出了估计时间常数的另一个方法:

$$\tau\leqslant\frac{\lambda_{\max}}{\lambda_{\min}}\leqslant\frac{\max|X(\mathrm{e}^{\mathrm{j}\omega})|^2}{\min|X(\mathrm{e}^{\mathrm{j}\omega})|^2} \tag{16.3.19}$$

式中,$X(\mathrm{e}^{\mathrm{j}\omega})$是信号 $x(n)$的 DTFT。由上式可知,一个信号的频谱越平,其相应的收敛速度越快。

**3. 均方误差的超量[Pro14]**

由上面的讨论可知,由于 LMS 算法利用了估计的梯度$\hat{\boldsymbol{g}}(n)$来代替误差曲面的真实梯度 $\boldsymbol{g}(n)$,这样就产生了梯度噪声。该噪声的影响是,当 LMS 算法收敛后,虽然真实梯度$\boldsymbol{g}(n)$会接近于零,但估计的梯度$\hat{\boldsymbol{g}}(n)$不等于零。由式(16.2.9)可以看出,梯度的扰动使得$\boldsymbol{h}(n+1)$将偏离最优值 $\boldsymbol{h}_{\mathrm{opt}}$,即不能稳定地停留在 $\boldsymbol{h}_{\mathrm{opt}}$,其结果是 $\boldsymbol{h}(n)$将会在 $\boldsymbol{h}_{\mathrm{opt}}$ 附近随机地运动。由于 $\boldsymbol{h}_{\mathrm{opt}}$ 对应最小均方误差 $\varepsilon_{\min}$,$\boldsymbol{h}(n)$对 $\boldsymbol{h}_{\mathrm{opt}}$ 的偏离将在收敛后产生大于 $\varepsilon_{\min}$ 的均方误差,这就是均方误差的超量(excess),记为 $\varepsilon_\mu$。现在来推导该超量的表达式。

对第 $n$ 次迭代,得到的滤波器是 $\boldsymbol{h}(n)$,这时自适应滤波器输出的均方误差应是

$$\varepsilon(n)=\varepsilon_{\min}+[\boldsymbol{h}(n)-\boldsymbol{h}_{\mathrm{opt}}]^{\mathrm{T}}\boldsymbol{R}_x[\boldsymbol{h}(n)-\boldsymbol{h}_{\mathrm{opt}}] \tag{16.3.20}$$

称曲线 $\varepsilon(n)\sim n$ 为自适应滤波器的学习曲线。将式(16.3.6)的 $\boldsymbol{R}_x=\boldsymbol{Q\Lambda Q}^{\mathrm{T}}$ 代入上式,并完成和得到式(16.3.8)类似的正交变换,可得到

$$\varepsilon(n)=\varepsilon_{\min}+\sum_{l=0}^{M-1}\lambda_l\,|\,h^{(Q)}(l,n)-h_{\mathrm{opt}}^{(Q)}(l)\,|^2 \tag{16.3.21}$$

式中,$h^{(Q)}(l,n)$和 $h_{\mathrm{opt}}^{(Q)}(l)$分别是 $\boldsymbol{h}^{(Q)}(n)=\boldsymbol{Q}^{\mathrm{T}}\boldsymbol{h}(n)$和 $\boldsymbol{h}_{\mathrm{opt}}^{(Q)}=\boldsymbol{Q}^{\mathrm{T}}\boldsymbol{h}_{\mathrm{opt}}$的第 $l$ 个分量。而 $\boldsymbol{h}^{(Q)}(l,n)-h_{\mathrm{opt}}^{(Q)}(l)$表示经正交变换后(即在新的正交坐标系)第 $l$ 个滤波器的误差。超量均方误差定义为式(16.3.21)中第二项的均值,即

$$\varepsilon_\mu=\sum_{l=0}^{M-1}\lambda_l E\,\{|h^{(Q)}(l,n)-h_{\mathrm{opt}}^{(Q)}(l)|^2\} \tag{16.3.22}$$

现在的任务是导出 $\varepsilon_\mu$ 的具体表达式。分析式(16.3.3)可知,如果假设 $\boldsymbol{h}(n)$已收敛到 $\boldsymbol{h}_{\mathrm{opt}}$,则该式最后一项 $\mu e(n)\boldsymbol{X}(n)$就是零均值的噪声向量,其方差是

$$\mathrm{cov}[\mu e(n)\boldsymbol{X}(n)]=\mu^2 E\,\{|e(n)|^2\boldsymbol{X}(n)\boldsymbol{X}^{\mathrm{T}}(n)\}$$

假定$|e(n)|^2$ 和信号是不相关的,则上式可变为

$$\mathrm{cov}[\mu e(n)\boldsymbol{X}(n)]=\mu^2 E\,\{|e(n)|^2\}\,E\,\{\boldsymbol{X}(n)\boldsymbol{X}^{\mathrm{T}}(n)\}=\mu^2\varepsilon_{\min}\boldsymbol{R}_x \tag{16.3.23}$$

对式(16.2.11),再一次令 $\boldsymbol{R}_x=\boldsymbol{Q\Lambda Q}^{\mathrm{T}}$,并对两边作正交变换,即令 $\boldsymbol{h}^{(Q)}(n)=\boldsymbol{Q}^{\mathrm{T}}\boldsymbol{h}(n)$,$\boldsymbol{r}_{dx}^{(Q)}=\boldsymbol{Q}^{\mathrm{T}}\boldsymbol{r}_{dx}$,则式(16.2.11)变为

$$\boldsymbol{h}^{(Q)}(n+1)=[\boldsymbol{I}-\mu\boldsymbol{\Lambda}]\boldsymbol{h}^{(Q)}(n)+\mu\boldsymbol{r}_{dx}^{(Q)}$$

该式是最陡下降法的收敛表达式。和式(16.2.11)相比,由于 LMS 算法采用了估计的随机梯度,因此在进入收敛状态后,将多出一个随机噪声项 $\boldsymbol{w}^{(Q)}(n)$,即

$$\boldsymbol{h}^{(Q)}(n+1)=[\boldsymbol{I}-\mu\boldsymbol{\Lambda}]\boldsymbol{h}^{(Q)}(n)+\mu\boldsymbol{r}_{dx}^{(Q)}+\boldsymbol{w}^{(Q)}(n) \tag{16.3.24}$$

前已述及,因为 $\mu e(n)\boldsymbol{X}(n)$是噪声向量,因此

$$\boldsymbol{w}^{(Q)}(n)=\boldsymbol{Q}^{\mathrm{T}}[\mu e(n)\boldsymbol{X}(n)]=\mu e(n)\boldsymbol{Q}^{\mathrm{T}}\boldsymbol{X}(n) \tag{16.3.25}$$

由该式可以很容易地求出噪声向量 $\boldsymbol{w}^{(Q)}(n)$的方差矩阵

$$\mathrm{cov}[\boldsymbol{w}^{(Q)}(n)]=\mu^2\varepsilon_{\min}\boldsymbol{Q}^{\mathrm{T}}\boldsymbol{R}_x\boldsymbol{Q}=\mu^2\varepsilon_{\min}\boldsymbol{\Lambda} \tag{16.3.26}$$

由于$\boldsymbol{\Lambda}$ 是对角阵,显然 $\boldsymbol{w}^{(Q)}(n)$的 $M$ 个分量是互不相关的,且每一个分量的方差 $\sigma_l^2=\mu^2\lambda_l\varepsilon_{\min}$,$l=0,1,\cdots,M-1$。进一步,这时可分别考虑式(16.3.24)的 $M$ 个解偶差分方程。这 $M$ 个差分方程,每一个都是一个一阶的滤波器,它们有着形似$(1-\mu\lambda_l)^n$ 的单位抽样响应。当它们的输入是噪声分量 $w_l^{(Q)}(n)$时,每一个滤波器输出的噪声方差是

$$E\{|h^{(Q)}(l,n)-h_{\mathrm{opt}}^{(Q)}(l)|^2\}=\sum_{n=0}^{\infty}\sum_{m=0}^{\infty}(1-\mu\lambda_l)^n\,(1-\mu\lambda_l)^m E\{w_l^{(Q)}(n)w_l^{(Q)}(m)\} \tag{16.3.27}$$

假定 $w_l^{(Q)}(n)$是白噪声,则上式可化简为

$$E\{|h^{(Q)}(l,n)-h_{\mathrm{opt}}^{(Q)}(l)|^2\}=\frac{\sigma_l^2}{1-(1-\mu\lambda_l)^2}=\frac{\mu^2\lambda_l\varepsilon_{\min}}{1-(1-\mu\lambda_l)^2} \tag{16.3.28}$$

再假定 $\mu\lambda\ll 1$，由式(16.3.22)，可最后得到超量均方误差

$$\varepsilon_\mu\approx\mu^2\varepsilon_{\min}\sum_{l=0}^{M-1}\frac{\lambda_l^2}{2\mu\lambda_l}=\frac{1}{2}\mu\varepsilon_{\min}\sum_{l=0}^{M-1}\lambda_l \tag{16.3.29}$$

由式(16.3.13)，又有

$$\varepsilon_\mu\approx\frac{1}{2}\mu\varepsilon_{\min}Mr_x(0)=\frac{\mu\varepsilon_{\min}MP_x}{2} \tag{16.3.30}$$

由上式可以看出，$\varepsilon_\mu$ 正比于步长 $\mu$，因此，在实际工作中必须在收敛速度和均方误差超量两方面取折中。通常希望 $\varepsilon_\mu/\varepsilon_{\min}<1$，这等效地要求

$$\mu<2/MP_x \tag{16.3.31}$$

这和式(16.3.14)的结果是一样的。

要选择一个最佳的步长 $\mu$ 是困难的。$\mu$ 选择得不合适，要么收敛速度过慢，要么均方误差超量过大。如果信号 $x(n)$是非平稳的并且在应用中强调快速度收敛，则可选择较大的 $\mu$；反之，如果信号是平稳的且收敛速度不是特别重要，可选择小的 $\mu$ 以获得小的均方误差超量。在某些应用中，也可在开始时选择较大的 $\mu$ 以快速收敛，然后再利用小的 $\mu$ 以获得好的稳态性能，即小的 $\varepsilon_\mu$。

由式(16.3.30)也可看出，$\varepsilon_\mu$ 正比于滤波器的长度 $M$。另外，由式(16.3.14)，$M$ 越大，$\mu$ 应该越小，从而产生慢的收敛。当然，$M$ 越大，滤波器的性能一般越好。因此，在滤波器长度的选择上，也应综合考虑以上几个因素加以折中。

总之，在信号为平稳的情况下，输入信号的统计量是未知的但是固定的，LMS 算法逐渐学习所需要的输入信号的统计量并收敛到稳态。在稳态时，自适应滤波器的系数 $\boldsymbol{h}(n)$ 在维纳解 $\boldsymbol{h}_{\mathrm{opt}}$附近摆动，从而产生均方误差超量 $\varepsilon_\mu$。自适应滤波器的性能由收敛速度和 $\boldsymbol{h}(n)$的摆动共同决定。在非平稳的情况下，自适应算法要不断跟踪输入信号统计量的变化，这时，滤波器的性能分析将变得更为困难[Sen01]。

在本节的最后指出，式(16.3.30)的结果如同对步长 $\mu$ 的制约的导出一样，也可用另外的方法得到，限于篇幅，此处不再赘述，有兴趣的读者可参看文献[Hay86]。

**例 16.3.1**　现利用例 16.5.1(系统辨识)中的误差序列 $e(n)$来研究 LMS 算法的性能。其结果如图 16.3.1 所示。

在图 16.3.1 中有 5 条曲线，其中曲线①～④是 LMS 算法的学习曲线($\varepsilon(n)\sim n$)。$\varepsilon(n)$是把对一个自适应滤波算法进行多次实现所得到的每一个误差序列 $e(n)=y(n)-d(n)$都取平方再经取集总平均后而得到的，因此这样的学习曲线也称为均方误差(MSE)曲线。曲线①对应的步长 $\mu_1=0.001$，集总平均的次数是 100 次；曲线③对应的步长 $\mu_2=0.01$，集总平均的次数也是 100 次。由于 $\mu_2$ 是 $\mu_1$ 的 10 倍，因此曲线③比曲线①衰减得

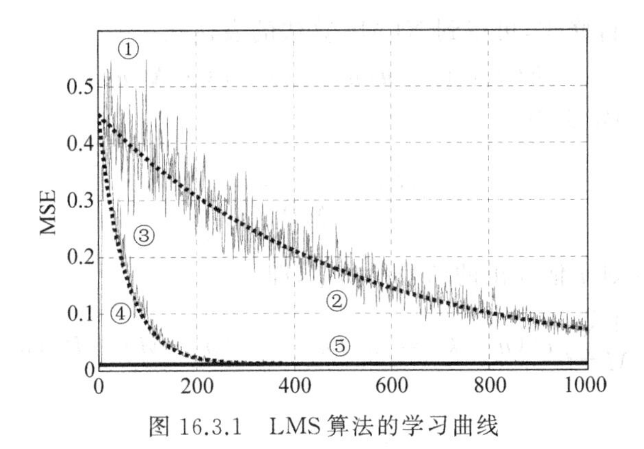


图 16.3.1 LMS 算法的学习曲线

要快得多。学习曲线衰减得快表示收敛得快。曲线②和曲线④(图中粗的间断线)分别对应 $\mu_1$ 和 $\mu_2$ 两种步长情况下,曲线①和曲线③的“预测 MSE 曲线”,它们相当于无穷次实现后取集总平均的结果。曲线①和③由 MATLAB 中的文件 msesim.m 求出,而曲线②和④由 MATLAB 中的文件 msepred.m 求出。由 msepred.m 还可以求出两个重要的量,一是自适应算法收敛到稳态时的“预测”最小均方误差 MMSE,它与步长无关,二是该算法在给定步长情况下的“超调”量 EMSE。在 $\mu_1=0.001$ 时求出的 MMSE$=0.01$,EMSE$=1.5416\times10^{-5}$;在 $\mu_2=0.01$ 时求出的 MMSE 也是 0.01,而 EMSE$=8.1704\times10^{-4}$。可以看出,大步长情况下的超调量变大。图 16.3.1 中的曲线⑤(图中最下方的粗实线)是最小均方误差曲线 MMSE,即对所有的 $n$ 都是 0.01。

实现本例的 MATLAB 文件是 exa160301a,它调用了文件 msesim.m 和 msepred.m。另一个文件 exa160301b 也可用来求出类似于①～④的学习曲线。

## 16.3.3 改进的 LMS 算法

LMS 算法是自适应滤波器中应用最广的算法。针对该算法中的不足,人们又陆续提出了一些改进算法。此处介绍其中两个典型的方法,即归一化 LMS(normalized LMS, NLMS)算法和泄漏 LMS(leaky LMS)算法。

### 1. 归一化 LMS 算法

由前面的讨论可知,LMS 算法的收敛稳定性、收敛速度及收敛到稳态时所产生的均方误差的超量都直接受到步长 $\mu$ 的控制。而 $\mu$ 又直接和输入信号的功率有关(见式(16.3.14))。因此,一个合理的方法是在指定 $\mu$ 时预先除以信号的功率,即令 $\mu$ 在保证稳态收敛特性的情况下又独立于信号的功率,从而加快了收敛速度。

对式(16.3.3)进行修改,可得到 NLMS 算法的表达式

$$\boldsymbol{h}(n+1)=\boldsymbol{h}(n)+\mu(n)e(n)\boldsymbol{X}(n) \tag{16.3.32}$$

式中,时变步长 $\mu(n)$ 定义为

$$\mu(n)=\frac{\alpha}{M\hat{P}_x(n)} \tag{16.3.33}$$

式中,$\hat{P}_x(n)$ 是在时刻 $n$ 估计出的信号的功率,即

$$\hat{P}_x(n)=\frac{1}{M}\sum_{k=0}^{M-1}x^2(n-k)=[x^2(n)-x^2(n-M)+\hat{P}_x(n-1)]/M \tag{16.3.34}$$

显然,$\hat{P}_x(n)$ 是时变的,并可以递推求出。为使 NLMS 算法收敛,式(16.3.33)中的 $\alpha$ 应满足

$$0<\alpha<2 \tag{16.3.35}$$

为避免当 $\hat{P}_x(n)$ 过小时(如在一段时间内信号很小或消失)产生大的步长 $\mu(n)$,式(16.3.33)可修改为

$$\mu(n)=\frac{\alpha}{M\hat{P}_x(n)+c} \tag{16.3.36}$$

式中,$c$ 是一个小的常数。

**2. 泄漏 LMS 算法**

信号 $x(n)$ 的自相关矩阵 $\boldsymbol{R}_x$ 应该是非负定的,但是,$\boldsymbol{R}_x$ 有可能出现奇异的情况(见 14.4.1 节的结论 2)。一旦 $\boldsymbol{R}_x$ 是奇异的,则必然会出现特征值为零的情况。不失一般性,假定 $\lambda_l=0$,则不论是式(16.3.9)的 $\bar{h}_{l,\text{hom}}^{(Q)}(n)$ 还是式(16.3.17)的 $v_l(n)$ 都不会收敛,从而使自适应滤波器的学习和跟踪功能失效。防止这种情况的一个方法是使用如下的泄漏 LMS 算法:

$$\boldsymbol{h}(n+1)=\gamma\boldsymbol{h}(n)+\mu e(n)\boldsymbol{X}(n) \tag{16.3.37}$$

式中,$\gamma$ 称为泄漏因子,$0<\gamma\leqslant 1$。显然,如果 $\gamma=1$,则上式就是式(16.3.3)的基本 LMS 算法。

对式(16.3.37)两边取均值,类似式(16.3.5)的推导,有

$$\bar{\boldsymbol{h}}(n+1)=[\boldsymbol{I}-\mu(\boldsymbol{R}_x+\gamma\boldsymbol{I})]\bar{\boldsymbol{h}}(n)+\mu\boldsymbol{r}_{dx} \tag{16.3.38}$$

式中,$(\boldsymbol{R}_x+\gamma\boldsymbol{I})$ 使 $\boldsymbol{R}_x$ 的特征值变为 $\lambda_l+\gamma$,不会为零,从而避免了 LMS 算法中 $\boldsymbol{R}_x$ 的特征值可能为零的情况。这时,式(16.3.12)对步长 $\mu$ 的约束应改为

$$0<\mu<2/(\lambda_{\max}+\gamma) \tag{16.3.39}$$

由于引入了泄漏因子 $\gamma$，泄漏 LMS 算法等效于在输入信号上叠加了一个低水平的白噪声，将在一定程度上影响自适应滤波器的性能。可以证明，这时均方误差的超量将正比于 $[(1-\gamma)/\mu]^2$。为了减小超量，$1-\gamma$ 应远小于 $\mu$，即 $\gamma$ 应接近于 1。另外，LMS 算法的滤波器系数 $\boldsymbol{h}(n)$ 的均值在稳态时本来应该收敛到式(16.2.6)的 $\boldsymbol{h}_{\text{opt}}=\boldsymbol{R}_x^{-1}\boldsymbol{r}_{dx}$，而 $\gamma$ 的引入使得

$$\lim_{n\to\infty}[\bar{\boldsymbol{h}}(n)]=\lim_{n\to\infty}E\{\boldsymbol{h}(n)\}=(\boldsymbol{R}_x+\gamma\boldsymbol{I})^{-1}\boldsymbol{r}_{dx} \tag{16.3.40}$$

因此，泄漏 LMS 算法的滤波器系数是有偏的。

泄漏因子 $\gamma$ 一般由使用者通过实验来确定，确定的原则是要在稳定性和滤波器性能方面做出折中。

## 16.4 RLS 算法

由前几节的讨论可知，维纳滤波器是利用均方误差 $E\{e^2(n)\}$ 来构成目标函数以求出维纳解，最陡下降法也是利用 $E\{e^2(n)\}$ 求出梯度方向 $\boldsymbol{g}(n)$，然后用迭代的方法求出维纳解，避免了自相关矩阵的求逆。在缺乏输入信号以及期望信号先验知识和输入是时变的情况下，人们发展了自适应的 LMS 算法。LMS 算法是利用瞬时误差能量 $e^2(n)$ 来估计梯度方向 $\hat{\boldsymbol{g}}(n)$。前已述及，LMS 算法的优点是算法简单，但缺点是收敛速度慢且在稳态时有均方误差的超量。当自相关矩阵 $\boldsymbol{R}_x$ 的特征值较为扩散，即 $\lambda_{\max}/\lambda_{\min}$ 很大时收敛速度将更慢。本质上讲，LMS 算法的上述两个缺点是由于它只有一个可调控的参数(步长 $\mu$)所产生的。

在信号处理中，还有一种利用误差能量构成目标函数的方法，即令 $\varepsilon_M=\sum_{n=l_1}^{l_2}e^2(n)$，它既不是均方误差也不是瞬时误差，而是一段时间内误差能量的和，这一类方法称为最小平方法或最小二乘法。时间的长度由 $l_1$ 和 $l_2$ 决定。9.5 节给出的求伪逆的方法和例 12.5.2 都是利用了最小二乘法。本节要讨论的递归最小二乘算法(recursive least-squares, RLS)也是利用最小二乘法。所谓递归，是指利用在 $n-1$ 时刻得到的滤波器系数 $\boldsymbol{h}(n-1)$ 去求出 $n$ 时刻的滤波器系数 $\boldsymbol{h}(n)$。RLS 算法将引入更多的可调控参数以克服 LMS 算法的缺点。由后面的讨论可知，如果 $\boldsymbol{R}_x$ 有 $M$ 个不同的特征值，可以引入 $M$ 个调控参数。

### 16.4.1 RLS算法的导出

假定使用的仍然是长度为 $M$ 的 FIR 滤波器，记

$$\boldsymbol{h}_M(n)=[h_M(0,n),h_M(1,n),\cdots,h_M(M-1,n)]^{\mathrm{T}} \tag{16.4.1}$$

式中，$n$ 表明是递归的时间变量。再记

$$\boldsymbol{X}_M(n)=[x(n),x(n-1),\cdots,x(n-M+1)]^{\mathrm{T}} \tag{16.4.2}$$

为在 $n$ 时刻输入到自适应滤波器的数据向量，并假定 $n<0$ 时 $x(n)=0$。RLS 算法可表述如下：在已知观察数据 $\boldsymbol{X}_M(l)$，$l=0,1,\cdots,n-1$ 的情况下，令

$$\varepsilon_M=\sum_{l=0}^{n}\rho^{n-l}\mid e_M(l,n)\mid^2 \tag{16.4.3}$$

的 $\varepsilon_M$ 为最小，以求出滤波器的系数 $\boldsymbol{h}(n)$。式中，$e_M(l,n)$ 是图 16.1.1 中期望信号 $d(n)$ 和滤波器输出 $y(n)$ 之差，即

$$e_M(l,n)=d(l)-y(l,n)=d(l)-\boldsymbol{h}_M^{\mathrm{T}}(n)\boldsymbol{X}_M(l) \tag{16.4.4}$$

$\rho$ 是加权因子，$0<\rho<1$。式(16.4.3)中采用指数加权的本质是对新到数据求出的误差给以大的权，而对较早数据求出的误差给以小的权，其目的是使新求出的 $\boldsymbol{h}_M(n)$ 能尽快跟踪输入信号的时变统计特征。

将式(16.4.4)代入式(16.4.3)，并令 $\varepsilon_M$ 相对滤波器系数 $\boldsymbol{h}_M(n)$ 求最小，得

$$\boldsymbol{R}_M(n)\boldsymbol{h}_M(n)=\boldsymbol{D}_M(n) \tag{16.4.5}$$

式中，$\boldsymbol{R}_M(n)$ 是在时刻 $n$ 估计出的信号的加权自相关矩阵，由下式给出：

$$\boldsymbol{R}_M(n)=\sum_{l=0}^{n}\rho^{n-l}\boldsymbol{X}_M(l)\boldsymbol{X}_M^{\mathrm{T}}(l) \tag{16.4.6}$$

$\boldsymbol{D}_M(n)$ 是在时刻 $n$ 估计出的加权互相关向量，有

$$\boldsymbol{D}_M(n)=\sum_{l=0}^{n}\rho^{n-l}\boldsymbol{X}_M(l)d(l) \tag{16.4.7}$$

这样，$n$ 时刻的滤波器系数可由式(16.4.5)求出，即

$$\boldsymbol{h}_M(n)=\boldsymbol{R}_M^{-1}(n)\boldsymbol{D}_M(n) \tag{16.4.8}$$

将该式和式(16.2.6)的 $\boldsymbol{h}_{\mathrm{opt}}=\boldsymbol{R}_x^{-1}\boldsymbol{r}_{dx}$ 相比较可以看出，$\boldsymbol{R}_M(n)$ 和 $\boldsymbol{D}_M(n)$ 应分别与 $\boldsymbol{R}_x$ 和 $\boldsymbol{r}_{dx}$ 是同类(akin)的。但是，$\boldsymbol{R}_M(n)$ 不是 Toeplitz 矩阵。求解式(16.4.8)的关键是求出 $\boldsymbol{R}_M^{-1}(n)$ 和 $\boldsymbol{D}_M(n)$。注意到 $n$ 是每一次迭代更新的时刻，因此若在每一个时刻都去求解矩阵逆 $\boldsymbol{R}_M^{-1}(n)$ 是不现实的。为解决这一问题，首先，利用式(16.4.7)和式(16.4.8)得到 $\boldsymbol{R}_M(n)$ 和 $\boldsymbol{D}_M(n)$ 的递归表达式，即

$$\boldsymbol{R}_M(n)=\rho\boldsymbol{R}_M(n-1)+\boldsymbol{X}_M(n)\boldsymbol{X}_M^{\mathrm{T}}(n) \tag{16.4.9}$$

$$\boldsymbol{D}_M(n)=\rho\boldsymbol{D}_M(n-1)+\boldsymbol{X}_M(n)d(n) \tag{16.4.10}$$

然后再利用如下的矩阵逆引理得到 $\boldsymbol{R}_M^{-1}(n)$。矩阵逆引理表述如下。

假定矩阵

$$\boldsymbol{A}=\boldsymbol{B}+\boldsymbol{CDC}^{\mathrm{T}} \tag{16.4.11}$$

则

$$\boldsymbol{A}^{-1}=\boldsymbol{B}^{-1}-\boldsymbol{B}^{-1}\boldsymbol{C}[\boldsymbol{D}^{-1}+\boldsymbol{C}^{\mathrm{T}}\boldsymbol{B}^{-1}\boldsymbol{C}]^{-1}\boldsymbol{C}^{\mathrm{T}}\boldsymbol{B}^{-1} \tag{16.4.12}$$

对比式(16.4.9)和式(16.4.12),可令

$$\boldsymbol{A}=\boldsymbol{R}_M(n),\quad \boldsymbol{B}=\rho\boldsymbol{R}_M(n-1),\quad \boldsymbol{C}=X_M(n),\quad \boldsymbol{D}=1$$

将这些表达式代入式(16.4.12),可求出

$$\boldsymbol{R}_M^{-1}(n)=\frac{1}{\rho}\left[\boldsymbol{R}_M^{-1}(n-1)+\frac{\boldsymbol{R}_M^{-1}(n-1)\boldsymbol{X}_M(n)\boldsymbol{X}_M^{\mathrm{T}}(n)\boldsymbol{R}_M^{-1}(n-1)}{\rho+\boldsymbol{X}_M^{\mathrm{T}}(n)\boldsymbol{R}_M^{-1}(n-1)\boldsymbol{X}_M(n)}\right] \tag{16.4.13}$$

这样,$\boldsymbol{R}_M^{-1}(n)$可由 $\boldsymbol{R}_M^{-1}(n-1)$和数据向量递归地求出。

为了讨论方便,定义 $\boldsymbol{P}_M(n)=\boldsymbol{R}_M^{-1}(n)$,并定义

$$\boldsymbol{K}_M(n)=\frac{\boldsymbol{P}_M(n-1)\boldsymbol{X}_M(n)}{\rho+\boldsymbol{X}_M^{\mathrm{T}}(n)\boldsymbol{P}_M(n-1)\boldsymbol{X}_M(n)} \tag{16.4.14}$$

$\boldsymbol{K}_M(n)$又称为 Kalman 增益向量。利用上述定义,式(16.4.13)变为

$$\boldsymbol{R}_M^{-1}(n)=\boldsymbol{P}_M(n)=\frac{1}{\rho}[\boldsymbol{P}_M(n-1)-\boldsymbol{K}_M(n)\boldsymbol{X}_M^{\mathrm{T}}(n)\boldsymbol{P}_M(n-1)] \tag{16.4.15}$$

该式称为 RLS 算法的 Riccati 方程。

式(16.4.14)的 $\boldsymbol{K}_M(n)$相当复杂,但如果将其分母乘到等式左边,再经整理,可得

$$\boldsymbol{K}_M(n)=\boldsymbol{P}_M(n)\boldsymbol{X}_M(n)=\boldsymbol{R}_M^{-1}(n)\boldsymbol{X}_M(n) \tag{16.4.16}$$

所以 $\boldsymbol{K}_M(n)$是 $\boldsymbol{X}_M(n)$的线性变换,变换矩阵是 $\boldsymbol{R}_M^{-1}(n)$。

现在求解 $\boldsymbol{h}_M(n)$。由式(16.4.8)和式(16.4.10),有

$$\begin{aligned}\boldsymbol{h}_M(n)&=\boldsymbol{R}_M^{-1}(n)\boldsymbol{D}_M(n)=\boldsymbol{P}_M(n)\boldsymbol{D}_M(n)\\&=\boldsymbol{P}_M(n)[\rho\boldsymbol{D}_M(n-1)+\boldsymbol{X}_M(n)d(n)]\\&=\rho\boldsymbol{P}_M(n)\boldsymbol{D}_M(n-1)+\boldsymbol{P}_M(n)\boldsymbol{X}_M(n)d(n)\end{aligned}$$

将式(16.4.15)的 $\boldsymbol{P}_M(n)$的递推关系代入上式的第一个表达式,有

$$\boldsymbol{h}_M(n)=[\boldsymbol{P}_M(n-1)-\boldsymbol{K}_M(n)\boldsymbol{X}_M^{\mathrm{T}}(n)\boldsymbol{P}_M(n-1)]\boldsymbol{D}_M(n-1)+\boldsymbol{P}_M(n)\boldsymbol{X}_M(n)d(n)$$

再利用式(16.4.8)和式(16.4.16),上式变为

$$\begin{aligned}\boldsymbol{h}_M(n)&=\boldsymbol{h}_M(n-1)-\boldsymbol{K}_M(n)\boldsymbol{X}_M^{\mathrm{T}}(n)\boldsymbol{h}_M(n-1)+\boldsymbol{K}_M(n)d(n)\\&=\boldsymbol{h}_M(n-1)+\boldsymbol{K}_M(n)[d(n)-\boldsymbol{X}_M^{\mathrm{T}}(n)\boldsymbol{h}_M(n-1)]\end{aligned} \tag{16.4.17}$$

式中,$\boldsymbol{X}_M^{\mathrm{T}}(n)\boldsymbol{h}_M(n-1)$是自适应滤波器在 $n$ 时刻的输出,但利用的是 $n-1$ 时刻的滤波器,记

$$\hat{d}(n)=\hat{d}(n,n-1)=\boldsymbol{X}_M^{\mathrm{T}}(n)\boldsymbol{h}_M(n-1)$$

再记

$$e_M(n,n-1)=\hat{d}(n)-\hat{d}(n,n-1)=\hat{e}_M(n) \tag{16.4.18}$$

注意，$\hat{e}_M(n)$不同于$e_M(n)=d(n)-\hat{d}(n)$。这样，$\boldsymbol{h}_M(n)$可由下式递归求解：

$$\begin{aligned}\boldsymbol{h}_M(n)&=\boldsymbol{h}_M(n-1)+\boldsymbol{K}_M(n)\hat{e}_M(n)\\&=\boldsymbol{h}_M(n-1)+\boldsymbol{P}_M(n)\boldsymbol{X}_M(n)\hat{e}_M(n)\end{aligned} \tag{16.4.19}$$

现在可以总结$\boldsymbol{h}_M(n)$递归求解的步骤。

(1) 令$\boldsymbol{h}_M(-1)=0$，计算滤波器的输出$\hat{d}(n)=\boldsymbol{X}_M^{\mathrm{T}}(n)\boldsymbol{h}_M(n-1)$。

(2) 计算误差$\hat{e}_M(n)=\hat{d}(n)-\hat{d}(n,n-1)$。

(3) 利用式(16.4.14)计算 Kalman 增益向量$\boldsymbol{K}_M(n)$。

(4) 令$\boldsymbol{P}_M(-1)=\delta^{-1}\boldsymbol{I}_M$，$\delta$是一个小的正数，一般$\delta<0.01\sigma_x^2$。然后利用式(16.4.15)更新相关矩阵的逆$\boldsymbol{R}_M^{-1}(n)=\boldsymbol{P}_M(n)$。

(5) 计算$\boldsymbol{h}_M(n)=\boldsymbol{h}_M(n-1)+\boldsymbol{K}_M(n)\hat{e}_M(n)$，即式(16.4.19)。

以上 5 个步骤给出的算法又称为直接形式的 RLS 算法。该算法最后的最小误差能量是

$$\varepsilon_{M\min}=\sum_{l=0}^{n}\rho^{n-l}\mid d(l)\mid^2-\boldsymbol{h}_M^{\mathrm{T}}(n)\boldsymbol{D}_M(n) \tag{16.4.20}$$

观察式(16.4.19)可以看出，$\boldsymbol{h}_M(n)$的每一次时间更新中的变化都是由误差$\hat{e}_M(n)$乘以$\boldsymbol{K}_M(n)$而产生的，而$\boldsymbol{K}_M(n)$是一个$M$维的向量，其每一个元素都对应地影响$M$维滤波器的每一个元素。前已述及，LMS 算法中只有一个控制元素，即步长$\mu$(见式(16.3.3))。因此，RLS 算法比 LMS 算法有着更快的收敛速度。

## 16.4.2 RLS 算法性能分析

分析 RLS 算法的性能要比分析 LMS 算法的性能困难得多，为此，文献[Hay86]假定自适应滤波器的输入信号$x(n)$是由一个$M$阶的 AR 模型所产生，即

$$x(n)=\sum_{k=0}^{M-1}a_k x(n-k)+u(n) \tag{16.4.21}$$

式中，$\boldsymbol{a}=[a(0),a(1),\cdots,a(M-1)]^{\mathrm{T}}$是 AR 系数向量，$u(n)$是零均值的激励白噪声，方差是$\sigma_u^2$。假定期望信号$d(n)=x(n)$。为$x(n)$设计一个 RLS 自适应滤波器，令滤波器系数$\boldsymbol{h}_M(n)$跟踪 AR 模型的系数向量$\boldsymbol{a}$。文献[Hay86]研究了

(1) $\boldsymbol{h}_M(n)$是否收敛于$\boldsymbol{a}$？

(2) 令$\boldsymbol{\delta}(n)=\boldsymbol{h}_M(n)-\boldsymbol{a}$为系数误差向量，到稳态后，均方误差$E\{\boldsymbol{\delta}^{\mathrm{T}}(n)\boldsymbol{\delta}(n)\}$有

何行为？

假定 $x(n)$ 是各态遍历的，文献[Hay86]经推导得出了如下两个结论：

(1) $E\{\boldsymbol{h}_M(n)\}=\boldsymbol{a}-\delta\boldsymbol{R}_x^{-1}\boldsymbol{a}/n$ (16.4.22)

式中，$\delta$ 是给 $\boldsymbol{P}_M(-1)=\delta^{-1}\boldsymbol{I}_M$ 赋值的一个很小的正数。显然，RLS 是无偏估计，即 $n\to\infty$ 时 $E\{\boldsymbol{h}_M(n)\}=\boldsymbol{a}$。

(2) $E\{\boldsymbol{\delta}^{\mathrm{T}}(n)\boldsymbol{\delta}(n)\}=\dfrac{1}{n}\sigma_u^2\sum_{k=1}^{M}\dfrac{1}{\lambda_k},\quad n>M$ (16.4.23)

式中，$\lambda_k$ 是 $\boldsymbol{R}_x$ 的特征值。显然，滤波器系数向量误差的均方值随着迭代次数的增加线性减少。当 $n\to\infty$ 时，该误差值趋近于零，$\boldsymbol{h}_M(n)$ 趋近于最优解 $\boldsymbol{h}_{\mathrm{opt}}$，对本问题，则是趋近于系数向量 $\boldsymbol{a}$。另外，由式(16.4.23)可以看出，如果 $\boldsymbol{R}_x$ 的 $\lambda_{\min}$ 很小，则收敛速度会变慢。

上述两点结论是在特定输入的情况下得到的。此外还可总结出 RLS 算法的其他一般特性：

(1) RLS 算法总是收敛的，即不存在均方误差的超量；

(2) RLS 算法对舍入误差较敏感。舍入误差主要来源于式(16.4.15) $\boldsymbol{R}_M^{-1}(n)=\boldsymbol{P}_M(n)$ 的递推。为了减轻舍入误差，文献[Pro14，Hay86]给出了一种平方根 RLS 算法。该算法利用矩阵的 LDU(lower-triangular/diagonal/upper-triangular)分解对 $\boldsymbol{P}_M(n)$ 进行分解，即

$$\boldsymbol{P}_M(n)=\boldsymbol{U}_M(n)\boldsymbol{\Sigma}_M(n)\boldsymbol{U}_M^{\mathrm{T}}(n) \tag{16.4.24}$$

式中，$\boldsymbol{U}_M(n)$ 是下三角阵，$\boldsymbol{\Sigma}_M(n)$ 是对角阵。该方法通过迭代求解 $\boldsymbol{U}_M(n)$ 和 $\boldsymbol{\Sigma}_M(n)$ 取代 $\boldsymbol{R}_M^{-1}(n)=\boldsymbol{P}_M(n)$ 的递推；

(3) RLS 算法的计算量为 $O(M^2)$。前已述及，LMS 算法的计算量是 $O(M)$。显然，RLS 算法的计算量明显高于 LMS 算法。为了减少 RLS 算法的计算量，人们提出了该算法的 Lattice 结构，使算法的计算量降低为几倍的 $O(M)$。有关 Lattice 结构的基本内容已在第 4 章进行了介绍。RLS 算法 Lattice 结构的导出请参看文献[Pro14，Hay86]，此处不再赘述。

## 16.5 自适应滤波器的应用

由于自适应滤波器具有很强的学习和跟踪能力，适应了输入信号统计特性未知和时变时的客观需要，因此在实际中获得了广泛的应用。这些应用领域包括通信、雷达、声呐、自动控制、地质勘探及生物医学工程等。本节对这些应用予以简要的介绍。

### 16.5.1　系统辨识

系统辨识又称为系统建模。顾名思义，所谓系统辨识是根据一个系统的输入及输出关系来确定系统的参数，如系统的转移函数。一旦该系统的转移函数被求出，当然也就是对该系统建立了一个数学模型。

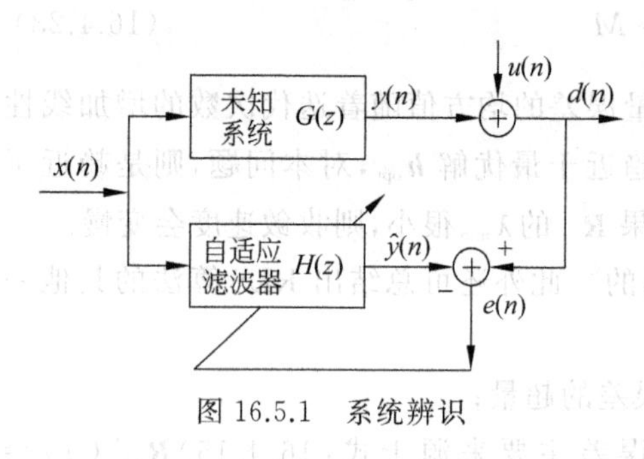


图 16.5.1　系统辨识

一个基于自适应滤波器的系统辨识方案如图 16.5.1 所示。图中 $G(z)$ 是待辨识的未知系统，它在文献中又称为一个"设备(plant)"，$H(z)$ 是自适应滤波器，假定它是长度为 $M$ 的 FIR 滤波器。它们有着共同的输入 $x(n)$。记 $G(z)$ 的输出为 $y(n)$，$H(z)$ 的输出为 $\hat{y}(n)$。通常，待辨识的系统内部会产生噪声，可以把该噪声抽象为输出端的加法性噪声，即图中的 $d(n)=y(n)+u(n)$。误差序列 $e(n)=d(n)-\hat{y}(n)$。通过调整自适应滤波器的系数 $h(l)$，$l=0,1,\cdots,M-1$，可使如下的最小平方误差能量

$$\varepsilon_M=\sum_{n=0}^{N}\left[d(n)-\sum_{l=0}^{M-1}h_l(n)x(n-l)\right]^2 \tag{16.5.1}$$

为最小，从而得到一组线性方程

$$\sum_{k=0}^{M-1}h(k)r_x(l-k)=r_{dx}(l),\quad l=0,1,\cdots,M-1 \tag{16.5.2}$$

式中，$N$ 是观察次数，$r_x(l)$ 是输入 $x(n)$ 的自相关，$r_{dx}(l)$ 是 $d(n)$ 和 $x(n)$ 的互相关。一旦式(16.5.1)中的 $\varepsilon_M$ 达到最小，此时自适应滤波器收敛。收敛后的滤波器系数所决定的系统 $H(z)$ 就是对系统 $G(z)$ 的逼近或建模。上述建模的原理实际上是自适应滤波器通过不断地调整自己，使自己的输出 $\hat{y}(n)$ 不断地匹配 $d(n)$。在最佳匹配时，有

$$g(l)\approx h(l),\quad l=0,1,\cdots,M-1 \tag{16.5.3}$$

或 $G(z)\approx H(z)$，从而实现了对 $G(z)$ 的辨识或建模。

文献[Wid85]指出，模型输出端噪声 $u(n)$ 的存在会影响自适应滤波器的收敛。但如果 $u(n)$ 和 $x(n)$ 是不相关的(多数情况是如此)，并且 $H(z)$ 有足够多的可调系数(或自由度)，那么，在最小均方意义下最优的 $H(z)$ 的系数不受噪声的影响。

**例 16.5.1**　设待辨识的系统 $G(z)$ 是一个 FIR 系统，长度 $M=15$。为了验证自适应滤波器对其辨识的效果，假定 $G(z)$ 是已知的。令 $x(n)$ 是一高斯分布、方差等于 1 的白噪声序列，$d(n)$ 是 $x(n)$ 通过 $G(z)$ 后再加上方差为 0.01 的白噪声所得到的序列。利用

图 16.5.1 的方案所得结果如图 16.5.2 所示。

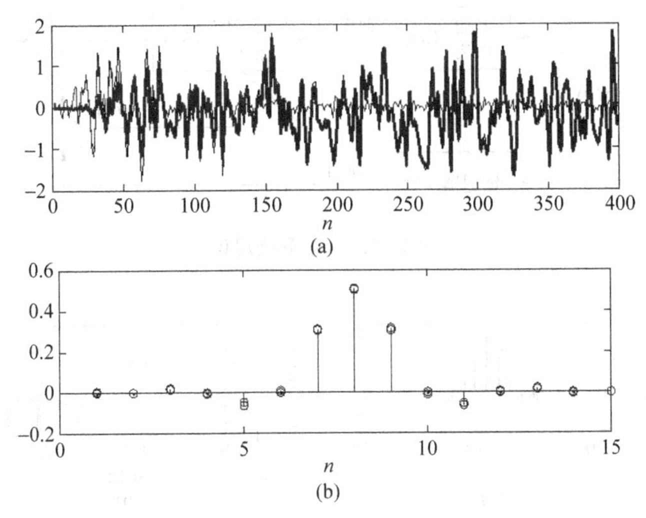


图 16.5.2 系统识别结果

(a) $\hat{y}(n)$、$d(n)$及 $e(n)$；(b) $h(n)$和 $g(n)$

在图 16.5.2(a)中，粗线表示的曲线是图 16.5.1 中自适应滤波器的输出$\hat{y}(n)$，和$\hat{y}(n)$幅度近乎相等的曲线是希望信号 $d(n)$，中间幅度较小的曲线是误差序列 $e(n)$。图中横坐标是迭代的次数，也是三个序列($\hat{y}(n)$、$d(n)$、$e(n)$)的时间变量。由该图可以看出，在迭代 80 次以后，$\hat{y}(n)$和 $d(n)$已经很接近，而 $e(n)$也已变得很小。

图 16.5.2(b)给出的是待辨识系统 $G(z)$的单位抽样响应 $g(n)$和自适应滤波器的单位抽样响应 $h(n)$。可以看出，经过 400 次迭代后，二者已经很接近。需要说明的是，在迭代开始时，$h(n)$全部为零。正是通过一次次的学习，才使得 $h(n)$逼近了 $g(n)$。因此，若 $g(n)$未知，可由 $h(n)$得到 $g(n)$，从而达到系统辨识的目的。

实现该例的 MATLAB 程序是 exa160501.m，该程序使用的是 LMS 算法。

图 16.5.3 给出的是逆系统辨识的实现方案，或称为系统的逆向辨识。假定图中延迟器的转移函数 $Q(z)=z^{-\Delta}$，$\Delta$ 应等于未知系统和自适应滤波器共同产生的延迟。误差序列$e(n)$不断地调整自适应滤波器的系数，使误差能量为最小。一旦自适应滤波器收敛，则

$$G(z)H(z) \approx z^{-\Delta} \tag{16.5.4}$$

因此，$G(z)\approx z^{-\Delta}H^{-1}(z)$，实现了对未知系统的辨识。

**例 16.5.2** 设图 16.5.3 中的 $G(z)$是一低通 FIR 滤波器，长度 $M=17$，归一化截止频率为 0.4。输入信号 $x(n)$是方差等于 1 的高斯白噪声，延迟器输出 $d(n)=x(n-M+1)$。通过 2000 次迭代后的输出结果如图 16.5.4 所示。

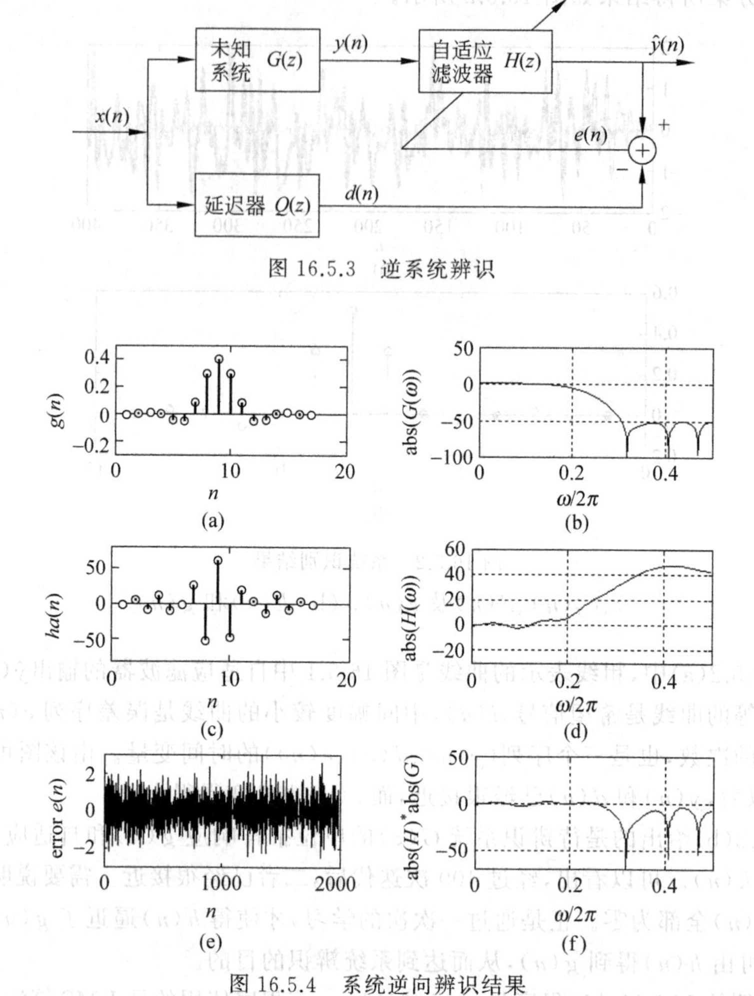


图 16.5.3 逆系统辨识



图 16.5.4 系统逆向辨识结果

图 16.5.4(a)是 $g(n)$，图 16.5.4(b)是其幅频响应；图 16.5.4(c)是自适应滤波器经 2000 次迭代后的 $h(n)$，图 16.5.4(d)是其幅频响应；图 16.5.4(e)是误差序列 $e(n)$，图 16.5.4(f)是 $G(z)$和 $H(z)$级联以后的幅频响应，图 16.5.4(b)、(d)和图 16.5.4(e)的单位都是 dB。分析该图可以看出，因为 $G(z)$是低通的，作为其逆系统的 $H(z)$应该是高通的，由图 16.5.4(d)可以看出 $H(z)$确实是高通的。由于 $H(z)$是 $G(z)$的逆，因此 $h(n)$的幅度远大于 $g(n)$。理论上讲，如果自适应滤波器能准确地逼近 $G(z)$的逆，那么 $G(z)$和 $H(z)$的级联将是一个全通系统。当然，由于逼近误差，图 16.5.4(f)只能是近似看作全通的。图 16.5.4(e)是自适应滤波器算法给出的差序列 $e(n)$，其幅度较小。因此，由图 16.5.3

的方案,在 $G(z)$ 未知的情况下,对 $H(z)$ 取逆系统即可实现对其辨识。

实现本例的程序是 exa160502.m,使用的是 RLS 算法。

## 16.5.2 自适应噪声抵消

自适应噪声抵消的实现方案如图 16.5.5 所示。图中,输入信号 $x(n)$ 包含所需要的信号 $s(n)$ 和噪声 $u_1(n)$,它是由一个紧靠信号源 $s(n)$ 的传感器采集得到的。其中 $u_1(n)$ 是噪声源 $u(n)$ 混入传感器中的干扰噪声。再利用另外一个传感器,使其紧靠噪声源 $u(n)$,记该传感器采集到的噪声信号为 $u_2(n)$。显然,由于 $u_1(n)$ 和 $s(n)$ 来自两个源,它们应该是不相关的,但 $u_1(n)$ 和 $u_2(n)$ 来自于同一个源,因此它们应该是非常相关的。我们的目的是从 $x(n)$ 中去除 $u_1(n)$。由于信号 $x(n)$ 的统计特性是未知的,且传感器的性能也是未知的,且可能是时变的,因此需要采用系数可调的自适应滤波器来达到上述目的。

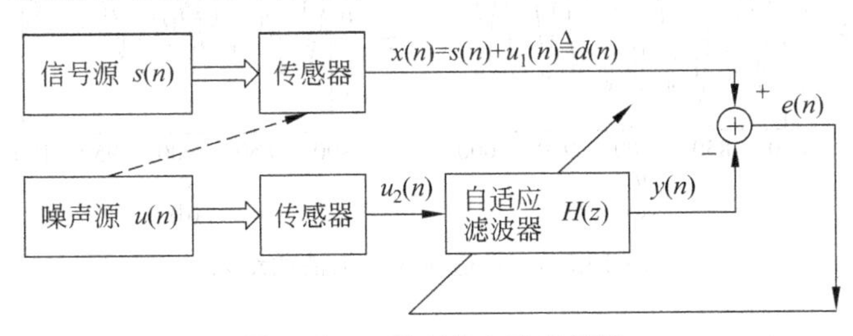


图 16.5.5 噪声的自适应抵消

在图 16.5.5 中,自适应滤波器 $H(z)$ 的输入是 $u_2(n)$,输出是 $y(n)$,令所希望的信号 $d(n)$ 就是 $x(n)$。我们希望通过调整 $H(z)$ 使 $y(n)$ 是 $u_1(n)$ 的极好逼近。这样,用 $d(n)$ 和 $y(n)$ 相减,便可有效地去除 $u_1(n)$,减后的误差序列 $e(n)$ 将主要是所要的信号 $s(n)$。上述过程就是噪声道自适应抵消,它在工程领域有着广泛的应用。例如,在记录人体生理信号(心电、脑电、肌电、心音等)时,不可避免地会受到 50Hz 工频的干扰。再例如,记录胎儿心电时也不可避免地会同时记录到母亲的心电(见图 1.3.1),在这些情况下由于噪声 $u_2(n)$ 比较容易获得(即 50Hz 工频,母亲心电),因此噪声的自适应抵消在这些领域获得了广泛的应用。另外的应用还有:驾驶室内噪声的抵消,长途电话线路中的回声抵消,耳道式数字助听器中 speaker 对 microphone 所产生的干扰的抵消,等等。

现在分析图 16.5.3 中误差序列 $e(n)$ 的行为。由 $e(n)=s(n)+u_1(n)-y(n)$,有

$$e^2(n)=s^2(n)+[u_1(n)-y(n)]^2+2s(n)[u_1(n)-y(n)]$$

对上式两边取集总平均,考虑到 $s(n)$ 和 $u_1(n)$ 及 $y(n)$ 都是不相关的,因此有

$$E\{e^2(n)\}=E\{s^2(n)\}+E\{[u_1(n)-y(n)]^2\} \tag{16.5.5}$$

上式中的 $E\{s^2(n)\}$ 是一个确定性的量。令 $E\{e^2(n)\}$ 最小,等效地使 $E\{[u_1(n)-y(n)]^2\}$ 为最小。当 $H(z)$ 收敛到其最优解时,$y(n)$ 逼近 $u_1(n)$,而误差序列 $e(n)$ 逼近信

号 $s(n)$，达到了自适应噪声抵消的目的。

**例 16.5.3** 令信号 $s(n)$是一正弦信号，它受到了白噪声 $u_1(n)$的污染，使用图 16.5.5 的自适应噪声抵消方案所得结果如图 16.5.6 所示。

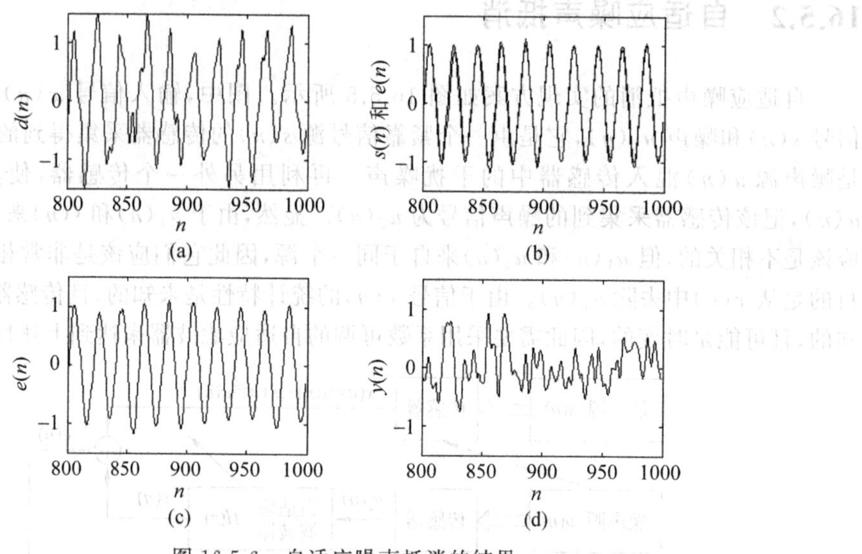


图 16.5.6 自适应噪声抵消的结果

图 16.5.6(a)是 $d(n)$，它等于正弦 $s(n)$加白噪声 $u_1(n)$，输入到自适应滤波器的 $u_2(n)$是 $u_1(n)$通过一个 FIR 滤波器得到的，从而保证了 $u_2(n)$和 $u_1(n)$具有相关性。自适应滤波器的输出 $y(n)$如图 16.5.6(d)所示，$d(n)$和 $y(n)$之差是 $e(n)$，它正是抵消了噪声以后的信号，如图 16.5.6(c)所示，它已非常接近于正弦。将 $e(n)$和 $s(n)$画在同一个图上，如图 16.5.6(b)，可以看出二者几乎一样。因此，本例对噪声抵消的结果非常好。

实现本例的程序是 exa160503.m，使用的是 LMS 算法，步长 $\mu=0.015$。读者运行该程序会发现本例对步长的变化比较敏感。

### 16.5.3 自适应预测

图 16.5.7 给出的系统中，依据输入信号和应用目的不同，可以实现不同的功能，现分别予以简要的介绍。

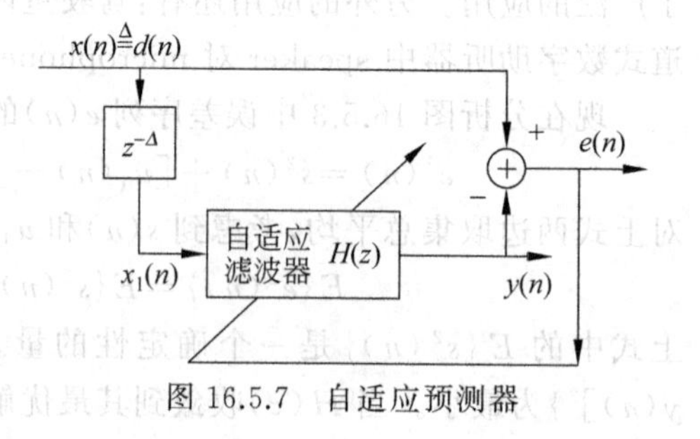


图 16.5.7 自适应预测器

**1. 自适应线性预测器**

所谓预测，是指用 $x(n)$在 $n_1<n<n_2$ 时的值来估计 $x(n_0)$值。如果 $n_0>n_2$，称为前向

预测，如果 $n_0<n_1$，称为后向预测，如果 $n_1<n_0<n_2$，则称为平滑或插值。在实际工作中应用最多的是前向预测，即利用过去的值来预测当前的值 $x(n)$。在图 16.5.7 中，用

$$y(n)=\sum_{l=0}^{M-1}h_l(n)x(n-\Delta-l) \tag{16.5.6}$$

作为对 $x(n)$ 的预测，即 $\hat{x}(n)$。那么，误差序列 $e(n)=x(n)-\hat{x}(n)=x(n)-y(n)$。

在语音和图像的编码中，总希望用最小的 bit 数对信号进行编码，同时又保证有最小的编码误差。实现该目的的一个有效的方法是减小被编码信号的动态范围。显然，误差序列 $e(n)$ 的动态范围应远小于原信号 $x(n)$ 的动态范围。预测效果越好，$e(n)$ 的动态范围越小。这就是有名的"线性预测编码(LPC)"的基本原理。由于信号 $x(n)$ 的统计特性是未知的，且是时变的，因此要利用自适应滤波器。在图 16.5.7 中，通过使 $e(n)$ 的误差能量为最小而得到最优的滤波器系数 $\boldsymbol{h}(n)$，从而可保证在每一个时刻 $n$ 都得到对 $x(n)$ 的最好预测。

**例 16.5.4** 信号 $s(n)$（即图 16.5.7 中的 $x(n)$）是一分段的正弦信号，现使用图 16.5.7 的方案对其进一步前向预测。输入到自适应滤波器的 $x_1(n)$ 是 $x(n)$ 加上一定的白噪声后并做一步延迟所得到的，而 $d(n)$ 就是 $x(n)$，其长度和 $x_1(n)$ 相等。所得到的结果如图 16.5.8 所示。图 16.5.8(a)是 $d(n)$，图 16.5.8(c)是自适应滤波器的输出 $y(n)$，它即是对 $x(n)$ 的一步预测，将二者画在一起，如图 16.5.8(b)所示，可以看出预测效果很好。预测误差如图 16.5.8(d)所示。

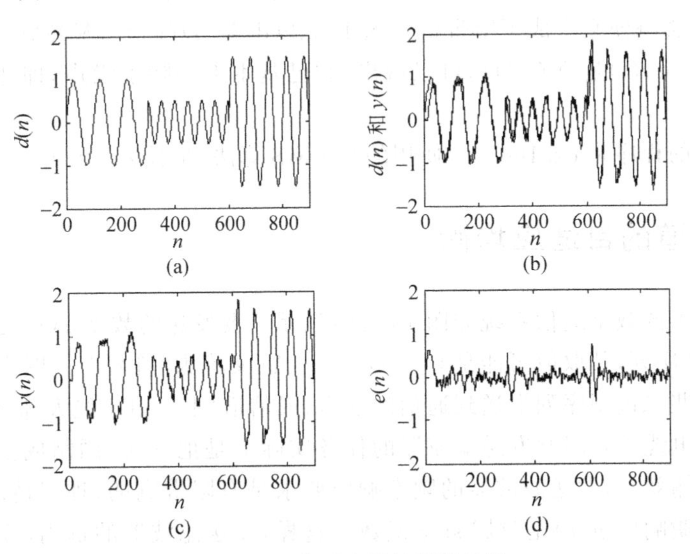


图 16.5.8 自适应线性预测结果

实现本例的程序是 exa160504.m，使用的是归一化 LMS 算法。

**2. 自适应谱线增强**

假定图 16.5.7 中的输入信号 $x(n)$ 包含需要的信号 $s(n)$ 和干扰信号 $u(n)$，再假定 $s(n)$ 是窄带信号，多数情况下是类似于正弦信号的线谱，并且可能有多个谱线，而 $u(n)$ 是宽带信号，即白噪声。那么，图 16.5.7 的自适应预测器的工作模式就称为自适应线性增强器(adaptive line enhancer，ALE)，其作用是实现谱线增强，即将正弦信号和白噪声分离。在图 16.5.7 中，这时滤波器的输出 $y(n)$ 应该是包含增强了的多个正弦信号，而误差 $e(n)$ 应该是白噪声。显然，ALE 的作用相当于是一个多通带的带通滤波器，而每一个通带的中心频率正是每一个正弦信号的频率。实现上述功能的基础是自适应滤波器的学习和跟踪能力。

**例 16.5.5** 令信号 $s(n)$ 由两个正弦信号组成，其归一化频率分别是 0.05 和 0.1，如图 16.5.9(a)所示，再令 $x(n)=s(n)$，并令 $d(n)$ 是由 $s(n)$ 加上白噪声再作单位延迟后得到的希望信号，但它是被噪声污染了的信号，如图 16.5.9(c)所示。将 $x(n)$ 和 $d(n)$ 输入到图 16.5.7 的自适应预测器，由于本例的目的不是预测而是谱线增强，因此本例的 $x(n)$ 和 $d(n)$ 与图 16.5.7 中的 $x_1(n)$ 和 $d(n)$ 互换了位置。此处自适应滤波的目的是希望去除 $d(n)$ 中的噪声，即使滤波器输出 $y(n)$ 尽可能地逼近 $s(n)$，当然 $e(n)$ 也就逼近了 $d(n)$ 所含的噪声。$y(n)$ 如图 16.5.9(e)所示，它和图 16.5.9(a)基本上是一样的。

图 16.5.9(b)是 $s(n)$ 的频谱 $|S(e^{j\omega})|$，单位是 dB，它本应该是两个线谱，但由于作 FFT 时截断的影响使它变成了窄带谱。图 16.5.9(d)是 $|D(e^{j\omega})|$，显然它受到了噪声的严重影响。图 16.5.9(f)是 $|Y(e^{j\omega})|$，可以看出，它已基本上去除了噪声，即达到了谱线增强的目的。

实现本例的程序是 exa160505，使用的是 LMS 算法，步长 $\mu=0.001$。

## 16.5.4 通道的自适应均衡

一个最基本的数字通信系统如图 16.5.10 所示。要发送的数据 $a(n)$ 是经抽样后的数字量，是二进制序列，其取值可能是 0、1，或 $A$、$-A$(又称为“符号”)。图中发送滤波器的任务是要把这些二进制序列发送到通信的通道(或信道)上。由于绝大部分通道是模拟系统(如电话线、电缆等)，因此发送滤波器的任务实际上是把 $a(n)$ 调制成模拟信号。为了有效地提高传输效率，发送滤波器的频率响应要求是有限带宽的，理想情况下为一矩形，这时其单位冲激响应 $p(t)$ 是时域 sinc 函数。这样，发送滤波器的输出，或通道滤波器的输入是

$$s(t)=\sum_{k=0}^{\infty}a(k)p(t-kT_b) \tag{16.5.7}$$

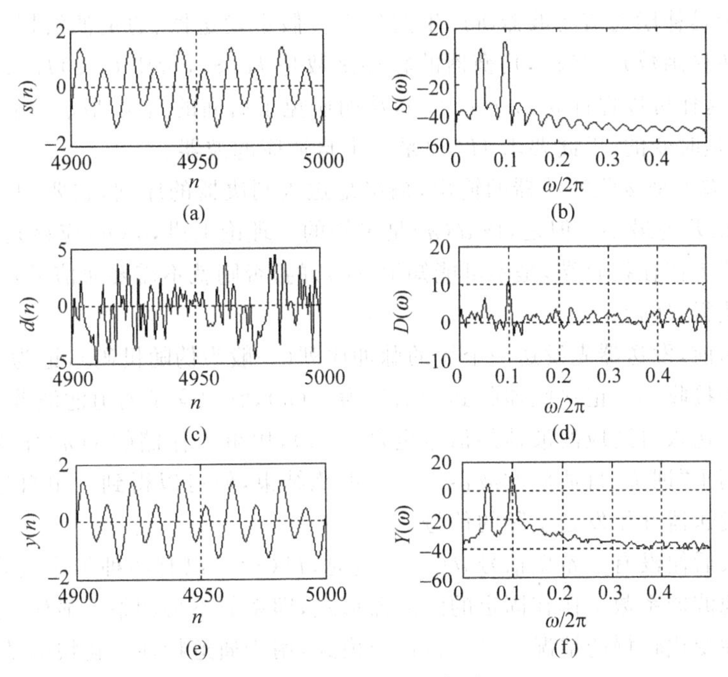


图 16.5.9 自适应谱线增强

式中，$T_b$ 是符号间隔，$R_b=1/T_b$ 称为符号率，或波特率。

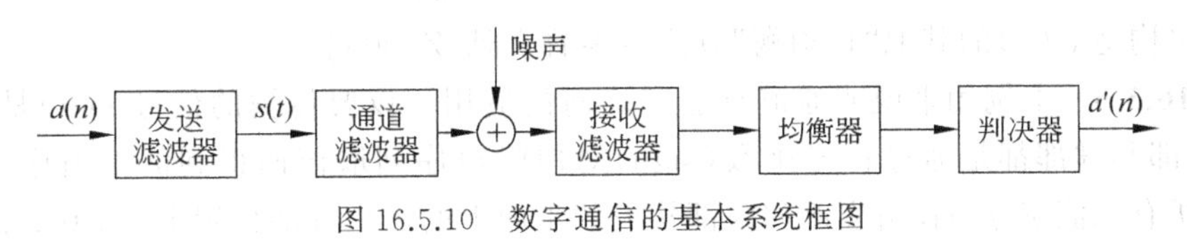


图 16.5.10 数字通信的基本系统框图

如果通道滤波器是全通的且是线性相位的，在无噪声的情况下，接收滤波器收到的是 $s(t)$（不考虑常数幅度变化）。由于 $p(t)$ 的特点是在中心处取最大值，并且按宽度 $T_b$ 周期过零，因此，式(16.5.7)的 $p(t)$ 移位后在各个过零处的幅值在求和时互不影响，这样接收滤波器可以按照给定的幅度阈值每 $T_b$ 作一次判决，从而很容易地将 $s(t)$ 还原成二进制序列 $a(n)$。这一过程实际上是对 $s(t)$ 的解调，又称为判决过程。

但是，实际的通道不可能是全通的，也不可能是线性相位的。因此，$s(t)$ 通过通道滤波器后将会产生失真。这一失真主要体现在 $p(t)$ 移位后的各个过零点不再重合，从而影响了 $s(t)$ 原来的幅度，最后导致产生错误的判决。这种失真称为"符号串扰"(intersymbol interference，ISI)。另外，通道滤波器还会产生附加的噪声，也会给判决带来影响。

为了克服 ISI 失真，在数字通信中通常要在接收滤波器之后、判决器之前加上一个均衡器。其作用是补偿通道滤波器所产生的失真。假定发送器、通道滤波器和接收滤波器三者综合的转移函数是 $C(z)$，均衡器的转移函数是 $H(z)$，希望 $C(z)H(z)=1$，即二者互为逆系统，这样可以保证 $a'(n)=a(n)$，从而避免了后面的错误判决。由于通道的特性是未知的，且是时变的，因此要求 $H(z)$ 是一个自适应滤波器。

$H(z)$ 的输入是接收滤波器的输出，输出是送入判决器的序列，它要和一个希望序列 $d(n)$ 的均方误差为最小。但是，该 $d(n)$ 是未知的。理论上讲，$d(n)$ 应该是 $a(n)$ 或其延迟。但均衡器工作在接收端，是不可能知道 $a(n)$ 的（否则就不需要通信了）。通常可以按如下的方法获得 $d(n)$。

通信开始前，发送器先发送一个短的脉冲序列（一般为伪随机码），记为 $s(n)$，该序列事先也存储于接收端。记接收器收到的信号为 $s'(n)$，它包含了通道滤波器对 $s(n)$ 的 ISI 和噪声干扰。送入自适应滤波器的信号也是 $s'(n)$，用事先存储的 $s(n)$ 作为 $d(n)$，这两个信号可以用来“训练”自适应滤波器。一旦训练结束，便可以得到一组自适应滤波器的系数。然后发送器开始发送实际的信号。

训练结束后便没有了希望信号 $d(n)$。这时，$H(z)$ 可以有两种工作模式。一是利用训练得到的滤波器系数工作在固定的滤波器形式，即系数不再调整。显然，这种模式只适用于通道特性变化较慢的情况。二是自适应模式，用于通道特性变化快的情况，这时需要人为地构造出一个希望信号 $d(n)$。构造的方法是利用判据器的输出，即 $a'(n)$ 来当作 $d(n)$。实验和理论分析都表明，这种方法可以取得很好的效果，这种人造期望响应的方法称为“决策方向”法（decision-direction），简称 DD 方法。

有关构造 $d(n)$ 的其他“盲均衡”方法可参看文献[Zxd05]。

**例 16.5.6** 本例用来说明通道自适应均衡的应用。设要传输的信号 $s(n)$ 是一复信号，其实部和虚部都是通过符号函数（sign）对白噪声序列取值而得到的二值序列，因此 $s(n)$ 的所有取值应分布在由实部和虚部构成的平面上的 $\pm1\pm\mathrm{j}$ 的位置上，如图 16.5.11(a) 所示，该图又称为复数信号的散点图。这样的 $s(n)$ 在通信领域被称为正交相移键控（quadrature phase shift keying，QPSK）信号，又称为四相相移键控（QPSK）信号。令通道滤波器

$$H(z)=(-0.6+z^{-1})/(1-0.9z^{-1})$$

显然它既不是全通的也不具备线性相位。将 $s(n)$ 送入通道滤波器，在其输出上再加上一定幅度的复数白噪声，记为 $x(n)$，其散点图如图 16.5.11(c) 所示。显然，由于通道的影响和附加噪声的影响，$x(n)$ 在该平面上已经非常发散，判决器对此是无法做出判决的。将 $x(n)$ 送入均衡器（即自适应滤波器），令 $s(n)$ 是所希望的信号 $d(n)$，记均衡器的输出为 $y(n)$，其散点图如图 16.5.11(d) 所示。显然，经过自适应均衡后的信号又相对比较集中，有利于判决。图 16.5.11(b) 中的三条曲线分别是 $d(n)$，$y(n)$ 和误差序列 $e(n)$ 的实部。由该图可以看出，迭代约 200 次后，误差序列已很小。

实现本例的程序是 exa160506.m。

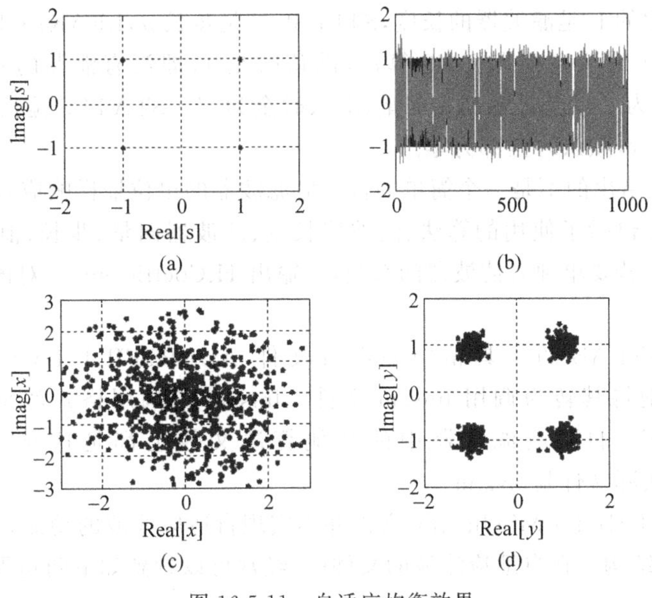


图 16.5.11　自适应均衡效果

最后特别说明：本章例 16.5.1～例 16.5.6 参考了 MATLAB 工具箱中所给出的有关例子，然后通过修改参数而完成。

## 16.6　与本章内容有关的 MATLAB 文件

MATLAB(R2009a)提供了丰富的有关自适应滤波器的 m 文件。这些文件包含了五大类自适应滤波器，一是 LMS 自适应滤波器，二是 RLS 自适应滤波器，三是仿射投影(affine projection)自适应滤波器，四是基于频域的自适应滤波器，五是基于 Lattice 结构的自适应滤波器。这些文件的路径是 toolbox/filterdesign/filterdesign/@adaptfilt/。该工具箱中的文件格式和我们熟知的"signal"工具箱的文件格式稍有不同。现在以 LMS 自适应算法为主简要介绍其中的主要文件。

**1. LMS 自适应算法**

1) adaptfilt.lms

本文件用来"构造"一个基本的 LMS 算法的 FIR 自适应滤波器 H，其调用格式是

```
H=ADAPTFILT.LMS(L, STEPSIZE, LEAKAGE, COEFFS, STATES)
```

其中，输入宗量中的L是滤波器的长度，STEPSIZE是步长$\mu$，LEAKAGE是泄漏因子$\gamma$，当$\gamma$取值在0～1时实现泄漏LMS算法，默认时是1，即没有泄漏的基本LMS算法。COEFFS是长度为L的滤波器初始向量，默认时全为零。STATES是长度为L－1的滤波器初始状态向量，默认时全部为零。

输出宗量H给出的不是一个简单的自适应滤波器的单位抽样响应，而是该滤波器的一个“结构”，其中包括了使用的算法、滤波器长度、滤波器向量、步长、泄漏因子、数据长度、状态向量等。若要单独看滤波器的系数，应输出H.Coefficients。对该文件，有两点需要特别说明。

一是在MATLAB的工具箱中并没有文件ADAPTFILT.LMS。当调用它时，MATLAB自动地将其转为调用lms.m文件。lms.m的调用格式就是ADAPTFILT.LMS的调用格式。自适应滤波器中的其他算法文件也都是这样安排的，即文件adaptfilt.xyz的实际文件是xyz.m。

二是ADAPTFILT.LMS(lms.m)文件并不实现自适应滤波的功能，它只是给出自适应滤波器的一个结构。在自适应滤波的文件中，经常可以看到如下两句程序在一起使用：

```
ha=adaptfilt.lms(M,mu);
[y,e]=filter(ha,x,d);
```

ha即上述的H，y是自适应滤波器的输出，e＝x－d，显然，此处filter.m文件实现自适应滤波。

2) filter.m

MATLAB工具箱中有多个filter.m文件，它们有着相同的名称，但实现不同的功能。区分它们的主要方法是调用方式不同，再是所处路径的不同。其中有三个比较重要，第一个是用来实现在2.12节介绍过的滤波(路径在toolbox/signal/signal/@dfilt)，第二个是用于多抽样率信号处理(路径在toolbox/filterdesign/filterdesign/@mfilt/@casecade)，第三个是此处的用于实现自适应滤波(路径在toolbox/filterdesign/filterdesign/@adaptfilt/@baseclass)。读者进入后一个路径，打开filter.m，发现该m文件主要做了一件事，即[y,e]＝thisfilter(this,x,d)。显然，filter.m把自适应滤波器的参数传给了新的m文件thisfilter，以求出滤波器的输出y和e。

3) thisfilter.m

thisfilter是MATLAB中真正应用于实现自适应滤波的文件。每一种自适应算法都有一个thisfilter文件，因此它也是同名称的多文件。区别它们的方法还是调用方式和所处的路径。对基本LMS算法，它的thisfilter所处的路径是toolbox/filterdesign/filterdesign/@adaptfilt/@lms。调用格式和filter.m完全一样。

4) maxstep.m

本文件用来预测保证LMS算法收敛所需的最大步长，它是根据式(16.3.14)计算的。其最简单的一种调用格式是 mumax=maxstep(h, x)，其中，h是自适应滤波器的结构，x是输入信号，mumax即最大步长。若调用格式改为[mumax]=maxstep(h)，则给出的是归一化LMS算法的最大步长。

5) msesim.m

本文件用来计算自适应滤波器的学习曲线($\varepsilon(n)\sim n$)。其最简单的一种调用格式是 mse=msesim(h,x,d)。其中，x和d都是(N,L)的矩阵，N是单次实现时数据的长度，L是实现的次数，也即待进行集总平均的次数，输出mse即学习曲线，它是长度等于N的向量。

6) msepred

本文件用来预测自适应算法收敛后的最小均方误差和超调量。其完整的调用格式是

```
[mmse, emse, meanw, mse, tracek]=msepred(h, x, d, M)
```

其中，h、x、d和文件msesim.m中的含义一样，不再赘述，M是抽取因子，即如果N过大，则每隔M点计算一个。输出宗量中

mmse：标量，自适应算法收敛后的最小均方误差，相当于维纳解；

emse：标量，是LMS算法收敛后的超调量；

meanw：N*L矩阵，L是滤波器长度，给出每一次迭代时滤波器系数的预测均值向量；

mse：向量，预测最小均方误差曲线，相当于无穷次实现后集总取平均的结果；

tracek：向量，含有滤波器系数总的预测误差功率。

上面两个m文件的应用可参考本书所附文件exa160301a。

7) adaptfilt.nlms(nlms)

实现归一化LMS算法。

以上7个m文件都是和LMS及归一化LMS算法有关的，下面给出的众多自适应算法文件，除rls.m外，本书都没有述及，因此只给出名称和相应的参考文献，不再做进一步的讨论。

(1) adaptfilt.filtxlms(filtxlms)：利用滤波后数据的LMS算法[Shy92]；

(2) adaptfilt.adjlms(adjlms)：伴随(adjoint)LMS算法[Wan97]；

(3) adaptfilt.blms(blms)：利用块数据(block data)的LMS算法[Shy92]；

(4) adaptfilt.blmsfft(blmsfft)：基于FFT的利用块数据的LMS算法[Shy92]；

(5) adaptfilt.dlms(dlms)：延迟LMS算法[Shy92]；

(6) adaptfilt.sd(sd)：符号-数据(sign-data)LMS算法[Hay96]；

(7) adaptfilt.se(se)：符号-误差(sign-error)LMS 算法[Hay96]；

(8) adaptfilt.se(ss)：符号-符号(sign-sign)LMS 算法[Hay96]；

**2. RLS 自适应算法**

(9) adaptfilt.rls(rls)：RLS 算法；

(10) adaptfilt.ftf(ftf)：快速横向 RLS 算法[Slo90]；

(11) adaptfilt.qrdrls(qrdrls)：QR 分解 RLS 算法；

(12) adaptfilt.hrls(hrls)：householder RLS 算法[Hay86]；其他略；

**3. 仿射投影自适应算法**

(13) adaptfilt.ap(ap)：利用直接矩阵逆的仿射投影算法[Oze84]；其他略；

**4. 基于频域的自适应算法**

(14) adaptfilt.fdaf(fdaf)：频域自适应算法[Shy92]；

(15) adaptfilt.tdafdft(tdafdft)：基于 DFT 的频域自适应算法[Hay86]；

(16) adaptfilt.tdafdft(tdafdft)：基于 DCT 的频域自适应算法[Hay86]；其他略；

**5. 基于 Lattice 结构的自适应算法**

(17) adaptfilt.gal(gal)：基于梯度 Lattice 结构的自适应算法[Hay86]；

(18) adaptfilt.lsl(lsl)：基于 Lattice 结构的 LMS 自适应算法[Hay86]；

(19) adaptfilt.qrdlsl(qrdlsl)：基于 QR 分解的 Lattice RLS 自适应算法[Hay86]。

**说明**：在 MATLAB R2022a 版本中，本节有关自适应滤波器的 m 文件有非常大的变化。

(1) 上述关于自适应滤波器的 m 文件适用于 MATLAB R2017b 及以前的版本；自 R2022a 后，文件的路径由 toolbox/filterdesign/filterdesign/@ adaptfilt/改为 DSP System Toolbox/Filter Implementation/Adaptive Filters。

(2) 文件的名称也做了改动，如：

① adaptfilt.lms、adaptfilt.nlms、adaptfilt.se、adaptfilt.sd、adaptfilt.ss 改为了 dsp.LMSFilter；

② adaptfilt.blms 改为了 dsp.BlockLMSFilter；

③ adaptfilt.rls、adaptfilt.qrdrls、adaptfilt.swrls、adaptfilt.hrls、adaptfilt.hswrls 改为了 dsp.RLSFilter；

④ adaptfilt.ftf、adaptfilt.swftf 改为了 dsp.FastTransversalFilter；

⑤ adaptfilt.ap、adaptfilt.apru、adaptfilt.bap 改为了 dsp.AffineProjectionFilter；

⑥ adaptfilt.gal、adaptfilt.lsl、adaptfilt.qrdlsl 改为了 dsp.AdaptiveLatticeFilter；

⑦ adaptfilt.fdaf、adaptfilt.ufdaf 改为了 dsp.FrequencyDomainAdaptiveFilter。

其他改动不再一一列出。

(3) 笔者在 MATLAB R2022a 版本下仍可运行本章给出的 m 文件，但在 help 下看不到对各个文件的解释。读者可在 MATLAB 界面下输入命令 doc 以查看各工具箱的内容。其实，MATLAB 每年的新版本中都有文件更新，读者使用时若遇到问题，不妨查看一下所在工具箱的 *Toolbox Release Notes*。

## 小　结

自适应滤波器研究在平稳信号先验二阶统计量未知和非平稳情况下的最优滤波问题。本章首先讨论了实现自适应滤波的基础方法，即最陡下降法，然后重点讨论了 LMS 和 RLS 这两个最具代表性的自适应算法。由于自适应理论在理解和推导上都比较困难，所以本章以较多的例子讨论了自适应滤波器的应用，给出了相应的 MATLAB 文件。期望这些例子和文件能帮助读者尽快地掌握自适应滤波器的主要内容。

## 习题与上机练习

16.1　令 $\bar{\boldsymbol{h}}(n)$ 为 LMS 算法在迭代次数为 $n$ 时的滤波器系数向量的均值，即

$$\bar{\boldsymbol{h}}(n)=E[\hat{\boldsymbol{h}}(n)]$$

试证明

$$\bar{\boldsymbol{h}}(n)=(\boldsymbol{I}-\mu\boldsymbol{R})^{n}[\bar{\boldsymbol{h}}(0)-\bar{\boldsymbol{h}}(\infty)]+\bar{\boldsymbol{h}}(\infty)$$

在上面的式子中，$\mu$ 是步长，$\boldsymbol{R}$ 是输入信号的自相关矩阵，$\bar{\boldsymbol{h}}(0)$ 和 $\bar{\boldsymbol{h}}(\infty)$ 分别是滤波器系数向量均值的初始值和最终值。

16.2　在最陡下降法中滤波器系数向量的更新公式是(见式(16.2.9))

$$\boldsymbol{h}(n+1)=\boldsymbol{h}(n)-\frac{1}{2}\mu(n)\boldsymbol{g}(n)$$

式中，$\mu(n)$是时变步长，$\boldsymbol{g}(n)$是梯度向量，其定义见式(16.2.9)，即

$$\boldsymbol{g}(n)=2[\boldsymbol{R}_x\boldsymbol{h}(n)-\boldsymbol{r}_{dx}]$$

式中，$\boldsymbol{R}_x$ 是输入信号向量$\boldsymbol{X}(n)$的相关矩阵，$\boldsymbol{r}_{dx}$是$x(n)$和期望响应$d(n)$的互相关向量。

(1) 在$n+1$时刻的均方误差定义为$\varepsilon(n+1)=E[|e(n+1)|^2]$，其中

$$e(n+1)=d(n+1)-\boldsymbol{h}^{\mathrm{T}}(n+1)X(n+1)$$

试确定使$\varepsilon(n+1)$为最小的步长$\mu_{\mathrm{opt}}(n)$。

(2) 在上面导出的$\mu_{\mathrm{opt}}(n)$的表达式中将会含有$\boldsymbol{R}_x$和$\boldsymbol{g}(n)$，试用对它们的瞬态估计来进一步表达$\mu_{\mathrm{opt}}(n)$，然后再利用所得到的结果表示上述对$\boldsymbol{h}(n+1)$的更新公式。最后将所得到的更新公式与归一化 LMS 算法得到的结果进行比较(即式(16.3.32)和式(16.3.33))。

16.3 给定输入向量$\boldsymbol{X}(n)=[x(n),x(n-1),\cdots,x(n-M+1)]^{\mathrm{T}}$，期望响应$d(n)$及一个常数$\alpha$，下面试图用两个公式表示归一化 LMS 算法的滤波器系数的更新。

第一个是

$$\hat{h}_k(n+1)=\hat{h}_k(n)+\frac{\alpha}{|x(n-k)|^2}x(n-k)e(n),\quad k=0,1,\cdots,M-1$$

第二个是

$$\hat{h}_k(n+1)=\hat{h}_k(n)+\frac{\alpha}{\|x(n)\|^2}x(n-k)e(n),\quad k=0,1,\cdots,M-1$$

上面两式中

$$e(n)=d(n)-\sum_{k=0}^{M-1}\hat{h}_k(n)x(n-k)$$

考虑本章给出的归一化 LMS 算法的定义，试证明哪个公式是正确的。

16.4 考虑相关矩阵$\boldsymbol{R}(n)=\boldsymbol{X}(n)\boldsymbol{X}^{\mathrm{T}}(n)+\delta\boldsymbol{I}$，其中$\boldsymbol{X}(n)$是输入向量，$\delta$是一个小的正常数。利用矩阵逆引理计算$\boldsymbol{P}(n)=\boldsymbol{R}^{-1}(n)$。

*16.5 图题 16.5 表示的是数字信号的传输过程。设输入$x(n)$是一个由+1 或−1 组成的随机序列，参考信号$d(n)$为$x(n)$的 10 点延时。图中信道可等效为系数为{0.3,0.9,0.3}的 FIR 滤波器。信道的输出受到加性高斯噪声$\omega(n)$的干扰，$\omega(n)$的方差是$\sigma_w^2$。试设计长度为 11 的 FIR 自适应滤波器，以尽可能地恢复输入的随机序列。

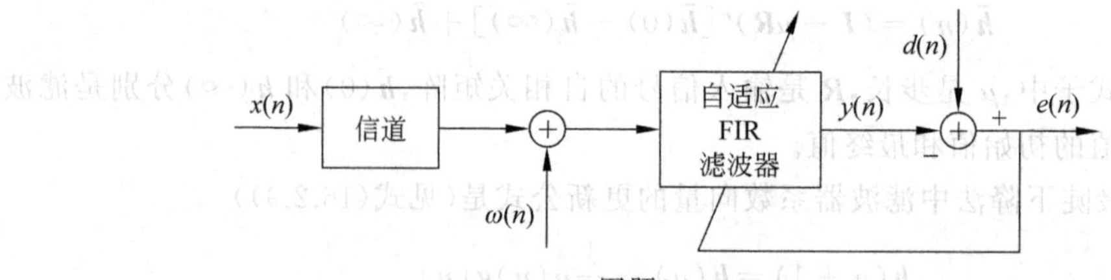


图题*16.5

(1) 实现 LMS 算法。固定噪声方差 $\sigma_w^2=0.01$，步长为 0.1，画出一次实验的均方误差收敛曲线，迭代次数为 500，给出滤波器系数；进行 20 次独立实验，分析平均收敛曲线。

(2) 保持(1)条件不变，实现 RLS 算法。画出一次实验和 20 次独立实验的收敛曲线。

(3) 比较不同噪声方差下，RLS 和 LMS 算法的性能。

*16.6 本书所附资源中给出了 5 组语音信号。它们分别是：① 原始语音信号(raw_speech)；麦克风采集到的受白噪声污染的语音信号，即②高信噪比信号 HighSNR_signal；③低信噪比信号 LowSNR_signal；经过波束形成方法得到的对应的参考噪声，即④HighSNR_reference；⑤LowSNR_reference。使用 MATLAB 函数 wavread 读取数据。设计长度为 20 的 FIR 自适应滤波器。

(1) 分别实现 LMS 算法和 NLMS 算法。比较两种算法在不同的输入(HighSNR_signal，LowSNR_signal)下输出的时域和频域性能。在 MATLAB 环境下，比较 LMS 和 NLMS 的收敛速度、程序耗时，并分析原因。

(2) 通过分析经过自适应滤波后的信号与原始信号的互相关函数，比较 LMS 算法和 NMLS 算法的性能。

# 附录

# 本书所附资源

为了帮助读者学习数字信号处理，本书提供了如下资源。请扫描二维码获取。

**1. MATLAB 程序**

所附 100 余个用 MATLAB 程序编写的 m 文件概括了书中所涉及的绝大部分例题和插图，运行这些程序即可重现这些例题的结果和相应的插图。这些程序一般都很短，容易看懂，它们可以帮助读者理解书中较为复杂的理论内容。

这些程序的名称由 exa(或 fig)开头，接下来是所在的章、节及例题(或插图)的序号，如 exa010101，指的是第 1 章第 1 节(即 1.1 节)的第 1 个例题，即例 1.1.1。如果该例题(或插图)需要一个以上的程序，则在上述名称的后面跟一个字母，如 a、b 等，例如 exa040501ab、exa040501c。

需要指出的是，所附这些程序的目的是帮助读者理解书中的理论问题并学会如何将这些理论用于实际，因此，作者没有考虑这些程序的优化问题。

**2. 数据文件**

包括“我正在学习数字信号处理”、sunspot、Test 等一维数据，GIRL、lena、NoiseLena 等图像数据及第 15、16 章部分例题、习题所需要的数据。

**3. 文献**

本书第 3、8 章有文献阅读的习题，此处提供了所需的文献。

上述资源全部放在清华大学出版社云平台“文泉云盘”上，请扫描下方二维码获取。

资源

# 索　引

（注：本索引按字母 A～Z 排序，首字母相同时英文词目排在前面，词后面的数字为该词所在的页码。）

# 参 考 文 献

[Ahm75] Ahmed N et al. Orthogonal Transforms for Digital Signal Processing. New York: Springer, 1975.

[Ahm74] Ahmed N T. Discrete consine transform. IEEE Trans. Comput. ,1974, 23 (Jan): 90-93.

[Aus84] Auslander L et al. The multiplicative complexity of the discrete Fourier transform. Adv. Appl. Math., 1984, 5(Mar): 87-109.

[Bar48] Bartlett M S. Smoothing periodograms from time series with continuous spectra. Nature, London, 1948, 16l(May), 686-687.

[Bel84] Bellanger M. Digital Processing of Signals. New York, Wiley &. Sons, 1984.

[Bla59] Blackman R B, Tukey J W. The Measurements of Power Spectra. New York: Dover Publication, 1959.

[Bog63] Bogert B P, et al. The quefrency alanysis of time series for echoes: Cepstrum, pseudo-autocovariance, cross-cepstrum, and saphe cracking. in Time Series Analysis, M. Rosenblatt, Ed., 1963,ch. 15,pp. 209-243.

[Bra86a] Bracewell R N. The Hartley Transform. New York: Oxford Univ. Press, 1986.

[Bur75] Burg J P. Maximum entropy spectral analysis. Ph. D. dissertation Dept. of Geophysics, Stanford Univ., CA, 1975.

[Bur72] Burg J P. The relationship between maximum entropy and maximum likelihood spectra. Geophysics, 1972,37, 375-376.

[Bur67] Burg J P. Maximum entropy spectral analysis. Proc. 37th Meeting of Society Exploration Geophysicists, Oklahoma City, Oct. 31. 1967.

[Cad82] Cadzow J A. Spectral estimation: an overdetermined rational model equation approach. Proc. IEEE, 1982, 70(Sept): 907-938.

[Cap69] Capon J. High-resolution frequency-wavenumber spectrum analysis. Proc. IEEE, 1969, 57 (Aug): 1408-1418.

[Cha16] Chaparro Luis F. Signal and Systems: Using MATLAB. 2nd ed. Elsevier(Singapore)Pte Ltd,2016.

[Che03] 陈家璧,等. 傅里叶光学导论[M]. 4 版. 北京:科学出版社. 2003.

[Goodman J W. Introduction to Fourier Optics (Fourth Edition), 2017 by W. H.Freem and Company]

[Cla85] Clarke R J. Transform Coding of Images. London: Academic Press, 1985.

[Cla81] Clarke R J. Relation between the Karhunen-Loeve and cosine transforms. Proc. IEE, Pt. F.

1981, 128(Nov): 359-360.

[Coo65] Cooley J W, Tukey J W. An algorithm for the machine computation of complex Fourier series. Mathematics of Computation, 1965, 19(Apr), 297-301.

[Cro83] Crochiere R E et al. Multirate Digital Signal Processing. Englewood Cliffs, NJ: Prentice-Hall, 1983.

[Czg92] 曹志刚等.现代通信原理.北京：清华大学出版社，1992.

[Dau92] Daubechies I. Ten Lectures on Wavelets. SIAM, Philadelphia, PA, 1992.

[Dub75] Dubroff R E. The effective autocorrelation function of maximum entropy spectra. Proc. IEEE, 1975, 63(Nov): 1622-1623.

[Duh90a] Duhamael P. Fast Fourier transform: a tutorial review and a state of the art. Signal Processing, 1990, 19, 259-299.

[Duh90b] Duhamel P. Algorithms meeting the lower bounds on the multiplicative complexity of length $2^n$ DFTs and their connection with practical algorithms.

IEEE Trans. on ASSP, 1990, 38(9): 1504-1511.

[Duh86] Duhamel P. Implementation of split-radix on FFT algorithms for complex, real and real-symmetric data. IEEE Trans. on ASSP, 1986, 34(2): 285-295.

[Elg14] Elgendi M, et al. Revisiting QRS detection methodologies for portable, wearable, battery-operated, and wireless ECG systems. PloS One, 9(1) (2014), article e84018.

[Gab46] Gabor D. theory of communication. J. IEE, 194693, 429-457.

[Gib00] Gibson J D著，李煌晖等译.多媒体数字压缩原理与标准.北京：电子工业出版社，2000.

[Gra76] Gray A H et al. A computer program for designing digital elliptic filters. IEEE Trans. on ASSP, 1976, 24(Dec): 529-538.

[Gra73] Gray A H et al. Digital lattice and ladder filter synthesis. IEEE Trans. on Audio and Electroacoustics. 1973, 21(6), 491-500.

[Ham76] Hamidi M et al. Comparison of cosine and Fourier transforms of Markov-I signals. IEEE Tran. ASSP, 1976, 24(Oct): 428-429.

[Ham88] Hamming R W, Digital Filters. 3rd ed. Englewood Cliffs, NJ: Prentice Hall, 1988.

[Har78] Harris F J. On the use of windows for harmonic analysis with the discrete Fourier transform. Proc. IEEE, 1978, 66 (Jan): 51-83.

[Hay89] Haykin S. Modern Filter. New York: Macmillan Publishing Company, 1989.

[Hay96] Hayes, M. Statistical Digital Signal Processing and Modeling. New York Wiley, 1996.

[Hay86] Haykin S. Adaptive Filter Theory. Englewood Cliffs, NJ: Prentice-Hall, 1986.

[Hbo01] 洪波.基于独立分量分析和自组织聚类的脑电时空模式研究：[博士学位论文]. 北京：清华大学，2001.

[Hei88] Heideman M T. Multiplicative Complexity, Convolution, and the DFT. New York: SpringerVerlag NewYork, 1988.

[Hei84] Heideman M T et al. Gauss and the history of the FFT. IEEE ASSP Magazine, 1984, 1(1),

14-21.

[Hgs15] 胡广书. 现代信号处理教程[M]. 2版. 北京：清华大学出版社,2015.

[Hgs12] 胡广书. 数字信号处理理论、算法与实现[M]. 3版. 北京：清华大学出版社,2012.

[Hgs03] 胡广书. 数字信号处理理论、算法与实现[M]. 2版. 北京：清华大学出版社,2003.

[Hgs97] 胡广书. 正弦信号抽样中若干问题的讨论. 清华大学学报,1997,37(1),74-77.

[Jai79] Jain A K. A sinusoidal family of unitary transform. IEEE Trans. Pattern Anal. Mach.Intell.，1979，1(4)，356-365.

[Jai76] Jain A K. A fast Karhunen-Loeve transform for a class of stochastic processes. IEEE Trans. Commun.，1976，24(Sept)：1023-1029.

[Kay88] Kay S M. Modern Spectral Estimation：Theory and Application. Englewood Cliffs. NJ：Prentice-Hall，1988.

[Kay81] Kay S M，Marple S L. Spectrum analysis，a modern perspective. Proc. IEEE，1981，69(Nov)，1380-1419.

[Kek78] Kekre H B. Comparative performance of various trigonomentric unitary transforms for transform image coding. Internal J. Electron. ，1978，44：305-315.

[Lac71] Lacoss R T. Data adaptive spectral analysis methods. Geophysics，1971，36(Aug)，661-675.

[Lan79] Lang S W. A simple proof of stability for all pole linear prediction models. Proc. IEEE. 1979，67 (May)：860-861.

[Lck86] 柳重堪. 信号处理的数学方法. 南京：东南大学出版社,1986.

[Lee98] Lee T W. Independent Component Analysis. Boston：Kluwer academic publishers，1998.

[Lev47] Levinson N. The Wiener (root mean square) error criterion in filter design and prediction. J. Math. Phys.，1947，25：261-278.

[Mak75] Makhoul J. Linear prediction：a tutorial review. Proc. IEEE，1975，63(April)，561-580.

[Mal20] Malik J，et al. An adaptive QRS detection algorithm for ultra-long-term ECG recordings. Journal of Electrocardiology. 60(5-6)2020，pp 165-171.

[Mal92] Malvar H S. Signal Processing with Lapped Transforms. Artech House，Inc.，1992.

[Man00] Manolakis D G，et al. Statistical and Adaptive Signal Processing. McGraw-Hill Higher Education，2000.

[Mar94] Martucci S A. Symmetric Convolution and the Discrete Sine and Cosine Transforms. IEEE Trans. SP，42(5). 1038-1051，1994.

[Mar87] Marple S L. Digital Spectral Analysis with Applications. Englewood Cliffs，NJ：Prentice-Hall，1987.

[Mar80] Marple S L. A new autoegressive spectrum analysis algorithm. IEEE Trans. on ASSP，1980，28：441-454.

[McC73] McClellan J H. A unified approach to the design of optimum FIR linear phase digital filters. IEEE Trans. Circuit Theory，1973，20(Nov)：697-701.

[Mit01] Mitra S K. Digital Signal Processing，A Computer-Based Approach. 2nd ed. New York，

McGraw-Hill, 2001.

[Moo01] Moody G B. The impact of the MIT-BIH arrhythmia database. IEEE Eng Med Bio Mag. 20 (3) (2001), pp. 45-50.

[Nik93] Nikias C L. Higher-Order Spectra Analysis. Englewood Cliffs, NJ: Prentice-Hall, 1993.

[Nut82] Nuttall A. H. Spectral Estimation using combined time and lag weighting. Proc. IEEE, 1982, 70(Sept): 1115-1125.

[Opp10] Oppenheim A V, Schafer R W. Discrete-Time Signal Processing. Englewood Cliffs, NJ, Prentice Hall, 2010(THIRD EDITION).

[Opp04] Oppenheim A V, Schafer R W. From frequency to quefrency: a history of the cepstrum. IEEE Signal Process. Mag. 21(5), 95-106 (2004).

[Opp83] Oppenheim A V. Signals and Systems. Englewood Cliffs, NJ: Prentice Hall, 1983.

[Opp75] Oppenheim A V. Digital Signal Processing. Englewood Cliffs, NJ: Prentice-Hall, 1975.

[Orf96] Orfanidis S J. Introduction to Signal Processing. Prentice Hall, 1996; 北京：清华大学出版社, 1999 (影印版).

[Oze84] Ozeki, K. An Adaptive Filtering Algorithm Using an Orthogonal Projection to an Affine Subspace and Its Properties. Electronics and Communications in Japan, vol.67-A, no. 5, pp. 19-27, May 1984.

[Pap84] Papoulis A. Probability, Random Variables and Stochastic Processes, 2nd ed. New York: McGraw Hill Book Company, 1984.

[Pap77] Papoulis A. Signal Analysis. New York, McGraw-Hill, 1977.

[Pou18] Poularikas A. D. Understanding Digital Signal Processing with MATLAB and Solutions. Taylor & Francis Group 6000 Broken Sound Parkway NW, Suite 300, 2018.

[Pro14] Proakis J G. Digital Signal Processing. Fourth Edition, Pearson Education Limited, Edinburgh Gate Harlow Essex CM20 2JE. 2014.

[Rab75] Rabiner L R et al. FIR digital filter design techniques using weighted Chebysh'ev approximation. Proc. IEEE, 1975, 63(Apr): 595-610.

[Rao90] Rao K R et al. Discrete Cosine Transform: Algorithms, Advantages. Applications. New York: Academic Press, 1990.

[Rav10] Ravishankar et al. MR Image Reconstruction From Highly Undersampled k-Space Data by Dictionary Learning. IEEE Transactions on Medical Imaging 30.5 (2010): 1028-1041.

[Rob82] Robinson E A. A historical perspective of spectrum estimation. Proc. IEEE, 1982, 70(Sept): 885-907.

[Sav64] Savitzky A. Smoothing and differentiation of data by simplified least squares procedures. Analytical Chemistry, 1964, 36(8): 1627-1638.

[Sch98] Schuster A. On the investigation of hidden periodicities with application to a supposed 26Day period of meteorological phenomena. Terr. Mag., 1898, 3(1): 13-41.

[Sch86] Schmidt R O. Multiple emitter location and signal parameter estimation. IEEE Trans.

Antennas Propag., 1986, 34(March), 276-280.

[Sen01] Sen M. K et al. Real-Time Digital Signal Processing. John Wiley & Sons, LTD, 2001.

[Sha18] Shaila D. A. Random Signal Processing. CRC Press Taylor & Francis Group. 6000 Broken Sound Parkway NW, Suite 300 Boca Raton, FL 33487-2742. 2018.

[Shy92] Shynk J. J. Frequency-Domain and Multirate Adaptive Filtering. IEEE Signal Processing Magazine, 1992, 9(1): 14-37.

[Slo90] Slock D. T. M. Numerically Stable Fast Transversal Filters for Recursive Least Squares Adaptive Filtering. IEEE Trans. Signal Processing, vol. 38(1): pp. 92-116. 1990.

[Sop99] Sophocles J. Introduction to Signal Processing. Prentice Hall, 1996; 北京：清华大学出版社，1999(影印).

[Ste88] Stearns S D et al. Signal Processing Algorithms. Englewood Cliffs, NJ: Prentice-Hall, 1988.

[Tan19] Lizhe Tan. Digital Signal Processing Fundamentals and Applications. Third Edition, 2019. Academic Press, 125 London Wall, London EC2Y 5AS, United Kingdom.

[Tay83] Taylor R J. Digital Filter Design Handbook. New York: Marcel Dekker, Inc., 1983.

[Tek89] Tekalp A M. Higher-order spectrum factorization in one and two dimensions with applications in signal modeling and nonminimum phase system identification. IEEE Tran. on SP, 1989, 37(10): 1537-1549.

[Tre76] Tretter S A. Introduction to Discrete Time Signal Processing. New York, John Wiley and Sons, 1976.

[Tuk57] Tukey J W. The sampling theory of power spectrum estimates. J. Cycle Res., 1957, 6: 31-52.

[Wal31] Walker G. On periodicity in series of related terms. Proc. R. Soc. London, ser A, 1931, 131, 518-532.

[Wan97] Wan Eric. Adjoint LMS: An Alternative to Filtered-X LMS and Multiple Error LMS. Proceedings of the International Conference on ASSP, 1997, 1841-1845.

[Wax85] Wax M et al. Detection of signals by information theoretic criteria. IEEE Trans. on ASSP, 1985,33(2),387-392.

[Wei11] Weiner, A. Ultrafast Optics. 2011: John Wiley & Sons.

[Wel67] Welch P. D. The Use of Fast Fourier Transform for the Estimation of Power Spectra: A Method Based on Time Averaging over Short Modified Periodograms, IEEE Trans. Audio and Electroacoustics, 1967, Vol. AU-15, pp. 70-73, June.

[Wid85] Widrow. B. Adaptive Signal Processing. Prentice-Hall, Englewood Cliffs NJ, 1985.

[Wie30] Wiener N. Generalized harmonic analysis.Acta Math., 1930, 55: 117-258.

[Win76] Winograd S. On computing the discrete Fourier transform. Proc. Nat. Acad. Sci. USA, 1976, 73 (Apr): 1005-1006.

[Wjf95] 王俊峰.高阶统计量及其在电脑中应用的研究：[硕士学位论文]. 清华大学,1995.

[Woo17] Woods R. FPGA-based Implementation of Signal Processing Systems(Second Edition). John

Wiley & Sons, Ltd, 2017.

[Wyn95] 吴乐南. 数据压缩的原理与应用. 北京：电子工业出版社，1995.

[Wzd85] Zhong De Wang. The discrete W transform. Appl. Math. Comput. 1985, 16: 19-48.

[Vai93] Vaidyanathan P P. Multirate Systems and Filter Banks. Englewood Cliffs, NJ: Prentice-Hall, 1993.

[Yfs90] 杨福生. 随机信号分析. 北京：清华大学出版社，1990.

[Yul27] Yule G U. On a method of investigating periodicities in disturbed series, with special reference to Wolfer's sunspot numbers. Philos. Trans. R. Soc. London, ser. A, 1927, 226(July): 267-298.

[Zdf10] 张德丰. MATLAB数字信号处理与应用. 北京：清华大学出版社，2010.

[Zxd05] 张旭东. 离散随机信号处理. 北京：清华大学出版社，2005.